建筑安装工程施工图集

JIANZHU ANZHUANG GONGCHENG SHIGONG TUJI

（第三版）

2 冷库 通风 空调 工程

连添达　主编

中国建筑工业出版社

图书在版编目（CIP）数据

建筑安装工程施工图集．2，冷库　通风　空调工程/连添达主编．—3版．—北京：中国建筑工业出版社，2007
ISBN 978-7-112-09125-6

Ⅰ．建…　Ⅱ．连…　Ⅲ．①建筑安装工程—工程施工—图集②冷藏库—通风设备—建筑安装工程—工程施工—图集③冷藏库—空气调节设备—建筑安装工程—工程施工—图集　Ⅳ．TU758-64

中国版本图书馆CIP数据核字（2007）第024651号

本书汇集了几百个冷库、通风、空调工程实例，较系统地描述了工程安装与调整。内容包括：冷库工程（蒸发器及蒸发系统末端装置；制冷压缩机、冷凝器、制冷辅助设备、制冷管道、均匀送风管；管件、阀门、自控元件和快装冷库及冷库配置DIY等）；通风工程（空气净化与空气热湿处理设备、风管、风阀、送风口及通风机等）；空调工程（吸收式、螺杆式、离心式、涡旋式、活塞式、喷射式、全封半封闭式多机头及模块化冷水机组；空调机组和空调风系统及其末端装置；冷却水泵、冷却塔、水处理设备、换热贮存设备、冷冻水泵、膨胀水箱和空调水系统及其末端装置；蓄冷空调、家用中央空调、水源热泵、空气源热泵等）的安装方法和调试技术。

本书可供广大从事制冷通风空调工程的管理、设计、施工、科研工作人员及大专院校相关专业的师生参考。

* * *

责任编辑：胡明安
责任设计：董建平
责任校对：张树梅　刘　钰

建筑安装工程施工图集
（第三版）
2　冷库　通风　空调工程
连添达　主编
*
中国建筑工业出版社出版、发行（北京西郊百万庄）
各地新华书店、建筑书店经销
北京永峥印刷有限责任公司制版
廊坊市海涛印刷有限公司印刷
*
开本：787×1092毫米　横1/16　印张：31¾　字数：815千字
2007年4月第三版　2013年7月第十三次印刷
定价：**70.00**元
ISBN 978-7-112-09125-6
(15789)

本社网址：http://www.cabp.com.cn
网上书店：http://www.china-building.com.cn

修 订 说 明

《建筑安装工程施工图集》(1~8) 自第一版出版发行以来，一直深受广大读者的喜爱。由于近几年安装工程发展很快，各种新材料、新设备、新方法、新工艺不断出现，为了保持该套书的先进性和实用性，提高本套图集的整体质量，更好地为读者服务，中国建筑工业出版社决定再次修订本套图集。

本套图集以现行建筑安装工程施工及验收规范、规程和工程质量验收标准为依据，结合多年的施工经验和传统做法，以图文形式介绍建筑物中建筑设备、管道安装、电气工程、弱电工程、仪表工程等的安装方法。图集中涉及的安装方法既有传统的方法，又有目前正在推广使用的新技术。内容全面新颖、通俗易懂，具有很强的实用性和可操作性，是广大安装施工人员必备的工具书。

《建筑安装工程施工图集》(1~8 册)，各册如下：

1 消防 电梯 保温 水泵 风机工程 (第三版)

2 冷库 通风 空调工程 (第三版)

3 电气工程 (第三版)

4 给水 排水 卫生 煤气工程 (第三版)

5 采暖 锅炉 水处理 输运工程 (第二版)

6 弱电工程 (第三版)

7 常用仪表工程 (第二版)

8 管道工程 (第二版)

本套图集 (1~8 册)，每部分的编号由汉语拼音第一个字母组成，编号如下：

XF—消防； KT—空调； GL—锅炉；

DT—电梯； DQ—电气； SCL—水处理；

BW—保温； JS—给水； SY—输运；

SB—水泵；	PS—排水；	RD—弱电；
FJ—风机；	WS—卫生；	JK—仪表；
LK—冷库；	RQ—燃气；	GD—管道。
TF—通风；	CN—采暖；	

本图集服务于建筑安装企业的主任工程师、技术队长、工长、施工员、班组长、质量检查员、预算员及操作工人。是企业各级工程技术人员和管理人员进行施工准备、技术交底、质量控制、预算编制和组织技术培训的重要资料来源。也是指导安装工程施工的主要参照依据。

中国建筑工业出版社

第三版前言

本图集已于1998年7月第一版和2002年9月第二版两次出版使用。为满足广大工程管理、设计、施工、安装单位及工程技术人员的需要和适应冷库、通风、空调的新发展，有必要对《建筑安装工程施工图集2　冷库　通风　空调工程》进行第三次再版修订。

随着社会发展和人们对生活品质的提高，更加提升了对冷库、通风、空调的要求，出现节能冷库、健康空调等许多绿色、环保产品，要求空调能净化空气，新鲜环境，节能环保，这种要求在SARS以后更强烈。

由于科技的进步，促进洁净技术发展，使尘粒控制尺度愈来愈小，高精度高效空气过滤产品不断涌现：有效的化学吸附和物理吸附及杀菌酵素过滤、光电子、光触媒净化技术对不同的有机气体、NO_x、NH_3、SO_x等酸性、腐蚀性、异味、有毒、有害气（汽）体、细菌及各种污染物质的净化十分有效，可以获得清洁空气。

同时，充分利用水源、土壤源、海水源、空气源、风能、太阳能、地热等低品位能源和许多清洁能源及能量回收设备，可以获得节能环保。水源热泵可利用湖水、河水、地下水及地热尾水，甚至工业废水、污水资源、生产废气、余热，借助热泵系统，通过消耗部分电能，在冬期把水中的低品位能量“取”出来，变为高品位热能供给室内取暖：在夏季把室内的热量取出，释放到水中，以达到夏季空调的目的，这是制冷空调的初衷。

在修订过程中，尽量编入技术成熟、性能稳定、有发展前景的新型、节能、环保产品，同时，在内容保存原有特色外，编著部分需求性和实用性强的设备及施工方法，如：冷库装配DIY、空气净化和热湿处理设备安装、水源热泵等新章节，增删新旧设备，使内容更加新颖有用，也完善了书的系统性。

敬请读者对本书的错误和不足之处，提出批评指正。

第二版前言

本图集是在制冷、通风、空调业空前繁荣和蓬勃发展中，为满足广大工程管理、设计施工、安装调试和科研教学工作者的需求，结合冷库、通风、空调实际工程的设计、安装、调试经验与颁布的国家标准及工程验收规范编写成册，并于1998年7月第一次出版。

鉴于我国对现行国家标准及其工程设计、施工、安装、调试和验收的各种规范进行全面修订、补充和调整，许多条款均作了局部或根本性的修改，国家标准及其各种规范的修订进一步完善了检验评定工程质量标准。为了能更好地执行国家标准，因此，有必要对1998年7月的第一版《建筑安装工程施工图集2　冷库　通风　空调》进行修订。

本书在修订过程中，力图使内容更加新颖，除了典型地阐明冷库通风空调常用的各种机器及其辅助设备外，着重讲述了：制冷管道、阀门及管件；风管、风阀及管件；水管、水阀及管件等制冷系统，风系统和水系统连接的安装方法。讲明水泵、冷却塔、通风机、空调机组及水处理设备、换热贮存设备、膨胀水箱等设备安装和冷却、冷藏、冻结、制冰等蒸发系统末端装置；百叶风口、条缝形风口、喷嘴、散流器等空调风系统末端装置以及诱导器、风机盘管等空调水系统末端装置的安装技术。同时，还精选编入部分较有发展前景的制冷空调设备及其施工内容，如：速冻装置、快装冷库、模块化制冷、蓄冷空调等的安装实例，保持简明实用，并对书中内容进行调整和修订。

随着我国国民经济的持续发展和人们生活质量的不断提高，必将对与工农业生产和人民生活紧密相关的“冷库、通风、空调”的发展提出了新的要求，许多新技术、新产品不断涌现，这些新设备的不断开发必将逐步占据市场。随时把质量稳定的设备及其安装方法介绍出来很有必要，如：果蔬保鲜制氮机、脱水保鲜冻干机、流态床蔬菜速冻机、真空预冷、水浸预冷及差压预冷果蔬保鲜机、风靡全国的各种空调制冷的进口机器、高效换热设备、自控元件与气调冷库和步入百姓家居的家用中央空调等，在本次修订中编入了部分新内容。

由于编者水平有限，难免存在错误和不妥之处，欢迎读者批评指正。

第一版前言

在制冷空调业空前繁荣的今天，为满足广大设计施工、科研教学工作者的需求，结合冷库、通风、空调实际工程的设计、安装和调试经验与现行的国家标准及工程验收规范汇编而成。

本书力求内容新颖，简明突出，经济实用。除了典型地阐明冷库通风空调常用的各种机器及其辅助设备外，着重讲述了：制冷管道、阀门及管件；风管、风阀及管件；水管、水阀及管件等制冷系统，风系统和水系统连接的安装方法。讲明水泵、冷却塔、通风机、空调机组和水处理设备，换热贮存设备，膨胀水箱等设备安装和冷却、冷藏、冻结、制冰等蒸发系统末端装置；百叶风口、条缝形风口、喷嘴、散流器等空调风系统末端装置以及诱导器，风机盘管等空调水系统末端装置的安装技术。同时，还精选编入部分较有发展前景的制冷空调设备及其施工内容，如：速冻装置、快装冷库、多机头冷水机组、模块化制冷、蓄冷空调等的安装实例。

本书由天津商学院连添达高级工程师主编，天津大学马九贤教授主审。

参加编写的人员有刘殿元、王立柱、邹艳芳、王吉祥、曹奇志、陈庆春、佟校琦、陈大方、李健、刘宏、邵瑛、王欣、王超臻、刘芳、李素治、陈凤玲、王颖、邵春生。

由于编写时间较紧，编者水平有限，难免有错误和不妥之处，欢迎读者批评指正。

目　录

1　冷库工程

安装说明

2 通风工程

安装说明

3 空调工程

安装说明

1 冷 库 工 程

安　装　说　明

1. 冷库工程安装规范

任何单位和个人均应严格执行国家颁布的最新修订版本的规范、规程和标准中各项条例进行冷库安装。

(1)《冷藏库建筑工程施工及验收规范》(GBJ11—2000);

(2)《制冷设备、空气分离设备安装工程施工及验收规范》(GB50274—98);

(3)《冷库设计规范》(GB50072—2001);

(4)《工业设备及管道绝热工程设计规范》(GB50264—97);

(5)《工业设备及管道绝热工程质量检验评定标准》(GB50185—93);

(6)《工业金属管道工程施工及验收规范》(GB50235—97);

(7)《工业金属管道工程质量检验评定标准》(GB50184—93);

(8)《工业金属管道设计规范》(GB50316—2000);

(9)《氨制冷系统安装工程施工及验收规范》(GBJ12—2000);

(10)《压缩机、风机、泵安装工程施工及验收规范》(GB50275—98);

(11)《机械设备安装工程施工及验收通用规范》(GB50231—98);

(12)《现场设备、工业管道焊接工程施工及验收规范》(GB50236—98);

(13)《建筑设计防火规范》(GB50016—2006)。

2. 氨系统排污、试压、检漏、抽真空、充氨试验

(1) 氨系统排污

氨系统排污，就是关闭所有与大气相通的阀门，将其他需要排污系统的阀门全部开启。其中，电磁阀和止回阀等自控阀件的阀芯组体应取出编号保存，以保证管路畅通和避免水汽锈蚀。必要时取出整个阀件，换一节管子接上，待系统排污和抽真空试验合格后再重新复装。

氨系统排污应采用0.8MPa(表压)压缩空气反复多次吹污，直至系统内排出的气体干净为合格。检查的方法是：距排污口300mm处以白色标识板设靶检查，即用一块干净白布，绑扎在小块木板上，对着排污口(操作人员不要面对排污口)。直至白布上不见任何铁锈、棉纱头、焊渣、粉尘、油污、水蒸气等污物为止。

氨系统排污，一般可按设备管道分段或按高、低压系统分别进行排污。一种是采用空气压缩机进行吹污；另一种是利用安装在单级制冷压缩机上的“倒打反抽”阀组分别对高、低压系统进行吹污(用大号螺钉旋具撬开压缩机吹入阀气体过滤器法兰盖，调节其开度，即可调节空气吹入量，并在过滤器外包扎白布，再开启“倒打反抽”阀组，关闭压缩机吸入阀，使空气通过白布过滤后吸入)。

排污口一般选择在各段设备的最低点(如：集油器的放油阀等)。但真正想通过排污，使系统干净，应分两个阶段进行。

第一步是“粗排”，先选择大口径的地方作排污口（如：拆开压缩机回汽总管端部的“盲板”，利用低压循环贮液桶作贮气罐，当达到排污压力时，迅速打开回汽总管的总回汽阀，让大量空气高速带走系统内的污物是比较彻底的，操作又比较简单。即压缩机不停机，只根据贮气罐压力，迅速开、闭阀门，反复多次进行吹污，效果很好），使大批量的污物被压缩空气带走。

第二步是“细排”，排污口选用各设备底部最低点的阀口进行排污，使各设备底部的污物，尤其是将水分有效地排出。

氨系统排污洁净后，应取出阀芯，清洗阀座内和阀芯上的污物，然后重新安装。

（2）氨系统试压、检漏

试压：

1）试压应采用干燥洁净的压缩空气进行。试验压力：高压部分应采用1.8MPa（表压）；中压部分和低压部分应采用1.2MPa（表压）。

2）试压压力应逐级缓升至规定试验压力的10%，且不超过0.05MPa时，保压5min，然后对所有焊接接头和连接部位进行初次泄漏检查，如有泄漏，则应将系统同大气连通后进行修补并重新试验。经初次泄漏检查合格后再继续缓慢升压至试验压力的50%，进行检查，如无泄漏及异常现象，继续按试验压力的10%逐级升压，每级稳压3min，直至达到试验压力。保压10min后，用肥皂水或其他发泡剂刷抹在焊缝、法兰等连接处检查有无泄漏。

3）对于制冷压缩机、氨泵、浮球液位控制器等设备、控制元件在试压时可暂时隔开。系统开始试压时须将玻璃板液位指示器两端的阀门关闭，待压力稳定后再逐步打开两端的阀门。

4）系统充气至规定的试验压力，保压6h后开始记录压力表读数，经24h后再检查压力表读数，其压力降应按下式计算，并不应大于试验压力的1%，当压力降超过以上规定时，应查明原因，消除泄漏，并应重新试验，直至合格。

$$\Delta P = P_1 - \frac{273 + t_2}{273 + t_1} P_2$$

式中　ΔP——压力降（MPa）；

P_1——试验开始时系统中的气体压力（MPa，绝对压力）；

P_2——试验结束时系统中的气体压力（MPa，绝对压力）；

t_1——试验开始时系统中的气体温度（℃）；

t_2——试验结束时系统中的气体温度（℃）。

5）采用氨压缩机打压时，运转应间歇进行，逐步加压。排气温度不允许超过145℃。试压完毕后，氨压缩机必须重新进行清洗检查，更换冷冻油。

检漏：

1）氨系统在排污时，即可用涂肥皂水的方法进行“粗检”；

2）在试压期间，应反复采用涂肥皂水的检漏方法，认真细致地在各设备、管道，特别是法兰、焊口进行逐个地检漏，在涂肥皂水的一段时间内，仔细观察是否出现皂泡。如发现系统有泄漏（划上泄漏处的准确记号），必须将系统压力降至大气压时，方可进行补焊，不得在有压力下进行补焊；

3）检漏不得草率收场，应进行反复检漏、补漏，直至氨制冷系统气密性试验完全合格为止。

(3) 氨系统抽真空试验

1) 氨系统抽真空试验应在系统排污和气密性试验合格后进行;

2) 抽真空时，除关闭与外界有关的阀门外，应将制冷系统中的阀门全部开启。抽真空操作应分数次进行，以使制冷系统内压力均匀下降;

3) 当系统内剩余压力小于5.333kPa时，保持24h，系统内压力无变化为合格。如发现系统泄漏，补焊后应重新进行气密性试验和抽真空试验。

(4) 氨系统充氨试验

1) 制冷系统充氨试验必须在气密性试验和抽真空试验合格后方可进行，并应利用系统的真空度分段进行，不得向系统灌入大量氨液。充氨试验压力为0.2MPa (表压);

2) 氨系统充氨试验采用酚酞试纸（或用白纸浸入酚酞+甘油的液体中制作）进行检漏，当酚酞试纸变红色为泄漏（准确泄漏点还可用皂泡法找到)。如发现泄漏，应将修复段的氨气排净，并与大气相通后方可进行补焊修复，严禁在系统内含氨的情况下补焊 。

3. 氟系统排污、试压、检漏、抽真空

半封闭式氟压缩机一般不进行拆装清洗，也不进行排污、试压、检漏、抽真空。

氟系统安装完毕后，可进行系统的排污、试压、检漏、抽真空试验。

关闭与大气相通的所有阀门（含半封闭式氟压缩机吸，排气阀)，开启管道上所有其他阀门，卸下安装好的所有自控阀件，并用一节短管替代。

(1) 氟系统排污

用0.8MPa（表压力）的氮气进行分段吹污后，进行全系统吹污。经反复多次的氮气吹污，直至白纸在各排污口上不见任何污物为合格。

排污后，应将卸下的自控阀件重新安装就位，并清洗干燥过滤器和热力膨胀阀上的过滤器，重新更换硅胶（或分子筛)。

(2) 氟系统试压、检漏

氟系统用氮气进行试压。高压部分试压压力1.8MPa (表压); 低压部分试压压力1.2MPa（表压)。高压氮气瓶一定要装减压表。

在氮气试压期间，用涂肥皂水的方法进行检漏：仔细观察各焊口，法兰和阀门。泄漏大的地方有微小声音，并出现大的皂泡；渗漏小的地方则间断出现小皂泡。发现渗漏处应作记号，卸压后进行修补。用涂肥皂水反复检漏，直至渗漏彻底消除，使系统压力保持24~48h不降低为合格。

充氟检漏：放掉系统中的氮气，注入少量氟里昂，在系统压力回升到0kPa（表压）时，再充入氮气至试压压力。用卤素灯进行检漏：火焰变绿为泄漏，(绿色愈深，表明漏得愈利害。）发现系统泄漏，应在泄漏处做上记号，待卸压（通大气压力）后进行补焊修复，如此反复多次，确认无泄漏为止。氟系统的试压，检漏更不能草率从事，否则，氟里昂泄漏完都发现不了，不仅造成经济损失，而且影响制冷效果，更严重的是，氟系统因泄漏而进入的空气、水汽、与氟里昂混合后，很容易使设备锈蚀损坏。

(3) 氟系统抽真空

在氟系统抽真空之前，用高压氮气再一次对系统进行

吹洗，排除系统内的水汽。如果发现系统内有较多水分，应采用无水氯化钙放入干燥器，以去除系统内的水分（无水氯化钙只用一次即换掉，不能长期使用，防止因氯化钙溶解后进入系统）。

用真空泵将系统抽至剩余压力小于1.333kPa并连续运转10~24h，以便使系统水分蒸发排掉，在放置24h，系统升压不应超过0.667kPa并能永远稳定地保持在一定的真空度范围内。

4. 系统灌氨（或充氟）降温试运转和工程验收投产

在系统试压，抽真空试验合格后，进行设备管道保温，并漆上不同的颜色。

排气管	铁红色
高压液管	黄色
吸入管	天蓝色
低压液管	米黄色
进水管	草绿色
出水管	深绿色
油管	棕色

（1）系统灌氨（或充氟）降温试运转

在系统灌氨（或充氟）降温进行试运转之前，应对整个系统有全面的了解（必要时请有经验的操作技术人员），根据不同蒸发系统和供液方式（氨系统常采用重力供液和液泵供液；氟系统常采用直接供液方式）采用不同的操作方法。一般先用单级压缩系统进行灌氨（或充氟）降温。在投产需要时再进行调整。

氨系统从加氨站灌氨。加氨时，应使高压胶管与加氨站接管（管表面为锥形螺管）和氨瓶连接牢固。氨瓶阀口朝上。

先打开加氨站及通向系统的各个阀门，再慢慢打开瓶上的角阀，氨液借氨瓶和系统的压差进入系统，当氨瓶内发出嘶嘶声，瓶下部的白霜融化时说明氨液已加完，此时应先关闭氨瓶上的角阀，然后再关加氨站上的阀门。加氨前，后应对氨瓶进行称重记录，累计灌氨量。

当系统内加入一定量的氨液后，可启动氨压缩机（供水、供电等）运转制冷系统，通过蒸发器进行灌氨降温，系统试运转时，只加入少量氨液以维持系统运行，以防系统氨量过多，造成氨压缩机倒霜、液击等其他事故。待稳定系统和逐步掌握系统性能后，根据投产需要，可逐步灌氨补充，直至达到设计要求。

氟系统一般在低压吸气侧注入氟里昂，以后由压缩机逐步吸进系统，在向系统充氟之前，应先向连接的充氟胶管注入氟里昂，以赶走充氟胶管段内的空气后，再打开低压吸气阀进行系统充氟。充氟应适量。充氟过多，会使吸、排气压力过高，压缩机易倒霜、液击等其他事故，这时应将多余的氟抽出；充氟不足，会产生吸、排气压力偏低，热力膨胀阀不起作用，回气过热，库温降不下来，这时应逐步补充加氟，直至降温正常。

（2）工程验收投产

1）制冷系统安装全部竣工，系统负荷运转合格后，方可办理工程验收；

2）工程验收应严格按照国家颁布的工程施工及验收规范和相关的国家标准 GB50231—98、GB50235—97、GB50236—98、GB50274—98、GB50264—97、GB50185—93、GB50184—93、GB50072—2001、GB50275—98、GBJ12—2000（J38—2000）、GBJ11—2000（J40—2000）、GB50316—2000、

GB50016—2006 等进行验收，并办理正式手续后方可投产使用；

3）工程验收应具备下列资料：

a. 设备开箱检查记录及设备技术文件、设备出厂合格证书、检测报告等；

b. 制冷系统用阀门、自控元件、仪表等出厂合格证，检验记录或试验资料等；

c. 制冷系统用主要材料的各种材质报告的证明文件；

d. 基础复检记录及预留孔洞、预埋管件的复检记录；

e. 隐蔽工程施工记录及验收报告；

f. 设备安装重要工序施工记录；

g. 管道焊接检验记录；

h. 制冷系统排污及严密性试验记录；

i. 逐台设备单体试运转和系统（含水、电系统等）带负荷试运转及降温记录；

j. 设计修改通知单、竣工图；

k. 施工安装竣工报告等其他有关资料。

蒸发器及其蒸发系统末端装置安装说明

由于冷库功能不同，以及对被冷加工产品的要求不断提高，便创造出许许多多不同类别的蒸发器和愈来愈多的蒸发系统末端装置来满足市场的需求。

把诸多功能的冷库简单地划分为冷加工和冷贮藏两大类，根据冷加工和冷贮藏要求不同的房间温度和所需不同的蒸发温度，安装不同的蒸发器或蒸发系统末端装置，把主要的蒸发器划分为自然对流式(冷却排管)与强迫对流式(冷风机)两种类型。安装要求是：

1. 安装要求

名　　称	房间温度	蒸发温度	蒸发器类型
(1)冷贮藏			
1)冷却物冷藏间(高温库)	±0℃	-15℃	冷风机
2)冻结物冷藏间(低温库)	-18℃	-28℃	冷却排管或微风速冷风机
3)贮冰间(冰库)	-4℃	-15℃	冷却排管
(2)冷加工			
1)冷却间	-4～-10℃	-28℃	冷风机
2)冻结间	-23℃	-33℃	冷风机或搁架式排管
3)快速制冰与盐水制冰	水温-4℃以下、盐水温度-20℃以下	-15℃	指形蒸发器、立管或螺旋管式盐水蒸发器
4)冰淇淋生产线(凝冻-4℃)	速冻-35℃以下	-45℃以下	凝冻机和速冻机
5)平板速冻机	-35℃以下	-45℃以下	平板蒸发器
6)螺旋速冻机	-35℃以下	-45℃以下	冷风机
7)多层往复式速冻机	-35℃以下	-45℃以下	冷风机
8)板式速冻机	-35℃以下	-45℃以下	冷风机
9)流态化(床)速冻机	-35℃以下	-45℃以下	冷风机
10)超宽带式速冻机	-35℃以下	-45℃以下	冷风机

图名	蒸发器及其蒸发系统末端装置安装说明	图号	LK1—01

蒸发器的形式很多，有氨用、氟用吊顶式冷风机、落地式冷风机；有氨用，氟用的顶排管：单层顶排管(直管式，蛇形管式)，双层顶排管(U形，蛇形，V形等)，四层顶排管；有氨用，氟用墙排管：立管式墙排管，蛇型墙排管，高墙排管，低墙排管，光滑排管(顶，墙排管)，翅片管(顶，墙排管)；有立管式盐水蒸发器，螺旋管式盐水蒸发器，卧式壳管式盐水蒸发器；有快速制冰用的指形蒸发器；有半强制对流式和自然对流式冻结用搁架式排管等。本图集由于篇幅有限，只列举主要常用的蒸发器及其蒸发系统末端装置。

2. 氨冷却排管安装

(1)氨冷却排管选用无缝钢管，一般采用 $\phi38\times2.2$ 无缝钢管。制作前用钢刷进行内、外管壁的除锈和吹污，管外壁涂红丹漆保养(管两端留 100mm 左右长度不涂红丹漆，作焊接用)。管壁厚度大于 2.0mm 的无缝钢管可采用电焊，电焊条采用 E4303；管壁大小 2.0mm 的无缝钢管应采用气焊。

(2)氨冷却排管进液管与回气管的联箱(集管)应按施工图纸在摇臂钻床上进行钻孔，孔最好加工有焊接坡口。集管的两头按施工图纸要求焊接封口“盲板”之后，用气焊加热以校直集管。

(3)氨冷却排管 ϕ38mm 及以下的管弯头曲率半径 R 应弯成 2～3 个管径 d，即 $R=(2\sim3)d$，并确保平滑不变形，这一般均可在弯管机上直接完成，根据弯管机的不同模具完成 U 形弯头等任意形弯头。大于 ϕ57 的钢管可采用灌砂加热弯管的方法进行，弯管后用高压气体吹洗干净。如无以上条件，亦可直接到市场购买钢制压模弯头。

(4)按施工图纸要求用 ϕ6 圆钢预先加工好管码和对角钢 ∟50×50×5 进行钻孔，并将冷却排管直管与 U 形弯头焊接好(形成 U 形管)，按要求的组数将其放在制作冷却排管的支架上(先用木榔头对齐 U 形管端，再划线对齐冷却排管的另一直管端，用割管刀割齐直管)，再用管码箍紧，组合成冷却排管。

(5)冷却排管的每根钢管插入集管的进深应按施工图纸的要求，并在集管的所有孔口处进行点焊，使冷却排管定型(严防由于电焊加热使集管变形)后，再进行焊接。

(6)排污、试压、检漏：在回气管口安装一个截止阀；进液管口上各安装一个截止阀和氨压力表并连接至空压机，进行排污、试压。

采用 0.8MPa(表压力)的空气多次排污，直至排出管内所有的水汽、油污、铁锈等杂物为止(严防管内存留木塞、棉纱头等堵塞故障)。一般检查排污情况，可用小木板包上新的白布，置于排污口处，使排污后在白布上无任何杂物和油污为止。

采用 1.2MPa(表压力)进行空气试压，并用肥皂水涂在焊口上进行检漏(视有无皂泡)，直至完全没有出现皂泡为止。一旦检查发现钢管有砂眼或焊口泄漏，应卸压后认真补焊。每个焊口补焊不得超过两次，超过两次补焊的焊口如检查发现再有泄漏时，此焊口不能再用，即在该焊口的两侧用割管刀重新割开后再进行焊接。新焊口焊接要求同上。

待试压完成后，用 1.2MPa(表压力)静压 24h，保持不再泄

图名	蒸发器及其蒸发系统末端装置 安装说明	图号	LK1—01

压为止。

(7)真空试验：用真空泵将冷却排管抽至剩余压力小于5.333kPa。保持24h，升压不应超过0.667kPa为止。

(8)按施工图纸要求焊接吊点，并对冷却排管涂红丹防锈漆两道。

(9)氨冷却排管安装

采用水平测量仪测量板底的每一个吊点(即板底与冷却排管顶之间300mm之内的每一个吊点)，选择同一安装标高并划上记号(如选择板底标高-200mm处)。并在冷却排管的每一个吊点上找到相应的安装标高(使板底与冷却排管顶保持300mm间距的相应标高)划上记号。

在板底预埋吊点上安装相应吨位(指每个吊点的安装吨位)的单链葫芦，将葫芦的链条扎在制作冷却排管支架的下部。所有吊点上的葫芦将冷却排管连同制作冷却排管的支架同步提升，直至板底吊点的安装标高记号与冷却排管上吊点的安装标高记号重合，即可进行吊点的点焊。

在调整冷却排管整体水平后，进行每个吊点焊接(电焊满焊，即焊口连续焊接长度大于70mm)。

卸下所有葫芦，补涂吊点等处红丹漆，即可进行总管连接。

3. 氟冷却排管安装

(1)氟冷却排管一般采用紫铜管，按施工图纸制作成蛇形盘管，每一通路最长不宜超过50m。同径紫铜管在焊接时不能直接对焊，而应采用胀管器在其中的一根紫铜管上胀管后套入另一根紫铜管(或购用直通，三通铜管箍套入)，再用银焊(或铜焊)焊接。不同管径的紫铜管焊接时，应购置对应的直通、三通、四通异径铜管箍。

氟冷却蛇形盘管制作后，用$\phi4$圆钢(Q235材料)做成的管码固定在∟30×30×3角钢上(以冷却盘管重量确定角钢的大小或按施工图纸安装)。

(2)排污、试压、检漏和真空试验

氟冷却排管(或称氟冷却蛇形盘管)一律采用氮气进行排污、试压、检漏。0.8MPa(表压力)进行排污，1.2MPa(表压力)进行试压、检漏，检漏可先用涂肥皂水方法进行粗查补焊，再灌入少量氟里昂，并升压至1.2MPa(表压力)，用卤素灯进行仔细检漏。确诊无泄漏后静压24h，保持24h无泄压为止。

用真空泵反复抽空至绝对真空度，保持24h无升压为止。

(3)氟冷却排管一般用于小型冷库，重量较轻，容易用人工或借助葫芦按施工图纸进行吊装。吊装后校正水平度即可固定于预埋吊点、支架上。

4. 冷风机安装

冷风机应有产品出厂合格证。

(1)落地式冷风机接水底盘支架与冲霜水管的安装

落地式冷风机冲霜排水管须在冷库地面土建施工未完成之前进行安装，按施工图纸要求对冲霜排水管进行管道保温和埋设。保温管长宜超过2m以上。

落地式冷风机接水底盘一般有公共底座，可用垫铁找平，

图名	蒸发器及其蒸发系统末端装置 安装说明	图号	LK1—01

并点焊在地坪的预埋铁件上。

在接水底盘(与冲霜排水管对应的位置)上开孔，并将接水底盘与冲霜排水管焊接(严防接水底盘在焊口处渗水)。

(2)落地式冷风机安装

利用土建预留在(楼盖)板底的安装吊环或采用“拔杆”用葫芦将冷风机蒸发器吊装于接水底盘上就位。检查冷风机每层法兰之间的密封胶垫，拧紧法兰上的每个螺栓使之密闭。

按施工图纸安装冷风机的供液、回气管，冲霜进水管和轴流风机及其帆布风筒和均匀送风管。

(3)吊顶式冷风机安装

根据吊顶式冷风机地脚螺栓尺寸及其安装标高，首先于楼底板的预埋吊点或于地面用型钢(角钢、槽钢、工字钢等)制作支架，再用葫芦吊装冷风机就位，待冷风机找平后，上紧地脚螺栓。

在吊顶式冷风机接水盘底部排水口上安装冲霜排水管。冲霜排水管采用镀锌管丝扣或法兰连接，牢固安装在支、吊架上，并确保足够的排水坡度。库外的冲霜排水管需进行相应厚度的管道隔热保温，保温管长至少2m的热阻长度。

氟吊顶式冷风机均装有分液器进行均匀供液，多采用热力膨胀阀直接供液和上进下出的供液方式。氟吊顶式冷风机的回气管处应安装回油弯和上升立管或双上升立管。均采用银焊(或铜焊)焊接，将紫铜管接入制冷系统中。

(4)传送装置安装

按施工图纸制作和安装吊架、吊码、轨道、道岔、链条(罗勒链或板链等)和张紧装置以及滚轮、挂钩、扁担或吊笼、货盘等。

(5)气流组织安装

按施工图纸安装导风板、整流栅、条缝型、百叶窗、喷嘴等送、回风口，静压箱和均匀送风管、风管法兰以及吊架。

5. 间冷式盐水蒸发器安装

(1)卧式壳管式盐水蒸发器安装

将卧式壳管式盐水蒸发器吊装到混凝土基础或钢制支架上，在其地脚与基础间垫50mm厚经热沥青浸泡的硬杂木块，以防“冷桥”的处理。在校正卧式壳管式盐水蒸发器的水平度后拧紧地脚螺栓。

连接卧式壳管式盐水蒸发器上各接口的系统管道后，进行排污、试压、检漏、真空试验合格，即可进行相应厚度的隔热保温。

(2)立式(立管或螺旋管)盐水蒸发器安装

立式盐水蒸发器安装前，应对盐水箱箱体进行渗漏试验，即在盐水箱内盛满水保持8~12h，以不渗漏为合格。然后便可将箱体吊装到预先作好的上部垫有隔热层的基础上，再将蒸发器管组放入水箱内，应使蒸发器管组垂直，并略倾斜于放油端，各管组的间距应相等，采用水平仪和铅垂线检查其安装是否符合要求。为了避免基础隔热垫层的损坏，应在垫层中加放与保温材料厚度相同，宽200mm经过热沥青防腐处理的木龙骨。保温材料与基础应作防水层。一般在其表面敷设瓷砖。

立式盐水蒸发器应具有产品出厂合格证。

安装立式(或卧式)搅拌器于法兰基座上(卧式搅拌器应放入垫圈严格密封)，并使孔与轴能正确配合，然后装上联轴器和电动机，校正电动机的同心度和水平度。

图名	蒸发器及其蒸发系统末端装置 安装说明	图号	LK1—01

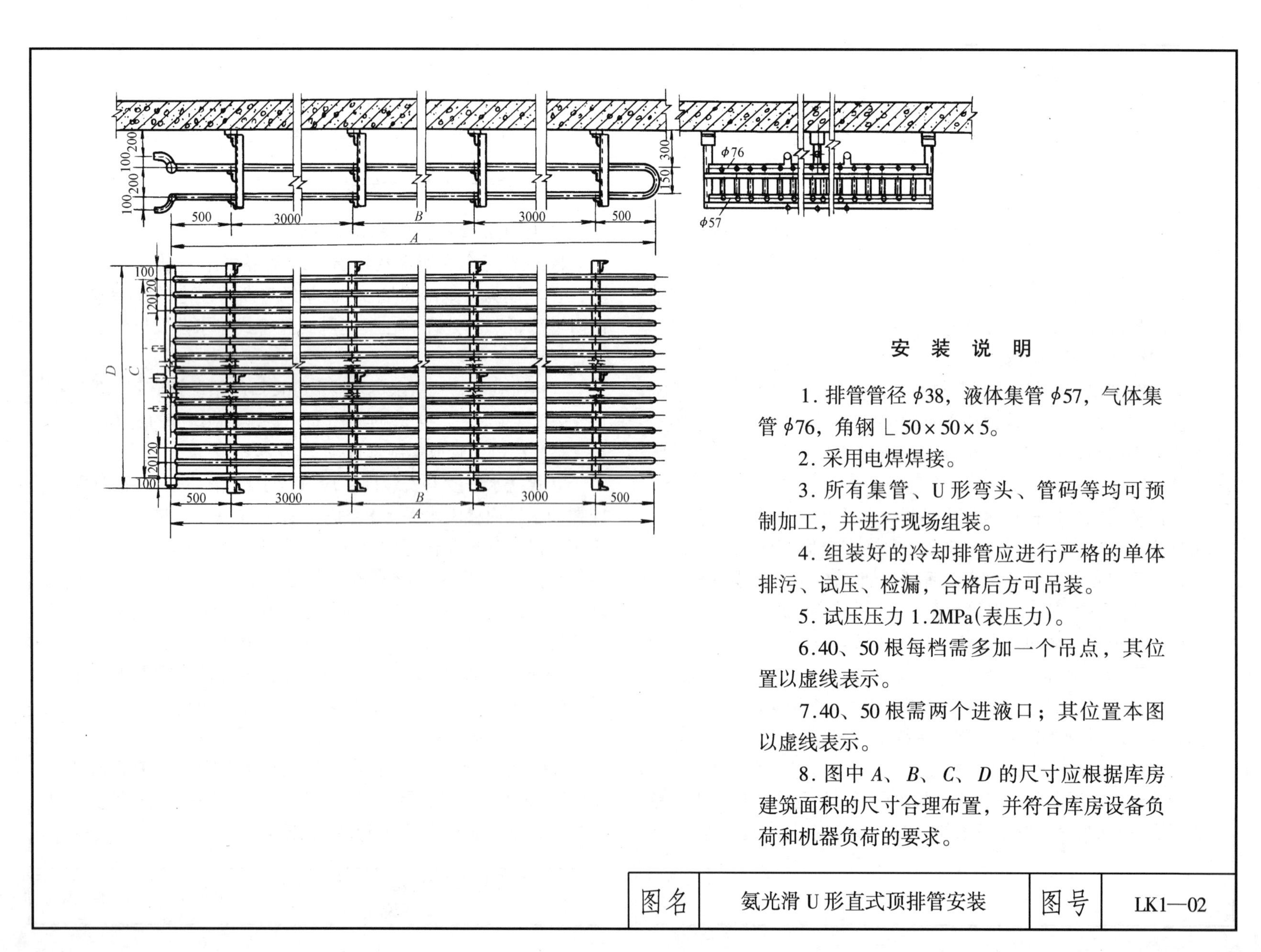

安 装 说 明

1. 排管管径 $\phi38$，液体集管 $\phi57$，气体集管 $\phi76$，角钢 ∟ 50×50×5。

2. 采用电焊焊接。

3. 所有集管、U 形弯头、管码等均可预制加工，并进行现场组装。

4. 组装好的冷却排管应进行严格的单体排污、试压、检漏，合格后方可吊装。

5. 试压压力 1.2MPa(表压力)。

6. 40、50 根每档需多加一个吊点，其位置以虚线表示。

7. 40、50 根需两个进液口；其位置本图以虚线表示。

8. 图中 *A*、*B*、*C*、*D* 的尺寸应根据库房建筑面积的尺寸合理布置，并符合库房设备负荷和机器负荷的要求。

图名	氨光滑 U 形直式顶排管安装	图号	LK1—02

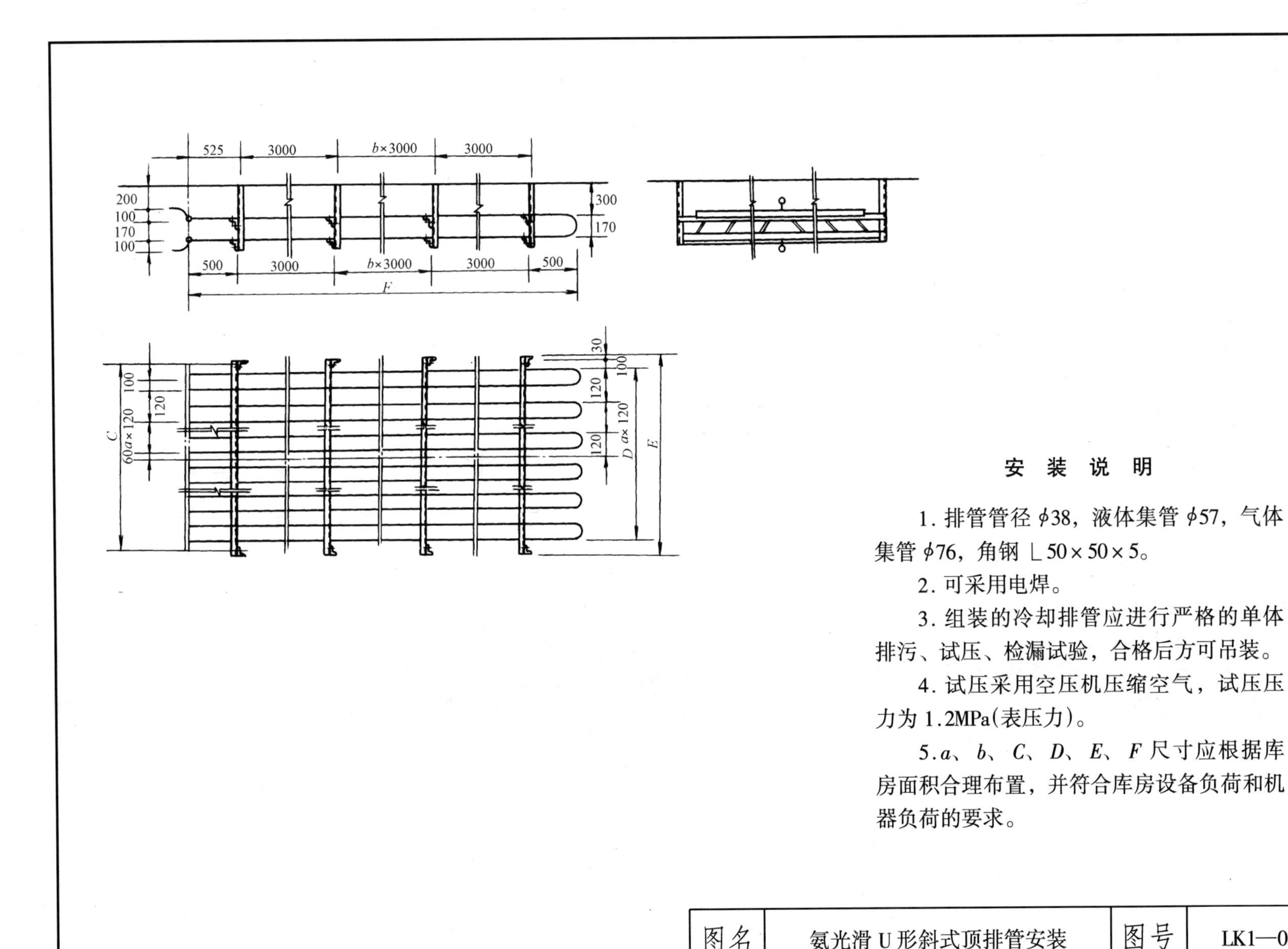

安 装 说 明

1. 排管管径 $\phi 38$，液体集管 $\phi 57$，气体集管 $\phi 76$，角钢 ∟50×50×5。

2. 可采用电焊。

3. 组装的冷却排管应进行严格的单体排污、试压、检漏试验，合格后方可吊装。

4. 试压采用空压机压缩空气，试压压力为 1.2MPa(表压力)。

5. a、b、C、D、E、F 尺寸应根据库房面积合理布置，并符合库房设备负荷和机器负荷的要求。

图名	氨光滑 U 形斜式顶排管安装	图号	LK1—03

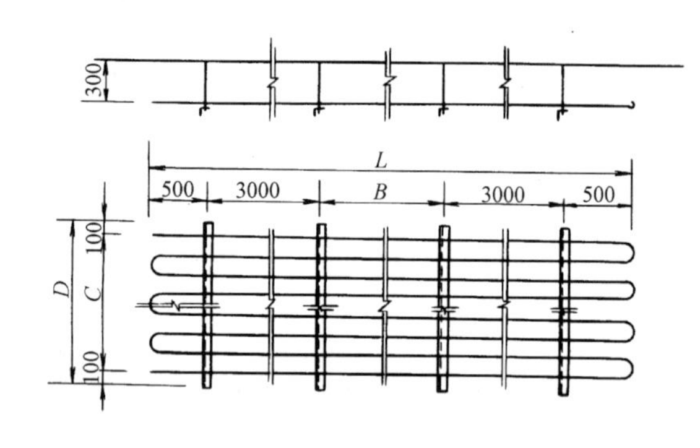

(*a*)单层光滑蛇形顶排管

注：排管管径 $\phi38$，角钢 ∟$50\times50\times5$

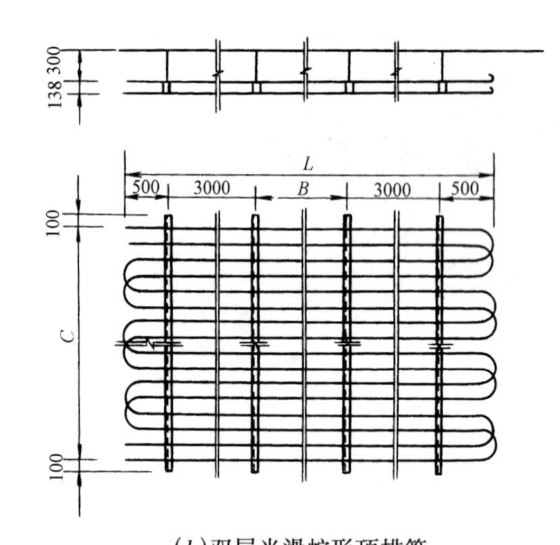

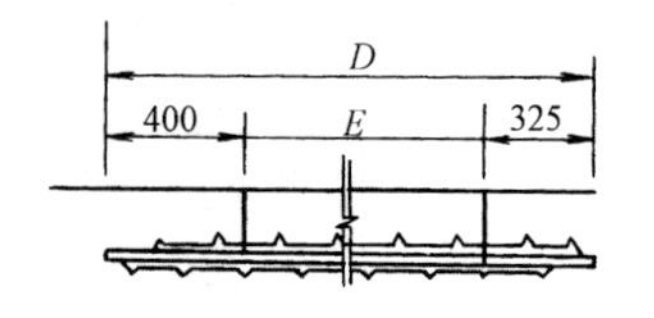

(*b*)双层光滑蛇形顶排管

注：排管管径 $\phi38$，槽钢[100×5.3

安 装 说 明

1. 采用 $\phi38\times2.2$ 无缝钢管。

2. 可采用电焊。

3. 组装后的冷却排管应进行严格的单体试验，合格后方可吊装。

4. 试压压力为 1.2MPa(表压力)。

5. 图中 *B*、*C*、*D*、*E*、*L* 值应根据库房面积合理布置，并符合库房设备负荷和机器负荷的要求。

图名	氨单层、氨双层光滑蛇形顶排管安装	图号	LK1—04

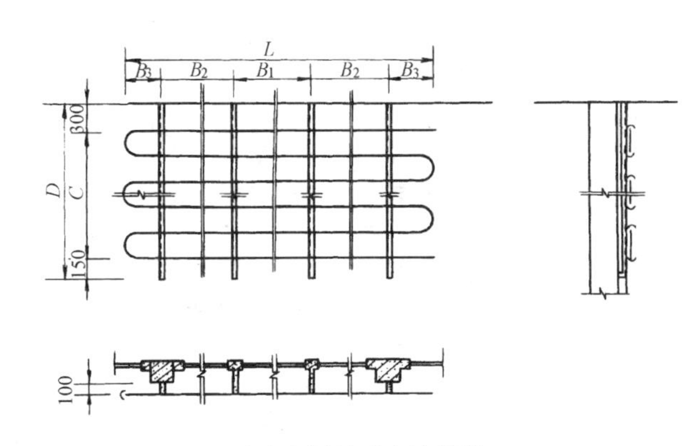

(*a*)光滑蛇形高墙排管

注：排管管径 $\phi38$，角钢 $\llcorner 50\times50\times5$

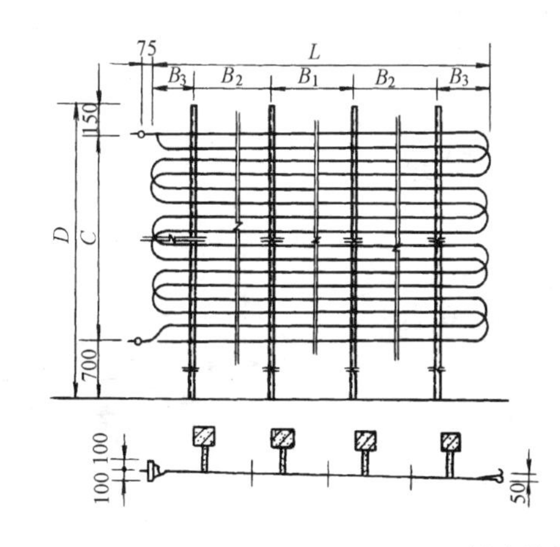

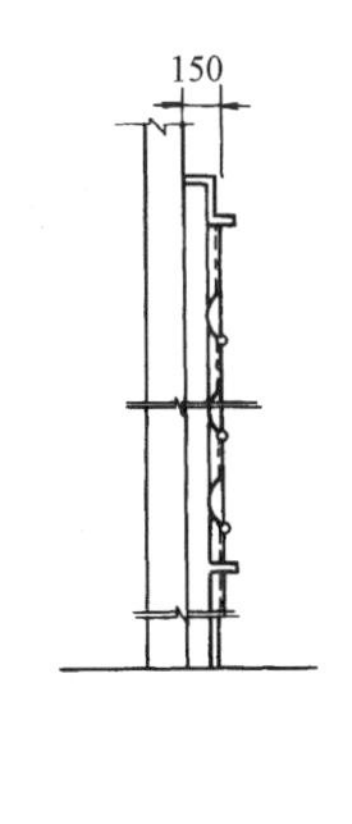

(*b*)光滑蛇形低墙排管

注：排管管径 $\phi38$，角钢 $\llcorner 50\times50\times5$

安 装 说 明

1. 氨光滑蛇形排管采用 $\phi38\times2.2$ 无缝钢管，用气焊或电焊。

2. 氟光滑蛇形墙排管采用紫铜管，用铜焊或银焊。

3. 组装的冷却排管应进行单体试验，合格后方可吊装。

4. 试压压力为 1.2MPa(表压力)。

5. 图中 B_1、B_2、B_3、C、D、L 值应根据库房墙体尺寸合理布置，并符合库房设备负荷和机器负荷的要求。

图名	氨、氟光滑蛇形高墙排管、氨光滑蛇形低墙排管安装	图号	LK1—05

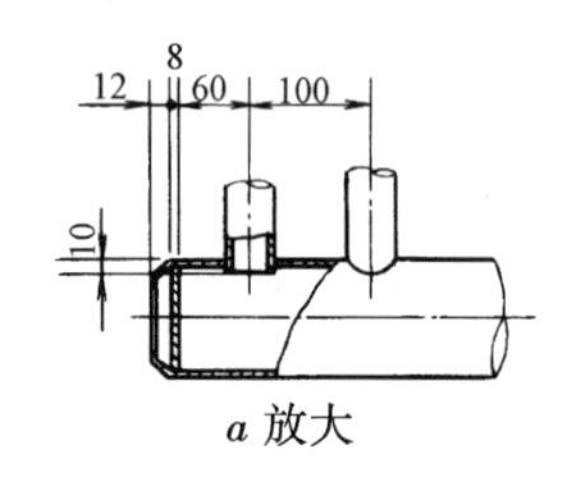

a 放大

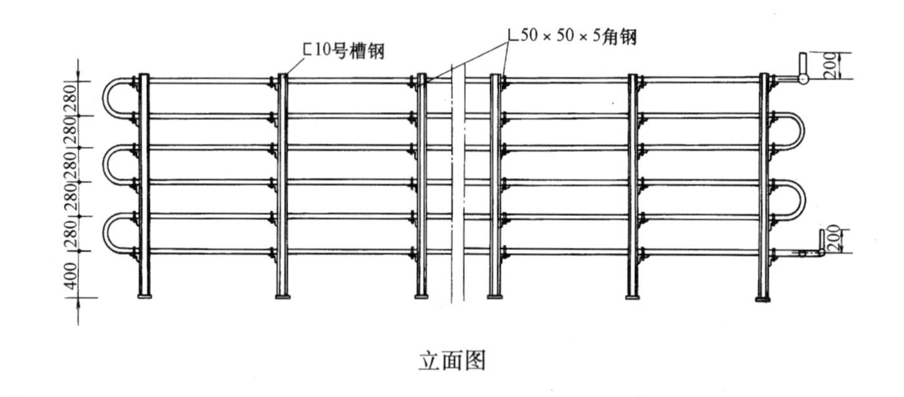

立面图

安 装 说 明

1. 采用 $\phi 38 \times 2.2$ 无缝钢管。

2. 可采用电焊。

3. 组装的搁架式排管应进行排污、试压检漏，直至合格为止。

4. 试压压力为 1.2MPa(表压力)。

5. 应根据库房面积(长×宽)合理选用 n 值和搁架排管组数。并应符合库房设备负荷和机器负荷的要求。

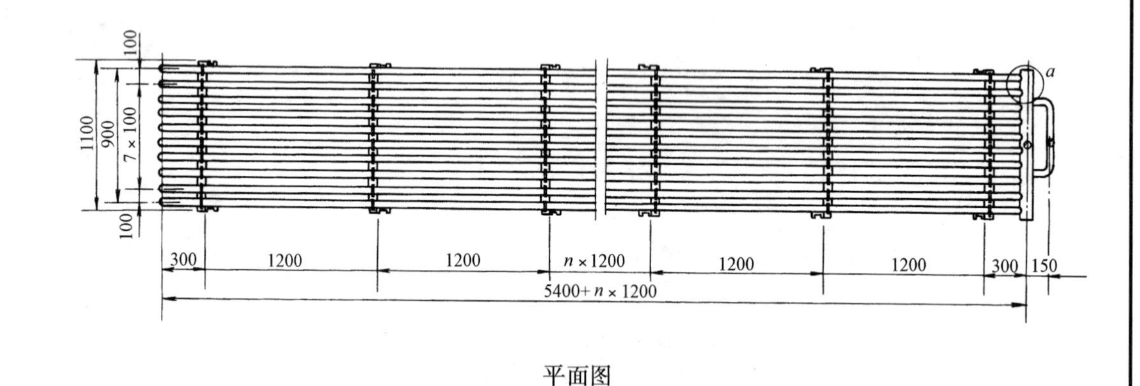

平面图

图名	氨搁架式排管安装	图号	LK1—06

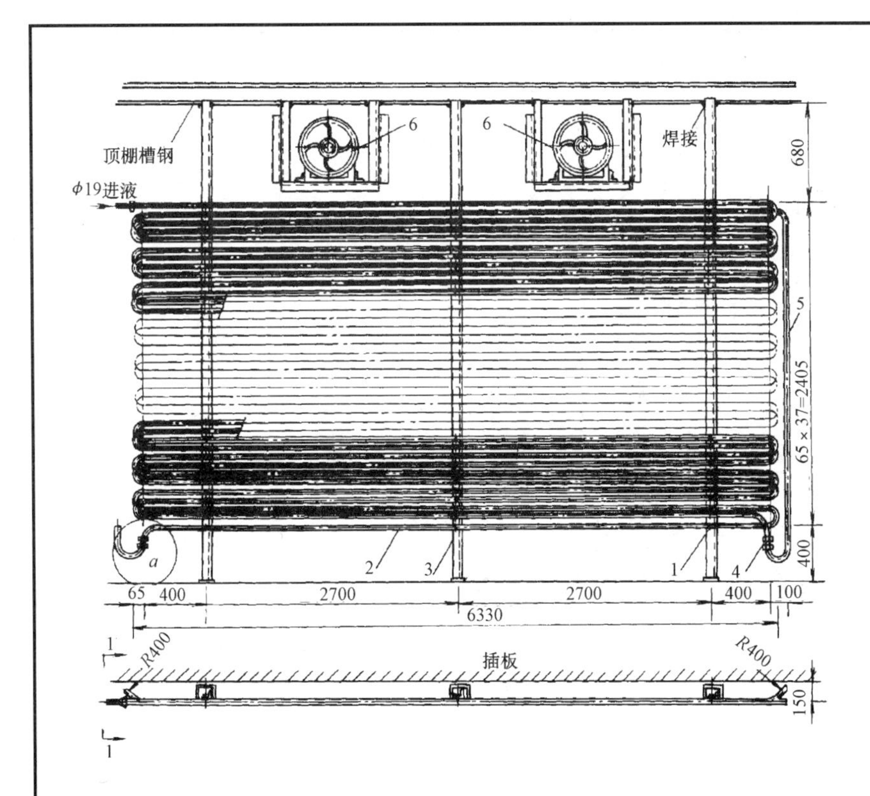

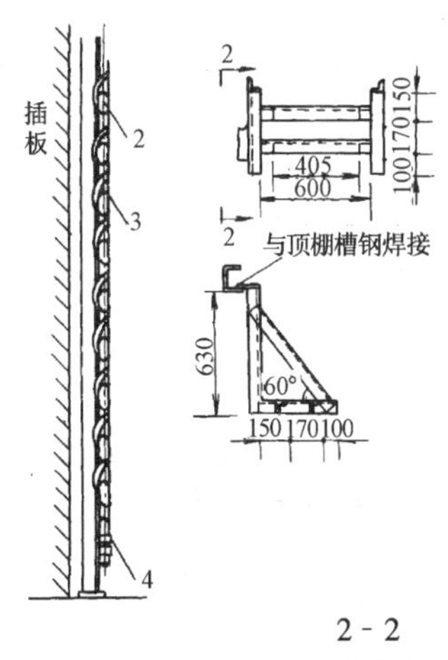

1 - 1

2 - 2
风机吊架详图

编号	名　　称	规　　格
1	管　　卡	ϕ6 圆钢(包括螺母)
2	无缝钢管	ϕ32×2.5
3	角　　钢	∟ 50×50×5
4	螺母单接头	*DN*16
5	紫 铜 管	ϕ19
6	轴流风机	

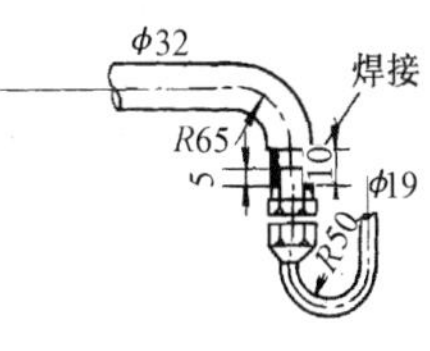

a 放大

安 装 说 明

1. 采用紫铜管。
2. 采用银焊或铜焊。
3. 正确安装回油弯和轴流风机。
4. 组装的冷却盘管，用氮气进行单体试验，合格为止。
5. 试压压力为 1.2MPa(表压力)。
6. 根据库房墙体尺寸和库房设备负荷及机器负荷可对蒸发盘管的管长和管数进行调整。

图名	氟用蒸发墙盘管安装	图号	LK1—07

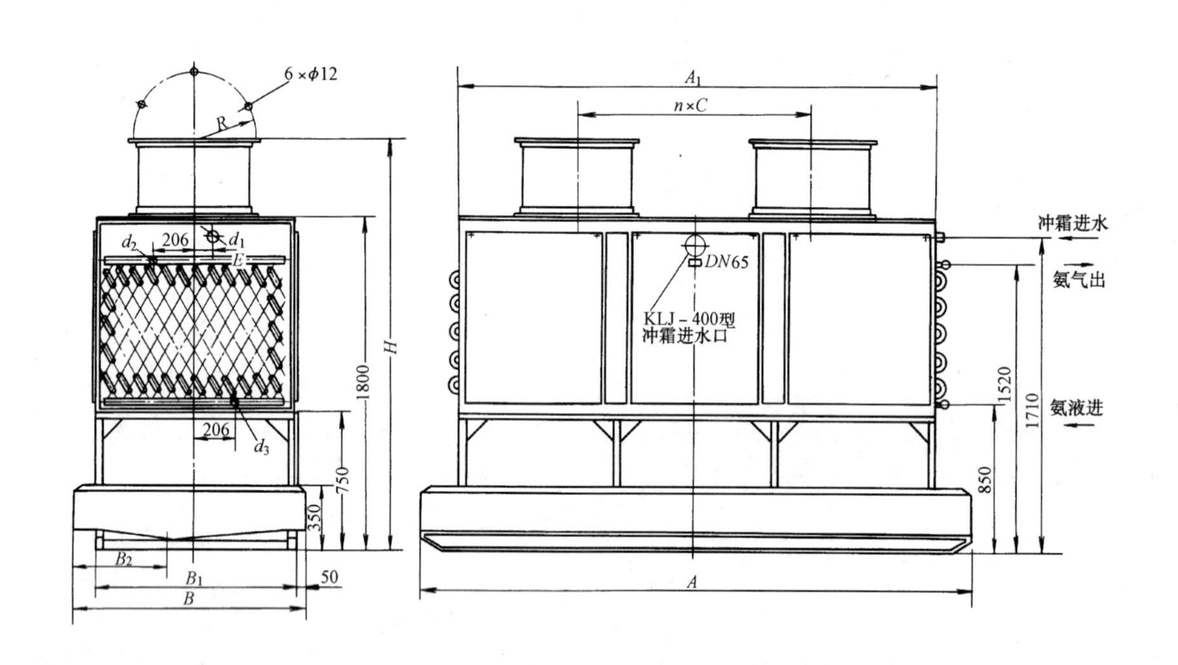

技　术　数　据

型号	冷却表面积(m^2)	主要尺寸(mm)							连接管尺寸(mm)			重量(kg)
		A	A_1	B	B_1	B_2	C	E	d_1	d_2	d_3	
KLD-100	100	1930	1630	880	680	440		131	32	57	38	1000
KLD-150	153	1990	1690	1180	980	440		206	50	57	38	1219
KLD-200	204	2330	2030	1180	980	440	507.5	206	50	57	38	1690
KLD-250	256	3010	2710	1180	980	440	1500	206	50	57	38	2692
KLD-300	301	2950	2650	1330	1130	590	662.5	206	50	76	38	2790

安　装　说　明

1. 预制安装水盘底座和冲霜排水管及其保温。
2. 吊装冷风机并进行管道连接。
3. 安装送风口或均匀送风管。

图名	KLD、KLL、KLJ 型氨落地式冷风机安装(一)	图号	LK1—08(一)

续表

型号	冷却表面积(m^2)	主要尺寸(mm)							连接管尺寸(mm)			重量(kg)
		A	A_1	B	B_1	B_2	C	E	d_1	d_2	d_3	
KLD-350	344	3010	2710	1480	1280	740	662.5	206	50	76	57	2950
KLL-125	125	1690	1390	1180	980	440		206	50	57	38	1033
KLL-150	153	1990	1690	1180	980	440	844	206	50	57	38	1219
KLL-250	256	3010	2710	1180	980	440	1500	206	50	57	38	2692
KLL-350	344	3010	2710	1480	1280	740	850	206	50	76	57	2950
KLJ-200	204	2330	2030	1180	980	440	507.5	206	50	57	38	1690
KLJ-300	301	2950	2650	1330	1130	590	850	206	50	76	38	2790
KLJ-350	344	3010	2710	1480	1280	740	850	206	50	76	57	2950
KLJ-400	400	4430	4130	1180	980	740	1320	206	65	76	57	3122

注：d_1 为水管(公称直径)；d_2，d_3 为氨管(外径)。

附件规格及数量

型号	冷却表面积(m^2)	通风机					电动机			备注
		型号	数量(台)	风量(m^3/h)		全风压(Pa)	型号	功率(kW)		
				单台	合计			单台	合计	
KLD-100	100	T40-11 6号-4-20	1	9990	9900	204	Y90S-4	1.1	1.1	
KLD-150	153	T40-11 6号-4-25	1	12900	12900	206	Y90S-4	1.1	1.1	
KLD-200	204	T40-11 6号-4-20	2	9990	19980	204	Y90S-4	1.1	2.2	
KLD-250	256	T40-11 6号-4-20	2	9990	19980	204	Y90S-4	1.1	2.2	
KLD-300	301	T40-11 6号-4-25	2	12900	25800	206	Y90S-4	1.1	2.2	
KLD-350	344	T40-11 6号-4-30	2	13900	27800	209	Y90L-4	1.5	3.0	
KLL-125	125	T40-11 4号-6-35	1	9780	9780	560	Y90L-2	2.2	2.2	
KLL-150	153	T40-11 4号-6-35	2	9780	19560	560	Y90L-2	2.2	4.4	
KLL-250	256	T40-11 4号-6-35	2	9780	19560	560	Y90L-2	2.2	4.4	
KLL-350	344	T40-11 4号-6-35	3	9780	29340	560	Y90L-2	2.2	6.6	
KLJ-200	204	T40-11 6号-4-20	2	9990	19980	204	Y90S-4	1.1	2.2	
KLJ-300	301	T40-11 6号-4-20	3	9990	29970	204	Y90S-4	1.1	3.3	
KLJ-350	344	T40-11 6号-4-25	3	12900	38700	206	Y90S-4	1.1	3.3	
KLJ-400	400	T40-11 6号-4-35	3	15700	47100	272	100LI-4	2.2	6.6	

安 装 说 明

1.KLD 型用于冻结物冷藏间；
KLL 用于冷却物冷藏间；
KLJ 用于冻结间。

2. 风机型号中 6 号 - 4 - 20：
第一个数字为风机机号；
第二个数字为叶片数；
第三个数字为叶片角度。

图名	KLD、KLL、KLJ 型氨落地式冷风机安装(二)	图号	LK1—08(二)

外形及安装尺寸

型号		Z	K	A	A_1	B	B_1	B_2	B_3	B_4	B_5	d	H	H_1	H_2	E	F	G	C	D	R	d_1	d_2	d_3	d_4	n
DDKLD	170	1300	1000	2800	2500	1343	1040	100	100	20	1515	65	1097	1195	832	318	498	392.5	585	606	325	39	58	18	100	4
DDKLL	160	1120	1140	2748	2360	1350	1040	100	194	50	1496	50	1177	200	912	328	458	392.5	590	606	325	39	58	18	100	4
	170	1300	1000	2800	2500	1343	1040	100	100	20	1515	65	1097	119.5	832	318	448	392.5	585	606	325	39	58	18	100	4
DDKLJ	160	1120	1140	2748	2360	1350	1040	100	194	50	1496	50	1177	200	912	328	458	392.5	590	606	325	39	58	18	100	4
	170	1300	1000	2800	2500	1343	1040	100	100	20	1515	65	1097	119.5	832	318	448	392.5	585	606	325	39	58	18	100	4
SPKLJ	250	367.5	1787	2668	2680	940	920	902	712.5	260	920		2580	1784	2218	1097	1297	1400	2914						100	
	200		1585	2480	2420	920	920	902	712.5		790		2320	1784	2218	1097	1297									

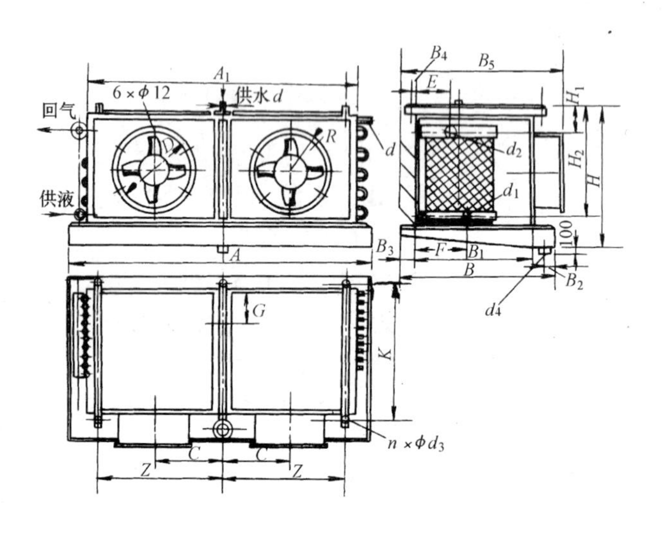

安装说明

1. 进行吊装和紧固。
2. 进行系统管道连接。
3. 风机的调整。
4. 风机吸风口离墙体距离不得小于400mm。并进行气流组织导风板安装。
5. 冲霜排水管应有足够的安装坡度。

图名	DDKLD、DDKLL、DDKLJ型单、双向氨吊顶式冷风机安装	图号	LK1—09

片距	型　　号	DL12	DL24	DL32	DL42	DL54	DL80	DL110	DL130	DL170	DL200
4mm	面积　　　(m^2)	12	24	32	42	54	80	110	130	170	200
	制冷量 $\Delta t=10$℃(W)	4180	8370	11160	14650	18840	27910	38370	45350	59300	69770
	重量　　　(kg)	50	72	81	99	128	160	206	235	298	346

片距	型　　号	DD19	DD23	DD30	DD42	DD62	DD89	DD100	DD131	DD154
8/4mm	面积　　　(m^2)	19	23	30	42	62	89	100	131	154
	制冷量 $\Delta t=10$℃(W)	5740	6950	9070	12700	18740	26910	30230	39600	46560
	重量　　　(kg)	70	79	96	125	154	200	226	286	332

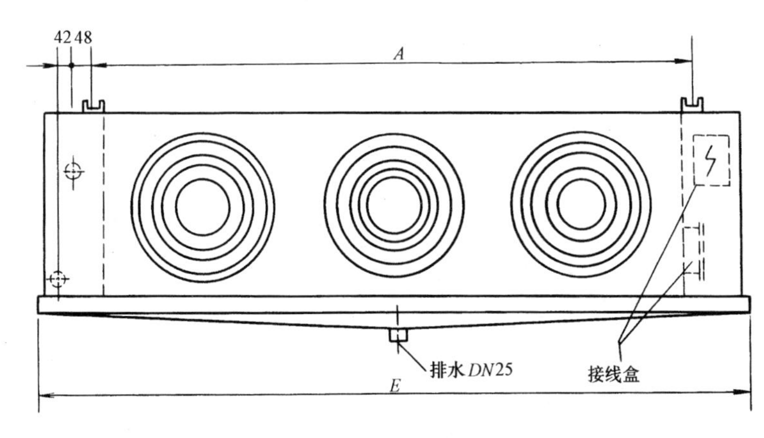

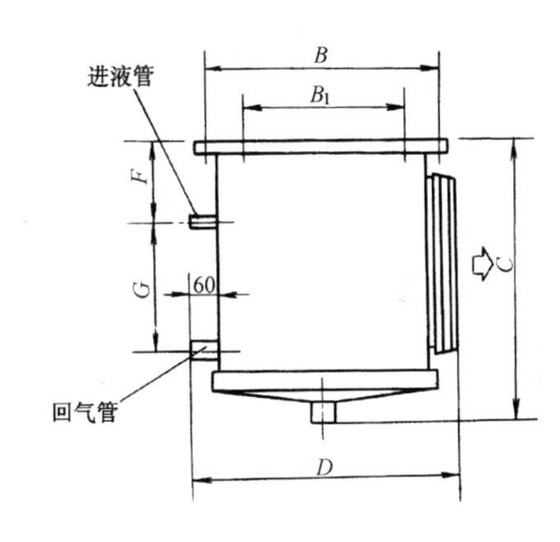

吊顶冷风机外形尺寸

安　装　说　明

1. 吊装就位后，找正找平，紧固地脚螺栓。
2. 排水管应具有足够的安装坡度。

图名	DL 型氟里昂吊顶式冷风机安装(一)	图号	LK1—10(一)

片距	型号	DJ13	DJ17	DJ23	DJ29	DJ43	DJ59	DJ70	DJ91	DJ108
8mm	面积(m^2)	13	17	23	29	43	59	70	91	108
	制冷量 $\Delta t=10℃$(W)	3320	4350	5880	7420	11000	15090	17910	23280	27630
	重量(kg)	68	77	93	122	150	194	213	278	326

除霜加热器	(kW)	2×0.8	2×1	2×1.2	2×1.4	3×1.4	4×1.2	4×1.5	4×1.6	4×1.8	4×2
	(V)	220									
水盘加热器	(kW)	0.8	1.2	1.2	1.2	1.2	1.4	1.5	1.7	2	2
	(V)	220									
风机	风量(m^3/h)	2×2000	2×2000	2×2500	3×2000	3×2500	2×4500	3×4500	4×4500	5×4500	6×4500
	风压(Pa)	78	98	127.4	98	127.4	127.4	127.4	127.4	127.4	127.1
	数量×直径 $n\times\phi$	2×ϕ250	2×ϕ330	2×ϕ350	3×ϕ330	3×ϕ350	2×ϕ450	3×ϕ450	4×ϕ450	5×ϕ450	6×ϕ450
	功率(W)	2×60	2×120	2×180	3×120	3×180	2×250	3×250	4×250	5×250	6×250
	电压(V)	380									
总功率(kW)		2.53	3.44	3.96	4.36	5.94	6.7	8.25	9.1	10.45	11.5
进液管(mm)		ϕ12×1	ϕ12×1	ϕ16×1			ϕ19×1		ϕ22×1.5		
回气管(mm)		ϕ25×1.5	ϕ25×1.5	ϕ38×2			ϕ45×2.5		ϕ50×2.5		
外形(mm)	A	706	1098	1082	1370	1490	1386	1890	2210	2906	3410
	B					510	580	580	580	580	580
	B_1	260	260	300	300						
	C	438	514	552	552	577	653	653	653	653	653
	D	530	530	560	560	590	660	660	660	660	660
	E	996	1388	1372	1660	1780	1676	2180	2500	3196	3700
	F	100	100	120	120	185	185	185	185	185	185
	G	201	277	306	306	255	334	334	334	334	334
螺栓		M12				M16					

图名	DL型氟里昂吊顶式冷风机安装(二)	图号	LK1—10(二)

安 装 说 明

DL型的氟里昂吊顶冷风机是一种用于冷藏库的冷却降温设备。适用于冷藏库的肉类和鱼类急冻间及冷藏库的一般冷藏间。吊顶冷风机采用套片翅片管，传热系数高，冷却效果好，结构紧凑，重量轻，安装方便。

外形尺寸和安装尺寸

型号	外形尺寸(mm)			安装尺寸(mm)				
	L	*W*	*H*	*A*	*B*	*C*	*D*	*E*
DL25	1020	830	830	510	460	188	420	762
DL50	1550	830	830	510	460	188	420	1292
DL100	1515	1360	880	1060	980	580	940	1310
DL150	1560	1460	980	1168	1088	695	1050	1310

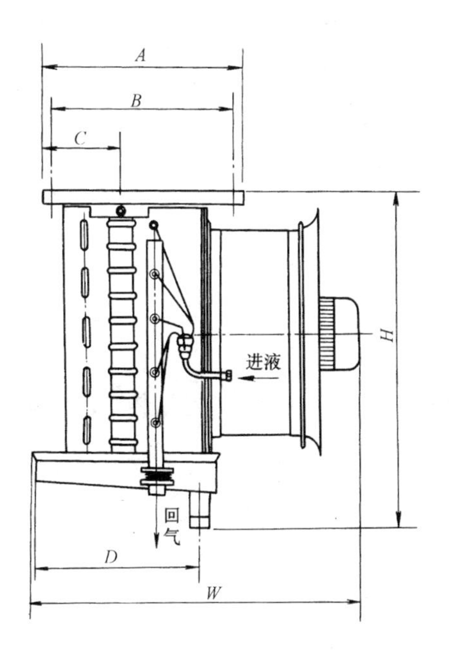

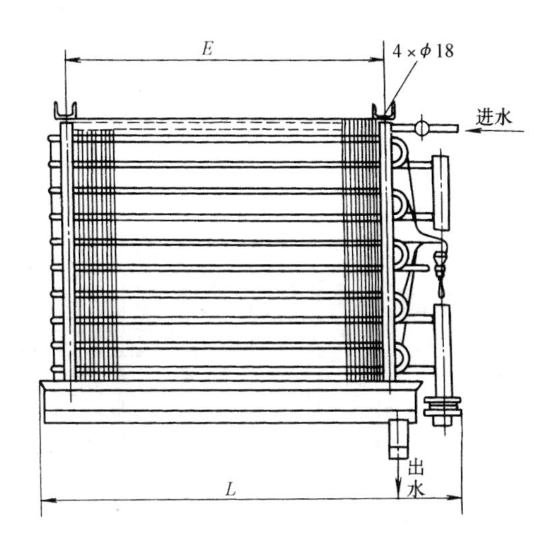

DL $^{25}_{50}$ 型

图名	DL型氟里昂吊顶式冷风机安装(一)	图号	LK1—11(一)

主要技术参数

型　　号	DL25	DL50	DL100	DL150
冷却面积(m^2)	25	45	104	157
进液管直径(紫铜管)(mm)	16×1	16×1	19×1.5	19×1.5
回气管直径(无缝钢管)(mm)	38×3	38×3	51×3	51×3
融箱进水管直径 *DN*(mm)	20	20	32	40
融箱排水管直径 *DN*(mm)	40	40	75	75
通风机型号	30k4-11　5号-4-25°	30k4-11　5号-4-25°	T40-Ⅰ　5号-4-35°	T40-Ⅰ　5号-4-35°
通风机风量(m^3/h)	6500	2×6500	2×9090	2×9090
通风机风压(Pa)	124	124	188	188
电动机功率(kW)	0.6	2×0.6	2×0.8	2×0.8
电动机转速(r/min)	1450	1450	1450	1450
电动机电压(V)	380	380	380	380
总重量(kg)	120	200	450	600

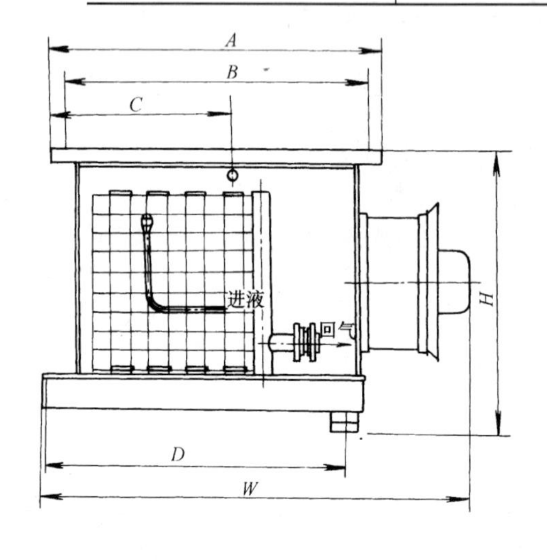

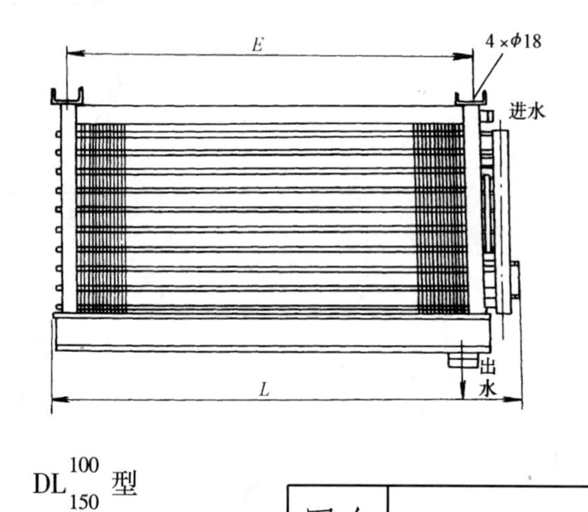

DL $^{100}_{150}$ 型

安　装　说　明

1. 风机吸风口离墙面距离不得小于400mm。

2. 冲霜排水管应有足够的坡度。

图名	DL型氟里昂吊顶式冷风机安装(二)	图号	LK1—11(二)

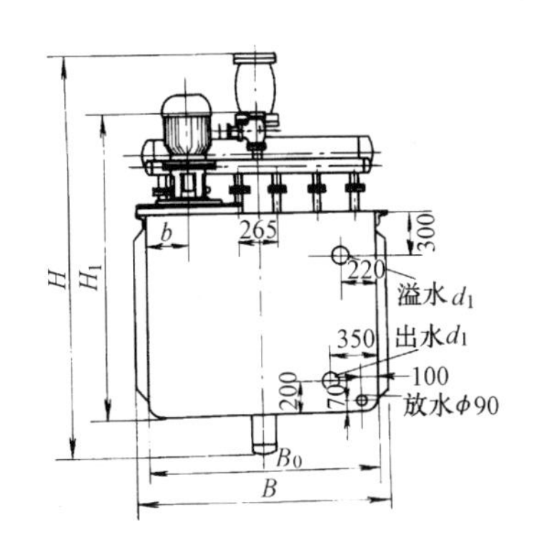

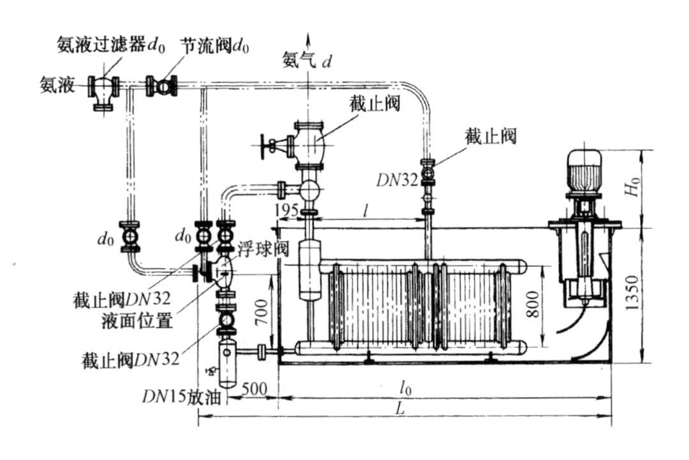

进水方位

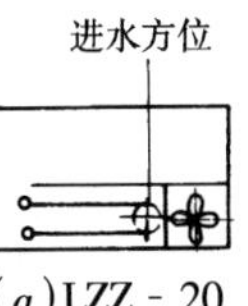

(a)LZZ-20

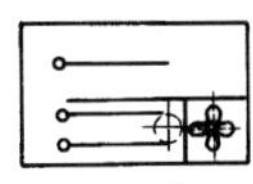

(b)LZZ-30

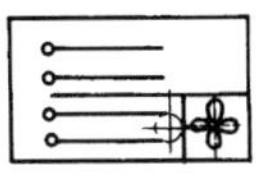

(c)LZZ-40

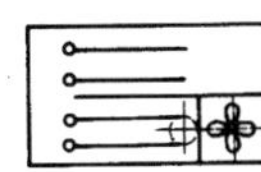

(d)LZZ-60

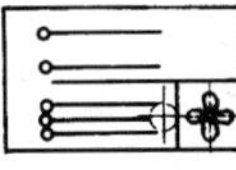

(e)LZZ-75

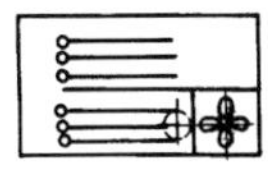

(f)LZZ-90

排列方式

技 术 数 据

型号	蒸发面积 (m^2)	蒸发排管数	氨管接口 (mm)		水管接口 (mm)	水箱内净尺寸(mm)		外形尺寸(mm)				主要尺寸(mm)			重量(kg)
			d_0	d	d_1	l_0	B_0	L	B	H	H_1	l	b	H_0	
LZZ-20	20	2×10	15	65	90	3510	805	4345	931	2277	1857	1310	263	675	1970
LZZ-30	30	3×10	20	65	90	3510	845	4345	971	2277	1857	1310	263	675	2375
LZZ-40	40	4×10	20	80	90	3510	1065	4345	1191	2317	1857	1310	263	710	2850
LZZ-60	60	4×15	25	100	90	4810	1065	5645	1191	2369	1876	2130	263	710	3340
LZZ-75	75	5×15	25	100	110	4810	1330	5657	1480	2369	1876	2130	395	750	3955
LZZ-90	90	6×15	32	125	110	4810	1595	5657	1745	2479	1889	2130	395	750	4540

图名	LZZ型立管式盐水蒸发器安装	图号	LK1—12

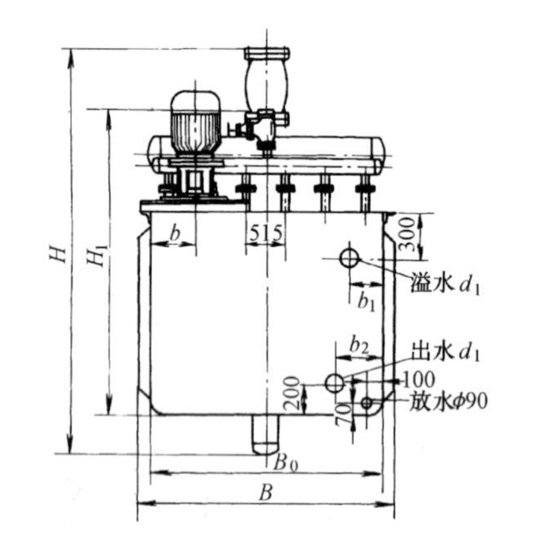

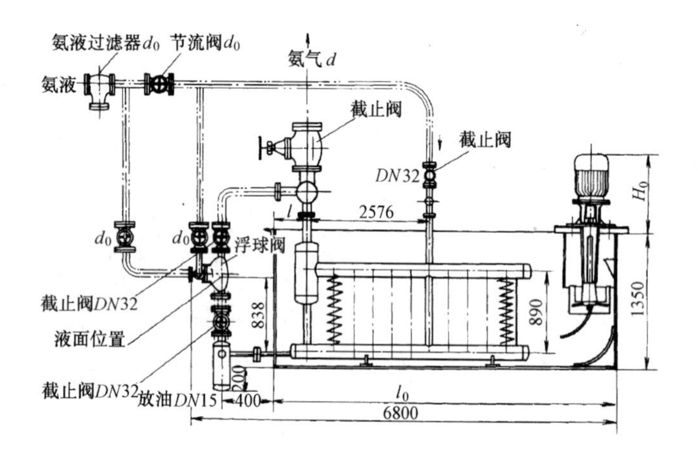

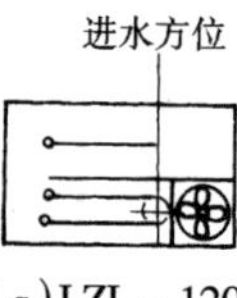

(a)LZL-120

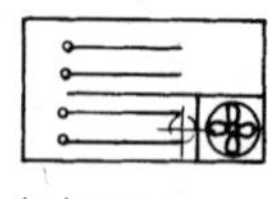

(b)LZL-160

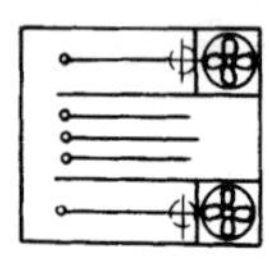

(c)LZL-200

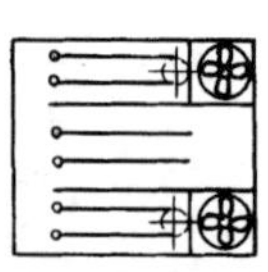

(d)LZL-240

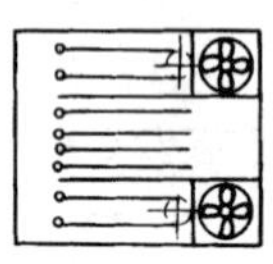

(e)LZL-320

排列方式

技 术 数 据

型号	蒸发面积(m^2)	蒸发排管数	氨管接口(mm)		水管接口(mm)	水箱尺寸(mm)		外形尺寸(mm)				主要尺寸(mm)				重量(kg)
			d_0	d	d_1	l_0	B_0	H	H_1	B	l	b	b_1	b_2	H_0	
LZL-120	120	3×40	32	150	110	6010	1580	2626	1951	1706	195	510	220	350	727	4700
LZL-160	160	4×40	32	150	110	6010	2055	2626	1670	2181	195	510	400	600	727	6400
LZL-200	200	5×40	32	2×125	135	5980	2570	2546	1670	2696	195	253	900	1520	687	8000
LZL-240	240	6×40	50	2×125	135	5974	3081	2546	1670	3217	195	510	1420	1778	687	10000
LZL-320	320	8×40	50	2×150	135	5974	4121	2626	1670	4247	195	510	1420	2293	727	13000

图名	LZL 型螺旋管立式盐水蒸发器安装	图号	LK1—13

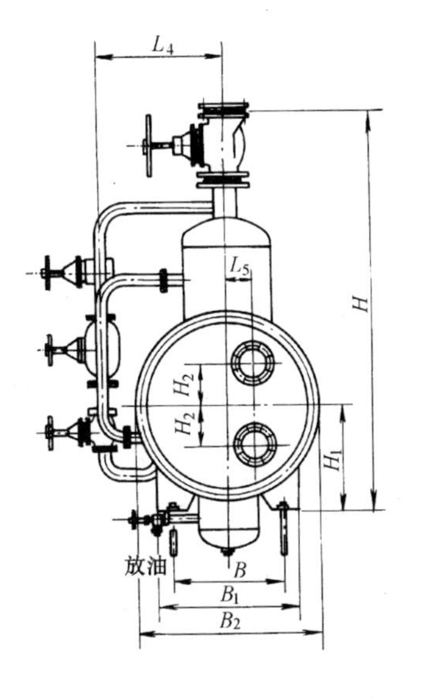

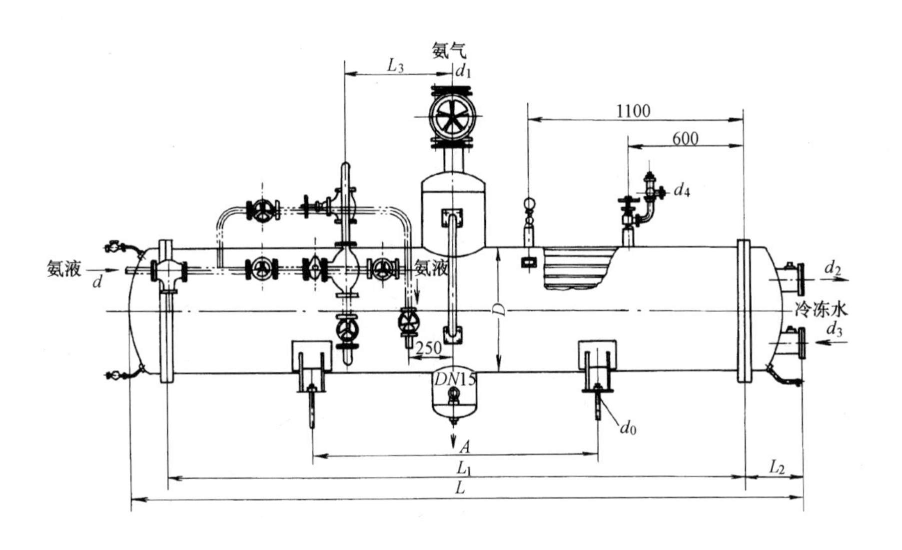

安　装　说　明

1. 在混凝土基础上吊装就位，垫热沥青浸煮过的硬杂木，进行二次灌浆，待水泥砂浆强度达到后，校正卧式蒸发器水平度，并拧紧地脚螺栓。

2. 正确连接系统管道，经试压检漏合格后，进行保温。

图名	DWZ 型卧式壳管式盐水蒸发器安装(一)	图号	LK1—14(一)

技　术　数　据

型号	换热面积(m^2)	容器类别	外形尺寸(mm)				壳体尺寸(mm)		接管公称直径(mm)				支座尺寸(mm)			主要尺寸(mm)					
			L	B_2	H	H_1	L_1	D	d	d_1	d_2、d_3	d_4	A	B	B_1	L_2	L_3	L_4	L_5	H_2	d_0
DWZ-25	25	H_2-2	3520	750	1566	420	3000	600	20	65	65	15	1500	450	530	325	600	580	97	160	23
DWZ-32	32	H_2-2	4520	750	1566	420	4000	600	20	65	65	15	2000	450	530	325	600	580	97	160	23
DWZ-50	50	H_2-2	4520	850	1722	460	4000	700	25	80	80	15	2000	520	600	325	750	620	80	235	23
DWZ-65	65	H_2-2	5520	850	1722	460	5000	700	25	80	100	15	3000	520	600	325	750	620	80	235	23
DWZ-90	90	H_2-2	4670	1050	2125	525	4000	900	32	125	125	15	2000	620	720	415	710	720	100	250	23
DWZ-110	110	H_2-2	5670	1050	2125	525	5000	900	32	125	125	15	3000	620	720	415	710	720	100	250	23
DWZ-150	150	H_2-2	4710	1350	2690	685	4000	1200	32	150	200	20	2000	900	1020	420	790	900	180	360	23
DWZ-180	180	H_2-2	5710	1350	2690	685	5000	1200	32	150	200	20	3000	900	1020	420	800	900	180	360	23
DWZ-200	200	H_2-2	6210	1350	2690	685	5500	1200	32	150	200	20	3200	900	1020	420	800	900	180	360	23
DWZ-250	250	H_2-2	5718	1550	3175	850	5000	1400	50	200	250	25	3000	1100	1220	429	800	950	180	435	23
DWZ-300	300	H_2-2	6718	1550	3175	850	6000	1400	50	200	250	25	4000	1100	1220	429	800	950	180	435	23
DWZ-360	360	H_2-2	6125	1750	3525	1100	5200	1600	50	200	300	25	3200	1300	1440	555	800	1070	250	490	23
DWZ-420	420	H_2-2	6925	1750	3525	1100	6000	1600	50	200	300	25	4000	1300	1440	555	800	1070	250	490	23

图名	DWZ 型卧式壳管式盐水蒸发器安装(二)	图号	LK1—14(二)

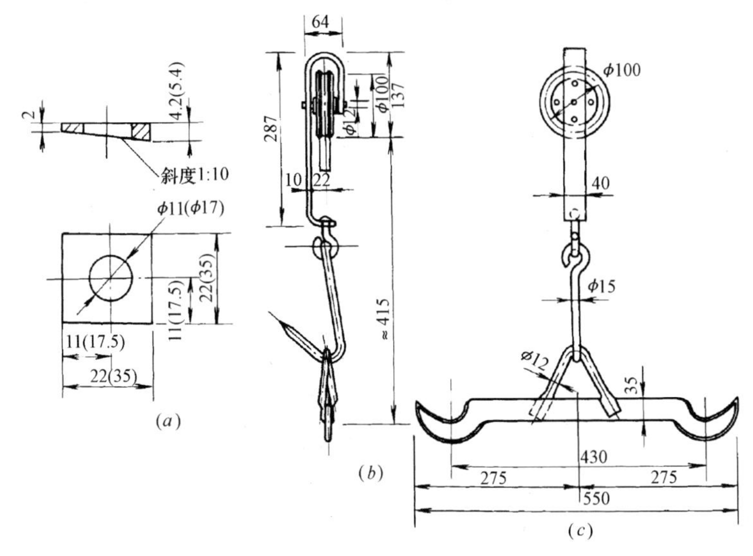

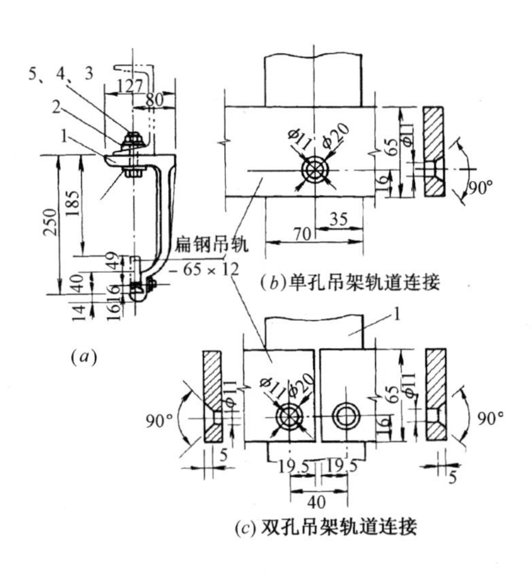

(B)轨道零件安装

1—吊架；2—斜垫圈；3—螺栓；

4—螺母；5—弹簧垫圈

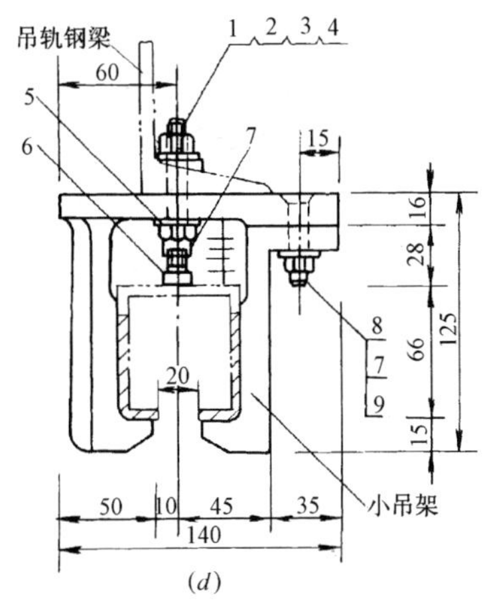

(A)吊架轨道连接

1—螺栓；2—螺母；3—弹簧垫圈；4—槽钢用方斜垫圈；

5—垫圈；6—顶丝；7—螺母；8—沉头螺栓；9—弹簧垫圈

安 装 说 明

1. 按施工图加工焊制16号槽钢架，并吊装至安装标高，与预埋吊点拉结焊牢。

2. 在槽钢架底部安装吊码、箱形轨道、传送链条和吊轨以及滚轮、挂钩、叉挡或吊笼。

图名	冻结间、冷却间传送轨道零件安装	图号	LK1—15

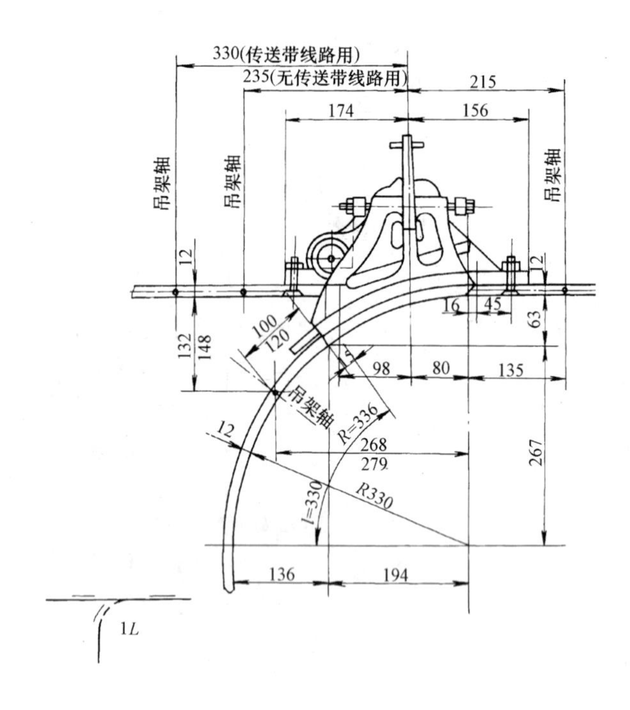

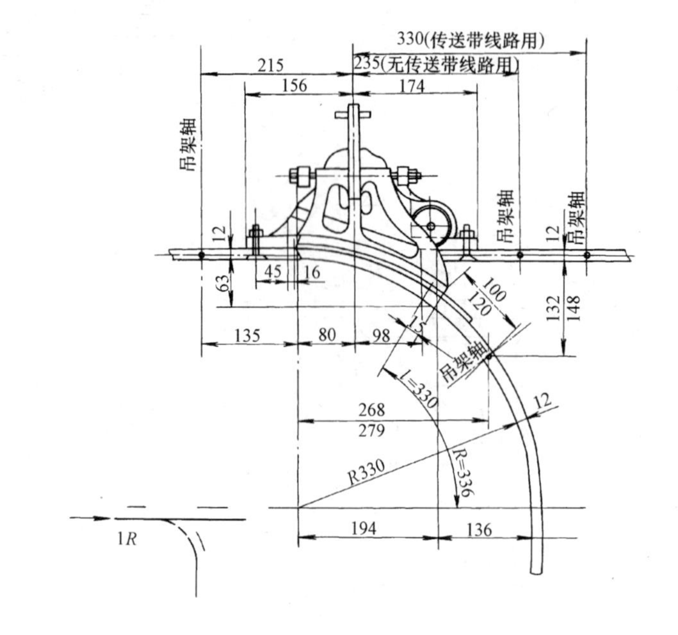

安 装 说 明

根据传送轨道不同的转弯方向，选用不同的道岔(1*L*、1*R* 和 2*L*、2*R*)。

图名	冻结间、冷却间传送轨道道岔(1*L*、1*R*)安装	图号	LK1—16

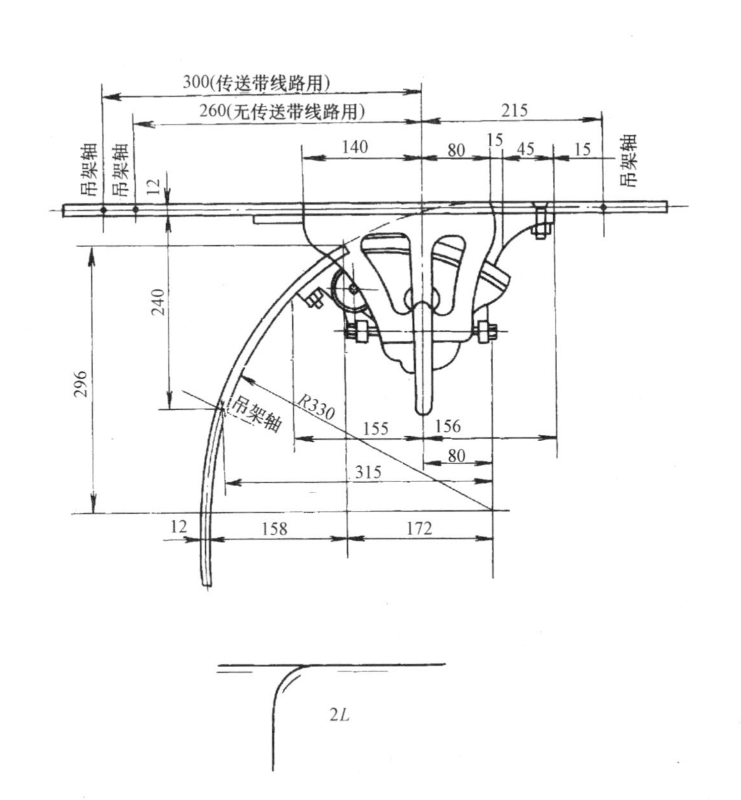

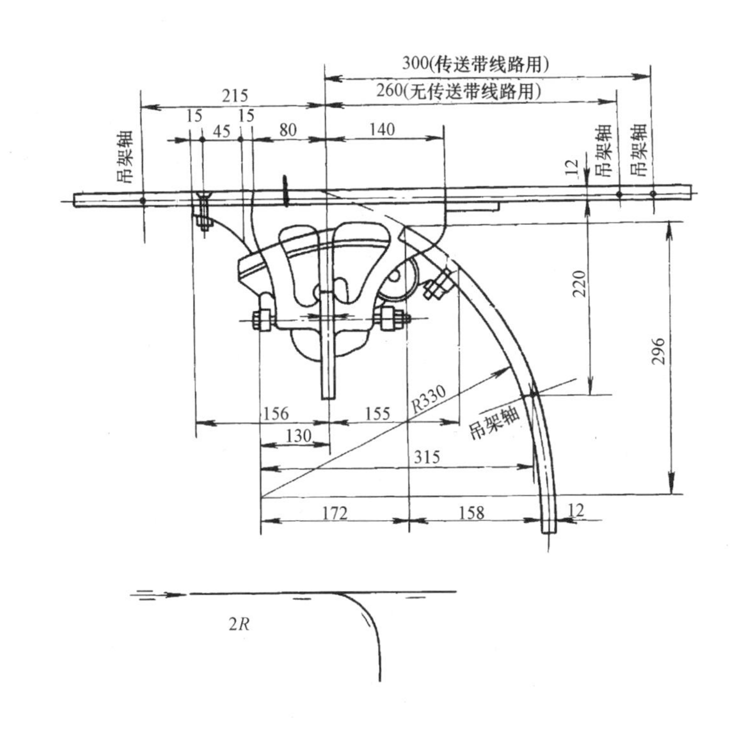

安 装 说 明

根据传送轨道不同的转弯方向，选用不同的道岔(1*L*、1*R* 和 2*L*、2*R*)。

图名	冻结间、冷却间传送轨道道岔(2*L*、2*R*)安装	图号	LK1—17

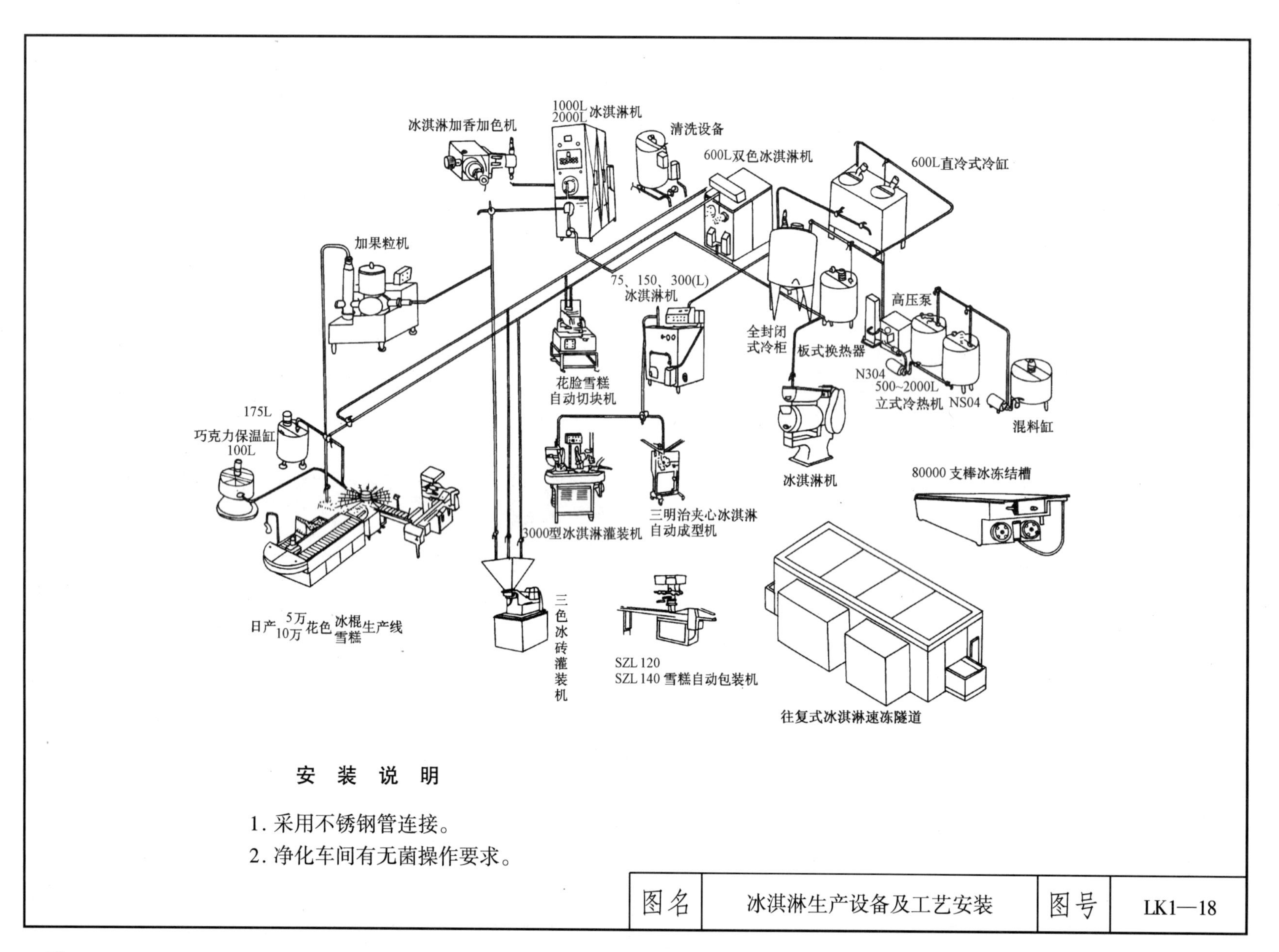

安 装 说 明

1. 采用不锈钢管连接。
2. 净化车间有无菌操作要求。

图名	冰淇淋生产设备及工艺安装	图号	LK1—18

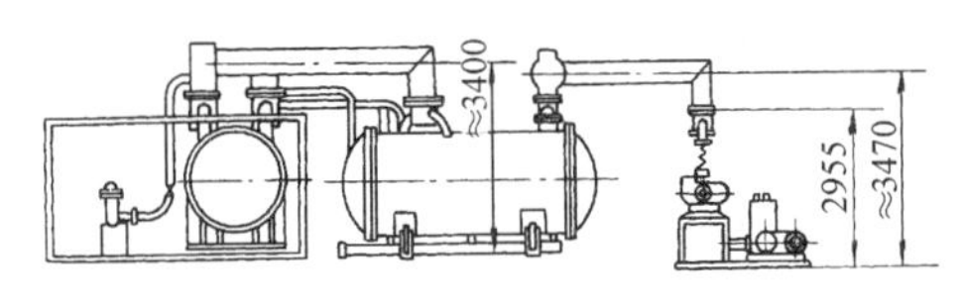

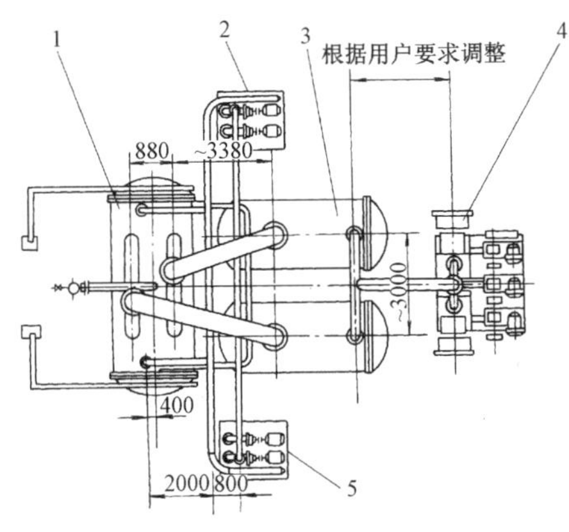

1—干燥仓；2—冷却器；3—水凝结仓；
4—真空泵机组；5—加热器

DG 系列真空冷冻干燥装置

安 装 说 明

1. 目前“冻干机”型号尚未完全统一，安装时应按厂家要求进行。

2. 调试时先将被干燥物料速冻至中心温度 -18～-45℃形成冰晶，再调定真空度和加热度，使冰直接升华为水蒸气去除物料内部水分而获得优质干燥物。

DG 系列装置主要技术参数

项目 \ 参数 \ 型号		DG-55	DG-80	DG-100	DG-150	DG-200
捕水能力(kg)		700	800	1000	1500	2000
干燥面积(m^2)		55	80	100	150	200
干燥盘规格 $L \times W \times H$(mm)		650×470×30	650×470×30	650×470×30	650×470×30	650×470×30
干燥盘数量(盘)		182	260	338	494	650
干燥层数(层)		13	13	13	13	13
加热温度(℃)		常温～+100				
干燥仓尺寸(mm)		ϕ2200×4990	ϕ2200×6400	ϕ2200×7810	ϕ2200×10630	ϕ2200×13500
真空度(Pa)		100～130				
水凝结仓尺寸(mm)		ϕ2200×5250 1 台	ϕ2200×5250 2 台	ϕ2200×6700 2 台	ϕ2200×9500 2 台	ϕ2200×12350 2 台
耗冷量(kW) +35℃/-40℃		75	105	155	210	280
装机功率(kW)		57	67	77	89	112
加热形式	蒸汽加热耗汽量(kg/h)	190	260	340	420	560
	电加热功率(kW)	80	120	180	240	320
冲霜水耗水量(m^3/h)		8	12	18	24	32
制冷剂		R717 或 R22				
总重(t)		48	54	62	94	124

图名	DG 系列真空冷冻干燥机安装	图号	LK1—19

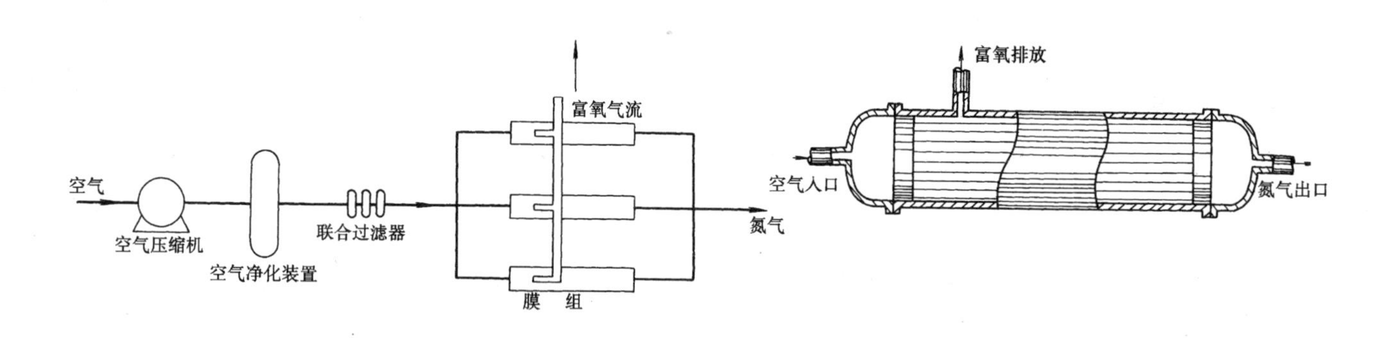

安 装 说 明

1. 制氮系统由空压机，空气净化装置，制氮机(联合过滤器，膜组，电气控制)联结组合而成。CA系列制氮机采用美国进口原装中空纤维膜组。

2. CA系列制氮机主要性能

(1)氮气产量：10～1000Nm^3/h；

(2)标准纯度：95%～99.9%；

(3)CO_2含量：<1%；

(4)运行压力：1.3MPa；

(5)氧气控制精度：<0.2%。

3. 配套产品

(1)CN系列和CN-J系列二氧化碳脱除机；

(2)CNT-101二氧化碳测试仪；

(3)CNO-102氧测试仪；

(4)CNJK系列检测控制计算机。

CA系列中空纤维制氮机

型号	氮气产量(Nm^3/h)					外形尺寸(cm)
	95%	96%	97%	98%	99%	$L\times W\times H$
CA15	15	13	11	9	6	65×70×196
CA30	30	26	22	17	12	70×80×196
CA45	45	39	33	26	18	70×80×196
CA60	60	52	44	34	24	70×80×196
CA75	75	65	55	43	30	90×80×196
CA90	90	78	60	52	36	90×80×196

图名	气调设备CA系列中空纤维制氮机安装	图号	LK1—20

195 系列碳分子筛制氮设备

型号	氮气纯度 N_2(%)	产气量 (Nm^3/h)	外形尺寸			空压机	
			A(长)L	B(宽)W	H(高)H	(m^3/min)	功率(kW)
TD-Q5/95	95~98	5	1000	600	1200	0.42	≈3
TD-Q10/95	95~98	10	1200	800	1700	0.6	5.5
TD-Q20/95	95~98	20	1600	1200	2000	1.2	11.0
TD-Q50/95	95~98	50	2200	1800	2700	3.0	30
TD-Q75/95	95~98	75	2200	1800	2800	3.4	30
TD-Q100/95	95~98	100	2200	1800	3000	6.36	45
TD-Q200/95	95~98	200	2200	1800	3200	10	75

290 系列碳分子筛制氮设备

型号	氮气纯度 N_2(%)	产气量 (Nm^3/h)	外形尺寸(mm)			空压机	
			A(长)L	B(宽)W	H(高)H	(m^3/min)	功率(kW)
TD-G50/99	98~99	50	2200	1800	2700	3.4	30
TD-G100/99	98~99	100	2200	1800	3000	6.36	45
TD-G200/99	98~99	200	2200	1800	3200	12	75
TD-G300/99	98~99	300	2200	1800	3800	12	75
TD-G500/99	98~99	500	2200	1800	4200	20	130

495 系列碳分子筛制氮设备

型号	氮气纯度 N_2(%)	产氮量(Nm^3/h)
TD-R5/99.5	99.5~99.999	5
TD-R10/99.5	99.5~99.999	10
TD-R25/99.5	99.5~99.999	25
TD-R50/99.5	99.5~99.999	50
TD-R 制氮设备+纯化装置		

PSA 制氧装置

型号	产氧量(Nm^3/h)	氧气纯度 O_2(%)
TY-D5/80	5	70~80
TY-D10/80	10	70~80
TY-D20/80	20	70~80
TY-D30/60	30	50~60
TY-D50/60	50	50~60

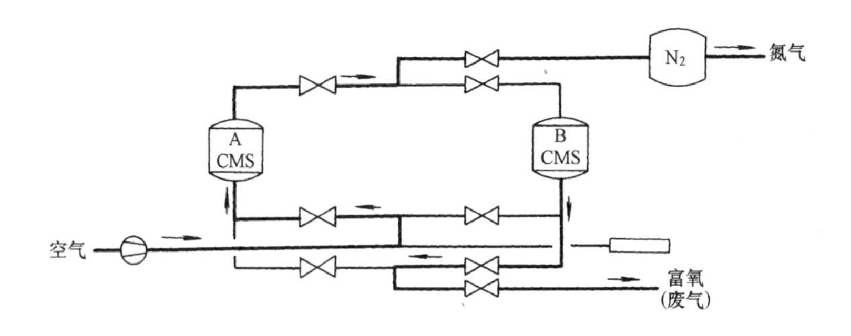

图名	气调设备 PSA 碳分子筛制氮机安装	图号	LK1—21

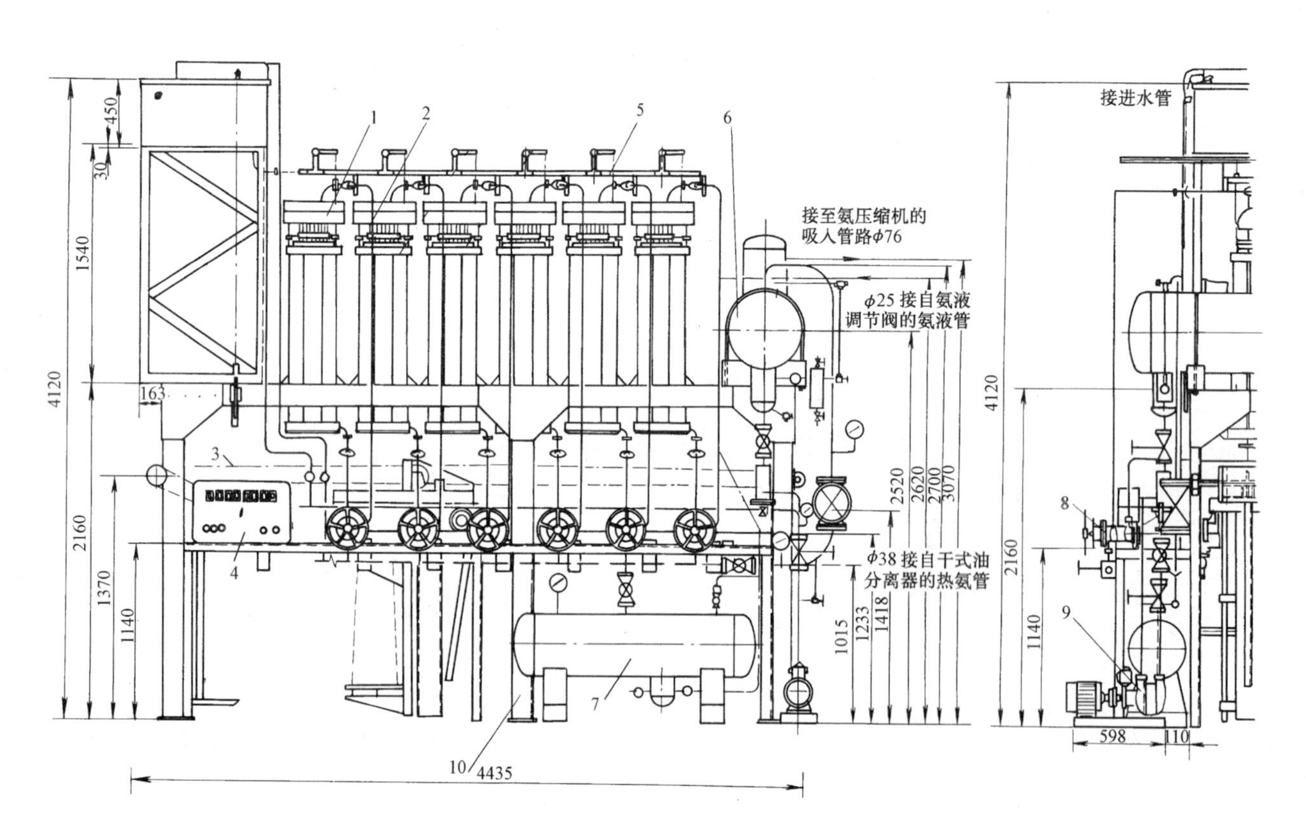

AJB-15/24型快速制冰机

1—冰桶；2—管道；3—运冰小车；4—配电箱；5—加水装置；6—氨液分离器；7—排液桶；8—多路阀；9—氨泵；10—主架

安 装 说 明

1. 采用指形蒸发器和多路阀进行快速制冰和融冰。
2. 整机安装、整机调试。

图名	AJB-15/24型快速制冰机安装	图号	LK1—22

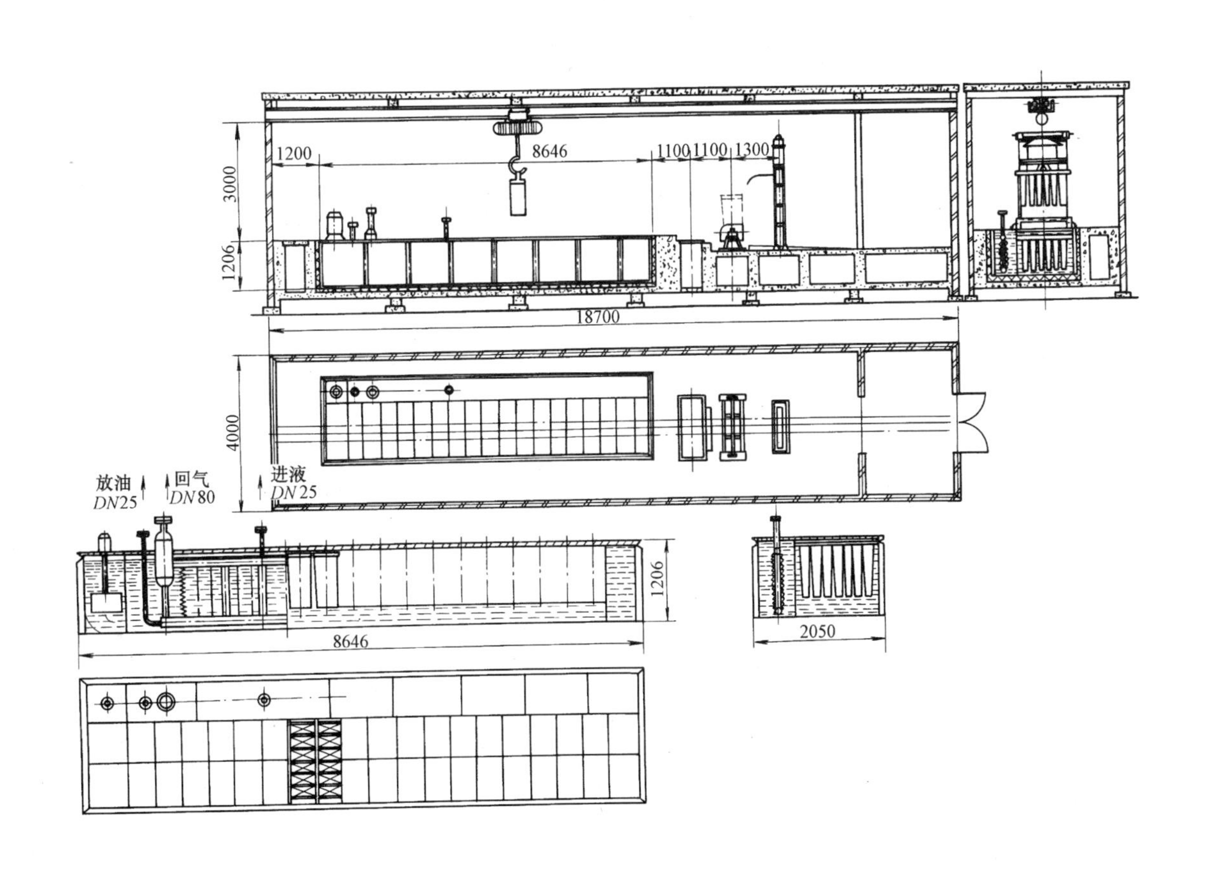

安 装 说 明

1. 日产 5t 盐水制冰全套设备。
2. 现场组装调试。

图名	5t/24h 制冰池安装	图号	LK1—23

外　形　尺　寸　(mm)

型号	L	L_1	L_2	L_3	d_1	d_2	d_3	型号	L	L_1	L_2	L_3	d_1	d_2	d_3
ZB10/50	8446	8334	1756	390	25	80	25	ZB20/50	15118	15006	3096	390	25	80	25
ZB15/50	11782	11670	1896	390	25	80	25	ZB30/50	22346	22234	4608	390	25	80	25

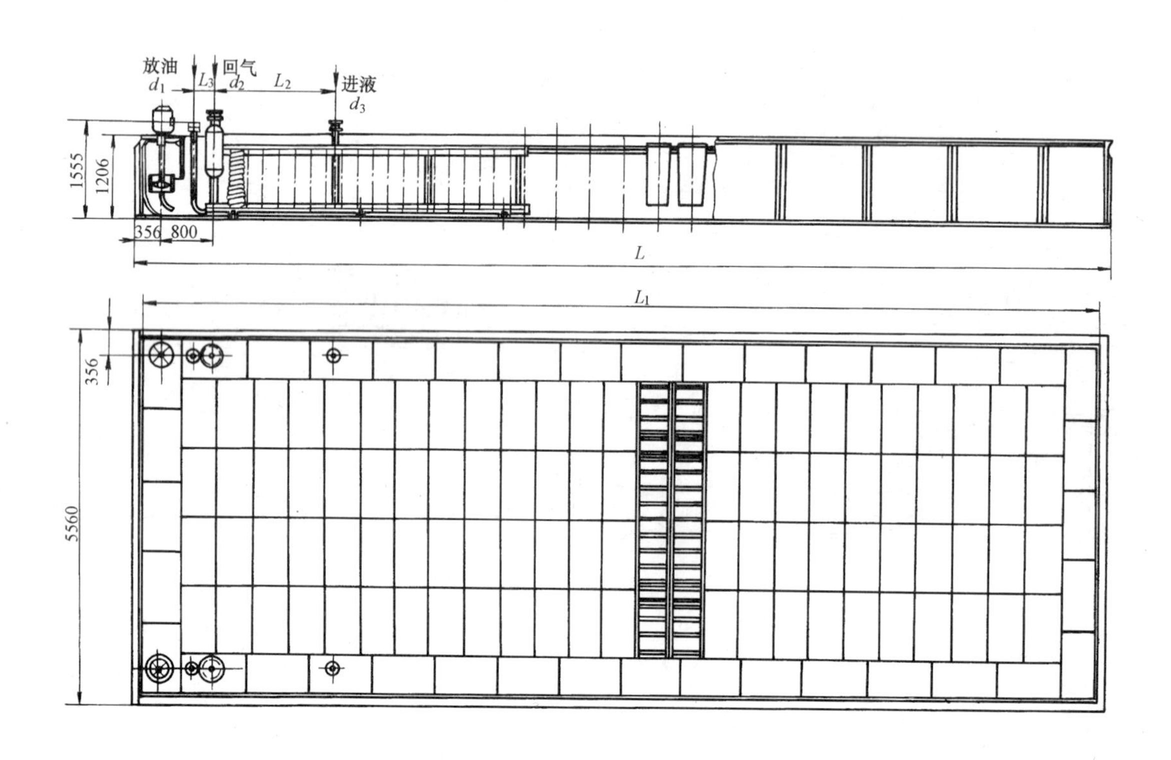

图名	10、15、20、30t/24h 制冰池安装	图号	LK1—24

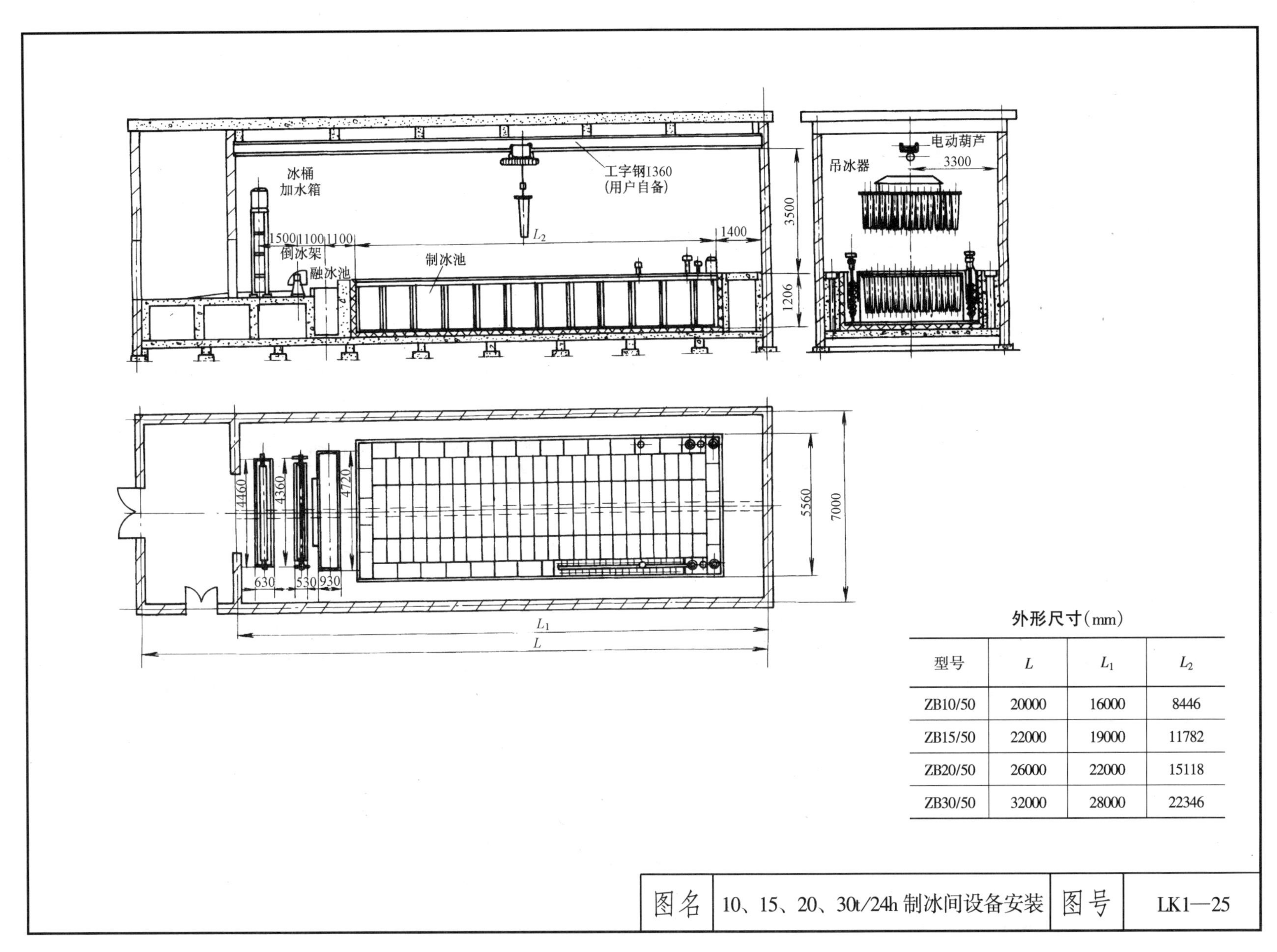

外形尺寸(mm)

型号	L	L_1	L_2
ZB10/50	20000	16000	8446
ZB15/50	22000	19000	11782
ZB20/50	26000	22000	15118
ZB30/50	32000	28000	22346

图名	10、15、20、30t/24h 制冰间设备安装	图号	LK1—25

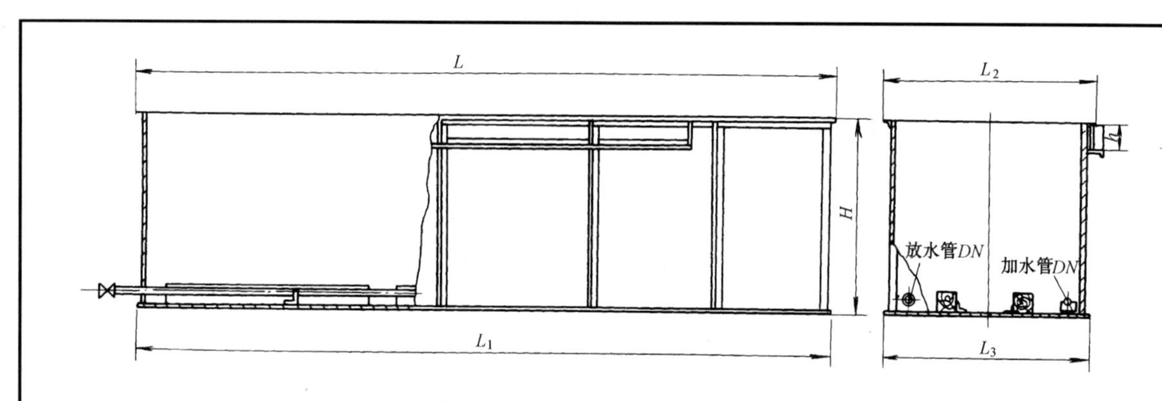

(a)5、10、15、20、30t/24h 融冰池

外　　形　　尺　　寸(mm)

型号	L	L_1	L_2	L_3	H	h	加水 DN	放水 DN
ZB5/25	1660	1570	710	620	1200	210	40	50
ZB20/50	4720	4650	930	850	1200	210	50	50

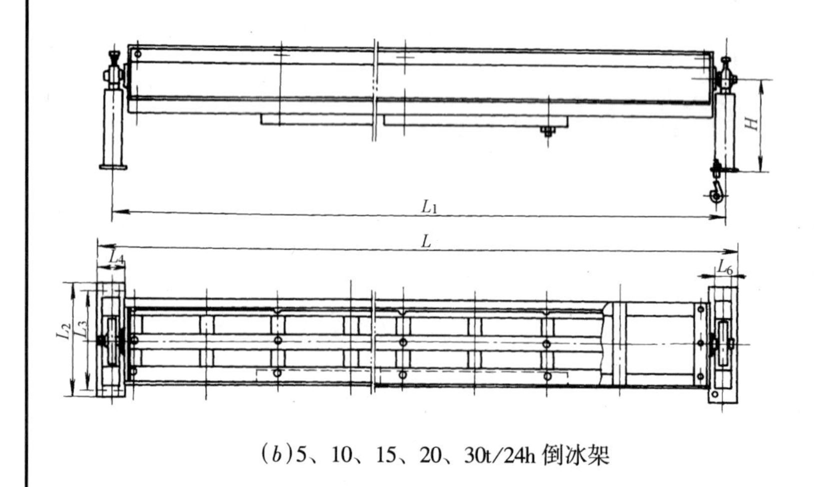

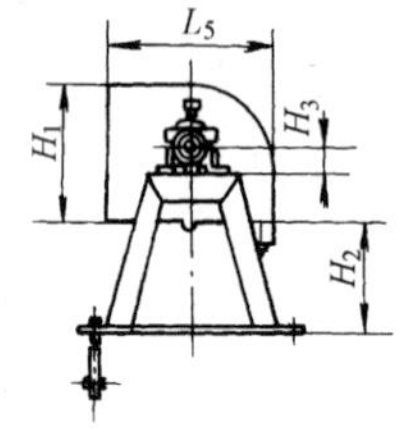

(b)5、10、15、20、30t/24h 倒冰架

外　　形　　尺　　寸(mm)

型号	L	L_1	L_2	L_3	L_4	L_5	L_6
ZB5/25	1651	1500	600	530	150	451	90
ZB20/50	4510	4360	500	530	150	451	90

型号	H	H_1	H_2	H_3	地脚螺栓
ZB5/25	470	350	270	70	M20×220
ZB20/50	470	350	270	70	M20×220

图名	10、15、20、30t/24h 融冰池、倒冰架安装	图号	LK1—26

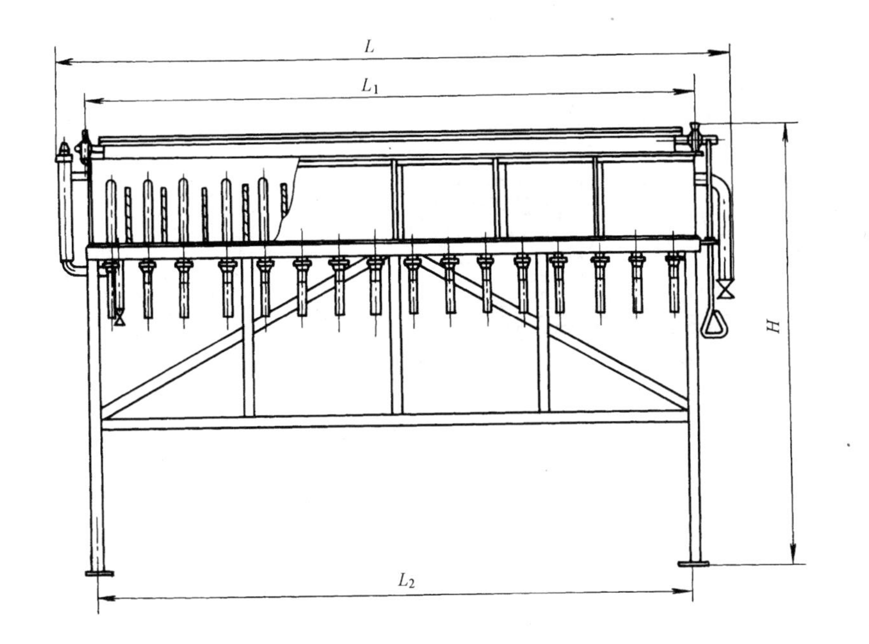

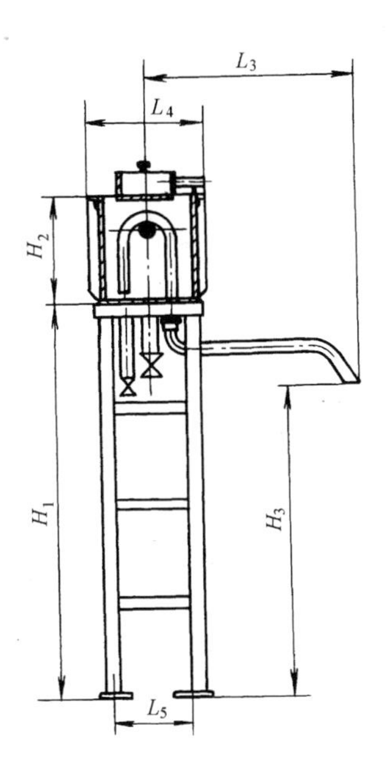

型　　号	L(mm)	L_1(mm)	L_2(mm)	L_3(mm)	L_4(mm)	L_5(mm)	H(mm)	H_1(mm)	H_2(mm)	H_3(mm)	管　　数	地脚螺栓
ZB5/25	1634	1249	1093	981	430	215	2800	2100	555	1720	6	M20×300
ZB20/50	4460	4115	3933	1115	630	388	2800	2100	555	1720	16	M20×300

图名	10、15、20、30t/24h 冰桶加水箱安装	图号	LK1—27

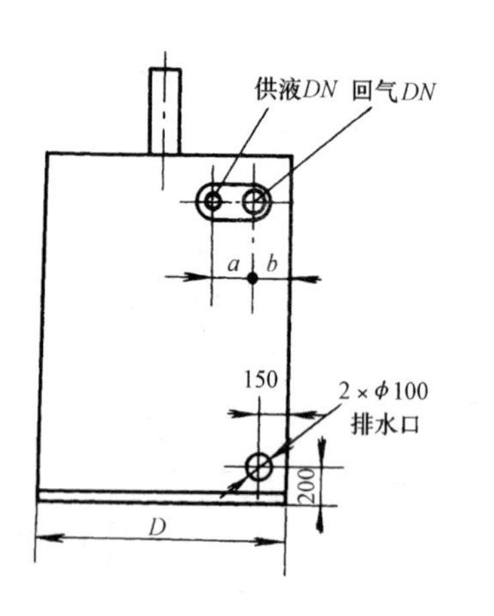

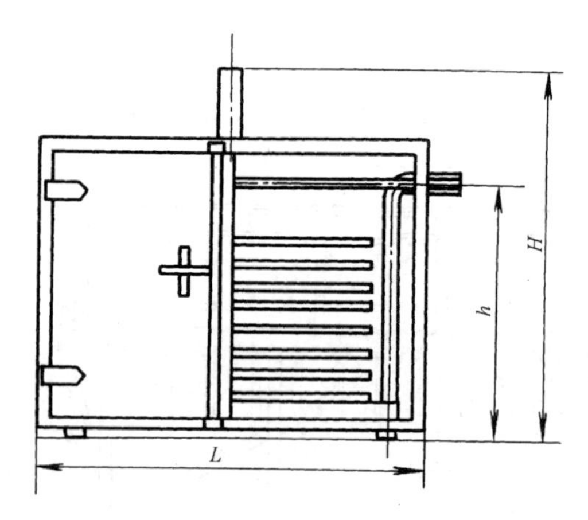

主 要 外 形 尺 寸(mm)

型　　号	LPF500	LPF750	LPF1000
L	3000	3000	3000
D	1500	1500	1900
H	2400	3200	3200
h	1800	2240	2240
供液管 *DN*	20	20	25
回气管 *DN*	50	50	65
a	160	160	160
b	500	600	600

图名	LPF 系列平板速冻机安装	图号	LK1—28

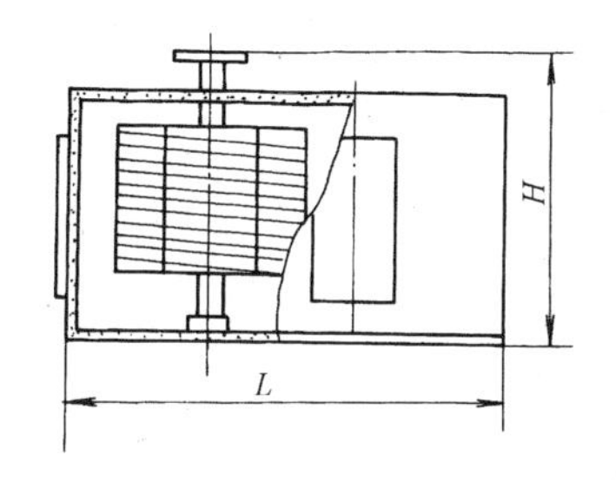

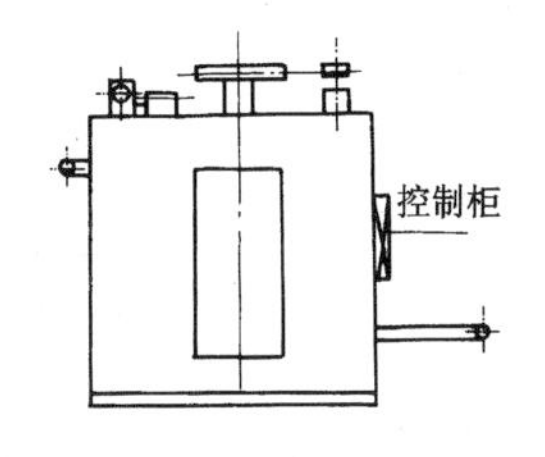

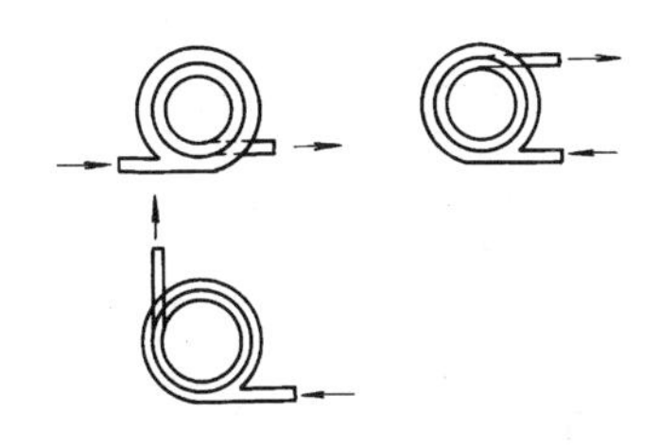

(a)DS_1型结构形式

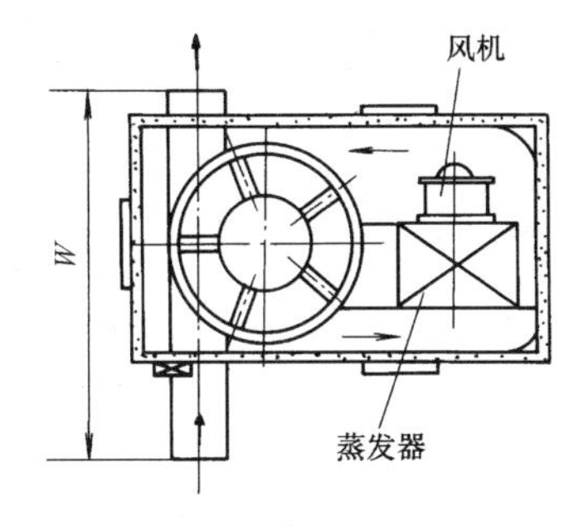

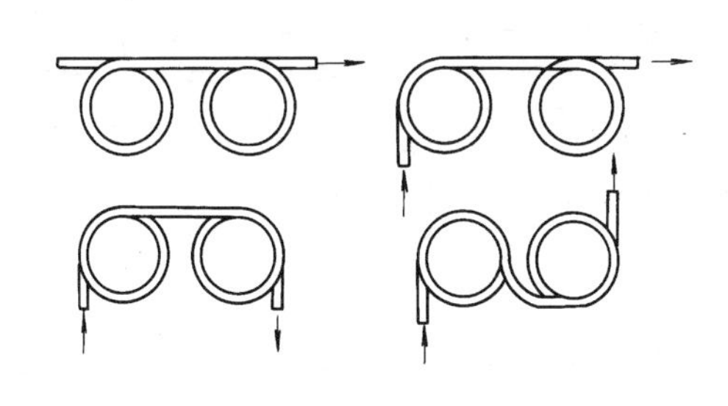

(b)DS_2型结构形式

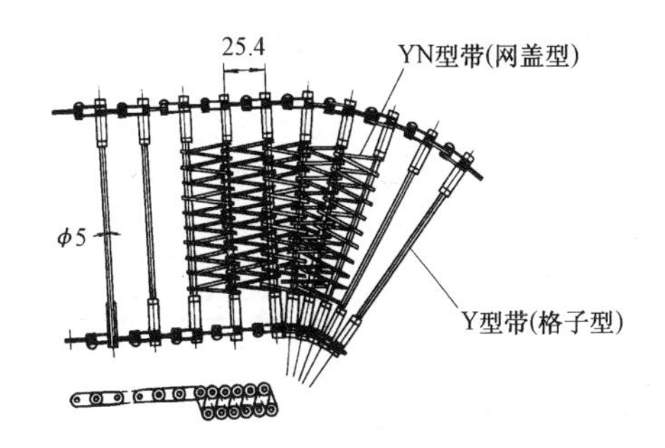

参数 型号 项目	DS_1 套筒型			DS_2 并列型			
	DS_1-500	DS_1-1000	DS_1-1500	DS_2-500	DS_2-1000	DS_2-1500	DS_2-2000
冻结能力(kg/h)	500	1000	1500	500	1000	1500	2000
外形尺寸(m) $L\times W\times H$	6.24×4.24×2.4	6.24×4.24×3.24	6.24×4.24×3.44	8.24×4.24×2.4	8.24×4.24×3.24	8.24×4.24×3.44	10.24×4.24×3.64

图名	DS系列螺旋速冻机安装	图号	LK1—29

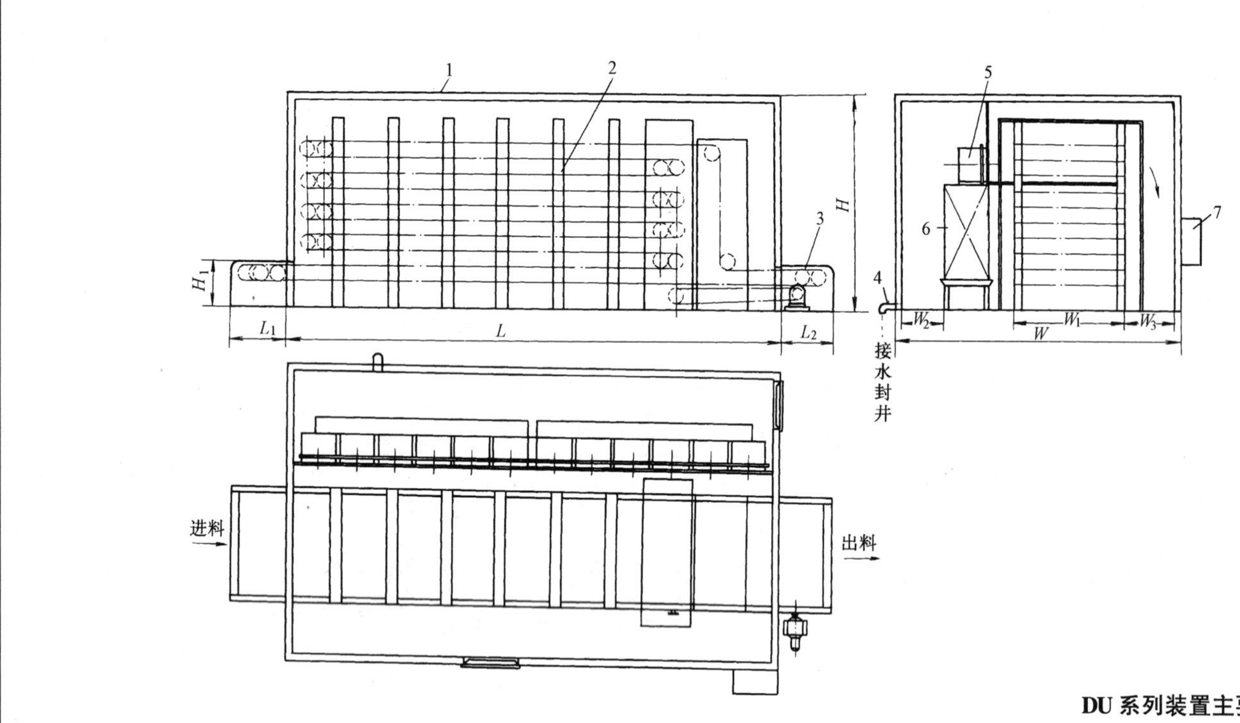

1—围护结构：2—往复平移机构；3—电机减速机；
4—下水管；5—风机；6—蒸发器；7—电控柜

DU系列装置主要尺寸(mm)

型号＼尺寸	L	L_1	L_2	W	W_1	W_2	W_3	H	H_1
DU-300	6240	1000	1000	5240	2000	600	700	3500	800
DU-500	9240	1000	1000	5240	2000	600	700	3500	800
DU-1000	12240	1000	1000	5640	2000	600	700	3500	800
DU-1500	18240	1000	1000	5640	2000	600	700	3500	800
DU-2000	22240	1000	1000	5640	2000	600	700	3500	800

图名	DU系列多层往复式速冰机安装	图号	LK1—30

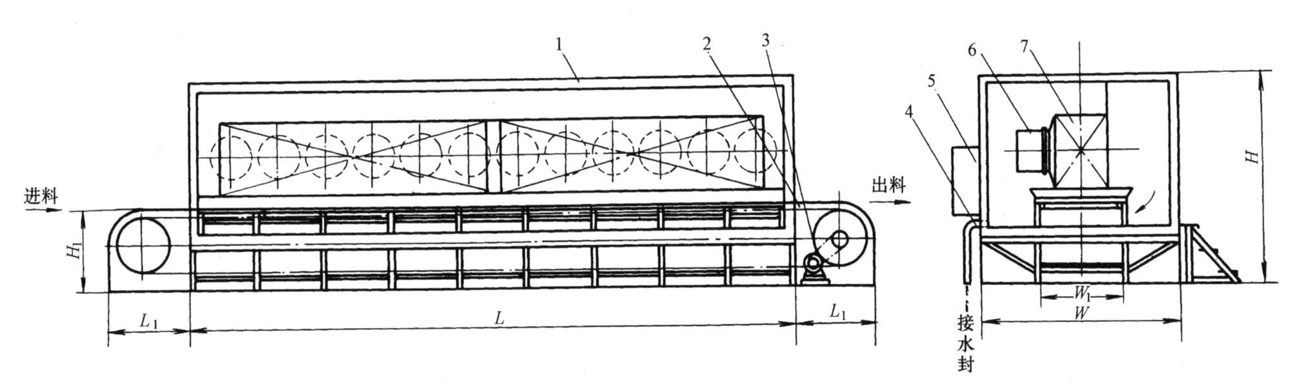

1—围护结构；2—板式传送带；3—电机减速器；4—下水管；5—电控柜；6—风机；7—蒸发器

DB 系列装置主要技术参数(以扇贝计)

项目 \ 型号 参数	DB-150	DB-300	DB-500	DB-1000
冻结能力(kg/h)	150	300	500	1000
冻结时间(min)	6～60 可调	6～60 可调	6～60 可调	6～60 可调
进料温度(℃)	＜＋15	＜＋15	＜＋15	＜＋15
出料温度(℃)	－18	－18	－18	－18
冻结温度(℃)	＜－35	＜－35	＜－35	＜－35
耗冷量(kW)	40.7	64	99	174.4
制冷剂	R717	R717	R717	R717
总功率(kW)	9.55	13.95	18.35	33.75
外形尺寸 $L\times W\times H$(m)	6.24×3.24×3.2	10.24×3.24×3.2	16.24×3.24×3.2	24.24×3.24×3.2

DB 系列装置主要尺寸(mm)

型号 \ 尺寸	L	L_1	W	W_1	H	H_1
DB-150	6240	1000	3240	1200	3200	900
DB-300	10240	1000	3240	1200	3200	900
DB-500	16240	1000	3240	1200	3200	900
DB-1000	24240	1000	3240	1200	3200	900

图名	DB 系列板式速冻机安装	图号	LK1—31

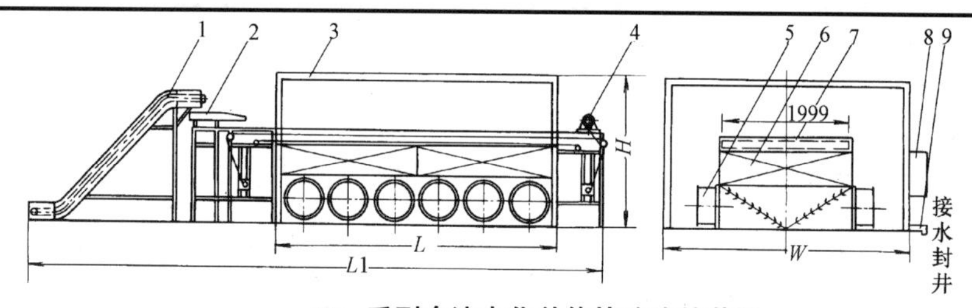

DL_4 系列全流态化单体快速冻结装置

1—提升机；
2—给料筛；
3—围护结构；
4—电机减速机；
5—风机；
6—蒸发器；
7—传送网带；
8—电控柜；
9—下水管

参数 项目 型号		冷却能力 (kg/h)	冻结能力 (kg/h)	冻结时间 (min)	进料温度 (℃)	出料温度 (℃)	冻结温度 (℃)	耗冷量 (kW)	制冷剂	总功率 (kW)	外形尺寸 $L\times W\times H$ (m)
DL_1	500		500	6~60 可调	< +15	-18	< -35	99	R717	19.05	6.24×3.84×3.2
DL_2		500								20.25	6.24×5.44×3.2
DL_3		500								20.25	6.24×5.44×3.2
DL_4											
DL_1	1000		1000	6~60 可调	< +15	-18	< -35	174.4	R717	31.5	9.24×3.84×3.2
DL_2		1000								32.25	9.24×5.24×3.2
DL_3		1000								32.25	9.24×5.24×3.2
DL_4										32.8	6.24×5.24×3.12
DL_1	2000		2000	6~60 可调	< +15	-18	< -35	326	R717	46.5	15.24×3.84×3.2
DL_2		2000								47.25	15.24×5.24×3.2
DL_3		2000								47.25	15.24×5.24×3.2
DL_4										50.8	12.24×5.24×3.12
DL_1	3000		3000	6~60 可调	< +15	-18	< -35	504	R717	55.5	18.24×3.84×3.2
DL_2		3000								56.25	18.24×5.24×3.2
DL_3		3000								56.25	18.24×5.24×3.2
DL_4										62.8	15.24×5.24×3.12

DL 系列装置主要技术参数(以青刀豆计)。

安 装 说 明

1.DL 系列速冻装置分 DL_1，DL_2，DL_3，DL_4 型，分别采用常规单体、网式、板式、流态床快速冻结。冻结能力有 0.5t/h、1t/h、1.5t/h、2t/h、3t/h 等规格，亦可按要求专门设计。适用于豆类、虾、贝类、草莓，蘑菇及菠菜、芹菜、黄瓜等各种精细蔬菜，各种水果，小到葱片，大到芋头的速冻。

2. 与 DJ 系列果蔬类食品前加工生产线结合安装，构成清洗，漂烫，冷却，滤水，表层冻结，深温冻结三区段中完成高质量快速冻结。

图名	DL 系列流态化单体速冻机安装	图号	LK1—32

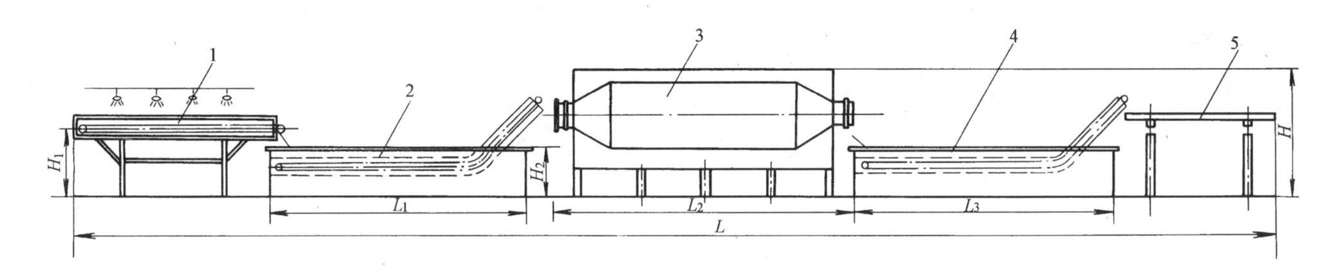

1—喷淋清洗传动带；2—清洗机；3—漂烫机；4—冷却机；5—滤水机

DJ 系列装置主要尺寸(mm)

型号＼尺寸	L	L_1	L_2	L_3	H	H_1	H_2
DJ-500	15000	3000	3000	3000	1500	800	550
DJ-1000	20000	4000	4000	4000	1500	800	550
DJ-1500	22500	4500	4500	4500	1500	800	550
DJ-2000	25500	5500	5500	5500	1500	800	550

DJ 系列主要技术参数(以青刀豆计)

项目＼参数＼型号	DJ-500	DJ-1000	DJ-1500	DJ-2000	DJ-3000
加工能力(kg/h)	500	1000	1500	2000	3000
装机功率(kW)	3.45	4.24	4.6	4.6	9.8
适用范围	青刀豆、豌豆、芹菜、毛豆、嫩蚕豆、芋头、香菇、山野菜、桃、胡萝卜、马铃薯、南瓜块等				

图名	DJ 系列果蔬类食品前加工生产线安装	图号	LK1—33

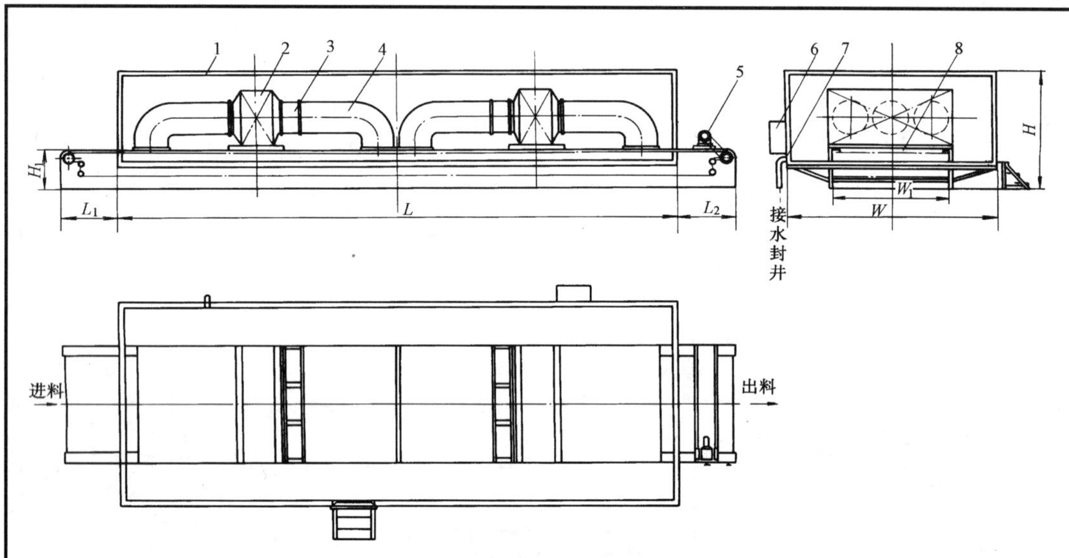

1—围护结构；2—蒸发器；3—风机；4—风道；5—电机减速机；
6—电控柜；7—下水管；8—传送网带

DD 系列装置主要尺寸（mm）

型号 \ 尺寸	L	L_1	L_2	W	W_1	H	H_1
DD-500	6240	1400	1400	3940	2000	3000	875
DD-1000	12240	1400	1400	3940	2000	3000	875
	10240			4440	2500		
DD-1500	14240	1400	1400	4440	3000	3000	875
	12240			5040	3000		
DD-2000	16240	1400	1400	5040	3000	3000	875
	14240			5540	3500		
DD-2500	16240	1400	1400	5540	3500	3000	875
	14240			5940	4000		
DD-3000	18240	1400	1400	5940	4000	3000	875

图名	DD 系列超宽带式速冻机安装	图号	LK1—34

压差兼通风预冷装置

1—鼓风机；2—隔热板；3—压差板；4—压差冷却部件；5—压差箱；6—压差预冷室；7—预保冷室；8—冷却器

产地型差压预冷装置

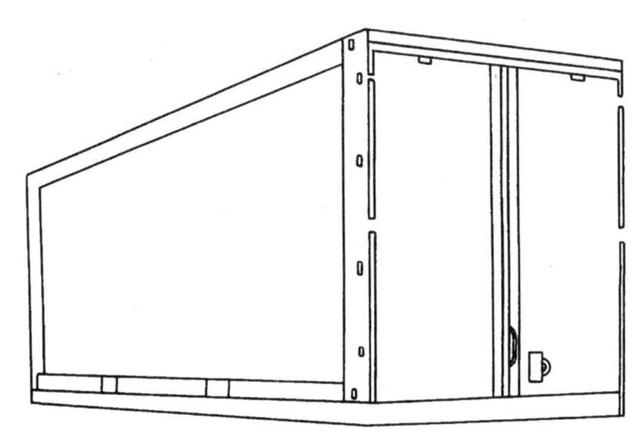

运输型差压预冷装置

压差通风预冷和强制通风预冷的冷却速度

预冷方法		品温半减时间(h)				全冷却时间(h)			
		最高	最低	平均	差值	最高	最低	平均	差值
强制通风		1.2	3.0	2.0	1.8	4.5	12.0	7.6	7.5
压差通风	直交型	0.4	1.3	0.8	0.9	2.3	4.8	3.6	2.5
	U字型	0.7	1.1	0.8	0.4	2.0	3.3	2.5	1.3

ZY系列果蔬差压预冷机

类型	本体外形尺寸 (长×宽×高)(mm)	差压箱尺寸 (长×宽×高)(mm)	差压风机		
			风量(m^3/h)	全压(Pa)	数量(台)
运输型	6000×2450×2600 5300×2400×1850 3100×1900×1800	5500×460×2000 4800×460×1500 2600×460×1500	4000	350	5 3 2
产地型	4000×2500×3000 5300×2500×3000 原有高温库改造型	3600×500×1700 4800×500×1700 选用设计	5500	410	3 4

安 装 说 明

果蔬差压预冷机比真空预冷和水预冷投资少、效果好、发展速度快。一般分为产地差压预冷装置和运输差压预冷装置。冷却能力1～5t；冷却时间1～3.5h。差压预冷围护结构本体按高温冷藏库设计，一般库温可按0～－2℃(即按各种果蔬工艺要求)配置制冷设备。包装箱开孔面积、堆货高度和堆货方式均按工艺要求进行。

图名	ZY系列果蔬差压预冷机安装	图号	LK1—35

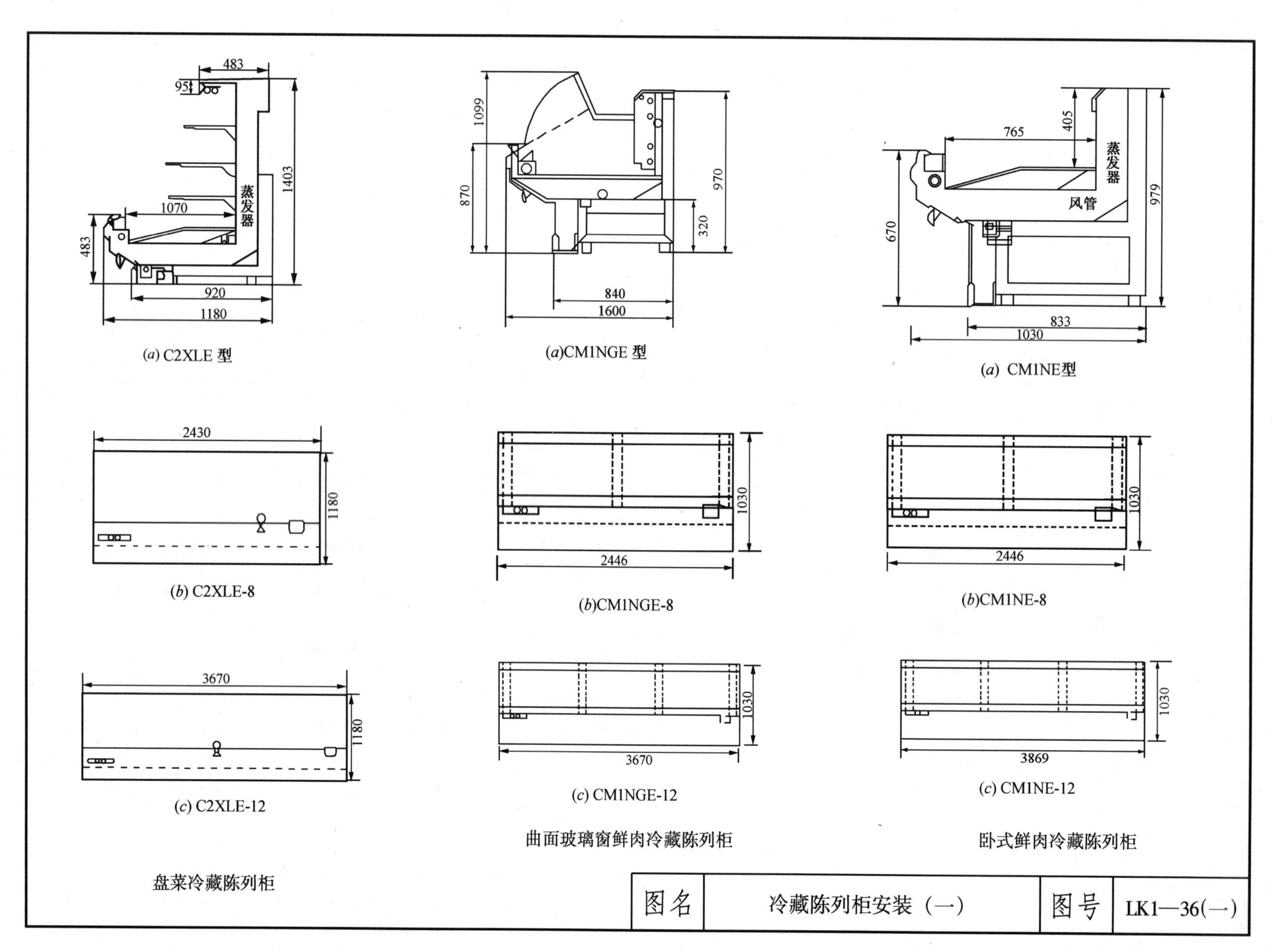

图名	冷藏陈列柜安装（一）	图号	LK1—36(一)

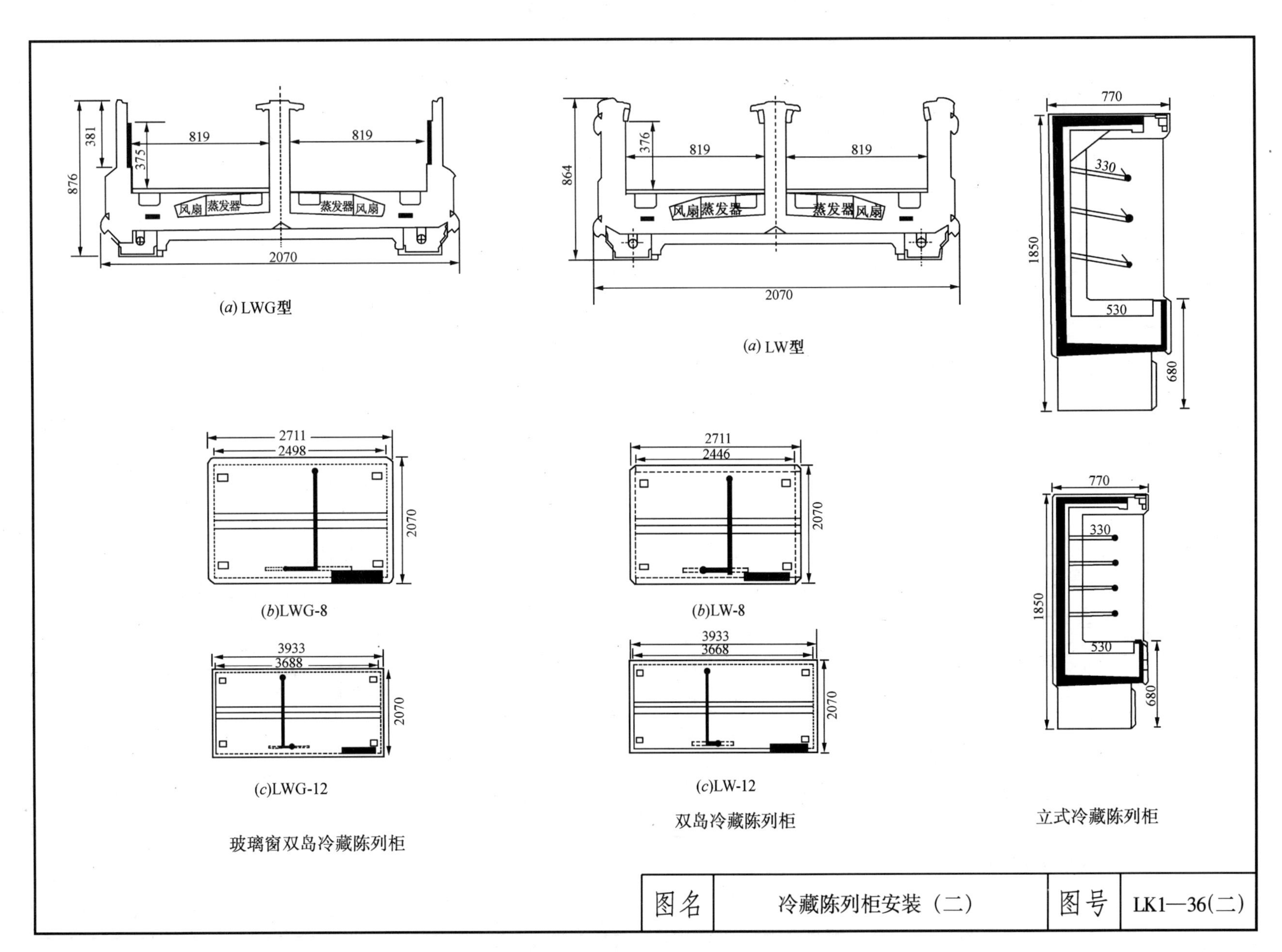
876
381
375
819
819
风扇
蒸发器
蒸发器
风扇
2070
(a) LWG型
864
376
819
819
风扇
蒸发器
蒸发器
风扇
2070
(a) LW型
770
330
1850
530
680
2711
2498
2070
(b)LWG-8
2711
2446
2070
(b)LW-8
770
330
1850
530
680
3933
3688
2070
(c)LWG-12
3933
3668
2070
(c)LW-12
玻璃窗双岛冷藏陈列柜
双岛冷藏陈列柜
立式冷藏陈列柜
图名
冷藏陈列柜安装（二）
图号
LK1—36(二)

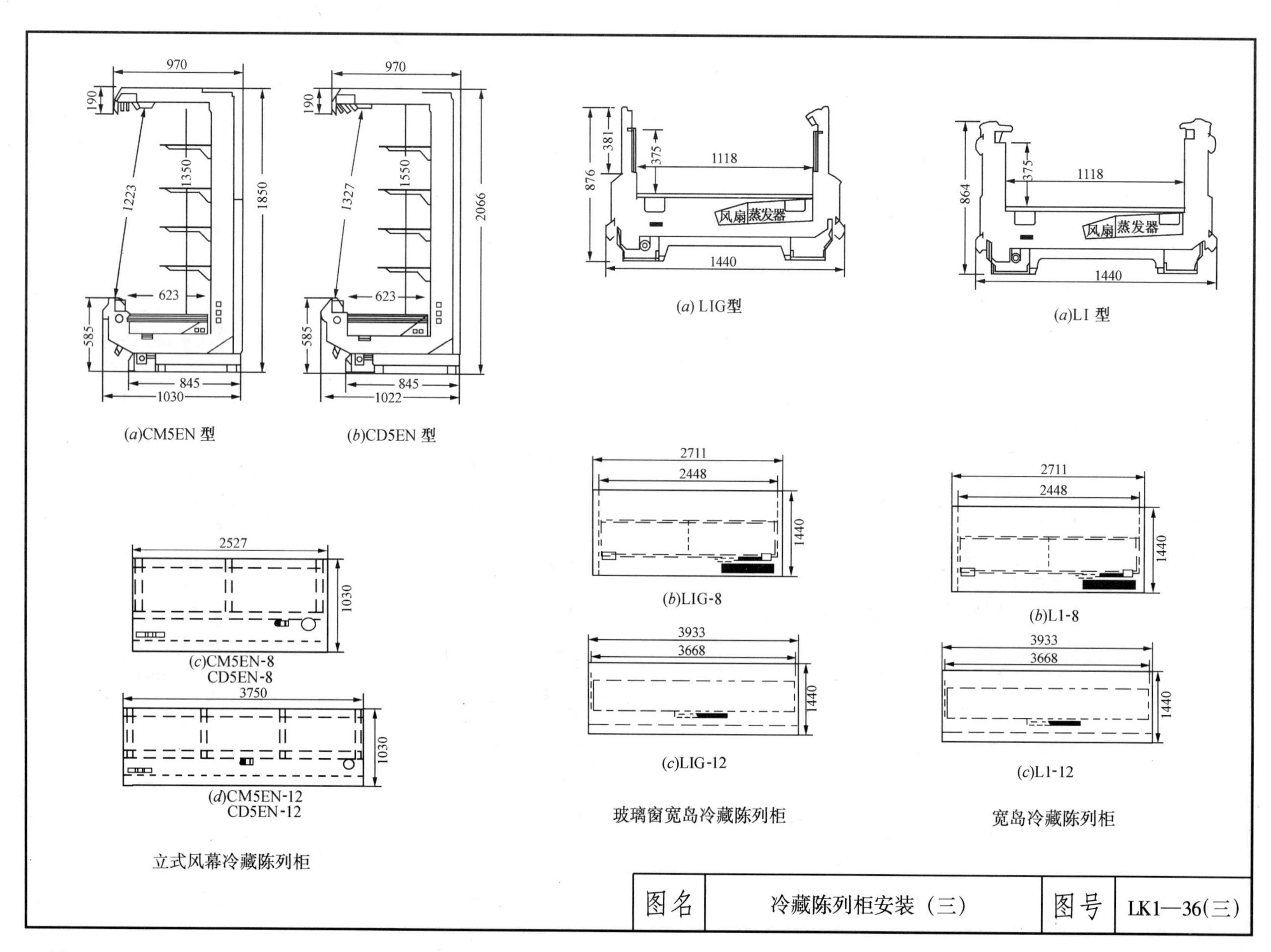
970
190
1223
1350
1850
623
585
845
1030
(a)CM5EN 型
970
190
1327
1550
2066
623
585
845
1022
(b)CD5EN 型
2527
1030
(c)CM5EN-8
CD5EN-8
3750
1030
(d)CM5EN-12
CD5EN-12
立式风幕冷藏陈列柜
876
381
375
1118
风扇
蒸发器
1440
(a) LIG型
2711
2448
1440
(b)LIG-8
3933
3668
1440
(c)LIG-12
玻璃窗宽岛冷藏陈列柜
864
375
1118
风扇
蒸发器
1440
(a)LI 型
2711
2448
1440
(b)L1-8
3933
3668
1440
(c)L1-12
宽岛冷藏陈列柜
图名
冷藏陈列柜安装（三）
图号
LK1—36(三)

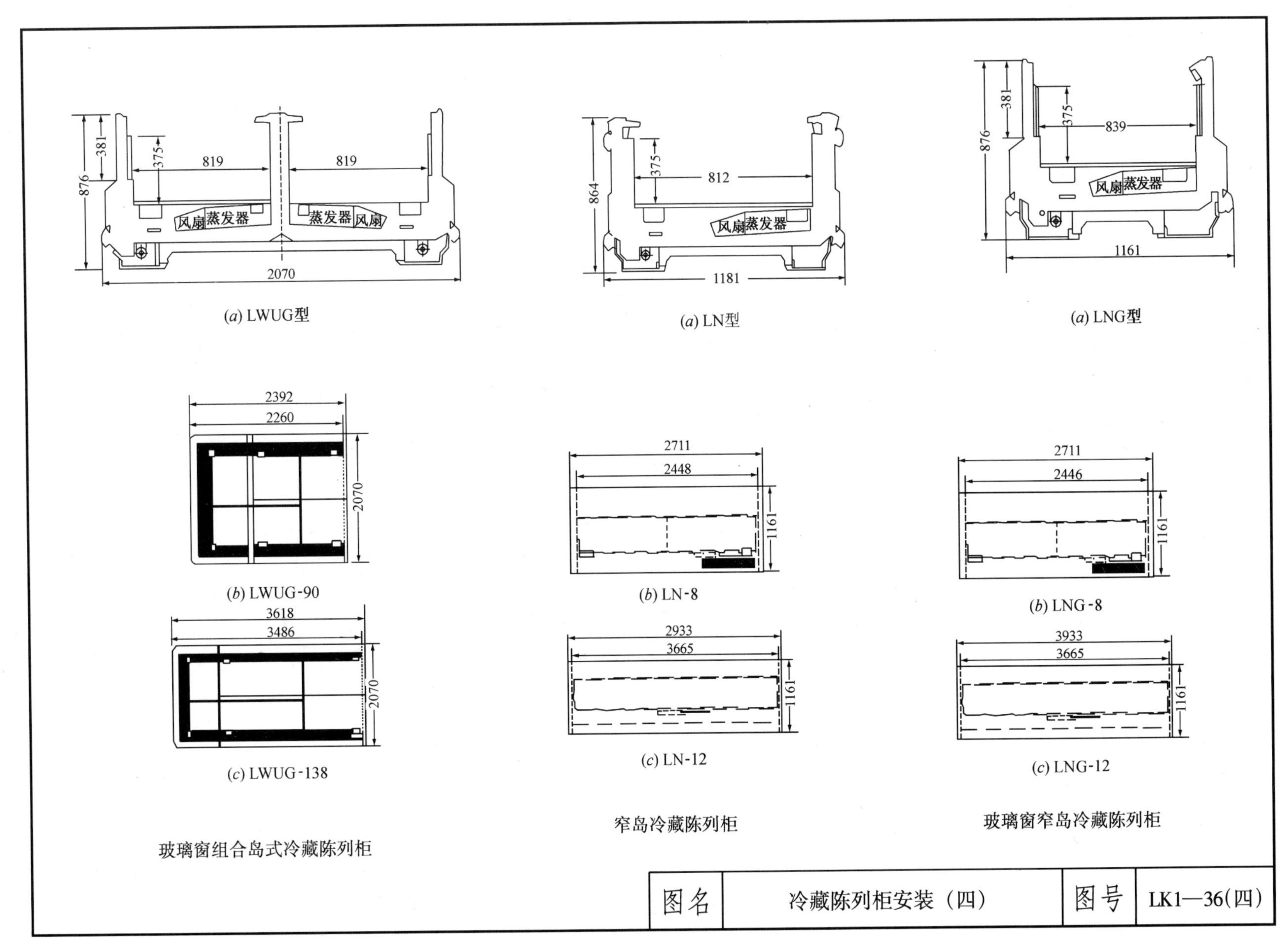
381
375
819
819
876
风扇
蒸发器
蒸发器
风扇
2070
(a) LWUG型
375
812
864
风扇
蒸发器
1181
(a) LN型
381
375
839
876
风扇
蒸发器
1161
(a) LNG型
2392
2260
2070
(b) LWUG-90
3618
3486
2070
(c) LWUG-138
玻璃窗组合岛式冷藏陈列柜
2711
2448
1161
(b) LN-8
2933
3665
1161
(c) LN-12
窄岛冷藏陈列柜
2711
2446
1161
(b) LNG-8
3933
3665
1161
(c) LNG-12
玻璃窗窄岛冷藏陈列柜
图名
冷藏陈列柜安装（四）
图号
LK1—36(四)

冷凝器安装说明

冷凝器是属于压力容器，安装前必须具备国家颁发的制造压力容器许可证厂家的合格证。

1. 立式壳管式冷凝器安装

立式壳管式冷凝器一般用于大、中型制冷系统，而且该设备比较重，直接立于露出地面1m多高的冷凝循环水池顶部。要求安装垂直(其不垂直度每米不得大于2mm，上部溢水挡板不得有偏斜或扭曲现象)。要用稳妥的吊装设备，如采用较大吨位的吊车直接吊装或利用“拔杆”和卷扬机进行吊装。

安装时应认准冷凝器的方位，使立式壳管式冷凝器上所有接口满足要求，就位后用双螺母上紧地脚螺栓，并按施工图纸要求在立式冷凝器上部安装操作平台和扶梯或旋梯，使冷凝器安装牢固后，根据制冷管道安装规范，冷凝器上的安全管、均压管、放空管、进气管、出液管和压力表管以及冷凝器上水管等必须正确安装(可以将立式冷凝器下部出油孔封堵焊死，冷冻油经出液管直接流入高压贮液器，可减少系统管道和阀门。减少制冷系统泄漏气，减少费用投资)。

安装冷凝器上水管时，应尽可能使上水管侧旋进入冷凝器顶部水槽，使冷却水离心旋转，增强冷凝换热效果，避免冷却水直接冲入冷凝器而飞溅出来，然后把分水器逐个放入管内，使水在管内形成水膜，以上所有制冷管道和水管应采用支、吊架和管码加固，严防管道设备振动。

立式壳管式冷凝器一般与洗涤式油分离器和高压贮液器安装在一起，为了使洗涤式油分离器维持一定的液位和立式壳管式冷凝器下部出液畅通，要保证他们之间的安装标高。立式冷凝器的出液总管安装标高比洗涤式油分离器进液管高250~300mm，坡向油分离器。同时，洗涤式油分离器进液管应由立式冷凝器出液总管底部引出；立式冷凝器出液总管安装标高比高压贮液器进液管阀门中心高出450~500mm，并按1/50的坡度坡向高压贮液器。立式冷凝器出液管与洗涤式油分离器的连接处安装一个“液包”是最理想的，连接管由“液包”底部引出。

多台立式壳管式冷凝器应并联安装，使底座在同一标高上，同时安装气体均压管和液体均压管(即立式冷凝器出液总管)。

2. 卧式壳管式冷凝器安装

卧式壳管式冷凝器(在上部)通常用钢架与高压贮液器(在下部)组装在一起，整机安装在小型冷水机组中。也有使用在大、中型制冷装置，一般安装在室内(立式冷凝器一般安装在室外)。

卧式壳管式冷凝器安装时应对集油包端有2/1000~3/1000的倾斜度，以利排油。由卧式壳管式冷凝器出口至高压贮液器进口处角阀的垂直管段，应有300mm的高差。整个卧式壳管式冷凝器安装垂直平稳后，进行二次灌浆，待达到强度要求后拧紧地脚螺栓螺母。

卧式壳管式冷凝器两头端盖可以互换，使供水管靠近接水端盖进行安装，方便操作。端盖顶部和底部各有一个旋塞，在端盖顶部安装一个水嘴(水龙头)，在冷凝器运行时作为放气

图名	冷凝器安装说明	图号	LK2—01

阀；在端盖底部安装一个水嘴，当冷凝器停止运行时放出余水，以防止冬季冻裂冷凝器，在端盖上一般有上、中、下三个接水孔，当供水量充足时，可采用上、下两个水孔同时作为进水孔，端盖的中间水孔做出水孔进行安装；当供水量一般时，可将端盖的中间水孔封堵，端盖的下水孔作为进水孔，端盖的上水孔作为出水孔进行安装。

应认准分水筋安装好卧式壳管式冷凝器的端盖，端盖与冷凝器筒体连接处装好橡胶密封垫圈，并用螺栓紧固，防止水流行程产生“短路”，影响冷凝器换热效果。

在室内安装卧式壳管式冷凝器时应留出1.5倍冷凝器长度的空间作为清洗卧式冷凝器的地方，并在冷凝器的两端留出吊装拆卸冷凝器端盖的地方，以便操作管理。

氟里昂制冷系统应尽量安装采用管外滚压翅片管或管内螺纹紫铜管卧式壳管式冷凝器。

3. 淋浇式冷凝器安装

淋浇式冷凝器应使管组安装在垂直平面上，对安装的配水箱和V形配水槽应作配水试验，使冷凝器管组外表面均匀淋水。淋浇式冷凝器一般安装在露天或屋顶上，在其顶部设置通风的顶棚，四周安装百叶窗，以避免太阳光直接照射和刮风溅水引起的水量消耗。

4. 蒸发式冷凝器安装

蒸发式冷凝器一般安装在机房以外开敞通风处或机房屋顶上。蒸发式冷凝器的顶部应高出邻近建筑物300mm，至少不低于邻近建筑物的高度，以免排出的热湿空气沿墙面回流至进风口，如不能满足此要求时，应在蒸发式冷凝器顶部出风口上安装渐缩口风筒，以提高出口风速，提高排气高度，减少回流。

蒸发式冷凝器与邻近建筑物的间距：当冷凝器四周都是实墙时，进风口侧的最小间距为1800mm，非进风口的最小间距为900mm；当冷凝器处于三面是实墙，一面是空花墙时，进风口侧的最小间距为900mm，非进风口侧的最小间距为600mm。

单组冷却排管的蒸发式冷凝器，可用液体管本身进行均压，其水平管段的坡度为1/50，坡向贮液器，如阀门安装位置受施工条件限制，可装在立管上，但必须装在出液口200mm以下的位置。为保证系统的正常运行，蒸发式冷凝器排管的出口处应安装放空气阀。如冷凝器与贮液器之间不安装均压管时，应在贮液器上安装放空气阀。

多台蒸发式冷凝器并联使用时，为防止由于各冷凝器内的压力不一致而造成冷凝器液体流回灌入压力较低的冷却排管中，液体出口的立管段应留有足够高度，以平衡各台冷凝器之间的压差和抵消排管的压力降。液体总管在进入贮液器处应上弯起不小于200mm管道作为“液封”。冷凝器液体出口与贮液器进液水平管的垂直高度应不少于600mm，并有1/50的坡度坡向贮液器，冷凝器与贮液器应安装均压管。

上述连接方式仅适用于冷却排管压力降较小的冷凝器(约

图名	冷凝器安装说明	图号	LK2—01

为0.007MPa)。如压降较大，则压降每增加0.007MPa，冷凝器液体出口与贮液器进液水平管的垂直高度相应增加600mm。如安装的垂直高度受施工现场的条件所限，可将均压管安装在冷凝器的液体出口管段上。

蒸发式冷凝器之间的安装间距，如两台都是进风口侧，最小间距为1800mm；如一台为进风口侧，另一台为非进风口侧，最小间距为900mm；如两台都不是进风口侧，最小间距为600mm。

如蒸发式冷凝器采用同轴连接的离心式风机或水盘内设有电加热器时，以上所要求的最小间距应适当加大，以利维修。蒸发式冷凝器的水盘离地宜不小于500mm，以便于管道连接，水盘检漏和防止地面脏物被风机吸入。

蒸发式冷凝器安装标高宜高于高压贮液器1.2~1.5m处。一般采用整机吊装。

5. 风冷式冷凝器安装

风冷式冷凝器一般只用于小型氟里昂制冷装置中，他是由翅片蛇形盘管和风扇组成。直接在厂里安装成风冷式制冷压缩冷凝机组，到现场进行整机吊装和调试。风冷式冷凝器通常应用在冷藏箱柜、轻型快装冷库以及冷藏汽车，冷藏火车等运输式冷藏、冷冻设备。因此，要与这些设备匹配安装。

图名	冷凝器安装说明	图号	LK2—01

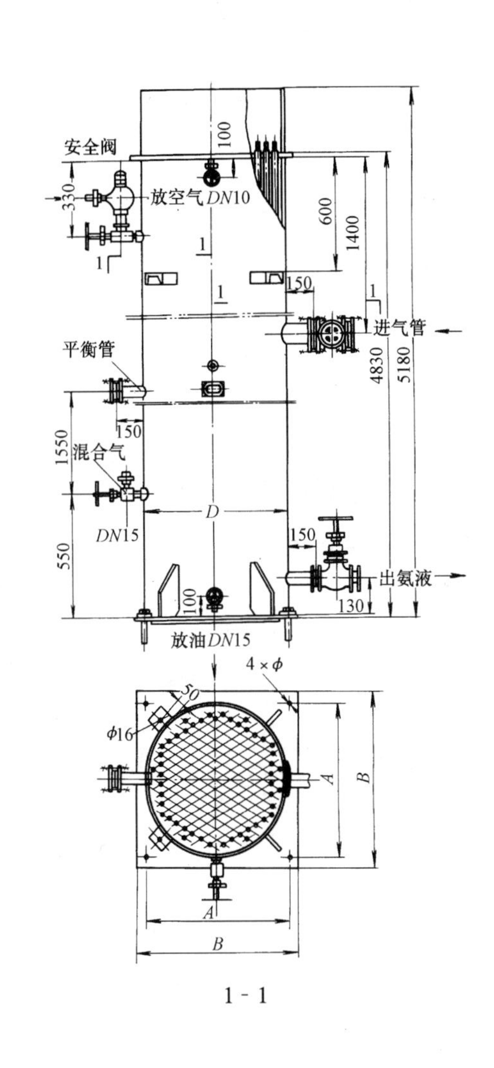

1-1

技　术　数　据

型号	换热面积 (m^2)	容器类别	壳体直径 D(mm)	接管公称直径(mm)				底座尺寸(mm)			重量 (kg)
				进气管	出氨液管	安全阀管	平衡管	A	B	ϕ	
LN-30	29	H_2-2	450	65	32	15	25	446	526	26	1135
LN-35	34.8	H_2-2	500	65	32	15	25	500	580	26	1425
LN-55	53.5	H_2-2	600	65	32	20	25	580	680	32	1980
LN-75	74.3	H_2-2	650	80	40	20	25	630	730	32	2550
LN-100	100	H_2-2	750	80	40	20	25	724	834	32	3420
LN-120	119.5	H_2-2	800	100	50	20	25	774	884	32	3990
LN-150	149	H_2-2	900	100	50	20	25	950	1060	32	4915
LN-150B	151	H_2-2	1000	100	50	20	25	950	1060	32	5415
LN-200	197	H_2-2	1100	125	65	25	25	1068	1188	32	6675
LN-250	242	H_2-2	1200	125	65	25	25	1168	1288	32	8195
LN-310	308	H_2-2	1350	125	80	32	25	1322	1442	32	10380
LN-370B	370	H_2-2	1600	200	80	32	25	1572	1692	32	13355
LN-450B	450	H_2-2	1700	200	80	32	25	1672	1792	32	15580

图名	LN型立式壳管式冷凝器安装	图号	LK2—02

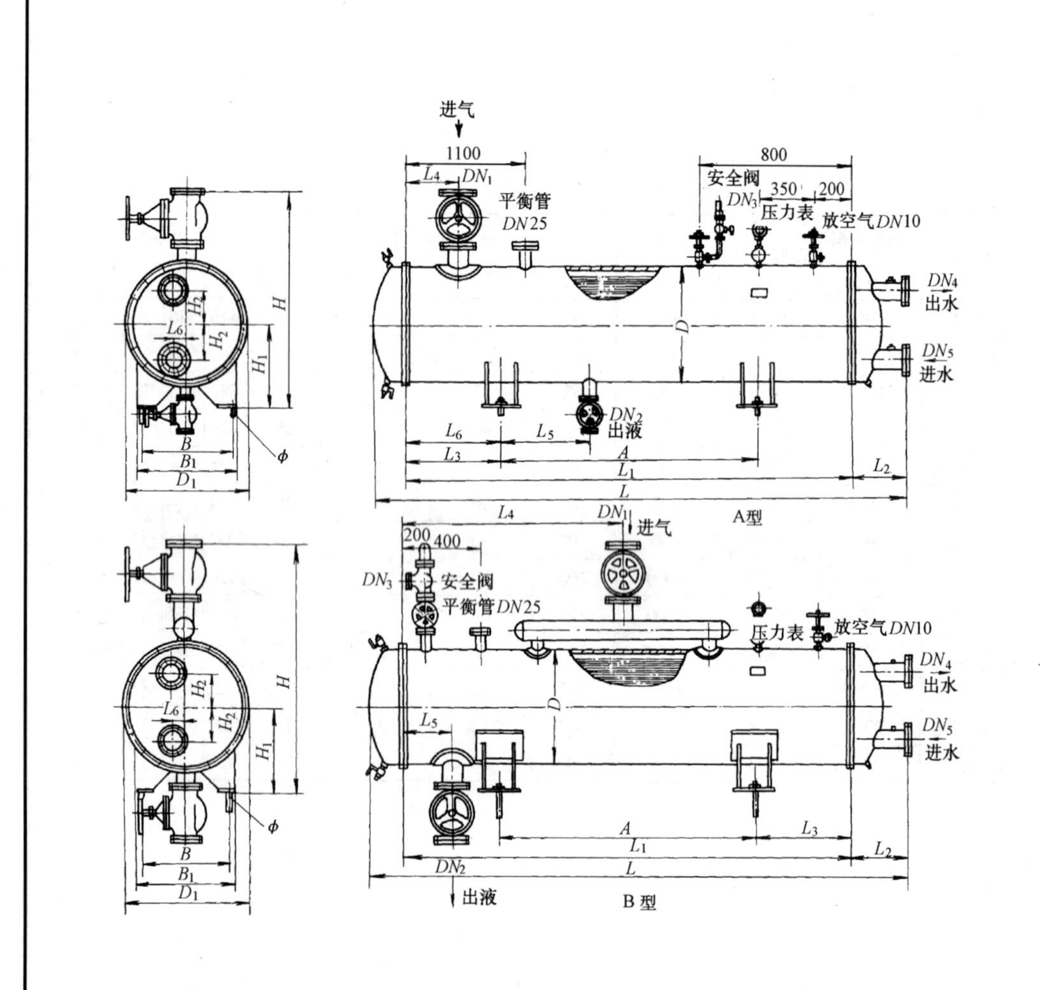

安 装 说 明

设计压力和试验压力

1. 试验压力:

壳体：水压试验　2.94MPa;

　　　气密性试验　1.96MPa。

水盖：水压试验　0.59MPa。

2. 设计压力:

　1.96MPa。

3. 冷凝器内部管为 $\phi38\times3$。

图名	DWN 型卧式壳管式冷凝器安装(一)	图号	LK2—03(一)

冷凝器的技术数据

型号		换热面积(m^2)	容器类别	外形尺寸(mm)			壳体尺寸(mm)		接管公称直径(mm)				支座尺寸(mm)				主要尺寸(mm)							重量(kg)
				L	D_1	H	D	L_1	DN_1	DN_2	DN_3	DN_4、DN_5	A	B	B_1	ϕ	L_2	L_3	L_4	L_5	L_6	H_1	H_2	
A型	DWN-25	25	H_2-2	3523	750	1102	600	3000	50	32	15	65	1500	450	530	23	325	750	350	1500	97	420	160	1425
	DWN-32	32	H_2-2	4523	750	1102	600	4000	50	32	15	65	2000	450	530	23	325	1000	350	2000	97	420	160	1745
	DWN-50	50	H_2-2	4523	850	1452	700	4000	65	40	15	80	2000	520	600	23	325	1000	350	2000	80	460	235	2515
	DWN-65	65	H_2-2	5523	850	1272	700	5000	80	40	15	100	3000	520	600	23	325	1000	350	2500	80	460	235	3020
	DWN-90	90	H_2-2	4673	1050	1437	900	4000	80	50	20	125	2000	620	720	23	415	1000	400	2000	100	525	250	4015
	DWN-110	110	H_2-2	5673	1050	1437	900	5000	80	50	20	125	3000	620	720	23	415	1000	400	2500	100	525	250	4785
B型	DWN-150	150	H_2-2	4710	1350	1788	1200	4000	100	65	25	200	2000	900	1020	23	420	1000	2000	500	180	685	360	6685
	DWN-180	180	H_2-2	5710	1350	1788	1200	5000	100	65	25	200	3000	900	1020	23	420	1000	2500	500	180	685	360	7985
	DWN-200	200	H_2-2	6210	1350	1788	1200	5500	100	65	25	200	3200	900	1020	23	420	1150	2750	500	180	685	360	8630
	DWN-250	250	H_2-2	5719	1550	2103	1400	5000	125	80	25	250	3000	1100	1220	23	429	1000	2500	500	180	850	435	10905
	DWN-300	300	H_2-2	6719	1550	2103	1400	6000	125	80	25	250	4000	1100	1220	23	429	1000	3000	500	180	850	435	12670
	DWN-360	360	H_2-2	6125	1750	2533	1600	5200	150	100	32	300	3200	1300	1440	25	555	1000	2600	500	250	1100	490	15280
	DWN-420	420	H_2-2	6925	1750	2533	1600	6000	150	100	32	300	4000	1300	1440	23	555	1000	3000	500	250	1100	490	17265

图名	DWN 型卧式壳管式冷凝器安装(二)	图号	LK2—03(二)

淋水式冷凝器(SN-30～SN-90)

产品型号	组　数	冷凝面积 (m^2)	氨管接口(mm)			贮氨器		主要尺寸(mm)			重量 (kg)
			d	d_1	d_2	l(mm)	容积(m^3)	A	B	C	
SN-30	2	30	50	20	15	1000	0.070	750	1225	160	1280
SN-45	3	45	70	25	15	1250	0.110	1300	1775	160	1912
SN-60	4	60	80	32	20	1800	0.153	1850	2825	160	2545
SN-75	5	75	80	32	20	2350	0.194	2400	2875	160	3160
SN-90	6	90	100	32	20	2950	0.235	2950	3425	178	3825

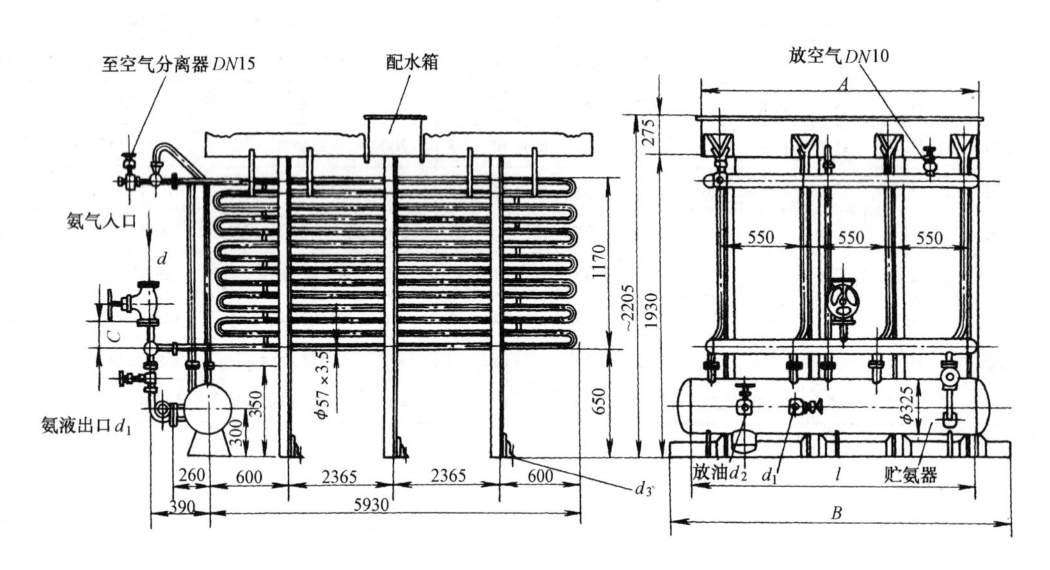

淋水式冷凝器(SN－30～SN－90)

图名	SN 型淋水式冷凝器安装	图号	LK2—04

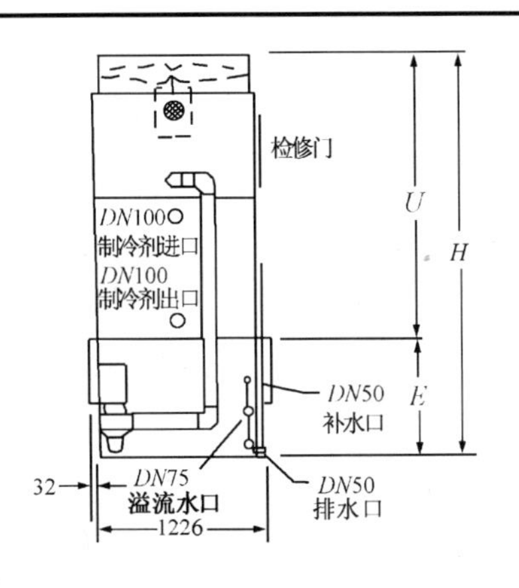

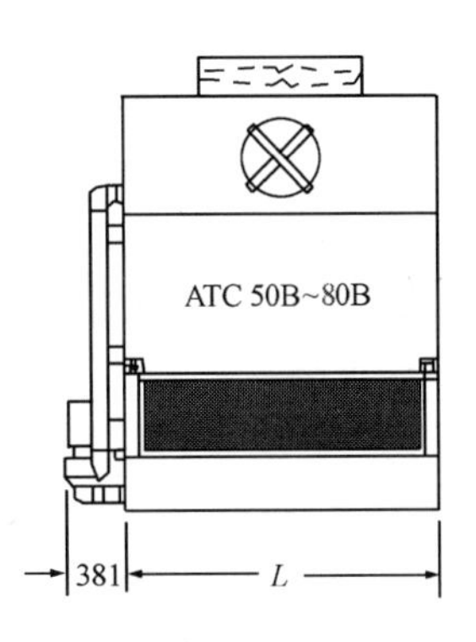

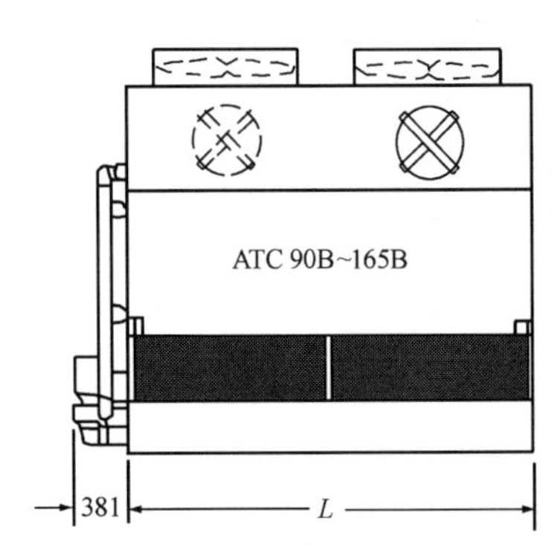

直接驱动型蒸发式冷凝器　　ATC-50B ~ ATC-165B

型号	通风机		重量(kg)			盘管容积(L)	R-717 (NH_3)充注量(kg)	喷淋泵		远置贮水槽			外形尺寸(mm)			
	功率(kW)	风量(m^3/s)	运输	运行	净重+部件重			功率(kW)	流量(L/s)	容量(L)	接管(mm)	运行重量(kg)	高 H	上半部 U	下半部 E	长 L
50B	2.2	5.6	1210	1765	1005	217	32	0.55	8.5	455	150	1590	2569	1768	800	1826
65B	4.0	5.9	1400	1975	1196	280	41	0.55	8.5	455	150	1795	2759	1959	800	1826
80B	4.0	5.7	1600	2190	1395	344	51	0.55	8.5	455	150	2015	2950	2149	800	1826
135B	(2)2.2	11.9	2560	3645	2205	547	80	1.1	17.1	870	200	3315	2759	1959	800	3651
150B	(2)2.2	11.2	2950	4075	2595	677	99	1.1	17.1	870	200	3740	2950	2149	800	3651
165B	(2)4.0	12.2	2965	4090	2615	677	99	1.1	17.1	870	200	3760	2950	2149	800	3651

安 装 说 明

1. 表中远置贮水槽的公升容量均指机组及其管道中所需的水量。远置贮水槽底部水位应高于水泵吸入口 300mm。
2. 表中所示为氨制冷剂充注量，如制冷剂为 R22 时，需乘 1.93；制冷剂为 R134a 时，需乘 1.98。
3. 表中仅列部分产品型号，根据用户的具体要求可以进行调整并选用不同的型号。
4. 安装于敞开通风处。
5. 要求有较好的水质处理。
6. 特别适用于水资源缺乏的地方。

图名	蒸发式冷凝器安装(一)	图号	LK2—05(一)

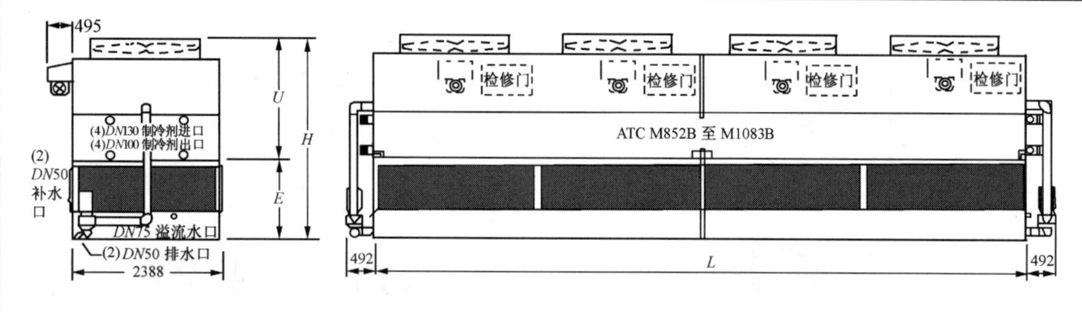

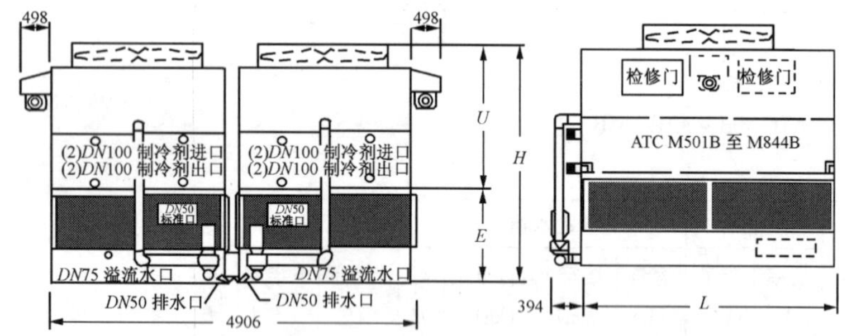

型号	通风机		重量(kg)			盘管容积(L)	R－717(NH_3)充注量(kg)	喷淋泵		远置贮水槽			外形尺寸(mm)			
	功率(kW)	风量(m^3/s)	运输	运行	净重+部件重			功率(kW)	流量(L/s)	容量(L)	接管(mm)	运行重量(kg)	高 H	上半部 U	下半部 E	长 L
M852B	(4)5.5	68.7	15750	21330	6630	3285	481	(2)4.0	101.0	3635	(2)300	19135	3975	2292	1680	11036
M912B	(4)7.5	75.5	15805	21380	6660	3285	481	(2)4.0	101.0	3635	(2)300	19185	3975	2292	1680	11036
M934B	(4)5.5	66.7	17880	23685	7695	4021	599	(2)4.0	101.0	3635	(2)300	21490	4166	2483	1680	11036
M987B	(4)11.0	84.6	15930	21510	6720	3285	481	(2)4.0	101.0	3635	(2)300	19315	3975	2292	1680	11036
M1000B	(4)7.5	73.4	17935	23740	7725	4021	599	(2)4.0	101.0	3635	(2)300	21545	4166	2483	1680	11036
M1083B	(4)11.0	82.1	18060	23870	7790	4021	599	(2)4.0	101.0	3635	(2)300	21675	4166	2483	1680	11036
M815B	(2)18.5	65.3	13525	18000	5860	3171	463	(2)2.2	75.7	2725	(2)250	16300	4166	2483	1680	4261
M844B	(2)18.5	63.2	15275	19920	6735	3794	553	(2)2.2	75.7	2725	(2)250	18225	4356	2673	1680	4261

2.4m 宽机组皮带驱动型蒸发式冷凝器

ATC－M170B 至 ATC－M1083B

安装说明

1. 表中远置贮水槽的公升容量均指机组及其管道中所需的水量。远置贮水槽底部水位应高于水泵吸入口300mm。

2. 表中所示为氨制冷剂充注量，如制冷剂为R22时，需乘1.93；制冷剂为R134a时，需乘1.98。

3. 表中仅列部分产品型号，根据用户的具体要求可以进行调整并选用不同的型号。

4. 安装于敞开通风处。

5. 要求有较好的水质处理。

6. 特别适用于水资源缺乏的地方。

7. ATCM501B ～ M1083B型号机组的电动机与机组分开运输，现场组装。

图名	蒸发式冷凝器安装(二)	图号	LK2—05(二)

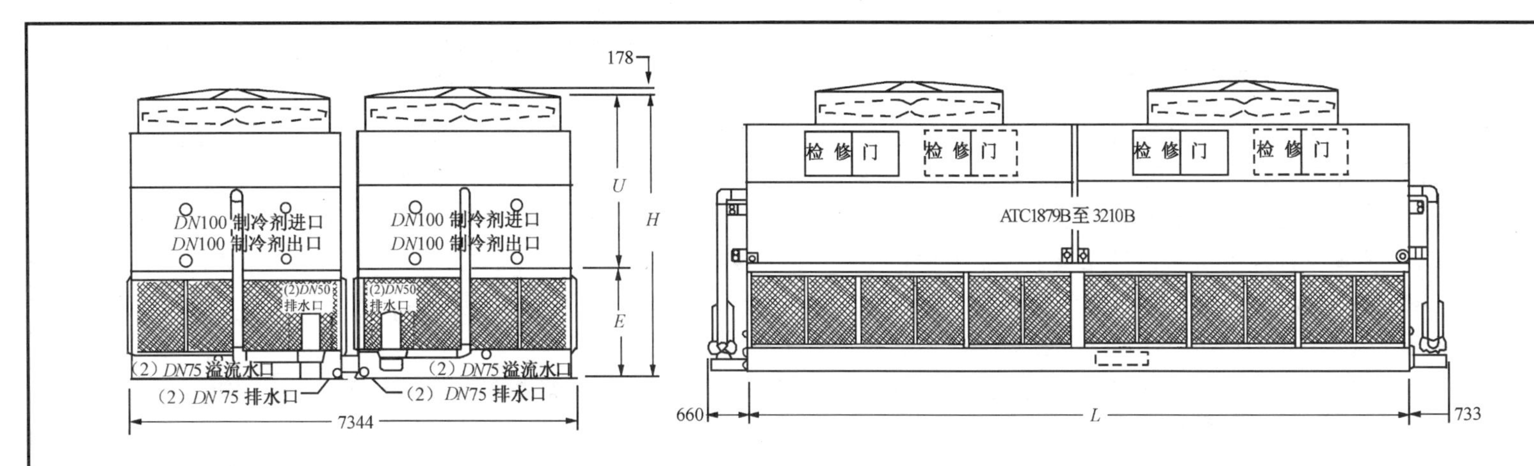

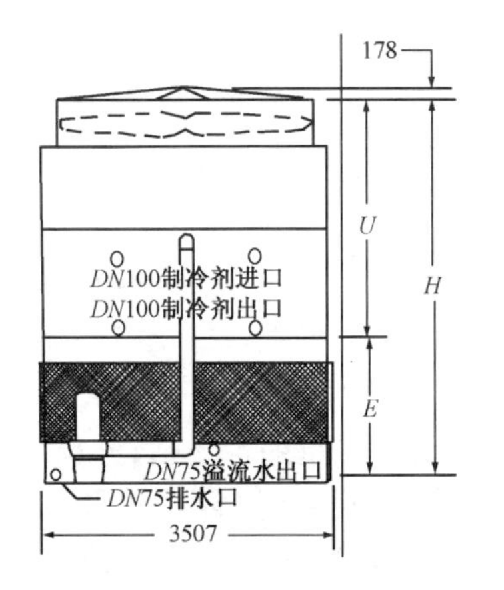

型号	通风机		重量(kg)			盘管容积	R-717 (NH_3)充注量(kg)	喷淋泵		远置贮水槽			外形尺寸(mm)			
	功率(kW)	风量(m^3/s)	运输	运行	净重+部件重	(m^3)		功率(kW)	流量(L/s)	容量(L)	接管(mm)	运行重量(kg)	高 H	上半部 U	下半部 E	长 L
1879B	(4)11.0	135	35560	48795	7675	8.4	1197	4.0	201.9	7420	300	41585	5429	2937	2492	7366
2002B	(4)15.0	149	35650	48890	7695	8.4	1197	4.0	201.9	7420	300	41675	5429	2937	2492	7366
2082B	(4)18.5	159	35745	48980	7720	8.4	1197	4.0	201.9	7420	300	41765	5429	2937	2492	7366
2158B	(4)18.5	154	40750	54440	8970	10.0	1470	4.0	201.9	7420	300	47230	5645	3153	2492	7366
2223B	(4)22.0	162	40930	54620	9015	10.0	1470	4.0	201.9	7420	300	47410	5645	3153	2492	7366
2320B	(4)30.0	175	41385	55075	9130	10.0	1470	4.0	201.9	7420	300	47865	5645	3153	2492	7366
3029B	(4)22.0	227	51925	71975	11160	12.6	1805	5.5	302.9	10900	300	61115	5429	2937	2492	11036
3210B	(4)30.0	246	52400	72450	11275	12.6	1805	5.5	302.9	10900	300	61590	5429	2937	2492	11036

3.6m 宽机组皮带驱动型蒸发式冷凝器 ATC-428B ~ ATC-3210B

安装说明

1. 表中远置贮水槽的公升容量均指机组及其管道中所需的水量。远置贮水槽底部水位应高于水泵吸入口300mm。

2. 表中所示为氨制冷剂充注量，如制冷剂为 R22 时，需乘 1.93；制冷剂为 R134a 时，需乘 1.98。

3. 表中仅列部分产品型号，根据用户的具体要求可以进行调整并选用不同的型号。

4. 安装于敞开通风处。

5. 要求有较好的水质处理。

6. 特别适用于水资源缺乏的地方。

图名	蒸发式冷凝器安装(三)	图号	LK2—05(三)

制冷辅助设备安装说明

制冷辅助设备属于压力容器，必须由国家颁发的制造压力容器许可证的生产厂家生产，并有产品合格证，因此，在安装之前，均应检查产品合格证，并存入技术档案。进入现场的制冷辅助设备安装应按国家标准《机械设备安装工程施工及验收通用规范》(GB50231—98)、《制冷设备、空气分离设备安装工程施工及验收规范》(GB50274—98)的技术要求执行。以保证制冷辅助设备内部干净和没有泄漏现象。闲置时间较长的制冷辅助设备，除了吹污、试压的检查工作外，还应进行内、外除锈，并涂上防锈漆，封口待装，以便提高安装质量。

除制冷压缩机、冷凝器、蒸发器等主要设备外，还有各种改善制冷装置工作的一系列辅助设备，按其工作性质可划分为：(1)换热设备，如：中间冷却器、再冷却器(过冷器)、回热器(氟里昂制冷系统用)；(2)贮存设备，如：高压贮液器、低压贮液器、排液桶、低压循环贮桶；(3)分离与捕集设备，如：油分离器、氨液分离器、空气分离器、集油器、紧急泄氨器；(4)输送设备，如：立式搅拌器、卧式搅拌器、液(氨，氟)泵等。

1. 制冷辅助设备安装要求

(1)制冷辅助设备运入施工现场后，应加以检查和妥善保管。对放置过久的设备,应采用600kPa(表压力)的压缩空气进行单体排污，至排净为止。

(2)制冷辅助设备安装除按施工图纸要求外，一般均要求平直牢固，位置准确。油分离器等易振动设备的地脚螺栓，应采用双螺母或另加弹簧垫圈拧紧。

(3)低温辅助设备，如：中间冷却器、氨液分离器、低压贮液器、排液桶、低压循环贮液桶、氨(氟)泵等，安装时应增设硬垫木，尽量减少“冷桥”。硬垫木应预先在热沥青中煮过，以防腐蚀。

(4)低温辅助设备及其连接的管道和阀门，在安装时应预留隔热层厚度。

(5)所有制冷辅助设备安装时均必须弄清楚每一个管子接头，严禁接错。

(6)辅助设备上的玻璃管液面指示器两端连接管应用扁钢加固，玻璃管应设保护罩。

2. 制冷辅助设备安装

(1)中间冷却器安装

根据施工图纸核实基础标高和中心线，并认准中间冷却器的方位，进行吊装就位。垫好沥青浸煮的硬垫木，校正中心度和垂直度(留有保温隔热层位置)，用加弹簧垫圈拧紧螺母。

准确合理地连接中间冷却器的配管非常重要，包括；氨压力表、安全管、进气管、出气管、浮球阀管组(浮球阀及其气、液均压阀、截止阀、节流阀和液体过滤器等)及其供液管，中冷器蛇形盘管的进、出液管，中冷器的排液管和放油管以及UQK-40型氨液位控制器和放油控制器等的安装。

经系统排污、试压、检漏和真空试验合格后，中间冷却器及其低温管道和阀门做隔热隔气保温层，再刷上调合漆，并注

图名	制冷辅助设备安装说明	图号	LK3—01

上蒸发系统标记。

氨、氟单机双级压缩冷凝机组一般随机组带有中间冷却器，因此，中冷器随机组安装即可。

(2)高压贮液器，低压贮液器，排液桶安装

高压贮液器，低压贮液器和排液桶均采用结构一样的贮液器，只是由于管理连接不同，在制冷系统中便具有不同的功能。因此，他们三者的安装要求比较接近。

贮液器的液位计一端靠墙时，间距可控制在500~600mm；无液位计的一端靠墙时，其间距可控制在300~400mm。如两台贮液器并排安装，其间距应考虑到操作上的方便：背靠背操作，其间距应为$D+(200\sim300)$mm，相对操作，其间距应为$D+(400\sim600)$mm(D为贮液器的直径)。

用“拔杆”和葫芦将贮液器吊装于混凝土基础上就位，低压贮液器和排液桶垫有热沥青浸煮过的硬垫木，再用垫铁校正贮液器的水平度(向贮液器的油包一侧，倾斜度为1/50)后，即可进行地脚螺栓基础预留孔的二次灌浆，待达到C10混凝土强度等级时，拧紧地脚螺栓的螺母，就可分别进行高压贮液器，低压贮液器和排液桶的管道连接。

高压贮液器应设置在冷凝器附近。安装高度，必须保证冷凝器内的液体能借助液位差自流流入器内(高压贮液器与冷凝器之间安装有气体均压管)。如采用两个以上的高压贮液器时，应在贮液器之间安装气、液均压管。均压管上应装截止阀。

低压贮液器是与机房氨液分离器配套使用的，所以应设置在机房氨液分离器的下面。低压贮液器的进液口必须低于机房氨液分离器的排液口，以保证氨液分离器的液体借液位差自流流入器内。

排液桶一般安装在设备间内，并尽可能靠近冷库一侧。排液桶应安装加、减压管。

经系统排污、试压，检漏和真空试验合格后，低压贮液器和排液桶可做隔热隔气保温层。

(3)油分离器安装

离心式油分离器作回油器常装在冷凝压缩机组上；专供融霜用热氨的干式油分离器，可安装在设备间内；洗涤式油分离器进液口，应比冷凝器出液总管的标高低200~300mm，且从出液管底部接出(或在出液管上安装“液包”，从“液包”底部接出)，以保证洗涤式油分离器需要的液面，提高分油效率。

油分离器的安装应垂直牢固，在找平校正后，用双螺母(或弹簧垫圈)拧紧。

(4)集油器安装

集油器校正后可直接焊牢于基础的预埋件上，并安装压力表、油位计、减压管、进油管和放油管，较大的制冷装置可考虑安装高、中压容器与低压容器两只集油器，有自动加、放油路系统的装置，可与集油器放油管连接。

(5)空气分离器安装

四重管卧式空气分离器安装时，进液端应比尾端提高1~2mm，旁通管及节流阀应安装在下部，不得平放。四重管卧式空气分离器安装标高，一般为1.2m。

(6)氨液分离器安装

氨液分离器应比冷间最高层冷却排管高1.5~2m，以使氨

图名	制冷辅助设备安装说明	图号	LK3—01

液分离器内的氨液所产生的静压，能克服管路阻力，顺利流入冷却排管。氨液分离器可安装在墙体支架上，并用热沥青浸煮过的硬垫木垫于地脚上，待氨液分离器找平校正后，拧紧地脚螺栓的螺母，氨液分离器与墙体之间应留有安装保温层厚度的距离。经系统排污、试压、检漏和真空试验合格后，做氨液分离器的隔气隔热保温层。

(7)低压循环贮液桶安装

立式低压循环贮液桶一般安装在设备间的操作平台上，安装时应根据土建施工的进度，最好在机房屋盖未封顶前将低压循环贮液桶提前用吊车吊装就位。如屋盖已封顶时，可把滑轮挂在机房屋面梁下的吊环上，再用卷扬机，让钢丝绳通过滑轮，穿过平台的四方孔，将低压循环贮液桶吊装于平台就位。低压循环贮液桶的地脚与混凝土平台之间垫上热沥青浸煮过的硬垫木，找平校正并宜使低压循环贮液桶正常液面与氨泵中心线之间的垂直距离为2m(最小距离不小于1.5m)，拧紧地脚螺栓螺母。

安装完低压循环贮液桶的配管。待系统排污、试压、检漏和真空试验合格后，做低压循环贮液桶的隔气隔热保温层。

(8)紧急泄氨器的安装

紧急泄氨器安装于墙上，并在便于操作的地方，安装时，紧急泄氨器的进液、进水、泄出管的口径不应小于设备上的管径。进水管应接入消防水系或循环水系的水管上，且泄出管下部不允许与地漏等连接，应直接通入(或用高压胶管通入)有水的下水道内。

(9)氨泵的安装

垫入用热沥青浸煮过的硬垫木，校正氨泵的水平度,拧紧地脚螺栓的螺母。清洗氨泵及氨泵上的氨液过滤器后，做过滤器和氨泵的隔热隔气保温层。

图名	制冷辅助设备安装说明	图号	LK3—01

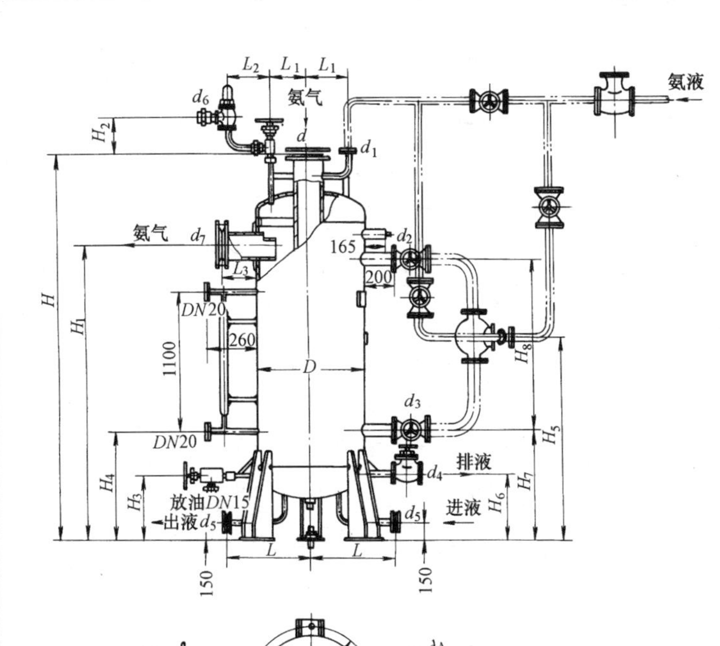

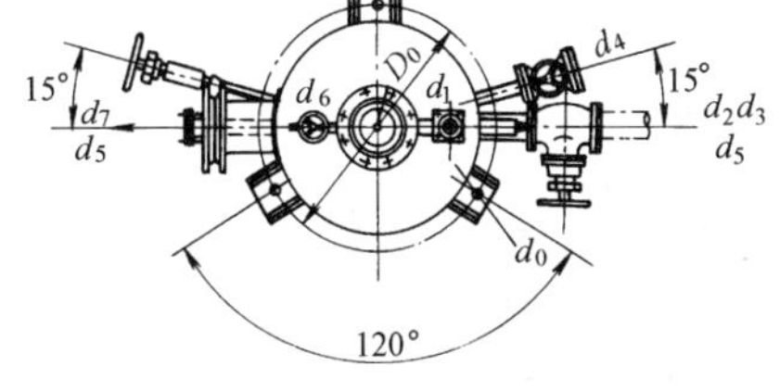

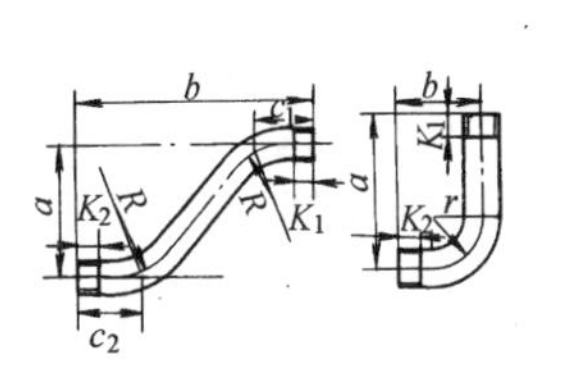

(a)管-3详图 (b)管-2详图

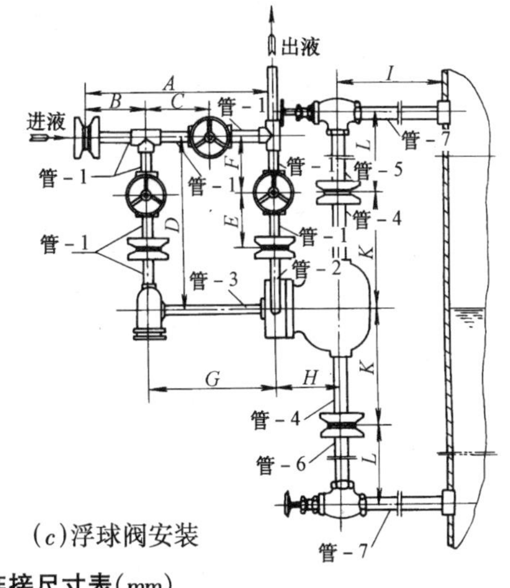

(c)浮球阀安装

氨浮球阀连接尺寸表(mm)

氨浮球阀型号	A	B	C	D	E	F	G	H	I	K	L
ZF-15	399	117	141	413	132	141	282	150	300	196	自行决定
ZF-45	454	134	160	456	146	160	320	150	320	206	自行决定
ZF-150	507	151	178	494	158	178	356	205	350	270	自行决定

连接管尺寸表(mm)

氨浮球阀型号	管-3							管-2					
	l_3	D_3	a	b	c	R	K	l_2	D_2	a	b	r	K
ZF-15	300	$\phi21\times3.5$	96	272	70	60	16	172	$\phi21\times3.5$	130	55	30	16
ZF-45	306	$\phi27\times3.5$	87	282	70	60	18	188	$\phi27\times3.5$	140	65	40	18
ZF-150	304	$\phi33.5\times4$	120	253	70	60	20	206	$\phi33.5\times4$	148	80	50	20

注:l 表示管子展开长度,D 表示管规格(外径×壁厚)

安 装 说 明

1. 地脚加垫木，以防“冷桥”。

2. 排污、试压、检漏、抽真空试验合格后，进行绝热保温。

图名	ZL型中间冷却器安装(一)	图号	LK3—02(一)

技　术　数　据

型　　号	换热面积(m^2)	容器类别	接管公称直径 DN(mm)							主要尺寸(mm)			
			d	d_1	d_2、d_3	d_4	d_5	d_6	d_7	H	H_1	H_2	H_3
ZL-1.0	1	H_2-2	50	20	32	15	20	20	50	2072	1660	252	310
ZL-1.5	1.5	H_2-2	65	20	32	15	20	20	65	2492	2060	252	310
ZL-2.0	2	H_2-2	100	32	32	15	20	20	80	2797	2270	252	370
ZL-3.5	3.5	H_2-2	100	32	32	15	32	20	80	2872	2320	252	420
ZL-5.0	5	H_2-2	150	32	32	25	32	20	150	3202	2500	252	450
ZL-8.0	8	H_2-2	200	32	32	25	40	25	125	3472	2650	310	550
ZL-10.0	10	H_2-2	300	32	32	25	40	25	200	3672	2700	310	600
ZL-16.0	16	H_2-2	200	32	32	25	40	25	200	4162	3190	310	600

型号	主　要　尺　寸　(mm)												重量(kg)
	H_4	H_5	H_6	H_7	H_8	L	L_1	L_2	L_3	D	D_0	d_0	
ZL-1.0	460	960	310	560	1000	265	140	192	200	325	445	18	315
ZL-1.5	460	1230	310	760	1200	300	170	192	200	400	520	23	365
ZL-2.0	670	1120	370	620	1600	350	210	192	200	500	620	23	470
ZL-3.5	720	1450	420	670	1600	380	250	192	200	600	720	23	650
ZL-3.0	850	1580	450	800	1600	500	300	192	250	800	940	23	935
ZL-8.0	910	1730	550	950	1600	600	400		250	1000	1140	23	1420
ZL-10.0	960	1780	600	1000	1600	700	500		250	1200	1380	23	2025
ZL-16.0	1000	1800	600	1100	1990	700	500		250	1200	1380	23	2320

图名	ZL型中间冷却器安装(二)	图号	LK3—02(二)

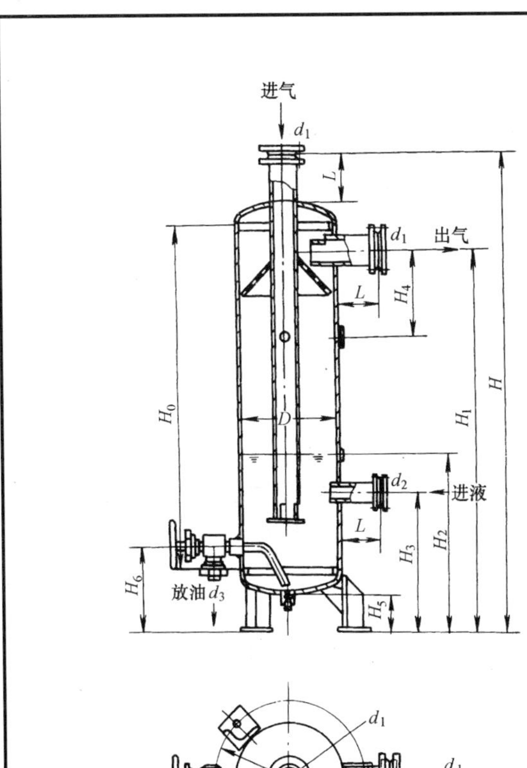

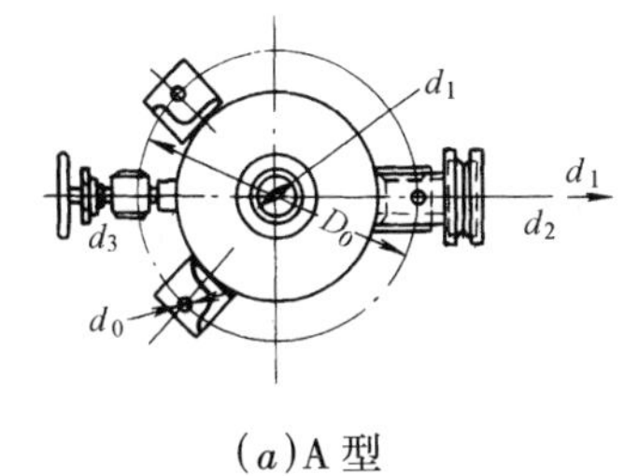

(a)A 型

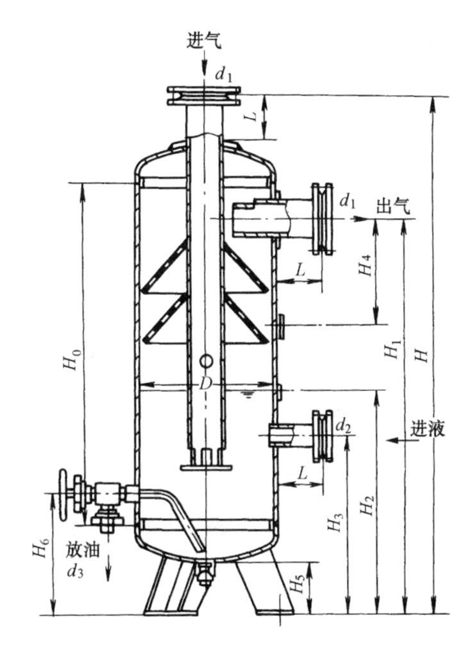

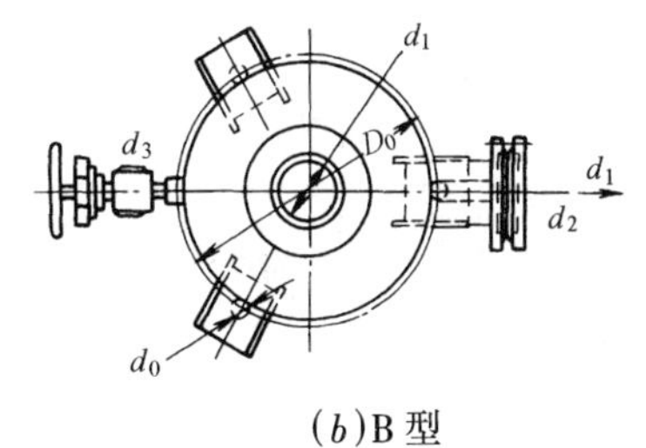

(b)B 型

安 装 说 明

1. 应按施工图纸的标高进行安装。

2. 在冷凝器出液总管上设置“液包”，并从“液包”底部引出液管坡向洗涤式油分离器，以保证洗涤式油分离器的液面。

图名	YF 型洗涤式油分离器安装(一)	图号	LK3—03(一)

附件规格及数量

型号		A型			B型					用途说明
		YF-40	YF-50	YF-65	YF-80	YF-100	YF-125	YF-150	YF-200	
附件名称	每台数量	配带附件规格								
直角式截止阀 *DN*	1个	15	15	15	15	15	15	15	15	放　油
地脚螺栓	3组	M16×300	M16×300	M16×300	M20×300	M20×300	M20×300	M20×400	M20×400	

技　术　数　据

类型	型号	容器类别	壳体尺寸(mm)		接管公称尺寸(mm)			主要尺寸(mm)								地脚尺寸(mm)		重量 (kg)
			H_0	D	d_1	d_2	d_3	H	H_1	H_2	H_3	H_4	H_5	H_6	L	D_0	d_0	
A型	YF-40	S_2-2	984	273	40	20	15	1404	1052	540	472	300	70	252	150	375	18	85
	YF-50	S_2-2	1084	273	50	20	15	1504	1152	540	472	340	70	252	150	375	18	95
	YF-65	S_2-2	1100	325	65	25	15	1551	1202	580	512	400	75	272	150	425	18	130
B型	YF-80	S_2-2	1270	400	80	25	15	1784	1354	600	522	450	100	317	150	400	23	160
	YF-100	S_2-2	1420	500	100	25	15	2024	1539	680	602	500	100	377	150	500	23	265
	YF-125	S_2-2	1600	600	125	25	15	2304	1774	760	682	520	150	452	150	600	23	340
	YF-150	S_2-2	1800	700	150	25	15	2554	1969	840	762	550	150	502	150	700	23	565
	YF-200	S_2-2	2400	1000	200	32	15	3344	2614	1130	1052	690	150	602	150	1000	23	1210

图名	YF型洗涤式油分离器安装(二)	图号	LK3—03(二)

型号	产品代号	连接管公称直径(mm)							外形尺寸(mm)									重量(kg)
		进氨 d_1	出氨 d_2	放油 d_3	排污 d_4	进水 d_5	出水 d_6	放水 d_7	D	D_0	H	L	A	B	C	E	F	
A	YF-300A	70	70	20	20	20	20	20	300	340	837	700	380	160	170	95	65	87
	YF-325A	80	80	20	20	20	20	20	325	365	880	730	400	165	180	95	70	104
	YF-400A	100	100	20	20	20	20	20	400	400	1025	850	480	185	220	95	90	156
	YF-500A	125	125	20	20	20	20	20	500	540	1320	1130	640	245	280	120	125	235
B	YF-300B	70	70	20	20	—	—	—	300	240	1047	700	210	275	170	—	—	78
	YF-325B	80	80	20	20	—	—	—	325	260	1090	730	210	280	180	—	—	94
	YF-400B	100	100	20	20	—	—	—	400	340	1235	850	210	300	220	—	—	138
	YF-500B	125	125	20	20	—	—	—	500	440	1530	1130	210	335	280	—	—	204

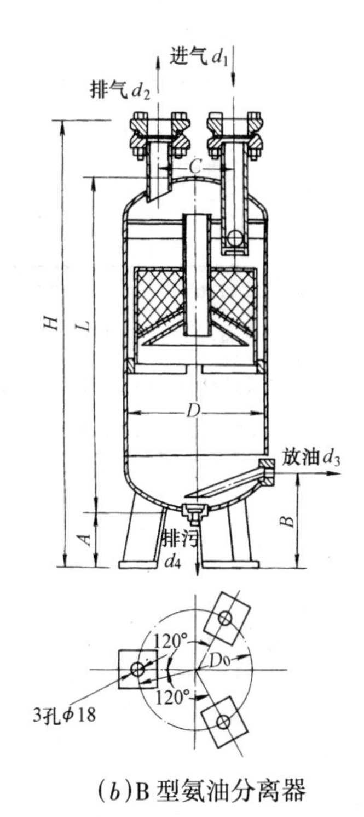

(*b*) B 型氨油分离器

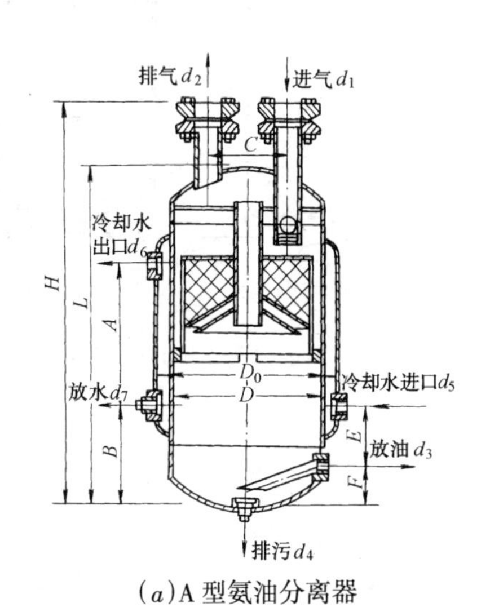

(*a*) A 型氨油分离器

图名	YF 型填料式油分离器安装	图号	LK3—04

氨油分离器(LYD-65 ~ LYD-125)

产品型号	壳体(mm)			管接口及氨阀形式(mm)			主要尺寸(mm)			底座尺寸(mm)	
	D	S	H	d	d_1 直角阀	d_2 直角阀	h	h_1	l	a	$n \times d$
LYD-65	245	6	800	65	15	15	565	80	80	200×200	3×ϕ18
LYD-80	325	5	1010	80	15	15	730	100	100	210×210	4×ϕ18
LYD-100	350	6	1110	100	15	15	798	100	100	ϕ300	3×ϕ20
LYD-125	400	6	1240	125	15	15	855	150	150	ϕ350	3×ϕ20

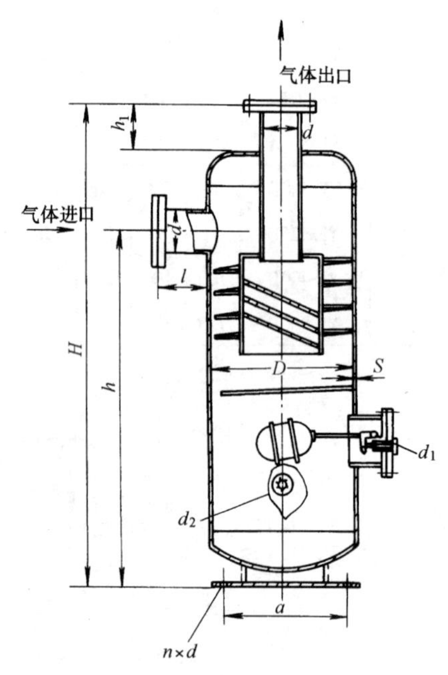

氨油分离器(LYD - 65 ~ LYD - 125)

图名	LYD 型离心式油分离器安装	图号	LK3—05

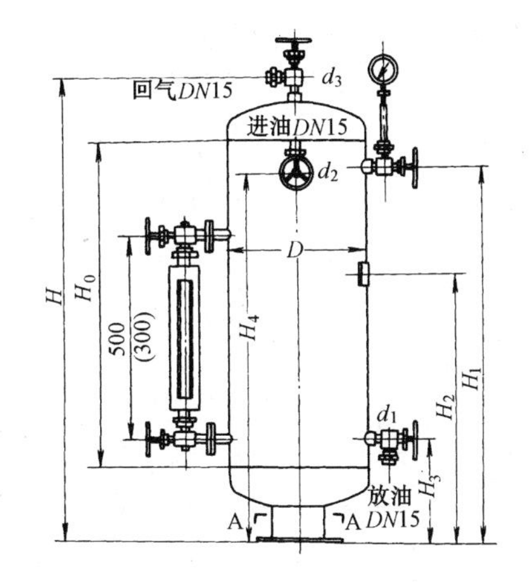

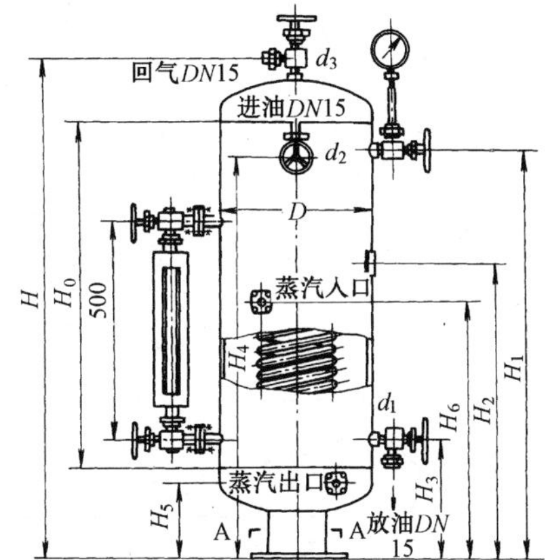

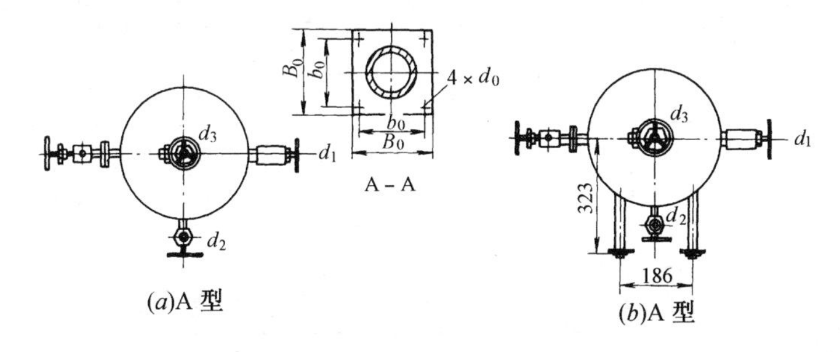

(a)A 型

(b)A 型

安装说明

JY－500型内带加热蛇形管，使用时将蛇形管通入蒸汽加热，使油中氨蒸发回收。

技术数据

类型	型号	容器类别	筒体尺寸(mm)	
			D	H_0
A型	JY-150		159	409
	JY-200	T_2-2	219	604
	JY-300	T_2-2	325	804
B型	JY-500	T_2-2	500	1004

主要尺寸(mm)						
H	H_1	H_2	H_3	H_4	H_5	H_6
647	466	350	177	450		
902	705	450	221	688		
1151	931	750	247	914		
1518	1204	980	400	1166	253	714

类型	型号	底座尺寸(mm)			重量(kg)
		d_0	B_0	b_0	
A型	JY-150	18	150	106	30
	JY-200	18	210	160	65
	JY-300	18	265	215	120
B型	JY-500	18	340	260	215

图名	JY型集油器安装	图号	LK3—06

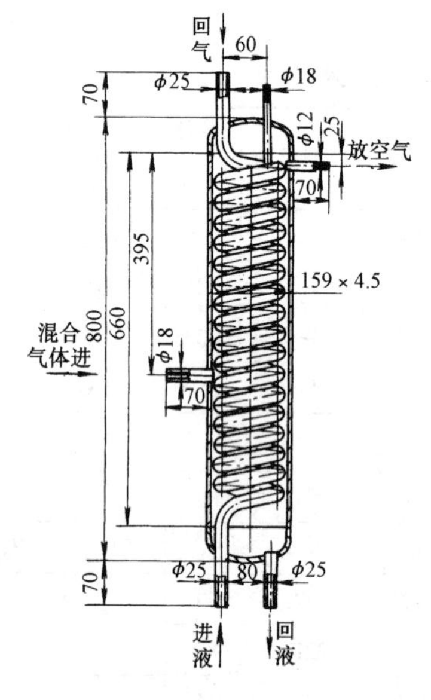

(a)KF046 型空气分离器

产品型号		KF046
外径(mm)		φ159
高度(mm)		940
接管公称直径 DN(mm)	混合气进	15
	回气	20
	进液	20
	出液	20
	放空	10
重量(kg)		32

配带附件及数量

名　　称	数　量	用　途
氨节流阀 $DN15$	1	进　流
氨直角截止阀 $DN10$	1	放空气
氨直角截止阀 $DN15$	1	混合气
氨直角截止阀 $DN20$	1	回　气

技　术　数　据

型号	公称直径(mm)	换热面积(m^2)	接管公称直径(mm)		支座尺寸(mm)				
			d_1	d_2	H_2	H_3	B	B_1	d_0
KF-32	32	0.45	32	32	240	65	140	100	14
KF-50	50	1.82	50	50	334	130	260	200	14

型号	主要尺寸(mm)											
	L	L_1	L_2	L_3	L_4	L_5	D	D_1	D_2	D_3	H	H_1
KF-32	1593	1080	225	145	165	110	108	76	57	38	110	90
KF-50	2910	1900	375	205	340	285	219	159	108	57	200	150

附件规格及数量

产品型号		KF-32	KF-50	用途说明
配带附件名称	每台数量	配带附件的规格		
直角式截止阀	1	15	15	进　气
直角式截止阀	1	10	10	放空气
直通式节流阀	1	20	25	供　液
直通式截止阀	1	32	50	出　气

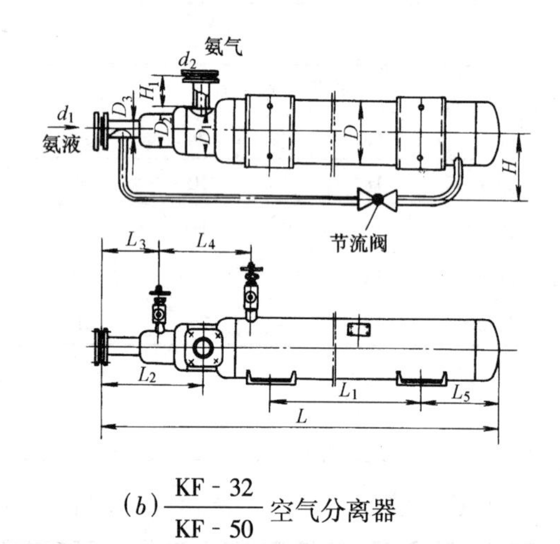

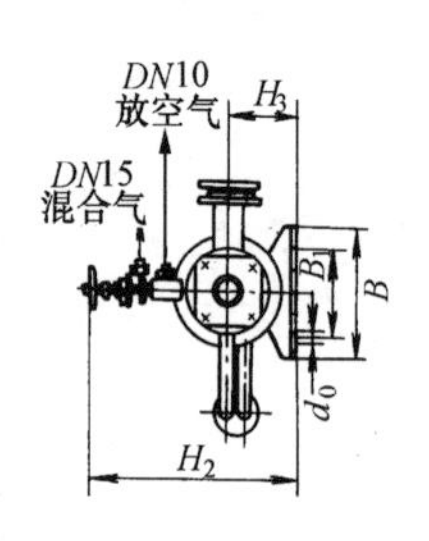

(b) $\frac{\text{KF-32}}{\text{KF-50}}$ 空气分离器

图名	KF 型立式空气分离器与卧式空气分离器安装	图号	LK3—07

过冷器(GL-6～GL-12)

型　号	冷却面积(m^2)	组数	主　要　尺　寸(mm)					重　量(kg)
			公称直径 d	公称直径 d_1	公称直径 d_2	L	B	
GL-6	6	1	25	50	15	4780	280	500
GL-12	12	2	25	50	15	4780	380	1000

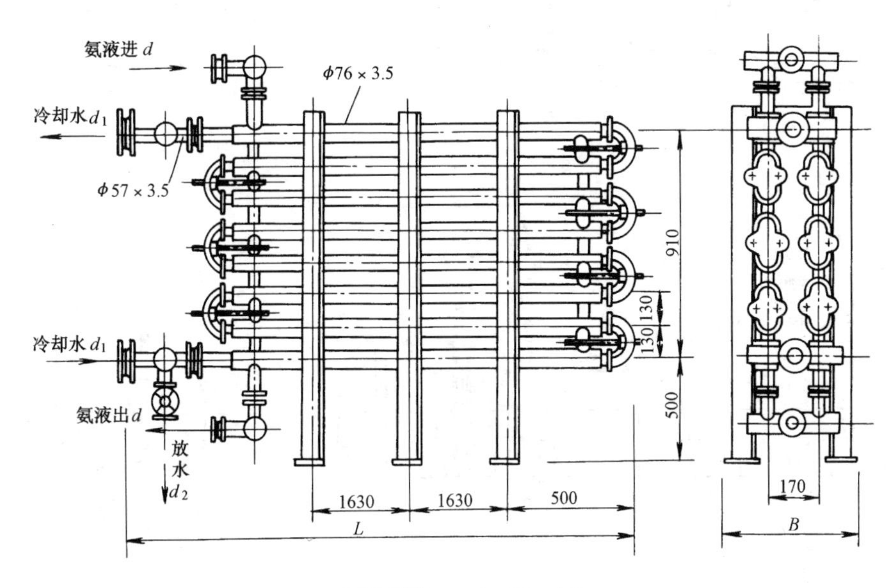

过冷器(GL-6～GL-12)

图名	GL型过冷器安装	图号	LK3—08

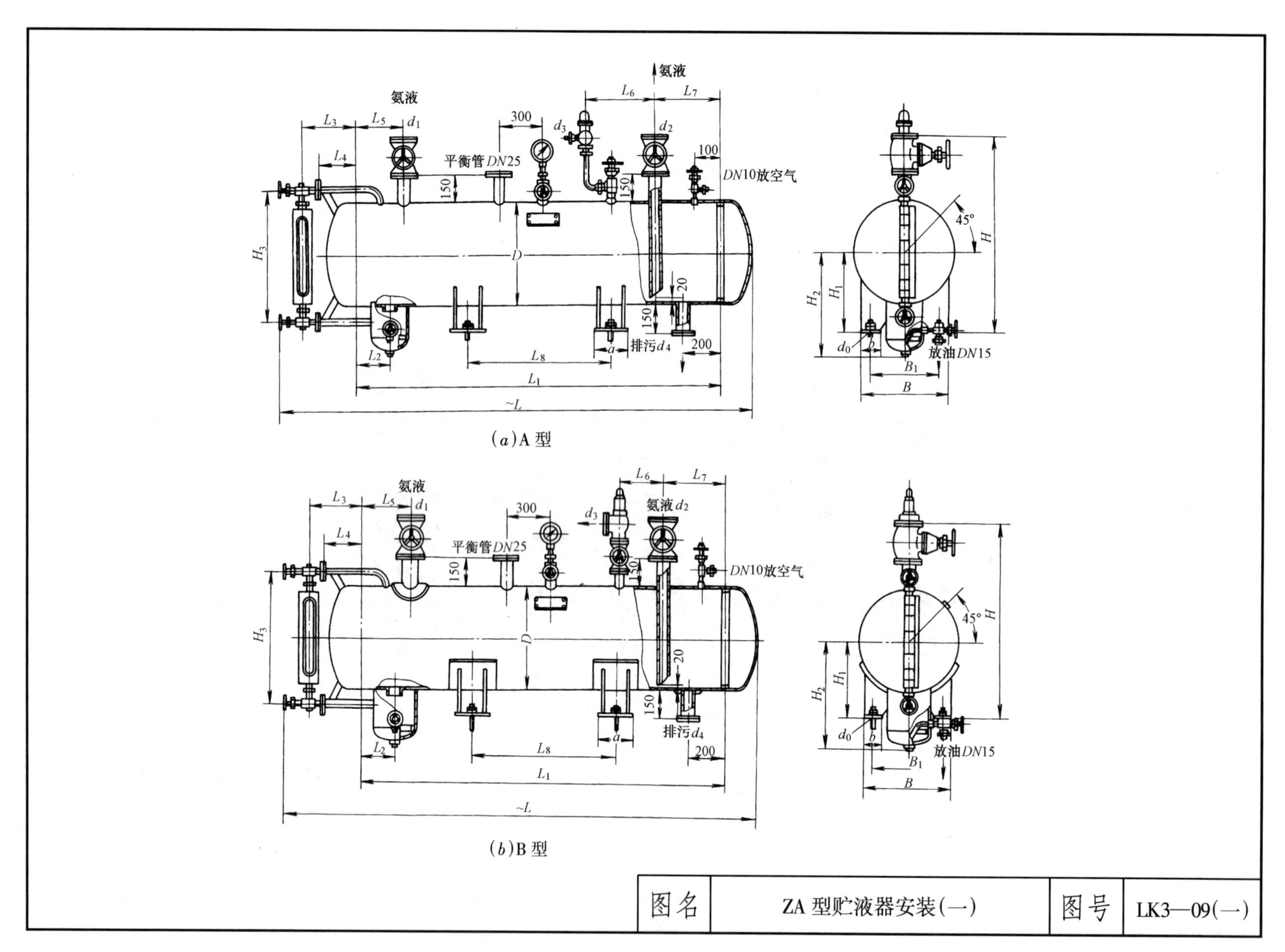

(a)A 型

(b)B 型

图名	ZA 型贮液器安装(一)	图号	LK3—09(一)

技 术 数 据

类 型	型 号	容积(L)	容器类别	筒体尺寸(mm)		接管公称直径 DN(mm)				主要尺寸(mm)			
				L_1	D	d_1	d_2	d_3	d_4	H	H_1	H_2	H_3
A 型	ZA-0.25	250	T_2-2	2000	400	25	25	15	25	750	230	420	500
	ZA-0.5	500	T_2-2	1600	600	25	25	15	25	930	310	520	800
	ZA-1.0	1000	T_2-2	3400	600	32	25	15	32	944	310	520	800
	ZA-1.5	1500	T_2-2	3000	800	40	32	20	32	1260	512	680	1100
	ZA-2.0	2000	T_2-2	4000	800	50	40	20	32	1294	512	680	1100
	ZA-2.5	2500	T_2-3	5000	800	50	40	20	50	1294	512	680	1100
B 型	ZA-3.0	3000	T_2-3	4540	900	65	50	25	50	1467	575	810	1100
	ZA-3.5	3500	T_2-3	5540	900	65	50	25	65	1467	575	810	1100
	ZA-5.0	5000	T_2-3	4500	1200	80	50	32	65	1777	715	960	1400

类 型	主要尺寸(mm)								支座尺寸(mm)					重量(kg)
	L	L_2	L_3	L_4	L_5	L_6	L_7	L_8	B	B_1	d_0	a	b	
A 型	2485	200	230	160	400	300	400	1000	360	280	18	145	120	285
	2225	200	300	230	300	250	250	800	455	375	23	145	120	410
	4025	200	300	230	400	500	400	1800	455	375	23	145	120	630
	3725	250	350	280	400	500	400	1400	640	560	23	145	120	915
	4725	250	350	280	400	600	400	2400	640	560	23	145	120	1120
	4725	250	350	280	400	600	400	3400	640	560	23	145	120	1315
B 型	5315	300	375	305	400	600	400	2900	720	620	23	195	160	1485
	6315	300	375	305	400	600	400	3500	720	620	23	195	160	1710
	5465	300	470	400	400	600	400	2900	900	780	27	195	160	2820

注:A 型带有安全阀接管,B 型不带有安全阀接管。

图名	ZA 型贮液器安装(二)	图号	LK3—09(二)

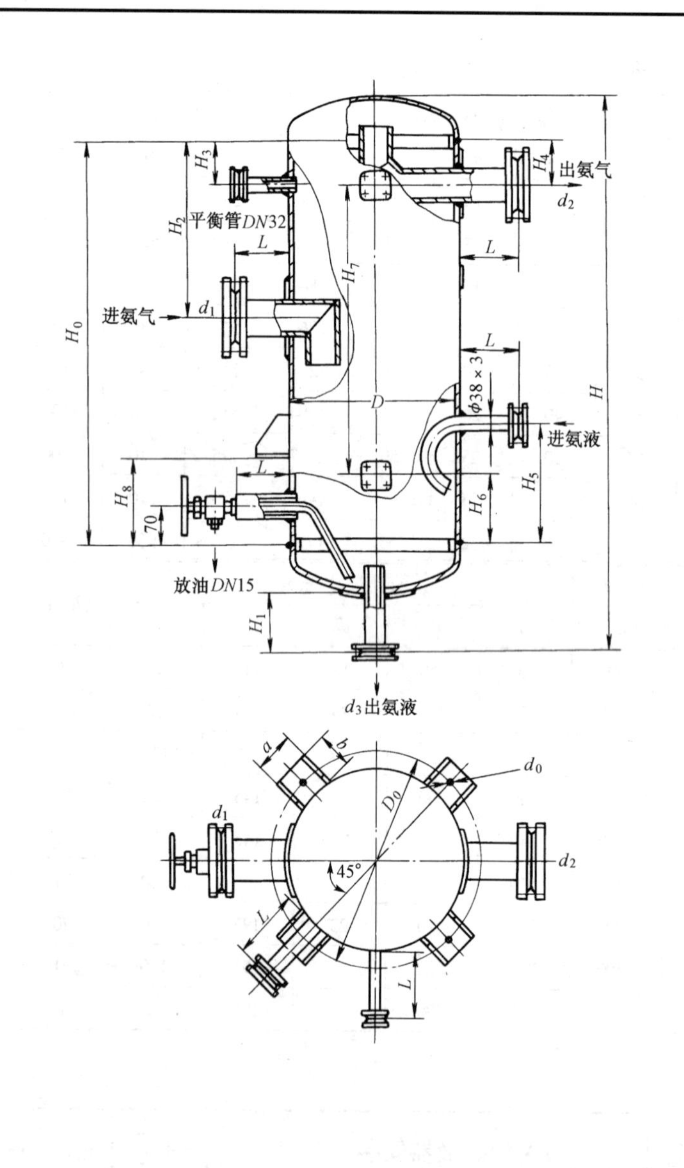

技术数据

型号	主要尺寸(mm)								
	L	H	H_2	H_4	H_5	H_3	H_1	H_6	H_7
AF-50	200	1405	490	100	230	100	200	100	800
AF-65	200	1405	490	130	230	100	200	100	800
AF-80	200	1615	570	140	250	100	200	100	800
AF-100	200	1805	600	150	350	100	200	100	1100
AF-125	200	2105	750	175	350	100	200	100	1100
AF-150	200	2455	900	200	350	100	200	100	1400
AF-200	250	2695	1000	250	350	200	250	100	1400
AF-250	250	3195	1200	350	380	200	250	100	1400
AF-300	250	3295	1200	450	380	200	250	100	1400

筒体尺寸(mm)		接管公称直径 DN(mm)		支座尺寸(mm)					重量(kg)
H_0	D	d_1、d_2	d_3	H_8	D_0	d_0	a	b	
980	325	50	32	100	425	23	120	80	120
980	325	65	40	100	425	23	120	80	125
1150	400	80	50	140	510	23	120	90	150
1250	500	100	65	180	610	23	120	90	215
1500	600	125	80	180	710	23	120	100	295
1800	700	150	100	200	830	23	120	100	395
1800	1000	200	125	240	1125	23	120	100	730
2300	1000	250	125	240	1125	23	120	100	890
2300	1200	300	150	300	1325	23	120	100	1330

图名	AF型氨液分离器安装	图号	LK3—10

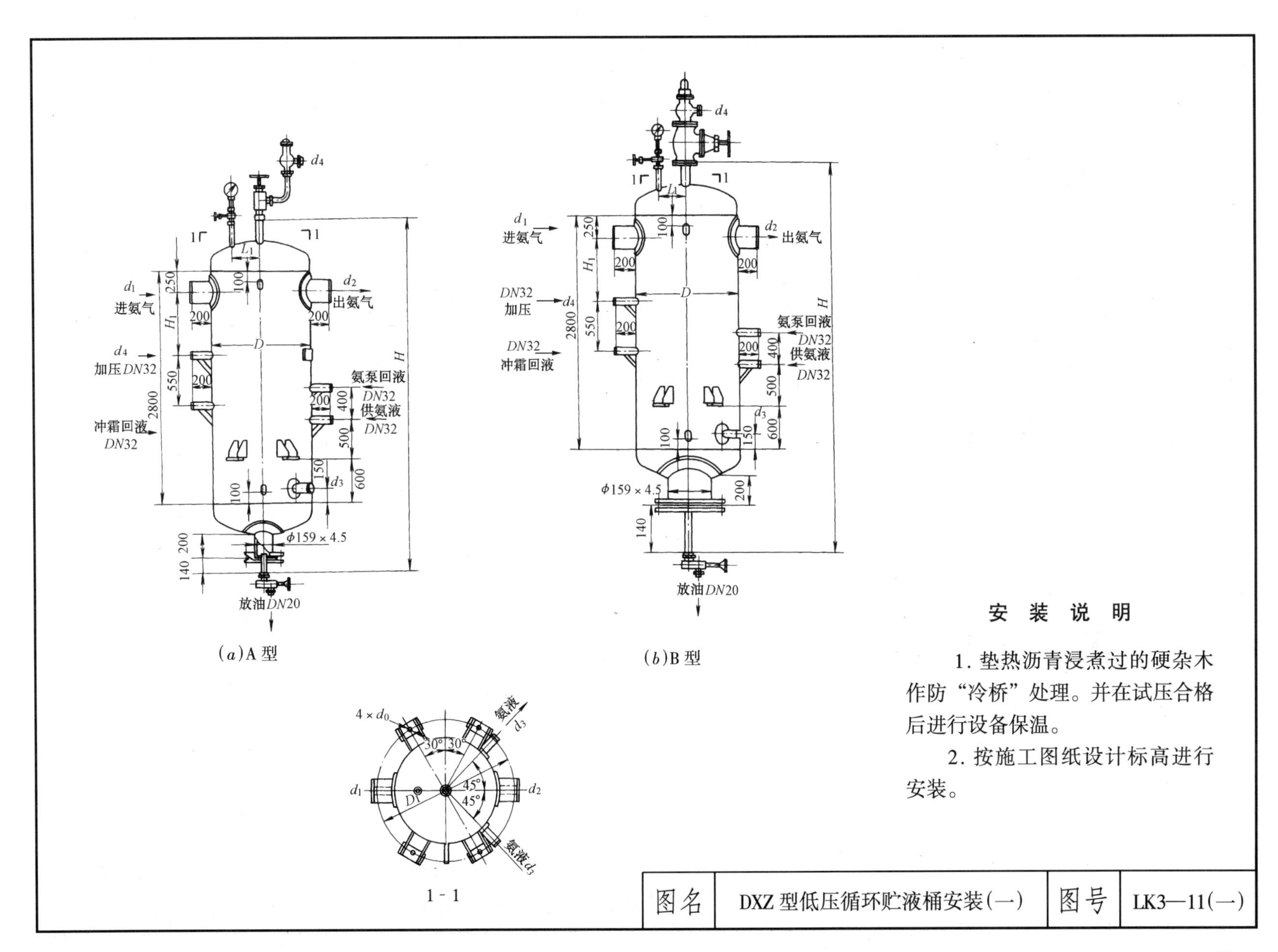
d4
1
L1
d1
进氨气
d2
出氨气
250
100
200
H1
D
H
加压DN32
550
2800
冲霜回液
DN32
氨泵回液
DN32
400
供氨液
500
150
d3
600
φ159×4.5
140 200
放油DN20
(a)A型
(b)B型
4×d0
氨液
30° 30°
45°
45°
D1
1-1
安 装 说 明
1. 垫热沥青浸煮过的硬杂木作防“冷桥”处理。并在试压合格后进行设备保温。
2. 按施工图纸设计标高进行安装。
图名
DXZ型低压循环贮液桶安装(一)
图号
LK3—11(一)

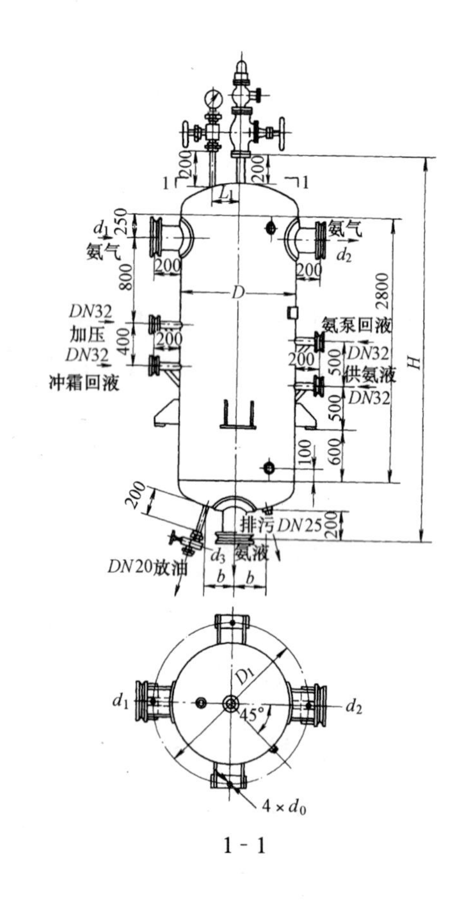

技　术　数　据

类型	型号	容积 (L)	主要尺寸(mm)									重量 (kg)
			D	H	H_1	L_1	D_1	d_0	d_1、d_2	d_3	d_4	
A型	DXZ_1-1.5	1500	φ800	3846	500	230	1315	23	125	50	20	675
B型	DXZ_1-2.5	2500	φ1000	3986	550	250	1515	23	150	50	25	1000
	DXZ_1-3.5	3500	φ1200	4086	600	280	1695	30	200	65	25	1465
	DXZ_1-5.0	5000	φ1400	4186	650	300	1895	30	200	65	25	1795

技　术　数　据

型号	容积 (L)	容器类别	主要尺寸(mm)								重量 (kg)
			D	H	L_1	b	D_1	d_0	d_1、d_2	d_3	
DXZ-1.5	1500	T_2-2	φ800	3702	230	150	1315	23	125	80	710
DXZ-2.5	2500	T_2-2	φ1000	3842	250	150	1515	23	150	100	930
DXZ-3.5	3500	T_2-3	φ1200	3942	280	200	1695	30	200	125	1425
DXZ-5.0	5000	T_2-3	φ1400	4042	300	200	1895	30	200	125	1755

图名	DXZ型低压循环贮液桶安装(二)	图号	LK3—11(二)

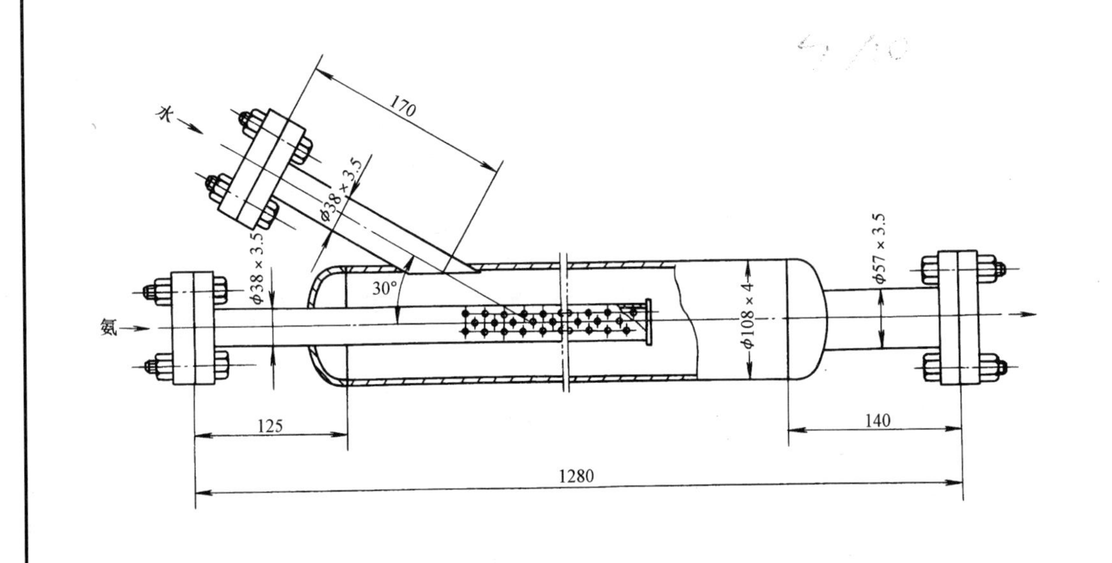

安 装 说 明

1. 竖装于方便操作的墙体上。

2. 为防止制冷设备在产生意外事故时引起爆炸，把制冷系统中有大量液氨存在的容器(如贮氨器、蒸发器)用管路与紧急泄氨器连接，当情况紧急时，可将紧急泄氨器的液氨排出阀和通往紧急泄氨器的自来水阀打开排出。

图名	紧急泄氨器安装	图号	LK3—12

卧式搅拌机(WJ-250 ~ WJ-500)

型号	叶轮直径 d (mm)	流量 (m^3/min)	转数 (r/min)	主要尺寸(mm)						重量 (kg)
				D	B	D_1	l	L	$N \times d_1$	
WJ-250	250	4	400	400	50	180	245	490	8 × M12	27
WJ-400	400	8	220	700	100	380	480	1035	14 × M16	110
WJ-500	500	12	200	700	100	380	480	1075	14 × M16	122

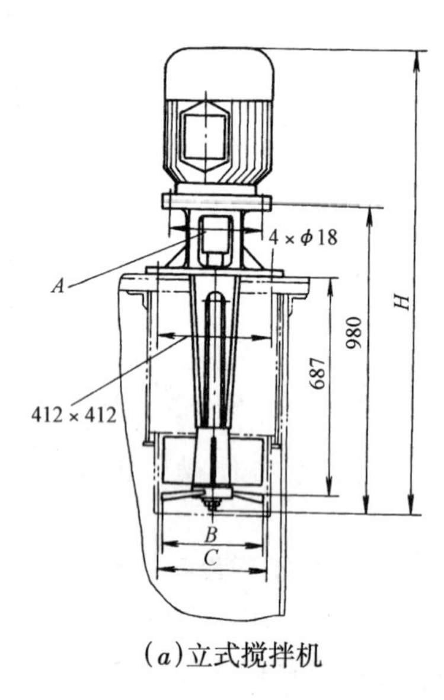

(a)立式搅拌机

立式搅拌机技术数据

数值 \ 型号	LJ-250	LJ-300	LJ-340
A(mm)	φ215	φ265	φ265
B(mm)	φ252	φ302	φ342
C(mm)	φ255	φ305	φ345
H(mm)	1320	1375	1415
电动机型号 B5-V1	Y112M-6	Y132S-6	Y132M1-6
电动机功率(kW)	2.2	3.0	4.0
重量(kg)	157	170	201

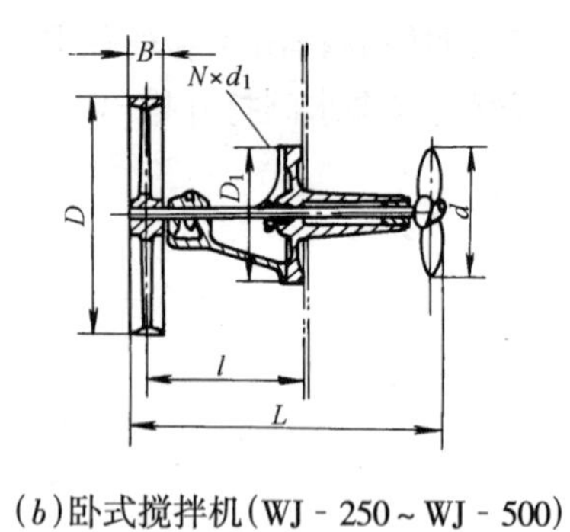

(b)卧式搅拌机(WJ - 250 ~ WJ - 500)

立 式 搅 拌 机

型　号	叶轮直径(mm)	转速(r/min)	循环水量(m^3/h)	电机功率(kW)
LJ-250	250	960	220 ~ 320	2.2
LJ-300	300	960	360 ~ 480	3.0
LJ-340	400	960	480 ~ 600	4.0

图名	LJ 型立式搅拌器与 WJ 型卧式搅拌器安装	图号	LK3—13

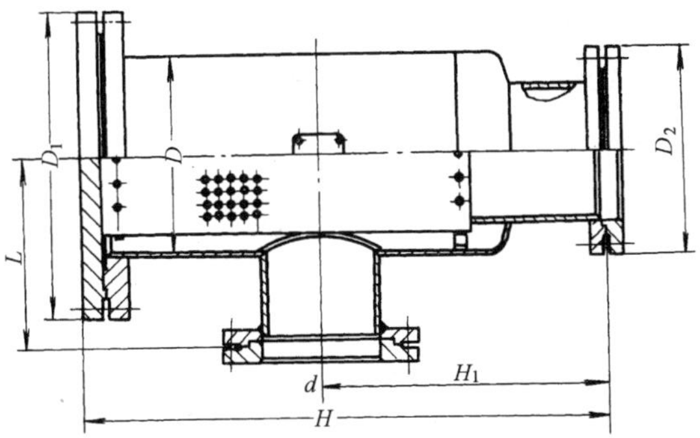

(*a*)QG 型氨气过滤器

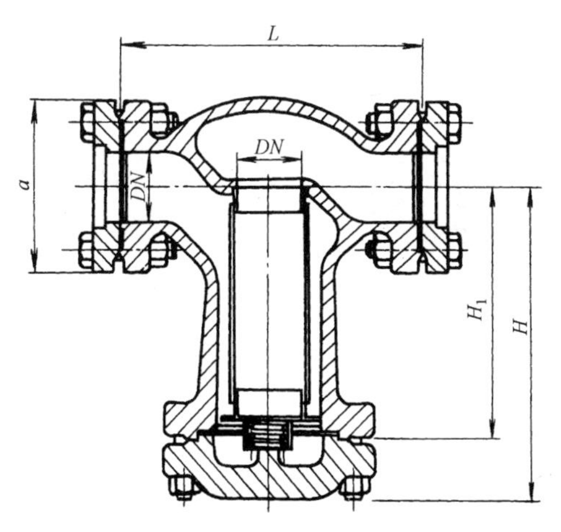

(*b*)YG 型氨液过滤器

氨气过滤器技术数据

型　　号	容器类别	主　要　尺　寸(mm)							重量(kg)
		D	*d*	D_1	D_2	*H*	H_1	*L*	
QG-50		133	50	245	122	415	200	150	40
QG-65		159	65	280	180	450	250	170	55
QG-80		159	80	280	195	450	250	170	60
QG-100		245	100	365	230	600	300	240	110
QG-125	S_2-2	273	125	405	270	700	400	290	140
QG-150	S_2-2	273	150	405	300	700	400	290	150
QG-200	S_2-2	325	200	460	360	910	520	325	225
QG-250	S_2-2	400	250	580	425	1100	640	380	355
QG-300	S_2-2	500	300	705	485	1350	800	450	555

氨液过滤器技术数据

型　号	公称直径 *DN*(mm)	主 要 尺 寸(mm)				重量(kg)
		a	*L*	*H*	H_1	
YG-15	15	72	130	130	105	5
YG-20	20	82	150	130	105	8
YG-25	25	90	160	165	135	11
YG-32	32	105	180	185	150	14
YG-40	40	112	200	210	175	16
YG-50	50	122	230	225	180	20

图名	QG 型氨气过滤器、YG 型氨液过滤器安装	图号	LK3—14

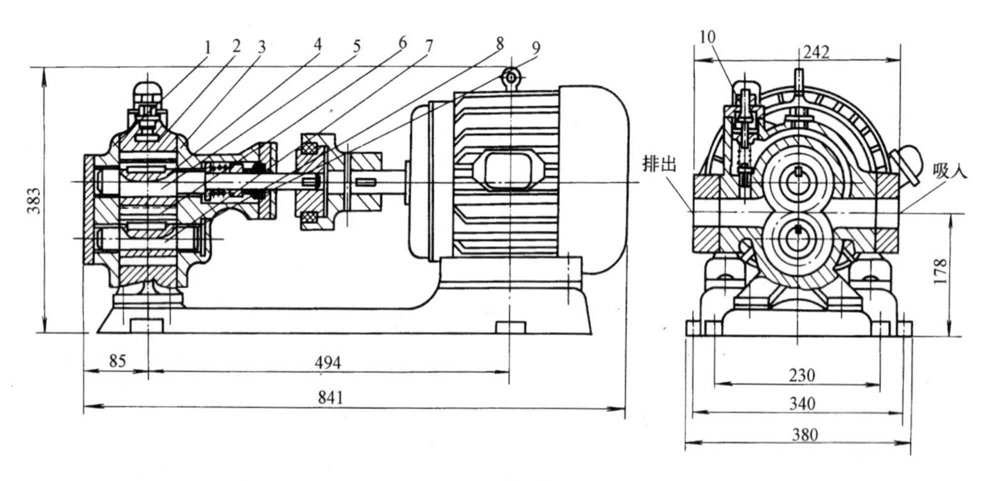

CN-5.5/4氨泵

1—左泵叶；2—泵体；3—右泵叶；4—主动齿轮；5—主动轴；
6—从动齿轮；7—从动轴；8—机械密封；9—油封；10—安全回放阀

安 装 说 明

氨泵的作用是在冷藏库中输送氨液。工作温度一般为+5~-50℃之间。泵与电动机用弹性联轴器直联，安装在公共底座上，便于用户安装使用。

技术特性及型号

型号：CN-5.5/4;

流量：5.5m³/h;

排出压力：0.4MPa;

吸入高度：$2mH_2O$;

转速：710r/min;

电动机功率：3kW;

电动机型号：Y132M-8;

进出口直径：38mm;

安全回放阀调节压力：排出压力的150%左右。

图名	CN-5.5/4型齿轮氨泵安装	图号	LK3—15

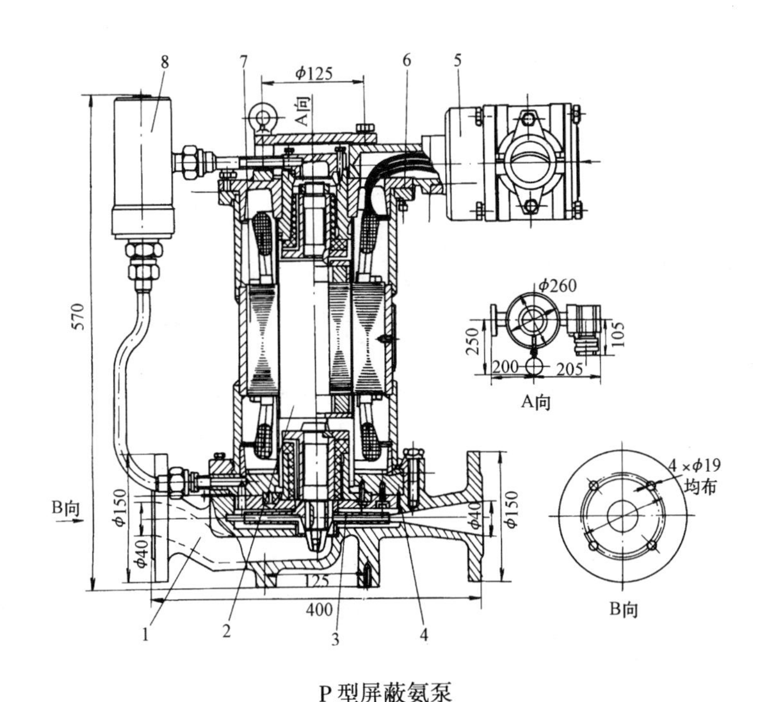

P型屏蔽氨泵

1—蜗壳；2—转子装配；3—叶轮；4—屏蔽套装配；5—接线盒装配；6—后端盖；7—定子装配；8—过滤器装配

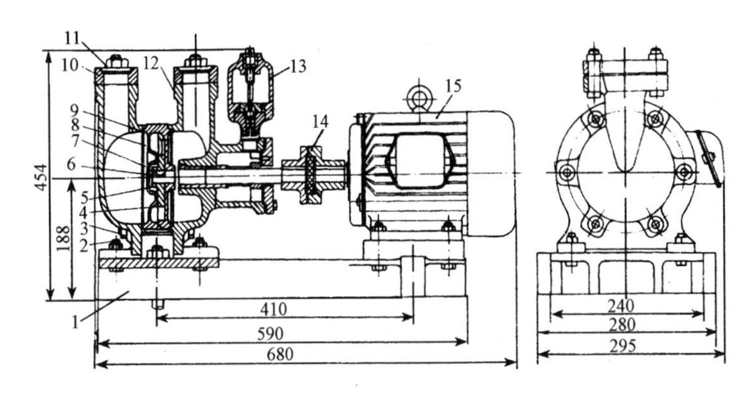

AB-3型叶轮氨泵

1—底座；2—螺栓；3—小螺栓；4—隔板；5—叶轮；6—主轴；7—半圆键；8—隔板Ⅱ；9—垫片；10—腰形法兰；11—螺栓；12—进液端；13—油杯；14—联轴器；15—电机

安装说明

1. 混凝土基础周围应设排水明沟或地漏。

2. 经试压、检漏合格后，进行保温。在基础上预先垫经沥青煮过的硬杂木，以防“冷桥”。

3. 在调试时，油杯内应注入冷冻油至油视镜的1/2处。

图名	P型屏蔽氨泵安装、AB-3型叶轮氨泵安装	图号	LK3—16

制冷压缩机安装说明

1. 制冷压缩机的基础

压缩机基础要求有足够的强度、刚度和稳定性，不得发生下沉倾斜和防止发生共振等现象，同时还应具有耐润滑油等腐蚀的特性。

2. 制冷压缩机安装

(1)认真检查核对包装箱内随机附带物件的数量、质量，妥善保管，防止遗失。尤其对说明书、目录、图纸、产品合格证等应归档存放。

(2)压缩机吊装就位时应选好压缩机吊运路线和选择钢丝绳绑扎位置，切不可将钢丝绳绑扎于压缩机的连接管或法兰盘上，应牢固系在压缩机底座上。

(3)在每个地脚螺栓两侧加放一组垫铁即：一块垫铁和两块楔形斜垫铁(斜度为 1∶10)。垫铁材料采用 Q235。

(4)采用精度小于 0.02mm 的框式水平仪进行找平。找平合格后可用小锤敲打每组垫铁，检查接触情况，并复验水平度，确认无问题后，将地脚螺栓双螺母拧紧，然后将三块垫铁用点焊焊牢。

1)立式和 W 型压缩机可以用框式水平仪在气缸端面和压缩机进、排气口(拆下压缩机进、排气阀门及直角弯头)进行测量。对于直径较大的立式压缩机可以在气缸端面用框式水平仪测量水平度。

2)V 型和 S 型压缩机，可用角度水平尺在气缸端面测水平。如无角度水平尺，可在压缩机的进、排气口或在压缩机上的安全阀法兰端面进行测量。8AS - 17 氨压缩机，可利用曲轴箱的盖面测量横向水平。

3)采用铅坠线方法测量轴的水平时，应将铅坠线挂在飞轮外侧，在轴颈外侧装上卡条拨到上方，测量与卡条相对的一点与垂线间的间隙；然后将飞轮转动 180°，使此点位于下方再测量此点与垂线间的间隙，这两个间隙应相等。之后再用框式水平仪在飞轮外缘上测量水平进行校对。

4)压缩机纵向(轴向)和横向水平的允许误差值为 0.02mm。

5)当压缩机找平后，发现压缩机与电动机间联轴器处有误差时，可在电动机底座上以薄垫片再找正。

6)电动机的安装与调整，主要是使其与压缩机轴同心，即采用：

A. 用塞尺测量两个联轴器之间的间隙；

B. 用钢板尺测量两联轴器块的同心度。测量点为上、下、左、右四点。对称方向两联轴器块之间应与钢板尺贴合或距离相等，证明电动机与压缩机的轴同心；

C. 用千分表测量压缩机与电动机两联轴器块之间的距离。测点为上、下、左、右四点。上、下及左、右之间的误差值不得大于 0.2mm。

3. 制冷压缩机调试

(1)压缩机的拆洗

图名	制冷压缩机安装说明	图号	LK4—01

将机器外表擦干净，依次卸下水管、油管、气体过滤器；打开气缸盖，取出缓冲弹簧及排气阀门；放出曲轴箱内的润滑油，卸下侧盖；拆卸连杆下盖，取出连杆螺栓和大头下轴瓦；取出吸气阀片；用专用吊栓取出气缸套；取出活塞连杆组；拆卸联轴器；卸下油泵盖，取出油泵。

在进行上述拆卸过程中，用油漆或钢号码在必要的部件上作好记号，防止方向或位置装错。

用洗涤汽油将卸下的零部件清洗干净，再经0号柴油或25号冷冻油清洗后用干净白布擦干；一些易损件如密封环、油环、轴瓦、活门片等均涂上薄层黄油；用压缩空气对油管油路进行吹污；用螺丝刀对吸、排气阀门和卸载油缸做来回动作，检查其弹簧性能；用洗涤汽油注入吸、排气阀门内视其渗漏情况来检查其密封性，渗漏严重的必须认真调整或更换零件；要认真检查活门片和轴瓦的表面磨损状况，发现有划道磨损严重时，要用凡尔砂和煤油研磨活门片或更换活门片，对轴瓦表面上的巴氏合金进行修刮，轴瓦磨损严重的必须更换，以防止“抱轴”事故发生。对气体过滤器和油过滤器及其过滤网均应用洗涤汽油清洗干净，并用压缩空气进行吹污。经拆卸后的开口销一律更换新的，应严格检查所有的密封垫圈，如发现破损时，应用相同厚度的高压红纸皮重新制作，并涂上薄层黄油。

(2)压缩机的装配测量

主要间隙的测量。

1)压缩机安装的水平度：用0.02mm框式水平仪测量；

2)联轴器的同心度和摇摆度：用千分表测量；

3)联轴器之间的间隙：用塞尺测量；

4)气缸余隙(死隙)：用套管代替弹簧，将安全盖卡紧，在活塞顶部放置4根2.5mm保险丝(软铅丝)，拨动联轴器一圈后取出，用外径千分尺测量；

5)活塞与气缸间隙：用塞尺测量气缸与活塞的间隙，气缸测上止点，下止点，中间三点；活塞测上、下、左、右四点；

6)活塞直径：用外径千分尺测量或者用外径卡尺量活塞上、中、下三部分尺寸，再用内径千分表测出数值。每一部分又分横向(与活塞销同向)和纵向(垂直于横向)两点尺寸；

7)气缸直径：用内径千分表测气缸上、中、下三部分，每部分也分横向、纵向两点；

8)活塞环与环槽的间隙：气环与油环放于环槽中，用塞尺测前、后、左、右四点；

9)活塞环在气缸内的销口间隙：将活塞放于缸内用塞尺测量销口间隙，气缸分成上、中、下三部分；

10)吸气阀片开启高度：用吸气阀座高度减去阀片厚度，每隔120°测一点；

11)排气阀片开启高度：用塞尺测三点，每隔120°测一点；

12)连杆大头轴向间隙：用塞尺测量；

13)连杆小头轴向间隙：用塞尺测量；

14)连杆大头径向间隙：分别吊出曲柄销两边的两个活

图名	制冷压缩机安装说明	图号	LK4—01

塞，依次用塞尺测量未拆下的连杆大头的径向间隙，测完后把中间的两个活塞吊出，再把先吊出的两个活塞按原样装好，用塞尺测量其间隙；有经验的师傅可盘动联轴器是否有劲来加以判断；

15)油泵端主轴承径向间隙：用塞尺测量。

(3)压缩机的试运转

1)空车试运转

空车试运转使压缩机运动部件“跑合”，检查油泵是否上油，油管是否严密和畅通，卸载装置是否灵活准确以及压缩机有无局部发热与异常声音。

空车试运转时，拆下气缸盖，用扁钢自制卡具压住缸套以防窜出，并加冷冻油至曲轴箱油镜的1/2处，再往活塞顶部加少量冷冻油后盘动联轴器，机器转动应灵活。

空车试运转应“点动”试车，逐步启动，并迅速调整油压，新机器可相对调高油压，使压缩机运动部件更好地“跑合”。

第一次空车试运转3~5min后，需停车检查：气缸壁和活塞表面是否被“拉毛”以及大头轴瓦的巴氏合金是否被“划道”，拉毛现象严重时，应进行修理。检查合格后重新换油继续试车，在运转中应观察滤油器温度和密封器的温度，两者温差以不超过10℃为宜。密封器的油温稳定。一般空车试运转连续4h无异常现象，压缩机“跑合”完成。

2)空气负荷试运转

盖上气缸盖，打开排出阀，关闭吸气阀，并用螺丝刀打开气体过滤器上的端盖，启动压缩机，调整正常的油压，油温升稳定，用25号冷冻油时，最高油温不得超过70℃。

空气负荷试运转时间不少于4h，无异常现象后，重新更换润滑油，并将压缩机抽空静压24h无泄漏，即可投入系统运行。

3)重车试运转

重车试运转一般在设备和管道试压、试漏以及隔热工程完成并向系统充注制冷剂后进行，应对可以投入系统运行的压缩机逐台进行重车试运转，每台最后一次连续运转时间不得少于24h，每台累计运转时间不得少于48h。压缩机必须经过重车试运转后才能验收。重车试运转的压缩机均按制冷系统操作规程进行调整。

图名	制冷压缩机安装说明	图号	LK4—01

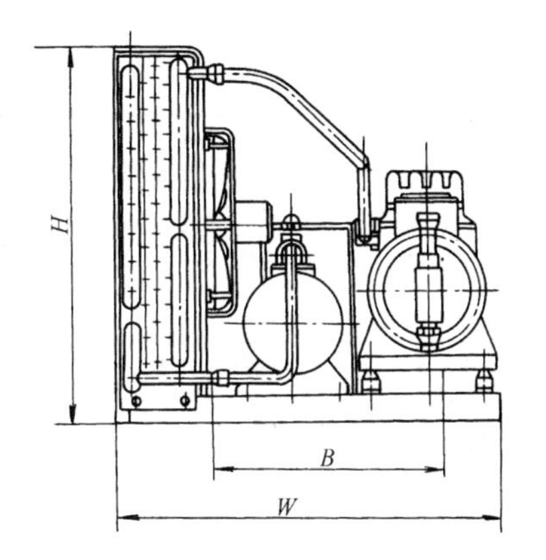

(*a*)S82 - AL ~ S153 - AL 型

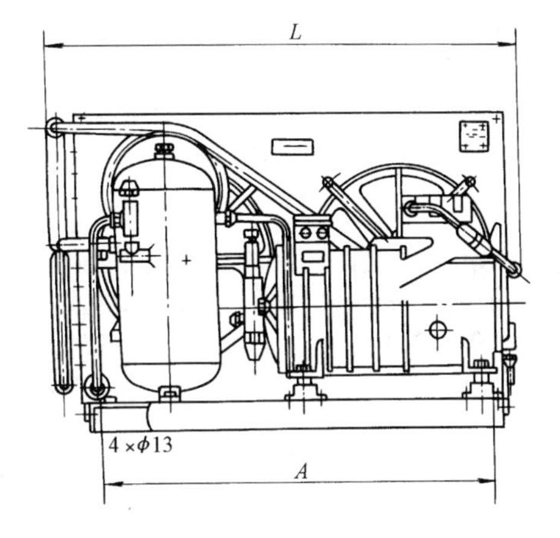

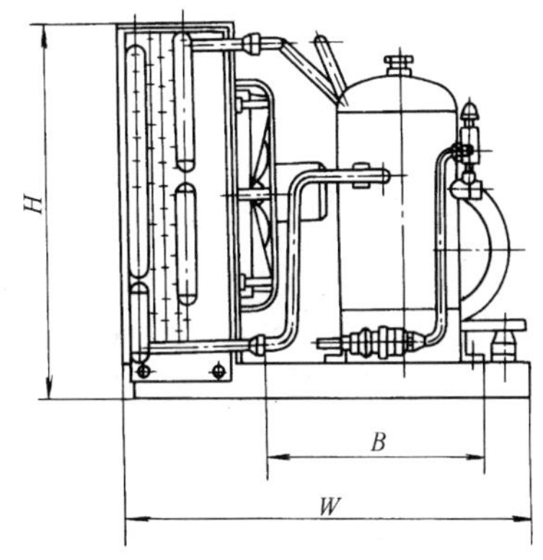

(*b*)S32 - AL ~ S53 - AL 型

安 装 说 明

1. 半封闭式压缩机不进行拆洗。

2. 目前国内大量使用着由美国、法国、德国、意大利、丹麦等国家进口（或国内组装）的风冷（水冷）式半封闭（全封闭）氟压缩冷凝机组和设备配件、自控元件。如：特灵（Trane）、开利（Carrier）、约克（York）、麦克维尔（Mcquay）、泰康（Tecumseh）、美优乐（Maneurop）、谷轮（考普兰 Copeland）、比泽尔（Bitzer）及丹佛斯（Danfoss）等。其性能指标、规格型号、品种繁多，应根据设计要求正确选用。

3. 美优乐压缩冷凝机组选型：

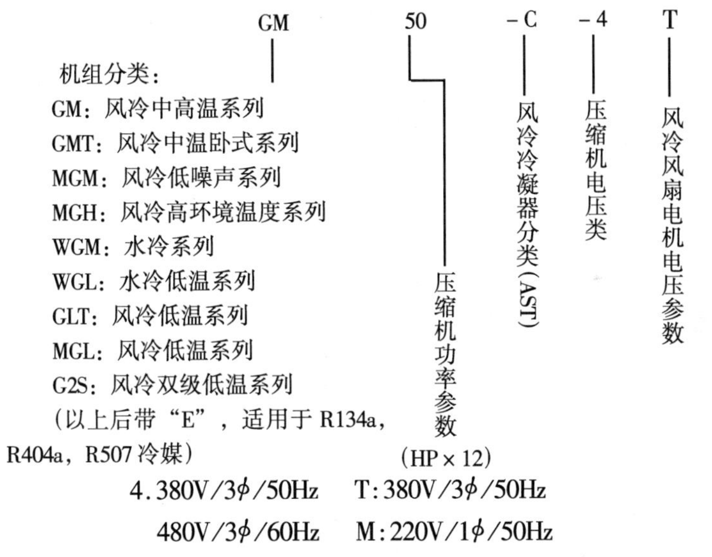

机组分类：

GM：风冷中高温系列

GMT：风冷中温卧式系列

MGM：风冷低噪声系列

MGH：风冷高环境温度系列

WGM：水冷系列

WGL：水冷低温系列

GLT：风冷低温系列

MGL：风冷低温系列

G2S：风冷双级低温系列

（以上后带“E”，适用于 R134a，R404a，R507 冷媒）

4. 380V/3ϕ/50Hz　　T:380V/3ϕ/50Hz

480V/3ϕ/60Hz　　M:220V/1ϕ/50Hz

5. 220V/1ϕ/50Hz

图名	风冷式氟压缩冷凝机组安装(一)	图号	LK4—02(一)

性 能 参 数

型号	压缩机					风机			储液器型号	制冷剂最大充注量			重量(kg)
	功率 HP(kW)	电流方式		最大工作电流		电流消耗(A)	功率消耗(W)	风量(m^3/h)		R134a (kg)	R404a R507(kg)	R22(kg)	
		3-Ph	1-Ph	3-Ph(A)	1-Ph(A)								
LH33/2HL-1.2(Y)	1/0.7	220~240VΔ/3/50Hz 380~420VY/3/50Hz	230V/1/50Hz	5.2/3	9.0	0.55	118	1710	FS35	3.1	2.6	3.1	74
LH33/2GL-2.2(Y)	1.5/1.1			7.3/4.2	12.6	0.55	118	1710	FS35	3.1	2.6	3.1	75
LH64/2EL-3.2(Y)	2/1.5			11.3/6.5	19.6	1.41	301	3890	FS75	8.2	6.6	8.0	130
LH53/2DL-2.(Y)	2/1.5			10.4/6.0	18.0	0.88	194	2530	FS55	5.9	4.7	5.8	115
LH64/2DL-3.2(Y)	3/2.2			13.8/8.0	23.9	1.41	301	3890	FS75	8.2	6.6	8.0	130
LH64/2CL-3.2(Y)	3/2.2			13.8/8.0		1.41	301	3890	FS75	8.2	6.6	8.0	130
LH84/2CL-4.(Y)	4/3			15.5/9.0		3.08	485	4580	FS125	13.6	11.0	13.4	139
LH64/2U-3.2(Y)	3/2.2			13.8/8.0		1.41	301	3890	FS75	8.2	6.6	8.0	142
LH84/2U-5.2(Y)	5.5/4			21.6/12.5		3.08	485	4580	FS125	13.6	11.0	13.4	158
LH104/2N-7.(Y)	7.5/5.5			31.1/18.0		2×1.47	2×316	7250	F150H	15.7	12.7	15.4	206
LH114/4V-10.2(Y)	10/7.5	380~420V/3/50Hz Y-YY		21		2×1.4	2×300	7800	F150H	15.7	12.7	15.4	268
LH104/4T-8.2(Y)	7.5/5.5			17		2×1.47	2×318	7250	F150H	15.7	12.7	15.4	249
LH114/4T-12.2(Y)	12.5/9.2			24		2×1.4	2×300	7800	F150H	15.7	12.7	15.4	272
LH114/4P-10.2(Y)	10/7.5			21		2×1.4	2×300	7800	F150H	15.7	12.7	15.4	271
LH35/4P-15.2(Y)	15/11			31		2×1.62	2×750	12650	F300H	31.4	25.4	30.9	333
LH124/4N-12.2(Y)	12.5/9.2			24		2×3.08	2×480	9100	F300H	31.4	25.4	30.9	310
LH135/4N-20.2(Y)	20/15			37		2×1.62	2×750	12650	F300H	31.4	25.4	30.9	336
LH135/4J-13.2(Y)	13/9.5			27		2×1.62	2×750	12650	F300H	31.4	25.4	30.9	360
LH135/4J-22.2(Y)	22/16			39		2×1.62	2×750	12650	F300H	31.4	25.4	30.9	371
LH135/4H-15.2(Y)	15/11			31		2×1.62	2×750	12650	F300H	31.4	25.4	30.9	364
LH135/6J-22.2(Y)	22/16			39		2×1.62	2×750	12650	F300H	31.4	25.4	30.9	394
LH135/6H-25.2(Y)	25/18.5			45		2×1.62	2×750	12650	F300H	31.4	25.4	30.9	405

注:LH33/2HL-1.2(Y)~LH135/6H-25.2(Y)为风冷式压缩冷凝机组。

图名	风冷式氟压缩冷凝机组安装(二)	图号	LK4—02(二)

<table>
<tr><th colspan="2">型号
项目</th><th>S32-AL</th><th>S33-AL</th><th>S42-AL</th><th>S43-AL</th><th>S52-AL</th><th>S53-AL</th><th>S82-AL</th><th>S83-AL</th><th>S102-AL</th><th>S103-AL</th><th>S152-AL</th><th>S153-AL</th></tr>
<tr><td rowspan="3">设计制冷量</td><td>R12</td><td>3.49</td><td>—</td><td>4.3</td><td>—</td><td>5.58</td><td>—</td><td>8.14</td><td>—</td><td>11.05</td><td>—</td><td>15.8</td><td>—</td></tr>
<tr><td>R502(kW)</td><td>2.62</td><td>—</td><td>3.6</td><td>—</td><td>4.65</td><td>—</td><td>6.16</td><td>—</td><td>9.3</td><td>—</td><td>14.4</td><td>—</td></tr>
<tr><td>R22</td><td>—</td><td>3.35</td><td>—</td><td>6.74</td><td>—</td><td>8.72</td><td>—</td><td>12.44</td><td>—</td><td>17.44</td><td>—</td><td>25.3</td></tr>
<tr><td rowspan="4">压缩机</td><td>型号</td><td colspan="2">S31A</td><td colspan="2">S41</td><td colspan="2">S51A</td><td colspan="2">S81</td><td colspan="2">S101A</td><td colspan="2">S151A</td></tr>
<tr><td>启动电流(A)</td><td colspan="2">30</td><td colspan="2">40</td><td colspan="2">54</td><td colspan="2">75</td><td colspan="2">120</td><td colspan="2">174</td></tr>
<tr><td>额定电流(A)</td><td colspan="2">5.2</td><td colspan="2">6.2</td><td colspan="2">8.2</td><td colspan="2">12.3</td><td colspan="2">16</td><td colspan="2">21</td></tr>
<tr><td>曲轴箱加热器 (W)(220V)</td><td colspan="6">60</td><td colspan="4">120</td><td colspan="2">240</td></tr>
<tr><td rowspan="2">冷冻机油</td><td>牌号</td><td colspan="12">N46</td></tr>
<tr><td>注入量(L)</td><td colspan="2">1.25</td><td colspan="4">1.85</td><td colspan="4">3.5</td><td colspan="2">4.8</td></tr>
<tr><td colspan="2">冷凝器风机(W)</td><td colspan="3">120</td><td colspan="4">2×120</td><td colspan="2">2×180</td><td colspan="2">2×125</td><td>3×125</td></tr>
<tr><td rowspan="2">接管直径</td><td>吸气管(mm)</td><td colspan="2">φ19×15</td><td colspan="4">φ25×15</td><td colspan="4">φ32×2</td><td colspan="2">φ38×2</td></tr>
<tr><td>出液管(mm)</td><td colspan="3">φ10×1</td><td colspan="3">φ12×1</td><td colspan="3">φ16×1</td><td colspan="3">φ19×1.5</td></tr>
<tr><td colspan="2">贮液器容积(L)</td><td colspan="3">9</td><td colspan="3">16</td><td colspan="3">24</td><td colspan="3">30</td></tr>
<tr><td rowspan="3">外形尺寸</td><td>长 L(mm)</td><td colspan="3">755</td><td>905</td><td colspan="2">945</td><td>907</td><td colspan="2">1037</td><td colspan="2">1107</td><td>1137</td></tr>
<tr><td>宽 W(mm)</td><td colspan="3">680</td><td colspan="3">710</td><td colspan="3">970</td><td>920</td><td>990</td><td>1020</td></tr>
<tr><td>高 H(mm)</td><td>510</td><td colspan="2">597</td><td colspan="2">607</td><td colspan="2">632</td><td colspan="2">745</td><td colspan="2">982</td><td>1286</td></tr>
<tr><td colspan="2">安装尺寸 A×B(mm)</td><td colspan="3">620×315</td><td colspan="3">770×330</td><td>770×540</td><td colspan="2">900×540</td><td colspan="2">970×520</td><td>1000×560</td></tr>
<tr><td colspan="2">地脚螺栓孔(mm)</td><td colspan="6">φ13</td><td colspan="6">φ17</td></tr>
</table>

注：1. S32-AL～S153-AL 为风冷式压缩冷凝机组；

2. S32-WL～S152H-WL 为水冷式压缩冷凝机组；

3. C/CA-300～C/CA/CH-1500 为新型谷轮 C-系列半封闭压缩机。

图名	风冷式氟压缩冷凝机组安装(三)	图号	LK4—02(三)

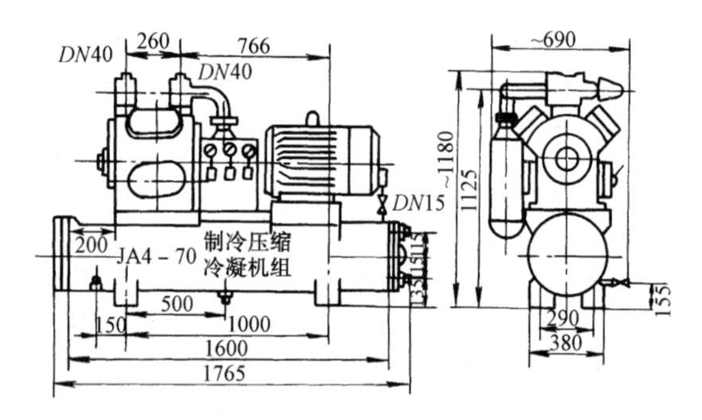

JA4－70 制冷压缩冷凝机组外形图

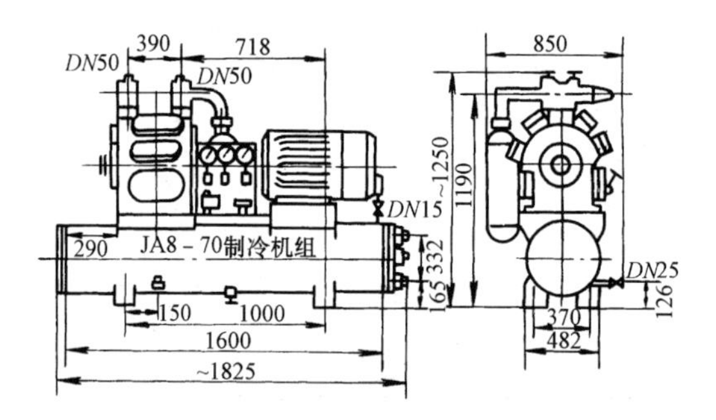

JA8－70 制冷压缩冷凝机组外形图

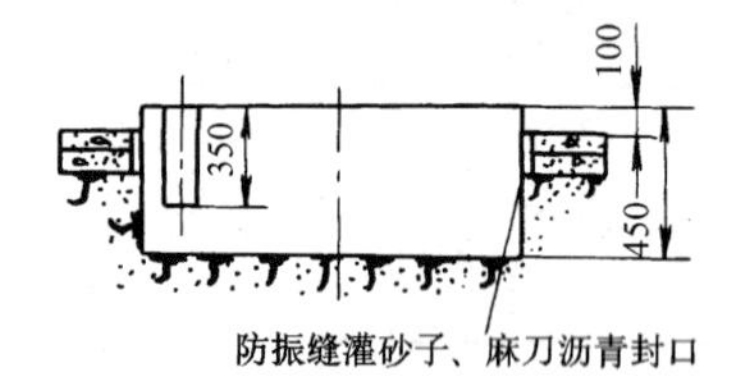

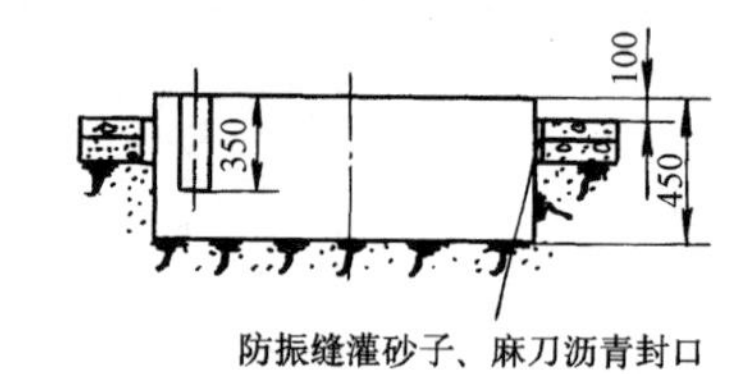

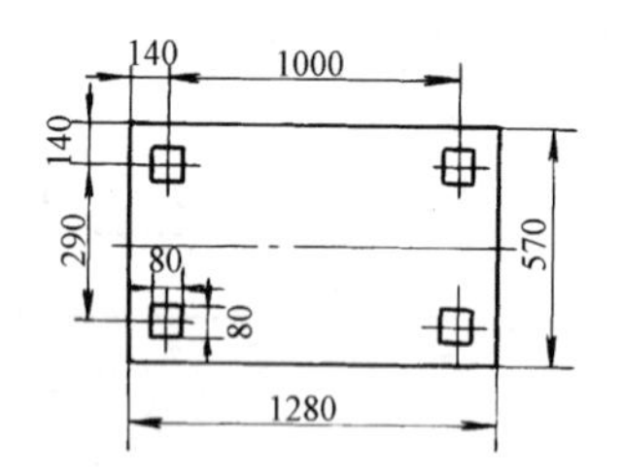

JA4－70 制冷压缩冷凝机组地基图

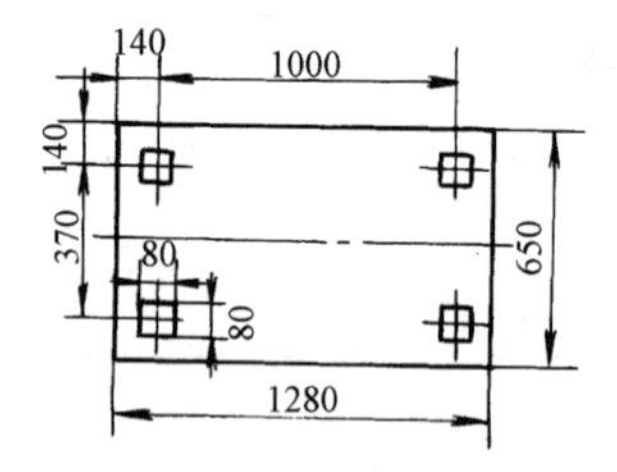

JA8－70 制冷压缩冷凝机组地基图

图名	JA2－70、JA4－70、JA8－70 型压缩冷凝机组安装(一)	图号	LK4—03(一)

氨制冷机组主要规格

项目 \ 型号 / 工况		JA2-70	JA4-70		JA8-70	
		标准工况	标准工况	空调工况	标准工况	空调工况
制冷能力(kW/h)		10.47	30.8	63.96	61.6	116.3
压缩机	型　号	2AZ7K	4AV7K		8AS7K	
	转数(r/min)	960	1440		1440	
电动机	功率(kW)	5.5	13	22	22	30
启动器	型　号	QC10-3/6	QC10-4/6	QJ3-22	QJ3-22	QJ3-30
	规　格	380V　16A	380V　35A	380V　48A	380V　48A	380V　75A
控制柜型号			ZLG-13□	ZLG-22B	ZLG-22□	ZLG-30B
油分离器		JYD25	JYD40	JYD50	JYD50	JYD50
卧式冷凝器	型　号	WNA5	WNA7.6	WN17	WN17	WNA28
	传热面积(m^2)	5	7.6	17	17	28
	进出水管径	进出 *DN*32 进 2× *DN*32 出 *DN*50	进出 *DN*32 进 2× *DN*32 出 *DN*50	进出 *DN*50 进 2× *DN*50 出 *DN*75	进出 *DN*50 进 2× *DN*50 出 *DN*75	进出 *DN*75 进 2× *DN*75 出 *DN*100
	耗水量(t/h)	2/4	4.3/8.6	10/20	10/20	15/30
节流阀	型　号	J41H-25	J41H-25		J41H-25	
	公称直径	*DN*15	*DN*15		*DN*20	
机组重量(kg)		约 600	约 900	约 1050	约 1150	约 1900

图名	JA2－70、JA4－70、JA8－70 型压缩冷凝机组安装(二)	图号	LK4—03(二)

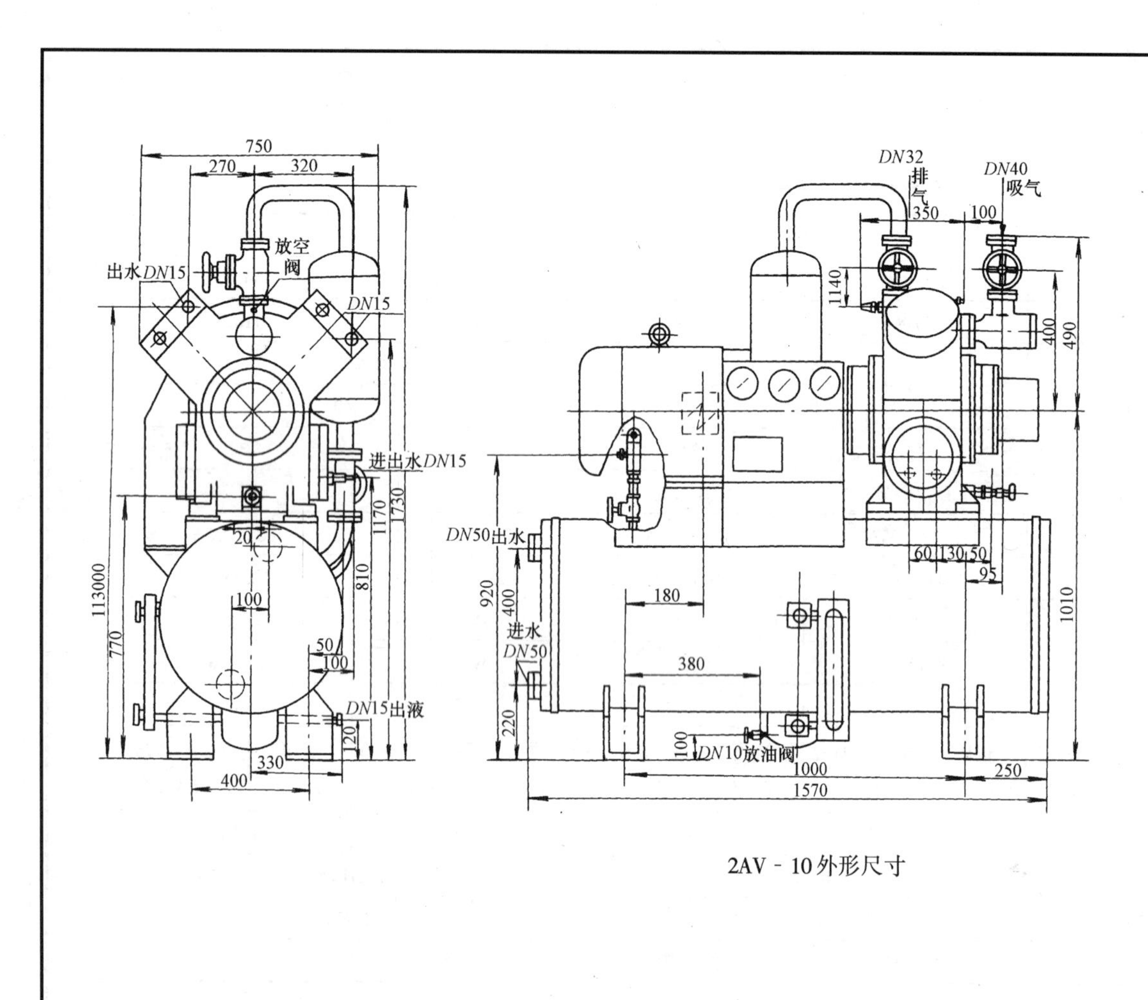

2AV－10外形尺寸

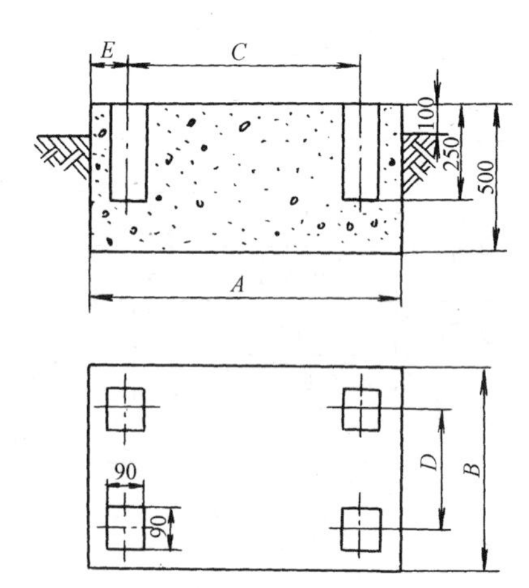

氨压缩冷凝机组基础图

型号	A	B	C	D	E
2AV-10	1300	700	1000	400	150
JAV_2-10	1600	800	1300	450	150

图名	2AV－10型压缩冷凝机组安装	图号	LK4—04

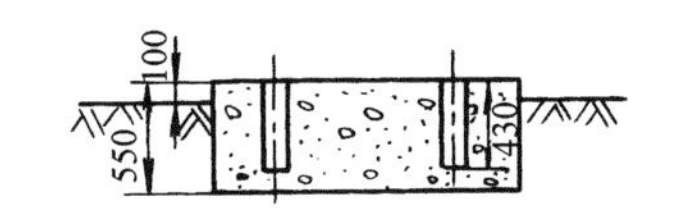

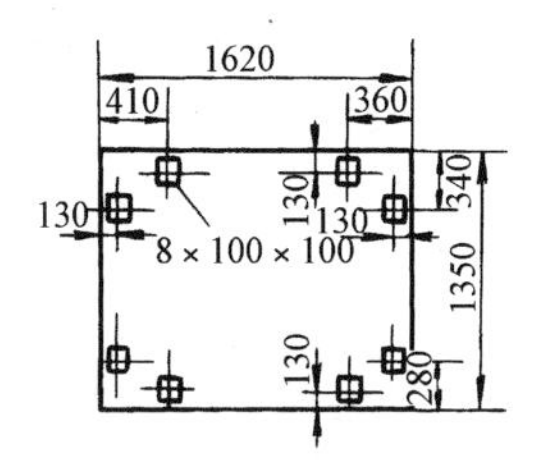

FJS4－10基础图

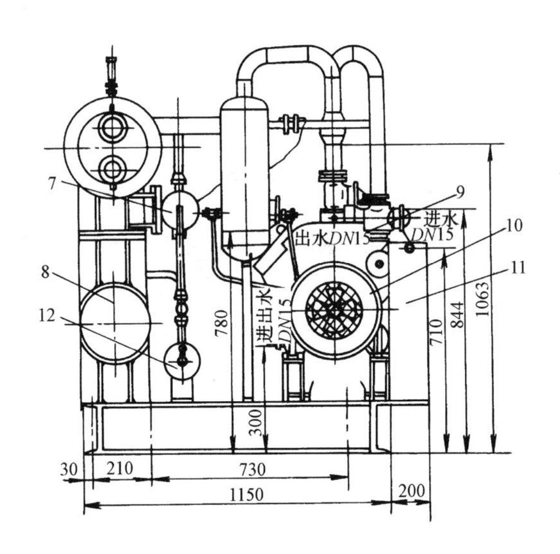

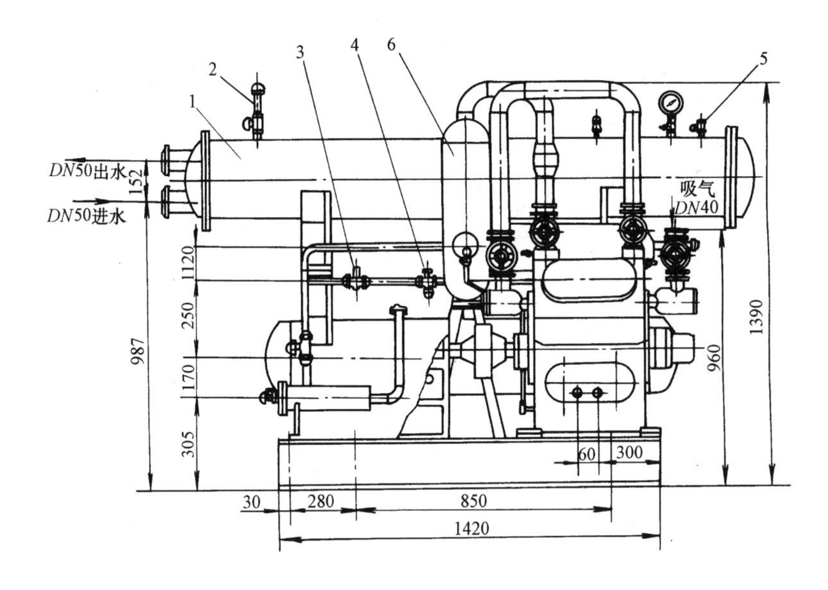

1—冷凝器；2—安全阀；3—电磁阀；4—热力膨胀阀；
5—放空气阀；6—油分离器；7—中间冷却器；8—贮液器；
9—压缩机；10—电机；11—控制台；12—干燥过滤器

图名	FJS4－10型氟压缩冷凝机组安装	图号	LK4—05

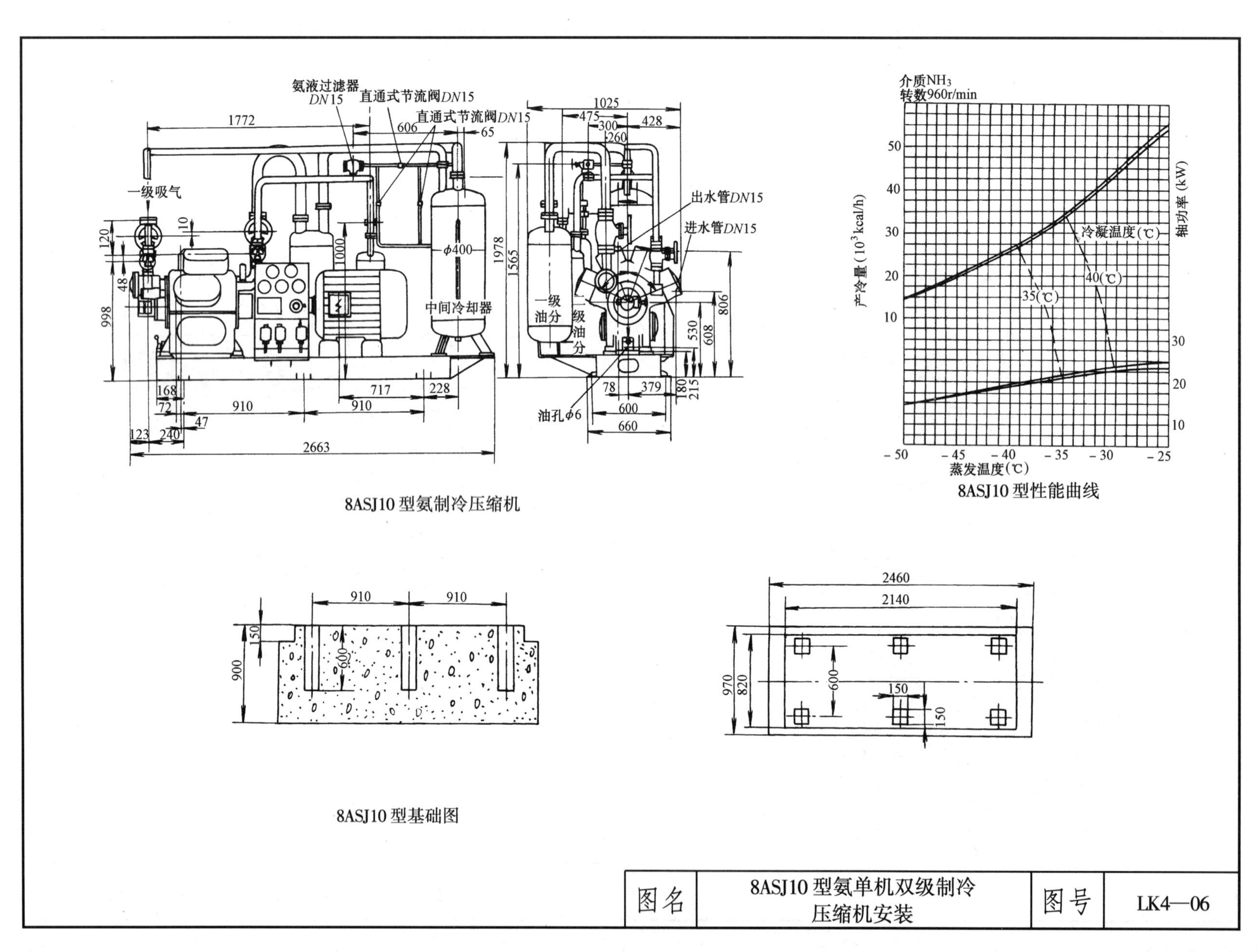

氨液过滤器 DN15
直通式节流阀DN15
直通式节流阀DN15
一级吸气
中间冷却器
φ400
一级油分
二级油分
出水管DN15
进水管DN15
油孔φ6
8ASJ10 型氨制冷压缩机
介质NH3
转数960r/min
产冷量(10^3kcal/h)
轴功率(kW)
冷凝温度(℃)
40(℃)
35(℃)
蒸发温度(℃)
8ASJ10 型性能曲线
8ASJ10 型基础图
图名
8ASJ10 型氨单机双级制冷压缩机安装
图号
LK4—06

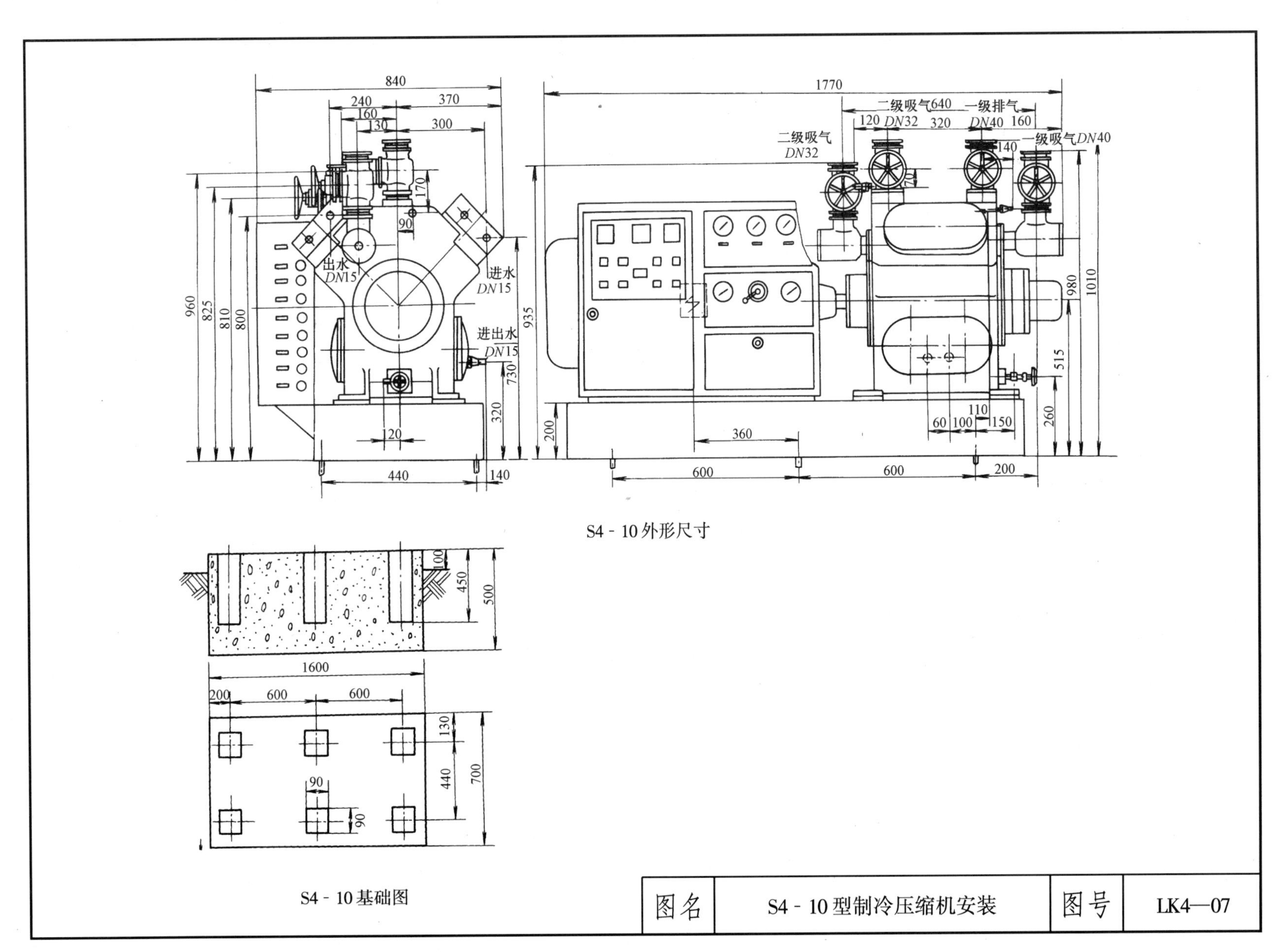

S4－10外形尺寸

S4－10基础图

图名	S4－10型制冷压缩机安装	图号	LK4—07

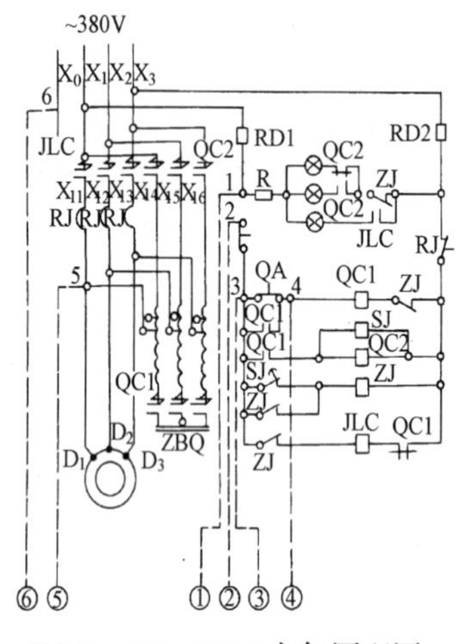

XO01－35～55kW 电气原理图

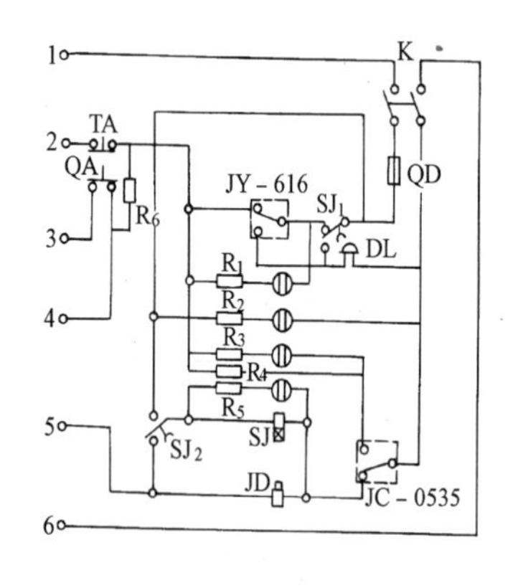

ZK－3C 电气原理图

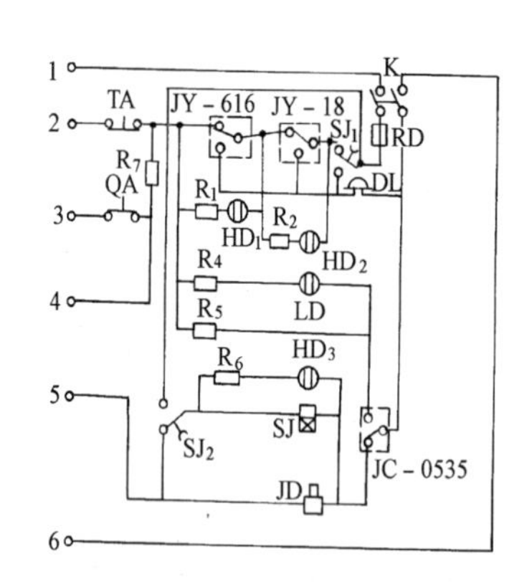

ZK－4C 电气原理图

注：图中1～6点与各型的ZK－3C，ZK－4C相对应点连接。

安 装 说 明

1. 鼠笼式电动机采Y－△启动或采用延边启动。

2. 线绕式电动机采用频敏变阻器阻压启动。

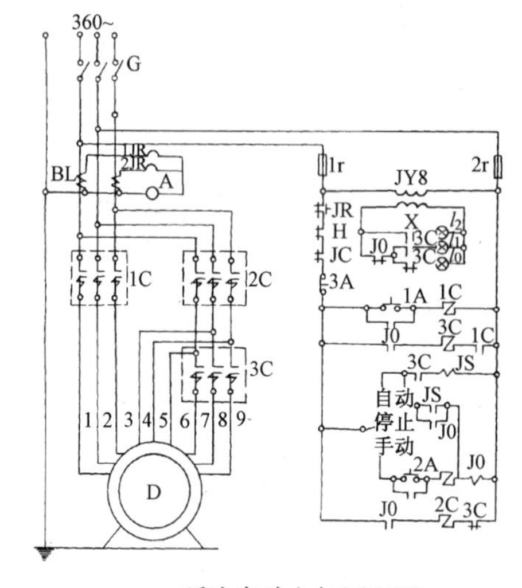

延边启动电气原理图

图名	X001－35～55kW、ZK－3C、ZK－4C型及延边启动电气安装	图号	LK4—08

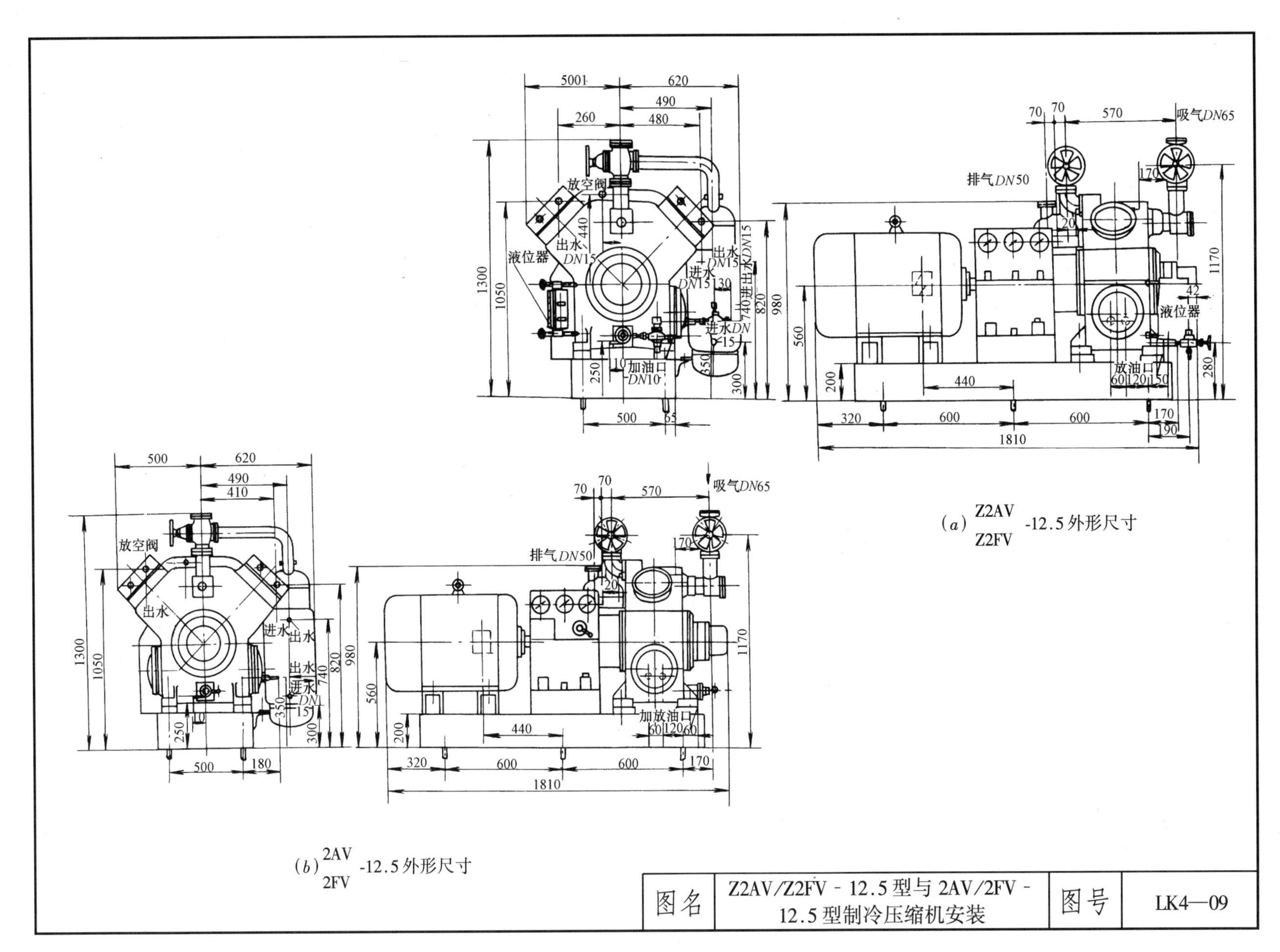

(a) $\frac{\text{Z2AV}}{\text{Z2FV}}$ -12.5外形尺寸

(b) $\frac{\text{2AV}}{\text{2FV}}$ -12.5外形尺寸

图名	Z2AV/Z2FV-12.5型与2AV/2FV-12.5型制冷压缩机安装	图号	LK4—09

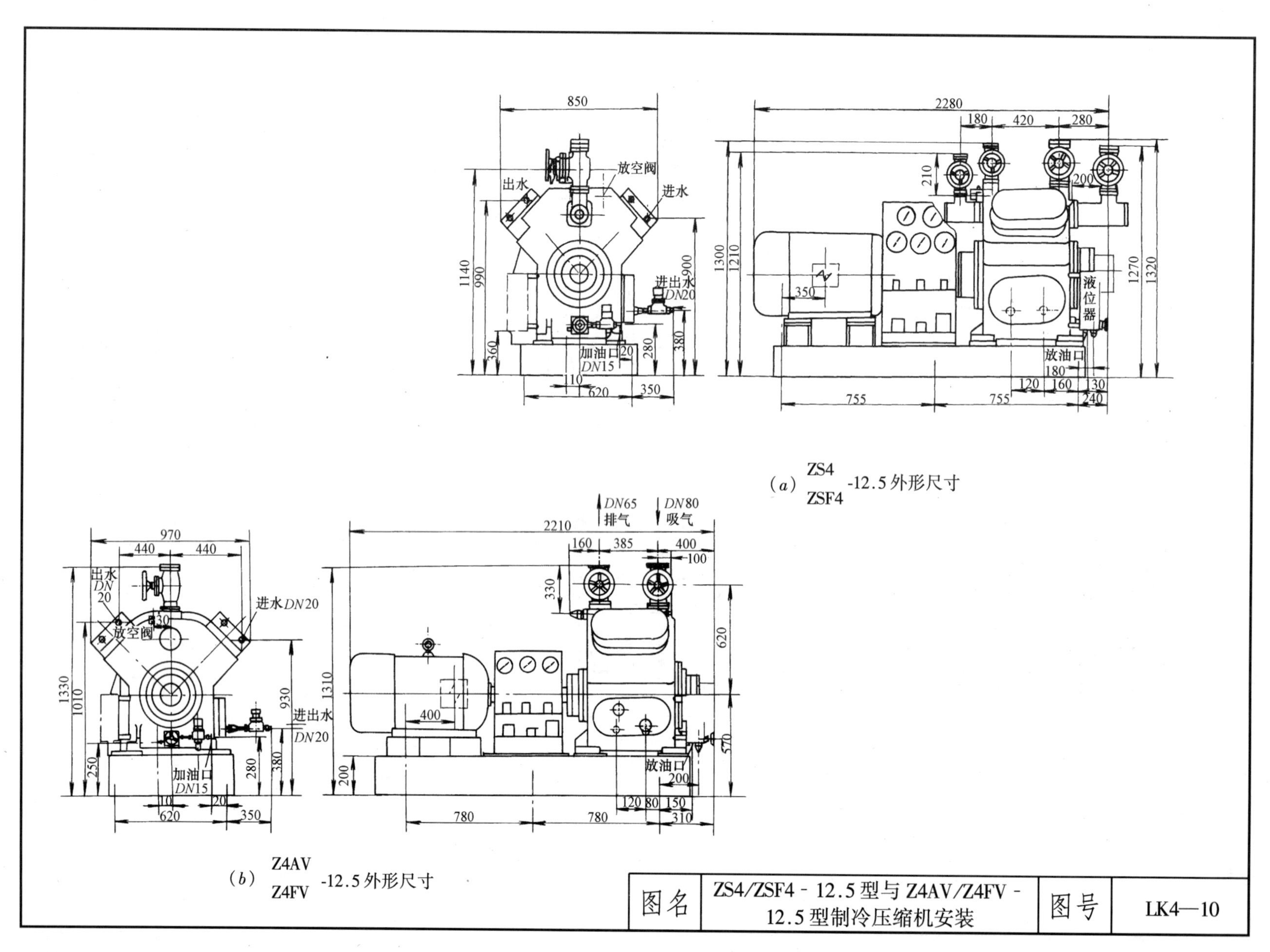

(a) ZS4/ZSF4-12.5外形尺寸

(b) Z4AV/Z4FV-12.5外形尺寸

图名	ZS4/ZSF4－12.5型与Z4AV/Z4FV－12.5型制冷压缩机安装	图号	LK4—10

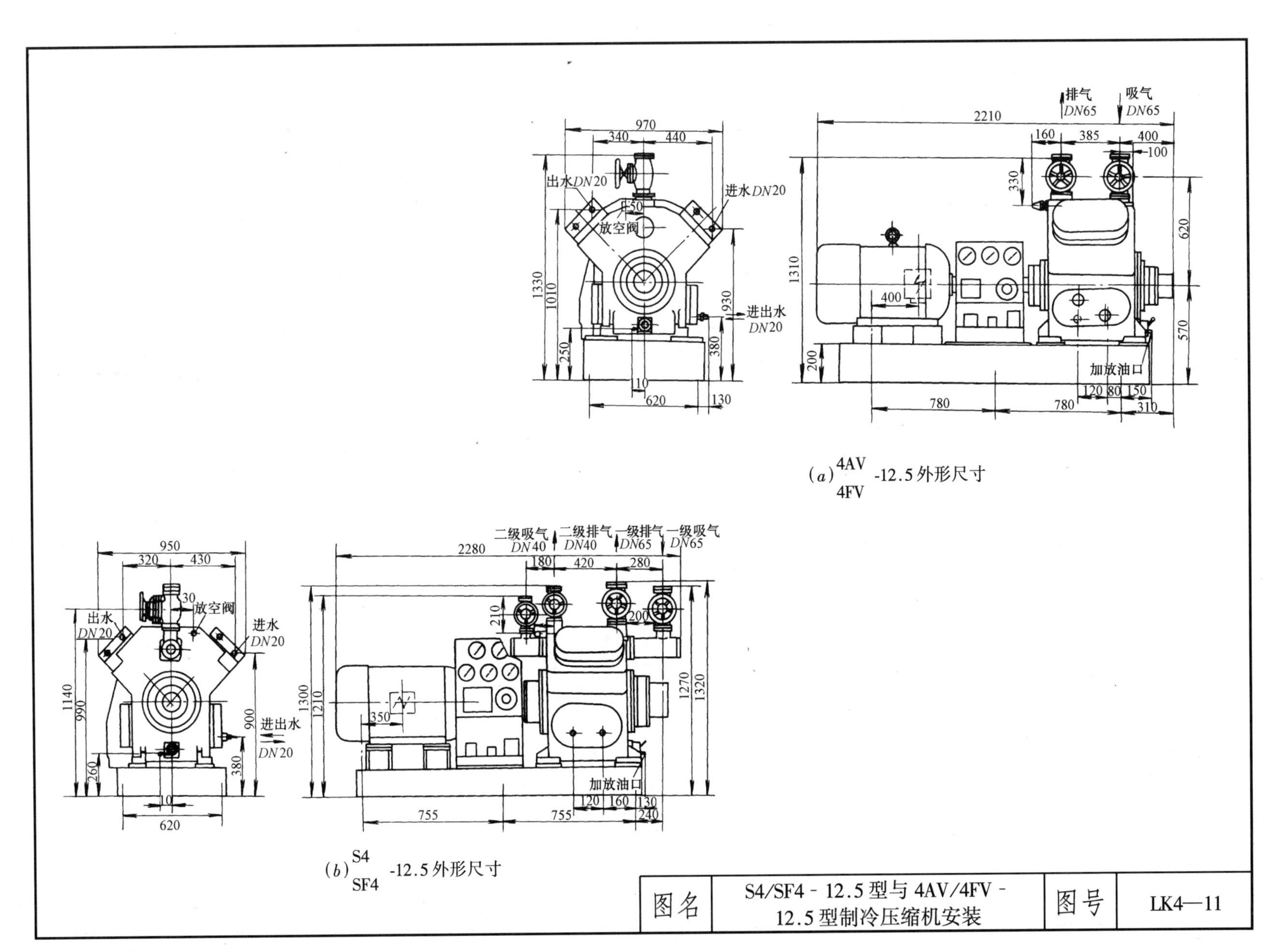

(a) 4AV/4FV -12.5 外形尺寸

(b) S4/SF4 -12.5 外形尺寸

图名	S4/SF4 - 12.5 型与 4AV/4FV - 12.5 型制冷压缩机安装	图号	LK4—11

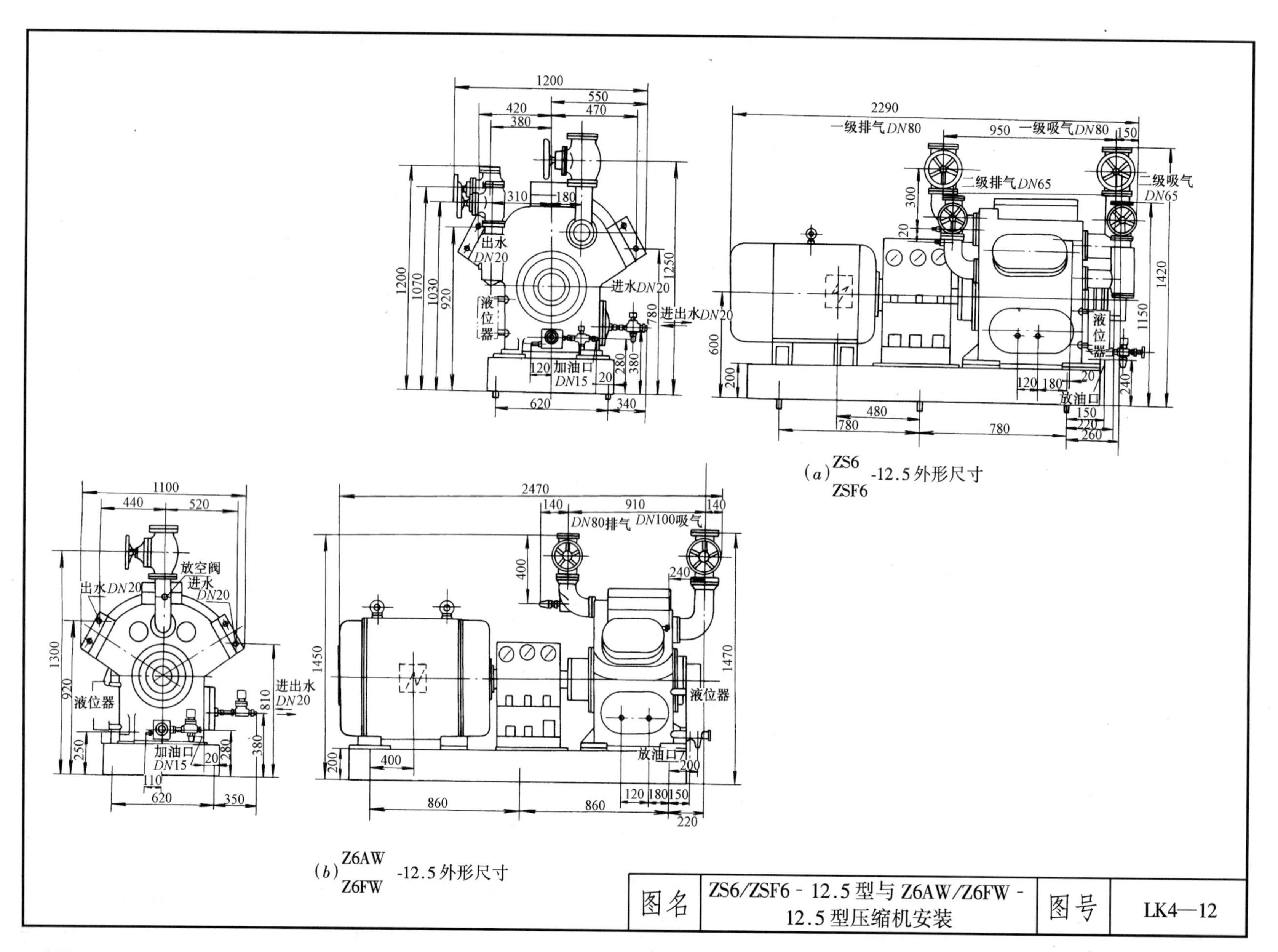

(a) $\frac{ZS6}{ZSF6}$ -12.5 外形尺寸

(b) $\frac{Z6AW}{Z6FW}$ -12.5 外形尺寸

图名	ZS6/ZSF6－12.5型与Z6AW/Z6FW－12.5型压缩机安装	图号	LK4—12

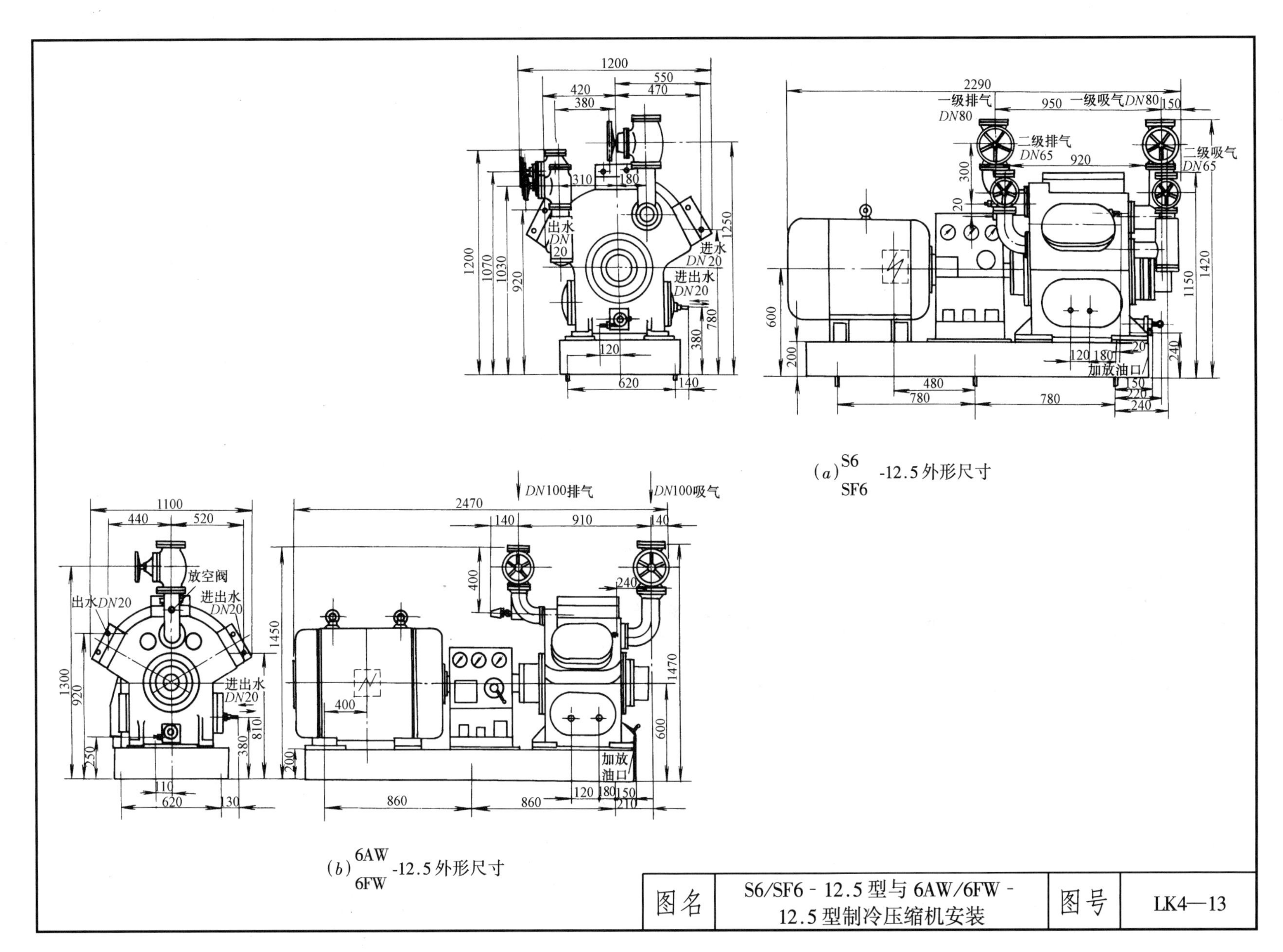

(a) $\frac{S6}{SF6}$-12.5外形尺寸

(b) $\frac{6AW}{6FW}$-12.5外形尺寸

图名	S6/SF6-12.5型与6AW/6FW-12.5型制冷压缩机安装	图号	LK4—13

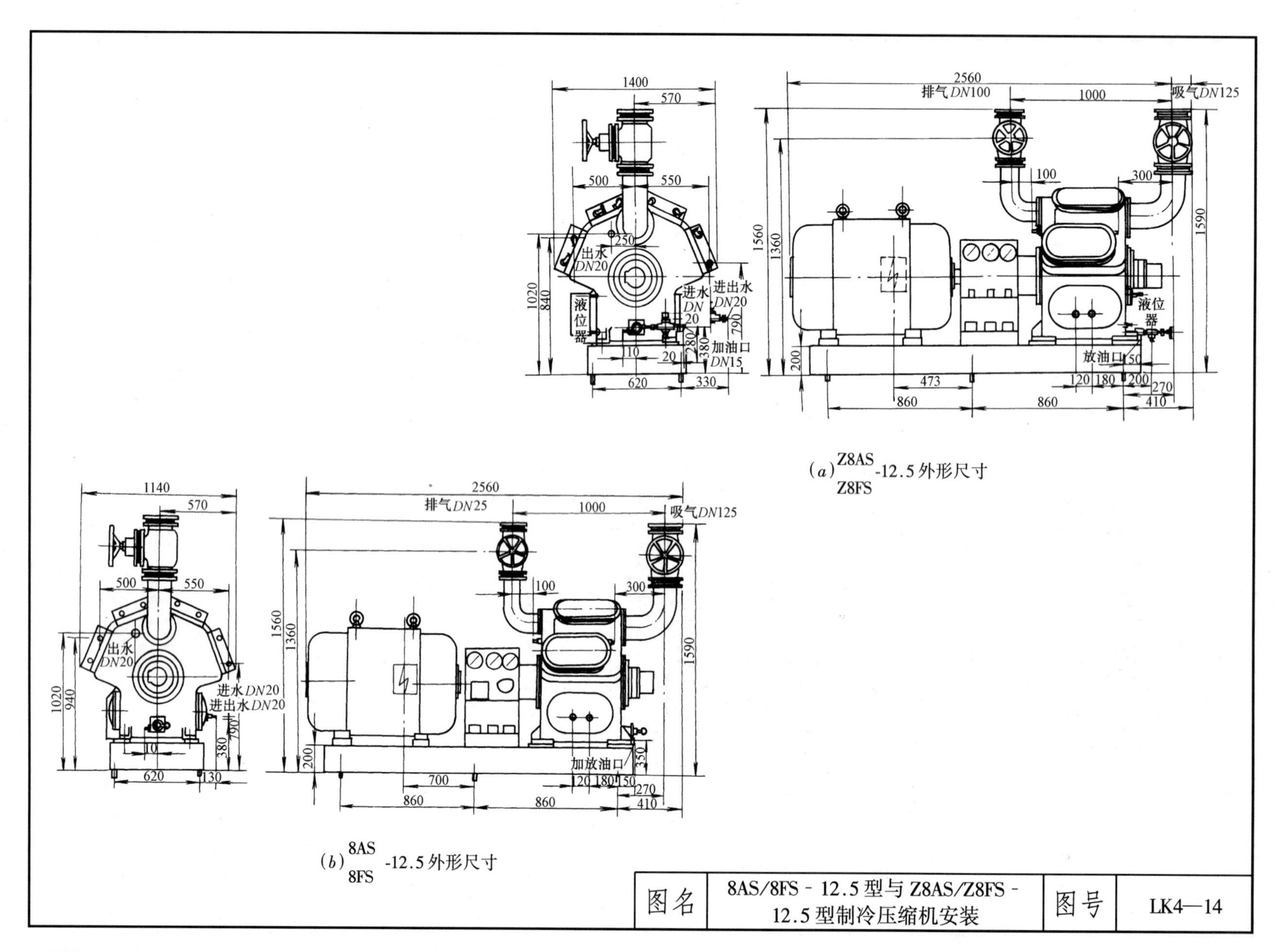

(a) Z8AS/Z8FS -12.5 外形尺寸

(b) 8AS/8FS -12.5 外形尺寸

图名	8AS/8FS - 12.5 型与 Z8AS/Z8FS - 12.5 型制冷压缩机安装	图号	LK4—14

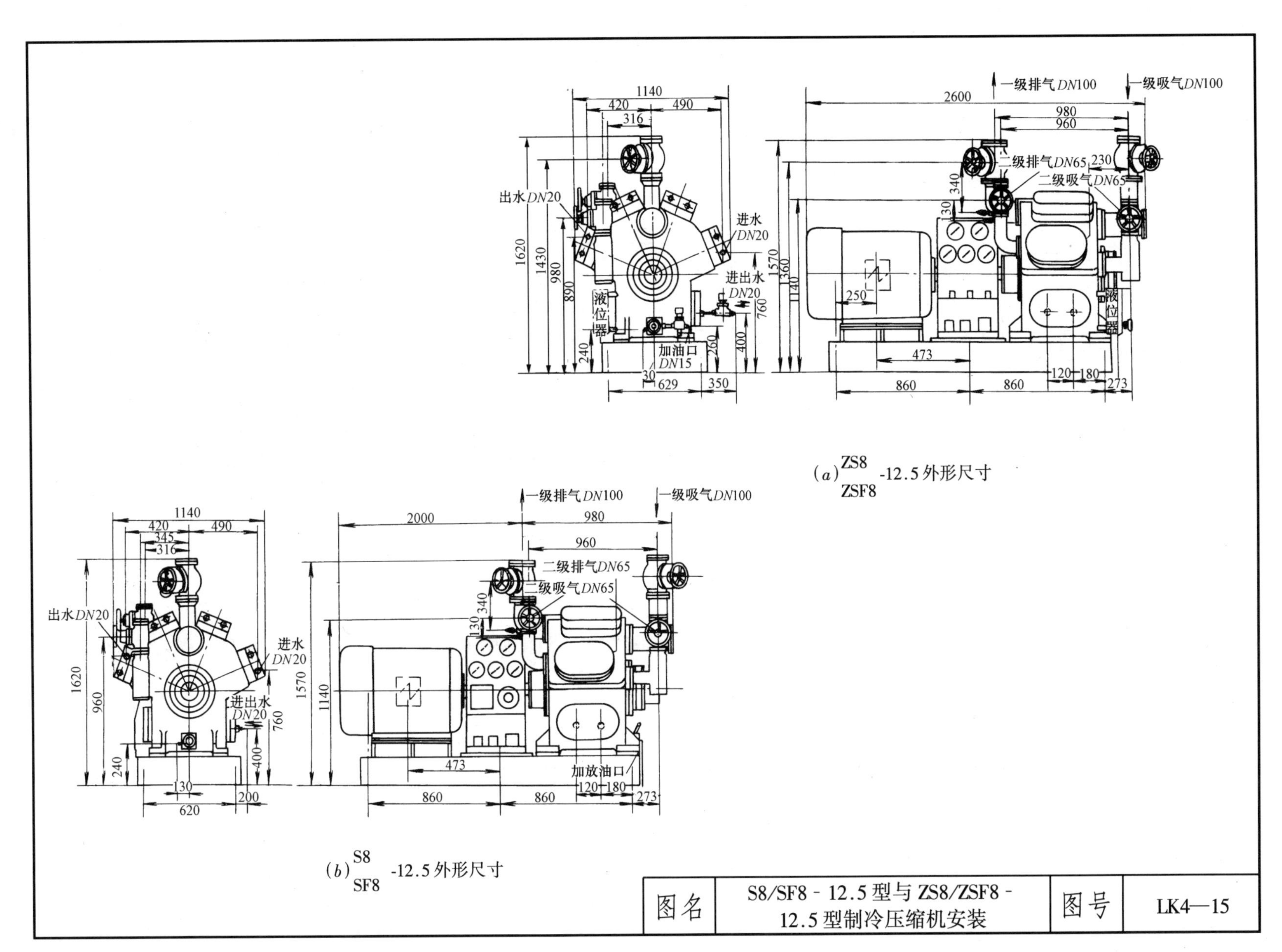

(a) ZS8/ZSF8 -12.5外形尺寸

(b) S8/SF8 -12.5外形尺寸

图名	S8/SF8-12.5型与ZS8/ZSF8-12.5型制冷压缩机安装	图号	LK4—15

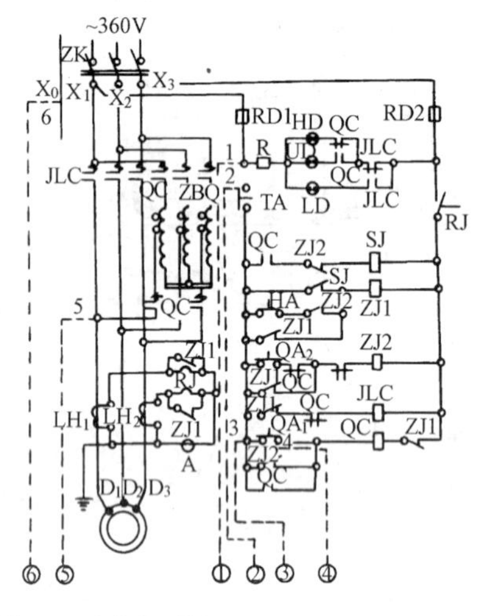

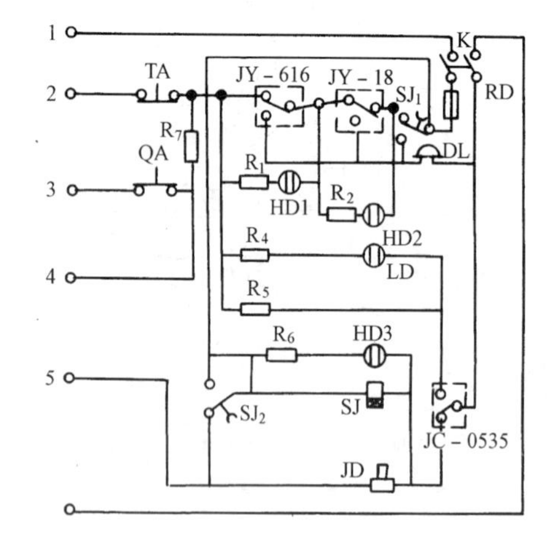

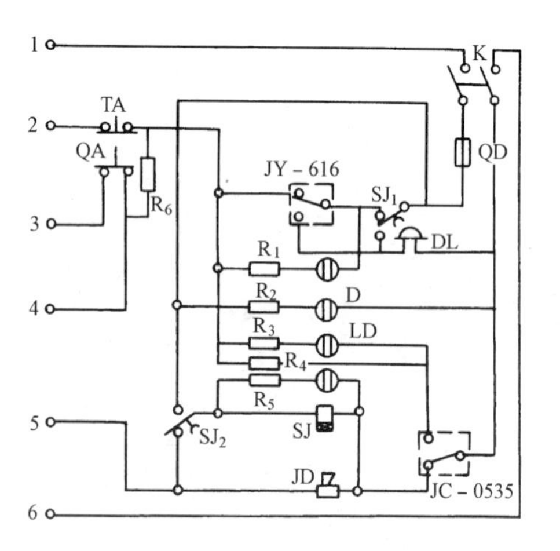

注：图中1～6点与各型的ZK-3Z，ZK-4Z相对应点连接。

(*a*)X001-75～320型减压启动控制箱电气原理图

(*b*)ZK-4Z型氨压缩机控制台电气原理图

(*c*)ZK-3Z型氨压缩机控制台电气原理图

图名	X001-75～320型及ZK-3Z、ZK-4Z型电气安装	图号	LK4—16

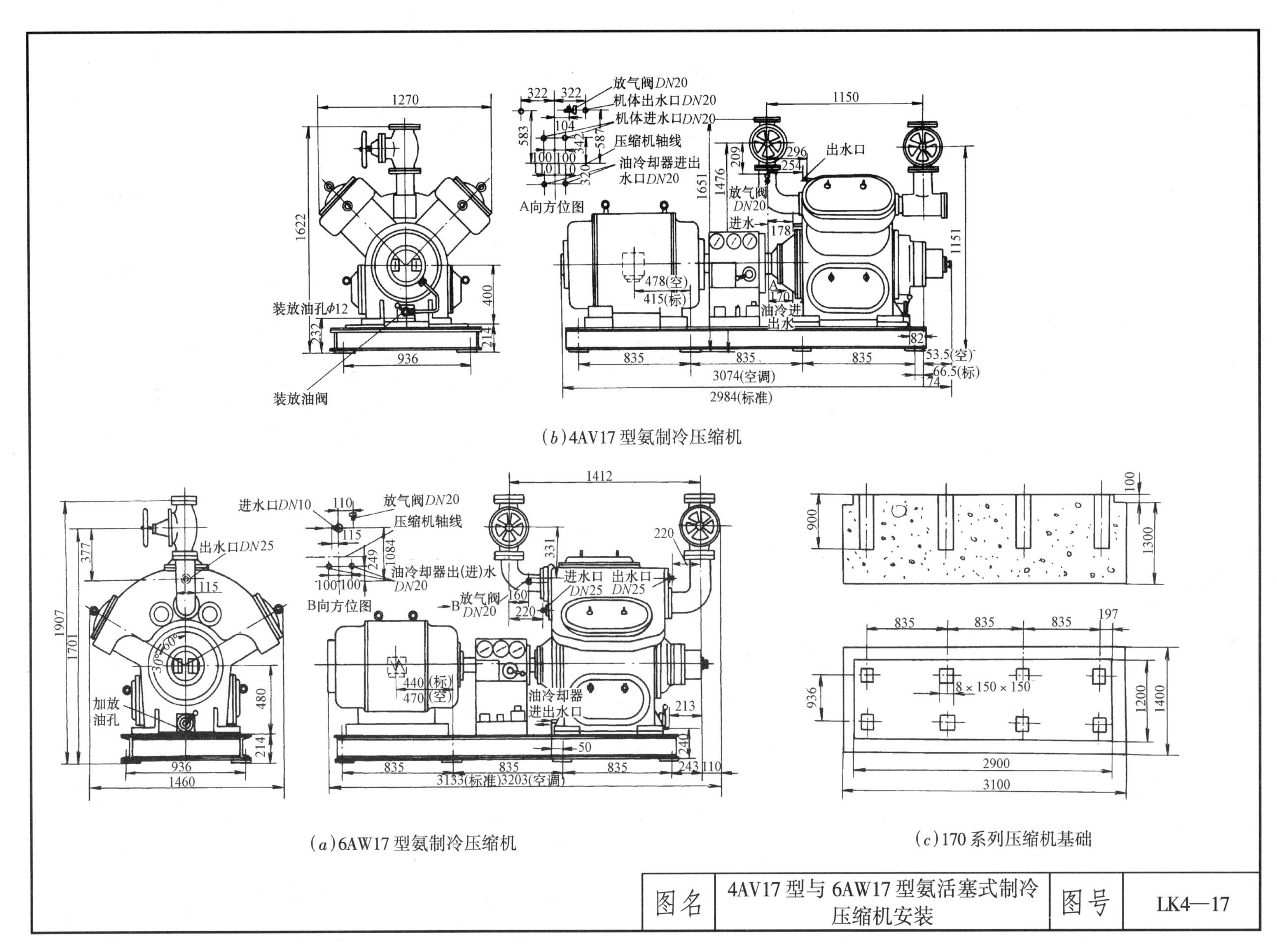

(b)4AV17 型氨制冷压缩机

(a)6AW17 型氨制冷压缩机

(c)170 系列压缩机基础

图名	4AV17 型与 6AW17 型氨活塞式制冷压缩机安装	图号	LK4—17

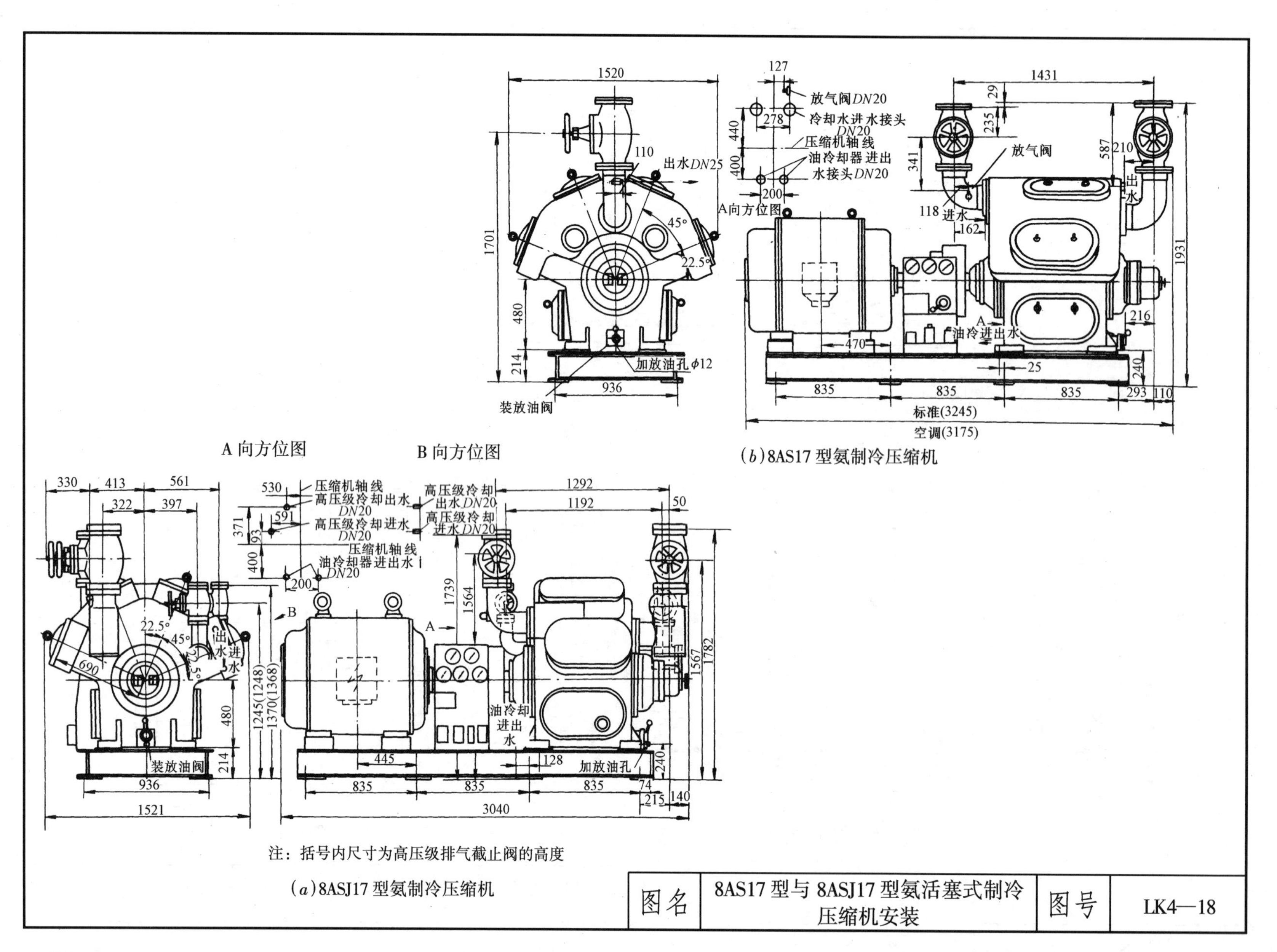

(b)8AS17型氨制冷压缩机

(a)8ASJ17型氨制冷压缩机

图名	8AS17型与8ASJ17型氨活塞式制冷压缩机安装	图号	LK4—18

制冷管道、风管、阀门、自控元件安装说明

1. 制冷管道、管件、风道的安装

(1)制冷管道的材料

氨系统管道一律采用无缝钢管；氟制冷系统，直径 ϕ22mm 以下的管道用紫铜管，直径 ϕ22mm 以上的管道用无缝钢管。安装前必须逐根检查管子质量，进行除锈吹污，清除杂质和氧化皮以及粉尘和油垢，管内必须十分清洁。清洁好的管道必须两端用木塞堵住，并不得露天存放。无缝钢管外表面涂红丹防锈漆(或采用铝粉铁红酚醛防锈漆作管道外壁底漆)保养。

(2)制冷管道的连接

1)焊接

管壁厚度为 2.2mm 以下的无缝钢管采用气焊。管壁厚度 2.2mm 及以上的无缝钢管采用电弧焊，对于一般钢管用 E4303 的电焊条。

紫铜管与紫铜管或紫铜管与无缝钢管的焊接，采用银焊或铜焊。银焊条选用银基钎料(料 303)或银磷钎料(料 204)。料 303 焊条的焊剂采用剂 101，剂 102，剂 103 或硼砂。料 204 焊条不必加焊剂。银焊或铜焊均必须用气焊。

应采用烘干的焊条(在 300～400℃温度中,烘焙 1～2h)，并随焊随取，

要严防由于焊口边缘未清扫干净，在坡口上留有铁锈，油垢，水迹等，或坡口间隙过小，钝边太大，电焊过程中焊接电流小，焊接角度不正确。气焊时，焊嘴过小或焊接速度过快等，而造成焊口未焊透的现象，致使制冷管道发生泄漏。在熄弧时，最好跳至熄弧处前面约 10mm 左右的焊缝上，重新引弧，然后再将弧引回熄弧处填满弧坑，以防裂缝。

管道焊接完后，应进行外观检查：焊缝表面不应有裂缝、气孔、夹渣、“结瘤”等现象。焊缝高度和宽度应一致，并采用 x 射线探伤仪或超声波探伤仪抽样检查。

焊接时焊口泄漏需进行补焊，但补焊次数一般不许超过两次，否则需将该焊口锯掉，另换一节管子(变两个新焊口)进行焊接。

制冷管道在变径连接与弯管连接时，一律不许用钢板焊制喇叭管(自制带焊缝的扩管或缩管)或焊制弯头。应采用逐级变径套管焊接或焊接在管端“盲板”的焊孔中进行制冷管道变径连接，采用无缝钢管或紫铜管冷弯(在弯管机上)和热弯(灌砂加热法)加工的弯头，或采用冲压弯头(如：无缝钢管 45°，90°弯头；铜管 45°，90°，180°弯头)或成品冲压接头(如：无缝钢管，紫铜管同径直管接头和等径三通接头；异径同心接头和异径三通接头；铜管套管接头等)。

管道成直角焊接时，应按制冷剂流动方向弯曲。两根小管径(ϕ38mm 以下)管子直角焊接时，应用大一号管径的管子焊接。不同管径的管子直线连接时，应将大管径管子的焊接端滚圆缩小(或用氧 - 乙炔焰加热烧红并用榔头敲打缩口)到与小管径管子相同后才能焊接。

联箱(集管)两端的“盲板”(管端封头)不能用钢板直接封

图名	制冷管道、风管、阀门、自控元件安装说明	图号	LK5—01

堵焊接在管端(端盖)，而应将圆形钢板嵌入联箱端头的管内，校正后点焊牢固，再用氧-乙炔焰加热烧红，榔头敲打缩口后，将嵌入的圆形钢板与联箱端管内壁焊接。

焊接一般应在0℃以上条件下进行，如果气温低于0℃，焊接前应注意清除管道上水汽、冰霜。必要时可预先加热管道，保证焊接时焊缝能自由伸缩。

2)丝扣连接

丝扣连接一般用于油路系统或水路系统的管道安装。制冷管道应尽量不采用丝扣连接。设备底部或制冷剂液体部位尤其不应丝扣连接，以防止在运行中由于振动等原因使制冷剂泄漏而造成严重损失。

在制冷管道中，丝扣连接用于需要经常拆卸的地方，如：过滤器、压力表、压力或差压控制器等管件、阀门和仪器仪表。

管子外径在ϕ25mm及以下者与设备阀门的连接可采用丝扣连接。

在小型氟制冷装置的管道(紫铜管)安装中，经常采用制作铜管喇叭口，用铜接头螺母锁紧的丝扣连接，这种喇叭口接头的可拆连接效果很好。管径小于22mm的紫铜管，直接将管口做成喇叭口，用接头及接管螺母压紧连接。使用时接管螺母先套在紫铜管上，然后用挤喇叭口工具将紫铜管管端挤压出直径小于接管螺母内径的90°喇叭口，在挤喇叭口前，应将紫铜管端部进行退火处理，以免喇叭口部位的管壁裂开，然后将接管螺母与接管拧紧，即达到连接管道的目的。

丝扣连接处应抹氧化铅(黄粉)与甘油调制的填料(随用随调，以防硬化造成浪费)，在管子丝扣螺纹处涂成均匀的薄层(不要涂在阀门)；亦可用聚四氟乙烯塑料带(塑料王)作填料，填料不得突入管内，以免减小管子断面。严禁用白漆麻丝代替。

3)法兰连接

由于法兰连接拆卸方便，结合强度高，广泛应用在制冷管道的安装中，尤其是与设备、阀门(出厂时带着法兰)的连接。在制冷管道安装中，常采用焊接式法兰。法兰连接的要求是：

法兰应采用Q235号镇静碳素钢制作的凹凸面平焊法兰。当工作温度在-21～-40℃时，法兰的材质应采用16锰钢。法兰表面应平整和相互平行，不得有裂纹以及其他降低法兰强度或连接可靠性的缺陷，在凹口内必须放置厚度为2～3mm的中压石棉橡胶板(红纸皮)垫圈，垫圈不得有厚薄不均、斜面、裂纹或缺口。垫圈宜采用冲压加工，并制成带“把”的形式，便于垫圈取放和找正。安放前，在垫圈表面均匀薄涂一层黄油。

法兰端面与管子轴线严格垂直，可采用法兰角尺在法兰平面与管子相互垂直的两个方向上反复贴靠对正，点焊固定后，上好配对法兰(同一对凹凸法兰，用两只螺栓对角紧固)，即可在法兰上继续焊接管子。待所有法兰和管子点焊连接并横平竖直校正后，再进行焊口的焊接。冷却后卸下法兰，清洗干净放入垫圈，固紧螺栓。

法兰连接所用的螺栓规格应相同，螺栓插入的方向应一致。法兰阀门上的螺母应在阀门侧，便于拆卸。同一对法兰的锁紧力均匀一致，紧固螺栓采用十字法对称进行，并有不少于两次的重复过程

螺栓紧固后的外露螺纹，最多不超过两个螺距。法兰紧固后，密封面的平行度，用塞尺检验法兰边缘最大和最小间隙，相差不大于2mm。严禁用斜垫片或强紧螺栓的办法消除歪斜和采用双垫的方法弥补过大的间隙。

(3)制冷管道的安装

1)制冷管道(无缝钢管、紫铜管)的材质及其除锈、弯管、切割、校直，同径或异径直管对接、组对、涂漆等加工要求同冷却排管的制作要求。

2)制冷管道安装要横平竖直，应尽量避免突然向上或向下的连续弯曲，以减少管道阻力。供液管不允许有向上弧线的“气囊”管道；吸气管不允许有向下弧线的“液囊”管道。以免影响制冷系统的正常运行，造成降温困难。

3)从压缩机到冷凝器的高压排气管道穿过砖墙时，应留有20~30mm空隙，以防振坏砖墙和管道。高压排气管道必须加固牢实，不得有振动现象。管道中的焊口或连接的法兰、管件、阀门、仪器仪表等，均不得置于建筑物的墙内或不便检修的地方。管道弯头处的两端应加设吊架或支架。管子的焊口不应设在加固点处。凡需绝热的管道，其管码的加固点上应垫沥青防腐垫木。

4)在液体主管上接支管，应从主管的底部接出；在气体主管上接支管，应从主管的上部接出；各设备上的减压管应接在蒸发压力(或低压回气压力)稳定的气体主管上部(如：低压循环贮液桶进气管上部等)接出。

5)制冷管道应沿墙、柱、梁设置专用支、吊架。当吸气管和排气管设于同一支、吊架时、吸气管应放在排气管的下面，其管外表面(含隔热保温层)之间的距离不应小于200~250mm。

6)机器、设备应紧凑，连接管道应尽量短。在制冷管道中，低压管道的直线段超过100m，高压管道超过50m时，应设置“Π”形或“Ω”形的伸缩弯。

7)制冷管道的坡向与坡度见112页表。

8)氟制冷管道、管件的安装

氟制冷系统常采用紫铜管将回油器、干燥过滤器、电磁阀、热力膨胀阀、分液器、蛇形盘管（常采用上进下出的供液方式)，利用“U”形回油弯、上升立管(双上升立管)、回热器等措施连接成直接供液制冷系统。

回油器：压缩机带出的润滑油，经回油器内的浮球阀自动回至压缩机的曲轴箱里，要清洗和调整浮球阀，防止失灵。

干燥过滤器：要更换干燥剂(硅胶，分子筛，严重时使用氯化钙)以去除系统中的水分；清洗过滤网以清除系统中的杂质。

电磁阀、热力膨胀阀：电磁阀在安装前应通电检验是否灵敏可靠，供电电压应与铭牌相符。供液电磁阀阀前应加过滤器。不同形式的热力膨胀阀应遵照相应的说明书指导的方法正确安装。热力膨胀阀应安装在靠近蒸发器的分液器，并垂直放

图名	制冷管道、风管、阀门、自控元件安装说明	图号	LK5—01

制冷管道的坡向与坡度表

管道名称	坡向	坡度(%)
氨制冷管道： 压缩机至油分离器的排气管水平管段	坡向油分离器	0.3~0.5
压缩机吸气管的水平管段	坡向分液器或贮液桶	0.1~0.3
冷凝器至高压贮液器的出液管水平管段	坡向高压贮液器	0.1~0.5
液体分配站至冷却排管的供液管	坡向冷却排管	0.1~0.3
冷却排管至气体分配站的回气管	坡向冷却排管	0.1~0.3
氟制冷管道：压缩机排气管的水平管段	坡向油分离器或冷凝器	1~2
压缩机吸气管的水平管段	坡向压缩机	>2
冷凝器至高压贮液器出液管的水平管段	坡向高压贮液器	>1

置，不允许倾斜或倒置安装，其感温包应安装在冷库内蒸发器出口没有积液的回气管水平管段上，以最方便地获取过热度信号为目的。温包在水平回气管上的安装位置角随回气管径而异，当回气管外径在12~16mm时，感温包可包扎在回气管顶部(或在管断面偏离30°以内的位置上)；当管径在18~22mm时，可包扎在偏离60°的回气管上；当管径在25~32mm时，可包扎在偏离90°的回气管上(即管侧)；但绝不能安装在回气管的底部。感温包应与回气管有良好的金属接触，要注意避免热风或热辐射对感温包的干扰，感温包不应安装在靠近管接头、阀门或其他大的金属部件处，也不能安装在回热器之后的回气管上。感温包应安装在回油弯的上游，外平衡热力膨胀阀的外平衡引管，安装在回气管感温包的下游(且在回油弯的上游)，外平衡管宜添加阀门连接在水平管的顶部，以便拆修。在焊接热力膨胀阀两端的焊口时，应采用湿布包敷在阀体上，确保阀体不得超过许可的最高温度。

分液器：分液器应尽可能安装在靠近蒸发排管的进液端，热力膨胀阀与分液器的间距要尽量短，分液器的安装位置应尽量保持垂直，分液器朝上、朝下(垂直)安装均可，但不宜横装。

“U”形回油弯，上升立管(双上升立管)：回油弯和上升立管是氟制冷系统回油装置的一个重要组成部分，回油弯和上升立管均安装在蒸发器出口端处，应使回油弯容积为最小，上升立管应设置一倒置的U形弯，接入回气总管的水平管顶部，双上升立管(粗、细两根立管)应按施工图纸要求进行安装。

9)氨制冷管道、管件的安装

氨制冷管道、管件的安装比较复杂，一般用在大、中型冷库。对蒸发器供液多采用氨液分离器重力供液方式，低压循环贮液桶氨泵供液方式和节流阀直接供液方式以及采用加压罐的气泵供液方式。因此，氨制冷管道、管件的安装应严格按施工图纸进行，确保有足够的静液柱和泵前背压，即氨液分离器的安装标高应比最高一组蒸发排管高1.5~2m；低压循环贮液桶的安装标高应使其正常液位与氨泵中心线之间有2m高度；严防管道产生“气囊”、“液囊”现象。

(4)风管的安装(在空调工程部分中说明)

图名	制冷管道、风管、阀门、自控元件安装说明	图号	LK5—01

2. 阀门、自控元件安装

(1)阀门的安装

1)制冷系统用的各种阀门均应采用专用产品：氨系统采用氨专用产品；氟系统采用氟专用产品。

2)阀门必须安装平直，并安装在容易拆卸和维护的地方，严禁阀杆朝下。

3)各种阀门安装时必须注意流向，不可装反。

4)应检查安全阀铅封情况和出厂合格证。高压容器和管道上安装的安全阀，开启压力为1850kPa(表压力)；中、低压力容器和管道上安装的安全阀，开启压力为1250kPa。使用过的安全阀应送有关的检测单位按专业技术规定重新调整、鉴定，并出具合格证书后方可进行安装。安全阀应履行年检。

5)电磁阀的阀芯组件清洗时不必拆开，其垫片不允许涂黄油，只需要沾少量冷冻油后安装。

6)除制造厂铅封的安全阀外，各种阀门在安装前必须逐个拆卸；用煤油(或洗涤汽油)进行清洗，去除铁锈、污垢；检查阀口密封线有无损伤，有填料的阀门须检查填料是否能密封良好，必要时应更换填料，涂上冷冻油，重新组装。

7)截止阀清洗后，应将阀门启闭4~5次，然后关闭阀门，进行试压，试压可注入煤油，经2h不渗漏为合格(阀两头应分头试压)。也可用压缩空气试漏，利用专用试压卡具，试验压力为工作压力的1.25倍，以不降压为合格，氟用阀门用氮气进行试漏。

8)电磁阀、热力膨胀阀应符合设计选定的型号及规格(如适用工质、电压内平衡、外平衡等)。

(2)自控元件的安装

1)制冷系统的所有监控检测仪表均应采用专用产品。

2)压力测量仪表应用标准压力表进行校正；温度测量仪表应用标准温度计进行校正。高压侧应安装-0.1~0~2.5MPa(或0~2.5MPa)的压力表；低压侧应安装-0.1~0~1.6MPa的压力表。压力表等级应不低于2.5级精度。

3)所有仪表应安装在照明良好，便于观察，不妨碍操作维修的地方(安装在室外的仪表，应设保护罩以防日晒雨淋)。

4)压力控制器和温度控制器安装前必须经过校验，并安装在不振动的地方。

图名	制冷管道、风管、阀门、自控元件安装说明	图号	LK5—01

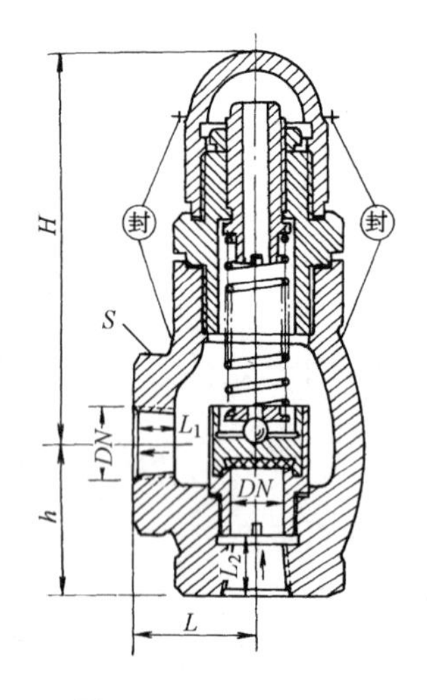

（a）AⅡSA-20Z 弹簧微启式安全阀

（b）氨安全阀（032-15～032-20）

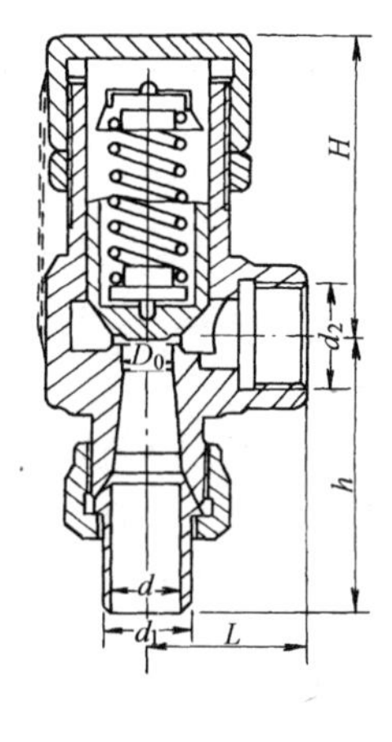

（c）弹簧微启式安全阀（DN15～DN25）

AⅡSA-20Z 弹簧微启式安全阀

公称直径 DN (mm)	主要外形尺寸及连接尺寸 (mm)					重量 (kg)
	L	L_1	L_2	H	h	
15	40	17	21	103	47	1.6
20	50	19	23	116	50	2.5

氨安全阀（032-15～032-20）

代号	公称直径 DN (mm)	外形尺寸 (mm)			重量 (kg)
		A	B	C	
032-15	15	46	40	152	1.61
032-20	20	50	50	168	2.50

弹簧微启式安全阀

公称直径 DN (mm)	主要外形尺寸和连接尺寸 (mm)							重量 (kg)
	D_0	d	d_1	d_2	L	H	h	
15	12	15	20	DN15	35	64	59	
20	16	20	25	DN20	40	68	68	
25	22	25	31	DN25	50	103	78	

安 装 说 明

1. 安全阀应具出厂合格证，并有铅封。
2. 安装时应认准型号、规格。
3. 不许擅自拆装调整。

图名	AⅡSA 型、032 型氨安全阀安装	图号	LK5—02

管子螺纹氨节流阀(022-10～022-32)

产品代号	公称直径 *DN* (mm)	外形尺寸(mm)				重量 (kg)
		A	*B*	*C*	*D*	
022-10	10	80	130	80	155	1.2
022-15	15	100	145	100	175	1.8
022-20	20	108	160	100	190	2.6
022-25	25	114	170	120	210	3.7
022-32	32	134	185	120	230	5.4

A 型直通式节流阀(A52-1～A52-3)

代 号	公称直径 *DN* (mm)	主要外形和连接尺寸(mm)								重量 (kg)
		D_0	d	d_1	L	H	H_1	h	h_1	
A52-1	10	65	14.5	19.5	129	88	96	17	35	1.5
A52-2	15	80	18.5	23	150	120	120	20	48	1.5
A52-3	20	80	25.5	32	164	130	130	27	57	1.6

B 型直通式节流阀(A52-4～52-7)

代号	公称直径 *DN* (mm)	主要外形和连接尺寸(mm)										螺栓孔数 *Z*	螺栓直径 *d*	重量 (kg)
		L	H	H_1	a	D_0	D_1	D_2	f	b	d_1			
A52-4	25	160	196	209	90	120	85	57	4	20	14	4	M12	8
A52-5	32	180	196	209	105	120	100	65	4	20	18	4	M16	11
A52-6	40	200	241	255	112	160	110	75	4	22	18	4	M16	16
A52-7	50	230	243	263	122	160	125	87	4	22	18	4	M16	19

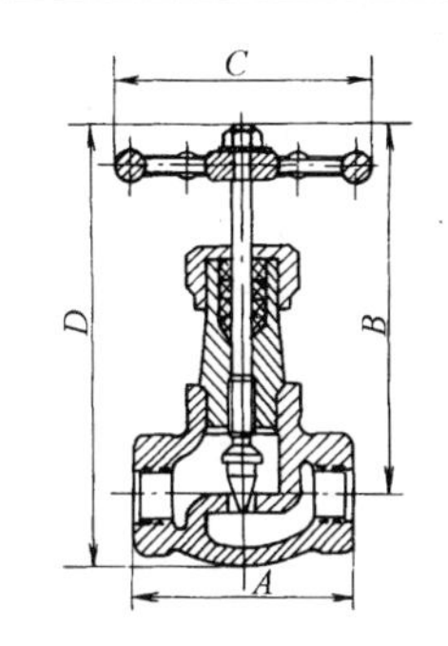

(*a*)节流阀(022－10～022－15)

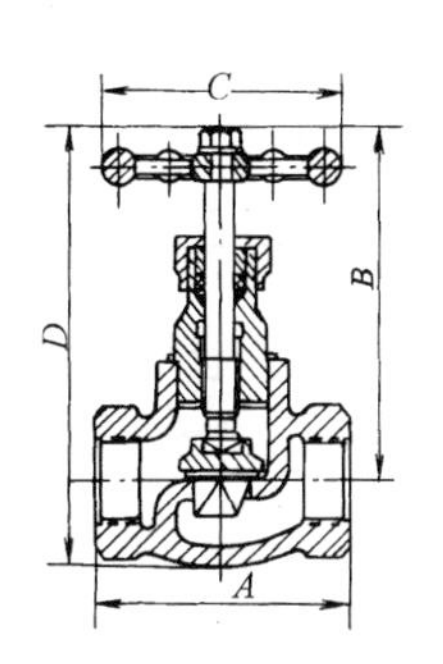

(*b*)节流阀(022－20～022－32)

(*A*)管子螺纹氨节流阀

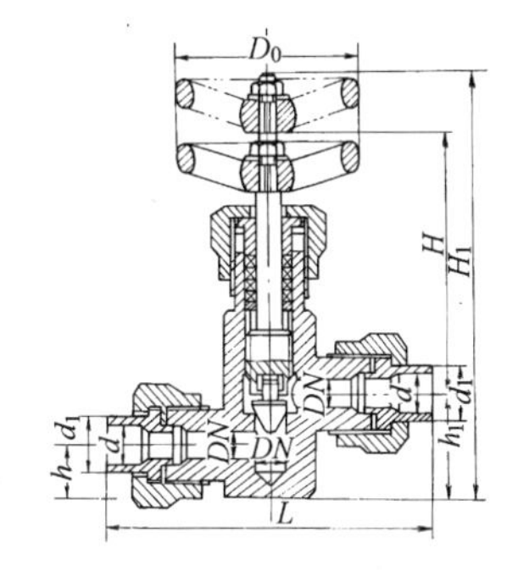

(*B*)A 型直通式节流阀
(A52－1～A52－3)

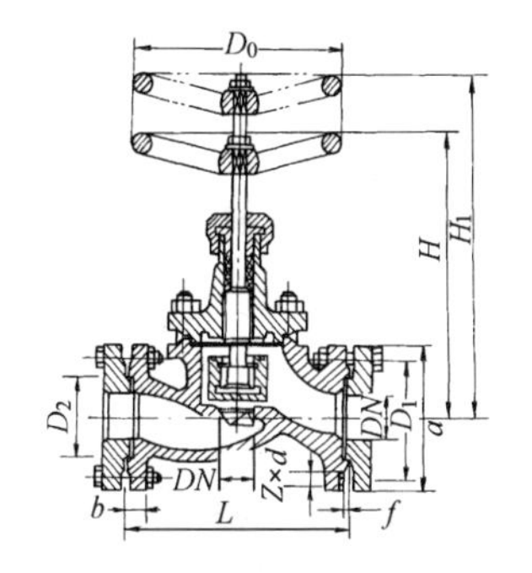

(*C*)B 型直通式节流阀
(A52－4～A52－7)

安 装 说 明

1. 采用煤油重新拆洗。
2. 应进行试压、检漏，合格为止。

图名	A52 型、022 型氨节流阀安装	图号	LK5—03

氨截止阀(J41SA25)

型号	公称直径 DN (mm)	主要尺寸(mm)								孔数 Z	重量 (kg)
		L	L_1	D	K	H_1	H_2	D_0	d		
J41SA25	50	230	300	160	125	260	284	160	M16	4	24.42
J41SA25	40	200	270	145	110	260	280	160	M16	4	18.633
J41SA25	70	290	342	180	145	290	325	200	M16	8	
J41SA25	80	310	366	195	160	290	325	200	M16	8	
J41SA25	100	350	410	230	190 ~ 340		386	280	M20	8	
J41SA25	125	400	464	270	220 ~ 475		581	360	M22	8	
J41SA25	150	480	544	300	240 ~ 492		563	400	M22	8	

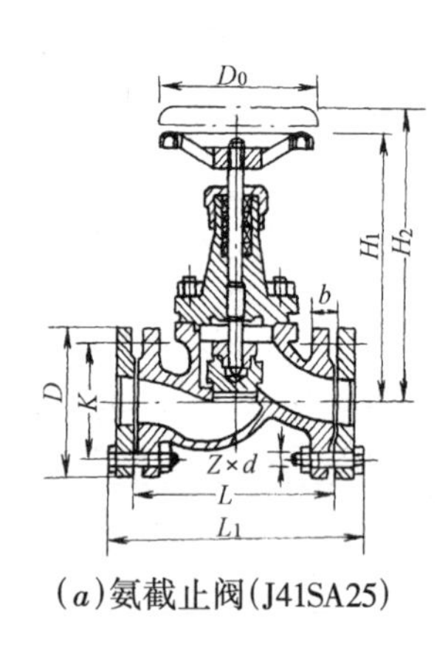

(a)氨截止阀(J41SA25)

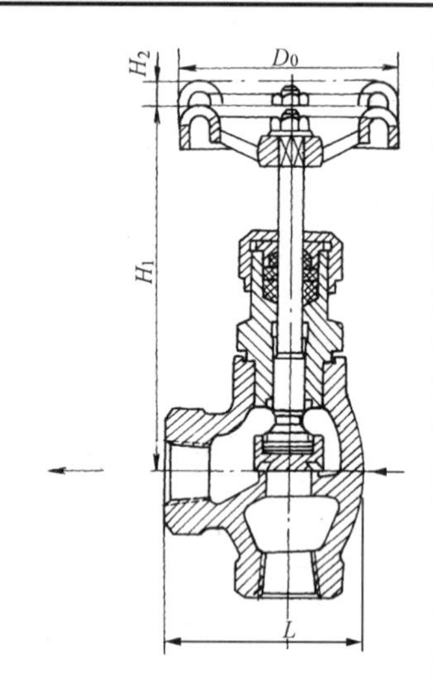

(b)A型氨直通式截止阀

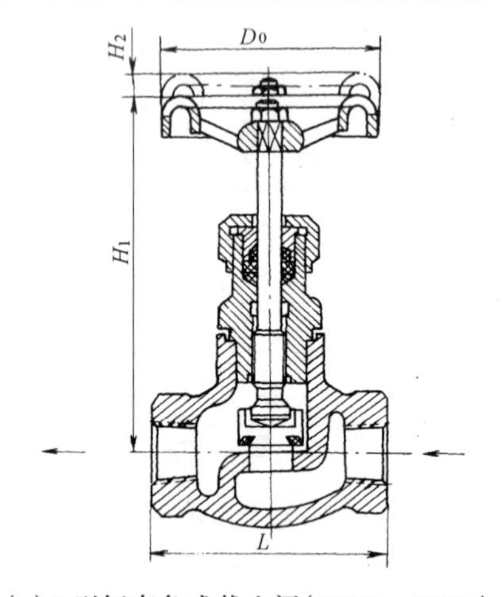

(c)A型氨直角式截止阀(DN10 ~ DN25)

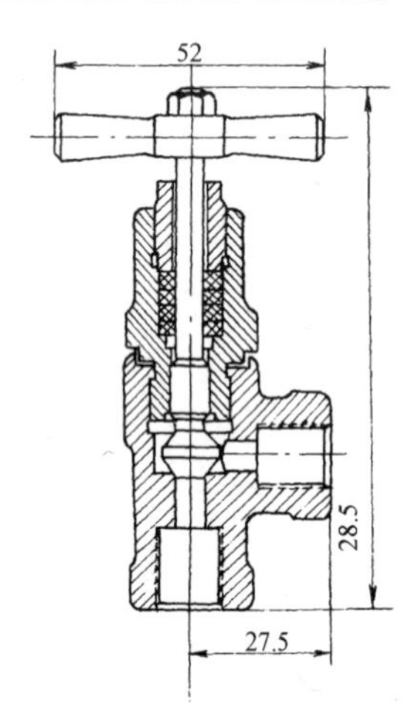

(d)A型氨直角式截止阀(DN6)

A型氨直通式截止阀

公称直径 DN (mm)	外形尺寸(mm)				重量 (kg)
	L	D_0	H_1	H_2	
10 15 20 25	54	100	158	12	

A型氨直通式截止阀

公称直径 DN (mm)	外形尺寸(mm)				重量 (kg)
	L	D_0	H_1	H_2	
10 15 20 25	54	100	158	12	

安 装 说 明

1. 应重新拆洗。
2. 应进行试压、检漏，合格为止。

图名	J41SA型氨直通式截止阀与氨直角式截止阀安装	图号	LK5—04

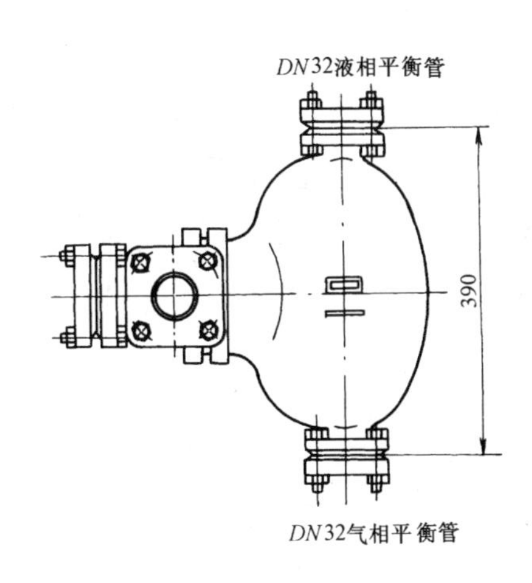

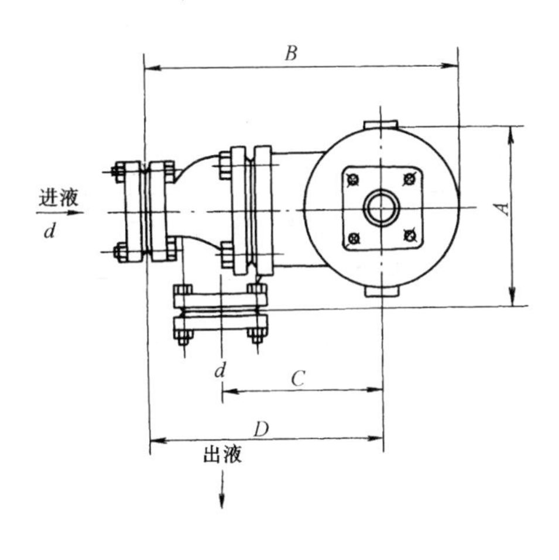

技 术 数 据

项目 \ 型号	FQ_1-10	FQ_1-20	FQ_1-50	FQ_1-100	FQ_1-200
通道面积(mm^2)	10	20	50	100	200
制冷能力(W)	40700～81400	81400～162800	162800～325600	325600～631200	631200～1262400
d(mm)	32	32	32	32	50
A(mm)	226	226	226	226	226
B(mm)	362	362	362	362	400
C(mm)	204	204	204	204	211
D(mm)	272	272	272	272	310
重量(kg)	35	35	35	35	45

安 装 说 明

浮球阀在制冷过程中起节流减压和自动控制蒸发器、中间冷却器等容器的液面，当容器内液面低落时，浮球阀自行开大，待液氨升至规定液面时，浮球阀自行关闭。

图名	FQ_1型浮球阀安装	图号	LK5—05

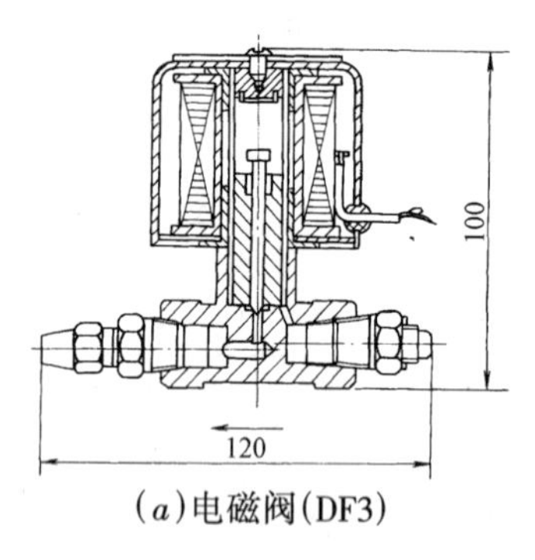

（a）电磁阀（DF3）

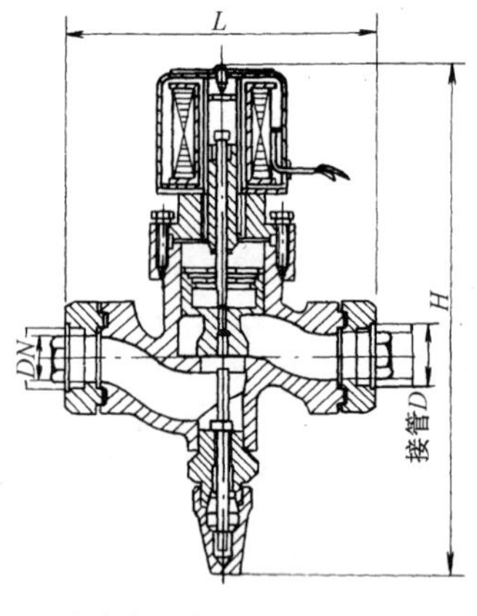

（b）电磁阀（DF20，DF32）

电磁阀主要技术参数

型号	公称直径（mm）	适用工作介质	工作温度范围（℃）	最大开阀压差（85%额定电流时）（MPa）	最小开阀压差（MPa）	电源电压（允许变化范围85%～110%）		线圈允许温度（℃）	最大允许工作压力（MPa）	环境温度（℃）
						交流	直流			
DF3	3	液态：氟里昂，NN_3，H_2O，油 气态：氟里昂，NH_3，空气	-40～+70	气态：1.7 液态 1.4	0.01	36，220 380	110 200	<70	20	-25～+45
DF20	20	液态：氟里昂，NH_3，H_2O，油 气态：氟里昂，NH_3，空气	-40～+70	气态：1.7 液态：1.4	0.01	36，220 380	110 220	<70	20	-25～+45
DF32	32	液态：氟里昂，NH_3，H_2O，油 气态：氟里昂，NH_3，空气	-40～+70	液态：1.0	0.015 0.15	36，220 380	110 220	<70	20	-25～+45

电磁阀安装尺寸

型号	电磁阀高度 H(mm)	横向尺寸 L(mm)	接管尺寸 D(mm)
DF3	100	120	$\phi6\times1$（铝或铜管）
DF20	230	156	$\phi25\times2.5$（无缝钢管）
DF32	200	240	$\phi38\times3.5$（无缝钢管）

图名	DF 型电磁阀安装	图号	LK5—06

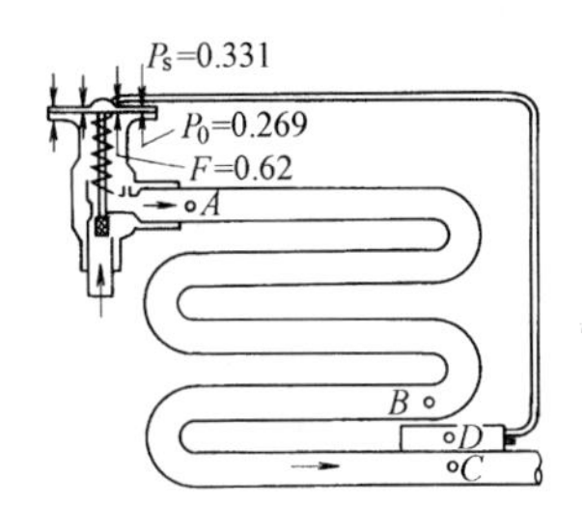

(a)内平衡式

A—0.269MPa,5℃;

B—0.21MPa，0℃;

C—0.21MPa，10℃;

D—0.331MPa，10℃。

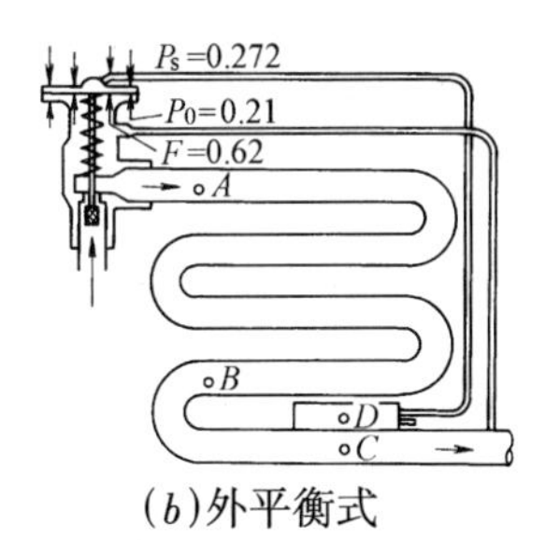

(b)外平衡式

A—0.269MPa,5℃;

B—0.21MPa，0℃;

C—0.21MPa，5.5℃;

D—0.272MPa，5.5℃。

(A)热力膨胀阀的工作过程

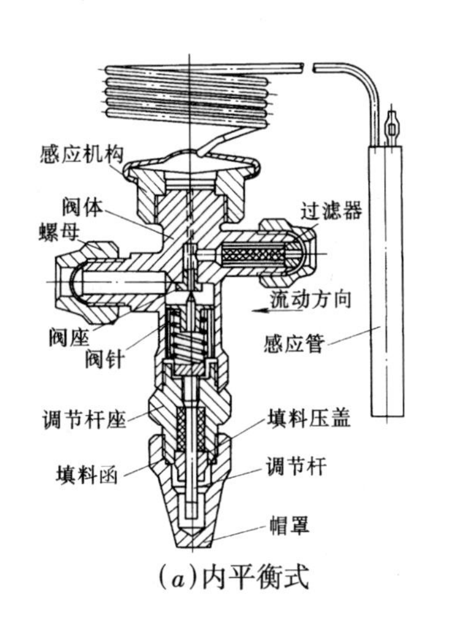

(a)内平衡式

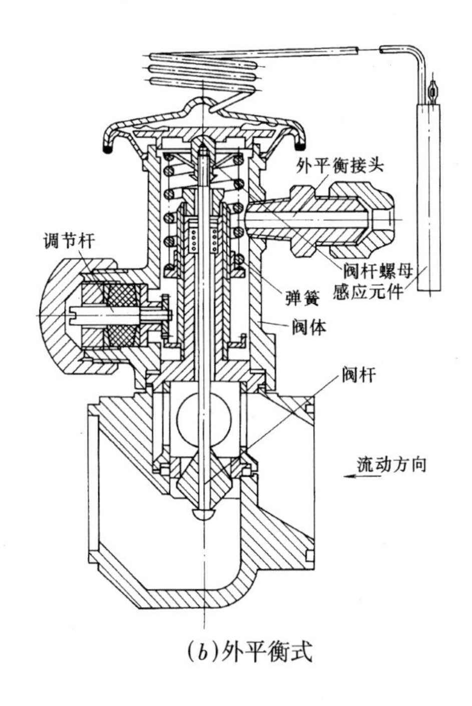

(b)外平衡式

(B)热力膨胀阀结构图

图名	内平衡式与外平衡式热力膨胀阀安装	图号	LK5—07

氨液面计(YJ-300～YJ-1000)

产品型号	YJ-300	YJ-400	YJ-500	YJ-600	YJ-700	YJ-800	YJ-900	YJ-1000
代号	A58-1	A58-2	A58-3	A58-4	A58-5	A58-6	A58-7	A58-8
L(mm)	300	400	500	600	700	800	900	1000

注:工作压力 2.5MPa;适用介质:氨、氨液;适用温度－70～＋150℃。

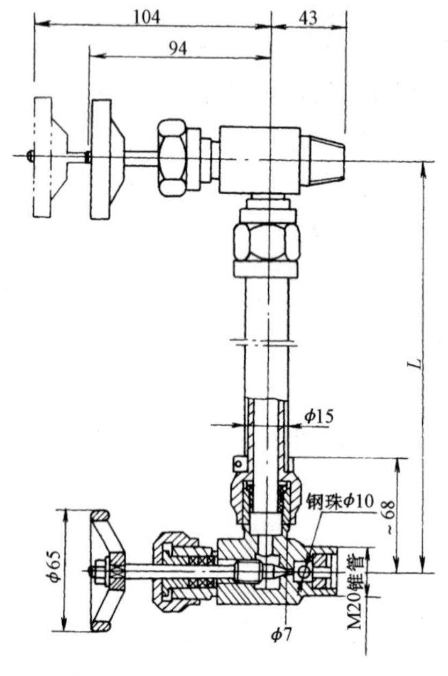

(a)氨液面计(YJ－300～YJ－1000)

氨液面计(YM-300～YM-1000)

产品型号	L(mm)	产品代号
YM-300	300	581-00
YM-400	400	582-00
YM-500	500	583-00
YM-600	600	584-00
YM-700	700	585-00
YM-800	800	586-00
YM-900	900	587-00
YM-1000	1000	588-00

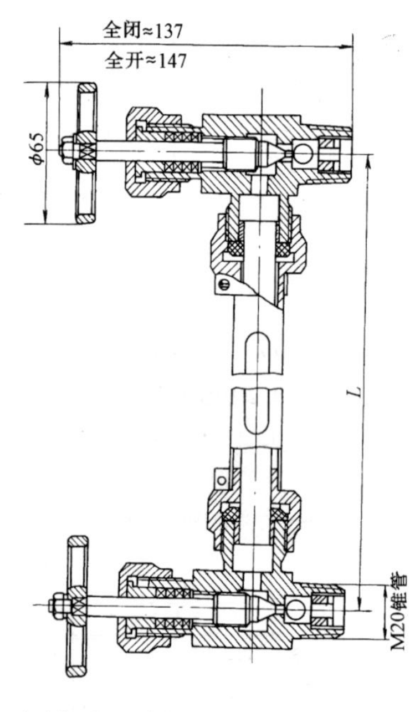

(b)氨液面计(YM－300～YM－1000)

安 装 说 明

1. 上、下弹子阀应找平找正，玻璃阀口应在同一轴线上，严防玻璃破裂。

2. 应安装防护罩。

图名	YJ 型、YM 型液位计安装	图号	LK5—08

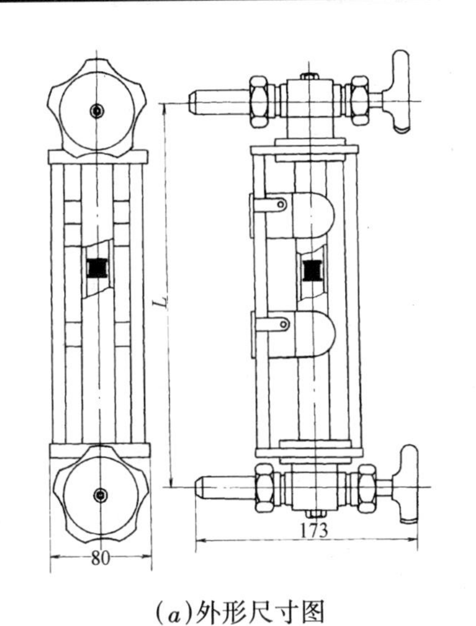

(a)外形尺寸图

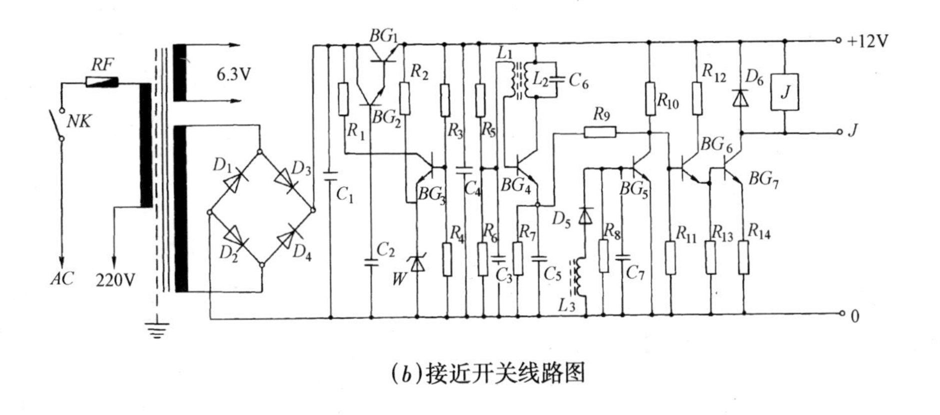

(b)接近开关线路图

安 装 说 明

UQK 型浮球液位控制器由玻管液位指示器和浮球开关两部分组成。玻管液位指示器部分与常规所用基本相同，弹子阀为防备万一玻璃管受到意外撞击破裂时，能自动闭塞，避免大量跑氨。

浮球开关是晶体管接近开关。浮球进入开关工作区前继电器触头常开，进入工作区时触头吸合，超过工作区后触头复回常开状态。

根据浮球开关的通断特性，无论是下限位加油，或上限位放油，都应设置自保触头，而到另一限位停止加油或停止放油。

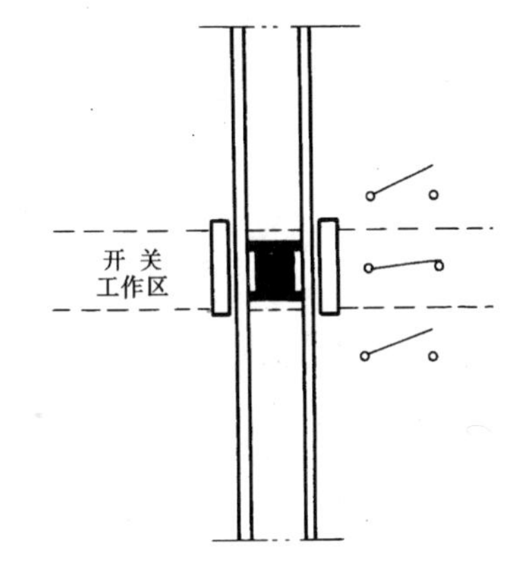

(c)浮球开关工作图

图名	UQK－41、UQK－42、UQK－43 型 液位控制器安装	图号	LK5—09

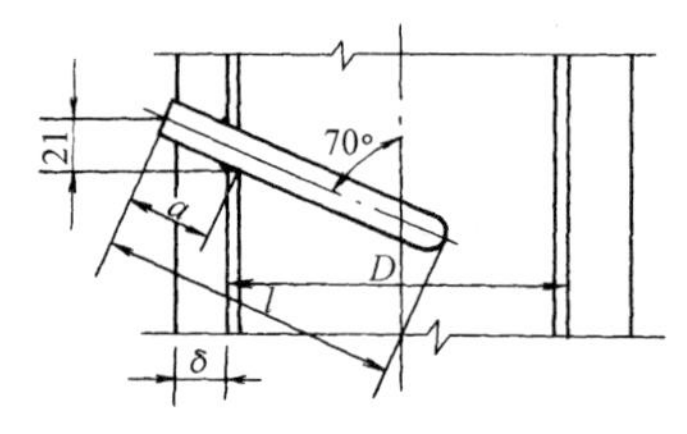

(*a*)立式管上的套筒

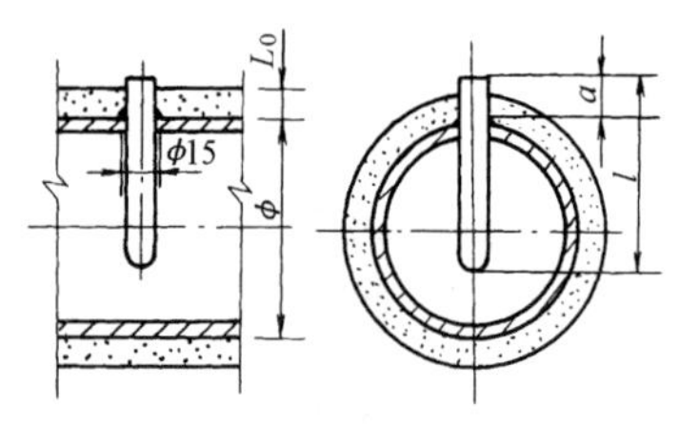

(*b*)卧式管上的套筒

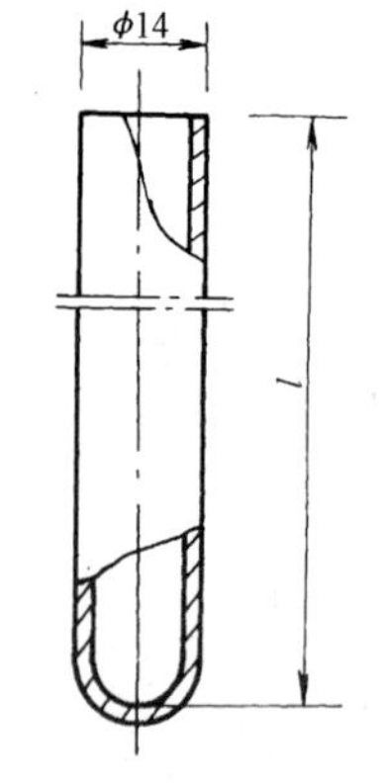

(*c*)套筒(无缝钢管制作)

立式管 φ57～φ219 上套筒的尺寸(mm)

绝热层厚度		δ=0		δ=50		δ=75		δ=100		δ=125	
套筒		*a*	*l*	*a*	*l*	*a*	*l*	*a*	*l*	*a*	*l*
管径 φ	57	10	55	60	105	85	130	110	155	135	160
	76	10	65	60	115	85	140	110	165	135	190
	89	10	70	60	120	85	145	110	170	135	195
	108	10	80	60	130	85	155	110	180	135	205
	133	10	95	60	145	85	170	110	195	135	220
	159	10	105	60	155	85	180	110	205	135	230
	219	10	135	60	185	85	210	110	235	135	260

卧式管 φ57～φ219 套筒的尺寸(mm)

绝热层厚度		δ=0		δ=50		δ=75		δ=100		δ=125	
套筒		*a*	*l*	*a*	*l*	*a*	*l*	*a*	*l*	*a*	*l*
管径 φ	57	5	50	55	100	80	125	105	150	130	175
	76	5	60	55	110	80	135	105	160	130	185
	89	5	65	55	115	80	140	105	165	130	190
	108	5	75	55	125	80	150	105	175	130	200
	133	5	90	55	140	80	165	105	190	130	215
	159	5	100	55	150	80	175	105	200	130	225
	219	5	130	55	180	80	205	105	230	130	255

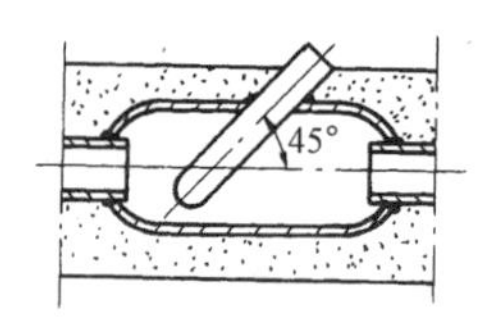

(*e*)卧式扩径套筒

(*d*)立式扩径套筒

安 装 说 明

1. 处于高压系统的温度计套筒制成后以1.8MPa(表压力)压缩空气试压、检漏。合格为止。

2. 处于低压系统的温度计套筒制成后以1.2MPa(表压力)压缩空气试压、检漏。合格为止。

立式及卧式扩径套筒(mm)

绝热层厚度		δ=0			δ=50			δ=75			δ=100		
管径 *d*	管径 φ	*a*	*l*	*o*	*a*	*l*	*o*	*a*	*l*	*o*	*a*	*l*	*o*
32～38	57	15	70	50	80	130	50	115	170	50	155	210	50
14～22	38	15	45	55	80	120	55	115	160	55	155	200	55

图名	管道上温度计套筒安装	图号	LK5—10

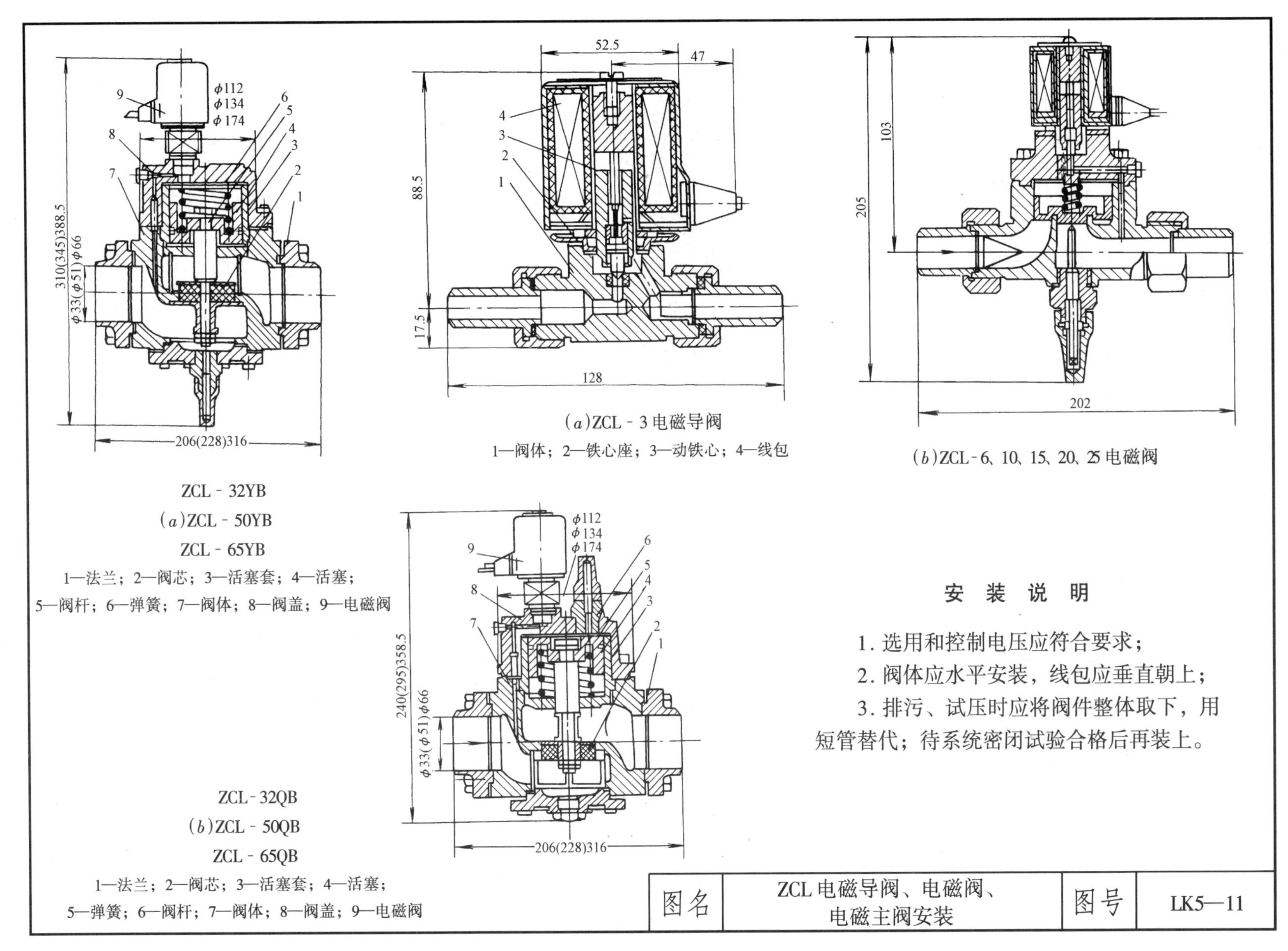

ZCL－32YB
(a)ZCL－50YB
ZCL－65YB

1—法兰；2—阀芯；3—活塞套；4—活塞；5—阀杆；6—弹簧；7—阀体；8—阀盖；9—电磁阀

(a)ZCL－3电磁导阀

1—阀体；2—铁心座；3—动铁心；4—线包

(b)ZCL－6、10、15、20、25电磁阀

ZCL－32QB
(b)ZCL－50QB
ZCL－65QB

1—法兰；2—阀芯；3—活塞套；4—活塞；5—弹簧；6—阀杆；7—阀体；8—阀盖；9—电磁阀

安装说明

1. 选用和控制电压应符合要求；
2. 阀体应水平安装，线包应垂直朝上；
3. 排污、试压时应将阀件整体取下，用短管替代；待系统密闭试验合格后再装上。

图名	ZCL电磁导阀、电磁阀、电磁主阀安装	图号	LK5—11

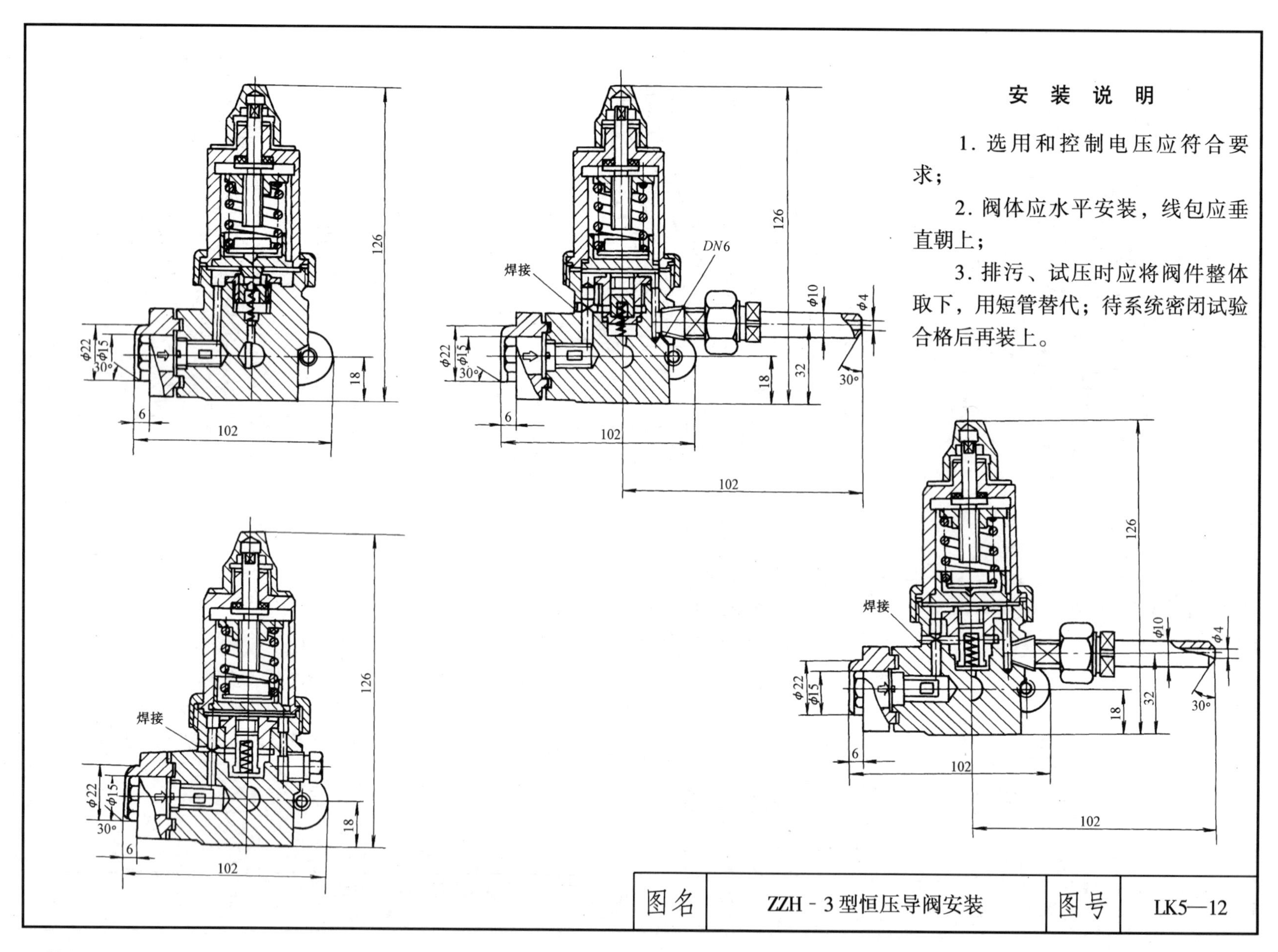

安装说明

1. 选用和控制电压应符合要求；

2. 阀体应水平安装，线包应垂直朝上；

3. 排污、试压时应将阀件整体取下，用短管替代；待系统密闭试验合格后再装上。

图名	ZZH-3型恒压导阀安装	图号	LK5—12

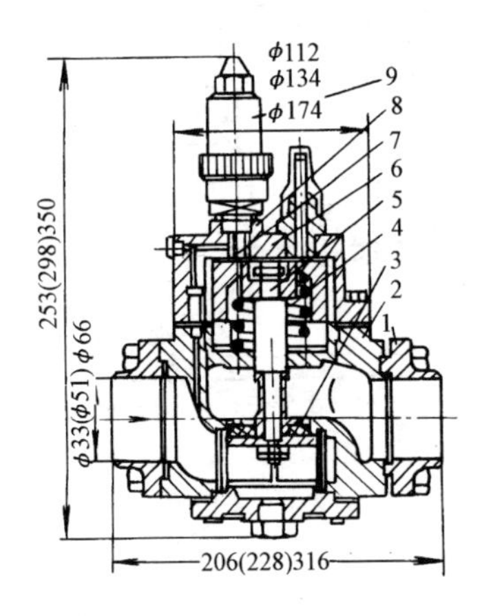

ZZHA - 32QB
(*a*)ZZHA - 50QB
ZZHA - 65QB

1—法兰；2—阀体；3—阀芯；4—弹簧；5—活塞杆；
6—活塞；7—活塞套；8—阀盖；9—A 型恒压阀

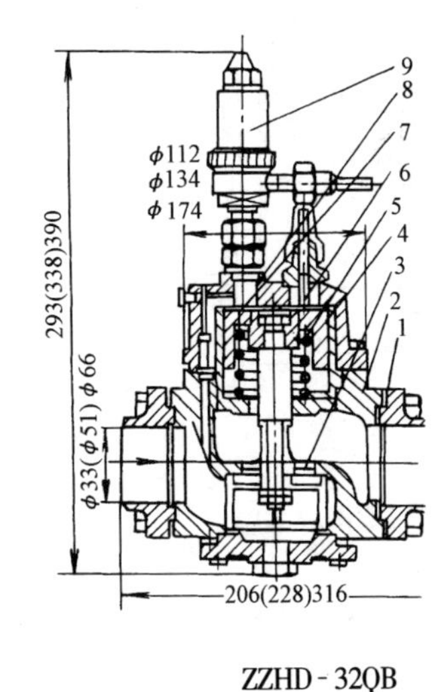

ZZHD - 32QB
(*b*)ZZHD - 50QB
ZZHD - 65QB

1—法兰；2—阀体；3—阀芯；4—活塞套；5—弹簧；
6—活塞杆；7—活塞；8—阀盖；9—D 型恒压阀

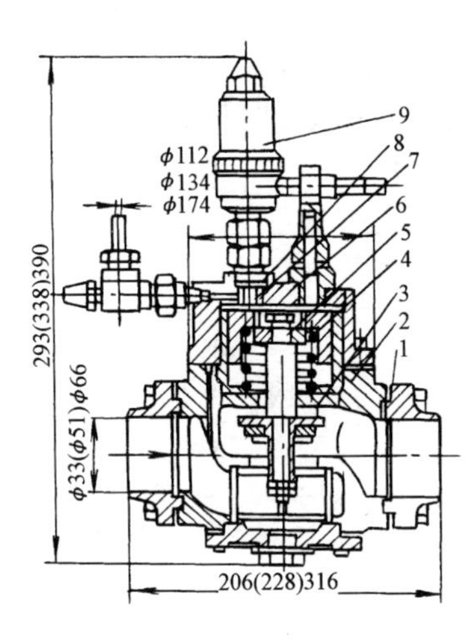

ZZHB - 32QK
(*c*)ZZHB - 50QK
ZZHB - 65QK

1—法兰；2—阀体；3—阀芯；4—弹簧；5—活塞杆；
6—活塞；7—活塞套；8—阀盖；9—B 型恒压阀

安 装 说 明

1. 选用和控制电压应符合要求；

2. 阀体应水平安装，线包应垂直朝上；

3. 排污、试压时应将阀件整体取下，用短管替代；待系统密闭试验合格后再装上。

4. 止回阀分立式、卧式安装。

图名	ZZH 恒压主阀、ZZRN 止回阀安装（一）	图号	LK5—13(一)

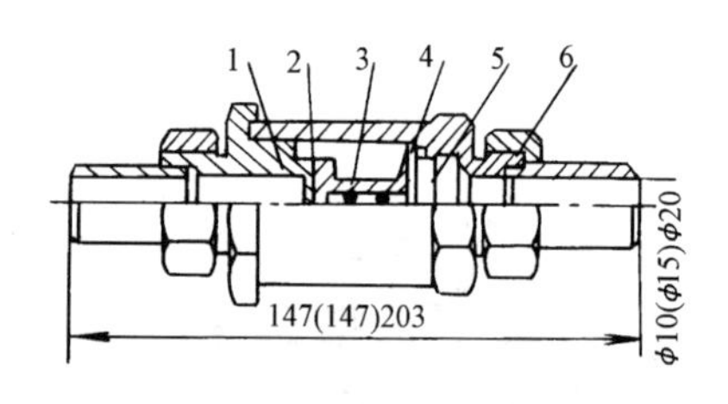

10
(a)ZZRN - 15
20

1—阀座；2—阀芯；3—阀芯座；4—弹簧；5—支撑座；
6—阀体

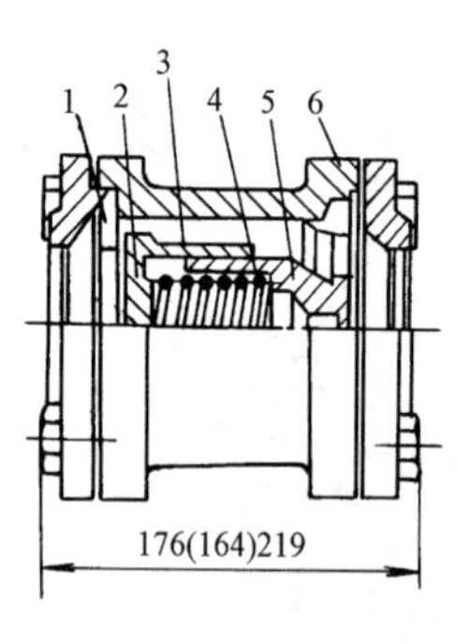

65
(b)ZZRN - 80
100

1—阀座；2—阀芯；3—阀芯座；4—弹簧；
5—支撑座；6—阀体

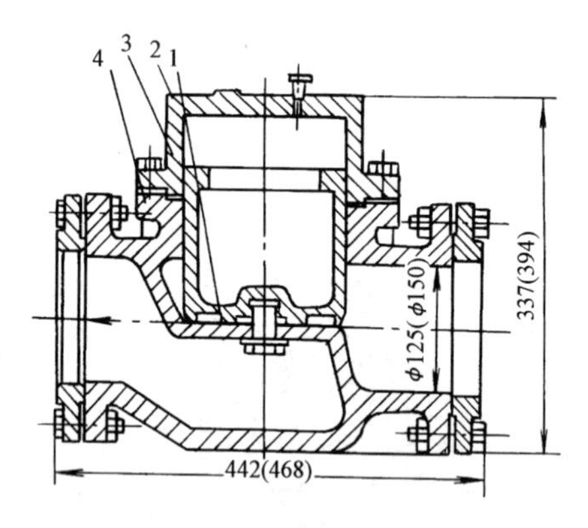

(c)ZZRN - 125
150

1—阀芯；2—阀盖；3—阀芯座；4—阀体

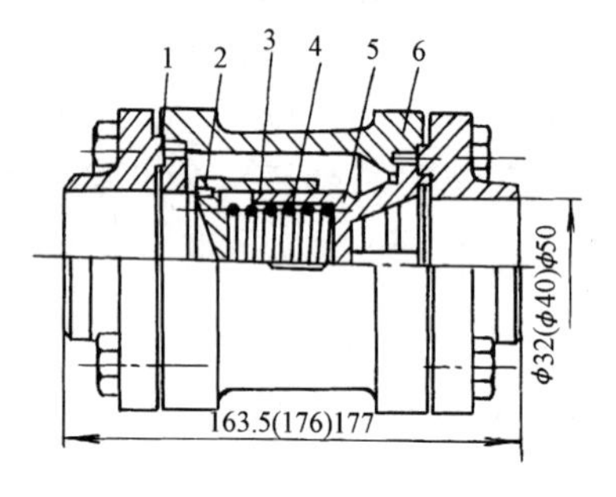

25
(d)ZZRN - 32
40
50

1—阀座；2—阀芯；3—阀芯座；4—弹簧；
5—支撑座；6—阀体

图名	ZZH 恒压主阀、ZZRN 止回阀安装（二）	图号	LK5—13(二)

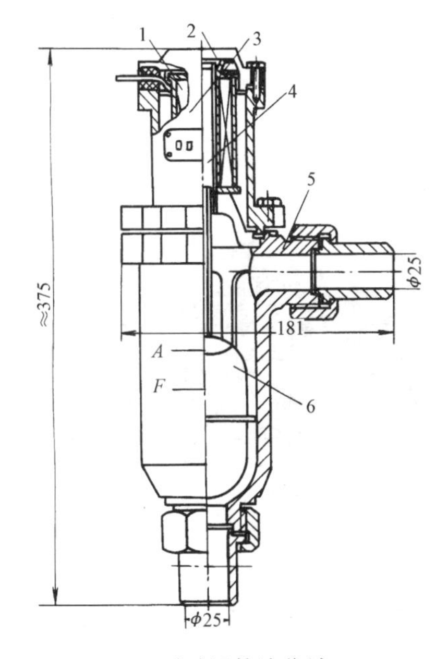

(a)遥控液位计

1—线圈支架；2—顶盖；3—上筒；4—套管；5—外壳；6—浮球

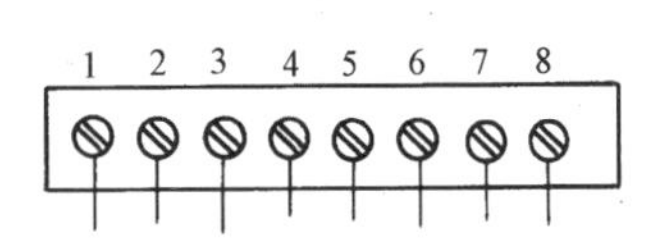

(b)电气盒接线图

1、2—接 220V 电源；3、4—接浮子电感线圈；5—接指示电表；6、7、8—接继电器触点

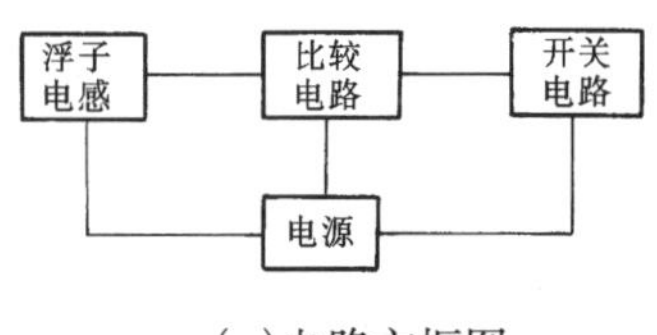

(c)电路方框图

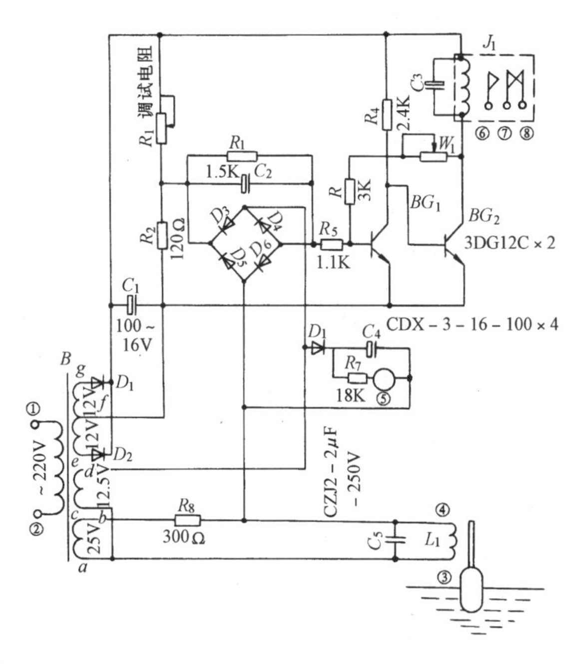

(d)液位计电气原理图

图名	UQK - 40 液位控制器安装	图号	LK5—14

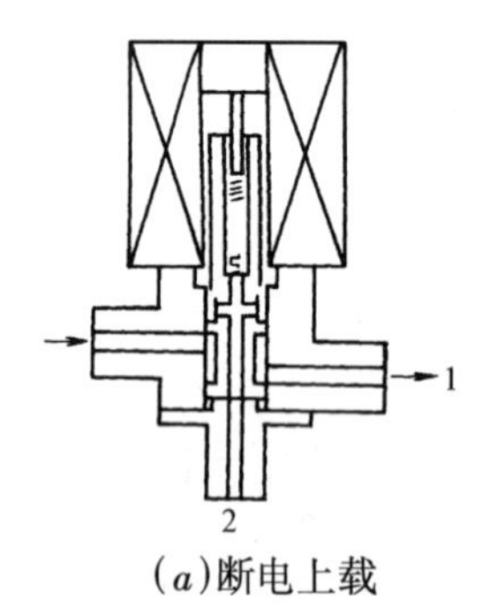

(*a*)断电上载

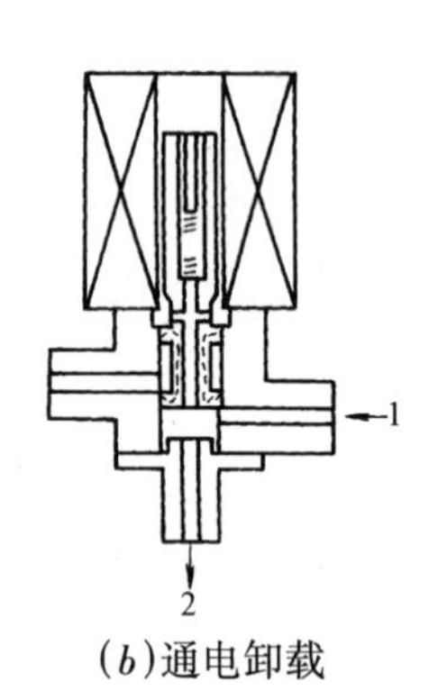

(*b*)通电卸载

(*A*)ZCYS－4 型油用三通电磁阀

(*B*)ZZRP－32 型旁通阀

1—阀体；2—套筒；3—阀盖；4—弹簧；5—弹簧导向阀

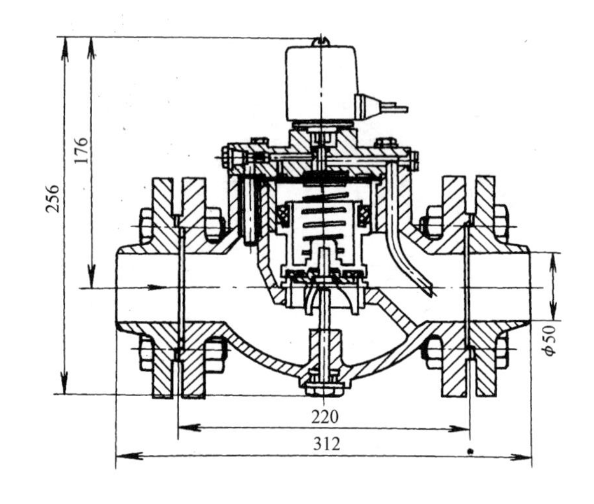

(*C*)ZCS 系列(水)电磁阀

图名	ZCYS－4 型油用三通电磁阀、ZZRP－32 型旁通阀、ZCS 系列(水)电磁阀安装	图号	LK5—15

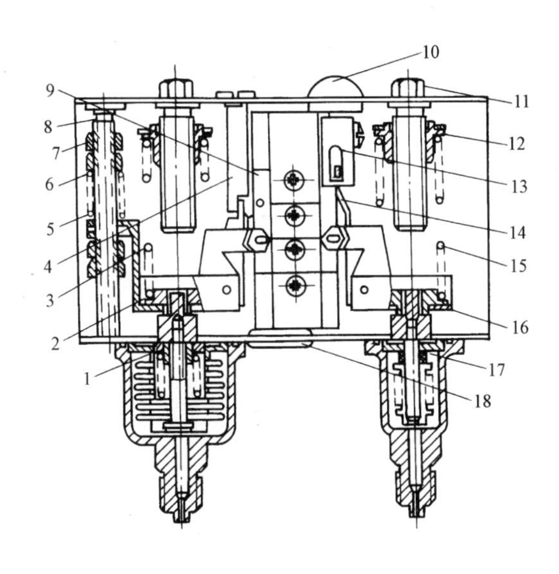

(a)YWK－22型高低压控制器

1—低压气箱；2—低压跳脚；3—低压调节弹簧；4—抽空拨杆；5—差动轮；6—差值弹簧；7—六角螺母；8—差值调节杆；9—双微动开关；10—复位按钮；11—调节螺杆；12—调节螺母；13—跳板；14—高压跳板；15—高压调节弹簧；16—高压跳脚；17—高压气箱；18—进线橡皮圈

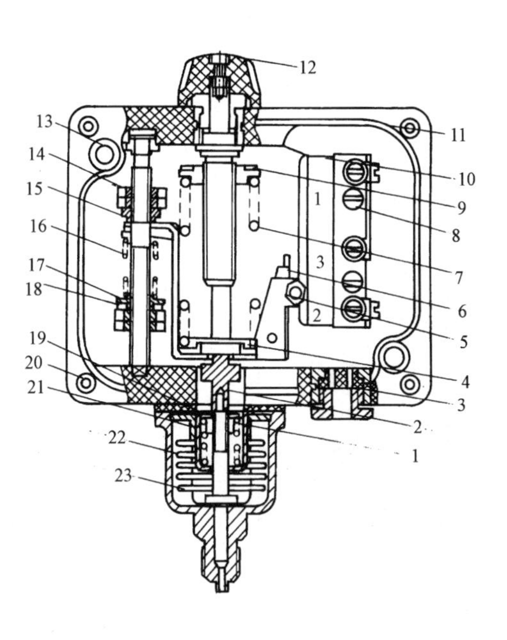

(b)YWK－11，YWK－12型压力控制器

1—气箱；2—杆座；3—顶套；4—弹簧座；5—跳脚；6—跳板；7—调节弹簧；8—调节螺母；9—主指针板；10—接线开关；11—调节螺杆；12—旋钮；13—差值调节杆；14—差值调节锁；15—差动轮；16—差值弹簧；17—差值调节螺母；18—差动指针板；19—负压螺母；20—弹簧套；21—内盖；22—负压弹簧；23—波纹管

图名	YWK－22型高低压控制器、YWK－11、YWK－12型压力控制器安装	图号	LK5—16

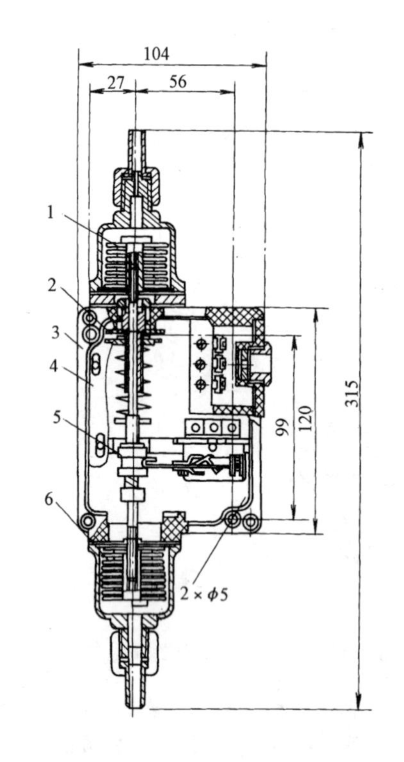

(a)CWK - 11 型压差控制器安装

1—低压波纹管；2—调节盘；3—壳体；4—刻度盘；5—滚动开关；6—高压波纹管

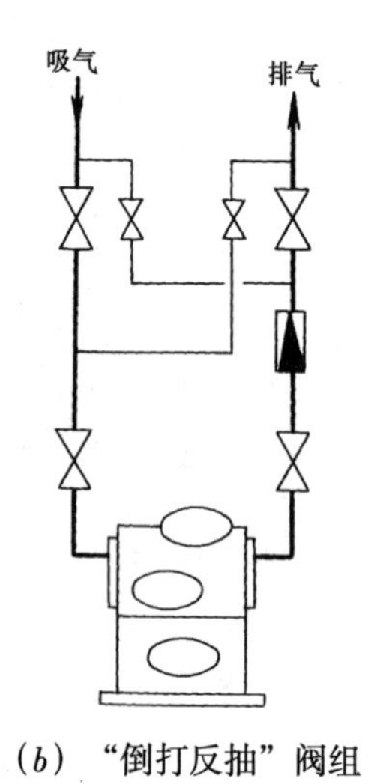

(b) “倒打反抽”阀组

安 装 说 明

“倒打反抽”阀组宜安装在一台单级压缩机或低压压缩机上，以便在安装调试中对高压系统抽空，对低压系统打压。

图名	CWK - 11 型压差控制器安装与“倒打反抽”阀组	图号	LK5—17

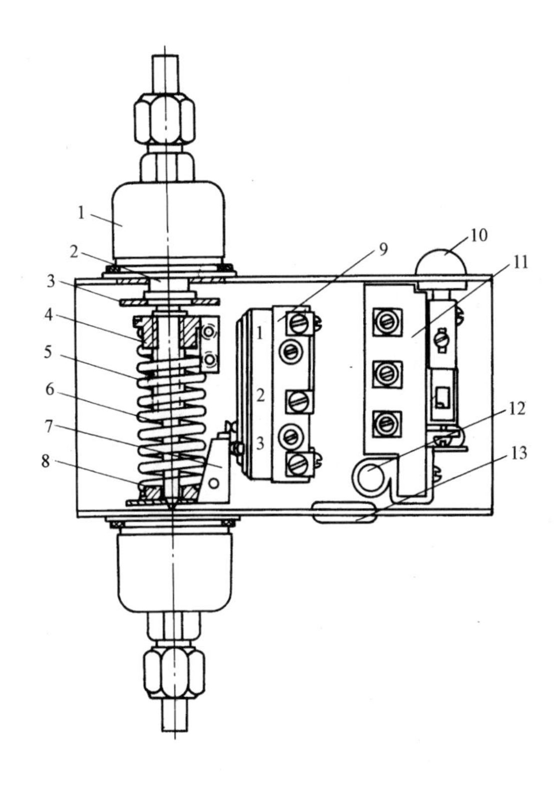

(a)机械结构

1—气箱；2—调节螺杆；3—调节盘；4—调节螺母；
5—调节弹簧；6—顶杆；7—跳板；8—弹簧座；9—微动开关；
10—复位按钮；11—延时机构；12—欠压指示灯；13—进线橡皮圈

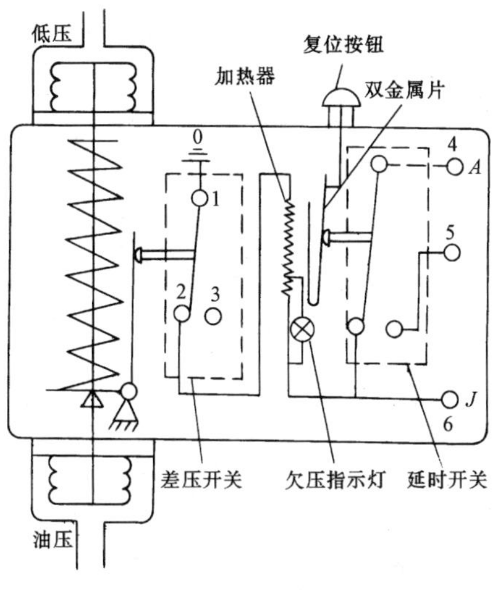

(b)电气线路

1	4	接 电 源
2	4	加 热 器
3	4	正常讯号灯
1	5	事故讯号灯
	6	机器开关线图

图名	CWK－22型油压差控制器安装	图号	LK5—18

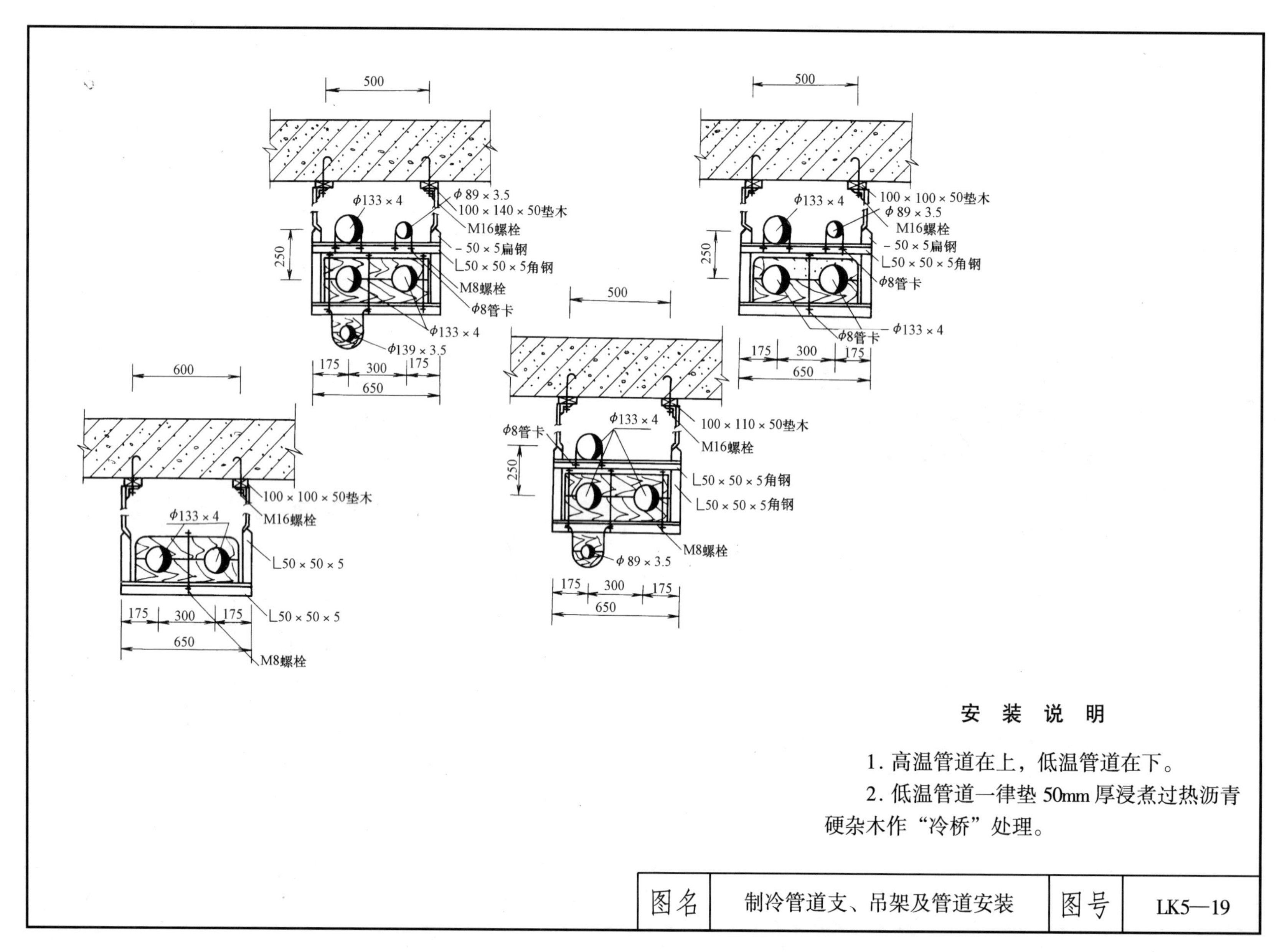
500
φ133×4
φ89×3.5
100×140×50垫木
M16螺栓
-50×5扁钢
∟50×50×5角钢
250
M8螺栓
φ8管卡
φ133×4
φ139×3.5
175
300
175
650
500
φ133×4
100×100×50垫木
φ89×3.5
M16螺栓
-50×5扁钢
∟50×50×5角钢
250
φ8管卡
φ8管卡
φ133×4
175
300
175
650
500
φ133×4
100×110×50垫木
φ8管卡
M16螺栓
250
∟50×50×5角钢
∟50×50×5角钢
M8螺栓
φ89×3.5
175
300
175
650
600
100×100×50垫木
φ133×4
M16螺栓
∟50×50×5
175
300
175
∟50×50×5
650
M8螺栓
安装说明
1. 高温管道在上，低温管道在下。
2. 低温管道一律垫50mm厚浸煮过热沥青硬杂木作“冷桥”处理。
图名
制冷管道支、吊架及管道安装
图号
LK5—19

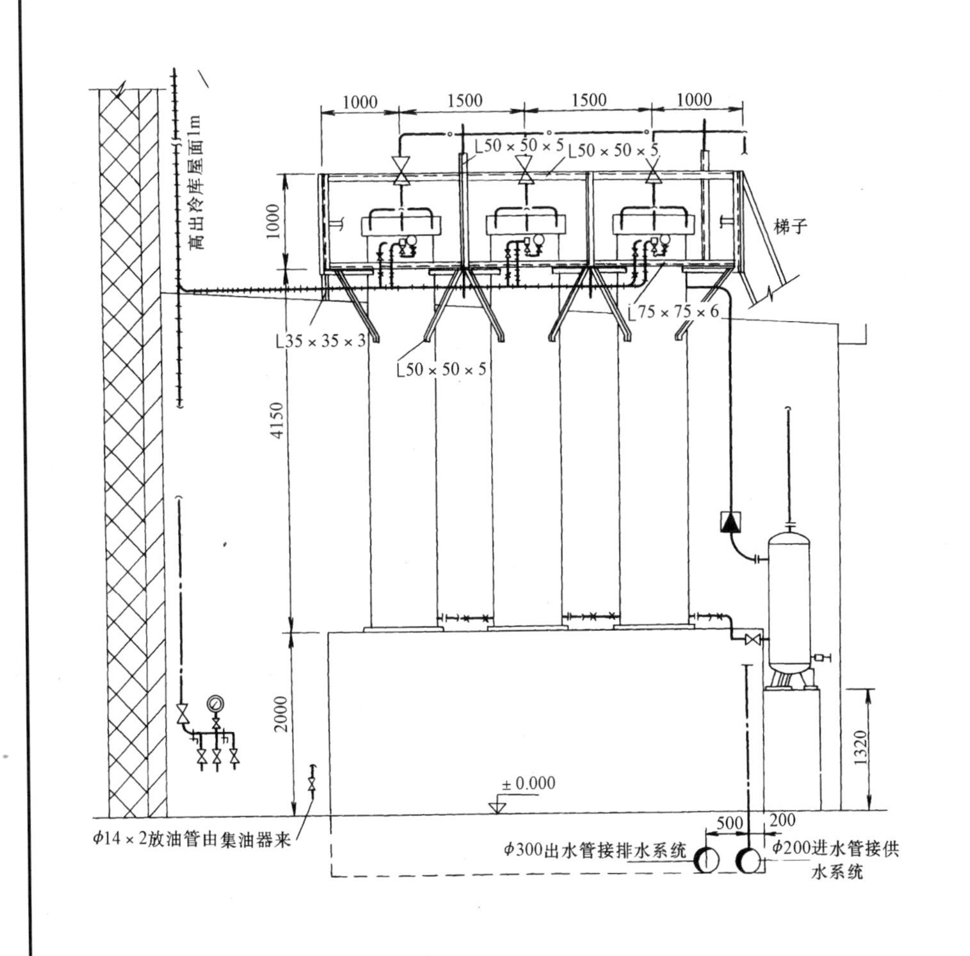

安装说明

1. 立式壳管式冷凝器常直接吊装于钢筋混凝土循环水池顶部，并在立式冷凝器上部制作安装操作平台。利用扶梯(或钢制旋梯)上下，进行操作。

2. 由立式壳管式冷凝器、洗涤式油分离器、集油器和高压贮液器等组成室外高压冷凝系统。压缩机高压排出管坡向油分离器、冷凝器；冷凝器出液管坡向高压贮液器，并通过冷凝器出液总管上制作的“液包”，首先保证洗涤式油分离器的液面。

图名	立式冷凝器、油分离器、加氨站操作平台安装	图号	LK5—20

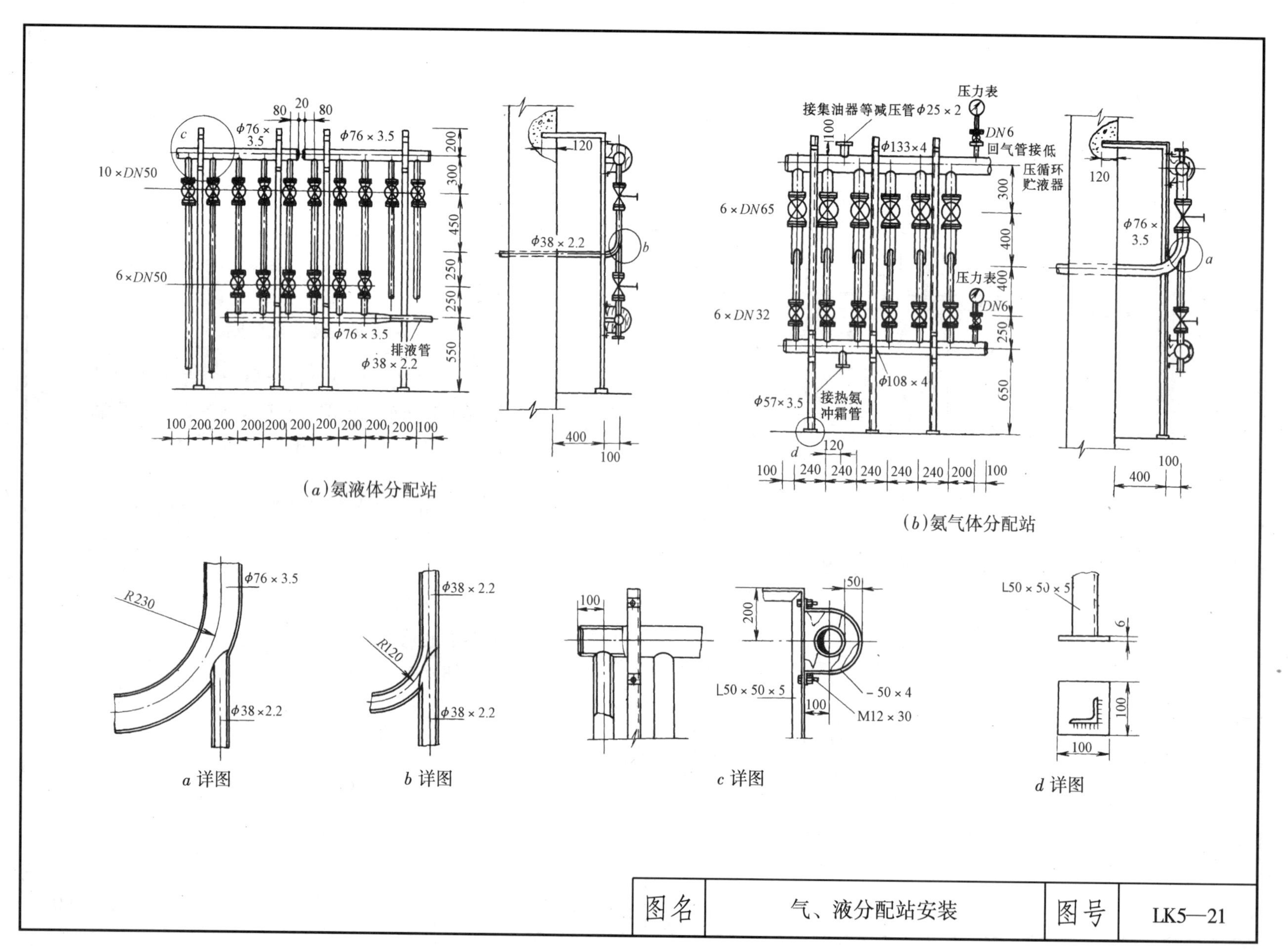

图名	气、液分配站安装	图号	LK5—21

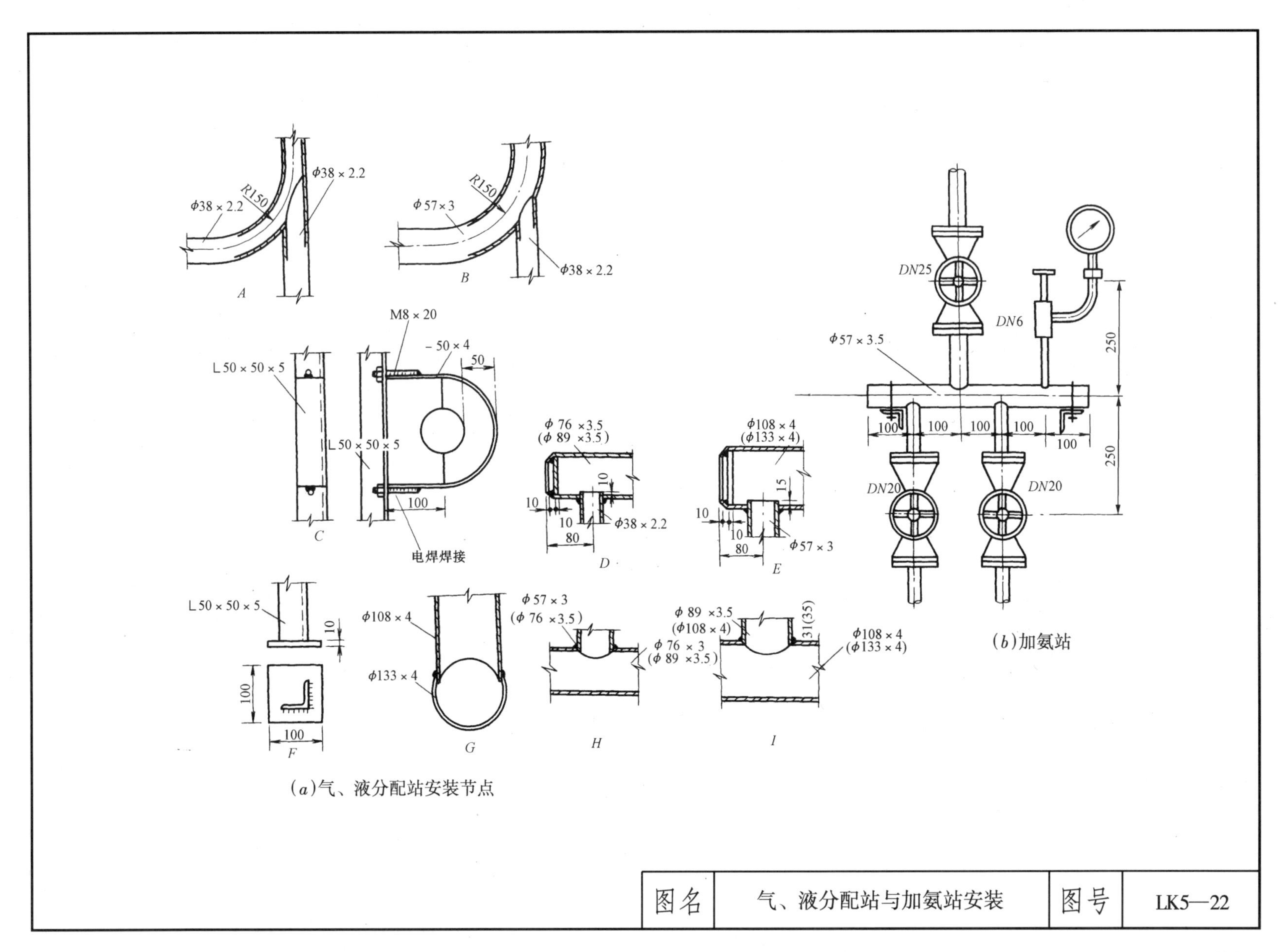

(a)气、液分配站安装节点

(b)加氨站

图名	气、液分配站与加氨站安装	图号	LK5—22

法 兰 尺 寸(mm)

名称 \ 公称直径 DN	32	50	80	100	125	150	70
A	40	59	91	110	135	161	78
B	49	68	100	120	145	171	87
C	57	76	108	130	156	182	95
D	66	85	117	139	166	192	104
E	76	95	127	150	178	204	114
F	2	3	3	3	3	3	3
G	22	24	26	28	30	32	26
L	95	120	152	180	210	236	139
N	130	155	185	220	260	286	172
m	4	8	8	8	8	8	8
n	14	18	18	23	25	25	18

法兰尺寸(mm)

法兰直径 DN \ 名称	D	D_1	D_2	D_3	D_4	f	$f_1=f_2$	δ	螺栓孔	
									数量	螺栓
25	115	85	65	57	58	2	4	16	4	M12
32	135	100	78	65	66	2	4	18	4	M16
40	145	110	85	75	76	3	4	18	4	M16
50	160	125	100	87	88	3	4	20	4	M16
65	180	145	120	109	110	3	4	22	8	M16
80	195	160	135	120	121	3	4	22	8	M16
100	230	190	160	149	150	3	4.5	24	8	M20
125	270	220	188	175	176	3	4.5	28	8	M22
150	300	250	218	203	204	3	4.5	30	8	M22
200	375	320	282	259	260	3	4.5	38	12	M27
250	445	385	345	312	313	3	4.5	42	12	M30
300	510	450	408	363	364	4	4.5	46	16	M30
350	570	510	465	421	422	4	5	52	16	M30
400	655	585	535	473	474	4	5	58	16	M36

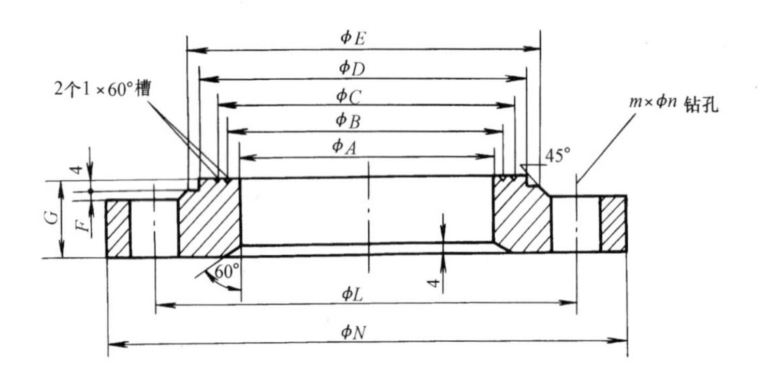

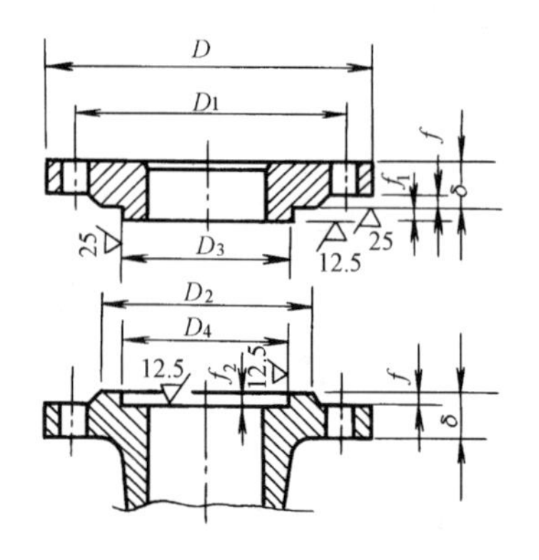

图名	法兰安装	图号	LK5—23

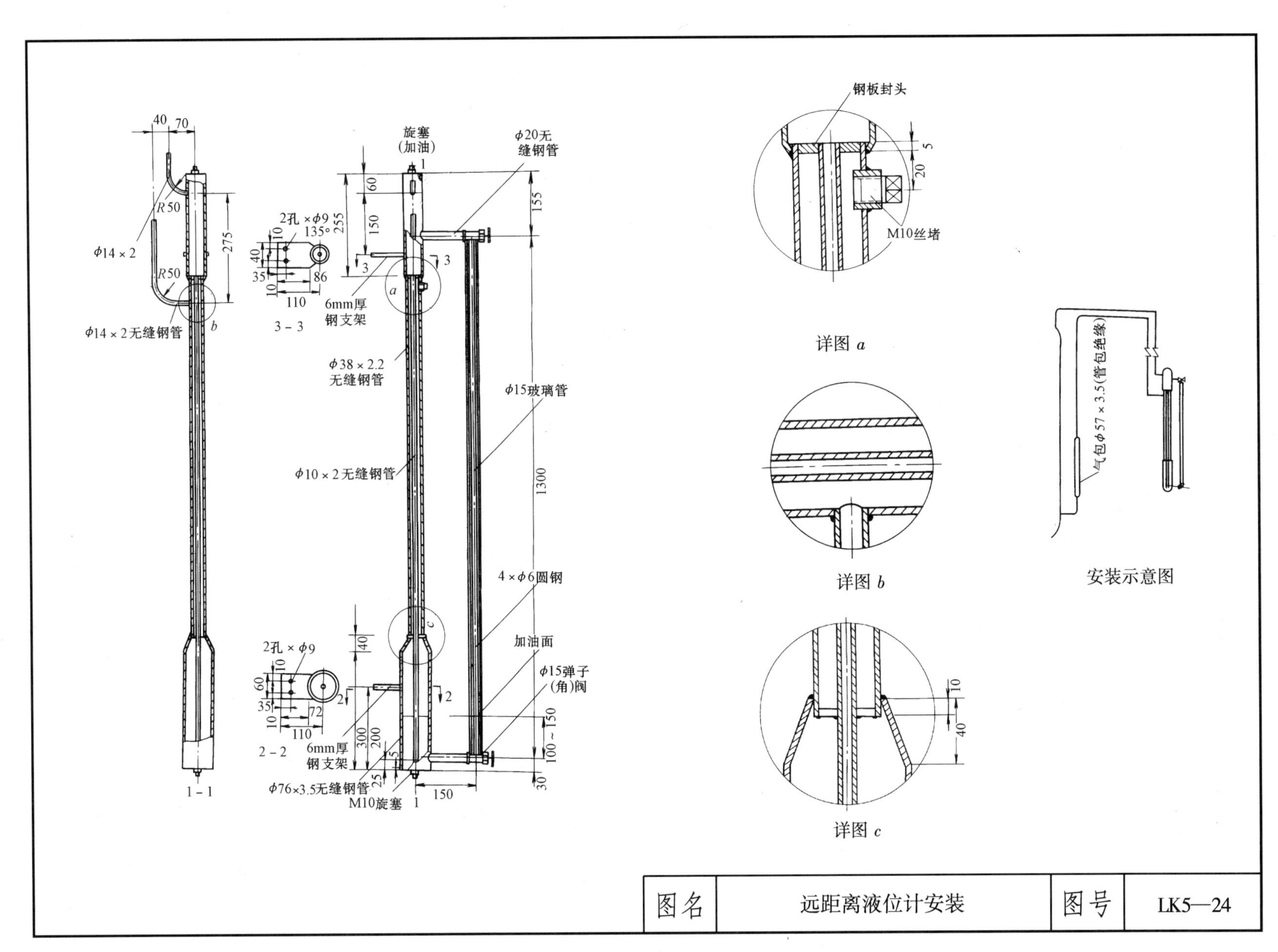

1－1
φ14×2
R50
φ14×2无缝钢管
b
2孔×φ9
135°
3－3
6mm厚钢支架
旋塞(加油)
φ20无缝钢管
a
φ38×2.2无缝钢管
φ10×2无缝钢管
φ15玻璃管
4×φ6圆钢
加油面
φ15弹子(角)阀
c
2－2
φ76×3.5无缝钢管
M10旋塞
钢板封头
M10丝堵
详图 a
详图 b
详图 c
气包φ57×3.5(管包绝缘)
安装示意图
图名
远距离液位计安装
图号
LK5—24

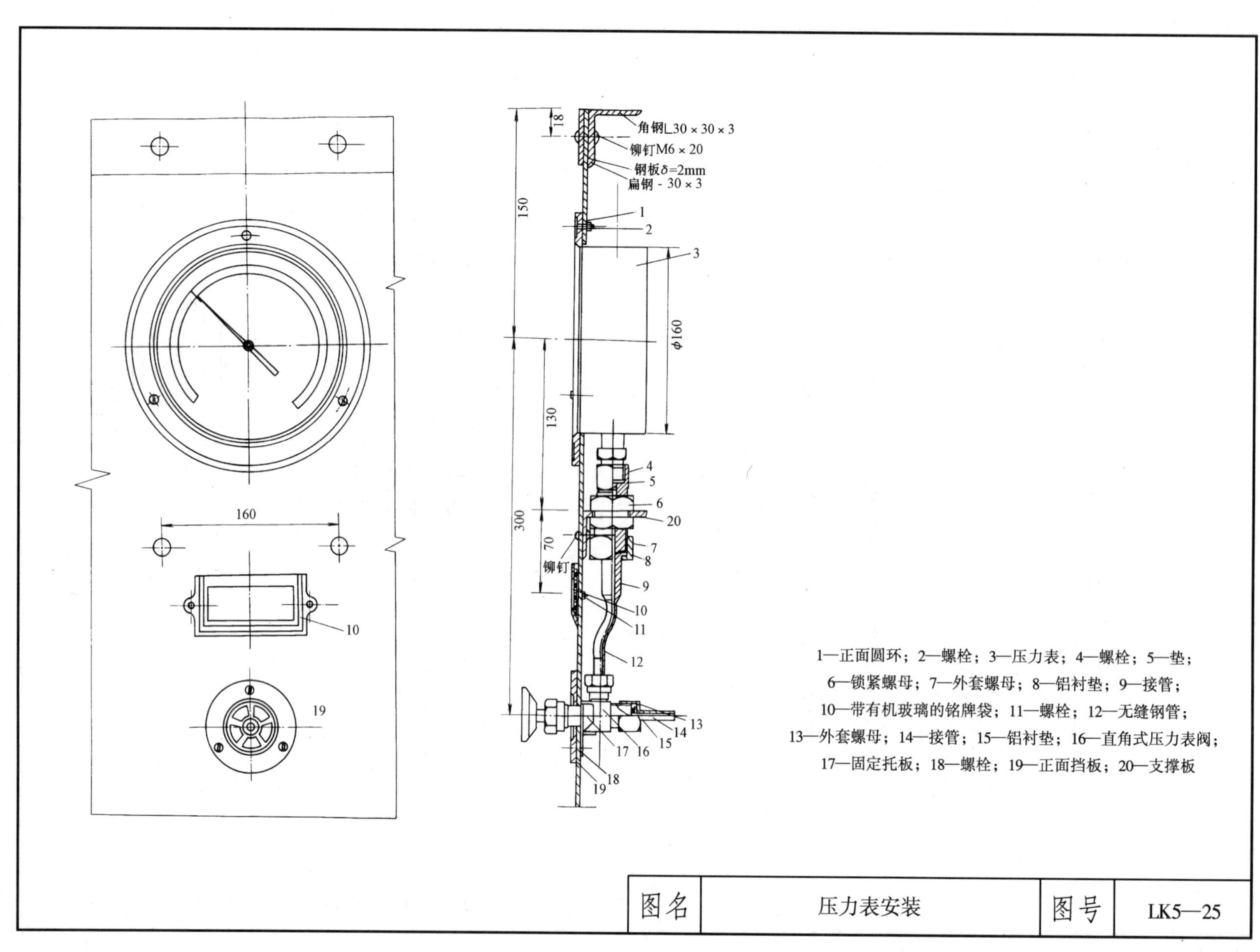
角钢L30×30×3
铆钉M6×20
钢板δ=2mm
扁钢 - 30×3
18
150
300
130
70
160
φ160
铆钉
1
2
3
4
5
6
20
7
8
9
10
11
12
13
14
15
16
17
18
19
1—正面圆环；2—螺栓；3—压力表；4—螺栓；5—垫；
6—锁紧螺母；7—外套螺母；8—铝衬垫；9—接管；
10—带有机玻璃的铭牌袋；11—螺栓；12—无缝钢管；
13—外套螺母；14—接管；15—铝衬垫；16—直角式压力表阀；
17—固定托板；18—螺栓；19—正面挡板；20—支撑板
图名
压力表安装
图号
LK5—25

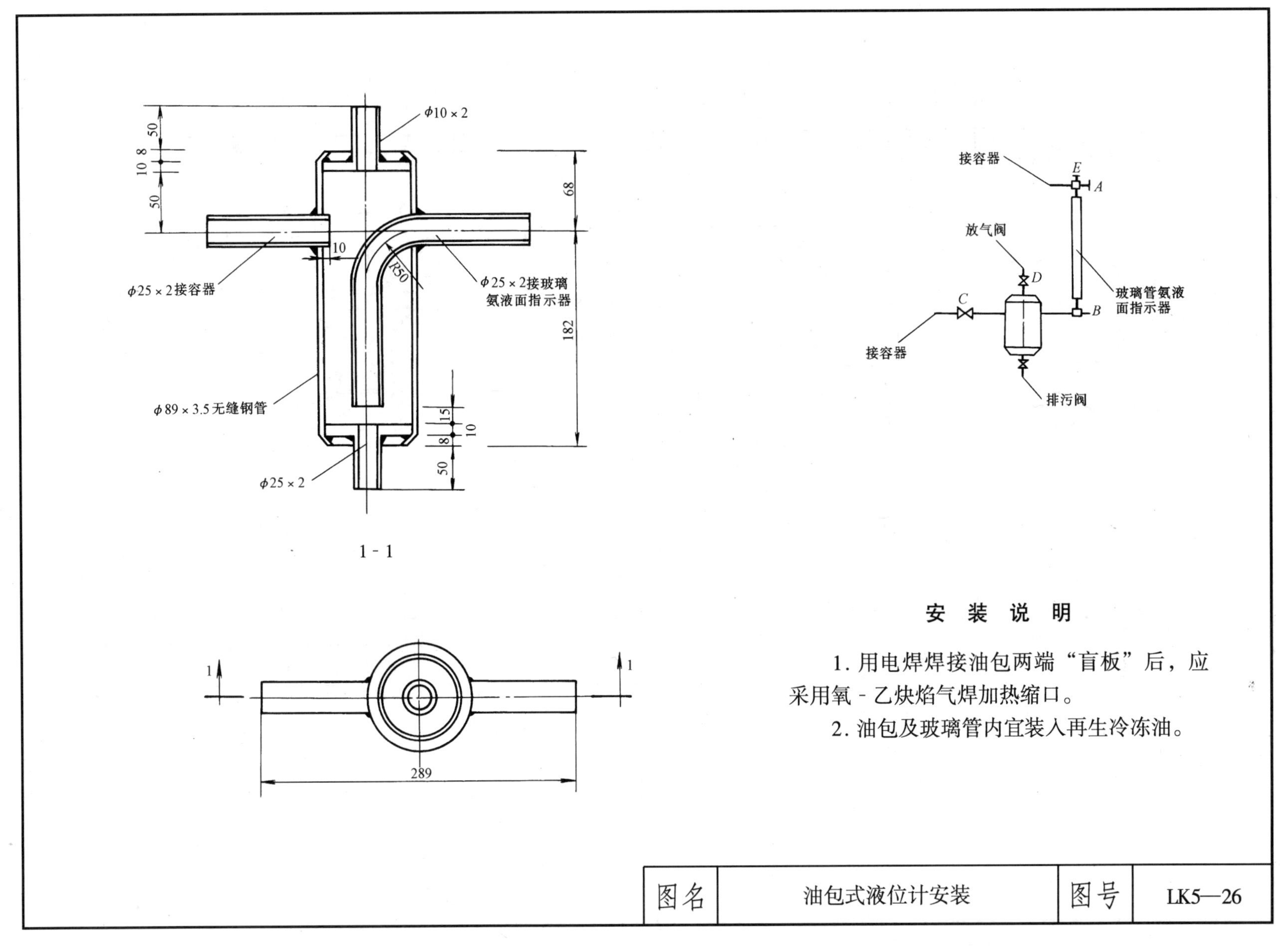
φ10×2
50
10 8
50
68
10
R50
φ25×2接容器
φ25×2接玻璃
氨液面指示器
182
φ89×3.5无缝钢管
15
10
8
50
φ25×2
1-1
1
1
289
接容器
E
A
放气阀
D
C
B
玻璃管氨液
面指示器
接容器
排污阀
安 装 说 明
1. 用电焊焊接油包两端“盲板”后，应采用氧-乙炔焰气焊加热缩口。
2. 油包及玻璃管内宜装入再生冷冻油。
图名
油包式液位计安装
图号
LK5—26

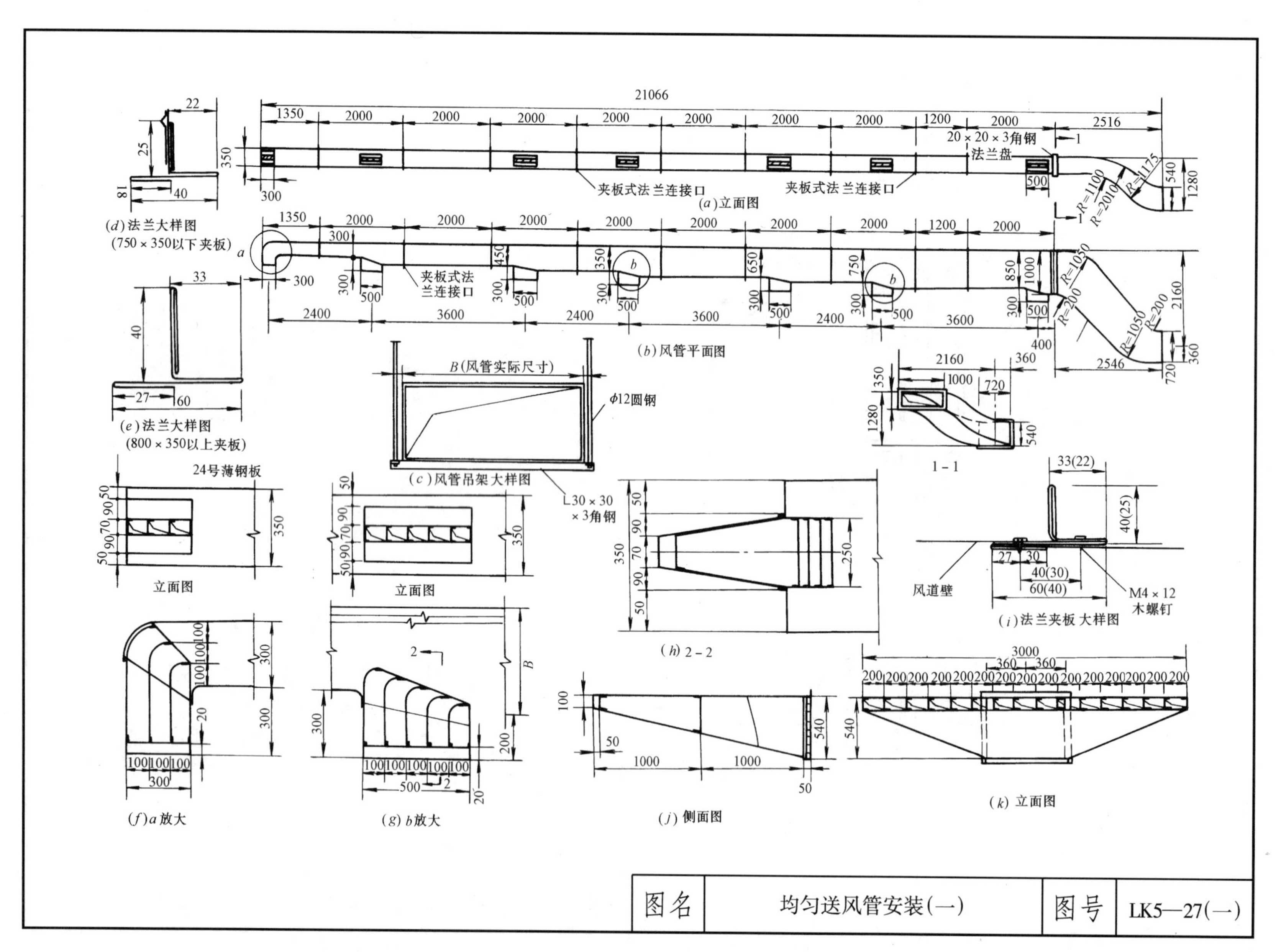
(a)立面图
(b)风管平面图
(c)风管吊架大样图
(d)法兰大样图
(750×350以下夹板)
(e)法兰大样图
(800×350以上夹板)
(f)a放大
(g)b放大
(h)2-2
(i)法兰夹板大样图
(j)侧面图
(k)立面图
1-1
夹板式法兰连接口
20×20×3角钢
法兰盘
B(风管实际尺寸)
ϕ12圆钢
L30×30×3角钢
24号薄钢板
立面图
风道壁
M4×12木螺钉
21066
图名
均匀送风管安装(一)
图号
LK5—27(一)

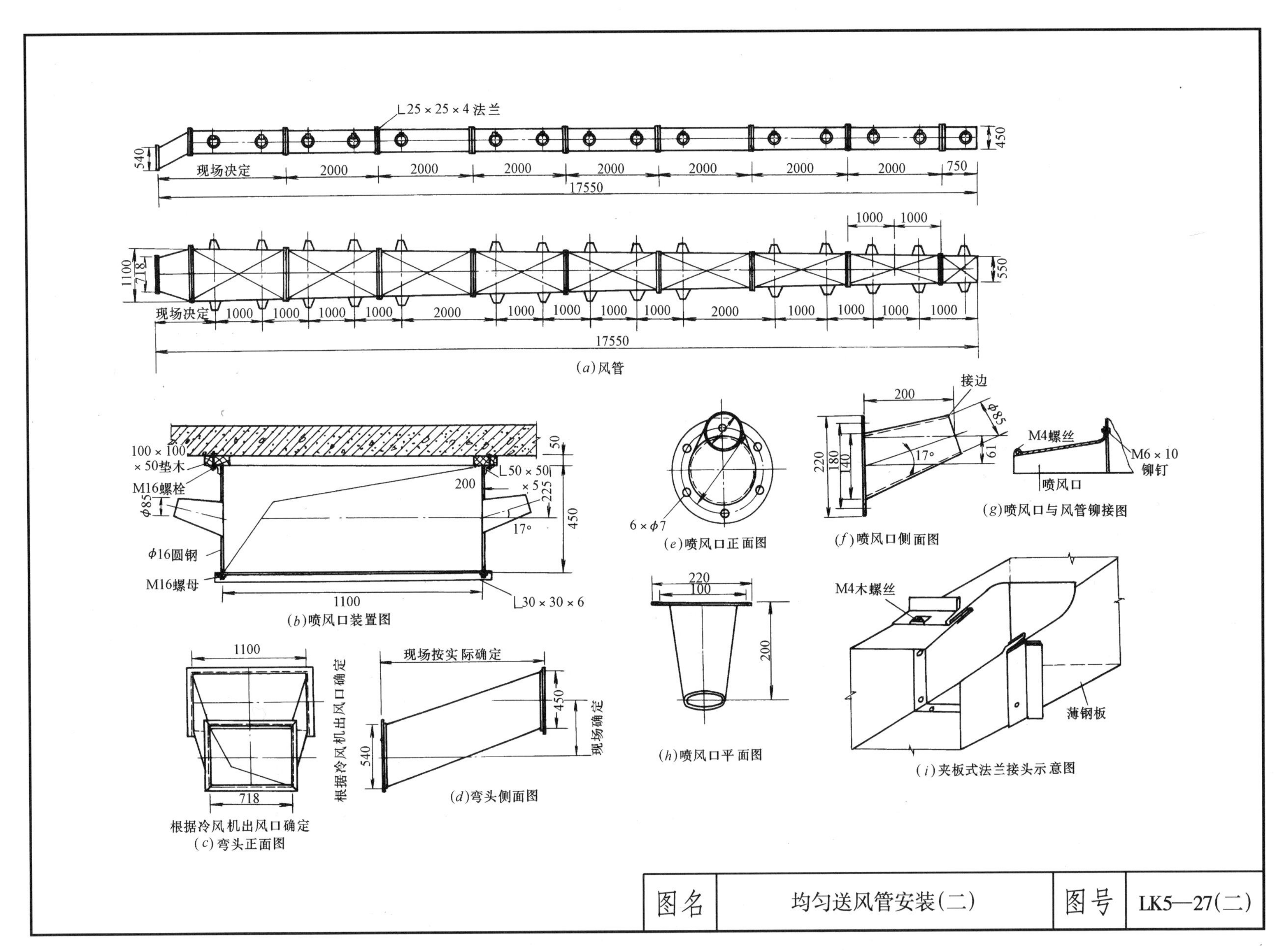

图名	均匀送风管安装(二)	图号	LK5—27(二)

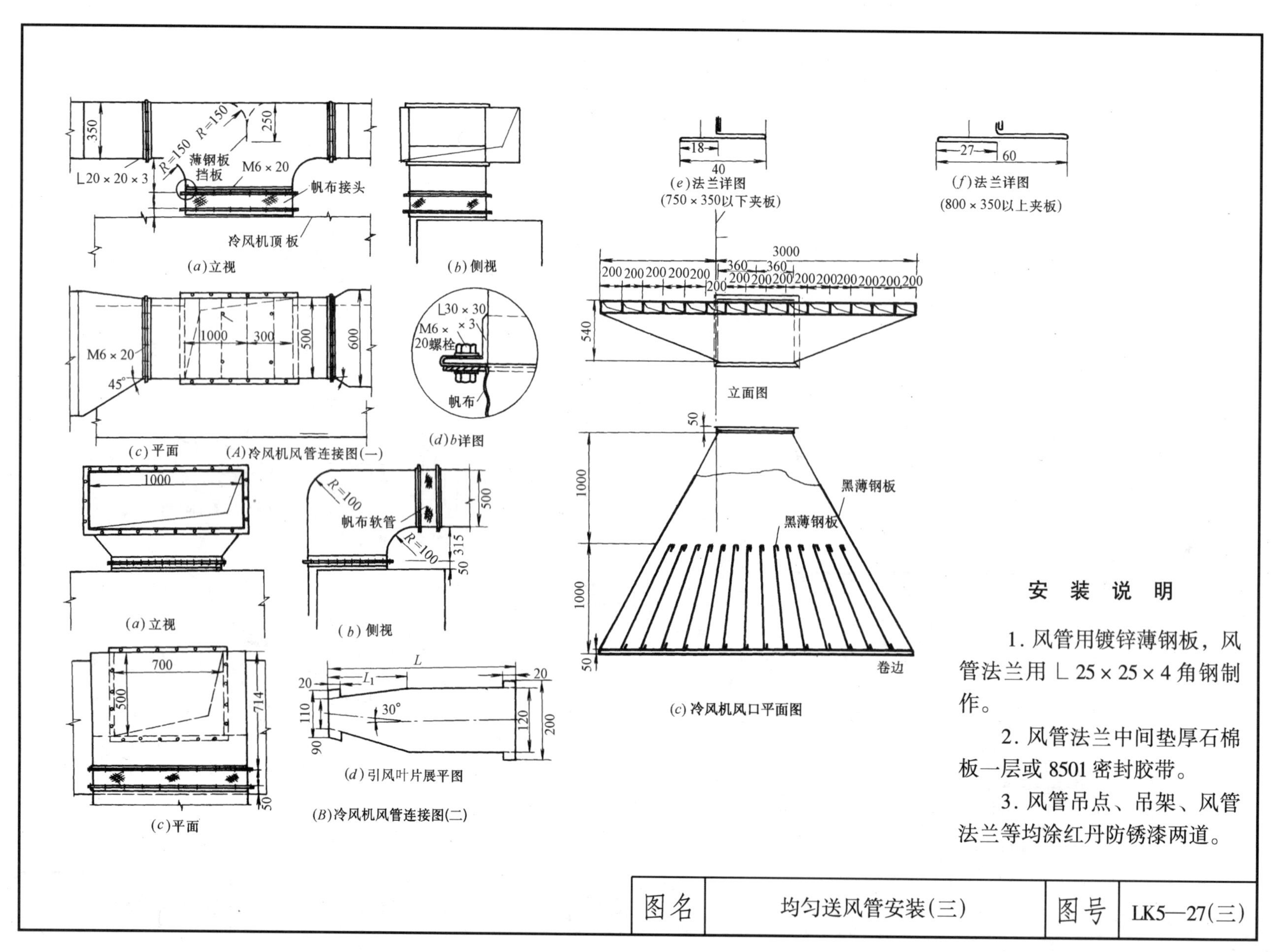
350
R=150
R=150
250
薄钢板
挡板
M6×20
└20×20×3
帆布接头
冷风机顶板
(a)立视
(b)侧视
M6×20
1000
300
500
600
45°
(c)平面
(A)冷风机风管连接图(一)
└30×30×3
M6×20螺栓
帆布
(d)b详图
1000
(a)立视
R=100
R=100
帆布软管
500
315
50
(b)侧视
700
500
714
50
(c)平面
L
L1
20
20
110
90
30°
120
200
(d)引风叶片展平图
(B)冷风机风管连接图(二)
18
40
(e)法兰详图
(750×350以下夹板)
27
60
(f)法兰详图
(800×350以上夹板)
3000
360
360
200 200 200 200 200
200 200 200 200 200 200 200 200 200 200
200
540
立面图
50
1000
1000
50
黑薄钢板
黑薄钢板
卷边
(c)冷风机风口平面图
安装说明
1. 风管用镀锌薄钢板，风管法兰用└25×25×4角钢制作。
2. 风管法兰中间垫厚石棉板一层或8501密封胶带。
3. 风管吊点、吊架、风管法兰等均涂红丹防锈漆两道。
图名
均匀送风管安装(三)
图号
LK5—27(三)

轻型快装冷库安装说明

1. 地坪

(1) 室内装配式冷库：可直接在室内地坪上，用10~16号槽钢制作机座，用垫铁校正水平度，涂红丹防锈漆两道。在槽钢机座上用库板铺成库内地坪并用库板组装成移动冷库。

(2) 室外装配式冷库：按建筑结构施工图纸施工冷库基础，首先是开挖基坑，素土夯实，做素混凝土垫层后，从下往上其构造层依次为：垫松散材料（如：砂或炉渣等）并预埋通风管道；铺素混凝土阶砖并用水泥砂浆找平；油毡隔汽层；软木隔热层；油毡隔汽层；钢筋混凝土荷载层并作水泥砂浆面层（做好钢结构框架预埋件）作为室外装配式冷库地坪。

2. 钢结构框架安装

在地面工程完成后，即可用预制好的工字钢或槽钢作为立柱和主、次梁进行焊接组合，并用钢筋和花篮螺栓拉结牢固，安装成冷库外围钢结构框架，在框架顶部铺以涂防锈漆的瓦楞形钢板（也可以用混凝土单肋板或石棉水泥板）作为顶棚屋面并作防水处理。

3. 库板安装

主体框架完成后，即可在上述棚式框架内进行预制库板的安装，吊装库板于钢结构框架上固定，形成库房的墙板和顶板，按设计要求组合成一定容量的冷库。

目前，库板的品种繁多，没有完全统一和规范，大致如下。

芯材——多采用硬质聚氨酯泡沫塑料。

面板——有镀锌钢板，镀塑钢板，铝合金板，不锈钢板以及玻璃钢板等不同材质的面层和平板与压型瓦楞板等不同外形的面板。

库板规格：宽——900、1000（mm）。

高——2000、2400、2700、3000、3600、4500、5400、6300和7200（mm）等。

厚——75、100和150（mm）。

角板规格：宽——4500mm×4500mm。

高度与厚度同库板。

冷藏门规格：高——1800、2000、2100、2200、2400（mm）。

宽——800、1000、1200、1400、1600和1800（mm）。

库板接缝形式：凹凸槽型板，榫槽型板和带偏心钩等接缝方式的库板。

板缝拉结的主要方式有：

1）墙板与墙板的相互拉结

图名	轻型快装冷库安装说明	图号	LK6—01

墙体库板相互拉结的方法很多，一种是以通长断面十字形硬质材料（或板式塞缝片等）作为骨架中心，然后将库板作插板式（逐个插入）组装。一种是由库板的侧端凹凸槽作榫槽式拼装连接。另一种是采用专用工具转动偏心钩来收紧库板的接缝。还有一种是采用尼龙（或塑料）螺栓拧紧铝合金夹板。为了使板缝做到隔热隔汽作用，其对接的缝隙可用橡胶密封条或聚氨酯泡沫塑料作填料（也有不用填料者）填实，再用硅有机树脂涂（喷）挤密封。

在上述库板连接中，应使库板的内、外金属面层互不相连，没有“冷桥”。

为加强组合墙板整体性的刚度，可用固定螺栓与外围钢结构框架梁、柱铰接；也可以在库内壁以角钢作横担，用螺栓连接。

2）顶板与墙板的拉结

顶板与墙板的拉结为垂直顶端连接，内外接角，即主要靠库板内、外侧金属面层的固定螺栓与角形连接板铰接在一起，在外角板内部空隙中现场浇灌聚氨酯泡沫塑料，将顶板与墙板两板端面所裸露的芯料聚氨酯泡沫塑料浇为一体，封固成型。

3）围护墙板转角处的连接

可直接采用预制的冷库角板，与顶板、墙板拉结的方法同上，并在库板交接的外角处包预制角钢，涂上硅有机树脂密封堵塞。

4）墙板与地面的拉结

将墙板吊装于钢结构框架横梁的有关支架螺栓铰接固定，墙板底部与地面反梁上的预埋螺栓固定，并安装墙外的散水板后，在墙板下端与地面绝缘（软木沥青油毡）之间的空间现场浇灌聚氨酯泡沫塑料进行连接（在浇灌前，于墙板下端空间的内侧，用聚苯乙烯泡沫塑料塞填密实，并粘贴乙烯树脂薄膜）。

5）顶板与顶板的相互拉结

顶板吊装平铺于钢结构框架螺栓固定，其拉结方法同1）、2）。

6）墙板与钢结构框架横梁的拉结

主要采用绝缘螺栓（工程塑料制品）固定于外围框架横梁上，绝缘螺栓同时也起到不可缺少的两侧板面的拉固作用。绝缘螺栓两端用封闭胶堵塞。

7）顶板与框架大梁的吊装连接

采用顶板内部带着的绝缘子吊件与框架大梁下带着的绝缘子钢吊件连接（或通过顶板吊装工字钢托架，顶板即平铺托架之上），利用花篮螺栓调节顶板整体水平度。

4. 冷却设备的安装

详见蒸发器、制冷管道等的安装部分。

图名	轻型快装冷库安装说明	图号	LK6—01

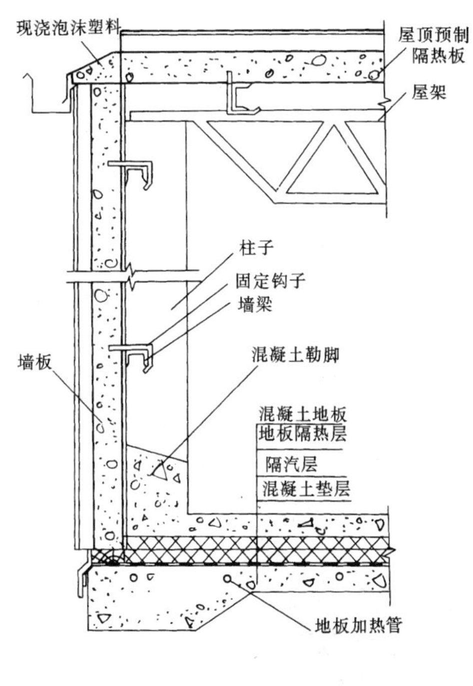

(a)外包装配式冷库

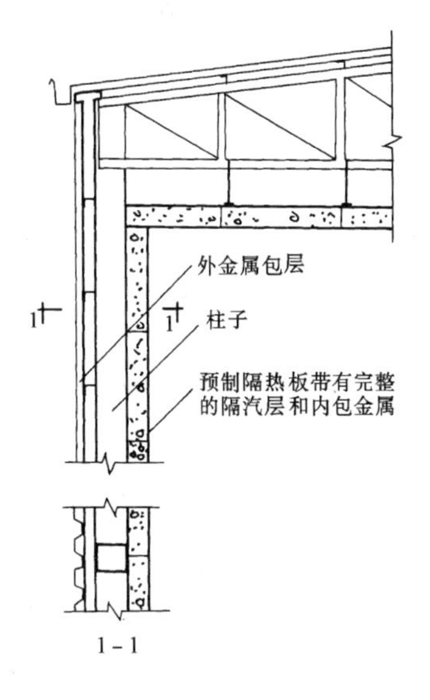

(b)内包装配式冷库

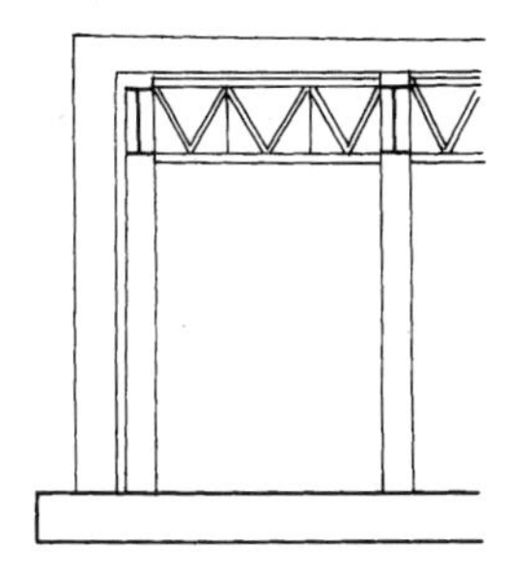

屋面板是由常规的结构钢梁支撑。该钢梁是根据当地条件设计的。

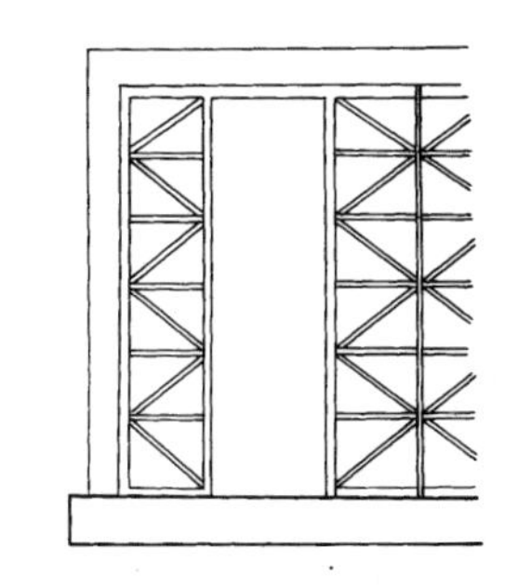

货盘贮藏搁架支撑屋面板。取消常规的结构钢架。

图名	轻型装配式冷库安装	图号	LK6—02

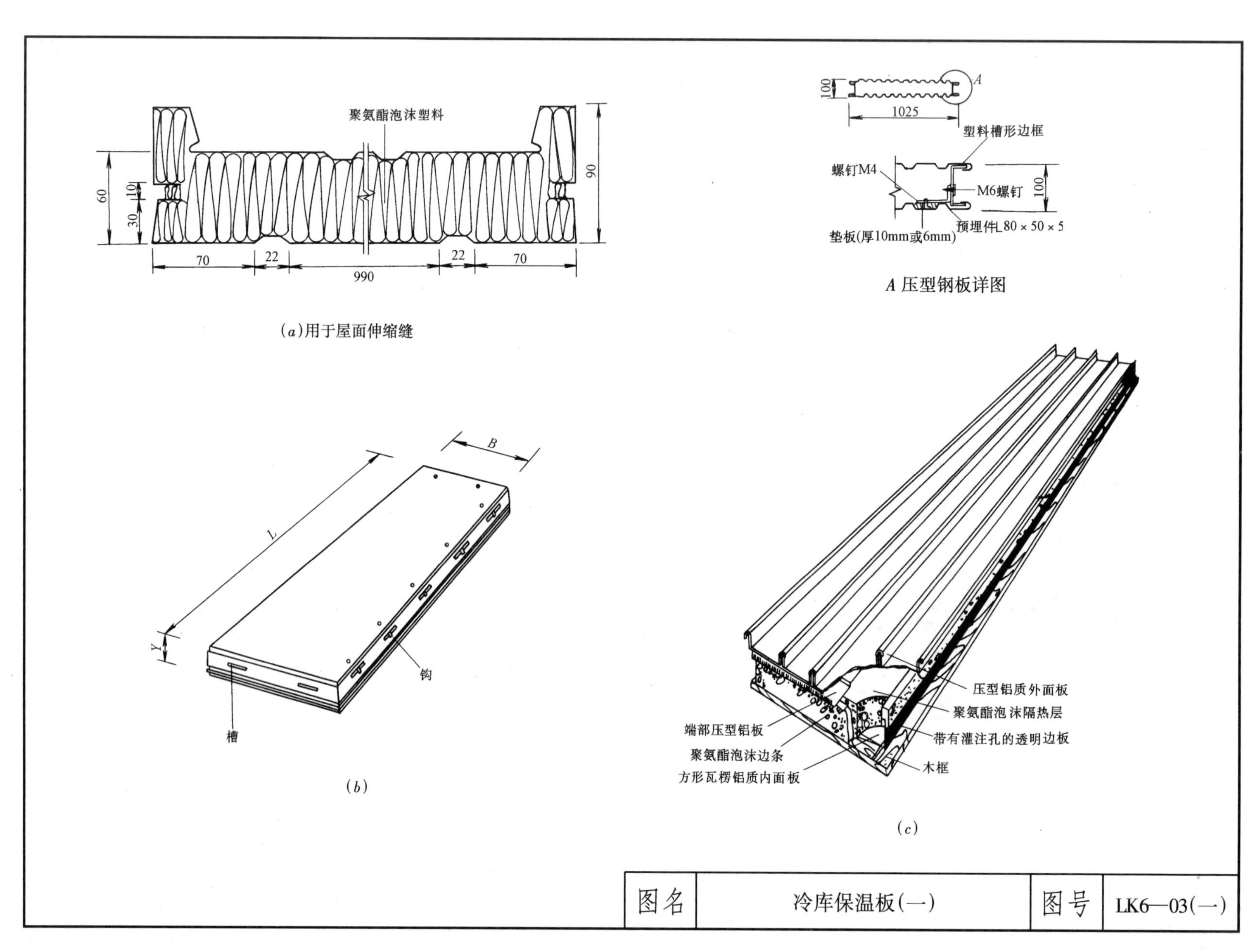
聚氨酯泡沫塑料
60
10
30
90
70
22
990
22
70
(a)用于屋面伸缩缝
100
1025
A
塑料槽形边框
螺钉M4
M6螺钉
100
预埋件L 80 × 50 × 5
垫板(厚10mm或6mm)
A 压型钢板详图
B
L
Y
钩
槽
(b)
压型铝质外面板
聚氨酯泡沫隔热层
带有灌注孔的透明边板
木框
端部压型铝板
聚氨酯泡沫边条
方形瓦楞铝质内面板
(c)
图名
冷库保温板(一)
图号
LK6—03(一)

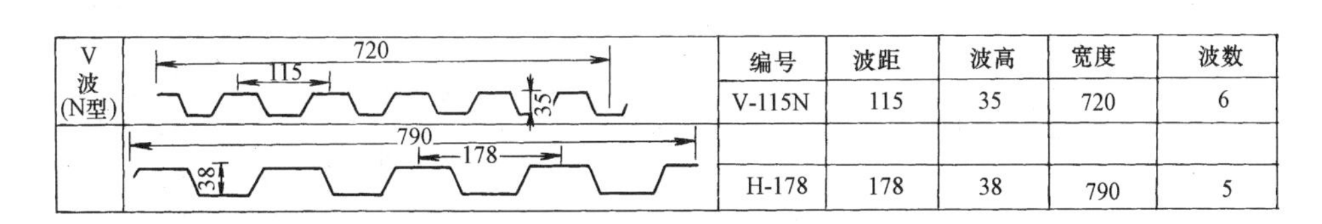

编号	波距	波高	宽度	波数
V-115N	115	35	720	6
H-178	178	38	790	5

(a)建筑用长尺压型钢板

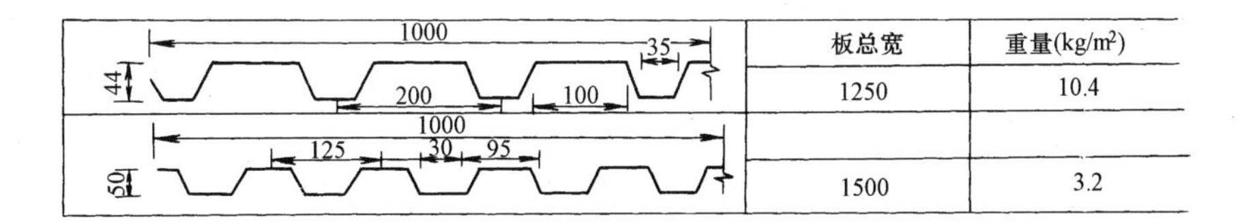

板总宽	重量(kg/m²)
1250	10.4
1500	3.2

(b)建筑用压型钢板

嵌条

450

450

(d)转角板

尺 寸	
波距	150mm
高度	45mm
板宽	600 ~ 750mm(4 ~ 5 波)
总宽	906 ~ 1100mm
长度	按要求供应

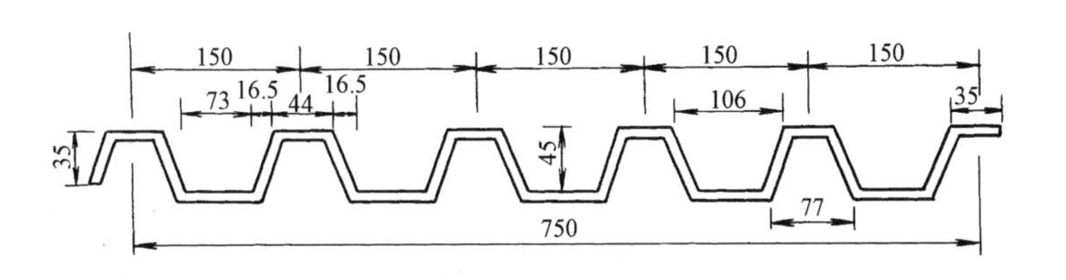

(c)压型钢板

技术数据

外壳	钢板厚 0.75mm、0.88mm、1.00mm
内壳	钢板厚 0.5mm
材质	夹心、硬聚氨基甲酸乙酯

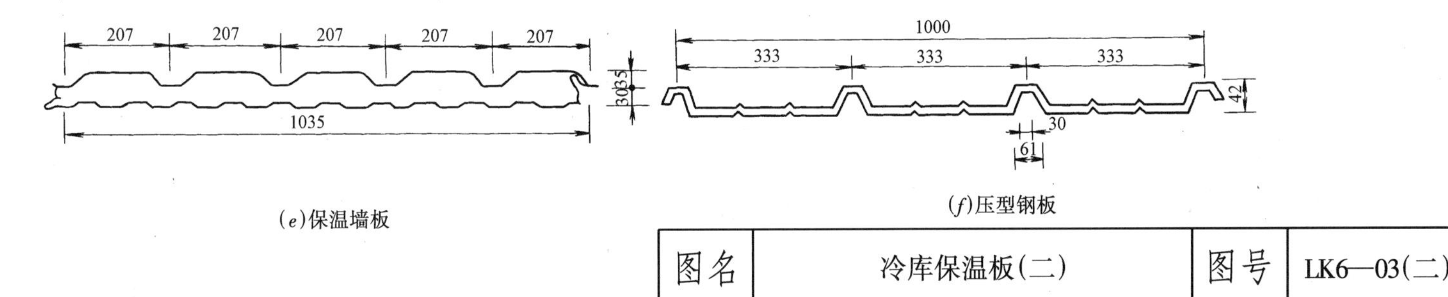

(e)保温墙板

(f)压型钢板

图名	冷库保温板(二)	图号	LK6—03(二)

(a)墙板接缝处理

库板用偏心钩相连接。这样的钩子每 40cm 装一个。

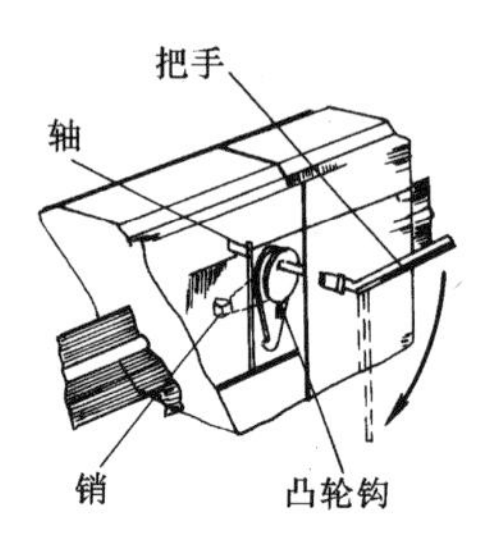

(b)保温机构

这种构造专门用于隔热板中，它包括两个部件，并由一个简单的把手操作。

如果要钩住，则顺时针方向转动。如果脱钩，则逆时针方向转动。

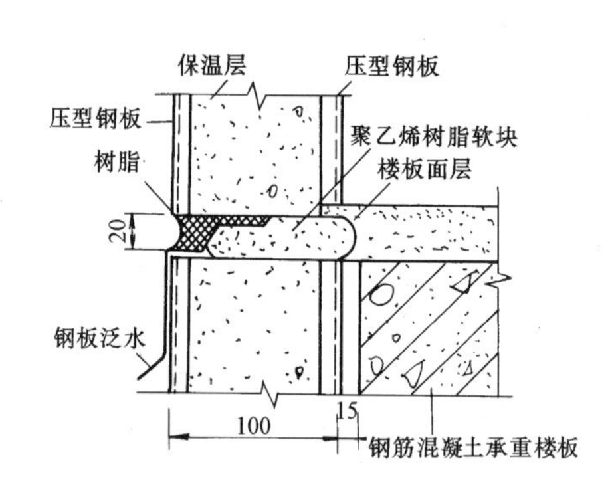

(c)墙板横纵缝相接Ⅱ

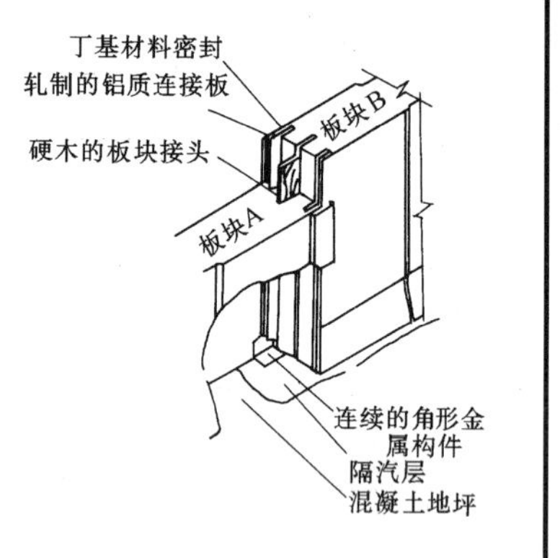

(d)板材连接结构

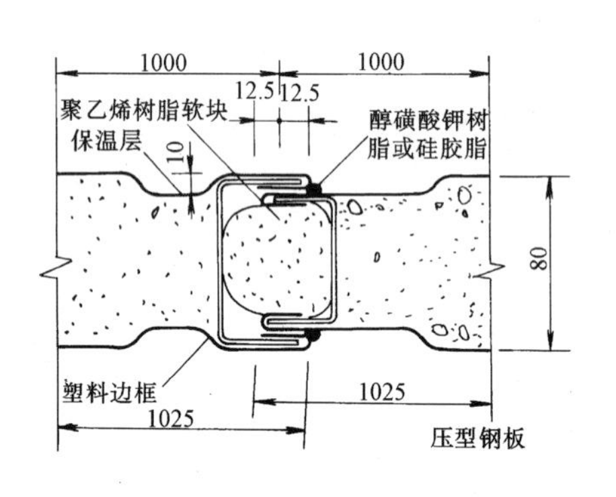

(e)墙板横纵缝相连Ⅰ

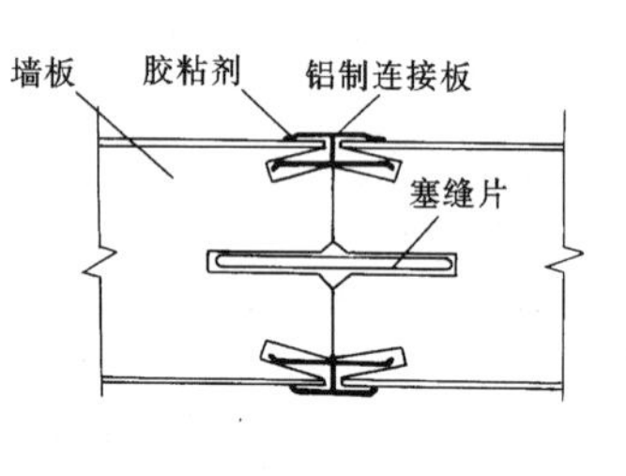

(f)墙板连接

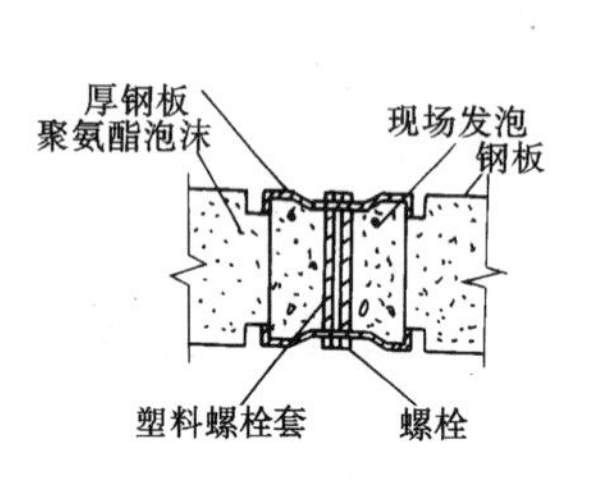

(g)板块结构

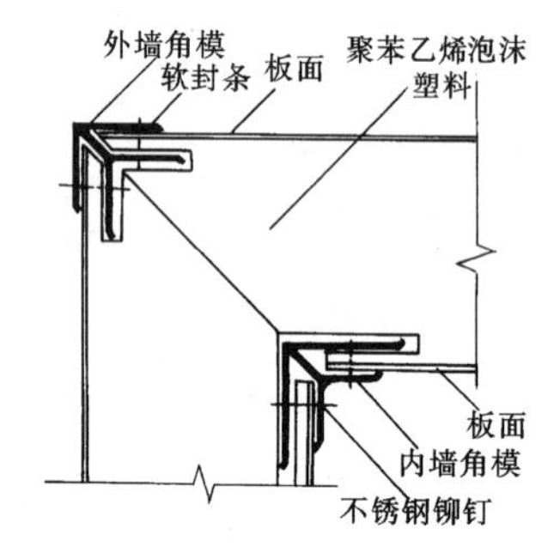

(h)墙板角处连接

图名	墙板接缝及结构拉结(一)	图号	LK6—04(一)

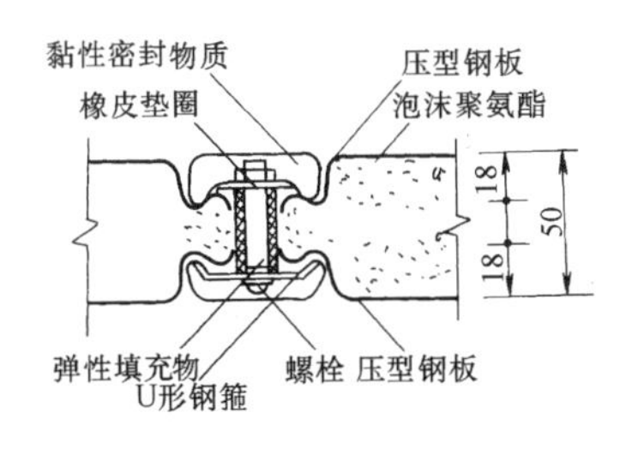

(a)墙板接缝Ⅰ

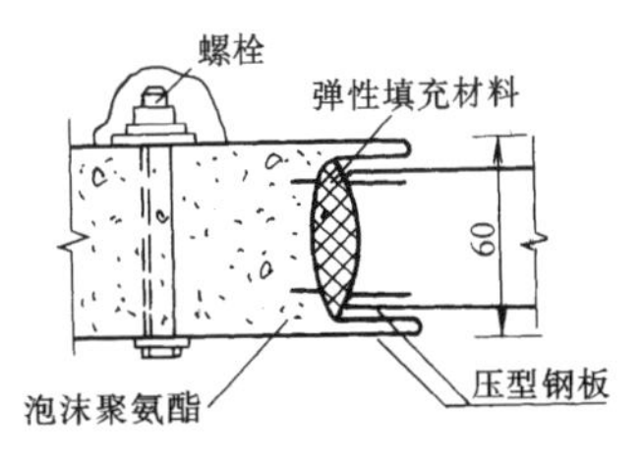

(b)墙板接缝Ⅱ

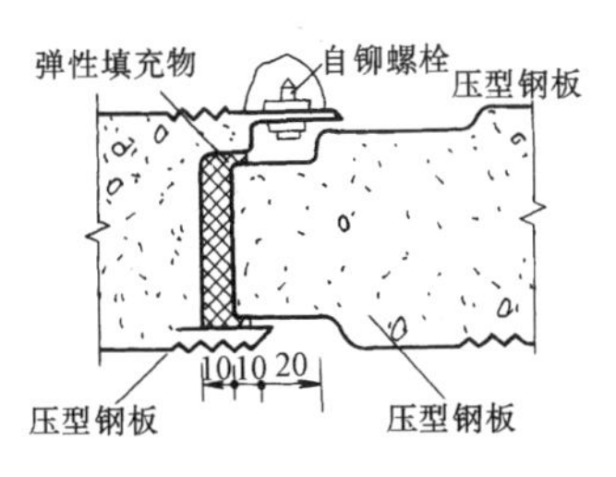

(c)墙板接缝Ⅲ

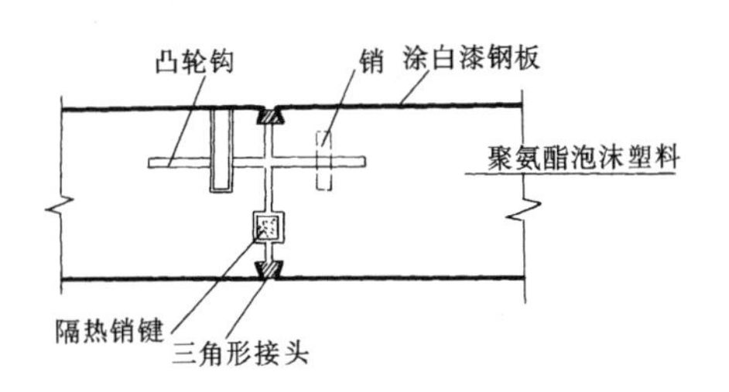

(d)板连接

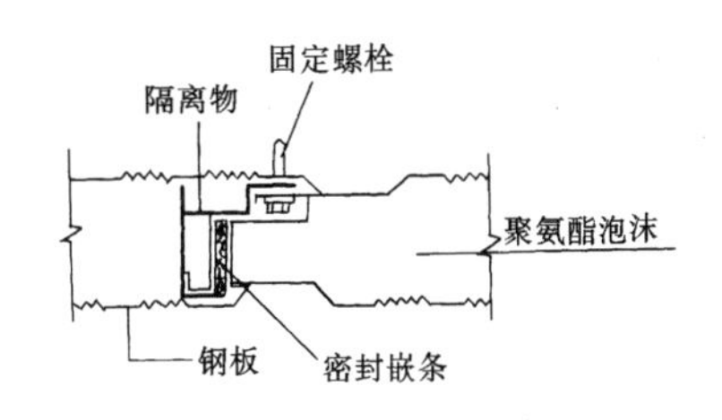

(e)板连接

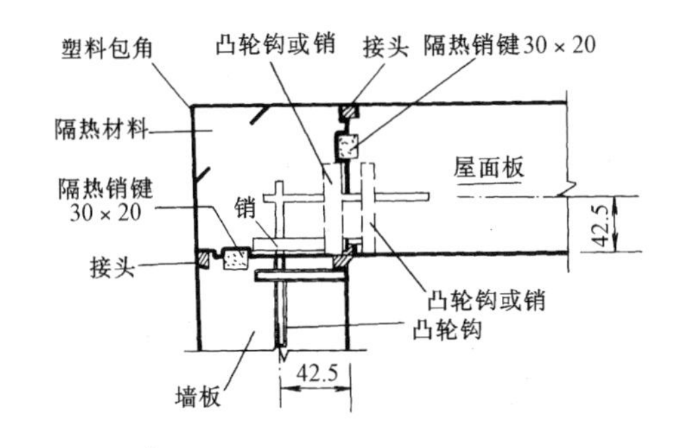

(f)板角连接

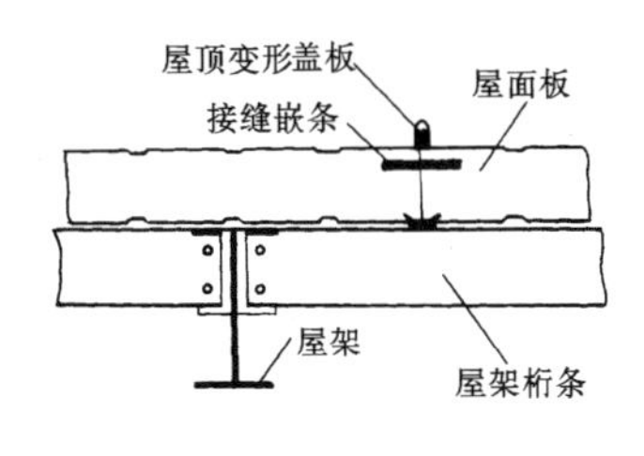

(g)板连接

安 装 说 明

(a)凹凸墙板接缝。
(b)绝缘螺栓紧固墙板接缝。
(c)密封嵌条接缝。
(d)、(f)偏心钩锁紧接缝。
(e)、(g)预埋嵌条(板)接缝。

图名	墙板接缝及结构拉结(二)	图号	LK6—04(二)

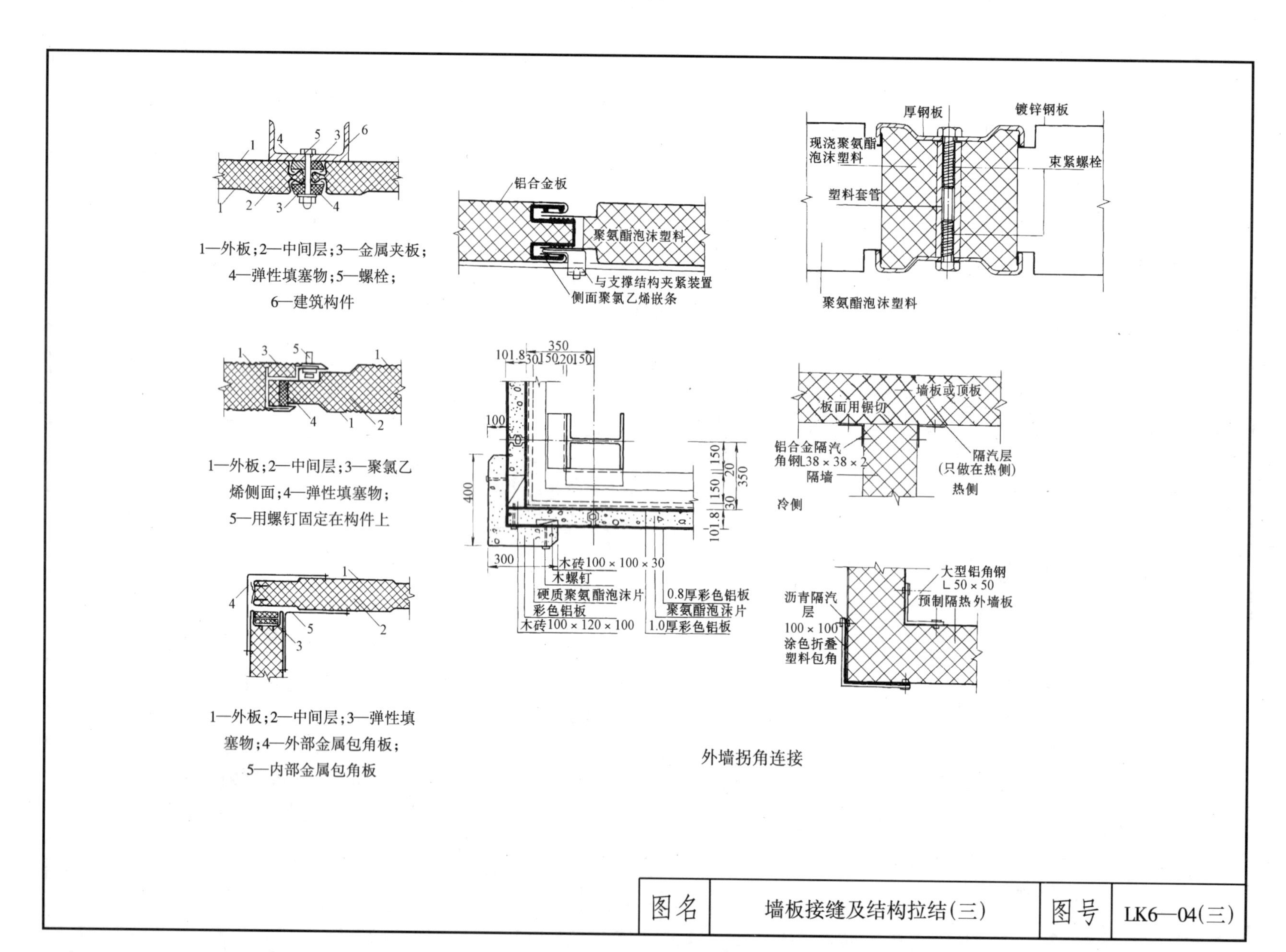

外墙拐角连接

图名	墙板接缝及结构拉结(三)	图号	LK6—04(三)

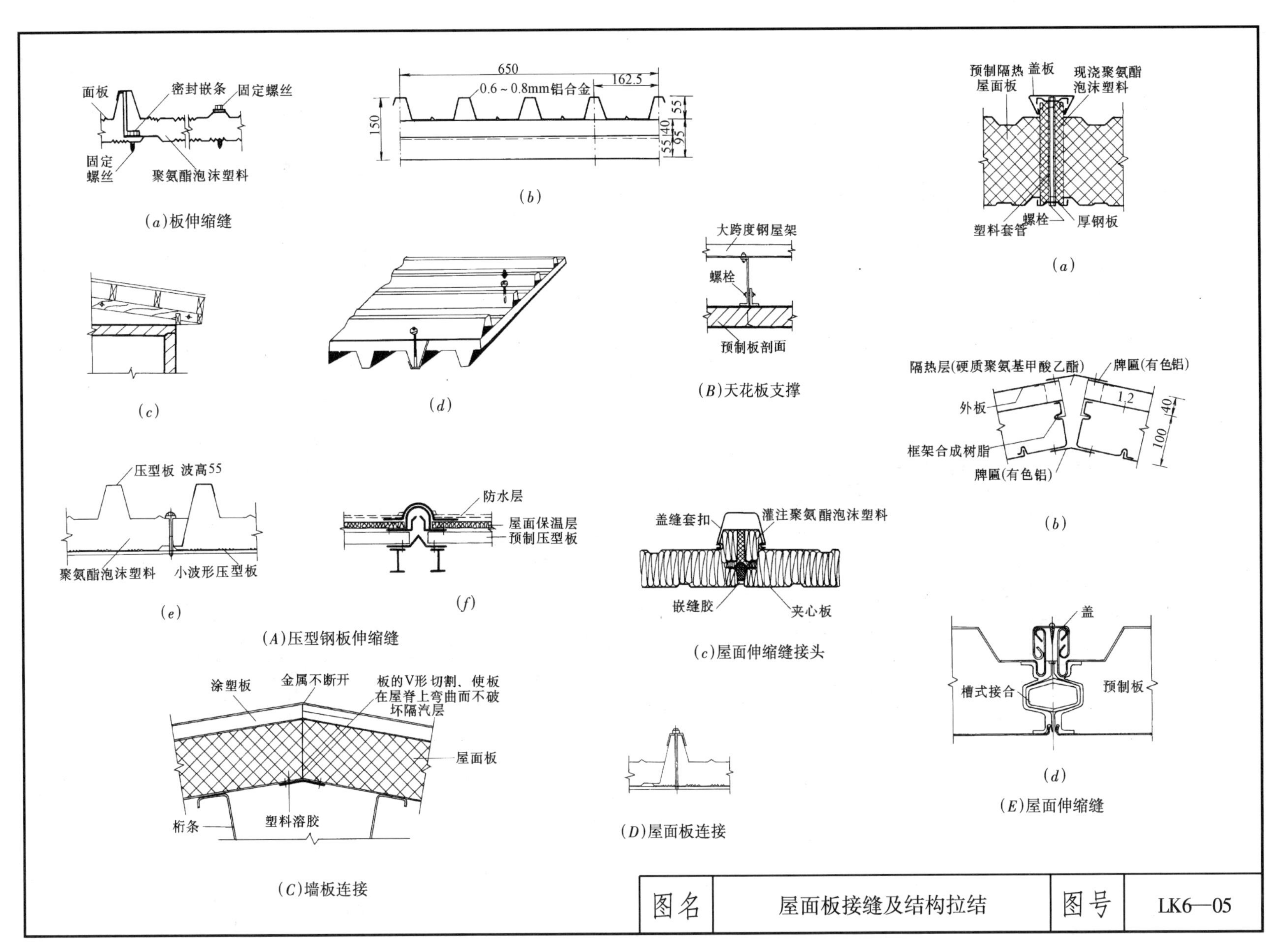
面板
密封嵌条
固定螺丝
固定
螺丝
聚氨酯泡沫塑料
(a)板伸缩缝
650
162.5
0.6～0.8mm铝合金
150
55
40
95
55
(b)
(c)
(d)
大跨度钢屋架
螺栓
预制板剖面
(B)天花板支撑
预制隔热
屋面板
盖板
现浇聚氨酯
泡沫塑料
塑料套管
螺栓
厚钢板
(a)
隔热层(硬质聚氨基甲酸乙酯)
牌匾(有色铝)
外板
框架合成树脂
牌匾(有色铝)
1.2
40
100
(b)
压型板 波高55
聚氨酯泡沫塑料
小波形压型板
(e)
防水层
屋面保温层
预制压型板
(f)
(A)压型钢板伸缩缝
盖缝套扣
灌注聚氨酯泡沫塑料
嵌缝胶
夹心板
(c)屋面伸缩缝接头
盖
槽式接合
预制板
(d)
(E)屋面伸缩缝
涂塑板
金属不断开
板的V形切割、使板
在屋脊上弯曲而不破
坏隔汽层
屋面板
桁条
塑料溶胶
(C)墙板连接
(D)屋面板连接
图名
屋面板接缝及结构拉结
图号
LK6—05

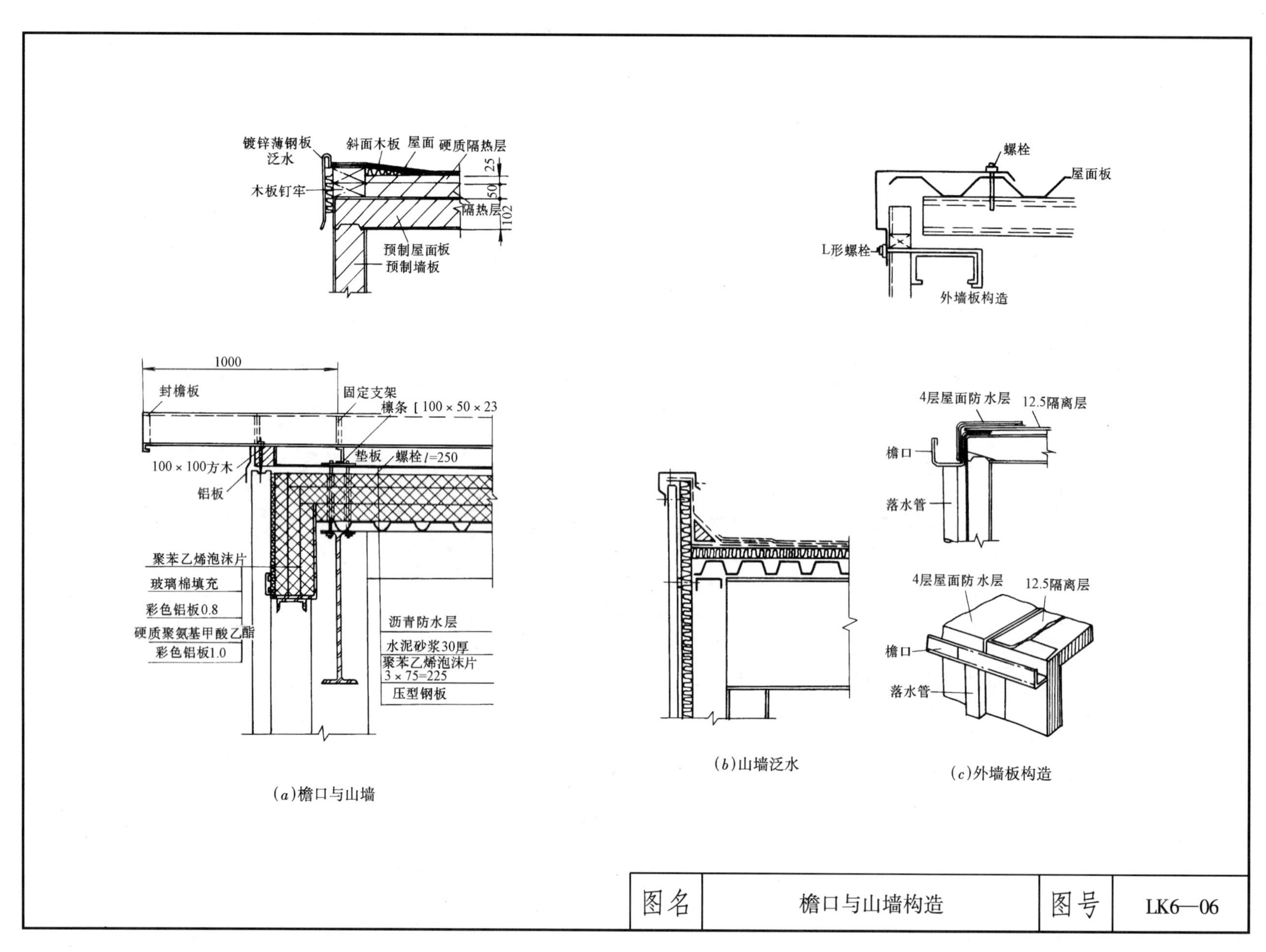

(a)檐口与山墙

(b)山墙泛水

(c)外墙板构造

图名	檐口与山墙构造	图号	LK6—06

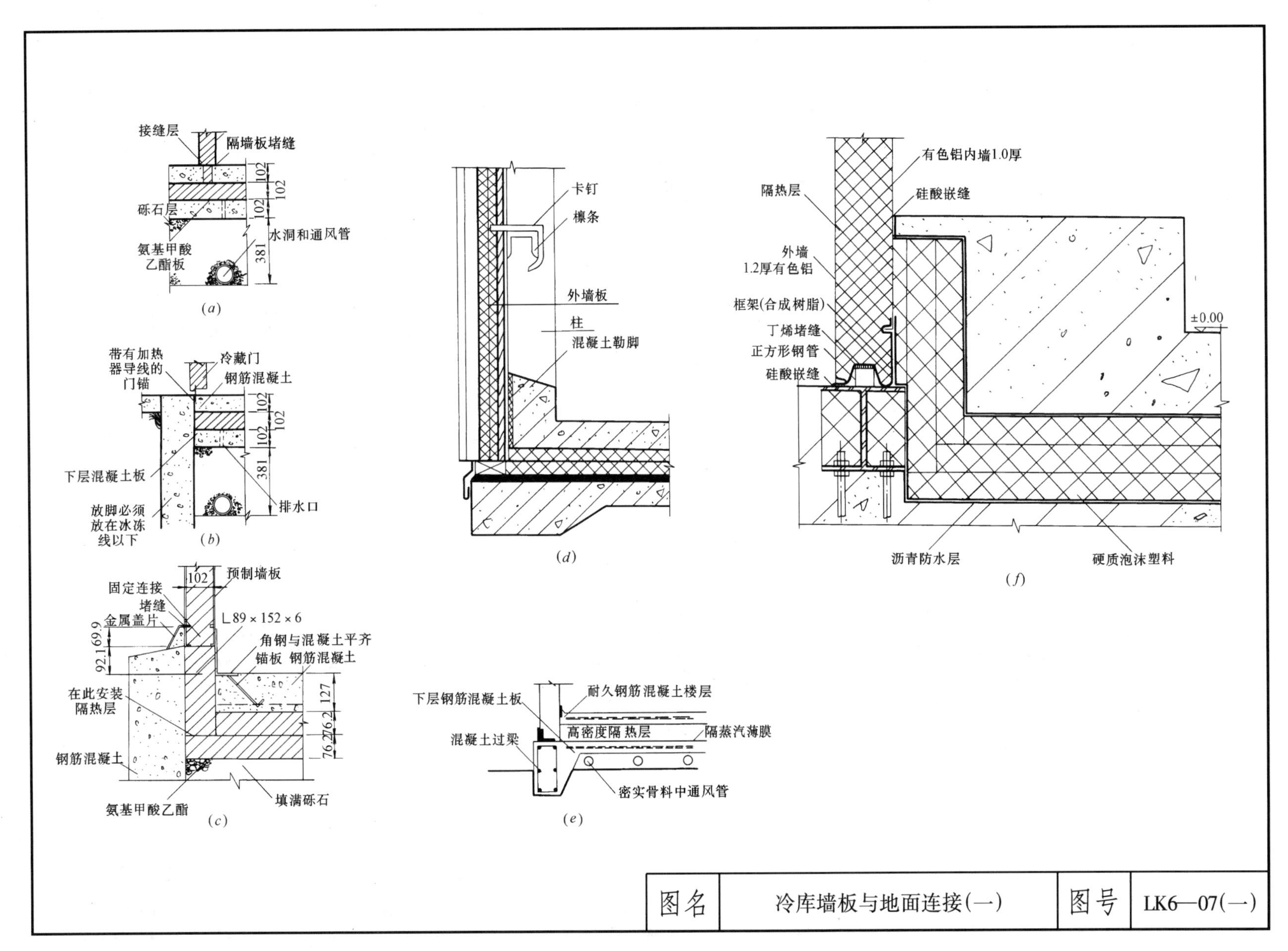

图名	冷库墙板与地面连接(一)	图号	LK6—07(一)

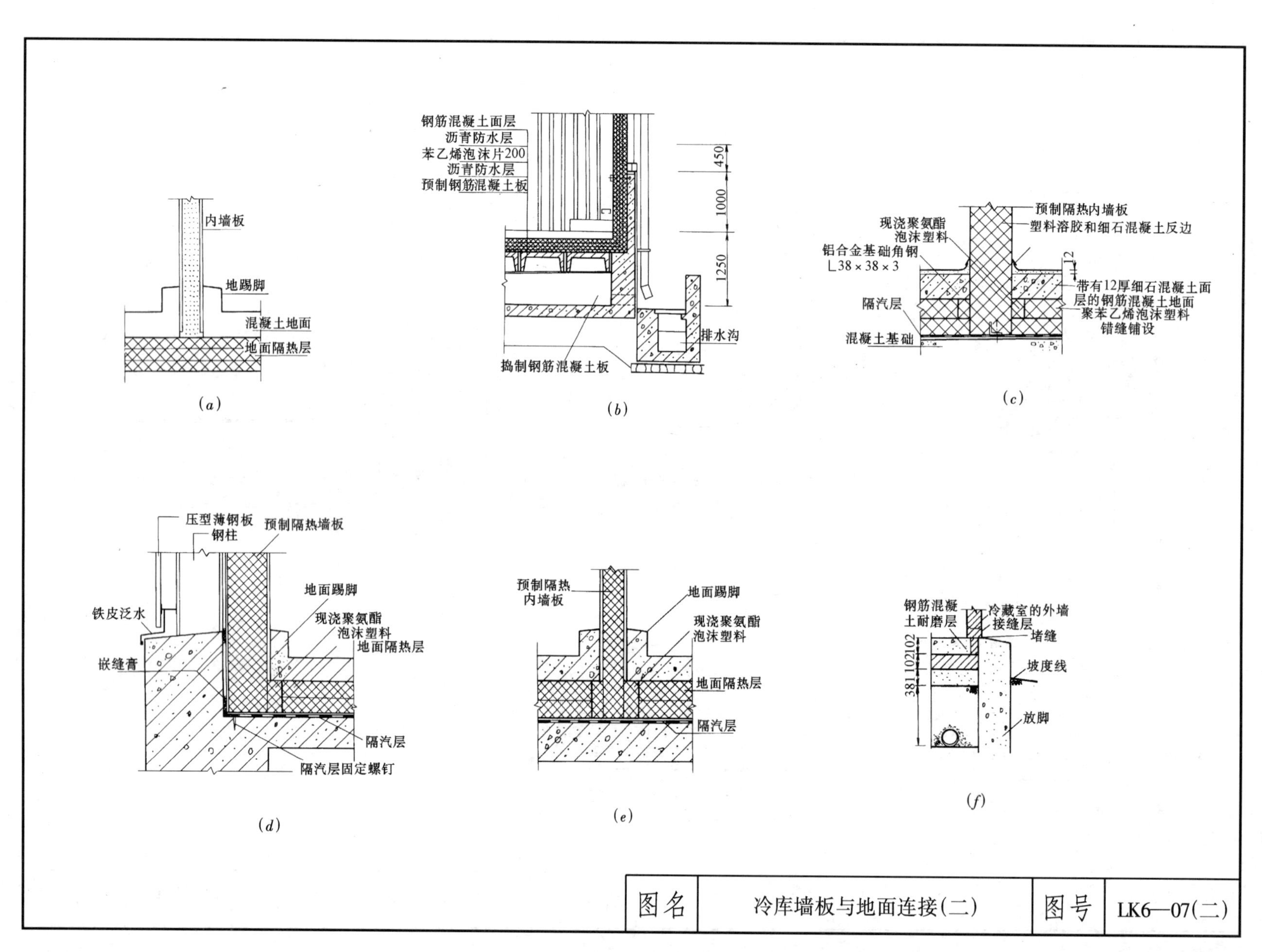

图名	冷库墙板与地面连接(二)	图号	LK6—07(二)

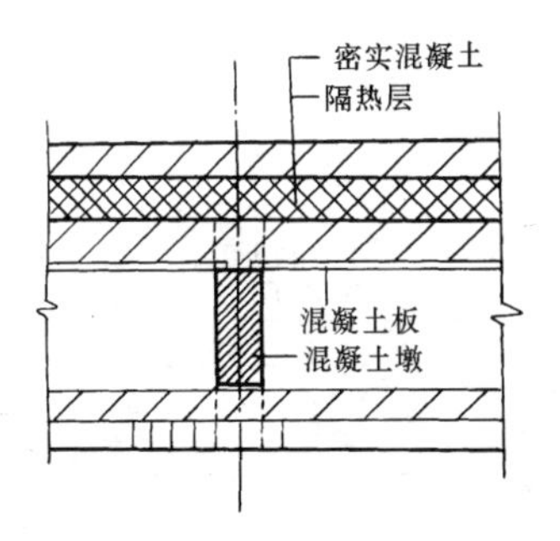

(*a*)简易板结构

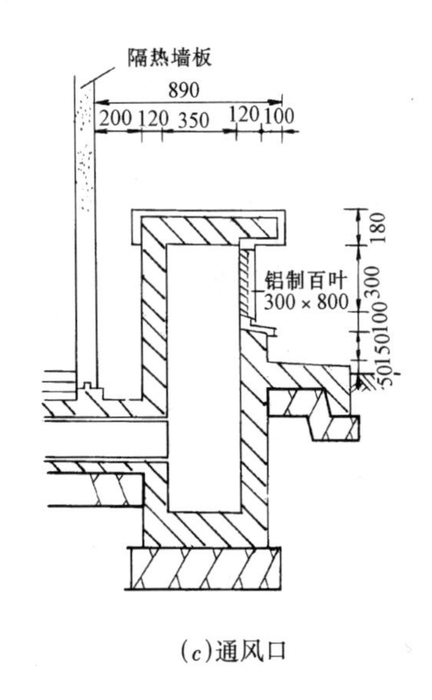

(*c*)通风口

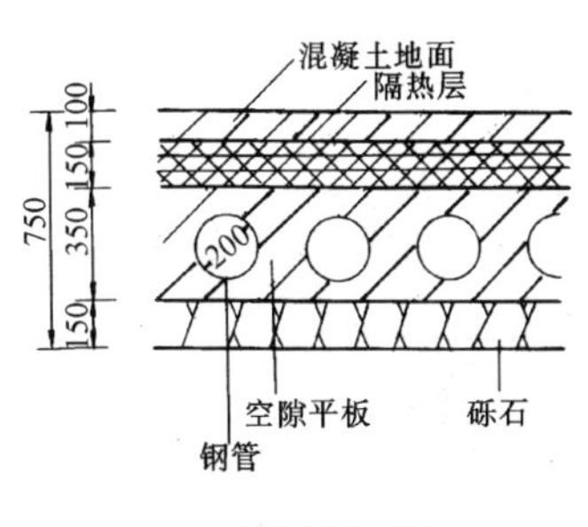

(*d*)空隙平板

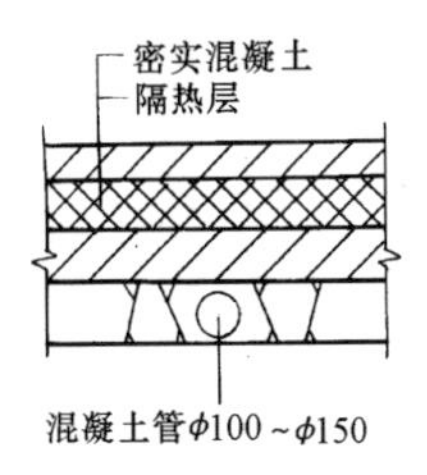

(*b*)埋设通风管

注：用于潮汽较少的土层上通风管末端有敞口的通风槽

安 装 说 明

1. 地垄墙半架空通风地坪。
2. 设置百叶窗抽气式通风口风道地坪。
3. 敷设混凝土管、钢管、混凝土硬块的通风地坪。

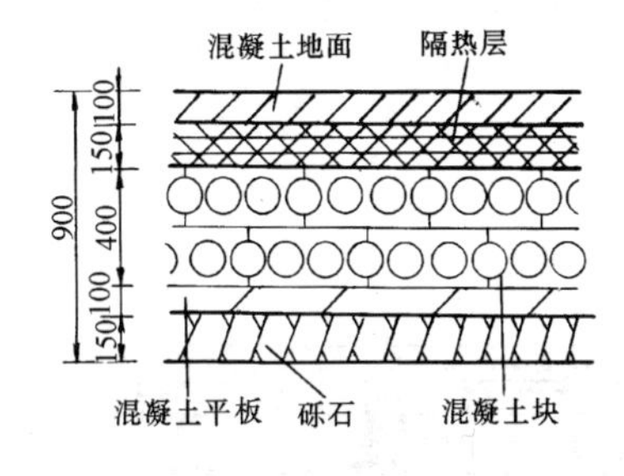

(*e*)混凝土块

图名	冷库地坪防冻处理(一)	图号	LK6—08(一)

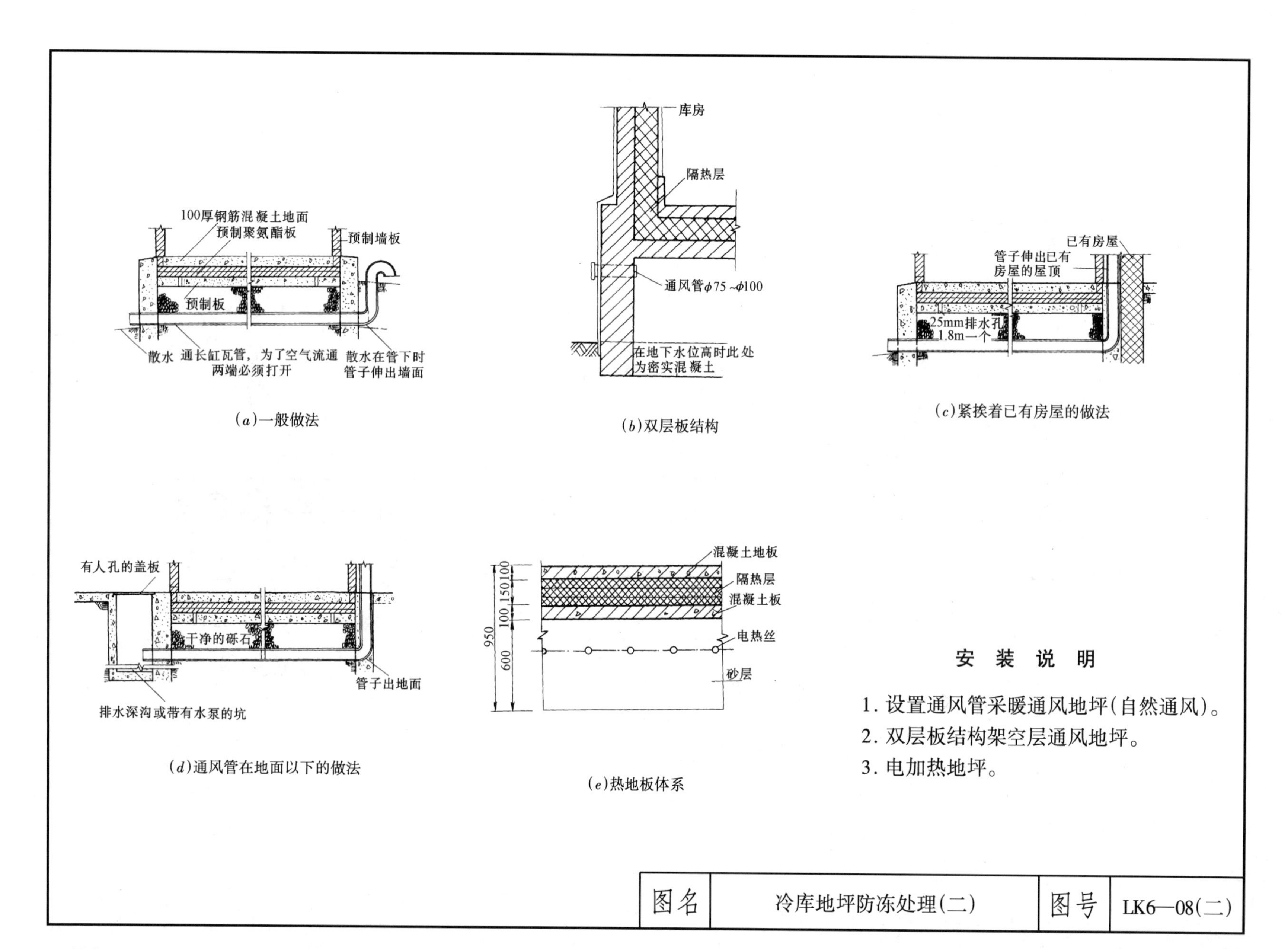

(*a*)一般做法

(*b*)双层板结构

(*c*)紧挨着已有房屋的做法

(*d*)通风管在地面以下的做法

(*e*)热地板体系

安　装　说　明

1. 设置通风管采暖通风地坪(自然通风)。
2. 双层板结构架空层通风地坪。
3. 电加热地坪。

图名	冷库地坪防冻处理(二)	图号	LK6—08(二)

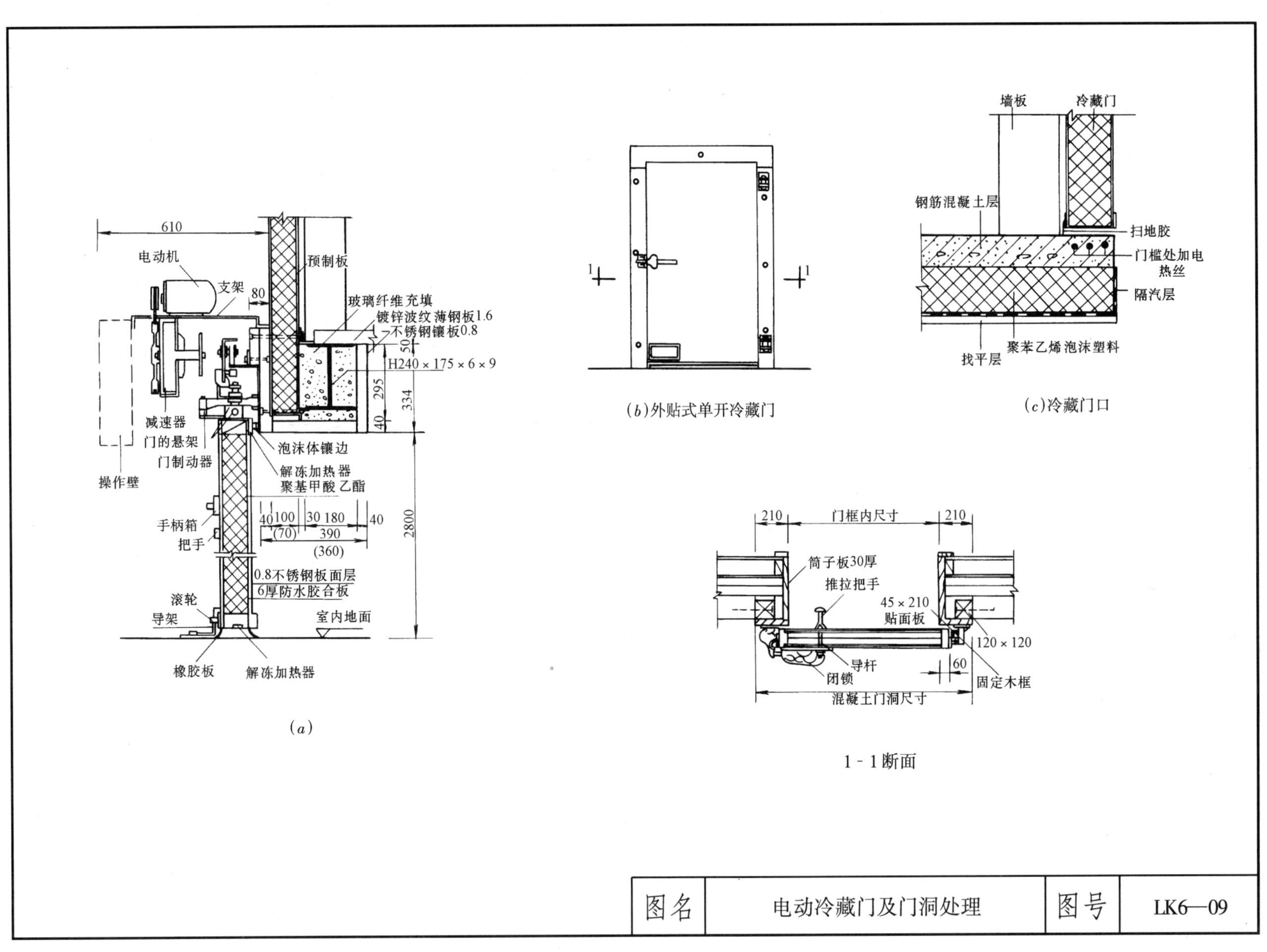

图名	电动冷藏门及门洞处理	图号	LK6—09

1	动力驱动箱（0.4kW，200V）	5	接线盒	9	电热丝温度调节器（恒温器）	13	带式开关（防止危险的自动倒转保险装置）
2	控制盘	6	吊架	10	手动转换吊钩（左门）	14	防止门滑动的导轮
3	链条	7	链式制动（电动）右门	11	门扣	15	密封填料
4	链轮	8	链式制动（电动）左门	12	启闭式里外手动转换手柄（右门）	16	门电热丝

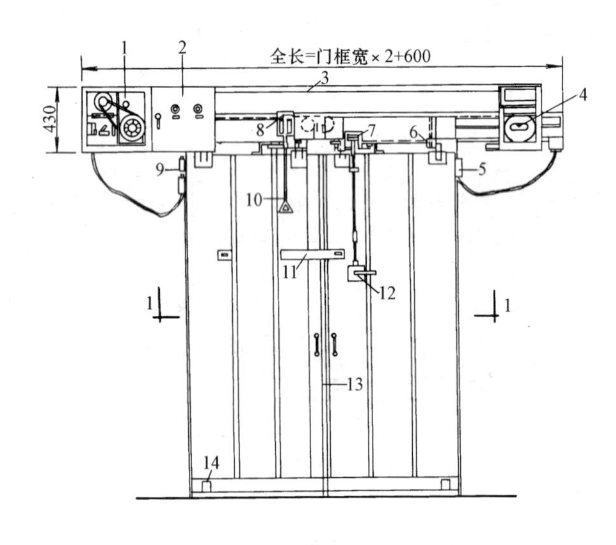

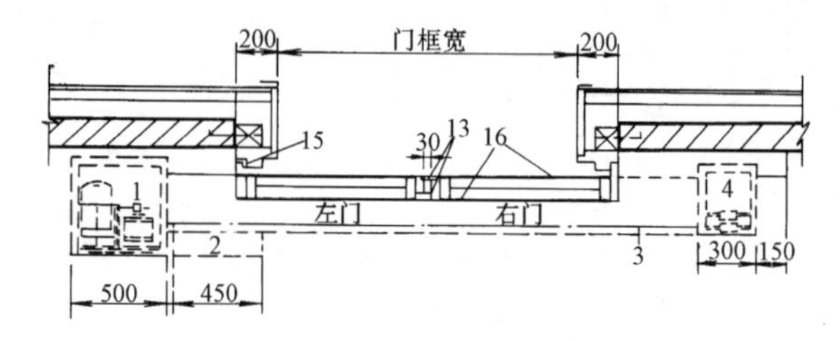

1－1断面

安 装 说 明

1. 全套电动冷藏门产品随生产厂家的冷库库板配套供货。

2. 将电动冷藏门门扇、传动机械及电气线路安装后，进行电气空载试运转、机械自动传送试运行、自动门荷载点动及试运转调整。

图名	电动冷藏门安装	图号	LK6—10

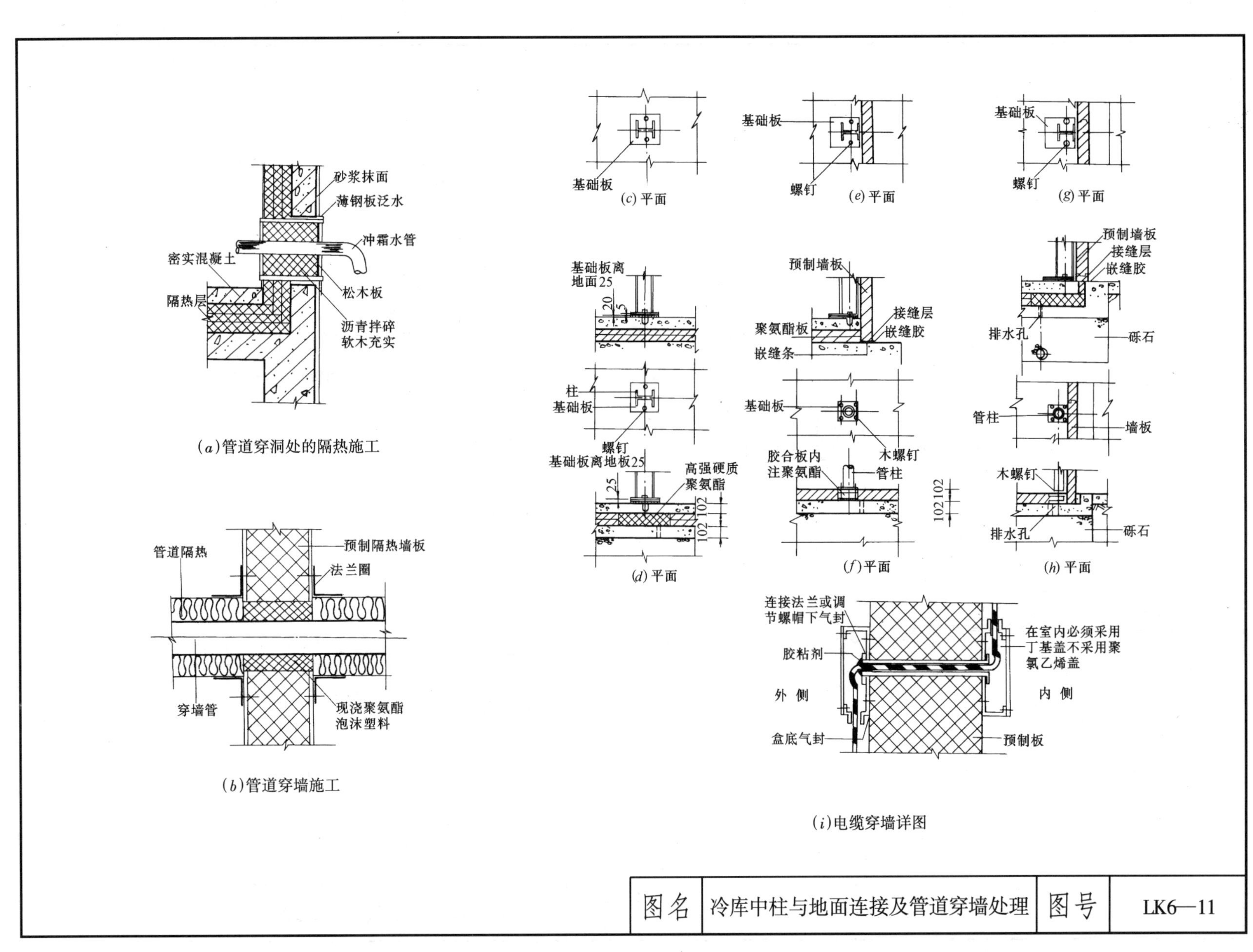

图名	冷库中柱与地面连接及管道穿墙处理	图号	LK6—11

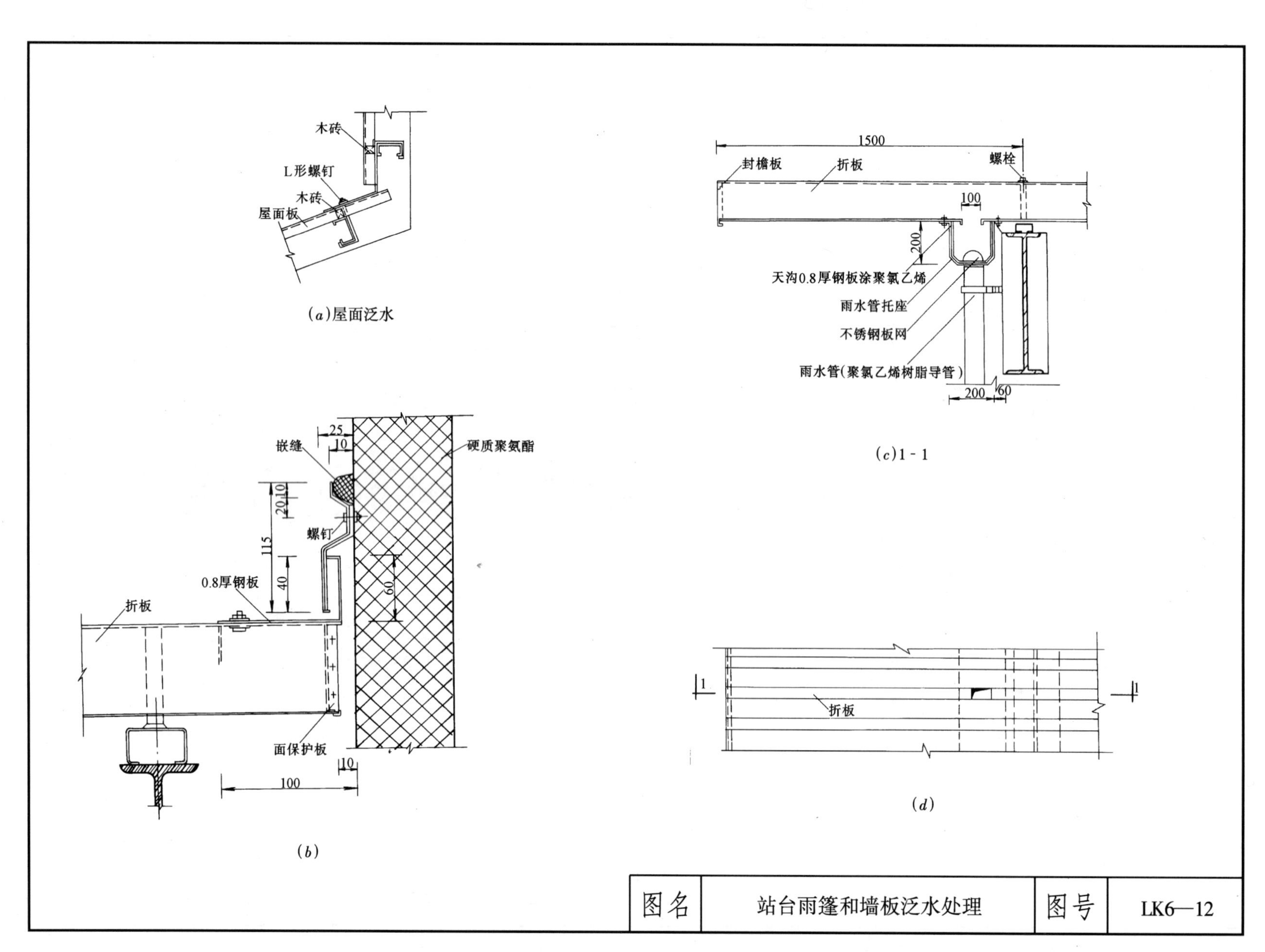
木砖
L形螺钉
木砖
屋面板
(a)屋面泛水
1500
封檐板
折板
螺栓
100
200
天沟0.8厚钢板涂聚氯乙烯
雨水管托座
不锈钢板网
雨水管(聚氯乙烯树脂导管)
200
60
(c)1-1
25
10
嵌缝
硬质聚氨酯
20
10
螺钉
115
40
60
0.8厚钢板
折板
面保护板
10
100
(b)
1
1
折板
(d)
图名
站台雨篷和墙板泛水处理
图号
LK6—12

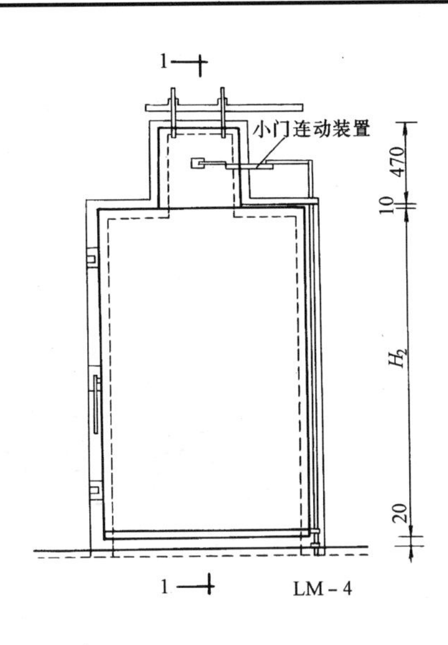

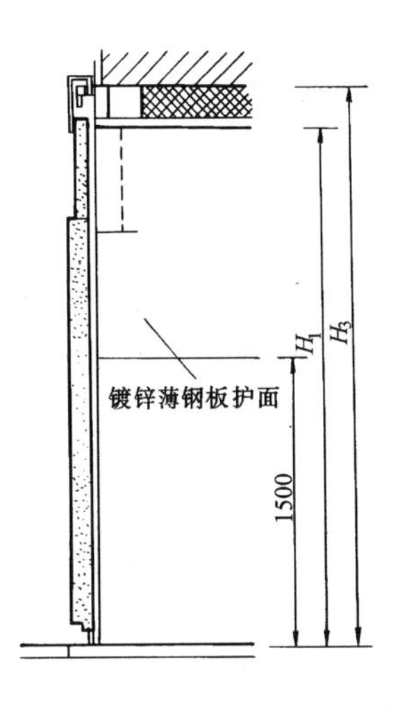

1-1

尺　寸（mm）

规格 型号	门洞净空规格		门扇规格		墙体洞口规格		备　　注
	高 H_1	宽 B_1	高 H_2	宽 B_2	高 H_3	宽 B_3	
LM-1	2400	1500	2450	1650	2560	1840	供通用电瓶起重使用
LM-2	2000	1200	2050	1350	2160	1540	
LM-3	2000	800	2050	950	2160	1140	供冰库使用
LM-4	2500	1200	大门 2050 小门 470	1350 440	2660	1540	供通用吊运轨道库房使用

图名	LM-1~LM-4型冷藏门总装(一)	图号	LK6—13(一)

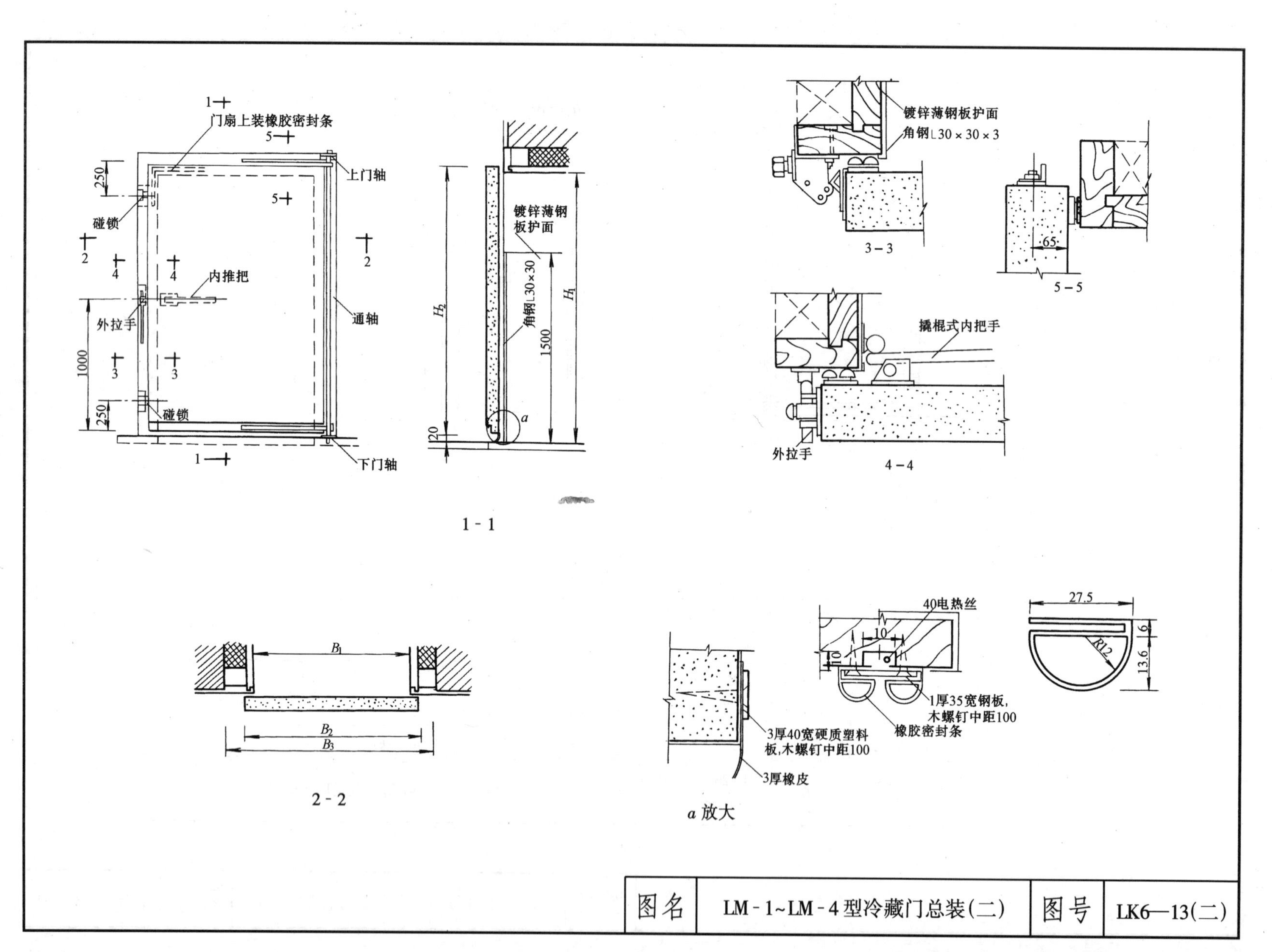

图名	LM-1~LM-4型冷藏门总装(二)	图号	LK6—13(二)

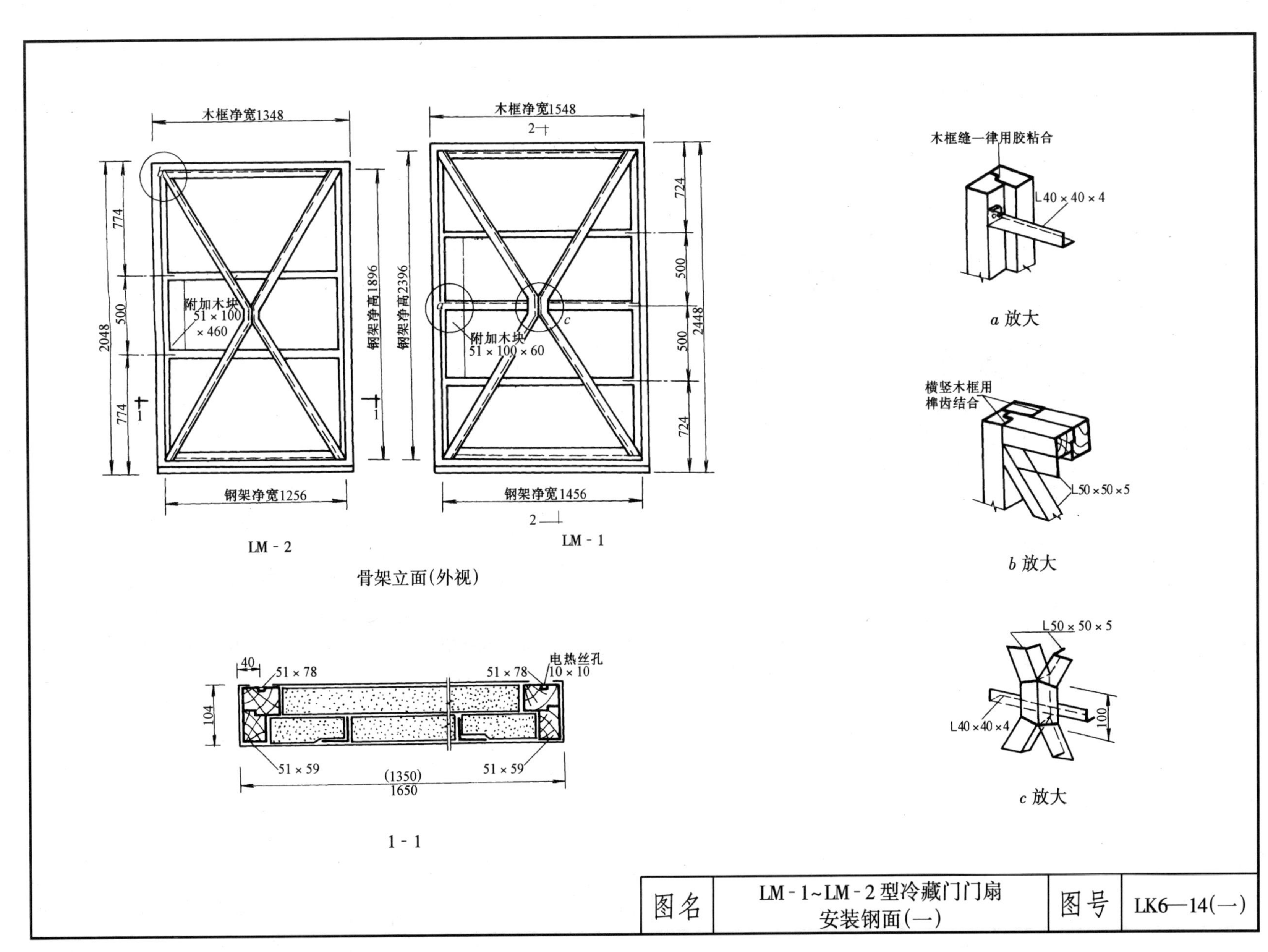

图名	LM - 1~LM - 2 型冷藏门门扇 安装钢面(一)	图号	LK6—14(一)

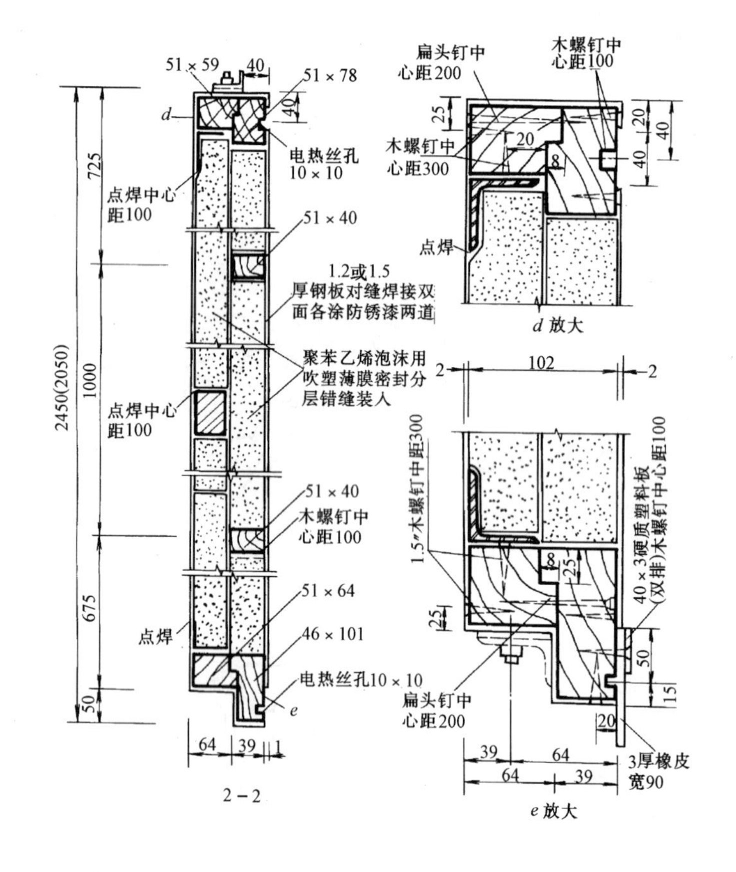

安 装 说 明

1. 钢材全部涂防锈漆两道，表面涂浅灰色漆两道。
2. 木材全部涂清油两道。
3. 露在门表面的木螺钉均采用镀锌制品。
4. 门骨架制作先焊钢骨架，后镶木框，钢骨架和木框之间用木螺钉连接，骨架焊接采用电、气焊均可，其平面误差不大于3mm，对角误差小于2mm。

图名	LM-1~LM-2型冷藏门门扇 安装钢面(二)	图号	LK6—14(二)

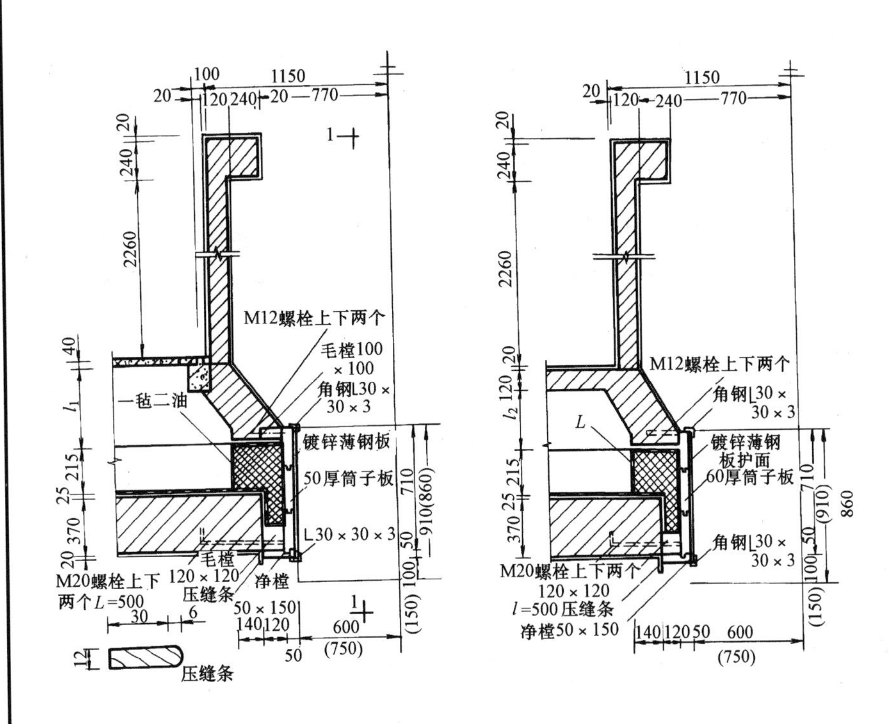

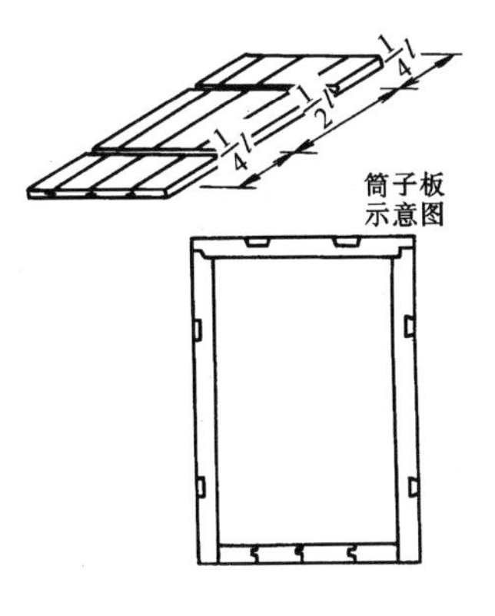

安装说明

1. 图中门樘之宽度、高度均标注有两个尺寸，括号内标注尺寸为安装 LM-1门；无括号者为安装 LM-2门。

2. 净樘用木螺钉固定于毛樘上(双排中心距150)毛樘作防腐处理。

3. 筒子板用鳔胶胶合，地面上的硬杂木企口板下表面作防腐处理，上表面刷桐油两道。

图名	LM-1~LM-4型冷藏门门樘安装(一)	图号	LK6—15(一)

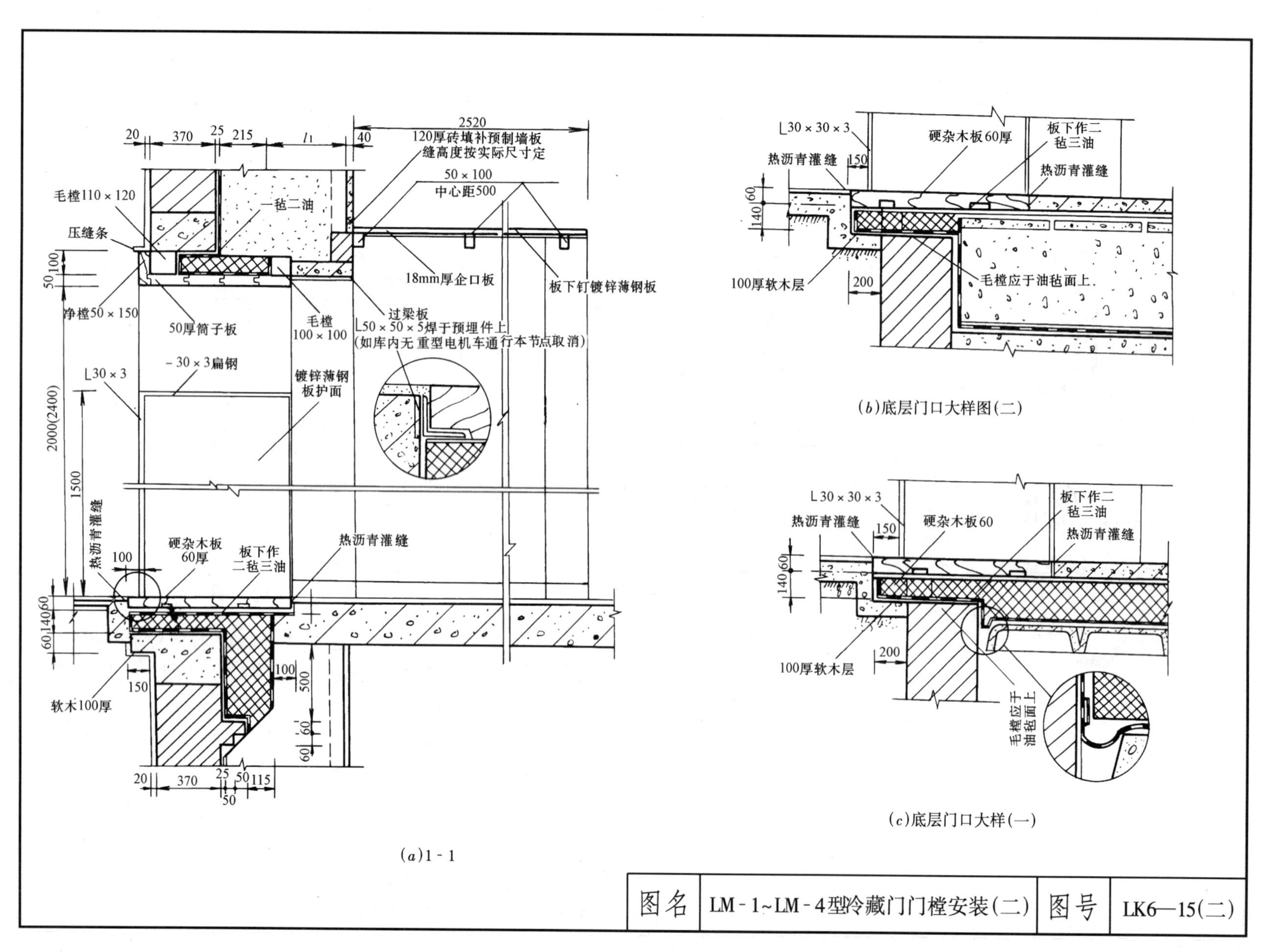

(a)1-1

(b)底层门口大样图(二)

(c)底层门口大样(一)

图名	LM-1~LM-4型冷藏门门樘安装(二)	图号	LK6—15(二)

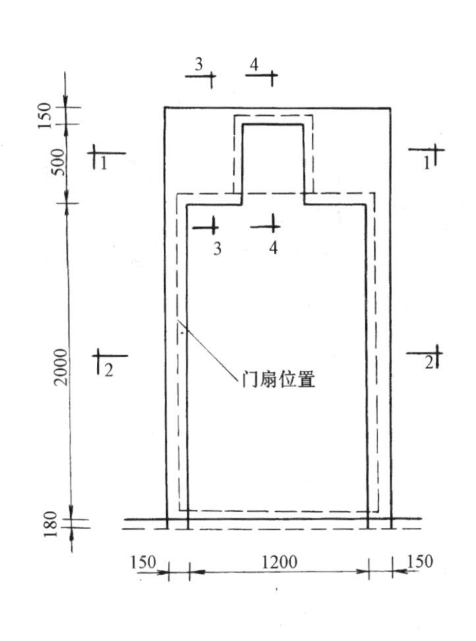

(a)门樘立面图

290
1200
290
140
120
450
300
450
120
140
50
50
50 110
500
400
1150
2000
2500
1160
180
60
钢筋混凝土过梁
方木50 × 100
筒子板钉在方木上
方木50 × 100
硬杂木企口板
外砖墙油毡面
毛樘立于外墙

(b)2—2

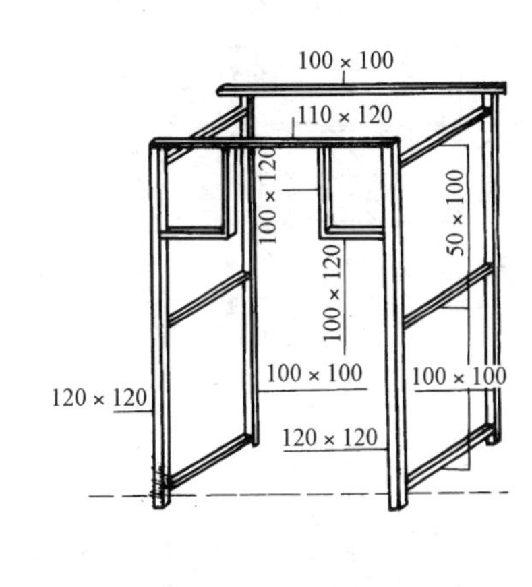

(c)支于外墙软木下油毡面

安　装　说　明

1. 本图供通用吊运轨道的冷库门樘安装使用。

2. 毛樘框架用榫齿结合，榫齿大小由施工单位自行决定，框架要求牢固不变形，必要时可在转角处用角钢和螺栓加固。

图名	LM-1~LM-4型冷藏门门樘安装(三)	图号	LK6—15(三)

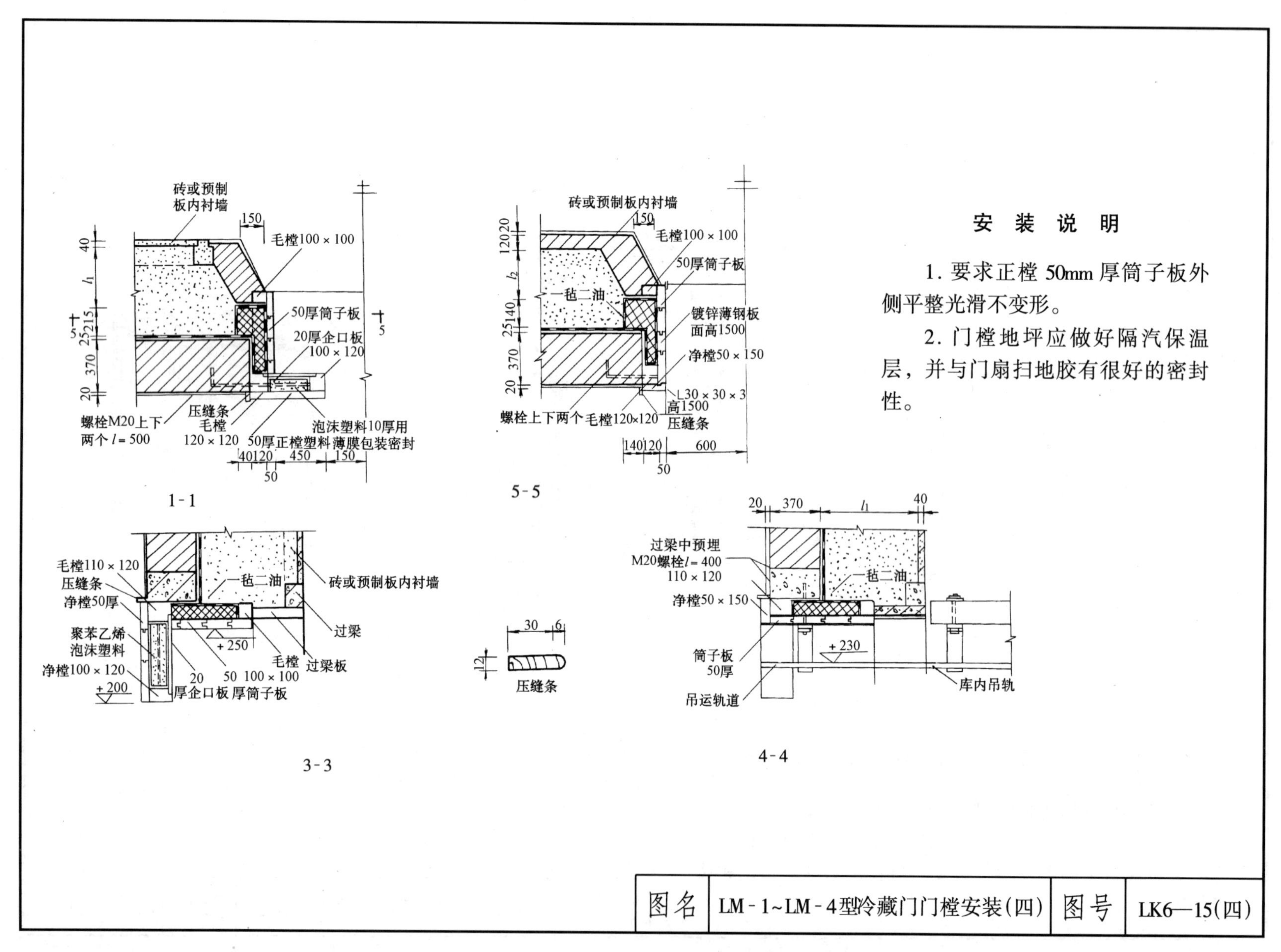

安 装 说 明

1. 要求正樘 50mm 厚筒子板外侧平整光滑不变形。

2. 门樘地坪应做好隔汽保温层，并与门扇扫地胶有很好的密封性。

图名	LM-1~LM-4型冷藏门门樘安装(四)	图号	LK6—15(四)

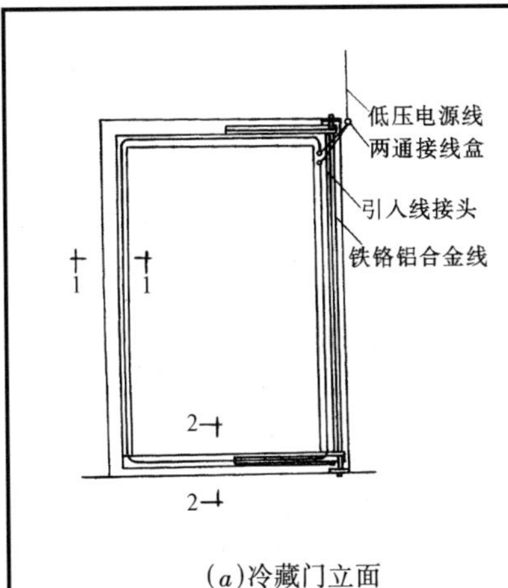

(a)冷藏门立面

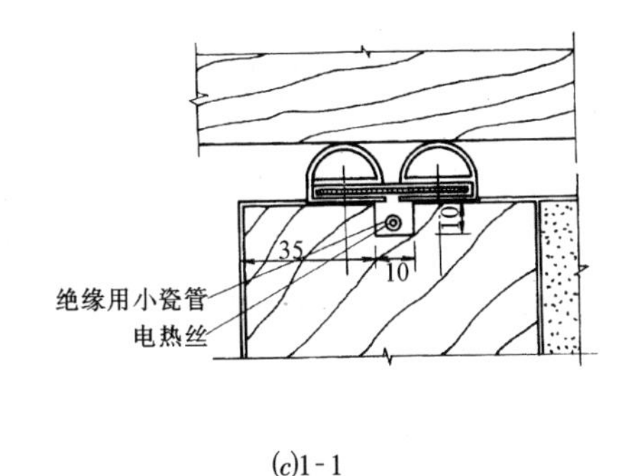

(c)1-1

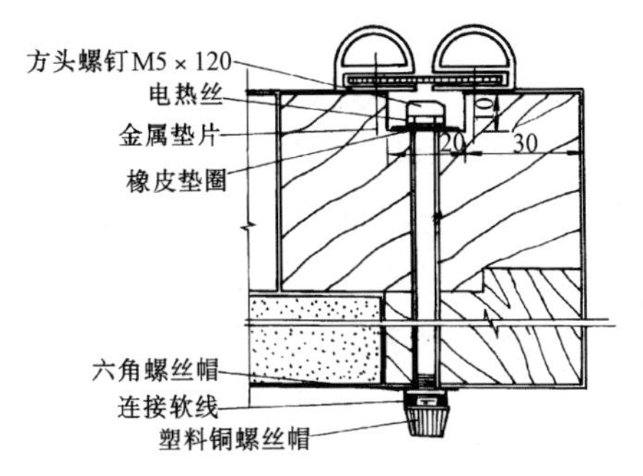

(e)电源引入线接头大样

项目 / 规格	门扇尺寸 (mm)	电热丝长度 (mm)	耗电量 (W)	电热丝直径 (mm)
LM-1	2450×1650	7940	127	2.00
LM-2	2050×1350	6540	105	1.80
LM-3	2050×950	5740	92	1.50
LM-4	小门 470×440	1560	25	0.45

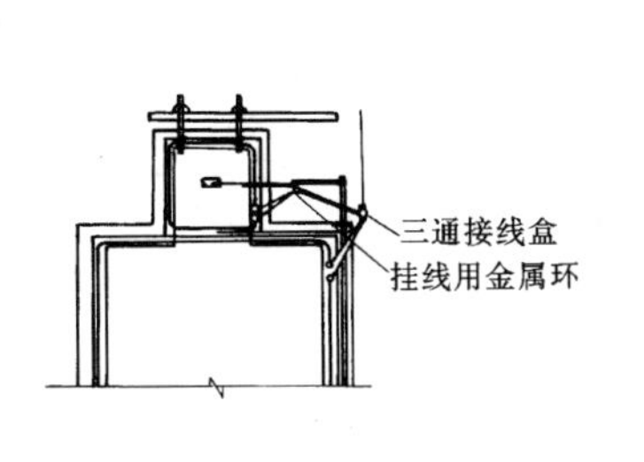

(b)断轨门立面

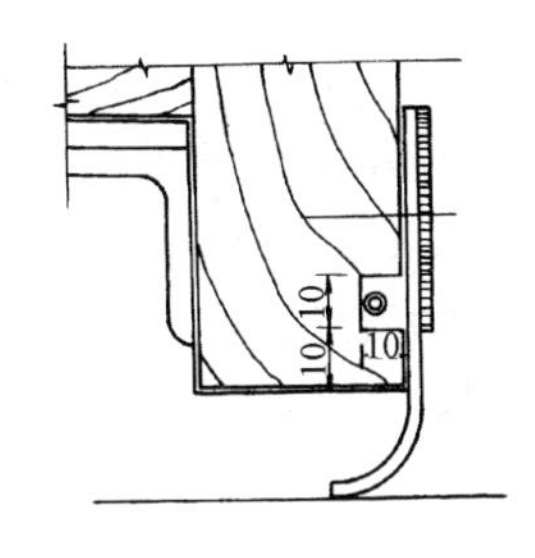

(d)2-2

安 装 说 明

1. 电热丝用铁铬铝合金丝，电阻率为 1.4Ω·mm^2/m。电源电压 24V，允许线路压降为 1V，电热丝单位功耗为 16W/m。

2. 安装：据上表裁取电热丝，将电热丝拉直套入瓷管后放入开好的木槽内，用 U 形卡钉固定于槽底，然后做引入线接头。

3. 引入电源用的方头螺钉、垫片等均为铜质。电热丝放入槽内拐弯处时不得使瓷管破碎。

图名	LM-1~LM-4型冷藏门电热丝安装	图号	LK6—16

安 装 说 明

当空气幕喷嘴厚度 b 一定时，空气幕效率应是门高 H、库内外温差 ΔT、喷射角度 α、喷嘴风速 V_C 的函数，所以正确的安装与调整是保障空气幕使用效果的关键。

1. 安装要求

(1)空气幕必须安装于冷藏门外上部，支架预埋件必须按图示位置埋设。

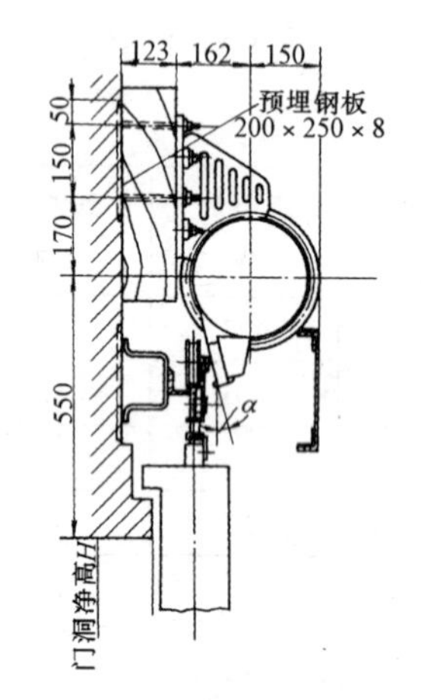

(a)SSY 型剖面1-1

(2)安装时必须保证喷嘴与门框有一定倾斜角(喷射角 α)如图(e)。严禁垂直安装和反向安装如图(f)，喷射角 α 不宜过大也不宜过小。过大，引向库外的冷量多，射流就会远离门框，造成门边漏出冷空气；过小，引入库内空气量多，回流区大，进入库内的热量和水分多，并对靠库门堆积的商品有影响。安装时 α 应根据库门的高度和库内温度进行调整。

(3)空气幕喷嘴沿门宽方向必须水平。

(4)喷嘴两端应较门洞长出 120～150mm。

(5)与空气幕垂直的侧墙墙面，距风机、防护罩不宜小于 300mm。

(6)空气幕喷嘴不应有阻碍物而破坏风嘴结构。

(7)无接触开关安装位置要求库门开启时启动空气幕，并在关门时停止空气幕(见无接触开关安装线路图)。

(8)电动机应接地线。

2. 调整

(1)主要是调整喷嘴出口风速。喷嘴风速取决于库门内外温差条件，风速不宜过大、过小。试验证明：流经门洞的空气量越少，空气幕效率越高。空气幕流经门洞的最少空气量相当于设有空气幕时门洞对流空气量的 40%左右，欲获得流经门洞的最少空气量，空气幕必须优选最佳的喷嘴风速 V_C。如图(h)

(2)风速调整可通过 DSY 型空气幕末端的放风阀与 SSY 型中间放风门的开启进行调节。如果放风阀全部打开尚不能达到风速时，可在风机吸入口的防护网上加挡一块圆形铁皮，以减少吸风口面积，减少进风量。

(3)喷嘴角度可通过转动风筒调到所需角度 α 见表。然后用螺栓与支架固定之。

(4)喷嘴安装高度与水平的调整可通过支架上的槽孔进行。

图名	DSY 型与 SSY 型空气幕安装(一)	图号	LK6—17(一)

安 装 说 明

空气幕性能与规格：
电压：380V；
最大风量：1500m³/h；
最大出口风速：15m/s；
外形尺寸安装如图(*b*)，图(*d*)；
功率：370W；
频率：50Hz(交流)。

空气幕规格表

型号	DSY 型			SSY 型*		
	125	150	175	180	200	220
喷口长度 l（mm）	1250	1500	1750	1800	2000	2200
空气幕总长 L（mm）	1650	1900	2150	2616	2716	2916
适用于门洞宽 B（mm）	1000	1200	1500	1600	1800	2000
预埋螺栓位置 l_1（mm）	602	727	852	1000	1100	1200
电动机台数	1	1	1	2	2	2
总重量（kg）	27.50	29.33	30.75	39.16	40.44	41.74

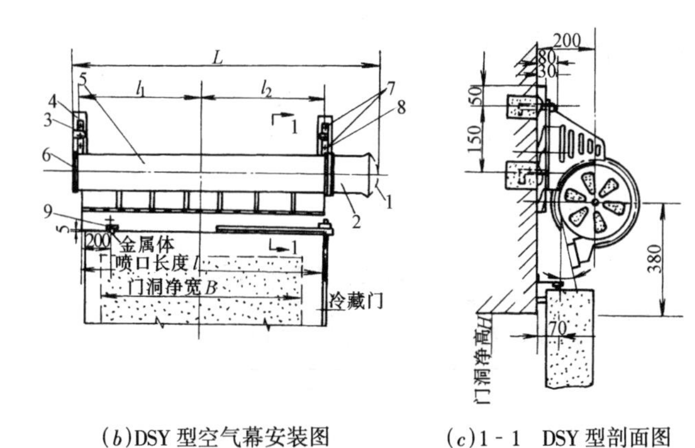

(*b*)DSY 型空气幕安装图　　(*c*)1-1 DSY 型剖面图

1—防护网罩；2—轴流风机；3—支架；4—支架垫板；
5—风筒；6—风量调节板；7—地脚螺栓；
8—垫木；9—无接触开关

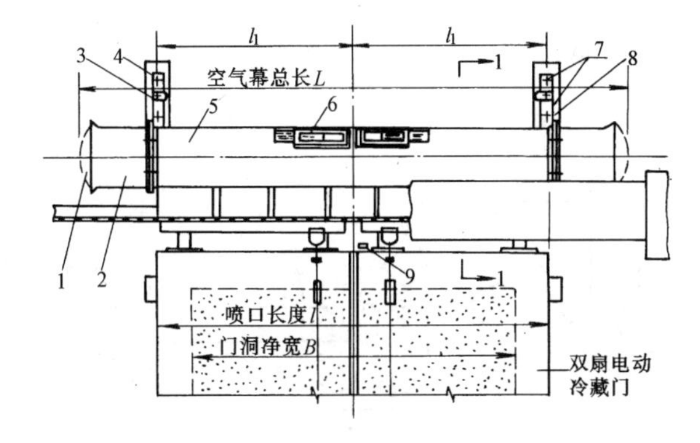

(*d*)SSY 型空气幕安装图

1—防护网罩；2—轴流风机；3—支架；4—支架垫板；
5—风筒；6—风量调节插板；7—地脚螺栓；
8—垫木；9—无接触开关

图名	DSY 型与 SSY 型空气幕安装(二)	图号	LK6—17(二)

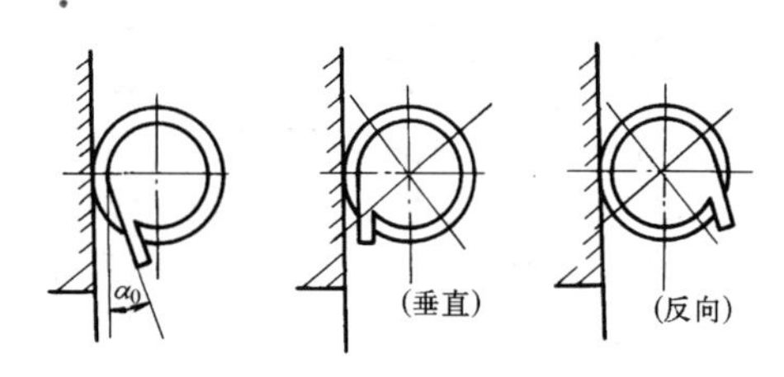

(e)正确安装　　(f)不正确安装

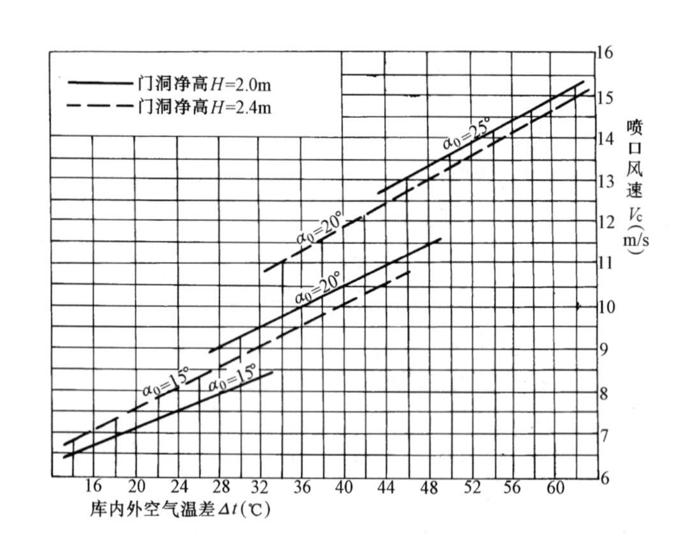

(h)空气幕运行工况选用曲线图

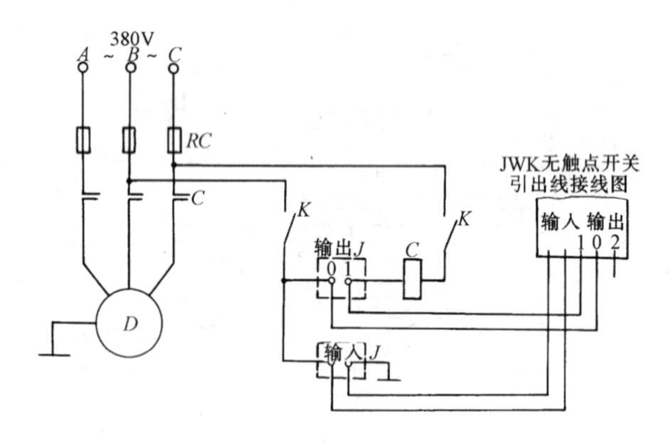

(g)无接触开关线路图

D—空气幕电机；RC—熔断器；RL_1—15/2C—中间继电器 JZ7-44、380V；
K—钮子开关；J—无触点开关 JWK

空气幕喷嘴角度安装要求

库门高度 H	库内外温差 ΔT（℃）	喷射角度 α
2m左右	15~30	15°
	30~45	20°
	45~60	25°
2.2~2.5m	15~40	15°
	40~60	20°

图名	DSY型与SSY型空气幕安装(三)	图号	LK6—17(三)

型号 \ 性能	功率 (W)	电压 (V)	电流 (A)	转数 (r/min)	风口长度 (mm)	出口风量 (m/min)	风速 (m/s)(离风口距离)					噪声 (dB)
							风口	1.5	2	2.5	3	
F-1435	250	380	0.8	1400	900	35	9.64	3.33	2.86	2.73	2.2	63
F-1440	250	380	0.8	1400	1000	38	8.14	3.3	2.73	2.48	2.1	64
F-1455	250	380	0.8	1400	1300	42	10.43	3.04	2.44	2.14	1.86	66
F-1832	370	380	1.55	1400	884	48	16.62	6.37	5.62	5.02	4.74	70
F-1040	120	220	0.61	1400	1000	29	9.74	3.12	2.62	2.28	2.12	62

型号 \ 尺寸 (mm)	D	L	L_1	B	B_1	H	H_1	h	C	C_1	A	A_1
F-1435	140	350	900	285	236	200	120	60	240	210	930	905
F-1440	140	400	1000	285	236	200	120	60	240	210	1030	1004
F-1455	140	550	1300	285	236	200	120	60	240	210	1330	1280
F-1832	180	320	884	330	280	245	145	65	280	215	900	870
F-1040	100	400	1000	195	160	169	100	55	165	135	1000	980

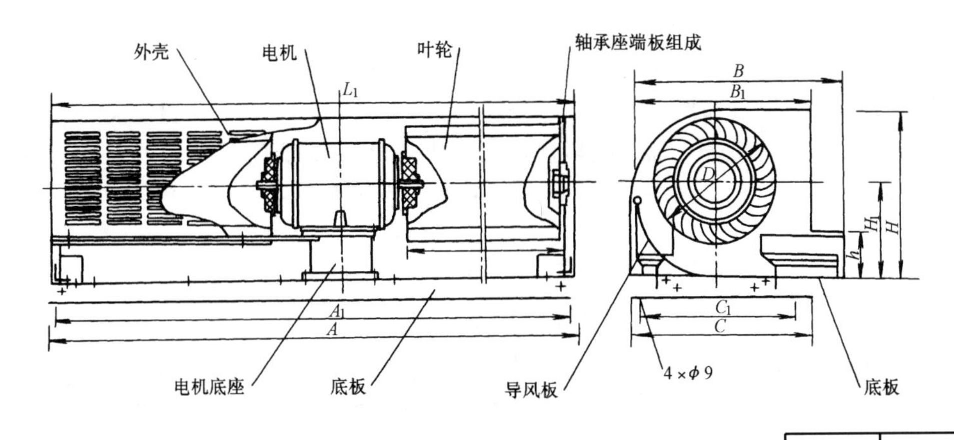

安装说明

贯流风量大，动压较高，静压变化很小，噪声小，出口气流不紊乱，可并列几台组装在较宽门口更为理想。

图名	GF型贯流式空气幕安装	图号	LK6—18

小型冷库装配 DIY 安装说明

1. 装配冷库的组成

(1) 围护构造

围护构造一般由隔汽层、隔热层、荷载层和表面保护层组成的密闭式贮冷恒湿用的建筑空间。这种建筑体除一般工民建要求（如：抗压、抗拉、挠度等荷载计算）外，围护构造能否建立的关键，更重要是在于做好隔汽、隔热构造及其节点处理，维持隔汽、隔热层的连续性，选择性价比高的隔汽、隔热材料，严防围护库体出现如下现象。

1）地坪冻鼓：由于地坪结冰体膨胀将地层结构抬起形成“地坪冻鼓”。采用土壤加热或地垄墙、架空、半架空等方式进行自然通风、机械通风方法解决。

2）冷桥：库板两侧冷、热“短路”形成“冷桥”。避免钢件、工艺管道、金属管线、建筑构件等穿过隔汽、隔热层造成“冷桥”。

3）库体裂隙：由于降温不当或围护结构本身问题造成“库体裂隙”。库体应有完好的密闭性，严防板缝、门缝等处出现泄漏。

4）冻融循环：由于库内温、湿度严重波动引起围护构造冻融循环。

(2) 蒸发系统

1）主机——指压缩式冷凝机组，有风冷式和水冷式两种。主要由压缩机、冷凝器及附件（如：回油罐、贮液器、干燥过滤器、电磁阀、视镜、压力控制器、差压控制器、压力表、温度计、电气开关柜、风扇等）组成机组（厂家生产配置）。制冷机有压缩式和吸收式两种。压缩式分为活塞式、离心式、螺杆式和涡旋式几种。压缩式冷凝机组用于制冷系统，若配置表冷器（蒸发器）产生冷冻水组成冷水机组还可用于空调系统，而吸收式制冷机当前主要用于空调系统。压缩机好像计算机中的 CPU，压缩式冷凝机组（Unit）就是 CPU、高速缓存、南、北桥芯片组。通过主板上的 Slots (PCI、AGP、ISA 等）和 Sockets（DIMM、IDE、FLOPPY 等）及外设接口（Port），与显卡、网卡、内存条、硬盘、软驱、光驱以及打印机、扫描仪等外设进行数据连接，并进行软、硬件安装、调试组成计算机系统。同样，配置好的压缩式冷凝机组也很容易与辅机及围护库体进行冷库安装 DIY。

2）辅机——指蒸发设备。有直冷式和载冷（间接冷却）式两种。主要由蒸发器（排管、冷风机等蒸发系统末端设备）及附件（如：节流元件——毛细管、内、外平衡式热力膨胀阀等、气、液分配站、分液器、回油弯、上升立管、气液分离器、电热融霜和热力冲霜系统及低压贮液器、循环桶、泵等），根据不同蒸发系统合理配置，详见 DIY。

2. 小型冷库安装 DIY

(1) 库板厚度的确定：确定库板的低限厚度是不许在隔热材料中出现“凝结区”，即出现露点，凝结水汽，在空气中析出水分，空气的相对湿度 $\phi \geq 100\%$，甚至出现冰霜凝

图名	小型冷库装配 DIY	图号	LK7—01

结块。严禁在库板外表面出现低温、结露、滴水等现象。库板厚度是要经过理论计算来确定的，这些理论计算值通过实践验证，可以推荐书中的“库板厚度建议值”和经验公式计算来替代复杂的理论计算。在采用这些建议值时：凡属冷贮藏的库板采用“薄型”（如：当175mm厚的板没有时，可采用150mm厚的板代替，这时适当选用有富裕的主、辅机制冷设备，以弥补库板厚度不够的缺陷），因为冷贮藏库温恒定、热、湿交换和系统负荷相对稳定。凡属冷加工的库板采用“厚型”。冷加工表现形式之一是库温不定（由进货高温降至被加工物品达到中心低温的“过程库温”，最终完成设计要求），这种冷加工形式集中体现在一日一冻的结冻库。冷加工表现形式之二是热、湿交换大，通过进、出口连续进出货，带进大量水分和热量。同时，在不进行冷加工时，库温恢复至常温，因此，每天开始冷加工时也是“过程库温”。这种冷加工形式集中体现为速冻机。由于冷加工库温不定、热湿交换大，因此，冷加工库板宜采用建议值厚度。

建议值库板厚度 δ

序	名　　称	库温 t_n（℃）	板厚 δ（mm）
1	空调库	+5	75
2	高温库	-2	100
3	气调库	-2	100
4	中温库	-15	150
5	低温库	-20	175
6	结冻库	-25	200
7	速冻机	-35	200

确定库板厚度经验公式如下：

冷贮藏（空调库、高温库、气调库）：

$$\delta = (R_0 - 0.1) \times 0.0349$$

冷贮藏（中温库、低温库）：

$$\delta = (R_0 - 0.129) \times 0.0349$$

冷加工（结冻库、速冻机）：

$$\delta = (R_0 - 0.078) \times 0.0349$$

式中　δ——库板厚度（m）；

λ——聚氨酯乙烯泡沫塑料导热系数（W/（m·℃））；$\lambda = 0.0349$W/（m·℃）

R_0——聚氨酯乙烯泡沫塑料热阻（m²·℃/W），其值的大小由库板内、外侧温差 Δt（℃）$= t_w - t_n$（℃）确定：

库板热阻 R_0

库板两侧温差 Δt（℃）	聚氨酯乙烯泡沫塑料热阻 R_0（m²·℃/W）	库板两侧温差 Δt（℃）	聚氨酯乙烯泡沫塑料热阻 R_0（m²·℃/W）
80	6.146	40	3.073
70	5.380	30	2.324
60	4.786	20	1.911
50	3.917	10	1.437

式中　t_w——室外计算温度（℃）。

《冷库设计规范》（GB50072—2001）明确规定了室外计算温度采用《采暖通风与空气调节设计规范》（GB50019—2003）中的规定，即“库房围护结构传入热量计算的室外计

图名	小型冷库装配 DIY	图号	LK7—01

算温度应采用夏季空气调节日平均温度"：也就是"历年平均每年不保证五天的日平均温度"。例如：天津地区 $t_w=29.2℃$。可在国家标准《采暖通风与空气调节设计规范》（GB50019—2003）或由各地区气象资料中查得。计算实例：天津地区（$t_w=29.2℃$）（实际上与其室外计算温度相近的地区很多）。

冷贮藏中的高温库（$t_n=-2℃$）：

$\Delta t=t_w-t_n=29.2-(-2)=31.2℃$；用插入法求得：

$R_0=2.3989m^2 \cdot ℃/W$；　　即得：

$\delta=(R_0-0.1)\times0.0349=0.080m=80mm$。因此，采用100mm厚板。

冷贮藏中的低温库（$t_n=-20℃$）：

$\Delta t=t_w-t_n=29.2-(-20)=49.2℃$；

$R_0=3.7966m^2 \cdot ℃/W$；

$\delta=(R_0-0.129)\times0.0349=0.128m=128mm$。因此，采用150mm厚板。

冷加工中的速冻机（$t_n=-35℃$）：

$\Delta t=t_w-t_n=29.2-(-35)=64.2℃$；

$R_0=5.0236$（$m^2 \cdot ℃/W$）；

$\delta=(R_0-0.078)\times0.0349=0.173m=173mm$。

因此，宜采用200mm厚板，不能用150mm厚板，低限库板厚度：$\delta_{min}=175mm$厚。

（2）主机与辅机的配置要求：主机大小是由冷贮藏、冷加工的冷负荷大小来确定的。主机、辅机选型都要进行理论计算，长期实践证明这种理论值，可以用推荐值进行快速选型。首先，主机不是越大越好，要防止"大马拉小车"（主机过大，辅机过小），严重时会引起"倒霜"、湿冲程、液击、敲缸甚至爆炸等事故及操作失灵、不能降温等现象出现。因此，主机的制冷量、理论排气量和电机功率必须与蒸发系统冷负荷精确匹配，避免主机过大或过小（当然，主机配置过小，制冷能力不足，达不到设计要求，降温困难，甚至根本不降温）。其次，加大辅机（蒸发器换热面积）比加大主机（压缩制冷机）划算，可使投资费用减少，又确保有效换热面积，且提高系统安全性。实现理想的制冷系统，应使主机、辅机与冷库负荷三者为最佳组合，希望系统配置成：吸汽量=排气量=冷凝量=供液量=蒸发量=制冷量，这是成功实现制冷装置自动调节的内在要素，也是实现节能冷库、安全冷库的基础条件。

（3）面积比 ξ：面积比 ξ 等于蒸发面积与库内面积之比。该指标可以协助我们在配置蒸发器辅机时避免误差过大。一般以泡沫塑料作隔热建筑称为轻型结构，其热稳定性差（热惰性系数 D 值小），热损大，希望面积比 ξ 值大，以提高有效蒸发面积。轻型建筑冷贮藏最小面积比应使 $\xi>1$；轻型建筑冷加工最小面积比应使 $\xi>12$。采用钢筋混凝土结构、砖砌体等建筑称为重型结构，重型建筑冷贮藏面积比 $\xi=0.4\sim0.6$；重型建筑冷加工面积比 $\xi=10$。

（4）冷库装配技术：

1）库板不能当梁使用，跨度大的板载宜在受力节点上增加梁或柱支撑蒸发器等重物，并拴紧固牢，以防止产生振动和过大的动载。

图名	小型冷库装配 DIY	图号	LK7—01

2）板缝应严格锁紧密封。

3）蒸发系统应均匀送液。防止管路设计、安装不当，如产生气、液囊等造成操作困难，甚至不降温故障。管线应力求简练：主、辅机应尽量靠近（制冷管道等冷损耗补偿系数 R 只有：直冷式 $R=1.07$；间冷式 $R=1.12$。即管路冷损不能超过总负荷的7%和12%）。管线简短快捷、清晰美观是优秀设计安装的标志之一。

4）应解决氨系统油分离和氟系统回油装置（如：回油罐、回油弯、上升立管等）。

5）应确保氟系统的密闭性，严防空气（含水蒸气）进入系统，腐蚀设备、堵塞管件，造成严重故障和毁坏设备。

6）系统应严格按照验收规范进行排污、试压、检漏、真空试验及降温投产。

7）单位换算：数值大小及单位均应准确无误，尤其是单位换算。制冷面对的是热工对象，其单位主要指热工参数，如：温度（t）、相对湿度（ϕ）、含湿量（d）、压力（P）、差压（ΔP）、液位（H）、流量（Q）、焓（h）、熵（S）、传热系数（K）、放热系数（α）、导热系数（λ）、蒸汽渗透系数（μ）、导温系数（a）、热惰性系数（D）、热阻（R_0）及功、能、热（J）、功率（W）等单位。下面提示常用的两类主要换算单位，其余均由读者在一般资料中查找解决。

一是压力单位换算：

$1\text{mbar}=10^2\text{Pa}$；即：1毫巴=1百帕。

$B=1\text{atm}=1013.25\text{mbar}=1013.25\times10^2\text{Pa}=760\text{mmHg}$。

$1\text{MPa}=10^6\text{Pa}=10^4\times10^2\text{Pa}=10^4\text{mbar}$。

$1\text{kg/cm}^2=10\text{mH}_2\text{O}=0.968\text{atm}=981\text{mbar}$。

二是功、能、热与功率单位换算：

$1\text{J/s}=1\text{W}$；即：$1\text{kJ/s}=1\text{kW}$。

$1\text{kW}=860.76\text{kcal/h}=1.36$ 匹马力 $=3.6\times10^3\text{kJ/h}$。

$1\text{kcal/h}=4.182\text{kJ/h}$。

$1\text{R}\cdot\text{t}=13100\text{B}\cdot\text{T}\cdot\text{U/h}=3300\text{kcal/h}=3.8\text{kW}$。

8）应严格执行国家最新修订版本的工程质量检验评定标准、工程施工及验收规范、安全防火要求。

图名	小型冷库装配DIY	图号	LK7—01

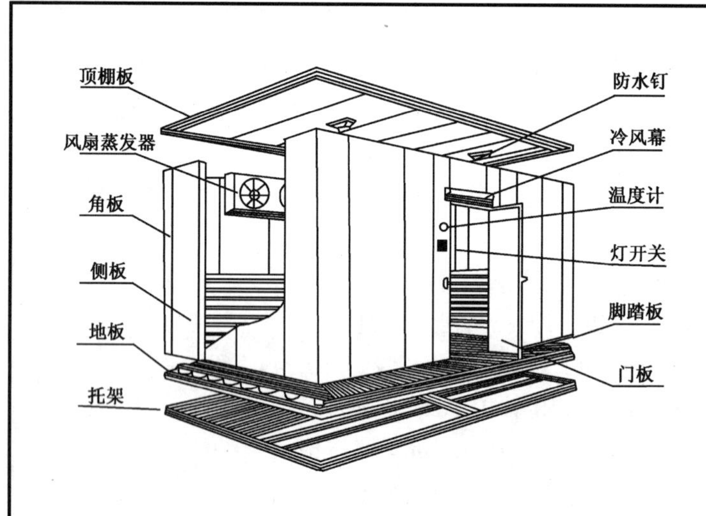

ZL系列组合冷藏库结构图

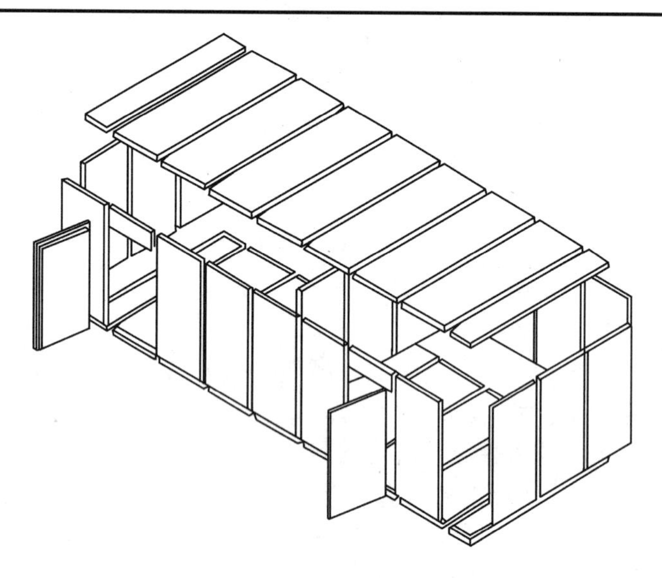

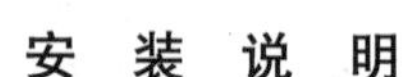

安 装 说 明

冷贮藏库内温度恒定，库板厚度在保证库板外表面不结露和减小运行费用前提下，选择薄板可降低一次性投资（如：－30℃蒸发系统的低温库库板可改用150mm厚等）。表中冷加工设备的库内温度是指为了冻结物达到中心温度的设计终端温度，真正运行时，库内温度是不定的，是进货库温降至设计温度的库温过程，且温、湿度变换大，为延长冷加工设备寿命，确保冻结产品质量，选择厚板是合算的。

冷贮藏与冷加工设备安装 DIY

名　　称	冷凝温度	蒸发温度	库内温度	库板厚度建议值(mm)	备　　注
空调库	38℃	±0℃	+5℃	75	蚕茧库等生物棚、舍，恒温恒湿环境
高温库（气调库）	38℃	－15℃	－2℃	100	果蔬、鲜蛋等活体保鲜库。经围护库体密闭性测定合格，并增设气调设备安装形成气调库
中温库	38℃	－25℃	－15℃	150	短期冷贮藏
低温库	40℃	－30℃	－20℃	175	出口或较长时间冷贮藏
结冻库	40℃	－35℃	－25℃	200	冻结冷加工
速冻机	40℃	－45℃	－35℃	200	冷加工速冻产品的快速冻结，详见速冻机部分

图名	冷贮藏与冷加工设备安装	图号	LK7—02

板厚(mm)	安全的均匀载荷(kg/m²)							
	长度(m)							
	3	4	5	6	7	8	9	10
75	167.28	94.86	60.18	41.82	—	—	—	—
100	224.4	126.48	80.58	56.1	40.8	—	—	—
125	281.52	158.1	100.99	70.38	52.02	39.98	—	—
150	338.64	190.74	121.38	84.66	62.22	47.94	37.74	—
200	452.88	255	163.2	113.22	82.62	63.24	49.98	40.8

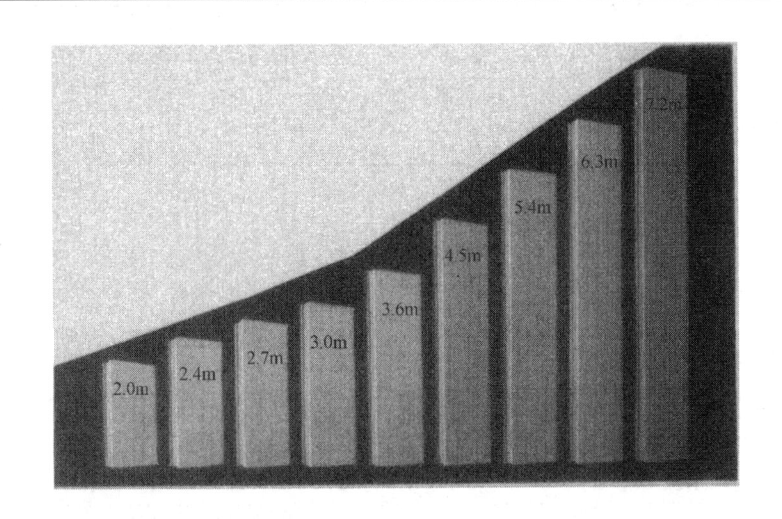

厚度(mm)	50	75	100	125	150
重量(kg/m²)	10.22	10.62	11.02	11.42	11.82
厚度(mm)	175	200	225	250	
重量(kg/m²)	12.22	12.62	13.02	13.42	

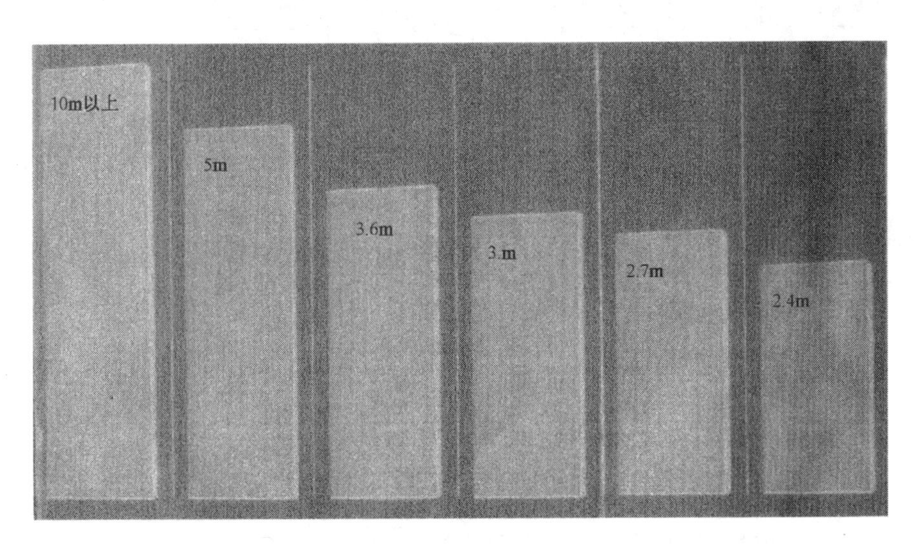

安 装 说 明

1. 应按照《建筑模数制》选择库板进行合理组装。国产板宽一般有 900mm 和 1000mm 两种规格；板厚规格列于表中；板高可根据生产规模和实际组装要求尚未完全统一，图中列举各厂家规格。

2. 库板载荷详见上表。

图名	围护构造库板安装	图号	LK7—03

热力膨胀阀安装 DIY

型号	使用工质	公称直径		使用温度（℃）	名义制冷量(kW)	阀接口(mm)		每只阀配置蒸发面积(m^2/只)	备注
		in	(mm)			入口	出口		
TER/A-2	R22	1/4	DN-6	-40	4.5	6	12	8	德国进口原装"艾可福"外平衡热力膨胀阀
TER/A-3		3/8	DN10		9.4	10	12	18	
TER/A-4		3/8	DN10		12.7	10	12	22	
TER/A-6		1/2	DN12		31.7	12	16	50	
TN2/TEN2-0.5	R134a		DN0.5	-40	1.8	10	12	3	1. 丹佛斯热力膨胀阀； 2. T—热力膨胀阀；E—外平衡式，无E型号为内平衡式；N—R134a；S—R404a
TN2/TEN2-0.8			DN0.8		2.6	10	12	5	
TN2/TEN2-1.3			DN1.3		4.6	10	12	10	
TN2/TEN2-1.9			DN1.9		6.7	10	12	15	
TN2/TEN2-2.5			DN2.5		8.6	10	12	18	
TN2/TEN2-3.0			DN3.0		10.5	10	12	20	
TS2/TES2-0.45	R404a		DN0.45	-40	1.6	10	12	3	
TS2/TES2-0.6			DN0.6		2.1	10	12	4	
TS2/TES2-1.2			DN1.2		4.2	10	12	6	
TS2/TES2-1.7			DN1.7		6.0	10	12	12	
TS2/TES2-2.2			DN2.2		7.7	10	12	15	
TS2/TES2-2.6			DN2.6		9.1	10	12	18	
RF-8	R22		DN-8	-60	46.47	16	19	80	国产的热力膨胀阀
RF10			DN10		63.89	16	19	120	
FPF DN0.8			DN0.8		1.86	10	12	3	
FPF DN1.0			DN1.0		2.32	10	12	3.5	
FPF DN3.0			DN3.0		9.99	10	12	19	
FPF DN5.0			DN5.0		21.49	12	16	40	

注：名义制冷量工况为蒸发温度5℃、冷凝温度32℃。

安装说明

1. 热力膨胀阀应靠近蒸发器安装。

2. 选用热力膨胀阀时应认准型号、制冷剂种类及接口形式（喇叭口、丝扣或焊接方式）等。

3. 热力膨胀阀分内平衡式和外平衡式两种。外平衡式热力膨胀阀用在管内阻力较大的系统。

4. 内平衡式热力膨胀阀多用于光滑紫铜蛇管蒸发器；外平衡式热力膨胀阀多用在翅片管冷风机，并配置分液器多路均匀供液。分液器必须垂直朝上或朝下安装。

5. 热力膨胀阀与电磁阀阀体均应垂直安装。

6. 系统排污、试压时，应卸下热力膨胀阀用短管替代。应确保热力膨胀阀中的过滤网干净清洁。

图名	热力膨胀阀安装	图号	LK7—04

法国美优乐机组（一台机组的能力）　－30℃蒸发系统制冷装置 DIY　制冷剂（R134a、R404a）；库板厚度（175mm）；库温（－20℃）

型号	蒸发温度（－30℃）		理论排气量	蒸汽器（配置 GLT 系列氟用吊顶式冷风机）					风机				低温库			
	制冷量（kW）	功率（kW）	（m^3/h）	型号	数量（台）	片距（mm）	换热面积（m^2）	名义换热量（kW）	数量（台）	直径（mm）	风量（m^3/h）	风压（Pa）	面积（m^2）	容积（m^3）	贮藏吨位（t）	日进货量（t/d）
LT22JE	1.35	1.2	8.3	GLT-1.2/8	1	9	8	1.2	2	DN330	1700×2	98	6	8	2	0.2
LT28JH	2.19	1.8	12	GLT-1.2/8	1	9	8	1.2	2	DN330	1700×2	98	7.2	12	3	0.3
LT40HL	2.86	2.3	16.7	GLT-2.1/15	1	9	15	2.1	3	DN330	1700×3	98	9	16	4	0.4
LT44HM	3.4	2.7	18.6	GLT-2.1/15	1	9	15	2.1	3	DN330	1700×3	98	12.6	21	5	0.5
LT50HP	4.4	3.5	23.7	GLT-3.6/20	1	9	20	3.6	2	DN400	3000×2	118	14	24	6	0.6
LT88HU	6.6	5.1	37.6	GLT-2.1/15	2	9	15×2	2.1×2	3×2	DN330	1700×6	98	17	32	8	0.8
LT100HW	8.8	6.8	47.25	GLT-3.6/20	2	9	20×2	3.6×2	2×2	DN400	3000×4	118	20	40	10	1

注：表中的冷凝温度均设定为40℃。

安装说明

1. 高温为±0℃、中温为－10℃左右、低温为－16℃以下。

2. 选择毛细管一般先确定孔径（内径）。在合理范围内选择最大内径的毛细管是有利的，因为不易堵塞。

3. 小功率压缩机配置的毛细管内径在0.5～1.0mm、长度在1～5m。

毛细管安装 DIY

压缩机功率		使用温度	不同毛细管内径（mm）时毛细管的长度（m）					
马力	W		DN0.79	DN0.92	DN1.0	DN1.07	DN1.25	DN1.4
1/8	100	高温	0.335	0.67	1.08	1.4	2.7	4.6
		中温	1.12	2.44	4.0	4.9	9.75	17.1
		低温	2.75	5.5	8.8	11	22	38.4
1/6	125	中温	0.67	1.34	2.14	2.74	5.5	9.45
		低温	1.59	3.2	5.18	6.4	12.8	22.25
1/4	187.5	中温	0.34	0.67	1.07	1.37	2.74	4.57
1/3	250	低温	0.53	1.07	1.71	2.13	4.27	7.62

图名	毛细管与－30℃蒸发系统安装	图号	LK7—05

法国美优乐机组(一台机组的能力)　　**－25℃蒸发系统制冷装置 DIY**　　**制冷剂**(R22 等);**库板厚度**(150mm);**库温**(－15℃)

型号	蒸发温度(－25℃)		理论排气量(m^3/h)	蒸发器(配置 GM 系列氟用吊顶式冷风机)					风机				中温库			
	制冷量(kW)	功率(kW)		型号	数量(台)	片距(mm)	换热面积(m^2)	名义换热量(kW)	数量(台)	直径(mm)	风量(m^3/h)	风压(Pa)	面积(m^2)	容积(m^3)	贮藏吨位(t)	日进货量(t/d)
MGM-16			5.3													
MGM-18			5.3													
MGM-22			6.6	GM-1.3/7	1	6	7	1.3	1	DN330	1700	98	7	13	3	0.3
MGM-28			8.3	GM-2.2/12	1	6	12	2.2	2	DN330	1700×2	98	9	16	4	0.4
MGM-32			9.3	GM-2.2/12	1	6	12	2.2	2	DN330	1700×2	98	10.8	20	5	0.5
MGM-36			10.6	GM-2.8/15	1	6	15	2.8	2	DN330	1700×2	98	13	24	6	0.6
MGM-40			12.0	GM-3.7/22	1	6	21.5	3.7	3	DN330	1700×3	98	18	33	8	0.8
MGM-50	2.53	1.97	14.8	GM-3.7/22	1	6	21.5	3.7	3	DN330	1700×3	98	23	43	10	1.0
MGM-64	3.69	2.58	18.6	GM-3.7/22	1	6	21.5	3.7	3	DN330	1700×3	98	25	49	12	1.2
MGM-64	3.69	2.58	18.6	GM-2.8/15	2	6	15×2	2.8×2	2×2	DN330	1700×4	98	31	62	15	1.5
MGM-80	3.83	3.38	23.7	GM-3.7/22	2	6	21.5*2	3.7×2	3×2	DN330	1700×6	98	40	83	20	2.0
MGM100	4.64	4.05	29.8	GM-2.8/15	3	6	15×3	2.8×3	2×3	DN330	1700×6	98	48	100	25	2.5
MGM125	6.60	5.40	37.6	GM-3.7/22	3	6	21.5*3	3.7×3	3×3	DN330	1700×9	98	52	119	30	3.0
MGM144			42.0													
MGM160	8.44	6.90	47.3	GM-3.7/22	4	6	21.5*4	3.7×4	3×4	DN330	1700×12	98	66	161	40	4.0
MGM200	9.18	8.1	59.6	GM-7.5/40	2	6	40×2	7.5×2	2×2	DN400	3000×4	118	75	180	45	4.5
MGM250	13.22	10.8	75.2	GM-11.2/60	2	6	60×2	11.2×2	2×2	DN500	6000×4	147	92	240	60	6.0
MGM288	15.19	12.2	84.0	GM-11.2/60	2	6	60×2	11.2×2	2×2	DN500	6000×4	147	108	280	70	7.0
MGM320	16.95	13.75	94.5	GM-14.9/80	2	6	80×2	14.9×2	2×2	DN500	6000×4	167	120	320	80	8.0

注:表中的冷凝温度均设定为 38℃。

图名	－25℃蒸发系统安装	图号	LK7—06

法国美优乐机组(一台机组的能力)　－15℃蒸发系统制冷装置 DIY　制冷剂(R22 等);库板厚度(100mm);库温(－2℃)

型号	蒸发温度(－15℃)		理论排气量(m^3/h)	蒸汽器(配置 XL 系列氟用吊顶式冷风机)					风机				高温库			
	制冷量(kW)	功率(kW)		型号	数量(台)	片距(mm)	换热面积(m^2)	名义换热量(kW)	数量(台)	直径(mm)	风量(m^3/h)	风压(Pa)	面积(m^2)	容积(m^3)	贮藏吨位(t)	日进货量(t/d)
MGM-22	1.67	1.15	6.6	XL-2.0/10	1	4.5	10	2.0	1	*DN*330	1700	98	10	20	4	0.4
MGM-28	2.6	1.71	8.3	XL-3.0/15	1	4.5	15	3.0	2	*DN*330	1700×2	98	14	30	6	0.6
MGM-32	2.84	1.95	9.3	XL-4.1/20	1	4.5	20	4.1	2	*DN*330	1700×2	98	18	40	8	0.8
MGM-36	3.38	2.27	10.6	XL-5.0/25	1	4.5	25	5.0	3	*DN*330	1700×3	98	25	50	10	1.0
MGM-50	4.39	2.65	14.8	XL-4.1/20	2	4.5	20×2	4.1×2	2×2	*DN*330	1700×4	98	36	80	16	1.6
MGM-64	5.79	3.5	18.6	XL-5.0/25	2	4.5	25×2	5.0×2	3×2	*DN*330	1700×6	98	45	100	20	2.0
MGM-80	7.31	4.45	23.7	XL-5.0/25	3	4.5	25×3	5.0×3	3×3	*DN*330	1700×9	98	65	150	30	3.0
MGM100	8.48	5.3	29.8	XL-5.0/25	4	4.5	25×4	5.0×4	3×4	*DN*330	1700×12	98	81	200	40	4
MGM125	11.57	6.95	37.6	XL-5.0/25	5	4.5	25×5	5.0×5	3×5	*DN*330	1700×15	98	96	250	50	5
MGM160	14.4	8.8	47.3	XL-5.0/25	6	4.5	25×6	5.0×6	3×6	*DN*330	1700×18	98	113	300	60	6
MGM200	16.72	10.6	59.6	XL-21.3/105	2	4.5	105*2	21.3×2	2×2	*DN*500	6000×4	167	126	400	80	8
MGM250	23.46	13.85	75.2	XL-25.0/125	2	4.5	125*2	25.0×2	3×2	*DN*500	6000×6	167	141	500	100	10
MGM288	26.2	15.65	84.0	XL-32.6/160	2	4.5	160*2	32.6×2	3×2	*DN*500	6000×6	167	152	550	110	11
MGM320	28.92	17.6	94.5	XL-37.6/185	2	4.5	185*2	37.6×2	4×2	*DN*500	6000×8	167	170	600	120	12

注:表中的冷凝温度均设定为 38℃。

图名	－15℃蒸发系统安装	图号	LK7—07

法国美优乐机组(一台机组的能力)　**±0℃蒸发系统制冷装置 DIY**　**制冷剂**(R22 等);**库板厚度**(75mm);**库温**(+5℃)

型　号	蒸发温度(±0℃)		理论排气量(m^3/h)	蒸汽器(配置 XL 系列氟用吊顶式冷风机)					风　机				空　调　库			
	制冷量(kW)	功率(kW)		型　号	数量(台)	片距(mm)	换热面积(m^2)	名义换热量(kW)	数量(台)	直径(mm)	风量(m^3/h)	风压(Pa)	面积(m^2)	容积(m^3)	贮藏吨位(t)	日进货量(t/d)
MGM-16			5.3													
MGM-18	2.66	1.30	5.3													
MGM-22	3.47	1.70	6.6	XL-2.0/10	1	4.5	10	2.0	1	*DN*330	1700	98	11	22	5	0.5
MGM-28	4.88	2.4	8.3	XL-3.0/15	1	4.5	15	3.0	2	*DN*330	1700×2	98	15	32	8	0.8
MGM-32	5.52	2.75	9.3	XL-4.1/20	1	4.5	20	4.1	2	*DN*330	1700×2	98	19	41	10	1
MGM-36	6.22	3.15	10.6	XL-5.0/25	1	4.5	25	5.0	3	*DN*330	1700×3	98	23	48	12	1.2
MGM-36	6.22	3.15	10.6	XL-4.1/20	2	4.5	20×2	4.1×2	2×2	*DN*330	1700×4	98	29	61	15	1.5
MGM-40	7.78	3.4	12.0													
MGM-50	8.00	3.95	14.8	XL-5.0/25	2	4.5	25×2	5.0×2	3×2	*DN*330	1700×6	98	36	80	20	2
MGM-64	11.45	5.0	18.6	XL-5.0/25	2	4.5	25×2	5.0×2	3×2	*DN*330	1700×6	98	44	100	25	2.5
MGM-64	11.45	5.0	18.6	XL-5.0/25	3	4.5	25×3	5.0×3	3×3	*DN*330	1700×9	98	52	120	30	3
MGM-64	11.45	5.0	18.6	XL-11.2/55	1	4.5	55	11.2	2	*DN*400	3000×2	118	52	120	30	3
MGM-80	14.06	6.35	23.7	XL-5.0/25	3	4.5	25×3	5.0×3	3×3	*DN*330	1700×9	98	61	139	35	3.5
MGM-80	14.06	6.35	23.7	XL-5.0/25	4	4.5	25×4	5.0×4	3×4	*DN*330	1700×12	98	71	161	40	4
MGM-80	14.06	6.35	23.7	XL-8.0/40	2	4.5	40×2	8.0×2	2×2	*DN*400	3000×4	118	71	161	40	4

注:表中的冷凝温度均设定为38℃。

图名	±0℃蒸发系统安装（一）	图号	LK7—08(一)

法国美优乐机组(一台机组的能力)　±0℃蒸发系统制冷装置 DIY　制冷剂(R22 等);库板厚度(75mm);库温(+5℃)　(续)

型号	蒸发温度(±0℃)		理论排气量(m^3/h)	蒸汽器(配置 XL 系列氟用吊顶式冷风机)					风机				空调库			
	制冷量(kW)	功率(kW)		型号	数量(台)	片距(mm)	换热面积(m^2)	名义换热量(kW)	数量(台)	直径(mm)	风量(m^3/h)	风压(Pa)	面积(m^2)	容积(m^3)	贮藏吨位(t)	日进货量(t/d)
MGM100	16.77	7.2	29.8	XL-5.0/25	4	4.5	25×4	5.0×4	3×4	DN330	1700×12	98	81	200	50	5
MGM100	16.77	7.2	29.8	XL-11.2/55	2	4.5	55×2	11.2×2	2×2	DN400	3000×4	118	81	200	50	5
MGM100	16.77	7.2	29.8	XL-21.3/105	1	4.5	105	21.3	2	DN500	6000×2	167	81	200	50	5
MGM125	22.02	9.5	37.6	XL-5.0/25	6	4.5	25×6	5.0×6	3×6	DN330	1700×18	98	92	239	60	6
MGM144			42.0													
MGM160	26.93	12.1	47.3	XL-5.0/25	6	4.5	25×6	5.0×6	3×6	DN330	1700×18	98	104	280	70	7
MGM160	26.93	12.1	47.3	XL-5.0/25	8	4.5	25×8	5.0×8	3×8	DN330	1700×24	98	110	318	80	8
MGM160	26.93	12.1	47.3	XL-16.2/80	2	4.5	80×2	16.2×2	2×2	DN500	6000×4	147	104	280	70	7
MGM160	26.93	12.1	47.3	XL-21.3/105	2	4.5	105*2	21.3×2	2×2	DN500	6000×4	167	110	318	80	8
MGM200	32.85	14.55	59.6	XL-21.3/105	2	4.5	105*2	21.3×2	2×2	DN500	6000×4	167	126	400	100	10
MGM250	44.97	18.8	75.2	XL-25.0/125	2	4.5	125*2	25.0×2	3×2	DN500	6000×6	167	147	520	130	13
MGM288	49.43	21.35	84.0	XL-32.6/160	2	4.5	160*2	32.6×2	3×2	DN500	6000×6	167	158	560	140	14
MGM320	54.11	24.15	94.5	XL-37.6/185	2	4.5	185*2	37.6×2	4×2	DN500	6000×8	167	170	600	150	15

注:表中的冷凝温度均设定为 38℃。

图名	±0℃蒸发系统安装（二）	图号	LK7—08(二)

2 通 风 工 程

安　装　说　明

1. 通风工程安装规范

通风工程安装质量的好坏，直接影响送、排风系统和空调系统的使用效果，严重时造成不正常运行。因此，通风工程安装必须密切配合土建和装饰工程，精心施工，并严格履行安装规程中的条例和工程验收规范。

(1)《通风与空调工程施工质量验收规范》(GB50243—2002)；

(2)《采暖通风与空气调节设计规范》(GB50019—2003)

(3)《压缩机，风机，泵安装工程施工及验收规范》(GB50275—98)

(4)《机械设备安装工程施工及验收通用规范》(GB50231—98)

(5)《工业金属管道工程施工及验收规范》(GB50235—97)

(6)《现场设备，工业管道焊接工程施工及验收规范》(GB50236—98)

(7)《工业设备及管道绝热工程设计规范》(GB50264—97)

(8)《工业设备及管道绝热工程质量检验评定标准》(GB50185—93)

(9)《工业金属管道设计规范》(GB50316—2000)

(10)《工业金属管道工程质量检验评定标准》(GB50184—93)

(11)《高层民用建筑设计防火规范》(GB50045—95)

(12)《建筑设计防火规范》(GB50016—2006)

2. 通风系统调试与工程验收

通风系统必须在安装完毕，运转调试之前会同建设单位进行全面检查，全部符合设计、施工及验收规范和工程质量检验评定标准的要求，才能进行运转和调试。

通风系统风量调试之前，先应对风机单机试运转，风机可连续运转，运转时间应不少于2h，设备完好符合设计要求后，方可进行系统调试工作。

通风系统的调节阀、防火阀、排烟阀、送风口和回风口内的阀板、叶片应在开启的实际工作状态位置。

(1)通风系统风量测定与调整

1)先粗测总风量是否满足设计风量要求。然后干管和支管的风量可用毕托管、微压计进行测量，测定截面的位置应选择在气流均匀处，按气流方向，应选择在局部阻力之后大于或等于4倍管径(或矩形风管大边尺寸)和局部阻力之前，大于或等于1.5倍管径(或矩形风管大边尺寸)的直管段上。当条件受到限制时，距离可适当缩短，且应适当增加测点数量。

2)对送(回)风系统调整采用“流量等化分配法”，

“动压等比分配法”或“基准风口调整法”等，从系统的最远最不利的环路开始，逐步调向通风机。

3)风口风量测定可用热电风速仪、叶轮风速仪或转环风速仪，测量时应贴近格栅及网格，用定点测量法或匀速移动法测出平均风速，计算出风量。测试次数不少于 3~5 次，散流器可采用加罩测量法。

4)如因直管段长度不够，测定截面离风机较远，应将测定截面上测得的全压值加上从该截面至风机出口处这段风管的理论计算压力损失。

5)在矩形风管内测定平均风速时，应将风管测定截面划分若干个相等的小截面使其尽可能接近于正方形；在圆形风管内测定平均风速时，应根据管径大小，将截面分成若干个面积相等的同心圆环，每个圆环应测量四个点。

6)没有调节阀的风管，如果要调节风量，可在风管法兰处临时加插板进行调节，风量调好后，插板留在其中并密封不漏。

7)通风机吸入端测定截面位置应靠近风机吸入口。

8)通风机的风量应为吸入端风量和压出端风量的平均值，且通风机前、后的风量之差不应大于 5%。

(2)通风系统风量调整平衡后，应达到如下要求

1)风口的风量、新风量、排风量、回风量的实测值与设计风量的允许偏差值不大于 10%。

2)新风量与回风量之和应近似等于总的送风量，或各送风量之和。

3)总的送风量应略大于回风量与排风量之和。

(3)工程验收

1)风管、风机安装正确牢固。

2)风管连接处以及风管与设备或调节装置的连接处无明显漏风现象。

3)各类调节装置的制作安装正确牢固，调节灵活，操作方便。

4)通风机安装符合规范要求，单机试运转合格。

5)隔热层无断裂和松弛现象，通风系统油漆均匀光滑。

6)通风机的风量、风压及转数测定应符合设计要求。

7)系统与风口的风量必须经过调整达到平衡，实测风量与设计的偏差值不应大于 10%。

8)风管系统的漏风率应符合设计要求或不应大于 10%。

9)提交验收文件和验收记录，办理验收手续并投入使用。

空气净化与热湿处理设备安装说明

空气净化与空气热湿处理要用通风解决。通风可以使空气洁净、环境舒适。

空气净化是指对空气中的粉尘、有害气体(含有害蒸气)、病菌等进行净化，达到卫生和排放标准，使空气去除污染，获得清洁环境；空气热湿处理是指对空气温度、湿度、气流速度等进行处理，达到舒适环境。

粉尘可以通过除尘过滤(除尘器种类很多，如：重力沉降室、惯性除尘器、旋风除尘器、过滤式除尘器、湿式除尘器、电除尘器等，本书主要介绍各种空气过滤器)。有害气(汽)体通过燃烧法、冷凝法、吸收法和吸附法处理(如：转轮式吸附机是一种活性炭素纤维加工成0.2mm厚的纸做成的新型有害气体净化装置，浓缩的有害气体再用燃烧、吸收等方法进一步处理)，书中主要介绍吸附法处理。

空气温、湿度的热、湿处理主要通过对湿空气：

“加热”(通过热水、热蒸汽、电加热等方式)，如：表面式加热器、电加热器等；

“冷却”(干冷和湿冷)，如：表冷器、喷水室等；

“加湿”(喷水的等焓加湿和喷蒸汽的等温加湿)。喷水等焓加湿设备主要有：压缩空气喷雾器、电动喷雾机、超声波加湿器、轴流风机喷雾加湿装置、离心式加湿器等；喷蒸汽等温加湿设备主要有：蒸汽喷管、干蒸汽喷管、电热式和电极式加湿等；

“减湿”(除采用“喷水室”和“表冷器”减湿外，还使用“加热通风法”、“冷冻去湿机”和“吸湿剂”，如：复合硅胶氯化锂转轮除湿机、无机纤维硅胶类吸湿剂转轮除湿机、分子筛常压空气干燥系统等吸附式转轮除湿设备)。在固体吸湿剂和液体吸湿剂中，常用的有硅胶、铝胶、活性炭、分子筛、氯化钙、生石灰、氯化锂吸湿纸(机)、三甘醇、溴化锂溶液等。

即对湿空气进行：“等湿升温”(加热)、“等湿冷却”(干冷)、“冷却干燥”(湿冷)、“等焓加湿”(加湿)、“等温加湿”(加湿)、“等焓减湿”(减湿)等六个处理过程达到温、湿度的舒适要求。

中央空调系统主要通过“喷水室”或“表面式换热器”完成热、湿处理过程。

在全新风中央空调系统中，采用全热交换器能量回收设备，不仅大大减少冷(热)源设备的装机容量，而且降低噪声。对于生物安全防护实验室，常采用专用风管的排风系统以创造定向的气流来引导气流由“洁净”区流向“污染”区。排风不可在建筑的任何部分进行循环，且需设置有效过滤装置及污染处理设备，防止交叉感染，正确布置送、排风机的位置以保证在全热交换器内新风处于正压，排风处于负压，使细菌转移率降到最低。全热交换器应设置在新风过滤器和排风末端高效过滤器的下游侧，以达到延长全热交换器使用寿命。

图名	空气净化与热湿处理设备安装	图号	TF1—01

1. 空气过滤器安装

空气过滤器分为：超高效空气过滤器、高效空气过滤器、中效空气过滤器、粗效空气过滤器和其他形式空气过滤器(包括 FFU 自带风机空气过滤器机组)。此外，选用时应注意产品的形式，如：无隔板、有隔板、组合式、耐高温、耐高湿、超薄型、袋式、折叠式、板式、可洗式、一次性以及采用无纺布、玻璃纤维、尼龙网、金属孔网、活性炭和生产各类粗、中、高效耐温、耐湿及除菌等特殊性能的空气过滤纸等滤料。安装时应注意密封性，采用合适的胶粘剂和密封胶。

2. 加湿器安装

(1)湿膜加湿器安装

1)占用空间小，汽化距离短，有利于空调小型化。

2)有极好的亲水性和布水性，有利于水在空气中的汽化蒸发。

3)铝合金湿膜加湿器汽化比表面积为 500~700m^2/m^3，有机和无机湿膜加湿器汽化比表面积为 350m^2/m^3。

4)饱和效率高，可达 90%左右。根据进口空气相对湿度不同，可自行调节加湿量，无冷凝现象。

5)汽化距离短，当风速小于 3m/s 时，不必另设挡水板，有效地缩短了加湿段，节省了空间和空调造价。(风速大于 3m/s，需加挡水板)。

6)汽化加湿材料的不(阻)燃性，能够满足空调的防火要求。

7)加湿器用水无需另作处理，洁净的自来水即可。

8)由于有良好的导热性，所以具有明显的降温效果(3~8℃)，更适用于西北干燥地区(干球 35~40℃，湿球 18~20℃)。有良好的降温、除尘效果，无白粉现象，并能起到清洁空气的作用。

9)安装简便，体积小，安装位置灵活，寿命长。有立式、卧式和管道式安装。

10)采用直接供水方式时，供水定量阀根据当地水压调整至合适位置，观察湿膜表面基本都有水流，但又无水滴飞溅现象。(水量过大，浪费水，造成过大水阻和过水现象)。采用循环供水方式时，根据合适的供水量，调整好水泵、定量阀和溢流阀。

11)初次供水，先将给水管内杂质排尽，然后与过滤器连接。

12)使用湿度控制器，控制上、下限宜宽，以避免频繁开停机。

13)定期清理过滤器和清洗循环水箱。

(2)风管式加湿器安装

1)风管式加湿器是一种独立加湿方式，不受空调器尺寸限制，安装机动灵活，占地空间小，不用加湿段，尤其适用空调改造工程。

2)使用环境温度：5~40℃；湿度（5%~80%）RH。

3)给水水质：洁净自来水；给水压力：0.05~0.5MPa。

图名	空气净化与热湿处理设备安装	图号	TF1—01

4)风管断面风速：0.05～3.0m/s。

(3)电热式加湿器安装

1)电热式加湿器是在不锈钢蒸汽发生器中通电加热不锈钢特制电热管，使水加热、沸腾而产生纯净的、无污垢、无细菌及白粉状的蒸汽，向环境加湿。对水质没有特殊要求。

2)可提供2～80kg/h的10个等级规格的额定加湿量，每个规格的加湿量可在0～100%范围内精确地线性控制。

3)与空调机组配套，可直接加湿场所，尤其适用超净化车间的加湿，如：电子、计算机、制药、医疗、印刷等净化车间超洁净加湿。

4)性能稳定、安全可靠、寿命长、性价比高，易于安装、维修。

5)安装方式有：空调机内装方式、喷管式(与空调配套)空调支架安装、室内直吹一体式安装和直吹分离式安装。

(4)高压喷雾加湿器安装

1)喷管安装在空调机内，应牢固可靠，要设接水盘、挡水板、泄水管并接地漏。接水盘与空调内侧板之间要有良好密封，不得漏水。应设置检修门。

2)加湿主机在室外安装，要有必要的防水、防冻措施。

3)供水管路与加湿器进水管连接前应先清除管内脏物，以免造成堵塞停机。

4)机体必须做可靠接地。

5)每年使用前，过滤器必须清洗一次、每年一次或根据报警指示及时清理喷嘴喷孔。

6)喷嘴喷射方向应垂直或逆向于风向安装。

7)使用前，先用长十字旋具从机壳后部伸入至电机尾部，旋转灵活后再开机。

(5)户式中央空调加湿器安装

1)户式中央空调加湿器为小型、舒适性加湿器，采用湿膜汽化蒸发加湿方式，具有安全可靠、低噪声、加湿安装方便等特点，被广泛用于户式中央空调中。

2)安装方式为立式和卧式。湿膜厚度一般为120mm厚，膜材为无机膜。

(6)干蒸汽加湿器安装

1)为防止蒸汽主管路中的冷凝水、铁锈、杂质等流入支路并堵塞蒸汽开关阀，支路蒸汽管按立式、卧式安装图进行安装。支路蒸汽管与主路蒸汽管连接时，应高出主路蒸汽管100mm以上。

2)喷管安装时，将喷管插入空调器内，通过安装法兰、支架，将蒸发器固定于空调器壁板上，15型、20型卧装式喷管应略向下倾斜2°～3°角安装；40型、50型竖装式喷管应略向上扬2°～3°角安装，以便使冷凝水从喷管内顺畅回流。

3)由于喷管是采用上喷式，所以喷管安装时应保证与空调顶板有足够空间，一般应大于700mm，离送风口及障碍物的最佳距离为≥1.2m，或蒸汽压力＞0.3MPa，应防止产生凝水现象。

4)加湿器喷管与湿度测量点或湿度控制器之间距离不小于4m，安装高湿传感器可防过量凝水，控制过量加湿。

5)净化空调安装蒸汽管，最好装在过滤网之后，以防过滤网积水造成风阻。

图名	空气净化与热湿处理设备安装	图号	TF1—01

6)当供汽压力大于0.4MPa时，为保证安全，必须在蒸汽开关阀之前安装减压阀。

7)在自动蒸汽加湿控制系统中，由于停机时间过长，管路中凝水在开机时有冲击现象，宜在电动阀前加装一个疏水器，自动随时排水，可避免冲击过水现象。

8)在蒸汽进入干蒸汽开关阀之前，应加排污阀，防止冷凝水及杂质流入开关阀。在每次使用前或长期停放重新开机时，应先关蒸汽阀，打开排污阀，充分排放铁锈、杂质和冷凝水，然后关闭排污阀，打开蒸汽阀。

9)空调机加湿段内应配置接水盘、泄水孔并保持畅通可靠。

(7)水汽喷雾加湿器安装

1)采用喷头二次撞击雾化技术，汽、水压力、流量可任意调至最佳值，具有高自控性，即采用汽控水阀，汽断则水断，防止误加湿，撞钩式喷头结构使二次雾化率高。尤其适合环境恶劣场合的除尘、净化、降温和高湿需求(≥95% RH)，大环境直接加湿，洁净加湿，如：纺织厂、卷烟厂、汽车喷涂、印刷、冷库、花卉、木材加工、煤炭加工、工业空调、风管加湿等。

2)采用专用水处理器或水过滤器，防止堵塞，无机械运转件，无故障运行，无结垢阻塞，具有优良的性价比。

3)A型喷头射程远，适合大空间加湿，如：印刷、纺织、造纸、木材、汽车、钢厂等；B型喷头雾粒细小，更适用短汽化距离加湿，如：空调、风道、冷藏等。

4)安装方式：侧壁支架安装方式、室内吊顶方式和厂房总体设计。

(8)电极式加湿器安装

1)电极式加湿器产生的蒸汽是纯净的，没有污垢、细菌及白粉现象。加湿范围3～90kg/h。

2)安装蒸汽橡胶软管时，应选取最近的线路，防止蒸汽管中部向下拐弯，以防存水，同时，要保证喷管向下倾斜3°角，否则，必须在低曲线点加装冷凝三通管。

3)空调器安装不锈钢蒸汽喷管时，蒸汽分配管与其他障碍物之间的最小距离不小于2m。蒸汽分配管弯曲安装时，应置于中心轴线之上。

(9)离心式加湿机安装

1)离心式加湿机是通过高速运转电机将进水用强力甩出打在雾化盘上，处理成5～10μm超微粒子吹到空气中进行加湿降温。

2)离心式加湿机可吊装、壁装、墙壁穿孔等安装方法，不占用工作场地，安全可靠，寿命长。

3. 全热交换器安装

全热交换器目前种类不少，其中一种是由高传热效率的分子筛干燥混合涂层制成，具有极高的结构强度、高精度表面垂直度及径向跳动度误差在2.000mm距离上不超过2mm。直径范围：200～5000mm。在3m/s风速时，全热回收效率高达79%，阻力170Pa。

高效空气过滤器：

GKA 系列耐高湿高效空气过滤器

(1)适用于医药行业输液生产等要求高湿度环境的空气净化。

(2)效率高、阻力低、容尘量大、耐高湿性能好。

GKW 系列耐高温高效空气过滤器

(1)适用于超净烘箱等要求高温空气净化的设备和系统，最高温度达 350℃。

(2)效率高、容尘量大、耐高温性能好。

GKYW 系列组合式高效空气过滤器

(1)适用于需大风量的空调机组及其他净化设备的终端过滤。

(2)效率高、阻力低、风量大。

超高效空气过滤器：

GKUL 系列 0.1μm 无隔板超高效空气过滤器

(1)对 0.1～0.2μm 粒子的捕集效率达到 99.9995%以上(计数法)。

(2)超低阻、效率高、厚度薄、重量轻、运行成本低。

(3)用于超 ULSI 制造工厂等超高洁净度场合。

GK 系列有隔板高效空气过滤器

(1)由超细玻璃纤维作滤料，纸或铝箔作分隔板。

(2)效率高、阻力低、容尘量大、风速均匀。

(3)适用于各种局部净化设备和净化厂房。

GKYC 和 CKYD 系列无隔板高效空气过滤器

(1)效率高、外形美观。

(2)采用液槽与刀架配合，利用自重压紧，安装方便、密封性好。

GKYL 系列超低阻无隔板高效空气过滤器

(1)迎面风速 0.95m/s 以上，阻力在 160Pa 以下。

(2)超低阻、效率高、厚度薄、重量轻、运行成本低。

GKYS 系列无隔板高效空气过滤器

(1)效率高、重量轻、厚度薄、安装方便、密封性好、运行成本低。

(2)广泛用于电子、医药、食品等大面积的洁净环境。

图名	空气过滤器安装（一）	图号	TF1—02(一)

中效空气过滤器：

F6 袋式中效空气过滤器

(1)广泛运用于空调系统的中级过滤。

(2)可重复使用多次、阻力低、风量大。

F7 袋式中效空气过滤器

(1)适用于普通空调通风系统。

(2)滤料采用极细的玻璃纤维制成。

(3)滤料的平均效率在 85%(比色法)。

F8 袋式中效空气过滤器

(1)适用于普通空调通风系统。

(2)滤料采用极细的玻璃纤维制成。

(3)滤料的平均效率在 95%(比色法)。

F9 袋式中效空气过滤器

(1)高集尘效率。

(2)颜色为淡黄色、白色。

(3)广泛运用于医药、电子、机械、食品等行业。

F5 袋式中效空气过滤器

(1)广泛用于空调系统的中级过滤。

(2)可重复使用多次、阻力低、风量大。

GKYW 系列组合式中效空气过滤器

风量大、阻力小、重量轻、安装方便、容尘量大。

ZKDF 系列中效空气过滤器

(1)用于一般空调通风系统的中级过滤。

(2)风量大、阻力低、容尘量大。

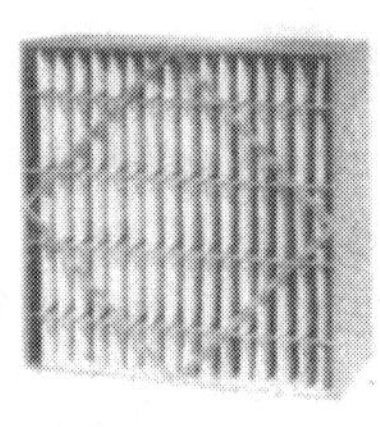

ZKDW 系列中效空气过滤器

(1)用于一般空调系统。

(2)风量大、阻力低、结构牢固。

图名	空气过滤器安装（二）	图号	TF1—02(二)

粗效空气过滤器：

折叠式粗效空气过滤器

(1)滤料由无纺布折叠而成。

(2)采用折叠方式能提供最大的气流过滤面积，而且强度高、风量大、阻力低。

(3)适用于空调系统的初级过滤。

超薄型板式粗效空气过滤器

(1)用于空调系统的初级过滤。

(2)价格便宜、厚度薄、风量大、阻力低。

高效空气过滤送风口：

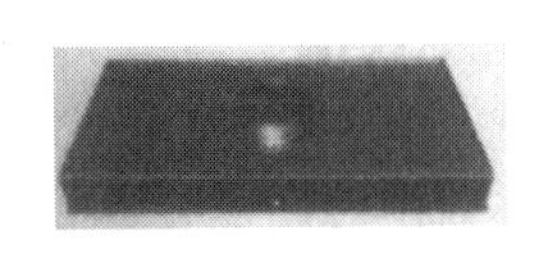

GKHT 系列超薄型高效空气过滤送风口

(1)用于洁净室的干式密封吊顶。

(2)阻力小、安装空间小、重量轻、可调节风量、施工方便。

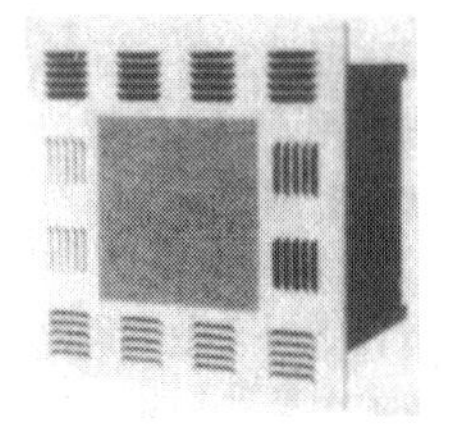

GKF 系列高效空气过滤送风口

(1)外壳用优质冷轧钢板制作，表面静电喷塑。

(2)风量大、投资少、更换方便。

板式粗效空气过滤器

(1)用于空调系统的初级过滤。

(2)阻力低、风量大、使用寿命长。

图名	空气过滤器安装（三）	图号	TF1—02(三)

其他形式空气过滤器：

一次性空气过滤器

(1)风量大，阻力小。

(2)适用于空调系统的初级过滤。

金属孔网空气过滤器

(1)可重复清洗使用，经济性高。

(2)一般用在中央空调的初级过滤系统。

(3)适用于特殊耐酸、碱或高温的通风过滤。

可洗式空气过滤器

(1)可重复使用多次。

(2)阻力小、风量大、使用寿命长。

(3)广泛运用于空调系统的初级过滤。

活性炭空气过滤器

(1)活性炭滤材，其表面吸附能力强，能有效去除气味和有害气体。

(2)适用于各种空调通风系统。

尼龙网空气过滤器

(1)可重复清洗使用，经济性高。

(2)一般用在中央空调、家用空调器的初级过滤系统。

(3)特殊耐酸、碱的通风过滤。

图名	空气过滤器安装（四）	图号	TF1—02(四)

胶粘剂和密封胶

胶粘剂和密封胶 应用于滤清器工业	产品类型	医用滤清器	电脑光盘过滤器	吸尘器过滤袋	工业气体、液体过滤器	舱体空气过滤器	HVAC 系统空气过滤器	空气粒子过滤器
Macromelt6238	PA 热熔胶	×						
Macroplast EP 9108/EP 5108	双组分环氧树脂胶				×	×		
Macroplast UK8103(B5)/UK 5400	双组分聚氨酯		×	×	×			
Macroplast UK8103 C B15/UK5400	双组分聚氨酯				×			×
Technomelt Q 2616CN	EVA 热熔胶	×					×	
Technomelt Q 2218CN	EVA 热熔胶						×	
Terostat MS 930	MS 改良硅烷密封胶				×		×	
Terostat MS 931	MS 改良硅烷密封胶	×					×	

FFU

FFU 自带风机过滤器机组

- ●不锈钢风机过滤器机组。
- ●低化学气体散播的组成材料。
- ●低耗能、降低运行成本。
- ●低噪声。

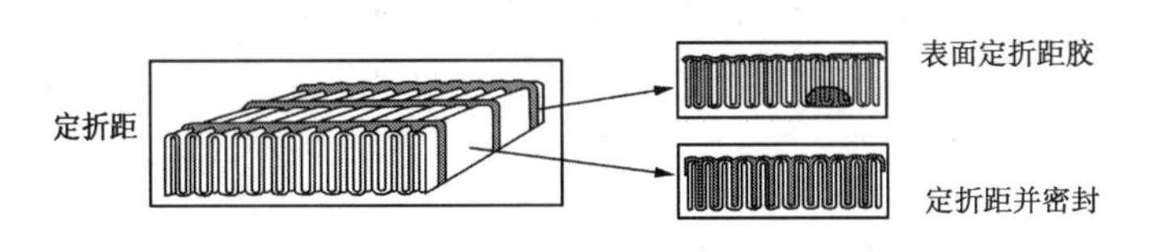

一些 FFU 的规格性能

品牌	功率 (W)	面风速 (m/s)	噪声 [dB(A)]	余压 (Pa)	重量 (kg)	面尺寸 (mm)
SHINSUNG	110	0.4	47	90	22	1200×600
AAF	140	0.45	51~55	55~100	35	1200×600
LUWA	260	0.38	52	70	80	1200×600
苏净	158	0.3	53	NA	NA	1200×600
ENVIRCO	80	0.45	49	138	29	1200×600
Varipro	305	0.45	NA	160	NA	1200×600
新晃	100	0.35	50	90	32	1200×600
日本无机	68	0.59	NA	NA	11.1	600×600
HITACHI	85	0.35	52	98	25	1200×600
台湾展菱	165	0.5	53	NA	NA	1200×600
QUEST	150	0.5	58	NA	23	1200×600
PANASONIC	85	0.35	49	98	37	1200×600

注:本表取同品牌 FFU 的较优值。

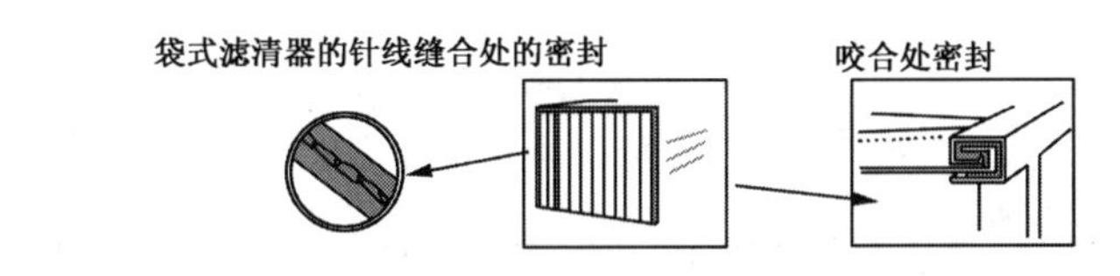

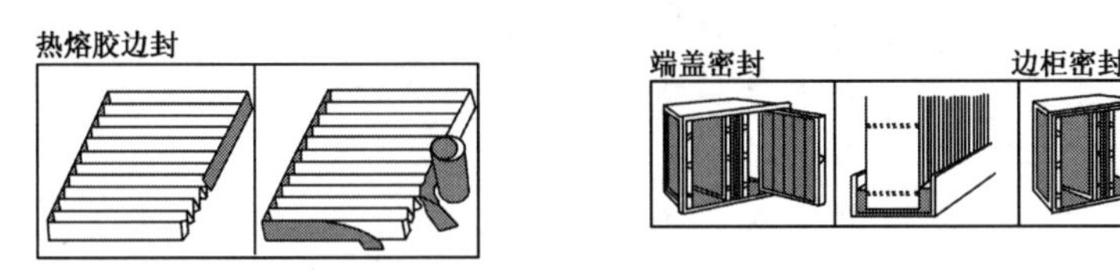

图名	空气过滤器安装（五）	图号	TF1—02(五)

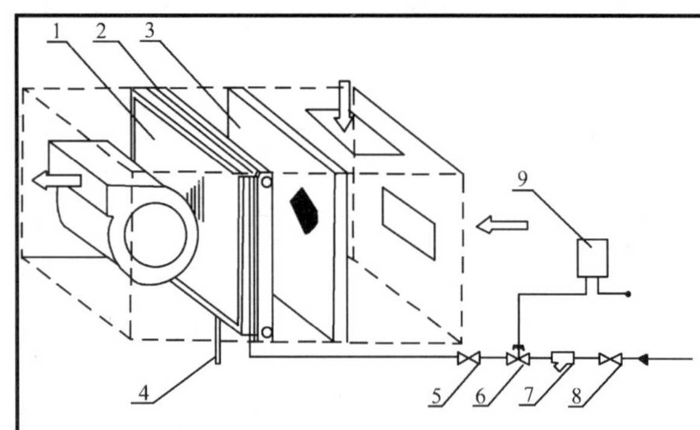

KMS 型湿膜加湿器

1—加湿器;2—加热器;3—过滤网;4—泄水口;5—定量阀;
6—电磁阀;7—过滤器;8—阀门;9—电控箱或湿控器

有机与无机湿膜加湿器(不同风速选型)

湿膜型号 / 技术参数 / 风速(m/s)	KMSB KMSC -60		KMSB KMSC -80		KMSB KMSC -100		KMSB KMSC -120		KMSB KMSC -150		KMSB KMSC -200		KMSB KMSC -300	
	饱和效率(%)	$1m^2$ 标准加湿量	饱和效率(%)	$1m^2$ 标准加湿量	饱和效率(%)	$1m^2$ 标准加湿量	饱和效率(%)	$1m^2$ 标准加湿量	饱和效率(%)	$1m^2$ 标准加湿量	饱和效率(%)	$1m^2$ 标准加湿量	饱和效率(%)	$1m^2$ 标准加湿量
2	38	34	47.5	42.5	57	51	67	60	77	69	87	82	98	91
3	36	32	45	40	54	48	65	58	73	65	83	78	92	88
4	34	30	43	38	52	46	63	56	71	63	81	74	86	84
5	32	28	41	36	50	44	61	54	69	61	79	70	80	81

有机与无机湿膜加湿器(标准风速选型)

空调机风量(m^3/n)	湿膜型号 / 加湿量(kg/h) / 表冷器截面积(m^2)	KMSB KMSC -60	KMSB KMSC -80	KMSB KMSC -100	KMSB KMSC -120	KMSB KMSC -150	KMSB KMSC -200	KMSB KMSC -300
2000	0.22	7.3	9	11	13	15	18	19
4000	0.44	15	18.5	22	26	30	36	39
6000	0.66	22	27	32	40	44	54	59
8000	0.89	29	36	44	52	60	72	79
20000	2.22	73	90	108	132	148	178	199
40000	4.44	146	181	216	264	296	360	392

铝合金湿膜加湿器(标准风速选型)

空调机风量(m^3/h)	湿膜型号 / 加湿量(kg/h) / 表冷器截面积(m^2)	KMSA -60	KMSA -80	KMSA -100	KMSA -120	KMSA -150	KMSA -200	KMSA -300
2000	0.22	8	10	12	15	17	19	20
4000	0.44	16	20	24	29	34	38	40
6000	0.67	24	29	36	44	51	57	60
8000	0.89	32	40	48	58	68	76	80
20000	2.22	80	100	120	144	167	189	200
40000	4.44	160	200	240	289	338	378	400
测试条件	$t=35℃$	$\phi=5\%RH$		$V=2.5m/s$		$t_2=20℃$		$\phi_2=55\%RH$

注:此表为标准 2.5m/s 风速以下,北方冬季标准工况下参数。

铝合金湿膜加湿器(不同风速选型)

湿膜型号 / 技术参数 / 风速(m/s)	KMSA-60		KMSA-80		KMSA-100		KMSA-120		KMSA-150		KMSA-200		KMSA-300	
	饱和效率(%)	$1m^2$ 标准加湿量	饱和效率(%)	$1m^2$ 标准加湿量	饱和效率(%)	$1m^2$ 标准加湿量	饱和效率(%)	$1m^2$ 标准加湿量	饱和效率(%)	$1m^2$ 标准加湿量	饱和效率(%)	$1m^2$ 标准加湿量	饱和效率(%)	$1m^2$ 标准加湿量
2	41	37	52	46	62	56	74	66	84	78	92	88	98	93
3	39	35	48	44	59	53	71	64	80	75	88	83	96	88
4	37	33	46	42	57	51	69	62	76	73	84	80	92	84
5	35	31	44	40	55	49	67	60	72	71	80	78	88	80

测试条件 $t=35℃$ $\phi=5\%RH$ $V=2.5m/s$ $t_2=20℃$ $\phi_2=55\%RH$

注:适用于不同风速的选型表。

图名	加湿器安装(一)	图号	TF1—03(一)

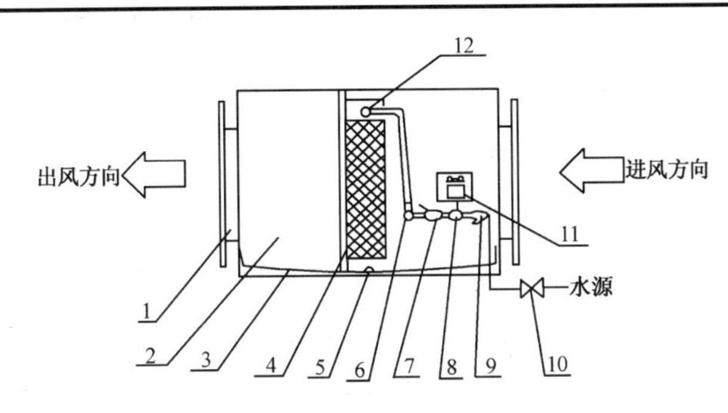

GSMF 型风管加湿器

1—法兰接口；2—风管；3—接水盘；4—湿膜加湿器；5—泄水管；
6—固定板；7—流量调节阀；8—电磁阀；9—过滤器；
10—截止阀；11—节水式电控箱；12—布水管

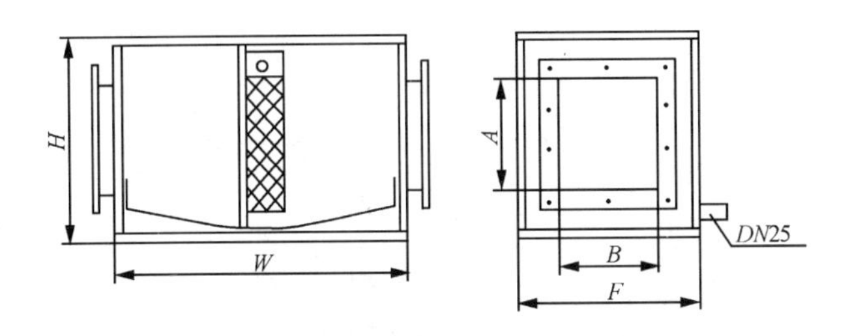

型　号	GSMF-05	GSMF-10	GSMF-15	GSMF-20	GSMF-30	GSMF-40
额定加湿量(kg/h)	3.7	7.5	11	15	22	29
最大风量(m^3/h)	500	1000	1500	2000	3000	4000
压力损失(Pa)	35	35	35	34	34	34
调试工况	进风空气温、湿度(35℃　5%RH 风速＜2.5m/s)					
电磁阀功率	AC　220V,20W					

型　号	GSMF-50	GSMF-60	GSMF-70	GSMF-80	GSMF-90	GSMF-100
额定加湿量(kg/h)	38	44	51	58	65	72
最大风量(m^3/h)	5000	6000	7000	8000	9000	10000
压力损失(Pa)	33	33	33	33	33	33
调试工况	进风空气温、湿度(35℃　5%RH 风速＜2.5m/s)					
电磁阀功率	AC　220V,20W					

注：以上混凝材料厚度如无特殊要求，则选型厚度为 120mm 厚。

尺寸 / 型号	外形尺寸 $W \times H \times F$(mm)	内口尺寸 $B \times A$(mm)	法兰用钢 (mm)
GSMF-05	320×250×600	250×200	30×30
GSMF-10	500×320×600	400×250	30×30
GSMF-15	630×400×600	500×520	30×30
GSMF-20	630×600×600	500×400	30×30
GSMF-30	800×630×600	630×500	30×30
GSMF-40	830×600×600	630×600	40×40
GSMF-50	1000×600×800	800×400	40×40
GSMF-60	1000×630×800	800×600	40×40
GSMF-70	1000×800×1000	800×830	40×40
GSMF-80	1250×700×1000	1000×500	40×40
GSMF-90	1250×850×1000	1000×630	40×40
GSMF-100	1250×1000×1000	1600×830	40×40

注：内口尺寸可由用户自行设计，以便配作。

安　装　说　明

1. 风管式湿膜加湿器是一种独立加湿方式，不受空调器尺寸限制，安装机动灵活，占地空间小，不用加湿段，尤其适用空调改造工程。

2. 使用环境温度：5～40℃。湿度：(5%～80%)RH。给水压力：0.05～0.5MPa。风管断面风速 0.05～3.0m/s。

图名	加湿器安装（二）	图号	TF1—03(二)

四种安装方式

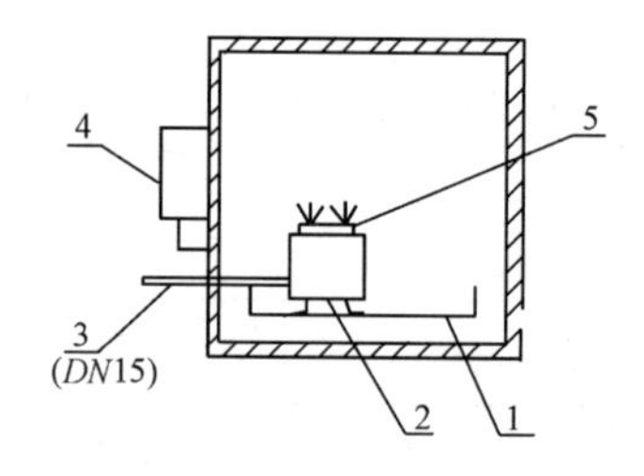

1. 空调机内装方式 DGS-A 型

1—凝水盘;2—排水管;3—进水管;

4—电控箱;5—蒸汽口

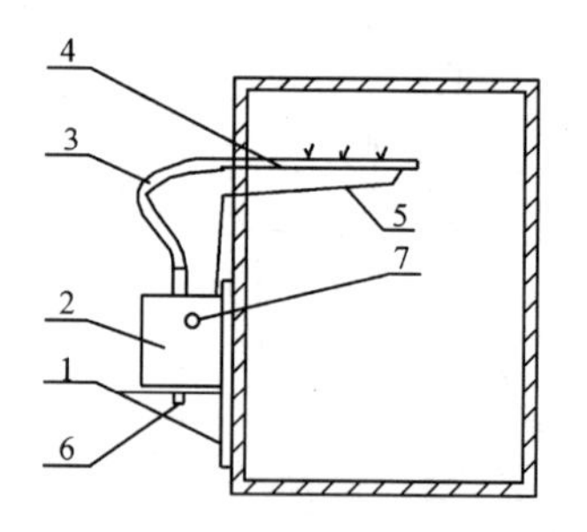

2. 喷管式(与空调配套)DGS-B 型　空调支架安装

1—支架;2—加湿器;3—蒸汽胶管;4—不锈钢管;

5—凝水管;6—排水管;7—进水管

加湿系统图

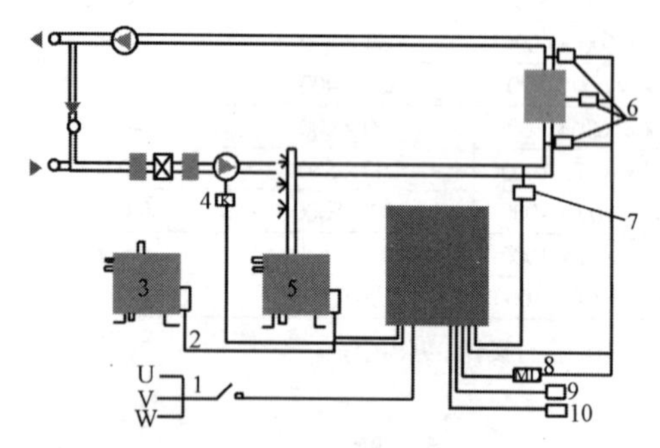

DGS 型电热式加湿器

1—供电电源;2—电加热电源;3—辅机(40kg/h 以上机型);

4—风机连锁;5—蒸汽加湿器;6—湿度传感器;

7—安全湿度控制器(选配);8—外部连续控制器(选配);

9—RS485 远程控制接口(选配);10—备用电源 12~24VDC

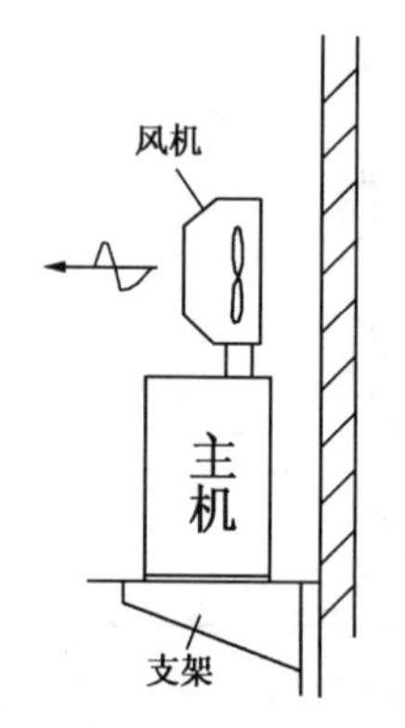

3. 室内直吹一体式 DGS-C 型

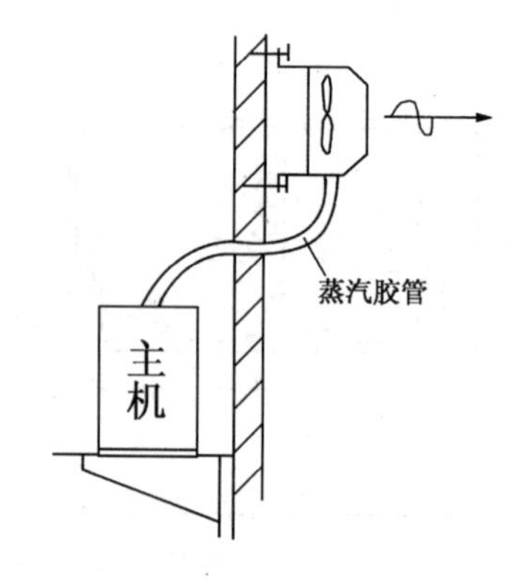

4. 直吹分离式（适用于高湿工况下 > 90%RH)DGS-D 型

图名	加湿器安装（三）	图号	TF1—03(三)

GYS-IV 型高压喷雾加湿器

型　　号	GYS-IVA 25	GYS-IVA 50	GYS-IVA 75	GYS-IVA 100	GYS-IVA 125	GYS-IVA 150
喷雾量(kg/h)	25	50	75	100	125	150
喷雾压力(MPa)	>0.4					
电源电压	220V,50Hz					
额定功率(W)	550W					
外形尺寸(mm)	380×100×240(长×宽×高)					

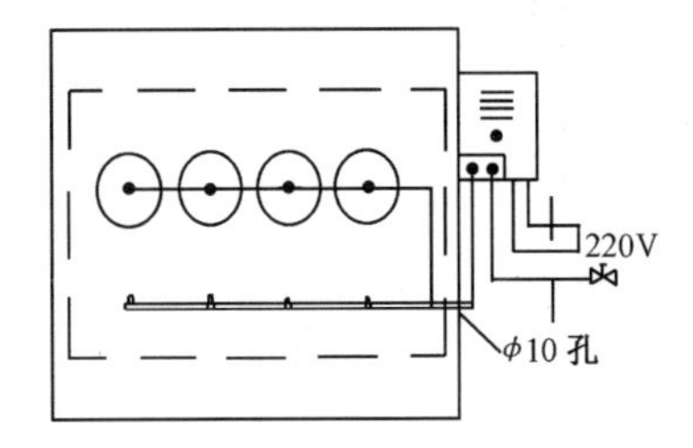

(a)加湿系统示意图

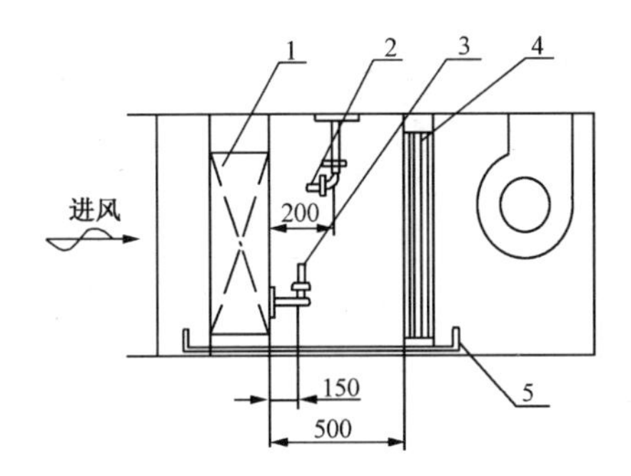

(b)喷雾器安装示意图

1—表冷器；2—逆向喷雾；3—垂直喷雾；4—挡水板；5—接水盘

型　　号	CYS-IVA 175	GYS-IVA 200	GYS-IVA 225	GYS-IVA 250	GYS-IVA 275	GYS-IVA 300	GYS-IVA 350
喷雾量(kg/h)	175	200	225	250	275	300	350
喷雾压力(MPa)	>0.4						
电源电压	220V　50Hz						
额定功率(W)	450W						
外形尺寸(mm)	380×180×240(长×宽×高)						

＊GYS-Ⅲ型卧式高压喷雾加湿器技术参数

型　　号	GYS-Ⅲ 400	GYS-Ⅲ 450	GYS-Ⅲ 500	GYS-Ⅲ 550	GYS-Ⅲ 600	GYS-Ⅲ 650
喷雾量(kg/h)	400	450	500	550	600	650
喷雾压力(MPa)	>0.5					
电源电压	220V　50Hz					
额定功率(W)	550W					
外形尺寸(mm)	450×230×330(长×宽×高)					
重量(kg)	22					
旋转双喷雾数	13	15	17	18	20	22

＊新风机组配高压喷雾加湿器选型表

(OA:0℃　50%　RA:20℃　40%)

空调风量(m^3/h)	2000	2500	3000	4000	5000	6000	7000	8000	10000	12000	15000	18000	20000
有效加湿量(kg/h)	12	15	18	24	30	36	42	48	60	72	90	108	120
加湿效率	33%												
喷雾量(kg/h)	36	45	54	72	90	108	126	144	180	216	270	324	360
加湿器型号	GYS-50	GYS-50	GYS-75	GYS-100	GYS-125	GYS-125	GYS-150	GYS-175	GYS-200	GYS-225	GYS-275	GYS-325	GYS-350
旋转喷雾数(双)	1	2	2	2	3	4	4	5	6	7	9	11	12

注：单头喷雾器 15kg/h　　双头：30kg/h。

＊组合空调配备高压喷雾加湿器选型表　　　　新风量 20%～30%

空调全风量(m^3/h)	喷雾量(kg/h)	型号	可旋转不锈钢双喷头数	空调风量(m^3/h)	喷雾量(kg/h)	型号	不锈钢喷头数
6000	36	GYS-IV A50	1	40000	240	GYS-IV A250	8
8000	54	GYS-IV A50	2	50000	300	GYS-IV A300	10
10000	60	GYS-IV A75	2	60000	360	GYS-IV A350	12
15000	90	GYS-IV A100	3	80000	480	GYS-IV A300×2 或 GYS-Ⅲ 500	16
20000	120	GYS-IV A125	4	100000	600	GYS-IV A300×2 或 GYS-Ⅲ 600	20
25000	150	GYS-IV A150	5	125000	750	GYS-IV A300×3 或 GYS-Ⅲ 650	25
30000	180	GYS-IV A175	6	160000	960	GYS-IV A300×3 或 GYS-Ⅲ 500×2	32
35000	210	GYS-IV A225	7	180000	1080	GYS-IV A300×4 或 GYS-Ⅲ 550×2	36

图名	加湿器安装（四）	图号	TF1—03(四)

HS-A 型户式中央空调加湿器

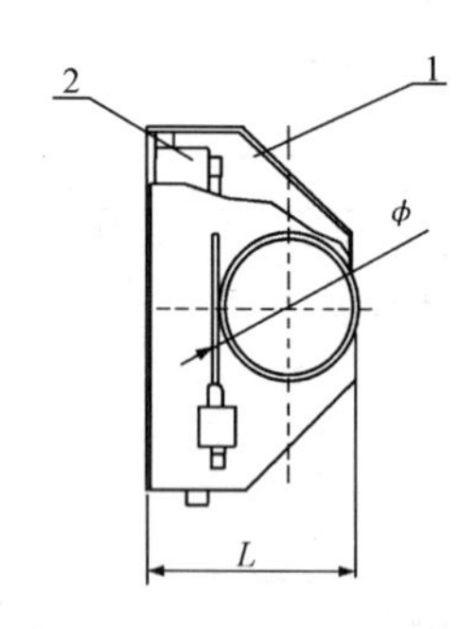

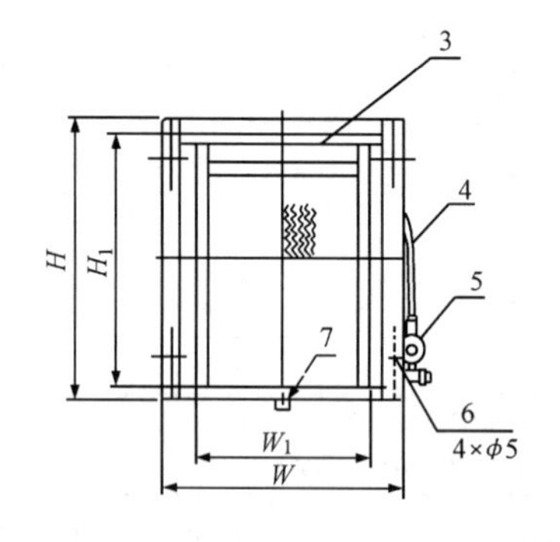

(a)结构及外形尺寸

1—外壳;2—湿膜;3—挡风板;4—进水管;
5—进水电磁阀;6—安装孔;7—排水口(DN20)

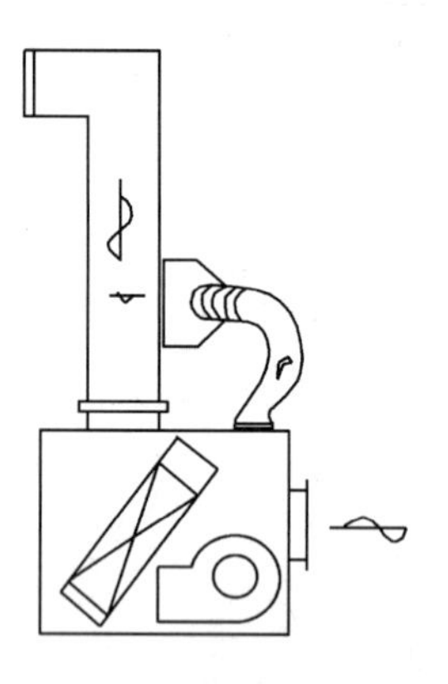

(b)安装示意图

1 > HS　A 型(风管立装式)

外型尺寸 \ 风量(m^3/h)	2000	4000	6000	8000
H	400	500	600	700
W	350	350	400	400
L	240	240	300	300
ϕ	ϕ150	ϕ200	ϕ200	ϕ250

图名	加湿器安装（五）	图号	TF1—03(五)

GZQ Ⅱ型干蒸汽加湿器

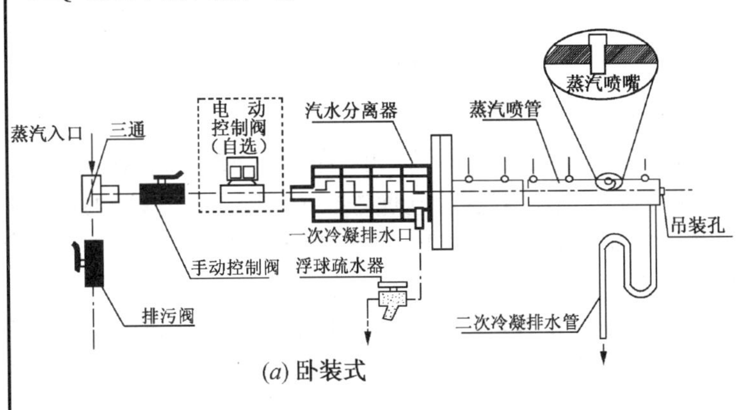

(a) 卧装式

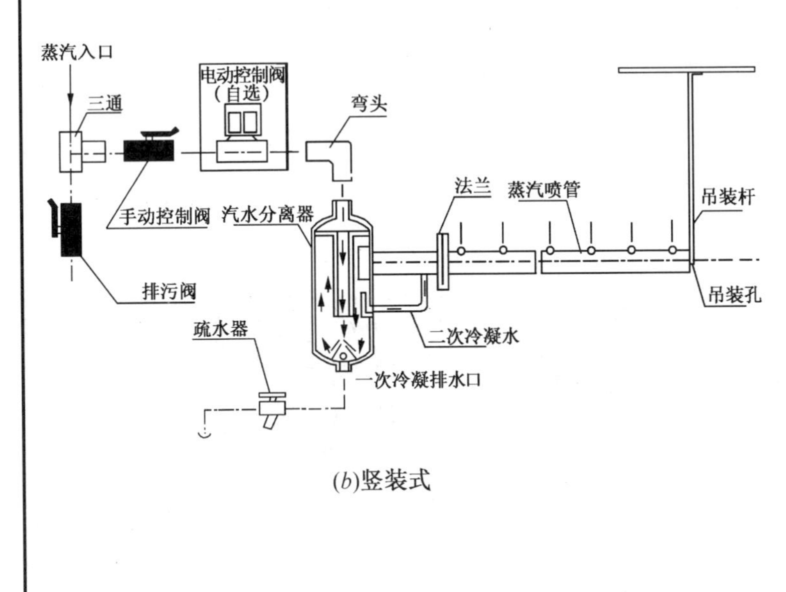

(b)竖装式

润康Ⅱ型干蒸汽加湿器选型技术性能表

供气压力（MPa）	额定加湿量(kg/h)										
	GZQⅡ-15			GZQⅡ-20			GZQⅡ-40			GZQⅡ-50	
	ϕ3		ϕ5	ϕ5	ϕ8		ϕ10			ϕ10	
0.1	2	9	22	48	61	70	75	102	139	192	240
0.2	3.5	14	35	68	105	120	140	160	215	310	390
0.3	4.5	18	40	95	153	188	200	217	293	445	560
0.4	6	24	58	120	196	228	245	274	374	585	750
分离器	卧式结构						立式结构				

润康Ⅱ型干蒸汽加湿器喷管长度选择(mm)

喷管代号		M1	M2	M3	M4	M5	M6	M7	M8	M9	M10	M11	M12	M13
喷管长度		310	460	610	910	1200	1500	1800	2100	2400	2700	3000	3300	3600
空调风道宽度	min	340	490	640	940	1240	1540	1840	2140	2440	2740	3040	3340	3640
	max	450	600	810	1180	1480	1780	2080	2380	2680	2980	3280	3580	3880

安装时，每根喷管末端应上扬2°～3°以确保冷凝水回流。

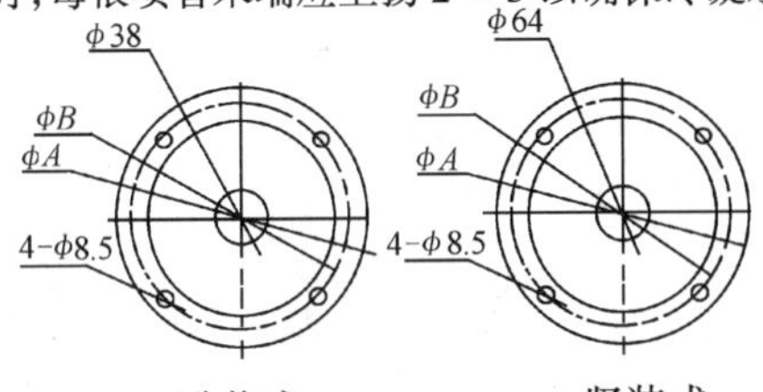

卧装式　　竖装式

外形尺寸表(mm)

型号 \ 尺寸	$L1$	$L2$	$L3$	ϕA	ϕB	ϕC	接口通径 DN
15	150	230	300	140	120	89	15
20							20
40	200	300	300	160	140	200	40
50							50

图名	加湿器安装（六）	图号	TF1—03(六)

GSQ 型水汽喷雾加湿器

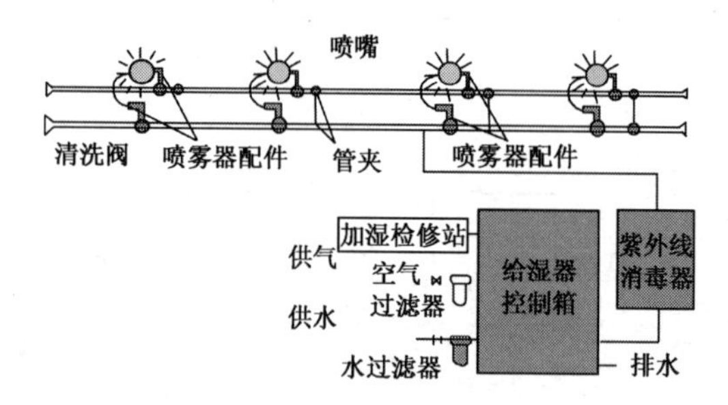

EL2D 系列电极加湿器(水循环系统)

安 装 说 明

EL2D 系列电极加湿器有七种型号，加湿范围为 3～90kg/h。

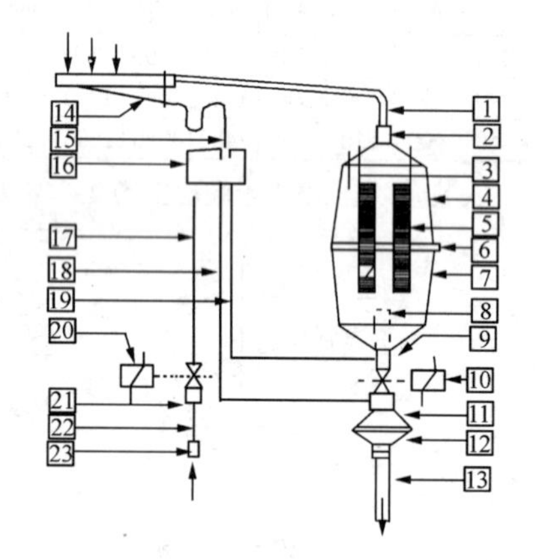

1—蒸汽软管;2—蒸汽出口;3—水位保护控制电极;4—上加湿桶;
5—电极片;6—水罐密封垫;7—下加湿桶;8—过滤网;
9—排水管;10—排水阀;11—上排水杯;12—下排水杯;
13—排水管;14—供水接头;15—进水管;16—过滤器;
17—进水电磁阀;18—注水软管;19—溢水软管;
20—注水杯反馈管;21—注水杯;22—冷凝水管;
23—蒸汽分配管

GSQ 型水汽喷雾加湿器

安 装 说 明

1. 喷嘴类型分 A 型/B 型两种。A 型喷嘴可用于虹吸方式供水加湿，射程远。可大范围直接加湿，如：印刷、纺织、造纸、木材加工、汽车喷涂线、钢厂降温、仓库等。B 型喷嘴采用撞钩式结构，雾粒成倍增加，且细小。更适用短气化距离加湿，如：空调、风道、冷藏室等。

2. 单个喷嘴喷雾量 5～7kg/h；耗气量 0.04～0.06m^3/min。水汽控制箱可控 12 个喷嘴。

3. 供水压力 0.1～0.8MPa；供气压力 0.2～1.2MPa。

LX—III 型离心加湿器

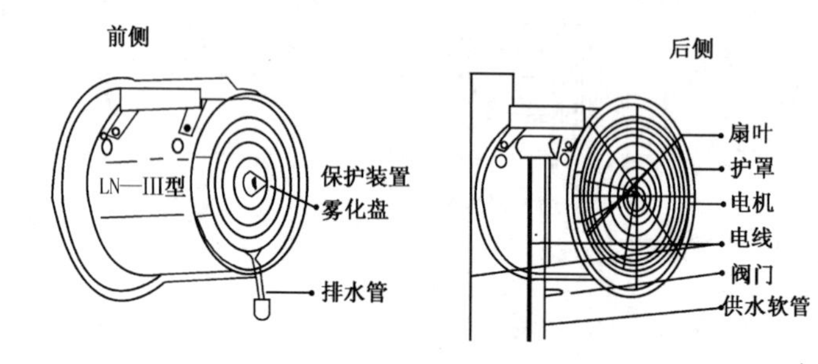

图名	加湿器安装（七）	图号	TF1—03(七)

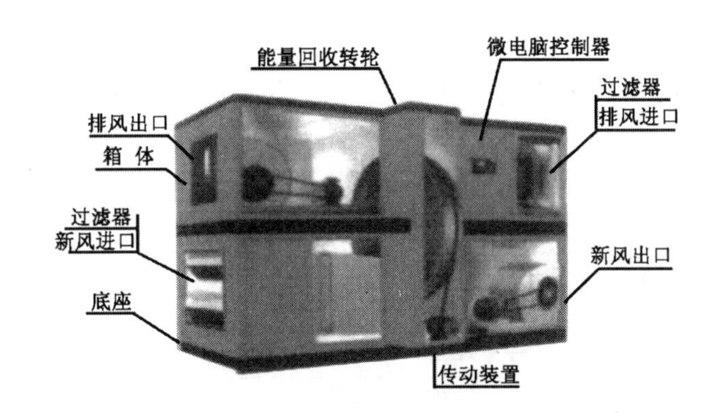

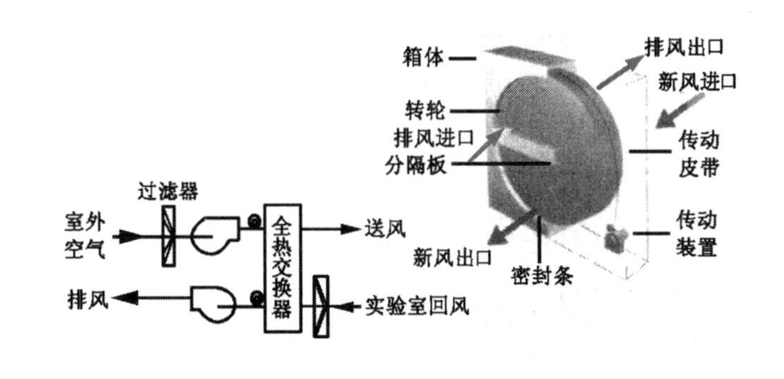

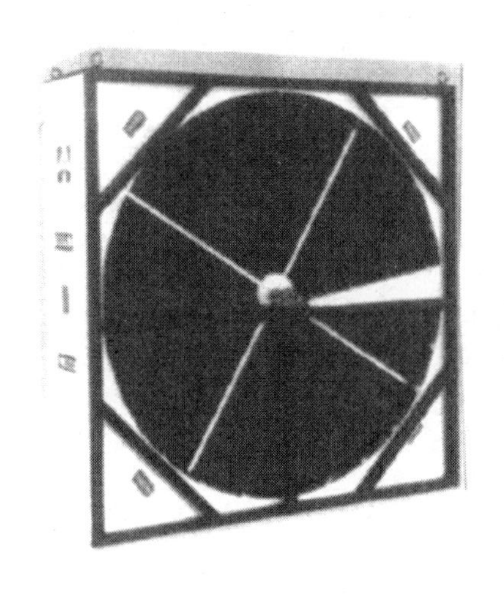

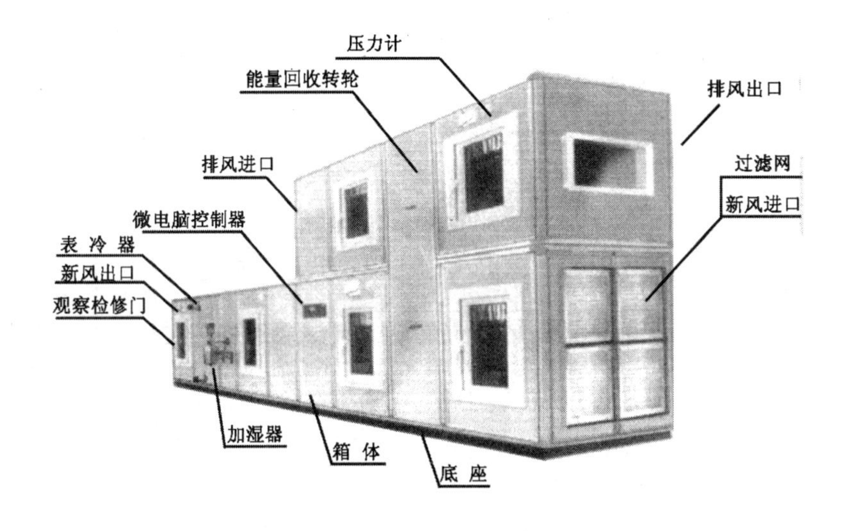

图名	全热交换器安装（一）	图号	TF1—04(一)

风速 回收效率 空气阻力	(m/s) (%) (Pa)	2.0 84.5 88	2.5 82 110	3.0 80 132	3.5 78 167	4.0 72 200	4.5 67 257	高(宽) (mm)	深 (mm)	重量 (kg)
规格	处理风量									
ZRQ-500	m^3/h	612	800	955	1150	1288	1444	650	500	135
ZRQ-600	m^3/h	943	1200	1402	1560	1880	2109	750	500	155
ZRQ-700	m^3/h	1280	1550	1879	2320	2568	2800	850	500	182
ZRQ-800	m^3/h	1650	2080	2590	2980	3480	3884	950	500	218
ZRQ-900	m^3/h	2180	2700	3321	3780	4320	4908	1050	500	240
ZRQ-1000	m^3/h	2680	3354	4080	4800	5200	5800	1150	500	265
ZRQ-1200	m^3/h	3960	4860	5864	6942	7849	8871	1350	500	332
ZRQ-1400	m^3/h	5340	6664	8140	9380	9890	11800	1550	500	409
ZRQ-1600	m^3/h	7008	8851	9780	12006	13800	15040	1750	530	488
ZRQ-1800	m^3/h	8852	10864	12875	14897	17000	19780	1950	530	576
ZRQ-2000	m^3/h	10900	13120	15890	18542	21894	24800	2150	530	741
ZRQ-2200	m^3/h	12100	15820	18642	22450	26001	29801	2350	530	905
ZRQ-2400	m^3/h	14800	19853	24000	27540	31020	35500	2600	580	1143
ZRQ-2600	m^3/h	18402	22450	26980	32100	37008	41200	2800	580	1289
ZRQ-2800	m^3/h	21805	26841	31893	37800	43140	48750	3000	580	1360
ZRQ-3000	m^3/h	24008	30854	37450	43100	48950	56423	3200	600	1495
ZRQ-3200	m^3/h	27540	35410	42500	50020	56440	63120	3400	600	1630
ZRQ-3400	m^3/h	31250	38954	47510	56413	64210	72141	3600	600	1787
ZRQ-3600	m^3/h	35512	44123	53214	63100	72154	80010	3800	600	1969
ZRQ-3800	m^3/h	40010	48690	60032	71003	81024	90087	4000	600	2130
ZRQ-4000	m^3/h	44583	55897	66542	78540	89657	100320	4280	622	2300
ZRQ-4200	m^3/h	48008	61980	73200	87000	98760	110800	4480	622	2488
ZRQ-4400	m^3/h	54000	67543	81080	96000	108000	120000	4680	622	2665
ZRQ-4600	m^3/h	59000	74100	88900	103100	118700	133700	4880	622	2890
ZRQ-4800	m^3/h	64563	80987	96621	112900	129876	146000	5080	622	3138
ZRQ-5000	m^3/h	70100	87200	100540	119870	139742	150000	5300	630	3380

图名	全热交换器安装（二）	图号	TF1—04(二)

风管及风口、风阀等风管部件安装说明

1. 风管与风管部件安装的准备工作

(1)材料

选用具有出厂合格证或质量鉴定文件的普通薄钢板、镀锌薄钢板、塑料复合钢板、不锈钢板、铝板、硬聚氯乙烯板、玻璃钢等材料制作风管。

一般镀锌钢板表面不得有裂纹、结疤及水印等缺陷，应有镀锌层结晶花纹。不锈钢板表面不得有划痕、刮伤、锈斑和凹穴等缺陷。铝板表面不得有划痕及磨损。塑料板材表面应平整，不得含有气泡、裂缝，厚薄均匀，无离层等现象。玻璃钢表面应平整，光滑美观。板材宜立靠在木架上，不要平叠，以免拖动时刮伤表面。操作时应使用木锤，不得使用铁锤，以免落锤点产生锈斑。

(2)工具

制作各种风管常采用龙门剪板机、电冲剪、手动电动剪倒角机、咬口机、压筋机、折方机、合缝机、振动式曲线剪板机、卷圆机、圆弯头咬口机、型钢切割机、角(扁)钢卷圆机、液压钳钉钳、电动拉铆机、台钻、手电钻、冲孔机、插条法兰机、螺旋卷管机、电烙铁、电气焊设备、空压机、油漆喷枪、割板机、锯床、圆盘锯、木工锯、钢丝锯、鸡尾锯、手用电动曲线锯、木工刨、砂轮机、坡口机、电热烘箱、管式电热器、电热焊机、车床以及不锈钢尺、角尺、量角器、划规、划线笔，各种台模、铁锤、木锤、拍板、冲子、扳手、十字旋具、一字旋具、钢丝钳、钢卷尺、手剪、倒链、滑轮绳索、錾子、射钉枪、刷子等。

2. 风管与风管部件制作

(1)金属风管制作

1)钣金：基本的划线方式是：直角线、垂直平分线、平行线、角平分线、直线等分、圆等分等。展开方法宜采用平行线法、放射线法和三角线法。根据图和大样风管不同的几何形状和规格，分别划线展开，并进行剪切。下料后在轧口之前，板材必须倒角。金属风管采用咬口、铆接、焊接等连接方法。咬口、铆接、焊接均按要求制作。制作金属风管，板材的拼接咬口和圆形风管的闭合咬口，可采用单咬口；矩形风管或配件，可采用转角咬口，联合角咬口，按扣式咬口；圆形弯管可采用立咬口。

钢板厚度小于或等于1.2mm可采用咬接；大于1.2mm可采用焊接；翻边对焊宜采用气焊，风管法兰的螺栓或铆钉的间距不应大于150mm，风管与角钢法兰连接，管壁厚度小于或等于1.5mm，可采用翻边铆接，铆接部位应在法兰外侧；管壁厚度大于1.5mm，可采用翻边点焊或沿风管的周边将法兰满焊。风管与扁钢法兰连接，可采用翻边连接。

2)法兰：方、矩形法兰由四根角钢组焊而成，划线下料时应注意使焊成后的法兰内径不能小于风管的外径，用切割机按线切断，下料调直后放在冲床上冲击铆钉孔或螺栓孔，孔距不应大于150mm，如采用8501阻燃密封胶条做垫料时，螺栓孔距可适当增大，但不得超过300mm，冲孔后的角钢放在焊接平台上进行焊接，焊接时按各规格模具卡紧。

圆形法兰用角钢或扁钢制作，先将整根角钢或扁钢放在冷煨法兰卷圆机上，按所需法兰直径调整机械的可调零件，卷成螺旋形状，将卷好后的型钢画线割开，逐个放在平台上找平找正，并进行焊接、冲孔。

薄钢板插条法兰和不锈钢，铝板风管法兰按其规定制作，薄钢板插条法兰有：U 型插条法兰，平面 S 型插条法兰和平面立筋插条法兰等。

3)风管：矩形风管边长大于或等于 630mm 和保温风管边长大于或等于 800mm，其管段长度在 1.2m 以上均应采取加固措施。如采用角钢加固、角钢框架固、风管壁棱线加固或风管壁滚槽加固。

风管与扁钢法兰可采用翻边连接。风管与角钢法兰连接时，风管壁厚小于或等于 1.5mm 可采用翻边铆接；风管壁厚大于 1.5mm 可采用翻边点焊或沿风管管口周边满焊。点焊时，法兰与管壁外表面贴合；满焊时，法兰应伸出风管管口 4~5mm。

法兰套在风管上，管端留出 10mm 左右翻边量，管折方线与法兰平面应垂直。用铆钉将风管与法兰铆固，并留出四周翻边，翻边应平整，不应遮住螺孔，四角应铲平，不应出现豁口，以免漏风。

风管与小部件(风嘴、短支管等)连接处，三通、四通分支处要严密，缝隙处应利用锡焊或密封胶堵严，以免漏风。使用锡焊，熔锡时锡液不许着水，防止飞溅伤人。

风管喷漆防腐不应在低温(低于 +5℃)和潮湿(相对湿度大于 80%)的环境下进行。喷漆前应清除表面灰尘、污垢与锈斑，并保持干燥。喷漆时应使漆膜均匀，不得有堆积、漏涂、皱纹、气泡及混色等缺陷。普通钢板在压口时必须先喷一道防锈漆，保证咬缝内不易生锈。

风管的咬缝必须紧密，咬缝宽度应均匀，无孔洞，半咬口或胀裂等缺陷。直管纵向咬缝应错开。

风管的焊缝严禁有烧穿、漏焊和裂纹及不应有气孔、砂眼、夹渣等缺陷。焊接后钢板的变形应矫正。纵向焊缝必须错开。

风管外观质量应达到折角平直，圆弧均匀，两端面平行，无翘角，表面凹凸不大于 5mm；风管与法兰连接牢固，翻边平整，宽度不小于 6mm，紧贴法兰。风管法兰孔距应符合设计要求和施工规范的规定，焊接应牢固，焊缝处不设置螺孔，螺孔具备互换性。风管加固应牢固可靠、整齐，间距适宜，均匀对称。不锈钢板、铝板风管表面应无刻痕、划痕、凹穴等缺陷，复合钢板风管表面无损伤，薄钢板插条法兰宽窄要一致，插入两管端后应牢固可靠。

(2)硬聚氯乙烯风管的制作

1)钣金：硬聚氯乙烯板展开下料方法与金属板基本相同。

2)风管：为保证板材焊接后焊缝的强度，应对焊接的板边加工坡口，坡口的角度和尺寸要求均匀一致，坡口及焊缝形式决定于连接方式和板材厚度。塑料板成形的加热可采用电加热、蒸汽加热和热空气加热等方法。矩形塑料

图名	风管及风口、风阀等风管部件安装说明	图号	TF2—01

风管折角时，把划好线的板材放在管式电加热器的两个电热管之间，使折线处局部受热直到塑料变软，然后放在折边机上折成所需角度。制作圆形风管时，将塑料板放到烤箱内预热变软后取出，把它放在垫有帆布的木模或铁卷管上卷制(木模外表面应光滑，圆弧正确，比风管长100mm)。各种异形管件的加热成形也应使用光滑木材或薄钢板制成的胎模煨制成形。矩形法兰的制作是把四块开好坡口的条形板放在平板上组对焊接，然后钻出螺栓孔。圆形法兰的制作是把在内圆侧开坡口的条形板放到烤箱内加热，取出后在圆形胎具上煨制压平，冷却后焊接和钻孔。

硬聚氯乙烯塑料手工焊接机具主要有：

电热焊枪，气流控制阀，调压变压器(36～45V)，油水分离器和空气压缩机及其输气管组成。

焊接时，塑料焊条应垂直于焊缝平面(不得向后或向前倾斜)，并施加一定压力，使被加热的塑料焊条紧密地与板材粘合。焊嘴距焊缝表面应保持5～6mm。为使焊缝起头结合紧密，要先加热塑料焊条一端并弯成直角，端头需留出10～15mm，焊接中断需续焊条时，将焊缝内的焊条头修成坡面，勿用手硬拉，然后在此处继续焊接。注意塑料焊条的材质应与板材相同。焊缝的强度不得低于母材强度的60%。

(3)玻璃钢风管的制作

玻璃钢风管和配件所使用的合成树脂，应根据设计要求的耐酸、耐碱，自熄性能来选用，合成树脂中填充料的含量应符合技术文件的要求。玻璃钢中玻璃布应保持干燥、清洁，不得含蜡，玻璃布的铺置接缝应错开，无重叠现象。

保温玻璃钢风管可将管壁制成夹层，夹芯材料可采用聚苯乙烯、聚氨酯泡沫塑料、蜂窝纸等。

玻璃钢风管及配件内表面应平整光滑，外表面应整齐美观，厚度均匀，边缘无毛刺，不得有气泡、分层现象，树脂固化度应达到90%以上。玻璃钢风管与法兰或配件应成一整体，并与风管轴线成直角，法兰平面的不平度允许偏差不应大于2mm。

(4)风管部件的制作

各类风口、风阀、罩类、风帽及柔性管等风管部件的制作如下。

1)风口

矩形风口两对角线之差不应大于3mm；圆形风管任意两正交直径的允许偏差不应大于2mm。风管的转动调节部分应灵活，叶片应平直，同边框不得碰撞。插板式或活动箅板式风口，其插板、箅板应平整，边缘光滑，拉动灵活。活动箅板式风口组装后应能达到安全开启和闭合。百叶风口的叶片间距应均匀，两端轴的中心应在同一直线上。手动式风口叶片与边框铆接应松紧适当。散流器的扩散环和调节环应同轴，轴向间距分布应均匀。孔板式风口，其孔口不得有毛刺，孔径和孔距应符合设计要求。旋转式风口的活动件应轻便灵活。风口活动部分，如轴、轴套的配合等应松紧适宜，并应在装配完成后加注润滑油，钢制风口组装后的焊接可根据不同材料，选择气焊或电焊的焊接方式。铝制风口应采用氩弧焊接。焊接均应在非装饰面处进行，不得对装饰面外观产生不良影响。风口应进行喷漆、镀塑、氧化等处理。

2)风阀

外框及叶片下料应使用机械完成，成型应尽量采用专用模具。风阀内的转动部件应采用有色金属制作，以防锈蚀。风阀制作应牢固，调节和制动装置应准确、灵活、可靠，并标明阀门的启闭方向。多叶片风阀叶片应贴合严密，间距均匀，搭接一致。止回阀阀轴必须灵活，阀板关闭严密，转动轴采用不易锈蚀的材料制作。防火阀制作所需钢材厚度不得小于 2mm，转动部件在任何时候都应转动灵活，易熔片应为批准的并检验合格的正规产品，其熔点温度的允许偏差为 -2℃。防火阀在阀体制作完成后要加装执行机构并逐台进行检验。

3)罩类与风帽及柔性管

用于排出蒸汽或其他潮湿气体的伞形罩，应在罩口内边采取排除凝结液体的措施，排气罩的扩散角不应大于 60°，如有要求，在罩类中还应加装调节阀，自动报警，自动灭火，过滤，集油装置及设备。

风帽的形状应规整，旋转风帽重心应平衡。

柔性管制作可选用人造革、帆布等材料。柔性管的长度一般为 150~250mm。不得作为变径管。柔性管必须保证严密牢固，如需防潮，帆布柔性管可刷帆布漆，不得涂刷油漆，防止失去弹性和伸缩性。柔性管与法兰组装可采用钢板压条的方式，通过铆接使两者联合起来，铆钉间距为 60~80mm。柔性管不得出现扭曲现象，两侧法兰应平行。

3. 风管与风管部件的安装

一般送排风系统和空调系统的安装，要在建筑物围护结构施工完成，安装部位的障碍物已清理，地面无杂物的条件下进行。对空气洁净系统的安装，应在建筑物内部安装部位的地面做好，墙面已抹灰完毕，室内无灰尘飞扬或有防尘措施的条件下进行。一般除尘系统风管安装，宜在厂房的工艺设备安装完或设备基础已确定，设备的连接管、罩体方位已知的情况下进行。检查施工现场预留孔洞的位置，尺寸是否符合图纸要求，有无遗漏现象，预留的孔洞应比风管实际截面每边尺寸大 100mm。作业地点要有相应的辅助设施，如梯子、架子以及电源和安全防护装置、消防器材等。

风管不许有变形、扭曲、开裂、孔洞、法兰脱落、开焊、漏铆、漏打螺栓孔等缺陷。安装的阀门、消声器、罩体、风口等部件的调节装置应灵活。消声器油漆层无损伤。

确定标高，安装风管支、吊架，除锈后刷防锈漆一道。风管支、吊架的吊点，通常采用预埋铁件，支、吊架二次灌浆，膨胀螺栓法或射钉枪法等。

按风管的中心线找出吊杆敷设位置，单吊杆在风管的中心线上，双吊杆可以按托盘的螺孔间距或风管的中心线对称安装。吊杆根据吊件形式可以焊在吊件上，也可挂在吊件上。焊接后应涂防锈漆。立管管卡安装时，应先把最上面的一个管件固定好，再用线锤在中心处吊线，下面的

图名	风管及风口、风阀等风管部件安装说明	图号	TF2—01

管卡即可按线进行固定。当风管较长，需要安装一排支架时，可先把两端的安装好，然后以两端的支架为基准，用拉线法找出中间支架的标高进行安装。

支、吊架的标高必须正确，如圆形风管管径由大变小，为保证风管中心线水平，支架型钢上表面标高，应作相应提高，对于有坡度要求的风管，托架的标高也应按风管的坡度要求安装。

支、吊架的预埋件或膨胀螺栓埋入部分不得油漆，并应除去油污。支、吊架不得安装在风口、阀门、检查孔等处。吊架不得直接吊在法兰上。

圆形风管与支架接触的地方垫木块。保温风管的垫块厚度应与保温层的厚度相同。矩形保温风管的支、吊架宜放在保温层外部，但不得损坏保温层。矩形保温风管不能直接与支、吊架接触，应垫坚固的隔热材料，其厚度与保温层相同，防止产生“冷桥”。

为保证法兰接口的严密性，法兰之间应有垫料，一般空调系统及送、排风系统的法兰垫料采用 8501 密封胶带，软橡胶板，闭孔海绵橡胶板。空气洁净系统严禁使用石棉绳等易产生粉尘的材料。法兰垫料不能挤入或凸入管内。法兰垫料应尽量减少接头，接头应采用梯形或榫形连接，并涂胶粘牢。法兰连接后严禁往法兰缝隙填塞垫料。

法兰连接时，按设计要求规定垫料，把两个法兰先对正，穿上几个螺栓并戴上螺母，暂时不要上紧，然后用尖冲塞进穿不上螺栓的螺孔中，把两个螺孔橇正，直到所有螺栓都穿上后，再把螺栓拧紧。为了避免螺栓滑扣，紧螺栓时应按十字交叉逐步均匀地拧紧，连接法兰的螺母应在同一侧，连接好的风管，应以两端法兰为准，拉线检查风管连接是否平直。

抱箍式风管连接主要用于钢板圆风管和螺旋风管连接。先把每一管段的两端轧制出鼓筋，并使其一端缩为小口，安装时按气流方向把小口插入大口，外面用钢制抱箍将两个管端的鼓箍抱紧连接，最后用螺栓穿在耳环中固定拧紧。

插入式风管连接主要用于矩形或圆形风管连接。先制作连接管，然后插入两侧风管，再用自攻螺钉或拉铆钉将其紧密固定。

插条式风管连接主要用于矩形风管连接。将不同形式的插条插入风管两端，然后压实。常用插条有：平插条、无折耳插条、有折耳插条、立式插条、角式插条、平 S 型插条、立 S 型插条等。

软管式风管连接主要用于风管与部件(如散流器，静压箱侧送风口等)的连接。安装时，软管两端套在连接的管外，然后用特制软卡把软管箍紧。

风管安装视施工现场而定，可以在地面连成一定的长度，然后采用吊装的方法就位(整体吊装)；也可以把风管一节一节地放在支架上逐节连接(分节吊装)，一般安装顺序是先干管后支管。竖风管的安装一般由下至上进行。

风管接长安装：是将在地面上连接好的风管，一般可按长 10~20m 左右，用倒链或滑轮将风管升至吊架上的方法。即挂好倒链或滑轮，再用麻绳将风管捆绑结实(一般绳

图名	风管及风口、风阀等风管部件安装说明	图号	TF2—01

索不直接捆绑在风管上，而是用长木板插入麻绳受力部位，或用长木板托住风管底部）四周用软性材料垫牢。起吊风管离地200～300mm时，应仔细检查倒链或滑轮受力点和捆绑风管的绳索、绳扣是否牢靠，风管重心是否正确，没问题后，再继续吊装。风管放在支、吊架后，将所有托架和吊杆连接好，确认风管稳固后，方可解开绳扣。

风管分节安装：对于不便悬挂滑轮或因受场地限制，不能进行吊装时，可将风管分节用绳索拉到脚手架上，然后抬到支架上对正法兰逐节安装。

图名	风管及风口、风阀等风管部件安装说明	图号	TF2—01

坡口及焊缝形式

焊缝形式	接缝名称	图形	板材厚度(mm)	焊缝张角α(°)	应用说明
对接焊缝	单面焊V形		3~5	50~60	用于只能一面焊的焊缝
对接焊缝	双面焊X形		≥8	50~60	焊缝强度好，用于风管法兰及厚板的拼接
搭接焊缝	搭接焊		3~10		用于风管的硬套管和软管连接
填角焊缝	填角焊无坡角		6~18		用于风管和配件的加固
对角焊缝	对角焊V形		6~15	45~55	用于风管与法兰连接

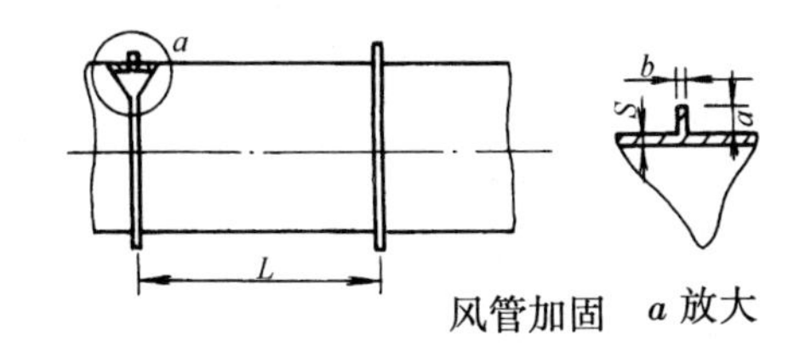

风管加固　a 放大

硬聚氯乙烯板矩形法兰

风管大边长(mm)	法兰用料规格			镀锌螺栓规格(mm)
	宽×厚(mm)	孔径(mm)	孔数(个)	
120~160	-35×6	7.5	3	M6×30
200~250	-35×8	7.5	4	M6×35
320	-35×8	7.5	5	M6×35
400	-35×8	9.5	5	M8×35
500	-35×10	9.5	6	M8×40
630	-40×10	9.5	7	M8×40
800	-40×10	11.5	9	M10×40
1000	-45×12	11.5	10	M10×45
1250	-45×12	11.5	12	M10×45
1600	-50×15	11.5	15	M10×50
2000	-60×18	11.5	18	M10×60

硬聚氯乙烯板圆形法兰

风管直径(mm)	法兰用料规格			镀锌螺栓规格(mm)
	宽×厚(mm)	孔径(mm)	孔数(个)	
100~160	-35×6	7.5	6	M6×30
200~220	-35×8	7.5	8	M6×35
250~320	-35×8	7.5	10	M6×35
360~400	-35×8	9.5	14	M8×35
560~630	-40×10	9.5	18	M8×40
700~800	-40×10	11.5	24	M8×40
900	-45×12	11.5	24	M10×45
1000~1250	-45×12	11.5	30	M10×45
1800~2000	-60×15	11.5	48	M10×50

图名	硬聚氯乙烯塑料焊缝焊接安装	图号	TF2—02

金属风管的咬接或焊接界限

板厚 (mm)	材质		
	钢板（不包括镀锌钢板）	不锈钢板	铝板
δ≤1.0	咬接	咬接	咬接
1.0＜δ≤1.2	咬接	焊接（氩弧焊及电焊）	咬接
1.2＜δ≤1.5	焊接（电焊）	焊接（氩弧焊及电焊）	咬接
δ＞1.5	焊接（电焊）	焊接（氩弧焊及电焊）	焊接（气焊或氩弧焊）

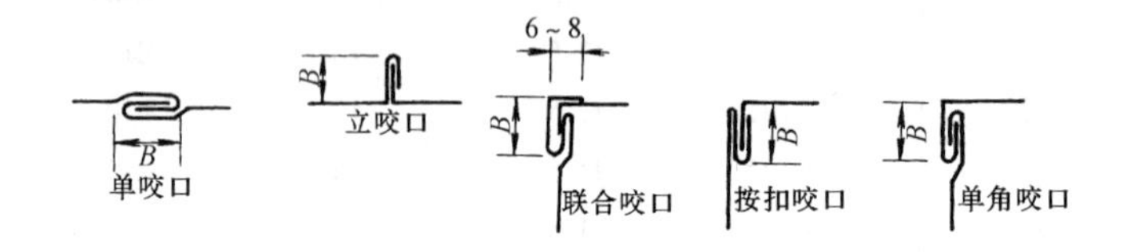

咬口宽度表（mm）

钢板厚度	平咬口宽 B	角咬口宽 B
0.7以下	6～8	6～7
0.7～0.82	8～10	7～8
0.9～1.2	10～12	9～10

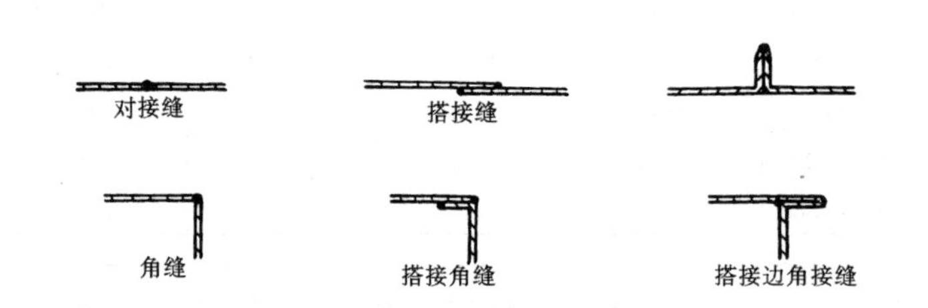

风管和配件钢板厚度

圆形风管直径或矩形风管大边长 (mm)	钢板厚度（mm）	
	一般风管	除尘风管
100～200	0.50	1.50
220～500	0.75	1.50
530～1400		2.00
560～1120	1.00	
1250～2000	1.20～1.50	
1500～2000		3.00

注：螺旋风管的钢板厚度可相应减小。

不锈钢板风管和配件板材厚度

圆形风管直径或矩形风管大边长 (mm)	不锈钢板厚度 (mm)
100～500	0.5
560～1120	0.75
1250～2000	1.00

铝板风管和配件板材厚度

圆形风管直径或矩形风管大边长 (mm)	铝板厚度 (mm)
100～320	1.0
360～630	1.5
700～2000	2.0

图名	金属风管咬接(焊接)安装	图号	TF2—03

矩形风管法兰

矩形风管大边长（mm）	法兰用料规格（mm）
≤630	∟25×25×3
800～1250	∟30×30×4
1600～2000	∟40×40×4

注：矩形法兰的四角应设置螺孔。

圆形风管法兰

圆形风管直径（mm）	法兰用料规格	
	扁钢（mm）	角钢（mm）
≤140	－20×4	
150～280	－25×4	
300～500		∟25×25×3
530～1250		∟30×30×4
1320～2000		∟40×40×4

矩形风管法兰铆钉规格及铆孔尺寸

类　型	风管规格	铆孔尺寸	铆钉规格
方法兰	120～630 800～2000	ϕ4.5 ϕ5.5	ϕ4×8 ϕ5×10
圆法兰	200～500 530～2000	ϕ4.5 ϕ5.5	ϕ4×8 ϕ5×10

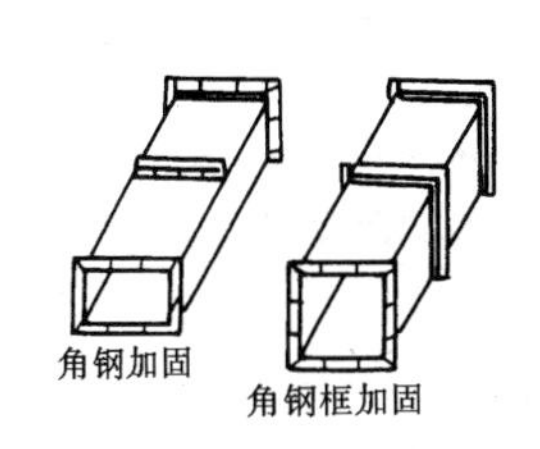

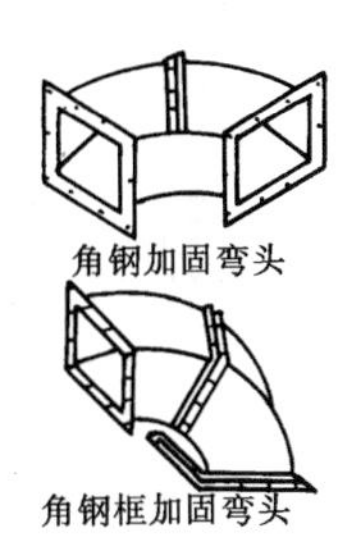

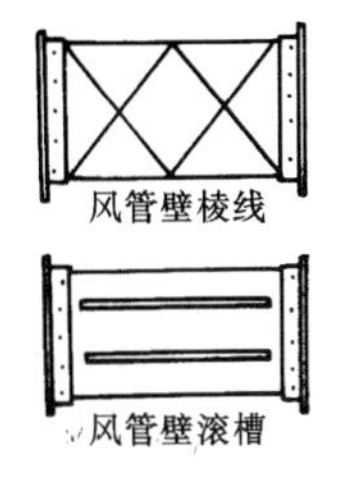

常用咬口及其适用范围

形　式	名　称	适　用　范　围
	单咬口	用于板材的拼接和圆形风管的闭合咬口
	立咬口	用于圆形弯管或直管的管节咬口
	联合角咬口	用于矩形风管、弯管、三通管及四通管的咬接
	转角咬口	较多的用于矩形直管的咬缝和有净化要求的空调系统，有时也用于弯管或三通管的转角咬口缝
	按扣式咬口	现在矩形风管大多采用此咬口，有时也用于弯管、三通管或四通管

图名	矩形风管安装	图号	TF2—04

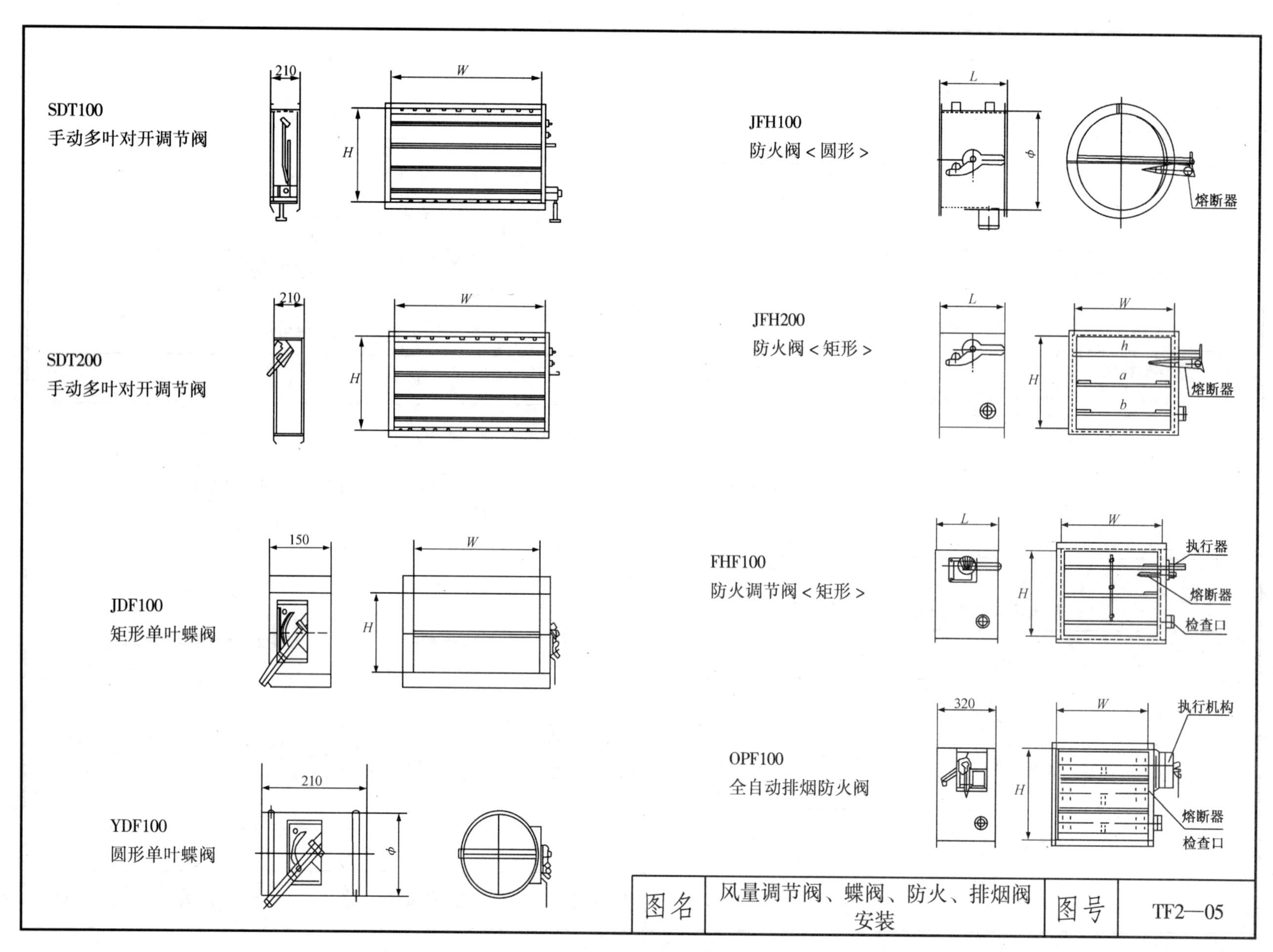
SDT100
手动多叶对开调节阀
210
W
H
SDT200
手动多叶对开调节阀
JDF100
矩形单叶蝶阀
150
YDF100
圆形单叶蝶阀
JFH100
防火阀 <圆形>
L
熔断器
JFH200
防火阀 <矩形>
h
a
b
FHF100
防火调节阀 <矩形>
执行器
检查口
OPF100
全自动排烟防火阀
320
执行机构
图名
风量调节阀、蝶阀、防火、排烟阀安装
图号
TF2—05

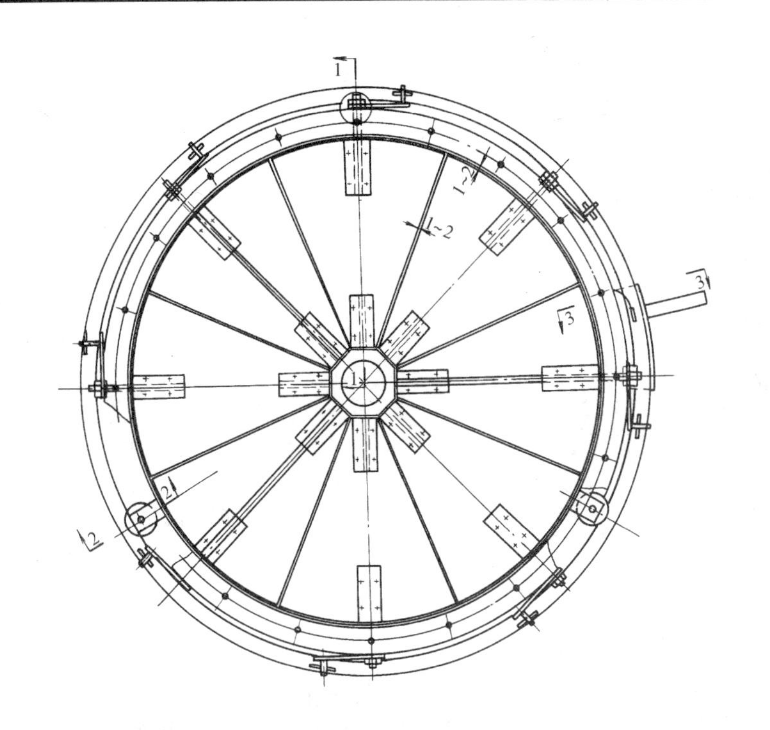

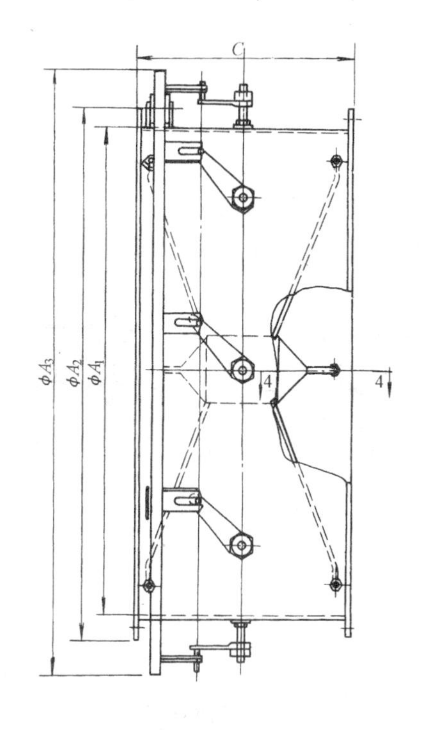

安　装　说　明

1. 要求转动灵活，启动时无碰擦现象，叶片转动 90°。
2. 心子位置找准后辐杆与心子焊接。
3. 定位板销孔在行程调准后再钻，防止松动。

4. 传动装置安装时先将传动环的驳杆与旋杆两中心线重合，此时驳杆底面应靠近旋杆上表面，旋杆的销的位置移至驳杆靠环的一端，此时叶片应在 45°位置再往复转动传动环，使叶片分别停止在全开全关位置，确定定位板上的销孔。但应注意销子不得离开驳杆。

图名	离心式通风机圆形瓣式启动阀安装(一)	图号	TF2—06(一)

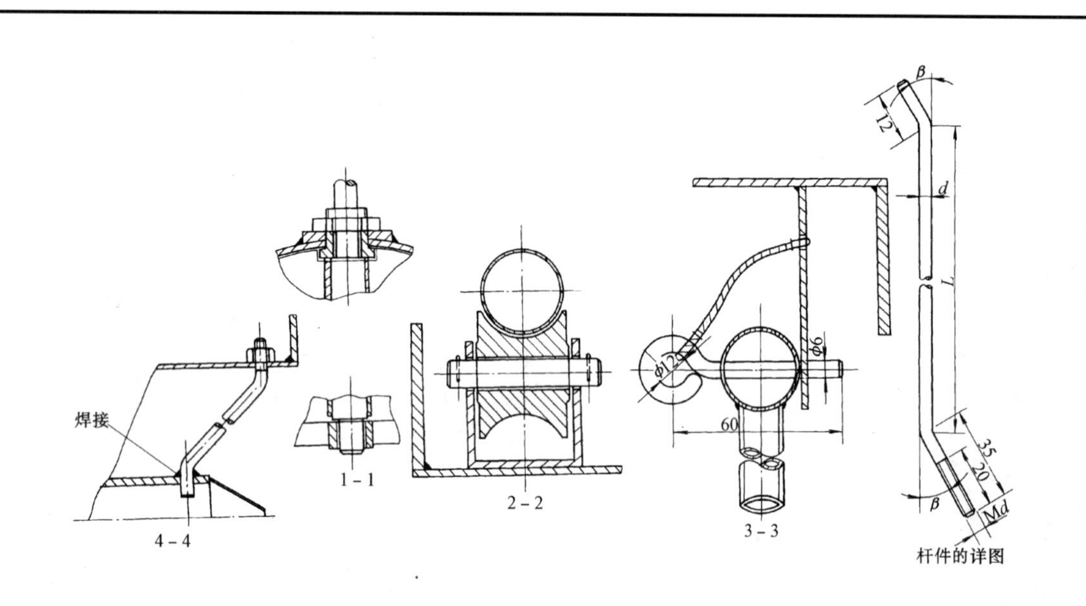

安装说明

L 值系近似数。

外 形 尺 寸 (mm)

型　　号	1号	2号	3号	4号	5号	6号	7号	8号	9号	10号	11号	12号	13号	14号	15号	16号	17号	18号	19号	20号	21号	22号	23号	24号
ϕA_1	400	420	450	455	500	520	550	585	600	620	650	715	750	780	800	840	900	910	1000	1040	1170	1200	1250	1300
ϕA_2	460	470	515	510	572	585	622	650	685	670	716	785	835	866	910	908	1008	996	1110	1129	1259	1830	1320	1412
ϕA_3	510	530	560	566	610	630	560	696	718	738	769	834	868	898	918	958	1018	1028	1130	1170	1300	1340	1380	1430
C	520	330	350	350	380	390	400	420	330	350	360	390	400	410	420	440	460	470	340	370	400	410	420	440
叶片数	6	6	6	6	6	6	6	6	8	8	8	8	8	8	8	8	8	8	12	12	12	12	12	12
L	192	208	225	228	254	265	284	305	284	294	310	348	365	380	395	414	448	452	455	468	544	558	585	610
d	10								10										12					
β	30°								22.5°										15°					

图名	离心式通风机圆形瓣式启动阀 安装(二)	图号	TF2—06(二)

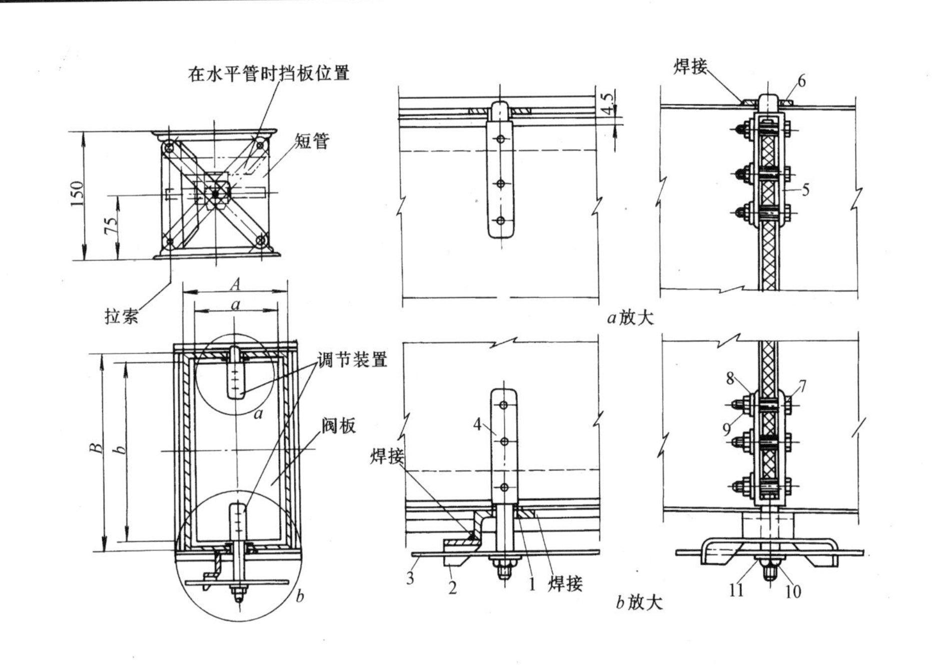

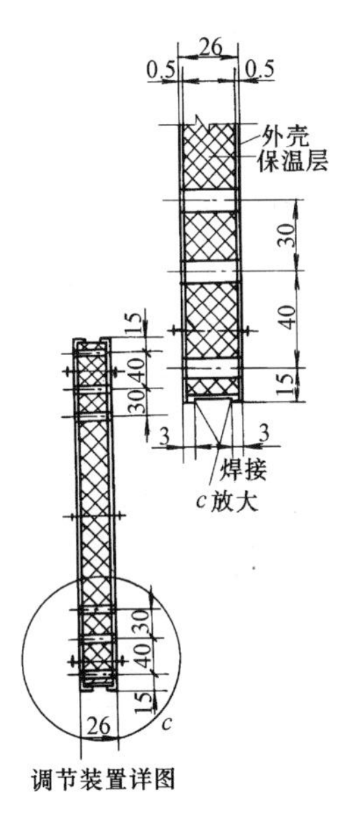

1	垫板
2	挡板
3	杠杆
4	长轴
5	短轴
6	垫板
7	螺栓
8	垫圈
9	螺母
10	螺母
11	垫圈

外形尺寸(mm)

型　　号	$A \times B$	$a \times b$	型　　号	$A \times B$	$a \times b$
9 号	320×400	308×388	14 号	400×630	387×617
10 号	320×500	308×488	15 号	400×800	387×787
11 号	320×630	307×617	16 号	500×630	487×617
12 号	320×800	307×737	17 号	500×800	487×787
13 号	400×500	388×488	18 号	630×800	617×787

图名	拉链式 9～18 号矩形钢制保温蝶阀安装	图号	TF2—07

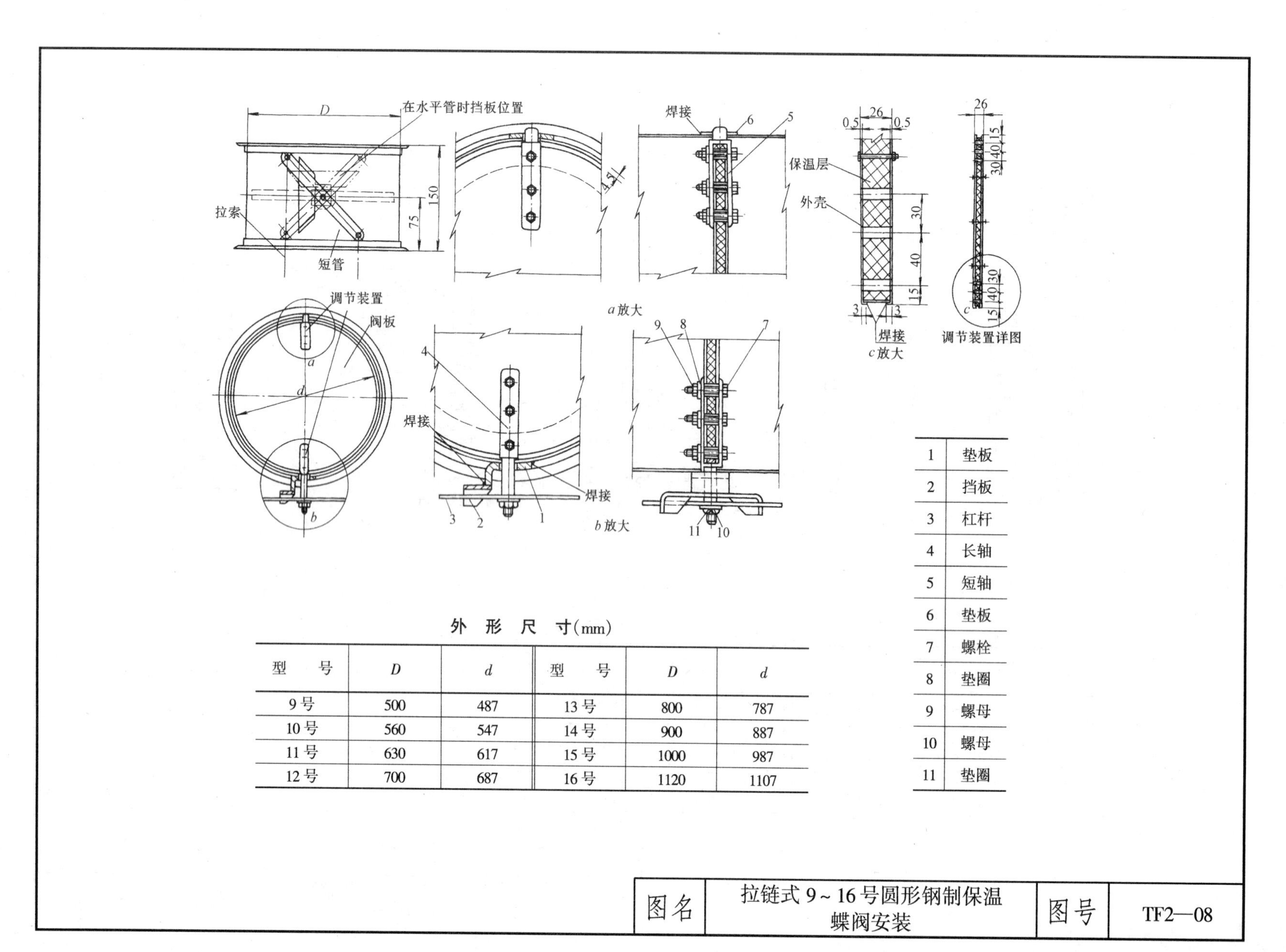

外　形　尺　寸(mm)

型　　号	D	d	型　　号	D	d
9号	500	487	13号	800	787
10号	560	547	14号	900	887
11号	630	617	15号	1000	987
12号	700	687	16号	1120	1107

1	垫板
2	挡板
3	杠杆
4	长轴
5	短轴
6	垫板
7	螺栓
8	垫圈
9	螺母
10	螺母
11	垫圈

图名	拉链式9～16号圆形钢制保温蝶阀安装	图号	TF2—08

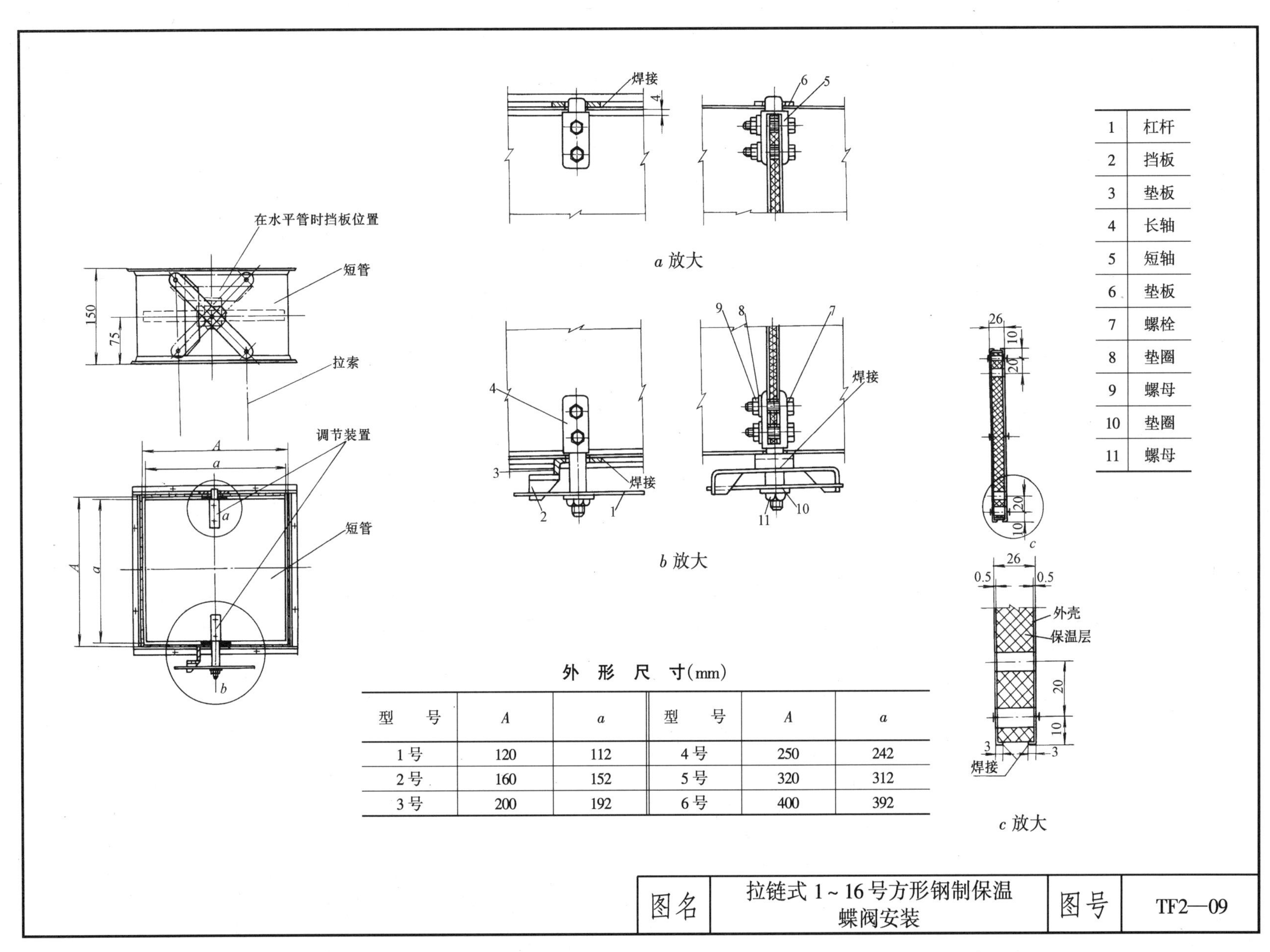

外 形 尺 寸(mm)

型 号	A	a	型 号	A	a
1 号	120	112	4 号	250	242
2 号	160	152	5 号	320	312
3 号	200	192	6 号	400	392

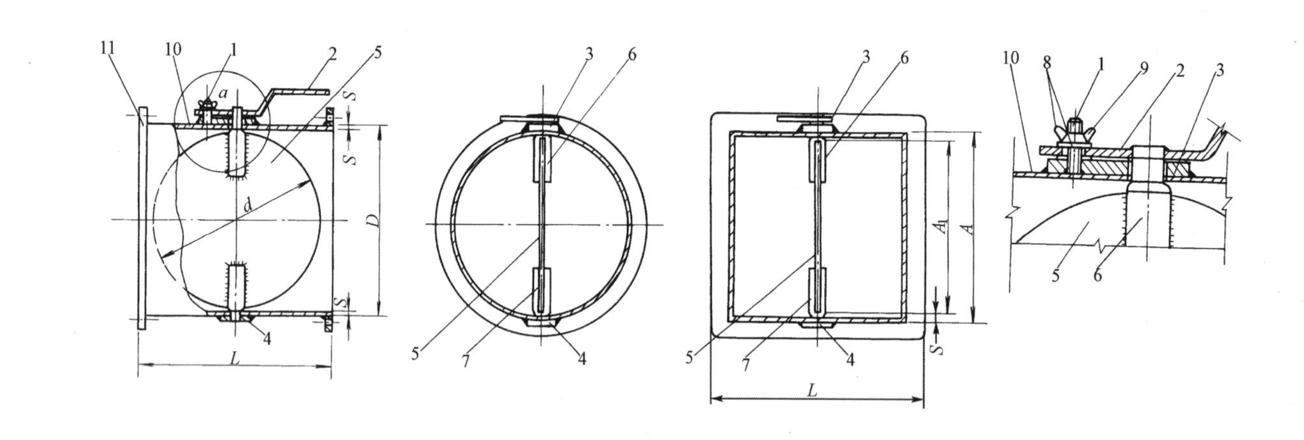

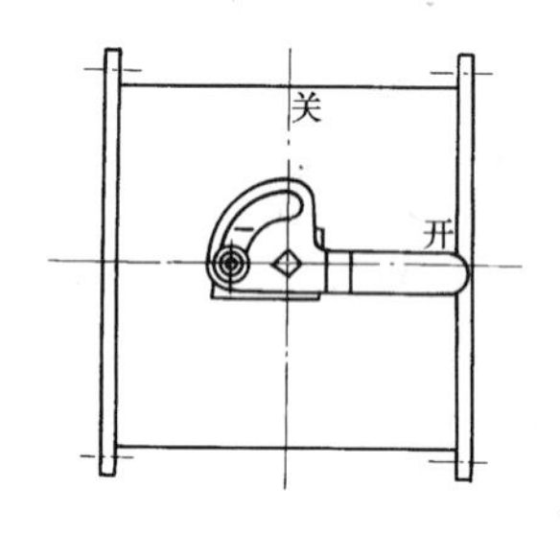

外形尺寸(mm)

型	号	1号	2号	3号	4号	5号	6号	7号	8号	9号	10号	11号	12号	13号	14号
圆形	*D*	100	120	140	160	180	200	220	250	280	320	360	400	450	500
	d	90	110	130	150	170	190	210	240	270	310	348	388	438	488
	L	160	160	160	180	200	220	240	270	300	340	380	420	470	520
	S	3	3	3	3	3	3	3	3	3	3	4	4	4	4
方形	*A*	120	160	200	250	320	400	500							
	A_1	110	150	190	240	310	388	488							
	L	160	180	220	270	340	420	520							
	S	3	3	3	3	3	4	4							

注:矩形蝶阀制作可参照方形。

1	固定螺栓
2	手柄
3	固定板
4	垫圈
5	阀板
6	长轴
7	短轴
8	垫圈
9	翼形螺母
10	短管
11	法兰

图名	塑料手柄式蝶阀安装	图号	TF2—10

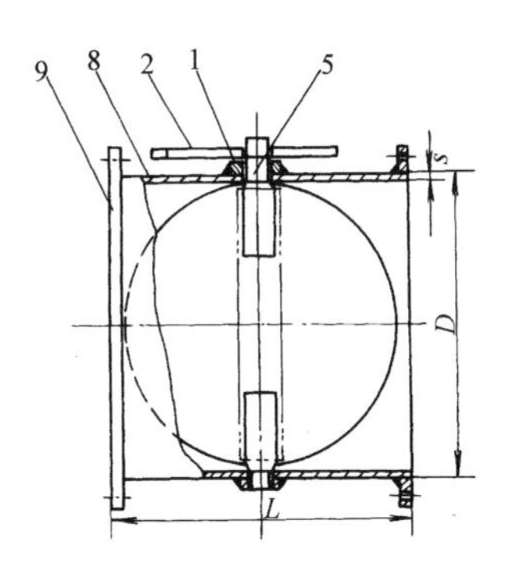

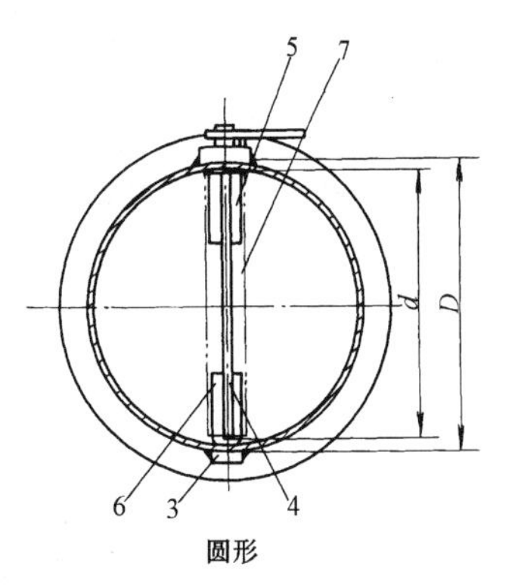

圆形

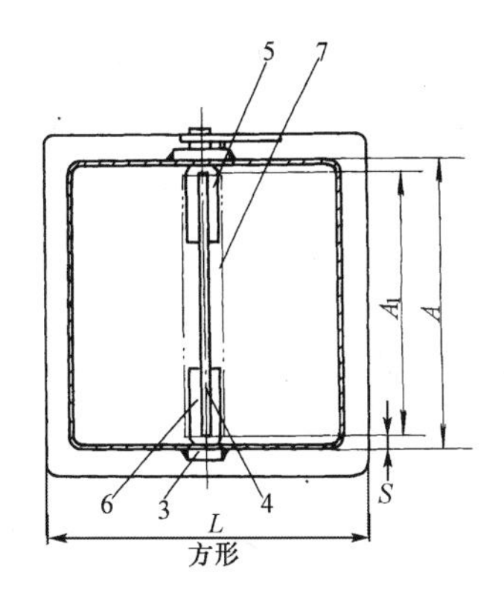

方形

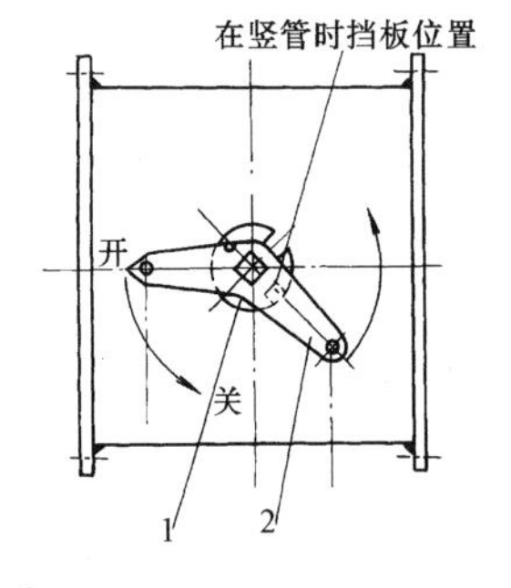

1	挡 板
2	摇 臂
3	垫 圈
4	阀 板
5	长 轴
6	短 轴
7	加强筋
8	短 管
9	法 兰

型	号	1号	2号	3号	4号	5号	6号	7号	8号	9号	10号	11号
圆形	D	200	220	250	280	320	360	400	450	500	560	630
	d	190	210	240	270	310	348	388	438	488	548	618
	L	240	240	270	300	340	380	420	470	520	580	650
	S	3	3	3	3	3	4	4	4	4	4	4
方形	A	200	250	320	400	500	630					
	A_1	190	240	310	388	488	618					
	L	240	270	340	420	520	650					
	S	3	3	3	4	4	4					

注:矩形蝶阀制作可参照方形。

图名	塑料拉链式蝶阀安装	图号	TF2—11

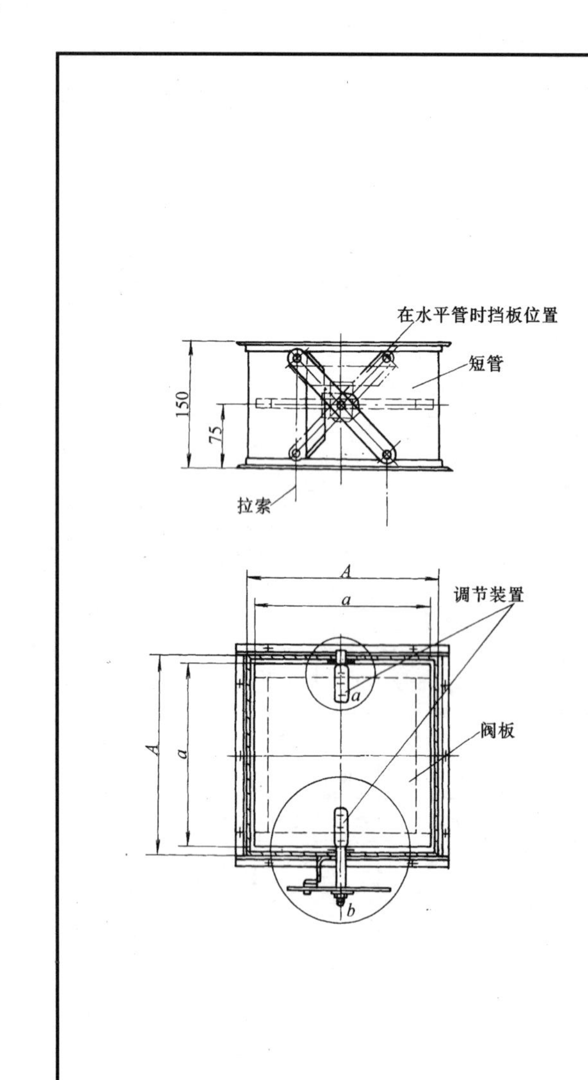

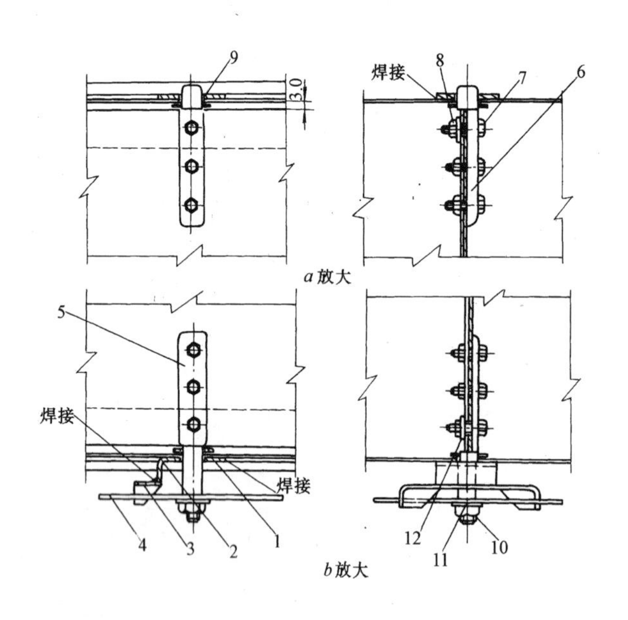

1	活动垫圈
2	垫　　板
3	挡　　板
4	杠　　杆
5	半　　轴
6	半　　轴
7	螺　　栓
8	螺　　母
9	垫　　板
10	螺　　母
11	垫　　圈
12	垫　　圈

外　形　尺　寸(mm)

型　号	A	a	型号	A	a
7 号	500	495	9 号	800	795
8 号	630	625	10 号	1000	995

图名	拉链式 7 ~ 10 号方形钢制蝶阀安装	图号	TF2—12

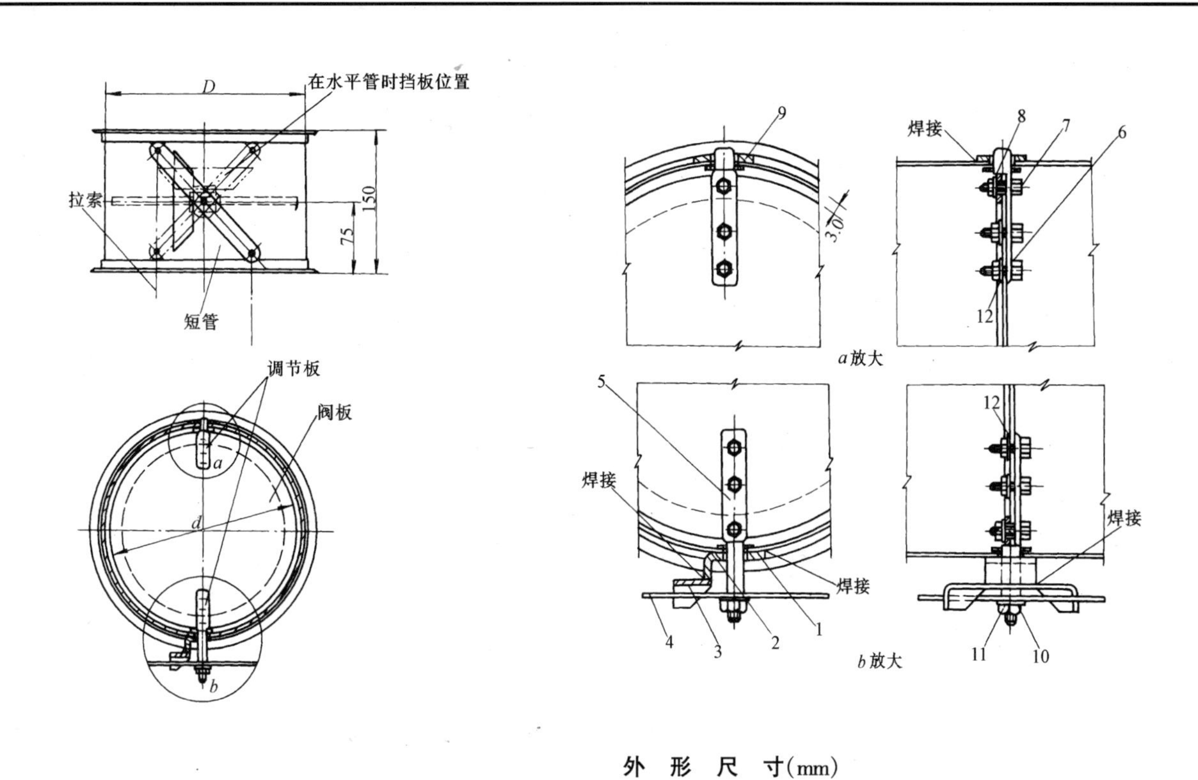

1	活动垫圈
2	垫　板
3	挡　板
4	杠　杆
5	半　轴
6	半　轴
7	六角头螺栓
8	螺　母
9	垫　板
10	螺　母
11	垫　圈
12	垫　圈

外　形　尺　寸(mm)

型　号	D	d	型　号	D	d
9号	500	490	13号	800	790
10号	560	550	14号	900	890
11号	630	620	15号	1000	990
12号	700	690	16号	1120	1110

图名	拉链式9~16号圆形钢制蝶阀安装	图号	TF2—13

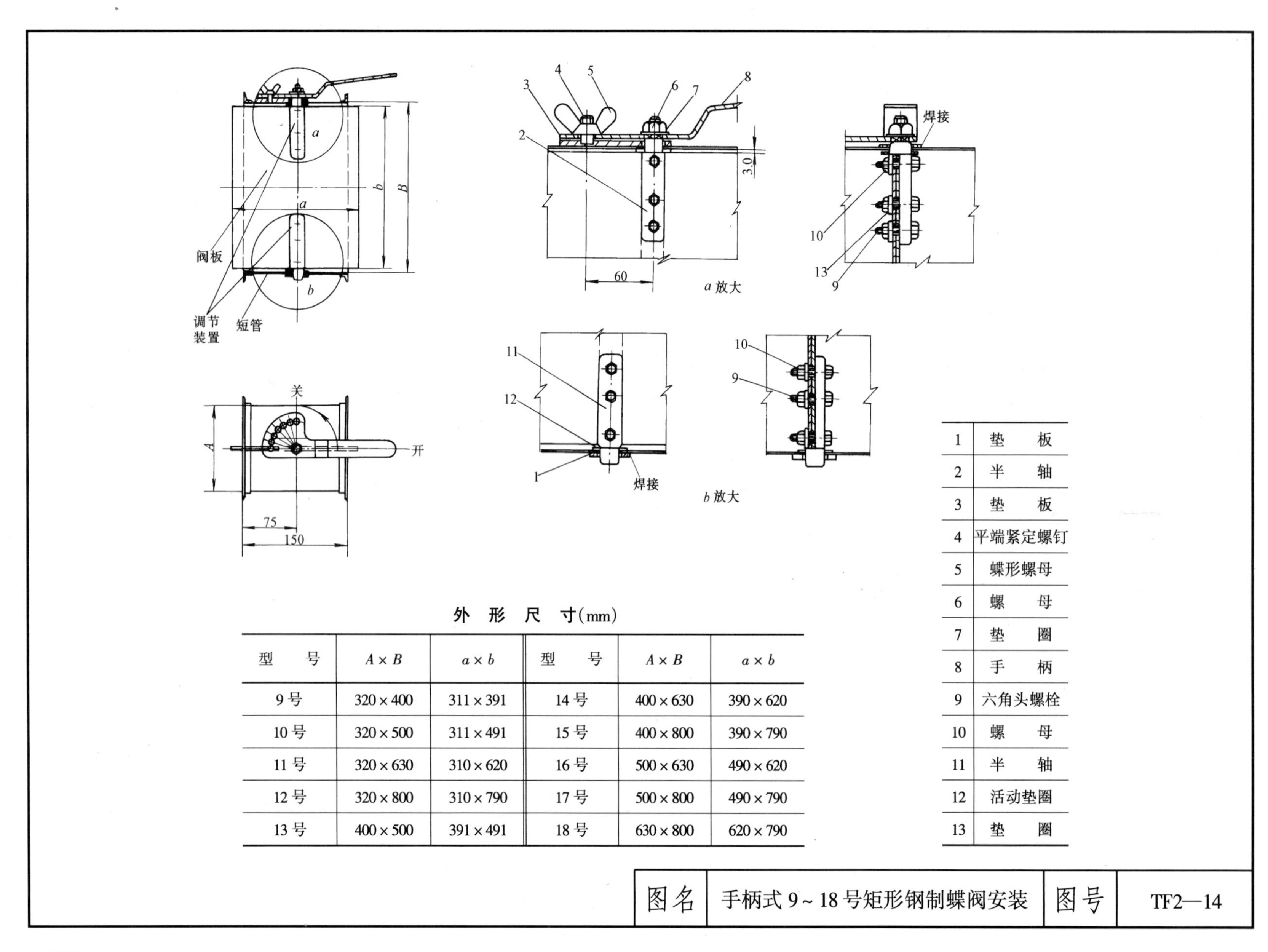

外 形 尺 寸(mm)

型 号	A×B	a×b	型 号	A×B	a×b
9 号	320×400	311×391	14 号	400×630	390×620
10 号	320×500	311×491	15 号	400×800	390×790
11 号	320×630	310×620	16 号	500×630	490×620
12 号	320×800	310×790	17 号	500×800	490×790
13 号	400×500	391×491	18 号	630×800	620×790

1	垫 板
2	半 轴
3	垫 板
4	平端紧定螺钉
5	蝶形螺母
6	螺 母
7	垫 圈
8	手 柄
9	六角头螺栓
10	螺 母
11	半 轴
12	活动垫圈
13	垫 圈

图名	手柄式 9~18 号矩形钢制蝶阀安装	图号	TF2—14

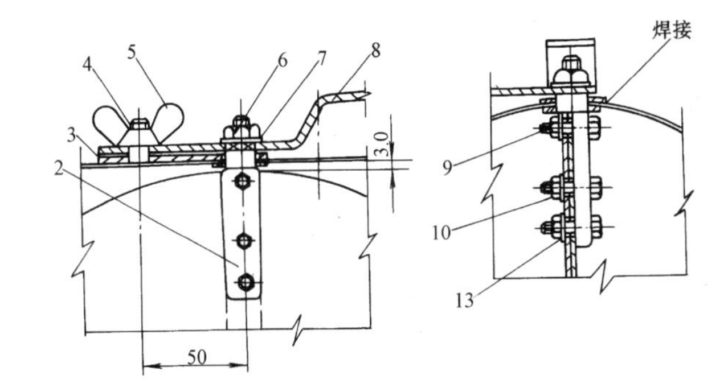

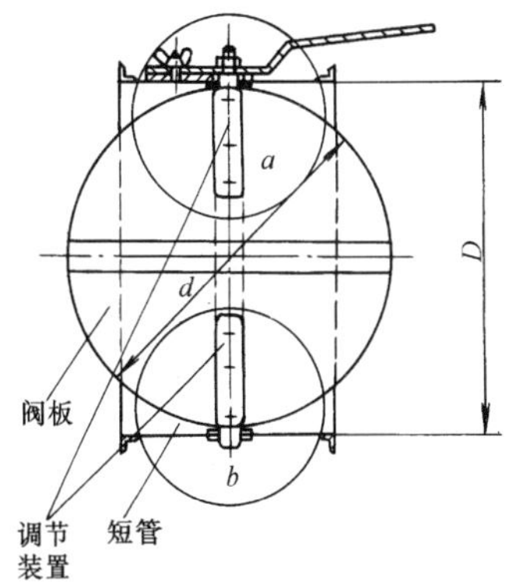

a 放大

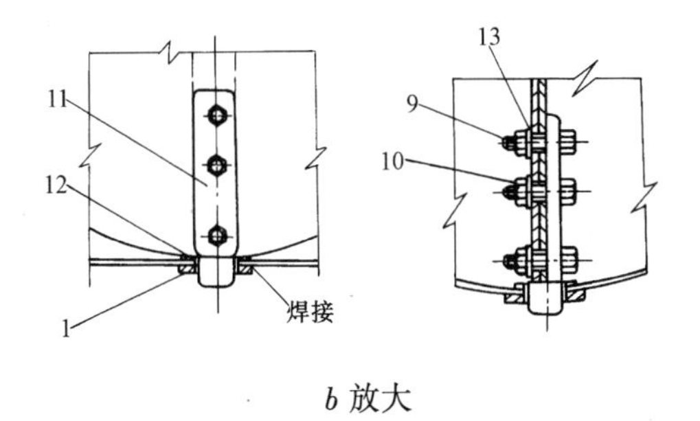

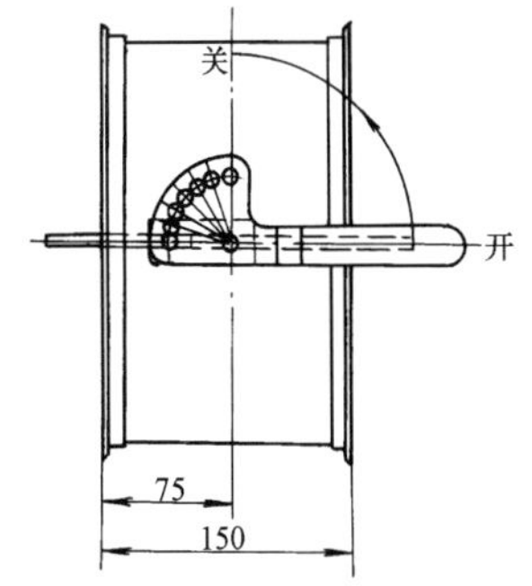

b 放大

1	垫　　板
2	半　　轴
3	垫　　板
4	平端紧定螺钉
5	蝶形螺母
6	螺　　母
7	垫　　圈
8	手　　柄
9	六角头螺栓
10	螺　　母
11	半　　轴
12	活动垫圈
13	垫　　圈

外　形　尺　寸(mm)

型　　号	*D*	*d*	型　　号	*D*	*d*
9 号	280	270	13 号	450	440
10 号	320	310	14 号	500	490
11 号	360	350	15 号	560	550
12 号	400	390	16 号	630	620

图名	手柄式圆形 9～16 号钢制蝶阀安装	图号	TF2—15

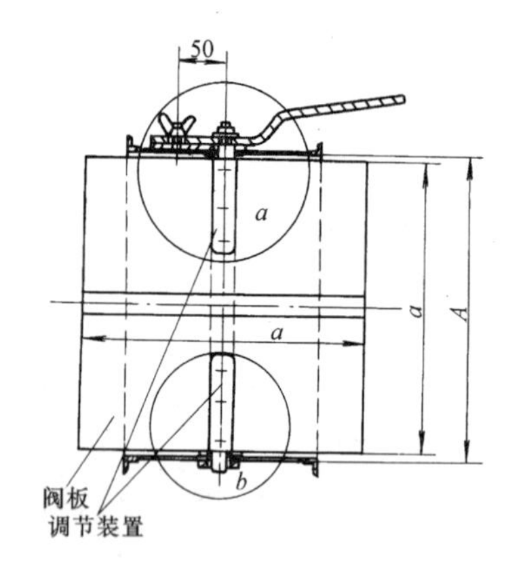

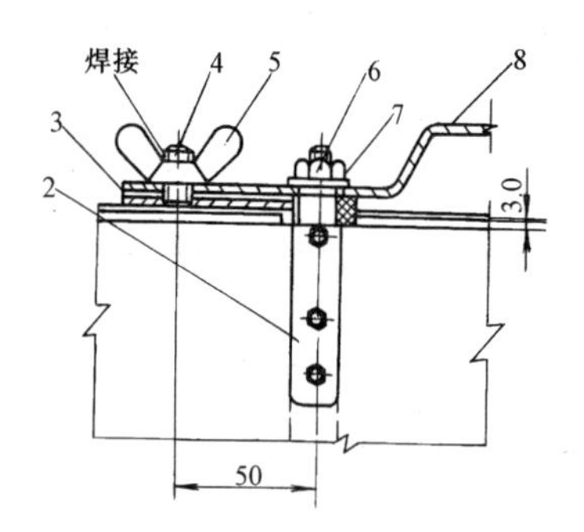

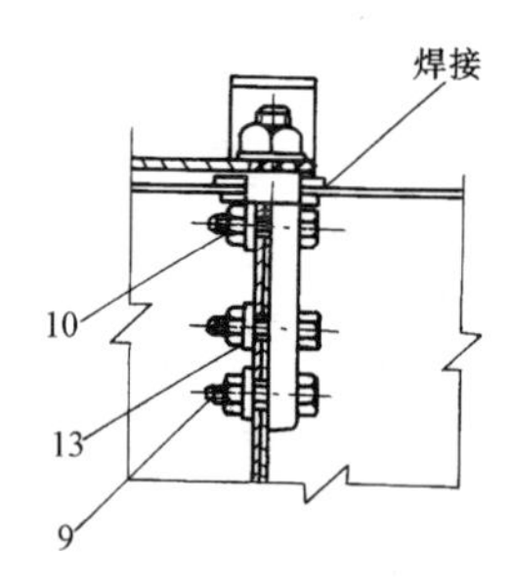

a 放大

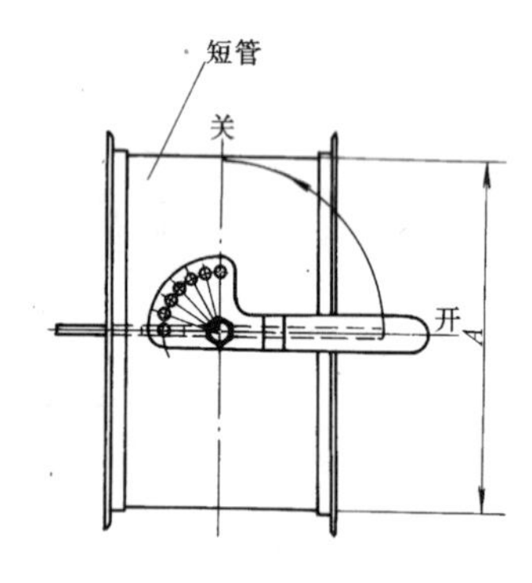

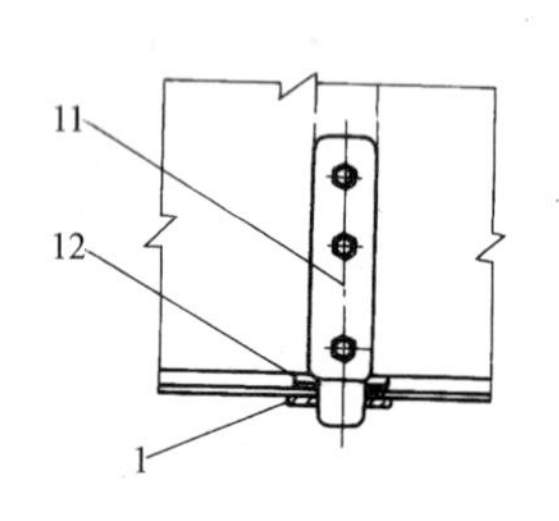

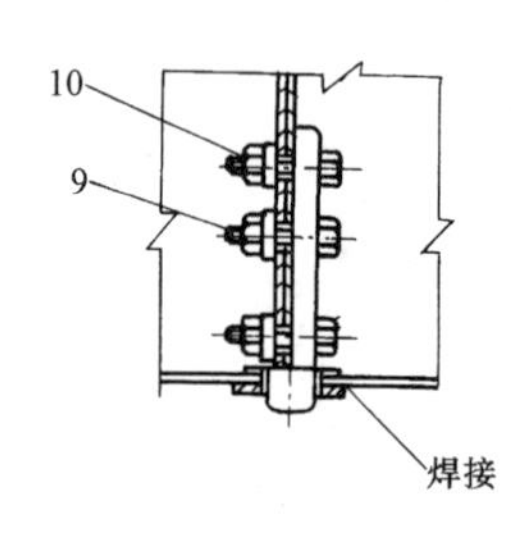

b 放大

1	垫　板
2	半　轴
3	垫　板
4	平端紧定螺钉
5	蝶形螺母
6	螺　母
7	垫　圈
8	手　柄
9	六角头螺栓
10	螺　母
11	半　轴
12	活动垫圈
13	垫　圈

外　形　尺　寸(mm)

型　号	*A*	*a*	型　号	*A*	*a*
7号	500	490	8号	630	620

图名	手柄式7~8号方形钢制蝶阀安装	图号	TF2—16

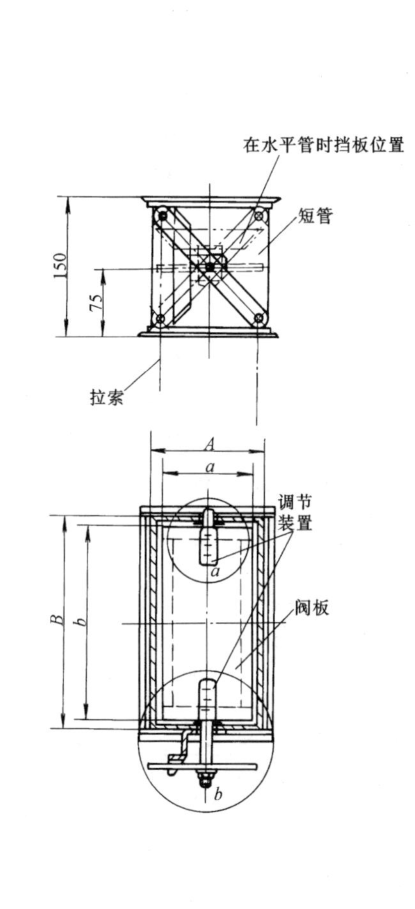

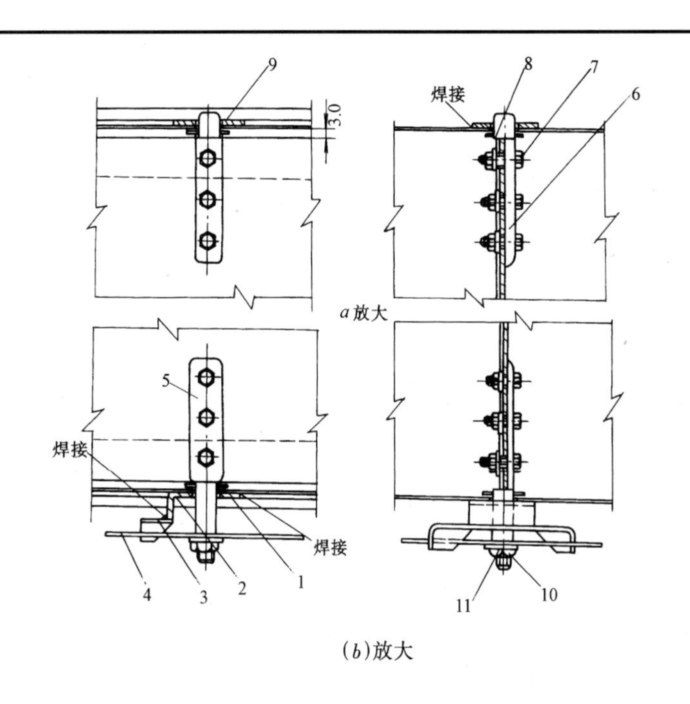

(b)放大

外　形　尺　寸(mm)

型　　号	A×B	a×b	型　　号	A×B	a×b
9号	320×400	311×391	14号	400×630	390×620
10号	320×500	311×491	15号	400×800	390×790
11号	320×630	310×620	16号	500×630	490×620
12号	320×800	310×790	17号	500×800	490×790
13号	400×500	391×491	18号	630×800	620×790

1	活动垫圈
2	垫　板
3	挡　板
4	杠　杆
5	半　轴
6	半　轴
7	螺　栓
8	螺　母
9	垫　板
10	螺　母
11	垫　圈

图名	拉链式9~18号矩形钢制蝶阀安装	图号	TF2—17

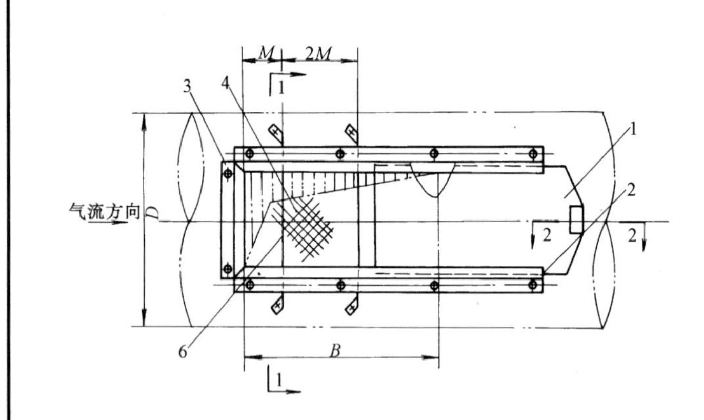

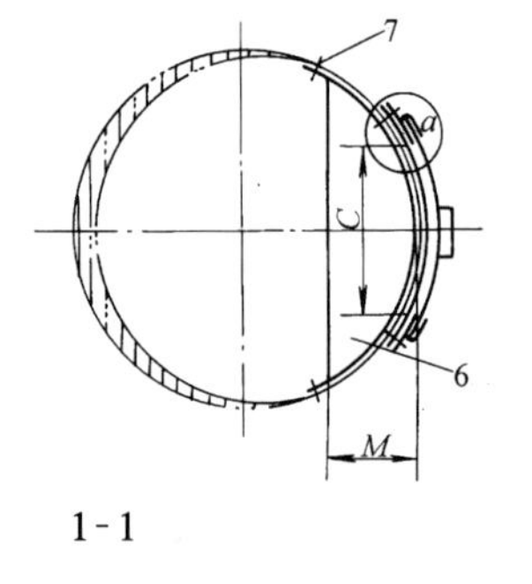

1-1

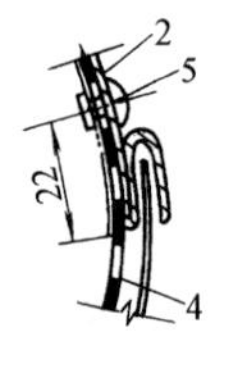

a 放大

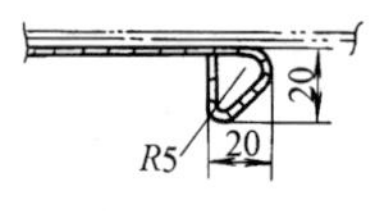

2-2

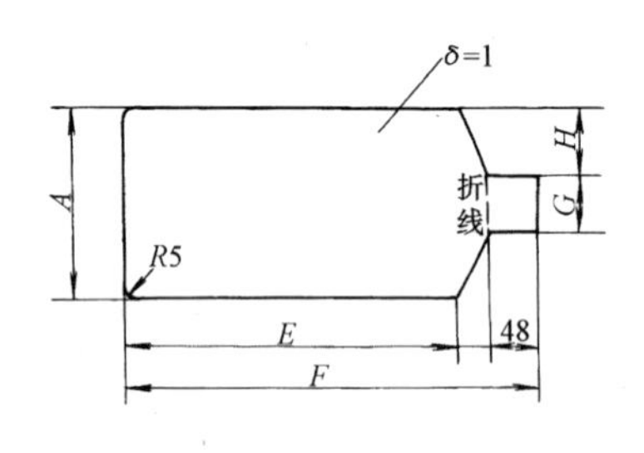

插板展开图

1	插　板
2	导向板
3	挡　板
4	钢板网
5	铆　钉
6	隔　板
7	铆　钉

外　形　尺　寸(mm)

型号	*D*	*B*	*C*	*A*	*E*	*F*	*G*	*H*	*M*
1号	160	160	80	106	180	245	36	35	32
2号	180	180	90	115	200	270	35	40	36
3号	200	200	100	125	220	290	35	45	40
4号	220	220	110	135	240	310	45	45	44
5号	250	240	120	145	260	335	45	50	48
6号	280	280	140	170	300	380	50	60	56
7号	320	320	160	190	340	420	70	60	64
8号	360	360	180	210	380	465	70	70	72
9号	400	400	200	230	420	510	70	80	80
10号	450	440	220	250	460	550	80	85	88
11号	500	500	250	285	520	620	85	100	100
12号	560	560	280	315	580	690	95	110	112

安　装　说　明

1. 导向板铆钉孔处没有钢板网时，加垫片铆接，保证导轨平整。
2. 吸风口不装隔板。

图名	圆形风管插板式送吸风口安装	图号	TF2—18

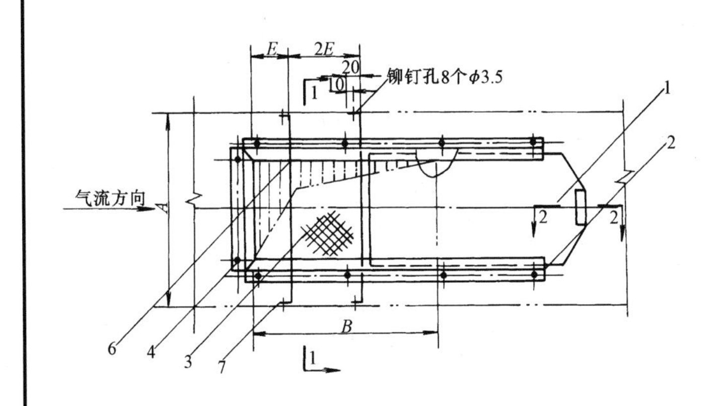

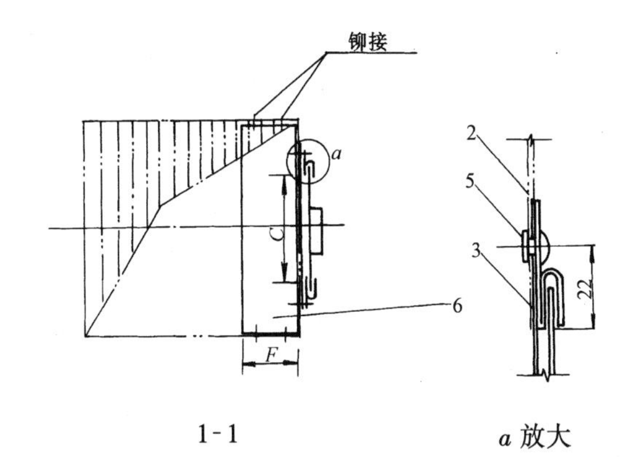

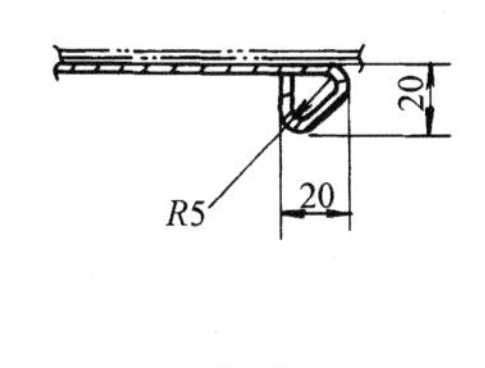

1.	插　板
2	导向板
3	钢板网
4	挡　板
5	铆　钉
6	隔　板
7	铆　钉

型号	1号	2号	3号	4号
$A\geqslant$	200	250	320	400
B	200	240	320	400
C	120	160	240	320
E	40	50	64	80
F	35	45	55	65

安　装　说　明

1. 导向板铆钉孔处没有钢板网时，加垫片铆接，保证导轨平整。
2. 吸风口不装隔板。

图名	矩形风管插板式送风口安装	图号	TF2—19

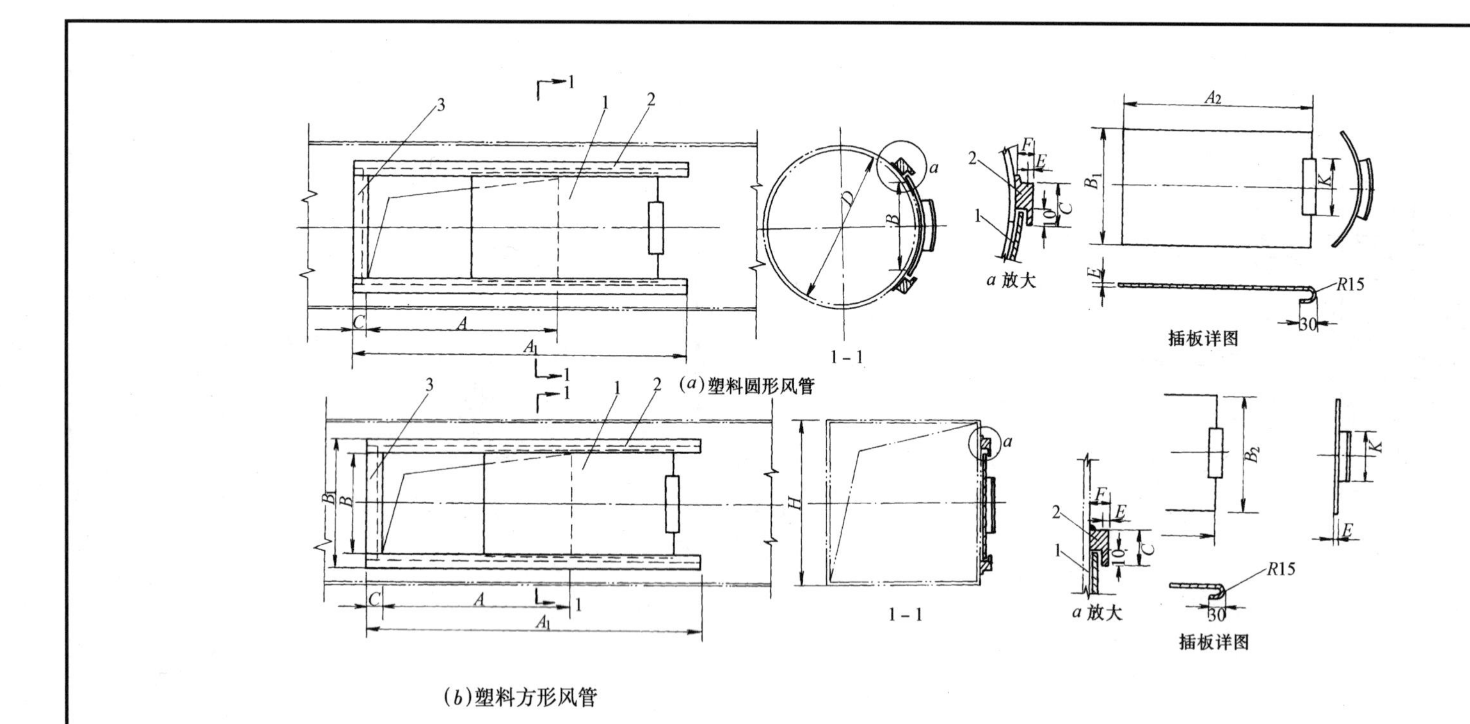

方形风管外形尺寸（mm）

型　　号	H	A	B	A_1	B_1	B_2	C	K	E	F
1号	≥200	200	120	365	170	138	25	80	3	8
2号	≥250	240	160	433	210	178	25	80	3	8
3号	≥320	320	240	574	300	258	30	100	3	8
4号	≥400	400	320	710	380	338	30	100	4	10

圆形风管外形尺寸（mm）

型号	D	A	B	A_1	A_2	B_1	C	K	E	F
1号	160	160	80	297	185	98	25	60	3	8
6号	280	280	140	501	305	158	25	80	3	8
10号	450	440	220	778	465	238	30	100	4	10
12号	560	560	280	982	585	298	30	100	4	10

1	插　板
2	边　条
3	边　条

图名	塑料圆形、方形风管插板式侧面风口(Ⅰ型)安装	图号	TF2—20

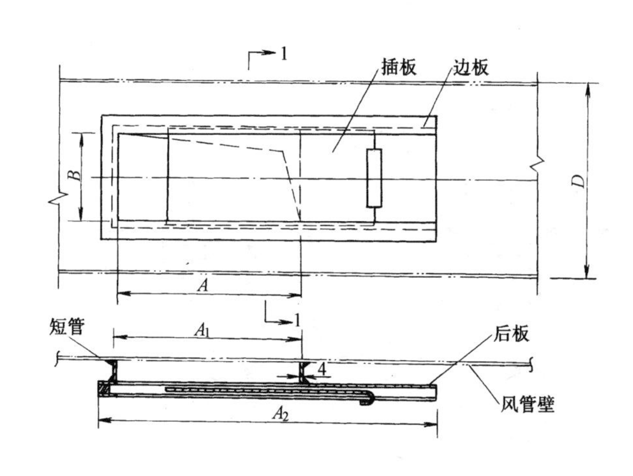

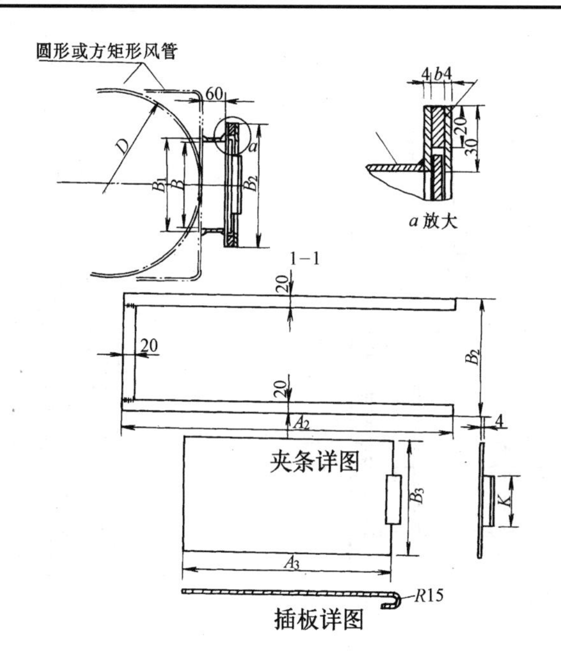

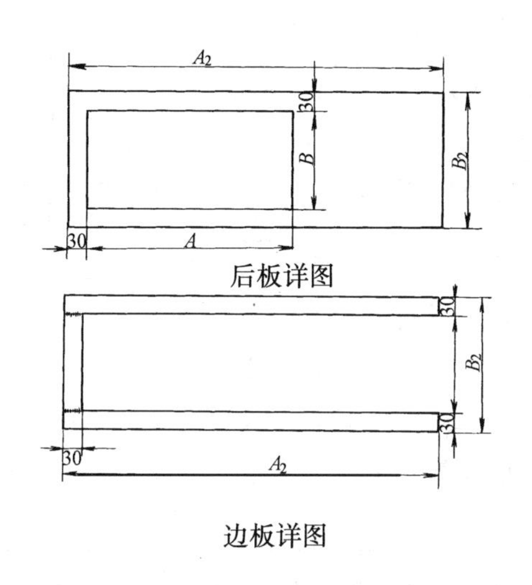

外 形 尺 寸 (mm)

型 号	D	A	B	A_1	A_2	A_3	B_1	B_2	B_3	K
1号	≥360	360	180	368	642	385	188	240	198	80
2号	≥400	400	200	408	710	425	208	260	218	80
3号	≥450	440	220	448	778	465	228	280	238	100
4号	≥500	500	250	508	880	525	258	310	268	100
5号	≥560	560	280	568	982	585	288	340	298	100

图名	塑料插板式侧面风口(Ⅱ型)安装	图号	TF2—21

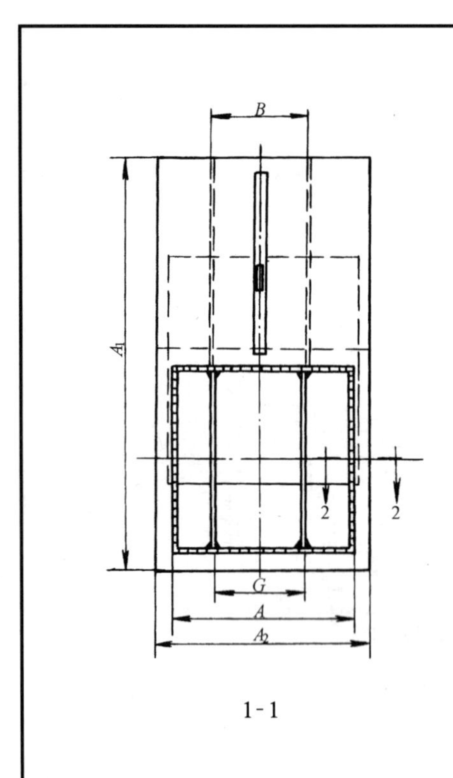

1-1

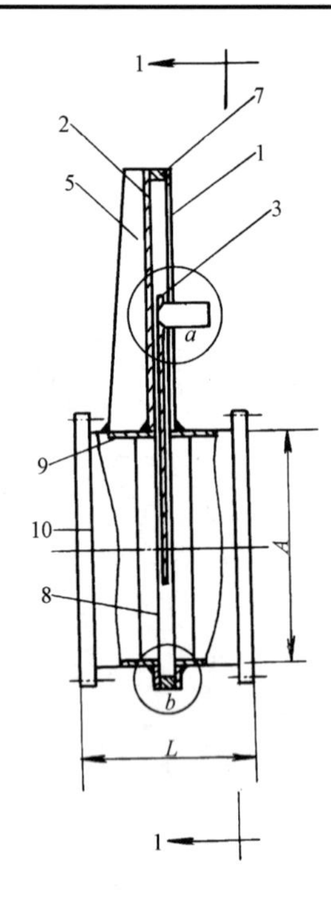

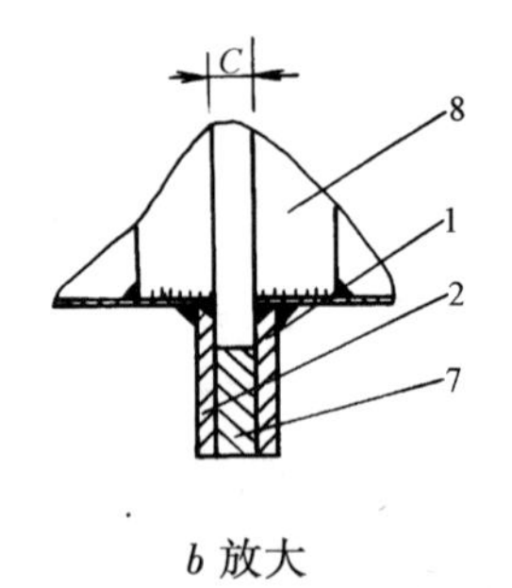

b 放大

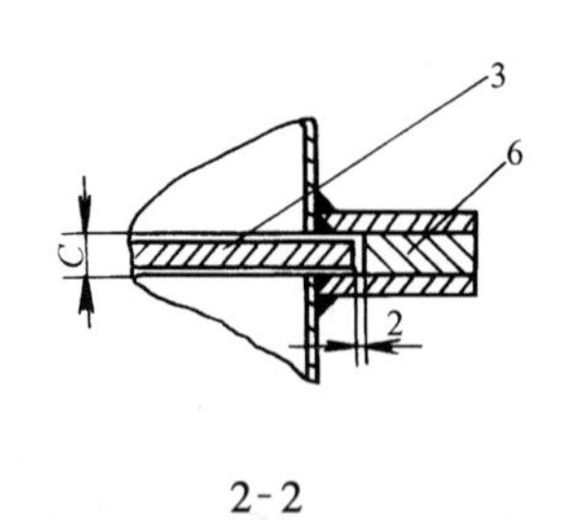

2-2

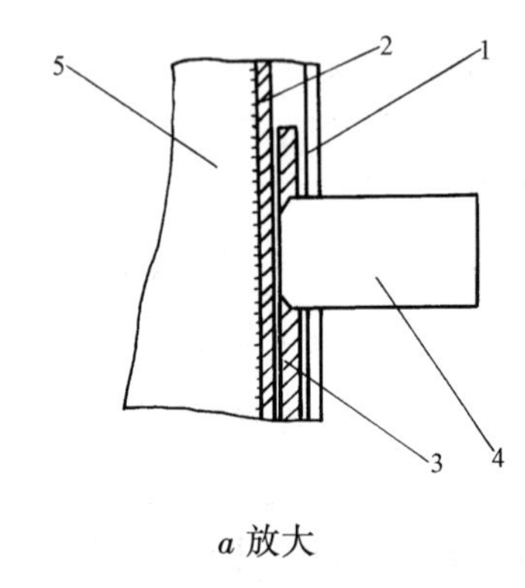

a 放大

外　形　尺　寸（mm）

型　号	1号	2号	3号	4号	5号	6号
A	200	250	320	400	500	630
A_1	556	656	796	955	1165	1435
A_2	270	320	390	470	570	710
B	—	—	—	—	190	236
G	—	—	—	133	167	210
C	8	8	9	9	10	10
L	200	200	300	300	300	300

注：1. 1 号、2 号无件号 5；3 号、4 号件号 5 仅一件，加强位置在中间。
2. 1～3 号无件号 8。

1	前　板
2	后　板
3	闸　板
4	手　柄
5	斜　撑
6	夹　条
7	夹　条
8	导　轨
9	短　管
10	法　兰

图名	塑料方形插板阀安装	图号	TF2—22

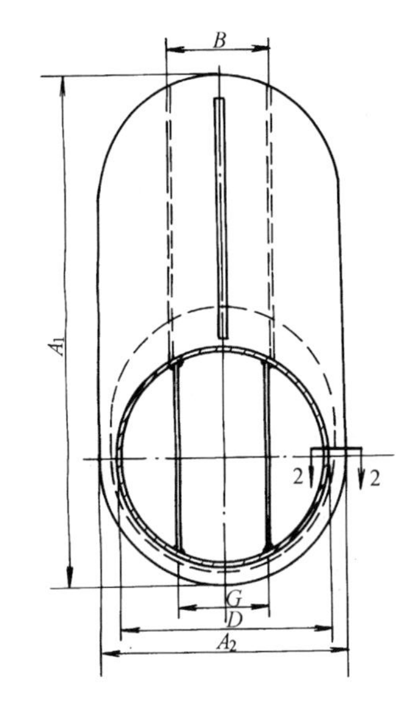

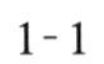
1-1

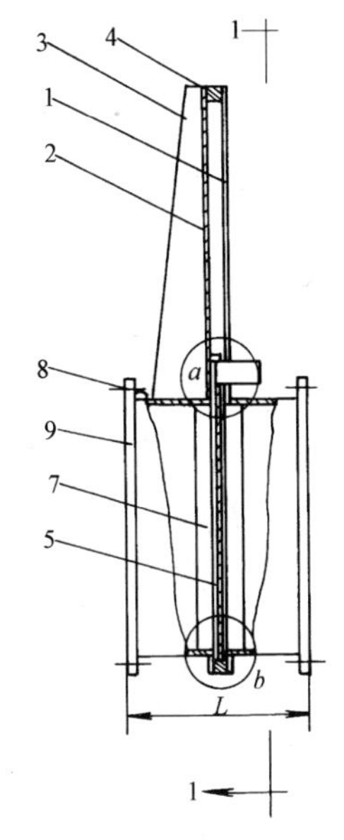

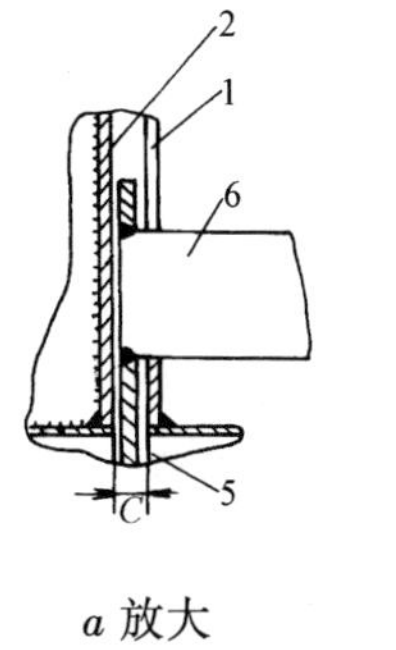

a 放大

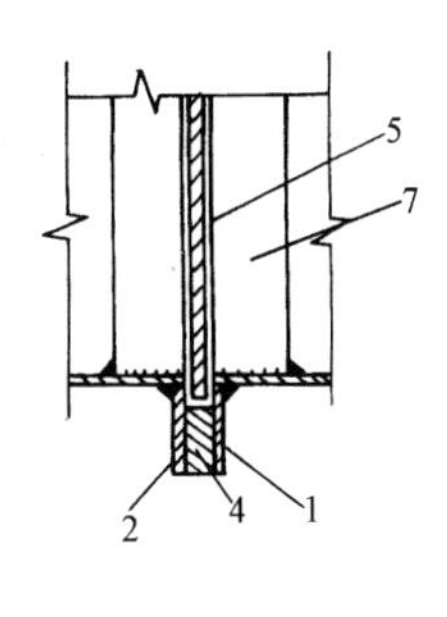

b 放大

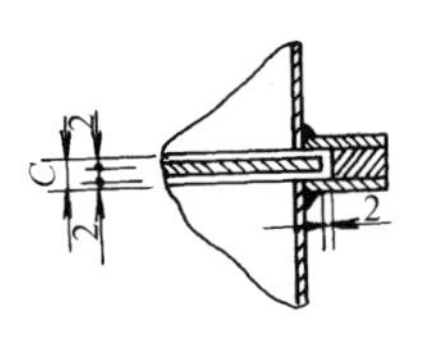

2-2

1	前板
2	后板
3	斜撑
4	夹条
5	闸板
6	手柄
7	导轨
8	短管
9	法兰

外 形 尺 寸（mm）

型 号	1号	2号	3号	4号	5号	6号	7号	8号	9号	10号	11号
D	200	220	250	280	320	360	400	450	500	560	630
A_1	556	595	656	716	796	875	955	1055	1165	1295	1435
A_2	270	290	320	350	390	430	470	520	470	640	710
B	—	—	—	—	—	—	—	173	190	213	236
C	8	8	8	9	9	9	9	9	10	10	10
G	—	—	—	—	—	—	—	150	167	187	210
L	200	200	200	200	300	300	300	300	300	300	300

注：1.1～4号无件号3；5～7号件号3仅一件，加强位置在中间。

2.1～7号无件号7。

图名	塑料圆形插板阀安装	图号	TF2—23

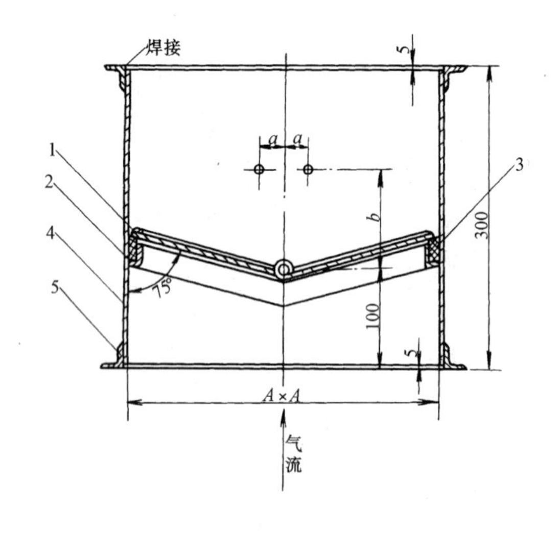

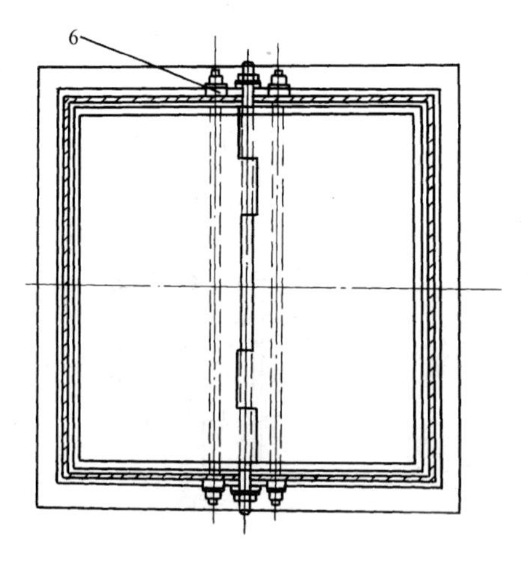

1	阀　板
2	挡　圈
3	密封圈
4	短　管
5	法　兰
6	橡皮圈

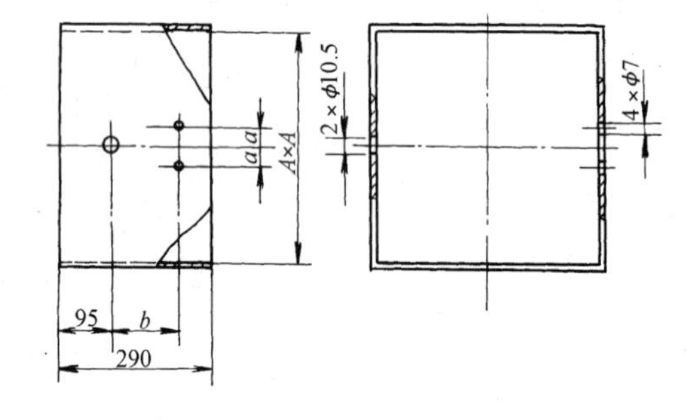

型　号	1号	2号	3号	4号	5号	6号	7号
A	200	250	320	400	500	630	800
a	10	10	10	15	15	15	15
b	60	80	120	120	150	150	150

注:法兰螺栓孔安装时与风管法兰配钻。

图名	方形垂直风管止回阀安装	图号	TF2—24

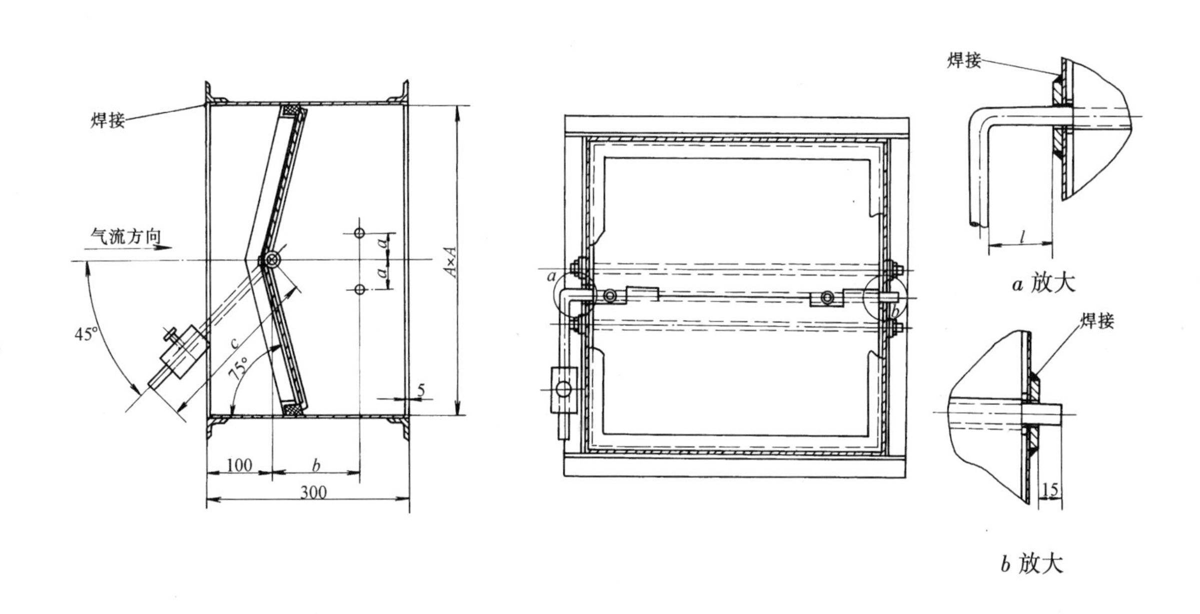

型　号	1号	2号	3号	4号	5号	6号	7号
A	200	250	320	400	500	630	800
a	10	10	10	15	15	15	15
b	60	80	120	120	150	150	150
c	100	130	170	200	250	320	400
l	50	50	50	50	65	65	65

注:法兰螺栓孔安装时与风管法兰配钻。

图名	方形水平风管止回阀安装	图号	TF2—25

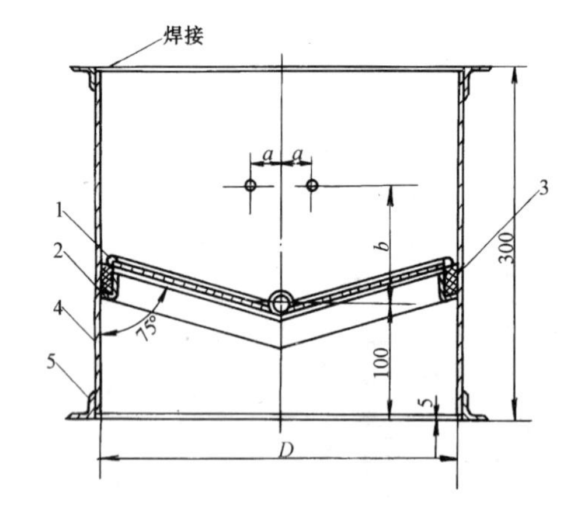

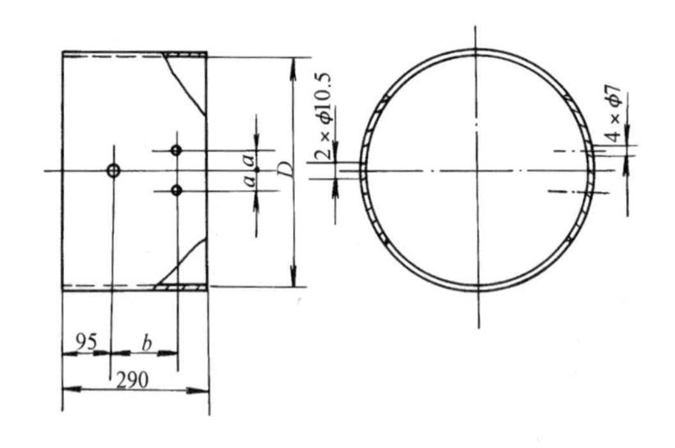

1	阀 板
2	挡 圈
3	密封圈
4	短 管
5	法 兰
6	橡皮圈
7	双头螺杆
8	双头螺杆

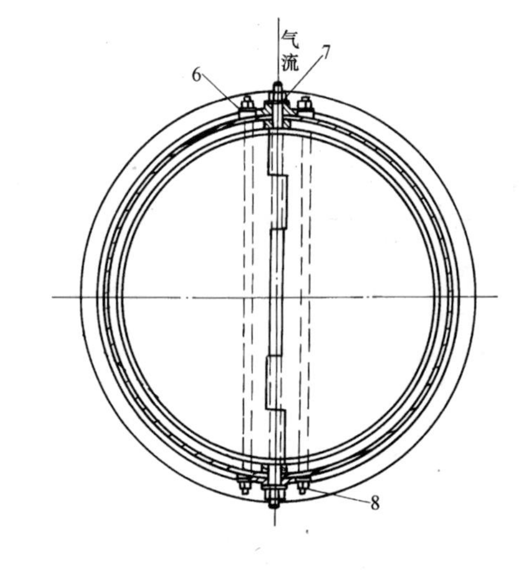

外 形 尺 寸(mm)

型 号	1号	2号	3号	4号	5号	6号	7号	8号	9号	10号	11号	12号	13号
D	220	250	280	320	360	400	450	500	560	630	700	800	900
a	10	10	10	10	10	10	15	15	15	15	15	15	15
b	60	80	100	100	110	130	150	150	150	150	150	150	150

注:法兰螺栓孔安装时与风管法兰配钻。

图名	圆形垂直风管止回阀安装	图号	TF2—26

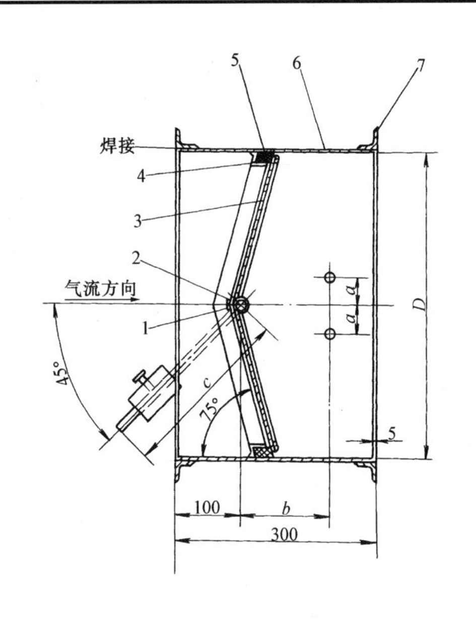

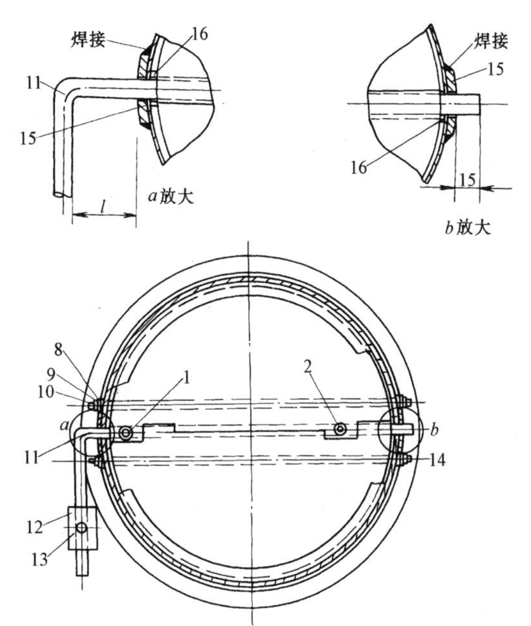

1	螺　　钉
2	垫　　圈
3	阀　　板
4	挡　　圈
5	密 封 圈
6	短　　管
7	法　　兰
8	橡 皮 圈
9	垫　　圈
10	螺　　母
11	弯　　轴
12	坠　　锤
13	螺　　栓
14	双头螺杆
15	垫　　板
16	垫　　圈

安 装 说 明

1. 法兰螺栓孔安装时与风管法兰配钻。

2. 件号 11 的弯头，根据设计需要可置于视图右面。

3. 件号 11 上两个螺孔在安装时与上阀板配钻后攻丝。

4. 件号 12 的位置调整到使件号 3 与件号 5 压紧(但不可过紧)

外 形 尺 寸(mm)

型　号	1号	2号	3号	4号	5号	6号	7号	8号	9号	10号	11号	12号	13号
D	220	250	280	320	360	400	450	500	560	630	700	800	900
a	10	10	10	10	10	10	15	15	15	15	15	15	15
b	60	80	100	100	110	130	150	150	150	150	150	150	150
c	110	130	150	160	180	200	230	250	285	315	350	400	455
l	50	50	50	50	50	50	50	50	60	60	60	60	60

图名	圆形水平风管止回阀安装	图号	TF2—27

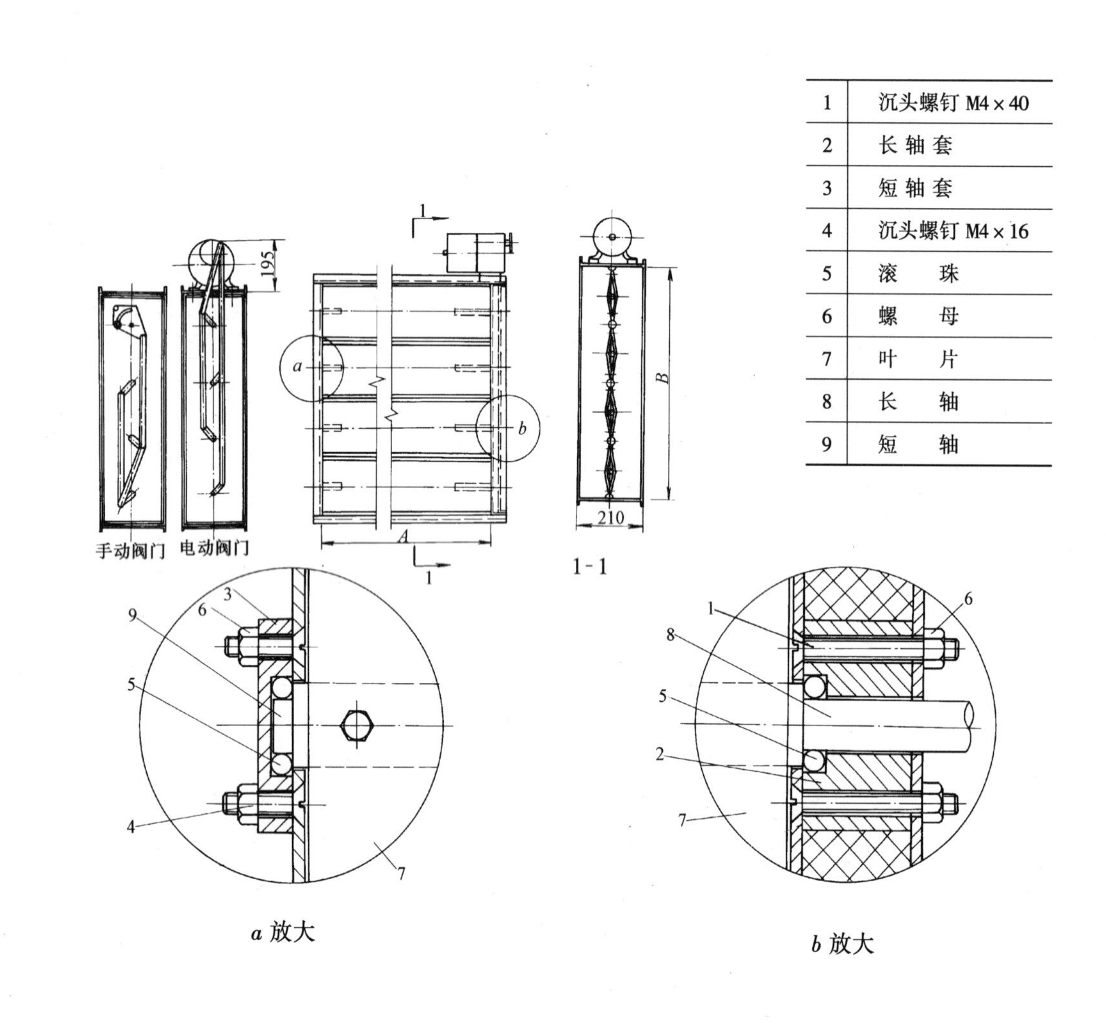

1	沉头螺钉 M4×40
2	长轴套
3	短轴套
4	沉头螺钉 M4×16
5	滚　　珠
6	螺　　母
7	叶　　片
8	长　　轴
9	短　　轴

尺　　寸(mm)

型　　号	1号
公称尺寸	160×320
A	130
B	314
n	2
型　　号	15号
公称尺寸	800×400
A	770
B	398
n	2
型　　号	29号
公称尺寸	1000×630
A	969
B	626
n	4

n 为阀门叶片数。

图名	手动(电动)密闭式对开多叶调节阀安装	图号	TF2—28

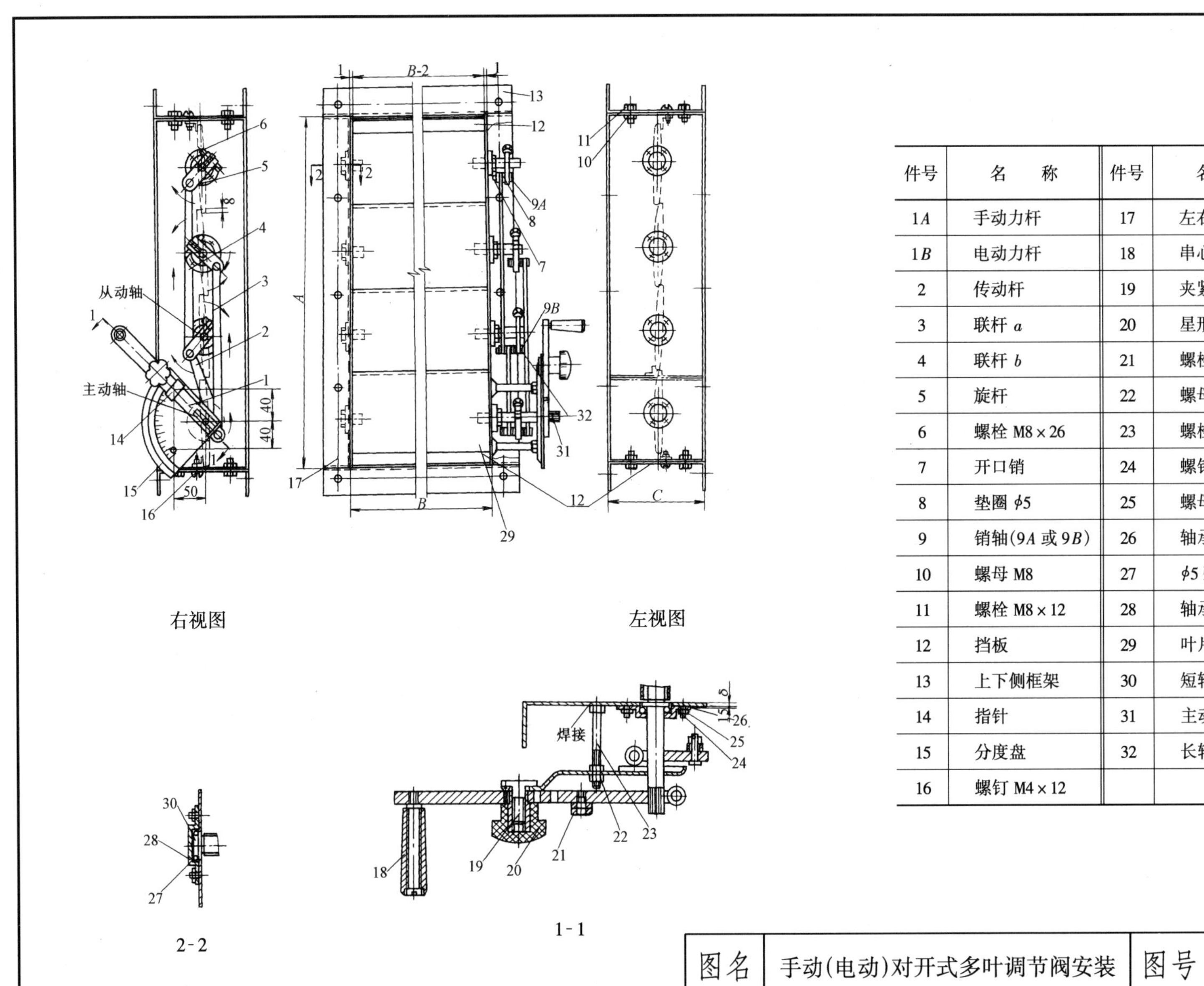

件号	名　　称	件号	名　　称
1*A*	手动力杆	17	左右侧框架
1*B*	电动力杆	18	串心转动手柄
2	传动杆	19	夹紧板
3	联杆 *a*	20	星形把手
4	联杆 *b*	21	螺栓 M6×8
5	旋杆	22	螺母 M6
6	螺栓 M8×26	23	螺栓 M6×55
7	开口销	24	螺钉 M4×10
8	垫圈 $\phi5$	25	螺母 M4
9	销轴(9*A* 或 9*B*)	26	轴承座 *A*
10	螺母 M8	27	$\phi5$ 弹子
11	螺栓 M8×12	28	轴承座 *B*
12	挡板	29	叶片
13	上下侧框架	30	短轴
14	指针	31	主动轴
15	分度盘	32	长轴
16	螺钉 M4×12		

图名	手动(电动)对开式多叶调节阀安装	图号	TF2—29

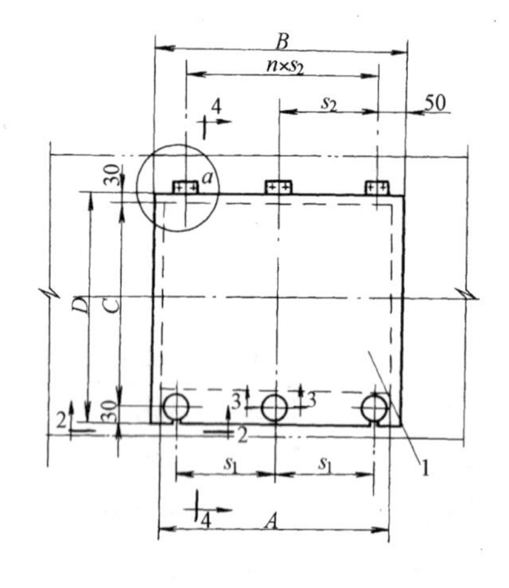

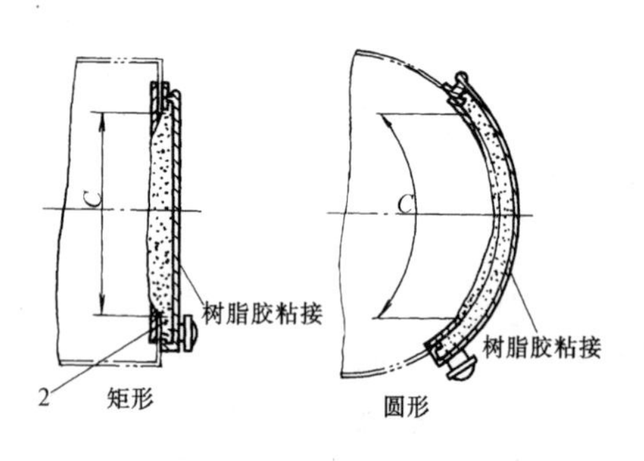

4-4

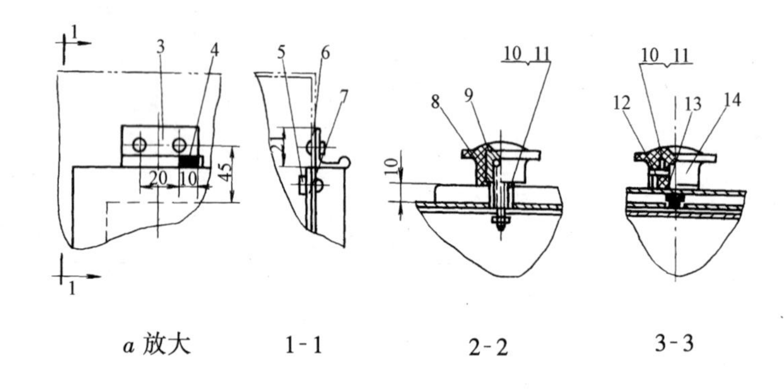

a 放大　　1-1　　2-2　　3-3

1	门
2	海绵橡胶
3	铰　链
4	铰链轴
5	半圆头铆钉
6	
7	法　兰
8	圆头把手
9	压紧螺栓
10	精制六角螺母
11	弹簧垫圈
12	圆锥销
13	把手轴
14	圆头把手

型　号	*A*	*B*	*C*	*D*	s_1	s_2	*n*
Ⅰ型	210	270	150	230	100	170	1
Ⅱ型	310	370	260	340	145	270	1
Ⅲ型	460	520	400	480	210	210	2

安装说明

1. 门压紧后应保证与风管壁面密封。
2. 件3、件6装配时铆牢。

图名	风管检查孔安装	图号	TF2—30

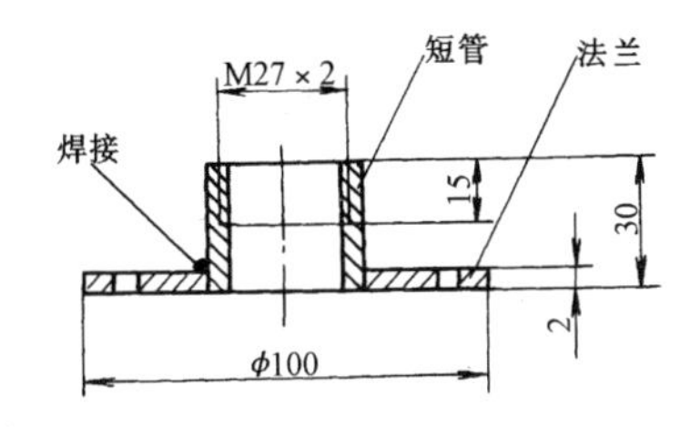

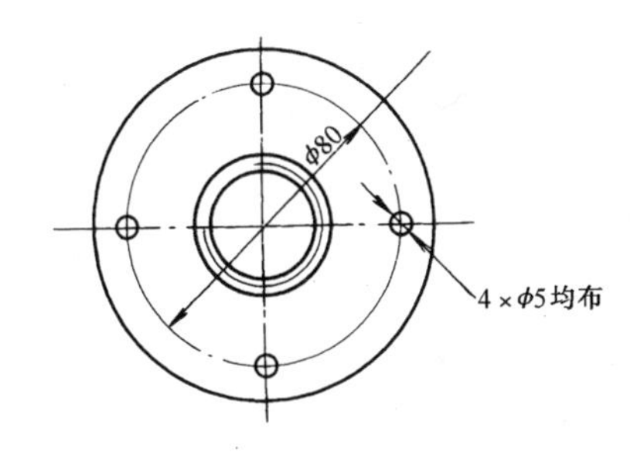

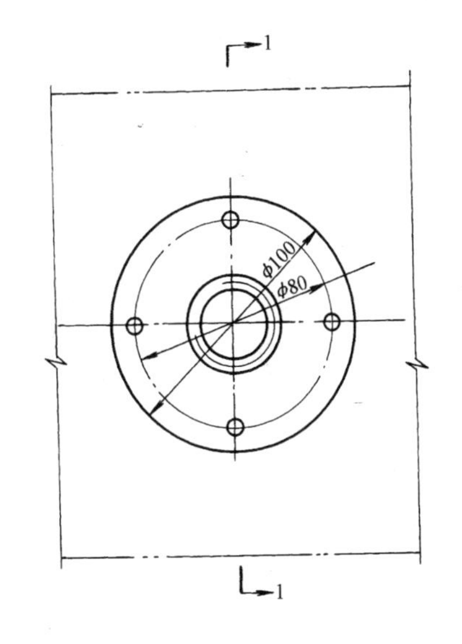

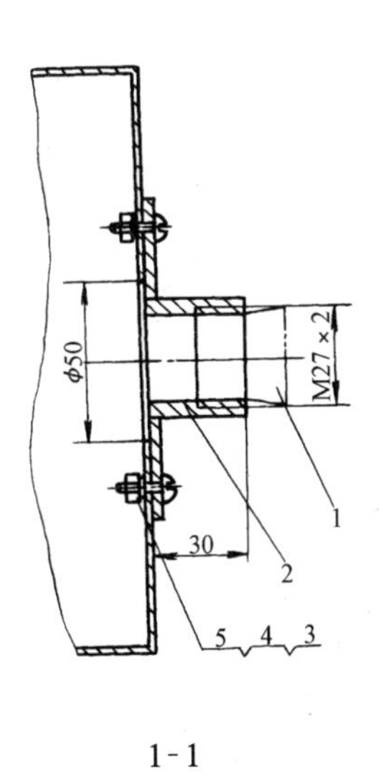

1-1

安 装 说 明

1. 测管装于圆形壁面时，要将法兰先做成圆弧形，再与短管焊接，螺栓连接孔与风管壁配作。

2. 法兰圆周边必须清除毛刺，锐边倒钝。

3. 温度测定孔需在风管总装前安装。

4. 安装测孔前，在风管壁面上作 $\phi50$ 孔。

1	橡皮塞
2	测管
3	半圆头螺钉
4	弹簧垫圈
5	精制六角螺母

图名	温度测定孔与测管(Ⅰ型)安装	图号	TF2—31

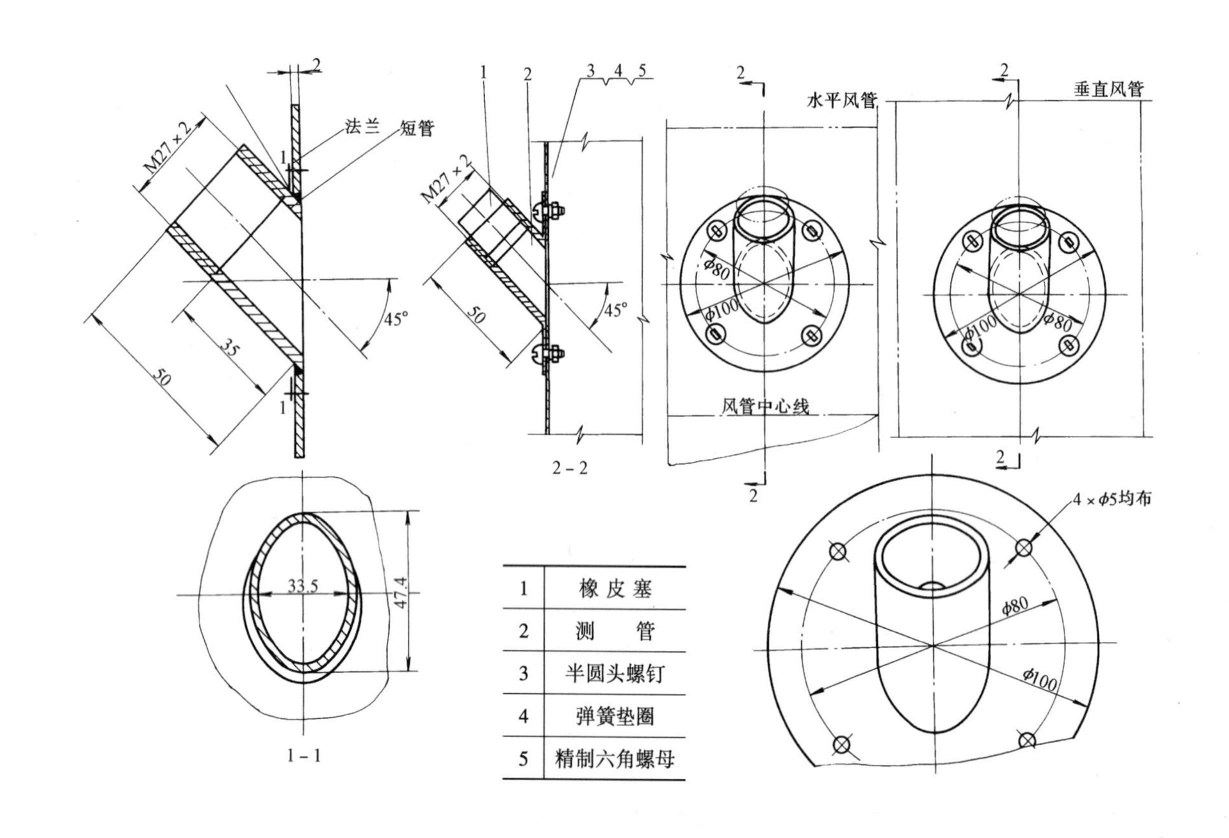

1	橡皮塞
2	测　管
3	半圆头螺钉
4	弹簧垫圈
5	精制六角螺母

安 装 说 明

1. 测孔装于圆形壁面时，要将法兰先做成圆弧形，再与短管焊接，螺栓连接孔与风管配作。
2. 法兰圆周边必须清除毛刺，锐边倒钝。
3. 温度测定孔需在风管总装前安装。
4. 安装前在风管壁上作 ϕ50 孔。

图名	温度测定孔与测管(Ⅱ型)安装	图号	TF2—32

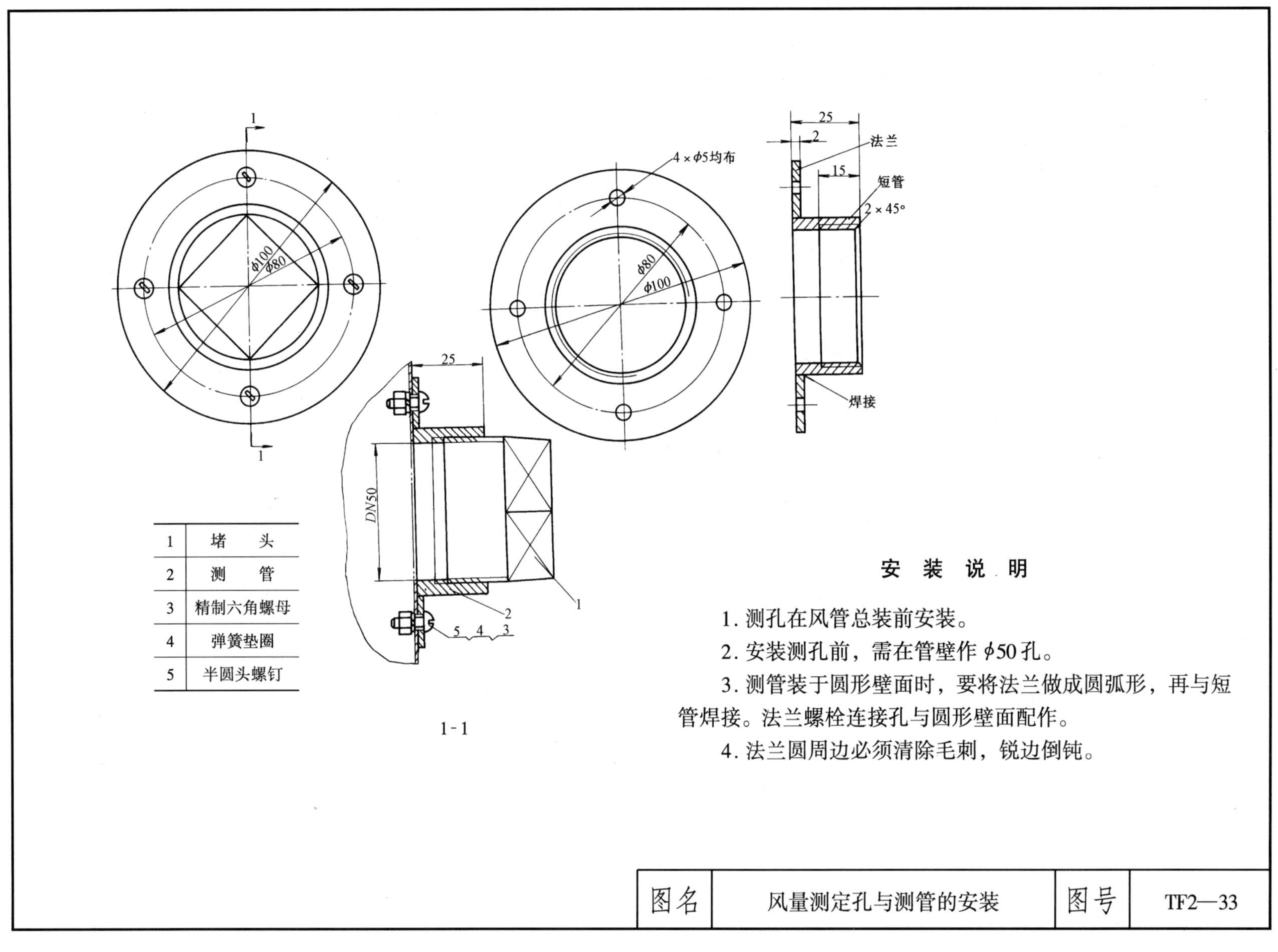

1	堵　头
2	测　管
3	精制六角螺母
4	弹簧垫圈
5	半圆头螺钉

安 装 说 明

1. 测孔在风管总装前安装。

2. 安装测孔前，需在管壁作 ϕ50 孔。

3. 测管装于圆形壁面时，要将法兰做成圆弧形，再与短管焊接。法兰螺栓连接孔与圆形壁面配作。

4. 法兰圆周边必须清除毛刺，锐边倒钝。

图名	风量测定孔与测管的安装	图号	TF2—33

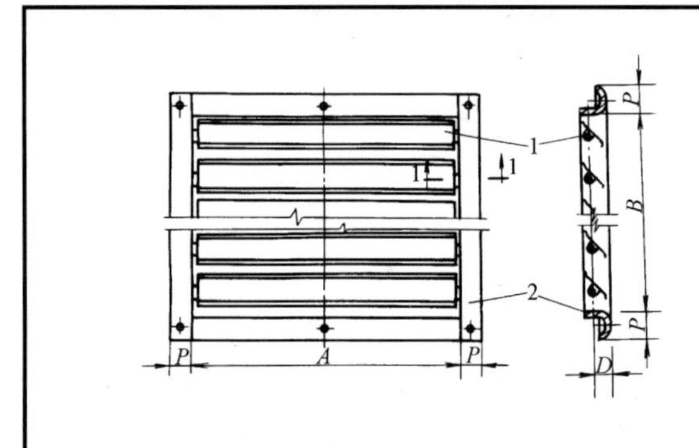

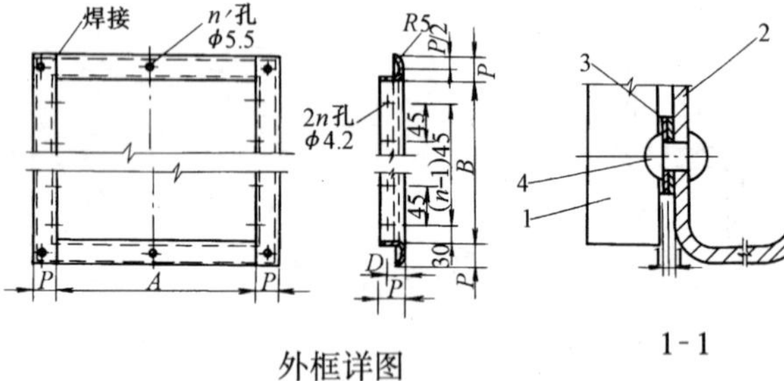

外框详图

1-1

1	叶　片
2	外　框
3	垫　圈
4	铆　钉

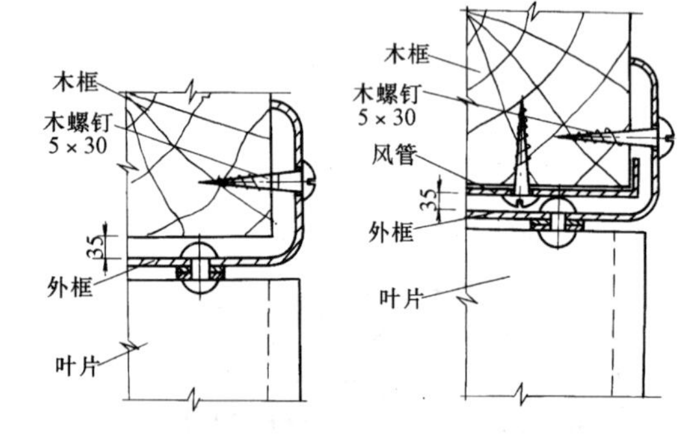

在墙上安装(不接风管)　　在墙上安装(接风管)

外　形　尺　寸(mm)

型　　号	*A*	*B*	*C*	*D*	*P*	*n*
1号	200	150	196	18	30	3
2号	300	150	296	18	30	3
3号	300	195	296	18	30	4
4号	330	240	326	18	30	5
5号	400	240	396	18	30	5
6号	470	285	466	20	35	6
7号	530	330	526	20	35	7
8号	550	375	546	20	35	8

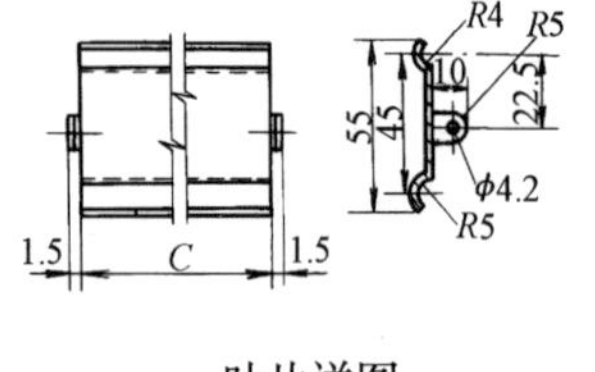

叶片详图

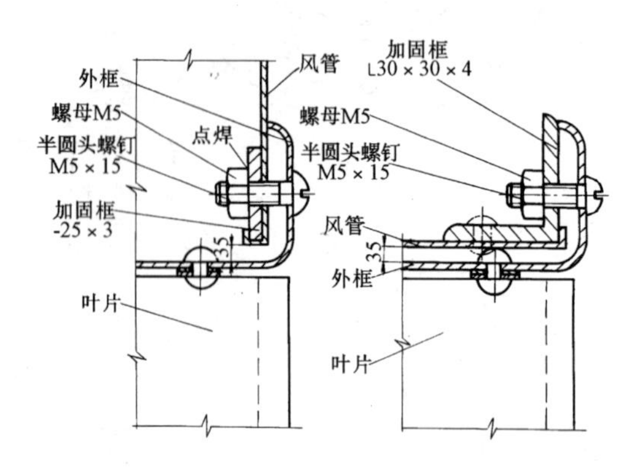

在风管上安装　　在风管末端上安装

安　装　说　明

1. 木框应预留，断面尺寸一般可采用40mm×40mm。
2. 施工时应注意风管或木框的内边尺寸为(A+10)×(B+10)。

图名	单层、双层百叶风口安装(一)	图号	TF2—34(一)

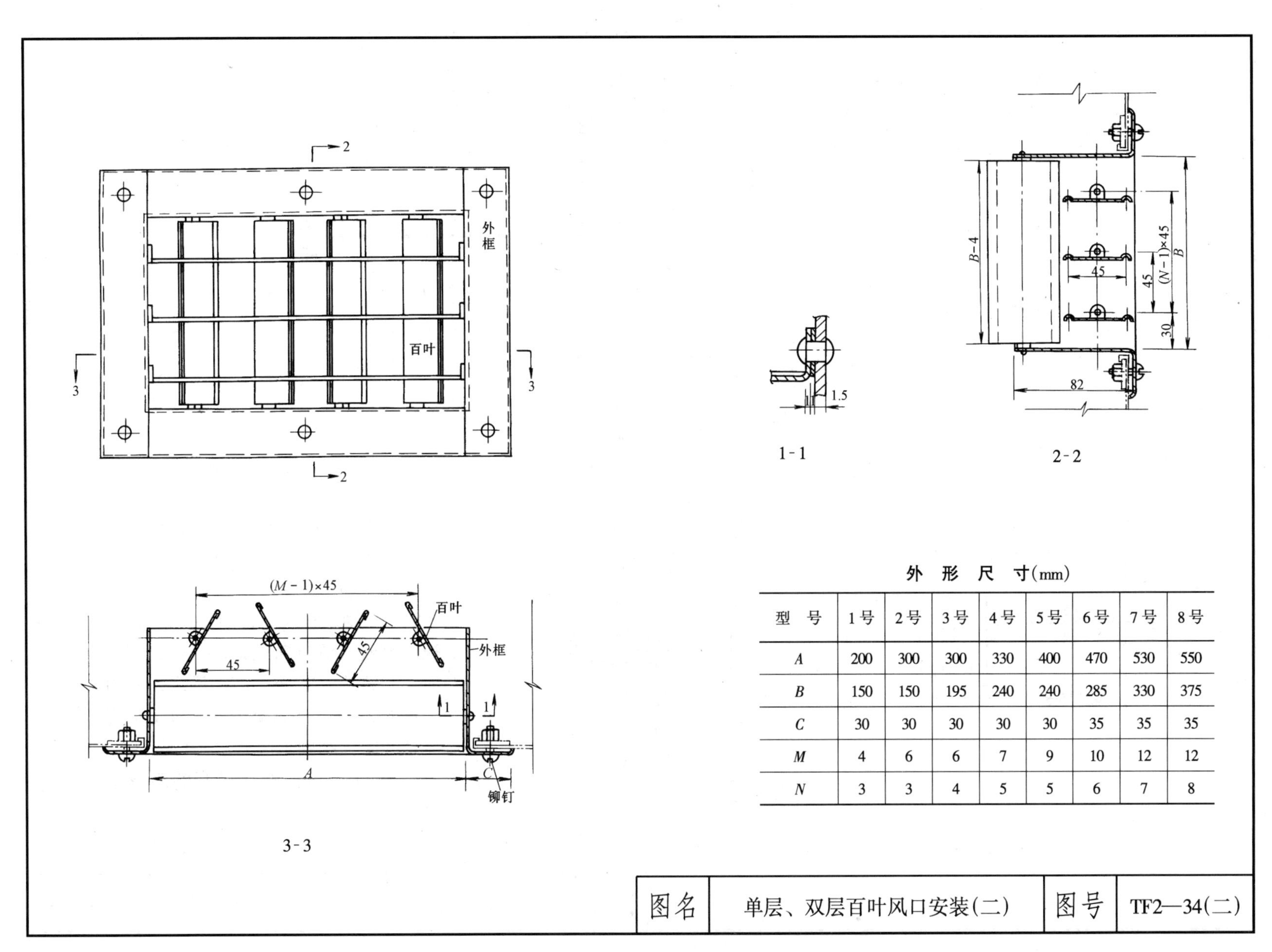

外 形 尺 寸(mm)

型 号	1号	2号	3号	4号	5号	6号	7号	8号
A	200	300	300	330	400	470	530	550
B	150	150	195	240	240	285	330	375
C	30	30	30	30	30	35	35	35
M	4	6	6	7	9	10	12	12
N	3	3	4	5	5	6	7	8

图名	单层、双层百叶风口安装(二)	图号	TF2—34(二)

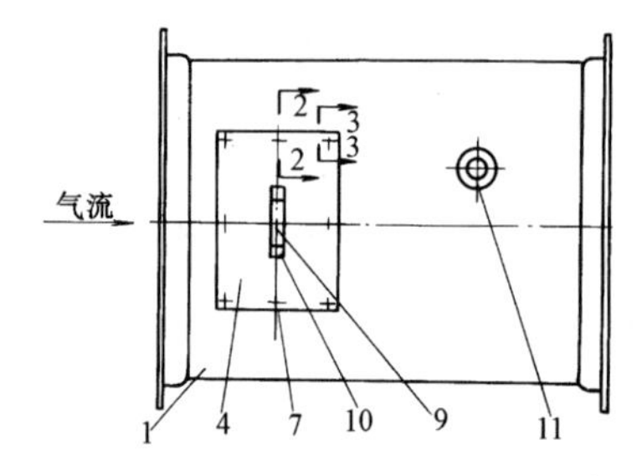

右式防火阀

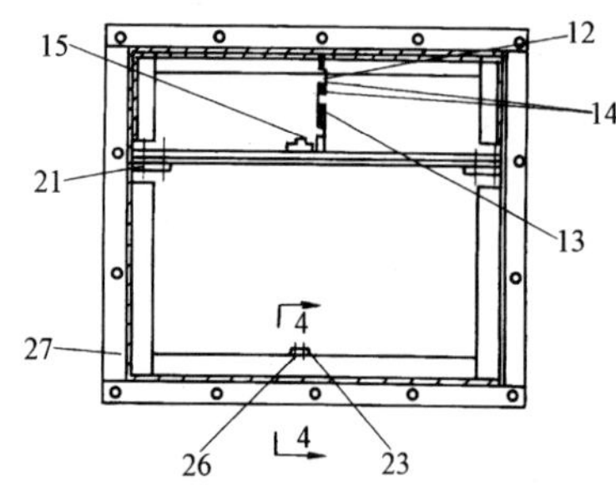

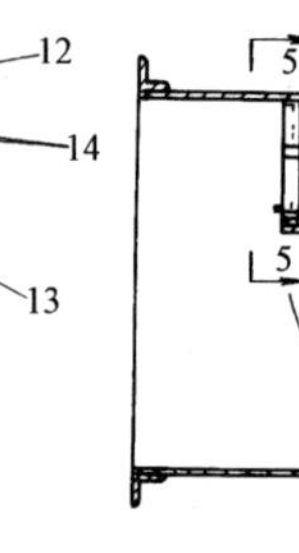

1-1

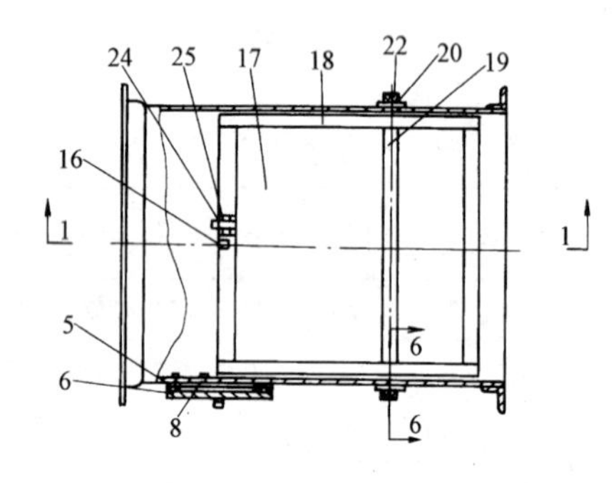

1	阀体	16	挂钩
2	托框	17	阀门
3	托框	18	阀门框
4	检查门	19	带帽螺栓
5	门框	20	轴座
6	垫片	21	轴
7	带母螺栓	22	轴座盖
8	铆钉	23	插销滑板
9	拉手	24	阀门插销
10	铆钉	25	带帽螺钉
11	铆钉	26	铆钉
12	加长条	27	法兰
13	易熔片	28	轴座盖
14	铆钉	29	轴
15	开口销	30	摇杆

安装说明

1. 本图是防火阀用于水平气流风管中。如用于垂直气流的风管，接易熔片一端必须向下倾斜约5°，以便于下落关闭。

2. 对于水平气流风管的防火阀，以人的视线顺着气流方向观察，若检查在人的左面，则称为左式防火阀，反之，称为右式防火阀，选用时必须注意，对于垂直气流风管的防火阀则不区分左式与右式。

3. 托框2与托框3错开的距离 $a-b=9\text{mm}$。

图名	方、矩形风管防火阀安装(一)	图号	TF2—35(一)

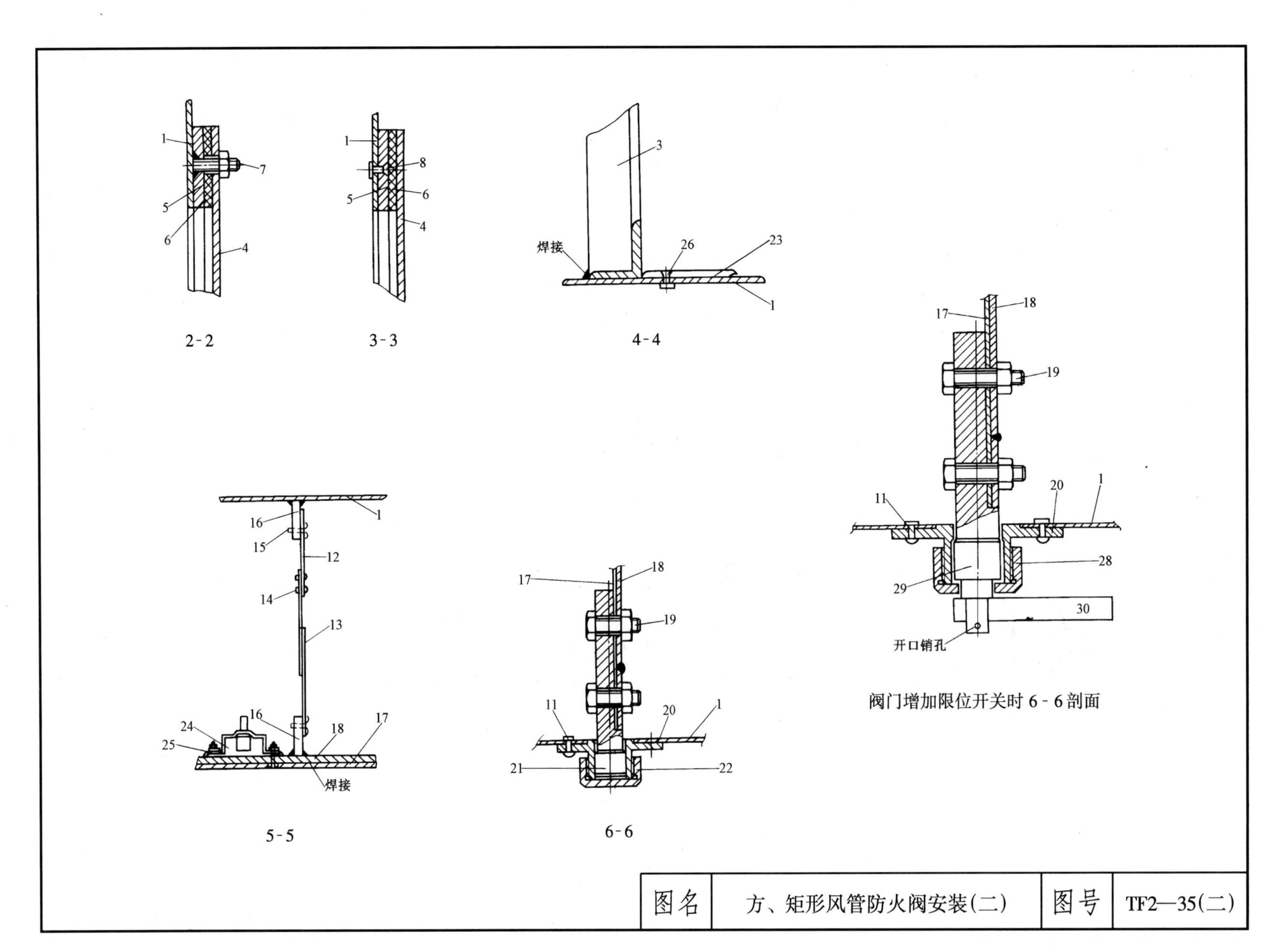
1
7
5
6
4
2-2
1
8
5
6
4
3-3
3
焊接
26
23
1
4-4
16
1
15
12
14
13
24
16
17
18
25
焊接
5-5
17
18
19
11
20
1
21
22
6-6
17
18
19
11
20
1
28
29
30
开口销孔
阀门增加限位开关时6-6剖面
图名
方、矩形风管防火阀安装(二)
图号
TF2—35(二)

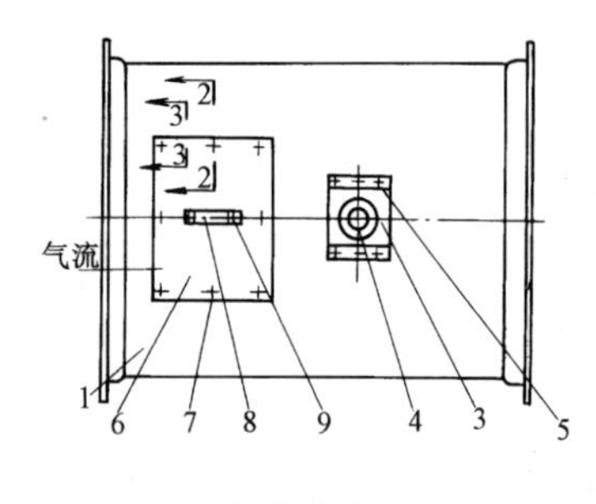

右式防火阀

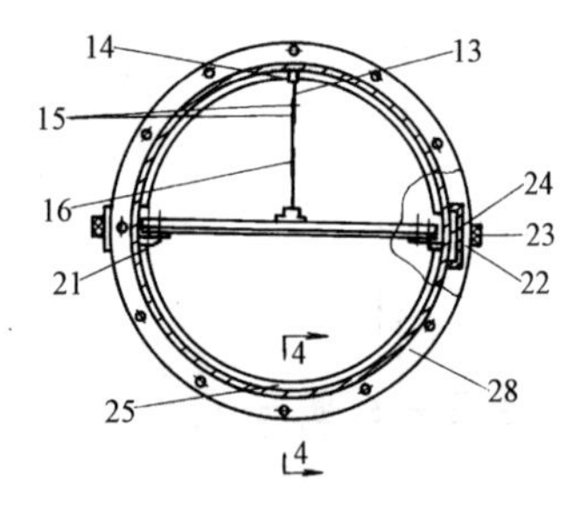

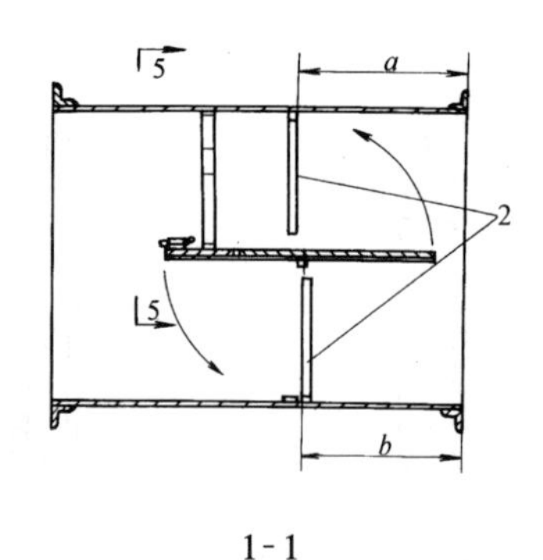

1-1

1	阀体	15	铆钉
2	托框	16	易熔片
3	托架	17	阀门
4	铆钉	18	阀门框
5	铆钉	19	重块
6	检查门	20	挂钩
7	带帽螺栓	21	带帽螺栓
8	拉手	22	轴座
9	铆钉	23	轴座盖
10	门框	24	轴
11	铆钉	25	插销滑板
12	垫片	26	阀门插销
13	加长条	27	带帽螺钉
14	开口销	28	法兰

安装说明

1. 此防火阀用于水平气流风管中，如用于垂直气流的风管，接易熔片一端必须向下倾斜约5°，以便于下落关闭。

2. 对于水平气流风管的防火阀，以人视线顺着气流方向观察，若检查门在人的左面，则称为左式防火阀，反之，称为右式防火阀，选用时必须注意，也可用于垂直气流的风管。

3. 上托框和下托框错开的距离 $a-b=9\text{mm}$。

图名	圆形风管防火阀安装(一)	图号	TF2—36(一)

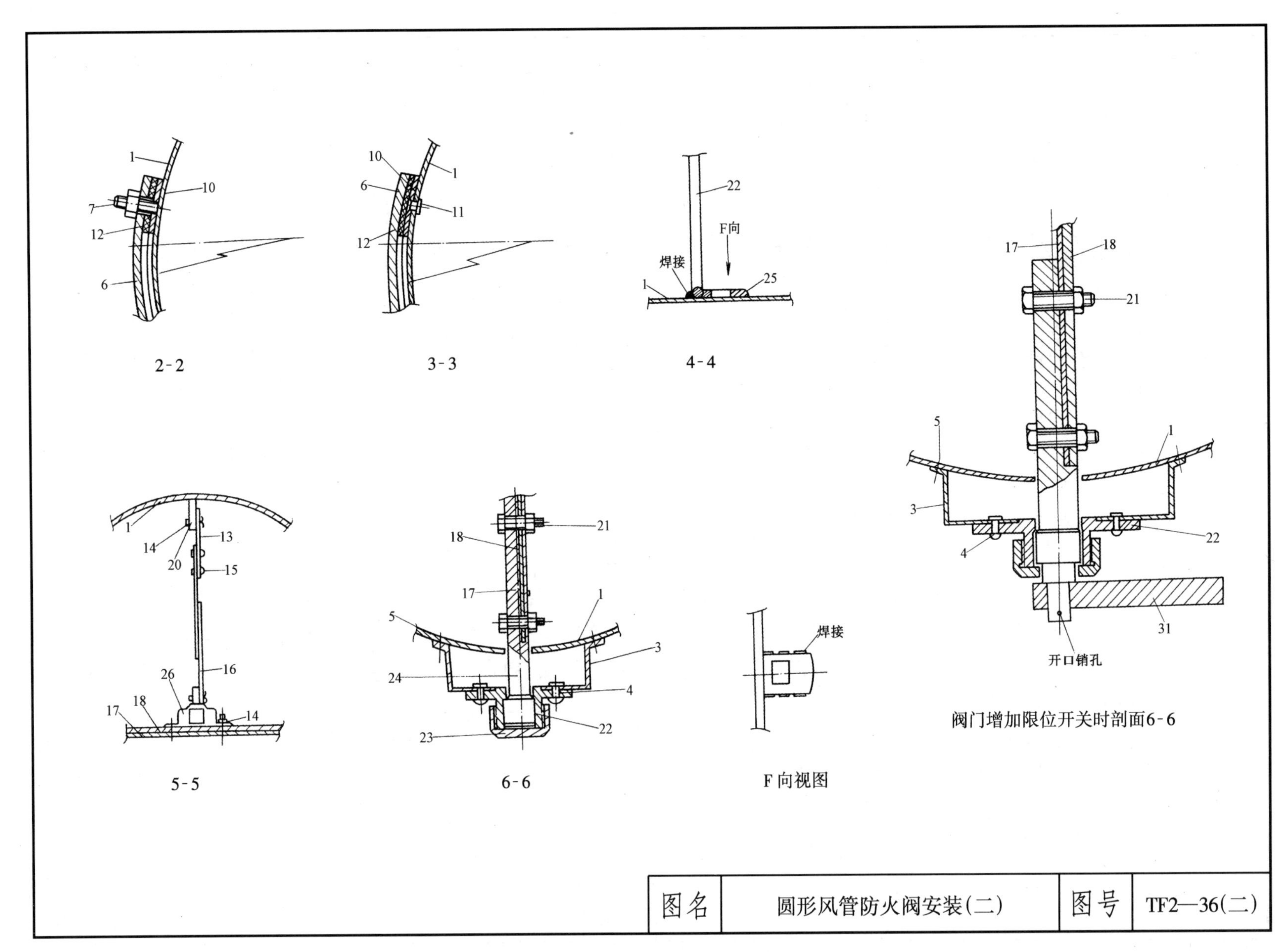
1
10
7
12
6
2-2
10
1
6
11
12
3-3
22
F向
焊接
1
25
4-4
17
18
21
5
1
3
4
22
31
开口销孔
阀门增加限位开关时剖面6-6
1
14
20
13
15
16
26
18
17
14
5-5
21
18
17
5
1
3
24
4
23
22
6-6
焊接
F向视图
图名
圆形风管防火阀安装(二)
图号
TF2—36(二)

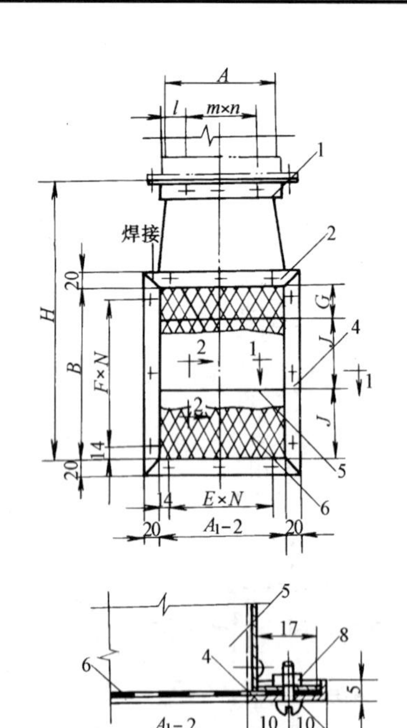

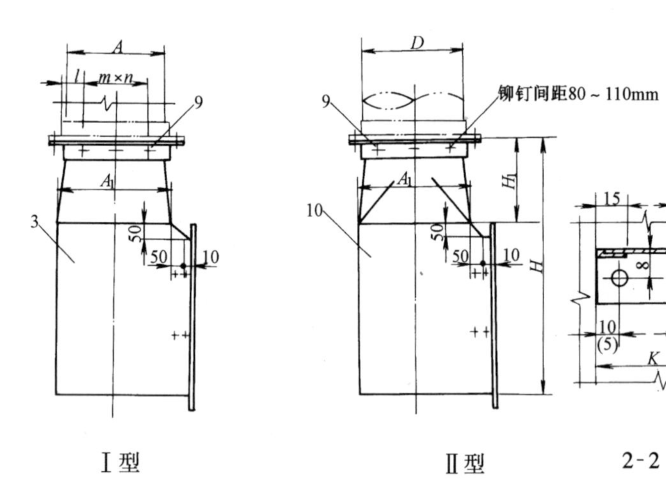

1	法　兰
2	边　框
3	Ⅰ型壳体
4	边　框
5	隔　板
6	钢板网
7	螺　钉
8	螺　母
9	铆　钉
10	Ⅱ型壳体

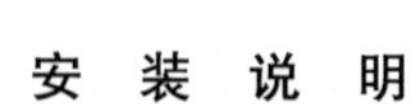

1-1

安 装 说 明

1. Ⅰ型用于方形风管，只有双数型号；Ⅱ型用于圆形风管。

2. 括号内之数字用1～6号。

3. 螺钉孔径为ϕ5。

4. 1～9号送风口，隔板不折边。

5. 吸风口不装隔板。

外 形 尺 寸(mm)

型　号	1号	2号	3号	4号	5号	6号	7号	8号	9号	10号	11号	12号	13号	14号
$A=D$	100	120	140	160	180	200	220	250	280	320	360	400	450	500
A_1	115	140	160	185	205	240	260	290	330	380	435	480	540	600
B	150	180	210	240	270	290	320	370	410	460	510	570	640	720
$E\times N$	43×2	55×2	65×2	78×2	88×2	70×3	77×3	87×3	100×3	88×4	101×4	113×4	128×4	143×4
$F\times N$	60×2	75×2	90×2	105×2	120×2	87×3	97×3	113×3	127×3	108×4	120×4	135×4	153×4	173×4
G	30	30	40	40	50	50	60	70	80	90	100	110	120	140
J	60	75	85	100	110	120	130	150	165	185	205	230	260	290
K	35	40	50	55	60	70	75	85	95	110	120	135	150	170
H	280	330	370	420	465	500	545	620	685	770	850	940	1050	1170
H_1	80	100	110	130	145	160	175	200	225	260	290	320	360	400
l	—	18	—	33	—	18	—	28	—	28	—	38	—	38
$m\times n$	—	90×1	—	100×1	—	85×2	—	100×2	—	90×3	—	110×3	—	110×4

图名	单面送吸风口安装	图号	TF2—37

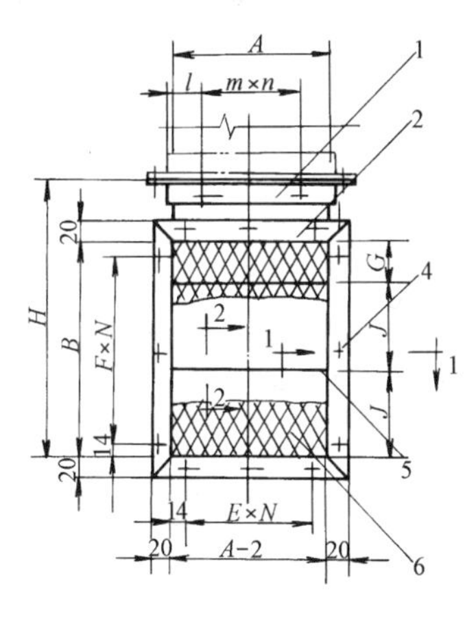

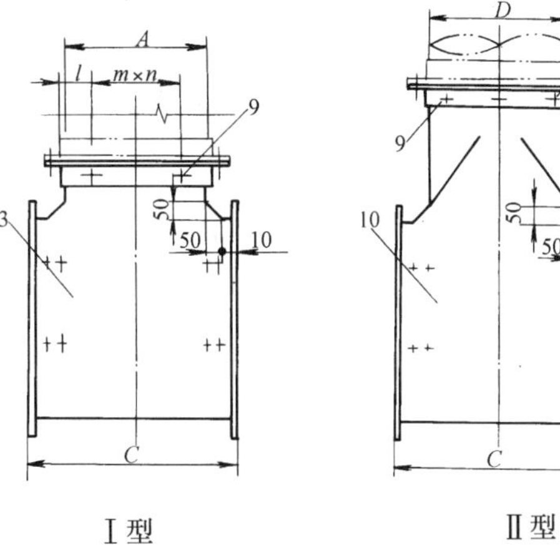

Ⅰ型

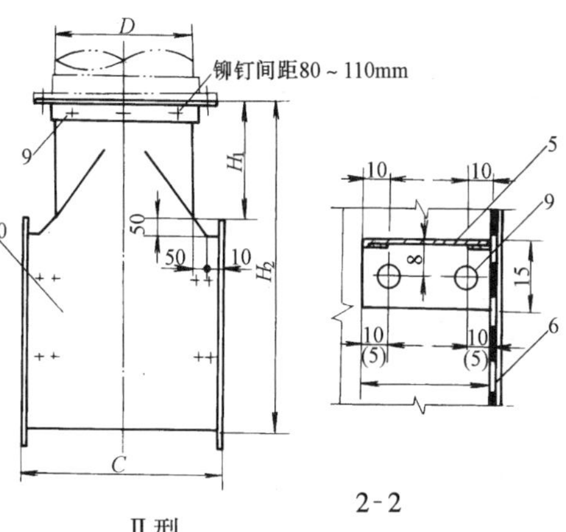

Ⅱ型　　2-2

1	法　兰
2	边　框
3	Ⅰ型壳体
4	边　框
5	隔　板
6	钢板网
7	螺　钉
8	螺　母
9	铆　钉
10	Ⅱ型壳体

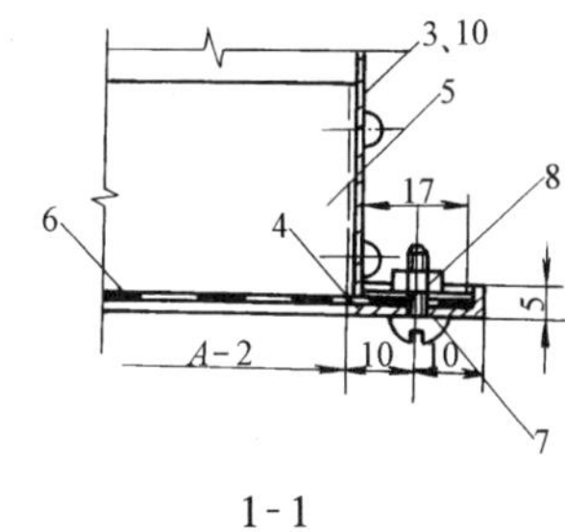

1-1

外　形　尺　寸(mm)

型　号	1号	2号	3号	4号	5号	6号	7号	8号	9号	10号	11号	12号	13号	14号
$A=D$	100	120	140	160	180	200	220	250	280	320	360	400	450	500
B	130	160	180	210	230	250	280	310	350	390	430	480	540	600
C	220	240	260	280	300	320	340	370	400	440	480	520	570	620
$E\times N$	70×1	90×1	110×1	130×1	150×1	85×2	95×2	110×2	125×2	97×3	110×3	125×3	140×3	157×3
$F\times N$	100×1	130×1	150×1	180×1	200×1	110×2	125×2	140×2	160×2	120×3	133×3	150×3	170×3	190×3
G	30	30	30	40	40	50	50	60	70	70	80	90	100	120
J	50	65	75	85	95	100	115	125	140	160	175	195	220	240
K	25	30	35	40	45	50	55	65	70	80	90	100	115	125
H	—	270	—	320	—	360	—	420	—	500	—	590	—	710
H_1	80	100	110	130	145	160	175	200	225	260	290	320	360	400
H_2	260	310	340	390	425	460	505	560	625	700	770	850	950	1050
l	—	18	—	33	—	18	—	28	—	28	—	38	—	33
$m\times n$	—	90×1	—	100×1	—	85×2	—	100×2	—	90×3	—	110×3	—	110×4

安　装　说　明

1. Ⅰ型用于方形风管，只有双数型号；Ⅱ型用于圆形风管。
2. 括号内之数字用于1～6号。
3. 螺钉孔径为$\phi 5$。
4. 1～9号送风口，隔板不折边。
5. 吸风口不装隔板。

图名	双面送吸风口安装	图号	TF2—38

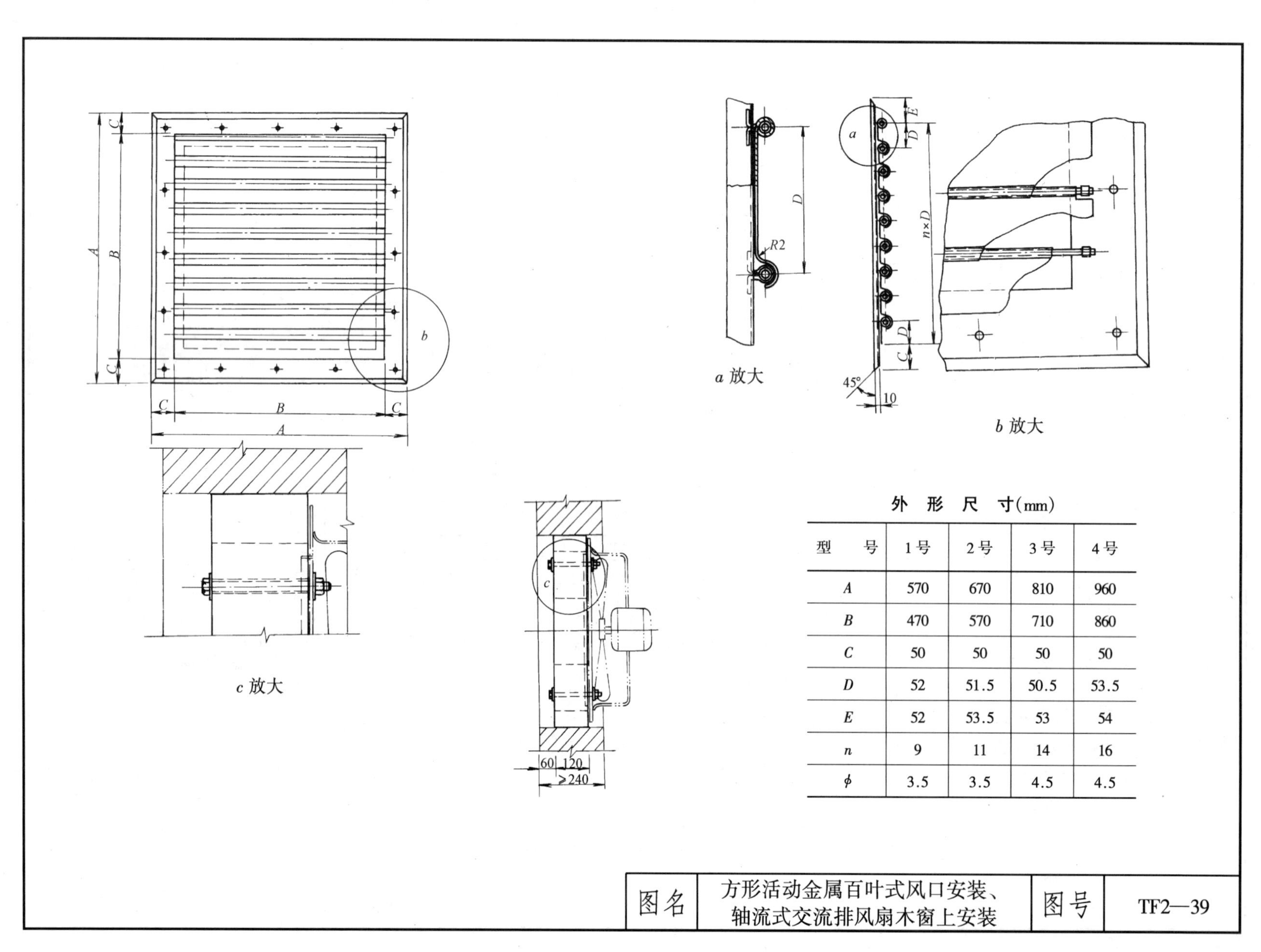

外 形 尺 寸(mm)

型 号	1号	2号	3号	4号
A	570	670	810	960
B	470	570	710	860
C	50	50	50	50
D	52	51.5	50.5	53.5
E	52	53.5	53	54
n	9	11	14	16
ϕ	3.5	3.5	4.5	4.5

图名	方形活动金属百叶式风口安装、 轴流式交流排风扇木窗上安装	图号	TF2—39

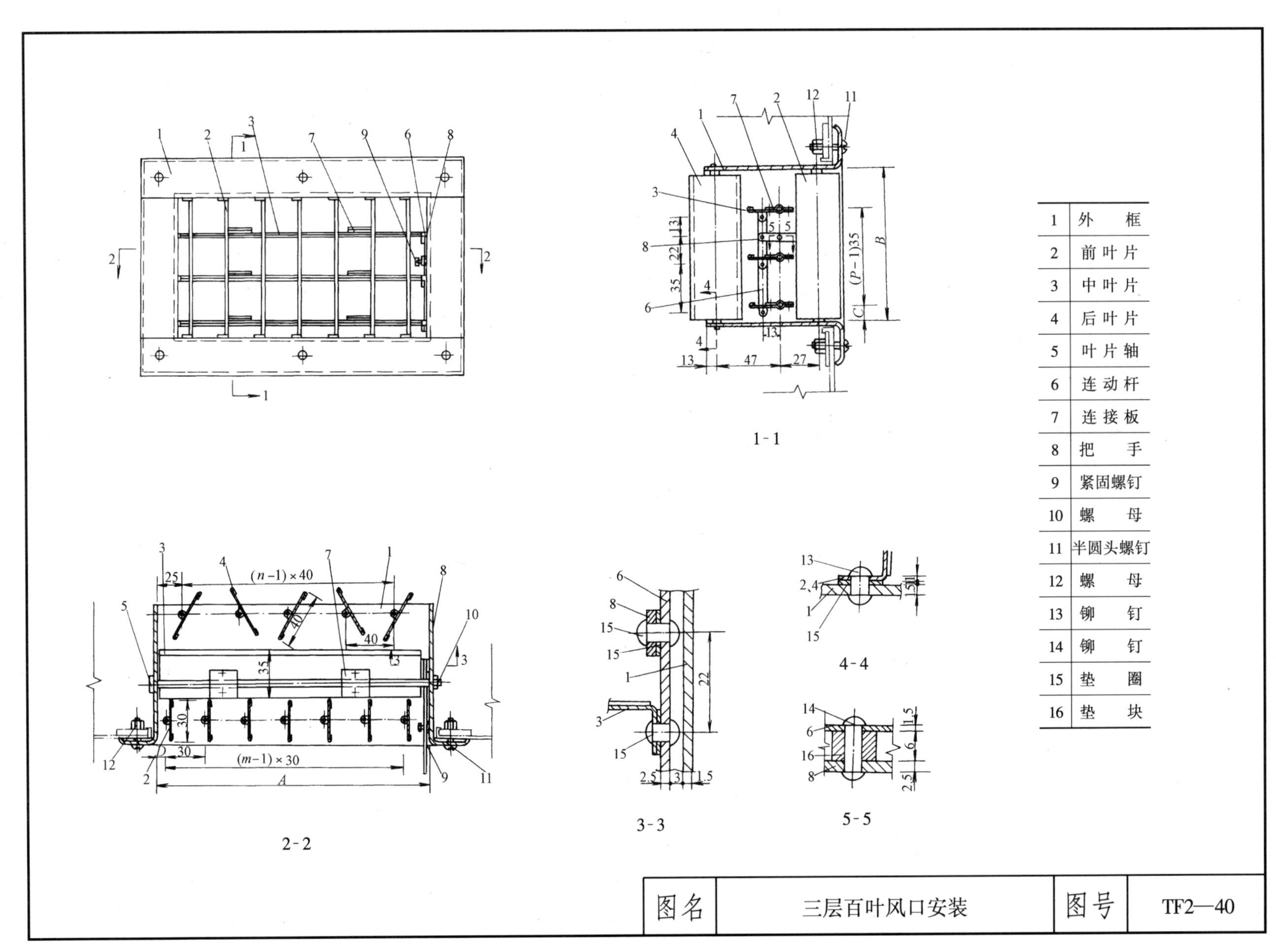

1	外　框
2	前叶片
3	中叶片
4	后叶片
5	叶片轴
6	连动杆
7	连接板
8	把　手
9	紧固螺钉
10	螺　母
11	半圆头螺钉
12	螺　母
13	铆　钉
14	铆　钉
15	垫　圈
16	垫　块

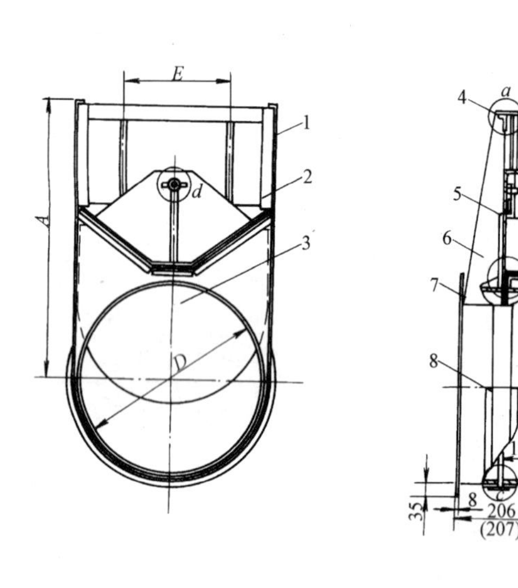

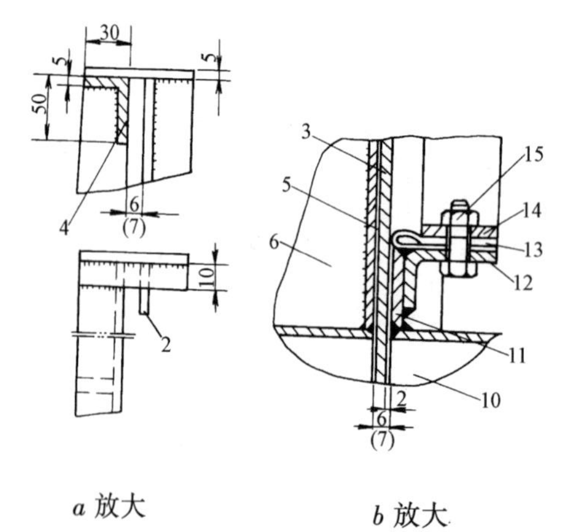

a 放大　　*b* 放大

1	U形板条
2	上挡板条
3	闸　　板
4	角　　板
5	下 挡 板
6	支　　撑
7	法　　兰
8	月形板条
9	固 定 栓
10	短　　管
11	上 挡 板
12	密封角板
13	橡 皮 垫
14	压紧板条
15	带帽螺栓

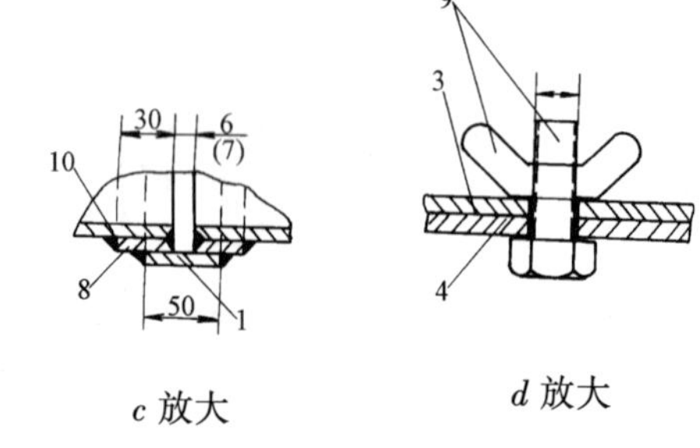

c 放大　　*d* 放大

外　形　尺　寸(mm)

型　　号	*D*	*A*	*E*
5号	325	474	—
6号	390	560	240
7号	455	644	260
8号	520	720	300

安　装　说　明

1.5号通风机件号6没有。

2.8号通风机按括弧内尺寸安装。

3.件号7法兰与风机吸口法兰螺孔配钻。

图名	5～8号离心通风机吸口塑料插板阀安装	图号	TF2—41

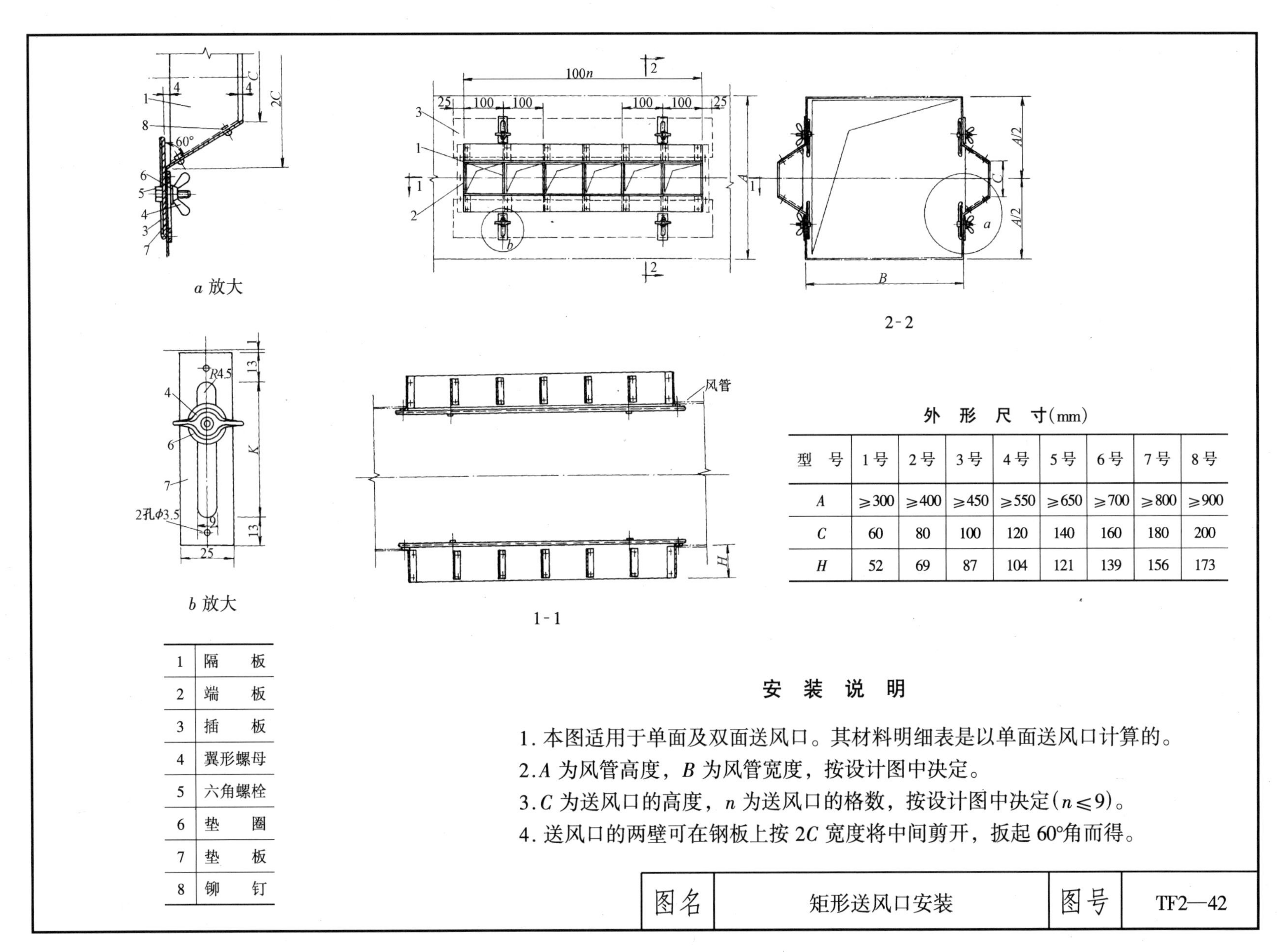

外 形 尺 寸(mm)

型 号	1号	2号	3号	4号	5号	6号	7号	8号
A	≥300	≥400	≥450	≥550	≥650	≥700	≥800	≥900
C	60	80	100	120	140	160	180	200
H	52	69	87	104	121	139	156	173

1	隔 板
2	端 板
3	插 板
4	翼形螺母
5	六角螺栓
6	垫 圈
7	垫 板
8	铆 钉

安 装 说 明

1. 本图适用于单面及双面送风口。其材料明细表是以单面送风口计算的。
2. A 为风管高度，B 为风管宽度，按设计图中决定。
3. C 为送风口的高度，n 为送风口的格数，按设计图中决定($n\leqslant9$)。
4. 送风口的两壁可在钢板上按 2C 宽度将中间剪开，扳起60°角而得。

图名	矩形送风口安装	图号	TF2—42

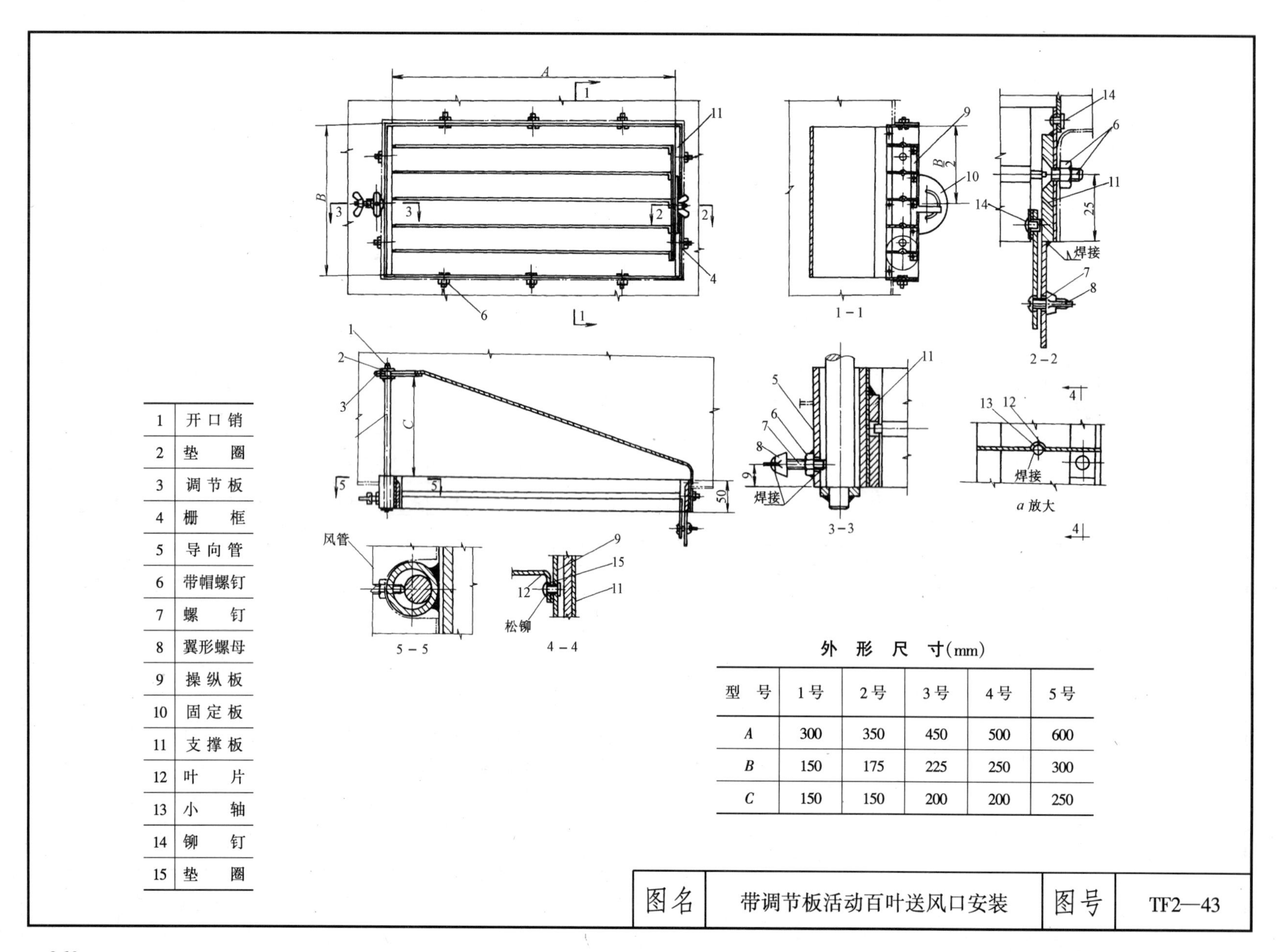

1	开口销
2	垫圈
3	调节板
4	栅框
5	导向管
6	带帽螺钉
7	螺钉
8	翼形螺母
9	操纵板
10	固定板
11	支撑板
12	叶片
13	小轴
14	铆钉
15	垫圈

外形尺寸(mm)

型号	1号	2号	3号	4号	5号
A	300	350	450	500	600
B	150	175	225	250	300
C	150	150	200	200	250

图名	带调节板活动百叶送风口安装	图号	TF2—43

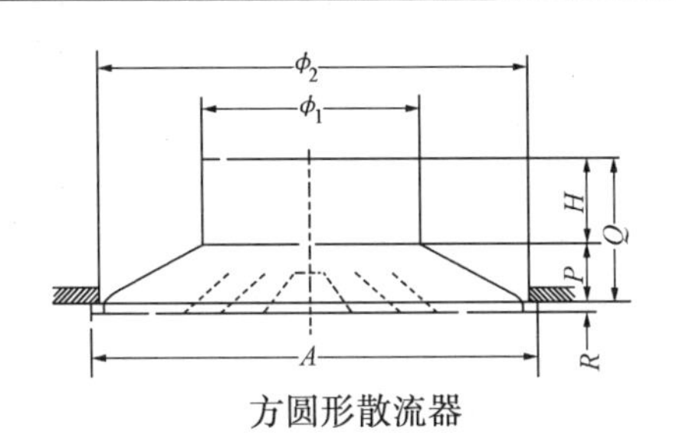

方圆形散流器

方圆形散流器尺寸(mm)

型号	颈尺寸 ϕ_1	ϕ_2	A	H	P	Q	重量(kg)
SRD100	97	265	302	40～63	40	103	1.10
SRD125	123	265	302	40～63	40	103	1.15
SRD150	147	265	302	40～63	40	103	1.16
SRD200	197	265	302	40～63	40	103	1.20

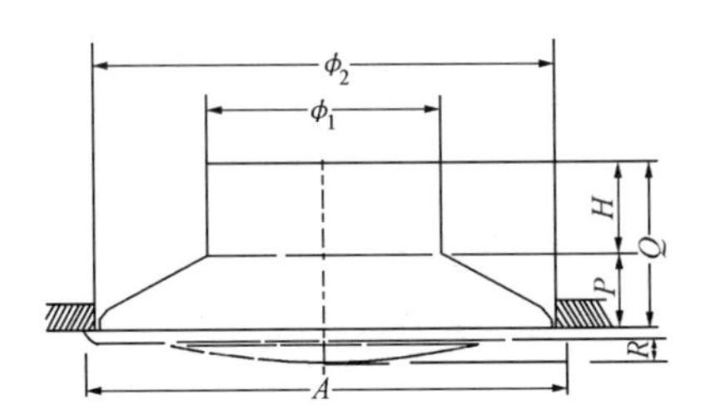

方圆盘形散流器

方圆盘形散流器尺寸(mm)

型号	颈尺寸 ϕ_1	ϕ_2	A	H	P	Q
SPR150	145	265	302	40～63	40	103
SPR200	195	265	302	40～63	40	103

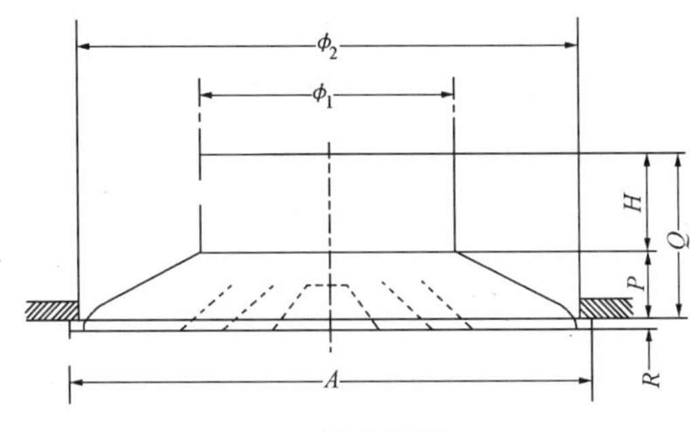

方形散流器

方形散流器尺寸(mm)

型号	颈尺寸 ϕ_1	ϕ_2	A	H	P	Q
SD3100	97	280	302/300	40～63	51	114
SD3125	123	280	302/300	40～63	51	114
SD3150	147	280	302/300	40～63	51	114
SD3200	197	280	302/300	40～63	51	114
SD4200	197	400～440	400	40～63	59	114
SD4250	247	400～440	400	42～65	59	122
SD5250	247	500～540	500	40～63	66	129
SD5300	297	500～540	500	42～65	66	131
SD6250	247	600	600	42～65	66	129
SD6300	297	600	600	42～65	66	131
SD6350	347	600	600	42～65	70	135
SD6400	397	600	600	42～65	70	135

图名	散流器安装（一）	图号	TF2—44(一)

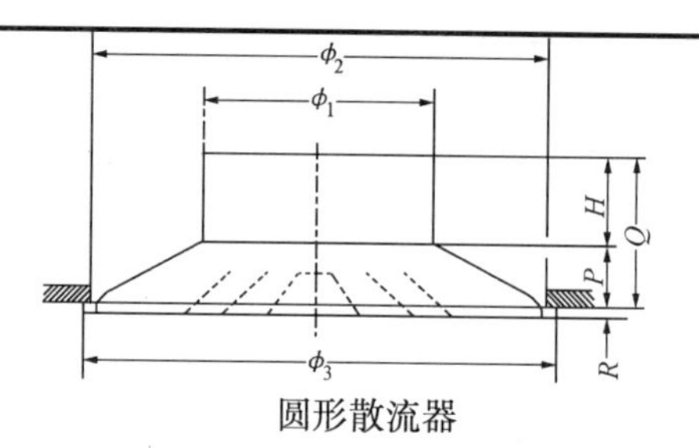

圆形散流器

圆形散流器尺寸(mm)

型号	颈尺寸 ϕ_1	ϕ_2	ϕ_3	H	P	Q
RDO100	97	250	231	40~63	47	109
RDO150	147	290	310	40~63	58	121
RDO200	197	390	416	40~63	69	132
RDO250	247	450	482	42~65	80	143
RDO300	297	510	550	42~65	84	149
RDO350	347	600	655	42~65	87	152
RDO400	397	600	655	42~65	87	152
RDO450	447	780	825	42~65	119	184

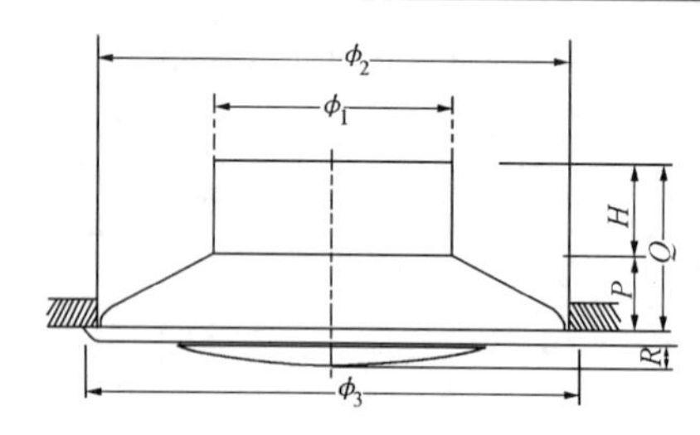

圆盘形散流器

圆盘形散流器尺寸(mm)

型号	颈尺寸 ϕ_1	ϕ_2	ϕ_3	H	P	Q
RPD150	145	265	320	40~63	47	115
RPD200	195	265	320	40~63	58	115

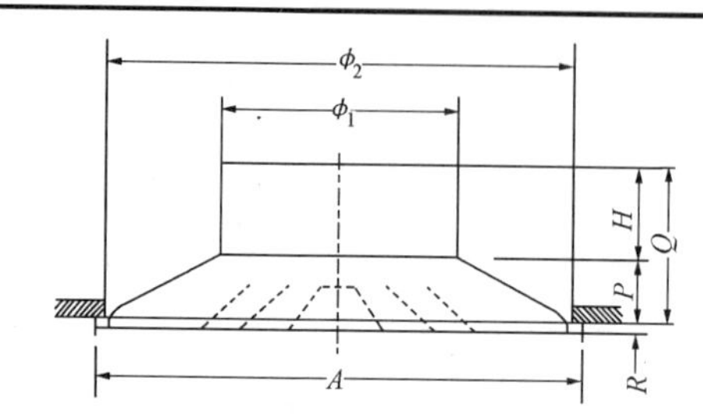

方圆直流形散流器

方圆直流形散流器尺寸(mm)

型号	颈尺寸 ϕ_1	ϕ_2	A	H	P	Q	R
SND150	145	265	302	68	45	113	135
SND200	195	265	302	65	45	113	135

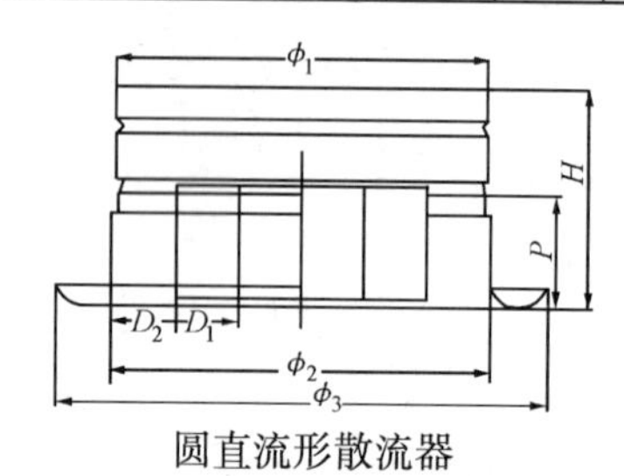

圆直流形散流器

圆直流形散流器尺寸(mm)

型号	颈尺寸 ϕ_1	ϕ_2	ϕ_3	D_1	D_2	H	P
RND200	197	200	260	30	37.5	114	62
RND250	246	250	310	30	32	115	62
RND300	297	300	360	30	28	116	62
RND350	347	350	410	30	28	116	62

图名	散流器安装（二）	图号	TF2—44(二)

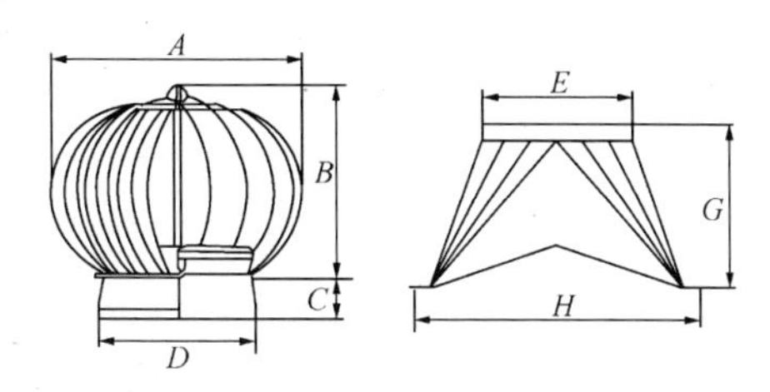

离心式无动力换气扇

安 装 说 明

1. 安装位置宜在屋顶高处,即受风力最强地方。

2. 安装方法:

(1)在屋顶选择安装位置,开孔。

(2)一体成形的底座板,其上缘必需插入屋脊之盖板内,以防止漏雨,钢板的两侧向下折成直角,其长度必需掩盖屋面钢板的波峰。

(3) 用钢板专用自攻螺栓,将底座固定在屋面之上,再用防水材料将可能渗水处彻底填补。

(4)安装方式一般有六种形式(如图所示)。

3. 没有能耗、低噪环保,安装简易。

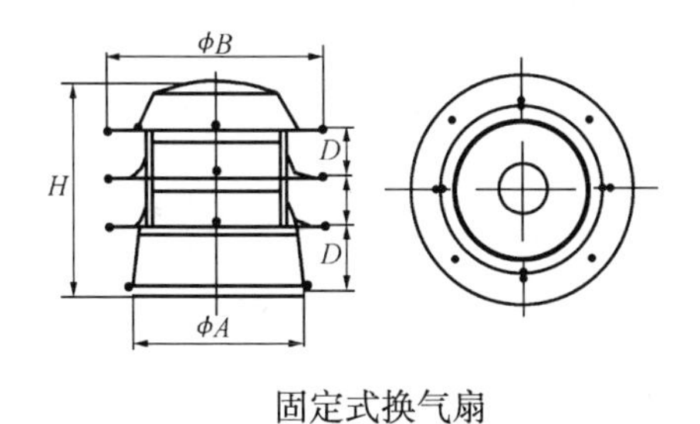

固定式换气扇

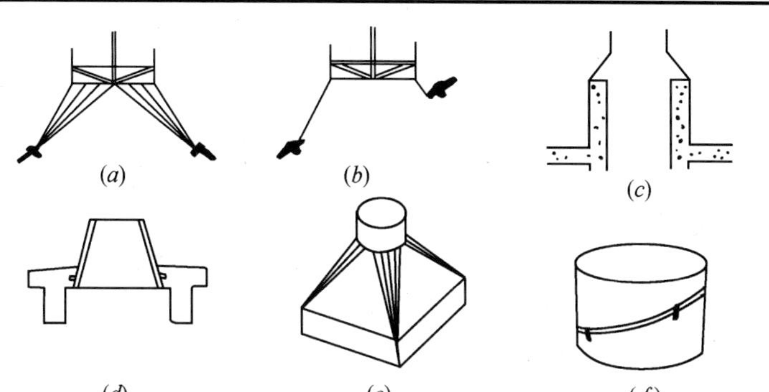

(a)屋脊式;(b)斜面屋顶式;(c)烟囱式;(d)水平屋顶式;(e)天方地圆式;(f)变角桶式

离心式无动力换气扇尺寸(mm)

型号	规格	A	B	C	D	E	H	G	重量(kg)
CVO300	φ300	460	320	130	297	300	480	150	2.4
CVO450	φ450	620	390	190	415	450	600	200	3.6
CVO600	φ600	840	514	140	525	600	1000	500	7.2

固定式换气扇尺寸(mm)

型号	规格	风口尺寸	φA	φB	C	D	H	重量(kg)
AVO300	φ300	210	300	400	150	90	450	2.4
AVO450	φ450	340	450	565	170	110	510	2.9
AVO600	φ600	487	600	740	180	130	589	6.1
AVO750	φ750	640	750	930	230	140	665	
AVO900	φ900	790	900	1100	230	160	720	

图名	屋顶通风器安装	图号	TF2—45

DGD 单层格栅风口

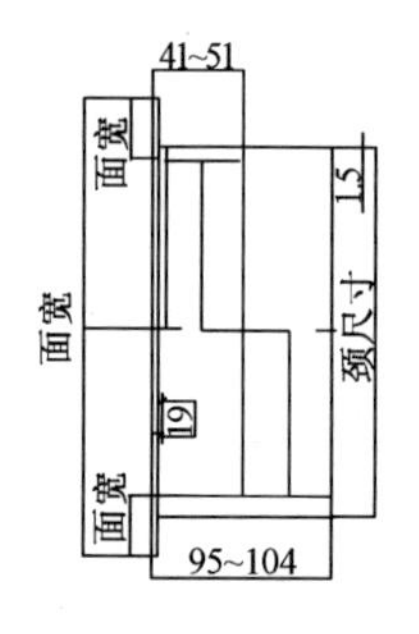

安装说明

材质:铝型材、ABS;

规格尺寸:配合设计尺寸;

色泽:白色、象牙白色、铝本色;

特点:叶片呈水平排列或垂直排列可调整气流扩散角度。

圆形调节阀

SGD 双层格栅风口

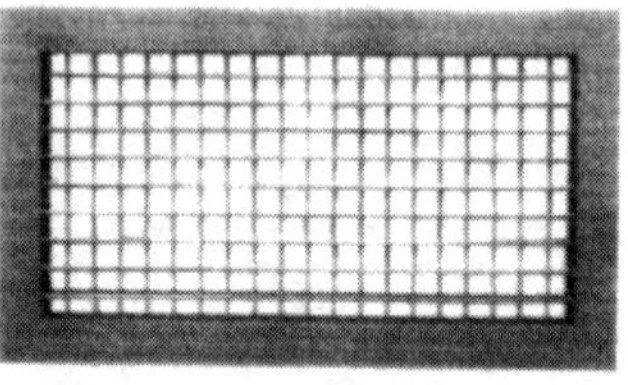

铝合金、塑钢风口

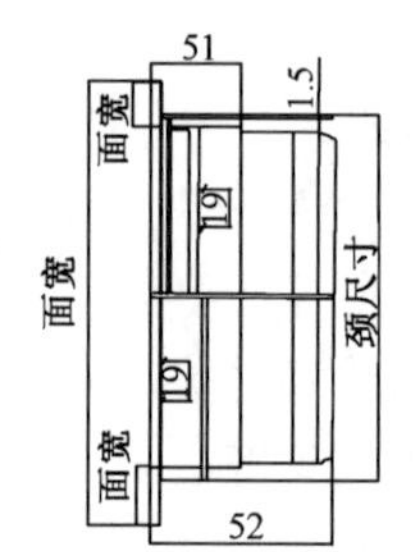

安装说明

材质:铝型材、ABS;

规格尺寸:配合设计尺寸;

色泽:白色、象牙白色、铝本色;

特点:两组叶片交错组合而成,垂直叶片在前,水平叶片在后,可调整气流扩散角度。

安装说明

特点:可调整扩散范围。安装或拆卸方便,扩散风量变化小。可根据设计配尺寸制作,出风、回风均可。

型号	规格
RDP100	ϕ97
RDP125	ϕ123
RDP150	ϕ147
RDP200	ϕ197
RDP250	ϕ247
RDP300	ϕ297
RDP350	ϕ347
RDP400	ϕ397
RDP450	ϕ447

LID 条形风口

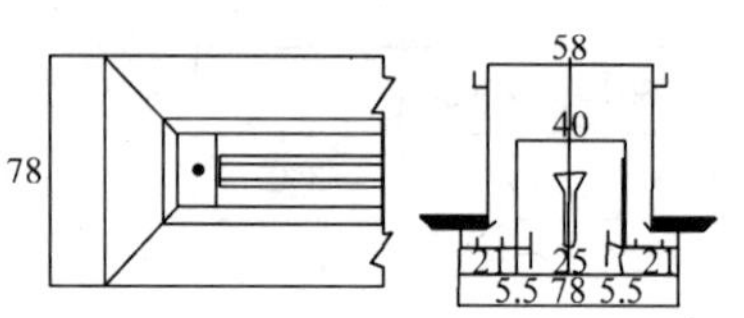

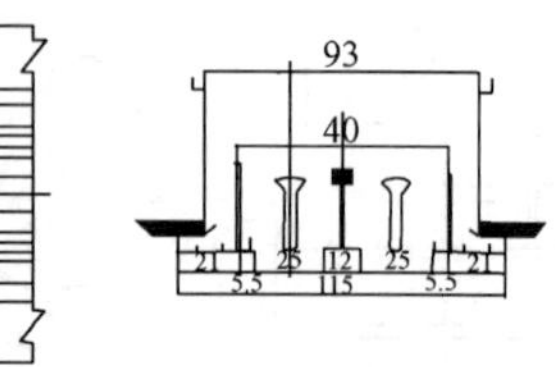

图名	通风口安装(一)	图号	TF2—46(一)

百叶门铰型回风口

安 装 说 明

门铰型回风口在固定式的基础上增加一个边框和特制门锁及铰链，有利于安装和过滤网的清洗。

材质:AL,ABS;

色泽:铝本色,白色,象牙白色;

表面处理:烤漆。

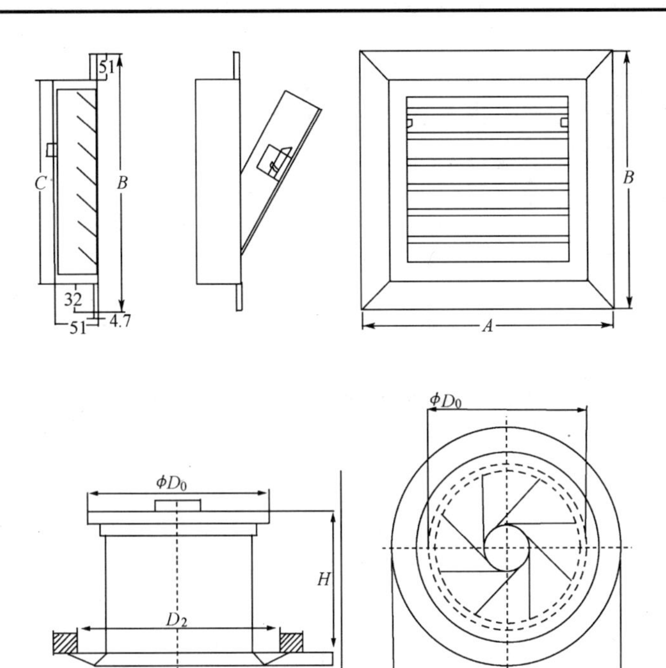

旋流风口

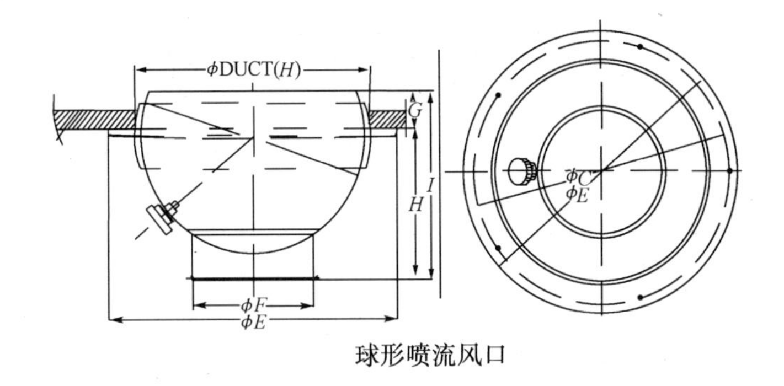

球形喷流风口

球形喷流风口(mm)

型号	ϕA	ϕB	ϕC	ϕD	ϕE	ϕF	ϕG	ϕH
SPT165	162	180	165	203	90	32	81	124
SPT216	200	240	216	259	108	43	130	162
SPT280	270	300	282	330	140	56	156	212
SPT318	292.5	345	318	365	165	68	152	220
SPT366	353	400	366	420	220	79	175	254
SPT486	450	45	458	252	266	105	225	330

旋流风口(mm)

型号	颈尺寸 ϕD_0	风口直径 D_1	顶棚孔 D_2	风口高度 H	面框高度 H_3
XLD250	ϕ250	410	350	200	32
XLD320	ϕ320	500	420	240	36
XLD400	ϕ400	590	510	280	39
XLD500	ϕ500	710	620	320	42

图名	通风口安装(二)	图号	TF2—46(二)

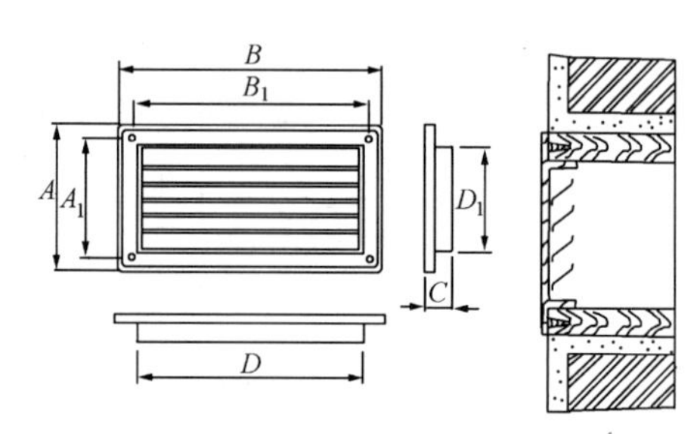

超薄防雨百叶风口

超薄防雨百叶风口尺寸(mm)

型号	颈尺寸	A	A_1	B	B_1	C	D	D_1	换气量 (cm³/s)
LL1520	143×193	165	152	217	205	16	193	143	134
LL1525	143×245	165	152	268	253	16	245	143	167
LL2020	195×195	220	202	220	202	16	195	195	219
LL1530	143×295	170	158	322	310	16	295	148	238
LL2030	190×295	214	200	318	303	16	295	190	379
LL3030	295×295	318	298	318	298	16	292	295	458

球形远程喷口尺寸(mm)

型号	规格	ϕD_1	ϕD_2	ϕD_3	H_1	H_2	L_1	管颈 R
YCD200	ϕ200	257	198	108	ϕ16	16	127	500,630,800
YCD250	ϕ250	302	248	136	16	16	159	500,630,800
YCD315	ϕ315	384	313	174	23	23	189	500,630,800
YCD400	ϕ400	467	398	230	14	24	223	630,800

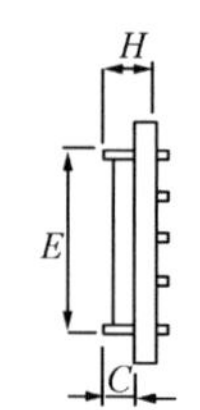

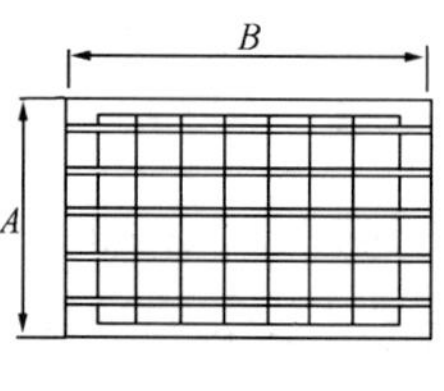

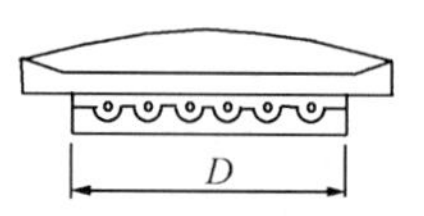

双层百叶风口

双层百叶风口尺寸(mm)

型号	颈尺寸	A	B	C	D	E	H	换气量 (cm³/s)
GL1520	145×185	195	245	24	185	145	40	171
GL1525	145×235	195	295	24	235	145	40	215
GL1530	145×288	195	347	24	288	145	40	260
GL2020	197×185	245	245	24	185	145	40	231
GL2025	195×235	245	295	24	245	145	40	292
GL2030	198×285	195	295	24	285	145	40	353
GL2040	198×385	245	445	24	385	145	40	485
GL3030	250×240	302	302	24	240	145	40	539
GL3060	250×495	302	602	24	495	145	40	906

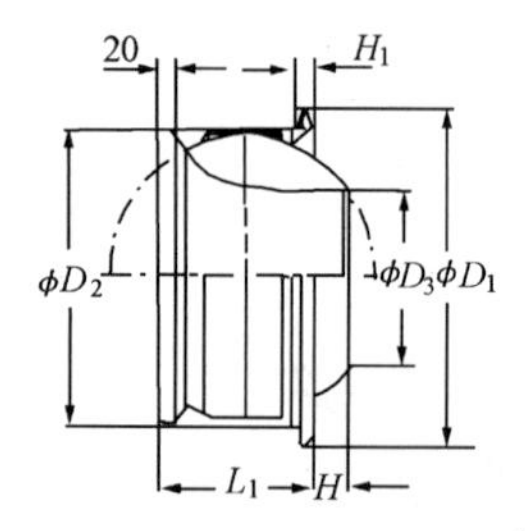

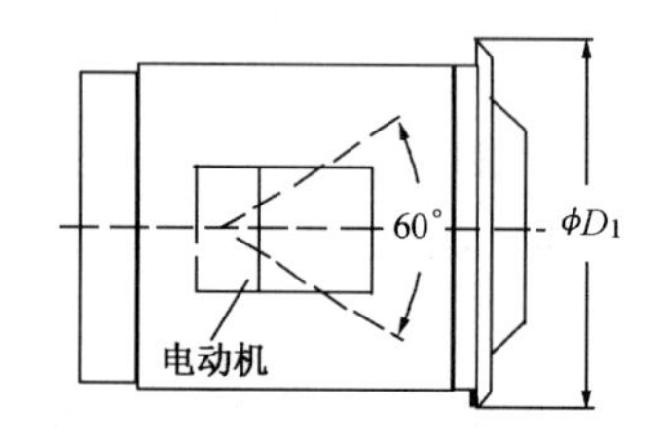

球形远程喷口

图名	通风口安装(三)	图号	TF2—46(三)

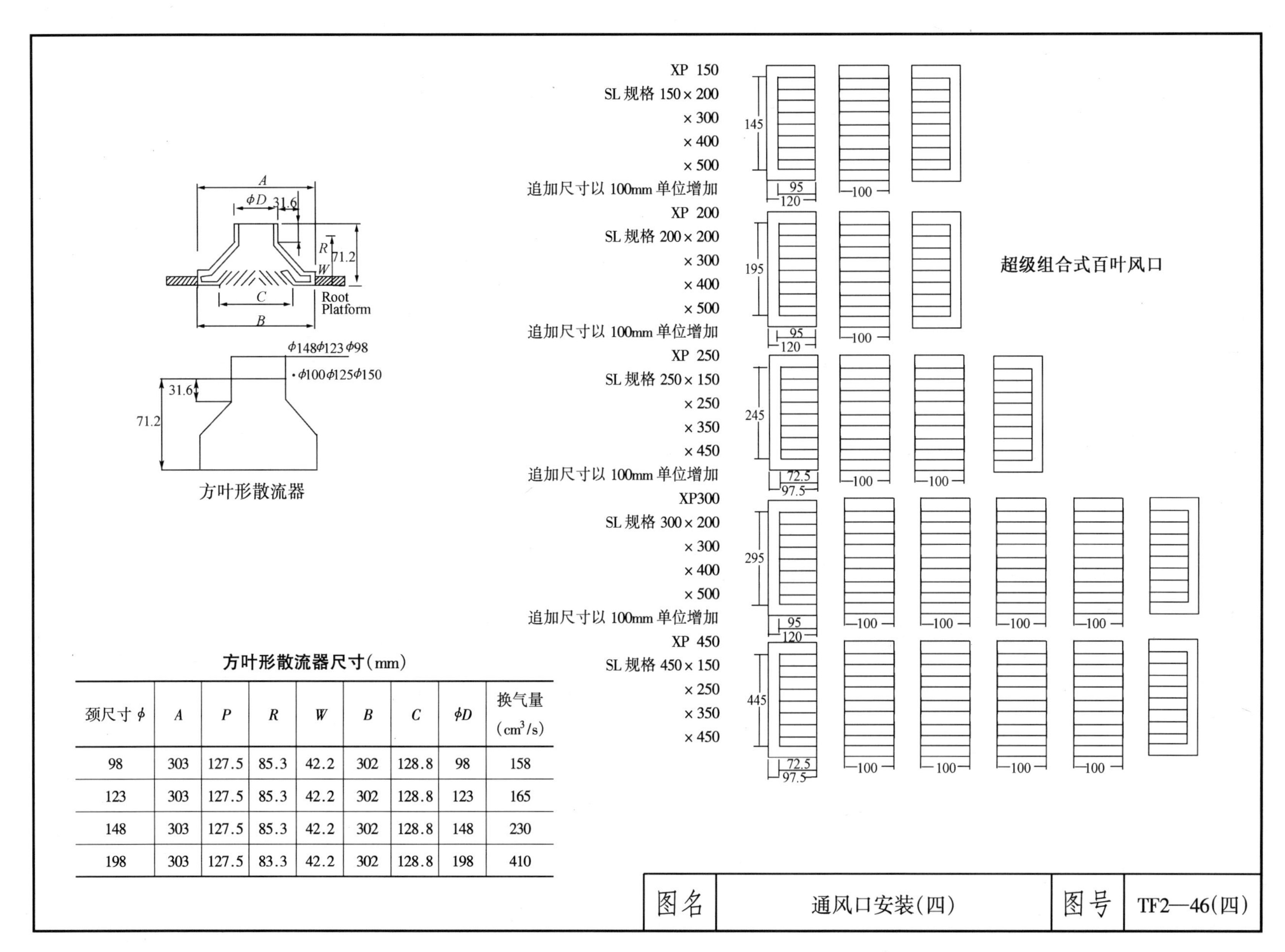

方叶形散流器尺寸(mm)

颈尺寸 ϕ	A	P	R	W	B	C	ϕD	换气量 (cm^3/s)
98	303	127.5	85.3	42.2	302	128.8	98	158
123	303	127.5	85.3	42.2	302	128.8	123	165
148	303	127.5	85.3	42.2	302	128.8	148	230
198	303	127.5	83.3	42.2	302	128.8	198	410

图名	通风口安装(四)	图号	TF2—46(四)

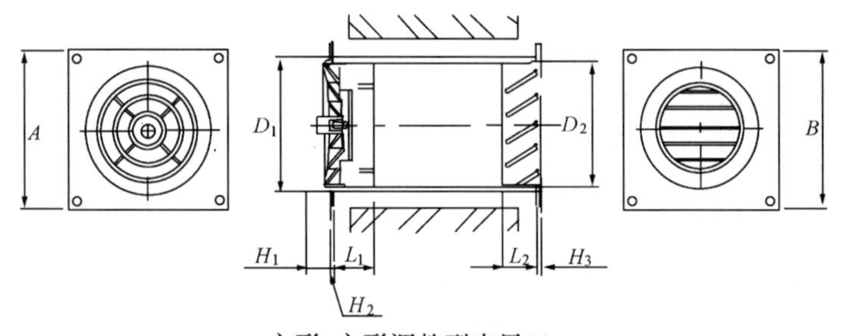

方形、方形调整型出风口

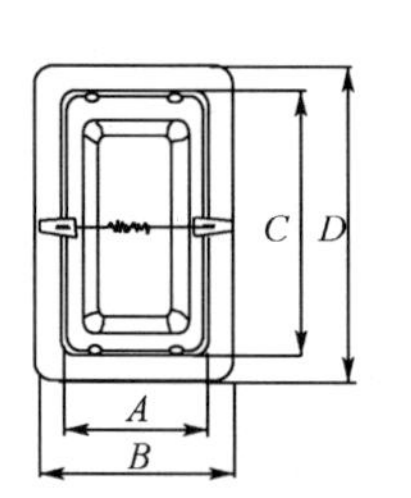

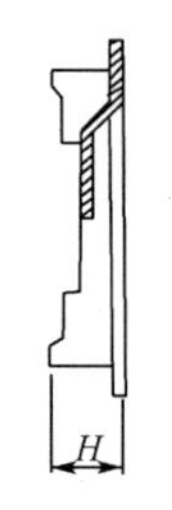

施工方法

方形、方形调整型出风口尺寸(mm)

型号	颈尺寸	A	D_1	H_1	H_2	L_1	换气量 (cm^3/s)	型号	B	D_1	H_3	L_2	管径 ϕ
SLC100	ϕ100	145	98	5	13	50	35	DSL100	145	98.5	5	42	107
SLC125	ϕ125	170	123	5	13	50	55	DSL125	170	122	5	42	131
SLC150	ϕ150	194	151	5	13	50	82	DSL150	194	148	5	42	154

(a) 确认加工尺寸

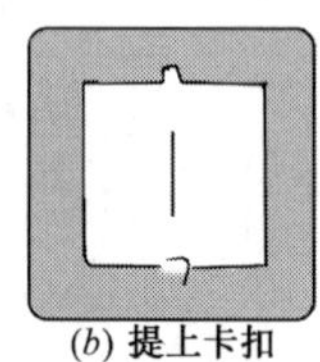
(b) 提上卡扣

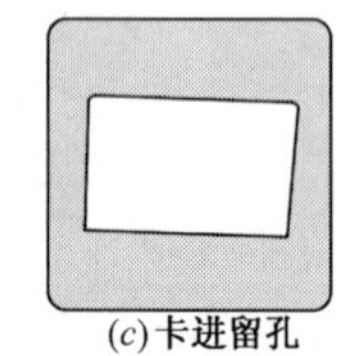
(c) 卡进留孔

板式检查口

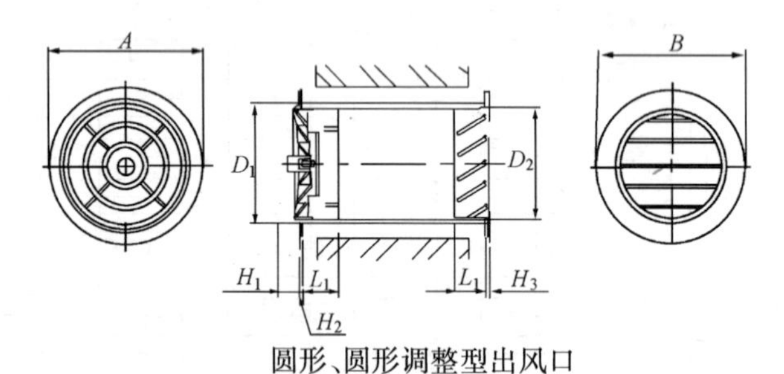

圆形、圆形调整型出风口

板式检查口尺寸(mm)

型号	颈尺寸	A	B	C	D	H
TD1520	145×195	145	185	195	235	24.5
TD1525	145×245	145	185	245	285	24.5
TD2020	195×195	195	235	195	235	24.5
TD1530	145×295	145	185	295	335	24.5

圆形、圆形调整型出风口尺寸(mm)

型号	颈尺寸	A	D_1	H_1	H_2	L	换气量 (cm^3/s)	型号	B	D_1	H_3	L_2	管径 ϕ
DLC100	ϕ100	145	99.5	5	13	50	35	DLO100	145	99.5	5	42	107
DLC125	ϕ125	165	124.5	5	13	50	55	DLO125	165	124.5	5	42	131
DLC150	ϕ150	248	151	5	13	50	82	DLO150	192	151	5	42	154

图名	通风口安装(五)	图号	TF2—46(五)

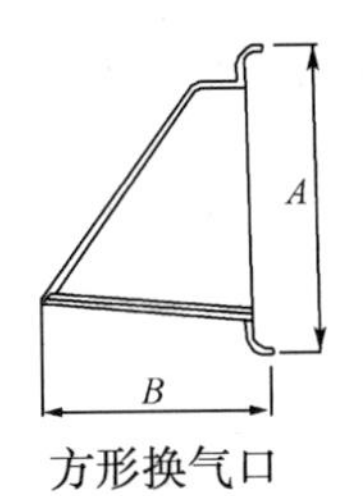

方形换气口

方形换气口尺寸(mm)

型　号	颈尺寸	A	B	换气量(cm^3/s)
NH0100	150×150	149	103.5	29.0
NH0125	175×175	174	116.5	35.5
NH0150	200×200	199	128.5	67.3

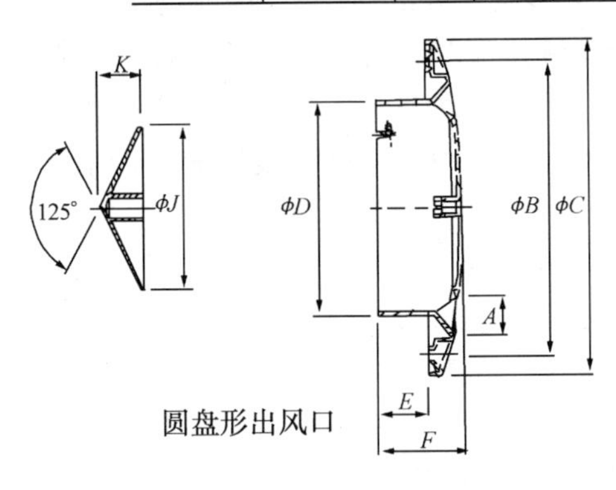

圆盘形出风口

圆盘形出风口尺寸(mm)

型　号	颈尺寸	A	ϕB	ϕC	ϕD	E	F	G	H	I	J	K	换气量(m^3/s)
DC0100	ϕ100	17.5	132	152	97	23	39	90	92.6	8	74	20.8	40
DC0125	ϕ125	21.4	163	183	122	30	51.7	115	117.6	8	88.4	26.2	60
DC0150	ϕ150	24.6	197	217	147	40	64	140	142.8	10	106.5	34.6	86
DC0200	ϕ200	27.8	256	270	197	50	79	140	192.8	10	152.8	40.5	93

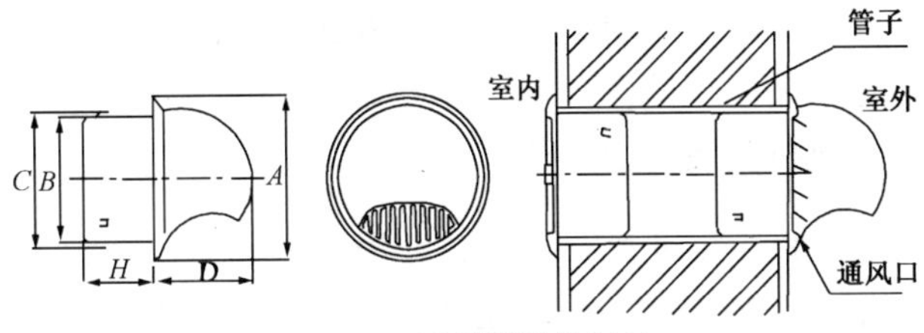

新型铝质外气口

新型铝质外气口尺寸(mm)

型　号	颈尺寸	A	B	C	D	H	管径	换气量(cm^3/s)
HCN100	ϕ97	143	97	95	11	50	97～111	34.8
HCN150	ϕ143	207	143	164	11	55	145～165	80.6

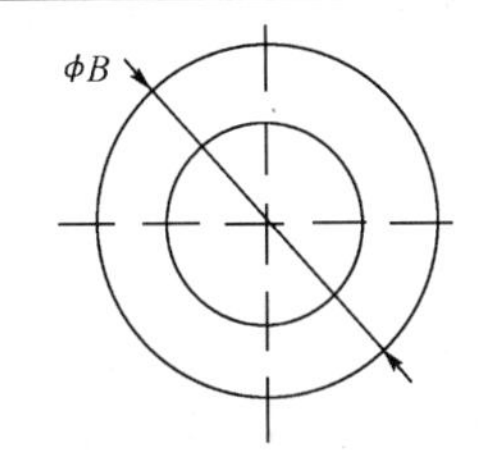

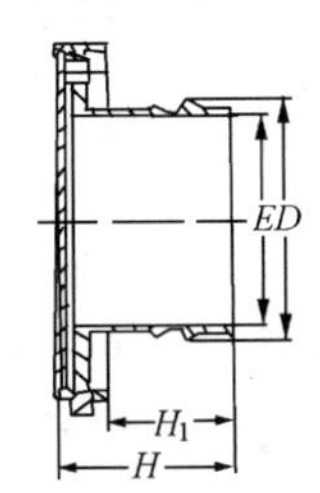

空调连接口

空调连接口尺寸(mm)

型号	颈尺寸	D	ϕB	E	H	H_1
Ac0050	ϕ50	ϕ50	ϕ80	ϕ47	42	30
Ac0075	ϕ75	ϕ75	ϕ115	ϕ72	50	37

图名	通风口安装(六)	图号	TF2—46(六)

风机安装说明

1. 风机安装前的准备

主要的安装机具有：倒链、滑轮、绳索、撬棍、活扳手、铁锤、钢丝钳、十字旋具、一字旋具、水平尺、钢板尺、钢卷尺、线坠、平板车、刷子、棉布、板纱头、油桶等。

通风、空调的风机安装所使用的主要材料、成品或半成品应有出厂合格证或质量鉴定文件。

通风机开箱检查时，应根据设备装箱清单，核对叶轮、机壳和其他部位的主要尺寸，进、出口位置等应与设计相符，电机滑轨及地脚螺栓等齐备，且无缺损。

2. 风机安装

(1)通风机基础各部位尺寸应符合设计要求，应清除预留孔及基础上的杂物、油污，二次灌浆应采用碎石混凝土，其强度应比基础的混凝土高一级，并捣固密实，地脚螺栓不得歪斜。

(2)在吊装风机时，绳索的捆绑不得损伤机件表面。转子、轴颈和轴封等处均不应作为捆绑位置。

整体安装风机吊装时，直接放置在基础上，用垫铁找平找正，垫铁一般应放在地脚螺栓两侧，斜垫铁必须成对使用，设备安装好后每一组垫铁应点焊在一起，以免受力时松动。

风机安装在无减振器支架上时，应垫上4～5mm厚的橡胶板，找平找正后固牢。

风机安装在有减振器的机座上时，地面要平整，各组减振器承受的荷载压缩量应均匀，不偏心，安装后采取保护措施，防止损坏。

(3)通风机的机轴必须保持水平度，风机与电动机用联轴器连接时，两轴中心线应在同一直线上。电动机应水平安装在滑座上或固定在基础上。找正应以通风机为准(应具同心度)。安装在室外的通风机应设防护罩，通风机与电动机用三角皮带传动时进行找正，以保证电动机与通风机的轴线互相平行，并使两个皮带轮的中心线相重合。三角皮带拉紧程度一般可用手敲打已装好的皮带中间，以稍有弹跳为准。

(4)通风机的进风管、出风管等装置应有单独的支撑，并与基础或其他建筑物连接牢固；风管与风机连接时，法兰面不得硬拉和别劲。机壳不应承受风管等其他机件的重量，防止机壳变形。风机出风口一般应通过软接头与风管连接。风机采用减振机座时，出风口必须采用软接头。

(5)通风机的传动装置外露部分应有防护罩；通风机的进风口或进风管路直通大气时，应加装保护网或采取其他安全措施。

(6)风机调试前，应将轴承、传动部位及调节机构进行拆卸、清洗，装配后使其转动，调节灵活，滚动轴承装配的风机，两轴承架上轴承孔的同心度，可待叶轮和轴装好后，以转动灵活为准。直联传动的风机可不拆卸清洗。

图名	风机安装说明	图号	TF3—01

轴流风机组装，叶轮与机壳的间隙应均匀分布，并符合设备技术文件的要求，通风机的叶轮旋转后，每次都不应停留在原来的位置上，并不得碰壳。

(7)输送产生凝结水的潮湿空气的通风机，在机壳底部应安装一个直径为15~20mm的放水阀或水封弯管。

(8)固定通风机的地脚螺栓，除应带有垫圈外，并应有防松装置。

(9)通风机出口的接出风管应顺叶轮旋转方向接出弯头。在现场条件允许的情况下，应保证出口至弯头的距离大于或等于风口出口长边尺寸的1.5~2.5倍。如果受现场条件限制达不到要求，应在弯管内设导流叶片弥补。

(10)屋顶风机必须垂直安装不得倾斜。双进通风机应检查两侧进风量是否相等，如不等，可调节挡板，使两侧进气口负压相等。

(11)通风机附属的自控设备和观测仪器，仪表安装，应按设备技术文件规定执行。

3. 风机调试

风机试运转前必须加上适度的润滑油，并检查各项的安全措施；盘动叶轮，应无卡阻和摩擦现象，叶轮旋转方向必须正确。试运转持续时间不应小于2h。滑动轴承温升不超过35℃，最高温度不得超过70℃；滚动轴承温升不得超过40℃，最高温度不得超过80℃。转动后，再进行检查风机减振基础有无移位和损坏现象，做好记录。

图名	风机安装说明	图号	TF3—01

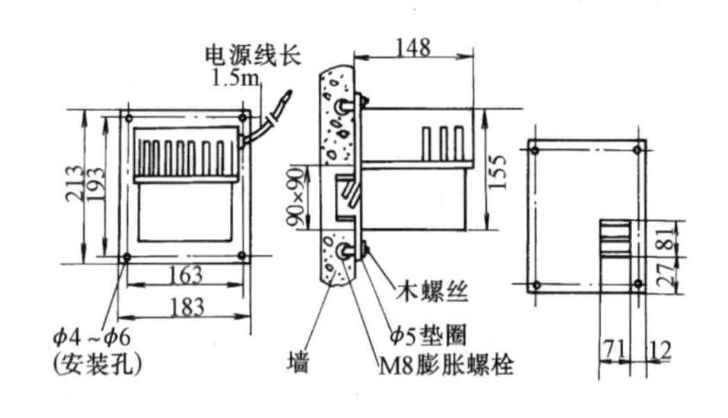

(a) BLB-$\frac{1.1S}{1.1SR}$

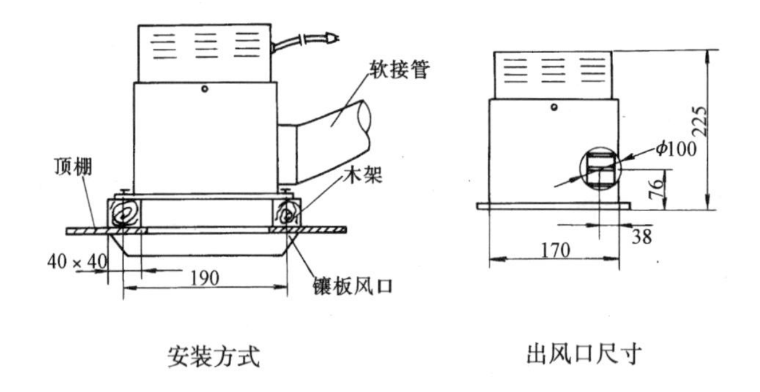

(b) BLD-$\frac{1.1J}{1.1JR}$ BLD-$\frac{1.8J}{1.8JR}$

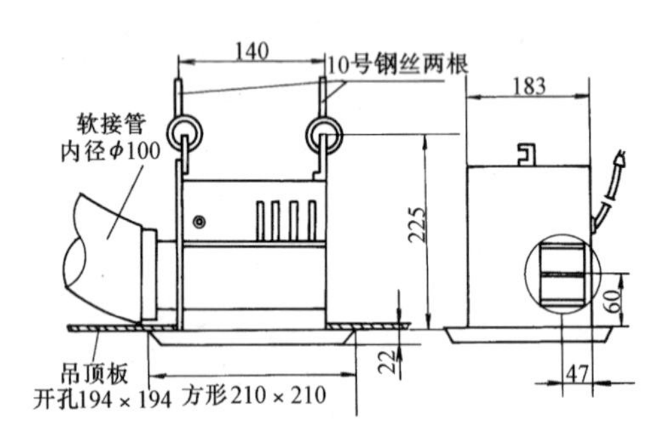

(c) BLD-$\frac{1.1S}{1.1SR}$

安 装 说 明

1. 按照通风机的埋入尺寸制造木架子，然后装在顶棚上。
2. 把通风机固定在木架子上。
3. 将出风软接管，对准出风口，固定。
4. 铺顶棚之后，把镶板风口部分装上去。

图名	BLB、BLD 型离心式卫生间通风机安装	图号	TF3—02

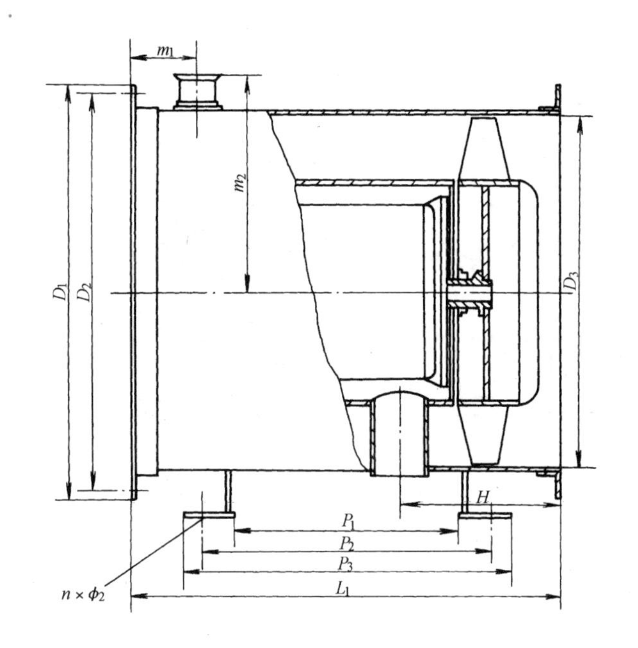

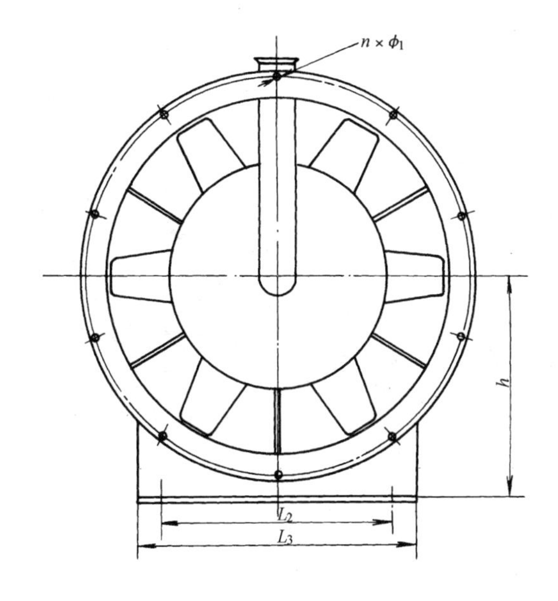

外 形 尺 寸(mm)

机 号	D_1	D_2	D_3	m_1	m_2	L_1	L_2	L_3	P_1	P_2	P_3	H	h	$n\times\phi_1$	$n\times\phi_2$
5号	595	550	506	130	353	800	300	400	400	540	580	227	347	$10\times\phi10.5$	$2\times\phi10.5$
6号	695	655	606	130	403	830	400	500	589	729	769	220	397	$10\times\phi10.5$	$2\times\phi14.5$
7号	800	770	706	130	453	975	500	600	540	690	730	300	447	$10\times\phi10.5$	$2\times\phi14.5$
8号	898	870	806	130	503	956	500	600	540	690	730	300	497	$12\times\phi10.5$	$2\times\phi14.5$

安 装 说 明

1. 认真检查风叶及机壳，若损坏变形，应待修复后方可安装。

2. 调整叶轮与轴套间的连接件；紧固风机地脚螺栓。

图名	HTF系列消防高温排烟轴流风机安装	图号	TF3—03

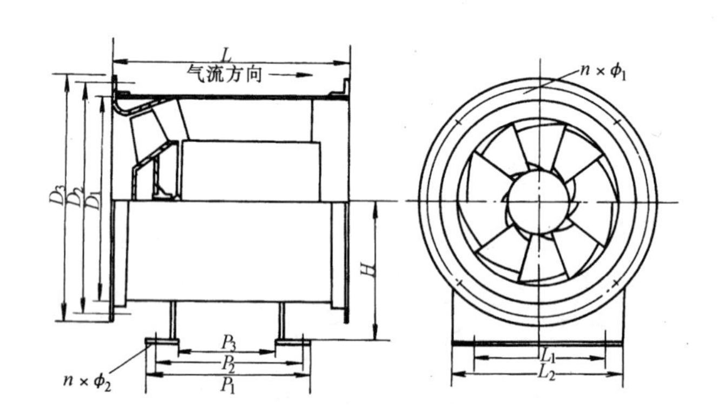

(a)SWF 型高效低噪混流式通风机外形尺寸

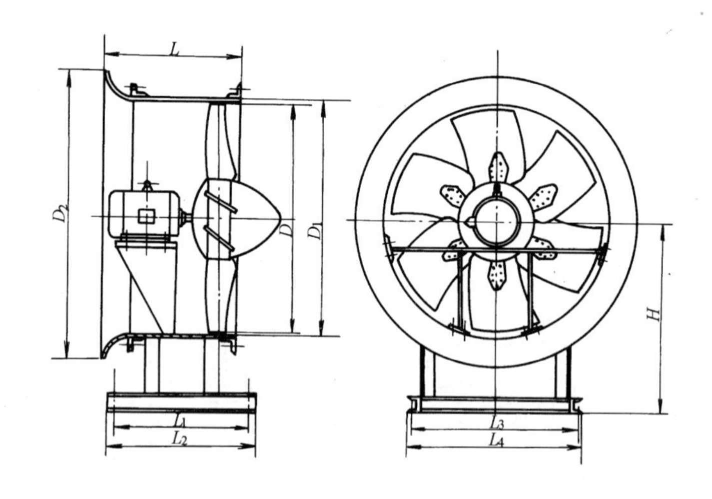

(b)DFZ 纺织空调风机外形尺寸

SWF 型高效低噪混流式通风机外形尺寸（mm）

机　号	D_1	D_2	D_3	L	L_1	L_2	P_1	P_2	P_3	H	$n\times\phi_1$	$n\times\phi_2$
4.5 号	450	500	536	480	200	300	240	320	360	289	$8\times\phi10.5$	$2\times\phi10.5$
5 号	510	556	596	450	300	400	225	305	345	319	$12\times\phi10.5$	$2\times\phi10.5$
6 号	600	650	696	680	400	500	340	480	520	394	$12\times\phi10.5$	$2\times\phi14.5$
7 号	700	756	806	752	500	600	376	516	556	444	$16\times\phi12.5$	$2\times\phi14.5$
8 号	810	866	916	900	500	600	450	690	630	499	$16\times\phi12.5$	$2\times\phi14.5$

DFZ 纺织空调风机外形尺寸（mm）

机　号	D	D_1	D_2	L	L_1	L_2	L_3	L_4	H
8 号	800	810	930	580	410	490	790	840	550
10 号	1000	1010	1170	580	440	490	830	880	650
12 号	1200	1210	1500	580	440	490	1060	1100	810
14 号	1400	1410	1800	810	800	1000	1200	1248	960

图名	SWF 型高效低噪混流式、DFZ 纺织空调通风机安装	图号	TF3—04

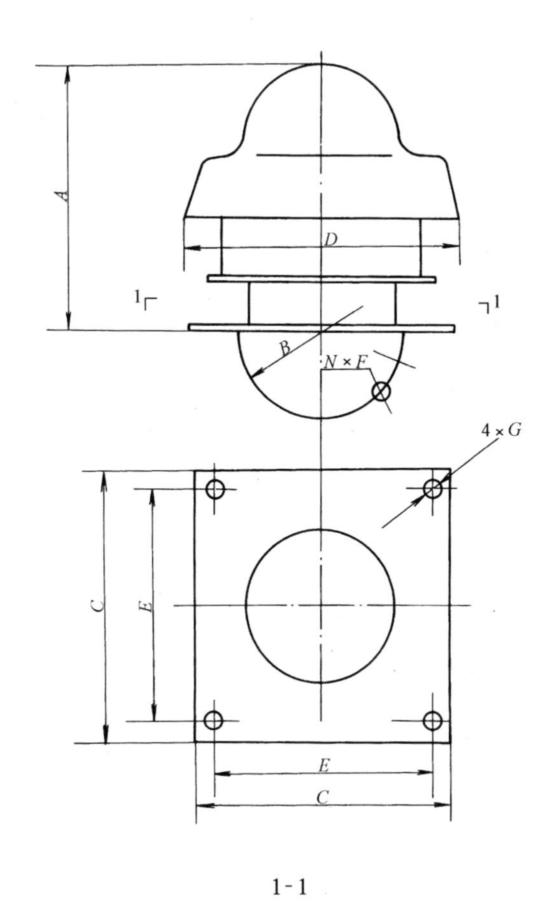

1-1

安 装 尺 寸(mm)

型 号	机号	A	B	C	D	E	F	G	N
WT3-80-11	3.6		394	550	$\phi700$	450	$\phi7$	$\phi12$	16
	4.5		490	680	$\phi800$	560	$\phi10$	$\phi14$	16
	5		550	760	$\phi950$	630	$\phi10$	$\phi14$	16
	6		650	900	$\phi1100$	750	$\phi10$	$\phi20$	16

安 装 说 明

1. 风机必须垂直安装，不得倾斜，否则影响叶轮正常运转。

2. 安装风机时，应先在机座下部基础上加6mm橡胶垫。

3. 通过风机的气体温度不宜超过60℃。

4. 风机安装前检查有无摩擦声和碰撞声。安装后点动试车，检查旋转方向是否正常，有无异常声响。合格后方可投入使用。

图名	FWT3-80离心屋顶风机安装	图号	TF3—05

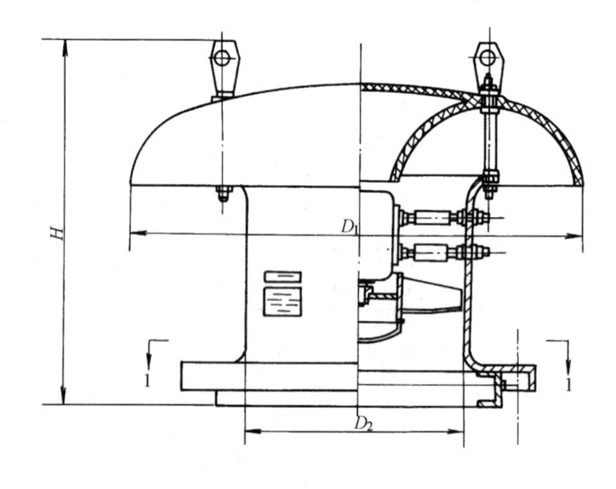

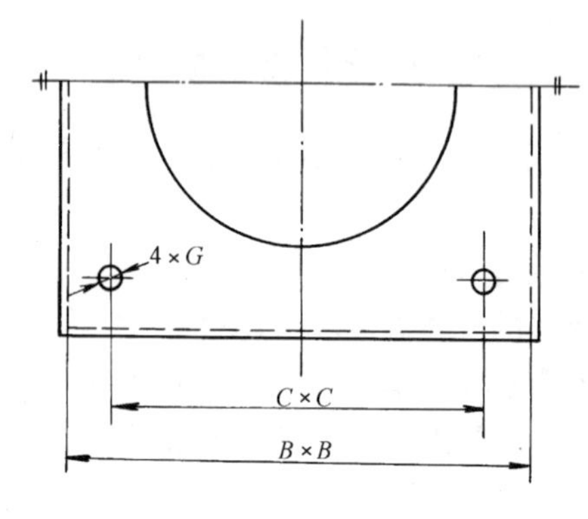

1-1

安 装 尺 寸(mm)

WT FWT 35	H	D_1	D_2	$B\times B$	$C\times C$	G	参考重量(kg)
4.5	600	ϕ980	ϕ452	760×760	560×560	ϕ14	23
5	760	ϕ1050	ϕ502	860×860	630×630	ϕ14	31
5.6	780	ϕ1130	ϕ562	900×900	700×700	ϕ14	42
6.3	880	ϕ1280	ϕ632	1000×1000	800×800	ϕ14	58
7.1	968	ϕ1408	ϕ712	1100×1100	880×880	ϕ14	78
8	1065	ϕ1548	ϕ8004	1210×1210	968×968	ϕ16	101
9	1172	ϕ1702	ϕ9004	1331×1331	1064×1064	ϕ18	135
10	1090	ϕ1872	ϕ1004	1600×1600	1400×1400	ϕ24	182
11.2	1200	ϕ2059	ϕ1124	1760×1760	1540×1540	ϕ26	252

安 装 说 明

1. 通过风机的气体应无腐蚀和过多的水蒸气，温度不宜超过60℃。

2. 风机必须垂直安装，不得倾斜。

3. 安装风机时，应先在机座下部基础上加6mm橡胶垫。

4. 风机安装前检查有无摩擦声和碰撞声，安装后点动试车，检查旋转方向是否正确。有无异常声响，合格后方可投入使用。

图名	WT35、FWT35轴流屋顶风机安装	图号	TF3—06

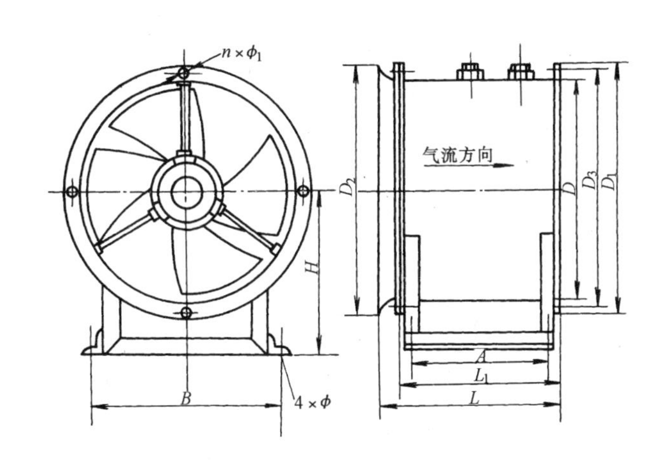

外 形 尺 寸(mm)

机 号	D	D_1	D_2	D_3	L	L_1	$n\times\phi_1$	ϕ	A	B	H
2.8	283	346	355	320	258	220	$4\times\phi10$	12	175	180	210
3.15	318	381	400	355	282	240	$8\times\phi10$	12	190	220	240
3.55	358	422	450	395	327	280	$8\times\phi10$	12	230	240	260
4	404	478	500	450	349	300	$8\times\phi10$	12	240	280	290
4.5	454	528	560	500	314	260	$8\times\phi12$	12	205	320	330
5	504	588	630	560	364	300	$12\times\phi12$	12	240	400	340
5.6	564	649	710	620	404	330	$12\times\phi12$	14	260	440	390
6.3	634	719	800	690	474	390	$12\times\phi12$	14	320	490	440
7.1	715	800	900	770	494	400	$16\times\phi12$	14	330	600	490

安 装 说 明

1. 安装时要检查风机各连接部件有无松动，叶轮与风筒间隙应均匀，不得相碰。

2. 连接出风口的管道重量不应由风机的风筒承受，安装时应另加支撑。

3. 在风机进风口端必须安装集风器，宜设置防护钢丝网。

4. 安装风机时应校正底座，加垫铁，保持水平位置，然后拧紧地脚螺栓。

5. 安装完毕后，须点动试验，待运转正常后，方可正式使用。

图名	DZ35－11系列低噪声轴流风机安装	图号	TF3—07

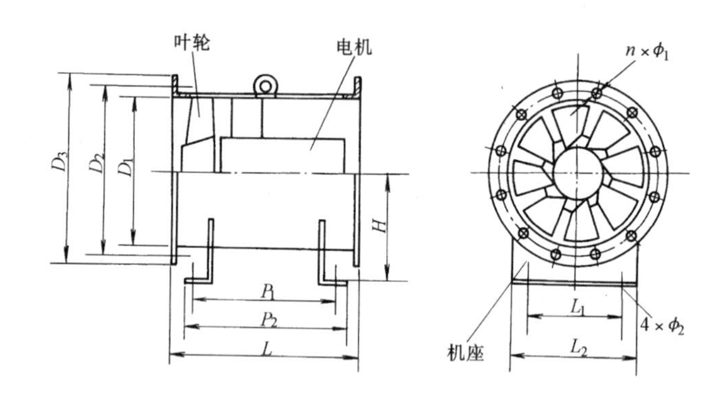

外 形 尺 寸(mm)

机 号	D_1	D_2	D_3	L	P_1	P_2	L_1	L_2	H	$n\times\phi_1$	ϕ_2
4	404	450	492	450	346	396	200	240	265	$8\times\phi12$	$\phi10.5$
4.5	454	500	542	480	276	316	200	300	290	$8\times\phi12$	$\phi10.5$
5	504	460	592	490	330	370	300	400	320	$12\times\phi12$	$\phi10.5$
6	605	660	694	580	360	420	400	500	395	$12\times\phi12$	$\phi14.5$
7	705	760	814	630	382	442	500	600	445	$12\times\phi12$	$\phi14.5$
8	805	860	916	740	470	530	500	600	500	$16\times\phi12$	$\phi14.5$
9	905	970	1016	800	620	680	600	700	545	$16\times\phi15$	$\phi16.5$
10	1005	1070	1116	870	690	750	600	700	595	$16\times\phi15$	$\phi16.5$
11	1105	1170	1216	870	690	750	730	790	645	$20\times\phi15$	$\phi16.5$
12	1205	1270	1316	970	700	780	870	930	695	$20\times\phi15$	$\phi19$

安 装 说 明

1. 安装时要检查风机各连接部件，避免松动。叶片不能变形、损坏，其间隙应均匀合适。叶轮旋转应灵活。

2. 风机底座应与地面自然吻合，不得强行连接以免机座变形。

3. 通过风机的空气必须是清洁干燥的，不得混有杂质和过多水蒸气。

4. 安装完毕后，应进行试运转，待运转正常后，方可正式使用。

图名	TZ1 系列轴流风机安装	图号	TF3—08

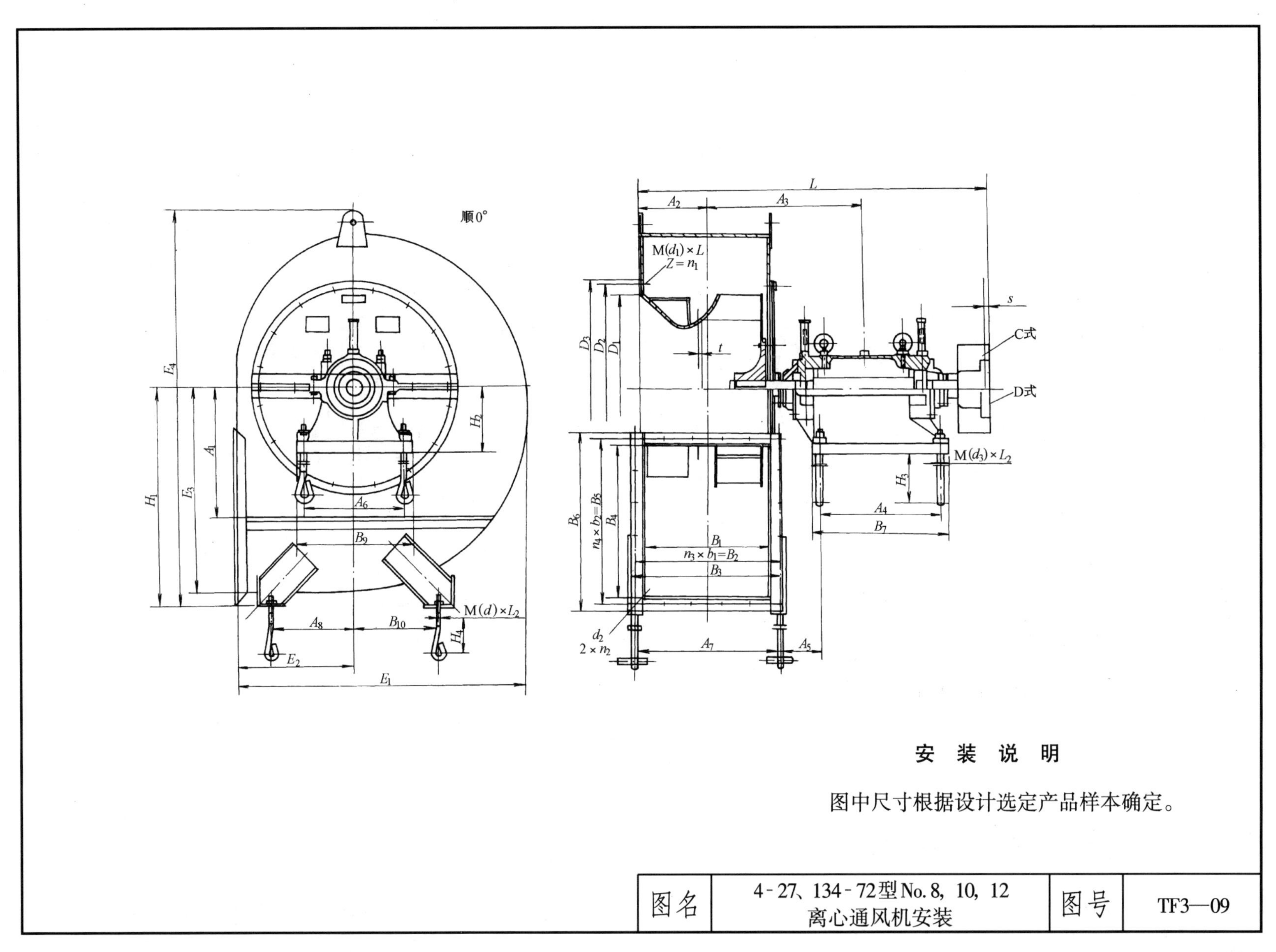
顺0°
M(d1)×L
Z=n1
C式
D式
M(d3)×L2
M(d)×L2
d2
2×n2
n4×b2=B5
n3×b1=B2
安 装 说 明
图中尺寸根据设计选定产品样本确定。
图名
4-27、134-72型No.8，10，12
离心通风机安装
图号
TF3—09

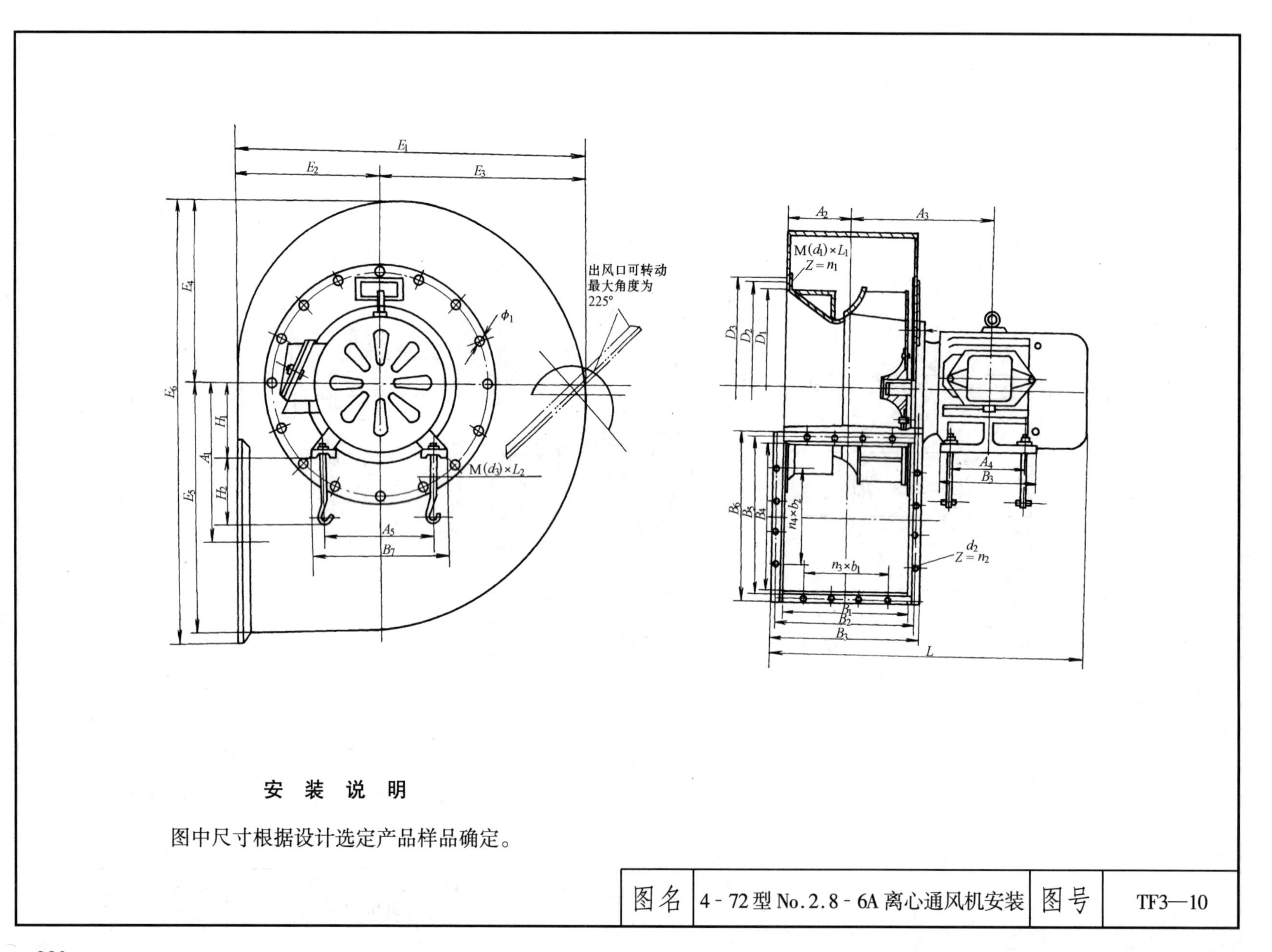

安 装 说 明

图中尺寸根据设计选定产品样品确定。

图名	4-72型No.2.8-6A离心通风机安装	图号	TF3—10

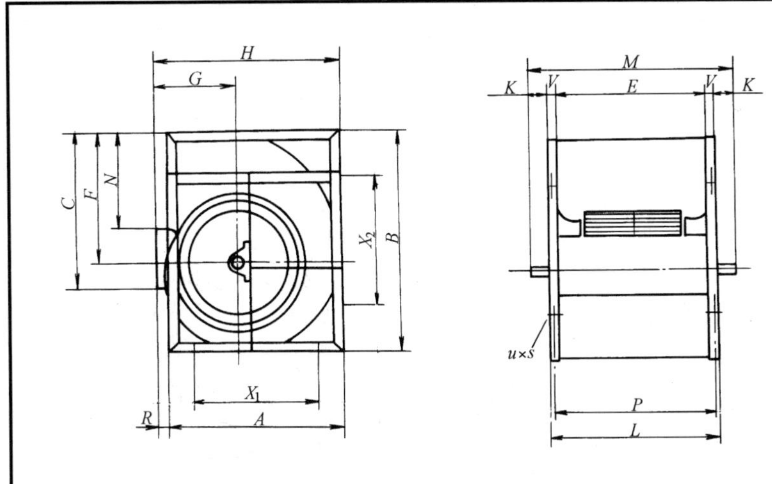

(a)风机外形尺寸

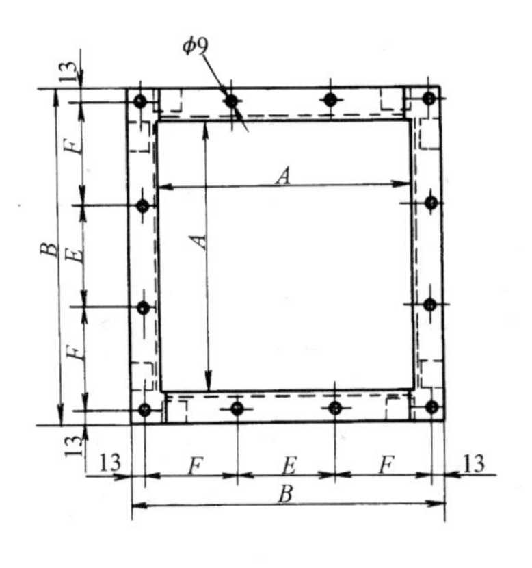

(b)出风口法兰外形尺寸

出风法兰外形尺寸(mm)

机 号	A	B	E	F
4E	507	563	200	168.5
4.5E	569	625	200	199.5
5E	638	694	250	209
5.6E	715	771	250	247.5
6.3E	301	857	300	265.5
7.1E	898	954	400	264

风机外形及安装尺寸（mm）

机 号	A	B	C	E	F	G	H	L	M	N	P	R	V	K	X_1	X_2	u×s
4E	613	736	507	507	432	290	651	587	751	314	547	38	40	82	355	355	13×18
4.5E	681	827	569	569	486	322	726	649	851	354	619	45	40	101	530	530	13×18
5E	750	918	638	638	538	352	800	718	920	393	688	50	40	101	530	530	13×18
5.6E	845	1030	715	715	603	390	893	815	1071	441	765	48	50	128	530	530	13×18
6.3E	946	1157	801	801	679	434	999	901	1155	493	851	53	50	127	530	530	13×18
7.1E	1058	1303	898	898	765	485	1121	998	1256	558	948	63	50	129	630	630	13×18

安 装 说 明

1. 安装时应对风机各部件进行全面检查和调整。

2. 风机底座与地基应接触良好，不得强行连接。

3. 出风口应通过软接头与风管连接。风管重量不得加在风机上。

图名	KFA 型离心式空调通风机安装	图号	TF3—11

通风机外形及安装尺寸(mm)

机　号	D_1	D_2	M_1	M_2	M_3	M_4	L	H	$n\times\phi_1$	ϕ_2
5	592	555	490	526	300	400	700	320	$8\times\phi10.5$	12
5.6	649	620	490	526	400	500	700	355	$8\times\phi10.5$	15
6.3	719	690	490	526	450	550	700	395	$10\times\phi10.5$	15
7	800	760	580	617	500	600	830	440	$10\times\phi10.5$	15
8	894	858	580	617	550	650	830	490	$12\times\phi10.5$	15
9	996	960	580	617	600	700	860	490	$12\times\phi10.5$	19
10	1096	1060	600	640	650	750	900	660	$12\times\phi10.5$	19
11.2	1223	1190	700	740	750	850	1000	740	$12\times\phi10.5$	19
5.5	644	600	470	510	400	500	680	352	$10\times\phi10.5$	15
6	692	655	490	526	450	550	700	382	$10\times\phi10.5$	15
6.5	745	700	571	611	500	600	730	402	$10\times\phi10.5$	15
11	1218	1168	740	810	730	790	1060	650	$14\times\phi12.5$	19
12	1322	1272	730	800	870	930	1150	700	$14\times\phi12.5$	19
13	1422	1372	930	1000	920	980	1250	750	$16\times\phi12.5$	21
15	1622	1572	980	1050	1000	1100	1300	850	$16\times\phi12.5$	21

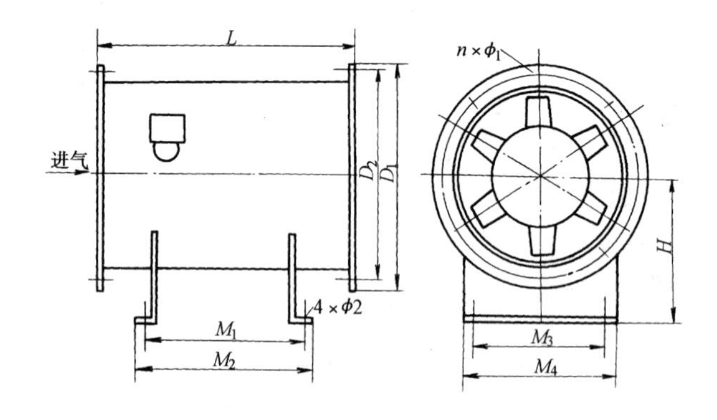

安　装　说　明

1. 安装时检查风叶与机壳，不能有损坏变形，螺栓应紧固。

2. 安装后每半年检查一次，保证风机各个部件正常。

3. 调整叶轮与轴套间的连接件。

图名	QZA 系列轴流排烟通风机安装	图号	TF3—12

外 形 尺 寸(mm)

机 号	D_1	D_2	D_3	D_4	D_5	D_6	L	a	b	c	d	H	$n\times\phi_1$	$n\times\phi_2$	$n\times\phi_3$
3.2	380	356	320	320	356	380	750	245	230	215	250	280	$4\times\phi15$	$8\times\phi10$	$8\times\phi10$
4	540	500	450	400	436	460	981	354	280	265	300	325	$4\times\phi15$	$8\times\phi12$	$8\times\phi10$
5	570	540	500	500	540	570	1180	396	350	330	365	405	$4\times\phi15$	$8\times\phi10$	$8\times\phi10$
7	785	745	700	700	745	785	1600	503	490	465	520	570	$4\times\phi20$	$16\times\phi15$	$16\times\phi15$
8	885	845	800	800	845	885	1800	546	560	550	630	650	$4\times\phi20$	$16\times\phi15$	$16\times\phi15$
10	1100	1060	1000	1000	1060	1100	2300	732	700	700	800	650	$4\times\phi28$	$16\times\phi19$	$16\times\phi19$
12	1300	1260	1200	1200	1260	1300	2750	870	850	850	950	750	$4\times\phi28$	$20\times\phi19$	$20\times\phi19$

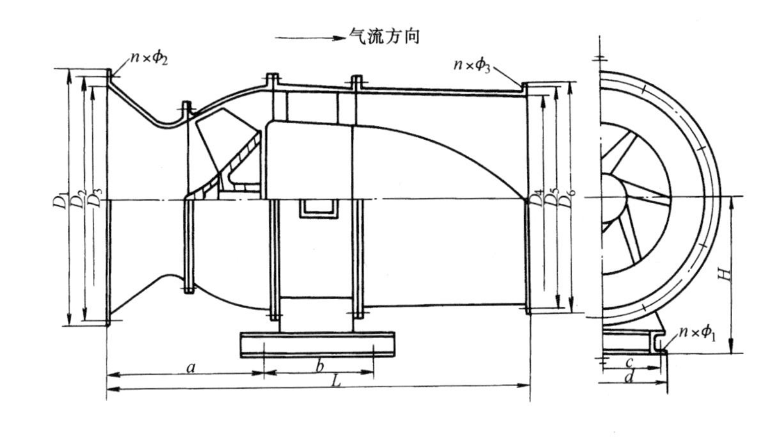

安 装 说 明

1. 安装时应检查各连接部件是否紧固，消除流道内异物，拨动叶轮，不应有擦碰现象。

2. 在安装中，需用变径接头连接时，沿气流方向，收敛接头，其收敛角不大于30°；扩散接头其扩散角不得小于70°

3. 风机直吸大气时，5m内不得有细碎杂物。1.5m内不得有障碍物。吸口与地面距离不得小于0.8m。

图名	X45.25型高效低噪中低压斜流风机安装	图号	TF3—13

外形及安装尺寸(mm)

型号	L	H	K	L_1	H_1	H_2	K_1	K_2	K_3	K_4	a	b	c	d	e	K_5	$n\times\phi$
KF-2No.6E	1440	1240	1080	400	960	540	848	784	546	484	80	440	440	200	200	830	$10\times\phi18$
KF-2No.8E	1800	1620	1360	535	1260	710	1110	1044	714	648	100	600	600	200	200	1090	$10\times\phi20$
KF-2No.10E	2400	2050	1750	660	1650	880	1417	1432	875	800	80	800	800	300	300	1390	$10\times\phi22$
KF-2No.12E	2640	2340	1790	790	1810	970	1430	1330	1060	960	120	900	900	300	300	1420	$10\times\phi24$
KF-2No.16E	3500	3050	2600	930	2400	1340	2080	1970	1390	1280	200	1200	1200	350	350	3040	$10\times\phi28$
13-52No.4E	1055	800	590	295	710	332	381	321	440	380	60	310	310	150	150	378	$10\times\phi16$
13-68No.4E	1055	800	720	295	710	332	520	460	440	380	60	310	310	150	150	513	$10\times\phi16$
13-68No.5E	1160	940	790	318	750	422	568	508	440	380	60	360	360	150	150	561	$10\times\phi16$

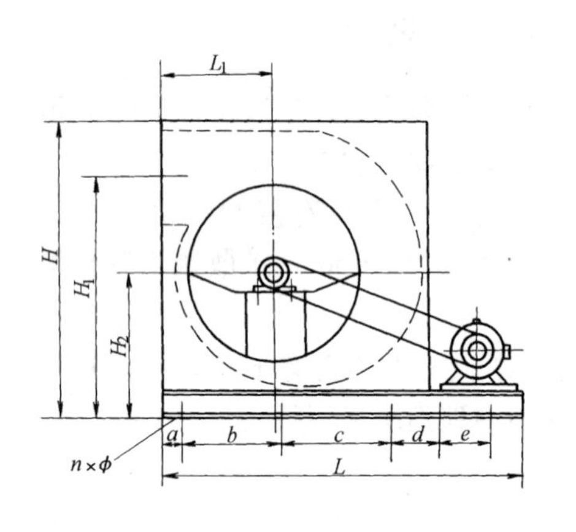

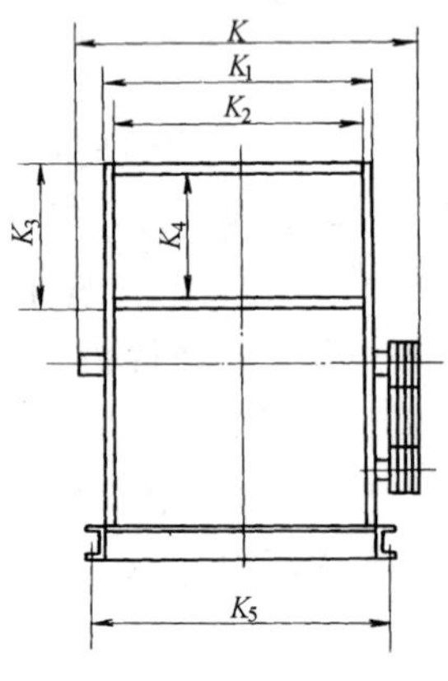

安 装 说 明

1.KF-2型为集中空调专用通风机。风机采用双吸入进气。

2.安装时应对风机各部件进行全面检查。

3.风机安装在减振机座上。底部安装减振器时出风口必须采用软接头。

图名	KF-2、13-68型离心空调通风机安装	图号	TF3—14

外形及安装尺寸(mm)

型号	A	B	A_1	B_1	A_2	B_2	C	D	E	F	G	H	L_1	L_2	X_1	X_2
DW8-54 II -No.2.5	305	350	200	300	260	228	290	310	260	278	361	425	168	190	—	—
DW9-58- II -No.2.5	355	400	200	300	303	150	330	353	180	200	380	425	175	195	—	—
DW12-55- II -No.2.5	385	430	200	300	340	230	369	395	252	283	361	425	167	190	—	—
DW9-56- II -N0.3	380	430	250	450	327	221	352	377	246	271	505	550	228	260	—	—
DW18-40- II -No.3	380	430	250	450	327	221	352	377	246	271	505	550	228	260	—	—
DW12-46- II -No.3.5	400	450	300	500	350	220	380	410	250	280	556	606	248	296	200	260
DW13-40- II -No.4	440	490	350	550	390	260	420	450	295	325	590	615	270	310	200	150
DW13-45- II -No.4	480	530	350	550	430	300	460	490	330	360	650	770	320	310	220	150
DW14-41- II No.4.5	490	540	400	600	430	300	460	490	330	360	650	770	320	360	250	160
DW13-51 II -No.4.5	665	715	400	600	615	360	645	675	390	420	720	835	333	360	430	180

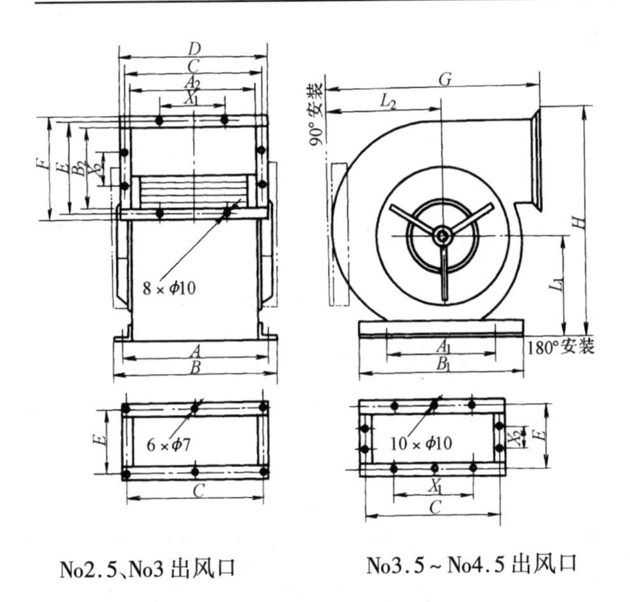

安 装 说 明

1.DW 型外转子空调风机为双吸入式低噪声风机。安装时应对风机各部件进行全面检查。

2. 紧固地脚螺栓。在安装时宜配装电机缺相保护器，过流热保护和接地线。

图名	DW 系列外转子空调通风机安装	图号	TF3—15

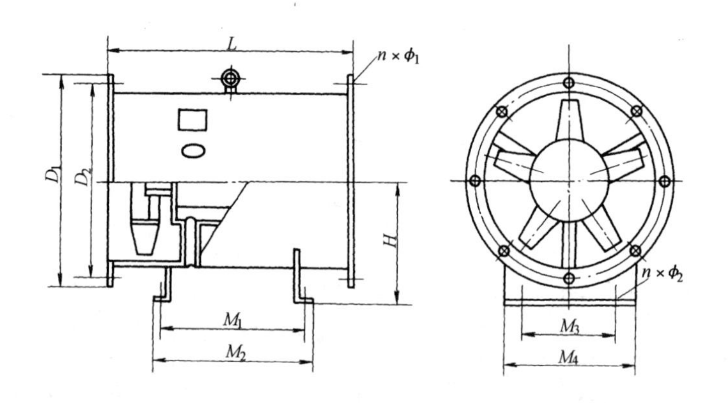

外形及安装尺寸(mm)

型 号	D_1	D_2	M_1	M_2	M_3	M_4	L	$n\times\phi_1$	ϕ_2	H
5	592	555	490	526	300	400	700	$8\times\phi10.5$	12	320
5.6	649	620	490	526	400	500	700	$8\times\phi10.5$	15	355
6.3	719	690	490	526	450	550	700	$10\times\phi10.5$	15	395
7.1	800	760	580	617	500	600	830	$10\times\phi10.5$	15	440
8	894	858	580	617	550	650	830	$12\times\phi10.5$	15	490
9	996	960	580	617	600	700	860	$12\times\phi10.5$	19	550
10	1096	1060	600	640	650	750	900	$12\times\phi10.5$	19	660
11.2	1223	1190	700	740	750	850	1000	$12\times\phi10.5$	19	740

安 装 说 明

1. 安装时应对风机进行全面检查,并紧固地脚螺栓。
2. 点动试车,试运转正常后方可投入使用。

图名	XPF(原 RIF - 1)系列消防高温排烟通风机安装	图号	TF3—16

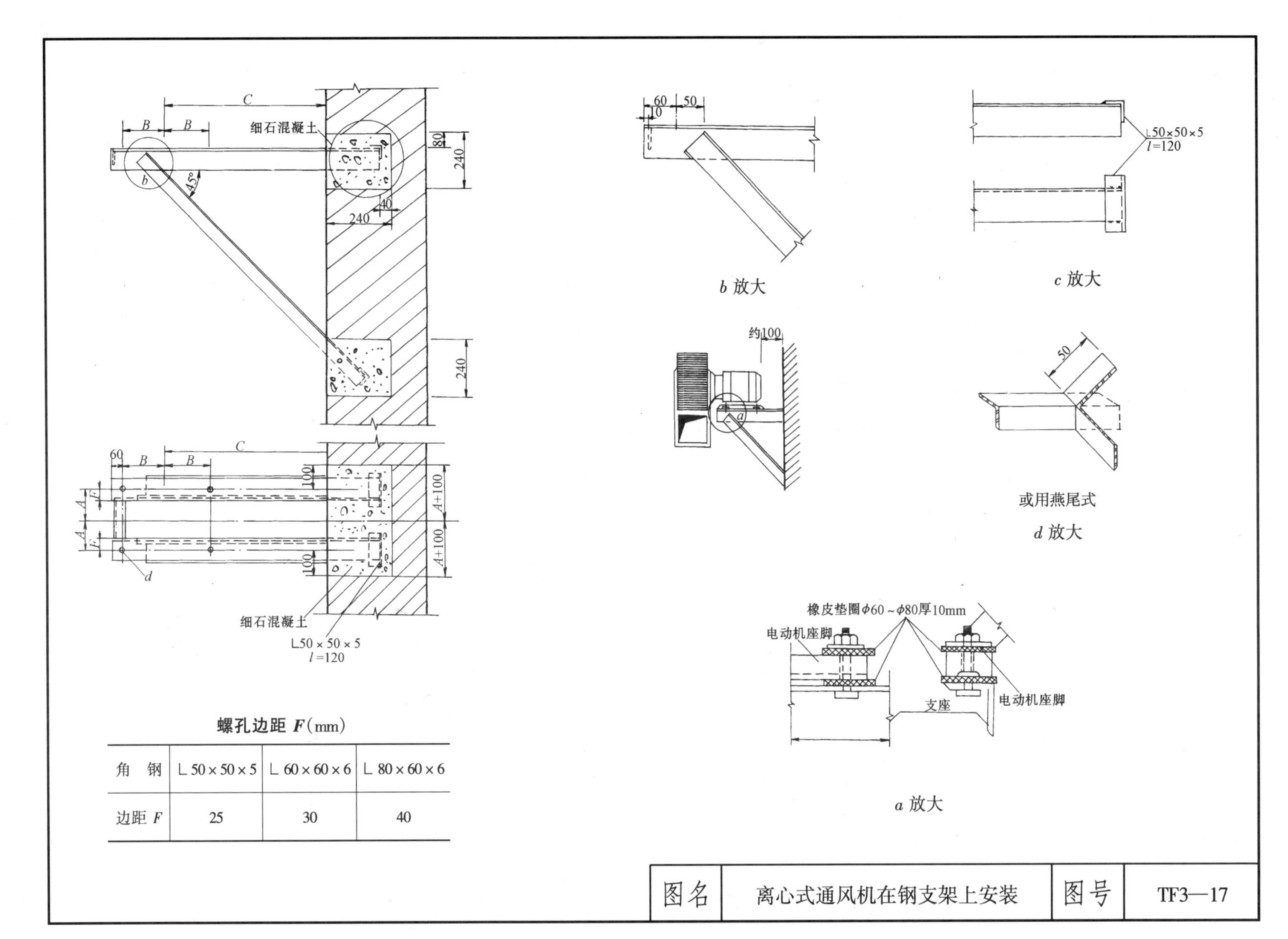

螺孔边距 *F*(mm)

角　钢	∟50×50×5	∟60×60×6	∟80×60×6
边距 *F*	25	30	40

图名	离心式通风机在钢支架上安装	图号	TF3—17

3 空 调 工 程

安　装　说　明

1. 空调工程安装规范

空调工程安装质量的好坏，直接影响着空调系统的使用效果。空调工程安装必须密切配合土建和装饰工程，精心施工，并严格履行安装规程中的条例和工程验收规范。

(1)《通风与空调工程施工质量验收规范》(GB50243—2002)；

(2)《采暖通风与空气调节设计规范》(GB50019—2003)

(3)《压缩机，风机，泵安装工程施工及验收规范》(GB50275—98)

(4)《旅游旅馆建筑热工与空气调节节能设计标准》(GB50189—93)

(5)《机械设备安装工程施工及验收通用规范》(GB50231—98)

(6)《工业金属管道工程施工及验收规范》(GB50235—97)

(7)《现场设备，工业管道焊接工程施工及验收规范》(GB50236—98)

(8)《工业设备及管道绝热工程设计规范》(GB50264—97)

(9)《制冷设备，空气分离设备安装工程施工及验收规范》(GB50274—98)

(10)《工业设备及管道绝热工程质量检验评定标准》(GB50185—93)

(11)《工业金属管道设计规范》(GB50316—2000)

(12)《工业循环冷却水处理设计规范》(GB50050—95)

(13)《工业金属管道工程质量检验评定标准》(GB50184—93)

(14)《高层民用建筑设计防火规范》(GB50045—95)

(15)《自动喷水灭火系统设计规范》(GB50084—2001)

(16)《火灾自动报警系统设计规范》(GB50116—98)

(17)《建筑设计防火规范》(GB50016—2006)

2. 空调系统调试与工程验收

空调系统在安装完毕，运转调试之前应会同建设单位进行全面检查，全部符合设计、施工及验收规范和工程质量检验评定标准的要求后，才能进行运转和调试。

空调系统运转所需用的水、电、气等，应具备使用条件，并将现场清理干净。

空调系统调试之前，应对冷水机组、水泵、冷却塔、空调机组、通风机等设备单体试运转合格后，方可进行空调系统调试工作，将各种风阀、水阀等阀门、管件调整在工作状态位置，备好仪表、工器具及调试记录表格，做好调试记录。

(1)空调工程各系统的外观检查项目

1)风管和设备(冷水机组，水泵，冷却塔，换热器，水处理设备，诱导器，风机盘管，空调机组，通风机以及消声器，过滤器等)安装正确牢固；

2)风管、水管连接处以及风管、水管与设备或调节装置的连接处无漏风、漏水现象；

3)各类调节装置的制作安装正确牢固，调节灵活，操作方便；

4)通风机、水泵等运转正常，除尘器、集尘室安装密闭；

5)制冷设备安装精度和允许偏差符合规定，运转正常；

6)空调系统油漆均匀，油漆颜色与标志符合设计要求；

7)隔热层无断裂和松弛现象，外表面光滑平整。

(2)空调工程各项设备单机试运转：

1)通风机的试运转应符合GB50243—97规范第12.2.1条的有关规定；

2)制冷机的试运转应符合GB50243—97规范第9.4节的有关规定；

3)水泵的试运转应按照设备安装的有关规定执行；

4)空调机组内的表冷器和喷淋装置的工作正常；

5)水泵、通风机等减振器无位移；

6)带有动力的除尘和空气过滤设备的试运转应符合产品说明书的要求。

(3)空调工程无负荷系统试运转的测定与调整；

1)通风机的风量、风压及转数的测定；

2)系统与风口的风量平衡，实测风量与设计的偏差不应大于10%；

3)制冷系统的压力、温度、流量等各项技术数据应符合有关技术文件的规定；

4)空调系统带冷(热)源的正常系统试运转不少于8h，当竣工季节条件与设计条件相差较大时，仅做不带冷(热)源的试运转。通风、除尘系统的连续运转不应少于2h。

(4)空调系统带生产负荷的综合效能试验的测定与调整，应由建设单位负责，设计、施工单位配合，并根据工艺和设计的要求确定下列项目。

1)室内空气温度，必要时尚应进行露点温度，送、回风温度，相对湿度的测定和调整；

2)室内气流组织的测定；

3)室内洁净度和正压的测定；

4)室内噪声的测定；

5)通风除尘车间内空气中含尘浓度与排放浓度的测定；

6)自动调节系统应作参数整定和联动试调。

(5)空调工程竣工验收应提出下列文件及记录：

1)设计修改的证明文件和竣工图；

2)主要材料、设备、成品、半成品和仪表的出厂合格证明或检验资料；

3)隐蔽工程验收单和中间验收记录；

4)分项、分部工程质量检验评定记录；

5)制冷系统试验记录(单机清洗，系统吹污，严密性，真空试验，充注制冷剂检漏等记录)；

6)空调系统的联合试运转记录。

3. 空调系统测定与调整

(1)空调系统的测定

1)空调工程应在接近设计负荷的情况下，作综合效能的测定与调整；

2)室内温度、相对湿度及洁净度的测定，应根据设计要求的空调和洁净等级确定工作区，并在工作区内布置测定：

A. 一般空调房间应选择在人经常活动的范围或工作面为工作区；

B. 恒温恒湿房间离围护结构 0.5m，离地高度 0.5～1.5m 处为工作区；

C. 洁净房间垂直平行流和乱流的工作区与恒温恒湿房间相同，水平平行流应规定第一工作面，即一般距送风墙 0.5m 处的纵剖面。

3)凡具有下列要求的房间应作气流组织测定：

A. 空调精度等级高于 ±0.5℃的房间；

B. 洁净房间；

C. 对气流速度有要求的空调区域。

4)相同条件下可以选择具有代表性的房间测定。

5)房间内气流组织的流型和速度场应符合设计要求。

6)空调房间噪声的测定，一般以房间中心离地高度 1.2m 处为测点，较大面积的民用空调其测定应按设计要求。室内噪声的测定可用声级计，并以声压级 *A* 档为准。若环境噪声比所测噪声低于 10 分贝以下时可不做修整。

7)通风除尘车间空气中含尘浓度和排放浓度的测定应符合《工业企业设计卫生标准》(TJ36—79)的规定。测点选择应根据生产情况及设计要求而定。

8)自动调节系统应作参数整定，自动调节仪表应达到技术文件规定的精度要求，测量机构，控制机构，执行机构，调节机构和反馈应能协调一致，准确联动。

(2)空调风系统测定与调整(详见通风工程安装说明)。

(3)空调水系统测定与调整

1)喷水量的测定和喷淋段热工特性的测定应在夏季或接近夏季室外计算参数条件下进行，他的冷却能力应符合设计要求；

2)过滤器阻力的测定，表冷器阻力的测定，冷却能力和加热能力的测定等应计算出阻力值和空气失去的热量值及吸收的热量值应符合设计要求；

3)在测定过程中，保证供水、供冷、供热，作好详细记录，并与设计数据进行核对，如有出入应进行调整。

(4)空调自动调节系统的调整

1)空调自动调节系统控制线路检查。

A. 核对敏感元件、调节仪表或检测仪表和调节执行机构的型号、规格和安装的部位应符合设计要求；

B. 根据接线图纸，核对控制盘下端子的接线(或接管)；

C. 根据控制原理图和盘内接线图，对上端子的盘内接

线进行核对；

D. 对自动调节系统的连锁、信号、远距离检测和控制等装置及调节环节核对，应符合设计要求；

E. 敏感元件和测量元件的安装地点，应符合下列要求：

要求全室性控制时，应放在不受局部热源影响的区域内；局部区域要求严格时，应放在要求严格的地点，室温元件应放在空气流通的地点；

在风管内，宜放在气流稳定的管段中心；

"露点"温度的敏感元件和测量元件宜放在挡水板后有代表性的位置，并应尽量避免二次回风的影响。不应受辐射热、振动或水滴的直接影响。

2)调节器及检测仪表单体性能校验

A. 敏感元件的性能试验：根据控制系统所选用的调节器或检测仪表所要求的分度号必须配套，应进行刻度误差校验和动态特性校验，均应达到设计精度要求；

B. 调节仪表和检测仪表，应作刻度特性校验，调节特性的校验及动作试验与调整，均应达到设计 精度要求；

C. 调节阀和其他执行机构的调节性能，全行程距离，全行程时间的测定，限位开关位置的调整，标出满行程的分度值等均应达到设计精度要求。

3)自动调节系统及检测仪表联动校验

A. 自动调节系统在未正式投入联动之前，应进行模拟试验，以校验系统的动作是否正确，符合设计要求，无误时方可投入自动调节运行；

B. 自动调节系统投入运行后，应查明影响系统调节的因素，进行系统正常运行效果的分析，并判断能否达到预期的效果；

C. 自动调节系统各环节的运行调整，应使空调系统的"露点"，二次加热器和室温的各控制点经常保持所规定的空气参数，符合设计精度要求。

(5)空调系统综合效果测定与调整

空调系统综合效果测定与调整是在各分项调试完成后，测定系统联动运行的综合指标是否满足设计与生产工艺要求，如果达不到规定要求时，应在测定中作进一步调整。

1)确定经过空调器处理后的空气参数和空调房间工作区的空气参数；

2)检验自动调节系统的效果，各调节元件设备经长时间的考核，应达到系统安全可靠地运行；

3)在自动调节系统投入运行的条件下，确定空调房间工作区内可能维持的给定空气参数的允许波动范围和稳定性；

4)空调系统连续运转时间：一般舒适性空调系统不得少于 8h；恒温精度在 ±1℃时，应在 8~12h；恒温精度在 ±0.5℃时，应在 12~24h；恒温精度在 ±0.1~0.2℃时，应在 12~36h；

5)空调系统带生产负荷的综合效果试验的测定与调整，应由建设单位负责，施工和设计单位配合进行。

(6)资料整理编制交工调试报告

将测定和调整后的大量原始数据进行计算和整理，应包括下列内容：

1)空调工程概况；

2)空调设备和自动调节系统设备的单体试验及检测，信号，连锁，保护装置的试验和调整数据；

3)空调处理性能测定结果；

4)系统风量调整结果；

5)房间气流组织调试结果；

6)自动调节系统的整定参数；

7)综合效果测定结果；

8)对空调系统做出结论性的评价和分析。

空调机房系统安装说明

冷水机组安装可以参照冷库工程制冷机等设备安装方法进行，由于各种机器性能差异，其安装的方式也有所不同，现将一般安装要求列写如下。

1. 冷水机组安装

(1)常用类型：目前空调系统采用的冷水机组主要有：吸收式冷水机组(单效，双效，直燃式等)；螺杆式冷水机组(带经济器等形式)；离心式冷水机组；涡旋式冷水机组；活塞式冷水机组；喷射式制冷机(单效，三效等)；半封闭式多机头冷水机组；模块化冷水机组等几大类型。

(2)注明：各种冷水机组应根据各家厂商提供的冷水机组安装、操作、维修手册和产品使用说明书进行安装调试。

(3)安装的基本要求

1)机房通风：通风不良将导致机组运转所需空气量不足引起机房潮湿而腐蚀机器，对于吸收式直燃机通风更为重要。

2)机房排水：一旦机房积水将引起电路故障和机组锈蚀，机房排水应注意：机组基础处于机房最高位置；机组四周设置排水沟，水沟上须铺盖铸铁网板或箅子，排水沟的水能顺利排出机房。

3)水、电、气源：当确定某种能源后，应能足量满足设计要求。

4)机房面积：应留有机组拆卸、维修、操作和安装的最小空间(尺寸)。

5)机组基础：采用素混凝土基础，地脚螺栓待机组校正找平后用同样强度等级细石混凝土二次灌浆。

6)吊装就位：采用导轨安装法，平板安装法，水平牵引法和滚筒移动法等安装方式进行机器设备的水平搬运。采用斜面和滚轮牵引或索具穿入机组上的安装孔进行吊装就位，在吊装时，吊环和缆绳必须绑扎在设备重心位置，并作用于安装孔或机组底座上。

7)机组隔振：正确铺上隔振垫或安装氯丁二烯橡胶减振垫。

8)机组校正：用水平仪(或用灌水的透明塑料管，对正水准孔的中心及水柱液面，使胶管两端水液柱取平)测定机器上的水平测点，抬高壳体，调整斜垫铁或插入钢垫片，找正找平后，拧紧地脚螺栓。

9)管道管件连接：管道应设支、吊架进行支撑，机组设备不承受管道管件重量。管道连接应严格履行工业管道工程施工及验收规范等国家标准的条例进行安装。

10)机组调试：多数情况下，泄漏试验、直空试验和自动调节以及机组试运转由厂商设立专门维修服务公司的人员进行。

2. 模块化冷水机组安装

模块化冷水机组由多台模块冷水机单元并联组合而成。每个单元包括两个完全独立的往复式制冷系统。运行

图名	空调机房系统安装说明	图号	KT1—01

适当数量的单元就可以使输出的冷量准确地与负荷相匹配。

模块化系统中每个单元制冷量为130kW，其中有两个完全独立的制冷系统，容量分别为65kW，各自装有双速或单速压缩机，每个模块单元装有两台压缩机，两套蒸发器，两套冷凝器及控制器，模块机组可由多达13个单元组合而成，总容量为1690kW。

内设的电脑监控系统控制模块机组，按空调负荷的大小，定期启停各台压缩机或将高速变为低速(当安装了双速压缩机时)。这个系统连续并智能地控制了冷水机组的全部运行，包括了每一个独立制冷系统的整机运行。

将多个单元组合连接起来方法极为简单，只要连接四根管道(冷冻水供、回水管；冷却水供、回水管，每根管的端部带有沟槽，可用专用的管接头连接)。从公用电源母线上接入电源，插上控制插接件，这项工作就完成。

模块化冷水机组由于体积小单元化，结构紧凑，易于处理，根本不用吊装和大型机组运输车。模块化机组由于采用单元设计，每个单元宽约450mm，高1622mm，长为1250mm。因此，每个单元可以穿过几乎任何小的门廊、过道，可通过窄的楼梯送上高层，也可用电动升降机或标准电梯运送。

模块化机组使用的热交换器及内部设计不需要很大的维修空间，使模块化机组可以安装在没有其他用途的狭小空间；表面光亮的机壳又适合于安装在各种不同的场合，由于压缩机设计精良并采取了大幅度衰减噪声的措施(压缩机用弹簧与其壳体相隔离，并在机架上安装了隔振装置。单元与单元之间是通过专用的管接头隔离，整个单元又封在机壳中间)，使用多台压缩机完全取消了嘈杂声和令人讨厌的气缸卸载声。因此，模块化机组运行非常安静，机房和靠近机房的房间也非常安宁。模块化冷水机组不仅可以安装在已建的大楼内，而且可以等新楼建成后，不用拆墙等破坏建筑或装饰，即可进行安装。以至在已建大楼的任何地方进行安装。特别是安装在楼群分散，又要集中空调的地方更为有利。

图名	空调机房系统安装说明	图号	KT1—01

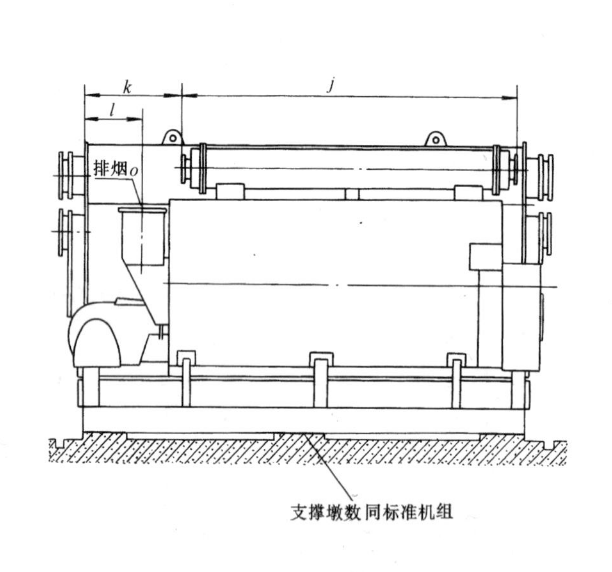

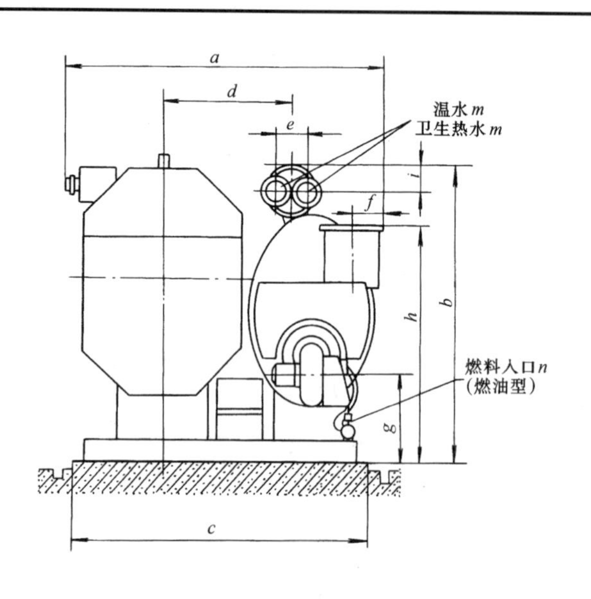

尺　寸(mm)

机	型	a	b	c	d	e	f	g	h	i	j	k	l	m	o	n
30	H_2	1930	1890	2000	830	180	170	620	1250	155	2500	560	640	DN70	220×220	R15
	H_3	1930	1940	2100	850	190	200	700	1250	185	2500	560	640	DN80	250×250	R15
	H_4	1990	1940	2100	890	210	200	700	1250	185	3500	650	740	DN100	250×250	R15
150	H_2	2980	2910	3200	1350	300	330	1050	2240	260	3600	1600	1050	DN150	500×500	R25
	H_3	2980	2940	3200	1350	300	350	1050	2270	285	3600	1030	450	DN200	560×560	R25
	H_4	3050	3150	3300	1350	350	380	1080	2350	310	3700	1000	400	DN200	610×610	R15
300	H_2	3670	3250	3750	1420	350	430	1250	2490	345	3700	2150	1050	DN250	710×710	R15

图名	高发加大型直燃吸收式制冷机安装	图号	KT1—02

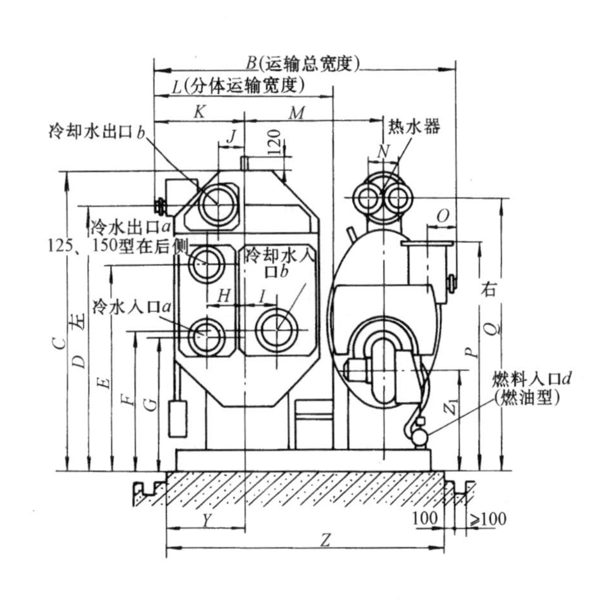

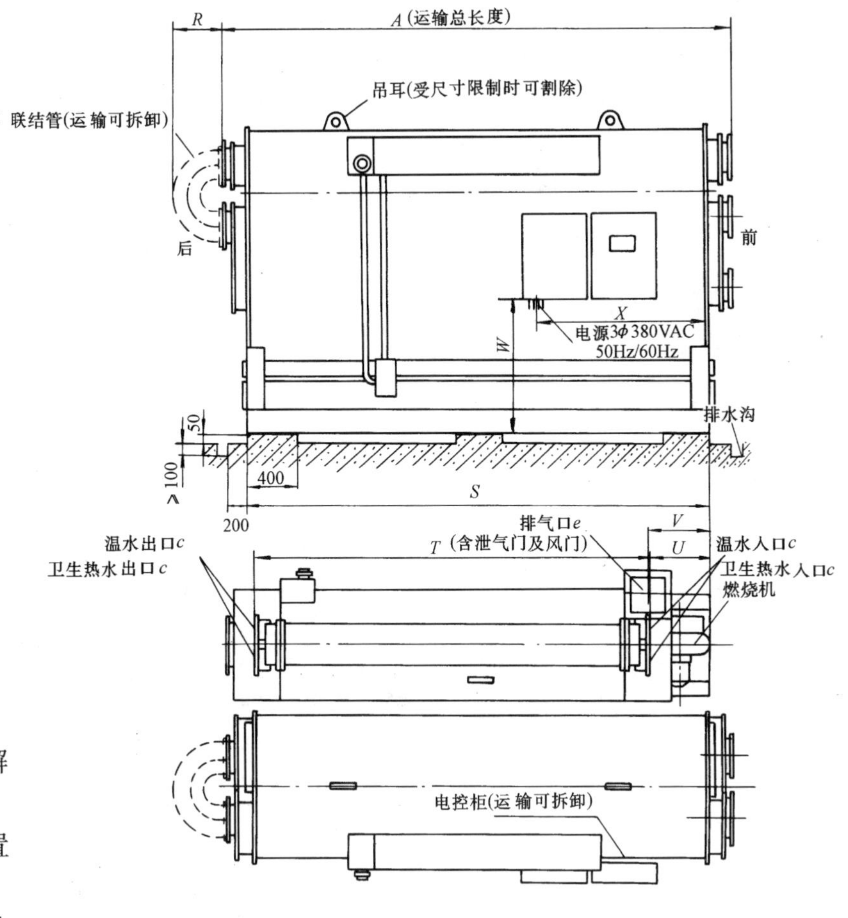

安 装 说 明

1. 应选好机房地址：如解决地下室通风排水问题；解决放置在楼层屋顶时供水供电及设备吊装问题。冷却水、冷温水静压过高的场合(超过 0.8MPa)，可考虑将机房设置于楼层和屋顶。

2. 机组必要的空气量由燃料输入量决定，每万大卡热值的燃料需 15m³ 空气。

3. 设置机房排水。至少保持机组周围的最小空间。

图名	BZ30-150Ⅵ型直燃吸收式制冷机安装(一)	图号	KT1—03(一)

尺　寸（mm）

机　型	30	40	50	65	75	80	100	125	150
A	3320	3380	4380	3920	4420	3940	4440	5520	5520
B	1860	2200	2200	2470	2470	2690	2690	2700	2890
C	1890	2000	2000	2250	2250	2570	2570	2630	2830
D	1640	1670	1670	1955	1955	2260	2260	2230	2200
E	1320	1330	1330	1475	1475	1810	1810	1780	1750
F	920	945	945	1100	1100	1280	1280	1200	1200
G	890	910	910	1070	1080	1200	1200	1200	1190
H	240	245	245	320	310	300	300	300	350
I	200	220	220	250	250	263	263	260	275
J	180	190	190	245	245	240	240	240	283
K	580	625	625	730	730	800	800	800	850
L	1120	1330	1330	1580	1580	1650	1650	1650	1800
M	795	915	915	1050	1050	1150	1150	1250	1220
N	180	190	210	210	230	260	260	285	285
O	160	200	200	240	255	240	240	280	300
P	1300	1350	1350	1520	1520	1890	1890	1990	2020
Q	1590	1680	1680	1940	1940	2200	2200	2340	2320

机　型	30	40	50	65	75	85	100	125	150
R	220	250	250	330	330	340	340	400	400
S	3000	3000	4000	3500	4000	3500	4000	5000	5000
T	2400	2500	3500	3500	3500	3500	3500	3500	3500
U	560	560	750	250	610	600	560	1600	1600
V	655	640	830	305	650	720	590	1050	1030
W	—	—	1000	1100	1100	1200	1200	1200	1200
X	—	—	1200	1100	1200	1100	1200	1500	1500
Y	600	650	650	780	780	870	870	820	870
Z	1920	2300	2300	2500	2500	2800	2800	2900	3000
Z_1	560	800	800	820	820	840	840	900	1020
a	*DN*100	*DN*125	*DN*125	*DN*150	*DN*150	*DN*150	*DN*150	*DN*200	*DN*200
b	*DN*125	*DN*150	*DN*150	*DN*200	*DN*200	*DN*200	*DN*200	*DN*250	*DN*250
c	*DN*70	*DN*80	*DN*100	*DN*100	*DN*125	*DN*125	*DN*125	*DN*150	*DN*150
d	*DN*15	*DN*15	*DN*15	*DN*15	*DN*15	*DN*20	*DN*20	*DN*25	*DN*25
e	220×220	250×250	250×250	290×290	320×320	320×320	350×350	400×400	440×440

图名	BZ30－150 Ⅵ型直燃吸收式制冷机安装(二)	图号	KT1—03(二)

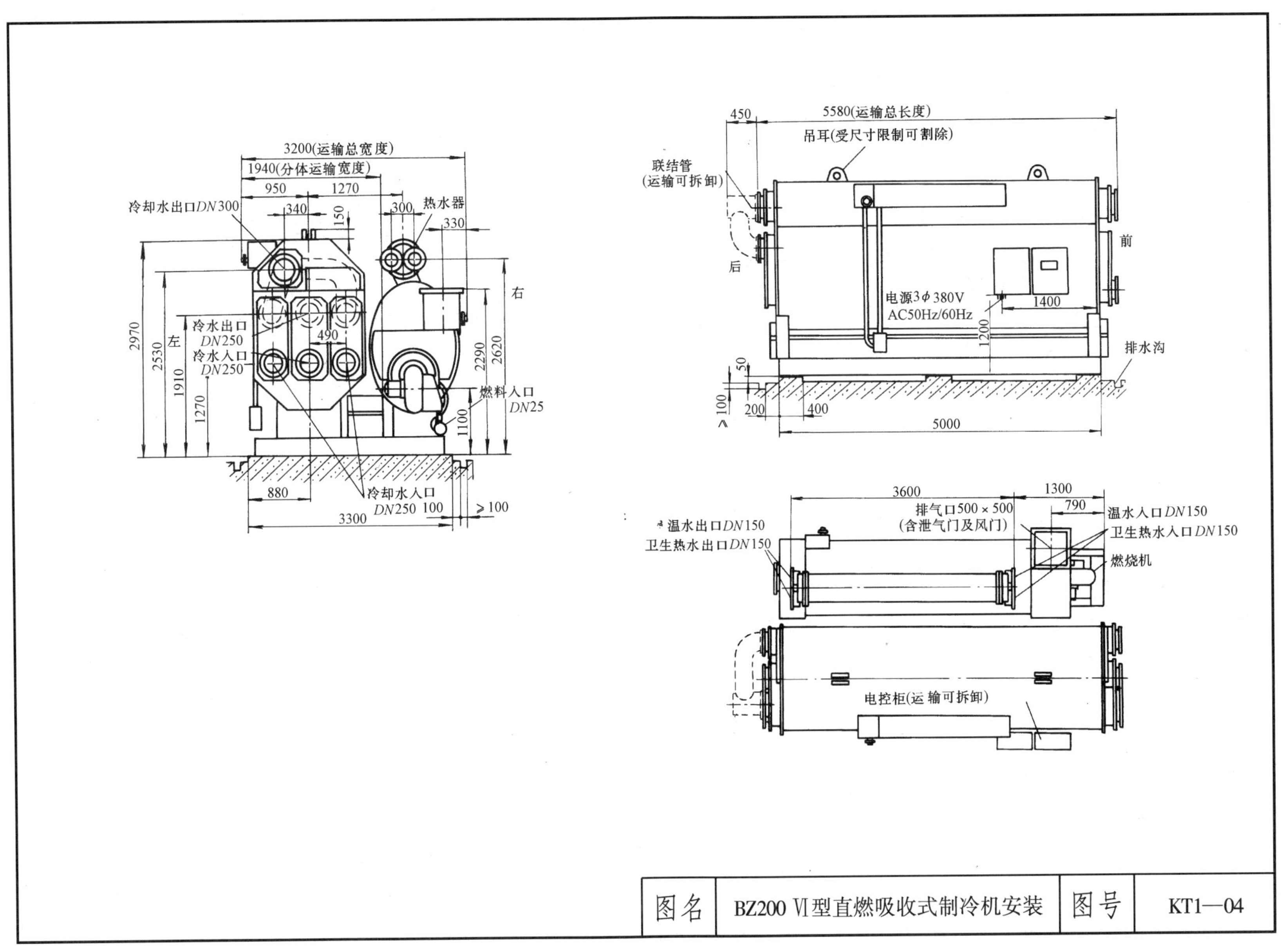

图名	BZ200 Ⅵ型直燃吸收式制冷机安装	图号	KT1—04

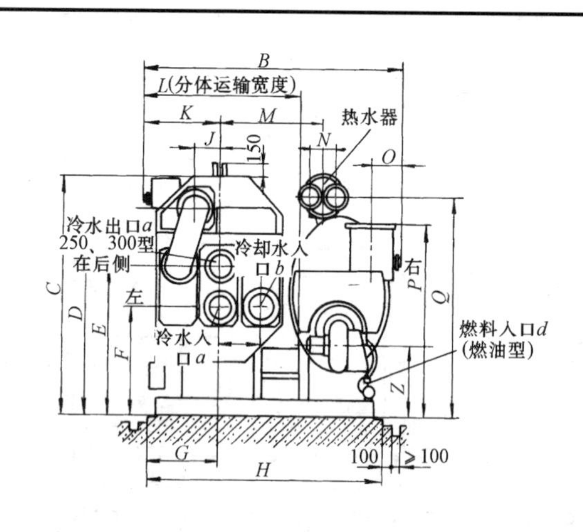

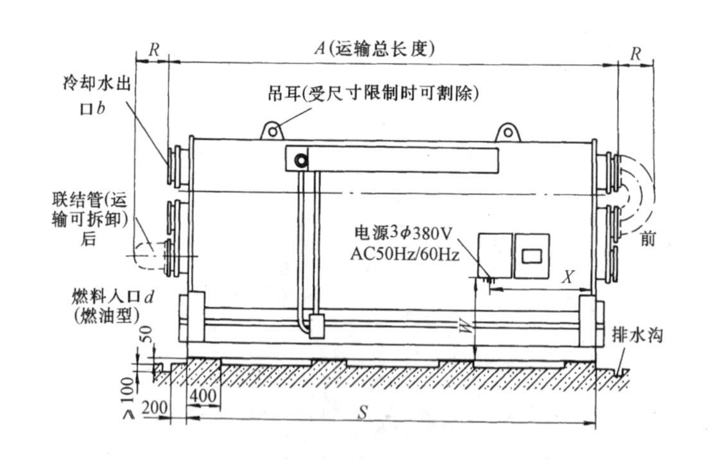

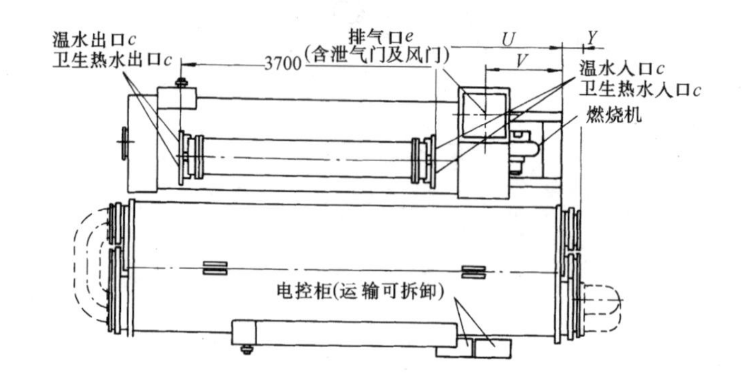

尺　寸 (mm)

机型	250	300	400	500	机型	250	300	400	500
A	6580	6580	7640	7640	Q	2600	2690	2860	3220
B	3250	3600	3780	3900	R	550	550	640	710
C	2970	3100	3300	3700	S	6000	6000	7000	7000
D	2530	2550	2830	3150	U	2300	2200	3250	3000
E	1910	2000	2120	2330	V	1100	1025	1975	1650
F	1270	1290	1340	1370	W	1200	1200	1200	1200
G	880	950	950	1000	X	1800	1800	2300	2300
H	3350	3700	3800	4000	Y	290	290	320	320
I	490	550	550	600	Z	1120	1120	1300	1350
J	340	390	390	480	a	DN250	DN300	DN300	DN350
K	950	1050	1050	1100	b	DN350	DN350	DN400	DN450
L	2050	2200	2280	2400	c	DN200	DN200	DN250	DN250
M	1350	1430	1420	1400	d	DN25	DN40	DN40	DN40
N	300	350	350	400	e	560 × 560	610 × 610	710 × 710	790 × 790
O	350	380	430	470					
P	2320	2390	2580	2900					

图名	BZ 250 - 500Ⅵ型直燃吸收式制冷机安装	图号	KT1—05

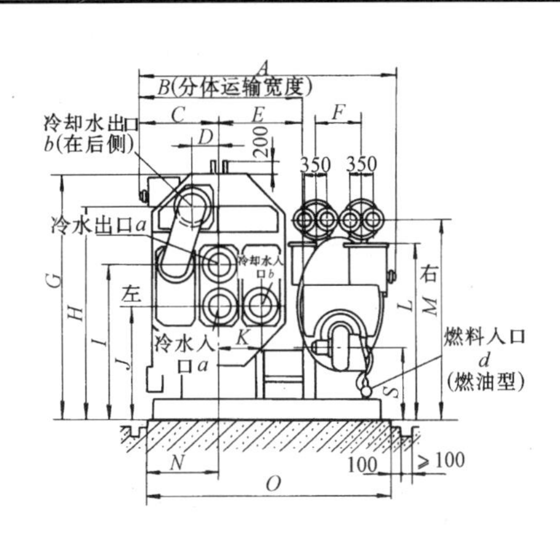

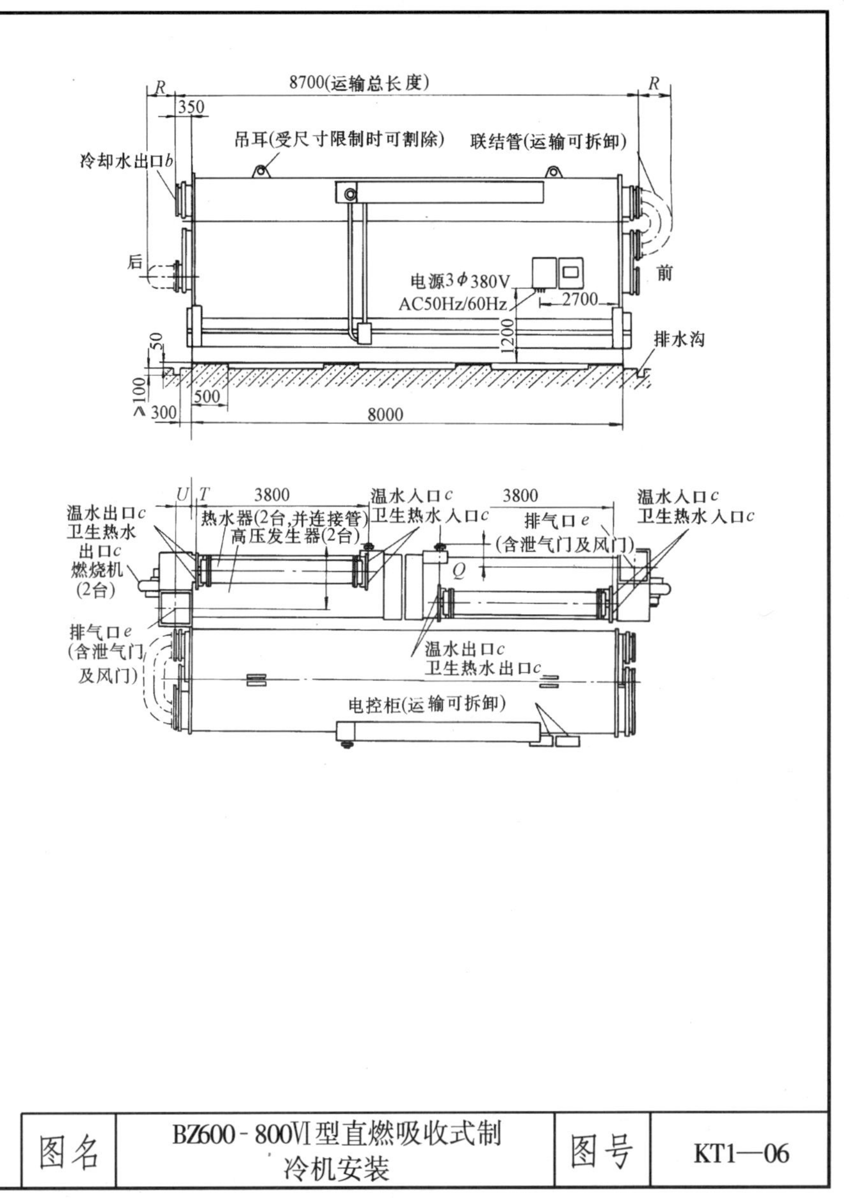

尺　寸（mm）

机型	600	800	机型	600	800
A	4050	4250	N	1050	1200
B	2460	2630	O	4050	4250
C	1150	1300	P	1180	1230
D	530	610	Q	390	460
E	1150	1700	R	700	770
F	700	800	S	1200	1330
G	3700	4000	T	200	200
H	3110	3280	U	360	410
I	2460	2680	a	DN400	DN450
J	1450	1550	b	DN500	DN600
K	635	680	c	2×DN200	2×DN250
L	2390	2580	d	DN40	DN50
M	2690	2860	e	610×610	710×710

图名	BZ600-800Ⅵ型直燃吸收式制冷机安装	图号	KT1—06

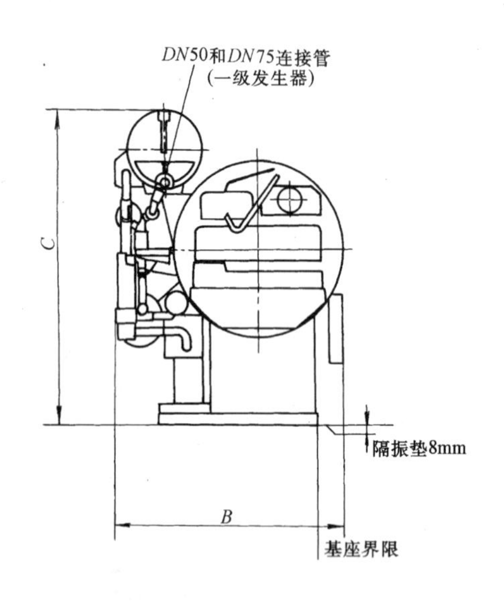

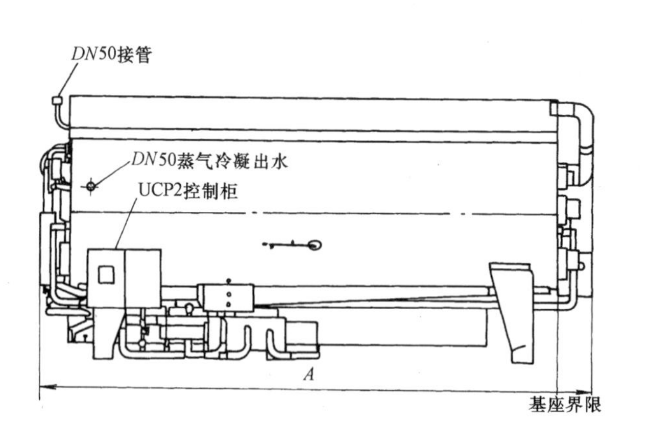

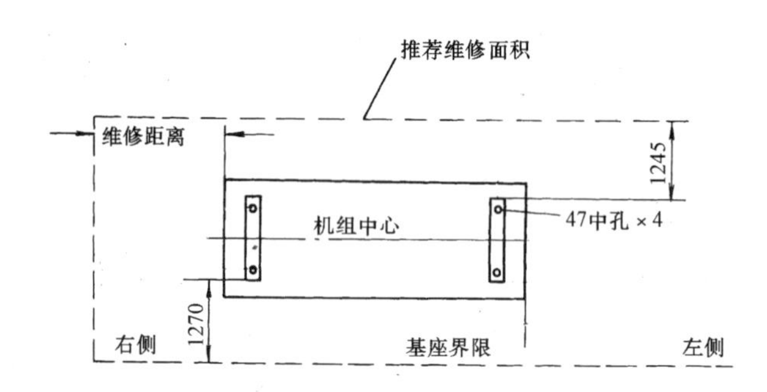

ABTE 双级吸收式冷水机组

(冷冻水 7/12℃,冷却水 30/35℃)

ABTE 型 号	制冷量		外形尺寸(mm)		
	(R·T)	(kW)	长 A	宽 B	高 C
ABTE-385	351	1234	5537	2845	3556
ABTE-465	420	1477	6426	2845	3556
ABTE-527	476	1674	7087	2845	3556
ABTE-590	530	1864	6325	2946	3861
ABTE-656	602	2117	6985	2946	3861
ABTE-750	680	2391	7747	2946	4089
ABTE-852	760	2672	7036	3175	4089
ABTE-935	850.	2989	7798	3175	4089
ABTE-1060	1000	3576	8966	3175	4089

图名	TRANE/ABTE 双效吸收式冷水机组安装	图号	KT1—07

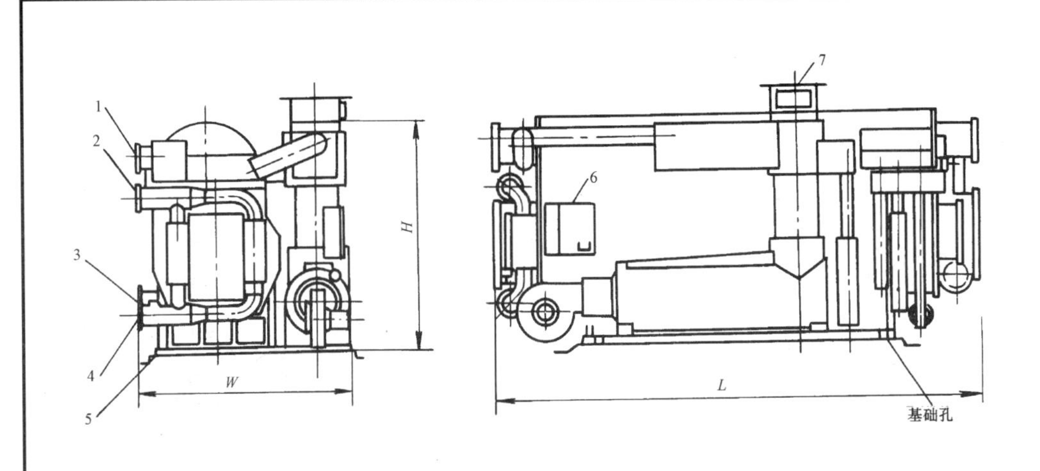

(a)100～500型

ABDL型冷水机组尺寸(mm)

型　号	长 *L*	宽 *W*	*H*
ABDL-100	3027	1644	2160
ABDL-120	3227	1644	2160
ABDL-150	3644	1644	2160
ABDL-180	4152	1752	2220
ABDL-200	4514	1752	2220
ABDL-240	5324	1752	2220
ABDL-300	4445	2200	2800
ABDL-350	5010	2200	2800
ABDL-400	5610	2200	2800
ABDL-450	6220	2370	2800
ABDL-500	6850	2370	2800
ABDL-550	7410	2370	2800

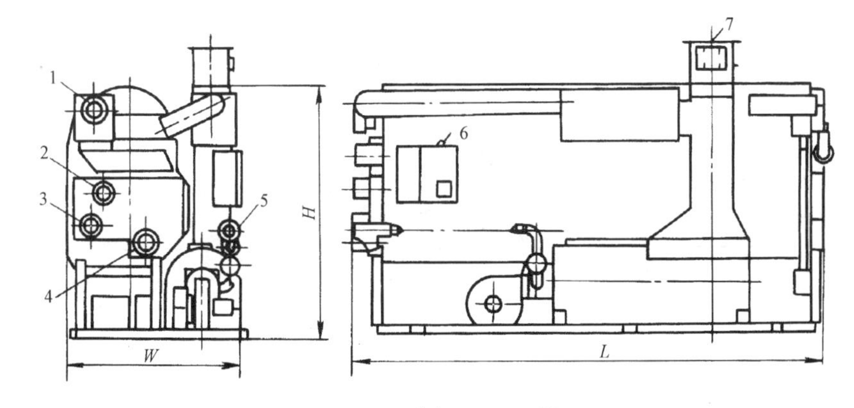

(b)600～1100型

1—冷却水出口；2—冷冻/热水出口；3—冷冻/热水入口；
4—冷却水入口；5—燃烧入口；6—控制柜；7—排风连接口

图名	TRANE/ABDL直燃吸收式冷水机组安装	图号	KT1—08

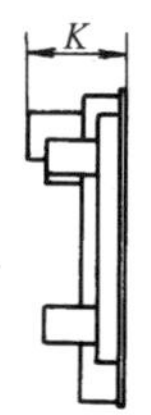

单位	尺寸(mm)	
		K
15SL与16S	吸收器	695
	蒸发器	390
	冷凝器	478

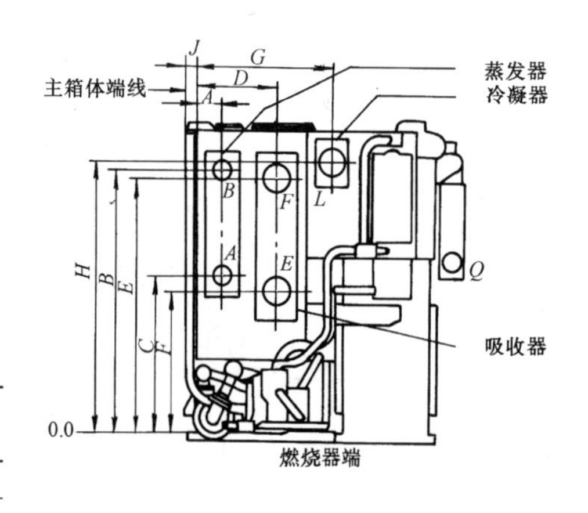

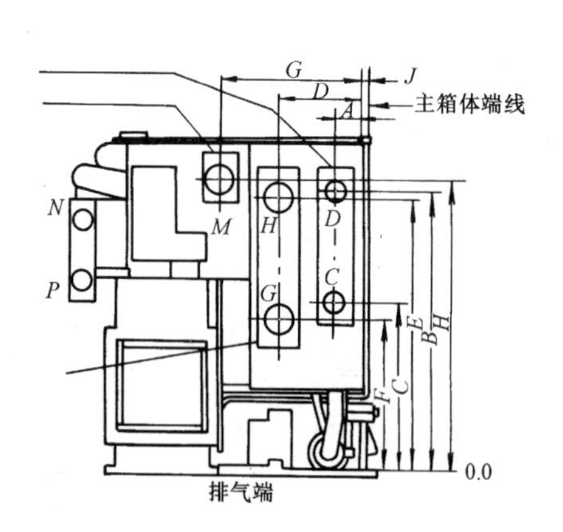

蒸发器水管布置

流程数	水管布置	进	出
3	E_1	A	D
	E_4	C	B
2,4	E_5	A	B
	E_7	C	D

冷却水水管布置

流程数	水管布置	吸收器		冷凝器	
		进	出	进	出
1	C_1	F	H	M	L
	C_2	H	F	L	M
2	C_3	E	F	L	M
	C_4	G	H	M	L
3	C_1	E	H	M	L
	C_2	G	F	L	M

热水换热器水管布置

流程数	水管布置	进	出
2	HW_2	P	N
3	HW_3	Q	N
4	HW_4	P	N

水 管 尺 寸(mm)

YPC-DF	蒸发器			吸收器/冷凝器			高温热水加热器		
	流 程 数								
	2	3	4	1	2	3	2	3	4
15SL/16S	200	150	150	300	250	200	150	150	100

YPC-DF	流程	尺 寸 (mm)								
		蒸 发 器			吸 收 器			冷 凝 器		
		A	B	C	D	E	F	G	H	J
15SL与16S	1	—	—	—	649	1675	—	1091	2215	79
	2	210	2135	1319	649	1967	1310	—	—	79
	3	210	2135	1319	649	2083	1191	—	—	79
	4	210	2135	1319	—	—	—	—	—	79

图名	YPC-DF-12S/16S双效直燃吸收冷温水机安装	图号	KT1—09

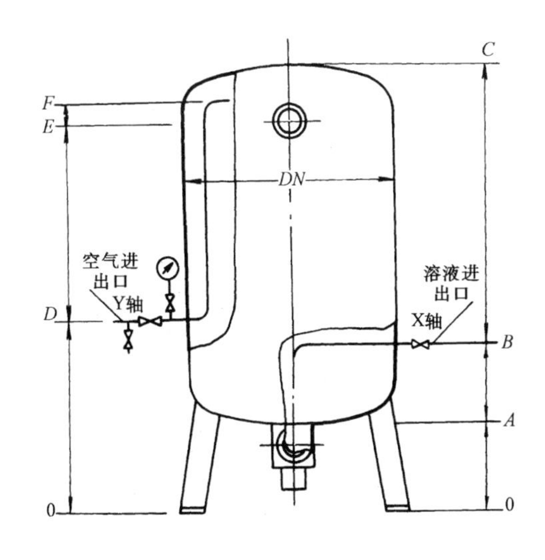

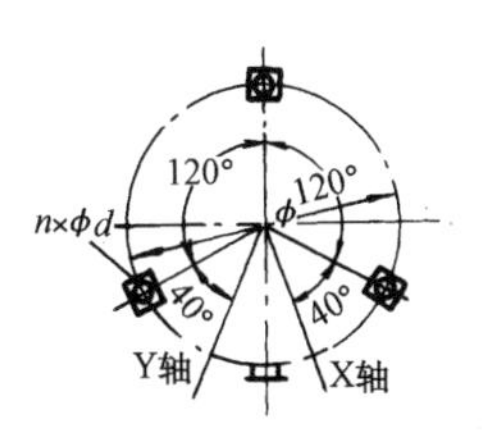

(a)SZ-1

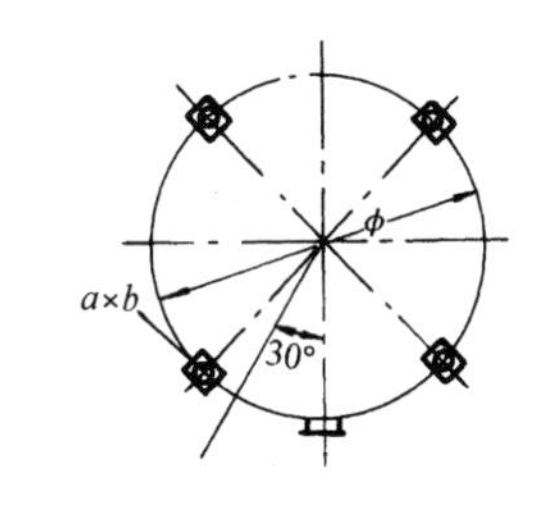

(b)SZ-2 SZ-3

溴化锂溶液贮液器各点高度(mm)

型号	DN	A	B	C	D	E	F	φ	n×φd	a×b	V (m³)	W (50%-t)
SZ-1	1200	400	850	2500	1000	2270	2400	1200	3×φ20	100×100	2	3
SZ-2	1500	500	1150	3460	1350	2930	3250	1500	4×φ26	100×100	4	6
SZ-3	1500	700	1350	4760	1500	4050	4550	1500	4×φ26	100×100	6	9

安 装 说 明

1. 吊装设备在基础上就位。用垫铁找平，检查安装的垂直度。

2. 进行二次灌浆，固紧地脚螺栓。

3. 联结贮液器管道。

4. 安装完毕，进行排污、试压、检漏，合格为止。

图名	SH型溴化锂溶液贮液器安装	图号	KT1—10

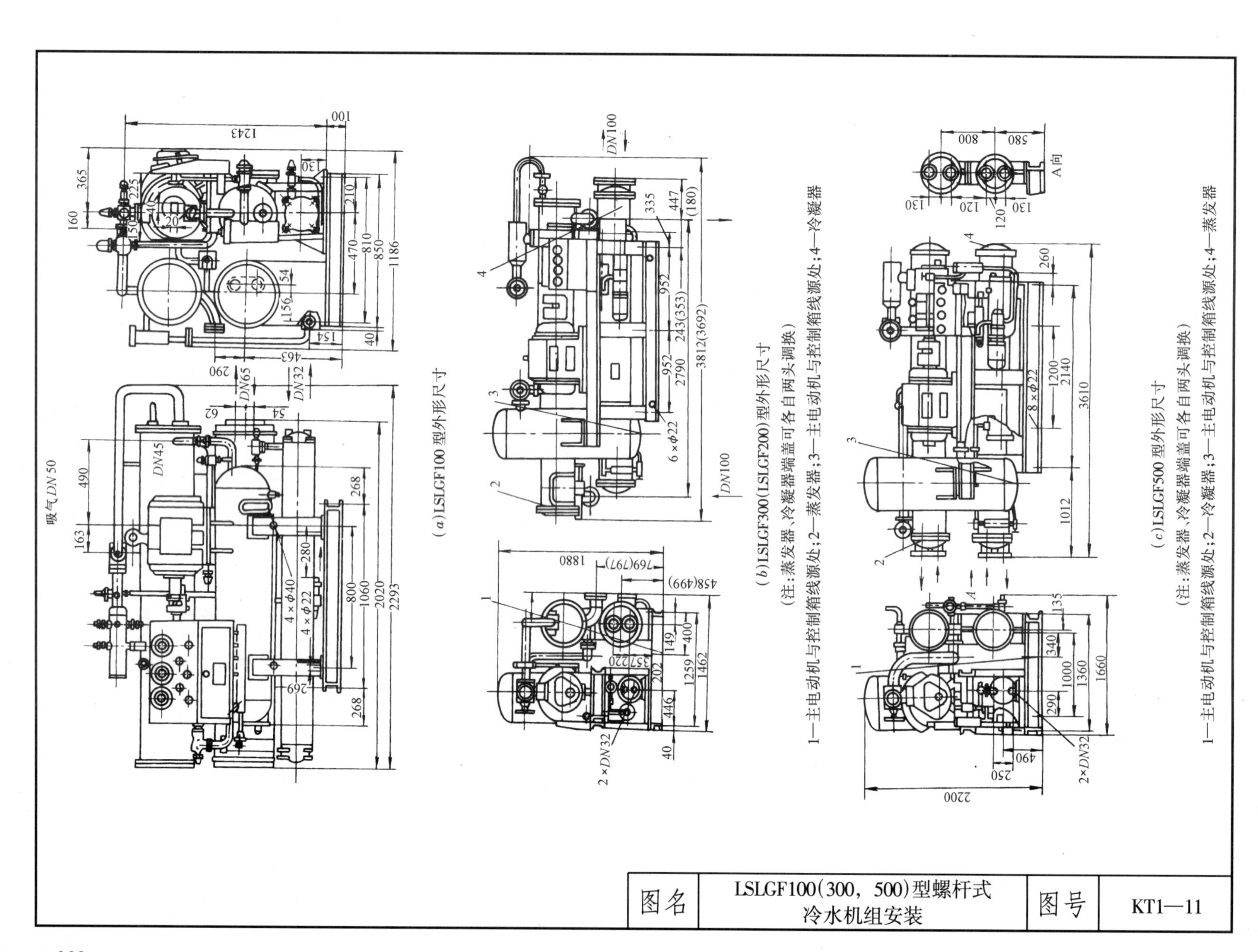

(a) LSLGF100型外形尺寸

(b) LSLGF300(LSLGF200)型外形尺寸
(注:蒸发器、冷凝器端盖可各自两头调换)
1—主电动机与控制箱线源处;2—蒸发器;3—主电动机与控制箱线源处;4—冷凝器

(c) LSLGF500型外形尺寸
(注:蒸发器、冷凝器端盖可各自两头调换)
1—主电动机与控制箱线源处;2—冷凝器;3—主电动机与控制箱线源处;4—蒸发器

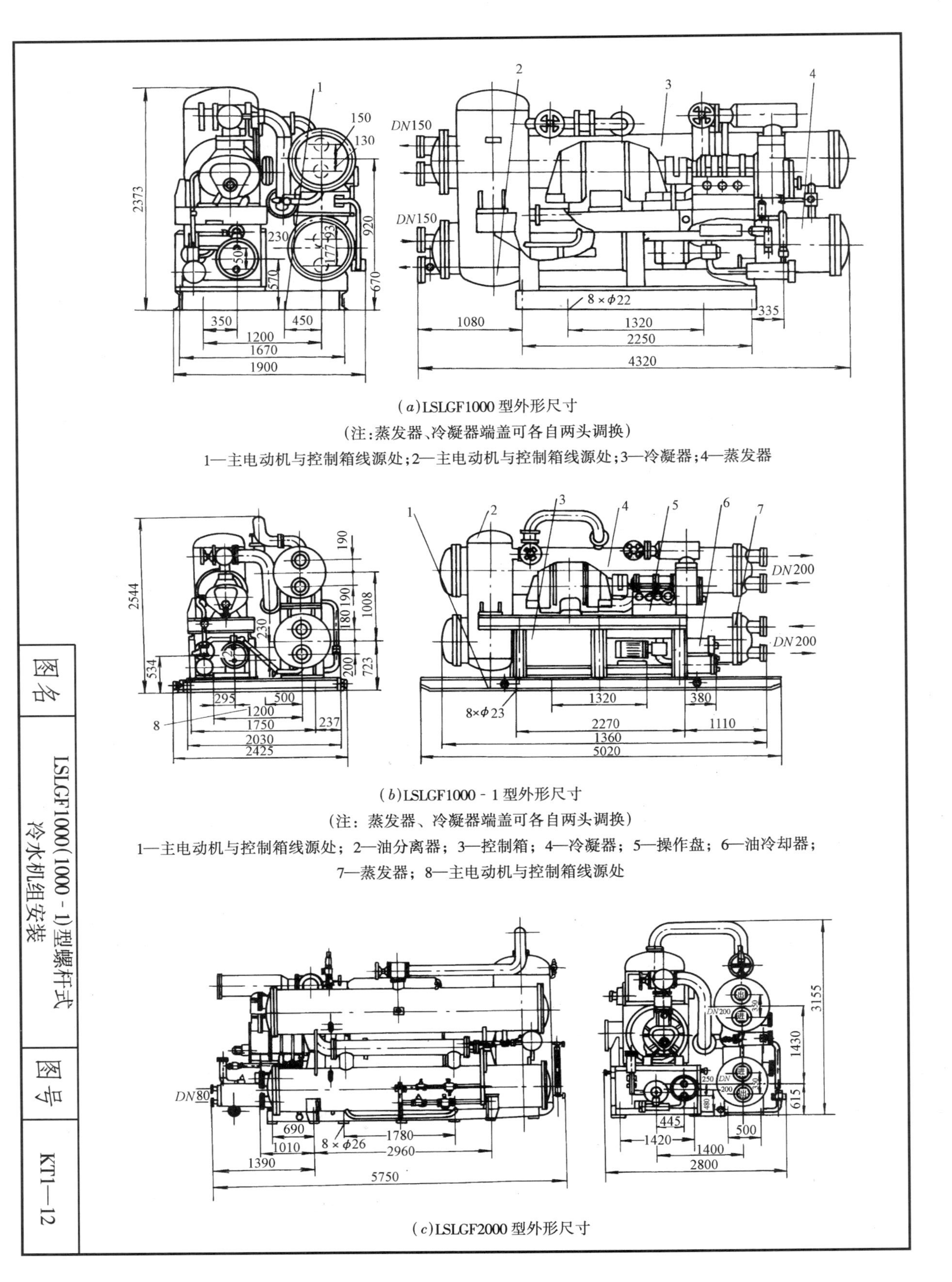

(a)LSLGF1000型外形尺寸

(注:蒸发器、冷凝器端盖可各自两头调换)

1—主电动机与控制箱线源处;2—主电动机与控制箱线源处;3—冷凝器;4—蒸发器

(b)LSLGF1000-1型外形尺寸

(注:蒸发器、冷凝器端盖可各自两头调换)

1—主电动机与控制箱线源处;2—油分离器;3—控制箱;4—冷凝器;5—操作盘;6—油冷却器;
7—蒸发器;8—主电动机与控制箱线源处

(c)LSLGF2000型外形尺寸

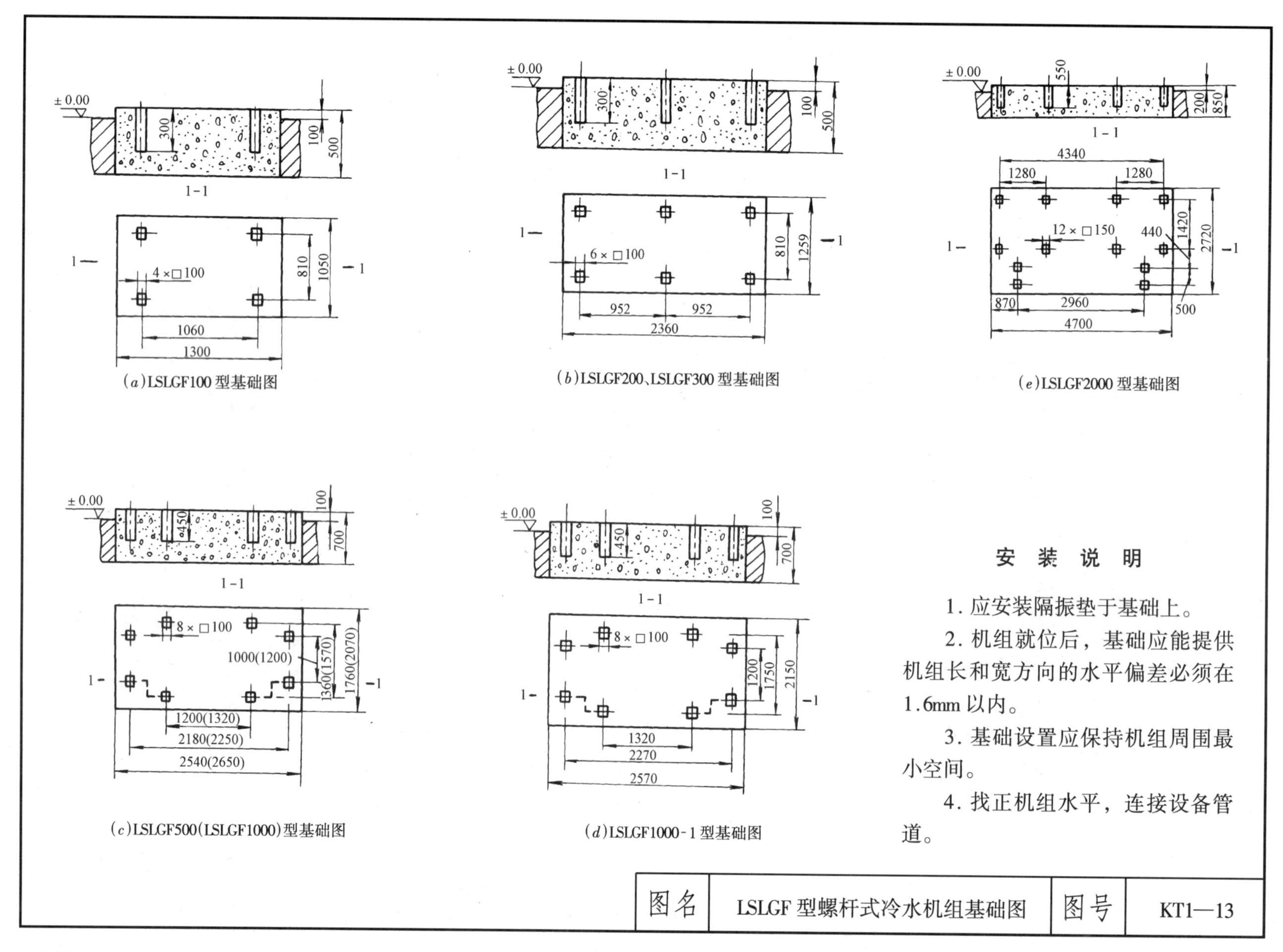

安 装 说 明

1. 应安装隔振垫于基础上。

2. 机组就位后，基础应能提供机组长和宽方向的水平偏差必须在1.6mm以内。

3. 基础设置应保持机组周围最小空间。

4. 找正机组水平，连接设备管道。

图名	LSLGF 型螺杆式冷水机组基础图	图号	KT1—13

跨线启动器
检修留位
473

RTWA 系列螺杆式冷水机组尺寸（mm）

（R22）（7～12℃冷冻水，32～37℃冷却水）

型号		*D*	*E*	*F*	*G*	*M*	*N*	长 *A*	宽 *B*	高 *C*
RTWA70	标准	492	791	1545	422	2245	1303	2515	864	1823
	加长	492	791	1645	521	2531	968	2835	864	1823
RTWA80	标准	492	791	1545	422	2245	1303	2515	864	1823
	加长	492	791	1645	521	2531	968	2835	864	1823
RTWA90	标准	492	791	1545	422	2245	1303	2607	864	1823
	加长	492	791	1645	521	2531	968	2848	864	1823
RTWA100	标准	492	791	1545	422	2245	1303	2607	864	1823
	加长	492	791	1645	521	2531	968	2848	864	1823
RTWA110	标准	479	791	2464		2245	1934	3340	864	1823
	加长	479	791	2454		3340	1829	3340	864	1823
RTWA125	标准	479	791	2464		2245	1934	3340	864	1823
	加长	479	791	2454		3340	1829	3340	864	1823

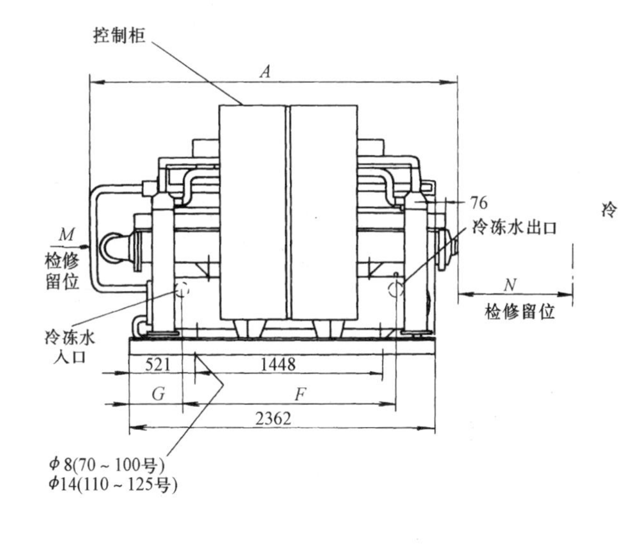

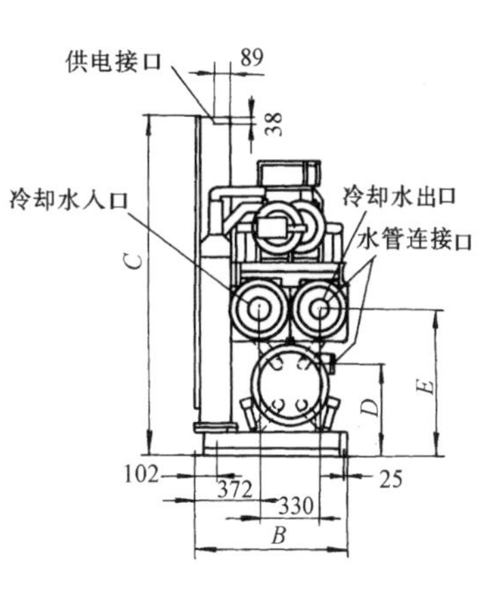

安 装 说 明

1. 应安装隔振垫。

2. 调整机组长和宽方向的水平偏差必须在1.6mm以内。

3. 保留机组周围最小空间。

4. 找正机组水平，连接管道。

图名	TRANE/RTWA 系列水冷螺杆式冷水机组安装	图号	KT1—14

RTHB 系列螺杆式冷水机组尺寸（mm）

型号		*D*	*E*	*F*	*G*	*M*	*N*	*R*	*S*
RTHB130	标准	441	194	724	467	538	112	1562	2364
	加长	441	194	724	467	538	112	1562	3124
RTHB150	标准	441	194	724	467	538	112	1562	2337
	加长	441	194	724	467	538	112	1562	3099
RTHB180	标准	533	229	838	559	700	141	1743	2337
	加长	533	229	838	559	700	141	1743	3099
RTHB215	标准	533	229	838	559	700	141	1743	2337
	加长	533	229	838	559	700	141	1743	3099
RTHB255	标准	597	267	1003	692	792	173	1949	2337
	加长	597	267	1003	692	792	173	1949	3099
RTHB300	标准	597	267	1003	692	792	173	1949	2337
	加长	597	267	1003	692	792	173	1949	3099
RTHB380	标准	651	311	1194	826	1036	223	2054	2337
	加长	651	311	1194	826	1036	223	2054	3099
RTHB450	标准	651	311	1194	826	1036	223	2054	2337
	加长	651	311	1194	826	1036	223	2054	3099

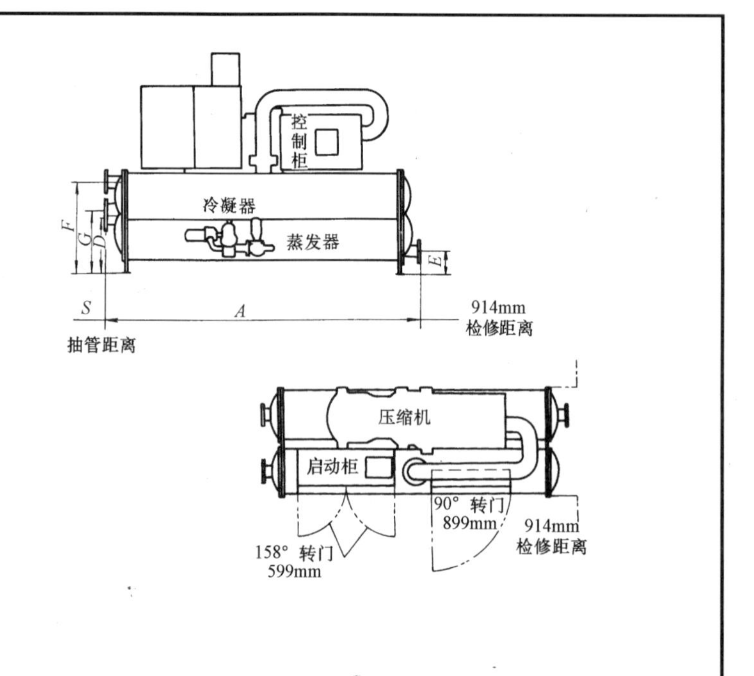

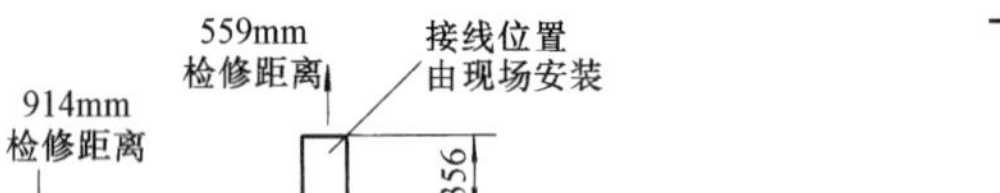

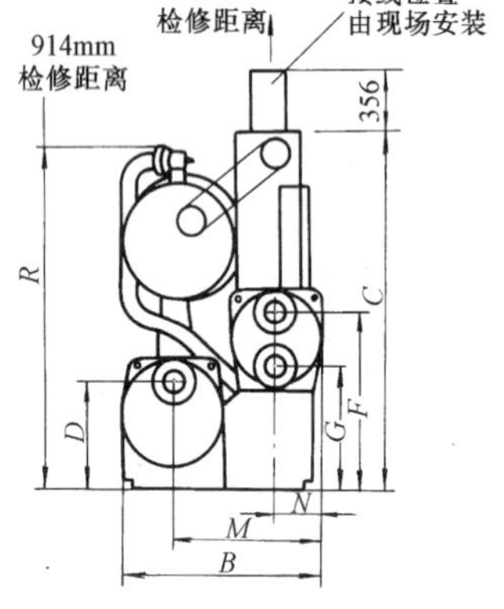

R22（7～12℃冷冻水，32～37℃冷却水）

RTHB 型号		制冷量 (R·T)	制冷量 (kW)	输入功率 (kW)	电动机最大功率(kW)	运输重量	运行重量 (kg)	尺寸(mm) 长 *A*	尺寸(mm) 宽 *B*	尺寸(mm) 高 *C*	接管尺寸 蒸发器	接管尺寸 冷凝器
RTHB130	标准	106	374	81	108	2443	2584	2715	864	1632	100	100
	加长	111	389	80	108	2698	2886	3477	864	1632	100	100
RTHB255	标准	225	790	164	194	4515	4800	2791	1200	1926	125	150
	加长	234	823	160	194	4991	5370	3553	1200	1926	125	150
RTHB450	标准	367	1290	265	325	6678	7141	2960	1520	2032	150	200
	加长	382	1343	259	325	7252	7870	3723	1520	2032	150	200

图名	TRANE/RTHB 系列水冷螺杆式冷水机组安装	图号	KT1—15

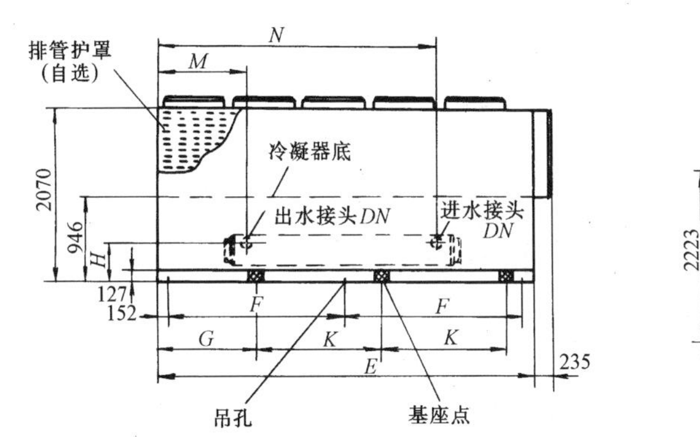

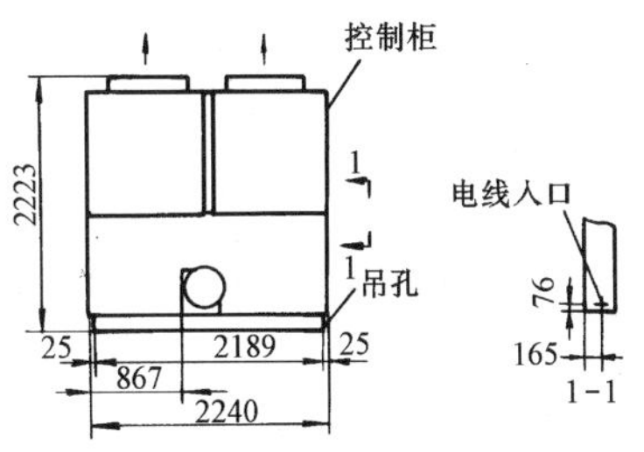

(*a*)RTAA70～125型

型　号	*E*	*F*	*G*	*H*	*K*	*M*	*N*	*DN*
70～100	4940	2317	1397	492	1626	1257	2813	100
110～125	5626	2661	1511	479	1930	1032	3499	150

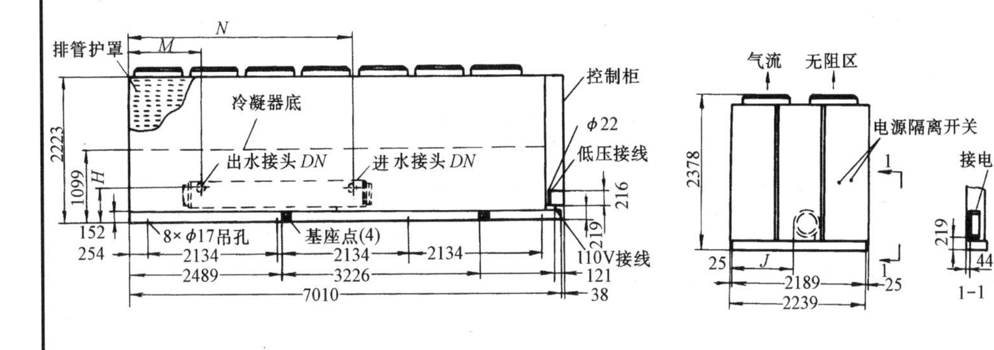

(*b*)RTAA130～215型

型　号	*H*	*J*	*M*	*N*	*DN*
130～140	518	1013	1187	3651	125
155～200	568	972	1219	3620	150

图名	TRANE/RTAA系列风冷螺杆式冷水机组安装(一)	图号	KT1—16(一)

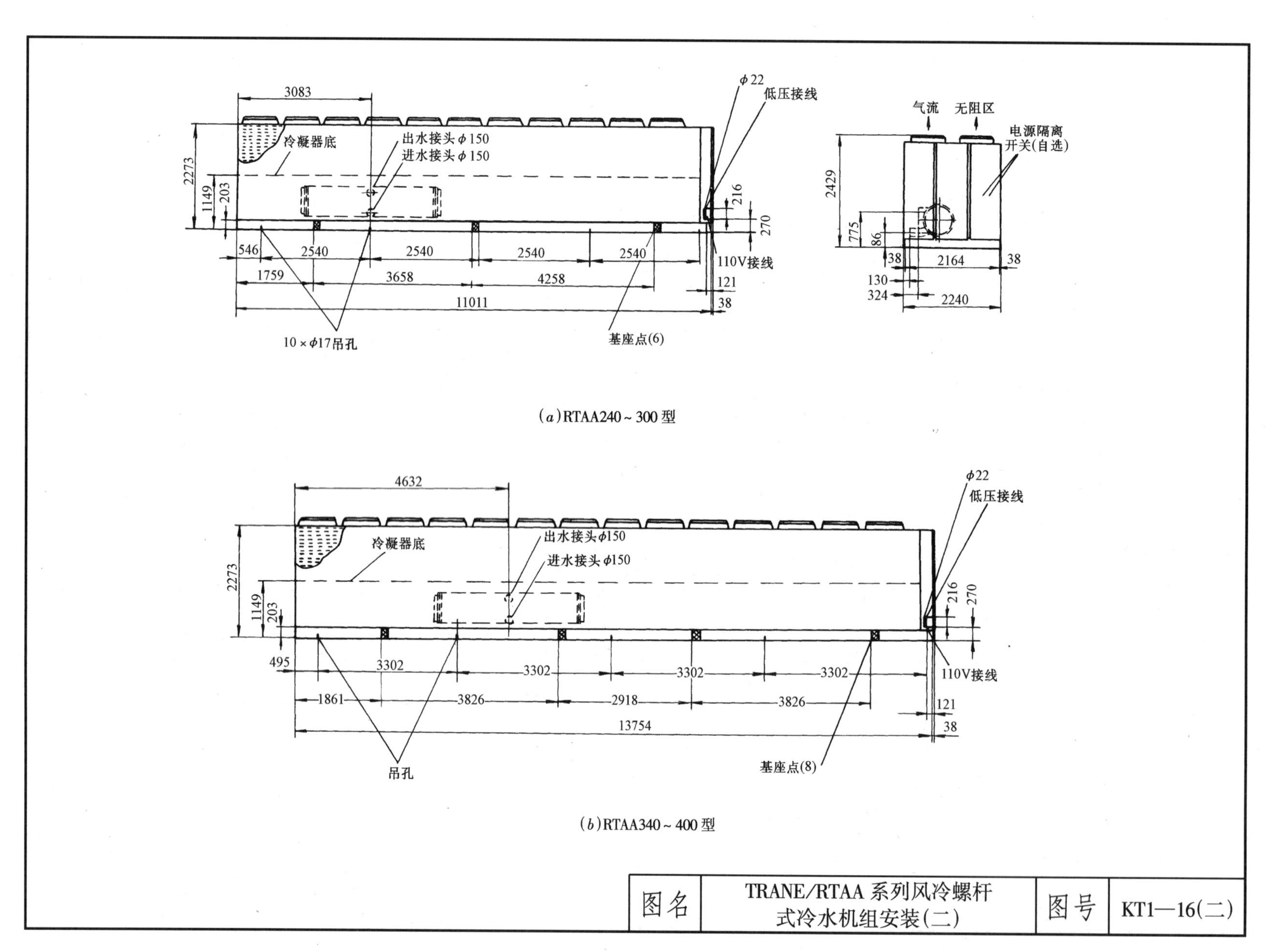
3083
φ22
低压接线
冷凝器底
出水接头φ150
进水接头φ150
2273
1149
203
216
270
546
2540
2540
2540
2540
110V接线
1759
3658
4258
121
11011
38
10×φ17吊孔
基座点(6)
气流
无阻区
电源隔离
开关(自选)
2429
775
86
38
2164
38
130
324
2240
(a)RTAA240～300型
4632
φ22
低压接线
冷凝器底
出水接头φ150
进水接头φ150
2273
1149
203
216
270
495
3302
3302
3302
3302
110V接线
1861
3826
2918
3826
121
13754
38
吊孔
基座点(8)
(b)RTAA340～400型
图名
TRANE/RTAA系列风冷螺杆式冷水机组安装(二)
图号
KT1—16(二)

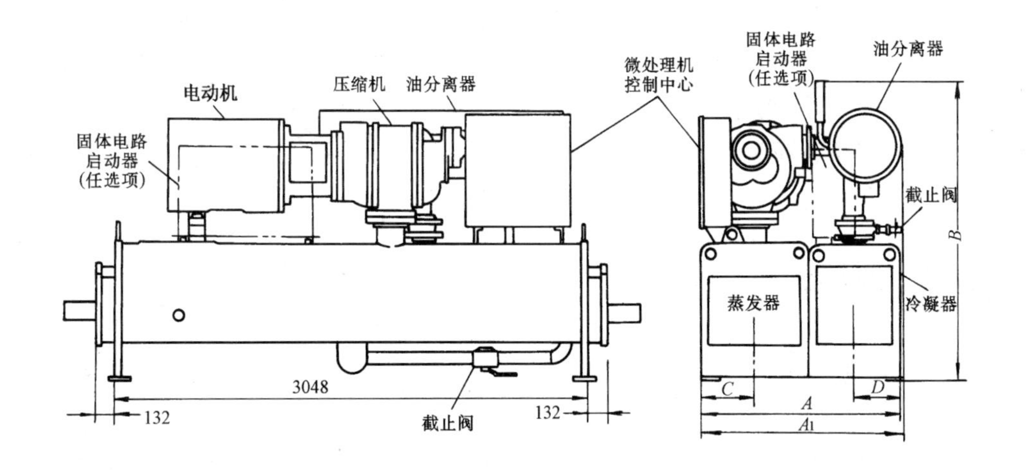

有 关 尺 寸 表(mm)

项　　目	S0与S1压缩机				S2压缩机			S2与S3压缩机				S4压缩机		S4与S5压缩机			
	壳体代号(蒸发器—冷凝器)											壳体代号(蒸发器—冷凝器)					
	B-B	B-C	C-B	C-C	B-B	B-C	C-B	C-C	C-D	D-C	D-D	D-C	D-D	E-E	E-F	F-E	F-F
管板宽度 A	1292	1292	1292	1292	1588	1588	1588	1588	1588	1588	1588	1880	1880	1880	1943	1994	2057
总宽度 A_1	1419	1419	1419	1419	1657	1657	1657	1657	1657	1657	1657	1964	1964	1911	1943	2026	2057
总高度 B	1730	1810	1775	1815	1835	1935	1935	1935	2045	2090	2090	2370	2370	2371	2505	2505	2505
蒸发器中心线 C	351	351	351	351	432	432	432	432	432	432	432	501	501	502	502	559	559
冷凝器中心线 D	295	295	295	295	362	362	362	362	362	362	362	438	438	438	470	438	470

图名	R-22、R-134aYS型螺杆式冷水机组安装	图号	KT1—17

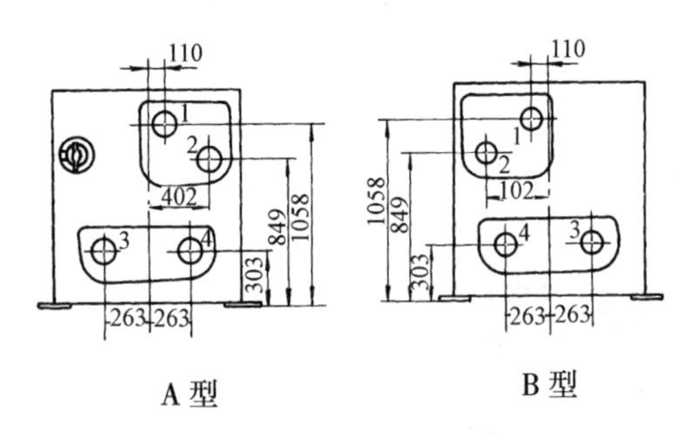

（a）19DK61255CE 19DK65355CN 水接管位置图

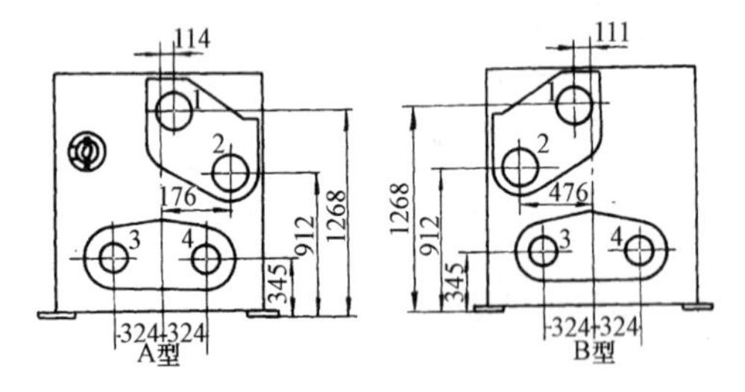

（b）19DK78 105CQ 水接管位置图

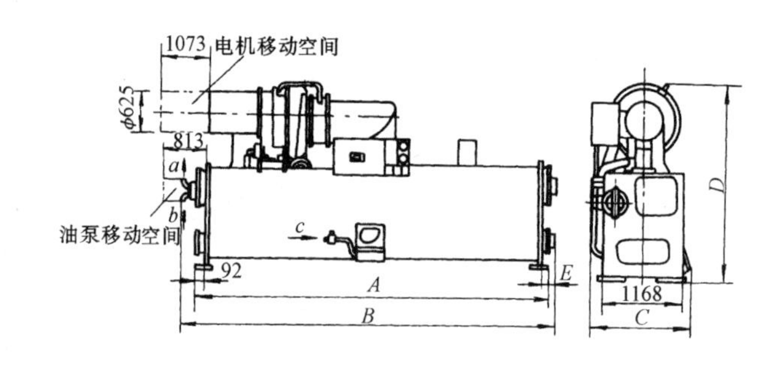

尺 寸 表(mm)

机组型号	A	B	C	D	E	接口 a	接口 b	接口 c
19DK61255CE	4031	4206	1356	2334	257	液压泵冷却器进口 DN15(内)	液压泵冷却器出口 DN20	氟里昂充液 口 DN15(内)
19DK65355CN	4031	4260	1356	2334	257			
19DK78405CQ	4031	4317	1524	2695	286			

水 接 管 尺 寸 表

位置、尺寸 / 机组型号	1(冷却水出水)	2(冷却水进水)	3(冷水出水)	4(冷水进水)
19DK61255CE	DN200(ϕ219×7)	DN200(ϕ219×7)	DN150(ϕ168×7)	DN150(ϕ168×7)
19DK65355CN	DN200(ϕ219×7)	DN200(ϕ219×7)	DN150(ϕ168×7)	DN150(ϕ168×7)
19DK78405CQ	DN250(ϕ273×9)	DN250(ϕ273×9)	DN200(ϕ219×7)	DN200(ϕ219×7)

安 装 说 明

1. 拔管长度为4000mm，留在任何一端均可。

2. 冷水和冷却水管在电机端称为A型，在压缩机端称为B型。

图名	19DK 封闭型离心式冷水机组安装	图号	KT1—18

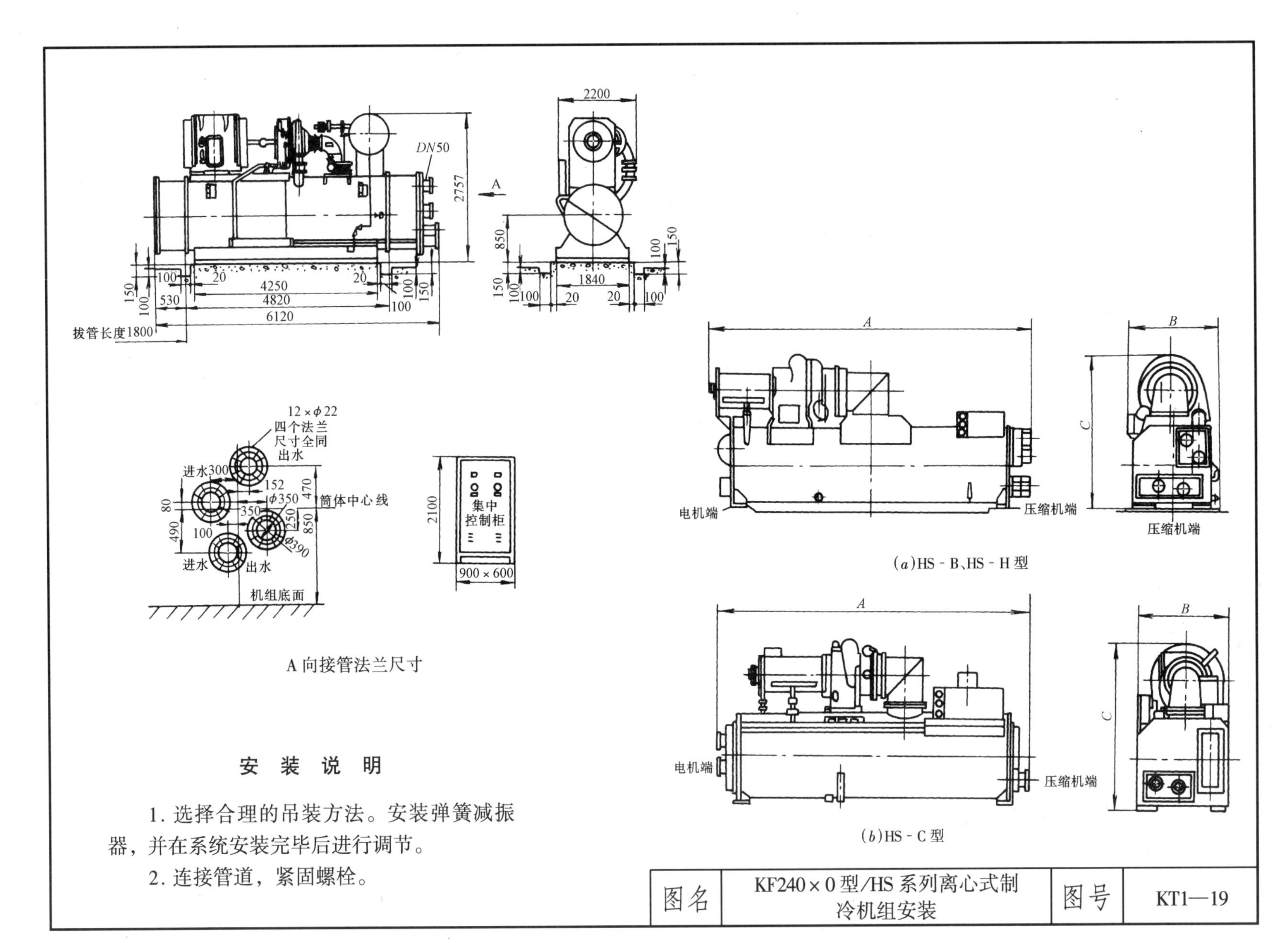

安装说明

1. 选择合理的吊装方法。安装弹簧减振器，并在系统安装完毕后进行调节。

2. 连接管道，紧固螺栓。

图名	KF240×0型/HS系列离心式制冷机组安装	图号	KT1—19

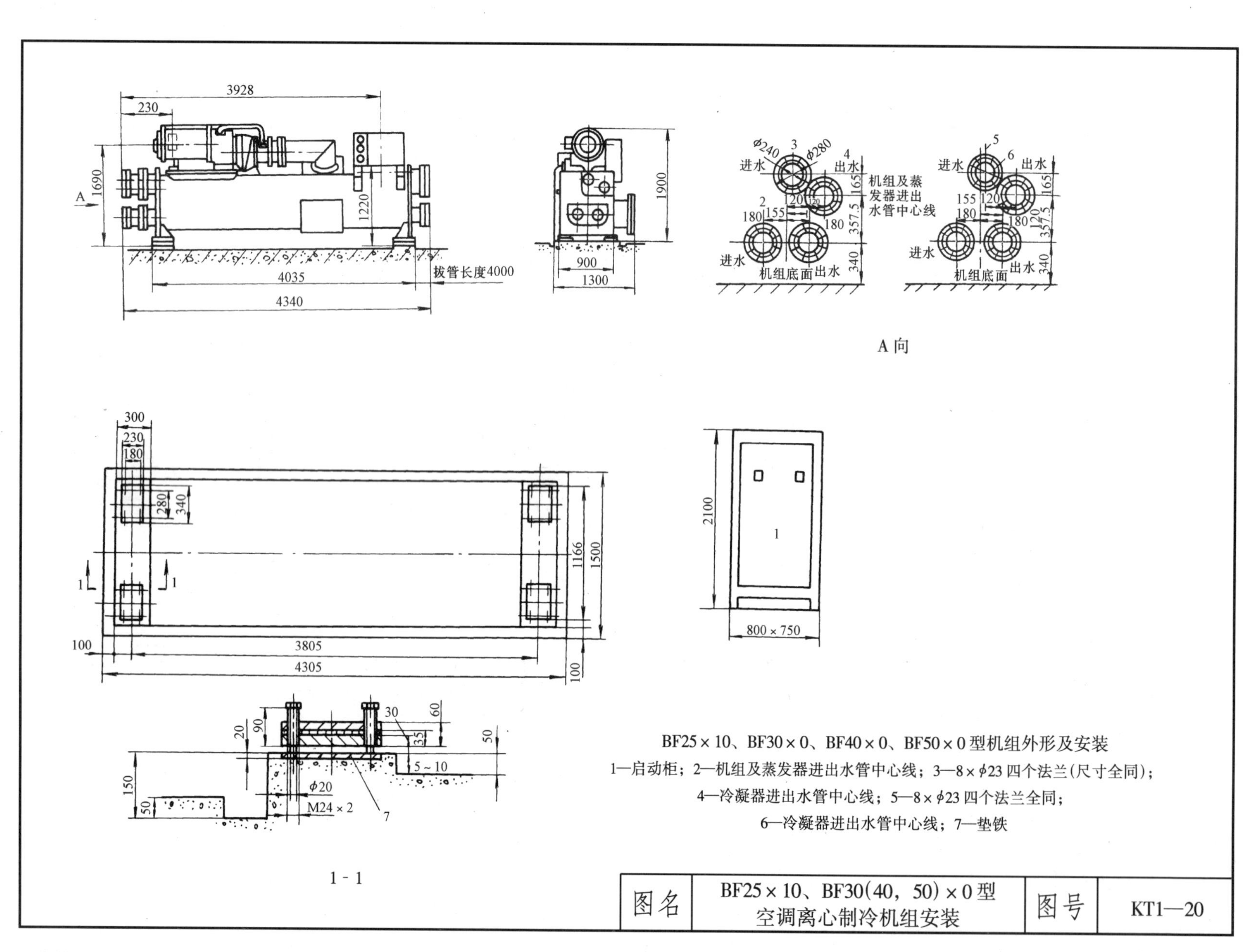

3928
230
1690
A
1220
拔管长度4000
4035
4340
1900
900
1300
φ240
3
φ280
4
进水
出水
机组及蒸
发器进出
水管中心线
165
2
20
120
180
155
357.5
340
机组底面
5
6
A 向
300
230
180
280
340
1166
1500
1
100
3805
4305
2100
800×750
30
60
20
90
35
50
5~10
150
φ20
M24×2
7
1-1
BF25×10、BF30×0、BF40×0、BF50×0型机组外形及安装
1—启动柜；2—机组及蒸发器进出水管中心线；3—8×φ23四个法兰(尺寸全同)；
4—冷凝器进出水管中心线；5—8×φ23四个法兰全同；
6—冷凝器进出水管中心线；7—垫铁
图名
BF25×10、BF30(40，50)×0型
空调离心制冷机组安装
图号
KT1—20

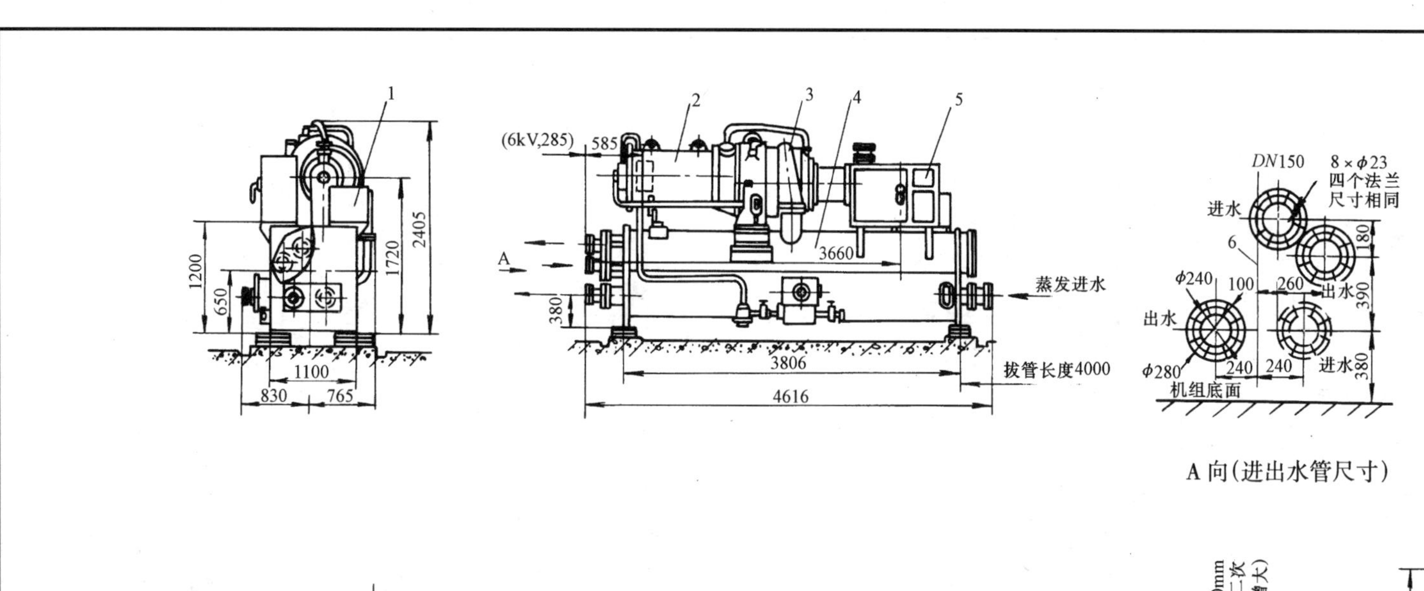

A 向(进出水管尺寸)

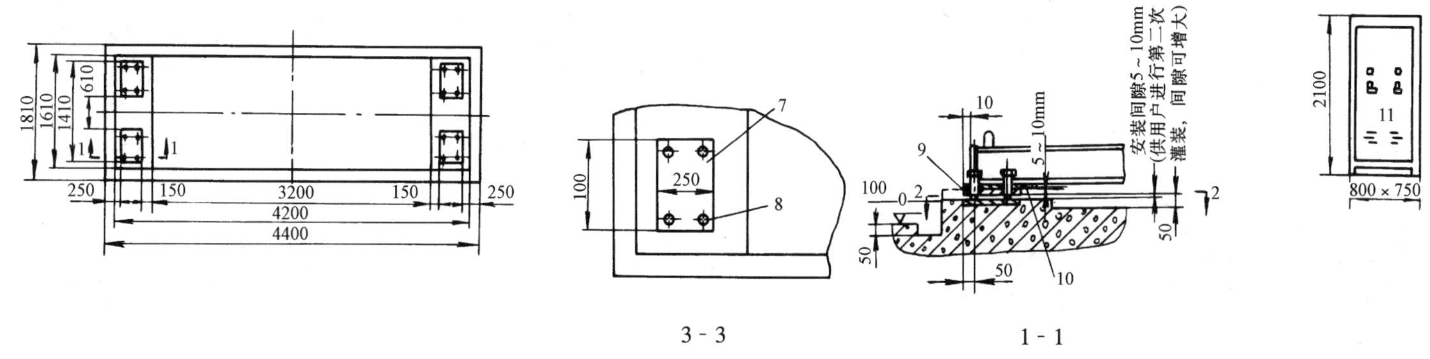

3 - 3　　1 - 1

Ⅲ BF50×0、Ⅲ BF60×0 型机组外形及安装

1—抽气回收装置;2—主电动机;3—压缩机;4—蒸发—冷凝器;5—电控柜;
6—蒸发—冷凝筒体中心线;7—钢板;8—调整螺钉支点;9—减振支架;
10—二次灌浆高度;11—启动柜

图名	Ⅲ BF50×0、Ⅲ BF60×0 型空调离心制冷机组安装	图号	KT1—21

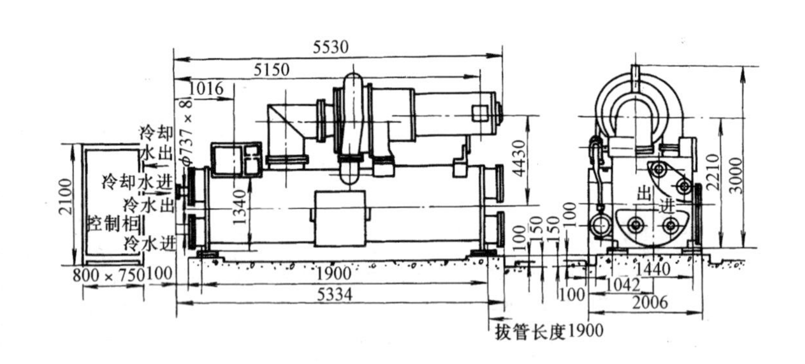

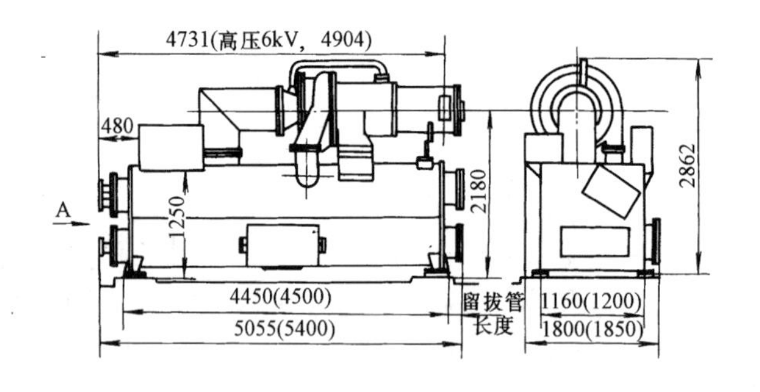

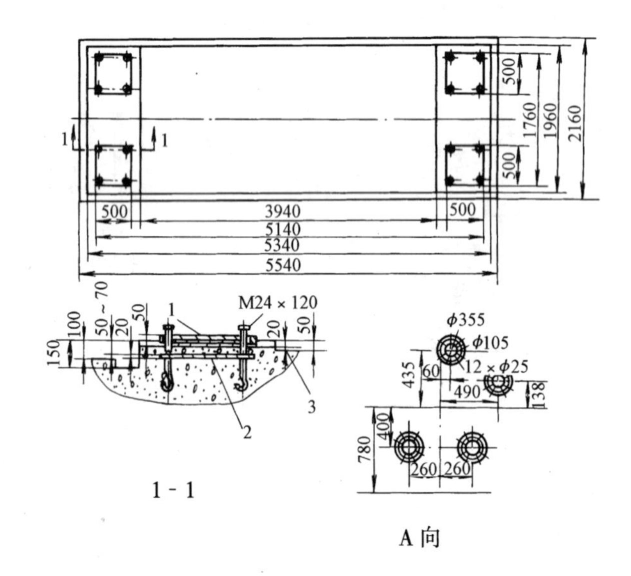

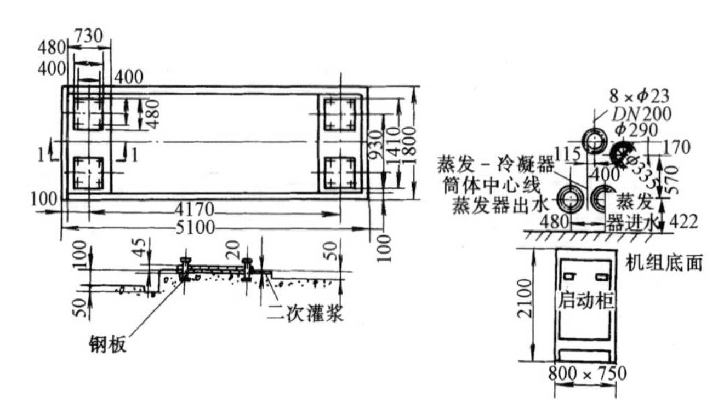

A向(进出水管尺寸)

(b)Ⅲ BF75×0、Ⅲ BF100×7、Ⅲ BF100×13、Ⅲ BF100×0、Ⅲ JBF100×0、Ⅲ BF120×0、Ⅲ BF140×9.1型机组外形及安装

(注：括号内为Ⅲ JBF100×0型尺寸)

(*a*)BF150×0型离心制冷机组安装

1—减振支座；2—预埋垫板；3—二次灌浆高度

图名	Ⅲ BF、Ⅲ JBF、BF型空调离心制冷机组安装	图号	KT1—22

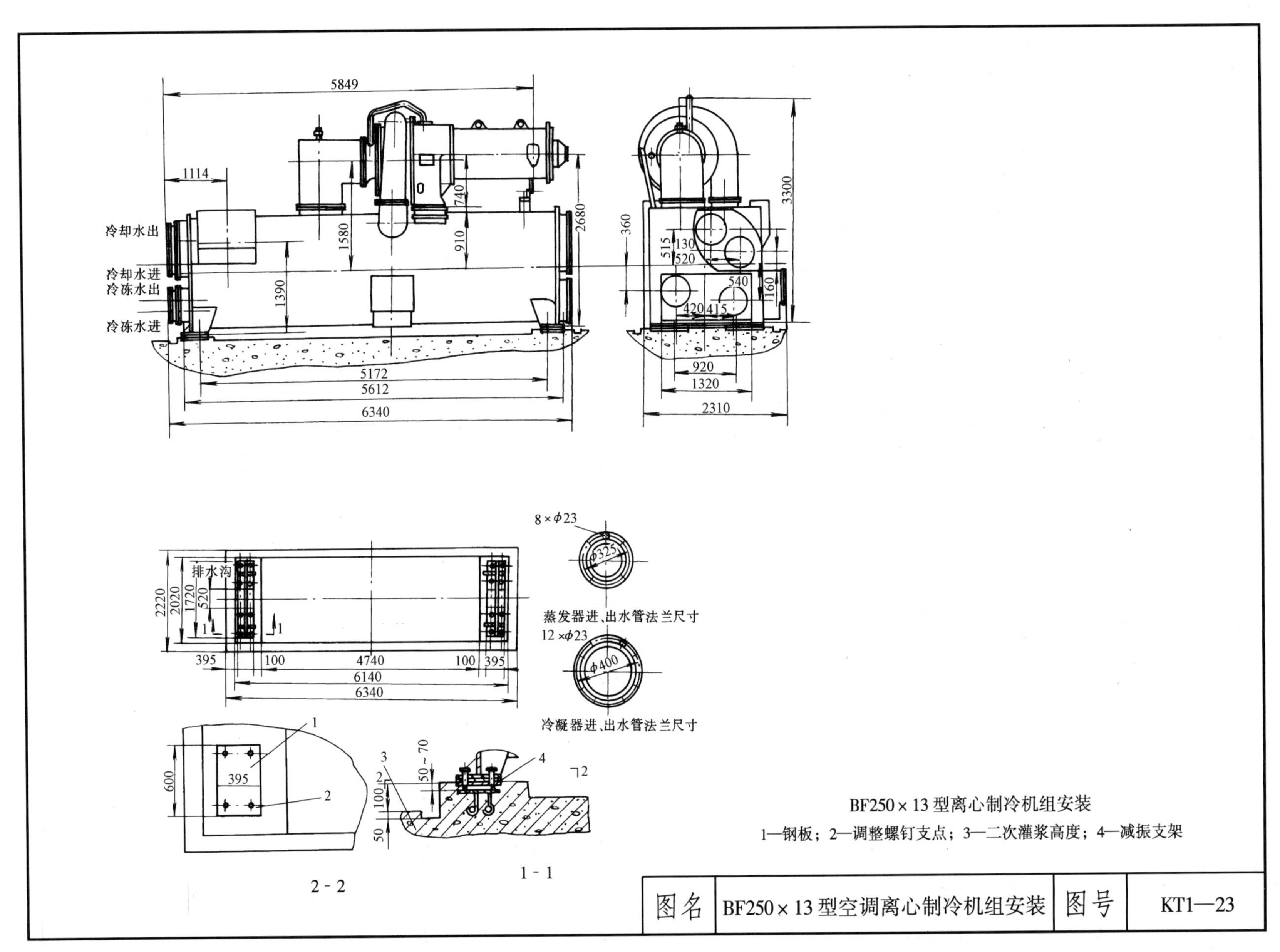

BF250×13型离心制冷机组安装

1—钢板；2—调整螺钉支点；3—二次灌浆高度；4—减振支架

图名	BF250×13型空调离心制冷机组安装	图号	KT1—23

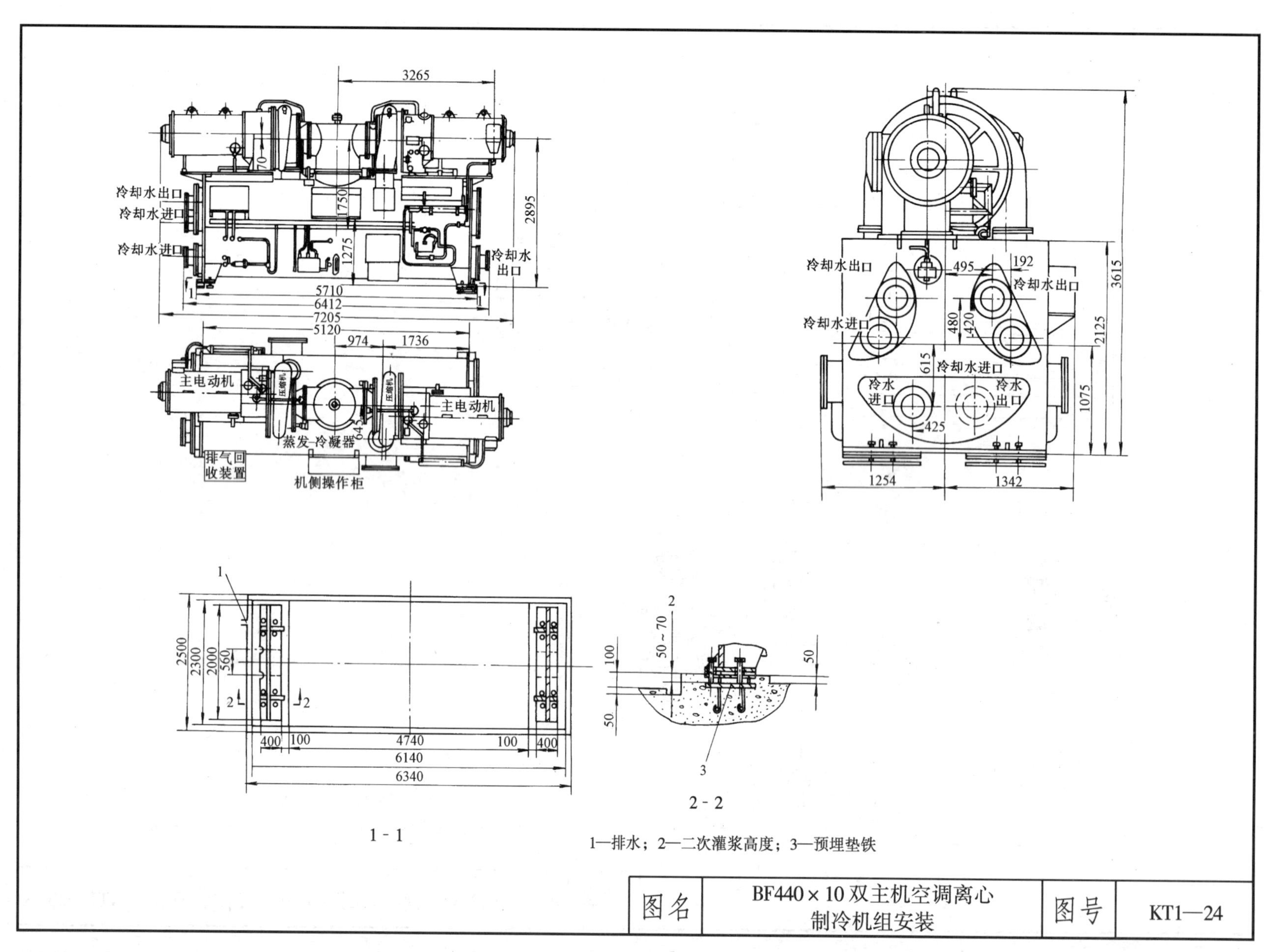
3265
冷却水出口
冷却水进口
冷却水进口
冷却水出口
1750
1275
2895
5710
6412
7205
5120
974
1736
主电动机
主电动机
蒸发-冷凝器
排气回收装置
机侧操作柜
冷却水出口
495
192
冷却水出口
冷却水进口
480
420
冷却水进口
615
冷水进口
冷水出口
425
3615
2125
1075
1254
1342
2500
2300
2000
560
400
100
4740
100
400
6140
6340
50~70
100
50
50
1-1
2-2
1—排水；2—二次灌浆高度；3—预埋垫铁
图名
BF440×10双主机空调离心制冷机组安装
图号
KT1—24

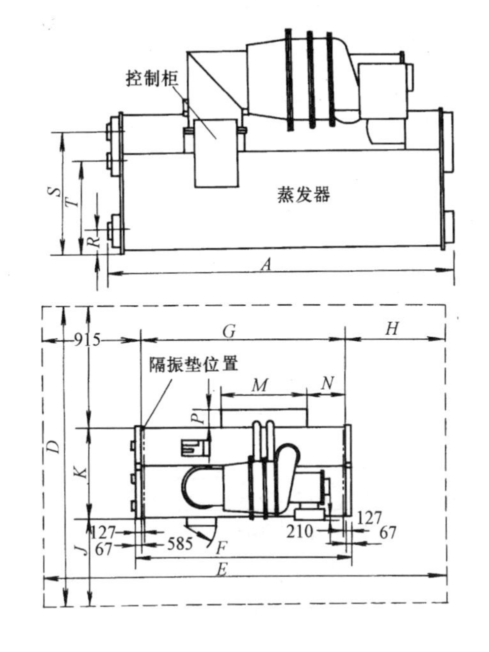

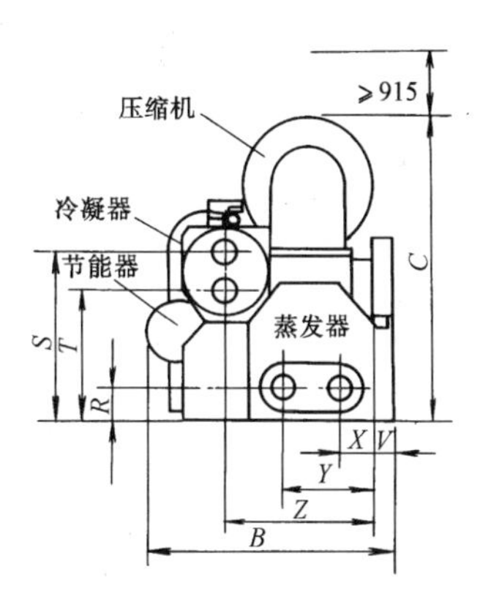

连接管位置和尺寸(双回程)(mm)

型号	R	S	T	X	Y	Z	V
050S(L)	302	1042	673	226	695	1226	40
080S(L)	369	1597	1178	324	940	1470	180

CVHE/CVHG 机组重量和重量分布

压缩机型号	筒体组合		运输重量(kg)	运行重量(kg)	隔振垫重量分布(面对控制柜)	
					左边(kg)	右边(kg)
420	050	SS	~7208	~8115	~3651	~4464
420	050	LL	~7874	~9025	~4056	~4969
670	080	SS	~10665	~12140	~7013	~4827
670	080	LL	~11785	~13643	~6022	~7621

CVHE/CVHG 机组尺寸(mm)

压缩机型号	筒体组合		A	B	C	D	E	F	G	H	J	K	L	M	N	P
420	050	SS	3895	2026	2422	3396	7925	3563	3429	3581	954	1575	867	1543	654	438
420	050	LL	5045	2026	2422	3396	10218	4712	4578	4725	954	1575	867	1543	975	438
670	080	SS	3702	2419	2915	3791	7925	3563	3429	3581	1094	1924	773	1937	543	378
670	080	LL	5156	2419	2915	3791	10217	4712	4578	4724	1111	1924	773	1937	543	378

说明:坐地式启动器尺寸(380V):1423(*L*)×429(*W*)×2210(*H*)(mm)

图名	TRANE/CVHE/G 水冷离心式 冷水机组安装	图号	KT1—25

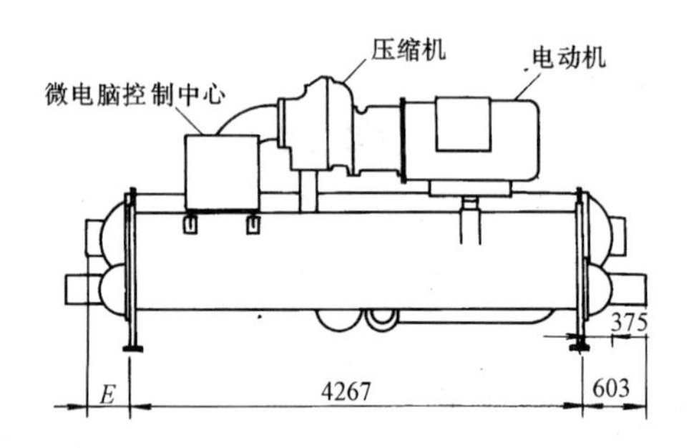

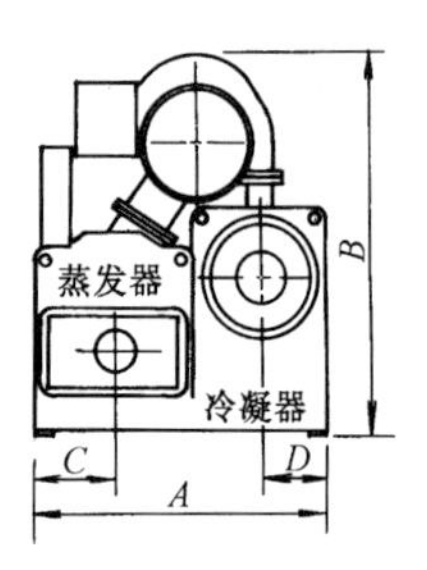

尺寸(mm)	蒸发器-冷凝器壳体代号				
	J3 和 J4 压缩机				
	R-Q	R-R	R-S	S-R	S-S
A	2667	2921	3048	3048	3175
B	3219	3372	3473	3372	3473
C	749	749	749	813	813
D	584	711	775	711	775
E	565	565	565	565	565

尺寸(mm)	蒸发器-冷凝器代号									
	H2 和 H3 压缩机									
	N-N	N-P	P-N	P-P	P-Q	Q-P	Q-Q	Q-R	R-Q	R-R
A	2184	2286	2248	2350	2451	2438	2540	2794	2756	3010
B	2572	2597	2673	2673	2775	2750	2775	3004	2927	3105
C	610	610	641	641	641	686	686	686	794	794
D	483	533	483	533	584	533	584	711	584	711
E	438	565	438	565	565	565	565	673	565	673

尺寸(mm)	蒸发器-冷凝器									
	J1 和 J2 压缩机									
	P-P	P-Q	Q-P	Q-Q	Q-R	R-Q	R-R	R-S	S-R	S-S
A	2286	2388	2400	2502	2756	2667	2921	3048	3048	3175
B	2985	3137	2985	3137	3340	3137	3340	3442	3340	3442
C	610	610	667	667	667	749	749	749	813	813
D	533	584	533	584	711	584	711	775	711	775
E	565	565	565	565	565	565	565	565	565	870

尺寸(mm)	蒸发器-冷凝器代号												
	G4,H0 和 H1 压缩机												
	L-L	L-M	M-L	M-M	M-N	N-M	N-N	N-P	P-N	P-P	P-Q	Q-P	Q-Q
A	1956	1930	2007	1981	2057	2108	2184	2286	2248	2350	2451	2438	2540
B	2432	2432	2496	2483	2496	2546	2572	2648	2648	2750	2826	2750	2826
C	520	520	546	546	546	610	610	610	641	641	641	686	686
D	457	445	457	445	483	445	483	533	483	533	584	533	584
E	438	438	438	438	438	438	438	565	438	565	565	565	565

图名	R-22、R-134aYK 系列离心式冷水机组安装	图号	KT1—26

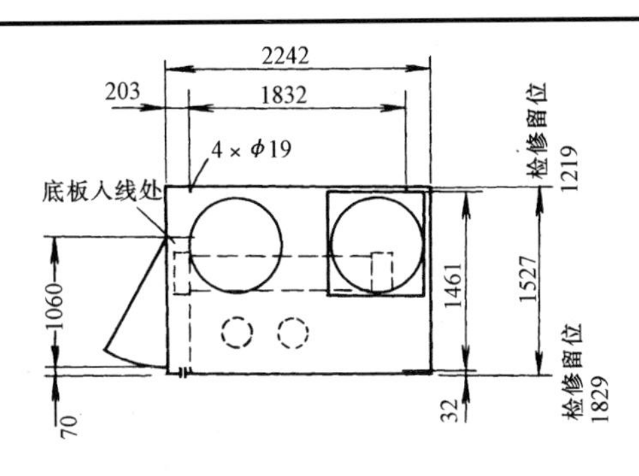

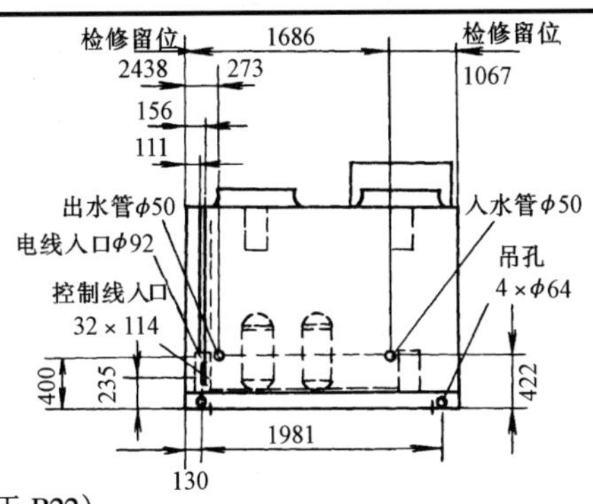

CGAE C20型号尺寸

CGAE 风冷涡旋式冷水机组(适用于R22)

CGAE 型号	制冷量 (R·T)	制冷量 (kW)	输入功率 (kW)	压缩机冷媒循环	制冷量调节 (%)	电流(A) 运转	电流(A) 启动	冷凝风机 数量	冷凝风机 (kW)	冷凝风机 (r/min)	蒸发器 存水量 (L)	蒸发器 水流量 (L/s)	蒸发器 压力降 (kPa)	冷媒重量 (kg)	机组重量 (kg)	尺寸(mm) 长	尺寸(mm) 宽	尺寸(mm) 高	蒸发器接管尺寸 (mm)
102	15	53	17	2/1	50	35	111	2	0.53	648	45	2.52	17	16	750	2530	950	1800	50
103	18	63	20	2/1	50或42	44	155	2	0.53	726	45	3.03	23	18	860	2530	950	1800	50
104	23	81	25	2/1	50	53	164	2	1.30	780	40	3.87	29	19	920	2530	950	1800	65
205	29	102	33	4/2	75—50—25	70	146	2	1.30	780	62	4.88	25	27	1110	2630	1850	1850	65
206	37	130	41	4/2	80—50—21 或70—50—25	88	199	4	0.53	726	66	6.22	37	34	1380	2630	1850	2070	65
207	46	162	50	4/2	75—50—25	106	217	4	1.30	780	95	7.75	29	38	1660	2630	1850	2070	80

CXAE 热泵机组(适用于R22)

CXAE 型号	制冷量 (R·T)	制冷量 (kW)	输入功率 (kW)	供热量 供热量 (kW)	供热量 功率 (kW)	压缩机冷媒循环	制冷量调节 (%)	电流(A) 运转	电流(A) 启动	蒸发器 数量	蒸发器 (kW)	蒸发器 (r/min)	冷凝器 存水量 (L)	冷凝器 水流量 (L/s)	冷凝器 压力降 (kPa)	冷媒重量 (kg)	机组重量 (kg)	尺寸(mm) 长	尺寸(mm) 宽	尺寸(mm) 高	蒸发器接管尺寸 (mm)
102	15	53	16	52	14	2/1	50	35	111	2	0.53	648	45	2.52	17	18	880	2530	950	1800	50
103	18	63	20	65	18	2/1	58或42	44	155	2	0.53	726	45	3.03	23	20	930	2530	950	1800	50
104	22	77	24	80	23	2/1	50	53	164	2	1.30	780	40	3.70	28	22	980	2530	950	1800	65
205	28	98	30	105	29	4/2	75—50—25	70	186	2	1.30	726	62	4.71	24	32	1210	2630	1850	1870	65
206	35	123	41	130	37	4/2	80—50—20 或70—50—29	88	199	4	0.53	726	66	5.89	35	36	1560	2630	1850	2070	65
207	43	151	50	160	45	4/2	75—50—25	106	217	4	1.30	780	95	7.23	28	40	1830	2630	1850	2070	80

图名	TRANE/CGAE系列风冷涡旋式冷水机组安装(一)	图号	KT1—27(一)

CGAE 风冷涡旋式冷水机组(适用于 R22)

CGAE型号	制冷量 (R·T)	制冷量 (kW)	输入功率 (kW)	压缩机冷媒循环	制冷量调节 (%)	单台压缩机电流(A) 运转	单台压缩机电流(A) 启动	冷凝风机 数量	冷凝风机 (kW)	冷凝风机 (r/min)	蒸发器 存水量 (L)	蒸发器 水流量 (L/s)	蒸发器 压力降 (kPa)	冷媒重量 (kg)	机组重量(kg) 运输	机组重量(kg) 运行	尺寸(mm) 长	尺寸(mm) 宽	尺寸(mm) 高	蒸发器接管尺寸 (mm)
C20	15	53	16	2/1	50	17.2	104	2	0.75	940	45	2.52	33	18	920	960	2242	1527	1749	50
C25	19	67	21	2/1	60—40	26.2	153	3	0.75	940	41	3.03	33	24	980	1020	2242	1527	1864	65
C30	23	81	25	2/1	50	26.2	153	4	0.75	940	62	3.87	22	32	1080	1140	2242	2245	1001	65
C40	30	105	32	4/2	75—50—25	17.2	104	4	0.75	940	53	4.88	33	34	1620	1760	2242	2245	1991	65
C50	38	134	41	4/2	80—60—30	26.2	153	6	0.75	940	80	6.22	38	34	1890	1990	2892	2245	1991	80
C60	45	158	49	4/2	75—50—25	26.2	153	6	0.75	940	143	7.74	48	45	1970	2070	2892	2245	1991	100

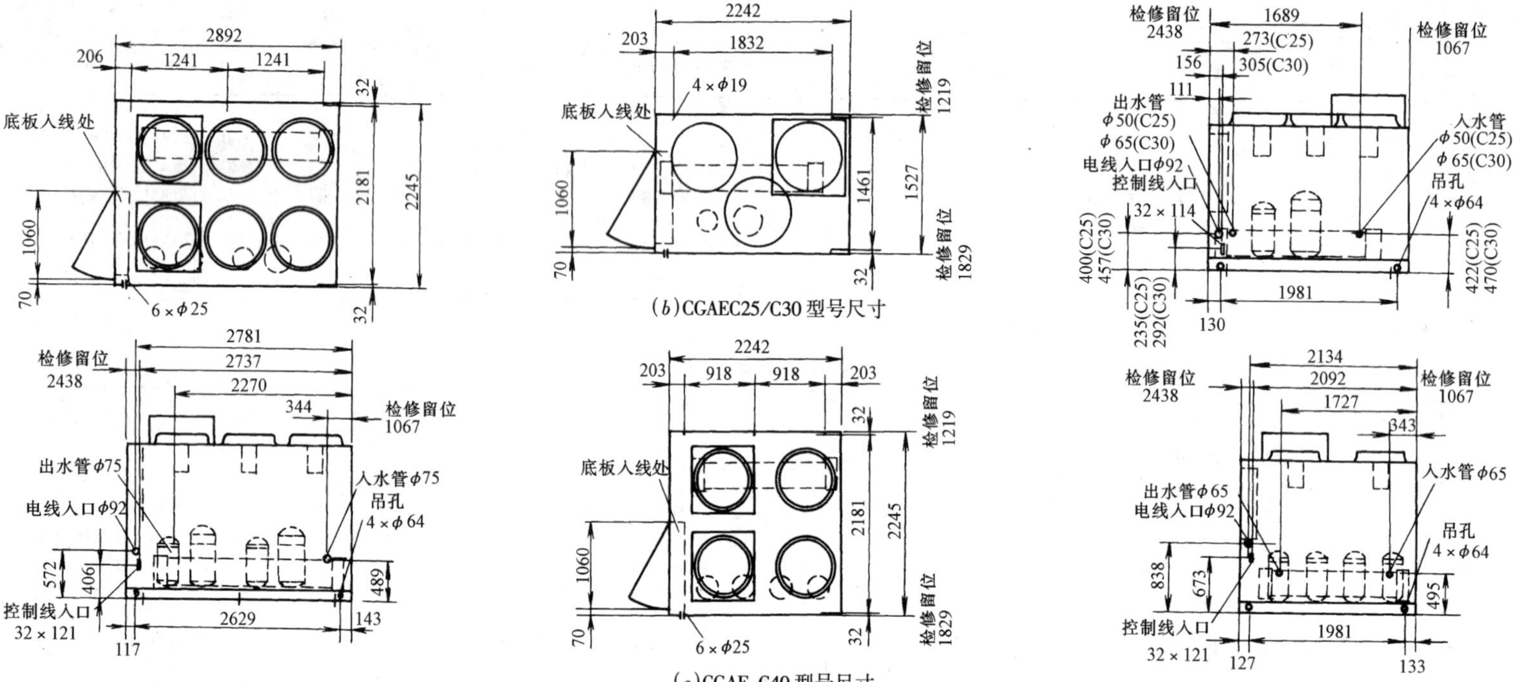

(*a*)CGAE C50/C60 型号尺寸

(*b*)CGAEC25/C30 型号尺寸

(*c*)CGAE C40 型号尺寸

图名	TRANE/CGAE 系列风冷涡旋式冷水机组安装(二)	图号	KT1—27(二)

CGWD 水冷涡旋式冷水机组

CGWD 型号	制冷量 (R·T)	制冷量 (kW)	输入功率 (kW)	压缩机冷媒循环	制冷量调节 (%)	单台压缩机电流(A) 运转	单台压缩机电流(A) 启动	蒸发器 存水量 (L)	蒸发器 水流量 (L/s)	蒸发器 压力降 (kPa)	冷凝器 存水量 (L)	冷凝器 水流量 (L/s)	冷凝器 压力降 (kPa)	冷媒重量 (kg)	机组重量(kg) 运输	机组重量(kg) 运行	尺寸(mm) 长 A	尺寸(mm) 宽 B	尺寸(mm) 高 C	接管尺寸(mm) 蒸发器	接管尺寸(mm) 冷凝器
20S	17	58	18	2/1	50	20	104	30	2.9	35	8	3.7	47	17	560	650	2073	797	1467	50	50
20H	17	59	17	2/1	50	20	104	30	2.9	35	8	3.7	38	21	580	670	2442	797	1467	50	50
25S	21	72	23	2/1	60	31	153	26	3.5	38	8	4.4	53	17	630	730	2073	797	1467	50	50
25H	21	73	21	2/1	60	31	153	26	3.5	38	11	4.4	43	21	650	750	2442	797	1467	50	50
30S	25	86	26	2/1	50	31	153	60	4.2	27	8	5.3	55	18	760	830	2073	797	1467	65	50
30H	25	87	24	2/1	50	31	153	60	4.2	27	11	5.3	46	22	780	850	2442	797	1467	65	50
40S	33	115	35	4/2	25—50—75	20	104	49	5.5	41	15	6.9	46	33	890	970	2607	797	1487	65	80
40H	33	116	34	4/2	25—50—75	20	104	49	5.5	41	19	6.9	36	41	930	1010	2804	797	1487	65	80
50S	40	141	45	4/2	30—60—80	31	153	79	6.7	41	15	8.4	51	34	1100	1150	2607	797	1487	80	80
50H	41	144	42	4/2	30—60—80	31	153	79	6.9	42	19	8.6	41	42	1140	1190	2804	797	1487	80	80
60S	48	169	52	4/2	25—50—75	31	153	72	8.1	46	19	10.1	49	34	1260	1320	2607	797	1487	80	80
60H	49	171	48	4/2	25—50—75	31	153	72	8.2	48	23	10.3	41	42	1300	1360	2804	797	1487	80	80

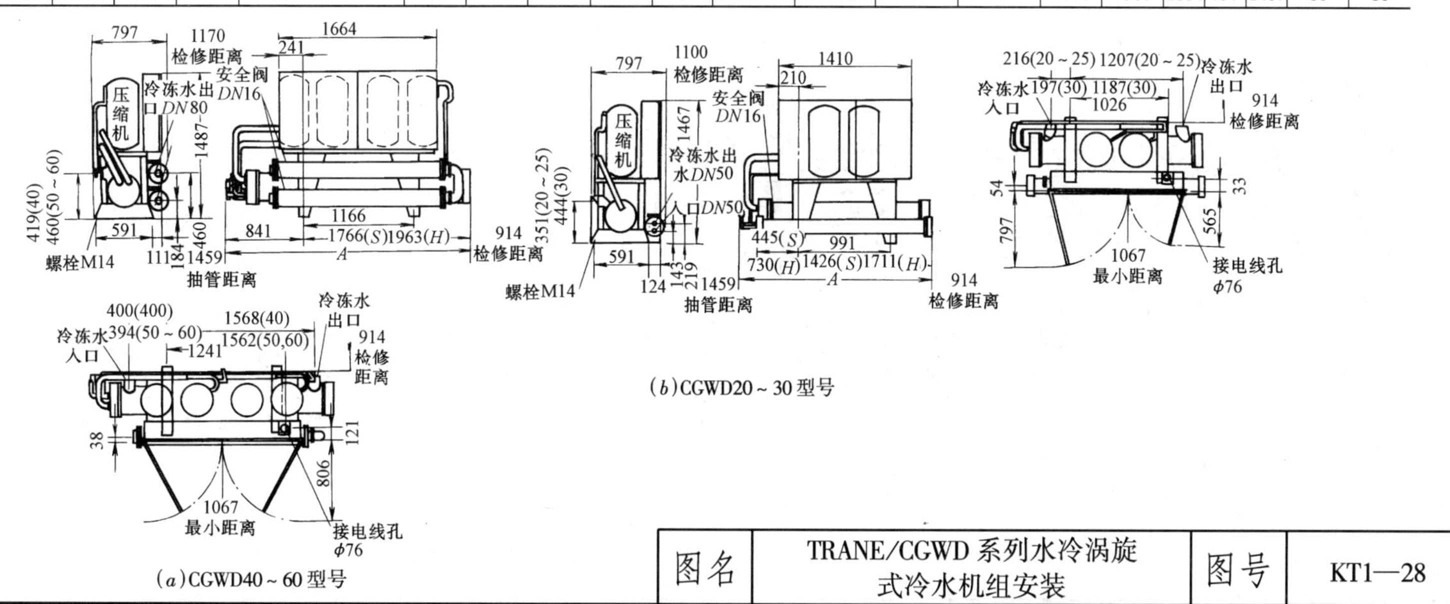

(a)CGWD40～60 型号

(b)CGWD20～30 型号

图名	TRANE/CGWD 系列水冷涡旋式冷水机组安装	图号	KT1—28

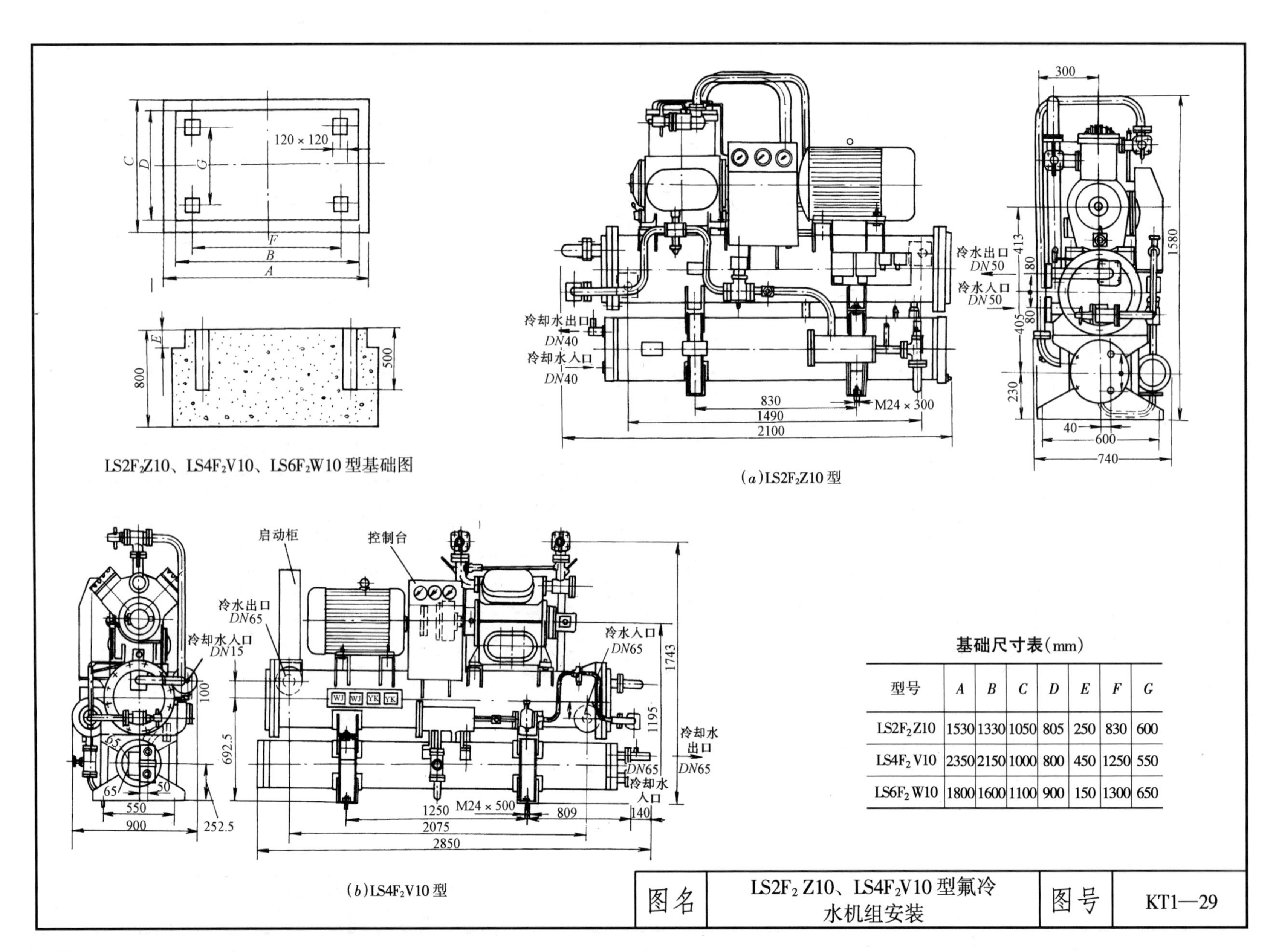

基础尺寸表(mm)

型号	A	B	C	D	E	F	G
$LS2F_2Z10$	1530	1330	1050	805	250	830	600
$LS4F_2V10$	2350	2150	1000	800	450	1250	550
$LS6F_2W10$	1800	1600	1100	900	150	1300	650

图名	$LS2F_2Z10$、$LS4F_2V10$ 型氟冷水机组安装	图号	KT1—29

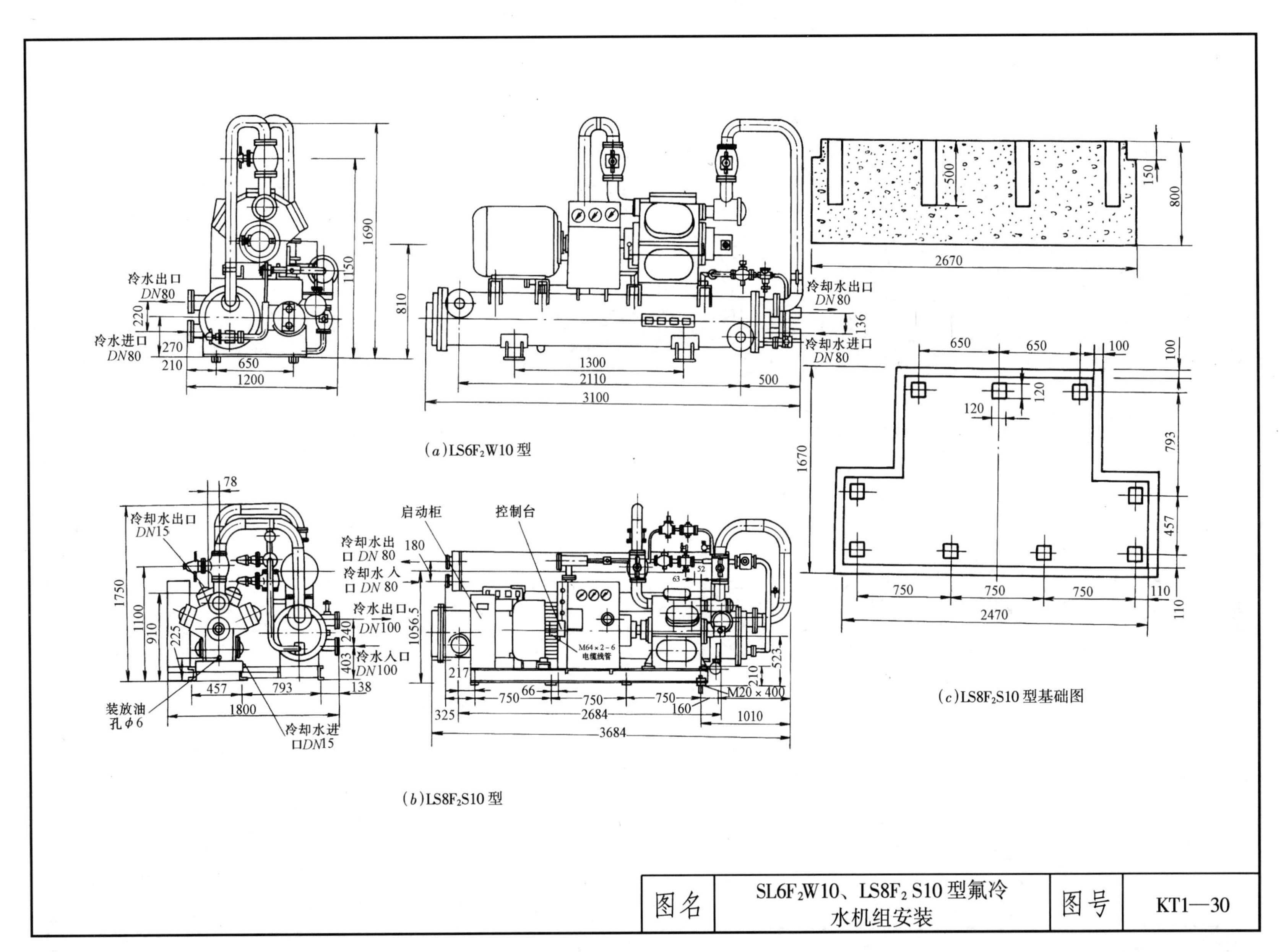

图名	SL6F2W10、LS8F2 S10型氟冷水机组安装	图号	KT1—30

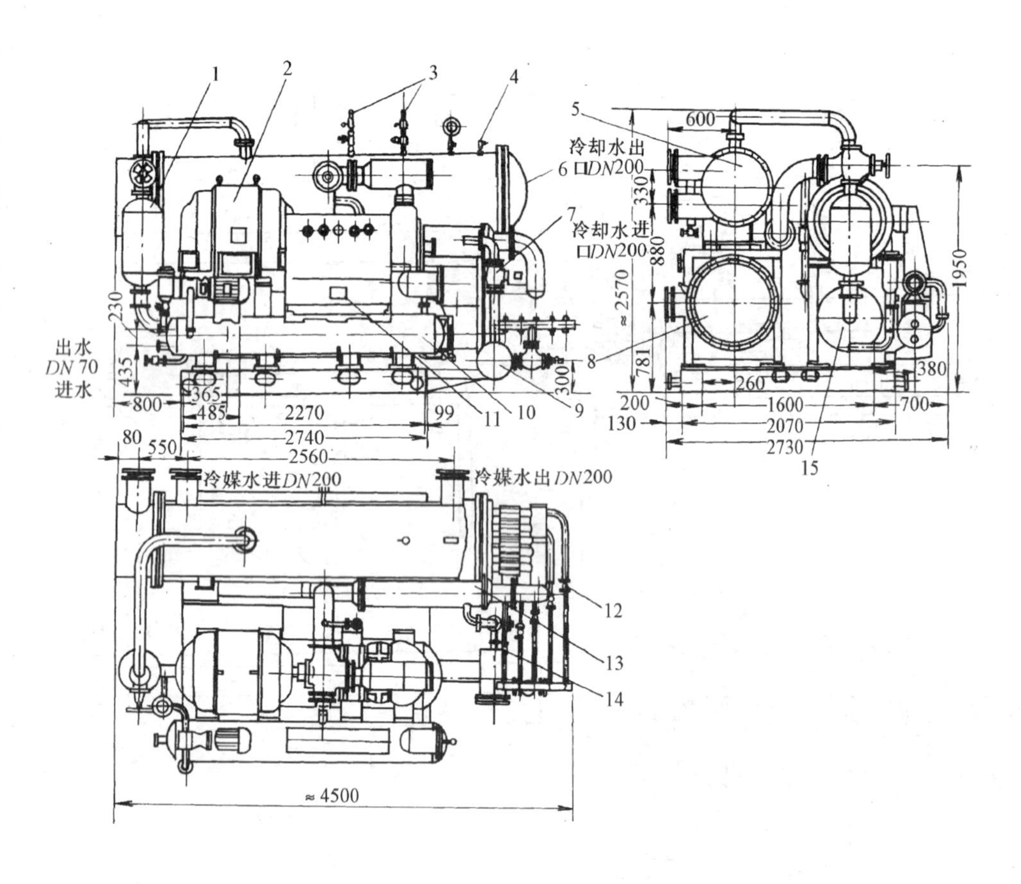

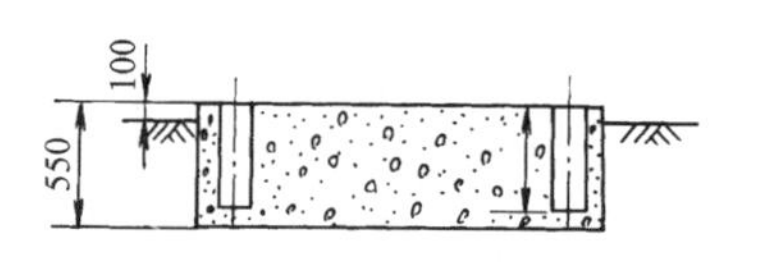

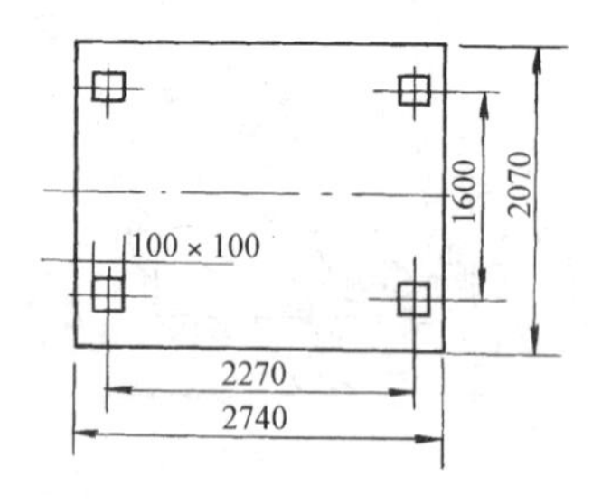

FLZ－100型冷水机组基础图

FLZ－100型冷水机组

1—二次油分离器；2—电动机；3—安全阀；4—放空阀；5—冷凝器；6—螺杆压缩机；7—截止阀；8—蒸发器；9—干燥过滤器；10—油冷却器；11—控制台；12—热力膨胀阀；13—热交换器；14—*DN*4充氟阀；15—次油分离器

图名	FLZ－100型冷水机组安装	图号	KT1—31

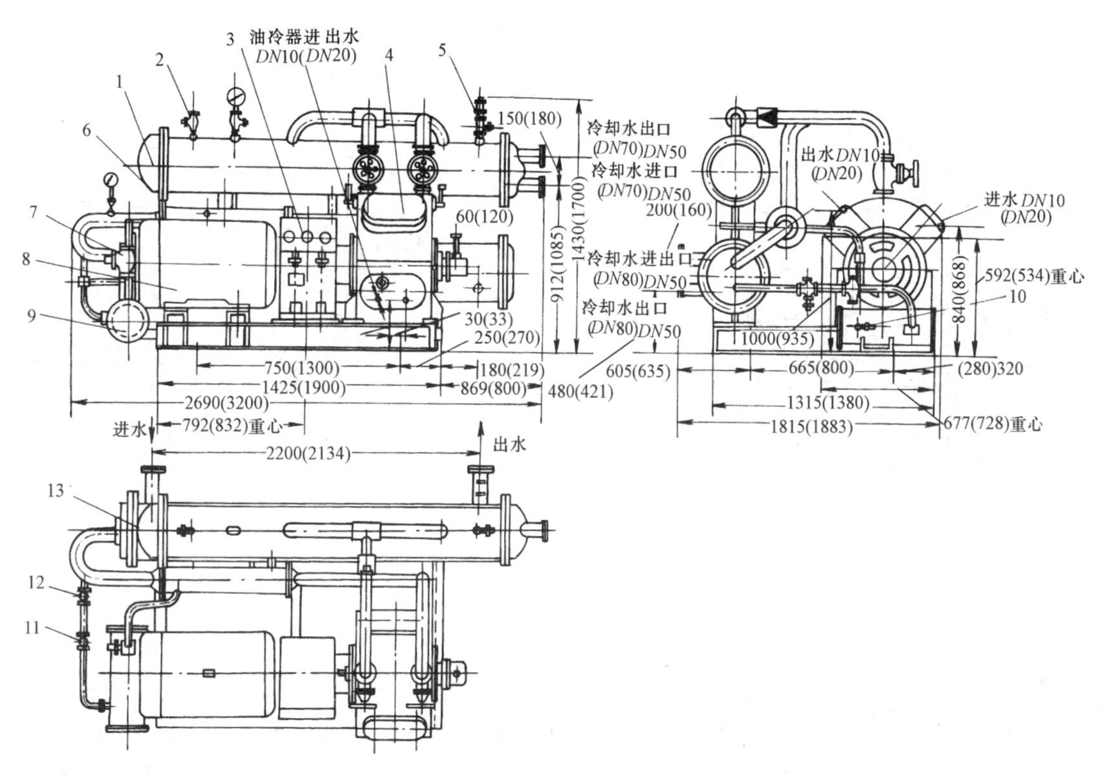

FLZ-10 $\frac{A}{M}$ (FLZ-20 $\frac{A}{M}$) 型冷水机组

1—冷凝器；2—放空气阀；3—控制台；4—压缩机；5—安全阀；6—换热器；
7—截止阀；8—电机；9—干燥过滤器；10—DN4 充氟阀；
11—电磁阀；12—热力膨胀阀；13—蒸发器

图名	FLZ－10A/M(20A/M)型冷水机组安装	图号	KT1—32

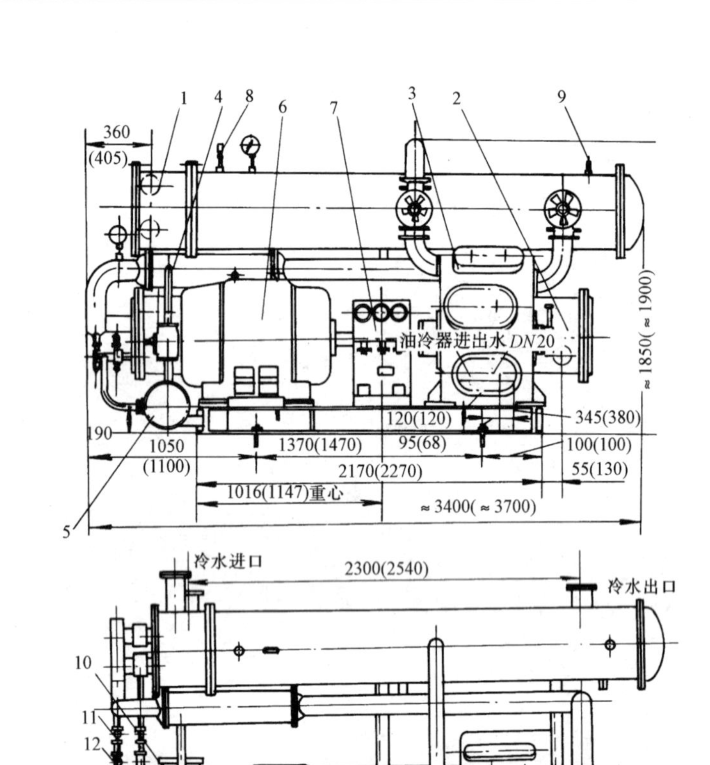

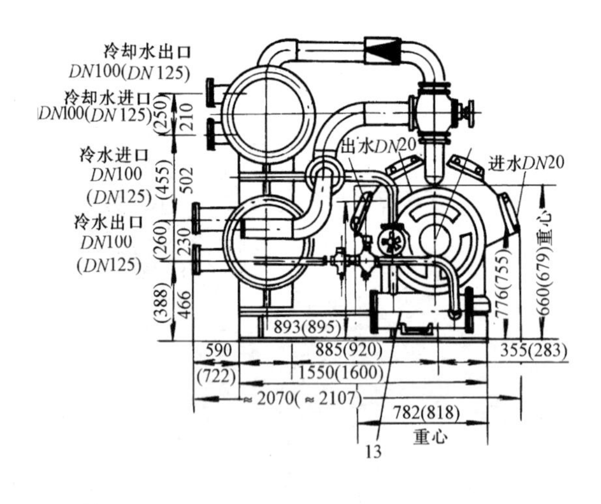

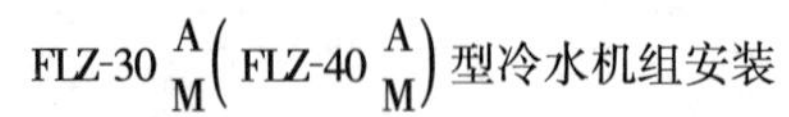

FLZ-30 A/M (FLZ-40 A/M) 型冷水机组安装

1—冷凝器；2—蒸发器；3—压缩机；4—热交换器；5—干燥过滤器；
6—电机；7—控制台；8—安全阀；9—放空气阀；10—截止阀；
11—热力膨胀阀；12—电磁阀；13—DN4 充氟阀

图名	FLZ - 30A/M(40A/M)型冷水机组安装	图号	KT1—33

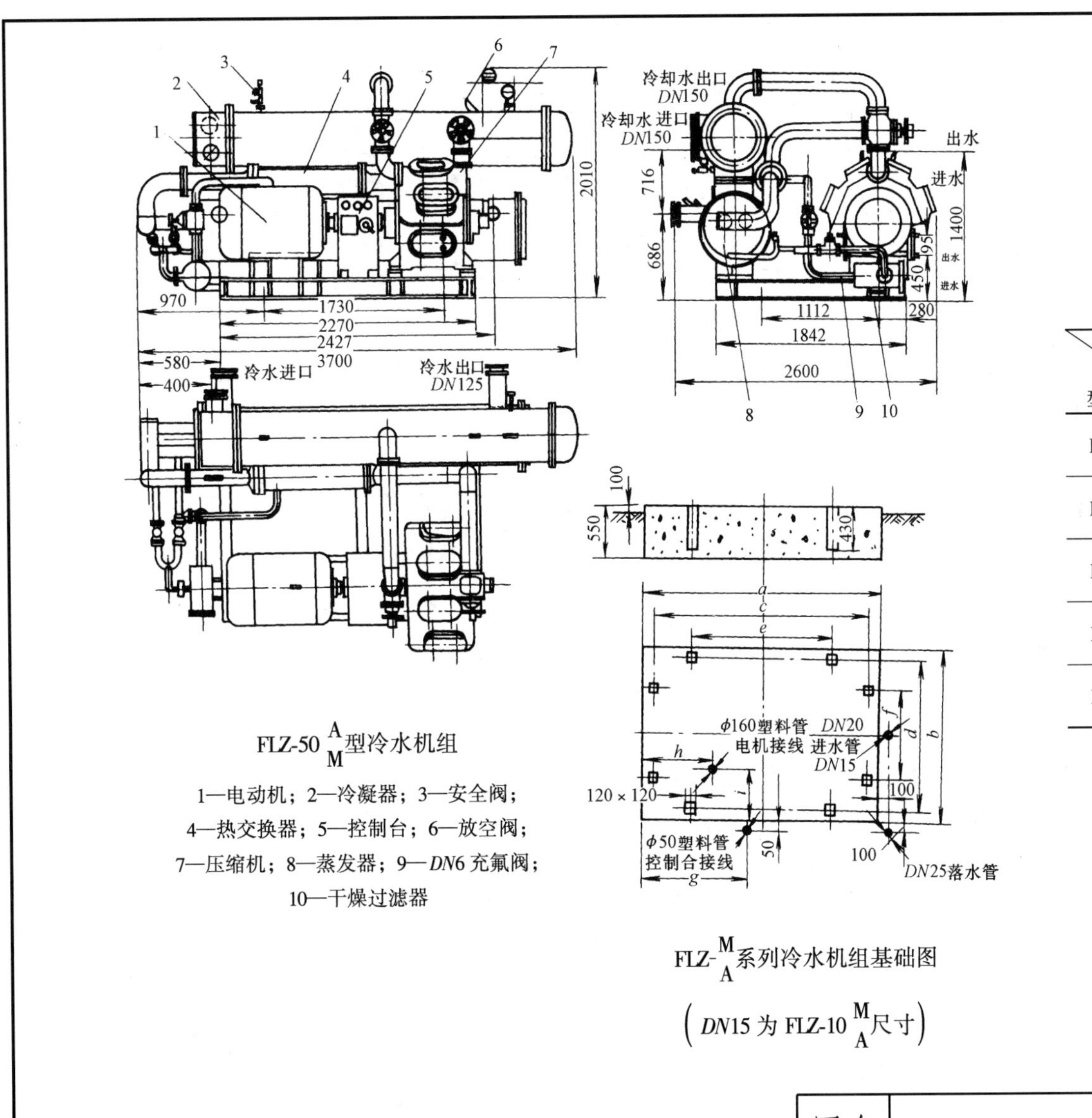

FLZ-50 $\frac{A}{M}$型冷水机组

1—电动机；2—冷凝器；3—安全阀；
4—热交换器；5—控制台；6—放空阀；
7—压缩机；8—蒸发器；9—*DN*6充氟阀；
10—干燥过滤器

FLZ-$\frac{M}{A}$系列冷水机组基础图

（*DN*15为FLZ-10 $\frac{M}{A}$尺寸）

FLZ-$\frac{M}{A}$系列基础尺寸表(mm)

型号 \ 尺寸	*a*	*b*	*c*	*d*	*e*	*f*	*g*	*h*	*i*
FLZ-10 $\frac{M}{A}$	1645	1415	1365	1255	950	665	560	320	700
FLZ-20 $\frac{M}{A}$	2110	1480	1830	1320	1300	800	780	420	840
FLZ-30 $\frac{M}{A}$	2380	1650	2110	1490	1370	885	990	490	900
FLZ-40 $\frac{M}{A}$	2480	1800	2210	1540	1470	920	1050	500	970
FLZ-50 $\frac{M}{A}$	2470	2040	2210	1782	1730	1112	1050	500	970

图名	FLZ-50A/M型冷水机组安装	图号	KT1—34

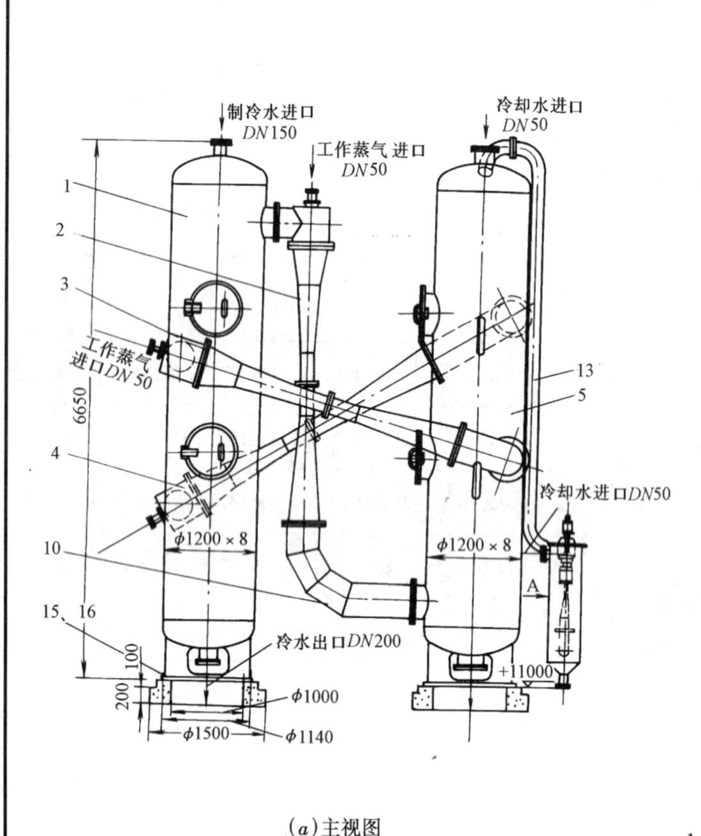

(a)主视图

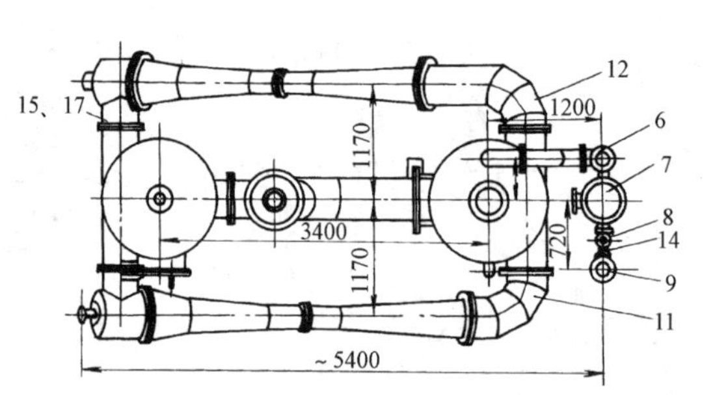

(b)俯视图

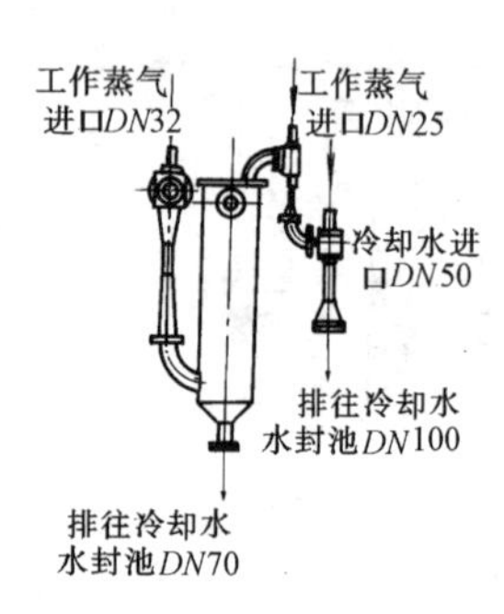

A 向

Ⅲ 7-DZP/85-15 型三效立式蒸气喷射制冷机

1—蒸发器；2—第一效主喷射器；3—第二效主喷射器；4—第三效主喷射器；
5—主冷凝器；6—第一辅助喷射器；7—第一辅助冷凝器；
8—第二辅助喷射器；9—水喷射器；10——效主喷接管；
11—二效主喷接管；12—三效主喷接管；13—空气抽气管；
14—水喷吸气管；15—螺母 M20；16—地脚螺栓 M20×250；
17—螺栓 M20×75

图名	Ⅲ 7-DZP/85-15 型三效立式蒸气喷射制冷机安装	图号	KT1—35

3320
2090
1145 1145
2950

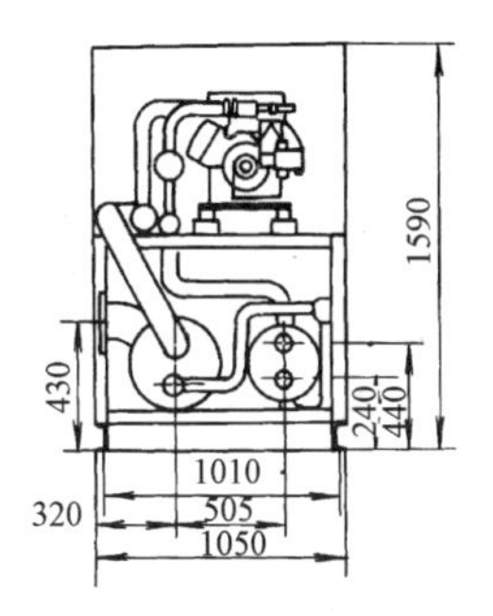

(a)C390/3－6F50.2

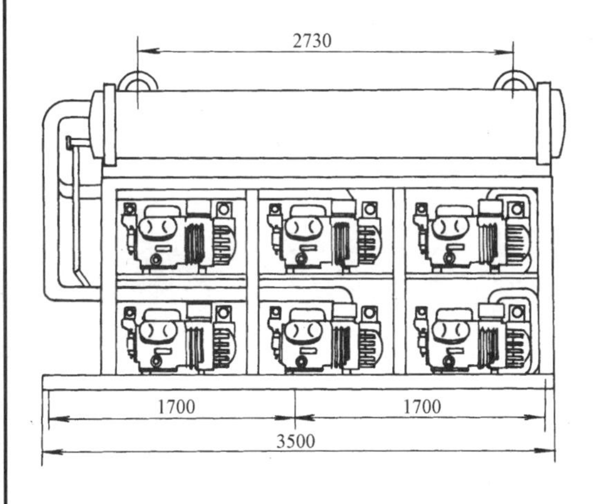

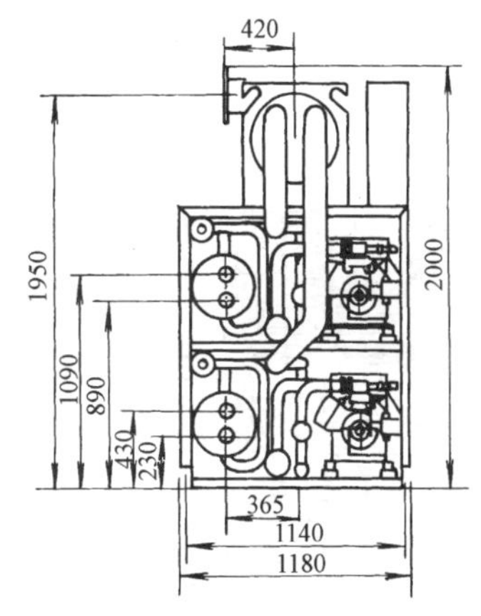

(b)C780/6－6F50.2

冷水机组主要技术参数

机组型号		C390/3-6F50.2	C780/6-6F50.2
制冷量(kW)		390	780
制冷剂		R22	
能量调节方式		自动	
能量调节范围(%)		33,66,100	16,33,50,66,83,100
安全保护		高压/低压/油压/断水/防冻/压缩机过载	
制冷剂充注量(kg)		76	2×76
制冷压缩机	型号	6F-50.2	6F-50.2
	数量	3	2×3
	额定功率(kW)	3×37	6×37
	电源	三相交流 380V50Hz	
	加油量(dm³/台)	4.75	
冷冻油型号		Bitzer B5.2	
冷凝器	形式	壳管式冷凝器	
	数量	1	2
	冷却水进水温度范围(℃)	25～32	
	冷却水流量(m³/h)	95	2×95
	水侧最高承压(MPa)	1	
	进出水管(mm)	*DN*80	2×*DN*80
	水侧压降(MPa)	≤0.1	
最高冷凝压力(MPa)		1.8	
蒸发器	形式	干式蒸发器	
	冷水出水温度(℃)	5～12	
	冷水流量(m³/h)	70	140
	冷水侧承压(MPa)	1	
	冷水进出口管公称直径(mm)	*DN*125	*DN*150
	冷水侧压降(MPa)	≤0.1	
最低蒸发温度(℃)		－2	
最高蒸发温度(℃)		5	
冷却水、冷冻水污垢系数(m²·K/kW)		0.086	
机组外形尺寸(长×宽×高)(mm)		3320×1050×1590	3580×1180×2000
机组重量(kg)		2300	3640

额定制冷量基于以下工况：

冷却水进水温度：30℃　　冷却水出水温度：35℃

冷水进水温度：12℃　　冷水出水温度：7℃

图名	C型R22多机头冷水机组安装	图号	KT1—36

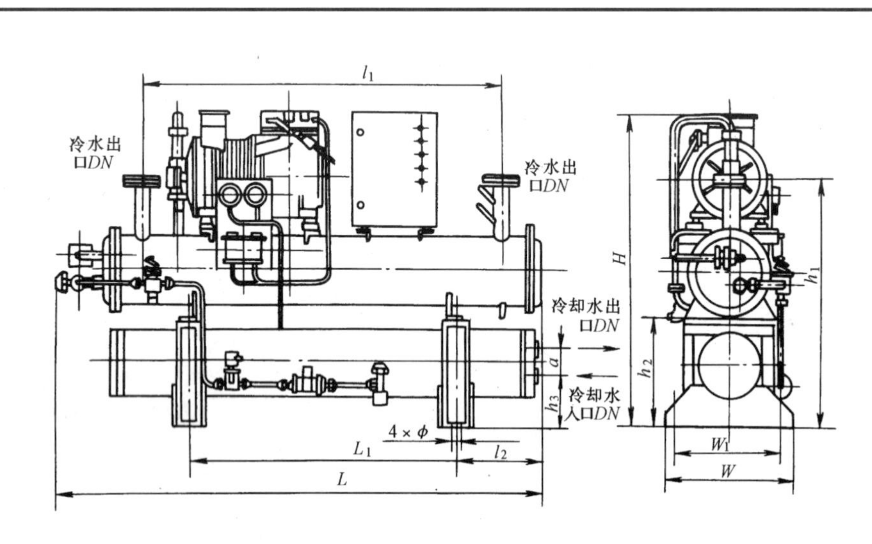

(a)LSZ10、LSZ20、LSZ45 型外形尺寸图

尺 寸 表(mm)

型号	L	W	H	L_1	W_1	l_1	l_2	h_1	h_2	ϕ	冷水 DN	冷却水 DN	h_3	a
LSZ10	1590	420	1020	900	360	1195	285	800	350	17	32	32	163	73
LSZ20	1800	420	1100	900	360	1400	384	799	322	17	40	40	128	73
LSZ45	2445	580	1230	900	400	2004	693	1064	480	20	50	50	182	160

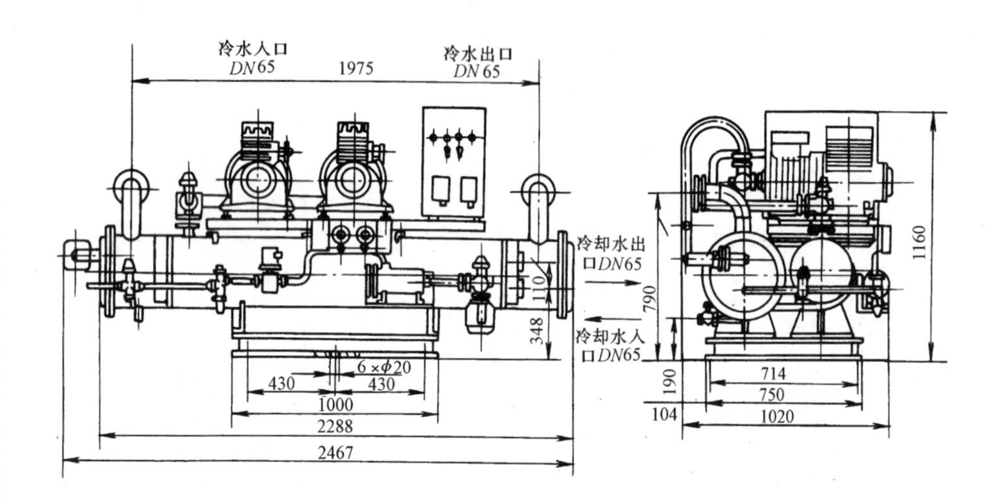

(b)LSZ85 型外形尺寸

图名	LSZ10(20、45、85)型半封闭式多机头冷水机组安装	图号	KT1—37

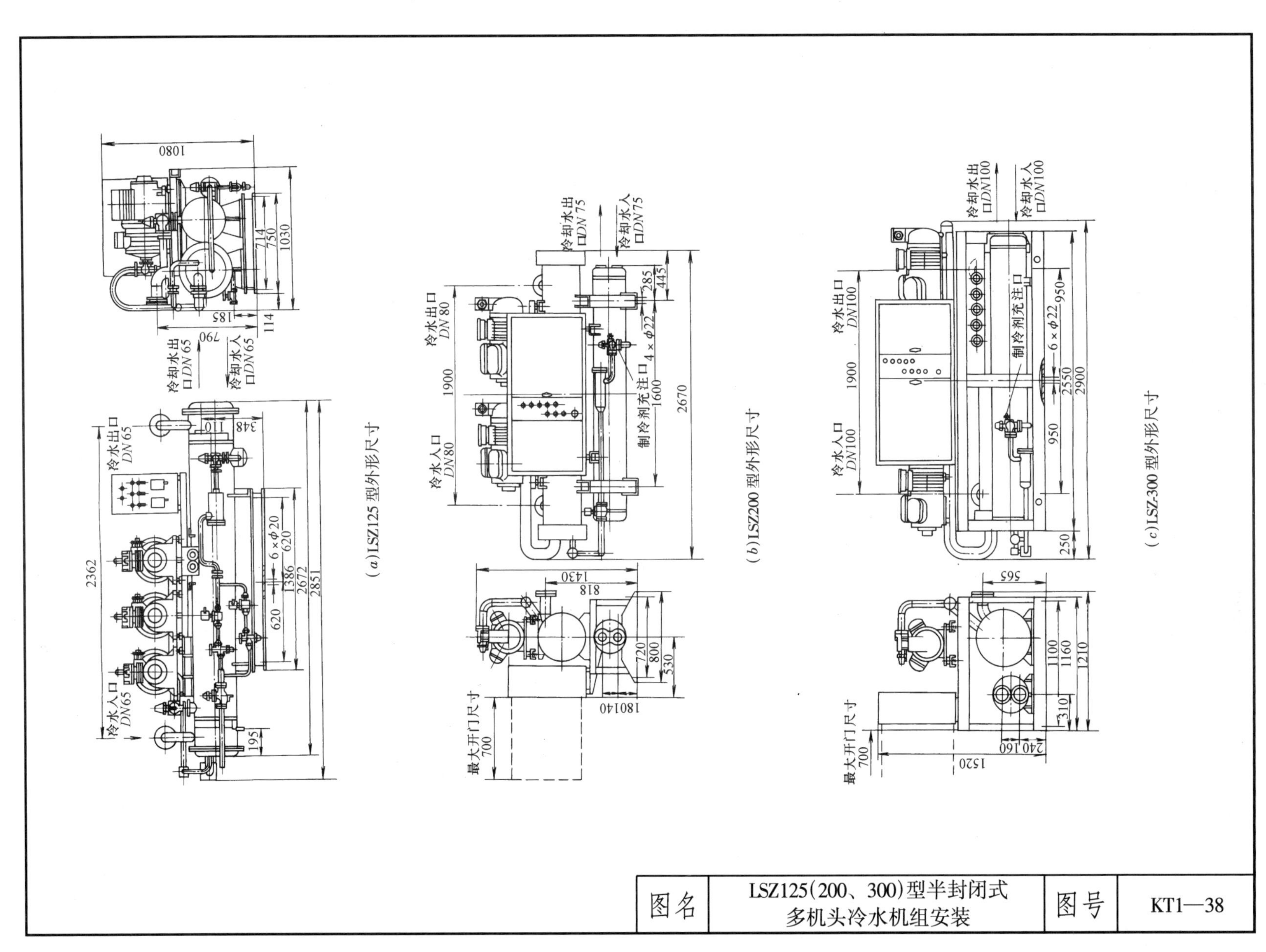

图名	LSZ125(200、300)型半封闭式 多机头冷水机组安装	图号	KT1—38

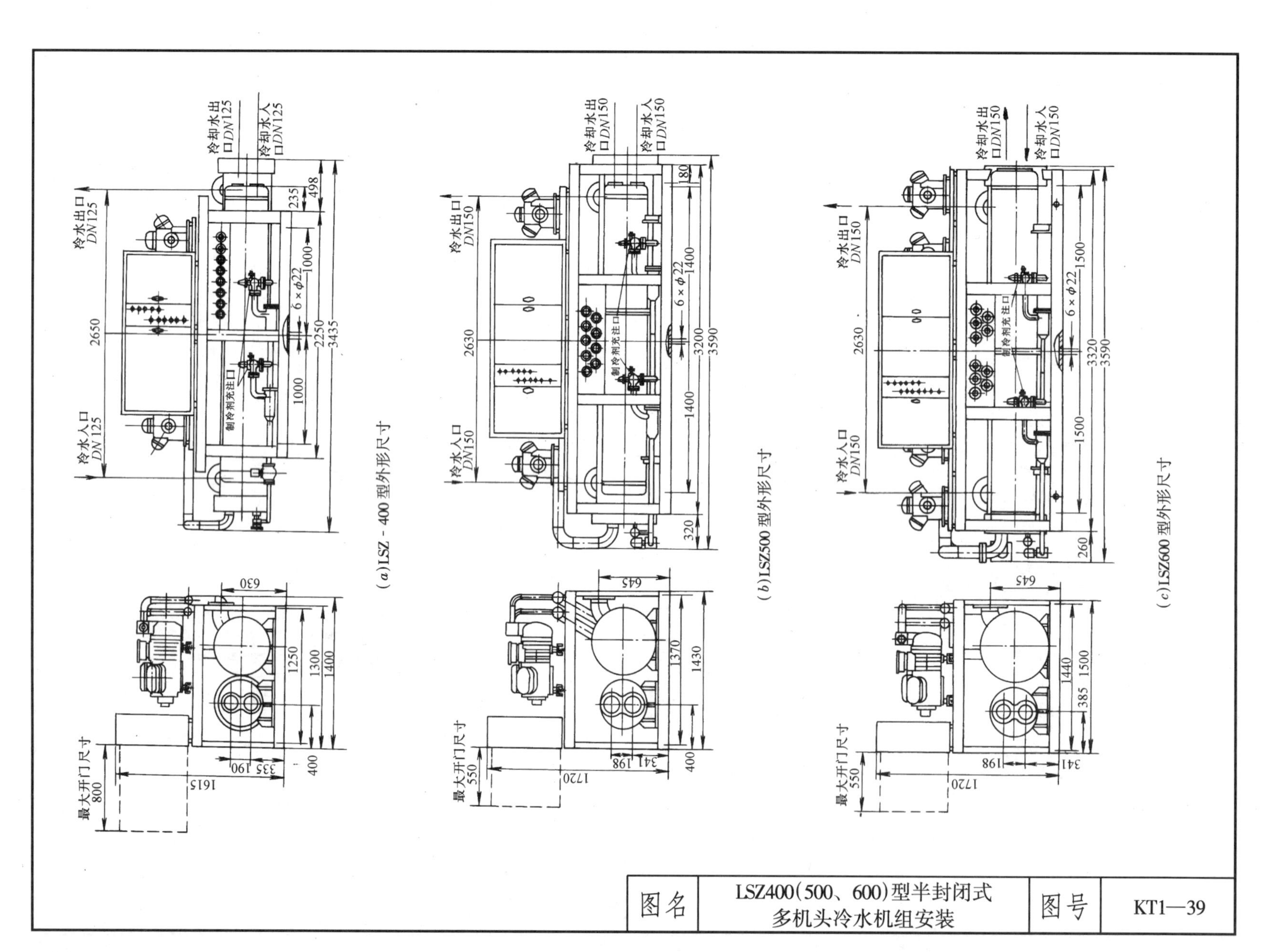
冷却水出口DN125
冷却水入口DN125
冷水出口DN125
冷水入口DN125
制冷剂充注口
6×φ22
最大开门尺寸
(a)LSZ-400型外形尺寸
冷却水出口DN150
冷却水入口DN150
冷水出口DN150
冷水入口DN150
(b)LSZ500型外形尺寸
(c)LSZ600型外形尺寸
图名
LSZ400(500、600)型半封闭式
多机头冷水机组安装
图号
KT1—39

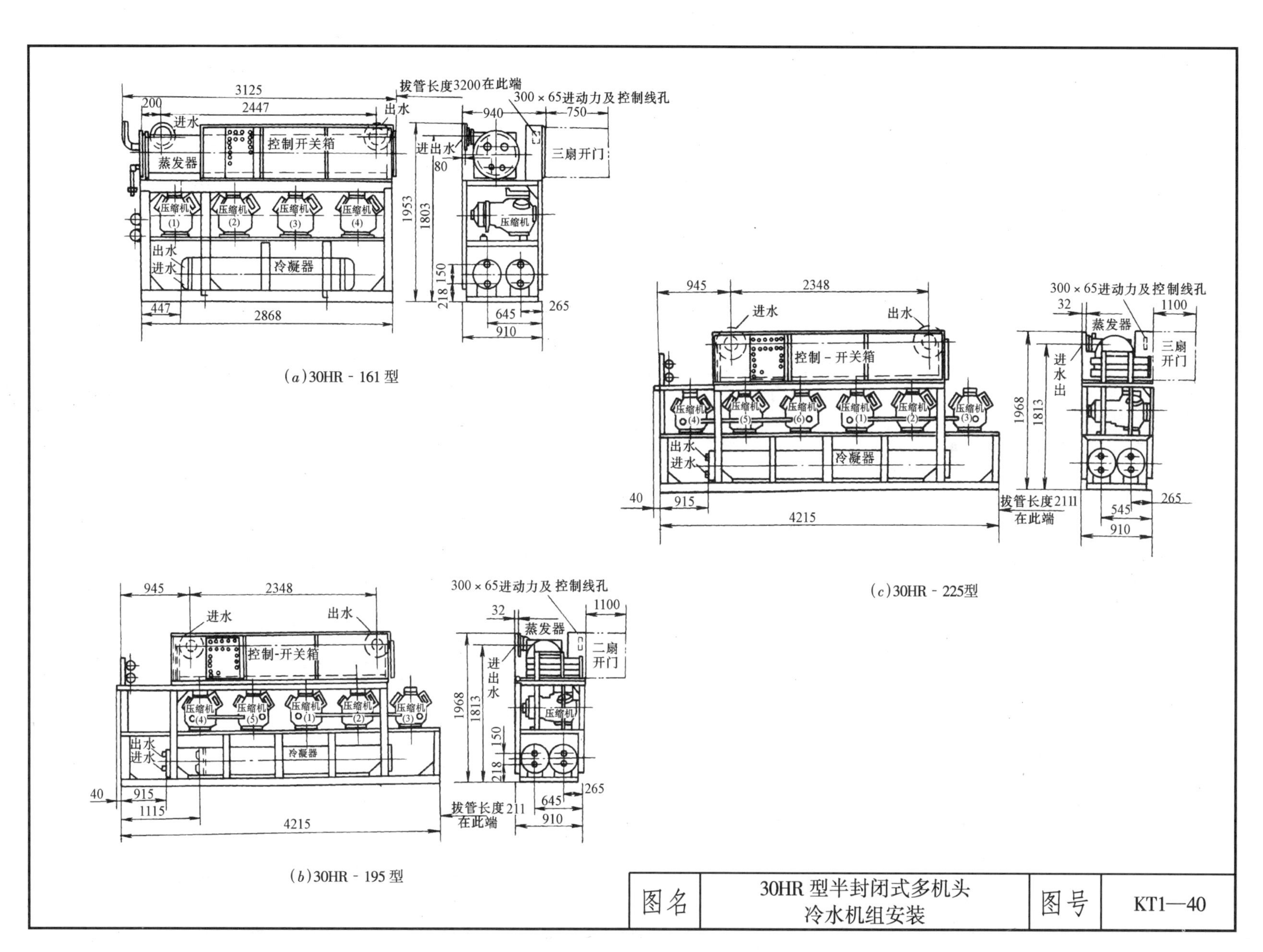

图名	30HR 型半封闭式多机头冷水机组安装	图号	KT1—40

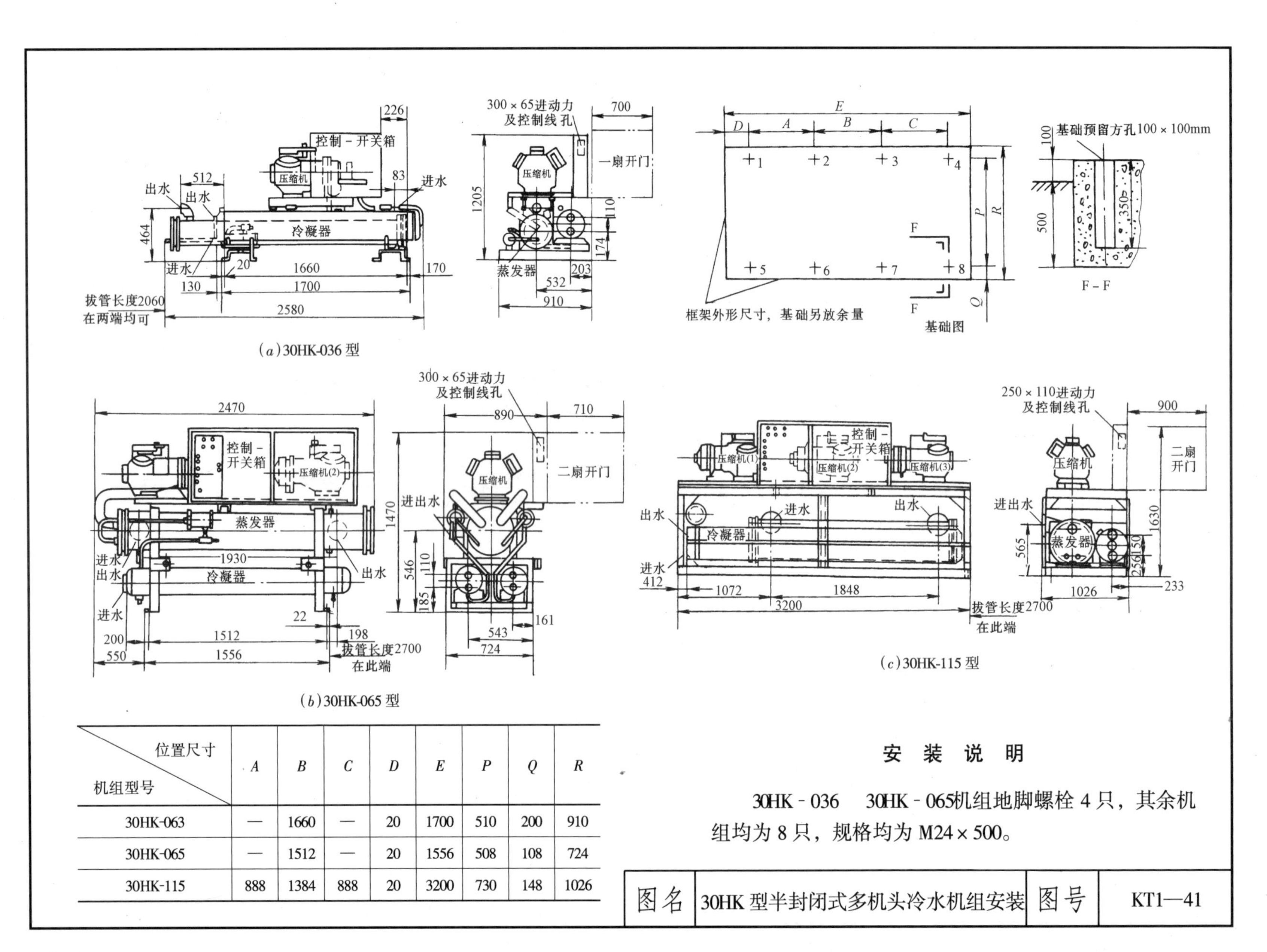

(*a*)30HK-036 型

(*b*)30HK-065 型

(*c*)30HK-115 型

位置尺寸 / 机组型号	*A*	*B*	*C*	*D*	*E*	*P*	*Q*	*R*
30HK-063	—	1660	—	20	1700	510	200	910
30HK-065	—	1512	—	20	1556	508	108	724
30HK-115	888	1384	888	20	3200	730	148	1026

安 装 说 明

30HK－036　30HK－065机组地脚螺栓 4 只，其余机组均为 8 只，规格均为 M24×500。

图名	30HK 型半封闭式多机头冷水机组安装	图号	KT1—41

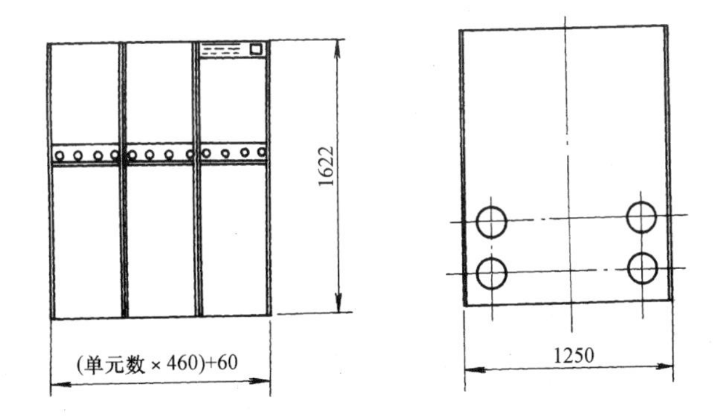

(a)机组外形尺寸及组合尺寸

模块化冷水机
冷却水泵
冷却塔

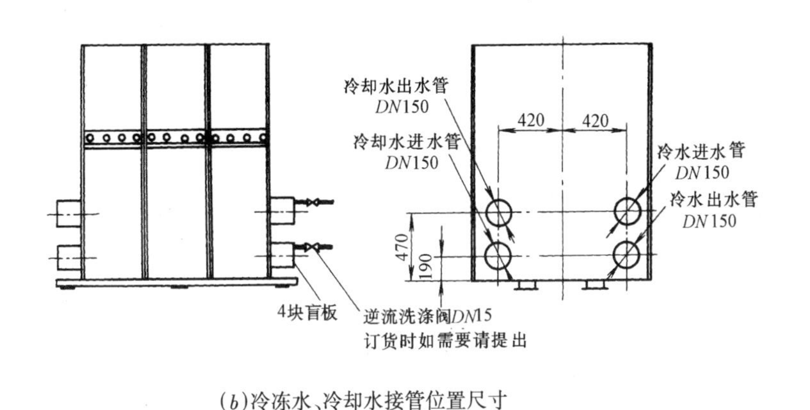

(b)冷冻水、冷却水接管位置尺寸

安 装 说 明

1. 模块化机组可以安装在也许是没有其他用途的狭小空间，如楼道、走道等处。每个模块化单元宽仅为450mm，高约为1622mm，运输安装方便。

2. 模块化机组不需要混凝土等基础，只需将 n 个模块机组同放于两根75mm×75mm×4mm的空心方钢上，在方钢下面垫8mm厚的隔振橡胶即可。方钢除锈后涂防锈漆两道。

图名	模块化冷水机组安装(一)	图号	KT1—42(一)

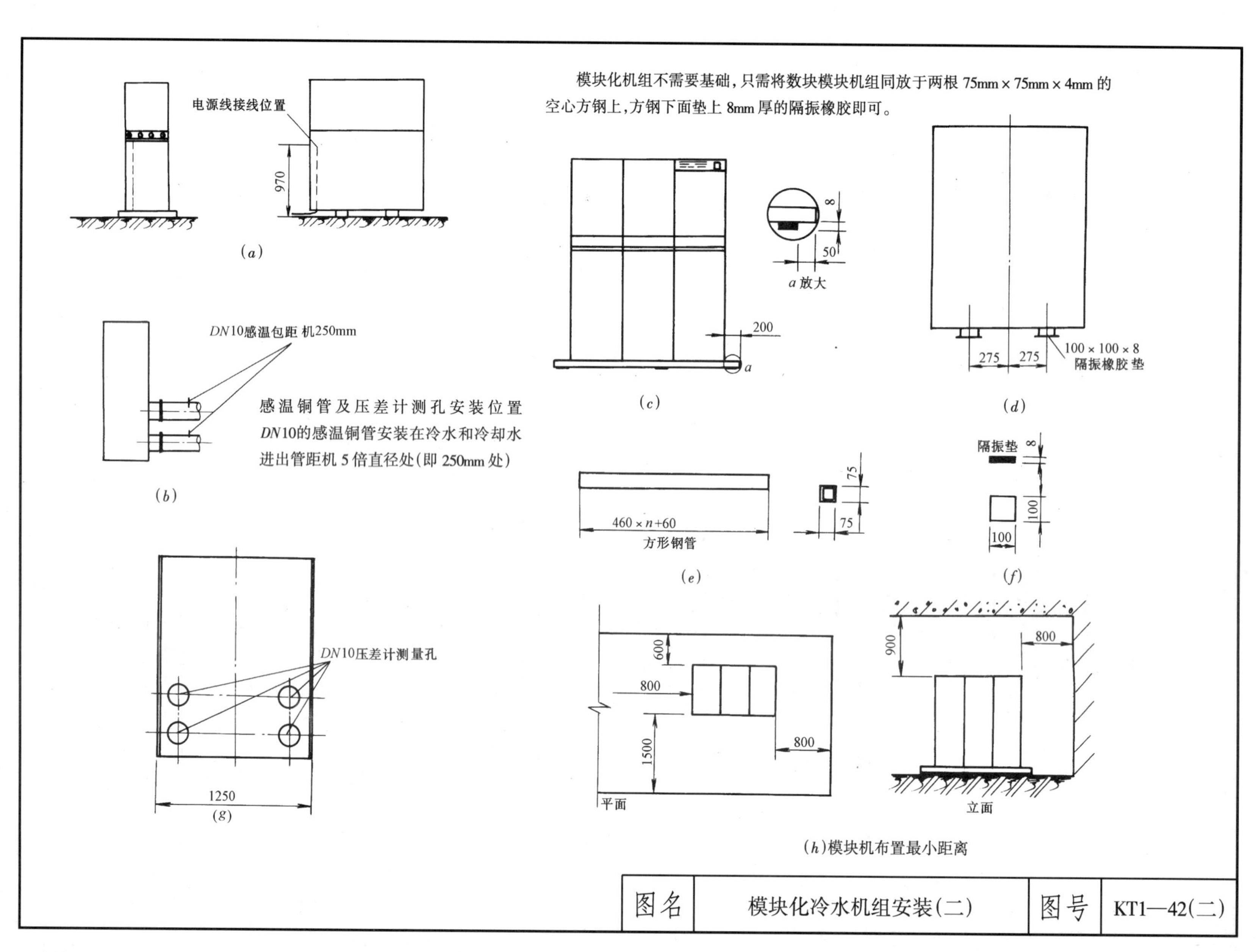

图名	模块化冷水机组安装(二)	图号	KT1—42(二)

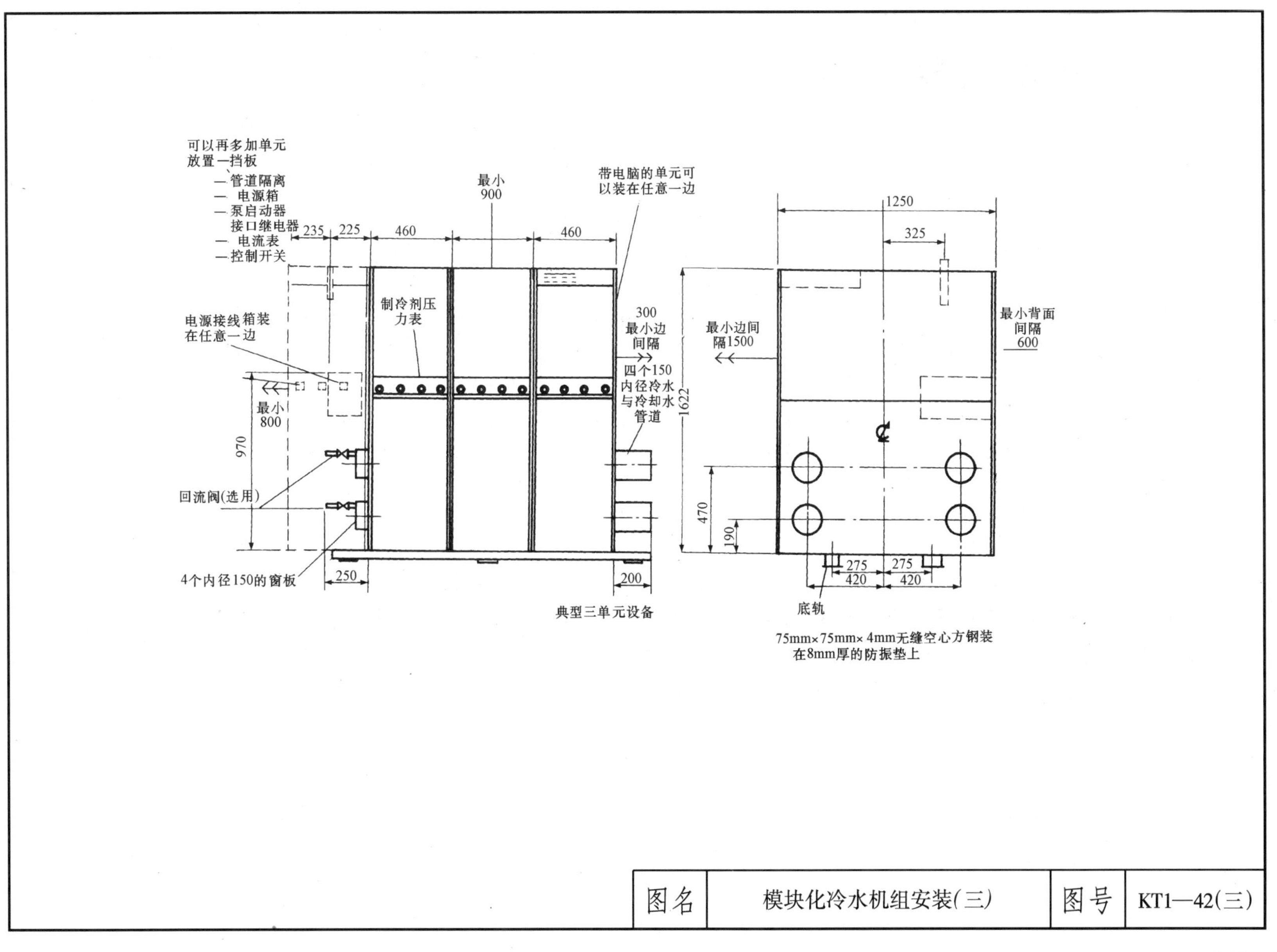

图名	模块化冷水机组安装(三)	图号	KT1—42(三)

空调风系统安装说明

1. 空调机组安装

(1) 设备水平搬运时应尽量采用小拖车运输；设备吊装时，起吊点应设在空调机组的基座上。

(2) 加工好的空调机组槽钢底座（或浇灌混凝土基础）应找正找平。

(3) 按序逐一将段体抬上底座校正位置后，加上衬垫。将相邻的两个段体用螺栓连接严密牢固。每连接一个段体前，将内部清除干净。与加热段相连接的段体，应采用耐热片作衬垫。空调机组分段组装连接必须严密，不应漏风、渗水、凝结水外溢或排不出去等现象。

(4) 金属空调机组喷淋段严禁渗水，水池严禁渗漏，壁板拼接必须顺水方向。

(5) 挡水板的折角应符合设计要求，长度和宽度的允许偏差不得大于2mm，片距应均匀，挡水板与梳形固定板的结合应松紧适当。挡水板或挡板必须保持一定的水封，分层组装的挡水板，每层必须设置排水装置。挡水板与喷淋段的壁板交接处在迎风侧应设泛水，挡水板与水面接触处应设伸入水中的挡板，挡水板的固定件，应作防腐处理。

(6) 喷嘴的排列应正确，同一排喷淋管上的喷嘴方向应一致，溢流管高度应正确，排管制作应按《采暖与卫生工程施工及验收规范》(GB50243—97) 第二、三、九章中的有关规定执行。

(7) 一次、二次回风调节阀及新风调节阀应调节灵活。密闭监视门应符合门与门框平正、牢固、无渗漏，开关灵活的要求，凝结水的引流管（槽）畅通。空调机组的进、出风口与风管间用软接头连接。

(8) 表面式热交换器水压试验必须符合施工规范规定（试验压力等于系统最高工作压力的 1.5 倍，同时不得小于 0.4MPa，水压试验的观测时间为 2～3min，水压不得下降）。散热面必须完整，无损坏和堵塞现象。

表面式热交换器的安装应框架平正，牢固，安装平稳。热交换器之间和热交换器与围护结构四周缝隙，应采用耐热材料堵严。

表面式热交换器用于冷却空气（作表冷器）时，在下部应设排水装置。

(9) 安装电加热器，应有良好的接地装置。连接电加热器前后风管的法兰垫料，应采用耐热非燃烧材料。

(10) 粗、中效空气过滤器（框式或袋式）的安装，应便于拆卸和更换滤料。空气过滤器的安装应平正牢固。过滤器与框架之间，框架与空调机组的围护结构之间缝隙封严。泡沫塑料在装入过滤器之前，应用 5% 浓度碱溶液进行透孔处理。

金属网格油浸过滤器安装前应清洗干净，晾干后浸以机油。其相互邻接的波状网的波纹应互相垂直，网孔的尺寸应沿气流方向逐次减小。

图名	空调风系统安装说明	图号	KT2—01

安装自动浸油过滤器,链网应清扫干净,传动灵活。两台以上并列安装,过滤器之间的接缝应严密。

安装卷挠式过滤器,框架应平整,滤料应松紧适当,上下筒应平行。

静电过滤器的安装应平稳,与风管相连接的部位应设柔性短管,接地电阻应在 4Ω 以下。

高效过滤器安装方向必须正确;用波纹板组合的过滤器在竖向安装时,波纹板必须垂直于地面,过滤器与框架之间的连接严禁渗漏,变形,破损和漏胶等现象。

(11)消声器的型号,尺寸必须符合设计要求,充填的消声材料不应有明显下沉。消声器安装的方向应正确。消声器框架必须牢固,共振腔的隔板尺寸正确,隔板与壁板结合处紧贴,外壳严密不漏。消声片单体安装,固定端必须牢固,片距均匀。消声器和消声弯管应单独设置支、吊架,其重量不得由风管承受。

2. 空调风系统及其末端装置安装

空调风系统由送风管(主管,支管)经静压箱,风阀管件分配,将空调机组处理好的空气通过送风口(空调风系统末端装置如:百叶风口,条形风口,喷嘴,散流器等各种风口)送入空调房间,再由回风管将气流引回空调机组重新处理或由排风管排至室外,维持房间正压和舒适空调环境。

空调风系统中的通风机,空调机组,风管,风口,风阀,罩类及柔性短管等必须严格按照有关工程施工和验收规范及工程质量检验评定的国家标准进行制作安装。

图名	空调风系统安装说明	图号	KT2—01

TW_1 TW_2 TW_3 型空调机组主要技术参数表

(风机内装型 10000～50000m^3/h)

型号	额定风量 (m^3/h)	断面风速 (m/s)	外形尺寸		配用风机			
			宽 *B*	高 *H*	风机型号	风量 (m^3/h)	全压 (Pa)	功率 (kW)
TW_1-10	10000	2.0～3.0	1300	1550	4-85 × 2No.4	10200～14700	882～711	4.0
TW_2-10		3.1～4.0	1300	800		8800～13500	781～615	3.0
TW_3-10		4.1～5.5	1300	600		10200～14700	822～711	4.0
TW_1-15	15000	2.0～3.0	1700	1950	4-85 × 2No.5	11800～18100	885～620	5.5
TW_2-15		3.1～4.0	1300	1100		11800～18100	885～620	5.5
TW_3-15		4.1～5.5	1300	900		11800～18100	885～620	5.5
TW_1-20	20000	2.0～3.0	1700	1950	4-85 × 2No.6	17600～23700	944～784	7.5
TW_2-20		3.1～4.0	1700	1100		17600～23700	944～784	7.5
TW_3-20		4.1～5.5	1700	900		17600～23700	944～784	7.5
TW_1-30	30000	2.0～3.0	2100	2350	4-85 × 2No.7	24100～33000	1118～914	15
TW_2-30		3.1～4.0	2100	1300		24100～33000	1118～914	15
TW_3-30		4.1～5.5	1700	1300		24100～33000	1118～914	15
TW_1-40	40000	2.0～3.0	2500	2350	4-85 × 2No.8	37400～44500	1146～988	18.5
TW_2-40		3.1～4.0	2100	1700		37400～44500	1146～988	18.5
TW_3-40		4.1～5.5	2100	1300		37400～44500	1146～988	18.5
TW_1-50	50000	2.0～3.0	2900	2750	4-79 No.2-10E	49100～81000	1080～740	30.0
TW_2-50		3.1～4.0	2500	2100		43800～72200	860～590	18.5
TW_3-50		4.1～5.5	2500	1300		43800～72200	860～590	18.5

TW_1 TW_2 TW_3 型空调机组主要技术参数表

(风机内装型 60000～100000m^3/h)

型号	额定风量 (m^3/h)	断面风速 (m/s)	外形尺寸		配用风机			
			宽 *B*	高 *H*	风机型号	风量 (m^3/h)	全压 (Pa)	功率 (kW)
TW_1-60	60000	2.0～3.0	2900	2750	4-79 No.2-10E	49100～81000	1080～740	30
TW_2-60		3.1～4.0	2500	2100		43800～72200	860～590	18.5
TW_3-60		4.1～5.5	2500	1700		43800～72200	860～590	18.5
TW_1-70	70000	2.0～3.0	2900	3150	4-79 No.2-10E	55700～91800	1390～950	37
TW_2-70		3.1～4.0	2500	2500		49100～81000	1080～740	30
TW_3-70		4.1～5.5	2500	2100		49100～81000	1080～740	30
TW_1-80	80000	2.0～3.0	3300	3550	4-79 No.2-10E	55700～91800	1390～950	37
TW_2-80		3.1～4.0	2900	2500		55700～91800	1390～950	37
TW_3-80		4.1～5.5	2500	2100		55700～91800	1390～950	37
TW_1-90	90000	2.0～3.0	3300	3550	4-79 No.2-12E	69700～114800	1060～710	37
TW_2-90		3.1～4.0	2900	2500		69700～114800	1060～710	37
TW_3-90		4.1～5.5	2900	2100		69700～114800	1060～710	37
TW_1-100	100000	2.0～3.0	3700	3550	4-79 No.9-12E	75800～124800	1240～840	55
TW_2-100		3.1～4.0	3300	2500		69700～114800	1060～710	37
TW_3-100		4.1～5.5	2900	2500		69700～114800	1060～710	37

图名	TW 型空调机组主要技术参数	图号	KT2—02

TW_1 TW_2 TW_3 型空调器主要技术参数表

(风机内装型<120000~180000m³/h)

型号	额定风量 (m³/h)	断面风速 (m/s)	外形尺寸		配用风机			
			宽 B	高 H	风机型号	风量 (m³/h)	全压 (Pa)	功率 (kW)
TW_1-120	120000	2.08	4100	4100	4-79 No.2 -14E	94200~155000	1040~700	55
TW_2-120		2.30	3900	3900		94200~155000	1040~700	55
TW_3-120		2.57	3700	3700		94200~155000	1040~700	55
TW_1-140	140000	2.20	4300	4300	4-79 No.2 -14E	94200~155000	1040~700	55
TW_2-140		2.43	4100	4100		94200~155000	1040~700	55
TW_3-140		2.69	3900	3900		94200~155000	1040~700	55
TW_1-160	160000	2.10	4700	4700	4-79 No.2 -16E	123400~203800	1360~920	75
TW_2-160		2.29	4500	4500		123400~203800	1360~920	75
TW_3-160		2.52	4300	4300		123400~203800	1360~920	37
TW_1-180	180000	2.17	4900	4900	4-79 No.9 -16E	123400~203800	1360~920	75
TW_2-180		2.36	4700	4700		123400~203800	1360~920	75
TW_3-180		2.58	4500	4500		123400~203800	1360~920	75

各机组的供冷量、供热量与机组余压

机组规格	定额风量 (m³/h)	名义供冷量 (kW)	名义供热量 (kW)	机组余压 (Pa)
TW-10	10000	56	77	250~400
TW-15	15000	90	123	250~400
TW-20	20000	112	153	250~400
TW-30	30000	176	242	250~400
TW-40	40000	223	307	250~400
TW-50	50000	279	384	250~400
TW-60	60000	335	461	250~400
TW-70	70000	391	538	250~400
TW-80	80000	446	614	250~400
TW-90	90000	502	691	250~400
TW-100	100000	558	767	250~40

安装说明

TW型空调机由19个功能段组成各种组合式空调机、恒温恒湿机、变风量空调机组和新风机组等。

1. 新回风混合段
2. 粗效中效过滤段
3. 中间段
4. 翅片加热段
5. 水表冷段
6. 单级两排喷淋段
7. 单级三排喷淋段
8. 双级四排喷淋段
9. 光管加热段
10. 干蒸汽加湿段
11. 二次回风段
12. 送风机段
13. 回风机段
14. 外接风机段
15. 新风段
16. 回风段
17. 送风段
18. 排风段
19. 消声段

TW型所有空调机组，均可装配最佳无级调速节能产品——变频调速器(日本产SANKEN型)形成变风量组合式空调机。

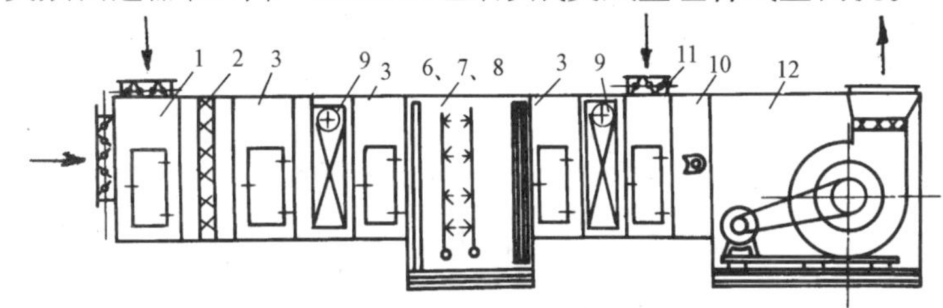

TW_2型(中速)TW_3型(高速)的组合示例(纺织型)图

图名	TW型空调机组安装	图号	KT2—03

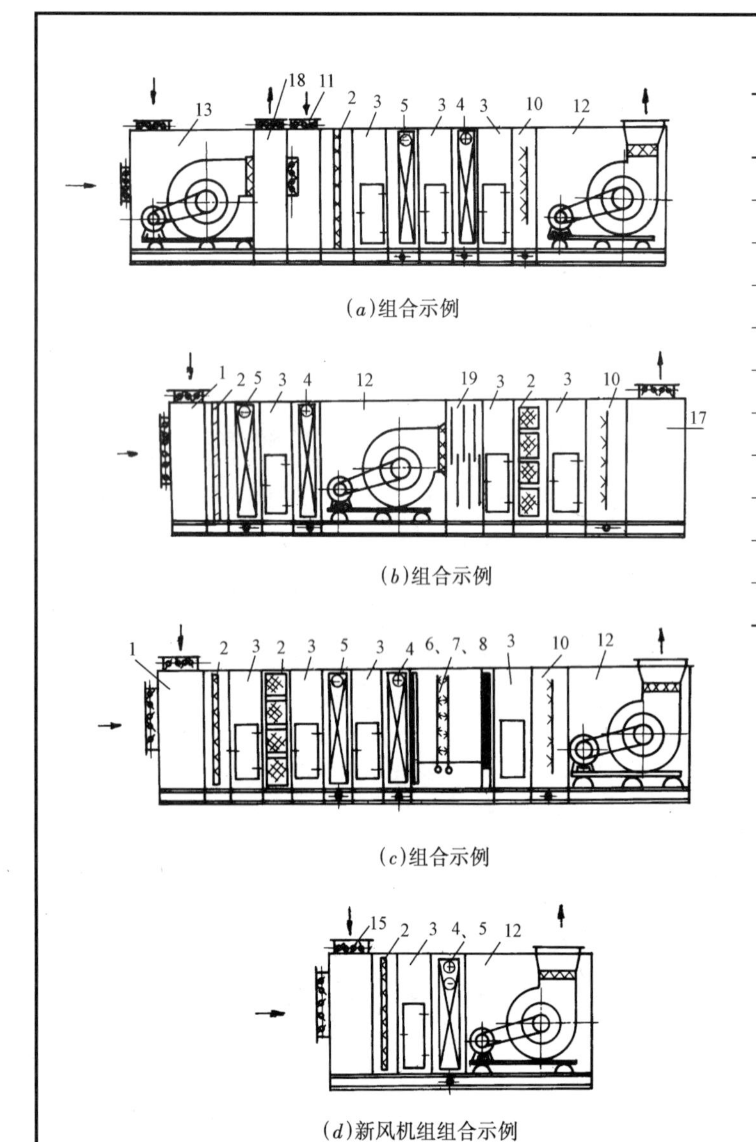

(a)组合示例

(b)组合示例

(c)组合示例

(d)新风机组组合示例

TW_1 型新回风混合段尺寸(mm)

规　　格	B	H	L	a	b	C	D	E	F
TW_1-10	1300	1550	840	1000	750	750	150	45	200
TW_1-15	1700	1950	840	1250	750	1050	225	45	200
TW_1-20	1700	1950	840	1250	750	1050	225	45	200
TW_1-30	2100	2350	840	1600	750	1200	250	45	200
TW_1-40	2500	2350	840	2000	750	1500	250	45	200
TW_1-50	2900	2750	1160	2400	1050	1500	250	55	200
TW_1-60	2900	2750	1160	2400	1050	1800	250	55	200
TW_1-70	2900	3150	1160	2400	1050	2400	250	55	200
TW_1-80	3300	3550	1160	2800	1050	2700	2500	55	200
TW_1-90	3300	3550	1160	2800	1050	2700	250	55	200
TW_1-100	3700	3550	1160	3200	1050	2700	250	55	200

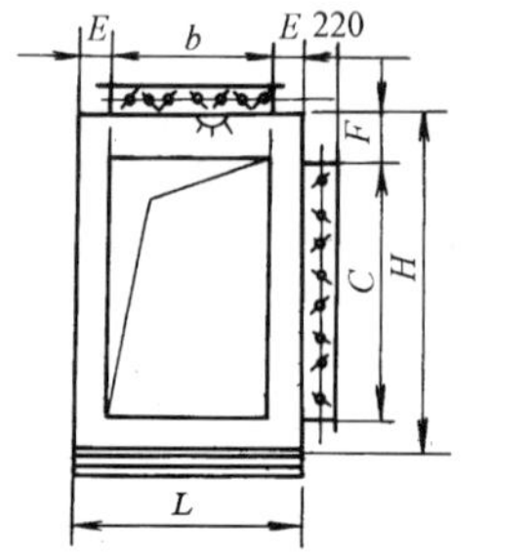

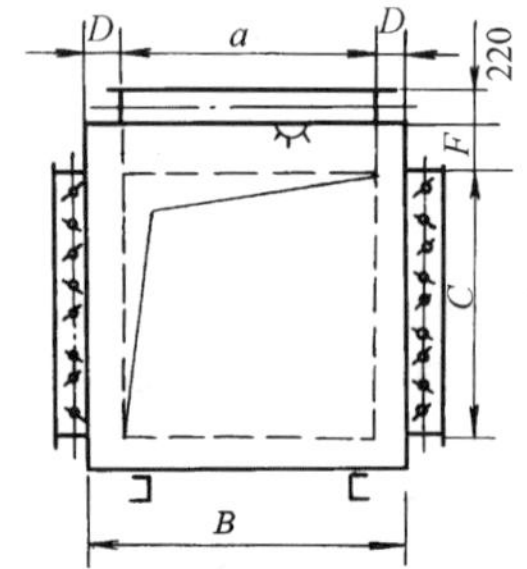

(e)新、回风混合段

上调节阀 $a \times b$;侧调节阀 $b \times C$;端调节阀 $a \times C$

图名	TW 型空调机组新、回风混合段安装(一)	图号	KT2—04(一)

TW_2 型新回风混合段尺寸表

规　　格	B	H	L	a	b	C	D	E	F
TW_2-10	1300	800	840	1000	750	600	150	45	50
TW_2-15	1300	1100	840	1000	750	900	150	45	50
TW_2-20	1700	1100	840	1200	750	900	250	45	50
TW_2-30	2100	1300	840	1600	750	1050	250	45	50
TW_2-40	2100	1700	1160	1600	1050	1200	250	55	50
TW_2-50	2500	2100	1160	2000	1050	1500	250	55	50
TW_2-60	2500	2100	1160	2000	1050	1500	250	55	50
TW_2-70	2500	2500	1160	2000	1050	2100	250	55	50
TW_2-80	2900	2500	1160	2400	1050	2100	250	55	50
TW_2-90	2900	2500	1160	2400	1050	2100	250	55	50
TW_2-100	3300	2500	1150	2800	1050	2100	250	55	50

TW_3 型新回风混合段尺寸表

规　　格	B	H	L	a	b	C	D	E	F
TW_3-10	1300	600	840	1000	750	450	150	45	50
TW_3-15	1300	900	840	1000	750	750	150	45	50
TW_3-20	1700	900	840	1400	750	750	150	45	50
TW_3-30	1700	1300	840	1400	750	1050	150	45	50
TW_3-40	2100	1300	1160	1600	1050	1050	250	55	50
TW_3-50	2500	1300	1160	2000	1050	1200	250	55	50
TW_3-60	2500	1700	1160	2000	1050	1500	250	55	50
TW_3-70	2500	2100	1160	2000	1050	1800	250	55	50
TW_3-80	2500	2100	1160	2200	1050	1800	150	55	50
TW_3-90	2900	2100	1160	2400	1050	1800	250	55	50
TW_3-100	2900	2500	1160	2400	1050	2100	250	55	50

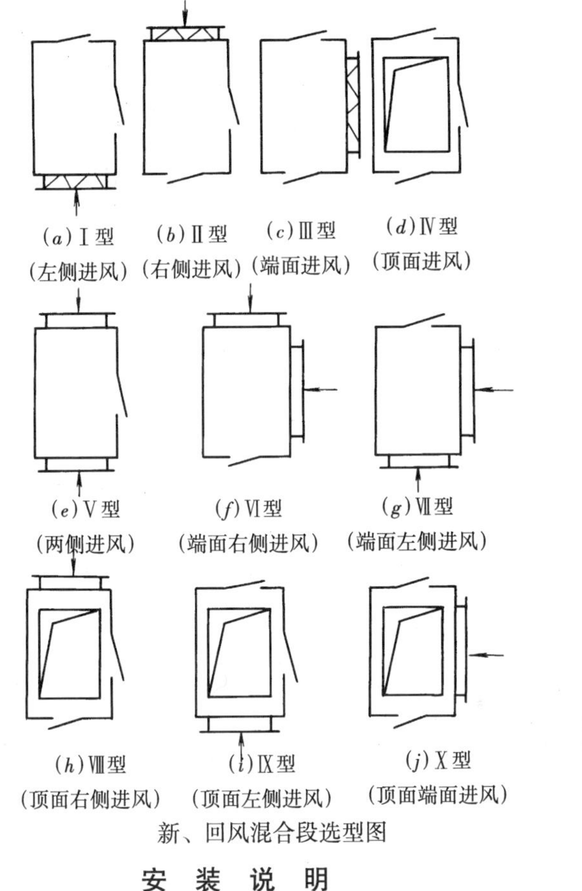

新、回风混合段选型图

安　装　说　明

1. 新回风段可有 10 种形式供用户选用。其中Ⅰ、Ⅱ、Ⅲ、Ⅳ型为全新风型或全回风型，其他为新风、回风混合型。

2. 新回风段只配装一个检查门，设计人员和用户可根据安装场地条件选定密封检查门的位置。

图名	TW 型空调机组新、回风混合段安装(二)	图号	KT2—04(二)

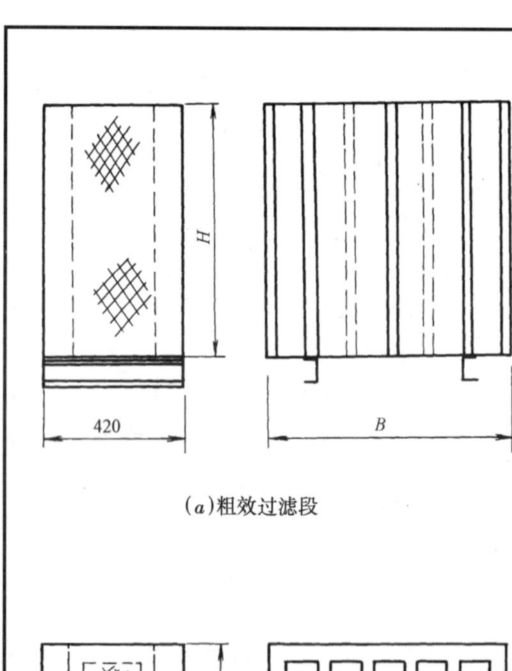

(a)粗效过滤段

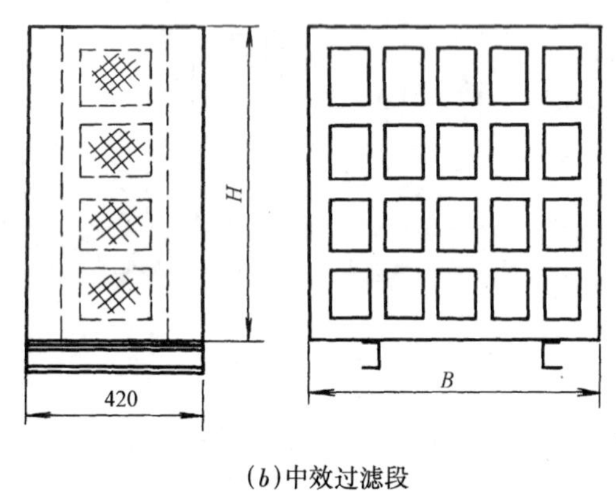

(b)中效过滤段

粗效、中效过滤段规格数量与技术性能表

型号			10	15	20	30	40	50	60	70	80	90	100
额定风量(m^3/h)			10000	15000	20000	30000	40000	50000	60000	70000	80000	90000	100000
过滤段尺寸(mm)	TW_1	B	1300	1700	1700	2100	2500	2900	2900	2900	3300	3300	3700
		H	1550	1950	1950	2350	2350	2750	2750	3150	3550	3550	3550
	TW_2	B	1300	1300	1700	2100	2100	2500	2500	2500	2900	2900	3300
		H	800	1100	1100	1200	1700	2100	2100	2500	2500	2500	2500
	TW_3	B	1300	1300	1700	1700	2100	2500	2500	2500	2500	2900	2900
		H	600	900	900	1300	1300	1300	1700	2100	2100	2100	2500
过滤器形式	粗效		折幅式,袋式										
	中效		袋式,展开面积≈1.44m^2/袋										
过滤器数量	TW_1	粗效(m^2)	1.92	3.84	3.84	6.40	7.68	11.20	11.20	13.44	17.92	17.92	20.16
		中效 袋数	9	12	12	16	20	25	25	30	42	42	48
		中效(m^2)	2.48	4.97	4.97	8.28	9.94	14.49	14.49	17.39	23.18	23.18	26.08
	TW_2	粗效(m^2)	1.68	2.40	3.20	4.80	6.40	9.60	9.60	11.20	13.44	13.44	15.36
		中效 袋数	4	4	6	8	12	20	20	25	30	30	42
		中效(m^2)	2.48	2.48	3.31	6.21	8.28	12.42	12.42	14.49	17.39	17.39	19.81
	TW_3	粗效(m^2)	1.44	2.16	2.80	3.84	4.80	5.76	7.68	9.60	9.60	11.20	12.80
		中效 袋数	4	4	6	6	8	10	15	20	20	24	24
		中效(m^2)	2.00	2.48	3.31	4.97	6.21	7.45	9.94	12.42	12.42	14.49	16.36
过滤材料	粗效		纤维性滤料 TL-C-01-04 或 16~20 目金属网										
	中效		纤维性滤料 TL-Z-13										
过滤效率	粗效		>5μm60%~90%,>2μm30%~60%										
	中效		>5μm75%~90%,>2μm55%~75%,>1μm25%~75%										
过滤阻力	粗效		初阻力:40~50Pa,终阻力:250Pa										
	中效		初阻力:50~60Pa,终阻力:250Pa										

图名	TW 型空调机组粗、中效过滤器安装	图号	KT2—05

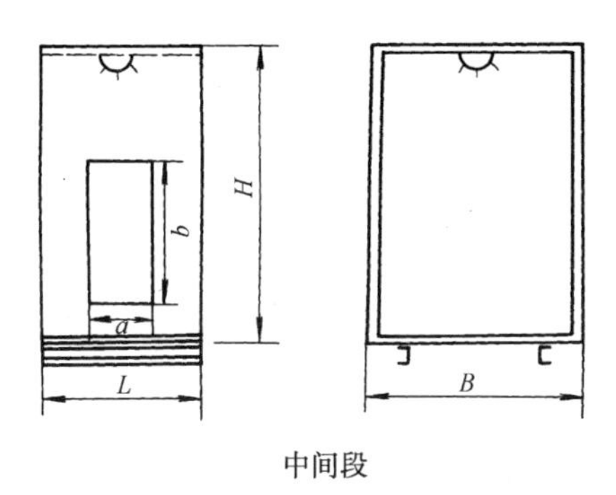

中间段

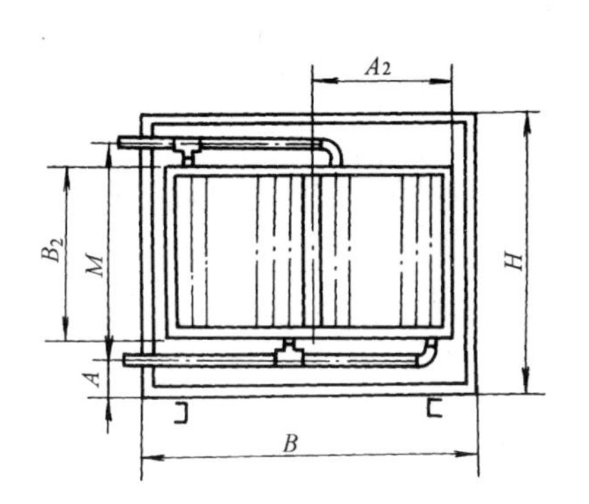

(a)TW_1 加热段，单层二排

中间段尺寸表(mm)

型号		10	15	20	30	40	50	60	70	80	90	100
TW_1	B	1300	1700	1700	2100	2500	2900	2900	2900	3300	3300	3700
	H	1550	1950	1950	2350	2350	2750	2750	3150	3550	3550	3550
TW_2	B	1300	1300	1700	2100	2100	2500	2500	2500	2900	2900	3300
	H	800	1100	1100	1300	1700	2100	2100	2500	2500	2500	2500
TW_3	B	1300	1300	1700	1700	2100	2500	2500	2500	2500	2900	2900
	H	600	900	900	1300	1300	1300	1700	2100	2100	2100	2500
L		600	600	600	600	760	760	760	920	920	920	920
a		400	400	400	400	500	500	500	800	800	800	800
b		600	600	600	800	1200	1200	1200	1600	1600	1600	1800

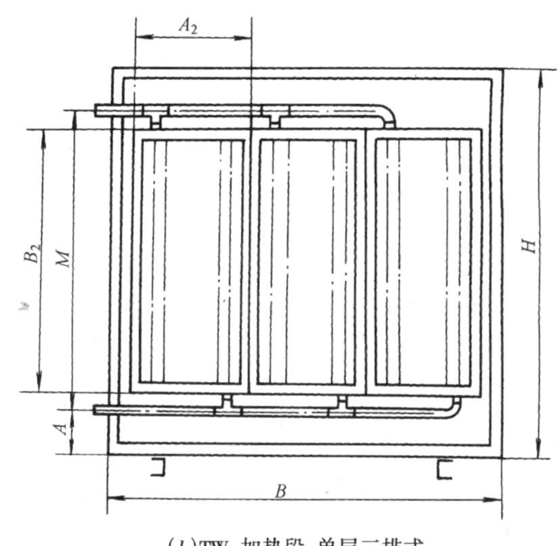

(b)TW_1 加热段，单层三排式

翅片管加热段[尺寸见 KT2—9(一)]

图名	TW 型空调机组中间段安装	图号	KT2—06

SRZ型翅片管加热器主要技术参数

型号	散热面积 (m^2)	通风净截面积 (m^2)	热介质通过截面积 (m^2)	管排数 (排)	螺旋翅片管根数(根)	连接管公称直径 DN	尺寸 (mm)			
							A	A_2	B	B_2
SRZ24×7D	57.71	1.027	0.0063	3	33	65	707	782	2402	2468
SRZ24×7Z	53.68	1.040								
SRZ24×7X	41.55	1.061								
SRZ28×8D	92.82	1.407	0.0072	3	37	65	833	903	2802	2868
SRZ28×8Z	80.43	1.426								
SRZ28×8X	56.95	1.454								
SRZ28×9D	102.39	1.552	0.0080	3	43	65	917	992	2802	2868
SRZ29×9Z	88.72	1.573								
SRZ28×9X	62.81	1.604								
SRZ20×10D	112.35	1.703	0.0089	3	47	65	1001	1076	2802	2868
SRZ28×10Z	97.35	1.726								
SRZ28×10X	68.92	1.759								

型号	散热面积 (m^2)	通风净截面积 (m^2)	热介质通过截面积 (m^2)	管排数 (排)	螺旋翅片管根数(根)	连接管公称直径 DN	尺寸 (mm)			
							A	A_2	B	B_2
SRZ10×5D	19.92	0.302	0.0043	3	23	32	497	572	1001	1067
SRZ10×5Z	17.26	0.306								
SRZ10×5X	12.22	0.312								
SRZ10×7D	28.59	0.450	0.0063	3	33	50	717.5	782	1001	1067
SRZ10×7Z	24.77	0.456								
SRZ10×7X	17.55	0.464								
SRZ12×7D	35.67	0.563							1250	1316
SRZ17×7D	49.90	0.788	0.0063	3	33	65			1750	1816
SRZ17×7Z	43.21	0.797								
SRZ17×7X	30.58	0.812								
SRZ22×7D	52.75	0.991							2202	2268
SRZ17×10D	71.06	1.072	0.0089	3	47	65	1001	1076	1750	1816
SRZ17×10Z	61.54	1.085								
SRZ17×10X	43.56	1.106								
SRZ20×10D	81.27	1.226							2002	2068

图名	TW型空调机组翅片管加热段安装	图号	KT2—07

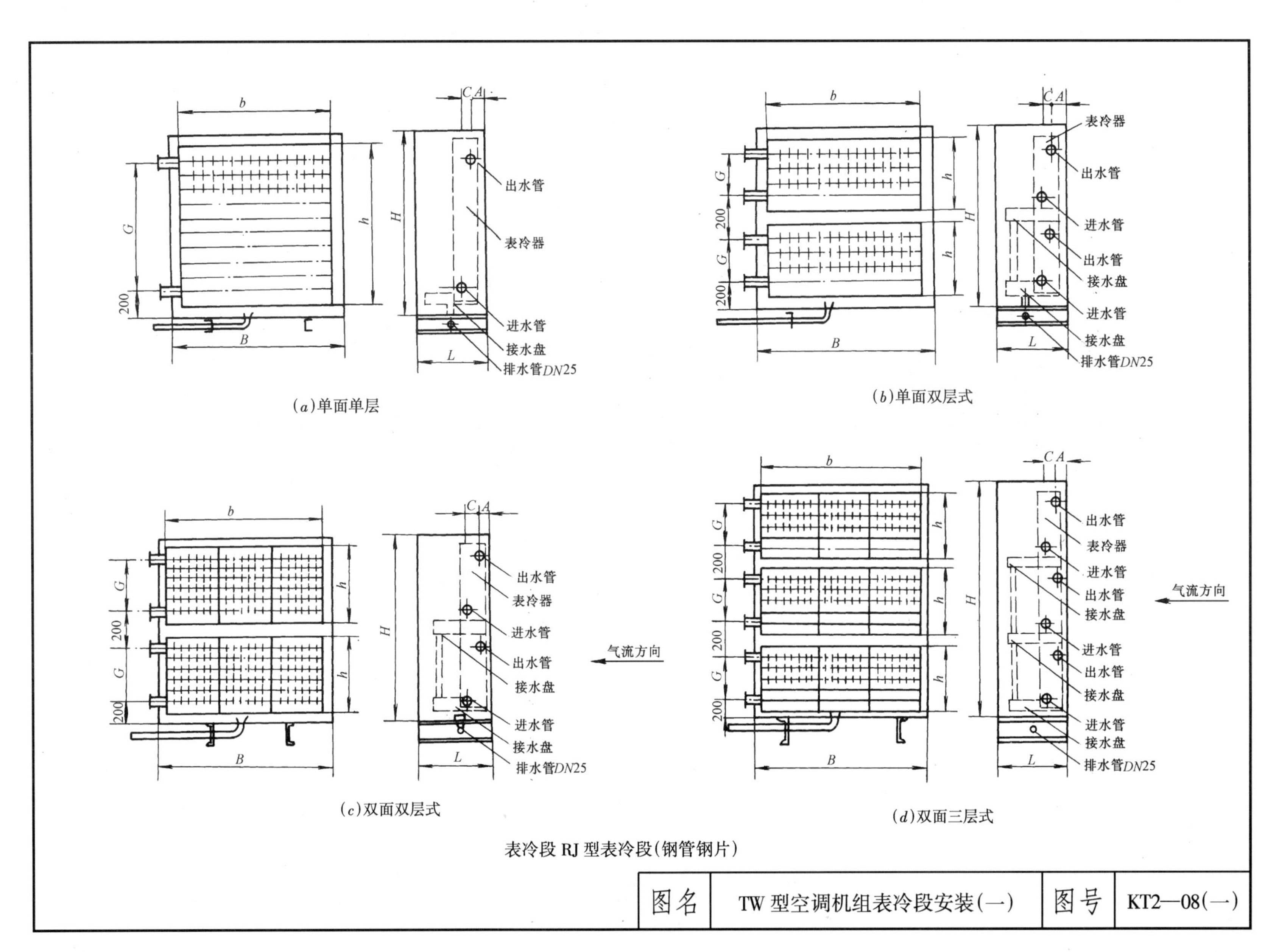
b
C A
H
h
G
200
B
L
出水管
表冷器
进水管
接水盘
排水管DN25
(a)单面单层
(b)单面双层式
气流方向
(c)双面双层式
(d)双面三层式
表冷段 RJ 型表冷段(钢管钢片)
图名
TW 型空调机组表冷段安装(一)
图号
KT2—08(一)

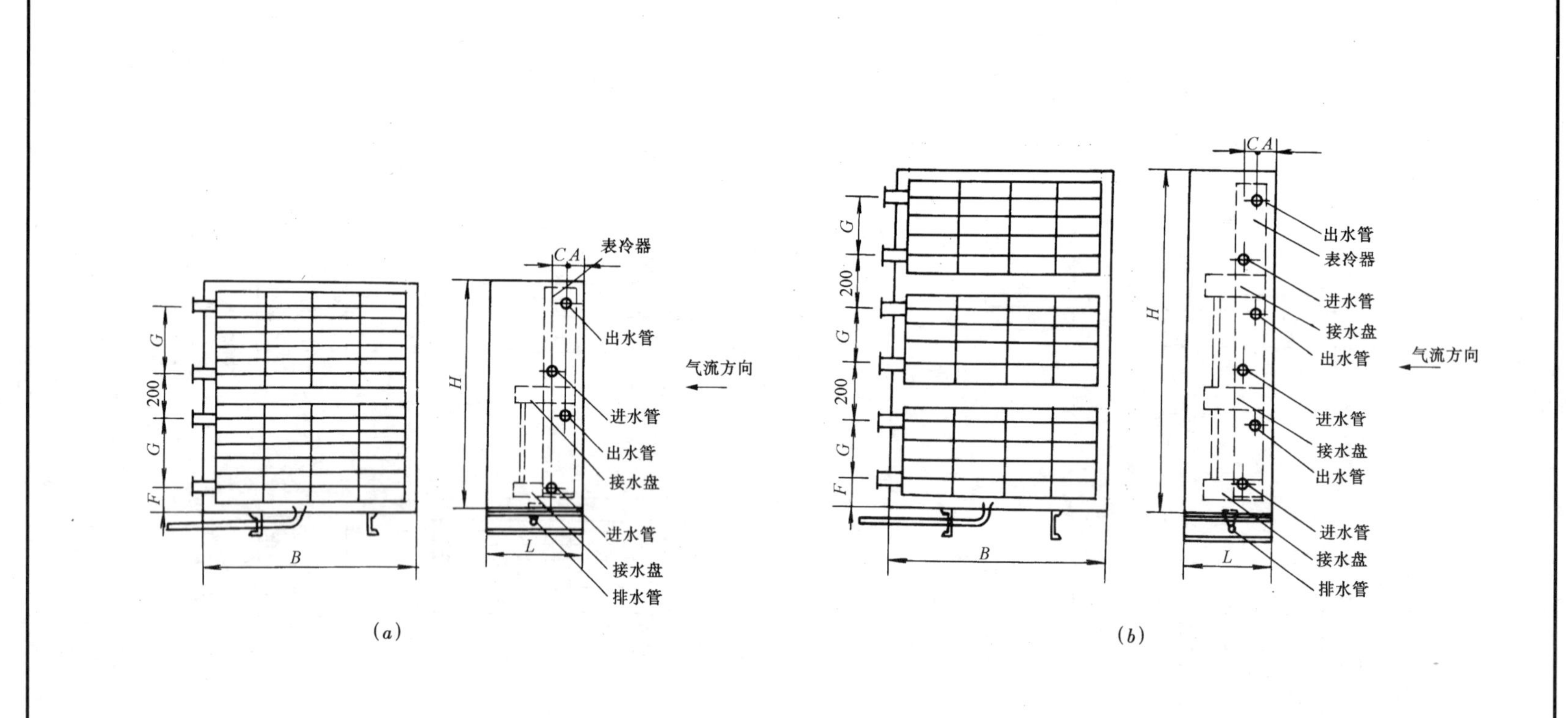

水表冷段 CR 型($\phi16\times0.5$ 铜管串铝片,两次翻边)

图名	TW 型空调机组表冷段安装(二)	图号	KT2—08(二)

TW 型 CR 型表冷段规格尺寸表(图 a)

空调机型号 TW_1				10	15	20	30	40
箱体	尺寸表(mm)	B		1300	1700	1700	2100	2500
		H		1550	1950	1950	2350	2350
		L		760	760	760	760	760
		A		150	150	150	150	150
		C	四排	110	110	110	110	110
			六排	180	180	180	180	180
		F		200	200	200	200	200
		G		1050	625	625	825	825
进水管管径 DN				40	40	40	50	70
出水管管径 DN				40	40	40	50	70
排水管管径 DN				25	25	25	25	25
表冷器数量 只				1	2	2	2	2

TW 型 CR 型表冷段规格尺寸表(图 b)

空调机型号 TW_1				50	60	70	80	90	100
箱体	尺寸表(mm)	B		2900	2900	2900	3300	3300	3700
		H		2750	2750	3150	3550	3550	3550
		L		760	760	760	820	820	820
		A		150	150	150	150	150	150
		C	四排	110	110	110	110	110	110
			六排	180	180	180	180	180	180
		F		200	200	200	200	200	200
		G		1025	1025	1225	883	883	883
进水管管径 DN				70	80	80	100	100	100
出水管管径 DN				70	80	80	100	100	100
排水管管径 DN				25	25	25	25	25	25
表冷器数量	只			2	2	2	3	3	3

注:本表仅适用于 4 排 6 排表冷器,如选用 8 排表冷器时 L 应改为 920。

TW_1 型 RJ 型表冷段规格尺寸表

型号	额定风量 (m^3/h)	外形尺寸(mm)			表冷器型号	进出水方式	b	h	C				G	A	表冷器数量	进出管直径 DN
		宽 B	高 H	长 L					2 排	4 排	6 排	8 排				
TW_1-10	10000	1300	1550	760	RJ-8×10	单面单层式	1100	1200	60	160	310	410	1000	140	1	50
TW_1-15	15000	1700	1950	760	RJ-11×7	单面双层式	1400	800	60	160	310	410	600	140	2	50
TW_1-20	20000	1700	1950	760	RJ-11×7	单面双层式	1400	800	60	160	310	410	600	140	2	50
TW_1-30	30000	2100	2350	760	RJ-15×9	单面双层式	1800	1000	60	160	310	410	800	140	2	50
TW_1-40	40000	2500	2350	760	RJ-19×9	单面双层式	2200	1000	60	160	310	410	800	140	2	50
TW_1-50	50000	2900	2750	760	RJ-21×11	双面三层式	2400	1200	60	160	310	410	1000	140	2	50
TW_1-60	60000	2900	2750	760	RJ-21×11	双面三层式	2400	1200	60	160	310	410	1000	140	2	50
TW_1-70	70000	2900	3150	760	RJ-23×11	双面三层式	2600	1200	60	160	310	410	1000	140	2	50
TW_1-80	80000	3300	3550	820	RJ-25×9	双面三层式	2800	1080	60	160	310	410	880	140	3	50
TW_1-90	90000	3300	3550	820	RJ-25×9	双面三层式	2800	1080	60	160	310	410	880	140	3	50
TW_1-100	100000	370	3550	820	RJ-28×9	双面三层式	3200	1080	60	160	310	410	880	140	3	50

注:1. 表冷器采用 RJ 型冷热交换器定型产品,安装于 TW_1 型组装式空调器上(同时也可以做加热用)。

2. 表冷器设计有 2 排,4 排,6 排和 8 排 4 种,并有单面单层式和双面双层式可供选用。

3. 用 8 排表冷器时 L 应改 920。

图名	TW 型空调机组表冷段安装(三)	图号	KT2—08(三)

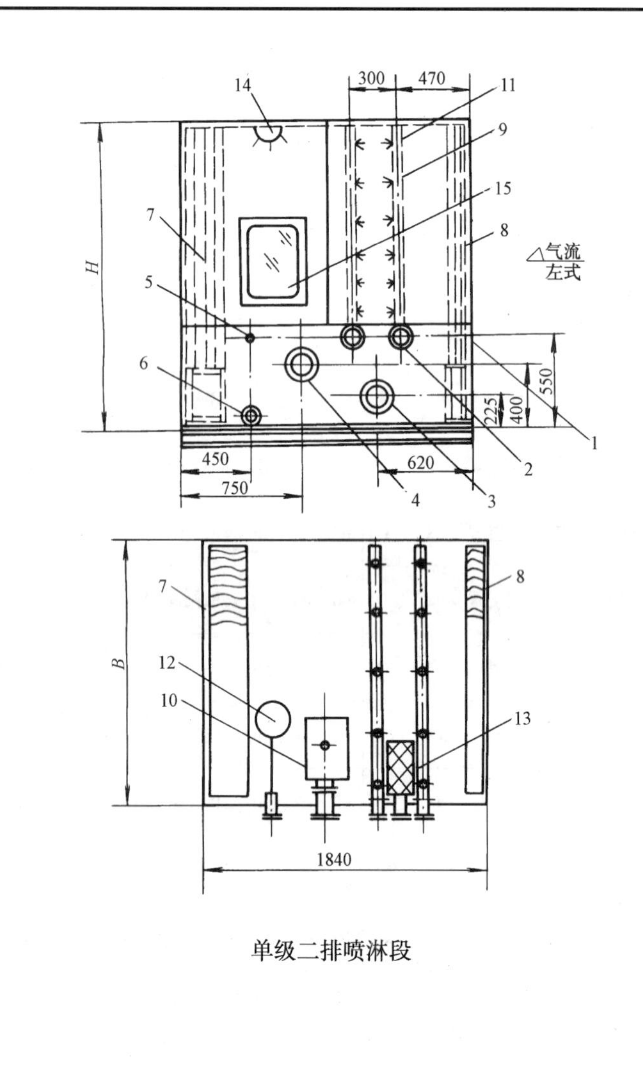

单级二排喷淋段

TW_1 型翅片管加热段规格尺寸表

型 号	额定风量 (m^3/h)	外形尺寸(mm)			SRZ 加热器(mm)						装配方式
		宽 B	高 H	长 L	型 号	宽 A_2	高 B_2	M	A	数量	
TW_1-10	10000	1300	1550	600	SRZ10×5	572	1067	1157	200	2	单层二排
TW_1-15	15000	1700	1950	600	SRZ12×7	782	1316	1406	200	2	单层二排
TW_1-20	20000	1700	1950	600	SRZ12×7	782	1316	1405	200	2	单层二排
TW_1-30	30000	2100	2350	600	SRZ17×7	782	1816	1906	175	2	单层二排
TW_1-40	40000	2500	2350	600	SRZ17×10	1076	1816	1906	175	2	单层二排
TW_1-50	50000	2900	2750	600	SRZ22×7	782	2268	2358	150	3	单层三排
TW_1-60	60000	2900	2750	600	SRZ22×7	782	2268	2358	150	3	单层三排
TW_1-70	70000	2900	3150	600	SRZ24×7	782	2468	2558	200	3	单层三排
TW_1-80	80000	3300	3550	760	SRZ28×8	908	2868	2958	200	3	单层三排
TW_1-90	90000	3300	3550	760	SRZ28×9	992	2868	2958	200	3	单层三排
TW_1-100	100000	3700	3550	760	SRZ28×10	1076	2868	2958	200	3	单层三排

序号	1	2	3	4	5	6	7	8	9	10	11	12	13	14	15
名称	箱体	喷水管	吸水管	溢回水管	补水管	排水管	后挡水板	前挡水板	喷淋排管	溢水器	喷嘴	浮球阀	滤水网	照明灯	密封门
备注	金属						塑料	塑料		钢制	FL型	d_4	钢网	36V 40W	钢制

图名	TW 型空调机组单级二排喷淋段安装(一)	图号	KT2—09(一)

TW_1 单级二排喷淋段

空调机型号		10	15	20	30	40	50	60	70	80	90	100
箱体尺寸表（mm）	*B*	1300	1700	1700	2100	2500	2900	2900	2900	3300	3300	3700
	H	1550	1950	1950	2350	2350	2750	2750	3150	3550	3550	3550
喷淋方式		一顺一逆										
水槽容积(m^3)		1.25	1.67	1.67	2.09	2.50	2.92	2.92	2.92	3.34	3.34	3.34
喷水管 *DN*		50	50	70	70	80	80	100	100	100	100	100
吸水管 *DN*		70	70	80	80	100	100	125	125	125	125	125
溢回水管 *DN*		80	80	100	100	125	125	150	150	150	150	150
补水管 *DN*		20	20	20	20	25	25	25	32	32	40	40
排水管 *DN*		40	40	50	50	50	50	70	70	70	70	70

TW_2 单级二排喷淋段

空调机型号		10	15	20	30	40	50	60	70	80	90	100
箱体尺寸表（mm）	*B*	1300	1300	1700	2100	2100	2500	2500	2500	2900	2900	3300
	H	1450	1750	1750	1950	2350	2750	2750	3150	3150	3150	3150
喷淋方式		一顺一逆										
水槽容积(m^3)		1.25	1.25	1.57	2.09	2.09	2.50	2.50	2.50	2.92	2.92	3.34
喷水管 *DN*		50	50	70	70	80	80	100	100	100	100	100
吸水管 *DN*		70	70	80	80	100	100	125	125	125	125	125
溢回水管 *DN*		80	80	100	100	125	125	150	150	150	150	150
补水管 *DN*		20	20	20	20	25	25	25	32	32	40	40
排水管 *DN*		40	40	50	50	50	50	70	70	70	70	70

TW_3 单级二排喷淋段

空调机型号		10	15	20	30	40	50	60	70	80	90	100
箱体尺寸表（mm）	*B*	1300	1300	1700	1700	2100	2500	2500	2500	2500	2900	2900
	H	1250	1550	1550	1950	1950	1950	2350	2750	2750	2750	3150
喷淋方式		一顺一逆										
水槽容积(m^3)		1.25	1.25	1.67	1.67	2.09	2.50	2.50	2.50	2.50	2.92	2.92
喷水管 *DN*		50	50	70	70	80	80	100	100	100	100	100
吸水管 *DN*		70	70	80	80	100	100	125	125	125	125	125
溢回水管 *DN*		80	80	100	100	125	125	150	150	150	150	150
补水管 *DN*		20	20	20	20	25	25	25	32	32	40	40
排水管 *DN*		40	40	50	50	50	70	70	70	70	70	70

TW_1 单级喷淋段技术性能表

技术性能			单级二排喷淋段（FL 喷嘴一顺一逆）										
空调机型号			10	15	20	30	40	50	60	70	80	90	100
喷嘴数	（个/m^2）	26	54	104	104	170	204	294	294	350	464	464	522
立管根数	（个/m^2）	26	6	8	8	10	12	14	14	14	16	16	18
喷嘴直径			$d=3\sim6$mm										
喷水量	（t/h）		8～27	15～50	15～50	25～80	30～85	45～100	45～100	50～120	70～120	80～140	90～160

图名	TW 型空调机组单级二排喷淋段安装（二）	图号	KT2—09（二）

序号	1	2	3	4	5	6	7	8	9	10	11	12	13	14	15
名称	箱体	喷水管	吸水管	溢回水管	补水管	排水管	后挡水板	前挡水板	喷淋排管	溢水器	喷嘴	浮球阀	滤水网	照明灯	密封门
备注	金属						塑料	塑料		钢制	FL型		钢网	36V 40W	钢制

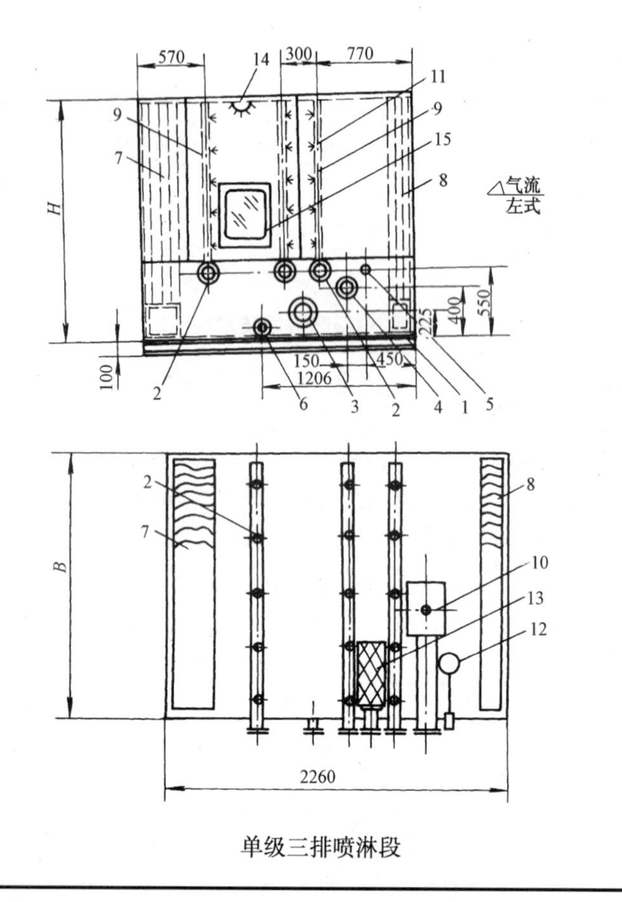

单级三排喷淋段

TW_1 单级三排喷淋段

空调机型号		10	15	20	30	40	50	60	70	80	90	100
箱体尺寸表(mm)	*B*	1300	1700	1700	2100	2500	2900	2900	2900	3300	3300	3700
	H	1550	1950	1950	2350	2350	2750	2750	3150	3550	3550	3550
喷淋方式		一顺二逆										
水槽容积(m^3)		1.55	2.07	2.07	2.59	3.11	3.62	3.62	3.62	4.14	4.14	4.14
喷水管 *DN*		70	70	70	70	80	80	100	100	100	100	100
吸水管 *DN*		80	80	80	80	100	100	125	125	125	125	125
溢回水管 *DN*		80	80	100	100	125	125	150	150	150	150	150
补水管 *DN*		20	20	20	20	25	25	25	32	32	40	40
排水管 *DN*		40	40	50	50	50	50	70	70	70	70	70
重量(不充水)(kg)		1580	1960	1960	2390	2670	3120	3120	3420	3940	3940	3940

TW_2 单级三排喷淋段

空调机型号		10	15	20	30	40	50	60	70	80	90	100
箱体尺寸表(mm)	*B*	1300	1300	1700	2100	2100	2500	2500	2500	2900	2900	3300
	H	1450	1750	1750	1950	2350	2750	2750	3150	3150	3150	3150
喷淋方式		一顺二逆										
水槽容积(m^3)		1.55	1.55	2.07	2.59	2.59	3.11	3.11	3.11	3.62	3.62	4.14
喷水管 *DN*		70	70	70	70	80	80	100	100	100	100	100
吸水管 *DN*		80	80	80	80	100	100	125	125	125	125	125
溢回水管 *DN*		80	80	100	100	125	125	150	150	150	150	150
补水管 *DN*		20	20	20	20	25	25	25	32	32	40	40
排水管 *DN*		40	40	50	50	50	50	70	70	70	70	70
重量(不充水)(kg)		1410	1680	1700	2030	2140	2740	2740	2920	3160	3160	3420

图名	TW 型空调机组单级三排喷淋段安装(一)	图号	KT2—10(一)

TW_3 单级三排喷淋段

空调机型号		10	15	20	30	40	50	60	70	80	90	100
箱体尺寸表(mm)	*B*	1300	1300	1700	1700	2100	2500	2500	2500	2500	2900	2900
	H	1250	1550	1550	1950	1950	1950	2350	2750	2750	2750	3150
喷淋方式		一顺二逆										
水槽容积(m^3)		1.55	1.55	2.07	2.07	2.59	3.11	3.11	3.11	3.11	3.62	3.62
喷水管 *DN*		70	70	70	70	80	80	100	100	100	100	100
吸水管 *DN*		80	80	80	80	100	100	125	125	125	125	125
溢回水管 *DN*		80	80	100	100	125	125	150	150	150	150	150
补水管 *DN*		20	20	20	20	25	25	25	32	32	40	40
排水管 *DN*		40	40	50	50	50	70	70	70	70	70	70
重量(不充水)(kg)		1280	1490	1640	1810	2030	2370	2480	2740	2740	2960	3160

TW_1 单级三排喷淋段技术性能表

技术性能	单级三排喷淋段(喷嘴一顺二逆)										
空调机型号	10	15	20	30	40	50	60	70	80	90	100
喷嘴数(个/m^2)	81	156	156	255	306	441	441	525	696	696	783
立管根数(个/m^2)	9	12	12	15	18	21	21	21	24	24	27
喷嘴直径	$d=3\sim6$mm										
喷水量(t/h)	12~36	20~60	20~60	40~80	45~80	60~100	60~100	70~120	80~120	90~140	90~160

TW_2 单级三排喷淋段技术性能表

技术性能	单级三排喷淋段(FL 喷嘴一顺二逆)										
空调机型号	10	15	20	30	40	50	60	70	80	90	100
喷嘴数(个/m^2)	72	108	144	195	255	378	378	441	525	525	600
立管根数(个/m^2)	9	9	12	15	15	18	18	21	21	21	24
喷嘴直径	$d=3\sim6$mm										
喷水量(t/h)	12~36	15~50	20~65	25~80	40~80	50~100	50~100	60~120	60~120	60~120	80~140

TW_3 单级三排喷淋段技术性能表

技术性能	单级三排喷淋段(FL 喷嘴一顺二逆)										
空调机型号	10	15	20	30	40	50	60	70	80	90	100
喷嘴数(个/m^2)	45	81	108	156	195	234	306	378	378	441	525
立管根数(个/m^2)	9	9	12	12	15	18	18	18	18	21	21
喷嘴直径	$d=3\sim6$mm										
喷水量(t/h)	7~24	12~36	15~50	20~60	25~80	30~80	40~100	60~120	60~120	60~120	80~140

图名	TW 型空调机组单级三排喷淋段安装(二)	图号	KT2—10(二)

序号	1	2	3	4	5	6	7	8	9	10	11	12	13	14	15
名称	箱体	喷水管	吸水管	溢回水管	补水管	排水管	后挡水板	前挡水板	喷淋排管	溢水器	喷嘴	浮球阀	滤水网	照明灯	密封门
备注	金属						塑料	塑料		钢制	FL型		铜网	36V 40W	钢制

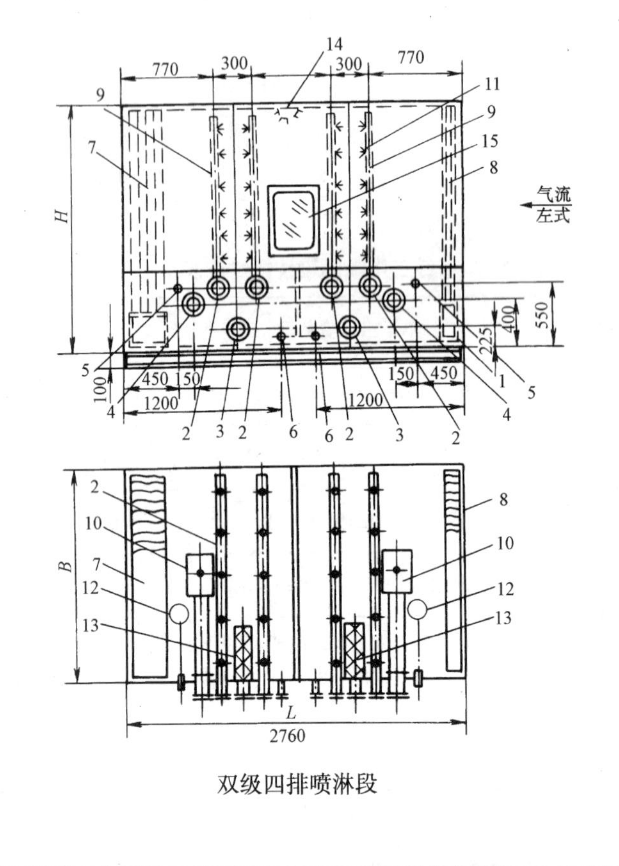

双级四排喷淋段

TW_1 双级四排喷淋段

空调机型号		10	15	20	30	40	50	60	70	80	90	100
箱体尺寸表(mm)	B	1300	1700	1700	2100	2500	2900	2900	2900	3300	3300	3700
	H	1550	1950	1950	2350	2350	2750	2750	3150	3550	3550	3550
喷淋方式		二顺二逆										
水槽容积(m^3)		1.91	2.55	2.55	3.19	3.83	4.47	4.47	4.47	5.10	5.10	5.10
喷水管 DN		50	50	70	70	80	80	100	100	100	100	100
吸水管 DN		70	70	80	80	100	100	125	125	125	125	125
溢回水管 DN		80	80	100	100	125	125	150	150	150	150	150
补水管 DN		20	20	20	20	25	25	25	32	32	40	40
排水管 DN		40	40	50	50	50	70	70	70	70	70	70
重量(不充水)(kg)		1820	2150	2150	2520	2770	3360	3360	3720	4410	4410	4410

TW_2 双级四排喷淋段

空调机型号		10	15	20	30	40	50	60	70	80	90	100
箱体尺寸表(mm)	B	1300	1300	1700	2100	2100	2500	2500	2500	2900	2900	3300
	H	1450	1750	1750	1950	2350	2750	2750	3150	3150	3150	3150
喷淋方式		二顺二逆										
水槽容积(m^3)		1.91	1.91	2.55	3.19	3.19	3.83	3.83	3.83	4.47	4.47	5.10
喷水管 DN		50	50	70	70	80	80	100	100	100	100	100
吸水管 DN		70	70	80	80	100	100	125	125	125	125	125
溢回水管 DN		80	80	100	100	125	125	150	150	150	150	150
补水管 DN		20	20	20	20	25	25	25	32	32	40	40
排水管 DN		40	40	50	50	50	70	70	70	70	70	70
重量(不充水)(kg)		1760	1970	2130	2320	2520	3070	3070	3380	3720	3720	4120

图名	TW型空调机组双级四排喷淋段安装	图号	KT2—11

TW_3 双级四排喷淋段

空调机型号		10	15	20	30	40	50	60	70	80	90	100
箱体尺寸表（mm）	*B*	1300	1300	1700	1700	2100	2500	2500	2500	2500	2900	2900
	H	1250	1550	1550	1950	1950	1950	2350	2750	2750	2750	3150
喷淋方式		二顺二逆										
水槽容积（m^3）		1.91	1.91	2.55	2.55	3.19	3.83	3.83	3.83	3.83	4.47	4.47
喷水管 *DN*		50	50	70	70	80	80	100	100	100	100	100
吸水管 *DN*		70	70	80	80	100	100	125	125	125	125	125
溢回水管 *DN*		80	80	100	100	125	125	150	150	150	150	150
补水管 *DN*		20	20	20	20	25	25	25	32	32	40	40
排水管 *DN*		40	40	50	50	50	50	70	70	70	70	70
重量（不充水）（kg）		1640	1820	2020	2150	2320	2510	2770	3070	3070	3360	3720

FL 型喷嘴性能表

孔径（mm）	2			3			4			5			6		
性能 / 压力（Pa）	水量（kg/h）	喷射锥角（°）	射程（m）	水量（kg/h）	喷射锥角（°）	射程（m）	水量（kg/h）	喷射锥角（°）	射程（m）	水量（kg/h）	喷射锥角（°）	射程（m）	水量（kg/h）	喷射锥角（°）	射程（m）
0.1	74	74	0.65	125	91	0.66	213	92	0.70	280	94	0.95	320	95	1.05
0.15	88	76	0.75	153	93	0.76	259	94	0.85	335	95	1.15	390	96	1.25
0.2	104	79	0.08	178	95	0.82	290	96	1.00	380	97	1.30	450	100	1.45
0.25	117	81	0.90	197	97	0.95	320	98	1.25	420	100	1.50	500	102	1.60
0.3	130	83	1.05	214	98	1.10	350	99	1.35	465	102	1.60	540	104	1.80

注：高效节能防堵喷淋段采用专利产品 PY-1 型高效防堵喷嘴，喷孔直径大（8mm）雾化角大（120°～135°），雾化状况好，喷水压力小（0.05～0.15MPa）在 0.15MPa 的压力下，每个喷嘴的喷水量 800kg/h，冷水温升高（9～10℃），喷嘴不易堵塞，因而具有高效节能的优良特性。

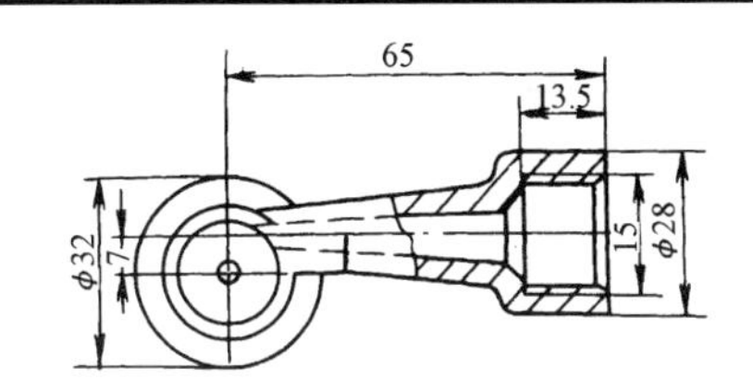

FL 喷嘴外形尺寸

型号		10	15	20	30	40	50	60	70	80	90	100
额定量（m^3/h）		10000	15000	20000	30000	40000	50000	60000	70000	80000	90000	100000
外形尺寸（mm）	宽 *B*	1300	1300	1700	1700	2100	2500	2500	2500	2500	2900	2900
	高 *H*	1250	1550	1550	1950	1950	1950	2350	2750	2750	2750	3150
喷淋方式		二排对喷（一顺一逆）										
喷嘴型号		FL 型，φ3 喷孔										
喷淋管数	每排管数	3	3	4	4	5	6	6	6	6	7	7
	总管数	6	6	8	8	10	12	12	12	12	14	14
喷嘴数量（只）		30	54	72	104	130	156	204	252	252	294	350
喷嘴密度〔只/（m^2·排）〕		25	28	28	27	27	27.4	26.6	26.3	26.3	26.3	26
迎风断面积（m^2）		0.6	0.96	1.28	1.92	2.40	2.85	3.84	4.80	4.80	5.60	6.72
接管法兰公称直径（mm）	喷水管	50	50	80	80	80	80	80	80	100	100	100
	溢回水管	100	100	100	100	125	125	125	125	150	150	150
	吸水管	50	50	80	80	80	80	80	80	100	100	100
	排水管	40	40	40	40	50	50	50	50	80	80	80
	补水管	25	25	25	25	40	40	40	40	50	50	50

图名	TW 型空调机组 LF（PY－1）型喷嘴安装	图号	KT2—12

TW_1 型光管加热段规格尺寸表

型号 \ 规格尺寸	外形尺寸(mm)			光管加热器规格							相关尺寸(mm)		
	B	H	L	立管直径	排数	根数	联管直径	排水管直径	散热面积(m^2)	流通面积(m^2)	b	h_1	h_2
TW_1-10	1300	1550		ϕ32	2	12×2	ϕ80	ϕ27	5	0.755	1000	1250	150
TW_1-15	1700	1950		ϕ32	2	18×2	ϕ80	ϕ27	9.2	1.57	1400	1650	150
TW_1-20	1700	1950		ϕ32	2	18×2	ϕ80	ϕ27	9.2	1.57	1400	1650	150
TW_1-30	2100	2350		ϕ32	2	24×2	ϕ80	ϕ27	14.78	2.07	1800	2050	150
TW_1-40	2500	2350		ϕ32	2	30×2	ϕ80	ϕ27	18.04	2.48	2200	2050	150
TW_1-50	2900	2750		ϕ32	2	36×2	ϕ108	ϕ27	25.48	3.95	2600	2450	150
TW_1-60	2900	2750		ϕ32	2	36×2	ϕ108	ϕ32	25.48	3.95	2600	2450	150
TW_1-70	2900	3150		ϕ32	2	36×2	ϕ108	ϕ32	29.64	4.02	2600	2850	150
TW_1-80	3300	3550		ϕ32	2	40×2	ϕ108	ϕ32	34.2	5.36	3000	3250	150
TW_1-90	3300	3550		ϕ32	2	40×2	ϕ108	ϕ32	39	5.36	3000	3250	150
TW_1-100	3700	3550		ϕ32	2	44×2	ϕ108	ϕ32	44.2	6.34	3400	3250	150

注:L 尺寸:如选一排 $L=380$mm,两排 $L=420$mm,三排 $L=600$mm。

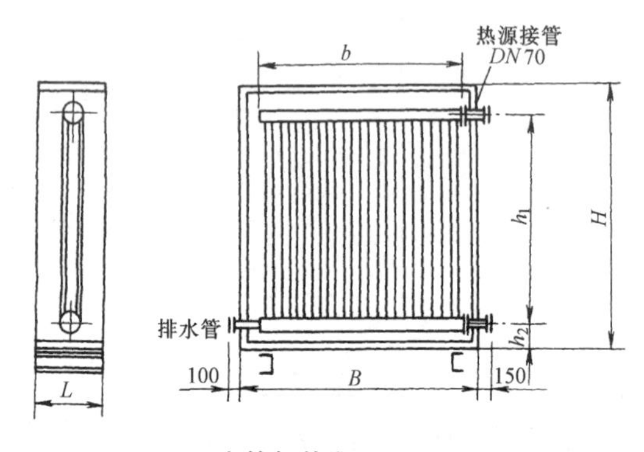

光管加热段

安 装 说 明

1. 热源条件:热源可用饱和蒸汽,亦可用高温热水。
(1)饱和蒸汽供汽压力:0.2~0.3MPa
(2)高温热水供水温度:$T>130$℃
2. 供水压力:0.15~0.25MPa。

TW_2 型光管加热段规格尺寸表

型号 \ 规格尺寸	外形尺寸(mm)			光管加热器规格							相关尺寸(mm)		
	B	H	L	立管直径	排数	根数	联管直径	排水管直径	散热面积(m^2)	流通面积(m^2)	b	h_1	h_2
TW_2-10	1300	800		ϕ32	2	12×2	ϕ80	ϕ27	2	0.302	1000	500	150
TW_2-15	1300	1100		ϕ32	2	12×2	ϕ80	ϕ27	3.2	0.49	1000	800	150
TW_2-20	1700	1100		ϕ32	2	18×2	ϕ80	ϕ27	4.48	0.65	1400	800	150
TW_2-30	2100	1300		ϕ32	2	24×2	ϕ80	ϕ27	7.2	1.01	1800	1000	150
TW_2-40	2100	1700		ϕ32	2	24×2	ϕ80	ϕ27	10.08	1.41	1800	1400	150
TW_2-50	2500	2100		ϕ32	2	30×2	ϕ108	ϕ27	15.84	2.18	2200	1800	150
TW_2-60	2500	2100		ϕ32	2	30×2	ϕ108	ϕ32	15.84	2.18	2200	1800	150
TW_2-70	2500	2500		ϕ32	2	30×2	ϕ108	ϕ32	19.36	2.67	2200	2200	150
TW_2-80	2900	2500		ϕ32	2	36×2	ϕ108	ϕ32	22.88	3.11	2600	2200	150
TW_2-90	2900	2500		ϕ32	2	36×2	ϕ108	ϕ32	22.88	3.11	2600	2200	150
TW_2-100	3300	2500		ϕ32	2	40×2	ϕ108	ϕ32	26.40	3.70	3000	2200	150

注:L 尺寸:如选一排 $L=380$mm;两排 $L=420$mm;三排 $L=600$mm。

图名	TW型空调机组光管加热段安装	图号	KT2—13

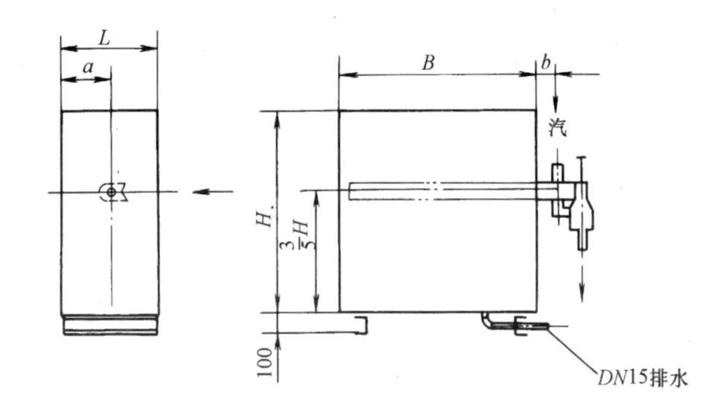

(a)单管式加湿段

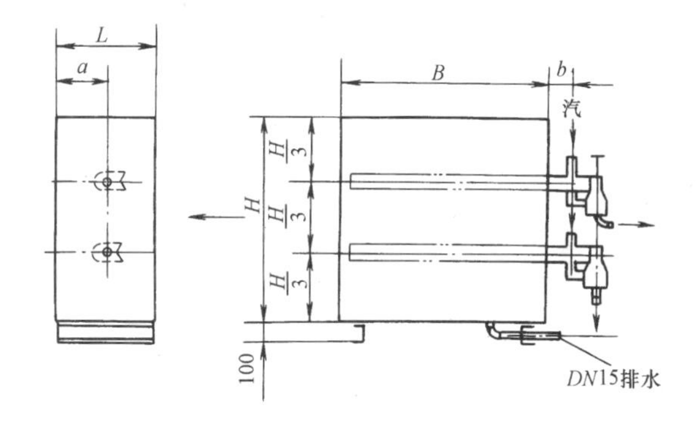

(b)双管式加湿段

干蒸汽加湿段

TW_3 型光管加热段规格尺寸表

规格尺寸 / 型号	外形尺寸(mm)			光管加热器规格							相关尺寸(mm)		
	B	H	L	立管直径	排数	根数	联管直径	排水管直径	散热面积(m^2)	流通面积(m^2)	b	h_1	h_2
TW_3-10	1300	600		φ32	2	12×2	φ80	φ27	1.60	0.24	1000	400	100
TW_3-15	1300	900		φ32	2	12×2	φ80	φ27	2.40	0.36	1000	600	150
TW_3-20	1700	900		φ32	2	18×2	φ80	φ27	3.36	10.5	1400	600	150
TW_3-30	1700	1300		φ32	2	24×2	φ80	φ27	5.60	0.61	1400	1000	150
TW_3-40	2100	1300		φ32	2	24×2	φ80	φ27	7.20	1.1	1800	1000	150
TW_3-50	2500	1300		φ32	2	30×2	φ108	φ27	8.80	1.21	2200	1000	150
TW_3-60	2500	1700		φ32	2	30×2	φ108	φ32	12.32	1.70	2200	1400	150
TW_3-70	2500	2100		φ32	2	30×2	φ108	φ32	15.84	2.18	2200	1800	150
TW_3-80	2500	2100		φ32	2	30×2	φ108	φ32	15.84	2.18	2200	1800	150
TW_3-90	2900	2100		φ32	2	36×2	φ108	φ32	18.72	2.55	2600	1800	150
TW_3-100	2900	2550		φ32	2	36×2	φ108	φ32	22.88	3.31	2600	2200	150

注:L 尺寸如选一排 L=380mm;两排 L=420mm;三排 L=600mm。

图名	TW 型空调机组干蒸汽加湿段安装(一)	图号	KT2—14(一)

TW_1、TW_2、TW_3 型干蒸汽加湿段技术性能与尺寸表

型号	外形尺寸(mm) B	外形尺寸(mm) H	外形尺寸(mm) L	安装尺寸(mm) a	安装尺寸(mm) b	蒸汽接管 DN	干蒸汽加湿器 型号	干蒸汽加湿器 数量	加湿量(kg) 供气压力(MPa) 0.02	0.10	0.20
TW_1-10	1300	1550									
TW_2-10	1300	800	420	210	100	25	SZS-3 φ12-P5	1	50	94	130
TW_3-10	1300	600									
TW_1-15	1700	1950									
TW_2-15	1300	1100	420	210	100	25	SZS- φ12-P7	1	50	94	130
TW_3-15	1300	900									
TW_1-20	1700	1950									
TW_2-20	1700	1100	420	210	120	32	SZS-3 φ12-P7	1	50	94	130
TW_3-20	1700	900									
TW_1-30	2100	2350									
TW_2-30	2100	1300	420	210	120	32	SZS-4 φ12-P8	1	95	186	200
TW_3-30	1700	1300									
TW_1-40	2500	2350									
TW_2-40	2100	1700	420	210	120	32	SZS-4 φ12-P9	1	95	186	200
TW_3-40	2100	1300									
TW_1-50	2900	2750									
TW_2-50	2500	2100	420	210	120	32	SZS-4 φ12-P9	1	95	186	200
TW_3-50	2500	1300									

型号	外形尺寸(mm) B	外形尺寸(mm) H	外形尺寸(mm) L	安装尺寸(mm) a	安装尺寸(mm) b	蒸汽接管 DN	干蒸汽加湿器 型号	干蒸汽加湿器 数量	加湿量(kg) 供气压力(MPa) 0.02	0.10	0.20
TW_1-60	2900	2750							95	186	200
TW_2-60	2500	2100	760	380	120	32	SZS-4 φ12-P9	2	×	×	×
TW_3-60	2500	1700							2	2	2
TW_1-70	2900	3150							95	186	200
TW_2-70	2500	2500	760	380	120	32	SZS-4 φ12-P10	2	×	×	×
TW_3-70	2500	2100							2	2	2
TW_1-80	3300	3550							95	186	200
TW_2-80	2900	2500	760	380	120	32	SZS-4 φ12-P12	2	×	×	×
TW_3-80	2500	2100							2	2	2
TW_1-90	3300	3550							120	250	380
TW_2-90	2900	2500	760	380	150	50	SZS-5 φ16-P12	2	×	×	×
TW_3-90	2900	2100							2	2	2
TW_1-100	3700	3550							120	250	380
TW_2-100	3300	2500	760	380	150	50	SZS-5 φ16-P12	2	×	×	×
TW_3-100	2900	2500							2	2	2

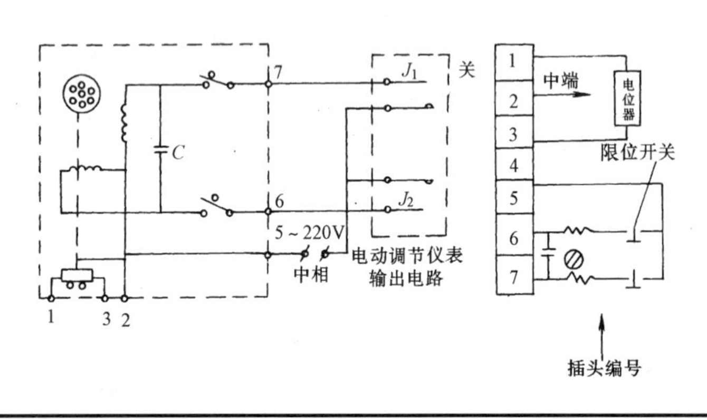

干蒸汽加湿器 ZAZ 电动执行器电气安装图

图名	TW 型空调机组干蒸汽加湿段安装(二)	图号	KT2—14(二)

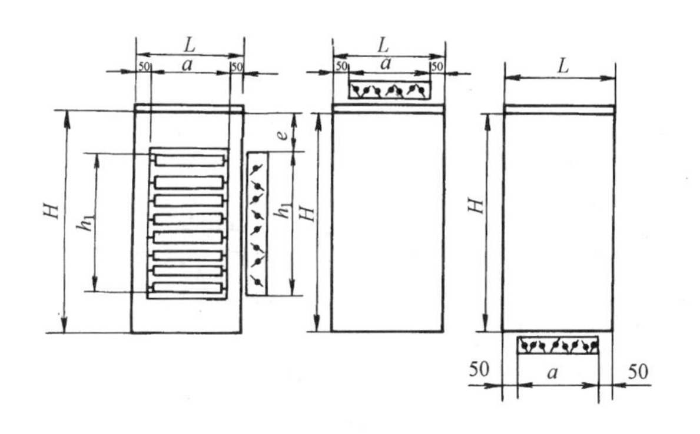

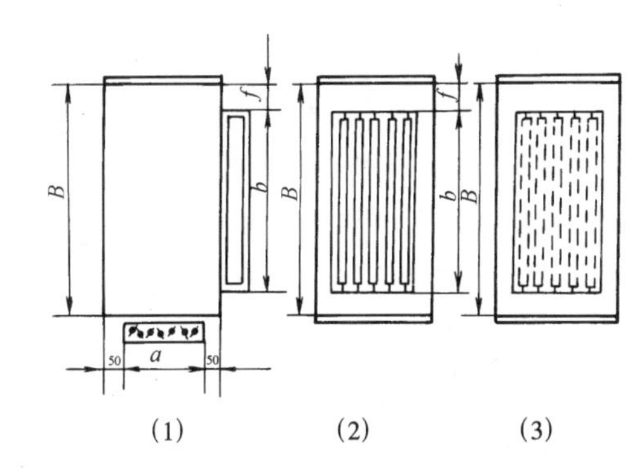

TW_1 型二次回风段尺寸表

尺寸 / 型号	外形尺寸(mm)			调节阀(mm)			相关尺寸(mm)	
	B	H	L	a	b	h_1	e	f
TW_1-10	1300	1550	760	660	750	750	400	275
TW_1-15	1700	1950	760	660	900	900	400	400
TW_1-20	1700	1950	760	660	1200	1200	400	250
TW_1-30	2100	2350	760	660	1200	1200	400	450
TW_1-40	2500	2350	920	820	1650	1650	400	425
TW_1-50	2900	2750	920	820	1800	1800	400	550
TW_1-60	2900	2750	920	820	1800	1800	400	550
TW_1-70	2900	3150	1160	1060	1800	1800	400	550
TW_1-80	3300	3550	1160	1060	2100	2100	400	600
TW_1-90	3300	3550	1160	1060	2100	2100	400	600
TW_1-100	3700	3550	1160	1060	2400	2400	400	650

安 装 说 明

二次回风段设计有多种方向进风的调节阀，供不同场合选用。其中(1)为调节阀设在侧部或端部。(2)为调节阀设在上部；(3)调节阀设在下部(只用于 TW_2、TW_3 型)。

图名	TW 型空调机组二次回风段安装(一)	图号	KT2—15(一)

TW_2 型二次回风段尺寸表

型号＼尺寸	外形尺寸(mm)			调节阀(mm)			相关尺寸(mm)	
	B	H	L	a	b	h_1	e	f
TW_2-10	1300	800	760	660	750	600	100	275
TW_2-15	1300	1100	760	660	900	750	150	200
TW_2-20	1700	1100	760	660	1200	750	150	250
TW_2-30	2100	1300	760	660	1200	900	200	450
TW_2-40	2100	1700	920	820	1650	1200	200	225
TW_2-50	2500	2100	920	820	1800	1650	200	350
TW_2-60	2500	2100	920	820	1800	1650	200	350
TW_2-70	2500	2500	1160	1060	1800	1800	300	350
TW_2-80	2900	2500	1160	1060	2100	1800	300	400
TW_2-90	2900	2500	1160	1060	2100	2100	200	400
TW_2-100	3300	2500	1160	1060	2400	2100	200	450

TW_3 型二次回风段尺寸表

型号＼尺寸	外形尺寸(mm)			调节阀(mm)			相关尺寸(mm)	
	B	H	L	a	b	h_1	e	f
TW_3-10	1300	600	760	660	750	450	75	275
TW_3-15	1300	900	760	660	900	600	150	200
TW_3-20	1700	900	760	660	1200	600	150	250
TW_3-30	1700	1300	760	660	1200	900	150	250
TW_3-40	2100	1300	920	820	1650	900	150	225
TW_3-50	2500	1300	920	820	1800	900	150	350
TW_3-60	2500	1700	920	820	1800	1200	250	350
TW_3-70	2500	2100	1160	1060	1800	1650	225	350
TW_3-80	2500	2100	1160	1060	2100	1650	225	200
TW_3-90	2900	2100	1160	1060	2100	1800	150	400
TW_3-100	2900	2500	1160	1060	2400	1800	350	250

图名	TW 型空调机组二次回风段安装(二)	图号	KT2—15(二)

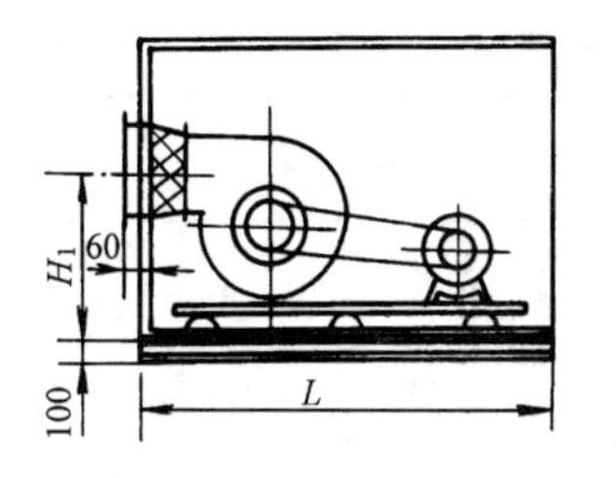

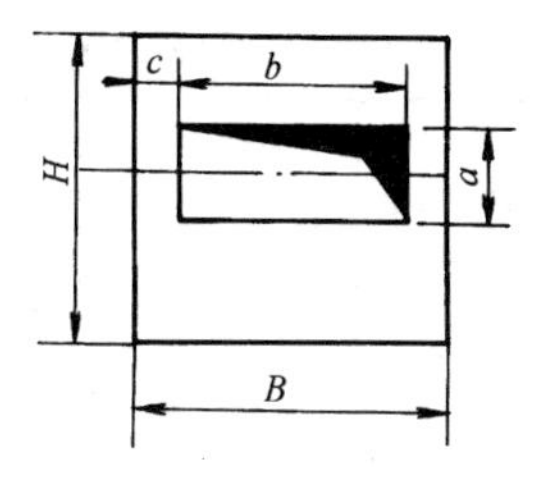

(*a*)左式 180°送风

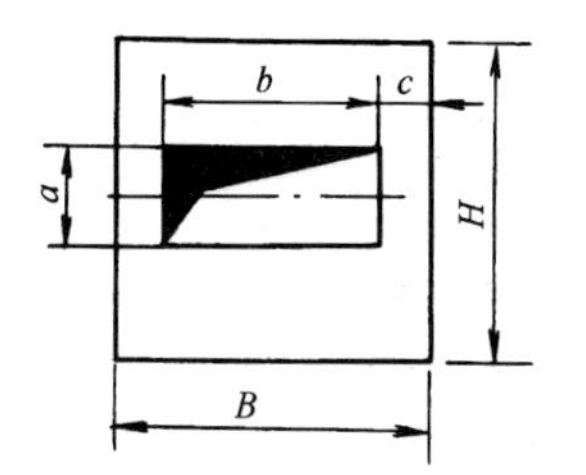

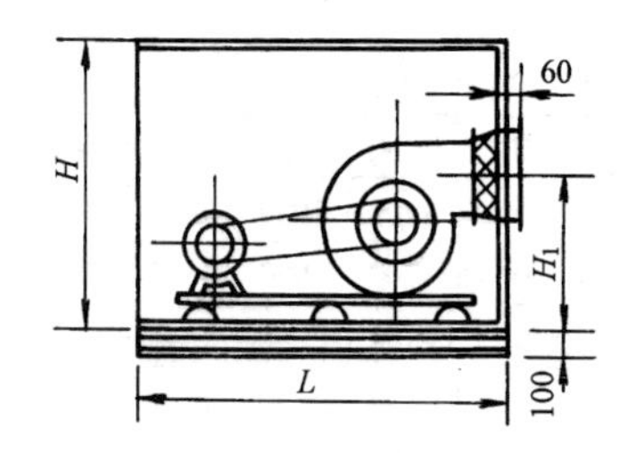

(*b*)右式 180°送风

TW_3 型送风机段尺寸表

尺寸 型号	外形尺寸(mm)			出风口(mm)			相关尺寸(mm)	
	B	*H*	*L*	*a*	*b*	*c*	*d*	H_1
TW_3-10	1300	1250	1640	600	800	250	50	760
TW_3-15	1300	1550	1640	600	1000	150	50	920
TW_3-20	1700	1550	1840	750	1200	250	50	1080
TW_3-30	1700	1950	1840	750	1200	250	50	1220
TW_3-40	2100	1950	2320	900	1600	250	50	1400
TW_3-50	2500	1950	2740	1050	1800	350	50	1700
TW_3-60	2500	2350	2740	1050	2000	250	50	1700
TW_3-70	2500	2750	2740	1050	2000	250	50	1700
TW_3-80	2500	2750	3160	1050	2200	150	50	1700
TW_3-90	2900	2750	3160	1050	2400	250	50	2000
TW_3-100	2900	3150	3160	1050	2600	150	50	2000

注:送风机段均设照明灯和检查门,电机穿线孔根据电源位置而定。

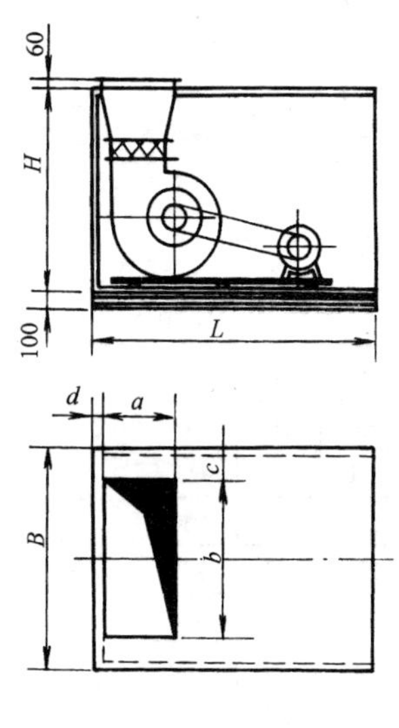

(*c*)右式 90°送风

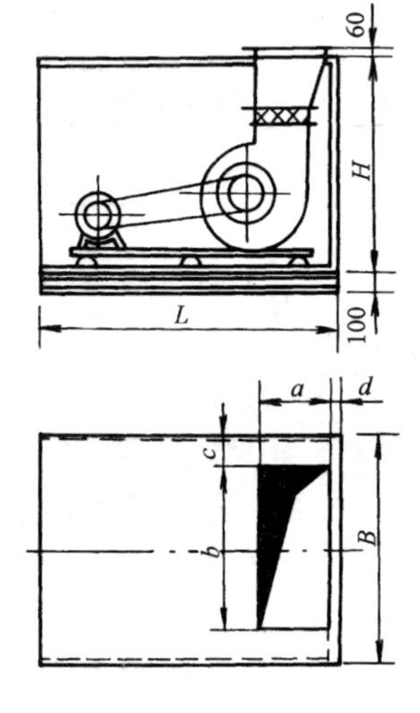

(*d*)左式 90°送风

送风机段图

注:送风机段均设照明灯和检查门,电机穿线孔根据电源位置而定。

图名	TW 型空调机组送风机段安装(一)	图号	KT2—16(一)

TW_1 型送风机段尺寸表

型号 \ 尺寸	外形尺寸(mm)			出风口(mm)			相关尺寸(mm)	
	B	H	L	a	b	c	d	H_1
TW_1-10	1300	1550	1640	600	800	250	50	760
TW_1-15	1700	1950	1640	600	1200	250	50	920
TW_1-20	1700	1950	1840	750	1200	250	50	1080
TW_1-30	2100	2350	1840	750	1600	250	50	1220
TW_1-40	2500	2350	2320	900	1800	350	50	1400
TW_1-50	2900	2750	2740	1050	1800	450	50	1700
TW_1-60	2900	2750	2740	1050	2000	450	50	1700
TW_1-70	2900	3150	2740	1050	2200	350	50	1700
TW_1-80	3300	3550	3160	1050	2400	450	50	1700
TW_1-90	3300	3550	3160	1050	2600	350	50	2000
TW_1-100	3700	3550	3160	1050	2800	450	50	2000

TW_2 型送风机段尺寸表

型号 \ 尺寸	外形尺寸(mm)			出风口(mm)			相关尺寸(mm)	
	B	H	L	a	b	c	d	H_1
TW_2-10	1300	1450	1640	600	800	250	50	760
TW_2-15	1300	1750	1640	600	1000	150	50	920
TW_2-20	1700	1750	1840	750	1200	250	50	1080
TW_2-30	2100	1950	1840	750	1600	250	50	1220
TW_2-40	2100	2350	2320	900	1600	250	50	1400
TW_2-50	2500	2750	2740	1050	1800	350	50	1700
TW_2-60	2500	2750	2740	1050	2000	250	50	1700
TW_2-70	2500	3150	2740	1050	2000	250	50	1700
TW_2-80	2900	3150	3160	1050	2400	250	50	1700
TW_2-90	2900	3150	3160	1050	2400	250	50	2000
TW_2-100	3300	3150	3160	1050	2600	350	50	2000

TW_1、TW_2、TW_3 型送风机段主要技术参数表

(风机内装型 10000~50000m^3/h)

型号	额定风量(m^3/h)	断面风速(m/s)	外形尺寸(mm)		配用风机			
			宽 B	高 H	风机型号	风量(m^3/h)	全压(Pa)	功率(kW)
TW_1-10	10000	2.3~3.0	1300	1550	4-85×2No.4	10200~14700	882~711	4.0
TW_2-10		3.1~4.0	1300	1450		8800~13500	781~615	3.0
TW_3-10		4.1~5.5	1300	1250		10200~14700	882~711	4.0
TW_1-15	15000	2.0~3.0	1700	1950	4-85×2No.5	11800~18100	885~620	5.5
TW_2-15		3.1~4.0	1300	1750		11800~18100	885~620	5.5
TW_3-15		4.1~5.5	1300	1550		11800~18100	885~620	5.5
TW_1-20	20000	2.0~3.0	1700	1950	4-85×2No.6	17600~23700	944~784	7.5
TW_2-20		3.1~4.0	1700	1750		17600~23700	944~784	7.5
TW_3-20		4.1~5.5	1700	1550		17600~23700	944~784	7.5
TW_1-30	30000	2.0~3.0	2100	2350	4-85×2No.7	24100~33000	1118~914	15.0
TW_2-30		3.1~4.0	2100	1950		24100~33000	1118~914	15.0
TW_3-30		4.1~5.5	1700	1950		24100~33000	1118~914	15.0
TW_1-40	40000	2.0~3.0	2500	2350	4-85×2No.8	37400~44500	1146~988	18.5
TW_2-40		3.1~4.0	2100	2350		37400~44500	1146~988	18.5
TW_3-40		4.1~5.5	2100	1950		37400~44500	1146~988	18.5
TW_1-50	50000	2.0~3.0	2900	2750	4-79×2No.2-10E	49100~81000	1080~740	30.0
TW_2-50		3.1~4.0	2500	2750		43800~72200	860~590	18.5
TW_3-50		4.1~5.5	2500	1950		43800~72200	860~590	18.5

图名	TW型空调机组送风机段安装(二)	图号	KT2—16(二)

TW_1、TW_2、TW_3 型送风机段主要技术参数表

（风机内装型 60000～100000m³/h）

型号	额定风量（m³/h）	断面风速（m/s）	外形尺寸（mm）		配用风机			
			宽 *B*	高 *H*	风机型号	风量（m³/h）	全压（Pa）	功率（kW）
TW_1-60	60000	2.0～3.0	2900	2750	4-79 No.2-10E	49100～81000	1080～740	30
TW_2-60		3.1～4.0	2500	2750		43800～72200	860～590	18.5
TW_3-60		4.1～5.5	2500	2350		43800～72200	860～590	18.5
TW_1-70	70000	2.0～3.0	2900	3150	4-79 No.2-10E	55700～91800	1390～950	37
TW_2-70		3.1～4.0	2500	3150		49100～81000	1080～740	30
TW_3-70		4.1～5.5	2500	2750		49100～81000	1080～740	30
TW_1-80	80000	2.0～3.0	3300	3550	4-79 No.2-10E	55700～91800	1390～950	37
TW_2-80		3.1～4.0	2900	3150		55700～91800	1390～950	37
TW_3-80		4.1～5.5	2500	2750		55700～91800	1390～950	37
TW_1-90	90000	2.0～3.0	3300	3550	4-79 No.2-12E	69700～114800	1060～710	37
TW_2-90		3.1～4.0	2900	3150		69700～114800	1060～710	37
TW_3-90		4.1～5.5	2900	2750		69700～114800	1060～710	37
TW_1-100	100000	2.0～3.0	3700	3550	4-79 No.2-12E	75800～124800	1240～840	55
TW_2-100		3.1～4.0	3300	3150		69700～114800	1060～710	37
TW_3-100		4.1～5.5	2900	3150		69700～114800	1060～710	37

TW_1、TW_2、TW_3 型送风机段主要技术参数表

（风机内装型 120000～180000m³/h）

型号	额定风量（m³/h）	断面风速（m/s）	外形尺寸（mm）		配用风机			
			宽 *B*	高 *H*	风机型号	风量（m³/h）	全压（Pa）	功率（kW）
TW_1-120	120000	2.08	4100	4100	4-79 No.2-14E	94200～155000	1040～700	55
TW_2-120		2.30	3900	3900		94200～155000	1040～700	55
TW_3-120		2.57	3700	3700		94200～155000	1040～700	55
TW_1-140	140000	2.20	4300	4300	4-79 No.2-14E	94200～155000	1040～700	55
TW_2-140		2.43	4100	4100		94200～155000	1040～700	55
TW_3-140		2.69	3900	3900		94200～155000	1040～700	55
TW_1-160	160000	2.10	4700	4700	4-79 No.2-16E	123400～203800	1360～920	75
TW_2-160		2.29	4500	4500		123400～203800	1360～920	75
TW_3-160		2.52	4300	4300		123400～203800	1360～920	75
TW_1-180	180000	2.17	4900	4900	4-79 No.2-16E	123400～203800	1360～920	75
TW_2-180		2.36	4700	4700		123400～203800	1360～920	75
TW_3-180		2.58	4500	4500		123400～203800	1360～920	75

图名	TW 型空调机组送风机段安装（三）	图号	KT2—16（三）

(a)左式 180°

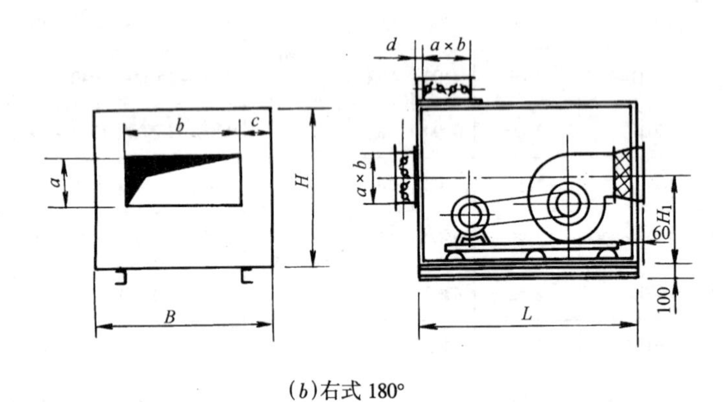

(b)右式 180°

回风机段

注:回风机段均设照明灯和检查门,电机穿线孔根据电源位置而定

TW_1 型回风段尺寸表

型号 \ 尺寸	外形尺寸(mm)			进风调节阀(mm)			相关尺寸(mm)	
	B	H	L	a	b	c	d	H_1
TW_1-10	1300	1550	1640	600	800	250	50	760
TW_1-15	1700	1950	1640	600	1200	250	50	920
TW_1-20	1700	1950	1840	750	1200	250	50	1080
TW_1-30	2100	2350	1840	750	1600	250	50	1220
TW_1-40	2500	2350	2320	900	1800	350	50	1400
TW_1-50	2900	2750	2740	1050	1800	550	50	1700
TW_1-60	2900	2750	2740	1050	2000	450	50	1700
TW_1-70	2900	3150	2740	1050	2200	350	50	1700
TW_1-80	3300	3550	3160	1050	2400	450	50	1700
TW_1-90	3300	3550	3160	1050	2600	350	50	2000
TW_1-100	3700	3550	3160	1050	2800	450	50	2000

TW_2 型回风段尺寸表

型号 \ 尺寸	外形尺寸(mm)			进风调节阀(mm)			相关尺寸(mm)	
	B	H	L	a	b	c	d	H_1
TW_2-10	1300	1450	1640	600	800	250	50	760
TW_2-15	1300	1750	1640	600	1000	150	50	920
TW_2-20	1700	1750	1840	750	1200	250	50	1080
TW_2-30	2100	1950	1840	750	1600	250	50	1220
TW_2-40	2100	2350	2320	900	1600	250	50	1400
TW_2-50	2500	2750	2740	1050	1800	350	50	1700
TW_2-60	2500	2750	2740	1050	2000	250	50	1700
TW_2-70	2500	3150	2740	1050	2000	250	50	1700
TW_2-80	2900	3150	3160	1050	2400	250	50	1700
TW_2-90	2900	3150	3160	1050	2400	250	50	2000
TW_2-100	3300	3150	3160	1050	2600	350	50	2000

图名	TW 型空调机组回风机段安装(一)	图号	KT2—17(一)

回风机段主要技术参数表

（风机内装型 60000～100000m³/h）

型号	回风机型号	风量(m³/h)	全压(Pa)	功率(kW)	备注
TW_1-60	4-79 No.2-10E	39000～64400	68～47	15.0	
TW_2-60		39000～64400	68～47	15.0	
TW_3-60		39000～64400	68～47	15.0	
TW_1-70	4-79 No.2-10E	43800～72200	86～59	18.5	
TW_2-70		43800～72200	86～59	18.5	
TW_3-70		43800～72200	86～59	18.5	
TW_1-80	4-79 No.2-10E	49100～81000	108～74	30.0	
TW_2-80		49100～81000	108～74	30.0	
TW_3-80		49100～81000	108～74	30.0	
TW_1-90	4-79 No.2-12E	59400～97800	77～52	22.0	
TW_2-90		59400～97800	77～52	22.0	
TW_3-90		59400～97800	77～52	22.0	
TW_1-100	4-79 No.2-12E	59400～97800	77～52	22.0	
TW_2-100		59400～97800	77～52	22.0	
TW_3-100		59400～97800	77～52	22.0	

TW_1、TW_2、TW_3 型回风机段主要技术参数表

（风机内装型 120000～180000m³/h）

型号	额定风量(m³/h)	断面风速(m/s)	外形尺寸(mm)		配用风机			
			宽 *B*	高 *H*	风机型号	风量(m³/h)	全压(Pa)	功率(kW)
TW_1-120	12000		4100	4100	4-79 No.2-14E	84400～139000	830～560	30
TW_2-120			3900	3900		84400～139000	830～560	30
TW_3-120			3700	3700		84400～139000	830～560	30

续表

型号	额定风量(m³/h)	断面风速(m/s)	外形尺寸(mm)		配用风机			
			宽 *B*	高 *H*	风机型号	风量(m³/h)	全压(Pa)	功率(kW)
TW_1-140	140000		4300	4300	4-79 No.2-14E	84400～139000	830～560	30
TW_2-140			4100	4100		84400～139000	830～560	30
TW_3-140			3900	3900		84400～139000	830～560	30
TW_1-160	160000		4700	4700	4-79 No.2-16E	113800～188000	890～610	55
TW_2-160			4500	4500		113800～188000	890～610	55
TW_3-160			4300	4300		113800～188000	890～610	55
TW_1-180	180000		4900	4900	4-79 No.2-16E	113800～188000	890～610	55
TW_2-180			4700	4700		113800～188000	890～610	55
TW_3-180			4500	4500		113800～188000	890～610	55

TW_3 型回风段尺寸表

尺寸 型号	外形尺寸(mm)			进风调节阀(mm)			相关尺寸(mm)	
	B	*H*	*L*	*a*	*b*	*c*	*d*	H_1
TW_3-10	1300	1250	1640	600	800	250	50	760
TW_3-15	1300	1550	1640	600	1000	150	50	920
TW_3-20	1700	1550	1840	750	1200	250	50	1080
TW_3-30	1700	1950	1840	750	1200	250	50	1220
TW_3-40	2100	1950	2320	900	1600	250	50	1400
TW_3-50	2500	1950	2740	900	1800	350	50	1700
TW_3-60	2500	2350	2740	1050	2000	250	50	1700
TW_3-70	2500	2750	2740	1050	2000	250	50	1700
TW_3-80	2500	2750	3160	1050	2200	150	50	1700
TW_3-90	2900	2750	3160	1050	2400	250	50	2000
TW_3-100	2900	3150	3160	1050	2600	150	50	2000

图名	TW 型空调机组回风机段安装(二)	图号	KT2—17(二)

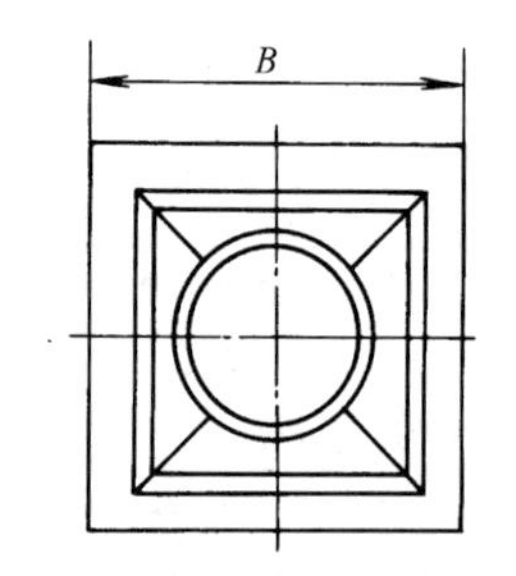

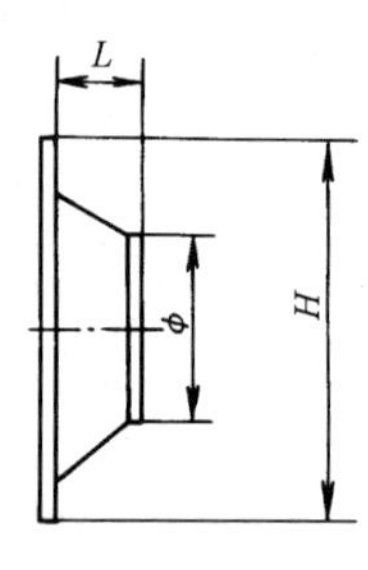

外接风机段

外接风机段尺寸(mm)

型号		10	15	20	30	40	50	60	70	80	90	100
风量(m^3/h)		1	1.5	2	3	4	5	6	7	8	9	10
TW_1	*B*	1300	1700	1700	2100	2500	2900	2900	2900	3300	3300	3700
	H	1550	1950	1950	2350	2350	2750	2750	3150	3550	3550	3550
	L	200	200	200	200	300	300	300	300	400	400	400
	D	根据选配风机型号而定										
TW_2	*B*	1300	1300	1700	2100	2100	2500	2500	2500	2900	2900	3300
	H	800	1100	1100	1300	1700	2100	2100	2500	2500	2500	2500
	L	200	200	200	200	300	300	300	300	400	400	400
	D	根据选配风机型号而定										
TW_3	*B*	1300	1300	1700	1700	2100	2500	2500	2500	2500	2900	2900
	H	600	900	900	1300	1300	1300	1700	2100	2100	2100	2500
	L	200	200	200	200	300	300	300	300	400	400	400
	D	根据选配风机型号而定										

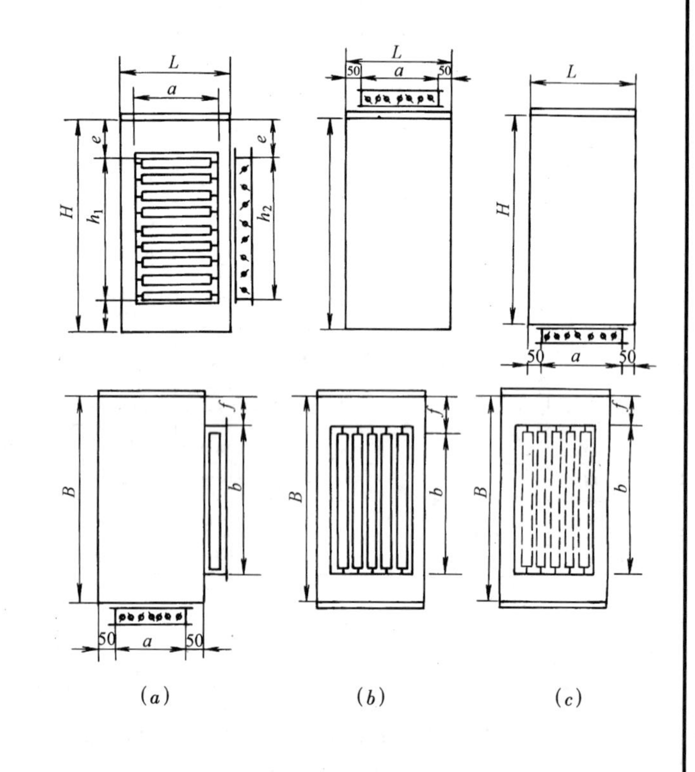

安 装 说 明

新风段、回风段、送风段和排风段有各种方向的调节阀位置，由设计者和用户根据需要任意选用，其中(*a*)为调节阀设在侧部或端部。(*b*)为调节阀设在上部。(c)为调节阀设在下部(只用于 TW_2、TW_3 型)。

图名	TW 型空调机组新、回、送、排风段安装(一)	图号	KT2—18(一)

TW_1 型新风段、回风段、送风段、排风段尺寸表

型号＼尺寸	外形尺寸(mm)			调节阀(mm)				相关尺寸(mm)	
	B	H	L	a	b	h_1	h_2	e	f
TW_1-10	1300	1550	760	660	750	750	750	400	275
TW_1-15	1700	1950	760	660	900	900	900	400	400
TW_1-20	1700	1950	760	660	1200	1000	1200	400	250
TW_1-30	2100	2350	760	660	1200	1200	1200	400	450
TW_1-40	2500	2350	920	820	1650	1650	1650	400	425
TW_1-50	2900	2750	920	820	1800	1800	1800	400	550
TW_1-60	2900	2750	920	820	1800	1800	1800	400	550
TW_1-70	2900	3150	1160	1060	1800	1800	1800	400	550
TW_1-80	3300	3550	1160	1060	2100	2100	2100	400	600
TW_1-90	3300	3550	1160	1060	2100	2100	2100	400	600
TW_1-100	3700	3550	1160	1060	2400	2400	2400	400	650

TW_2 型新风段、回风段、送风段、排风段尺寸表

型号＼尺寸	外形尺寸(mm)			调节阀(mm)				相关尺寸(mm)	
	B	H	L	a	b	h_1	h_2	e	f
TW_2-10	1300	800	760	660	750	600	600	100	275
TW_2-15	1300	1100	760	660	900	750	750	175	200
TW_2-20	1700	1100	760	660	1200	750	750	175	250
TW_2-30	2100	1300	760	660	1200	900	900	200	450
TW_2-40	2100	1700	920	820	1650	1200	1200	250	225
TW_2-50	2500	2100	920	820	1800	1650	1650	225	350
TW_2-60	2500	2100	920	820	1800	1650	1650	225	350
TW_2-70	2500	2500	1160	1060	1800	1800	1800	350	350
TW_2-80	2900	2500	1160	1060	2100	1800	1800	350	400
TW_2-90	2900	2500	1160	1060	2100	2100	2100	200	400
TW_2-100	3300	2500	1160	1060	2400	2100	2100	200	450

TW_3 型新风段、回风段、送风段、排风段尺寸表

型号＼尺寸	外形尺寸(mm)			调节阀(mm)				相关尺寸(mm)	
	B	H	L	a	b	h_1	h_2	e	f
TW_3-10	1300	600	760	660	750	450	450	75	275
TW_3-15	1300	900	760	660	900	600	600	150	200
TW_3-20	1700	900	750	660	1200	600	600	150	250
TW_3-30	1700	1300	760	660	1200	900	900	150	250
TW_3-40	2100	1300	920	820	1650	900	900	150	225
TW_3-50	2500	1300	920	820	1800	900	900	150	350
TW_3-60	2500	1700	920	820	1800	1200	1200	250	350
TW_3-70	2500	2100	1160	1060	1800	1650	1650	225	350
TW_3-80	2500	2100	1160	1060	2100	1650	1650	225	200
TW_3-90	2900	2100	1160	1060	2100	1800	1800	150	400
TW_3-100	2900	2500	1160	1060	2400	1800	1800	350	250

图名	TW 型空调机组新、回、送、排风段安装(二)	图号	KT2—18(二)

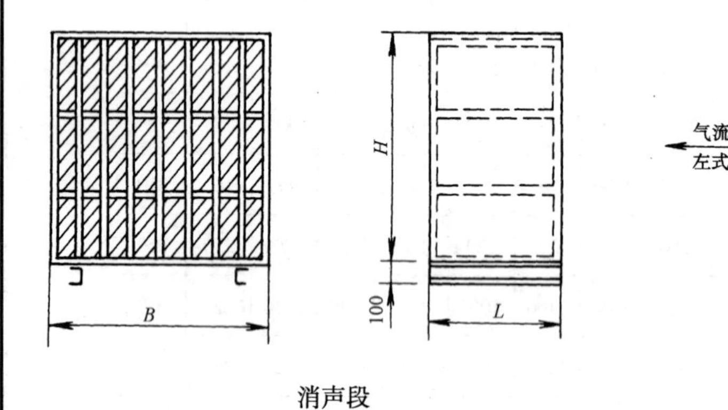

消声段

消声段尺寸表(mm)

型号		10	15	20	30	40	50	60	70	80	90	100
TW_1	*B*	1300	1700	1700	2100	2500	2900	2900	2900	3300	3300	3700
	H	1550	1950	1950	2350	2350	2750	2750	3150	3550	3550	3550
TW_2	*B*	1300	1300	1700	2100	2100	2500	2500	2500	2900	2900	3300
	H	800	1100	1100	1300	1700	2100	2100	2500	2500	2500	2500
TW_3	*B*	1300	1300	1700	1700	2100	2500	2500	2500	2500	2900	2900
	H	600	900	900	1300	1300	1300	1700	2100	2100	2100	2500
L		920	920	920	920	920	920	920	920	920	920	920

注:1. 内装片式消声器。

2. 消声器A计数声级消声量为10~15dB。

图名	TW型空调机组消声段安装	图号	KT2—19

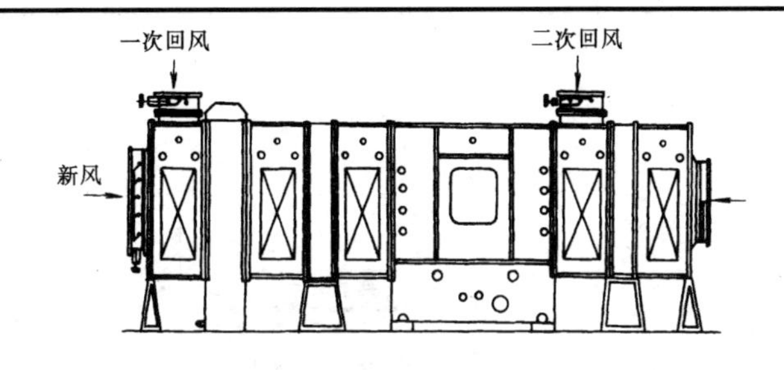

(a)JW 型空调机右式安装

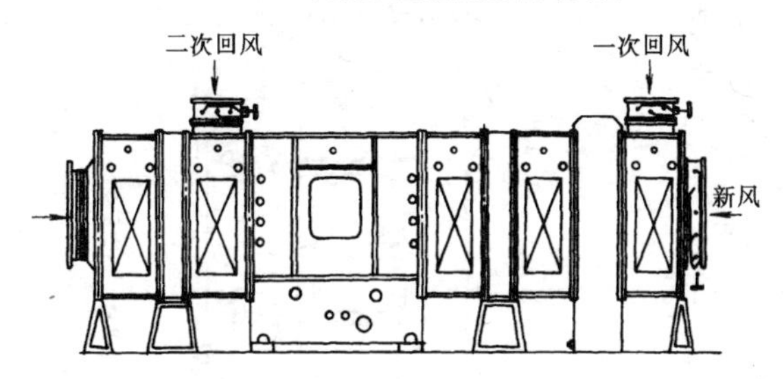

(b)JW 型空调机左式安装

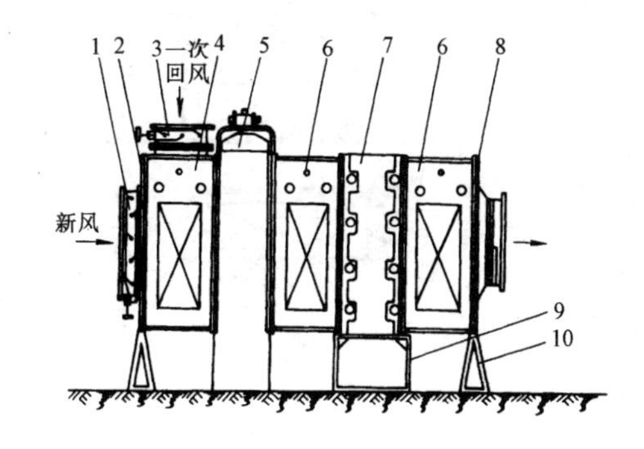

(c)一次回风式带表面冷却器的安装

1—新风阀;2—混合室法兰盘;3—回风阀;4—混合室;5—滤尘器;6—中间室;7—表面冷却器;8—通风机接管;9—表面冷却器支架;10—三角支架

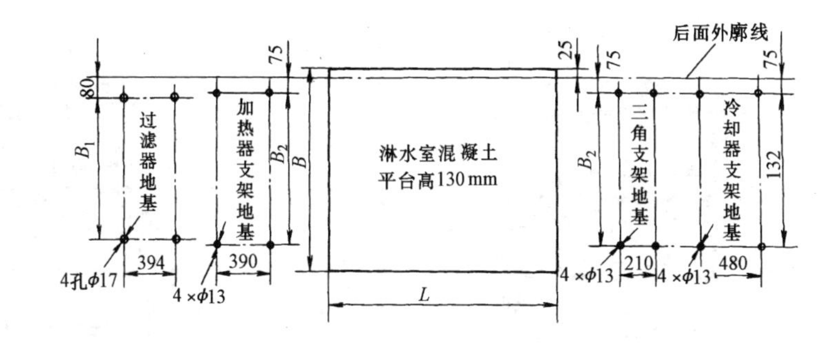

(d)JW 型空调机安装基础图

尺　寸　表(mm)

型　　号	B_1	B_2	二排淋水室		三排淋水室	
			L	B	L	B
JW10	684	730	1950	930	2575	930
JW20　JW30	1444	1490	1950	1690	2575	1690
JW40	1954	2000	1950	2200	2575	2200

注:沿长度方向的距离,由各组成部件的长度决定。外形图上的尺寸不包括部件之间的橡皮垫厚 4mm,累计长度方向的距离时,应另行加入。

图名	JW 型空调机组安装(一)	图号	KT2—20(一)

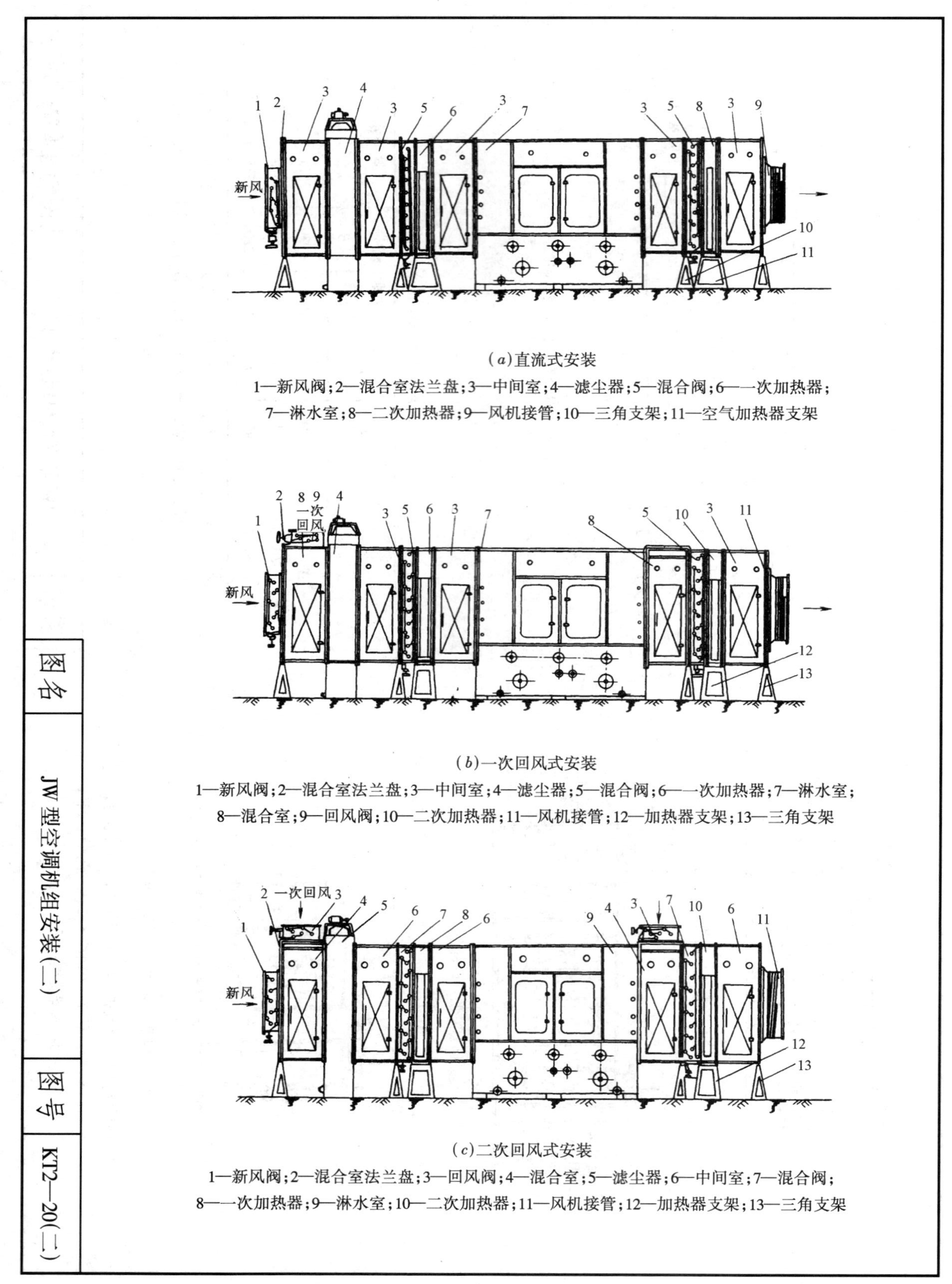

(a)直流式安装

1—新风阀；2—混合室法兰盘；3—中间室；4—滤尘器；5—混合阀；6—一次加热器；7—淋水室；8—二次加热器；9—风机接管；10—三角支架；11—空气加热器支架

(b)一次回风式安装

1—新风阀；2—混合室法兰盘；3—中间室；4—滤尘器；5—混合阀；6—一次加热器；7—淋水室；8—混合室；9—回风阀；10—二次加热器；11—风机接管；12—加热器支架；13—三角支架

(c)二次回风式安装

1—新风阀；2—混合室法兰盘；3—回风阀；4—混合室；5—滤尘器；6—中间室；7—混合阀；8—一次加热器；9—淋水室；10—二次加热器；11—风机接管；12—加热器支架；13—三角支架

图名	JW 型空调机组安装(二)	图号	KT2—20(二)

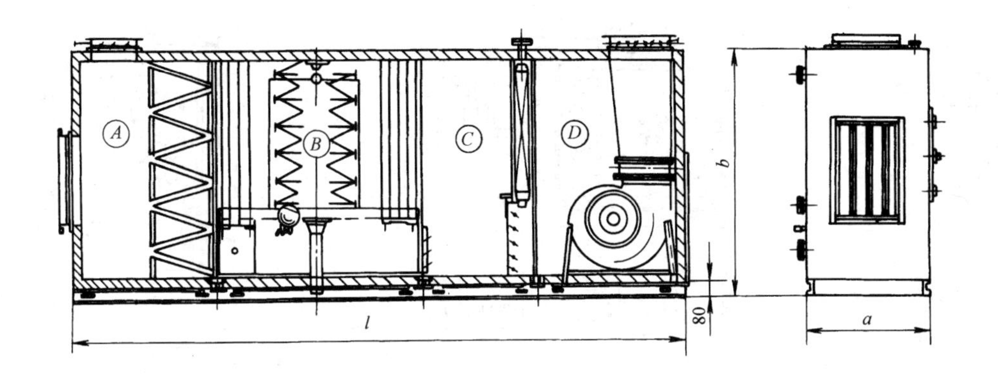

型　　号	宽 a(mm)	高 b(mm)	长 l(mm)　($C=G$)　($D=H$)			
			A、B、C、D	E、B、C、D	A、F、C、D	E、F、C、D
W-1	850	1530	4300	5400	5200	6300
W-2	1100	1630	4400	5600	5300	6500
W-3	1300	1880	4500	5800	5400	6700
W-4	1500	2100	4600	6000	5500	6900

安　装　说　明

1. 空调外壳有50mm细孔泡沫塑料保温。
2. 过滤器为粗孔聚氨酯泡沫塑料(粗效过滤器)。
3. 风机为自制双进风式,电机在蜗壳内部,直联。
4. 加热器仅有第二次加热(电、蒸汽或热水两种),第一次加热和精加热器需另配。
5. 喷嘴均为Y-1型,喷嘴出口孔径出厂时 $d_0=3$mm,用于减焓降湿时,可取 $d_0=4.5$mm。
6. 空调机的喷嘴密度22~24个/m^2。
7. 后挡水板为四折,折角90°,间距为40mm,分风板(前挡水板)为三折,间距40mm,均为镀锌钢板。

图名	W型空调机组安装(一)	图号	KT2—21(一)

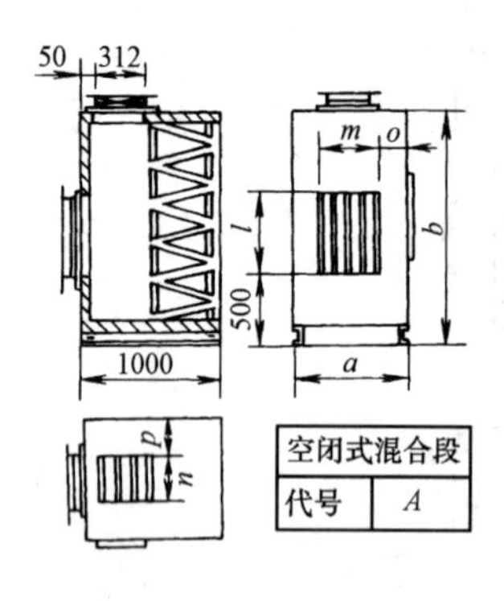

(a)

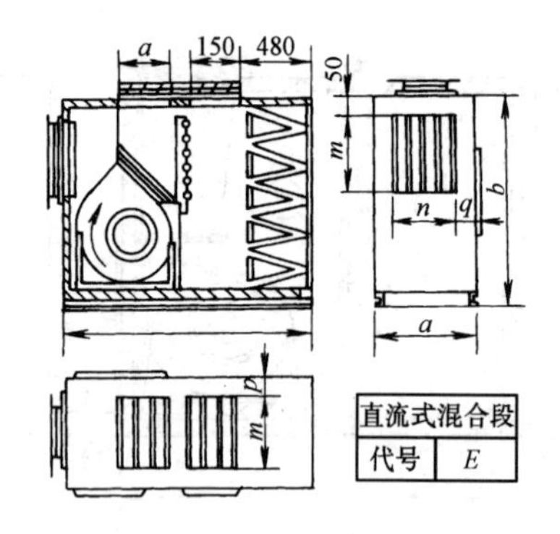

(b)

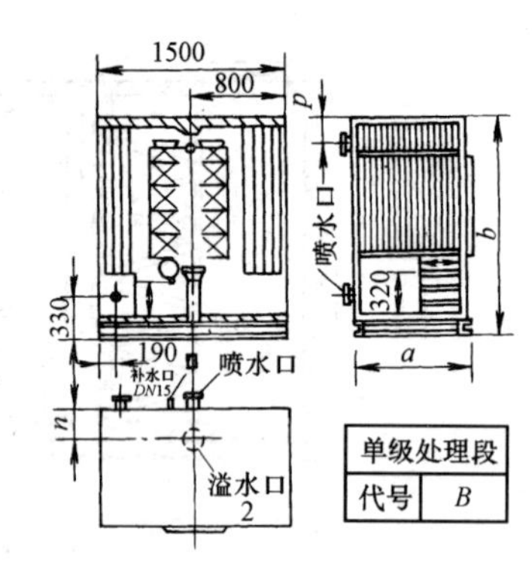

(c)

A 段尺寸(mm)

型号 \ 尺寸	W-1	W-2	W-3	W-4
l	600	700	800	900
m	416	520	624	728
n	300	400	600	800
o	217	290	338	386
p	275	350	350	350

E 段尺寸(mm)

型号 \ 尺寸	W-1	W-2	W-3	W-4
l	2100	2200	2300	2400
m	600	700	800	900
n	416	520	624	728
o	416	416	520	520
p	125	200	250	300
q	217	290	338	386

B 段尺寸(mm)

型号 \ 尺寸	W-1	W-2	W-3	W-4
l	300	400	500	600
溢水口 *DN*	100	100	150	150
n	400	500	600	700
喷水口 *DN*	50	50	65	75
p	200	240	250	250

安装说明

1. 第一段混合段：有利用回风的密闭式混合段(代号 *A*)和排除回风的直流式混合段(代号 *E*)。

2. 第二段水处理段（喷雾段）：有单级处理段（代号 *B*)和两级处理段(代号 *F*)。

3. 第三段加热段：有蒸汽（或热水）加热段（代号 *C*)和电加热段(代号 *G*)。

4. 第四段风机段：有低压风机段(代号 *D*)。

图名	W 型空调机组安装(二)	图号	KT2—21(二)

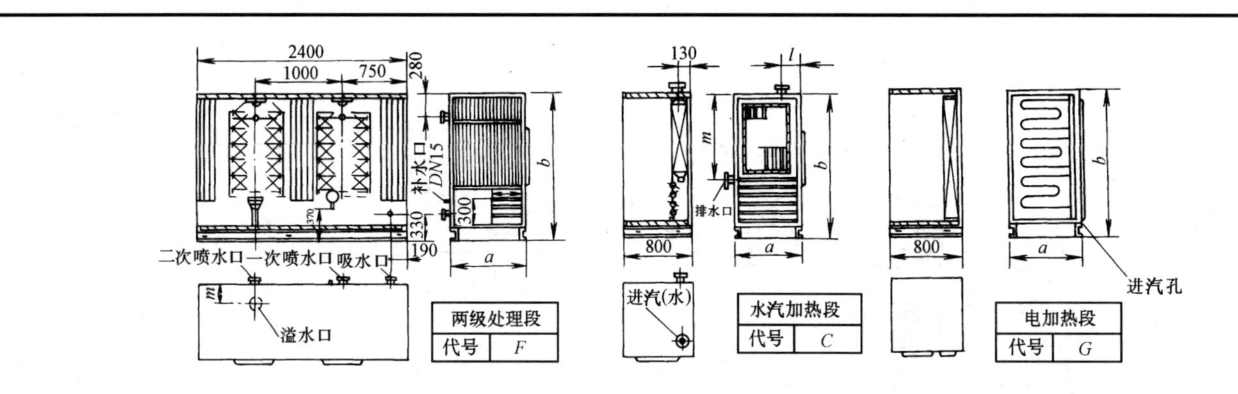

F 段尺寸

尺寸 型号	W-1	W-2	W-3	W-4
l	300	400	500	600
溢水口 DN	100	100	150	150
m	400	500	600	700
喷水口、吸水口 DN	50	50	65	75

C 段尺寸

尺寸 型号	W-1	W-2	W-3	W-4
进汽孔 DN	40	50	40	40
l	160	240	200	200
m	1210	1210	1480	1720

G 段尺寸

尺寸 型号	W-1	W-2	W-3	W-4
进汽孔 DN	20	20	25	25

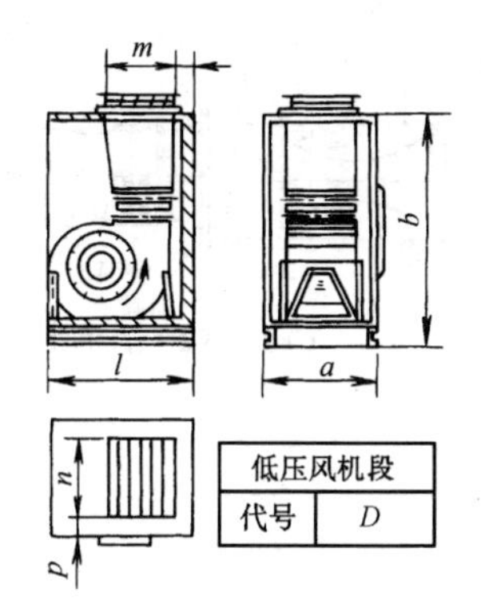

D 段尺寸

尺寸 型号	W-1	W-2	W-3	W-4
l	1000	1100	1200	1300
m	416	520	624	728
n	600	700	800	900
p	130	230	275	300

图名	W 型空调机组安装(三)	图号	KT2—21(三)

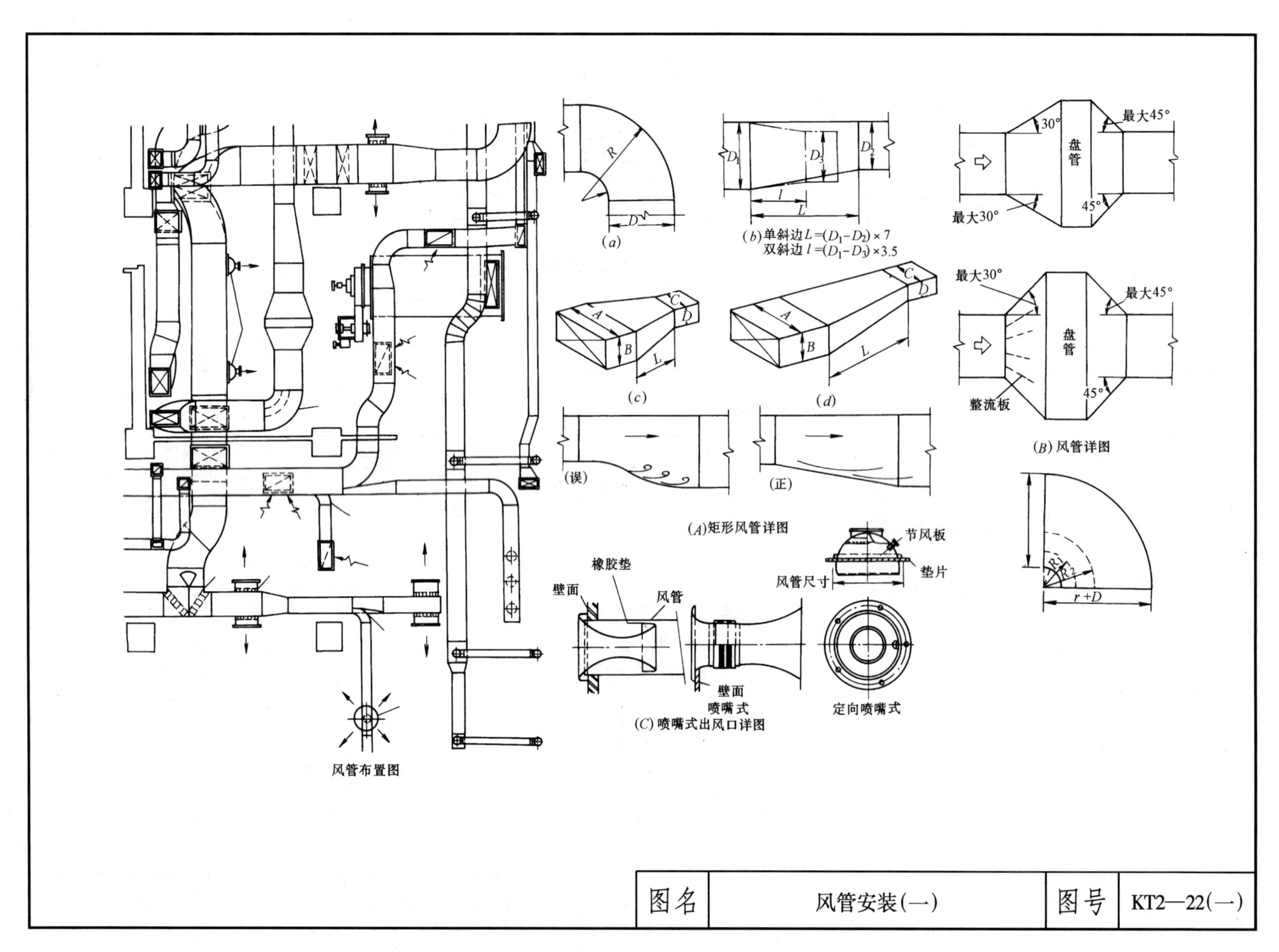

风管布置图
R
D
(a)
D_1
D_3
D_2
l
L
(b)单斜边 $L=(D_1-D_2)\times7$
双斜边 $l=(D_1-D_3)\times3.5$
A
B
C
D
L
(c)
(d)
(误)
(正)
(A)矩形风管详图
30°
最大45°
盘管
最大30°
45°
整流板
(B)风管详图
R_1
R_2
r+D
橡胶垫
壁面
风管
喷嘴式
节风板
垫片
风管尺寸
定向喷嘴式
(C)喷嘴式出风口详图
图名
风管安装(一)
图号
KT2—22(一)

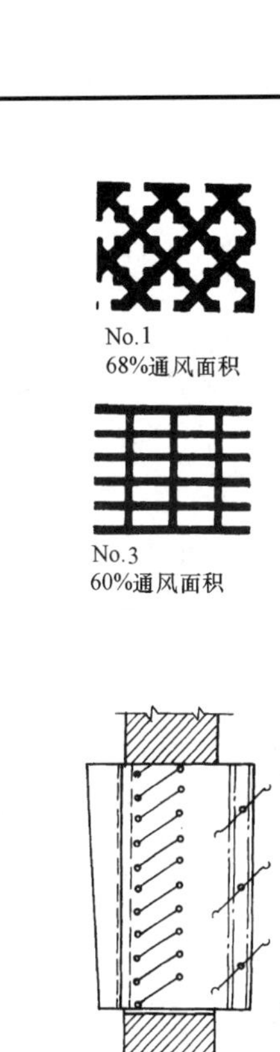

No.1
68%通风面积

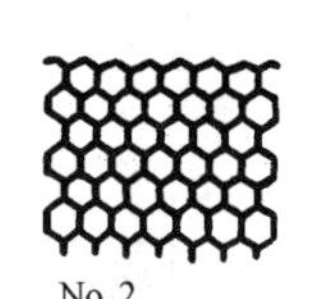

No.2
57%通风面积

No.5
53%通风面积

No.6
60%通风面积

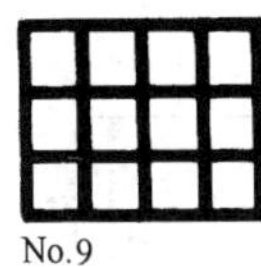

No.9
68%通风面积

No.10
68%通风面积

No.13
50%通风面积

No.14
73%通风面积

No.3
60%通风面积

No.4
50%通风面积

No.7
60%通风面积

No.8
50%通风面积

No.11
70%通风面积

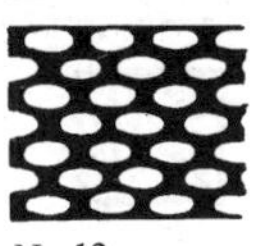

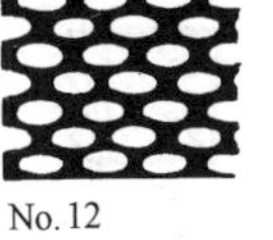

No.12
70%通风面积

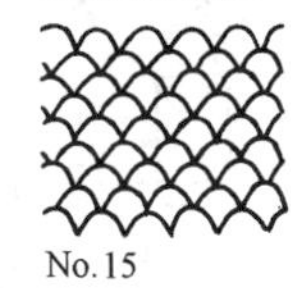

No.15
75%通风面积

回风栅孔型

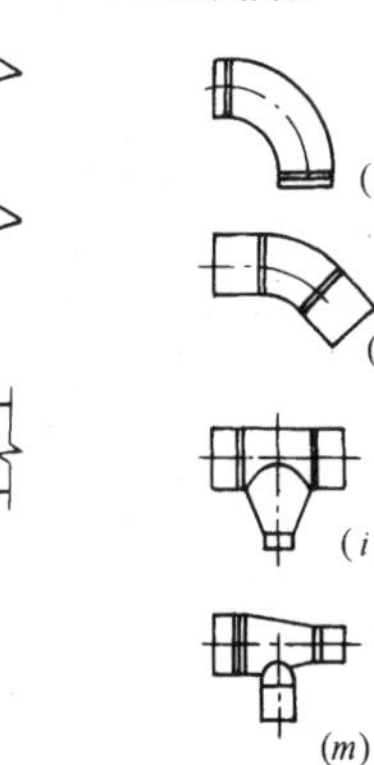

(a) (b) (c) (d) (e)

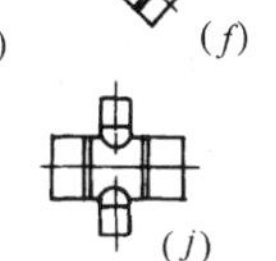

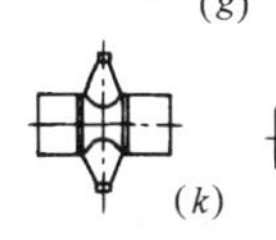

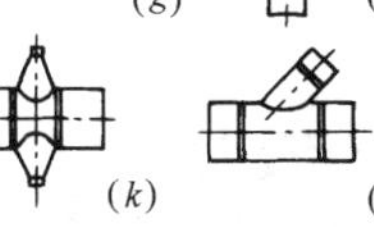

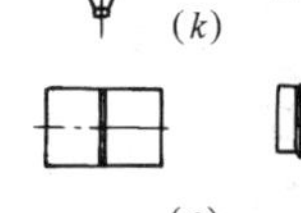

(a) (b) (c) (d) (e) (f) (g) (h) (i) (j) (k) (l) (m) (n) (o) (p)

(D) 高速风管管件详图

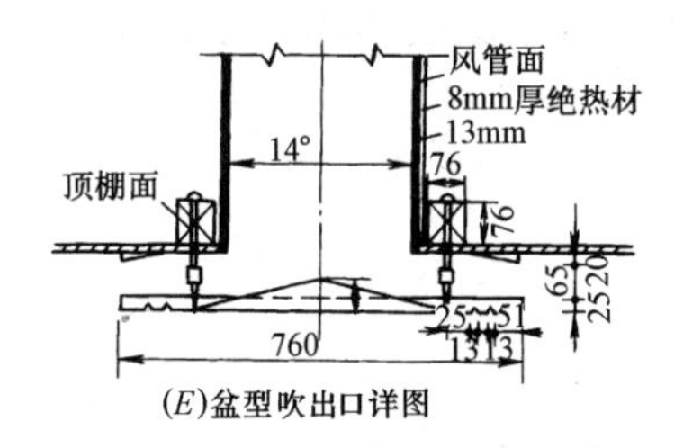

(E)盆型吹出口详图

图名	风管安装(二)	图号	KT2—22(二)

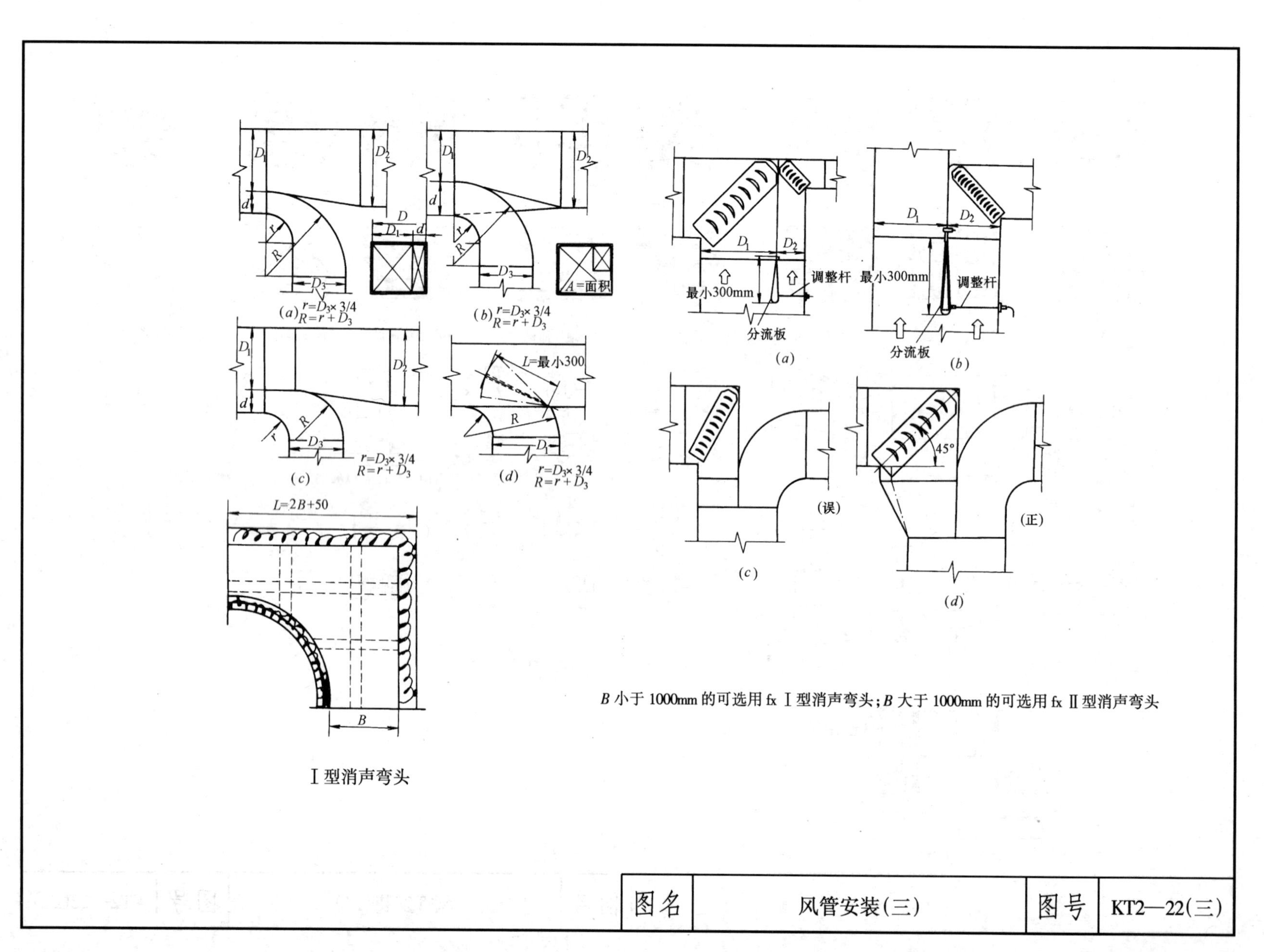

D1
D2
d
r
R
D3
D
A=面积
(a) r=D3×3/4 R=r+D3
(b) r=D3×3/4 R=r+D3
(c) r=D3×3/4 R=r+D3
L=最小300
(d) r=D3×3/4 R=r+D3
L=2B+50
B
Ⅰ型消声弯头
调整杆
最小300mm
分流板
(a)
(b)
(误)
(正)
45°
(c)
(d)
B 小于 1000mm 的可选用 fx Ⅰ型消声弯头；B 大于 1000mm 的可选用 fx Ⅱ型消声弯头
图名 风管安装(三) 图号 KT2—22(三)

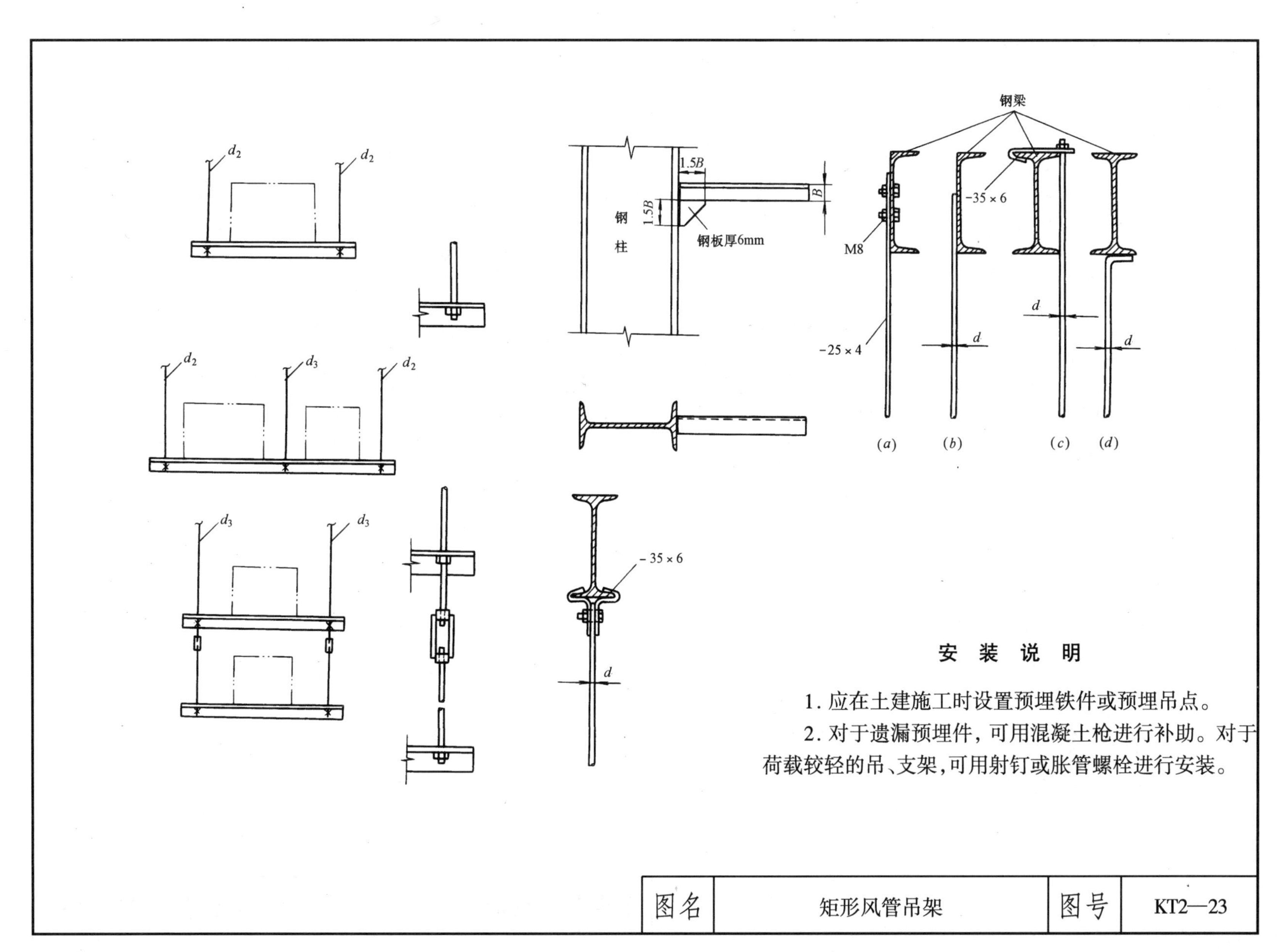

安 装 说 明

1. 应在土建施工时设置预埋铁件或预埋吊点。

2. 对于遗漏预埋件，可用混凝土枪进行补助。对于荷载较轻的吊、支架，可用射钉或胀管螺栓进行安装。

图名	矩形风管吊架	图号	KT2—23

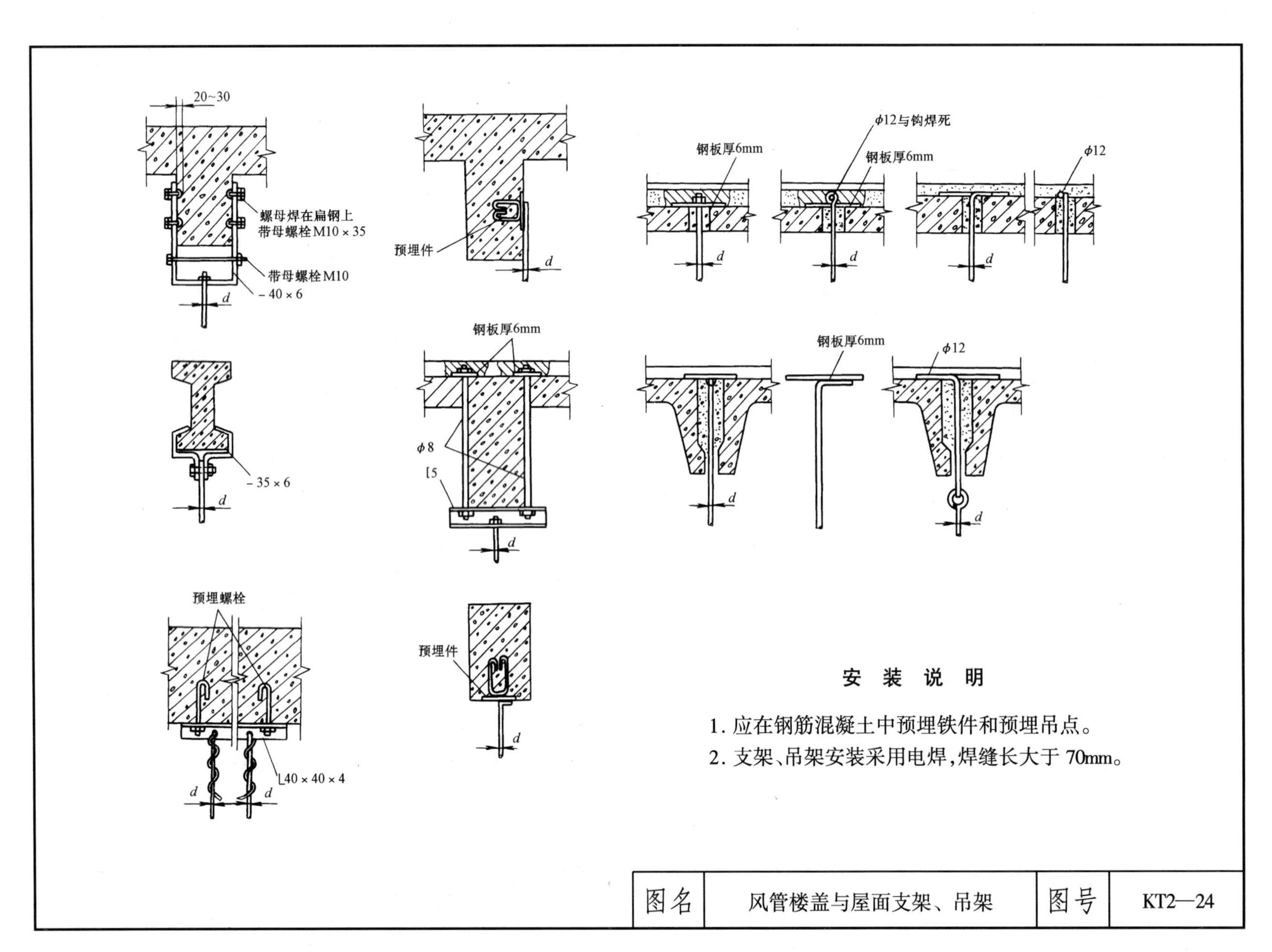

安　装　说　明

1. 应在钢筋混凝土中预埋铁件和预埋吊点。
2. 支架、吊架安装采用电焊,焊缝长大于 70mm。

图名	风管楼盖与屋面支架、吊架	图号	KT2—24

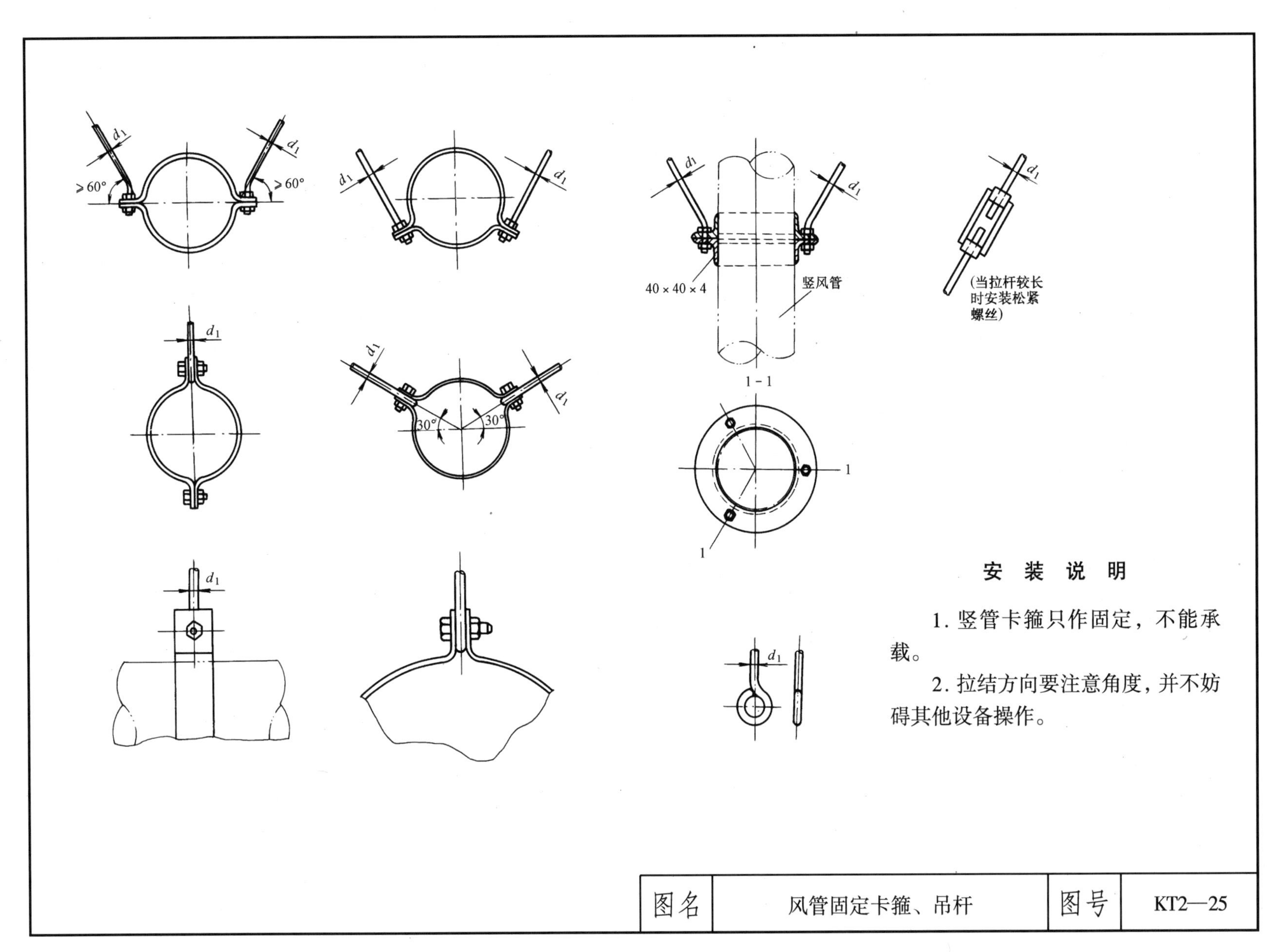

d_1
≥60°
1-1
40×40×4
竖风管
(当拉杆较长时安装松紧螺丝)
1
安 装 说 明
1. 竖管卡箍只作固定，不能承载。
2. 拉结方向要注意角度，并不妨碍其他设备操作。
30°
图名
风管固定卡箍、吊杆
图号
KT2—25

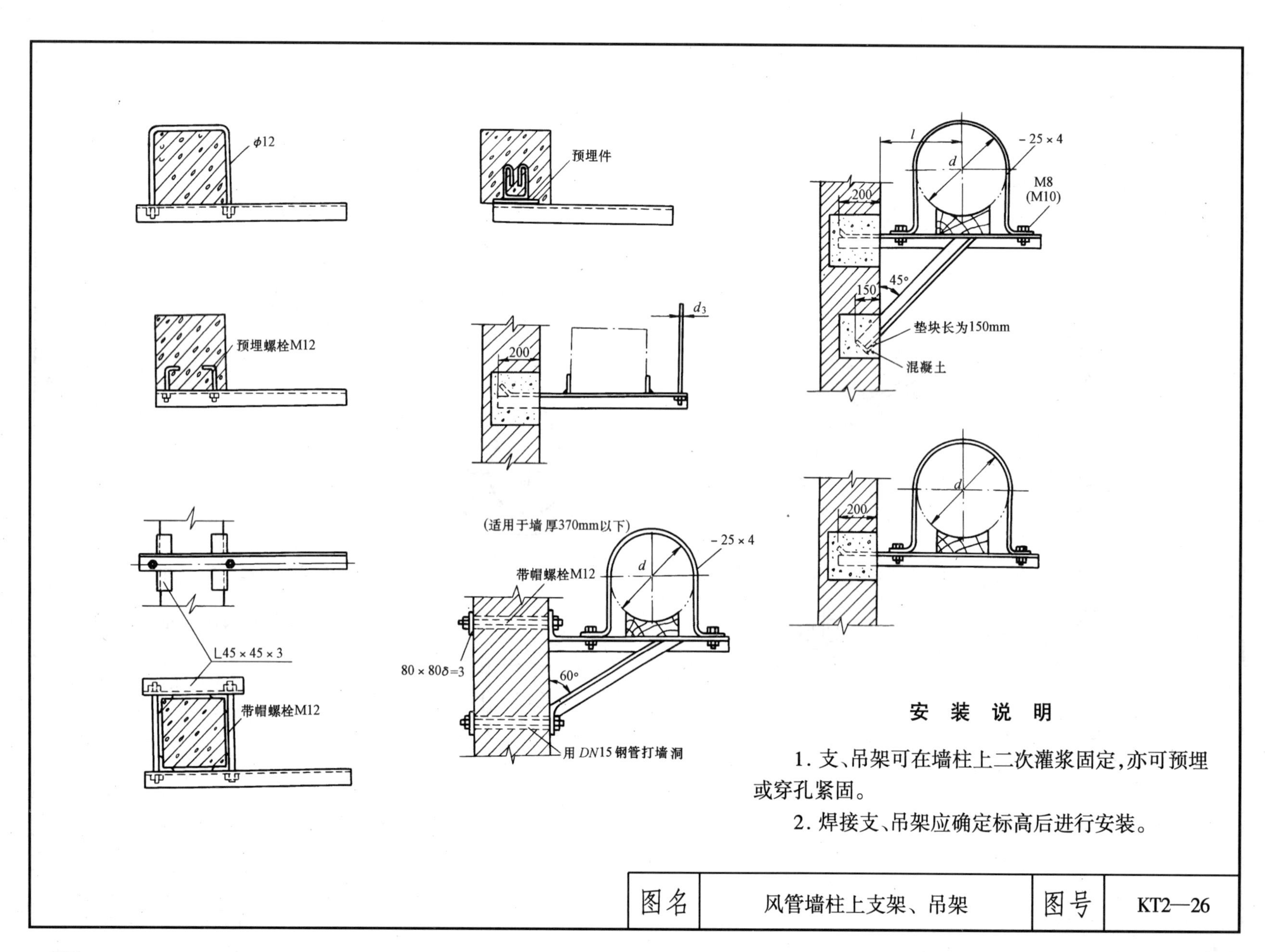

ϕ12
预埋件
预埋螺栓M12
d_3
200
l
d
-25×4
M8
(M10)
200
45°
150
垫块长为150mm
混凝土
200
d
L45×45×3
带帽螺栓M12
(适用于墙厚370mm以下)
-25×4
d
带帽螺栓M12
80×80δ=3
60°
用DN15钢管打墙洞
安装说明
1. 支、吊架可在墙柱上二次灌浆固定，亦可预埋或穿孔紧固。
2. 焊接支、吊架应确定标高后进行安装。
图名
风管墙柱上支架、吊架
图号
KT2—26

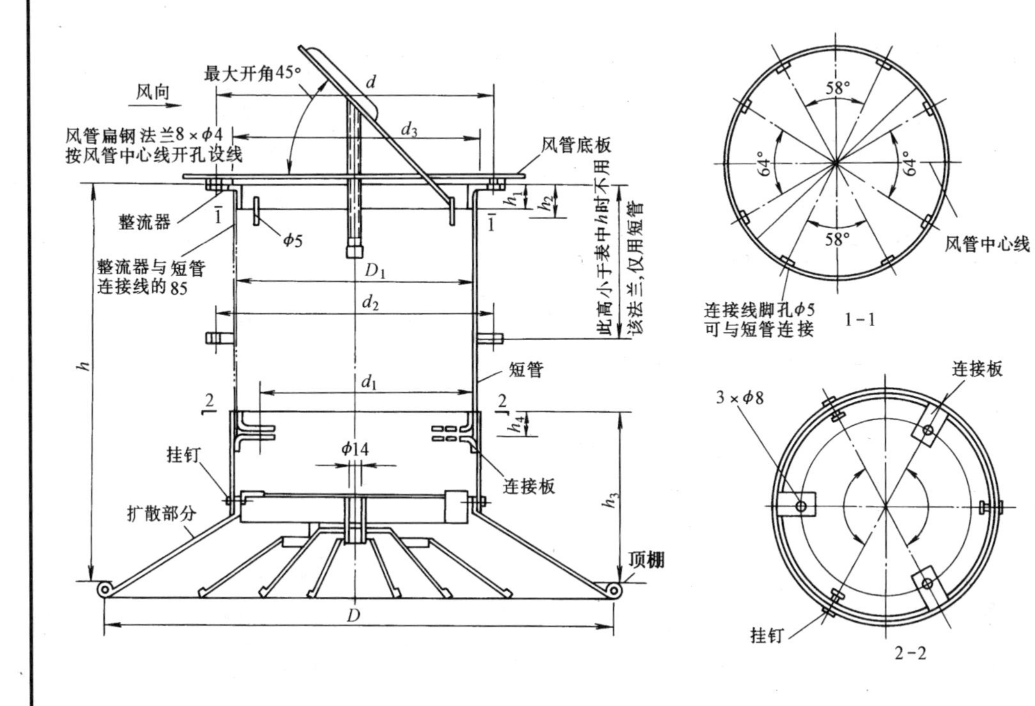

JS型散流器尺寸(mm)

安装参数 \ 型号		JS103 ϕ450	JS104 ϕ360	JS105 ϕ205	JS106 ϕ160
顶棚预留孔 D		ϕ940	ϕ740	ϕ530	ϕ330
顶棚至主风道法兰最小距离不小于 h		230	215	132	170
喉管直径 D_1		ϕ446	ϕ357	ϕ245	ϕ156
整流部分	h_1	46	46	46	46
	h_2	27	27	27	27
	d_2	ϕ480	ϕ383	ϕ274	ϕ184
送风口部分	h_3	202	185	155	130
	h_4	27	27	25	25
	d_1	ϕ392	ϕ302	ϕ214	ϕ124
风管预留孔径 d_3		ϕ460	ϕ368	ϕ256	ϕ162

图名	JS型散流器安装	图号	KT2—27

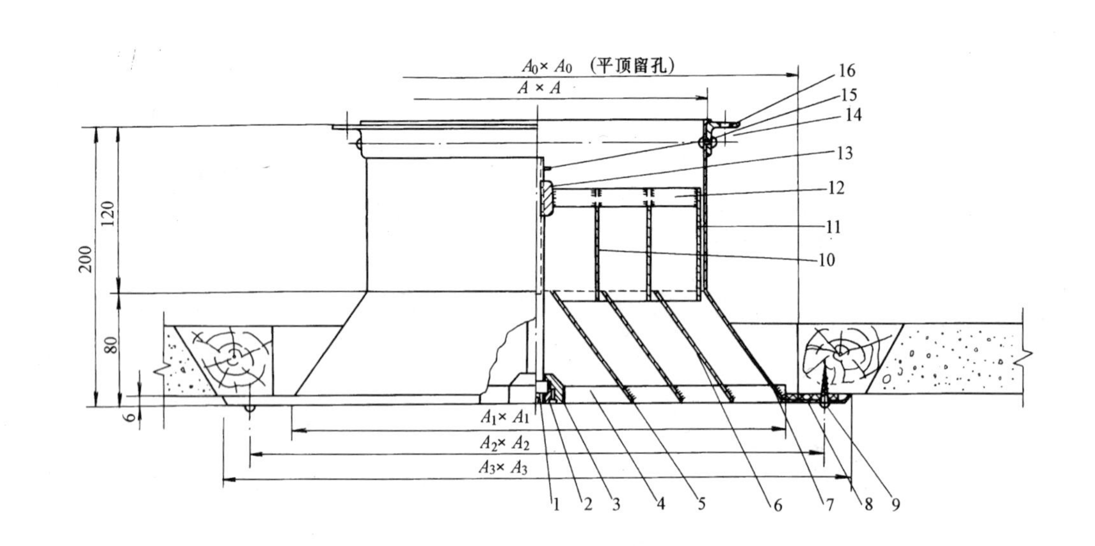

1	调节螺杆
2	固定螺母
3	调 节 座
4	扩散圈连杆
5	中心扩散圈
6	中间扩散圈(一)
	中间扩散圈(二)
	中间扩散圈(三)
	中间扩散圈(四)
7	外层扩散圈
8	密闭垫圈
9	木 螺 钉
	木 螺 钉
10	调节圈(一)
	调节圈(二)
	调节圈(三)
	调节圈(四)
11	外层调节圈
12	调节圈连杆
13	调节螺母
14	开 口 销
15	铆 钉
16	法 兰

尺寸表(mm)

型号	1号	2号	3号	4号	5号	6号	7号
A	120	160	200	250	320	400	500
A_1	240	280	320	370	440	520	620
A_2	300	340	380	430	500	580	680
A_3	340	380	420	470	540	620	720
A_0	260	300	340	390	460	540	640

图名	方形直片式散流器安装	图号	KT2—28

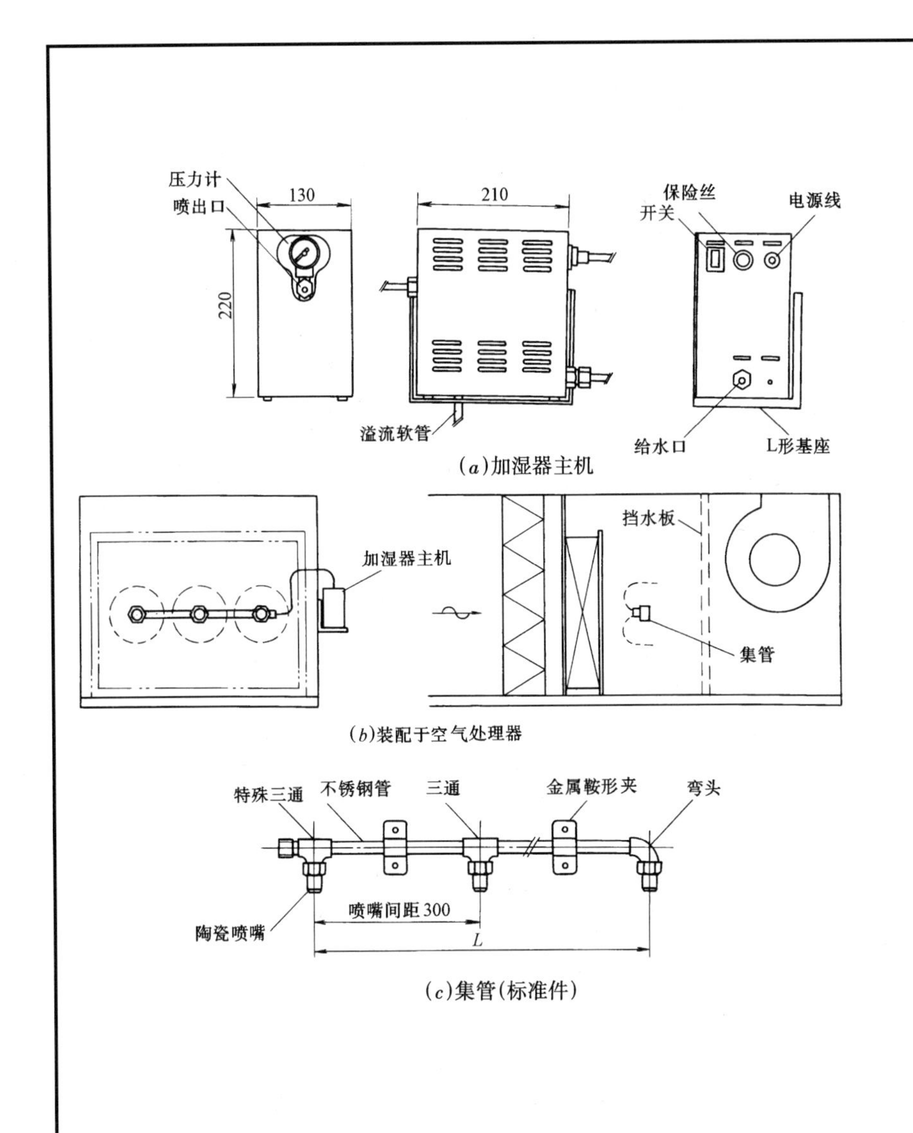

安 装 说 明

1. 与超声波式相比，喷雾粒子较大，挡水板装于集管下流一侧时，要考虑到避免因水滴引起的故障。

2. 请注意不能装配在流通空气温度低的空调器上。

3. 用于外气处理空调器加湿时和制冷冷风运转加湿时，应考虑用汽化式加湿器或蒸汽式加湿器。

4. SVK型带有防止空运转的压力开关。

5. 在集管的安装位置请设置维修口，以方便今后维修。

6. 加湿器不能与公共水管直接连接。

7. 每台加湿器都要安装给水备用阀和电源总开关。

8. 做好配管的保温处理。

加湿器型号	喷 嘴 数	L尺寸(mm)
SVN/K25	3	600
SVN/K50	4	900
SVN/K75	5	1200
SVN/K100	6	1500
SVN/K125	8	900×2根

注：SVN/K125型的集管为2根(带有分支用接头，软铜管)。

图名	SVN/SVK型加湿器安装	图号	KT2—29

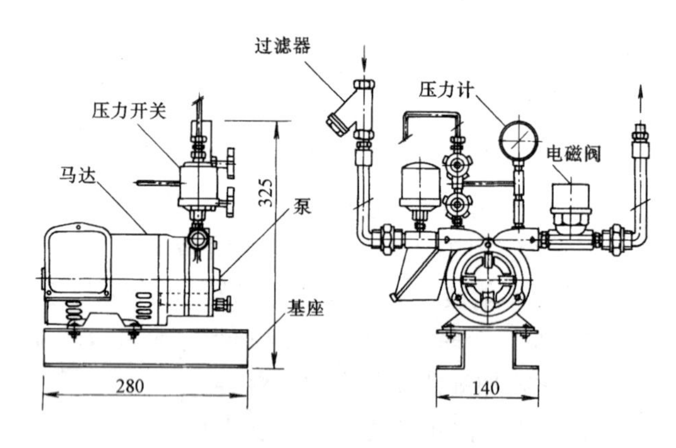

(*a*)加湿器主机

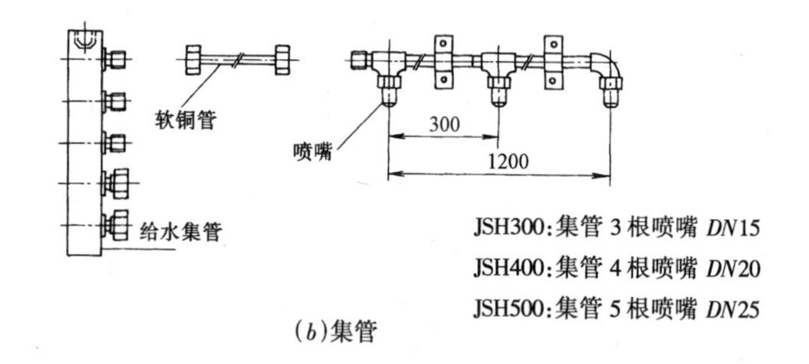

(*b*)集管

安 装 说 明

1. 与超声波式相比,喷雾颗粒大。在集管下流一侧设置挡水板时,要考虑到避免因水滴引起故障。

2. 要注意不能安装于流通空气温度低的空调器上。

3. 用于外气处理空调器加湿和制冷冷风运转加湿时,应考虑用汽化式加湿器或蒸汽式加湿器。

4. 在集管安装位置上要设置维修口,以便日后维修方便。

5. 加湿器不能与公共水管直接连接。

6. 每台加湿器上都要设置给水备用阀和电源总开关。

7. 对配管要做保温处理。

机　　型		高压喷雾式加湿器 WM-JSH 型		
型　　号		WM-JSH300	WM-JSH400	WM-JSH500
喷 雾 量 (kg/h)		300	400	500
有效加湿量(kg/h)	新 风 机	120 ~ 150	160 ~ 200	200 ~ 250
	组合空调机	—	—	—
额 定 电 源		三相 AC200V　50/60Hz		
额 定 耗 电		450W		
运 转 压 力		0.4 ~ 0.5MPa		
喷嘴型号 × 数		KS – 030 × 15	KS – 030 × 20	KS – 030 × 25
运转时质量(重量)		加湿器主机:13kg 控制盘:6kg		
使用条件	周围温湿度	加湿器主机:1 ~ 40℃、90%湿度以下 集管:1 ~ 55℃		
	给水水质	自来水和与之相同的饮用水		
	给水压力、温度	0.035 ~ 0.5MPa、60℃以下		

图名	WM - JSH 型高压喷雾式加湿器安装	图号	KT2—30

空调水系统安装说明

1. 水泵安装

(1)水泵安装前应开箱检查

1)水泵和电机有无损坏，产品合格证书和技术资料及零、配件是否齐全；

2)校对水泵地脚螺栓孔尺寸与现浇混凝土基础尺寸是否相符；

3)准备安装机具。

(2)水泵安装

1)在吊装水泵时，索具应挂在底座上，不允许吊在水泵和电机的螺栓孔或泵的轴承体上，更不能吊在泵和电机的轴上。

2)起吊时应在吊装重心，应确保吊装设备的承载能力，并防止泵体碰撞，特别应避免泵联轴器处轴加工配合面的损坏。

3)应采用强度等级C15混凝土基础。

4)清理混凝土基础上的污物、油垢、粉尘等杂物，吊装水泵就位，在地脚螺栓两侧用垫铁(含斜垫铁)找正找平(找平底座时不必卸下水泵和电机)后，进行二次灌浆。

5)待强度达到要求后，再检查水泵底座水平度，合格后拧紧地脚螺母。

6)先调整泵轴，找平找正后，适当上紧螺母，以防走动，待泵端调完后，再安装电机。

7)使泵和电机联轴器之间留有一定的间隙。

8)联轴器平面之间应保持一定的间隙。最好在几个相反的位置上用塞尺测量联轴器之间的间隙，一般为2mm。两联轴器端面间隙一周上最大和最小的间隙差值不得超过0.3mm。

9)泵的联轴器端不允许用皮带传动，若需用皮带传动时，皮带轮应有独立的固定支架。

10)泵在运转时，出水管内的水压大于进水管水压，停车时为瞬时水锤冲击力，使水泵产生向进水方向平移的可能。因此，对于较大型的水泵(扬程大于等于50m，口径大于等于500mm)，对泵腿的侧面在基础上应加装防移动机构(一般通用的是丝杠－螺母机构)。

11)为减少水锤冲击力，对口径ϕ350mm以上，扬程50m以上的水泵，建议出水管上的止回阀采用缓闭式的液控蝶阀(起到闸阀和止回阀的双重作用)或缓闭式的止回阀。扬程小于20m的水泵可不用止回阀。闸阀和止回阀安装的顺序是：泵出口－闸阀－止回阀。

12)进、出水管、管件都应有自己的支、吊架，以免使泵产生过大的承载应力而损坏。

13)检查电机的转向，应卸下联轴器的柱销，严禁在泵内无水时空转试车。

14)避免管道与泵强行连接，应在不受外力条件下对正连接泵法兰和管路法兰。

15)泵的安装高度，管路的长度，直径，流速应符合设计要求。长距离输送时应取较大管径，应尽量减少管路的弯头和附件等不必要的局部阻力损失。泵的吸入管路应短而直，吸入管路直径应大于或等于泵的吸入口直径。泵的吸入

图名	空调水系统安装说明	图号	KT3—01

管路的弯曲半径应尽量大。压力表不能装在弯管和阀门的旁边，以防不稳定流动的干扰。

16)环境温度低于0℃时，应将泵内的水放出，以免冻裂。水泵轴承温升最高不得大于80℃，轴承温度不得超过周围介质温度的40℃。

2.冷却塔安装

(1)冷却塔的安装位置应选择在干燥，清洁和通风条件良好的工作环境。宜放置在夏季主导风向上。

(2)两塔以上塔群布局时，应考虑两塔之间保持一定的间距。一般以塔径的1~2倍为宜。

(3)检查校对冷却塔支架尺寸与基础(或预埋铁件)位置尺寸，相符合后吊装就位。将塔支架安装在基础上校正找平，紧固地脚螺栓，必要时也可直接与基础预留埋件焊牢。

(4)将下塔体按编号顺序固定在塔支架上并紧固，再与底座固牢。要求下塔体拼装平整，拼缝处放有胶皮或者糊制1mm玻璃钢,以保水密。

(5)安装托架及填料支架,并放上点波片,要求双片交叉推叠每层表面平整,疏密适中,间距均匀,与塔壁不留空隙。

(6)将上塔体按编号依次连接，并拧紧螺栓。将风机支架安装在风筒上，电机、风机安装在支架上，调整叶片角度一致。风机旋转面应与塔体轴心线垂直，叶端与筒壁间隙均匀，使风机保持平衡，减少振动。注意风向朝上。300型以上的冷却塔，风机叶片角度都是可调的。之后将上塔体，风机一起吊装在塔支架上。安装时，应保证上塔体拼装直径，紧固件无松动，严禁强行装配和任意敲击玻璃钢构件，以免损坏和变形，影响使用。应注意相邻两个圆弧面壳体，保证平整不漏风。

(7)安装百叶窗、扶梯,注意梯与观察孔安装在同一侧面。

(8)电机的接线盒及导线要保证密封，绝缘可靠，防止因水雾受潮等引起短路，烧坏电机。

(9)布水管安装面要求水平，每根布水管应在同一水平面上。布水管与填料层高度间距为50~80mm。布水管出水孔的安装夹角一般为旋转平面中心轴底线的30°~45°为佳。布水孔压力控制在0.2MPa以上，转速应控制在12~20r/min。安装喷头布水器时，先安装好进水主管，再装配水管，校对水平后安装喷头，喷头压力控制在0.5MPa。

(10)冷却塔集水池容积以总流量的1/15~1/10。池内应设置排污、溢流、补充水管。为确保冷却塔的冷却效果，循环水量应调节到设计流量的±5%之内。

(11)冷却塔进水必须干净清洁，严防残渣污垢杂物堵塞管道及布水孔。循环水的浑浊度一般控制在小于50ppm(宜不大于50mg/L，最大不得超过100ppm)。

(12)布水管一般按名义流量开孔。配用的实际水流量应与之相符，原则上要达到布水器转速合适，布水均匀，基本上无飘水的要求。使用温度不超过50℃。

3.水管、管件安装

(1)管材、管件应符合国家或部颁现行标准的技术质量

图名	空调水系统安装说明	图号	KT3—01

鉴定文件或产品合格证。应按设计要求核验管材、管件的规格，型号和质量，符合要求方可使用。

(2)管道、管件安装前，必须清除内部污垢和杂物，安装中断或完毕的敞口处，应临时封闭。

(3)管子的螺纹应规整，如有断丝或缺丝，不得大于螺纹全扣数的10%。

(4)管道穿过基础、墙壁和楼板，应配合土建预留孔洞，管道的焊口、接口和阀门、法兰等管件不得安装在墙板内。

(5)管道穿过循环水池，地下室或地下构筑物外墙时，应采取防水措施。对有严格防水要求的，应采用柔性防水套管；一般可采用刚性防水套管。

(6)明装水管成排安装时，直线部分应互相平行。曲线部分：当管道水平或垂直并行时，应与直线部分保持等距；管道水平上下并行时，曲率半径应相等。

(7)管道采用法兰连接时，法兰应垂直于管子中心线，其表面应相互平行。不得采用强行拧紧法兰螺栓的方法进行管道连接。热水管道的法兰衬垫，宜采用橡胶石棉垫；给排水管道的法兰衬垫，宜采用橡胶垫。法兰的衬垫不得突入管内，其外圆到法兰螺栓孔为宜。可采用带安装把的垫圈。法兰中间不得放置斜面或几个衬垫。连接法兰的螺栓放置方向一致，且螺杆突出螺母长度不宜大于螺杆直径的1/2。

(8)管道支、吊、托架的安装，应符合下列规定。

1)位置、标高应正确，埋设应平整牢固；

2)与管道接触应紧密，固定应牢靠；

3)滑动支架应灵活，滑托与滑槽两侧间应留有3~5mm的间隙，并留有一定的偏移量；

4)无热伸长的管道吊架，吊杆应垂直安装；有热伸长的管道吊架，吊杆应向热膨胀的反方向偏移；

5)固定在建筑结构上的管道支、吊架，不得影响结构的安全；

6)管道安装的支、吊架间距和管卡(箍)数量应满足设计要求。

(9)阀门安装前，应作耐压强度试验，试验应以每批(同牌号，同规格，同型号)数量中抽查10%，且不少于一个。如有漏、裂不合格的，应再抽查20%，仍有不合格的则须逐个试验，对于安装在主干管上起切断作用的闭路阀门，应逐个作强度和严密性试验。强度和严密性试验压力应为阀门出厂规定的压力。

(10)弯制钢管曲率半径应符合下列规定：

1)热弯：应不小于管子外径的3.5倍；

2)冷弯：应不小于管子外径的4倍；

3)焊接弯头：应不小于管子外径的1.5倍；

4)冲压弯头：应不小于管子外径。

弯管的椭圆率：管径小于或等于150mm，不得大于8%；管径小于或等于200mm,不得大于6%。

管壁减薄率：不得超过原壁厚的15%。

折皱不平度：管径小于或等于125mm，不得超过3mm；管径小于或等于200mm，不得超过4mm。

(11)生活饮用水管道和消防生活合用的给水管道，应使

图名	空调水系统安装说明	图号	KT3—01

用镀锌钢管，管径大于80mm，可使用给水铸铁管。消防专用管采用焊接钢管。

(12)管径小于或等于50mm，宜采用截止阀；管径大于50mm，宜采用闸阀。

(13)空调房间风机盘管的排水管，如需接向室内管道，宜在排水管上安装截止阀，并在接往管道前设置水封。

(14)通气管不得与风管或烟道连接。高出屋面不得小于300mm，但必须大于最大积雪厚度。

(15)管径小于或等于32mm,宜采用螺纹连接；管径大于32mm，宜采用焊接或法兰连接。

(16)安装在露天或不采暖房间内的膨胀水箱和集气罐，均应按设计要求保温(包括配管)。膨胀水箱的膨胀管和循环管上，不得安装阀类。膨胀水箱的检查管(信号管)，应接到便于检查的地方。

(17)铸铁管的承插接口填料，宜采用石棉水泥或膨胀水泥。如有特殊要求，亦可用青铅接口，铅的纯度应在90%以上。预应力钢筋混凝土管或自应力钢筋混凝土管的承插接口，除设计有特殊要求外，一般宜采用橡胶圈。对有腐蚀性的地段，应在接口处涂沥青防腐层。

(18)严禁在压力下的管道，容器和荷载作用下的构件上焊接与切割。

(19)不同管径的管道焊接。如两管管径相差不超过小管径15%，可将大管端部直径缩小，与小管对口焊接，如管径相差超过小管径15%，应将大管端部抽条加工成锥形，或用钢板特制的异径管。

(20)管道的对口焊缝或弯曲部位不得焊接支管。弯曲部位不得有焊缝。接口焊缝距起弯点应不小于1个管径，且不小于100mm;接口焊缝距管道支、吊架边缘应不小于50mm。

(21)焊接管道分支管，端面与主管表面间隙不得大于2mm，并不得将分支管插入主管的管孔中。分支管管端应加工成马鞍形。

(22)双面焊接管道法兰，法兰内侧的焊缝不得凸出法兰密封面。

4. 风机盘管、诱导器安装

(1)风机盘管和诱导器应逐台进行水压试验，试验强度应为工作压力的1.5倍，定压后观察2~3min不渗不漏。

(2)风机盘管和诱导器应每台进行通电试验检查，机械部分不得摩擦，电气部分不得漏电。表面换热器无变形、损伤、锈蚀等缺陷。

(3)暗装卧式风机盘管和诱导器应由支、吊架固定。吊顶应留有活动检查门，便于拆卸和维修。

(4)冷热媒水管与风机盘管，诱导器连接宜采用钢管或紫铜管，接管应平直。凝结水管宜采用透明胶管软连接，并用喉箍紧固严禁渗漏。排水坡度应正确，凝结水应畅通地流到指定位置。水盘应无积水现象。

(5) 风机盘管，诱导器与风管，回风室及风口的连接处应严密。

(6)风机盘管,诱导器同冷热媒水管应在管道清洗排污后连接,以免堵塞热交换器。

图名	空调水系统安装说明	图号	KT3—01

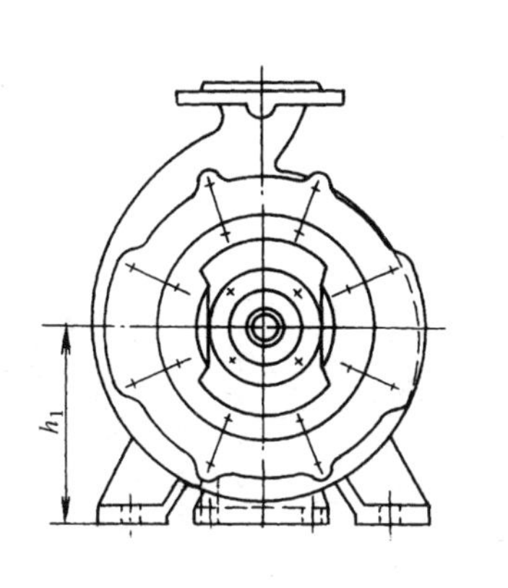

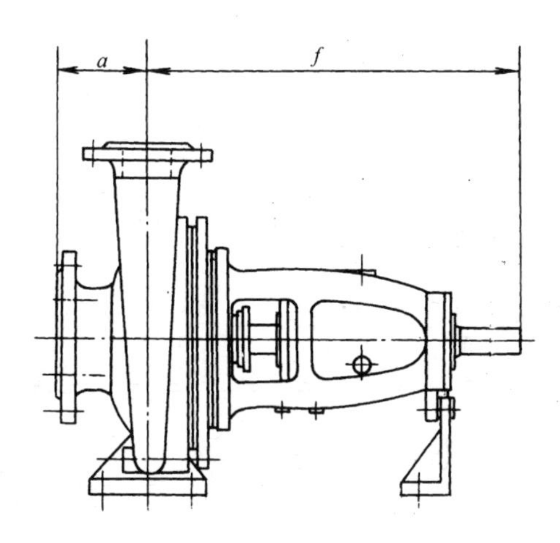

安 装 说 明

1. 将底座（无底座则分别将水泵和电机就位于基础上）放在基础上，用垫铁找平底座后，进行二次灌浆，待混凝土强度达到要求后，用水平仪检查底座水平度，紧固地脚螺栓。

2. 联轴器之间间隙一般为 2mm。用薄垫片调整水泵和电机轴同心度。测量联轴器的外圆上下、左右的差值不得超过 0.1mm。两联轴器端面间隙一周上最大和最小的间隙差值不得超过 0.3mm。

3. 泵的管道应有自己的支架，不允许管道重量加在泵上。

4. 排出管道如装止回阀时，应装在闸阀的外面。

5. 有关尺寸参见后面部分。

图名	IS 型离心水泵安装	图号	KT3—02

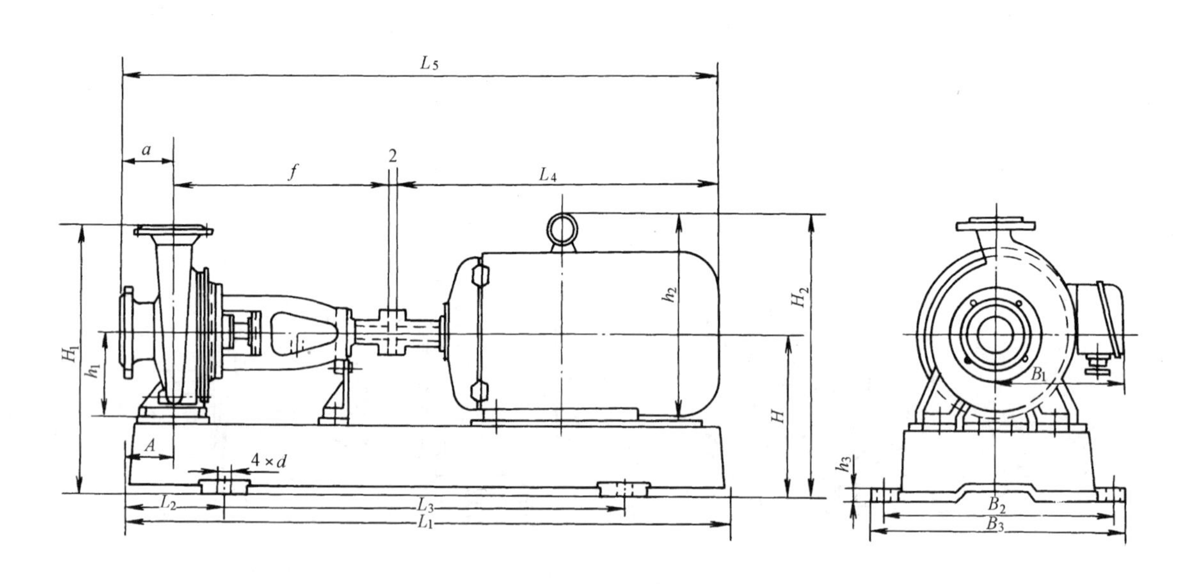

产品型号	机座号/功率(kW)	外形及安装尺寸(mm)																	
		A	L_1	L_2	L_3	L_4	a	f	L_5	B_1	B_2	B_3	h_1	h_2	h_3	H	H_1	H_2	d
IS50-32-125	$Y80_1$-4/0.55	80	800	100	600	285	80	385	765	150	345	305	112	170	25	187	327	277	$\phi18.5$
IS50-32-125	Y90L-2/2.2	80	735	130	490	335	80	392	833	155	290	250	112	190	25	182	332	287	$\phi18.5$
IS50-32-160	$Y80_1$-4/0.55	80	800	100	600	285	80	385	765	150	345	305	132	170	25	207	367	297	$\phi18.5$
IS50-32-160	Y100L-2/3	80	800	100	600	380	80	385	850	180	345	305	132	245	25	212	372	357	$\phi18.5$
IS50-32-200	$Y80_2$-4/0.75	80	800	100	600	285	80	385	765	150	345	305	160	170	25	235	415	325	$\phi18.5$
IS50-32-200	Y132S-2/5.5	80	860	110	650	475	80	385	945	210	410	360	160	315	30	212	420	395	$\phi24$
IS65-50-125	$Y80_1$-4/0.55	80	800	100	600	285	80	385	765	150	345	305	112	170	25	187	327	277	$\phi18.5$
IS65-50-125	Y100L-2/3	80	800	100	600	380	80	385	850	180	345	305	112	245	25	192	332	337	$\phi18.5$

图名	IS 型离心清水泵(带底座)安装(一)	图号	KT3—03(一)

续表

产品型号	机座号/功率（kW）	外形及安装尺寸(mm)																	
		A	L_1	L_2	L_3	L_4	a	f	L_5	B_1	B_2	B_3	h_1	h_2	h_3	H	H_1	H_2	d
IS65-50-160	Y80$_2$-4/0.75	80	800	100	600	285	80	385	765	150	345	305	132	170	25	207	367	297	ϕ18.5
IS65-50-160	Y132S$_1$-2/5.5	80	860	110	650	475	80	385	945	210	410	360	132	315	30	212	372	395	ϕ24
IS65-40-200	Y90S-4/1.1	80	800	100	600	310	100	385	790	155	345	305	160	190	25	235	415	335	ϕ18.5
IS65-40-200	Y132S$_2$-2/7.5	80	860	110	650	475	100	385	945	210	410	360	160	315	30	212	420	395	ϕ24
IS80-65-125	Y80$_2$-4/0.75	80	800	100	600	285	100	385	785	150	345	305	132	170	25	207	367	297	ϕ18.5
IS80-65-125	Y132S$_1$-2/5.5	80	860	110	650	475	100	385	965	210	410	360	132	315	30	212	372	395	ϕ24
IS80-65-160	Y90L-4/1.1	80	860	110	600	335	100	385	835	155	345	305	160	190	25	235	415	335	ϕ18.5
IS80-65-160	Y132S$_2$-2/7.5	80	860	110	650	475	100	385	945	210	410	360	160	315	30	212	420	395	ϕ24
IS80-50-200	Y100L$_1$-4/2.2	80	800	100	600	380	100	385	880	180	345	305	160	245	25	235	435	380	ϕ18.5
IS80-50-200	Y160M$_2$-2/15	83	953	200	553	600	100	385	1073	255	480	430	160	385	30	240	440	465	ϕ24
IS100-80-125	Y90L-4/1.5	95	800	100	600	335	100	385	835	155	345	305	160	190	25	235	415	335	ϕ18.5
IS100-80-125	Y160M$_1$-2/11	83	953	200	553	600	100	385	1073	255	480	430	160	385	30	240	420	465	ϕ24
IS50-32-250	Y90L-4/1.5	95	1050	210	630	335	100	500	958	155	490	440	180	190	30	280	505	380	ϕ24
IS50-32-250	Y160M$_1$-2/11	95	1194	225	744	600	100	500	1223	255	540	490	180	385	30	280	505	505	ϕ18.5
IS65-40-250	Y100L$_1$-4/2.2	95	1050	210	630	380	100	500	1003	180	490	440	180	245	30	280	505	425	ϕ24
IS65-40-250	Y160M$_2$-2/15	95	1194	225	744	600	100	500	1223	255	540	490	180	385	30	280	505	505	ϕ24
IS65-40-315	Y112M-4/4	95	1050	210	630	400	125	500	1048	190	490	440	200	265	30	300	550	453	ϕ24
IS65-40-315	Y180M-2/22	95	1194	225	744	775	125	500	1423	310	540	490	200	475	40	300	550	575	ϕ28
IS80-50-250	Y100L$_2$-4/3	95	1050	210	630	380	125	500	1028	180	490	440	180	245	30	280	525	425	ϕ24
IS80-50-250	Y180M-2/22	95	1194	225	744	670	125	500	1318	285	540	490	180	430	30	280	505	530	ϕ24
IS80-50-315	Y132S-4/5.5	95	1050	210	630	475	125	500	1123	210	490	440	225	315	30	315	595	498	ϕ24
IS80-50-315	Y200L$_2$-2/37	95	1194	225	744	775	125	500	1423	310	540	490	225	475	40	325	605	600	ϕ24
IS100-65-200	Y112M-4/4	95	1050	210	630	400	100	500	1023	190	490	440	180	265	30	280	505	433	ϕ24

图名	IS 型离心清水泵(带底座)安装(二)	图号	KT3—03(二)

续表

产品型号	机座号/功率(kW)	外形及安装尺寸(mm)																	
		A	L_1	L_2	L_3	L_4	a	f	B_1	B_2	B_3	h_1	h_2	h_3	H	H_1	H_2	d	
IS100-65-200	Y180M-2/22	83	1194	225	744	670	100	500	1259	285	540	490	180	430	30	260	485	510	ϕ24
IS100-65-250	Y132S-4/5.5	100	1050	210	630	475	125	500	1132	210	490	440	200	315	30	300	550	485	ϕ24
IS100-65-250	Y200L_2-2/37	120	1192	250	692	775	125	500	1407	310	576	516	200	475	40	300	550	575	ϕ28
IS100-80-160	Y100L_2-4/2.2	95	1050	210	630	380	100	500	1003	180	450	400	160	245	30	260	460	405	ϕ24
IS100-80-160	Y160M_2-2/15	83	1194	225	744	600	100	500	1207	285	540	490	160	385	30	240	440	465	ϕ24
IS125-100-200	Y132M-4/7.5	110	1050	210	630	515	125	500	1163	210	490	440	200	315	30	300	648	483	ϕ24
IS125-100-200	Y225M-2/45	110	1285	175	940	815	125	500	1463	345	610	550	200	530	40	330	610	635	ϕ28
IS100-65-315	Y160M-4/11	110	1198	200	798	600	125	530	1280	255	610	550	225	385	30	335	615	560	ϕ24
IS100-65-315	Y280S-2/75	110	1456	300	856	1000	125	530	1662	410	593	533	225	640	35	355	635	695	ϕ28
IS125-100-250	Y160M-4/11	110	1198	200	798	600	140	530	1295	255	610	550	225	385	30	335	615	560	ϕ24
IS125-100-250	Y280S-2/75	110	1456	300	856	1000	140	530	1701	410	593	533	225	640	40	375	655	735	ϕ28
IS125-100-315	Y160L-4/15	110	1198	200	798	645	140	530	1340	225	610	550	250	385	40	380	695	605	ϕ28
IS125-100-400	Y200L-4/30	130	1268	200	868	645	140	530	1340	255	560	500	280	385	40	430	785	655	ϕ28
IS150-125-250	Y180H-4/18.5	130	1198	200	798	775	140	530	1470	310	610	550	280	475	40	430	785	705	ϕ28
IS150-125-315	Y200L-4/30	144	1268	200	868	775	140	530	1452	310	560	500	280	475	30	355	735	635	ϕ28
IS150-125-400	Y225M-4/15	130	1353	230	893	845	140	530	1522	345	598	538	315	530	40	395	795	700	ϕ28
IS200-150-250	Y225S-4/37	136	1320	136	1045	820	160	530	1517	345	605	545	280	530	40	385	760	690	ϕ28
IS200-150-315	Y250M-4/55	135	1620	300	1020	930	160	670	1767	385	720	660	315	575	30	375	775	700	ϕ28
IS200-150-400	Y280S-4/75	130	1620	300	1020	1000	160	670	1837	410	720	660	315	640	40	405	855	765	ϕ28

图名	IS 型离心清水泵(带底座)安装(三)	图号	KT3—03(三)

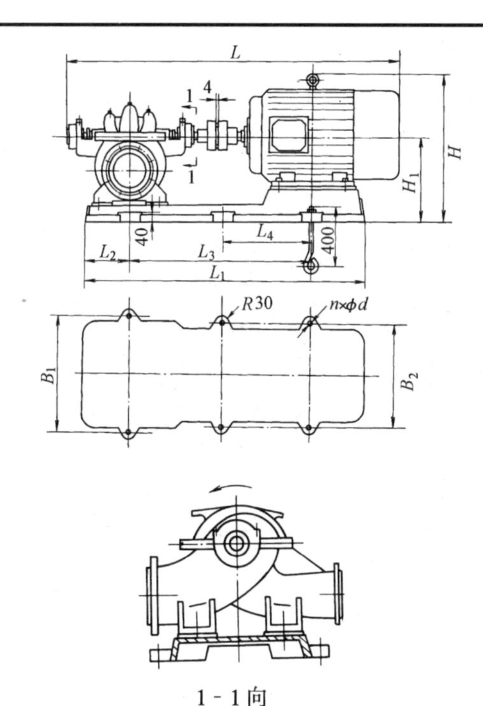

1－1向

安 装 说 明

1．对于大口径水泵应在基础上安装防移动定位机构（丝杠—螺母机构），出水管上的止回阀宜采用缓闭式液控蝶阀或缓闭式止回阀。

2．用真空泵抽吸水的泵，吸入管端部安装滤水器，不装底阀。

3．用水平尺检查两个联轴器外圆在上下、左右方向的间隙不应超过0.1mm。应校正水泵和电机轴线的同心度。

SH 型泵外形尺寸（mm）

<table>
<tr><th>泵型号</th><th>L_1</th><th>L_2</th><th>L_3</th><th>L_4</th><th>B_1</th><th>B_2</th><th>$n\times\phi d$</th><th>H_1</th><th>H</th><th>L</th><th>总重（kg）</th></tr>
<tr><td>6SH-6</td><td>1310</td><td rowspan="4">167</td><td>875</td><td rowspan="10"></td><td rowspan="4">450</td><td>620</td><td rowspan="10">4×φ25</td><td rowspan="4">400</td><td>725</td><td>1645</td><td>720</td></tr>
<tr><td>6SH-6A</td><td>1220</td><td>807</td><td>570</td><td>680</td><td>1530</td><td>615</td></tr>
<tr><td>6SH-9</td><td rowspan="2">1190</td><td rowspan="2">788</td><td rowspan="2">540</td><td rowspan="2">675</td><td rowspan="2">1490</td><td>570</td></tr>
<tr><td>6SH-9A</td><td>540</td></tr>
<tr><td>8SH-6</td><td>1590</td><td rowspan="5">216</td><td>1006</td><td>480</td><td>750</td><td>490</td><td>1040</td><td>1945</td><td>1520</td></tr>
<tr><td>8SH-9</td><td>1495</td><td>968</td><td rowspan="2">470</td><td>685</td><td rowspan="4">470</td><td>830</td><td>1830</td><td>1060</td></tr>
<tr><td>8SH-9A</td><td>1430</td><td>936</td><td>640</td><td>795</td><td>1760</td><td>905</td></tr>
<tr><td>8SH-13</td><td>1300</td><td rowspan="2">800</td><td rowspan="2">485</td><td rowspan="2">590</td><td>775</td><td>1615</td><td>750</td></tr>
<tr><td>8SH-13A</td><td>1270</td><td>745</td><td>1330</td><td>690</td></tr>
<tr><td>10SH-9</td><td>1640</td><td rowspan="2">250</td><td>1140</td><td>570</td><td rowspan="2">780</td><td>780</td><td>6×φ25</td><td rowspan="4">560</td><td>920</td><td>1995</td><td>1350</td></tr>
<tr><td>10SH-9A</td><td>1575</td><td>1040</td><td rowspan="5">1</td><td>655</td><td rowspan="5">4×φ25</td><td>885</td><td>1925</td><td>1180</td></tr>
<tr><td>10SH-13</td><td rowspan="2">1505</td><td rowspan="2">260</td><td rowspan="2">980</td><td rowspan="2">755</td><td rowspan="2">600</td><td rowspan="2">865</td><td>1815</td><td>1085</td></tr>
<tr><td>10SH-13A</td><td>1790</td><td>1050</td></tr>
<tr><td>10SH-19</td><td>1380</td><td rowspan="2">246</td><td>889</td><td>560</td><td>560</td><td rowspan="2">520</td><td>795</td><td>1690</td><td>1000</td></tr>
<tr><td>10SH-19A</td><td>1355</td><td>865</td><td>525</td><td>525</td><td>770</td><td>1625</td><td>900</td></tr>
<tr><td>12SH-13</td><td rowspan="2">1920</td><td rowspan="6">360</td><td rowspan="2">1260</td><td rowspan="2">630</td><td rowspan="6">915</td><td rowspan="2">720</td><td rowspan="2">6×φ25</td><td rowspan="6">640</td><td rowspan="2">1000</td><td>2265</td><td>1885</td></tr>
<tr><td>12SH-13A</td><td>2215</td><td>1780</td></tr>
<tr><td>12SH-19</td><td>1705</td><td>1050</td><td rowspan="4">1</td><td>670</td><td rowspan="4">4×φ25</td><td>965</td><td>1965</td><td>1515</td></tr>
<tr><td>12SH-19A</td><td>1640</td><td>1011</td><td rowspan="3">620</td><td>945</td><td>1880</td><td>1380</td></tr>
<tr><td>12SH-28</td><td>1560</td><td>1000</td><td>930</td><td>1880</td><td>1345</td></tr>
<tr><td>12SH-28A</td><td>1445</td><td>910</td><td>900</td><td>1810</td><td>1330</td></tr>
</table>

4．泵内灌注引水，可卸下泵盖上的三个丝堵，从最高的一个孔内灌水，两边两个较低的孔用于排气，对吸水管径大于 300mm 的水泵可卸下泵盖中部的异径四通管上的 $DN25$ 丝堵，接上真空泵排气。

图名	SH 型双吸离心水泵安装	图号	KT3—04

外形尺寸(mm)

<table>
<tr><th>泵 型 号</th><th>A</th><th>B</th><th>C</th><th>D</th><th>E</th><th>F</th><th>ϕD_1</th><th>DN</th><th>$n \times \phi d$</th></tr>
<tr><td>ISLX50-32-125</td><td rowspan="18">410</td><td rowspan="18">390</td><td rowspan="18">620</td><td rowspan="18">295</td><td rowspan="4">80</td><td>250</td><td rowspan="4">100</td><td rowspan="4">32</td><td rowspan="16">4 × ϕ18</td></tr>
<tr><td>ISLX50-32-160</td><td>270</td></tr>
<tr><td>ISLX50-32-200</td><td>290</td></tr>
<tr><td>ISLX50-32-250</td><td>335</td></tr>
<tr><td>ISLX65-50-125</td><td rowspan="5">90</td><td>260</td><td rowspan="5">125</td><td rowspan="5">50</td></tr>
<tr><td>ISLX65-56-160</td><td>280</td></tr>
<tr><td>ISLX80-50-200</td><td>320</td></tr>
<tr><td>ISLX80-50-250</td><td>345</td></tr>
<tr><td>ISLX80-50-315</td><td>400</td></tr>
<tr><td>ISLX65-40-200</td><td rowspan="3">80</td><td>290</td><td rowspan="3">110</td><td rowspan="3"></td></tr>
<tr><td>ISLX65-40-250</td><td>335</td></tr>
<tr><td>ISLX65-40-315</td><td>360</td></tr>
<tr><td>ISLX80-65-125</td><td rowspan="4">100</td><td>290</td><td rowspan="4">145</td><td rowspan="4">65</td></tr>
<tr><td>ISLX80-65-160</td><td>310</td></tr>
<tr><td>ISLX100-65-200</td><td>355</td></tr>
<tr><td>ISLX100-65-250</td><td>380</td></tr>
<tr><td>ISLX100-80-125</td><td rowspan="2">110</td><td>340</td><td rowspan="2">160</td><td rowspan="2"></td><td rowspan="2">8 × ϕ18</td></tr>
<tr><td>ISLX100-80-160</td><td>320</td></tr>
</table>

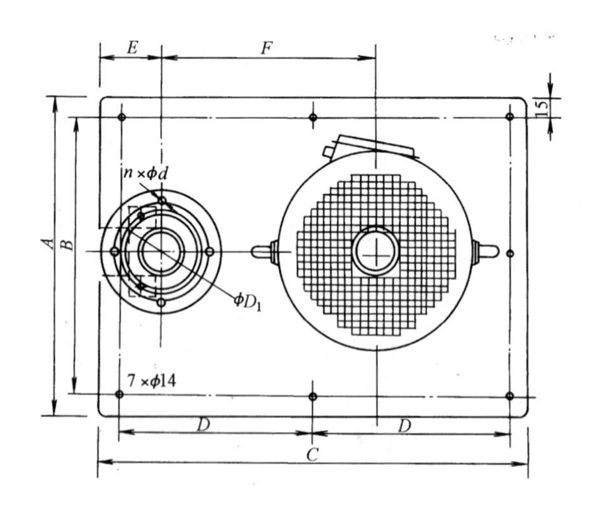

安 装 说 明

1. 泵浸在液体中工作，应保证有最低静水位安装标高。

2. 泵具有自吸能力,无需灌水。

图名	ISLX型单级液下离心水泵安装	图号	KT3—05

安装尺寸（mm）

泵型号	L	L_1	L_2	L_3	L_4	L_5	H	H_1	B	B_1	DN	$n\times\phi d$	d_2
ISZ50-32-125	497	80	19	90	245	440	162	140	270	310	125	$4\times\phi17.5$	$\phi14$
ISZ50-32-160	515	80	12	110	220	433	180	160	292	332	125	$4\times\phi17.5$	$\phi14$
ISZ50-32-200	608	80	19	120	260	501	210	180	362	402	125	$4\times\phi17.5$	$\phi14$
ISZ50-32-250	805	100	10	80	480	640	250	495	380	420	125	$4\times\phi17.5$	$\phi16$
ISZ65-50-125	537	80	0	70	323	463	177	140	280	320	145	$4\times\phi17.5$	$\phi20$
ISZ65-50-160	615	80	13	120	260	500	182	160	362	402	145	$4\times\phi17.5$	$\phi14$
ISZ65-40-200	607	100	11	120	260	501	210	180	362	402	145	$4\times\phi17.5$	$\phi14$
ISZ65-40-250	762	100	0	80	480	630	230	245	380	420	146	$4\times\phi17.5$	$\phi16$
ISZ80-50-200	734	100	13	80	450	610	230	200	380	420	160	$8\times\phi17.5$	$\phi14$
ISZ80-50-250	850	125	15	150	410	710	240	225	472	512	160	$8\times\phi17.5$	$\phi18$
ISZ80-65-160	635	100	48	122	260	502	210	180	362	402	160	$8\times\phi17.5$	$\phi14$
ISZ100-65-200	838	100	62	150	410	715	240	225	472	512	180	$8\times\phi17.5$	$\phi18$
ISZ100-65-250	942	125	0	120	546	786	300	250	520	580	180	$8\times\phi17.5$	$\phi28$
ISZ100-80-160	770	100	6	110	446	666	220	200	406	458	180	$8\times\phi17.5$	$\phi16$
ISZ150-125-315	980	140	12	140	570	850	380	355	600	660	240	$8\times\phi22$	$\phi28$

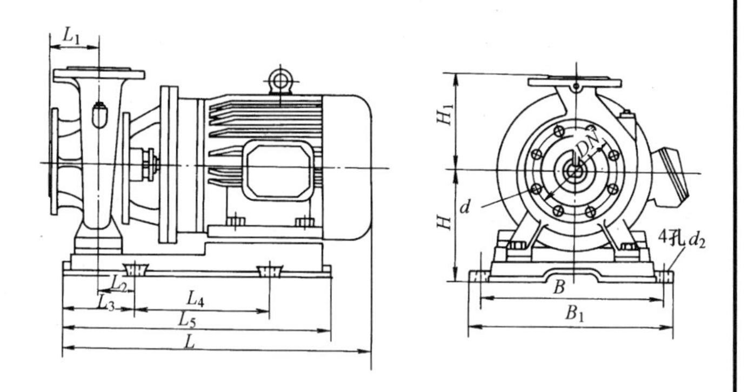

安装说明

1. 消除底座上的油腻和污垢，把底座放在基础上，用水平仪校正底座水平度，用垫铁和斜垫铁找平。
2. 进行二次灌浆，紧固地脚螺栓。
3. 泵的管道应有自己的支架，不允许管道重量加在泵上。
4. 出口管路的止回阀应安装在闸阀外侧。

图名	ISZ型离心清水泵安装	图号	KT3—06

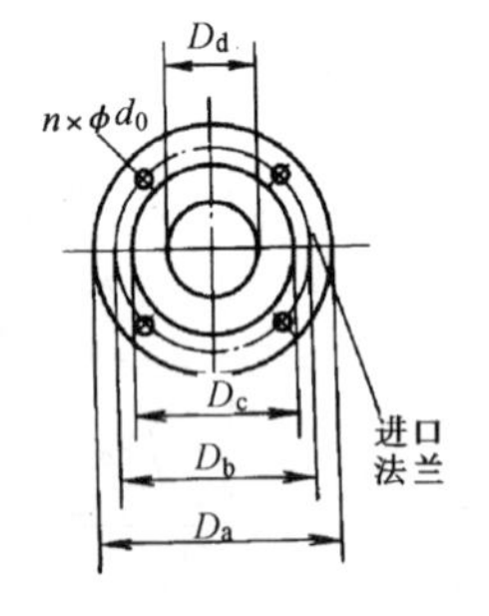

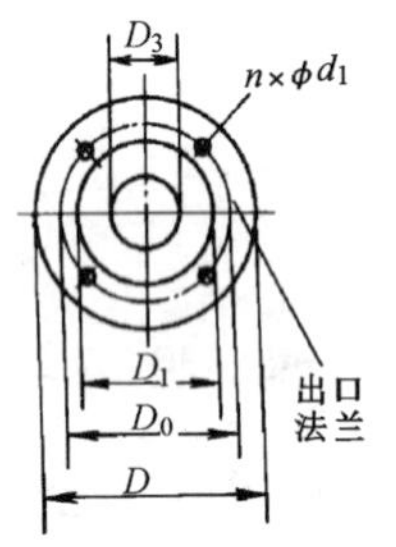

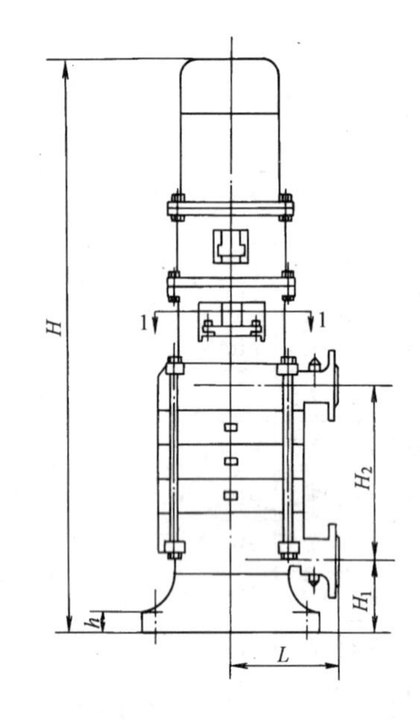

DL 型泵外形及安装尺寸

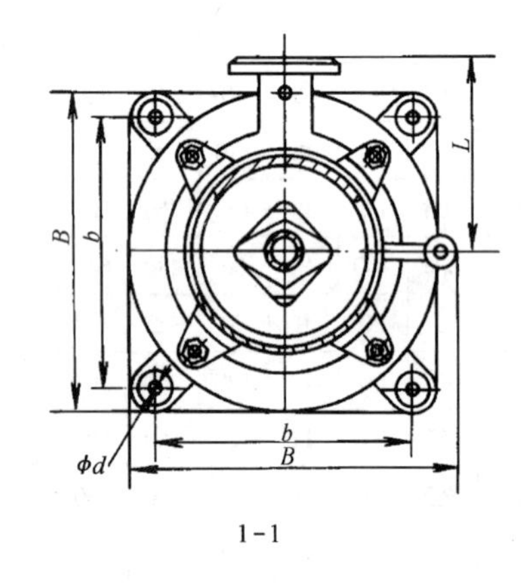

1-1

安 装 说 明

1. 将水泵放在基础上,用垫铁找水平度和垂直度。
2. 二次灌浆,紧固地脚螺栓。
3. 连接泵的管路。

图名	DL 型立式单级多级离心 水泵安装(一)	图号	KT3—07(一)

DL 型水泵外形及安装尺寸(mm)

泵型号	级数	H_1	H_2	H	L	h	B	b	D_a	D_b	D_c	D_d	$n\times\phi d_0$	D	D_0	D_1	D_2	$n\times\phi d_1$	d
50DL	2	104	189	1166	220	45	360	310	160	125	100	50	$4\times\phi16$	145	110	85	40	$4\times\phi18$	$\phi18$
	3	104	257	1234	220	45	360	310	160	125	100	50	$4\times\phi16$	145	110	85	40	$4\times\phi18$	$\phi18$
	4	104	325	1322	220	45	360	310	160	125	100	50	$4\times\phi16$	145	110	85	40	$4\times\phi18$	$\phi18$
	5	104	393	1465	220	45	360	310	160	125	100	50	$4\times\phi16$	145	110	85	40	$4\times\phi18$	$\phi18$
	6	104	461	1533	220	45	360	310	160	125	100	50	$4\times\phi16$	145	110	85	40	$4\times\phi18$	$\phi18$
	7	104	529	1641	220	45	360	310	160	125	100	50	$4\times\phi16$	145	110	85	40	$4\times\phi18$	$\phi18$
	8	104	597	1709	220	45	360	310	160	125	100	50	$4\times\phi16$	145	110	85	40	$4\times\phi18$	$\phi18$
	9	104	665	1862	220	45	360	310	160	125	100	50	$4\times\phi16$	145	110	85	40	$4\times\phi18$	$\phi18$
	10	104	733	1930	220	45	360	310	160	125	100	50	$4\times\phi16$	145	110	85	40	$4\times\phi18$	$\phi18$
65DL	2	167	198.5	1385	260	45	430	370	180	140	120	65	$4\times\phi18$	160	125	100	50	$4\times\phi18$	$\phi23$
	3	167	278.5	1505	260	45	430	370	180	140	120	65	$4\times\phi18$	160	125	100	50	$4\times\phi18$	$\phi23$
	4	167	358.5	1670	260	45	430	370	180	140	120	65	$4\times\phi18$	160	125	100	50	$4\times\phi18$	$\phi23$
	5	167	438.5	1795	260	45	430	370	180	140	120	65	$4\times\phi18$	160	125	100	50	$4\times\phi18$	$\phi23$
	6	167	518.5	1875	260	45	430	370	180	140	120	65	$4\times\phi18$	160	125	100	50	$4\times\phi18$	$\phi23$
	7	167	598.5	1980	260	45	430	370	180	140	120	65	$4\times\phi18$	160	125	100	50	$4\times\phi18$	$\phi23$
	8	167	678.5	2100	260	45	430	370	180	140	120	65	$4\times\phi18$	160	125	100	50	$4\times\phi18$	$\phi23$
	9	167	758.5	2180	260	45	430	370	180	140	120	65	$4\times\phi18$	160	125	100	60	$4\times\phi18$	$\phi23$
	10	167	838.5	2325	260	45	430	370	180	140	120	65	$4\times\phi18$	160	125	100	50	$4\times\phi18$	$\phi23$
80DL	2	120	277	1568	280	60	450	400	200	160	135	80	$8\times\phi16$	185	145	120	65	$4\times\phi18$	$\phi23$
	3	120	366	1702	280	60	450	400	200	160	135	80	$8\times\phi16$	185	145	120	65	$4\times\phi18$	$\phi23$
	4	120	455	1856	280	60	450	400	200	160	135	80	$8\times\phi16$	185	145	120	65	$4\times\phi18$	$\phi23$
	5	120	544	2010	280	60	450	400	200	160	135	80	$8\times\phi16$	185	145	120	65	$4\times\phi18$	$\phi23$
	6	120	633	2099	280	60	450	400	200	160	135	80	$8\times\phi16$	185	145	120	65	$4\times\phi18$	$\phi23$
	7	120	722	2233	280	60	450	400	200	160	135	80	$8\times\phi16$	185	145	120	65	$4\times\phi18$	$\phi23$
	8	120	811	2347	280	60	450	400	200	160	135	80	$8\times\phi16$	185	145	120	65	$4\times\phi18$	$\phi23$
	9	120	900	2436	280	60	450	400	200	160	135	80	$8\times\phi16$	185	145	120	65	$4\times\phi18$	$\phi23$
	10	120	989	2610	280	60	450	400	200	160	135	80	$8\times\phi16$	185	145	120	65	$4\times\phi18$	$\phi23$
100L	6	130	705	2338	315	25	470	410	220	180	158	100	8×17.5	200	160	133	80	$8\times\phi17.5$	$\phi23$

图名	DL 型立式单级多级离心 水泵安装(二)	图号	KT3—07(二)

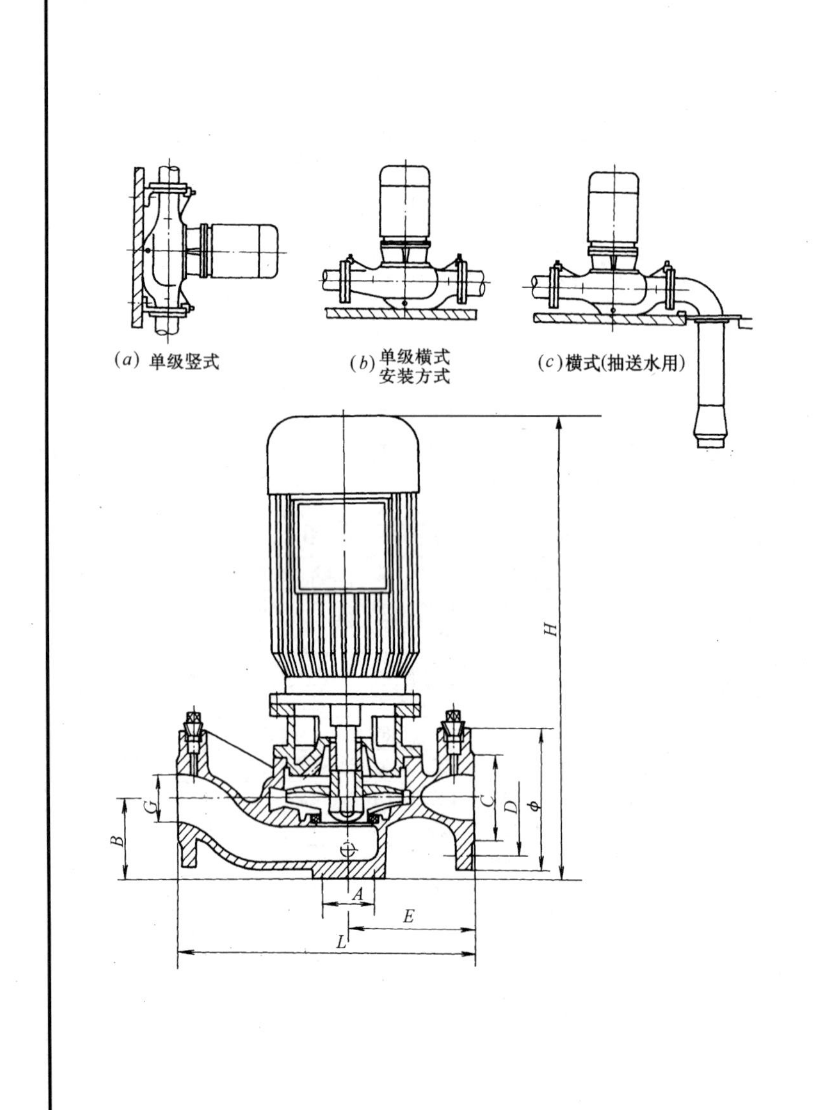

安 装 说 明

1. 安装时管道重量不应加在水泵上。

2. 宜在泵的进、出口管道上各安装一只调节阀及在泵出口附近安装一只压力表。

安装尺寸(mm)

型　　号	*A*	*B*	*C*	*D*	*E*	*L*	*G*	*H*	*ϕ*
40G-10-14	50	82	85	110	150	320	40	410	145
50G-15-19	60	92	100	125	150	350	50	450	160
50G-20-19	60	92	100	125	150	350	50	485	160
65G-25-19	60	101	120	145	165	360	65	510	180
65G-30-20	60	101	120	145	165	360	65	550	180
80G-35-21	80	106	135	160	220	435	80	605	200
80G-40-22	80	106	135	160	220	435	80	630	200
80G-50-22	80	106	135	160	220	435	80	630	200

图名	G 型管道泵安装	图号	KT3—08

TJ_1 型弹簧减振器安装尺寸(mm)

型号	A	B	C	D	E	F	K	H	J	G
TJ_1-1(TJ_1-1A)	196	125	144	154.5	41(40.6)	12	12	30	9	12
TJ_1-2(TJ_1-2A)	196	125	144	154.5	40	12	12	30	9	12
TJ_1-3(TJ_1-3A)	196	125	144	154.5	39(39.7)	12	12	30	9	12
TJ_1-4(TJ_1-4A)	196	125	144	154.5	38(38.7)	12	12	30	9	12
TJ_1-5(TJ_1-5A)	196	125	144	154.5	38(38.7)	12	12	30	9	12
TJ_1-6(TJ_1-6A)	206	135	154	171.5	36(37.3)	12	12	30	9	12
TJ_1-7(TJ_1-7A)	206	135	154	171.5	36(37.3)	12	12	30	9	12
TJ_1-8(TJ_1-8A)	206	135	154	171.5	36(37.3)	12	12	30	9	12
TJ_1-9	210	149	170	196.5	34	12	12	30	9	12
TJ_1-10	236	165	186	222.5	33	12	12	30	9	12
TJ_1-11(TJ_1-11A)	290	200	230	176	56(57.3)	14	14	30	9	14
TJ_1-12(TJ_1-12A)	310	215	250	176	56(57.3)	14	14	30	9	14
TJ_1-13	330	230	270	212	49	18	14	30	9	14
TJ_1-14	360	270	300	242	48	18	14	30	9	14

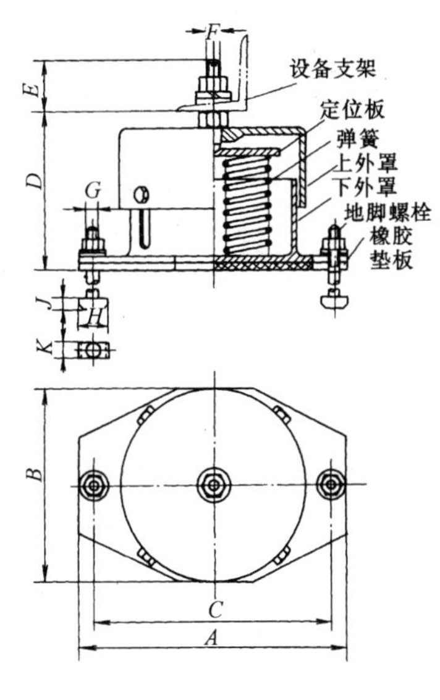

TJ_1 型弹簧减振器

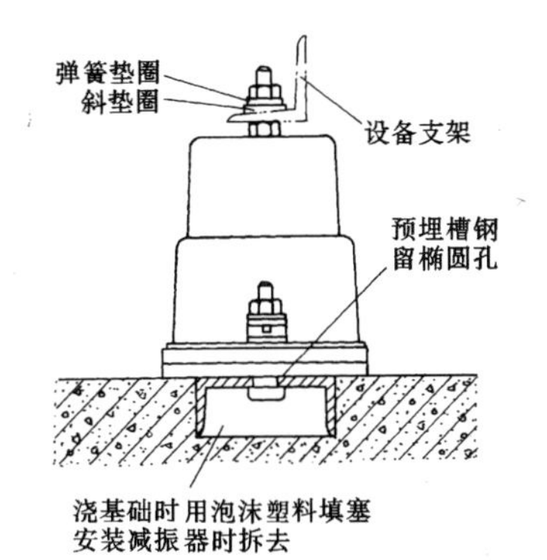

TJ_1 型弹簧减振器安装

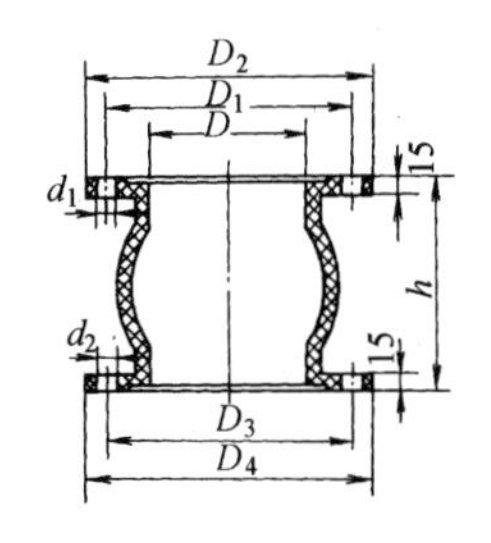

橡胶补偿接管

橡胶补偿接管尺寸表

型号	D	D_1	D_2	D_3	D_4	h	d_1	d_2
DN100A	100	180	215	180	215	180	$8\times\phi18$	$8\times\phi18$
DN100B	100	180	215	170	205	180	$8\times\phi18$	$4\times\phi18$
DN125A	125	210	245	210	245	200	$8\times\phi18$	$8\times\phi18$
DN150A	150	240	280	240	280	200	$8\times\phi23$	$8\times\phi23$
DN150B	150	240	280	225	260	200	$8\times\phi23$	$8\times\phi23$

图名	弹簧减振器安装	图号	KT3—09

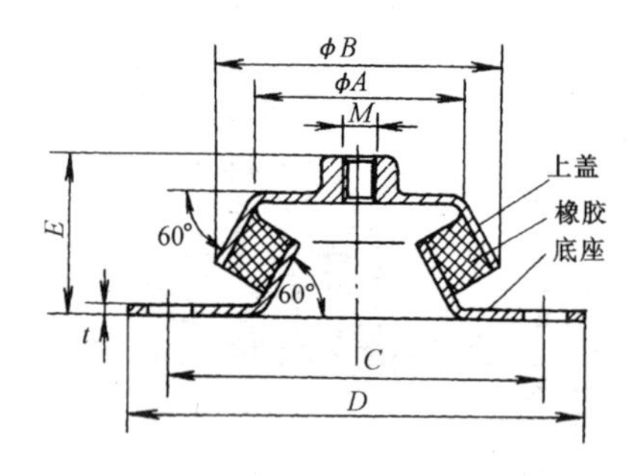

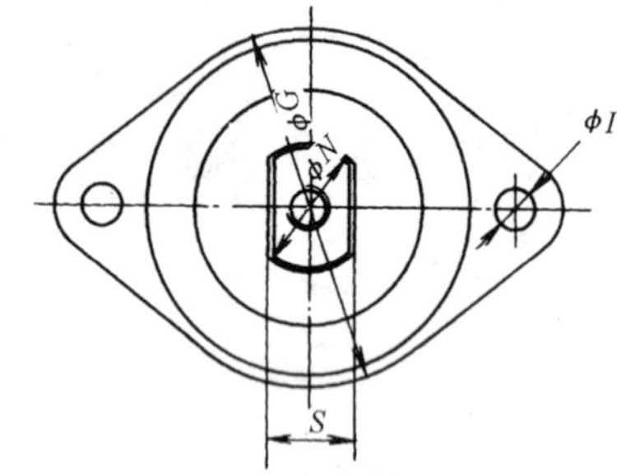

(a)Z型圆锥形减振器

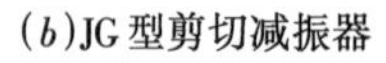

(b)JG型剪切减振器

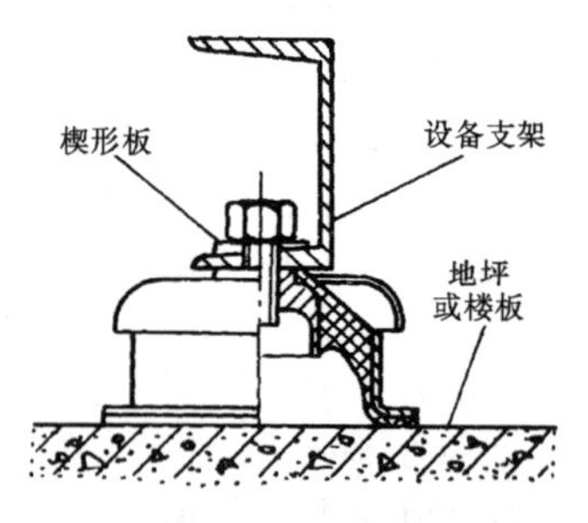

(c)JG型剪切减振器安装

JG型剪切减振器外形尺寸(mm)

型号	D	D_1	D_2	H	h	h_1	A	d
JG_1	$\phi105$	$\phi90$	$\phi24$	43	5	16	M12	$4\times\phi6.5$
JG_2	$\phi125$	$\phi110$	$\phi30$	46	5	22	M12	$4\times\phi6.5$
JG_3	$\phi200$	$\phi180$	$\phi49$	87	6	34	M16	$4\times\phi6.5$
JG_4	$\phi290$	$\phi270$	$\phi84$	133	7	56	M20	$4\times\phi10.5$

Z型圆锥形减振器尺寸表(mm)

型号	A	B	C	D	E	G	I	M	N	S	t
Z1	46	68	95	120	40	75	12	12	30	19	3
Z2	76	108	140	170	58	115	14	16	40	28	4
Z3	102	143	185	225	75	155	18	20	50	36	5
Z4	118	170	210	250	90	180	20	22	55	40	7
Z5	127	190.5	240	285	110	200	22	24	60	41	8

图名	剪切减振器、圆锥形减振器安装	图号	KT3—10

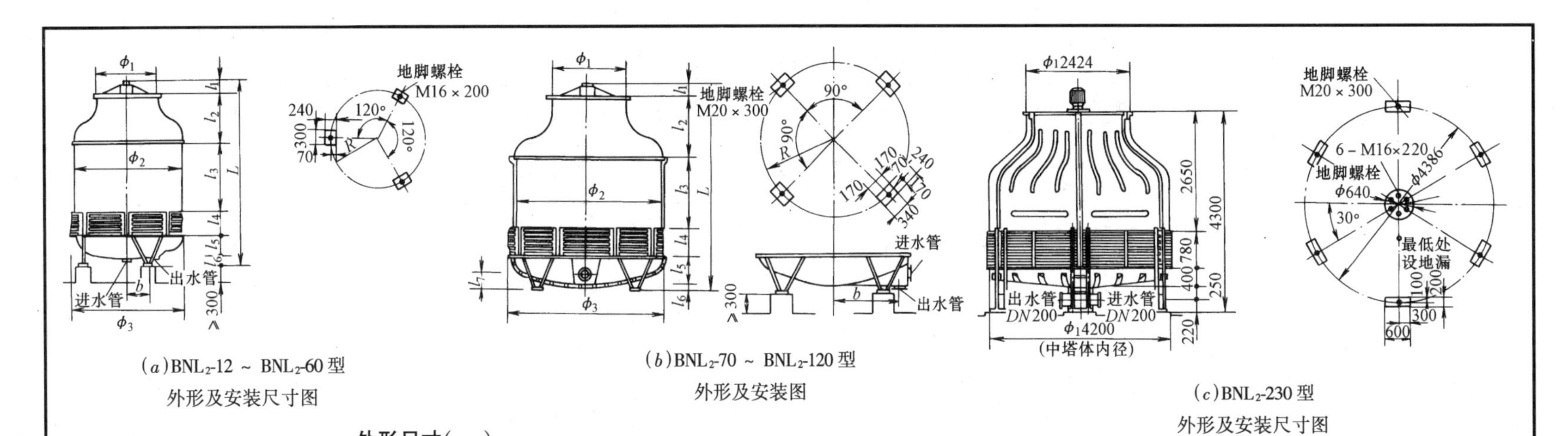

(a)BNL_2-12 ~ BNL_2-60 型外形及安装尺寸图

(b)BNL_2-70 ~ BNL_2-120 型外形及安装图

(c)BNL_2-230 型外形及安装尺寸图

外形尺寸(mm)

型号	BNL_2-12	BNL_2-20	BNL_2-30	BNL_2-40	BNL_2-50	BNL_2-60
L	2078	2210	2535	3015	2808	3288
l_1	178	180	230	230	240	240
l_2	460	560	820	820	940	940
l_3	730	730	730	1210	730	1210
l_4	290	320	355	355	435	435
l_5	300	300	280	280	360	360
l_6	120	120	120	120	103	103
ϕ_1	710	710	1016	1016	1224	1224
ϕ_2	1100	1350	1700	1700	2100	2100
ϕ_3	1220	1470	1850	1860	2260	2260
R	550	660	820	820	985	985
b	200	250	350	350	400	400
进水管 DN	65	65	100	100	100	100
出水管 DN	65	80	125	125	150	150

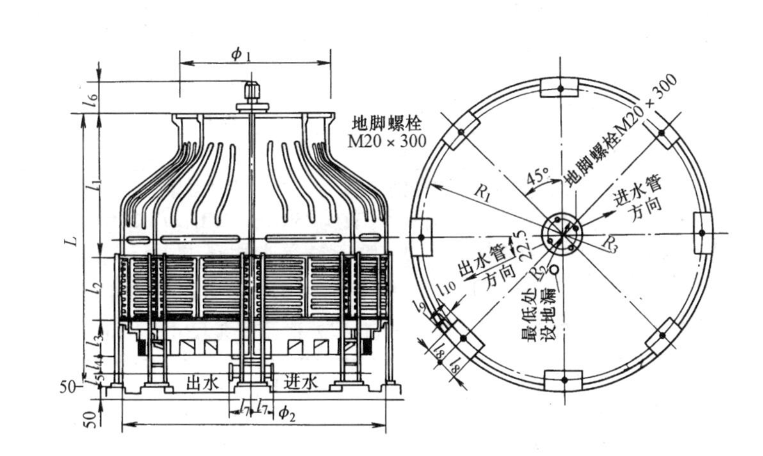

(d)BNL_2－300、BNL_2－500、BNL_2－700 型外形及安装图

图名	BNL_2系列冷却塔安装	图号	KT3—11

BNL_2 系列冷却塔规格及主要技术参数

冷却塔型号	设计流量(m^3/h)	水温降 Δt 不同的流量(m^3/h)			塔体直径(mm)	填料高度(mm)	风机叶片直径(mm)	风机转速(r/min)	电机功率(kW)	风量(m^3/h)	全塔高度(mm)	进水管径(mm)	出水管径(mm)	重量(kg)		备注
		标准工况 Δt = 5℃	中温工况 Δt = 10℃	高温工况 Δt = 25℃										净重	运转重	
BNL_2-12	12	16.0	13.0	11.2	1100	720	700	930	0.8	8300	2110	50	65	154	650	
BNL_2-20	20	22.1	17.8	15.5	1350	720	700	930	0.8	11400	2260	65	80	184	850	
BNL_2-30	30	35.0	28.0	24.3	1700	720	1000	720	1.1	18000	2625	100	125	312	1200	
BNL_2-40	40	48.0	39.0	33.6	1700	1200	1000	720	1.5	21500	3105	100	125	388	1310	
BNL_2-50	50	53.0	43.0	37.2	2100	720	1200	720	1.5	27500	2895	100	150	451	1600	
BNL_2-60	60	67.0	54.0	47.1	2100	1200	1200	720	2.2	30000	3375	100	150	549	1730	
BNL_2-70	70	76.0	62.0	54.0	2600	720	1400	720	2.2	35100	3280	125	200	705	2750	
BNL_2-80	80	92.0	75.0	64.6	2600	1200	1400	720	3.0	42000	3760	125	200	894	3000	
BNL_2-100	100	115	90.0	78.3	2900	720	1500	720	4.0	59000	3542	150	200	924	3465	
BNL_2-120	120	135	110	94.2	2900	1200	1500	720	4.0	59000	4022	150	200	1094	3700	
BNL_2-230	230	280	230	197	4200	1200	2400	400	7.5	124000	4300	200	250	2300	6000	
BNL_2-300	300	400	330	281	5000	1200	2800	320	11.0	180000	5692	250	300	3500	9900	
BNL_2-500	500	600	490	425	6500	1200	3400	250	18.5	260000	6305	300	350	5900	15000	
BNL_2-700	700	830	675	577	7000	1440	4200	210	22.0	360000	6825	350	400	8400	25000	

注：1. 标准工况为进水温度 $t_1=37℃$；出水温度 $t_2=32℃$；设计湿球温度 $\tau=27℃$；即水温降 $\Delta t=5℃$；冷幅高 $t_2-\tau=5℃$。中温工况为 $t_1=43℃$；$t_2=33℃$；$\tau=27℃$；即 $\Delta t=10℃$，$t_2-\tau=6℃$。高温工况：$t_1=60℃$；$t_2=35℃$；$\tau=27℃$；$\Delta t=25℃$，$t_2-\tau=8℃$。

2. 运转重量按下塔体存水一半深计算，如果按装满水则应乘以 1.5。

3. 电机、风机均配套供应。

BNL_2-300 BNL_2-500 BNL_2-700 型外形及安装尺寸表(mm)

型号	L	l_1	l_2	l_3	l_4	l_5	l_6	l_7	l_8	l_9	l_{10}	ϕ_1	ϕ_2	R_1	R_2	R_3	进水管 DN	出水管 DN
BNL_2-300	5205	2950	1128	567	300	260	635	460	310	300	100	2840	5000	2606	280	340	250	300
BNL_2-500	6305	3350	1528	767	350	310	675	460	310	300	100	3450	6500	3369	280	340	300	350
BNL_2-700	6825	3730	1684	751	360	300	885	560	350	300	100	4250	7000	3633	370	500	350	400

BNL_2-70 ~ BNL_2-120 型外形及安装尺寸表(mm)

型号	L	l_1	l_2	l_3	l_4	l_5	l_6	l_7	ϕ_1	ϕ_2	ϕ_3	R	b	进水管 DN	出水管 DN
BNL_2-70	3070	200	1060	730	530	450	100	270	1420	2600	2760	1214	900	150	200
BNL_2-80	3550	200	1060	1210	530	450	100	270	1420	2600	2760	1214	900	150	200
BNL_2-100	3323	231	1200	730	557	485	120	325	1530	2900	3090	1330	1100	150	200
BNL_2-120	3803	231	1200	1210	557	485	120	325	1530	2900	3090	1330	1100	150	200

图名	BNL_2 系列冷却塔主要技术参数	图号	KT3—12

$DBNL_3$ 系列低噪声型逆流玻璃钢冷却塔主要参数表

参数名 / 型号	$\tau=28℃$冷却水量(m^3/h)		$\tau=27℃$冷却水量(m^3/h)		主要尺寸(mm)		风量(m^3/h)	风机直径(mm)	电机功率(kW)	重量(kg)		进水压力(10^4Pa)	噪声 dB(A)			直径(m)
	$\Delta t=5℃$	$\Delta t=8℃$	$\Delta t=5℃$	$\Delta t=8℃$	总高度	最大直径				自重	运转重		D	10m	16m	
$DBNL_3$-12	12	9	15	10	2033	1210	7200	700	0.6	206	484	1.96	5.40	40.3	36.6	1.5
$DBNL_3$-20	20	15	24	17	2123	1460	12400	800	0.8	230	514	2.00	5.40	41.1	37.5	1.5
$DBNL_3$-30	30	22	35	27	2342	1912	18000	1200	0.8	406	956	2.21	55.0	43.5	39.9	1.8
$DBNL_3$-40	40	30	46	34	2842	1912	21500	1200	1.1	478	1118	2.60	55.0	43.5	39.9	1.8
$DBNL_3$-50	50	37	57	44	2830	2215	28000	1400	1.5	596	1480	2.65	55.0	44.7	41.1	2.1
$DBNL_3$-60	60	44	68	51	3080	2215	32300	1400	1.5	642	1592	2.90	56.0	45.7	42.1	2.1
$DBNL_3$-70	70	51	79	60	3094	2629	39200	1600	2.2	790	2064	2.78	56.0	47.0	43.0	2.5
$DBNL_3$-80	80	61	92	70	3344	2629	43400	1600	2.2	875	2243	3.03	56.5	47.5	43.5	2.5
$DBNL_3$-100	100	74	114	86	3294	3134	56000	1800	3.0	973	3064	2.86	57.0	50.0	46.0	3.0
$DBNL_3$-125	125	92	142	108	3544	3134	67200	1800	4.0	1063	3290	3.15	58.0	50.7	47.4	3.0
$DBNL_3$-150	150	112	171	129	3553	3732	84000	2400	4.0	1695	4125	2.9	58.5	52.0	48.6	3.6
$DBNL_3$-175	175	131	200	150	3803	3732	94300	2400	5.5	1835	4461	3.15	59.5	53.0	49.6	3.6
$DBNL_3$-200	200	153	231	180	3835	4342	112000	2800	5.5	2132	5592	3.01	60.0	54.6	51.3	4.2
$DBNL_3$-250	250	186	283	215	4085	4342	134300	2800	7.5	2344	6365	3.26	61.0	55.6	52.3	4.2
$DBNL_3$-300	300	225	334	260	4223	5134	168000	3400	7.5	3558	9229	3.5	61.0	56.8	53.5	5.0
$DBNL_3$-350	350	267	395	304	4473	5134	187400	3400	11.0	3860	9906	3.75	61.5	57.3	54.0	5.0
$DBNL_3$-400	400	301	455	341	4618	6044	224000	3800	11.0	4300	12086	3.6	62.0	58.8	55.7	5.9
$DBNL_3$-450	450	343	514	387	4868	6044	242000	3800	11.0	4646	13464	3.85	62.0	58.8	55.7	5.9
$DBNL_3$-500	500	375	576	427	5219	6746	280000	4200	15.0	5768	16258	3.70	62.0	60.0	56.9	6.6
$DBNL_3$-600	600	454	680	516	5719	6746	302200	4200	18.5	6570	18360	4.20	63.0	61.0	57.4	6.6
$DBNL_3$-700	700	528	790	600	5589	7766	393500	5000	18.5	6915	23194	3.95	63.0	61.4	58.4	7.6
$DBNL_3$-800	800	590	890	685	6089	7766	408000	5000	22.0	7983	25982	4.45	63.0	61.4	58.4	7.6
$DBNL_3$-900	900	685	1035	790	6040	8836	505200	6000	22.0	8934	32568	4.25	63.5	62.6	59.7	8.6
$DBNL_3$-1000	1000	783	1139	880	6540	8836	510300	6000	30.0	10560	36420	4.75	64.0	63.1	60.2	8.6

注:1. 噪声为标准点 D 测定值。即距塔壁直径远,距基础 15m 高。

2. 本系列标准设计工况为湿球温度 $\tau=28℃$,进水温度 $t_1=37℃$,出水温度 $t_2=32℃$,即水温降 $\Delta t=5℃$,逼近度 $t_2-\tau=4℃$。

3. 进水压力指接管点处水压。因此本系列水压在 20~49kPa 之间。

图名	$DBNL_3$低噪逆流冷却塔主要参数	图号	KT3—13

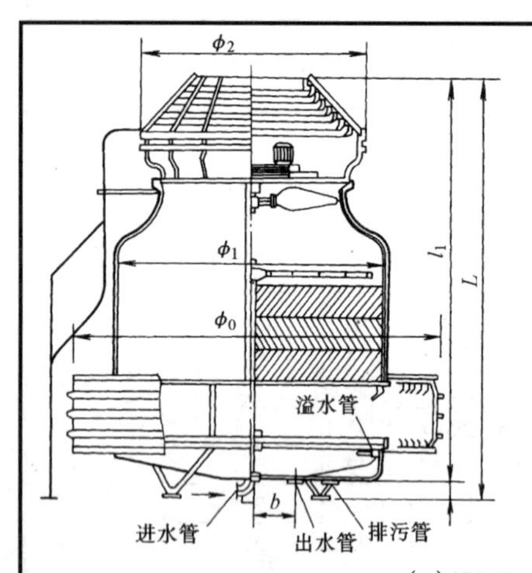

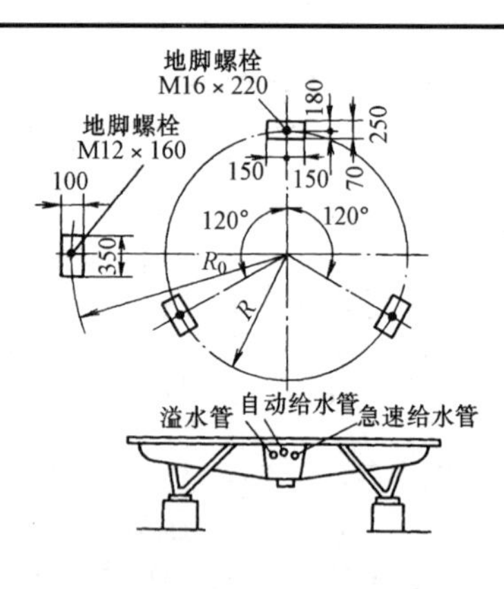

(a) $CDBNL_3$-12 ~ 125 型冷却塔

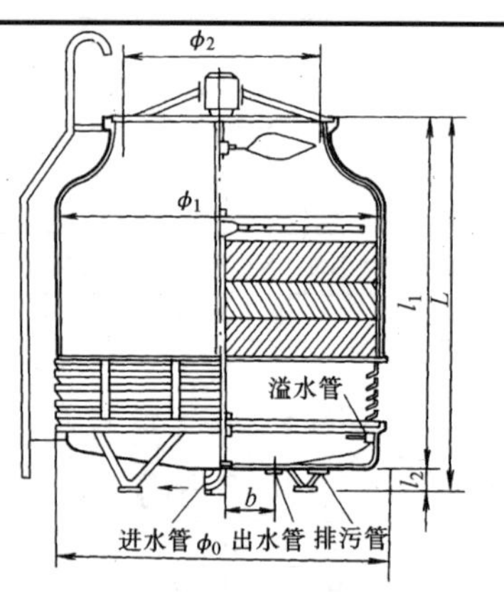

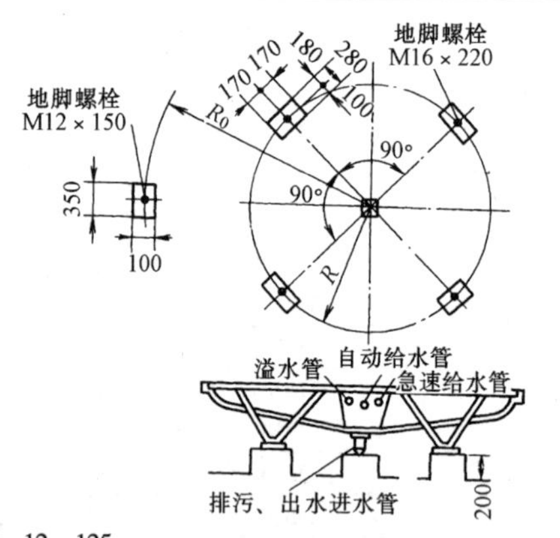

(b) $DBNL_3$-12 ~ 125、$GBNL_3$-70 ~ 80 型冷却塔

超低噪声型 $CDBNL_3$-12 ~ 125 型冷却塔参数表(mm)

型号	L	l_1	R_0	ϕ_0	ϕ_1	ϕ_2	R	b	进水管 DN	出水管 DN
$CDBNL_3$-12	—	—	—	1600	1100	—	550	300	70	80
$CDBNL_3$-20	—	—	—	2000	1350	—	660	300	70	80
$CDBNL_3$-30	—	—	—	2400	1800	—	820	400	80	100
$CDBNL_3$-40	—	—	—	2400	1800	—	820	400	80	100
$CDBNL_3$-50	3816	3576	1550	2800	2100	2180	985	500	100	125
$CDBNL_3$-60	4066	3766	1550	2800	2100	2180	985	500	100	125
$CDBNL_3$-70	4250	3850	2018	3300	2500	2380	1214	800	150	200
$CDBNL_3$-80	4500	4100	2018	3300	2500	2380	1214	800	150	200
$CDBNL_3$-100	4572	4172	2254	3900	3000	2580	1415	1100	150	200
$CDBNL_3$-125	4822	4422	2254	3900	3000	2580	1415	1100	150	200

低噪声型 $DBNL_3$-12 ~ 125、工业型 $GBNL_3$-70 ~ 80 型冷却塔参数表(mm)

型号	L	l_1	ϕ_0	ϕ_1	ϕ_2	R	b	进水管 DN	出水管 DN
$DBNL_3$-12	2033	1783	1210	1100	700	550	300	70	80
$DBNL_3$-20	2123	1873	1460	1350	800	660	300	70	80
$DBNL_3$-30	2342	2044	1912	1800	1200	820	400	80	100
$DBNL_3$-40	2842	2542	1912	1800	1200	820	400	80	100
$DBNL_3$-50	2830	2530	2215	2100	1400	985	500	100	125
$DBNL_3$-60	3080	2780	2215	2100	1400	985	500	100	125
$DBNL_3$-70	3194	2790	2629	2500	1600	1214	800	150	200
$DBNL_3$-80	3440	3040	2629	2500	1600	1214	800	150	200
$DBNL_3$-100:$GBNL_3$-70	3426	2926	3134	3000	1800	1415	1100	150	200
$DBNL_3$-125:$GBNL_3$-80	3676	3276	3134	3000	1800	1415	1100	150	200

图名	$CDBNL_3$、$DBNL_3$、$GBNL_3$ 型冷却塔安装(一)	图号	KT3—14(一)

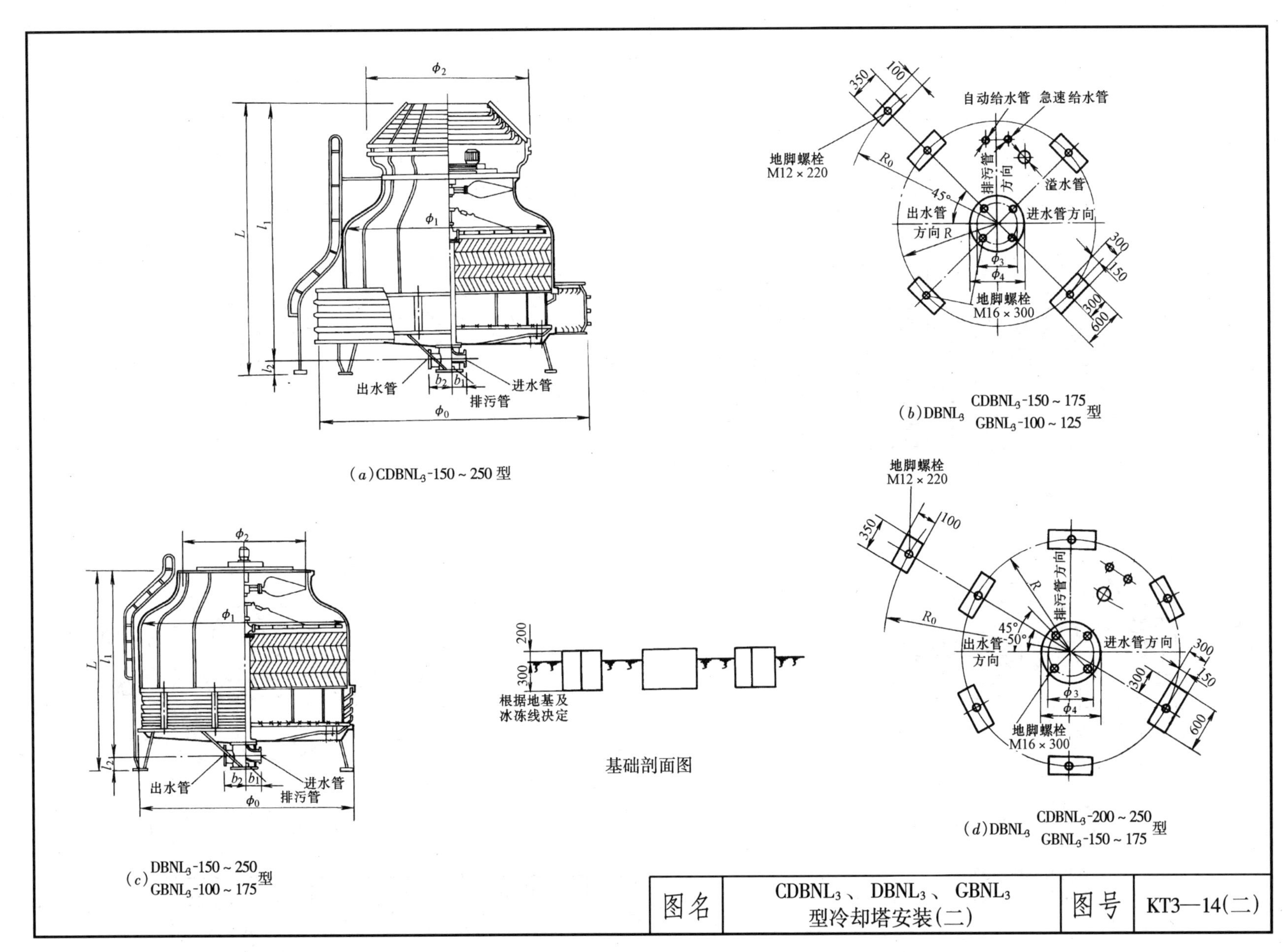

图名	$CDBNL_3$、$DBNL_3$、$GBNL_3$ 型冷却塔安装(二)	图号	KT3—14(二)

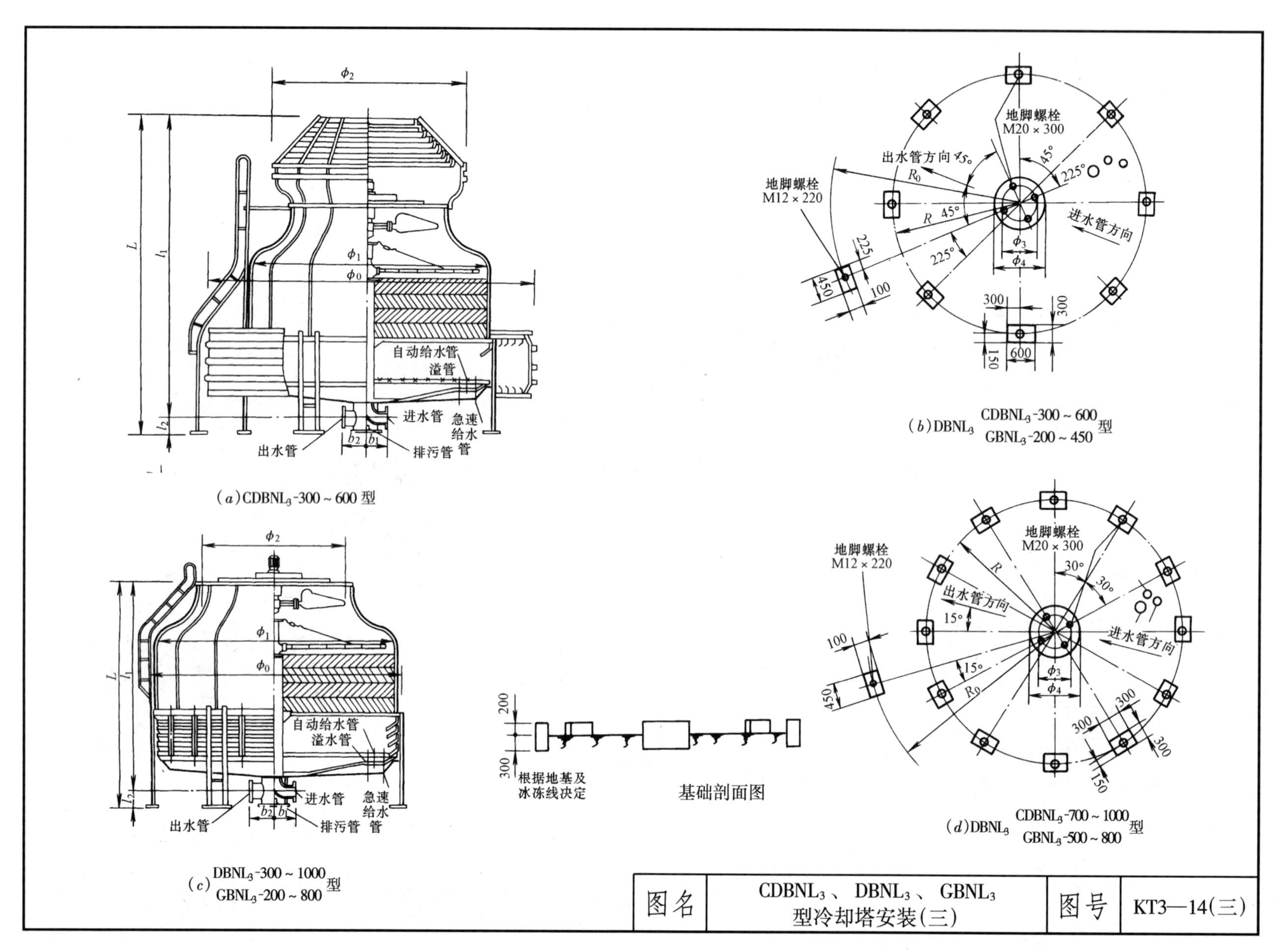
φ2
L
l1
φ1
φ0
l2
自动给水管
溢管
进水管
急速给水管
出水管
b2
b1
排污管
(a)CDBNL3-300～600 型
地脚螺栓
M20×300
出水管方向
45°
R0
225°
地脚螺栓
M12×220
R
进水管方向
φ3
φ4
225
450
100
300
150
600
(b)DBNL3 CDBNL3-300～600 GBNL3-200～450 型
自动给水管
溢水管
(c) DBNL3-300～1000 GBNL3-200～800 型
200
根据地基及
冰冻线决定
基础剖面图
30°
15°
(d)DBNL3 CDBNL3-700～1000 GBNL3-500～800 型
图名
CDBNL3、DBNL3、GBNL3
型冷却塔安装(三)
图号
KT3—14(三)

低噪声型 DBNL$_3$-150～250 工业型 GBNL$_3$-100～175 型冷却塔参数表(mm)

型号	DBNL$_3$－150 GBNL$_3$－100	DBNL$_3$－175 GBNL$_3$－125	DBNL$_3$－200 GBNL$_3$－150	DBNL$_3$－250 GBNL$_3$－175
L	3553	3803	3835	4085
l_1	3353	3603	3615	3865
l_2	200	200	220	220
R_0	—	—	—	—
ϕ_0	3732	3732	4342	4342
ϕ_1	3600	3600	4200	4200
ϕ_2	2400	2400	2800	2800
ϕ_3	410	410	460	460
ϕ_4	450	450	500	500
R	1836	1836	2193	2193
b_1	300	300	350	350
b_2	320	320	370	370
进水管 DN	200	200	200	200
出水管 DN	250	250	250	250
排污管 DN	50	50	50	50

超低噪声型 CDBNL$_3$-150～250 型冷却塔参数表(mm)

型号	CDBNL$_3$－150	CDBNL$_3$－175	CDBNL$_3$－200	CDBNL$_3$－250
L	4765	5015	5194	5444
l_1	4565	4815	4974	5224
l_2	200	200	220	220
R_0	2570	2570	2970	2970
ϕ_0	4600	4600	5700	5700
ϕ_1	3600	3600	4200	4200
ϕ_2	3210	3210	3648	3648
ϕ_3	410	410	460	460
ϕ_4	400	400	500	500
R	1836	1836	2193	2193
b_1	300	300	350	350
b_2	320	320	370	370
进水管 DN	200	200	200	200
出水管 DN	250	250	250	250
排污管 DN	50	50	50	50

图名	CDBNL$_3$、DBNL$_3$、GBNL$_3$ 型冷却塔安装(四)	图号	KT3—14(四)

低噪声型 $DBNL_3$-300～1000 工业型 $GBNL_3$-200～800 型冷却塔参数表(mm)

型号	DBNL₃-300 GBNL₃-200	DBNL₃-350 GBNL₃-250	DBNL₃-400 GBNL₃-300	DBNL₃-450 GBNL₃-350	DBNL₃-500 GBNL₃-400	DBNL₃-600 GBNL₃-450	DBNL₃-700 GBNL₃-500	DBNL₃-800 GBNL₃-600	DBNL₃-900 GBNL₃-700	DBNL₃-1000 GBNL₃-800
L	4223	4473	4618	4868	5219	5719	5589	6089	6080	6580
l_1	3993	4243	4388	4638	4913	5419	5289	5789	5740	6240
l_2	230	230	230	230	300	300	300	300	300	300
ϕ_0	5134	5134	6044	6044	6746	6746	7766	7766	8836	8836
ϕ_1	5000	5000	5900	5900	6600	6600	7600	7600	8600	8600
ϕ_2	3400	3400	3800	3800	4200	4200	5000	5000	6000	6000
ϕ_3	540	540	580	580	660	660	760	760	840	840
ϕ_4	600	600	640	640	720	720	820	820	900	900
R_0	—	—	—	—	—	—	—	—	—	—
R	2606	2606	3030	3030	3369	3369	3890	3890	4422	4422
b_1	460	460	460	460	560	560	560	560	650	650
b_2	460	460	460	460	560	560	560	560	650	650
进水管 DN	250	250	250	250	300	300	350	350	400	400
出水管 DN	300	300	300	300	350	350	400	400	450	450
溢水管 DN	80	80	100	100	100	100	100	100	100	100
自动给水管 DN	40	40	50	50	50	50	80	80	80	80
急速给水管 DN	40	40	50	50	50	50	80	80	80	80
排污管 DN	50	50	50	50	80	80	80	80	80	80

超低噪声型 $CDBNL_3$-300～600 型塔参数表(mm)

型号	CDBNL₃-300	CDBNL₃-350	CDBNL₃-400	CDBNL₃-450	CDBNL₃-500	CDBNL₃-600
L	5731	5963	6269	6519	6890	7390
l_1	5483	5733	6039	6289	6590	7090
l_2	230	230	230	230	300	300
ϕ_0	6400	6400	7400	7400	8200	8200
ϕ_1	5000	5000	5900	5900	6600	6600
ϕ_2	4254	4254	4648	4648	5060	5060
ϕ_3	540	540	580	580	660	660
ϕ_4	600	600	640	640	720	720
R_0	3298	3298	3808	3808	4208	4208
R	2606	2606	3030	3030	3369	3369
b_1	460	460	460	460	560	560
b_2	460	460	460	460	560	560
进水管 DN	250	250	250	250	300	300
出水管 DN	300	300	300	300	350	350
溢水管 DN	80	80	100	100	100	100
自动给水管 DN	40	40	50	50	50	50
急速给水管 DN	40	40	50	50	50	50
排污管 DN	50	50	50	50	80	80

图名	$CDBNL_3$、$DBNL_3$、$GBNL_3$ 型冷却塔安装(五)	图号	KT3—14(五)

GBNL$_3$ 系列工业型逆流玻璃钢冷却塔主要参数表

参数名 型号	τ=28℃冷却水量(m³/h)			τ=27℃冷却水量(m³/h)			主要尺寸(mm)		风量(m³/h)	风机直径(mm)	电机功率(kW)	重量(kg)		进水压力(10^4Pa)
	Δt=10℃	Δt=20℃	Δt=25℃	Δt=10℃	Δt=20℃	Δt=25℃	总高度	最大直径				自重	运转重	
GBNL$_3$-70	70.0	64	56	77	68	60	3294	3134	49800	1800	2.2	943	3034	2.86
GBNL$_3$-80	80.0	73	65	88	78	68	3544	3134	54000	1800	3.0	1003	3230	3.15
GBNL$_3$-100	100.0	91	83	110	96	85	3553	3732	71300	2400	3.0	1695	4125	2.9
GBNL$_3$-125	125.0	114	100	137	120	106	3803	3732	84000	2400	4.0	1835	4461	3.15
GBNL$_3$-150	150.0	136	119	166	145	127	3835	4342	106000	2800	4.0	2132	5592	3.01
GBNL$_3$-175	175.0	157	139	192	168	148	4085	4342	118000	2800	5.5	2344	6365	3.26
GBNL$_3$-200	200.0	180	159	220	191	169	4223	5134	141300	3400	5.5	3408	9080	3.50
GBNL$_3$-250	250.0	225	199	275	239	212	4473	5134	167900	3400	7.5	3697	9743	3.75
GBNL$_3$-300	300.0	270	240	332	290	253	4618	6044	212000	3800	11.0	4180	1256	3.60
GBNL$_3$-350	350.0	316	276	386	336	296	4868	6044	235300	3800	11.0	4526	13344	3.85
GBNL$_3$-400	400.0	360	315	442	383	338	5219	6746	282800	4200	11.0	5588	16078	3.70
GBNL$_3$-450	450.0	406	358	495	431	381	5719	6746	285000	4200	15.0	6390	18180	4.20
GBNL$_3$-500	500.0	449	393	550	477	422	5589	7766	353200	5000	15.0	6430	22709	3.95
GBNL$_3$-600	600.0	545	480	660	576	507	6089	7766	381400	5000	18.5	7566	25565	4.45
GBNL$_3$-700	700.0	629	558	775	673	591	6040	8836	495500	6000	22.0	8574	32210	4.25
GBNL$_3$-800	800.0	728	644	880	772	680	6540	8836	507500	6000	30.0	10200	36040	4.75

注:1. 使用行星齿轮减速器时标准点噪声值小于72dB(A),使用动力带减速器时标准点噪声值与等直径低噪声型冷却塔的相同。

2. 上表中所列出的设计湿球温度 τ=28℃及 τ=27℃的冷却水量,其工况如下:

当水温降 Δt=10℃时,其进水温度 t_1=43℃,出水温度 t_2=33℃,当水温降 Δt=20℃及25℃时,其进水温度 t_1 分别为60℃及55℃,出水温度 t_2=35℃。

图名	GBNL$_3$系列工业型逆流冷却塔主要参数	图号	KT3—15

$CDBNL_3$系列超低噪型逆流玻璃钢冷却塔主要参数表

参数名 / 型号	$\tau = 8℃$冷却水量(m^3/h)		$\tau = 27℃$冷却水量(m^3/h)		主要尺寸(mm)		风量	风机直径	电机功率	重量(kg)		进水压力	噪声 dB(A)			直径
	$\Delta t = 5℃$	$\Delta t = 8℃$	$\Delta t = 5℃$	$\Delta t = 8℃$	总高度	最大直径	(m^3/h)	(mm)	(kW)	自重	运转重	(10^4Pa)	D	10m	16m	(m)
$CDBNL_3$-12	12	9	15	10	2972	1600	7200	700	0.6	306	584	1.96	50.0	37.1	33.5	1.5
$CDBNL_3$-20	20	15	24	17	3062	2000	12400	800	0.8	330	644	2.00	50.0	36.3	32.6	1.5
$CDBNL_3$-30	30	22	35	27	3281	2400	18000	1200	0.8	546	1100	2.21	51.0	39.5	35.9	1.8
$CDBNL_3$-40	40	30	46	34	3781	2400	21500	1200	1.1	618	1258	2.60	51.0	39.5	35.9	1.8
$CDBNL_3$-50	50	37	57	44	3816	2800	28000	1400	1.5	756	1640	2.65	51.0	40.7	37.1	2.1
$CDBNL_3$-60	60	44	68	51	4066	2800	32300	1400	1.5	950	1752	2.90	52.0	41.7	38.1	2.1
$CDBNL_3$-70	70	51	79	60	4153	3300	39200	1600	2.2	998	2272	2.78	52.0	43.0	39.0	2.5
$CDBNL_3$-80	80	61	92	70	4403	3300	43400	1600	2.2	1083	2451	3.03	52.5	43.5	39.5	2.5
$CDBNL_3$-100	100	74	114	86	4440	3900	56000	1800	3.0	1230	3322	2.86	53.0	46.0	42.0	3.0
$CDBNL_3$-125	125	92	142	108	4690	3900	67200	1800	4.0	1320	3422	3.15	54.0	46.7	43.4	3.0
$CDBNL_3$-150	150	112	171	129	4765	4600	84000	2400	4.0	2045	4475	2.90	54.0	47.5	44.1	3.6
$CDBNL_3$-175	175	131	200	150	5015	4600	94300	2400	5.5	2182	4808	3.15	55.0	48.5	45.1	3.6
$CDBNL_3$-200	200	153	231	180	5194	5700	112000	2800	5.5	2663	6123	3.01	55.0	49.6	46.3	4.2
$CDBNL_3$-250	250	186	283	215	5444	5700	134300	2800	7.5	2875	6892	3.26	56.0	50.6	47.3	4.2
$CDBNL_3$-300	300	225	334	260	5713	6400	168000	3400	7.5	4132	9805	3.50	56.0	51.8	48.5	5.0
$CDBNL_3$-350	350	267	395	304	5963	6400	187400	3400	11.0	4434	10479	3.75	56.5	52.3	49.0	5.0
$CDBNL_3$-400	400	301	455	341	6269	7400	224000	3800	11.0	4995	12782	3.60	57.0	53.8	50.7	5.9
$CDBNL_3$-450	450	343	514	387	6519	7400	242000	3800	11.0	5341	14160	3.85	57.0	53.8	50.7	5.9
$CDBNL_3$-500	500	375	576	427	6890	8200	280000	4200	15.0	6612	17102	3.70	57.0	55.0	51.9	6.6
$CDBNL_3$-600	600	454	680	516	7390	8200	302200	4200	18.5	7414	19204	4.20	68.0	56.0	52.4	6.6

说明：1. 噪声为标准点 D 测定值，即距屏蔽冷却塔直径远距基础 1.5m 高。

2. 本系列标准设计工况为湿球温度 $\tau = 28℃$，进水温度 $t_1 = 37℃$，出水温度 $t_2 = 32℃$，即水温降 $\Delta t = 5℃$，逼近度 $t_2 - \tau = 4℃$。

3. 本表中列出 $\tau = 28℃$时，$\Delta t = 5℃$及 8℃，$t_2 = 32℃$和 $\tau = 27℃$，$\Delta t = 5℃$及 8℃，$t_2 = 32℃$的冷却水量供选用时参考。

图名	$CDBNL_3$系列超低噪冷却塔主要参数	图号	KT3—16

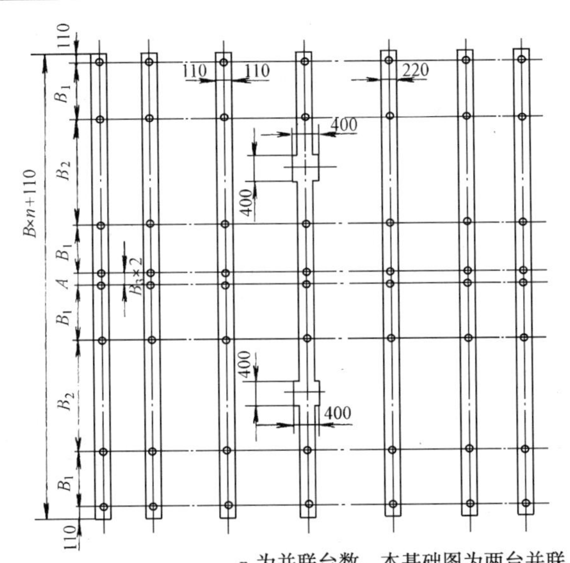

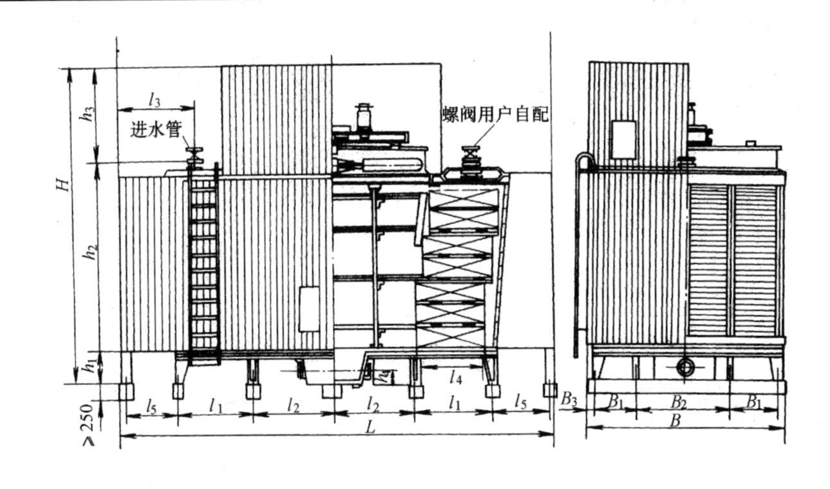

n 为并联台数，本基础图为两台并联

外形尺寸(mm)

塔　型	L	B	H	l_1	l_2	l_3	l_4	l_5	B_1	B_2	B_3	h_1	h_2	h_3	h_4
HBLCD-300	10650	3810	6210	1720	1675	2652	1500	1775	1230	1240	55	680	3370	2160	270
HBLCD-500	11640	4650	7030	1720	2030	2652	1500	2015	1510	1520	55	700	4170	2160	270
HBLCD-700	12540	6640	7120	1720	2480	2655	1500	2015	1630	3280	50	750	4270	2100	270

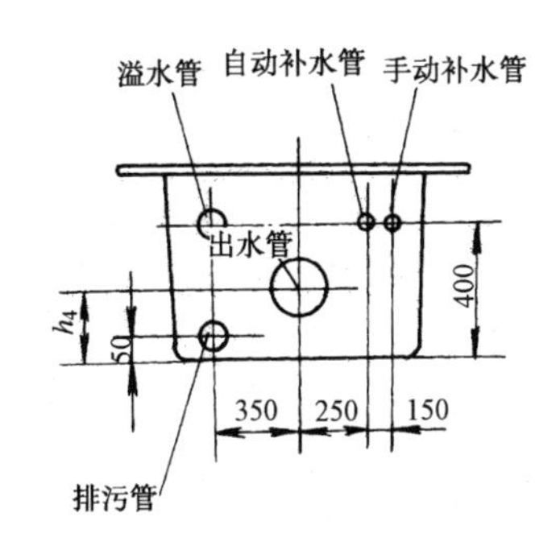

塔　型	进水管 DN	出水管 DN	自动补水管 DN	手动补水管 DN	溢水管 DN	排污管 DN
HBLCD-300	200	300	25	25	80	50
HBLCD-500	200	300	40	40	100	80
HBLCD-700	200×2	350	50	50	100	80

图名	HBLCD 节能超低噪横流冷却塔安装	图号	KT3—17

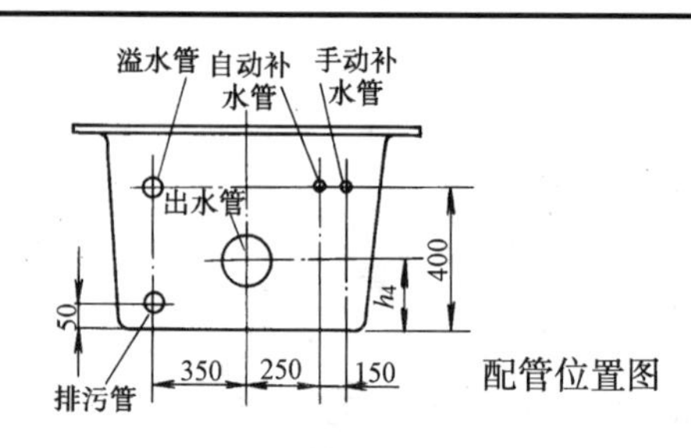

配管位置图

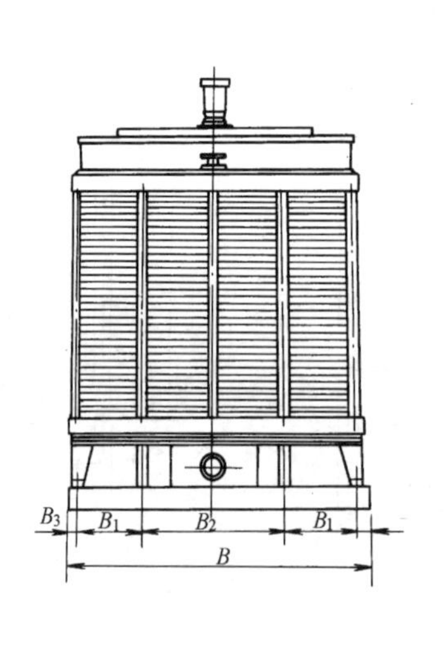

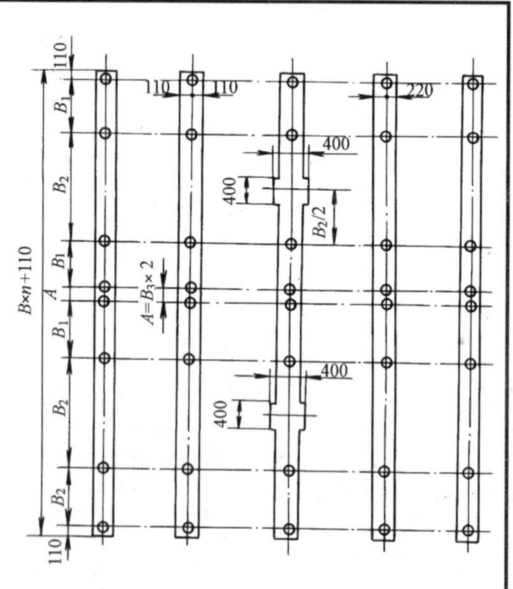

n 为并联台数，本基础图为两台并联

配管尺寸(mm)

塔型	进水管 DN	出水管 DN	自动补水管 DN	手动补水管 DN	溢水管 DN	排污管 DN
HBLD-300	200	300	25	25	80	50
HBLG-300	200	300	25	25	80	50
HBLD-500	200	300	40	40	100	80
HBLG-500	200	300	40	40	100	80
HBLD-700	200×2	350	50	50	100	80
HBLG-700	200×2	350	50	50	100	80

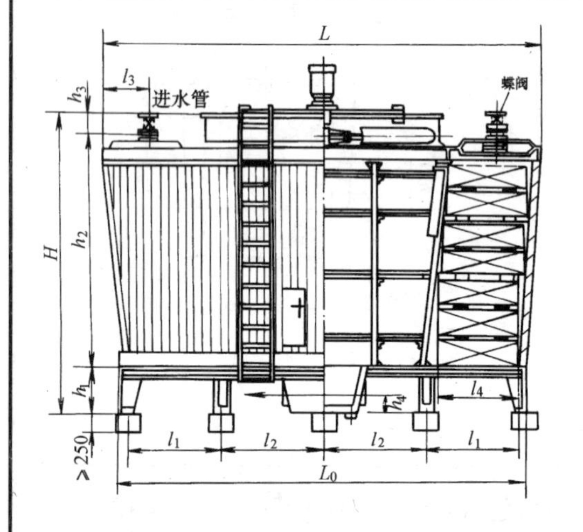

外形尺寸(mm)

塔型	B	H	L	l_1	l_2	l_3	l_4	L_0	B_1	B_2	B_3	h_1	h_2	h_3	h_4
HBLD-300	3810	4410	7250	1720	1675	852	1500	6900	1230	1240	55	680	3370	360	270
HBLG-300	3810	4410	7250	1720	1675	852	1800	6900	1230	1240	55	680	3370	360	270
HBLD-500	4650	5230	8040	1720	2030	852	1500	7610	1510	1520	55	700	4170	360	270
HBLG-500	4650	5230	8040	1720	2030	852	1800	7610	1510	1520	55	700	4170	360	270
HBLD-700	6640	5319	8940	1720	2480	855	1500	8510	1630	3280	50	750	4270	300	270
HBLG-700	6640	5319	8940	1720	2480	855	1800	8510	1630	3280	50	750	4270	300	270

图名	HBLC 节能低噪、HBLG 工业型横流冷却塔安装	图号	KT3—18

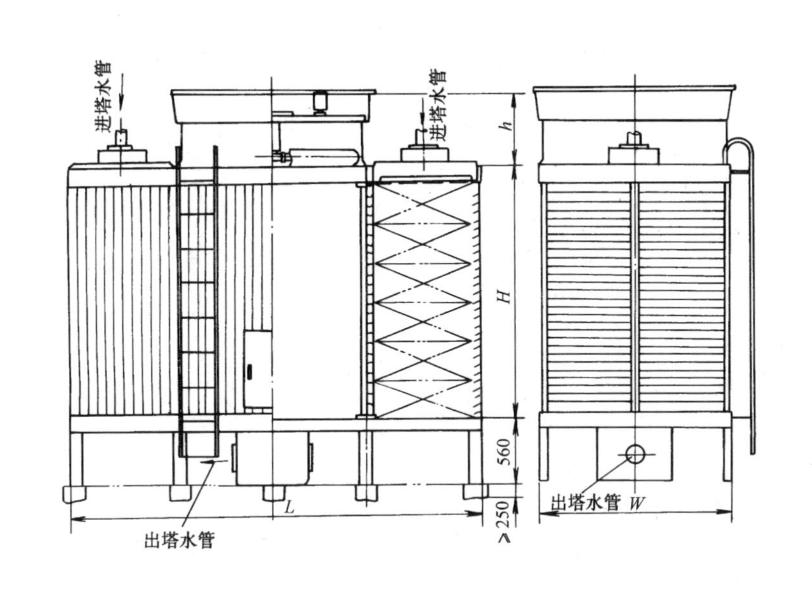

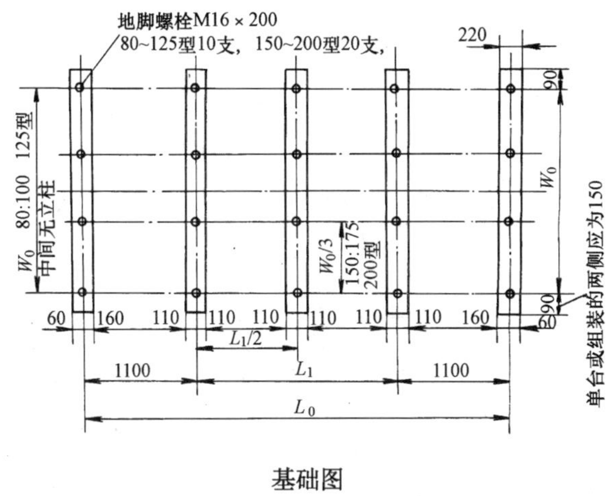

基础图

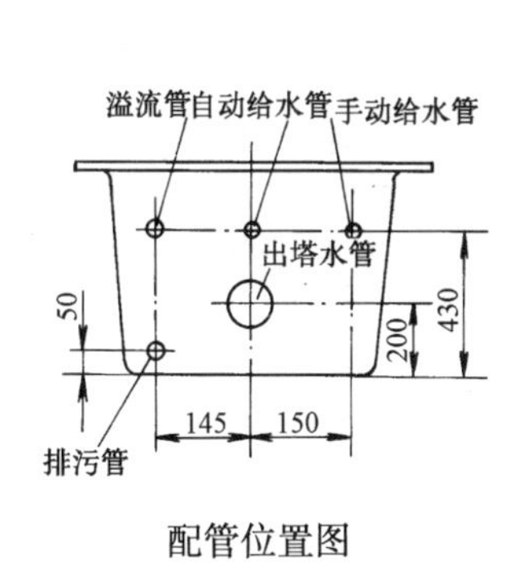

配管位置图

各部尺寸表（mm）

型号 / 参数名	L_1	L_0	L	W_0	W	h	H	进塔水管 DN	出塔水管 DN	自动给水管 DN	手动给水管 DN	溢流管 DN	排污管 DN
80	2060	4260	4320	2020	2200	750	2264	100×2	125	25	25	80	40
100	2060	4260	4320	2020	2200	750	2668	100×2	125	25	25	80	40
125	2360	4560	4620	2700	2880	800	2668	125×2	150	25	25	80	40
150	2360	4560	4620	3180	3360	800	2668	125×2	150	25	25	80	40
175	2660	4860	4920	3280	3460	850	3113	125×2	200	25	25	80	40
200	2660	4860	4920	3620	3800	850	3113	125×2	200	25	25	80	40

图名	CDBHZ系列节能超低噪横流冷却塔安装(一)	图号	KT3—19(一)

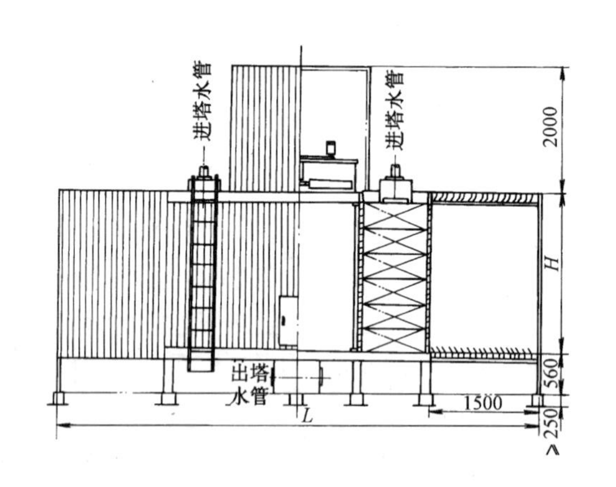

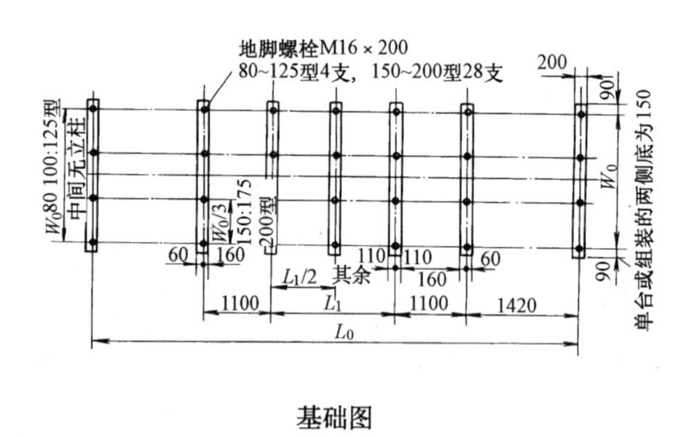

基础图

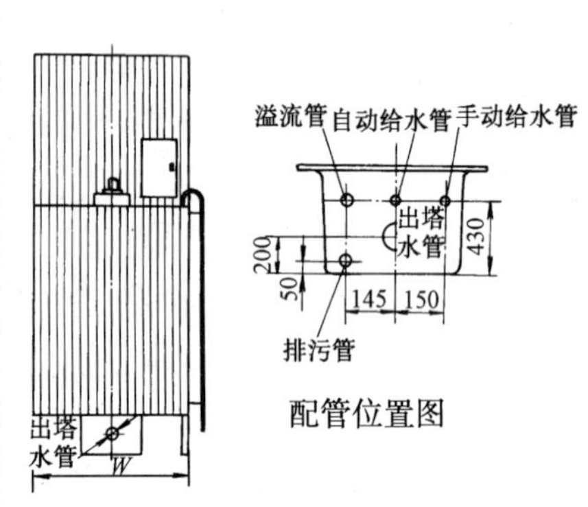

配管位置图

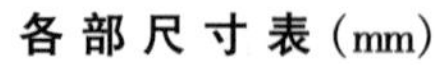

各部尺寸表(mm)

型号 \ 项目	L_0	L_1	W_0	W	L	H	进塔水管 DN	出塔水管 DN	自动给水管 DN	手动给水管 DN	溢流管 DN	排污管 DN
80	7260	2060	2020	2200	7320	2264	100×2	125	25	25	80	40
100	7260	2060	2020	2200	7320	2668	100×2	125	25	25	80	40
125	7560	2360	2700	2880	7620	2668	125×2	150	25	25	80	40
150	7560	2360	3180	3360	7620	2668	125×2	150	25	25	80	40
175	7860	2660	3280	3460	7920	3113	125×2	200	25	25	80	40
200	7860	2660	3620	3800	7920	3113	125×2	200	25	25	80	40

图名	CDBHZ系列节能超低噪 横流冷却塔安装(二)	图号	KT3—19(二)

脏物过滤器(mm)

型　号	公称直径 DN	L	h	H	d	D_1	D_2
793.01	15	130	118	148	4孔 $\phi14$	$\phi65$	$\phi95$
793.02	20	150	128	158	4孔 $\phi14$	$\phi75$	$\phi105$
793.03	25	160	148	186	4孔 $\phi14$	$\phi85$	$\phi115$
793.04	32	180	177	221	4孔 $\phi18$	$\phi10$	$\phi140$
793.05	40	200	198	253	4孔 $\phi18$	$\phi110$	$\phi150$
793.06	50	220	222	286	4孔 $\phi18$	$\phi125$	$\phi165$
793.07	65	290	250	326	4孔 $\phi18$	$\phi145$	$\phi185$
793.08	80	310	300	387	4孔 $\phi18$	$\phi160$	$\phi200$
793.09	100	350	350	445	8孔 $\phi18$	$\phi180$	$\phi220$
793.10	125	400	405	528	8孔 $\phi18$	$\phi210$	$\phi250$
793.11	150	480	477	626	8孔 $\phi23$	$\phi240$	$\phi285$

冲塞式流量计(mm)

标准型号	产品型号	d	d_1	D	D_1	L	L_1	B	B_1	h_1	h
LTZ-25 LTS-25	431.01/438.01 431.02	$\phi25$	4孔 $\phi14$	$\phi115$	$\phi85$	597	222	351	200	133	233
										170	260
LTZ-32 LTS-32	431.01/438.02 431.02	$\phi32$	4孔 $\phi18$	$\phi140$	$\phi100$	622	232	356	210	133	233
										170	260
LTZ-40 LTS-40	431.01/438.03 431.02	$\phi40$	4孔 $\phi18$	$\phi150$	$\phi110$	637	232	366	230	133	223
										170	260
LTZ-50 LTS-50	431.01/438.04 431.02	$\phi50$	4孔 $\phi18$	$\phi165$	$\phi125$	737	312	407	250	133	250.5
										170	287.5
LTZ-65 LTS-65	431.01/438.05 431.02	$\phi65$	4孔 $\phi18$	$\phi185$	$\phi145$	762	317	427	290	133	250.5
										170	287.5
LTZ-80 LTS-80	431.01/438.06 431.02	$\phi80$	8孔 $\phi18$	$\phi200$	$\phi160$	777	322	453	310	133	250.5
										170	287.5
LTZ-100 LTS-100	431.01/438.07 431.02	$\phi100$	8孔 $\phi18$	$\phi220$	$\phi180$	937	422	496	350	133	278
										170	315

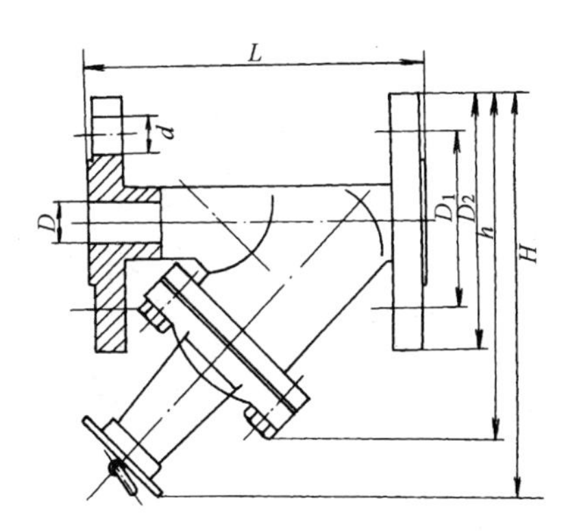

(a)793.01～793.11型脏物过滤器

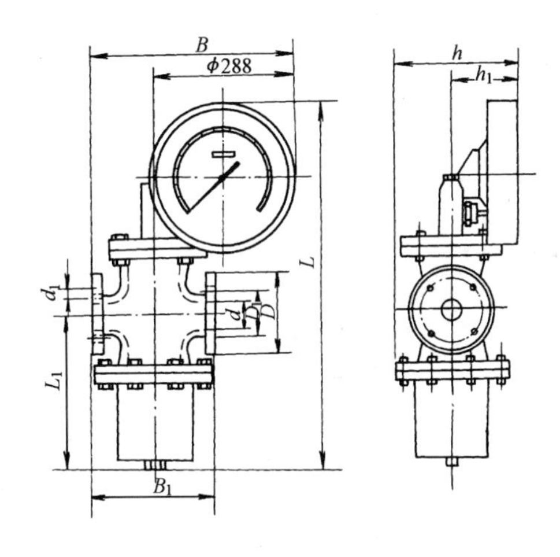

(b)冲塞式流量计

图名	脏物过滤器、冲塞式流量计安装	图号	KT3—20

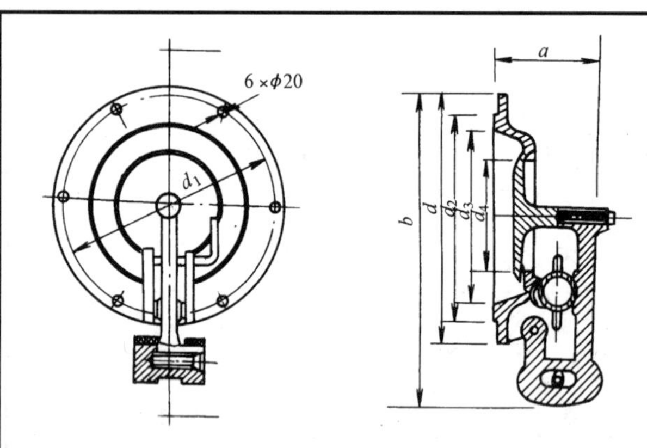

(*a*)YF 型自动排气阀

YF 型自动排气阀门外形尺寸(mm)

号　型	d	d_1	b	d_2	d_3	d_4	a
YF-d150	260	228	323.5	215	192	146	86
YF-d200	310	278	391.5	265	242	192	86

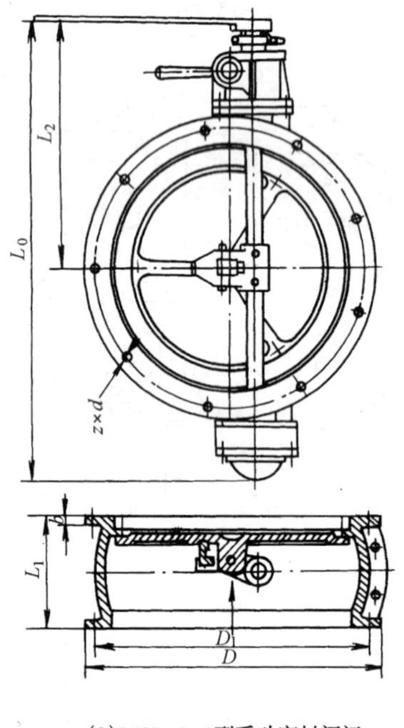

(*b*)D40J - 0.5 型手动密封阀门

D40J-0.5 型手动密封阀门外形尺寸(mm)

公称直径 DN	L_0	L_1	L_2	D	D_1	b	孔径 d	孔数 z	重量(kg)
150	388	92	170	210	195	10	7	7	9
200	485	118	300	270	250	10	9	8	22
300	585	145	350	385	360	12	11	9	35
400	731	175	385	515	490	12	12	12	52
500	875	225	451	650	622	16	14	12	69
600	1076	275	593	750	720	6	13	12	137
800	1276	260	693	950	920	6	17	16	180
1000	1500	300	808	1205	1160	6.5	18	20	220

图名	排气阀、密封阀安装	图号	KT3—21

法　兰(mm)

公称直径 DN	D	D_1	D_2	b	f	d	螺栓 数量	螺栓 螺纹
							P = 2.5MPa	
10	90	60	40	12	2	14	4	M12
15	95	65	45	12	2	14	4	M12
20	105	75	55	12	2	14	4	M12
25	115	85	65	12	2	14	4	M12
32	135	100	78	12	2	18	4	M16
40	145	110	85	14	3	18	4	M16
50	160	125	100	14	3	18	8	M16
65	180	145	120	16	3	18	8	M16
80	195	160	135	18	3	18	8	M16
100	230	190	160	20	3	23	8	M20
125	270	220	188	22	3	25	8	M22
150	300	250	218	24	3	25	12	M22
175	330	280	248	24	3	25	12	M22
200	360	310	278	26	3	25	12	M22

垫　片(mm)

公称直径 DN	垫片内径 d	垫片厚度 b
10	14	1.6
15	18	1.6
20	25	1.6
25	32	1.6
32	38	1.6
40	45	1.6
50	57	1.6
65	76	1.6
80	89	1.6
100	108	1.6
125	133	1.6
150	159	2.4
175	194	2.4
200	219	2.4

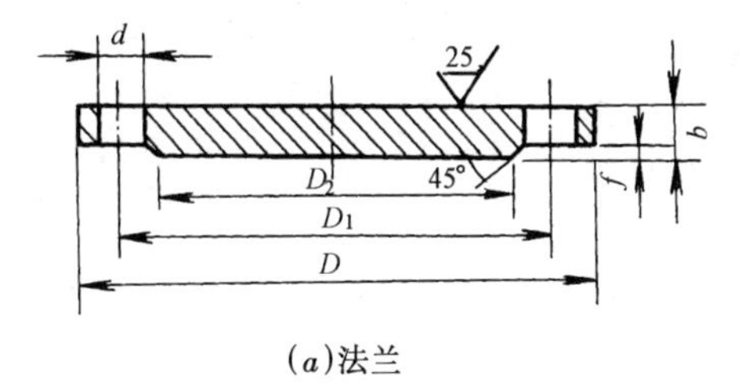

(a)法兰

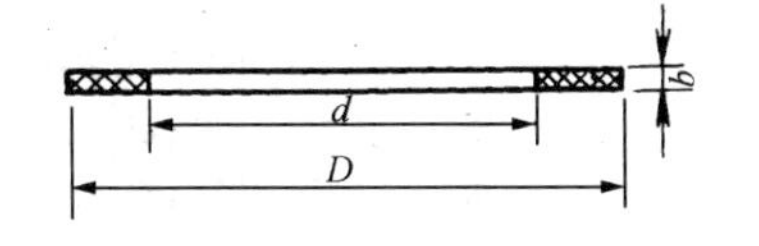

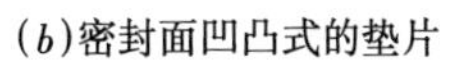
(b)密封面凹凸式的垫片

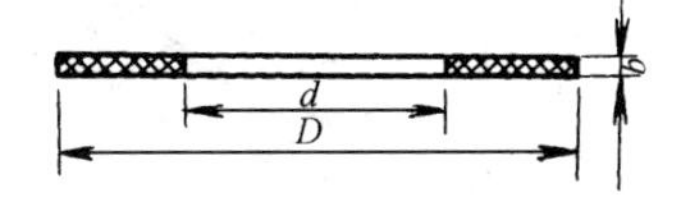

(c)密封面光滑式的垫片

图名	法兰安装	图号	KT3—22

S19H-16 型热动力式疏水器尺寸(mm)

公称直径 DN	L	D	H	H_1
15	90	65	58	60
20	90	65	60	62
25	100	65	60	62
32	120	70	73	69
40	120	70	75	71
50	120	70	82	79

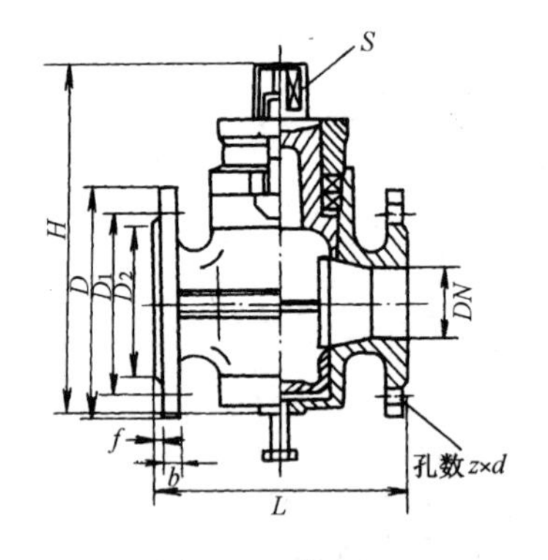

(b)X43T-10 旋塞阀

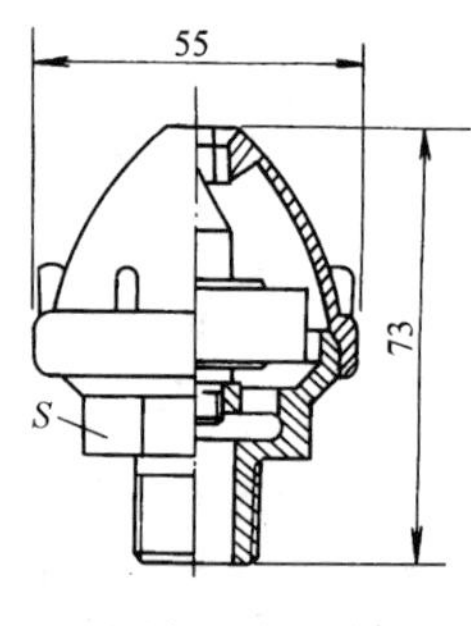

(c)恒温自动排汽阀

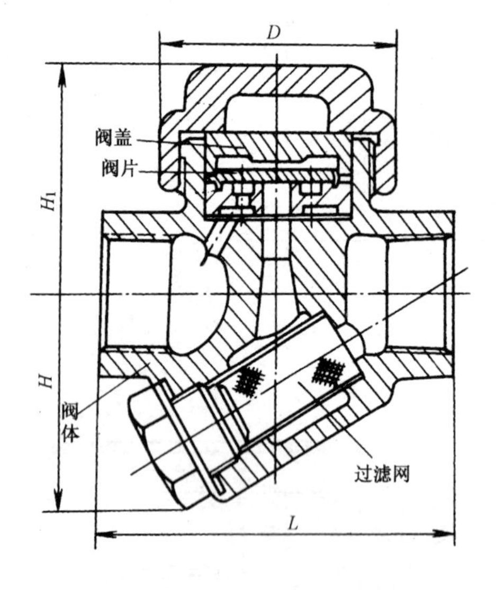

(a)S19H-16 型热动力式疏水器

X43T-10 旋塞阀尺寸

公称直径 DN	(mm)									孔数
	L	D	D_1	D_2	b	S	f	H	d	z(个)
20	90	105	75	55	14	14	2	126	14	4
25	110	115	85	65	14	17	2	150	14	4
32	130	130	100	78	16	19	2	175	18	4
40	150	145	110	85	18	22	3	210	18	4
50	170	160	125	100	18	27	3	240	18	4
65	220	180	145	120	18	32	3	295	18	4
80	250	195	160	135	20	36	3	332	18	4
100	300	205	170	155	20	46	3	375	18	4
150	400	280	240	210	24	70	3	529	23	6

恒温自动排气阀尺寸(mm)

DN	S
15	34
20	34
25	37

图名	自动排气阀、疏水器、旋塞阀安装	图号	KT3—23

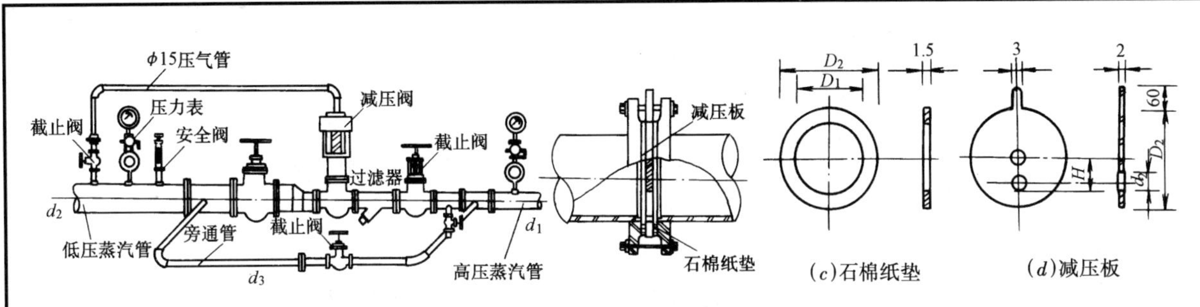

(a)减压器接法

(b)减压板在法兰中安装

(c)石棉纸垫

(d)减压板

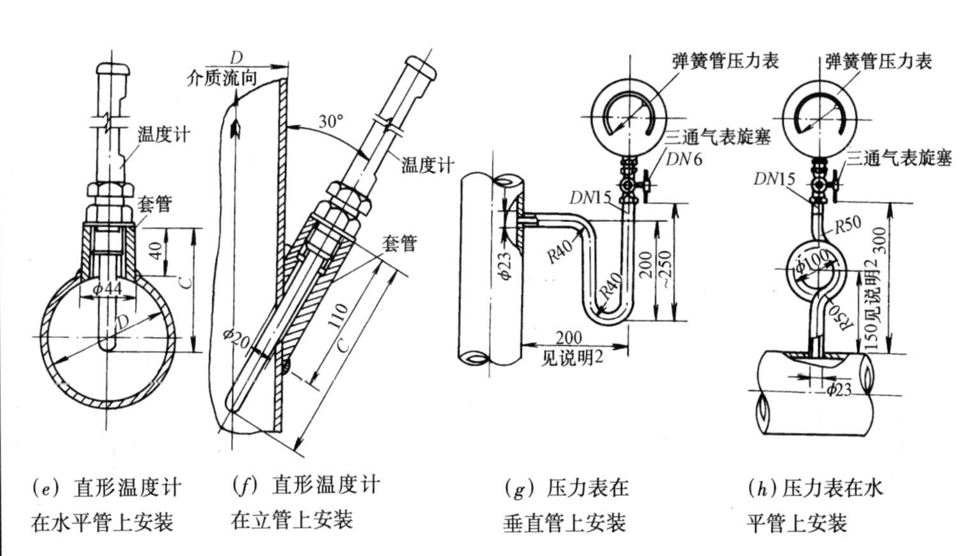

(e) 直形温度计在水平管上安装

(f) 直形温度计在立管上安装

(g) 压力表在垂直管上安装

(h) 压力表在水平管上安装

温度计安装说明

1. 温度计所配带套管形式,应根据被测介质、压力等因素选择。

2. 当被测介质温度小于 150℃时，保护套管中应灌机油；当被测介质温度大于或等于 150℃时,保护套管中应填铝粉。

减压器安装说明

1. d_0 为减压孔板孔径。孔径、孔位由设计决定。

2. 减压板只允许在整个采暖系统经过冲洗洁净后安装。

3. 减压板材料:不锈钢。

4. 本图做法仅适用于 0.4MPa 以下。

5. 减压阀只允许安装在水平管道上，阀前后压差不得大于 0.05MPa；否则，应两次减压（第一次用截止阀），如需要减压的压差很小，可用截止阀代替减压阀。

压力表安装说明

1. 若压力表安装地点允许暂时停止监视时，亦可用直通气表旋塞代替三通气表旋塞，若压力表与旋塞的连接螺纹规格不同时，可在它们之间加配换扣接头。

2. 如保温厚度大于 100mm 时，该尺寸应相应加大。

图名	减压器、温度计、压力表安装	图号	KT3—24

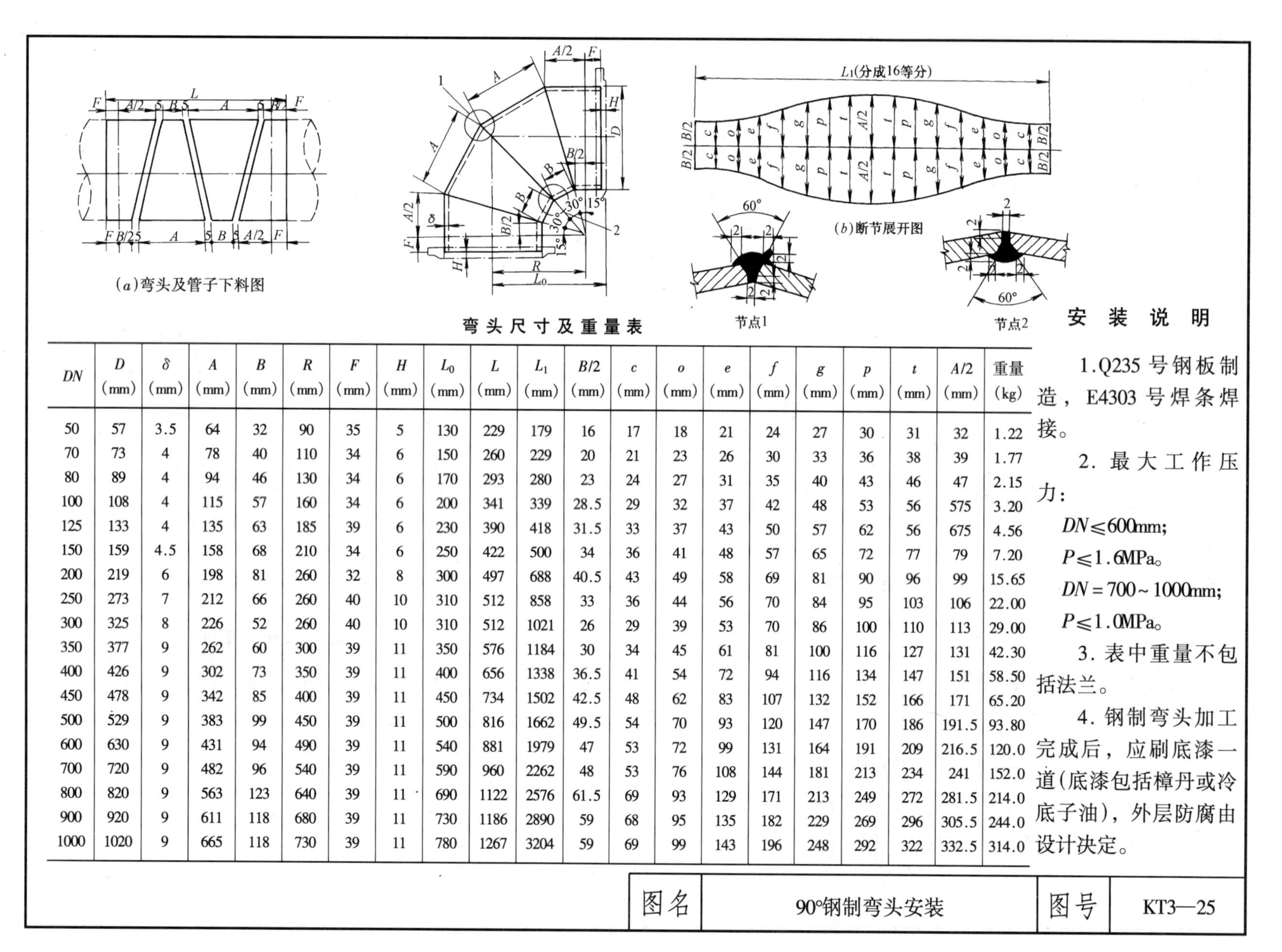

弯头尺寸及重量表

DN	D (mm)	δ (mm)	A (mm)	B (mm)	R (mm)	F (mm)	H (mm)	L_0 (mm)	L (mm)	L_1 (mm)	B/2 (mm)	c (mm)	o (mm)	e (mm)	f (mm)	g (mm)	p (mm)	t (mm)	A/2 (mm)	重量 (kg)
50	57	3.5	64	32	90	35	5	130	229	179	16	17	18	21	24	27	30	31	32	1.22
70	73	4	78	40	110	34	6	150	260	229	20	21	23	26	30	33	36	38	39	1.77
80	89	4	94	46	130	34	6	170	293	280	23	24	27	31	35	40	43	46	47	2.15
100	108	4	115	57	160	34	6	200	341	339	28.5	29	32	37	42	48	53	56	575	3.20
125	133	4	135	63	185	39	6	230	390	418	31.5	33	37	43	50	57	62	56	675	4.56
150	159	4.5	158	68	210	34	6	250	422	500	34	36	41	48	57	65	72	77	79	7.20
200	219	6	198	81	260	32	8	300	497	688	40.5	43	49	58	69	81	90	96	99	15.65
250	273	7	212	66	260	40	10	310	512	858	33	36	44	56	70	84	95	103	106	22.00
300	325	8	226	52	260	40	10	310	512	1021	26	29	39	53	70	86	100	110	113	29.00
350	377	9	262	60	300	39	11	350	576	1184	30	34	45	61	81	100	116	127	131	42.30
400	426	9	302	73	350	39	11	400	656	1338	36.5	41	54	72	94	116	134	147	151	58.50
450	478	9	342	85	400	39	11	450	734	1502	42.5	48	62	83	107	132	152	166	171	65.20
500	529	9	383	99	450	39	11	500	816	1662	49.5	54	70	93	120	147	170	186	191.5	93.80
600	630	9	431	94	490	39	11	540	881	1979	47	53	72	99	131	164	191	209	216.5	120.0
700	720	9	482	96	540	39	11	590	960	2262	48	53	76	108	144	181	213	234	241	152.0
800	820	9	563	123	640	39	11	690	1122	2576	61.5	69	93	129	171	213	249	272	281.5	214.0
900	920	9	611	118	680	39	11	730	1186	2890	59	68	95	135	182	229	269	296	305.5	244.0
1000	1020	9	665	118	730	39	11	780	1267	3204	59	69	99	143	196	248	292	322	332.5	314.0

安装说明

1. Q235号钢板制造，E4303号焊条焊接。

2. 最大工作压力：

$DN \leqslant 600$mm;

$P \leqslant 1.6$MPa。

$DN = 700 \sim 1000$mm;

$P \leqslant 1.0$MPa。

3. 表中重量不包括法兰。

4. 钢制弯头加工完成后，应刷底漆一道(底漆包括樟丹或冷底子油)，外层防腐由设计决定。

图名	90°钢制弯头安装	图号	KT3—25

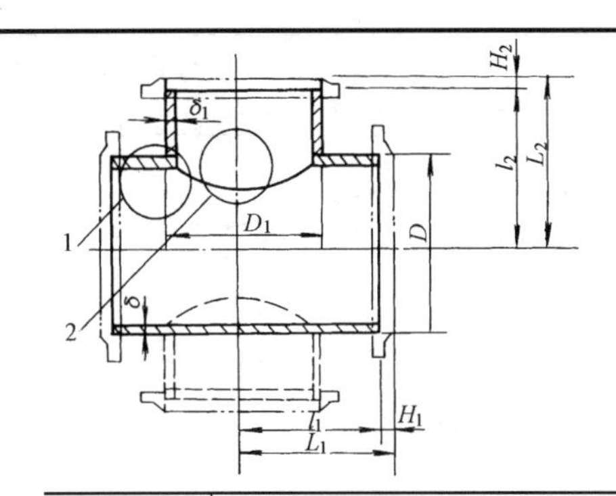

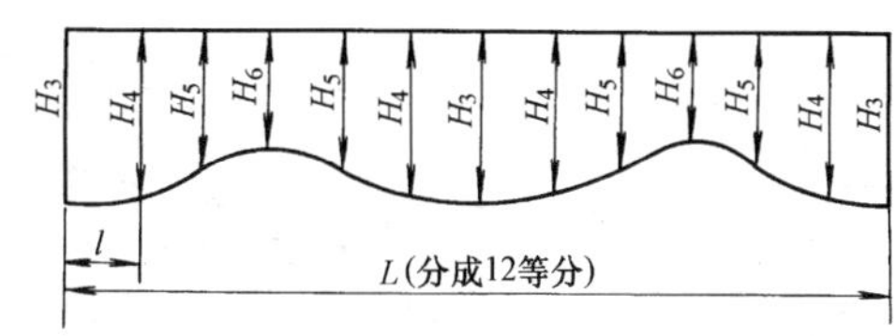

支管展开图

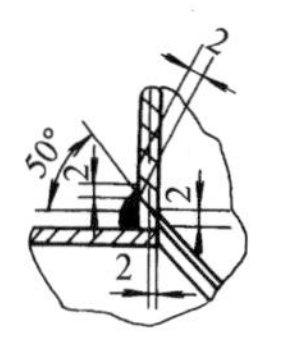

节点 1

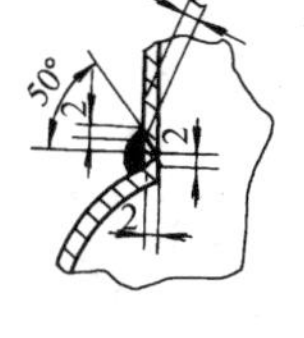

节点 2(异径时)

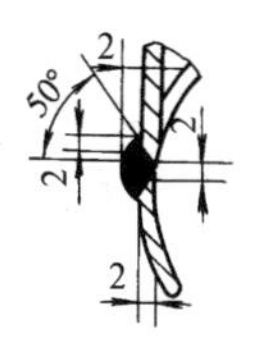

节点 2(同径时)

三通、四通尺寸及重量

直径		三通及四通(mm)										支管展开图(mm)						重量(kg)	
DN	DN_1	D	δ	D_1	δ_1	l_1	H_1	L_1	l_2	H_2	L_2	L	l	H_3	H_4	H_5	H_6	三通	四通
50	50	57	3.5	57	3.5	145	5	150	145	5	150	179	14.92	145	132.5	123.7	120	2.34	3.12
70	50	73	4	57	3.5	144	6	150	145	5	150	179	14.92	120.5	117.5	112	110	2.61	3.25
	70	73	4	73	4	144	6	150	144	6	150	220	18.44	145	127.5	115	110	2.97	3.96
80	50	89	4	57	3.5	144	6	150	145	5	150	179	14.92	113.6	111.2	107	105	3.15	3.93
	70	89	4	73	4	144	6	150	144	6	150	220	18.44	125	118	108	104	3.27	4.25
	80	89	4	89	4	144	6	150	144	6	150	261	21.75	144	124	109.4	104	3.57	4.74
100	50	108	4	57	3.5	194	6	200	145	5	150	179	14.92	101.7	100	96.2	95	4.76	5.54
	70	108	4	73	4	194	6	200	169	6	150	220	18.44	133.5	129	122	119	5.15	6.32
	80	108	4	89	4	194	6	200	169	6	175	261	21.75	139	133	123.4	119	5.37	6.76
	100	108	4	108	4	194	6	200	194	6	200	339	28.25	194	169	150.7	144	5.41	6.85
125	50	133	4	57	3.5	219	6	225	170	5	175	179	14.92	112.5	111.5	109	107.5	6.32	7.10
	80	133	4	89	4	219	6	225	169	6	175	261	21.75	121	117	110	106.5	6.91	8.74
	100	133	4	108	4	219	6	225	169	6	175	339	28.25	131.5	123.9	111.7	106.5	7.23	8.88
	125	133	4	133	4	219	6	225	219	6	225	417.6	34.8	219	188	164.9	156.5	7.52	9.46
150	50	159	4.5	57	3.5	244	6	250	195	5	200	179	14.92	125	123	121	120	9.21	10.10
	80	159	4.5	89	4	244	6	250	194	6	200	261	21.75	130	127.5	122	119	9.38	10.30
	100	159	4.5	100	4	244	6	250	194	6	200	339	28.25	138	132.7	123.3	119	9.54	10.71
	125	159	4.5	133	4	244	6	250	194	6	200	417.6	34.8	152.5	142.1	125.9	119	9.83	11.29

安装说明

1. 材料用 Q235，焊条采用 E4303。

2. 最大工作压力：$P \leqslant 1.6\text{MPa}$。

3. 表中重量不包括法兰。

4. 三通、四通加工完成后，应刷底漆一道（底漆包括樟丹或冷底子油），外层防腐由设计定。

图名	钢制三通、四通安装	图号	KT3—26

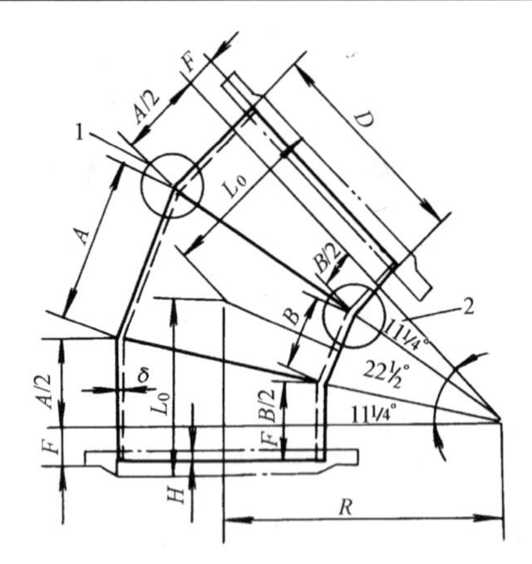

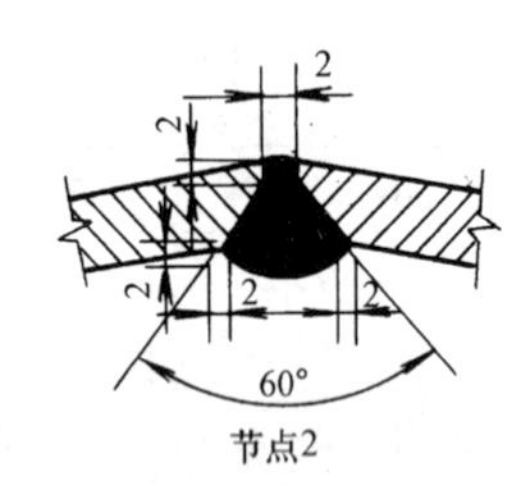

节点1

节点2

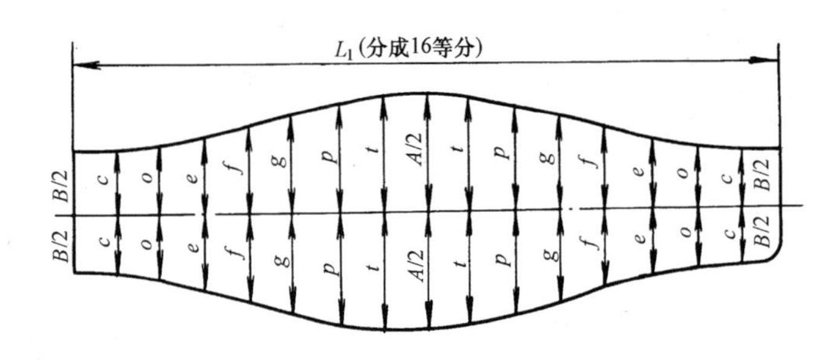

断节展开图

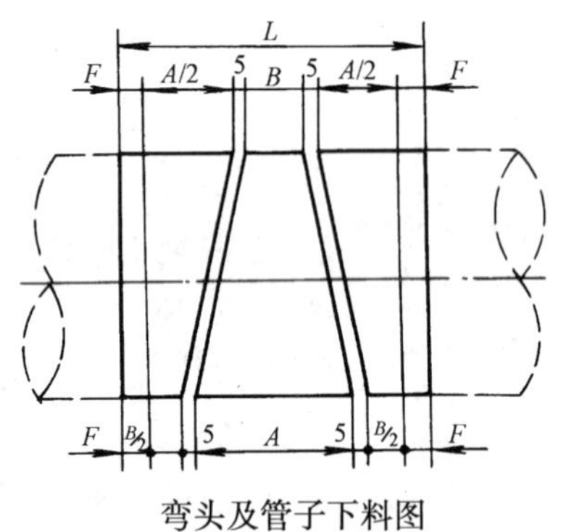

弯头及管子下料图

安 装 说 明

1. Q235号钢板制造，E4303焊条焊接。

2. 最大工作压力：

$DN \leqslant 600mm$；$P \leqslant 1.6MPa$。

$DN \leqslant 700 \sim 1000mm$；$P \leqslant 1.0MPa$。

3. 表中重量不包括法兰。

4. 钢制弯头加工完成后，刷樟丹一道，外层防腐由设计定。

弯头尺寸(mm)及重量(kg)

DN	D	δ	A	B	R	F	H	L_0	L	L_1	B/2	c	o	e	f	g	p	t	A/2	重量(kg)
100	108	4	86	42	160	38	6	110	214	339	21	22	24	28	32	36	39	42	43	1.73
300	325	8	168	39	260	42	10	160	301	1021	19.5	21	28	39	51	64	74	81	84	18.70
500	529	9	284	74	450	38	11	235	444	1662	37	41	52	69	90	109	127	138	142	51.20
1000	1020	9	493	88	730	41	11	355	673	3204	44	52	74	107	145	184	217	239	246.5	150.00

图名	45°钢制弯头安装	图号	KT3—27

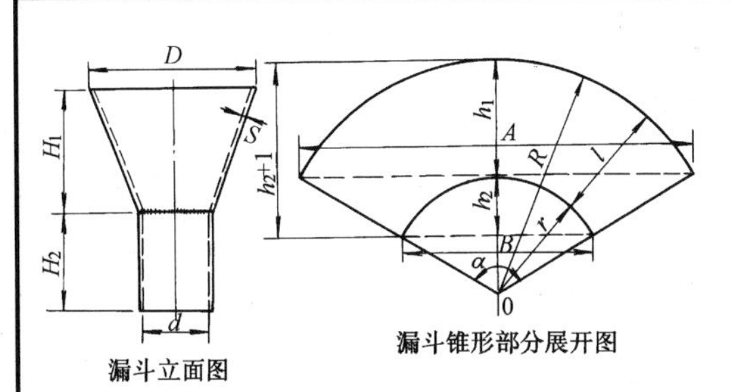

漏斗立面图

漏斗锥形部分展开图

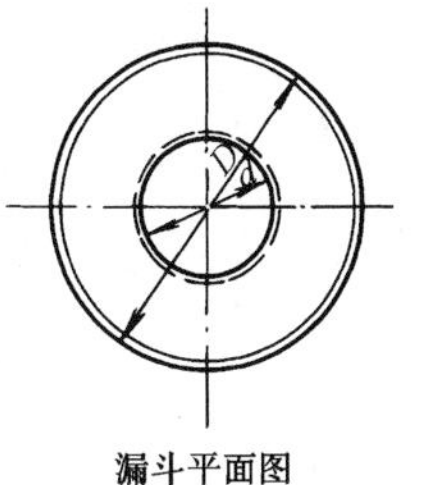

漏斗平面图

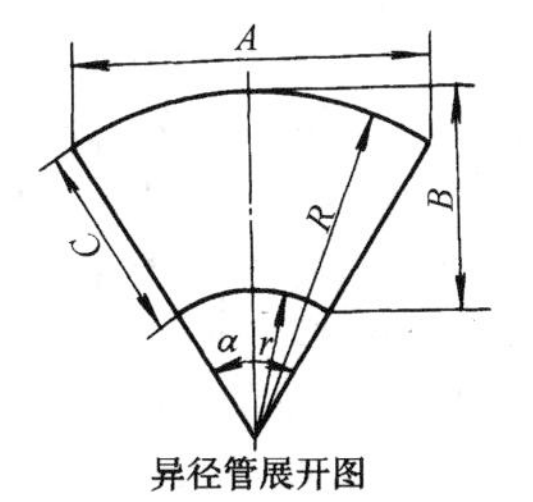

异径管展开图

节点2

对接焊缝大样

节点1

剖面图

异径管

漏斗尺寸(mm)及重量表

序号	d	D	S	H_1	H_2	r	l	R	α	A	B	h_1	h_2	h_2+l	重量(kg)
1	25	80	1.0	55	50	35	60	95	145.6°	181	67	67	25	85	0.36
2	32	100	1.0	70	50	44	77	121	144.0°	230	84	84	30	107	0.53
3	40	120	1.0	80	50	52	88	140	149.8°	270	100	103	38	126	0.80
4	50	150	1.5	100	120	63	110	173	152.4°	336	122	132	48	158	1.32
5	65	200	1.5	140	120	84	154	238	148.2°	457	161	173	61	215	2.62
6	80	240	1.5	160	120	98	177	275	154.6°	537	191	214	77	254	3.60
7	100	300	1.5	200	120	122	222	344	154.6°	671	238	268	95	317	6.36
8	150	450	1.5	300	120	178	333	511	154.6°	1002	349	407	142	475	14.77
9	200	600	1.5	400	120	234	445	679	157.8°	1331	459	548	189	634	24.57

异径管尺寸(mm)及重量表

DN	DN_1	D	D_1	δ	R	r	α	A	B	C	l	K	H_1	H_2	L	重量(kg)
80	50	89	57	4	575	389	26°37′	265	196	186	209	5	5	6	220	1.31
	70	89	73	4	1400	1225	10°25′	255	182	175	168	5	6	6	180	1.34
125	100	133	108	4	1034	834	22°16′	399	215	200	198	5	6	6	210	2.28
150	100	159	108	4.5	745	991	53°39′	468	279	252	248	5	6	6	260	3.17
	125	159	133	4.5	1191	502	23°21′	482	221	200	198	5	6	6	210	2.78
200	100	219	108	6	728	375	50°54′	625	389	353	351	6	6	8	365	8.20
	125	219	133	6	830	528	44°39′	634	341	302	301	6	6	8	315	7.20
	150	219	159	6	1040	288	35°38′	636	290	252	251	6	6	8	265	6.73
350	150	377	159	9	1000	441	64°29′	1066	626	559	548	9	6	11	565	32.0
	200	377	219	9	1090	632	59°14′	1077	541	458	451	9	8	11	470	29.0
	250	377	273	9	1266	912	50°48′	1089	442	354	349	9	10	11	370	24.0
	300	377	325	9	1808	1555	35°39′	1108	328	253	249	9	10	11	270	18.7

安装说明

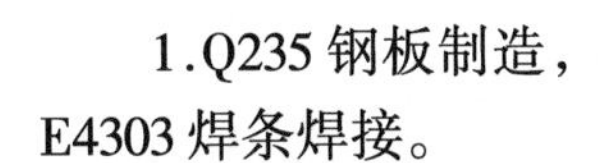

1. Q235钢板制造，E4303焊条焊接。
2. 最大工作压力为：$P\leqslant 1.6$MPa。
3. 表中重量不包括法兰盘重。
4. 异径管加工完成后，刷底漆一道（底漆包括樟丹或冷底油等），外层防腐由设计决定。

图名	钢制漏斗、异径管安装	图号	KT3—28

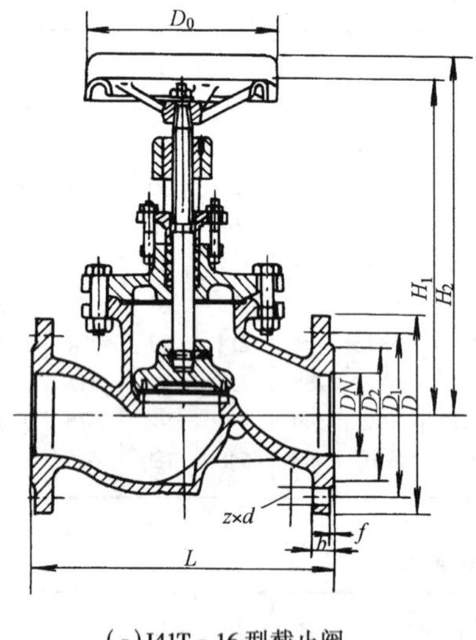

(a)J41T - 16 型截止阀

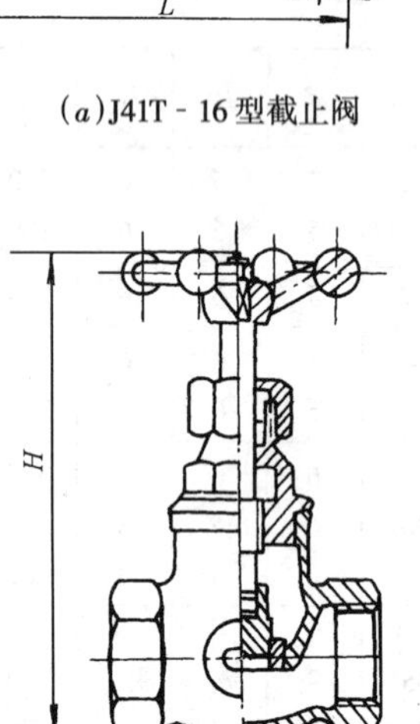

(b)截止阀

J41T-16 型截止阀尺寸(mm)

公称直径 DN	L	D	D_1	D_2	f	b	$\approx H_1$	$\approx H_2$	D_0	d	孔数 z（个）	重量（kg）
20	150	105	75	55	2	14	109	117	65	14	4	2.8
25	160	115	85	65	2	16	132	142	80	14	4	4
32	180	135	100	78	2	16	156	168	100	18	4	6
40	200	145	110	85	2	17	167	182	100	18	4	8.5
50	230	160	125	100	3	18	182	200	120	18	4	11
65	290	180	145	120	3	20	200	223	140	18	4	25
80	310	195	160	135	3	22	330	370	200	18	8	34.5
100	350	215	180	155	3	24	370	420	240	18	8	
125	400	245	210	185	3	26	423	486	280	18	8	
150	480	280	240	210	3	28	485	560	280	23	8	
200	600	335	295	265	3	30	562	662	320	23	12	

截止阀尺寸(mm)

公称直径 DN	L	H
10	54	
15	65	90
20	80	110
25	86	120
32	108	140
40	120	150
50	136	176

图名	截止阀安装	图号	KT3—29

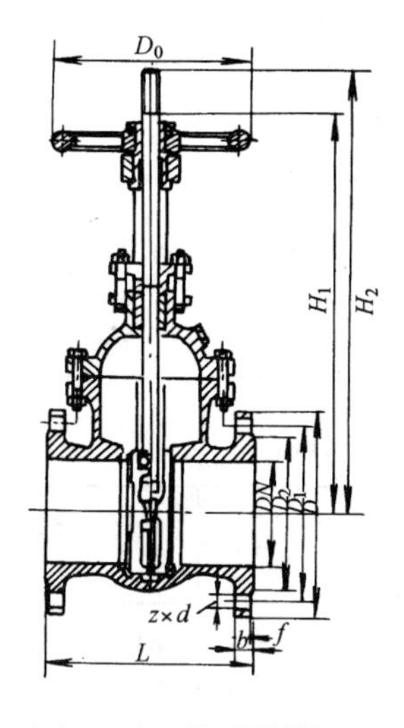

(a)Z44T-10型双闸板阀

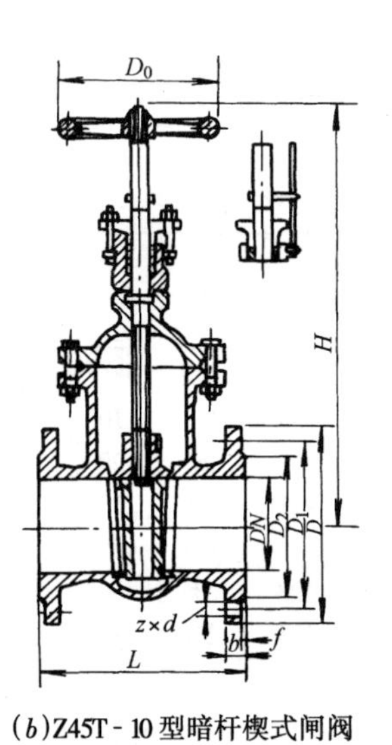

(b)Z45T-10型暗杆楔式闸阀

Z44T-10型双闸板阀尺寸(mm)

公称直径 DN	L	D	D_1	D_2	f	b	$\approx H_1$	$\approx H_2$	D_0	d	孔数 z (个)	重量 (kg)
50	180	160	125	100	3	20	268	337	140	18	4	15.6
65	195	180	145	120	3	20	305	390	140	18	4	19.1
80	210	195	160	135	3	22	348	438	180	18	4	25.3
100	230	215	180	155	3	22	396	516	180	18	8	31.1
125	255	245	210	185	3	24	478	624	240	18	8	62
150	280	280	240	210	3	24	555	729	240	23	8	66
200	330	335	295	265	3	26	716	944	320	23	8	103

Z45T-10型暗楔式闸阀尺寸(mm)

公称直径 DN	L	D	D_1	D_2	f	b	$\approx H$	D_0	d	孔数 z (个)	重量 (kg)
50	180	160	125	100	3	18	303	140	18	4	16.3
65	195	180	145	120	3	18	334	140	18	4	20.2
80	210	195	160	135	3	20	373	180	18	4	27
100	230	215	180	155	3	20	400	180	18	8	33
125	255	245	210	185	3	24	528	240	18	8	
150	280	280	240	210	3	24	583	240	23	8	68
200	330	335	295	265	3	26	694	320	23	8	118

图名	闸阀安装	图号	KT3—30

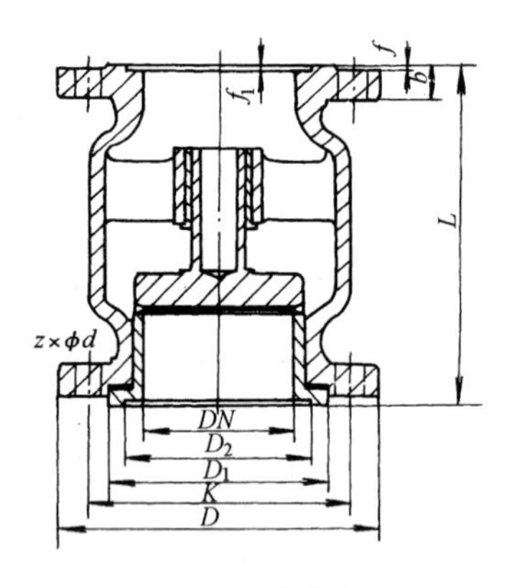

(a)H42H-25型立式升降止回阀

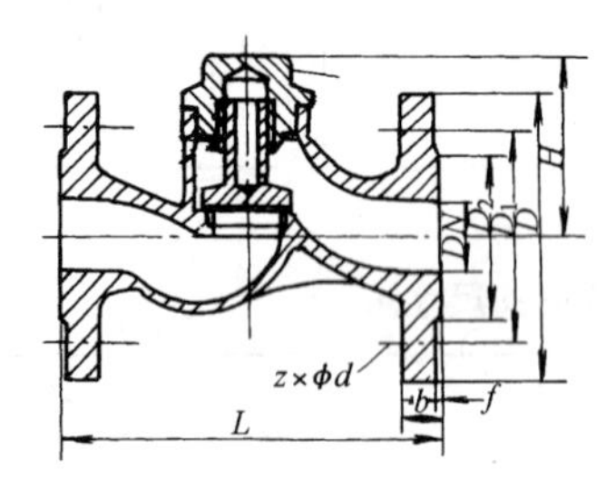

(b)H41T-16型升降式止回阀

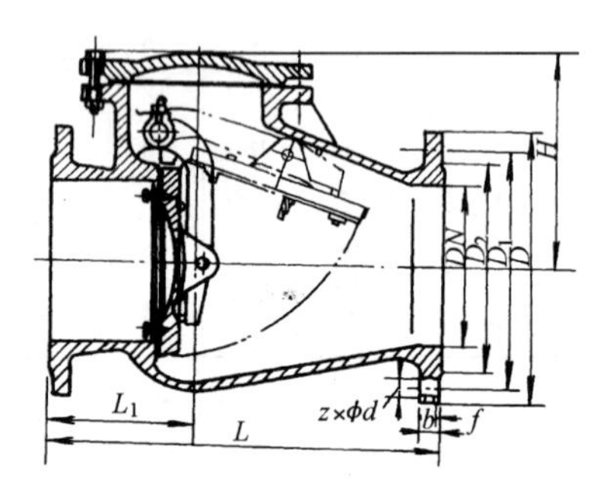

(c)H44X-10型旋启式止回阀

H42H-25型立式升降止回阀尺寸(mm)

公称直径 DN	L	D	K	D_1	D_2	f	f_1	b	ϕd	孔数 z	重量 (kg)
100	210	230	190	160	不带凹下部分	3	不带凹下部分	24	ϕ23	8	23
125	275	270	220	188		3		28	ϕ25	8	36
150	300	300	250	218		3		30	ϕ25	8	65
200	380	360	310	278		3		34	ϕ25	12	140

注:本阀应安装于垂直管路上。

H41T-16型升降式止回阀尺寸(mm)

公称直径 DN	L	D	D_1	D_2	f	b	ϕd	H	孔数 z	重量 (kg)
20	150	105	75	55	2	16	ϕ14	64	4	3
25	160	115	85	65	2	16	ϕ14	75	4	4
32	180	135	100	78	2	18	ϕ18	84	4	7
40	200	145	110	85	3	18	ϕ18	95	4	10
50	230	160	125	100	3	20	ϕ18	106	4	12
65	290	180	145	120	3	20	ϕ18	130	4	20

H44X-10型旋启式止回阀尺寸(mm)

公称直径 DN	L	D	D_1	D_2	f	b	ϕd	H	L_1	孔数 z	重量 (kg)
50	230	160	125	100	3	20	ϕ18	132	90	4	14
65	290	180	145	120	3	20	ϕ18	137	110	4	20
80	310	195	160	135	3	22	ϕ18	161	120	4	28
100	350	215	180	155	3	22	ϕ18	176	135	8	35
125	400	245	210	185	3	24	ϕ18	185	155	8	51
150	480	280	240	210	3	24	ϕ23	206	180	8	71
200	500	335	295	265	3	26	ϕ23	251	185	8	91

图名	止回阀安装	图号	KT3—31

Y43H-16 型活塞式减压阀(mm)

公称直径 DN	L	D	D_1	D_2	D_3	b	f	H	H_1	$z\times\phi d$	重量 (kg)
25	180	115	85	65	115	16	2	95	290	$4\times\phi14$	
32	200	135	100	78	115	18	2	95	290	$4\times\phi18$	
40	220	145	110	85	145	18	3	115	315	$4\times\phi18$	
50	250	160	125	100	145	20	3	115	315	$4\times\phi18$	
65	260	180	145	120	160	20	3	125	325	$4\times\phi18$	39
80	300	195	160	135	195	22	3	150	355	$8\times\phi18$	47
100	350	215	180	155	195	24	3	150	355	$8\times\phi18$	55
125	400	245	210	185	245	26	3	180	415	$8\times\phi18$	76
150	450	280	240	210	245	28	3	180	415	$8\times\phi23$	84
200	500	335	295	265	335	30	3	225	475	$12\times\phi23$	148

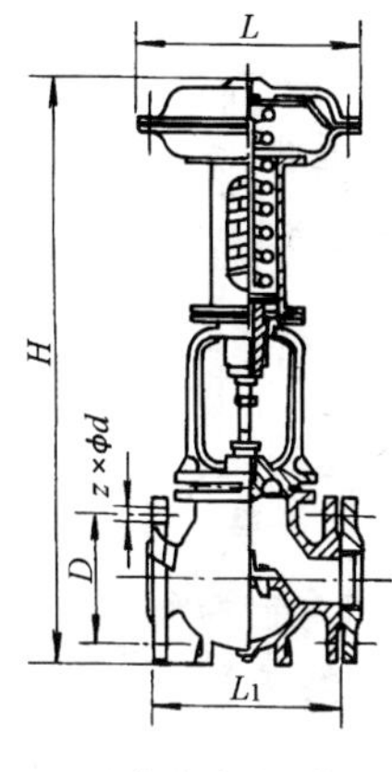

(c)薄膜式减压阀

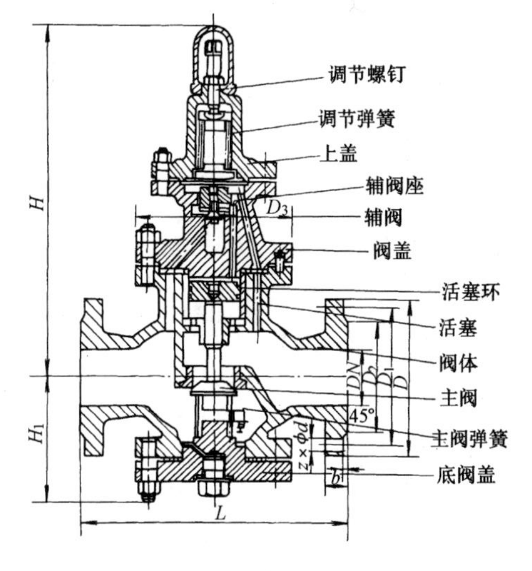

(a)Y43H - 16 型活塞式减压阀

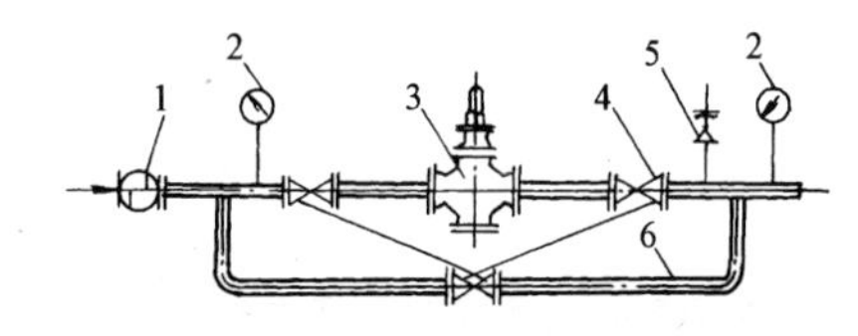

(b)Y43H - 16 型安装示意图

1—过滤器；2—压力表；3—活塞式减压阀；
4—截止阀；5—安全阀；6—旁通管

薄膜式减压阀(mm)

公称直径 DN	H	L	L_1	D	ϕd	z
25	510	220	180	110	$\phi18$	4
32	510	220	180	110	$\phi18$	4
40	510	220	180	110	$\phi18$	4
50	602	250	230	145	$\phi18$	4
70	602	250	230	145	$\phi18$	4
80	856	295	300	180	$\phi18$	4
100	856	295	300	180	$\phi18$	4

图名	减压阀安装	图号	KT3—32

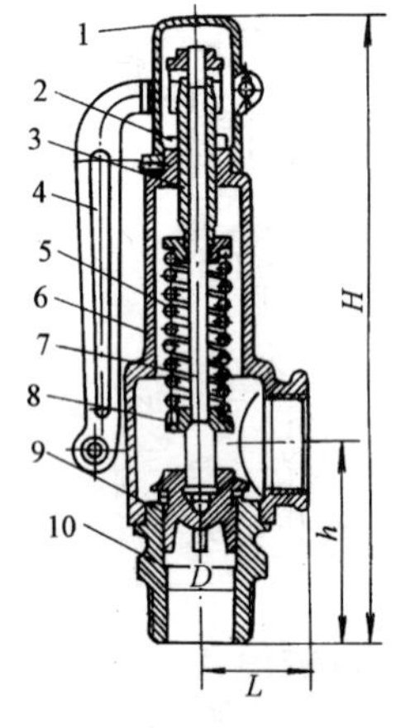

(*a*)A27W-10 型弹簧安全阀

1—罩壳；2—锁紧螺母；3—调整螺丝；
4—拉手；5—弹簧；6—阀壳；
7—阀杆；8—弹簧盘；9—阀瓣；10—阀座

A27W-10 型弹簧安全阀(mm)

公称直径 *DN*	*h*	*L*	*D*	*H*
15	52	35	16	175
20	55	37	20	185
25	67	42	25	221
32	79	45	31	247
40	83	55	37	270
50	101	67	48	305

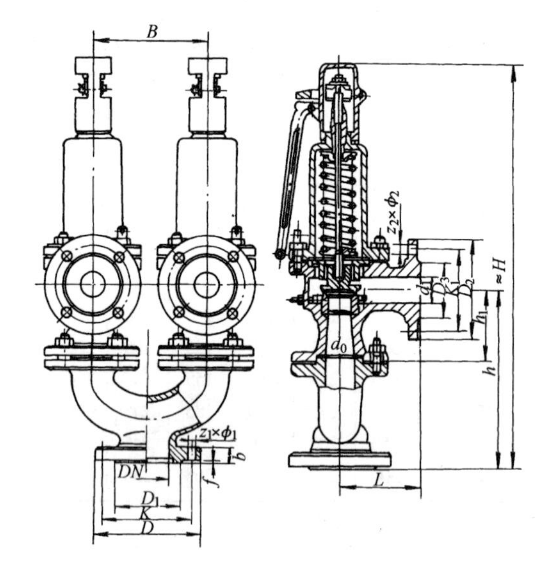

(*b*)A37H-16 型双弹簧微启式安全阀

A37H-16 型双弹簧微启式安全阀(mm)

DN	d_0	*D*	*K*	D_1	*b*	*f*	ϕ_1	d_1	D_2	K_1	D_3	ϕ_2	*B*	*L*	h_1	*h*	*H*	孔数		重量 (kg)
																		z_1	z_2	
80	50	195	160	135	20	3	ϕ18	65	180	145	120	ϕ18	205	145	180	310	817	8	4	61
100	65	215	180	155	20	3	ϕ18	80	195	160	135	ϕ18	255	160	220	355	975	8	8	158
150	100	280	240	210	24	3	ϕ23	125	245	210	185	ϕ18	275	190	250	430	1025	8	8	196

图名	安全阀安装	图号	KT3—33

直角汽阀(mm)

公称直径 DN	铜铁结合		全铜	
	L	H	L	H
15	87	107	83	98
20	100	127	98	120
25	115	145	113	135
32	140	175	140	171

直通汽阀(mm)

公称直径 DN	铜铁结合		全铜	
	L	H	L	H
15	98	105	95	98
20	120	125	116	120
25	136	145	135	139
32	165	180	164	174

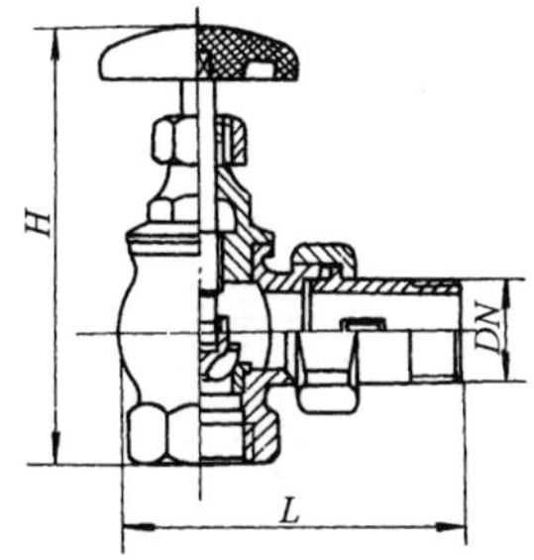

(a)直角汽阀

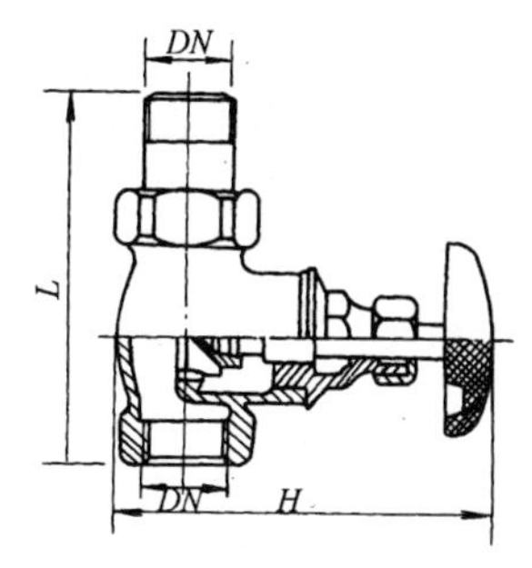

(b)直通汽阀

钥匙汽阀(mm)

DN	铜铁结合		全铜	
	L	H	L	H
15	87	111	83	111
20	100	131	98	131

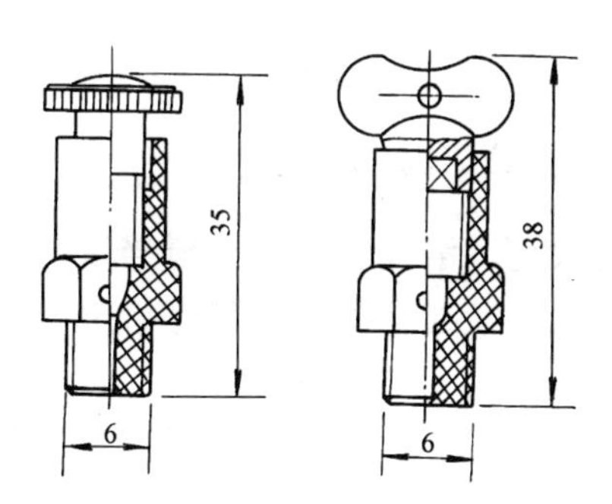

(c)冷风阀

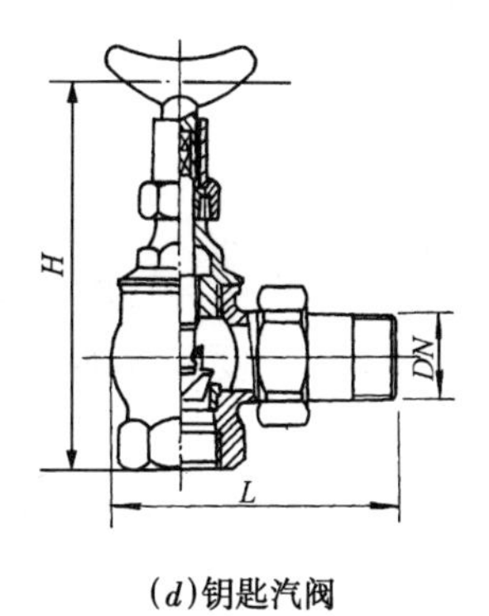

(d)钥匙汽阀

图名	汽阀安装	图号	KT3—34

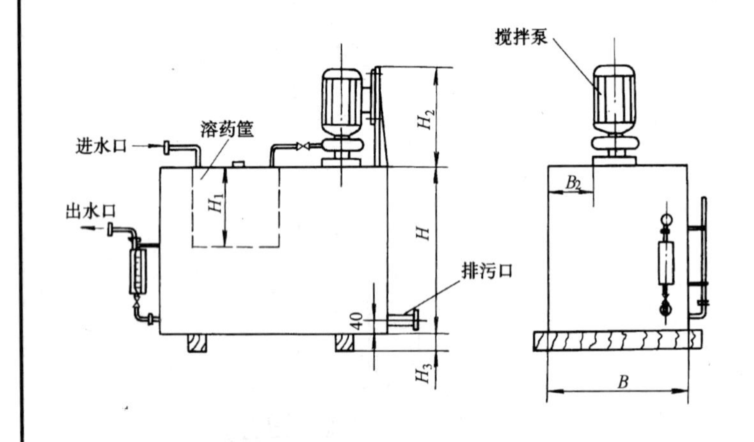

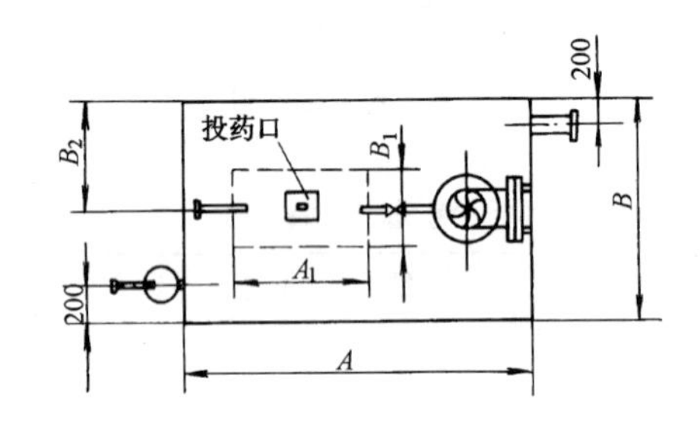

尺　寸　表（mm）

型　　号	A	B	A_1	B_1	H	H_1	H_2	H_3	B_2	重量(kg)
JY-300	800	550	400	300	1000	500	490	≥200	175	450
JY-500	1000	750	400	300	1000	500	490	≥200	275	630
JY-800	1200	750	400	300	1200	500	490	≥200	275	710
JY-1200	1400	950	400	300	1200	500	490	≥200	375	820
JY-1600	1600	950	400	300	1200	500	490	≥200	375	920

安　装　说　明

1.JY 型加药设备为投药、溶药、贮液、搅拌以及药液浓度和投加量的控制一体化。接通电源，安装好给水排水管即可投入使用。

2.开动冲溶水泵进行水力冲溶。如为压力投加，则将投药管与水射器连接。

图名	JY 型加药设备安装	图号	KT3—35

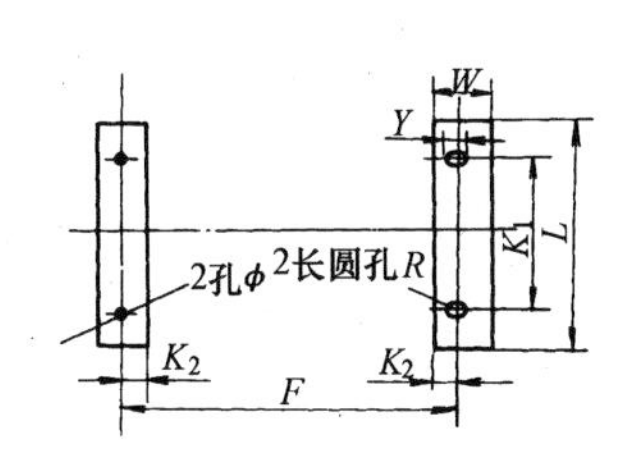

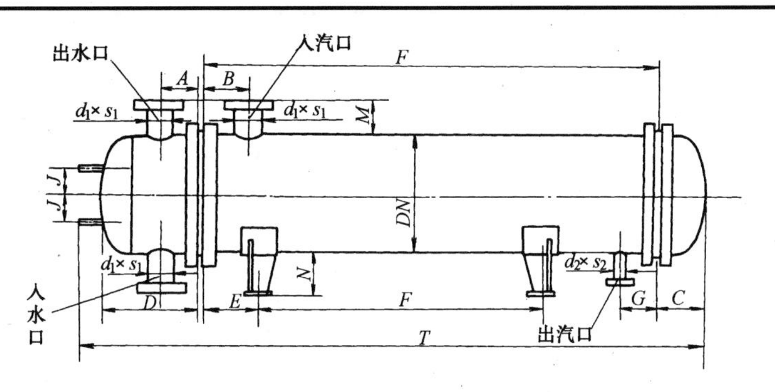

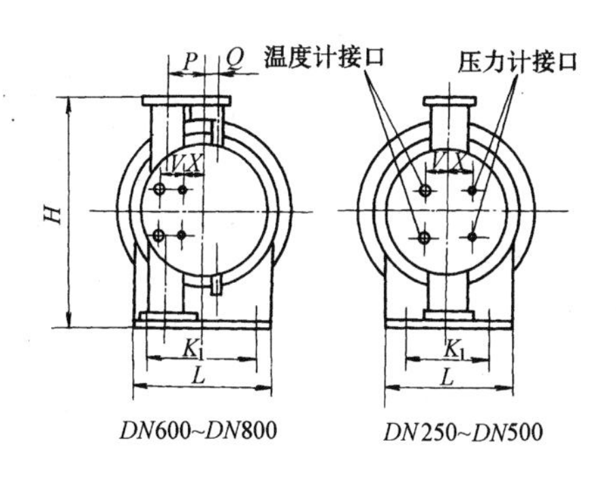

BIU 型汽-水换热器(mm)

DN	W	L	K_1	K_2	Y	R	地脚螺栓	
							孔径 ϕ	直径
273	120	255	160	50	46	10	ϕ20	M16
325	120	300	200	50	46	10	ϕ20	M16
400	120	370	280	50	46	10	ϕ20	M16
500	120	460	330	50	46	10	ϕ20	M16
600	150	540	420	75	45	10	ϕ20	M16
800	150	730	590	75	45	10	ϕ20	M16

安 装 说 明

1. 核对设备尺寸与基础尺寸后进行吊装并找正水平度紧固。

2. 汽-水换热器可按下式选型。

$$F=\frac{Q}{0.9K\cdot\Delta t_{\mathrm{m}}}(\mathrm{m}^2)$$

图名	BIU 型汽 - 水换热器安装(一)	图号	KT3—36(一)

BIU 型汽-水换热器规格

尺寸(mm) \ 管长(mm) \ 压力(MPa) \ 直径(mm)		273		325		400		500	600		800	
尺寸(mm)	管长(mm)	0.6	1.0	0.6	1.0	0.6	1.0	0.6	0.6	1.0	0.6	1.0
A	所有长度	110		125		135		170	180		200	
B		150		160		170		200	210		290	
C		109		110		100		130	110		130	150
D		323		336		380		455	480	483	621	639
E		200		200		210		240	250		295	
G		100		110		120		144	160		175	
H		573		625		716		816	1116		1120	
M		150		150		150		150	200		200	
N		200		200		200		200	300		300	
P									50		200	
Q									40		50	
J		65		80		100		125	100		120	
V		65		80		100		125	100		100	
X		65		80		100		125	80		120	
K		160		200		280		330	420		590	
L		255		300		370		460	540		730	

尺寸(mm) \ 管长(mm) \ 压力(MPa) \ 直径(mm)		273		325		400		500	600		800	
尺寸(mm)	管长(mm)	0.6	1.0	0.6	1.0	0.6	1.0	0.6	0.6	1.0	0.6	1.0
F	1500	870		870		815						
	2000	1370		1370		1315		1260				
	2500	1870		1870		1815		1760	1720		1630	
	2800			2170		2115		2060	2020		1930	
	3000			2370		2315		2260	2220		2130	
	3200					2515		2460	2420		2330	
	3500								2720		2630	
T	1500	2036		2070		2137						
	2000	2536		2570		2637		2762				
	2500	3036		3070		3137		3262	3320	3323	3513	3547
	2800			3370		3437		3562	3620	3623	3815	3847
	3000			3570		3637		3762	3820	3823	4013	4047
	2300					3837		3962	4020	4023	4215	4247
	3500								4320	4025	4513	4547
接管	$d_1 \times s_1$	$\phi73\times4$		$\phi89\times4$		$\phi108\times4$		$\phi133\times4$	$\phi159\times4.5$		$\phi194\times5$	
	$d_2 \times s_2$	$\phi32\times3$		$\phi38\times3$		$\phi45\times3$		$\phi57\times4$	$\phi73\times4$		$\phi89\times4$	

图名	BIU 型汽-水换热器安装(二)	图号	KT3—36(二)

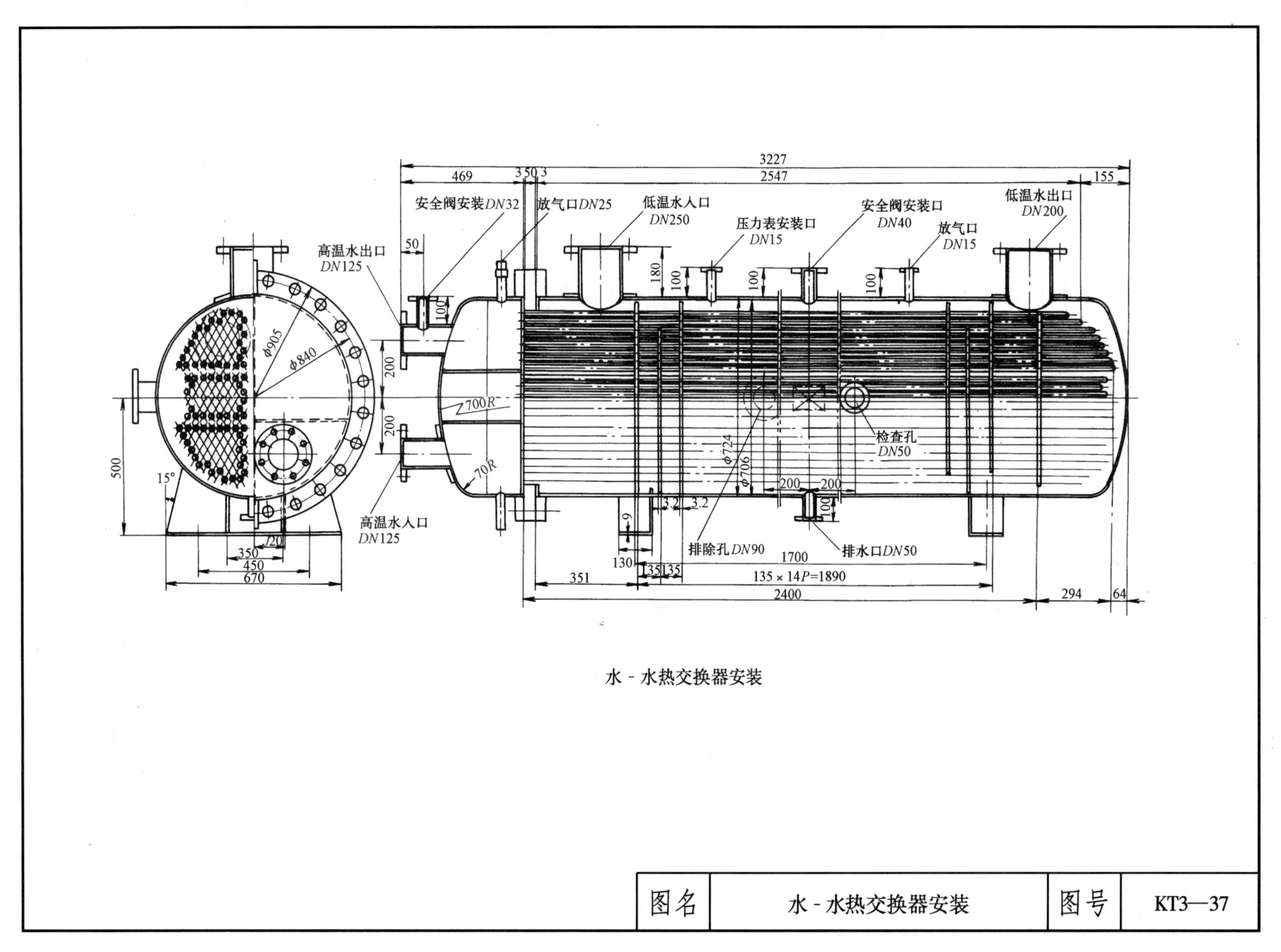

水 - 水热交换器安装

图名	水 - 水热交换器安装	图号	KT3—37

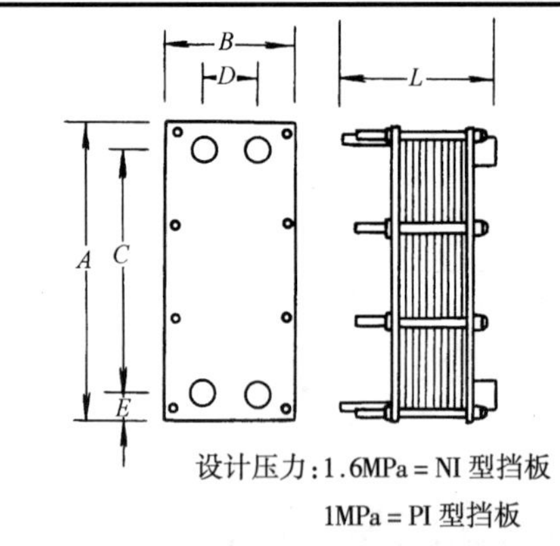

设计压力:1.6MPa = NI 型挡板

1MPa = PI 型挡板

2.5MPa = SI 型挡板

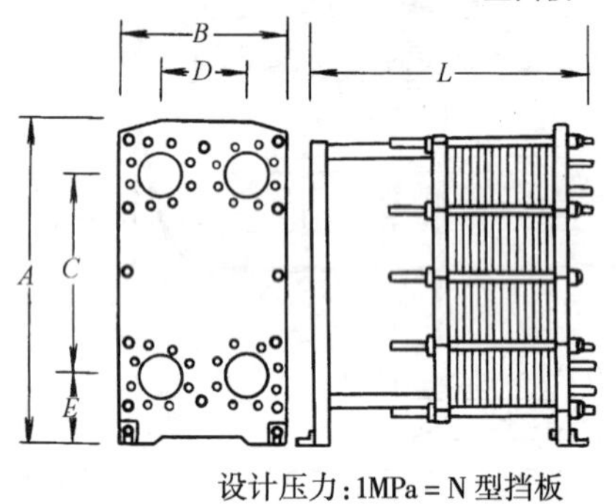

设计压力:1MPa = N 型挡板

1.6MPa = P 型挡板

2.5MPa = S 型挡板

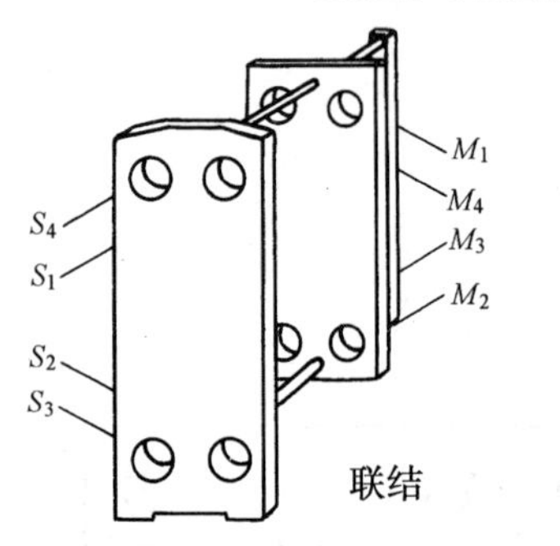

联结

	A	*B*	*C*	*D*	*E*	L_{max}	最大热传面积(m²)	最大可使用片数	最大流量(m³/h)	接口尺寸(mm)
	mm									
M4	188	72	154	40	17	91	0.36	30	4	12
M10	287	115	243	72	22	160	1.92	60	12	25
GC-121	496	165	357	60	69.5	500	3.2	102	12	25
GC-281	808	160	675	65	66.5	500	10.4	130	12	25
GC-301	692.5	250	555	100	90	375	5.1	60	30	40
GC-30	692.5	250	555	100	90	1090	17	200	30	40
GC-501(G52)	840	320	592	135	140	375	6	50	50	50
GC-50(G52)	840	320	592	135	140	1090	21	175	50	50
GC-26(G102)	1265	460	779	226	220	2690	99	380	200	100
GC-51(G153)	1730	630	1143	300	300	2850	250	450	450	150
GC-60(G214)	1700	825	910	420	350	3600	280	500	800	200
GX-61(G25)	745	160	640	60	52.5	500	7	100	12	25
GX-121(G52)	840	320	592	135	140	375	6	50	50	50
GX-12(G52)	840	320	592	135	140	1090	19	160	50	50
GX-181(G58)	1070	320	821.5	135	140	375	9	50	50	50
GX-18(G58)	1070	320	821.5	135	140	1090	29	160	50	50
GX-26(G102)	1265	460	779	226	220	3082	120	450	200	100
GX-42(G108)	1675	460	1188	226	220	3082	200	450	200	100
GX-51(G153)	1730	630	1143	300	300	3130	250	450	450	150
GX-37(G155)	1430	626	840	285	300	3100	170	460	450	150
GX-64(G157)	1910	626	1320	285	300	3100	295	460	450	150
GX-91(G158)	2390	626	1800	285	300	3200	420	460	450	150
GX-118(G159)	2870	626	2280	285	300	3200	540	460	450	150
GX-60(G214)	1700	825	910	420	350	4000	280	500	800	200
GX-100(G234)	2280	825	1490	420	350	4000	510	500	800	200
GX-140(G254)	2860	825	2070	420	350	3400	580	400	800	200
GX-180(G274)	3440	825	2650	420	350	3400	750	400	800	200
GX-85(G322)	1985	1060	1140	570	360	3800	460	500	1800	300
GX-145(G342)	2565	1060	1720	570	360	3800	750	500	1800	300
GX-205(G362)	3145	1060	2300	570	360	3300	840	400	1800	300
GX-265(G372)	3725	1060	2880	570	360	3300	1080	400	1800	300
GX-325(G392)	4305	1060	3460	570	360	2800	990	300	1800	300
GM-56	630	270	891	115	140	1050	9	150	50	50
GM-59	774	270	535	115	140	1050	13	150	50	50
GM-138	1480	485	1100	260	220	2373	114	300	200	100
GM-257	1850	740	1216	360	350	3510	260	450	800	200
GM-276	2154	740	1520	360	350	3510	340	450	800	200

图名	舒瑞普(SWEP)板式热交换器 PHE 安装	图号	KT3—38

型号	尺寸（mm）					最大可使用片数	面积/片（m²）	容积/回路（L）	最大流量（m³/h）	净重（kg）
	A	B	C	D	F					
B5	184	70	154	40	7+2.3×片数	40	0.012	0.021	3	0.5+0.04×片数
B8	308	70	278	40	7+2.3×片数	20	0.023	0.034	3	0.8+0.05×片数
B10	286	115	245	74	7+2.3×片数	100	0.031	0.049	12	12+0.13×片数
B15	468	70	432	40	7+2.3×片数	50	0.036	0.051	3	1.1+0.07×片数
B25	522	115	481	73	7+2.3×片数	100	0.063	0.095	12	2.0+0.24×片数
B27	526	119	470	63	10+2.4×片数	120	0.063	0.095	20	2+0.24×片数
V27	526	119	470	63	10+2.4×片数	120	0.063	0.095	20	2+0.24×片数
B35	387	238	324	174	7+2.3×片数	200	0.093	0.141	45	3.5+0.35×片数
V35	387	238	324	174	7+2.3×片数	200	0.093	0.141	45	3.5+0.37×片数
B45	520	238	456	174	7+2.3×片数	200	0.128	0.188	45	4.6+0.47×片数
V45	520	238	456	174	7+2.3×片数	200	0.128	0.188	45	4.6+0.50×片数
B50	524	241	441	159	13+2.4×片数	250	0.112	0.188	70	13+0.424×片数
V50	524	241	441	159	13+2.4×片数	250	0.112	0.188	70	13+0.424×片数
B65	928	407	731	231	97+2.4×片数	300	0.27	0.474	200	48+1.18×片数
V65	928	407	731	231	97+2.4×片数	300	0.27	0.474	200	48+1.18×片数

安 装 说 明

1. 工作压力：最大 3MPa (426PSI)。

工作温度：最高 225 ℃；最低 - 195 ℃。

测试压力:4.5MPa(639PSI)。

2. 板片及接管采用不锈钢材 316，烧焊采用 99.9 %纯铜。根据不同用途可选用其他板片（如：不锈钢材 304；哈氏合金；钛钯合金；SMO254；LNCOLOY；钛；镍）。

不同温度选用不同材料的垫片(如：NBR/110 ℃；EPDM/150 ℃；VITON/ 190 ℃；PTFE/ 265 ℃)。

3. 表内“ V ”为带有内置均布器的形式，可作蒸发器用。B25，V27，V35，V45，V50 可用于热泵系统。

标 准 尺 寸

型号	尺寸			E（mm）
	螺纹(in)	烧(mm)	焊(in)	
B5	1/2″	22	7/8″	20
B8	1/2″	22	7/8″	20
B10	1″	28	11/8″	20
B15	3/4″	22	7/8″	20
B25	1″	28	11/8″	20
B27	11/4″	16~35.1	5/8″~13/8″	27
V27	11/4″	16~35.1	5/8″~13/8″	27
B35	11/2″	42	15/8″	27
V35	11/2″	22~42	7/8″~15/8″	27
B45	11/2″	42	15/8″	27
V45	11/2″	22~42	7/8″~15/8″	27
B50	21/2″	66.8	25/8″	54.2
V50	21/2″	28~66.8	11/8″~25/8″	54.2
B65	4″(法兰)	100(法兰)	4″(法兰)	121~203
V65	4″(法兰)	100(法兰)	4″(法兰)	121~203

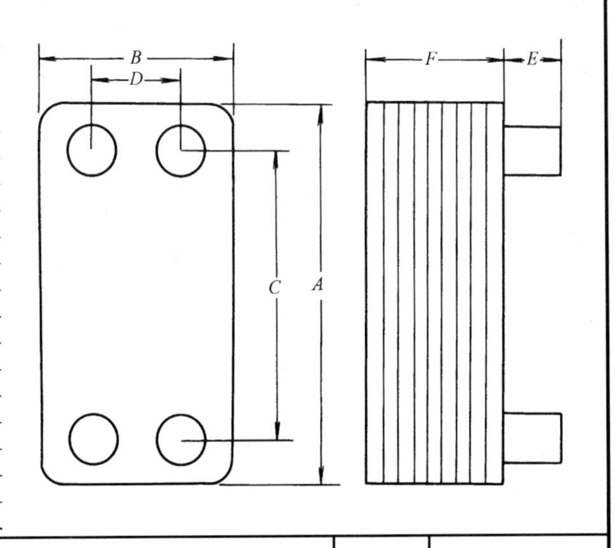

图名	舒瑞普(SWEP)板式热交换器 CBE 安装	图号	KT3—39

尺寸(mm) \ 工作压力(MPa) \ 滤器型号	φ800		φ1200		φ1600		φ2000		φ2400	
	0.4	0.8	0.4	0.8	0.4	0.8	0.4	0.8	0.4	0.8
H	3261	3284	3517	3521	3726	3760	4006	4014	4214	4222
H_0	2861	2882	3017	3021	3226	3260	3456	3464	36643	3672
h	284		388		387		450		450	
h_1	160		186		180		186		186	
h_2	500		500		600		600		600	
h_3	400		500		500		550		550	
h_4	347	366	412	414	509	526	628	632	727	731
D	φ520		φ780		φ1050		φ1300		φ1560	
d	φ23		φ23		φ27		φ27		φ27	
A	130		200		230		250		300	
B	75		120		130		140		170	
进出管管径	DN80		DN150		DN150		DN200		DN200	
设备总重(kg)	440	600	820	1210	1520	1880	2160	3250	3540	4360

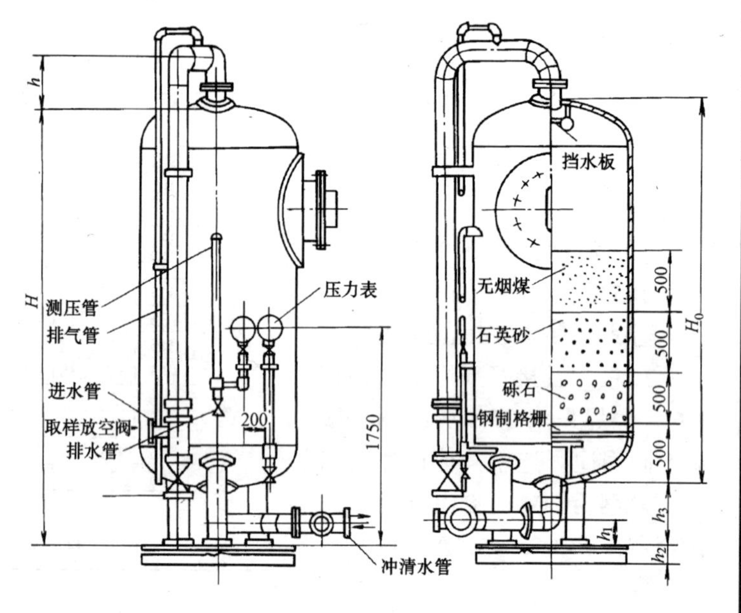

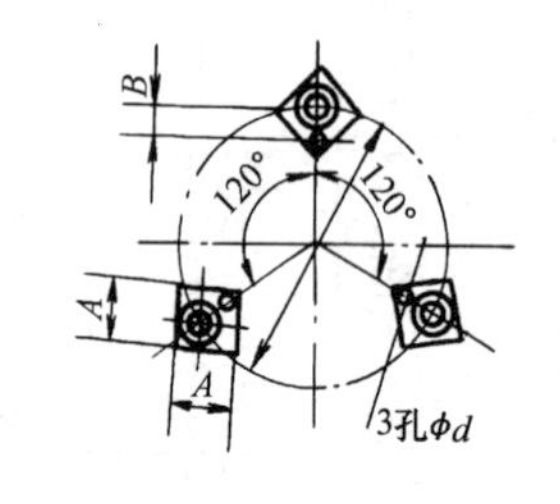

安 装 说 明

1. 根据不同用途，可采用石英砂、聚苯乙烯轻质泡沫珠或铝矾土、陶瓷(陶粒)等滤料。

2. 压力滤器就位于混凝土基础上进行找正垂直度，进行二次灌浆，达到标号后上紧地脚螺栓并安装管道。

图名	石英砂压力滤器安装	图号	KT3—40

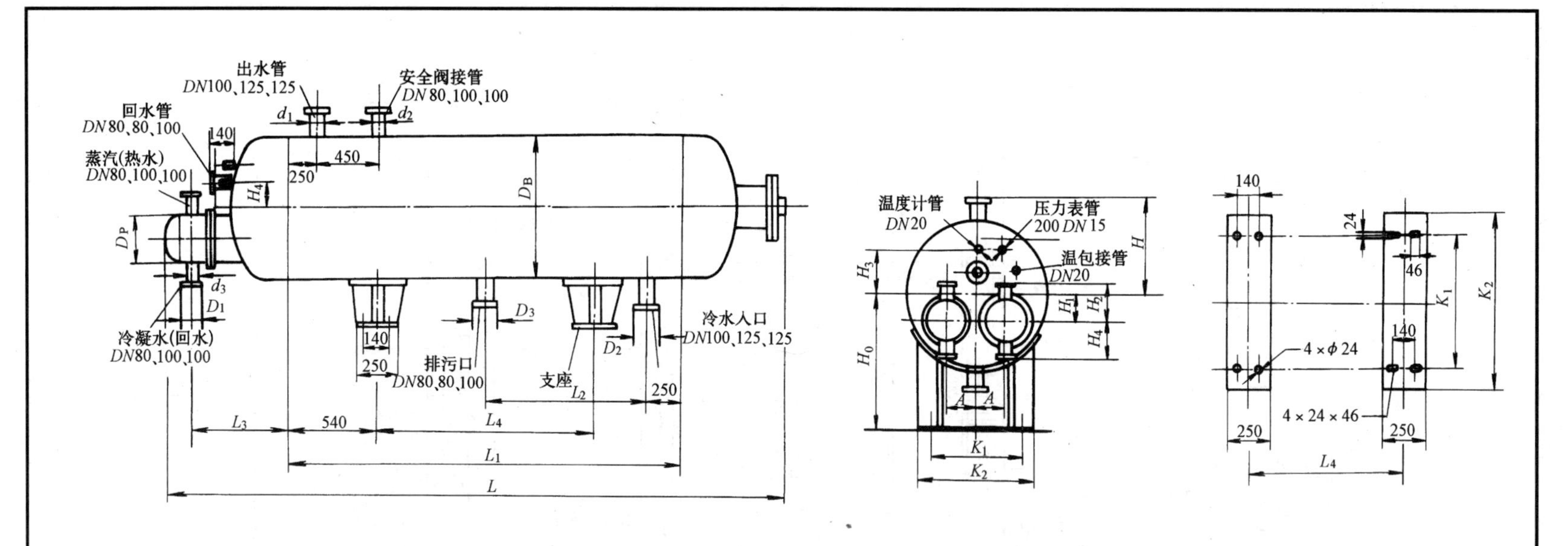

安 装 说 明

1. 核对设备尺寸与基础尺寸进行吊装，找正水平后拧紧地脚螺栓牢固。

2. 根据设计要求设膨胀水箱，与水加热器相连，必要时采用软化器进行管道连接。

3. 容积式热交换器壳体材料为碳素钢。U形管材料有碳钢或黄铜管两种可按需选用。

8、9、10号卧式双孔容积式热交换器(mm)

交换器型号	D_B	D_P	D_1	D_2	D_3	A	d_1	d_2	d_3	L	L_1	L_2	L_3
8	φ1800	500	160	180	160	370	108×5	89×4	89×4	4670	2700	1100	890
9	φ2000	600	180	210	160	420	133×5	89×4	108×5	4930	2700	1100	1073
10	φ2200	700	180	240	180	520	159×6	108×5	108×5	5875	3400	1450	1209

交换器型号	L_4	K_1	K_2	H	H_0	H_1	H_2	H_3	H_4	重量(kg)	
										Q235+20	Q235+H62
8	1620	1330	1600	1068	1108	350	435	650	450	2480	2520
9	1620	1490	1780	1170	1210	400	485	750	500	3345	3400
10	2320	1680	1950	1270	1310	450	535	850	500	4595	4685

图名	容积式热交换器安装	图号	KT3—41

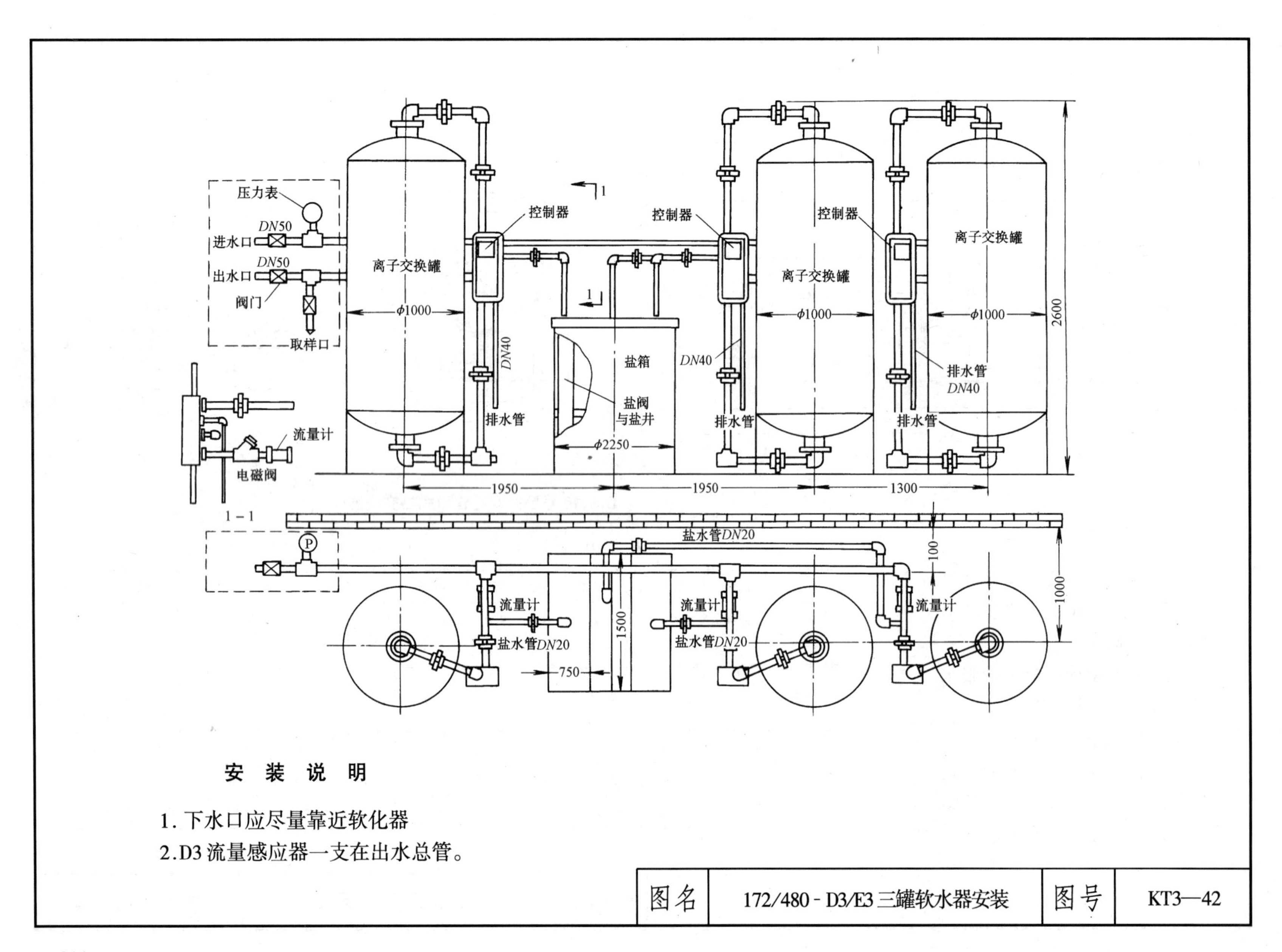

安 装 说 明

1. 下水口应尽量靠近软化器
2. D3流量感应器一支在出水总管。

图名	172/480-D3/E3三罐软水器安装	图号	KT3—42

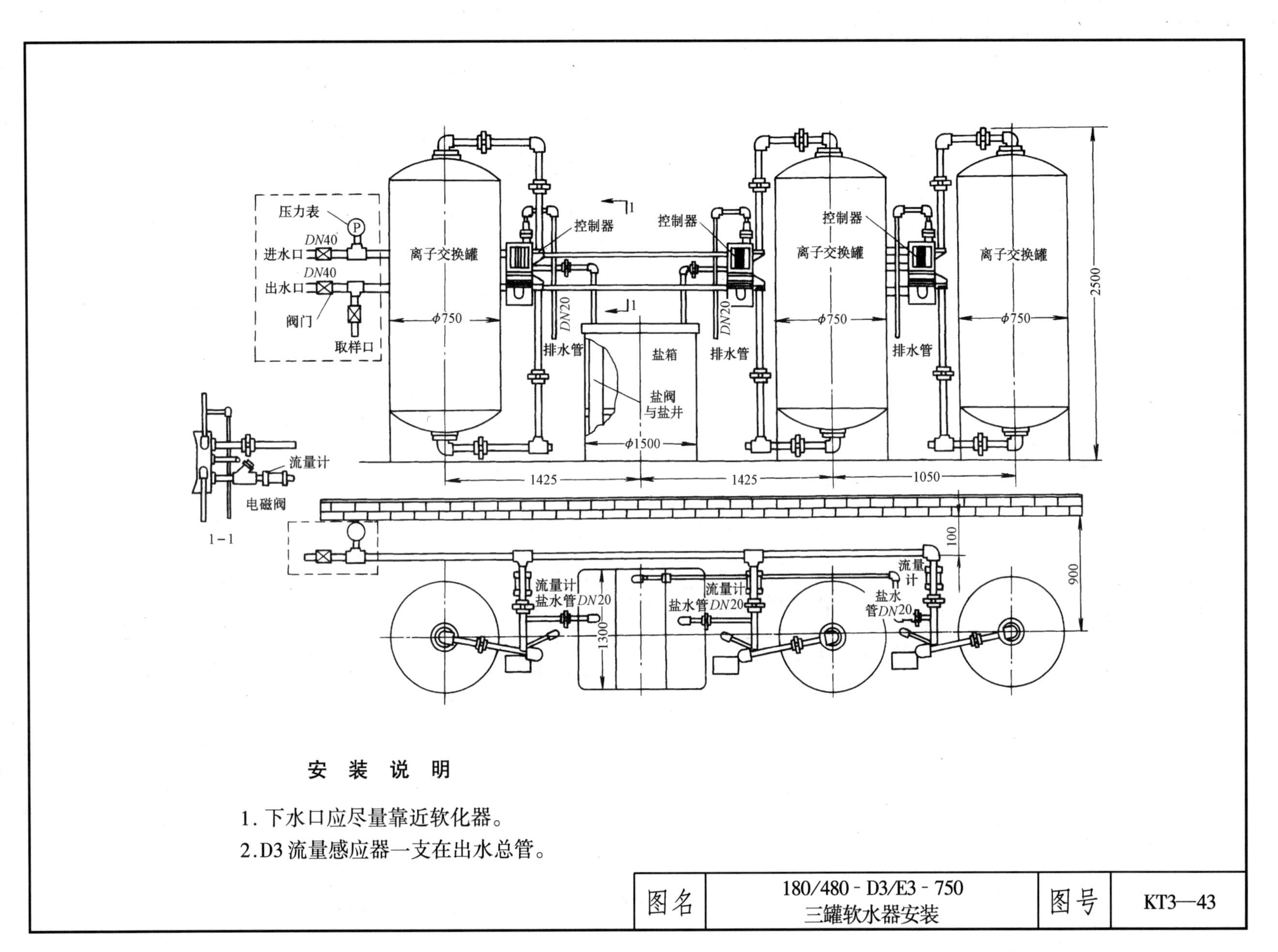

安装说明

1. 下水口应尽量靠近软化器。
2. D3 流量感应器一支在出水总管。

图名	180/480 - D3/E3 - 750 三罐软水器安装	图号	KT3—43

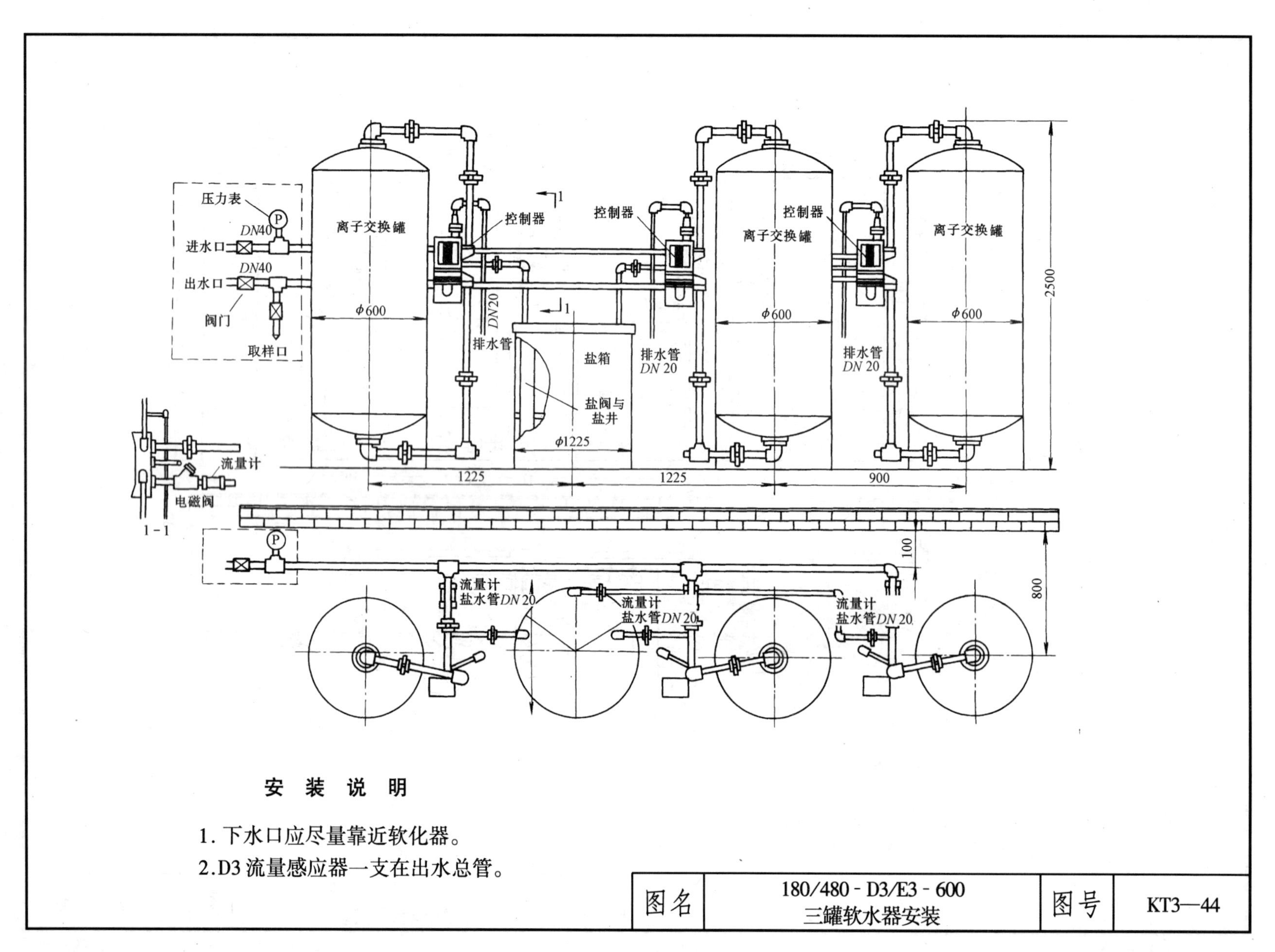

安 装 说 明

1. 下水口应尽量靠近软化器。

2. D3 流量感应器一支在出水总管。

图名	180/480-D3/E3-600 三罐软水器安装	图号	KT3—44

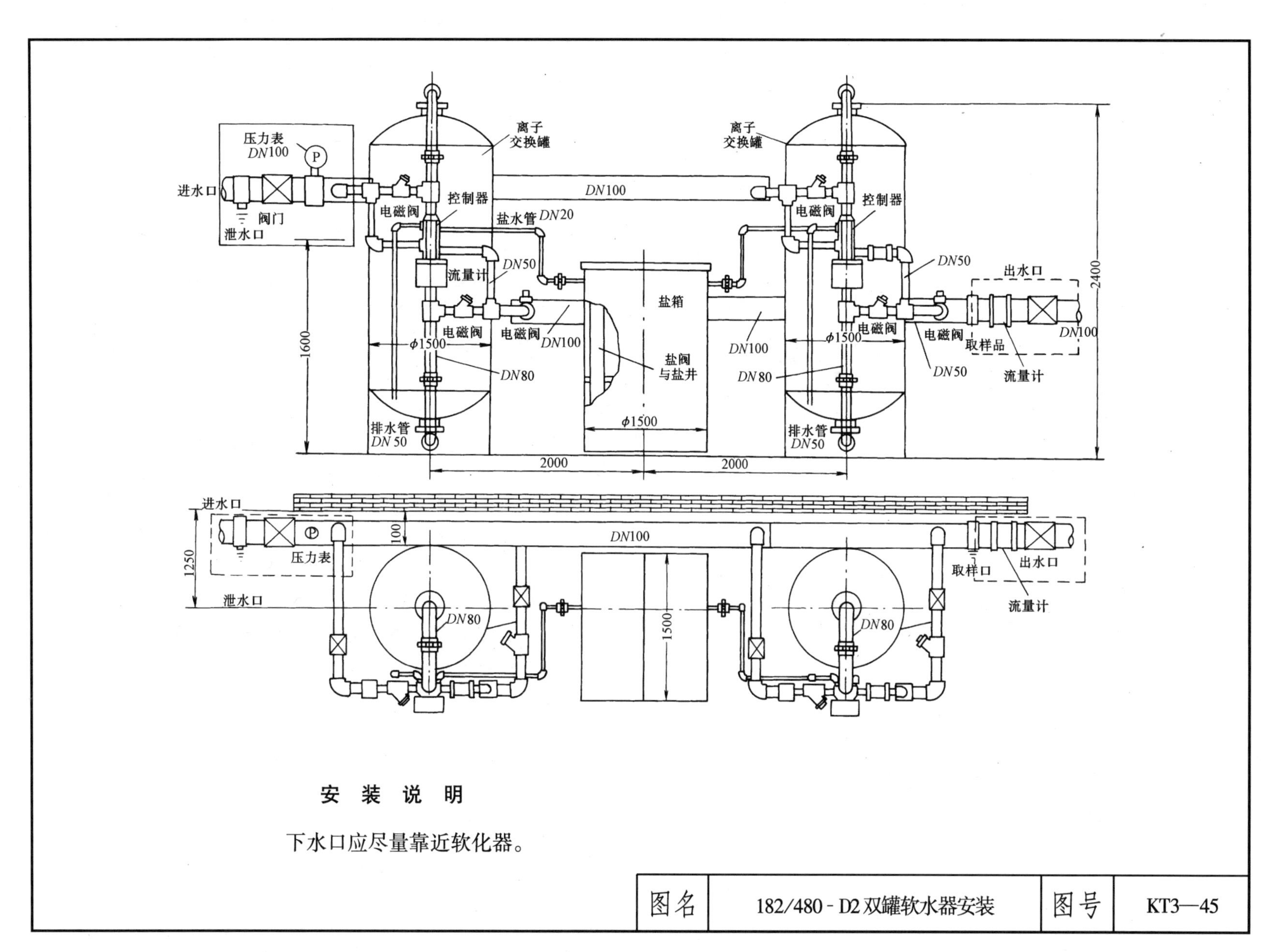

离子交换罐
压力表
DN100
进水口
阀门
泄水口
电磁阀
控制器
盐水管DN20
DN50
流量计
盐箱
盐阀与盐井
DN100
DN80
ϕ1500
排水管DN50
出水口
取样品
1600
2400
2000
100
1250
压力表
取样口
流量计
1500
安装说明
下水口应尽量靠近软化器。
图名
182/480-D2双罐软水器安装
图号
KT3—45

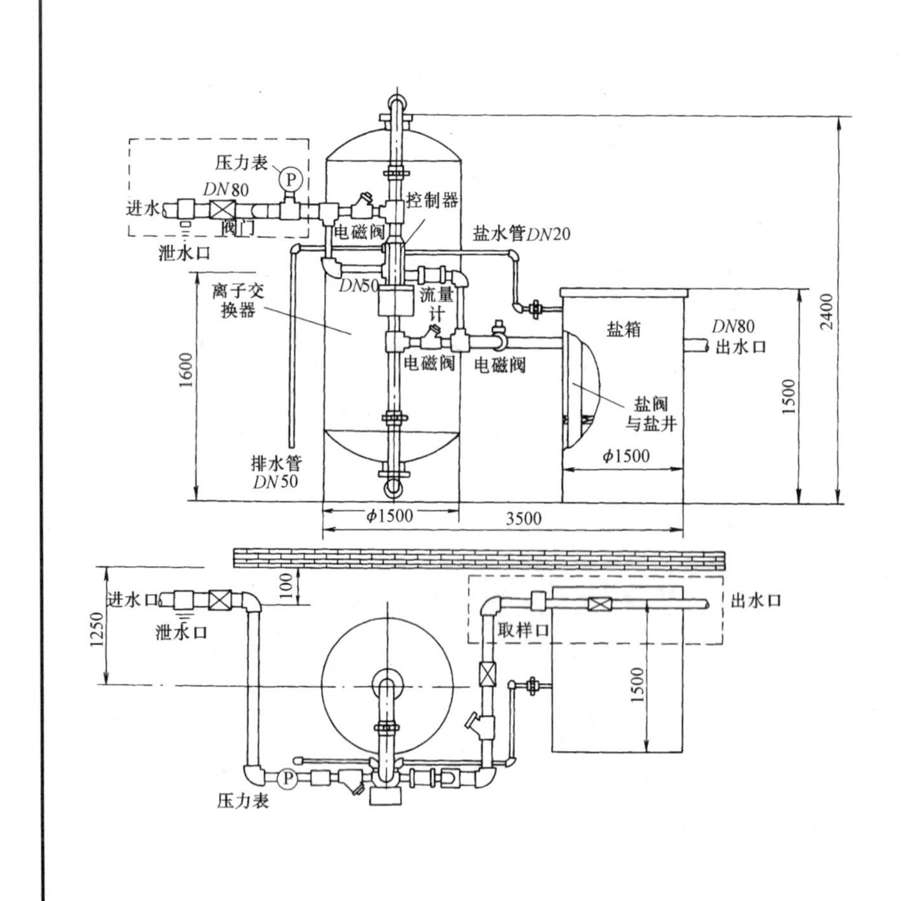

安 装 说 明

1. 控制阀安装：将控制阀定位于罐的上下两个接头之间，阀体上部接头与罐顶部管道连接。阀的定时器面朝上，外罩朝前方。控制系统安装在罐的右侧，以便连接盐水注入器管路。

2. 安装“ O ”形圈要涂上硅润滑油，仔细用手将接头拧紧，然后再用扳手旋紧，不要超过 1/4 圈。

3. 所有进、出水管必须充分地固定与支撑。

4. 排水管管径不小于 25mm，管长不超过 6.1m。安装高度不超过控制阀，无阻塞。弯头、接头尽量少。管道终端应有空气间隙，防止虹吸作用。管路安装应尽量靠近控制阀。

5. 盐水箱应尽可能靠近软化罐。盐箱中必须安装一个浮球盐水阀。

图名	182/440 与 182/480 单罐软水器安装	图号	KT3—46

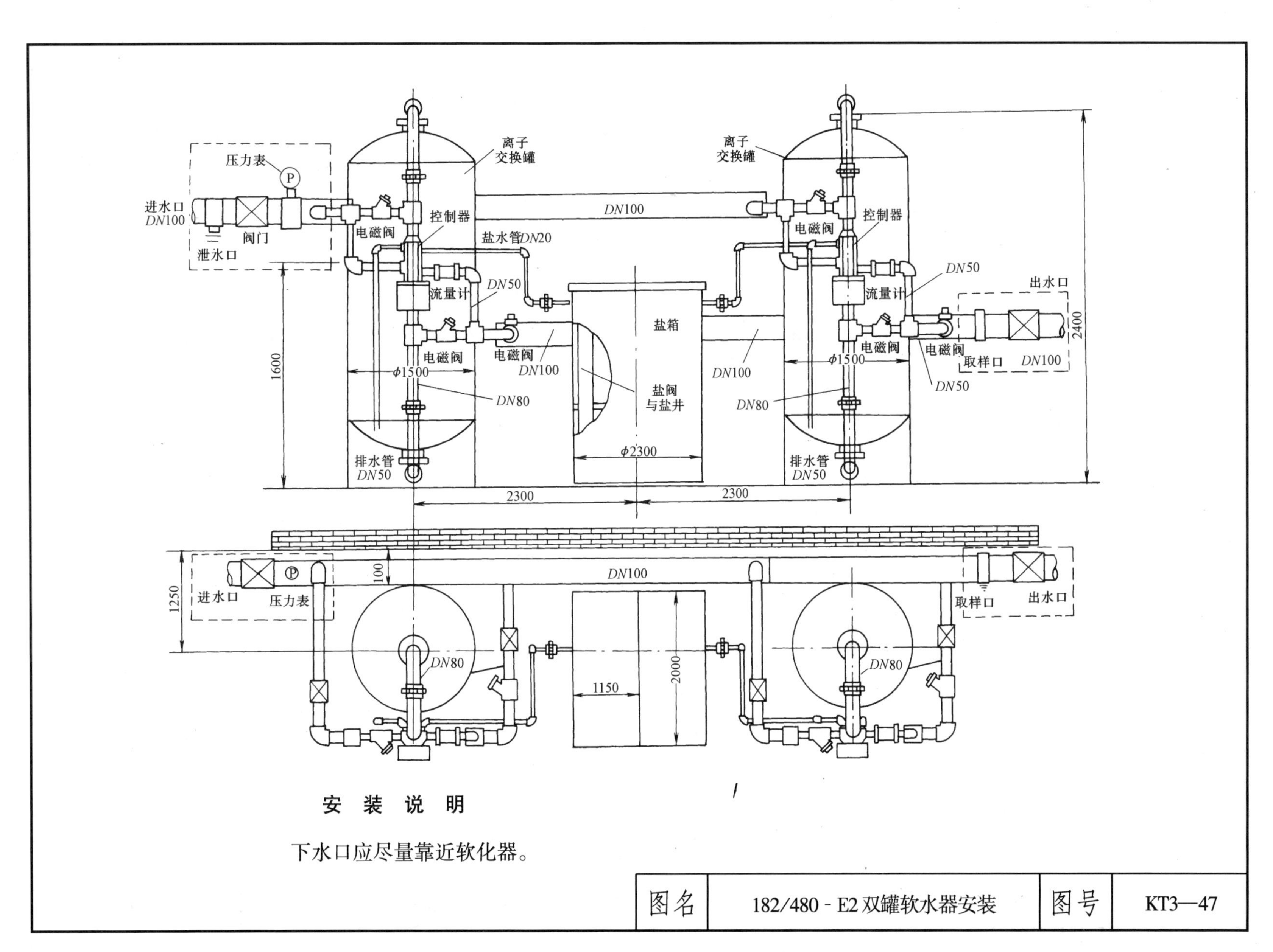

安装说明

下水口应尽量靠近软化器。

图名	182/480－E2双罐软水器安装	图号	KT3—47

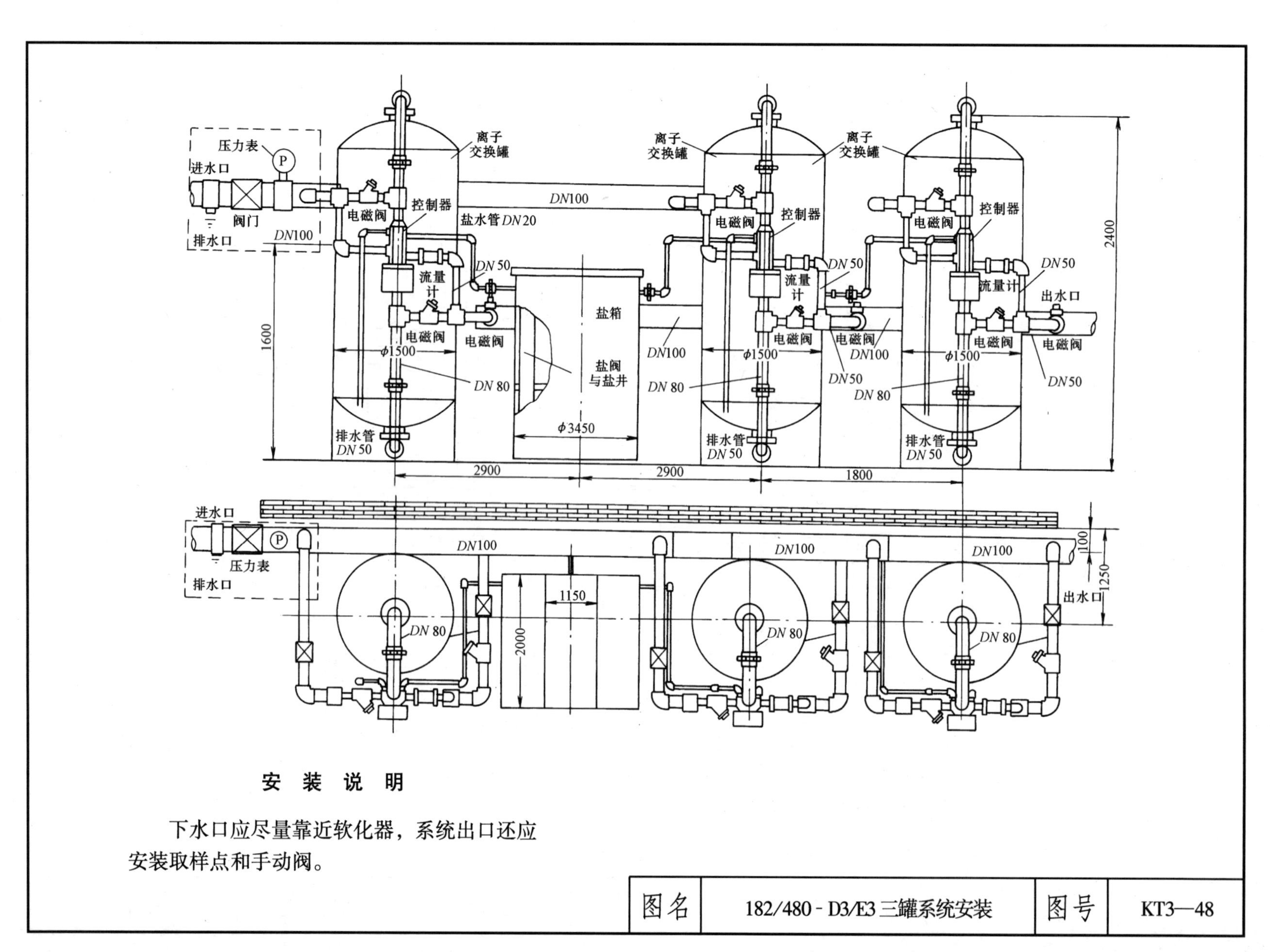

安 装 说 明

下水口应尽量靠近软化器，系统出口还应安装取样点和手动阀。

图名	182/480 - D3/E3三罐系统安装	图号	KT3—48

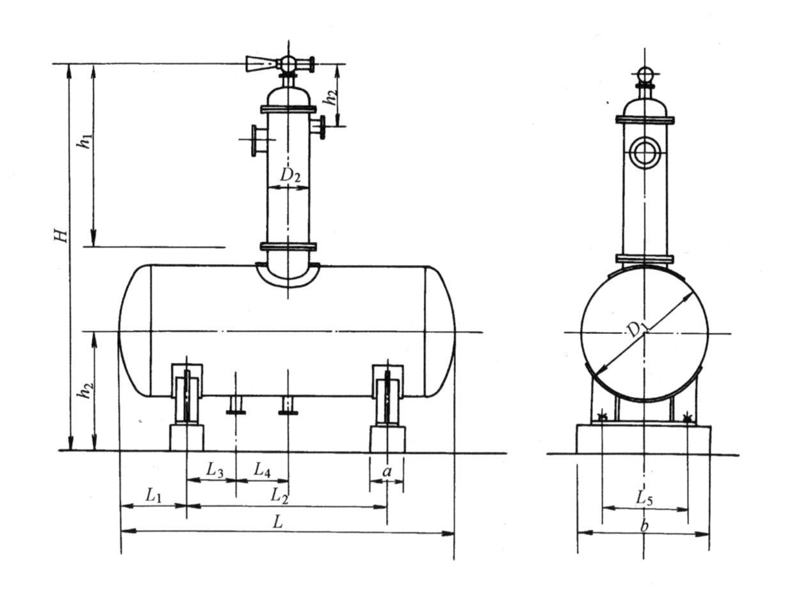

安 装 说 明

1. 检查出水喷嘴并拧紧。

2. 检查密封面，如有破损，应采用 3～5mm 厚石棉橡胶板垫圈。法兰上螺栓要对角拧紧。用气密性好的阀门，防止泄漏。

3. 管道安装完毕，设备调试前，预先对蒸汽管道、进出水管道用蒸汽或水分别冲洗干净，防止喷嘴堵塞。

4. 为达到所需真空度，整个系统安装后要进行检漏。

安 装 尺 寸（mm）

型号	D_1	D_2	H	h_1	h_2	h_3	L	L_1	L_2	L_3	L_3	L_4	a	b
02 号	1000	500	3350	1800	582	900	3000	700	1600	200	200	500	300	800
04 号	1000	500	3350	1800	582	900	3500	850	1800	200	200	600	300	800
06 号	1200	600	3755	1882	582	1000	3500	850	1800	300	400	800	300	1200
10 号	1400	600	3955	1882	582	1100	3770	885	2000	300	400	1050	300	1460
20 号	1800	800	4418	1885	665	1300	5004	1235	2500	650	600	1330	300	1700

图名	节能型低位真空除氧器安装	图号	KT3—49

型　　号	总高度（mm）	除氧头尺寸（mm）	水箱尺寸（mm）	设备净重（kg）
JHQR-10	3814	ϕ750×1750	ϕ1500×4250	2030
JHQR-20	4214	ϕ800×1850	ϕ1600×5200	2965
JHQR-40	5389	ϕ1000×2565	ϕ2400×6320	5450
JHQR-50	5389	ϕ1000×2565	ϕ2400×7300	5790
JHQR-70	5378	ϕ1200×2400	ϕ2600×8600	8900

安　装　说　明

1. 安装时应保证设备的水平度，并拧紧地脚螺栓螺母。

2. 应认清各接口，防止接错管道，并合理安装浮动式水位调节阀、液位继电器、弹簧安全阀等设备附件。

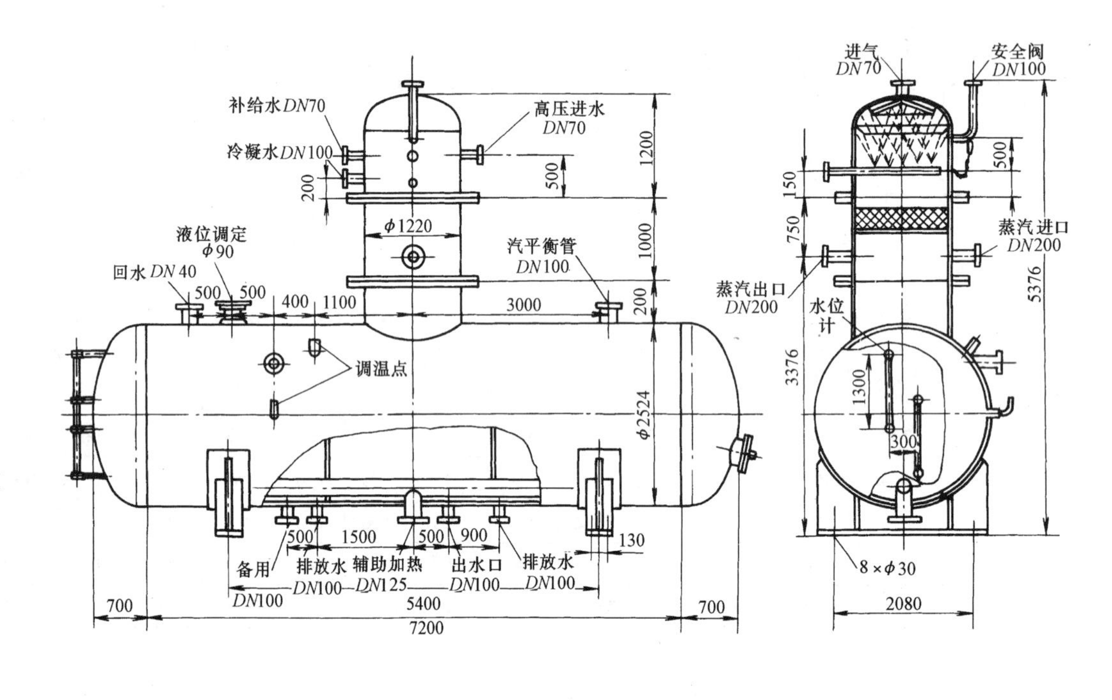

图名	JHQR热力喷雾式除氧器安装	图号	KT3—50

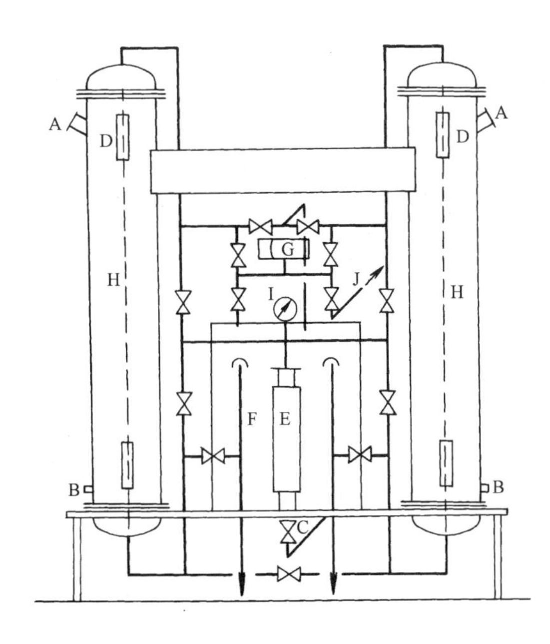

A—加料口；B—出料口；C—进水口；D—观察窗；E—流量计；
F—盐箱；G—报警器；H—交换柱；I—压力表；J—出水口

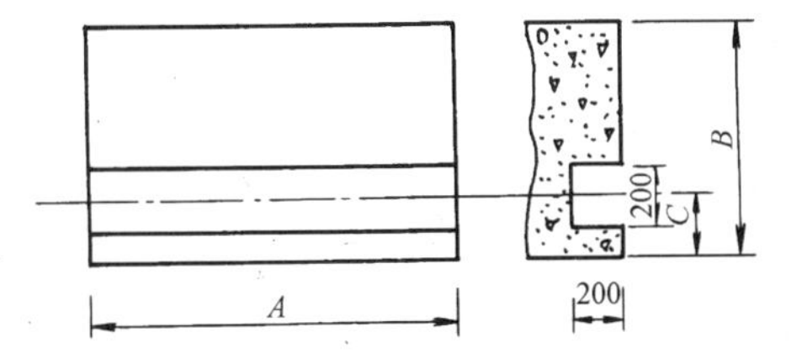

设备安装基础图

设备安装基础尺寸表

尺寸＼型号	DNC-Ⅰ	DNC-Ⅱ	DNC-Ⅲ	DNC-Ⅳ	DNC-Ⅴ
A(mm)	1500	1700	2100	2600	3300
B(mm)	650	700	900	1200	1600
C(mm)	200	200	250	300	300

安 装 说 明

1. 设备基础的尺寸，根据图和表给出的尺寸制作。
2. 设备四周要留有 600～1000mm 的安装检修空间。
3. 基础制作时要求保证基础的水平度，正负偏差不超过 1cm 。

图名	JHDNC 新型钠离子交换器安装	图号	KT3—51

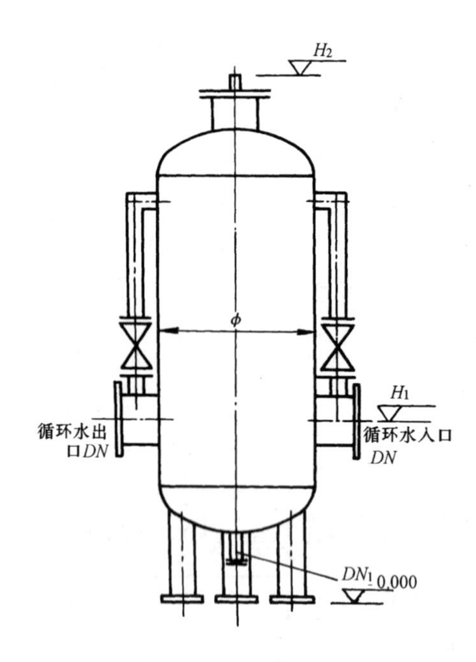

型号	ϕ	DN	DN_1	H_1	H_2	D
JHXSQ-500	500	80	25	650	1470	350
JHXSQ-600	600	100	32	610	1574	420
JHXSQ-700	700	125	32	660	1724	490
JHXSQ-800	800	150	40	750	1950	560
JHXSQ-1000	1000	200	40	870	2300	700
JHXSQ-1200	1200	250	40	1020	2530	840
JHXSQ-1400	1400	300	50	1100	2820	980
JHXSQ-1600	1600	400	65	1100	2875	1120

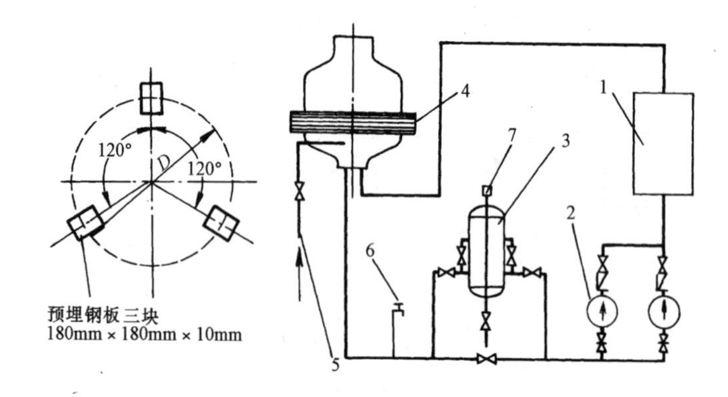

冷却水循环系统

1—制冷机(空压机);2—循环水泵;3—循环水处理器;4—冷却塔;
5—自来水管;6—水嘴 DN15;7—放气阀

安 装 说 明

1. 安装时要确保设备的垂直度。

2. 管道安装应正确,严防泄漏。

3. 管道安装完毕后,应进行加药(含磷复方硅酸盐被膜水处理剂——水溶性药剂)和排污试验。

图名	JHXSQ 型循环水处理器安装	图号	KT3—52

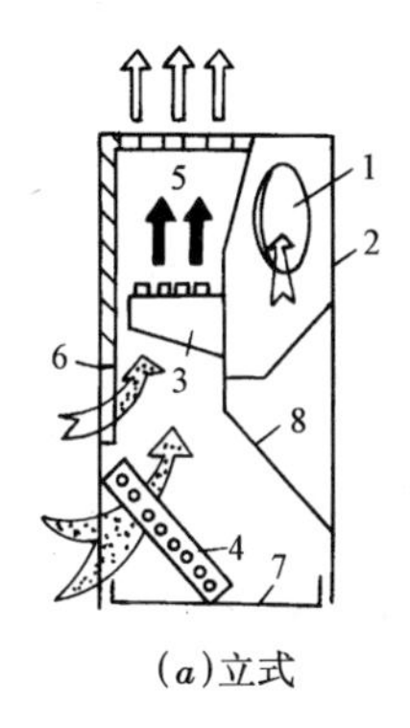

(a)立式

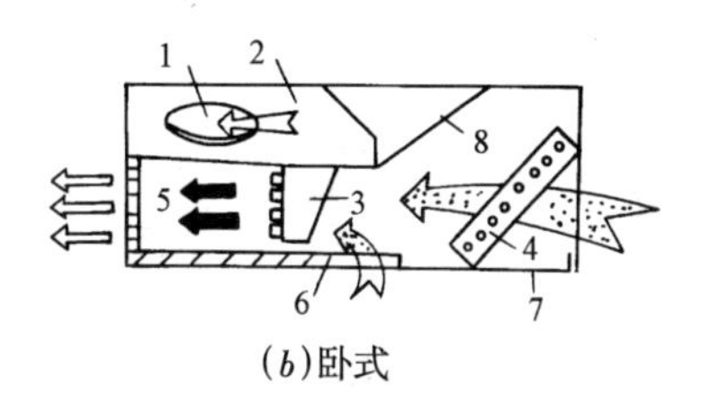

(b)卧式

(YDW75)

(A)YD75 型诱导器示意图

1—一次风连接管；2—静压箱；3—喷嘴；4—二次盘管；
5—混合段； 6—旁通风门； 7—凝水器； 8—导流板

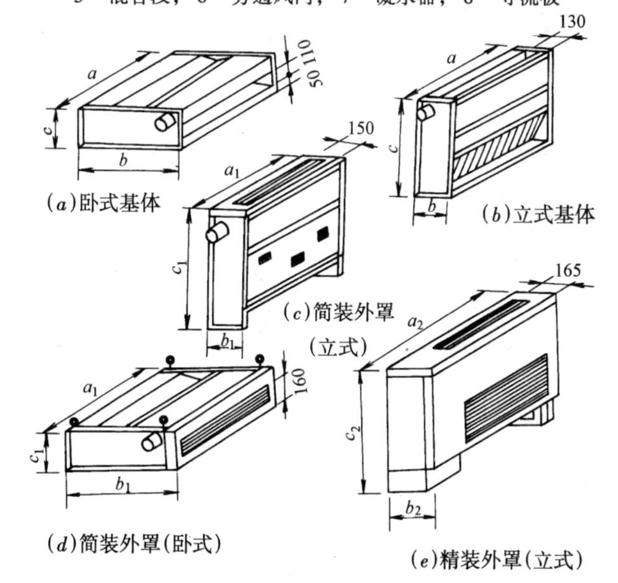

(B)YD75 型诱导器外形尺寸

YD 型诱导器关键尺寸

诱导器型号		YDL75			YDW75		
大小号		1	2	3	1	2	3
基体	长度 a(mm)	682	1000	1318	682	1000	1318
	宽度 b(mm)	230			600		
	高度 c(mm)	600			260		
盘管	长度(mm)	562	880	1198	562	880	1198
	传热面积 F_0 单排(m^2)	4.00	6.25	8.5	4.00	6.25	8.5
	双排(m^2)	8.00	12.5	17.0	8.00	12.5	17.0
	通风有效面积 F(m^2)	0.076785	0.12023	0.16368	0.076785	0.12023	0.16368
	通水有效面积 f(m^2)	0.000143					
外罩	长度 a_1(a_2)(mm)	682(972)	1000(1290)	1318(1608)	682	1000	1318
	宽度 b_1(b_2)(mm)	250(270)			620		
	高度 c_1 c_2(mm)	700(720)			260		
一次风联结管直径×高度(mm^2)		80×100					
二次盘管接管公称直径(mm)		15					
凝水盘泄水管直径(mm)		15					

图名	YD 型诱导器安装	图号	KT3—53

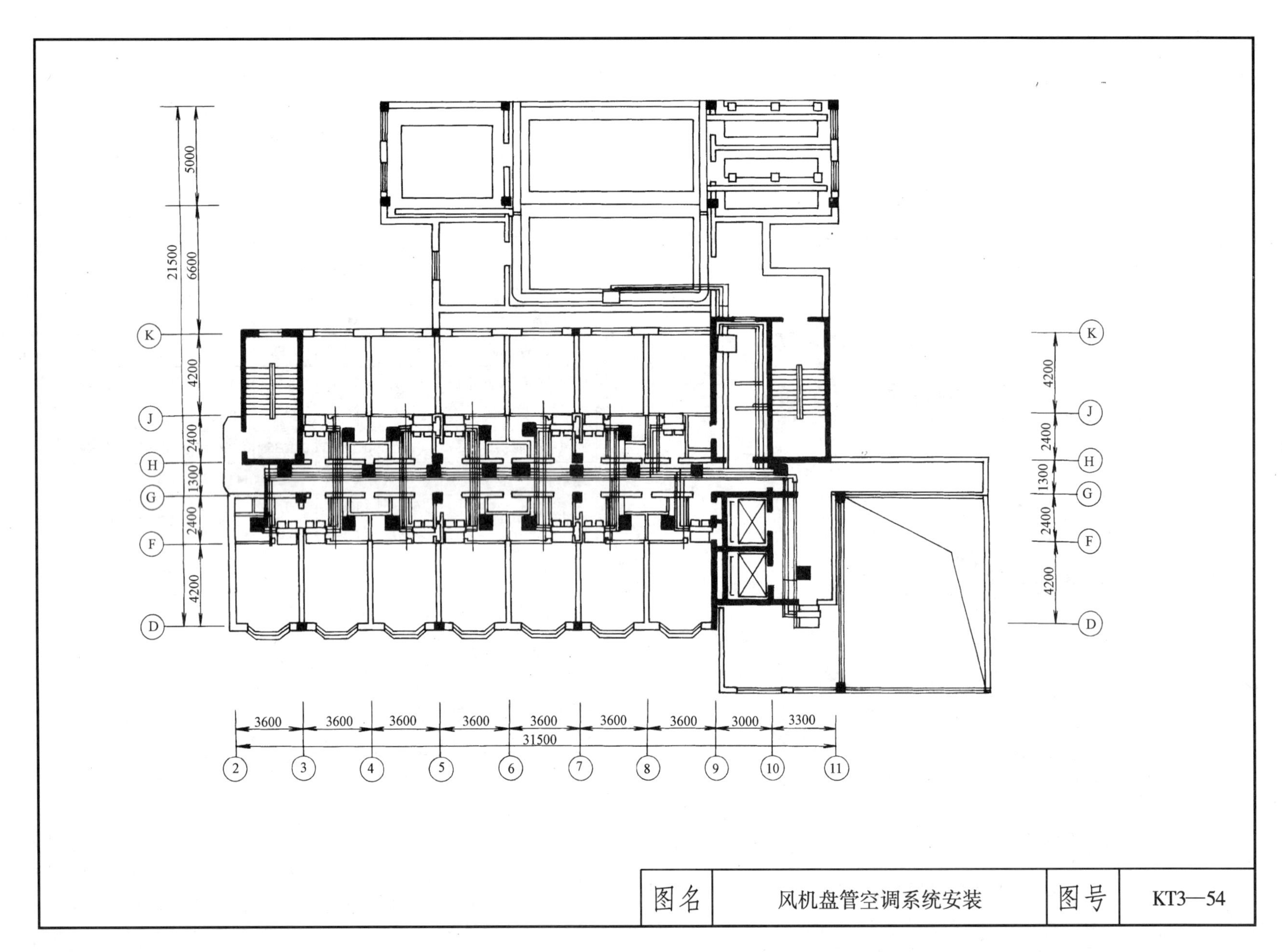
5000
21500
6600
4200
2400
1300
2400
4200
K
J
H
G
F
D
3600
3600
3600
3600
3600
3600
3600
3000
3300
31500
2
3
4
5
6
7
8
9
10
11
图名
风机盘管空调系统安装
图号
KT3—54

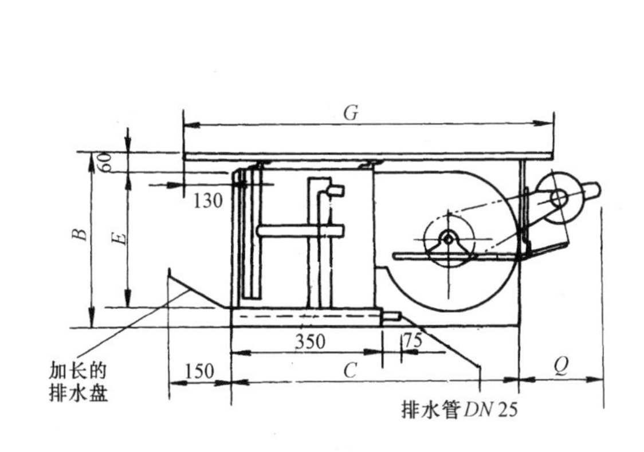

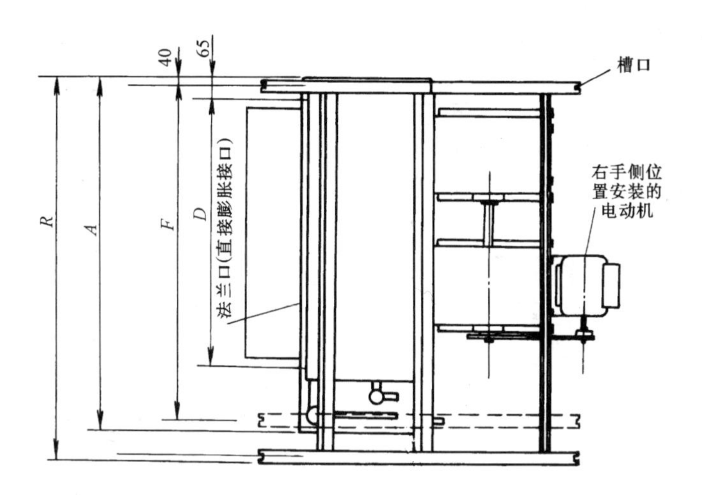

SHB 型高余压暗装卧式

外 形 尺 寸

SHB 型	风机台数	外 形 (mm)								
		A	B	C	D	E	F	G	Q	R
SHB-081	1	600	460	720	400	340	530	1090	290	—
SHB-121	1	790	460	720	580	340	710	1090	290	—
SHB-161	2	990	460	720	800	340	990	1090	300	1040
SHB-201	2	1040	530	720	840	400	1040	1090	300	1100
SHB-301	2	1500	530	750	1250	400	1470	1090	330	—

图名	SHB 型高余压卧式暗装风机盘管安装	图号	KT3—55

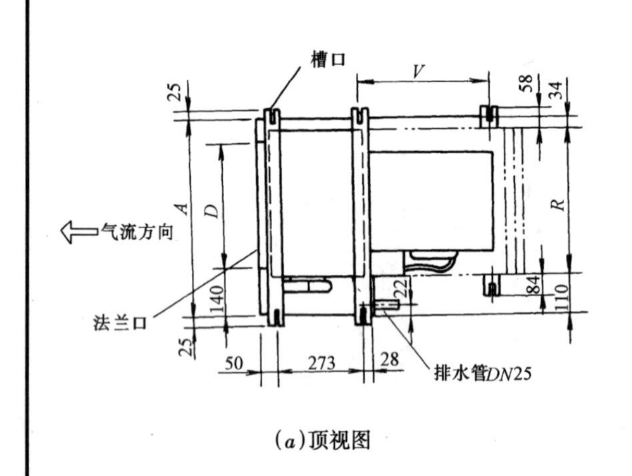

(a)顶视图

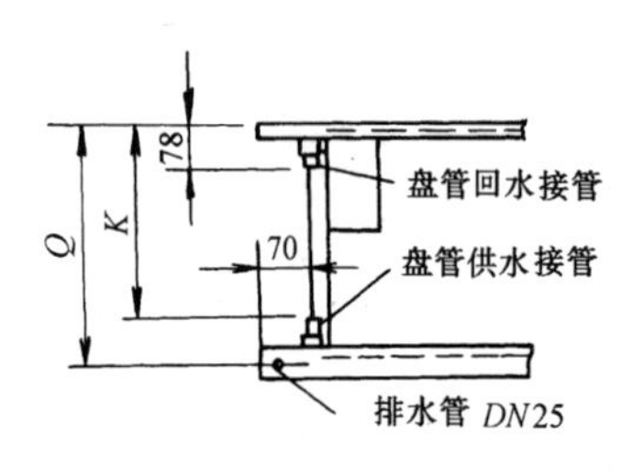

(b)后视图 SHD－061,081 和 121

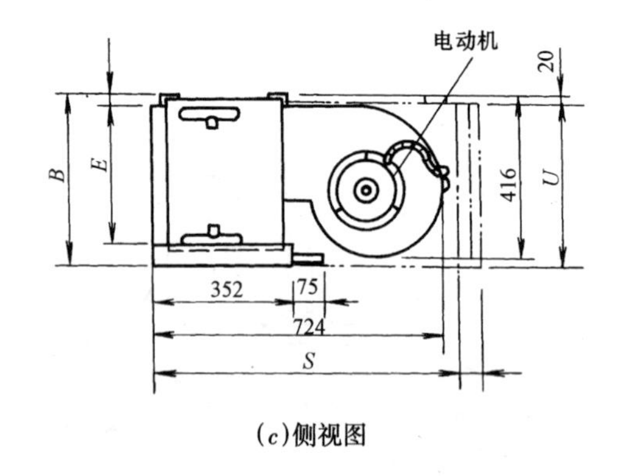

(c)侧视图

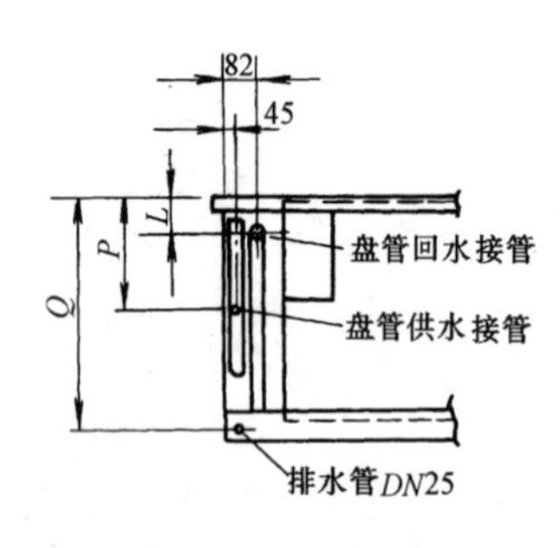

(d)后视图 SHD161 和 201

外形尺寸(mm)

型号	A	B	D	E	K	L	P	Q	R	S	U	V
SHD-061	560	360	360	280	250	—	—	335	416	750	390	390
SHD-081	600	420	400	340	310	—	—	400	466	750	390	390
SHB-121	790	420	580	340	310	—	—	390	644	750	390	390
SHD-161	990	420	790	340	—	—	—	400	848	750	390	390
SHD-201	1040	480	840	400	—	—	—	460	900	816	476	440

图名	SHD 型高余压卧式暗装风机盘管安装	图号	KT3—56

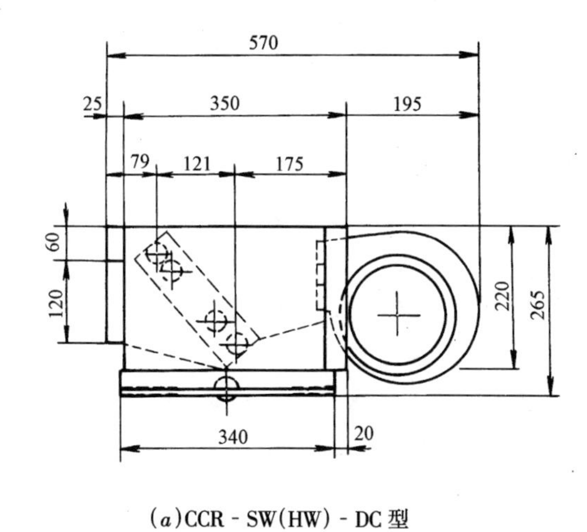

(*a*)CCR－SW(HW)－DC 型

(*b*)CCR－SW(HW)－EH 型(附电加热器)

最大供热量

规　　格	最大供热量(kW)
CCR-300-EH	1.0
CCR-400-EH	1.5
CCR-600-EH	2.0
CCR-800-EH	2.5
CCR-1000-EH	3.0
CCR-1200-EH	4.0
CCR-1400-EH	6.0

图名	CCR－SW(HW)－EH 卧式暗装风机盘管安装	图号	KT3—57

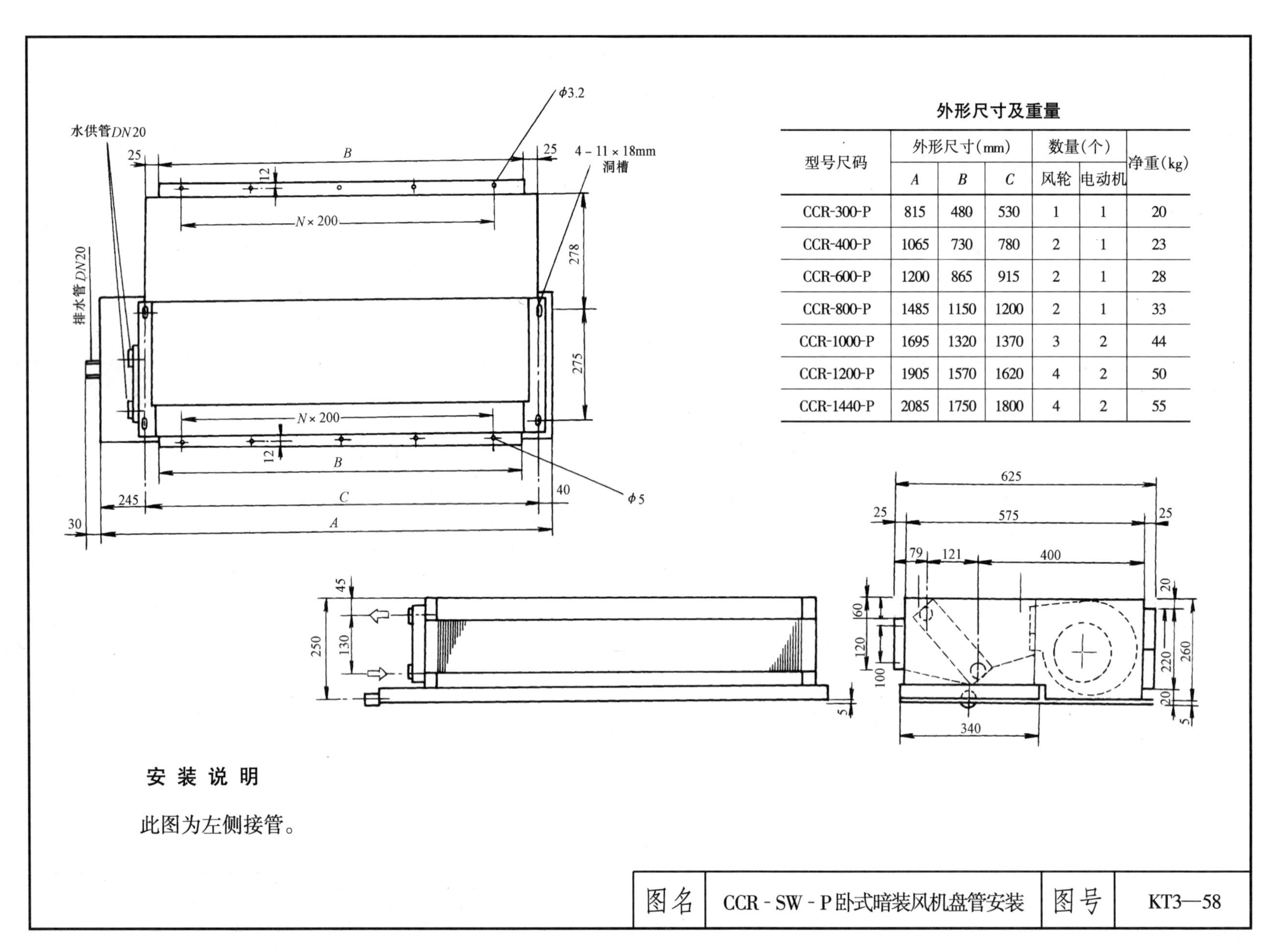

外形尺寸及重量

型号尺码	外形尺寸(mm)			数量(个)		净重(kg)
	A	*B*	*C*	风轮	电动机	
CCR-300-P	815	480	530	1	1	20
CCR-400-P	1065	730	780	2	1	23
CCR-600-P	1200	865	915	2	1	28
CCR-800-P	1485	1150	1200	2	1	33
CCR-1000-P	1695	1320	1370	3	2	44
CCR-1200-P	1905	1570	1620	4	2	50
CCR-1440-P	2085	1750	1800	4	2	55

安 装 说 明

此图为左侧接管。

图名	CCR-SW-P卧式暗装风机盘管安装	图号	KT3—58

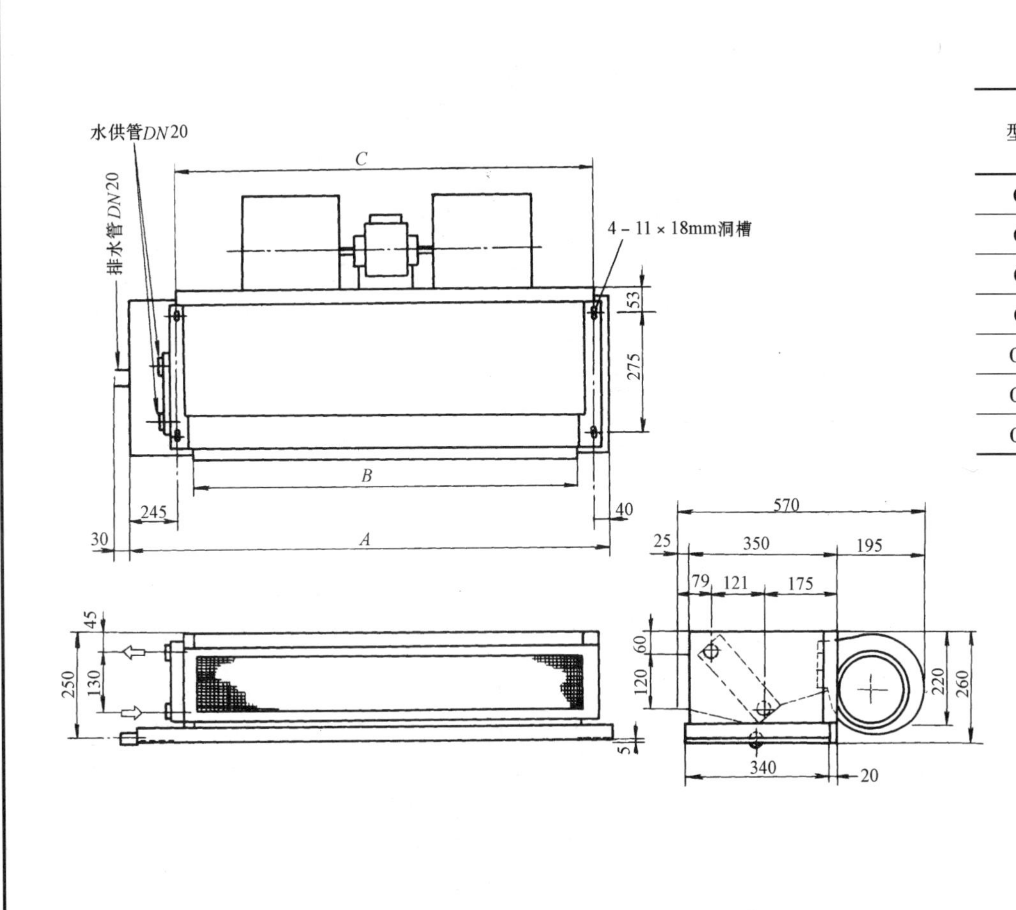

外形尺寸及重量

型号尺码	外形尺寸(mm)			数量(个)		净 重 (kg)
	A	*B*	*C*	风轮	电动机	
CCR-300	815	480	530	1	1	19
CCR-400	1065	730	780	2	1	22
CCR-600	1200	865	915	2	1	26
CCR-800	1485	1150	1200	2	1	31
CCR-1000	1695	1320	1370	3	2	41
CCR-1200	1905	1570	1620	4	2	46
CCR-1400	2085	1750	1800	4	2	51

宽＝570mm　高＝260mm

安 装 说 明

此图为左侧接管。

图名	CCR 型卧式暗装风机盘管安装	图号	KT3—59

安 装 说 明

1. 风机盘管机组在安装前应进行单机三速试运转及水压试验，试验压力为系统工作压力的1.5倍，不漏为合格。

2. 卧式风机盘管应由支、吊架固定，并应便于拆卸和维修。

3. 排水坡度应正确，冷凝水应畅通地流到指定位置。供、回水阀及水过滤器应靠近风机盘管机组安装。

4. 立式风机盘管安装应牢固，位置及高度应正确。

5. 供、回水管与风机盘管机组，应为弹性连接(金属或非金属软管)。

6. 风管、回风箱及风口与风机盘管机组连接处应严密，牢固。

7. 在安装过程中，对明装风机盘管机组还应做外观保护。

风机盘管主要参数

项目 \ 型号		FP-3.5	FP-5	FP-6.3	FP-7.1	FP-8	FP-10	FP-12.5	FP-14	FP-16	FP-20
风量(m^3/h)	高	420	600	750	850	950	1190	1490	1670	1900	2380
	中	320	440	570	680	830	1050	1130	1330	1660	2110
	低	260	320	410	550	710	810	870	1070	1430	1730
三排冷量(W)	高	2380	3330	4170	4760	5360	6310	7900	8810	10120	11900
	中	1800	2500	3160	3870	4660	5580	5940	7160	8800	10890
	低	1460	1810	2270	3170	4010	4250	4590	5870	7580	8540
一排热量(W)	高	1790	2500	2990	3570	3990	4700	5890	6550	7500	9280
	中	1360	1900	2270	2720	3040	3580	4490	4990	5710	7160
	低	1100	1540	1830	2200	2450	2890	3620	4030	4610	5710
冷水供回水温度		7~12℃									
热水供回水温度		60~50℃									
电源		单相交流 220V,50Hz									
换热式	形式	铜管套铝片,片距 2.2mm									
	三排冷水供水量(kg/h)	344	482	602	688	774	912	1135	1273	1462	1720
	一排热水供水量(kg/h)	258	362	432	516	576	680	852	946	1084	1342
	工作压力	1.0MPa									
无余压机组	电机功率(W)	10	16	16	20	25	40	16×2	20×2	25×2	40×2
	输入功率(W)	35	42	47	53	59	75	94	106	118	150
余压机组	电机功率(W)	16	20	20	25	40	60	20×2	25×2	40×2	60×2
	输入功率(W)	42	53	53	59	75	90	106	118	150	180
风机台数		1	2	2	2	2	2	4	4	4	4
噪声 dB(A)		≤35	≤36	≤37	≤39	≤40	≤43	≤44	≤47	≤50	≤50
接管	进出水管	*DN*20									
	凝结水管	外径 ϕ19									

图名	风机盘管主要参数及安装	图号	KT3—60

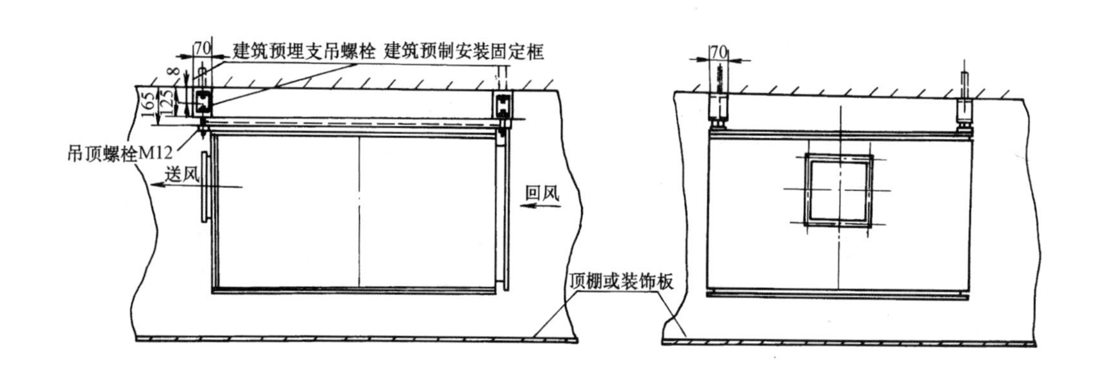

(a)吊装机组在顶棚内的布置

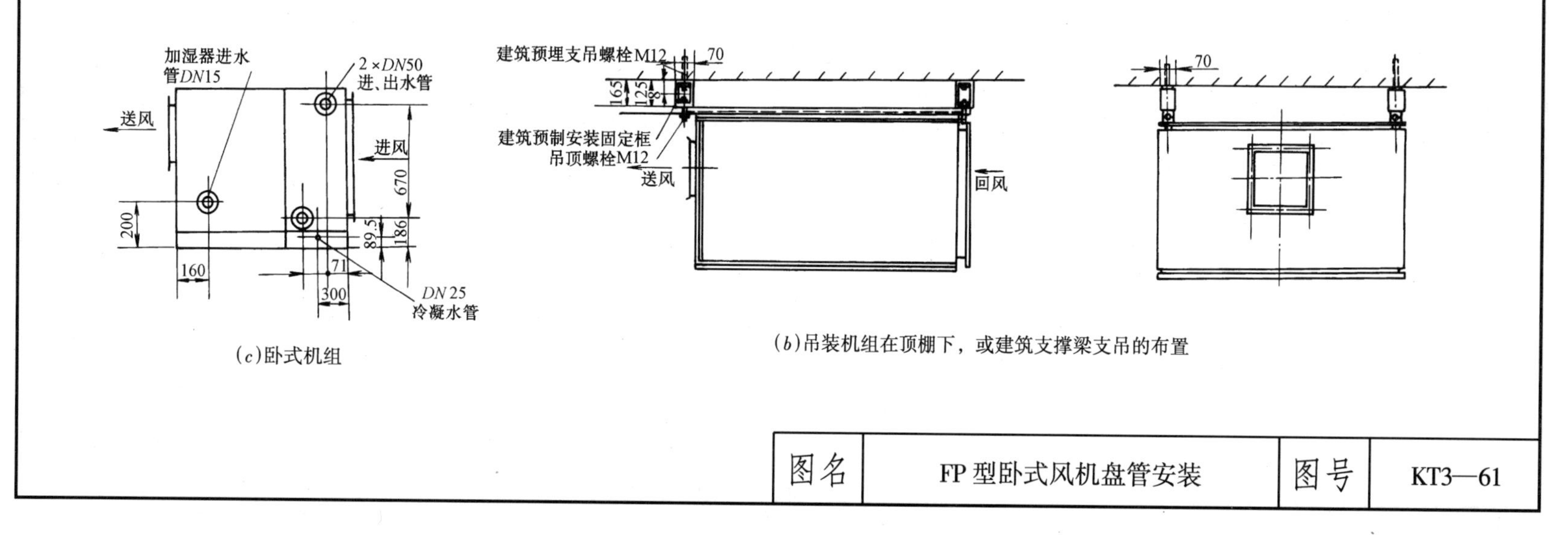

(c)卧式机组

(b)吊装机组在顶棚下，或建筑支撑梁支吊的布置

图名	FP型卧式风机盘管安装	图号	KT3—61

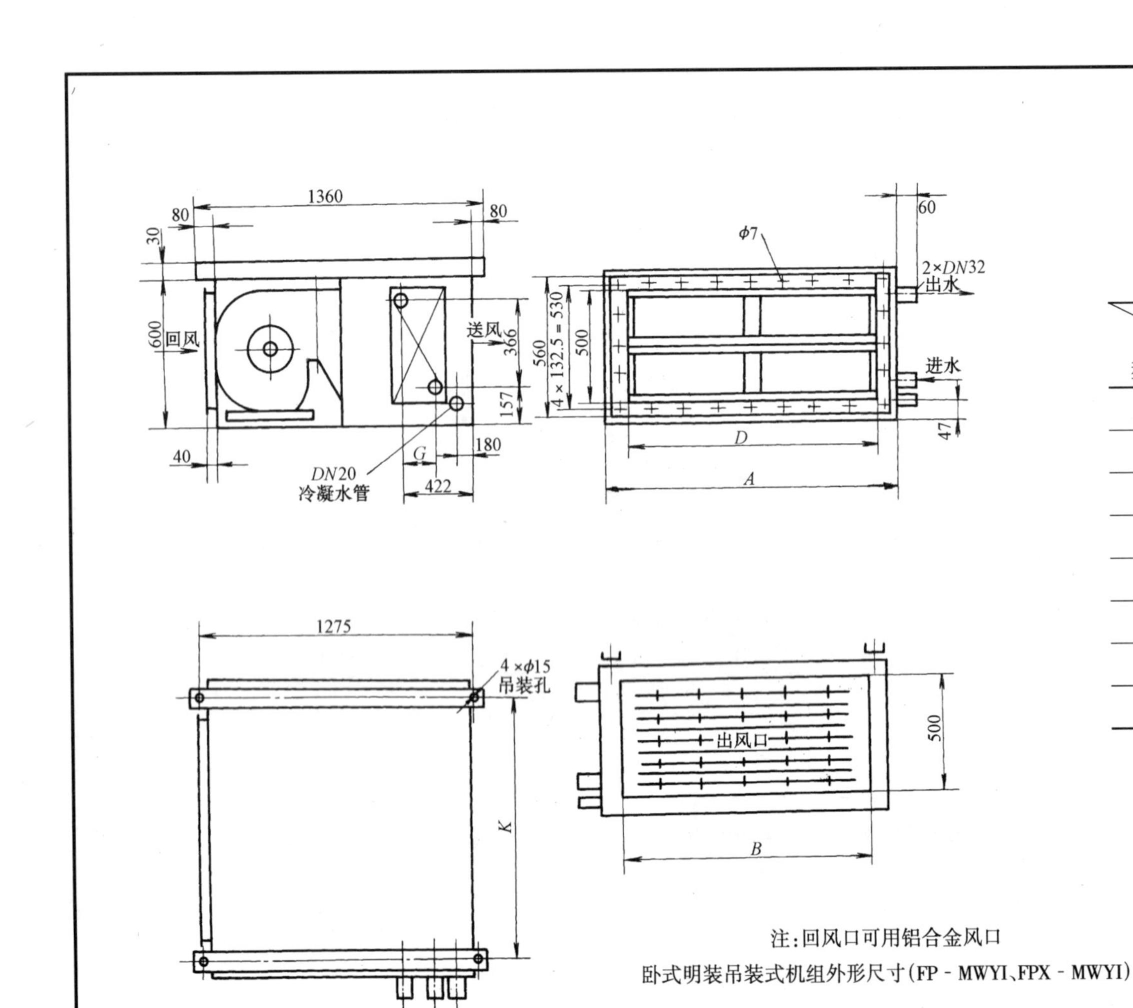

注:回风口可用铝合金风口

卧式明装吊装式机组外形尺寸(FP - MWYI、FPX - MWYI)

外形尺寸(mm)

型号 \ 尺寸	A	B	K	G	D
FP25MWYD	970	850	830	99	800
FP30MWYD	1170	1050	1030	99	1000
FP50MWYD	1670	1550	1200	99	1500
FP60MWYD	2070	1900	1700	99	1900
FPX25MWYD	970	850	830	164	800
FPX30MWYD	1170	1050	1030	164	1000
FPX50MWYD	1670	1550	1200	164	1500
FPX60MWYD	2070	1950	1700	164	1900

图名	FP 型卧式明装风机盘管安装	图号	KT3—62

卧式吊装式机组外表尺寸表(mm)

型号 \ 尺寸	A	B	J	C	G	D	$m_1 \times l_1 = L_1$	L_2	$n_1 \times \phi 7$	$n_2 \times \phi 7$
FP25WD FPX25WD	940	470	0	830	99 (164)	800	5×166 =830	860	18×ϕ7	12×ϕ7
FP30WD FPX30WD	1140	570	0	1030	99 (164)	1000	6×172 =1032	1060	20×ϕ7	12×ϕ7
FP50WD FPX50WD	1640	470	700	1200	99 (164)	1500	10×153 =1530	1560	28×ϕ7	24×ϕ7
FP60WD FPX60WD	2040	570	900	1600	99 (164)	1900	10×193 =1930	1960	28×ϕ7	24×ϕ7

注:G 括号内尺寸用于 FPX 型机组

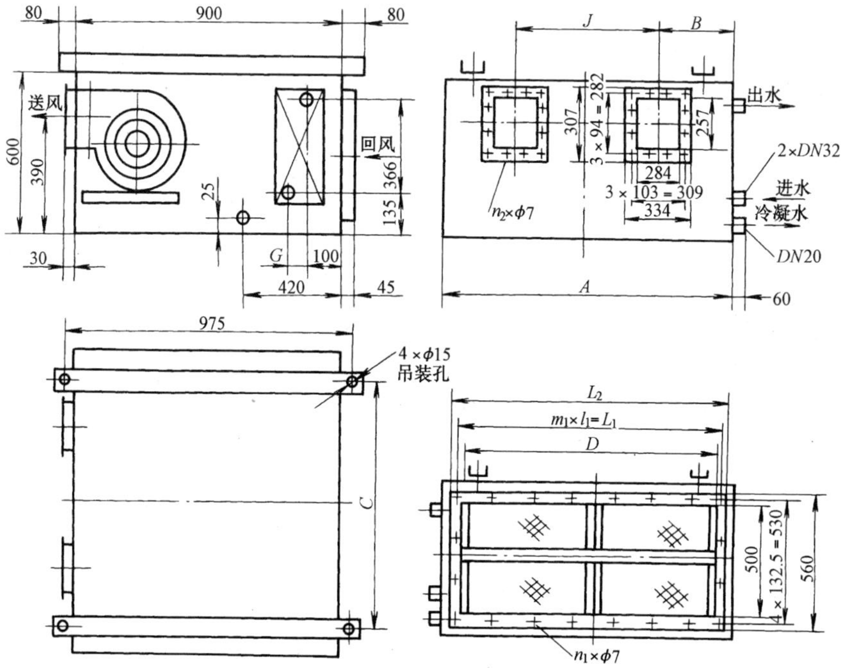

卧式吊装式机组外形尺寸(FP - WD、FPX - WD)

图名	FP - WD,FPX - WD 型卧式风机盘管安装	图号	KT3—63

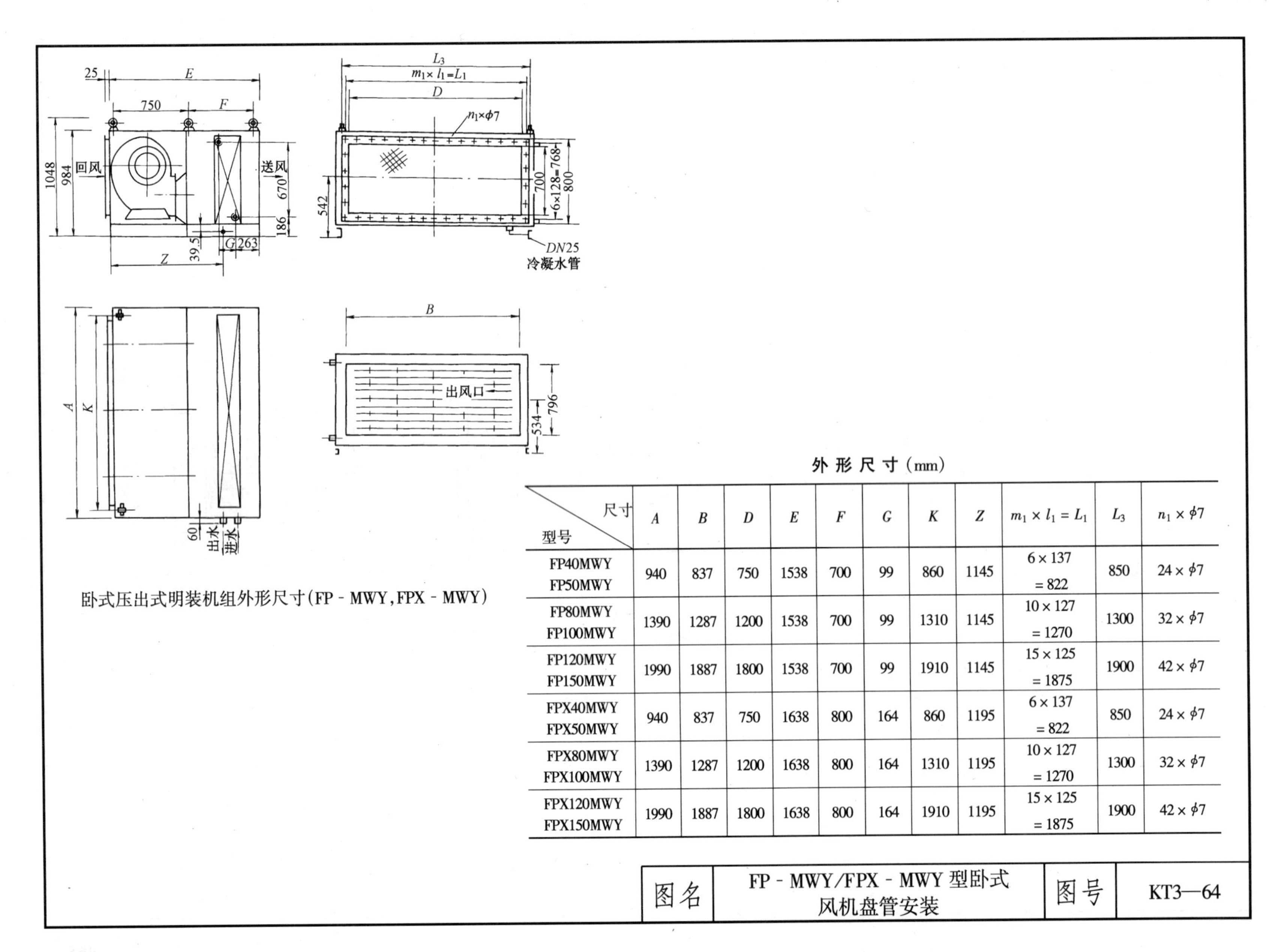

卧式压出式明装机组外形尺寸(FP - MWY,FPX - MWY)

外 形 尺 寸(mm)

型号 \ 尺寸	A	B	D	E	F	G	K	Z	$m_1\times l_1=L_1$	L_3	$n_1\times\phi7$
FP40MWY FP50MWY	940	837	750	1538	700	99	860	1145	6 × 137 = 822	850	$24\times\phi7$
FP80MWY FP100MWY	1390	1287	1200	1538	700	99	1310	1145	10 × 127 = 1270	1300	$32\times\phi7$
FP120MWY FP150MWY	1990	1887	1800	1538	700	99	1910	1145	15 × 125 = 1875	1900	$42\times\phi7$
FPX40MWY FPX50MWY	940	837	750	1638	800	164	860	1195	6 × 137 = 822	850	$24\times\phi7$
FPX80MWY FPX100MWY	1390	1287	1200	1638	800	164	1310	1195	10 × 127 = 1270	1300	$32\times\phi7$
FPX120MWY FPX150MWY	1990	1887	1800	1638	800	164	1910	1195	15 × 125 = 1875	1900	$42\times\phi7$

图名	FP - MWY/FPX - MWY 型卧式风机盘管安装	图号	KT3—64

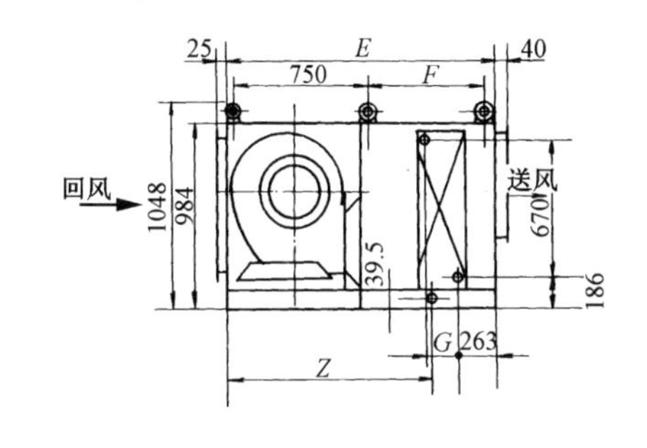

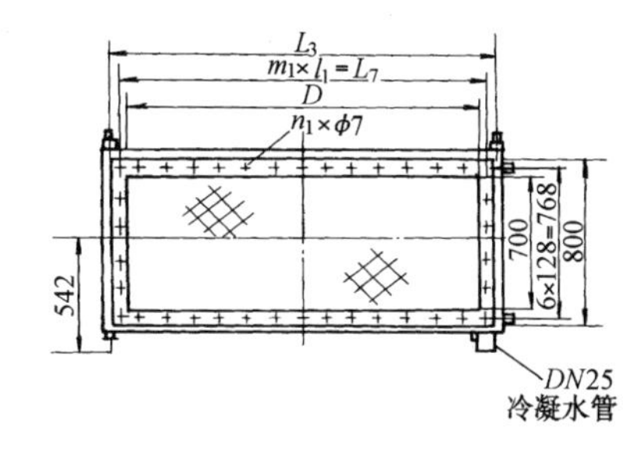

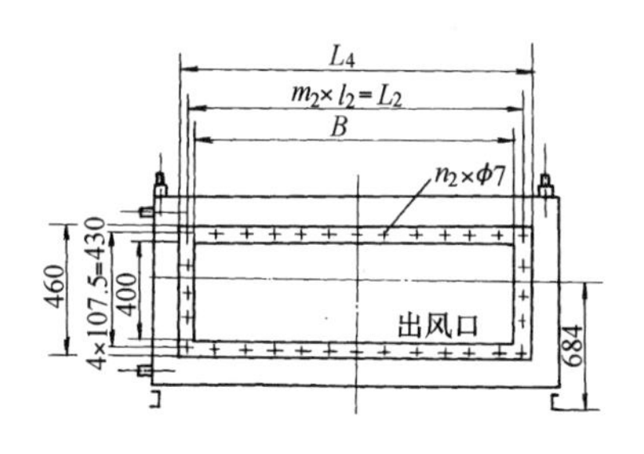

卧式压出式机组外形尺寸(FP－WY,FPX－WY)

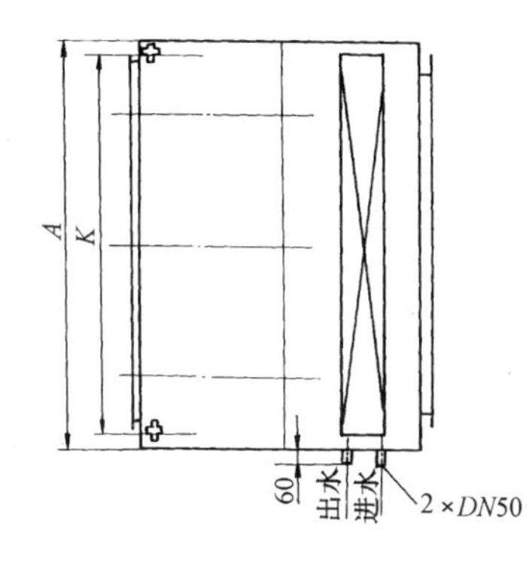

外形尺寸(mm)

尺寸 型号	A	B	D	E	F	G	K	Z	$m_1 \times l_1 = L_1$	$m_2 \times l_2 = L_2$	L_3	L_4	$n_1 \times \phi 7$	$n_2 \times \phi 7$
FP40WY FP50WY	940	550	750	1538	700	99	860	1145	6×137=822	5×116=580	850	610	24×ϕ7	18×ϕ7
FP80WY FP100WY	1390	1000	1200	1538	700	99	1310	1145	10×127=1270	9×114.5=1030.5	1300	1060	32×ϕ7	26×ϕ7
FP120WY FP150WY	1990	1600	1800	1538	700	99	1910	1145	15×125=1875	14×116.5=1631	1900	1660	42×ϕ7	36×ϕ7
FPX40WY FPX50WY	940	550	750	1638	800	164	860	1195	6×137=822	5×116=580	850	610	27×ϕ7	18×ϕ7
FPX80WY FPX100WY	1390	1000	1200	1638	800	164	1310	1195	10×127=1270	9×114.5=1030.5	1300	1060	32×ϕ7	26×ϕ7
FPX120WY FPX150WY	1990	1600	1800	1638	800	164	1910	1195	15×125=1875	14×116.5=1631	1900	1660	42×ϕ7	36×ϕ7

图名	FP－WY,FPX－WY 型卧式 风机盘管安装	图号	KT3—65

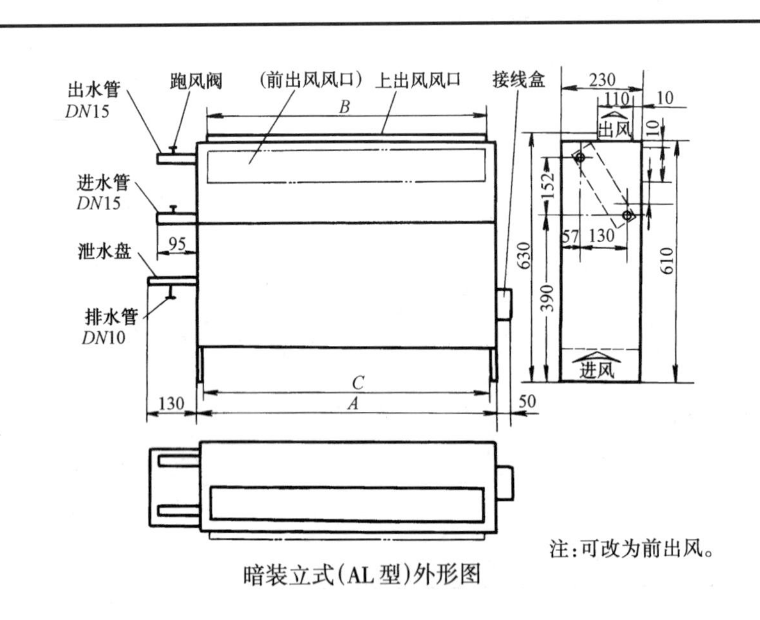

注:可改为前出风。

暗装立式(AL型)外形图

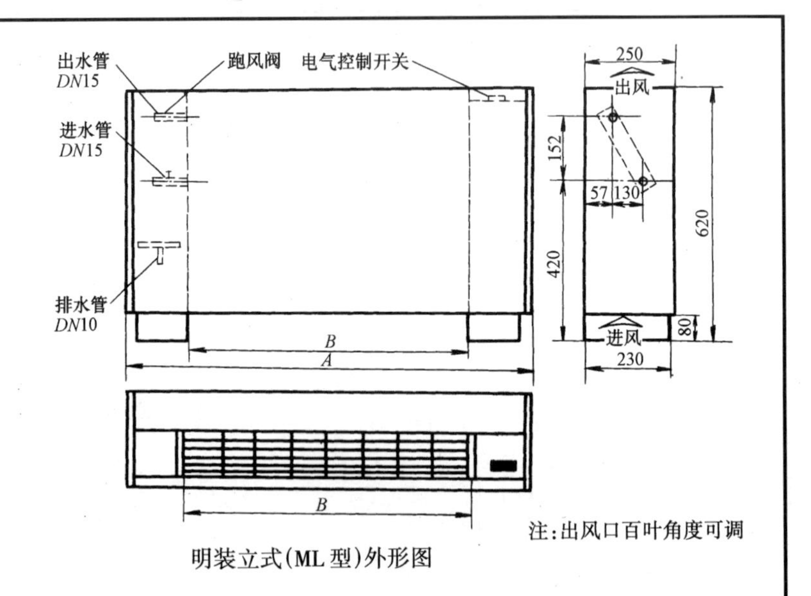

注:出风口百叶角度可调

明装立式(ML型)外形图

暗装立式(AL型)尺寸表

型号	A(mm)	B(mm)	C(mm)	重量(kg)
FP2.5/3.5-AL	620	570	580	28
FP5/6.3/7.1/8-AL	810	760	770	35
FP10/12.5/14-AL	1380	1330	1340	53

明装立式(ML型)尺寸表

型号	A(mm)	B(mm)	重量(kg)
FP2.5/3.5-ML	920	570	31
FP5/6.3/7.1/8-ML	1110	760	39
FP10/12.5/14-ML	1680	1330	56

图名	AL(ML)型立式明装风机盘管安装	图号	KT3—66

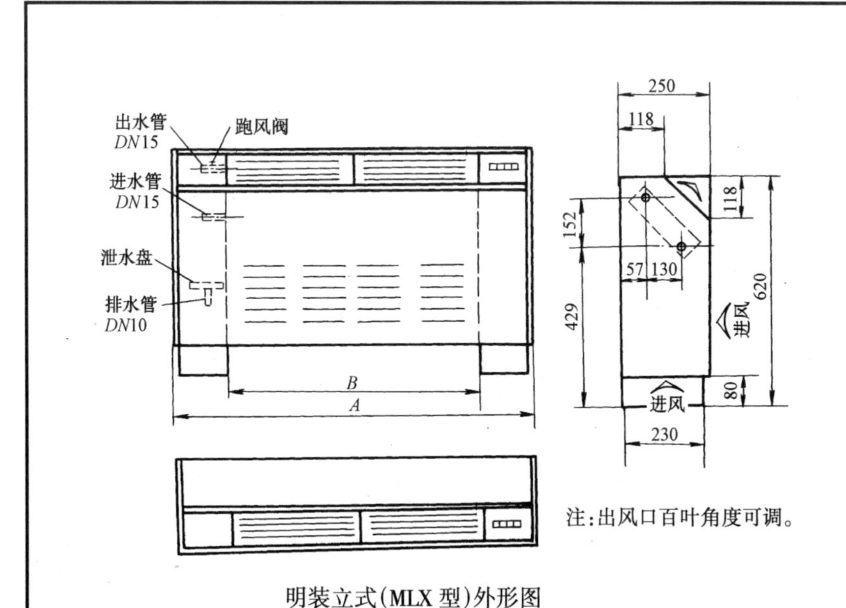

注：出风口百叶角度可调。

明装立式（MLX型）外形图

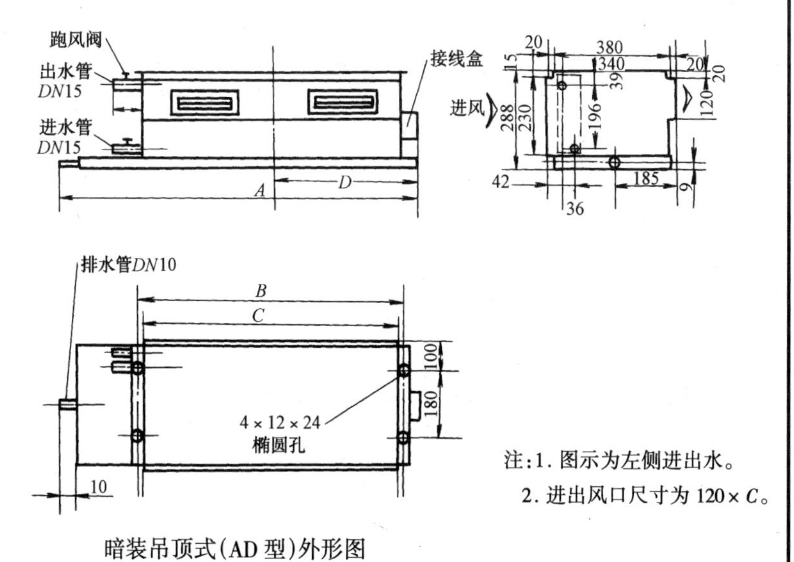

注：1. 图示为左侧进出水。
2. 进出风口尺寸为120×C。

暗装吊顶式（AD型）外形图

明装立式（MLX型）外形尺寸表

型　　号	A(mm)	B(mm)	重量(kg)
FP 2.5/3.5-MLX	920	580	33
FP 5/6.3/7.1/8-MLX	1110	770	42
FP 10/12.5/14-MLX	1680	1340	60

暗装吊顶式（AD型）外形

型　　号	A(mm)	B(mm)	C(mm)	D(mm)	重量(kg)
FP 2.5/3.5-AD	835	606	582	398	25
FP 5/6.3/7.1/8-AD	1025	796	772	446	30
FP 10/12.5/14-AD	1595	1366	1342	731	50

图名	MLX型立式明装，AD型卧式暗装风机盘管安装	图号	KT3—67

明装吊顶式(MD型)

型　　号	A(mm)	B(mm)	C(mm)	重量(kg)
FP 2.5/3.5-MD	920	580	606	35
FP 5/6.3/7.1/8-MD	1110	770	796	42
FP 10/12.5/14-MD	1680	1340	1366	58

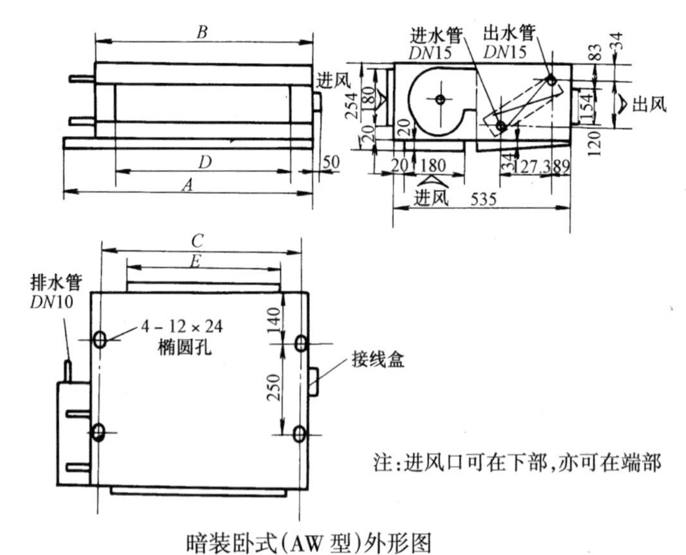

注:进风口可在下部,亦可在端部

暗装卧式(AW型)外形图

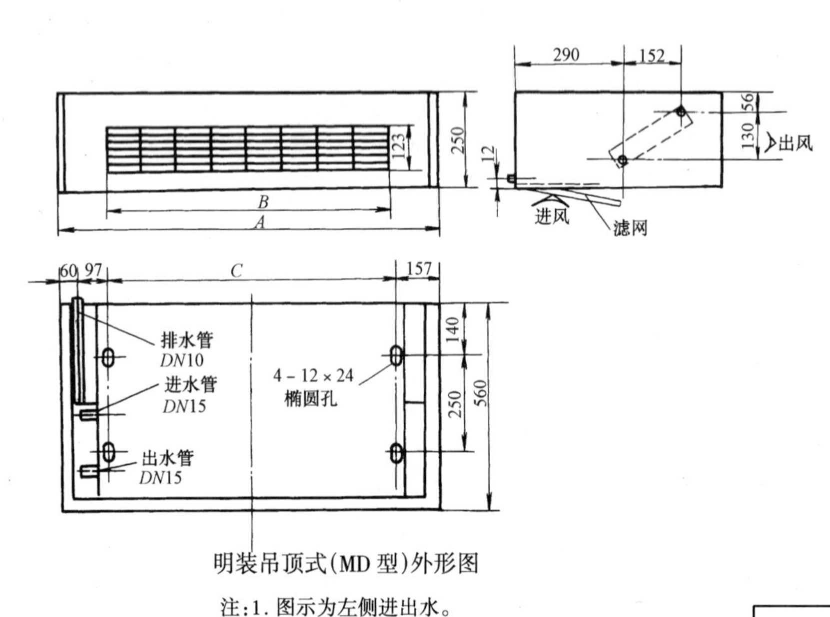

明装吊顶式(MD型)外形图

注:1. 图示为左侧进出水。
2. 出风口百叶角度可调

暗装卧式(AW型)

型　　号	A(mm)	B(mm)	C(mm)	D(mm)	E(mm)	重量(kg)
FP 2.5/3.5-AW	830	630	606	520	440	27
FP 5/6.3/7.1/8-AW	1020	820	796	710	650	35
FP 10/12.5/14-AW	1685	1390	1366	1280	1080	58

图名	MD型卧式明装，AW型卧式暗装风机盘管安装	图号	KT3—68

吸顶式机组(XD 型)

风量(m^3/h)	冷量(W)	热量(W)
500	2700	4100
630	3500	5300
710	4000	6500
800	4500	6700

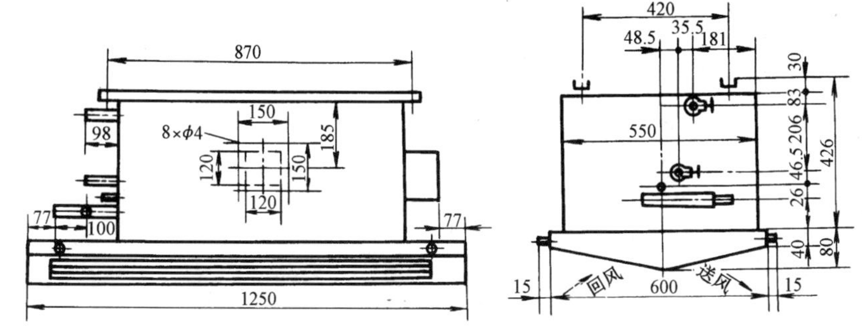

(a)吸顶式机组(XD 型)

吊装式机组(DZ 型)

风量(m^3/h)	冷量(W)	热量(W)	余压(Pa)	A(mm)
1000	5300	8400	50～100	1000
1500	8800	12000		
2000	11000	15600		1400
2500	15000	20000		
3000	17000	25000		

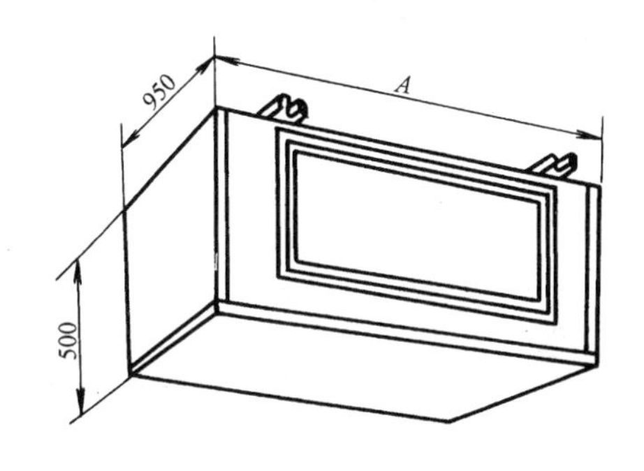

(b)吊装式机组(DZ 型)

图名	XD 型吸顶式，DZ 型吊装式 风机盘管安装	图号	KT3—69

卧式密闭式膨胀水箱技术参数及外形尺寸

规格型号	箱体最高工作压力（MPa）	箱体公称直径 ϕ（mm）	H（mm）	L（mm）	e（mm）	K（mm）	b（mm）	A（mm）	箱体总容积 V_0（m^3）	入孔直径 D_0（mm）	进出水管直径 DN（mm）	重量（kg）
PN1000×0.6	0.6	1000	1712	2266	760	600	170	1100	1.636	400	100	709
PN1000×1.0	1.0		1716	2273								859
PN1000×1.6	1.6		1724	2274								1107
PN1200×0.6	0.6	1200	1912	2566	880	720	170	1150	2.658	400	100	889
PN1200×1.0	1.0		1920	2570								990
PN1200×1.6	1.6		1924	2578								1476
PN1400×0.6	0.6	1400	2116	3016	1000	840	170	1350	4.259	400	125	1476
PN1400×1.0	1.0		2120	3024								1808
PN1400×1.6	1.6		2128	3028								2253
PN1500×0.6	0.6	1500	2216	3116	1060	900	200	1350	5.091	450	125	1617
PN1500×1.0	1.0		2220	3124								1974
PN1500×1.6	1.6		2232	3132								2739
PN1600×0.6	0.6	1600	2316	3220	1120	960	200	1400	5.896	450	125	1850
PN1600×1.0	1.0		2324	3224								2350
PN1600×1.6	1.6		2334	3232								2984
PN1800×0.6	0.6	1800	2516	4020	1280	1120	220	1800	9.417	450	125	2367
PN1800×1.0	1.0		2524	4024								3065
PN1800×1.6	1.6		2524	4036								3265
PN2000×0.6	0.6	2000	2720	4020	1420	1260	220	2000	14.246	450	150	3451
PN2000×1.0	1.0		2728	4928								4552
PN2000×1.6	1.6		2728	4928								4552
PN2200×0.6	0.6	2200	2920	4920	1580	1380	240	2200	17.309	450	150	4173
PN2200×1.0	1.0		2928	4928								5384
PN2200×1.6	1.6		2932	4928								6029
PN2400×0.6	0.6	2400	3124	5524	1720	1520	240	2500	23.074	450	150	5656
PN2400×1.0	1.0		3132	5512								7125
PN2400×1.6	1.6		3132	5572								6871

图名	PN 型卧式(立式)膨胀水箱安装(一)	图号	KT3—70(一)

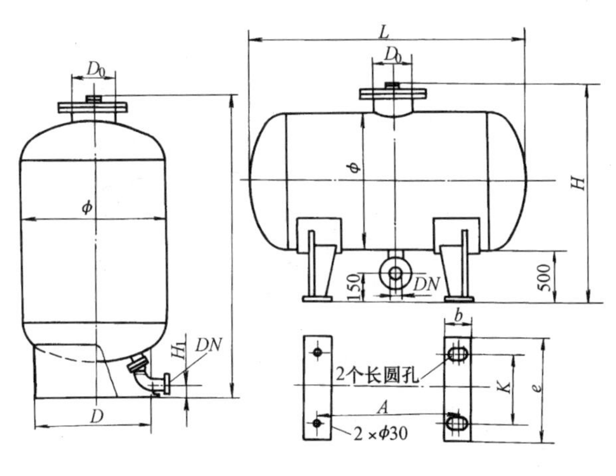

(*a*)立式膨胀水箱　　(*b*)卧式膨胀水箱

安　装　说　明

1. 设备采用丁基橡胶制成PN系列隔膜自动气压密闭式膨胀水箱。是一种新型定压设备。

2. PN型膨胀水箱可直接放置室内，取消了建筑屋顶的膨胀水箱及水箱间，安装简便。

3. 膨胀水量：由35～6340kg。

立式密闭式膨胀水箱技术参数及外形尺寸

规格型号	箱体最高工作压力(MPa)	箱体直径 ϕ (mm)	H (mm)	H_1 (mm)	D (mm)	箱体总容积 (m^3)	箱体内水容积 V_s (m^3)					入孔直径 D_0 (mm)	进出水管直径 DN (mm)	重量 (kg)
							$\alpha=0.85$	$\alpha=0.80$	$\alpha=0.75$	$\alpha=0.70$	$\alpha=0.65$			
0.6 PN400×1.0 1.6	0.6 1.0 1.6	400	1430	150	320	0.11	0.018	0.025	0.031	0.037	0.04	150	50	108 115 125
0.6 PN1600×1.0 1.6	0.6 1.0 1.6	1600	3100	175	1320	4.60	0.704	0.938	1.173	1.407	1.642	350	100	1231 1726 2165

图名	PN型卧式(立式)膨胀水箱安装(二)	图号	KT3—70(二)

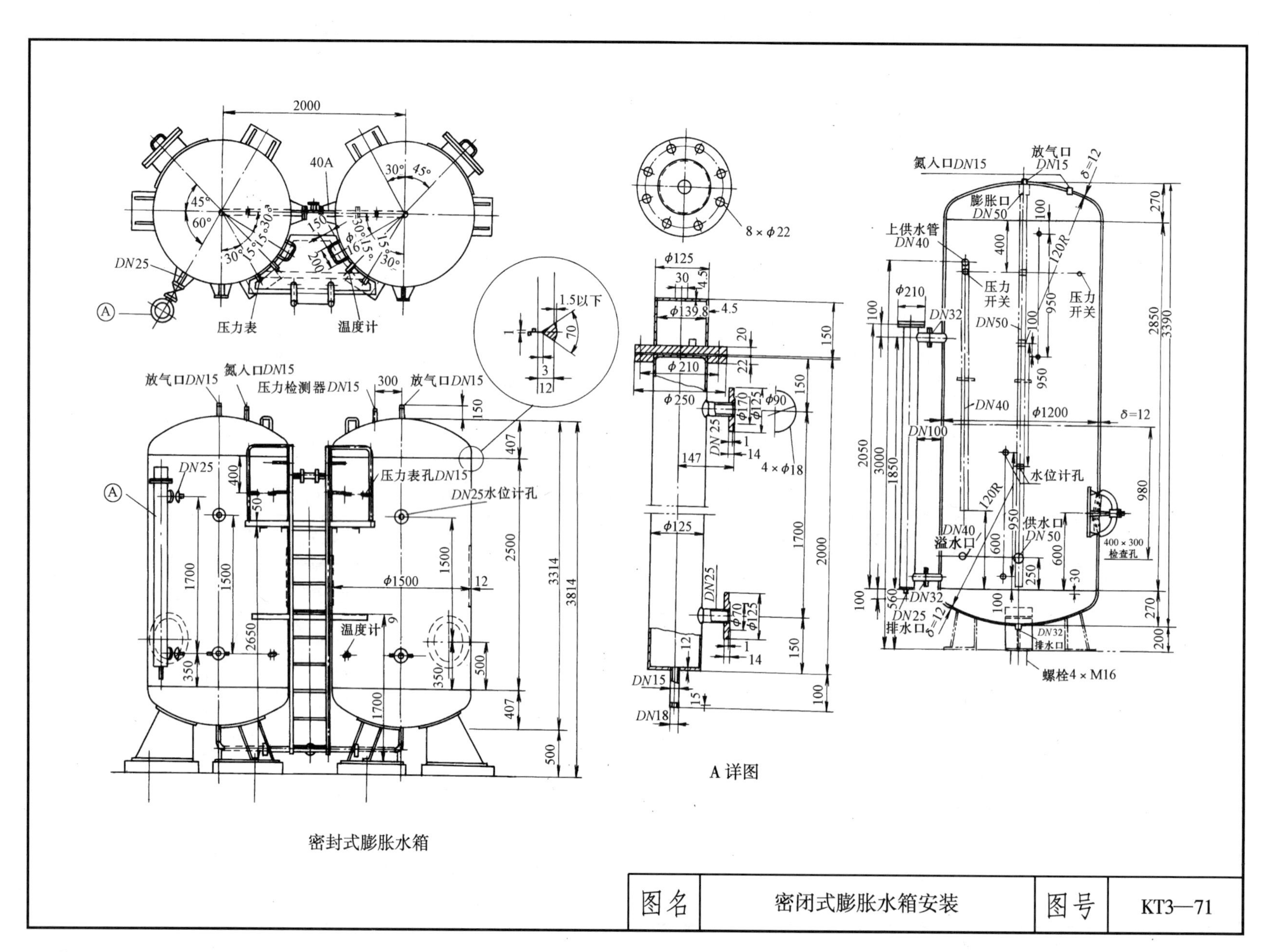

图名	密闭式膨胀水箱安装	图号	KT3—71

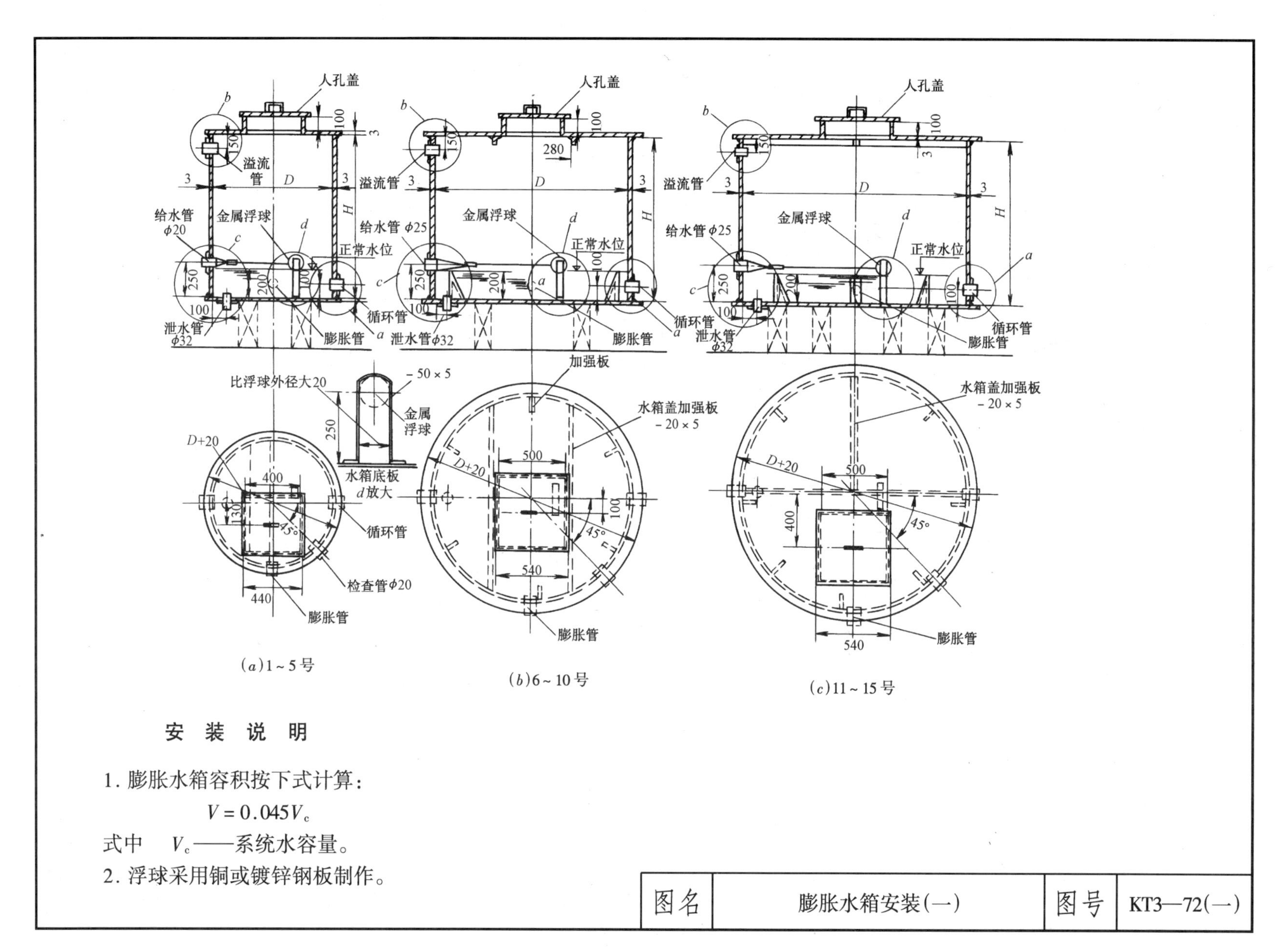

(a)1～5号

(b)6～10号

(c)11～15号

安 装 说 明

1. 膨胀水箱容积按下式计算：

$$V = 0.045V_c$$

式中 V_c——系统水容量。

2. 浮球采用铜或镀锌钢板制作。

图名	膨胀水箱安装(一)	图号	KT3—72(一)

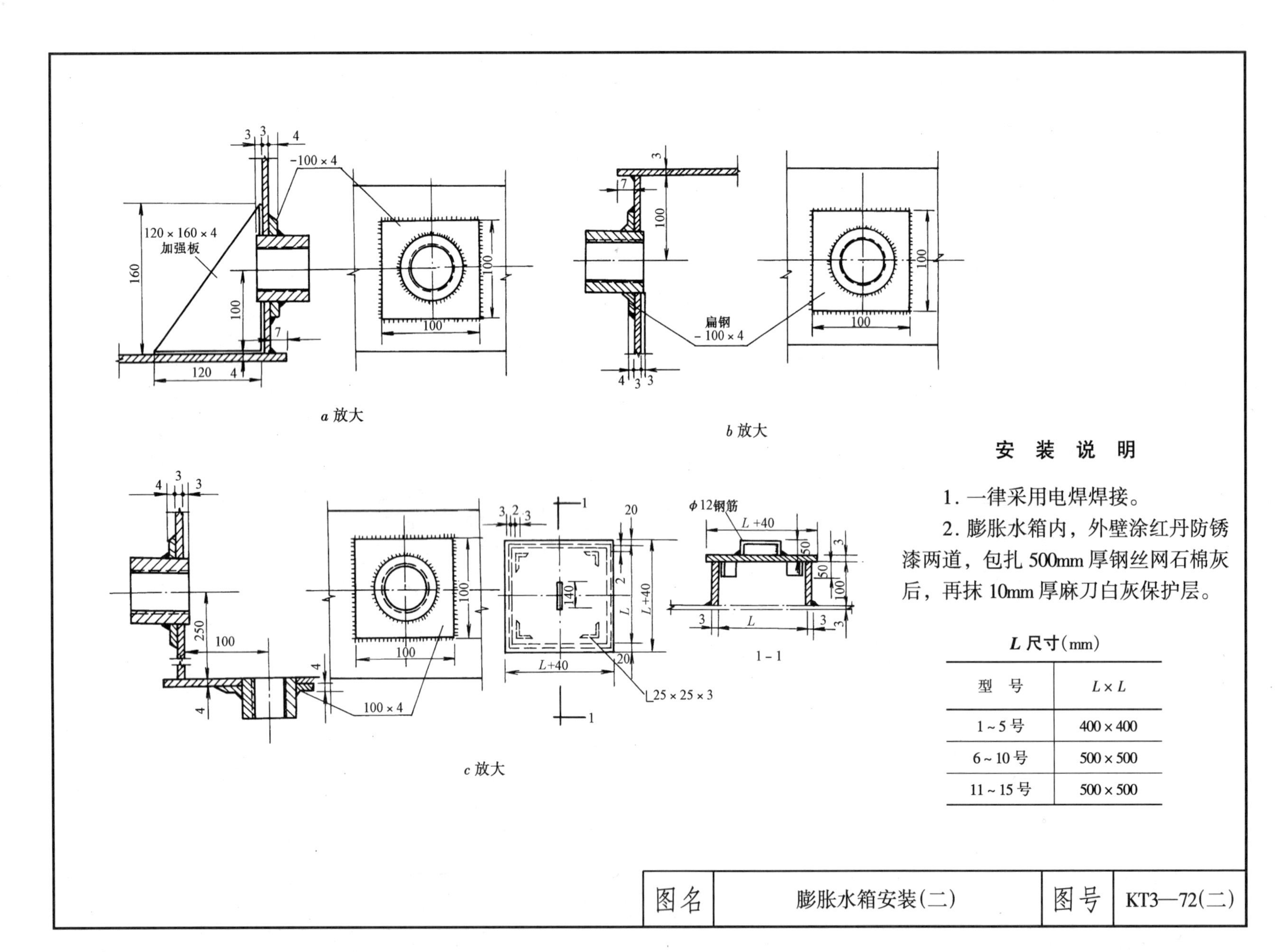

安 装 说 明

1. 一律采用电焊焊接。

2. 膨胀水箱内，外壁涂红丹防锈漆两道，包扎 500mm 厚钢丝网石棉灰后，再抹 10mm 厚麻刀白灰保护层。

***L* 尺寸**(mm)

型 号	L×L
1～5号	400×400
6～10号	500×500
11～15号	500×500

图名	膨胀水箱安装(二)	图号	KT3—72(二)

空调蓄冷系统安装说明

通常是在夏季最热的白天启用空调。因此，空调设备是"电网峰值"最大的电力消费者，尤其是在午后，天气更加炎热，为了维持舒适温度的需求，更多的空调机组投入运行。

采用蓄冷系统,可以"转移尖峰负荷"或"平衡用电负荷",大大降低日间空调的用电量。冷水机组可以在夜间非峰时间内制冷及蓄冷,然后,将蓄存的"冷能"在次日满足空调负荷的需要。蓄冷系统不但能节省操作空调机组的电费,而且还可以减少电网的高峰需求。蓄冷能"移峰填谷"平衡用电负荷。对低价能源如:水力或原子能发电,利用在非峰时间内生产过剩电量,蓄冷意义尤为突出。他降低白天的高峰用电和增加夜间低峰用电,提高了使用率,给负荷管理带来很好的经济意义。

根据国内外经验,当峰谷电费差价在2比1时,就可以考虑采用蓄冷系统;峰谷电费差价在2.5比1时,可以放心采用蓄冷系统;峰谷电费差价在3比1时,就可以大胆采用蓄冷系统。

1. 蓄冷设备

目前,冰蓄冷已逐渐替代了水蓄冷。由于水蓄冷系统不可能把蓄存水的温差增至10℃(冷冻水进水温度7~8℃)。在系统的任何部位均可发生较冷的供水漏入回水的情况,控制阀渗漏或控制阀失控也使供水进入回水。蓄冷箱造成回水进入供水或是回水和供水在箱内混合并降低冷却能力。解决这些问题需要付出很高代价而且难以控制,解决的方法是允许有一定程度的漏损,靠增加蓄水量以补偿这项损失。冰蓄冷系统可以避免这些缺点。

目前,采用冰蓄冷系统的方法主要有:

(1)直接膨胀式蓄冰系统:冰直接冻结在金属管子上(冷媒在管内)。有时结冰厚度达75mm,造成不均匀的现象。蒸发器在蓄冰筒内,蒸发器不能任意操作。

(2)采用冰球(如法国的BIS冰球)蓄冰罐的蓄冰系统:冰/水在冰球内,乙二醇在冰球外和蓄冰罐之间循环,容易造成不均匀流动,冰球泄漏不易检查。

(3)采用聚乙烯盘管热交换器蓄冰筒(如美国高灵蓄冰筒)的蓄冰系统:乙烯乙二醇在管内流动,冰/水在管外筒内之间蓄冷。高效换热管使制冰溶冰快速均匀,封闭的乙烯乙二醇循环系统,泵的功率小,不需要水处理。

2. 蓄冰筒安装

(1)系统冲洗干净,充入25%浓度的乙烯乙二醇盐溶液。

(2)连接蓄冰筒采用四层织物的橡胶软管,其破裂压力为2.4MPa。每个供冷管和回流管中应装有溢流阀。

(3)系统的所有管道均应绝热,由于溶液管道的运行温度低于冷冻水系统,故绝热材料的厚度要厚一些,以免结露。

(4)系统装泄漏防护装置,在膨胀水箱装液位指示器和压力开关。不推荐采用自来水补充系统,因为水使溶液稀释。

(5)回流的溶液温度为-2.2℃时,表示系统中水已经充分结冰。

(6) 冰筒底部应水平放置,用混凝土基础支承,并用隔热材料作支垫。

图名	空调蓄冷系统安装说明	图号	KT4—01

(7)蓄冰筒应留有维修空间。

(8) 蓄冰筒可以放在屋顶或机房，亦可以半埋在地下，顶部留有 300mm 。全埋地下时应采用壁厚的蓄冰筒。

(9) 蓄冰筒埋于地下时，坑底泥土应湿润并压实，再填上不积水的砂层，安放蓄冰筒时，应用轻型吊车慢慢轻放，蓄冰筒放在隔热垫上，先注入部分水，然后用砂填回坑内，砂层要均匀，砂层表面平整。

(10)全埋式蓄冰筒上部用一刚性保护挡板覆盖在上面，并装上检修管,用以检查水位和回填砂层厚度。

(11) 用压缩空气进行试压，加压至 0.6MPa 后，在 24h 内，压力下降 0.07MPa 以内为合格。

图名	空调蓄冷系统安装说明	图号	KT4—01

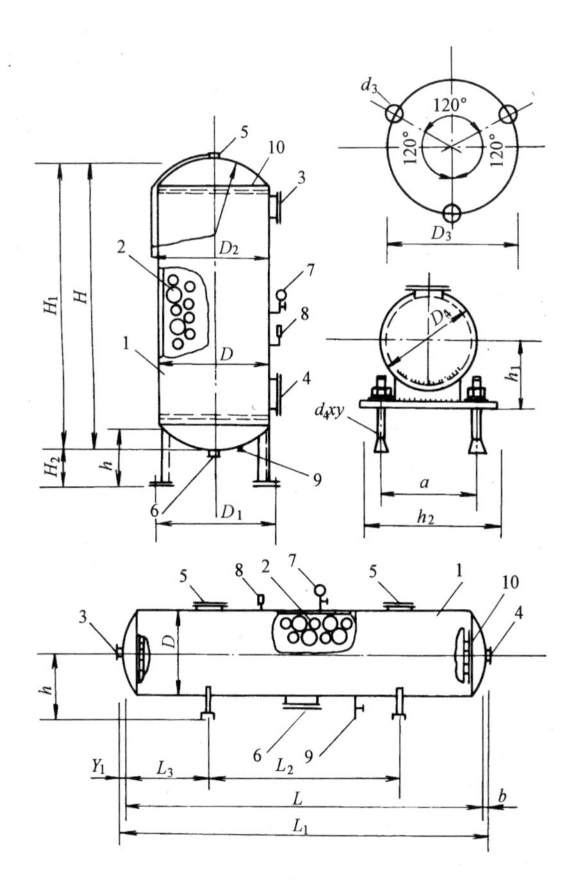

有压罐式齿球立式、卧式蓄冷器

型号	蓄冷温度(2～8℃)，蓄冷量(kW)(R·T)	尺寸(mm)			
		壳体		接管	
		D	H	d_1	d_2
SCL-1	116.3(33.4)	700	3000	50	50
SCL-2	232.6(66.7)	1000	3000	70	70
SCL-3	348.8(100)	1300	3000	100	100
SCL-4	465(133.4)	1400	3000	100	100
SCL-5	581.4(166.7)	1600	3000	125	125
SCL-6	697.7(200)	1900	3000	125	125
SCL-7	814(233.4)	1900	3000	125	125
SCL-8	930.3(266.7)	2000	3000	150	150
SCL-9	1046.6(300)	2200	3000	150	150
SCL-10	11628(333.4)	2400	3000	150	150

安装说明

1. 校对设备尺寸与基础尺寸后进行安装。并确保设备安装的水平度与垂直度。

2. 紧固地脚螺栓后进行管道连接。

3. 图中其余尺寸根据设计选用产品样本确定。

图名	蓄冷罐(球)式空调系统安装	图号	KT4—02

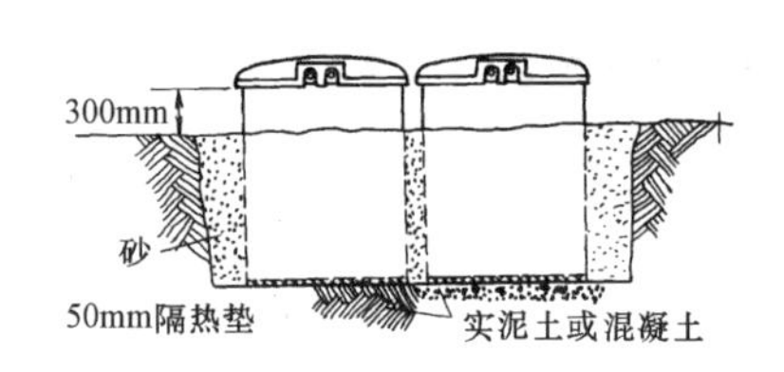

(a)蓄冰筒半埋地

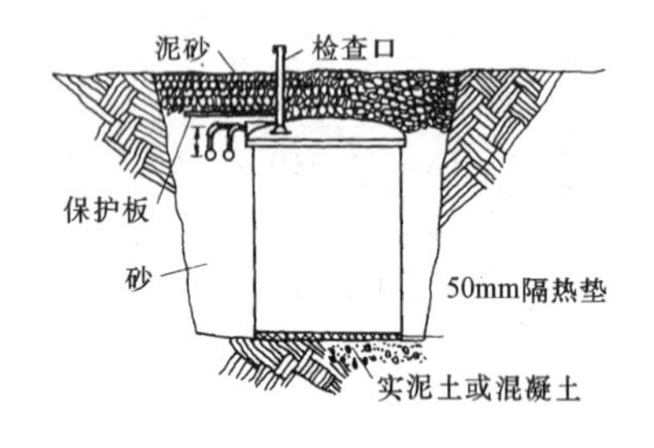

(b)蓄冰筒全埋地下

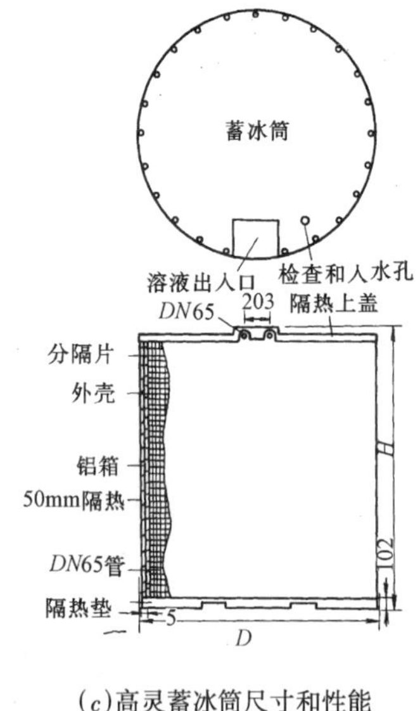

(c)高灵蓄冰筒尺寸和性能

1082A/1098A/1170A/2150A/1190A 型号

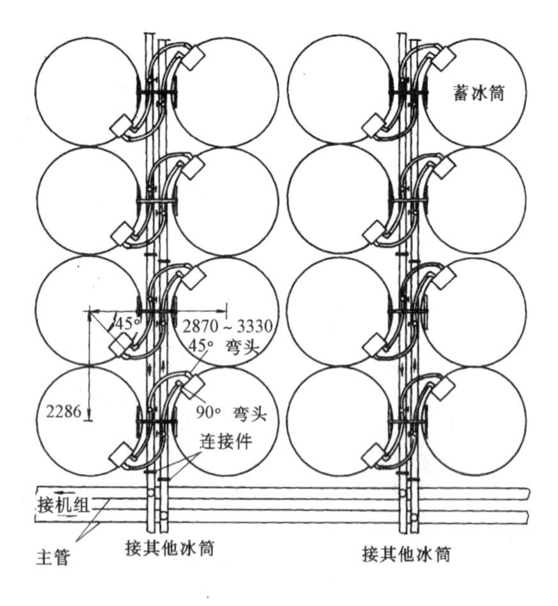

(d)若干蓄冰筒的连接法(安装实例)

安 装 说 明

1. 采用怡和特灵美国高灵蓄冰筒。

2. 蓄冰筒采用四层织物橡胶软管连接，(破裂压力为 2.4MPa) 每个供冷管和回流管中应装有溢流阀。

3. 冰筒底部应水平放置，用混凝土台支撑，并用隔热材料作支垫。

4. 双层蓄冰筒上部应留有维修空间。蓄冰筒可放在屋顶或机房。亦可埋于地下(半埋、全埋)

5. 用 0.6MPa 压缩空气进行试压检漏。在 24h 内，压降不超过 0.07MPa 为合格。

图名	蓄冰筒式空调系统安装(一)	图号	KT4—03(一)

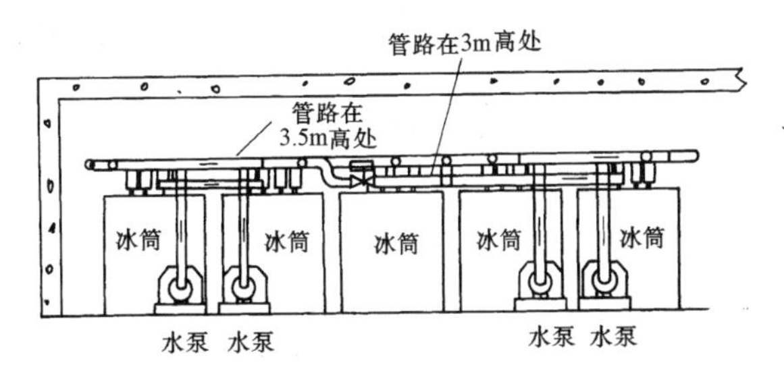

1 － 1

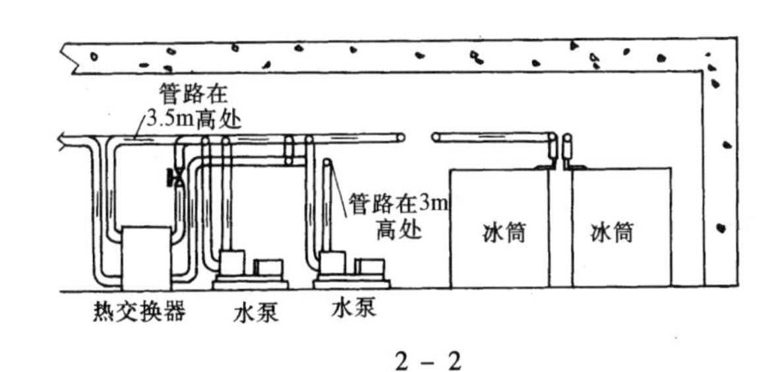

2 － 2

每个冰筒的制冷容量(冷吨小时,1冷吨小时=3.516kWh)

入水温度(℃)	出水温度(℃) \ 制冰(h) \ 型号	1098型					1170型					1190型				
		6	7	8	9	10	6	7	8	9	10	6	7	8	9	10
15.6	10	105	106	106	106	106	149	149	149	149	149	167	167	167	167	167
	8.9	102	103	104	104	104	147	148	148	149	149	164	165	165	166	166
	7.8	98	100	101	101	102	144	145	146	146	146	161	162	163	163	163
10.0	7.2	93	96	99	100	100	137	141	145	147	147	153	158	162	164	164
	6.7	90	93	95	97	98	132	138	141	143	145	148	154	158	160	162
	5.6	84	89	92	94	96	124	130	135	140	141	138	145	151	156	158
7.2	4.4	75	81	84	87	89	110	118	124	128	131	123	132	138	143	146
	3.3	68	75	79	83	85	102	109	116	122	124	112	122	130	136	139
	2.2	60	67	72	76	80	88	98	106	113	117	98	110	118	126	131

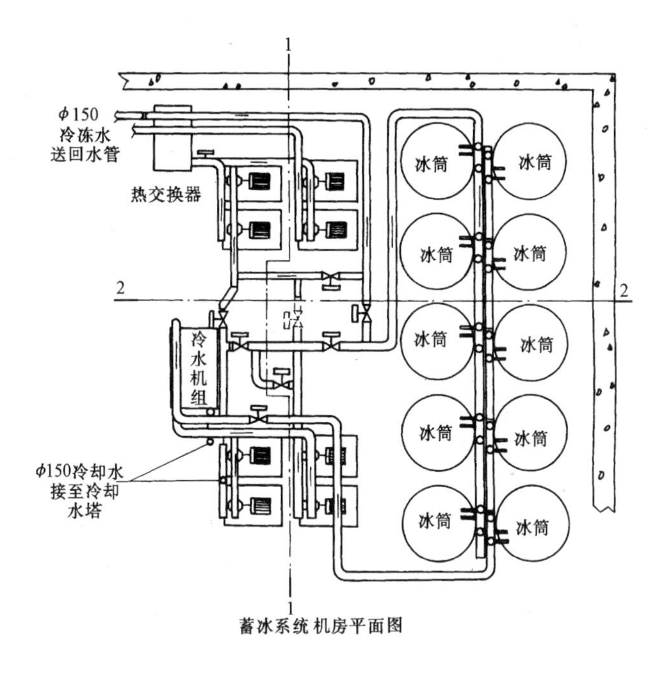

蓄冰系统机房平面图

图名	蓄冰筒式空调系统安装(二)	图号	KT4—03(二)

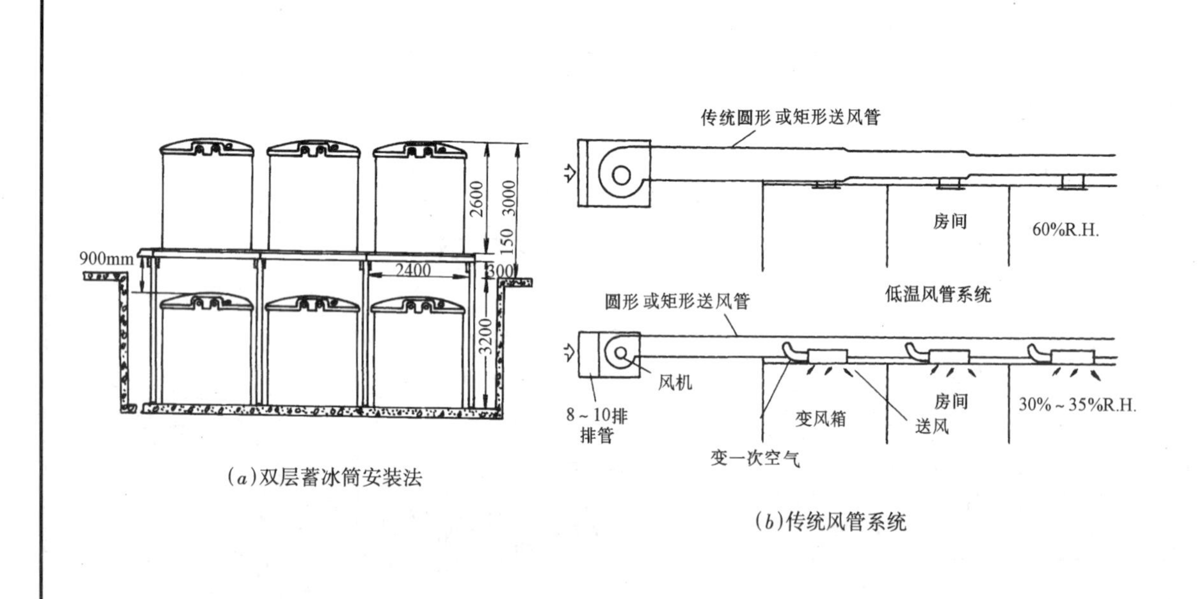

(a)双层蓄冰筒安装法

(b)传统风管系统

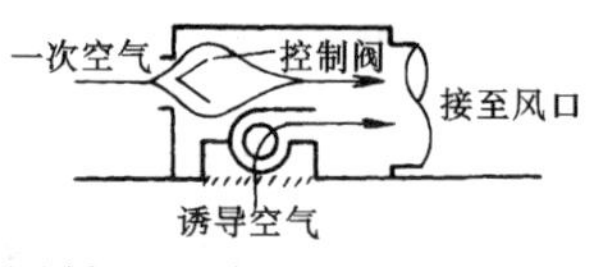

(c)循环风机与一次空气并联

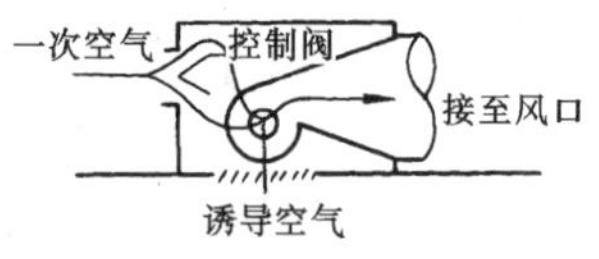

(d)循环风机与一次空气串联

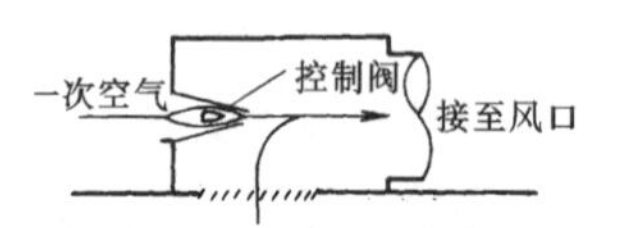

(e)一次空气诱导

变风箱的三种形式

蓄冰筒性能和尺寸

型号	总蓄冷能力(冷吨时)	潜蓄冷能力(冷吨时)	显蓄冷能力(冷吨时)	最高工作温度(℃)	工作压力(MPa)	试验压力(MPa)	尺寸(mm)		重量(kg)		楼板负荷(kg/m^2)	水/冰体积(L)	乙二醇(浓度25%)容量(L)	管束管径(mm)	共通管管径(mm)	连接管管径(mm)
							D	H	无水时	充水时						
1082A	97	82	15	38	0.6	1.0	1880	2083	387	3773	1360	3731	355	16	50	50
1098A	115	98	17	38	0.6	1.0	2261	1727	482	4518	1125	4459	410	16	50	65
1170A	170	145	25	38	0.6	1.0	2261	2366	677	7021	1750	6796	621	16	50	65
2150A	186	159	27	38	0.6	1.0	2261	2566	764	7614	1898	7212	774	16	50	65
1190A	190	162	28	38	0.6	1.0	2261	2566	705	7614	1898	7371	673	16	50	65

图名	蓄冰筒式空调系统安装(三)	图号	KT4—03(三)

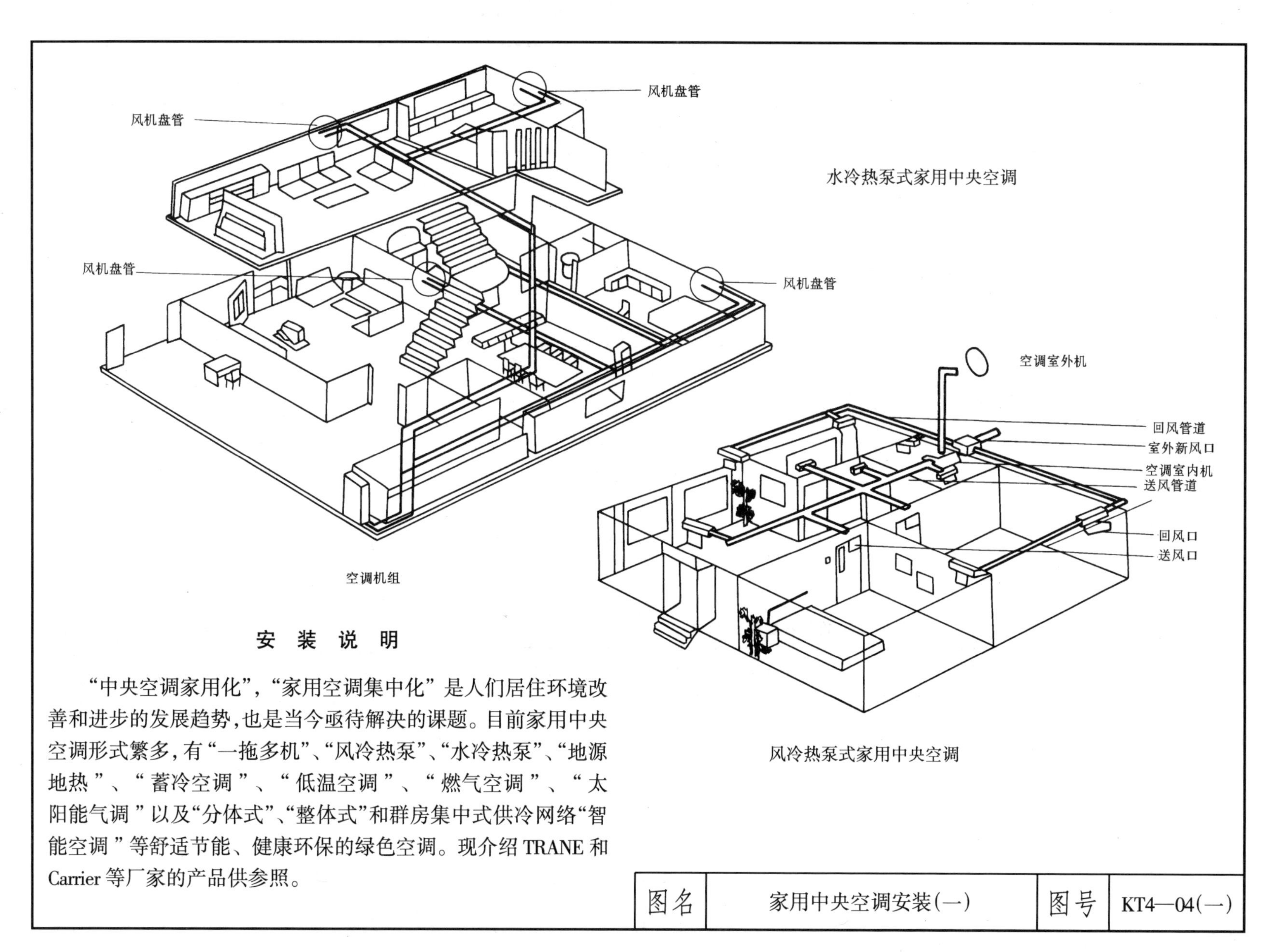

安 装 说 明

“中央空调家用化”，“家用空调集中化” 是人们居住环境改善和进步的发展趋势，也是当今亟待解决的课题。目前家用中央空调形式繁多，有“一拖多机”、“风冷热泵”、“水冷热泵”、“地源地热”、“蓄冷空调”、“低温空调”、“燃气空调”、“太阳能气调”以及“分体式”、“整体式”和群房集中式供冷网络“智能空调”等舒适节能、健康环保的绿色空调。现介绍 TRANE 和 Carrier 等厂家的产品供参照。

图名	家用中央空调安装(一)	图号	KT4—04(一)

MJSZ 系列性能参数表

项目＼型号	MJSZ-06(H)	MJSZ-08(H)	MJSZ-10(H)	MJSZ-13(H)	MJSZ-15(H)	MJSZ-18(H)
制冷量/制热量 (kW)	6/6.9	8.3/9.7	10/11.4	12.9/14	14.5/16	17.1/18.8
尺寸(长×宽×高) (mm)	950×390×800	950×390×800	1000×820×1100	1000×820×1100	1000×820×1100	1000×820×1200
适用空调面积(一般住宅) m^2	80~100	100~135	135~165	165~215	190~240	230~285
电源	220V 50Hz/380V 50Hz		380V 50Hz	380V 50Hz		

MJSF 系列性能参数表

项目＼型号		MJSF-06(H)	MJSF-08(H)	MJSF-10(H)	MJSF-13(H)	MJSF-15(H)	MJSF-18(H)
制冷量/制热量(kW)		6/6.9	8.3/9.7	10/11.4	12.9/14	14.5/16	17.1/18.8
尺寸(长×宽×高)	室内机 (mm)	525×325×850	525×325×850	525×325×850	525×325×850	525×325×850	525×325×850
	室外机 (mm)	950×390×800	950×390×800	970×340×1260	970×340×1260	820×820×1100	820×820×1200
适用空调面积(一般住宅) m^2		80~100	100~135	135~165	165~215	190~240	230~285
电源		220V 50Hz/380V 50Hz		380V 50Hz	380V 50Hz		

MJFF 系列性能参数表

项目＼型号		MJFF-05(H)	MJFF-08(H)	MJFF-10(H)	MJFF-12(H)
制冷量/制热量 (kW)		5.2/5.1	8/7.7	10.1/9.7	12/11.4
尺寸(长×宽×高)	室外机 (mm)	910×340×850	950×390×800	950×390×800	970×340×1260
适用空调面积(一般住宅) m^2		60~85	85~135	135~165	165~200
电源		220V 50Hz/380V 50Hz			380V 50Hz

安 装 说 明

1. 空调面积即使用空调房间的净面积。并根据房间的不同空调负荷按面积幅度选用。

2. 与室内装修融为一体，并选配220V,380V电源。

图名	家用中央空调安装(二)	图号	KT4—04(二)

LWP 系列水源热泵机组

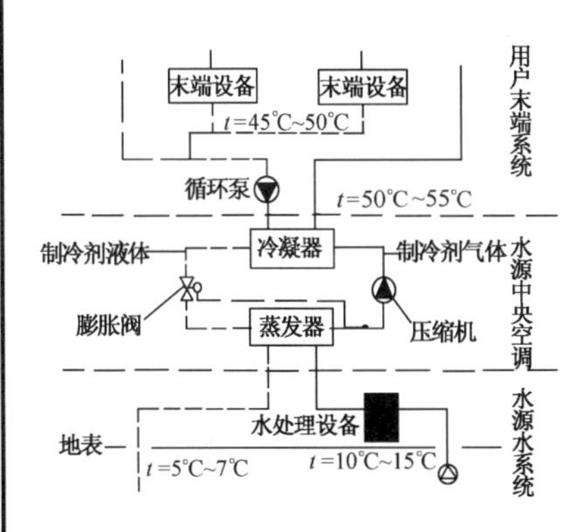

可因地置宜，利用当地资源，发展地源热泵、水源热泵、空气源热泵、土壤源热泵、海水源热泵、高温水源热泵、风能热泵、太阳能热泵等热泵技术。

LWP 机组型号		LWP 700	LWP 800	LWP 900	LWP 1000	LWP 1200	LWP 1400	LWP 1600	LWP 1800	LWP 2500	LWP 3400	LWP 3750	LWP 4200
额定工况制冷量	千瓦(kW)	198.0	224.0	254.7	296.6	343.0	416.0	489.0	559.0	752.0	1024.0	1130.0	1261.0
	耗电量(kW)	48.0	56.0	61.6	69.0	71.3	86.2	99.0	110.0	140.8	173.0	193.0	217.0
制冷工况制冷量	千瓦(kW)	117.9	133.4	151.6	176.5	209.0	245.7	285.6	321.3	472.5	639.5	707.7	803.3
	耗电量(kW)	39.2	45.8	49.9	56.4	58.3	70.5	80.9	89.9	115.1	141.4	157.8	177.4
额定工况制热量	千瓦(kW)	260.0	296.0	334.6	387.3	452.0	547.0	641.0	726.0	977.0	1332.0	1473.0	1676.0
	耗电量(kW)	76.8	84.0	97.6	103.5	113.0	133.0	159.0	170.0	224.0	300.0	336.0	378.0
蒸发器	形　式	壳管式换热器											
	水容量(L)	55	55	55	69	69	83	140	140	188	267	267	353
	流量(m^3/h)	根据工况的不同,具体参数请与供应商联系											
	压降(kPa)	18	23	27	39	55	68	53	69	60	81.3	98	49
冷凝器	形　式	壳管式换热器											
	水容量(L)	19.5	19.5	25	28	28	36	36	49	150	121	147	168
	流量(m^3/h)	根据工况的不同,具体参数请与供应商联系											
	压降(kPa)	13.7	15.7	17	27	33	38	52	29	55	15.7	13.7	17.6
理论重量(Kg)		1145	1150	1190	1360	1380	1600	1835	1960	3800	5640	5990	6250
运行重量(kg)		1220	1225	1265	1450	1470	1710	2010	2178	4120	6100	6450	6720
外形尺寸	长(mm)	2440	2440	2440	3260	3260	3747	3747	3747	4003	4195	4195	4195
	宽(mm)	894	894	894	894	894	894	894	894	1212	1215	1215	1215
	高(mm)	1390	1390	1390	1390	1390	1390	1390	1390	1660	2274	2274	2274
接管尺寸	蒸发器(mm)	*DN*100	*DN*100	*DN*100	*DN*100	*DN*100	*DN*100	*DN*125	*DN*125	*DN*150	*DN*200	*DN*200	*DN*200
	冷凝器(mm)	*DN*80	*DN*80	*DN*80	*DN*80	*DN*80	*DN*80	*DN*80	*DN*100	*DN*150	2×*DN*100 + *DN*80	3×*DN*100	3×*DN*100

1. 额定工况：制冷时，冷冻水进出口温度 12 ℃/7 ℃，冷却水进出口温度 15 ℃/23 ℃；
   制热时，冷水进出口温度 15 ℃/10 ℃，热水进出口温度 45 ℃/50 ℃。
2. 制冰工况：冷冻水进出口温度 - 2.6 ℃/ - 6 ℃，冷却水进出口温度 15 ℃/23 ℃。
3. 制冷剂还可采用 R407c 或 R134a，具体参数请与供货商联系。

图名	水源热泵	图号	KT4—05

KA_2D型（KA_2DH、KRA_2D型）空气源热泵

型号：KA_2D型（KA_2DH、KRA_2D型）		0083	00103	00123	00143
制热能力（kW）热水出水温度30～40℃（－10℃制热能力基本不会衰减）热水供能（kW）		8	10	12	14
制热输入功率（kW）	DB7℃NVB6℃	1.8	2.4	2.9	3.4
	DB-10℃NVB-11℃	2.6	3.2	3.8	4.5
KRA_2D	热水温度40～45℃流量（L/min）	4	5	6	7
KA_2DH 冷冻水供冷	制冷能力（kW）	10	12	15	17
	输入功率（kW）	3.3	3.9	4.8	5.5
配管尺寸-水路（cm）		16	22	22	22
室外机外形尺寸（mm）		980×400×1000	980×400×1200	980×400×1400	1000×440×1500
室内机外形尺寸（mm）		650×260×350	650×260×350	780×350×600	780×350×600
总重量（kg）		116+26	120+26	130+30	150+37
室外风机	风量（m^3/h）	5000	5600	6000	7000
	送风机功率（kW）	0.2	0.25	0.26	0.3
室外能量交换方式	交换方式	空气-制冷剂	空气-制冷剂	空气-制冷剂	空气-制冷剂
	热交换形式	翅片换热器	翅片换热器	翅片换热器	翅片换热器
室内制热能量交换方式	交换方式	制冷剂-水-空气	制冷剂-水-空气	制冷剂-水-空气	制冷剂-水-空气
	热交换形式	板式换热器	板式换热器	板式换热器	板式换热器
室内制冷	交换方式	制冷剂-水-空气	制冷剂-水-空气	制冷剂-水-空气	制冷剂-水-空气
	热交换形式	板换-风盘	板换-风盘	板换-风盘	板换-风盘

图名	空气源热泵	图号	KT4—06

参 考 文 献

1 商业部设计院编著．冷库制冷设计手册．北京：农业出版社，1991

2 机械工业部编．制冷空调设备产品样本．北京：机械工业出版社，1995

3 张祉祐主编．制冷设备的安装与管理．北京：机械工业出版社，1997

4 张祉祐主编．制冷原理与制冷设备．北京：机械工业出版社，1997

5 连添达，臧润清，翟家佩编著．制冷装置设计．北京：中国经济出版社，1994

6 缪道平主编．活塞式制冷压缩机．第二版．北京：机械工业出版社，1992

7 郭凤臻编．冷藏库制冷设备安装与试运行．第二版．北京：中国建筑工业出版社，1985

8 朱瑞琪主编．制冷装置自动化．西安：西安交通大学出版社，1995

9 湖北工业建筑设计院《冷藏库设计》编写组．冷藏库设计．北京：中国建筑工业出版社，1988

10 李忠明，孙兆礼编著．中小型冷库技术原理安装调试维修管理．上海：上海交通大学出版社，1995

11 周邦宁，周颖，刘宪英编．空调用离心式制冷机．北京：中国建筑工业出版社，1988

12 许第斌，董盛川编著．空调与冷冻设备的使用与维修．北京：机械工业出版社，1992

13 冯玉琪，卢道卿编．实用空调制冷设备维修大全．北京：电子工业出版社，1990

14 张乐法编著．空调工程设计实例集．北京：中国建筑工业出版社，1986

15 黄素逸，林秀诚，叶志瑾编著．采暖空调制冷手册．北京：机械工业出版社，1996

16 赵荣义，范存养，薛殿华，钱以明编．空气调节．第三版．北京：中国建筑工业出版社，1994

17 强十渤，程协瑞主编．安装工程分项施工工艺手册(第三分册)通风空调工程．北京：中国计划出版社，1994

18 李树林编．空调用制冷设备．北京：机械工业出版社，1990

19 邬振耀，徐德胜，孙兆礼，朱寅生编．制冷与空调．上海：上海交通大学出版社，1991

20 龚崇实，王福祥主编．通风空调工程安装手册．北京：中国建筑工业出版社，1994

21 辛星编著．国产中小型制冷空调装置典型应用系统与维修．北京：电子工业出版社，1994

22 杨惠宗，袁仲文，陆火庆编．泵与风机．上海：上海交通大学出版社，1992

23 电子工业部第十设计研究院主编．空气调节设计手册．第二版．北京：中国建筑工业出版社，1995

24 彦启森主编．空气调节用制冷技术．第二版．北京：中国建筑工业出版社，1985

25 西安制冷学会．韩宝琦,李树林主编．制冷空调原理及应用．北京：机械工业出版社 1995

26 陈沛霖，岳孝方主编．空调与制冷技术手册．上海：同济大学出版社，1992

27 邮电部邮政总局主编．空调设备维护手册．北京：人民邮电出版社，1994

28 饶勃主编．实用水暖，管道，通风，空调工手册．上海：上海交通大学出版社，1993

29 顾顺符，潘秉勤主编．管道工程安装手册．北京：中国建筑工业出版社，1991
30 中国市政工程西北设计院主编．给水排水设计手册(第11册)．北京：中国建筑工业出版社，1986
31 商景泰主编．通风机手册．北京：机械工业出版社，1994
32 孙一坚主编．工业通风．第三版．北京：中国建筑工业出版社，1994
33 余善鸣，白杰，马国庆编著．果蔬保鲜与冷冻干燥技术．哈尔滨：黑龙江科学技术出版社，1999
34 蔡增基，龙天渝主编．流体力学泵与风机．第四版．北京：中国建筑工业出版社，1999
35 陈芝久等编著，制冷装置自动化．北京：机械工业出版社，1997
36 连添达主编．中央空调工程施工组织．北京：机械工业出版社，2004
37 蒋能照，张华主编，姚国琦，寿炜炜副主编．家用中央空调实用技术．北京：机械工业出版社，2002
38 杨世铭，陶文铨编著．传热学．第三版．北京：高等教育出版社，2000
39 廉乐明，李力能，吴家正，谭羽飞编．工程热力学．第四版．北京：中国建筑工业出版社，2002